W0174147

Dr. Isabel Eggemann

Biochemie Band 1

MEDI-LEARN Skriptenreihe

7., komplett überarbeitete Auflage

MEDI-LEARN Verlag GbR

Autorin: Dr. Isabel Eggemann
Fachlicher Beirat: Timo Brandenburger

Teil 1 des Biochemiepaketes, nur im Paket erhältlich
ISBN-13: 978-3-95658-011-6

Herausgeber:
MEDI-LEARN Verlag GbR
Dorfstraße 57, 24107 Ottendorf
Tel. 0431 78025-0, Fax 0431 78025-262
E-Mail redaktion@medi-learn.de
www.medi-learn.de

Verlagsredaktion:
Dr. Marlies Weier, Dipl.-Oek./Medizin (FH) Désirée
Weber, Denise Drdacky, Jens Plasger, Sabine
Behnsch, Philipp Dahm, Christine Marx, Florian
Pyschny, Christian Weier

Layout und Satz:
Fritz Ramcke, Kristina Junghans,
Christian Gottschalk

Grafiken:
Dr. Günter Körtner, Irina Kart, Alexander Dospil,
Christine Marx

Illustration:
Daniel Lüdeling

Druck:
Löhnert Druck

7. Auflage 2015
© 2015 MEDI-LEARN Verlag GbR, Kiel

Wichtiger Hinweis für alle Leser
Die Medizin ist als Naturwissenschaft ständigen Veränderungen und Neuerungen unterworfen. Sowohl die Forschung als auch klinische Erfahrungen führen dazu, dass der Wissensstand ständig erweitert wird. Dies gilt insbesondere für medikamentöse Therapie und andere Behandlungen. Alle Dosierungen oder Applikationen in diesem Buch unterliegen diesen Veränderungen.
Obwohl das MEDI-LEARN Team größte Sorgfalt in Bezug auf die Angabe von Dosierungen oder Applikationen hat walten lassen, kann es hierfür keine Gewähr übernehmen. Jeder Leser ist angehalten, durch genaue Lektüre der Beipackzettel oder Rücksprache mit einem Spezialisten zu überprüfen, ob die Dosierung oder die Applikationsdauer oder -menge zutrifft. Jede Dosierung oder Applikation erfolgt auf eigene Gefahr des Benutzers. Sollten Fehler auffallen, bitten wir dringend darum, uns darüber in Kenntnis zu setzen.

Vorwort

Liebe Leserin, lieber Leser,

zu viel Stoff und zu wenig Zeit – diese zwei Faktoren führen stets zu demselben unschönen Ergebnis: Prüfungsstress!

Was soll ich lernen? Wie soll ich lernen? Wie kann ich bis zur Prüfung noch all das verstehen, was ich bisher nicht verstanden habe? Die Antworten auf diese Fragen liegen meist im Dunkeln, die Mission Prüfungsvorbereitung erscheint vielen von vornherein unmöglich. Mit der MEDI-LEARN Skriptenreihe greifen wir dir genau bei diesen Problemen fachlich und lernstrategisch unter die Arme.

Wir helfen dir, die enorme Faktenflut des Prüfungsstoffes zu minimieren und gleichzeitig deine Bestehenschancen zu maximieren. Dazu haben unsere Autoren die bisherigen Examina (vor allem die aktuelleren) sowie mehr als 5000 Prüfungsprotokolle analysiert. Durch den Ausschluss von „exotischen", d. h. nur sehr selten gefragten Themen, und die Identifizierung immer wiederkehrender Inhalte konnte das bestehensrelevante Wissen isoliert werden. Eine didaktisch sinnvolle und nachvollziehbare Präsentation der Prüfungsinhalte sorgt für das notwendige Verständnis.

Grundsätzlich sollte deine Examensvorbereitung systematisch angegangen werden. Hier unsere Empfehlungen für die einzelnen Phasen deines Prüfungscountdowns:

Phase 1: Das Semester vor dem Physikum
Idealerweise solltest du schon jetzt mit der Erarbeitung des Lernstoffs beginnen. So stehen dir für jedes Skript im Durchschnitt drei Tage zur Verfügung. Durch themenweises Kreuzen kannst du das Gelernte fest im Gedächtnis verankern.

Phase 2: Die Zeit zwischen Vorlesungsende und Physikum
Jetzt solltest du täglich ein Skript wiederholen und parallel dazu das entsprechende Fach kreuzen. Unser „30-Tage-Lernplan" hilft dir bei der optimalen Verteilung des Lernpensums auf machbare Portionen. Den Lernplan findest du in Kurzform auf dem Lesezeichen in diesem Skript bzw. du bekommst ihn kostenlos auf unseren Internetseiten oder im Fachbuchhandel.

Phase 3: Die letzten Tage vor der Prüfung
In der heißen Phase der Vorbereitung steht das Kreuzen im Mittelpunkt (jeweils abwechselnd Tag 1 und 2 der aktuellsten Examina). Die Skripte dienen dir jetzt als Nachschlagewerke und – nach dem schriftlichen Prüfungsteil – zur Vorbereitung auf die mündliche Prüfung (siehe „Fürs Mündliche").

Weitere Tipps zur Optimierung deiner persönlichen Prüfungsvorbereitung findest du in dem Band „Lernstrategien, MC-Techniken und Prüfungsrhetorik".

Eine erfolgreiche Prüfungsvorbereitung und viel Glück für das bevorstehende Examen wünscht dir

Dein MEDI-LEARN Team

Inhalt

1 Überblick und Grundlagen

Fragen in den letzten 10 Examen: 7

Einleitungen – wer liest schon Einleitungen? Ich habe Einleitungen eigentlich immer gelesen. Nicht, dass sie mich sonderlich interessiert hätten und ich hinterher wesentlich motivierter und gespannter gelesen hätte. Bei mir ging es wohl vielmehr darum, weitere fünf Minuten „rauszuschlagen", bevor ich mich dann doch unausweichlich dem meist sehr trockenen Stoff aussetzen musste.

Wo wir dann auch schon beim Thema wären: Ich könnte jetzt schreiben, dass das Thema „Biologische Oxidation" die Krönung der Biochemie und unabdingbar für dein tieferes Verständnis ist, wie es wahrscheinlich in den großen Lehrbüchern steht. Oder etwa, dass das Thema trocken und kompliziert ist, aber im Physikum von den Profs gefragt wird und deswegen wichtig ist. Die Wahrheit liegt wohl irgendwo dazwischen.

Das vorliegende Kapitel der Biochemie ist nicht einfach, aber es führt die drei großen Stoffwechselabbauwege zusammen. Daher bringt hier vergleichsweise wenig Lernarbeit wirklich „ernsthafte Erkenntnis" und, damit verbunden, auch wichtige Physikumspunkte mit sich. So, und jetzt hoffe ich, dass du, wenn schon nicht motivierter, dann doch wenigstens mit einem Lächeln auf den Lippen anfängst zu lesen.

Ein paar Sätze muss ich zur neuen Auflage noch hinzufügen: Du wirst merken, dass es viele Abschnitte gibt, zu denen in den letzten zehn Jahren keine Fragen gestellt wurden. Ich habe mich trotzdem entschieden, diese Kapitel nicht zu streichen. Warum? Sie sind wichtig, um nachfolgende Abschnitte zu verstehen und werden allesamt in der mündli-

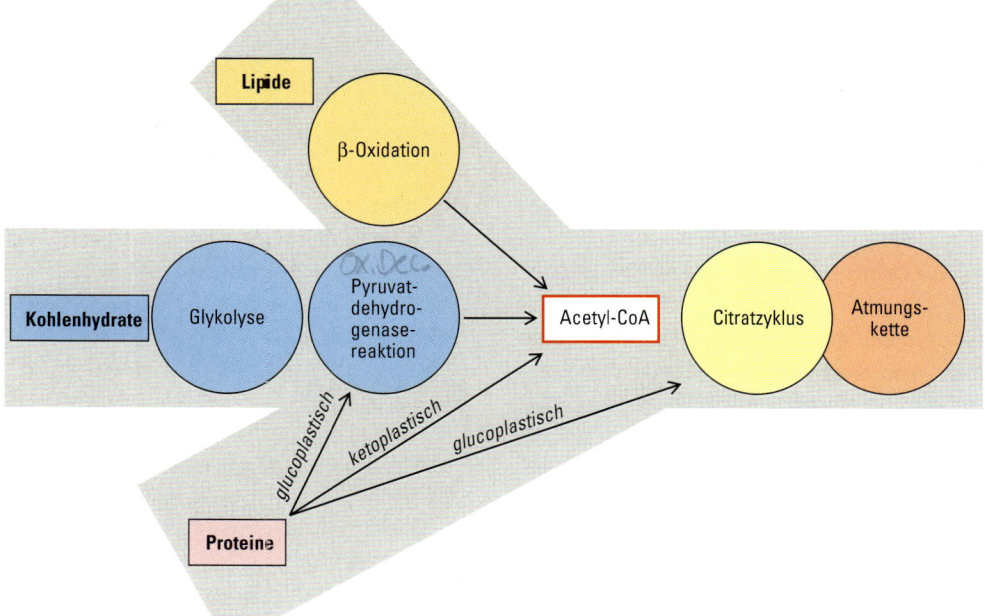

Abb. 1: Übersicht biologische Oxidation

medi-learn.de/7-bc1-1

chen Prüfung gefragt. Nur so hast du also ein vollständiges Skript.

Die vorliegende Grafik (s. Abb. 1, S. 1) ist als Orientierungskarte gedacht. Sie soll einen Überblick darüber geben, wie die drei großen Nährstoffklassen auf ihren einzelnen Pfaden zerlegt werden, um dann hinterher in einen gemeinsamen Abbauweg zu münden.

Die im vorliegenden Skript besprochenen Kapitel (Kapitel 2, S. 23, Kapitel 3, S. 28, Kapitel 4, S. 41) sind hier in einen großen Zusammenhang eingeordnet, sodass es hilfreich ist, jeweils vor Bearbeitung eines dieser Kapitel einen Blick auf diese Grafik zu werfen, um sich kurz klarzumachen, mit welchem Abbauweg man sich beschäftigt, woher dieser Abbauweg kommt und wohin er führt.

Bevor du nun in die tiefen Geheimnisse der Biochemie einsteigst, kommen erst ein paar Grundlagen. Bitte nicht einfach überspringen! Es sind zwar einige zusätzliche Seiten, die jedoch wichtig für das Verständnis der weiteren Kapitel sind und im Physikum gerne gefragt werden. Im Einzelnen geht es in diesem Kapitel um:

– die Frage: „Was sind Redoxreaktionen?",
– einen kurzen Ausflug in die Energetik,
– eine Systematisierung der Coenzyme und
– ein paar Geheimnisse aus dem mitochondrialen Leben.

1.1   Was sind Redoxreaktionen?

Hinter dem seit dem ersten Semester wohlbekannten und doch irgendwie Unwohl erzeugenden Begriff steckt nichts Besonderes. Er hat nur leider die Eigenschaft, dass man es sich oft nicht merken kann, in welche Richtung etwas abgegeben oder aufgenommen wird, wie das in der Medizin und insbesondere vor dem Physikum oft der Fall ist. Hier zur Auffrischung also noch mal das Wichtigste in Kurzform:

1.1.1   Oxidation

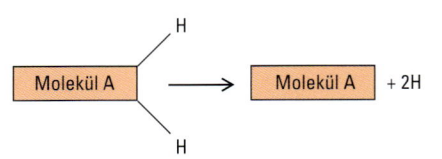

Abb. 2: Oxidation   *medi-learn.de/7-bc1-2*

Das Molekül A gibt bei der Reaktion zwei Wasserstoffatome ab, es **wird dehydriert** und **damit oxidiert.**

> **Merke!**
>
> Die Oxidation ist eine Reaktion, die gleichzusetzen ist mit:
> – Elektronenabgabe (oft mit Protonenabgabe gekoppelt),
> – Dehydrierung (H_2-Abgabe) und
> – Sauerstoffaufnahme.

1.1.2   Reduktion

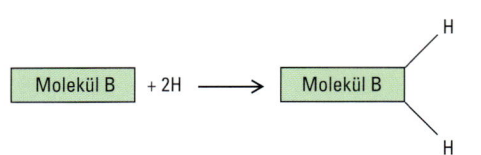

Abb. 3: Reduktion   *medi-learn.de/7-bc1-3*

Das Molekül B nimmt bei der Reaktion zwei Wasserstoffatome auf, es wird hydriert und damit reduziert.

> **Merke!**
>
> Die Reduktion ist eine Reaktion, die gleichzusetzen ist mit:
> – Elektronenaufnahme (oft mit Protonenaufnahme gekoppelt),
> – Hydrierung (H_2-Aufnahme) und
> – Sauerstoffabgabe.

1.1.3 Redoxreaktion

Nun liegt es in der Natur der Sache, dass das Eine nie ohne das Andere stattfindet. Im Klartext heißt das: Oxidation und Reduktion sind immer miteinander gekoppelt, was man daher auch Redoxreaktion nennt.

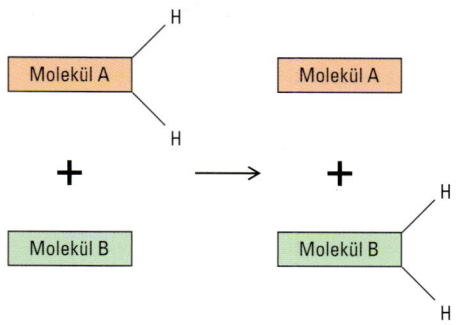

Abb. 4: Redoxreaktion   medi-learn.de/7-bc1-4

Molekül A gibt hier zwei H ab und wird daher dehydriert (oxidiert). Da sich diese zwei Wasserstoffatome nicht einfach in Luft auflösen können, werden sie von Molekül B übernommen: Molekül B wird dadurch hydriert (reduziert).

1.1.4 Reduktionsäquivalent

Das Reduktionsäquivalent ist ein Begriff, der oft verwendet, aber fast nirgendwo erklärt wird. Da die offizielle chemische Definition recht kompliziert ist, ist sie hier etwas vereinfacht dargestellt. Dadurch ist sie zwar nicht mehr ganz so präzise, für die Physikumsfragen aber trotzdem ausreichend:

Im Schriftlichen wird der Begriff Reduktionsäquivalent als Synonym für die Anzahl der übertragenen Elektronen verwendet. Dabei gilt:

> **Merke!**
>
> Ein **Reduktionsäquivalent** bezeichnet **1 Mol Elektronen,** die bei **Redoxreaktionen** entweder direkt oder zusammen mit 1 Mol Protonen in Form von **Wasserstoff** (z. B. NADH) übertragen werden.

Und jetzt noch mal konkret: In unserem Beispiel (s. Abb. 4) werden die Elektronen zusammen mit H^+-Ionen als H-Atome übertragen. Es werden insgesamt 2 H-Atome ausgetauscht. Das entspricht zwei Reduktionsäquivalenten.

1.1.5 Redoxpotenzial

Der Begriff des Redoxpotenzials ist schon eine etwas härtere Nuss. Wenn du dich an unser Beispiel von eben erinnerst (s. Abb. 4, S. 3), siehst du, dass das Molekül B dem Molekül A seine zwei H-Atome abgenommen hat. Das Molekül B verfügt offensichtlich über mehr Kraft, diese Wasserstoffatome an sich zu binden, als das Molekül A. Diesen Kräfteunterschied gibt es zwischen allen Molekülen und so kann man quasi eine Art Rangliste erstellen: Wer mehr Kraft hat, bekommt auch eine positivere Zahl zugeordnet. Das ist dann auch schon das Prinzip des Redoxpotenzials.

Das Redoxpotenzial ist ein Maß für die Stärke der Anziehungskraft eines Stoffes auf Elektronen/H-Atome. Je positiver das Redoxpotenzial eines Stoffes ist, desto größer ist seine Anziehungskraft auf Elektronen/H-Atome. Es geht um die Frage: „Wer ist der bessere Elektronenjäger, hat also mehr Kraft als die Anderen?"

Ordnet man nun also die Substanzen danach, wie stark sie H-Atome anziehen und schreibt diese Rangliste umgekehrt auf (also die besten Jäger nach unten, die schlechten nach oben), erhält man die **Spannungsreihe**.

Je höher EN desto höher ist das Redox potential

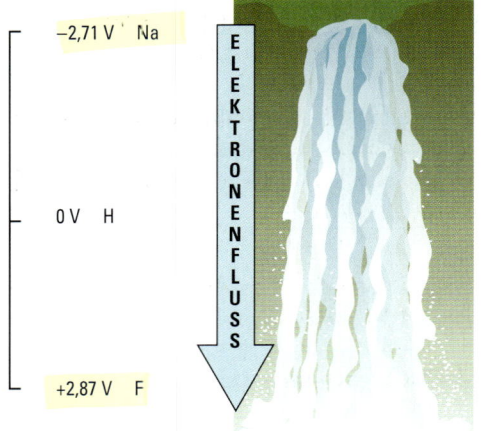

Abb. 5: Auszug aus der Spannungsreihe

medi-learn.de/7-bc1-5

Natrium
– hat ein sehr negatives Redoxpotenzial,
– hat daher keine hohe Anziehungskraft auf Elektronen und gibt sie eher ab und
– steht ganz oben in der Spannungsreihe.

Fluor
– hat ein sehr positives Redoxpotenzial,
– übt eine hohe Anziehungskraft auf Elektronen aus und nimmt sie daher eher auf und
– steht ganz unten in der Spannungsreihe.

Übrigens …
Der Elektronenfluss entlang der Spannungsreihe lässt sich gut mit einem Wasserfall vergleichen: Die Elektronen fließen in der Spannungsreihe bei Redoxreaktionen von den oben stehenden Elementen zu den unten stehenden, genau so, wie das Wasser im Wasserfall von oben nach unten fließt.

1.2   Ein kurzer Ausflug in die Energetik

In der Chemie und der Biochemie gibt es zwei unter energetischem Aspekt verschiedene Reaktionstypen:
– Reaktionen, die Energie freisetzen und
– Reaktionen, die Energie verbrauchen.

Man kann das sehr gut mit unserem Alltag vergleichen. Auch hier gibt es Sachen, die einem Spaß machen (Energie zuführen) und Sachen, für die man arbeiten muss (Energie verbrauchen).
Im (Bio-)Chemiejargon gibt es dafür die Begriffe exergon und endergon.

Übrigens …
Eine **exergone** Reaktion ist eine Reaktion, die
– freiwillig abläuft und
– Energie freisetzt.
In unserem Alltag könnte das z. B. Eisessen sein.
Eine **endergone** Reaktion ist eine Reaktion, die
– nicht freiwillig abläuft und
– Energie verbraucht.
In unserem Alltag könnte das z. B. Lernen sein.

Koppelt man nun eine endergone Reaktion mit einer exergonen, kann plötzlich auch die energieverbrauchende, endergone Reaktion ablaufen. Wenn man also beim Lernen ein Eis isst, wird das Ganze erträglicher.

Oder mit einem eher medizinischen Vergleich verdeutlicht: Ein Muskel wird sich nicht freiwillig kontrahieren (endergone Teilreaktion). Koppelt man aber die Muskelkontraktion mit der Spaltung von ATP (exergone Teilreaktion), so führt das dazu, dass sich der Muskel kontrahiert (exergone Gesamtreaktion).

1.3   Systematisierung der Coenzyme

Was sind eigentlich Coenzyme? Coenzyme sind so etwas wie die kleinen, aber doch sehr wichtigen Helfer des Alltags, die für einen reibungslosen Ablauf in der Vielzahl der Stoffwechselkreisläufe (und anderen Bereichen) sorgen.
Coenzyme sind Hilfsmoleküle, die die in einer Reaktion vom Enzym übertragenen Gruppen vorübergehend aufnehmen und dann wieder

abgeben. Sie üben damit eine Transportfunktion aus, die zur Regulation von Stoffwechselkreisläufen genutzt wird.

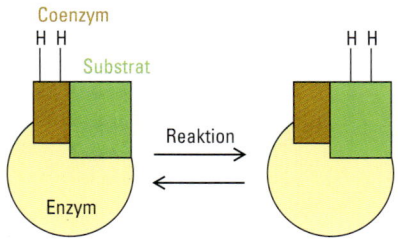

Das Enzym ist mit Substrat und einem Coenzym beladen. Die zu übertragende Gruppe (z. B. 2H) ist dabei an das Coenzym gebunden. Bei der Reaktion werden die Gruppen vom Coenzym an das Substrat abgegeben.

Abb. 6: Funktionsweise von Coenzymen

medi-learn.de/7-bc1-6

Man kann die Coenzyme auf zwei Arten weiter unterteilen:
1. Nach der Art, wie sie in Beziehung zu ihrem Enzym stehen.
2. Nach der Art, was sie transportieren, also welche Gruppen von ihnen übertragen werden.

1.3.1   Unterteilung der Coenzyme nach Enzymbeziehung

Dieser Abschnitt geht auf die Frage ein, wie sich Coenzyme gegenüber den Enzymen verhalten, von denen sie verwendet werden. Dabei unterscheidet man
– lösliche Coenzyme (Cosubstrate) und
– prosthetische Gruppen (fest ans Enzym gebundene Coenzyme).

Lösliche Coenzyme

Lösliche Coenzyme verhalten sich fast genauso wie die Substrate. Sie werden
– während der Reaktion wie Substrate gebunden,
– wie diese chemisch verändert und
– in veränderter Form wieder freigesetzt.
Im Gegensatz zu den Substraten werden die Coenzyme jedoch anschließend in einer zweiten, unabhängigen Reaktion regeneriert und stehen für einen erneuten Reaktionsdurchlauf zur Verfügung. Die Regeneration kann durch das Enzym der Hinreaktion oder ein anderes Enzym katalysiert werden.

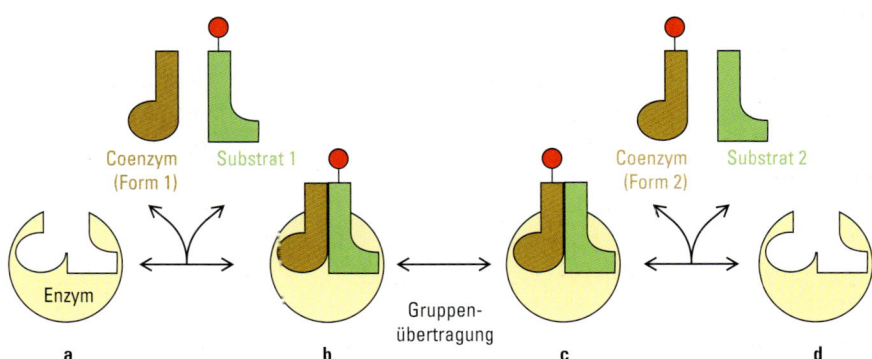

Abb. 7: Lösliche Coenzyme

medi-learn.de/7-bc1-7

prosthetische
Gruppe
(Form 1)

Substrat 1

Substrat 2

prosthetische
Gruppe
(Form 2)

Enzym

Gruppen-
übertragung

a   b   c   d

Abb. 8: Prosthetische Gruppen

medi-learn.de/7-bc1-8

Prosthetische Gruppen

Im Gegensatz zu den löslichen Coenzymen sind die prosthetischen Gruppen immer fest an ein Enzym gebunden (sie verbleiben vor, während und nach der Reaktion am Enzym) und müssen auch dort wieder regeneriert werden.

1.3.2 Unterteilung der Coenzyme nach Art der übertragenen Gruppen

Grundlage für diese zweite Art der Einteilung ist die Tatsache, dass ein Coenzym immer die gleiche Gruppe transportiert (z. B. immer H_2, immer CH_3, immer ein Elektron). Dahingehend sind unsere kleinen Helfer also sehr unflexibel. Das ist jedoch gut so, da sie dadurch auf ihr Transportgut optimal eingestellt sind.

Dieser Abschnitt behandelt die beiden prüfungsrelevanten Vertreter
– Redoxcoenzyme und
– gruppenübertragende Coenzyme.

Redoxcoenzyme

Die Bezeichnung dieser Coenzyme lässt zu Recht vermuten, dass sie irgendetwas mit Redoxreaktionen zu tun haben. Da Oxidation und Reduktion immer gekoppelt ablaufen, es aber im Stoffwechsel nicht immer möglich ist, einen passenden Reaktionspartner in der Zelle aufzutreiben, haben sich ein paar Coenzyme

dazu bereit erklärt, für diese Aufgabe bereitzustehen und – je nachdem, was gebraucht wird – oxidiert oder reduziert zu werden. Daraus ergibt sich die Definition der Redoxcoenzyme: Redoxcoenzyme sind Coenzyme, die bei Redoxreaktionen H-Atome oder Elektronen aufnehmen oder abgeben.

Übrigens ...

Die Redoxcoenzyme transportieren nur „kleine" Elektronen, Atome und Moleküle. Man könnte sie mit einem Auto vergleichen, da auch hier die Ladekapazität beschränkt ist.

Wichtige Redoxcoenzyme sind
– NAD^+ und $NADP^+$,
– FMN und FAD,
– Liponsäure,
– Ubichinon,
– Häm und
– Eisen-Schwefel-Komplexe.

NAD⁺ und NADP⁺. NAD⁺ und NADP⁺ sind häufige und wichtige Coenzyme, um die du in der Biochemie nicht herumkommst. Sie spielen in fast allen Stoffwechselkreisläufen eine Rolle. Fragen hierzu beziehen sich auf

a) ihre Struktur,
b) ihre Eigenschaften und Gemeinsamkeiten sowie
c) ihre Unterschiede.

Zu a) Keine Panik: Es ist nicht nötig, die Struktur der Moleküle auswendig zu lernen, du solltest sie nur wieder erkennen können (s. Abb. 9).

Ausgeschrieben bedeutet NAD(P)⁺: Nicotin-amid-Adenin-Dinucleotid-(Phosphat).
NAD⁺ und NADP⁺ **unterscheiden sich im strukturellen Aufbau** lediglich durch eine Phosphatgruppe, die von einer Kinase auf NAD⁺ übertragen wird, sodass daraus NADP⁺ entsteht.

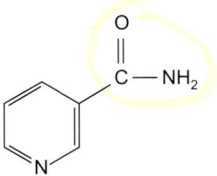

NAD⁺   NADP⁺

R = ADP-Ribosyl-Gruppe

Abb. 9: Struktur von NAD⁺ und NADP⁺

medi-learn.de/7-bc1-9

Merke!

– Sowohl NAD⁺ als auch NADP⁺ können also aus **Nicotinsäure oder Nicotinsäureamid** (aus dem Vit. B₃-Komplex) synthetisiert werden.
– Nicotinsäure (Niacin) selbst kann aus der Aminosäure **Tryptophan** gebildet werden (allerdings nur mit geringer Ausbeute).

Die Abbildung zeigt die Strukturformel von Nicotinsäureamid und NICHT die von Nicotin.

Abb. 10: Nicotinsäureamid   *medi-learn.de/7-bc1-10*

Um der Verwirrung bei den Begrifflichkeiten vorzubeugen:
Der Ausdruck **Niacin** ist gleichbedeutend mit **Nicotinsäure**. Das in der Natur häufig vorkommende Nicotinsäureamid ist genauso als Vitamin wirksam und kann als Niacinamid oder ebenfalls nur Niacin bezeichnet werden.
Chemisch besteht der Unterschied zwischen der Säure und dem Säureamid lediglich in einer Aminogruppe, die an die Carboxylgruppe gebunden ist.

Zu b), den Eigenschaften von NAD⁺/NADP⁺, solltest du dir merken, dass beide zu den Redoxcoenzymen gehören und somit **Redoxäquivalente** (s. 1.1.4, S. 3) transportieren. Bei diesen Redoxäquivalenten handelt es sich allerdings um etwas Besonderes, nämlich um Hydrid-Ionen; ein Begriff, der im Physikum auch verlangt wird.
Dahinter verbirgt sich jedoch nichts Schwieriges:
Ein **Hydrid-Ion** ist
– ein negativ geladenes **H⁻-Ion** =
– ein H-Atom + ein Elektron =
– ein H⁺-Ion + zwei Elektronen.
Eine Oxidation ist definiert als Elektronenabgabe, die oft mit einer Protonenabgabe gekoppelt ist (s. 1.1.1, S. 2), und
nichts anderes findet man hier: Beim Transport von Hydrid-Ionen werden zwei Elektronen zusammen mit einem Proton transportiert (s. Abb. 11, S. 8).

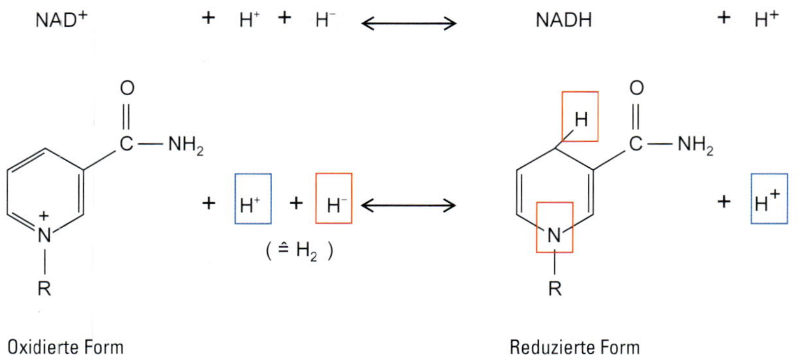

NAD⁺ + H⁺ + H⁻ ⟷ NADH + H⁺

$$NAD^+ \quad + H^+ + H^- \longleftrightarrow \quad NADH \qquad + H^+$$

(≙ H₂)

Oxidierte Form   Reduzierte Form

Die Abbildung zeigt die beiden Zustandsformen von NAD⁺/NADP⁺. Links ist die oxidierte Form dargestellt, die durch Aufnahme eines Hydrid-Ions vom Nicotinamid in die reduzierte Form übergeht. Das Hydrid-Ion liegt nicht frei vor, sondern stammt aus einem Wasserstoffmolekül (H₂), von dem dann noch ein Proton übrig bleibt.

Abb. 11: Hydrid-Ionen-Transport durch NAD⁺/NADP⁺   *medi-learn.de/7-bc1-11*

NAD⁺ und NADP⁺ transportieren ein Hydrid-Ion, das vom **Nicotinsäureamid** akzeptiert (aufgenommen/gebunden) wird.

Nach dieser kleinen Schlacht durch die Redoxreaktion nun zu den weiteren Gemeinsamkeiten der beiden Coenzyme:
- NAD⁺ und NADP⁺ sind **lösliche Coenzyme**, d. h. sie werden wie das Substrat vor der Reaktion gebunden, dann reduziert oder oxidiert und schließlich in veränderter Form wieder freigesetzt. Sie sind **NICHT kovalent** an Enzyme gebunden.
- NAD⁺ und NADP⁺ haben das **gleiche Redoxpotenzial** und unterscheiden sich somit nicht in ihrer Anziehungskraft auf Elektronen.
- NAD⁺ und NADP⁺ haben das **gleiche Absorptionsspektrum**. Im oxidierten Zustand absorbieren sie nur Licht bei 260 nm, im reduzierten haben sie ein zweites Absorptionsmaximum bei 340 nm. Konkret bedeutet das: Man kann NAD⁺ von NADP⁺ photometrisch nicht unterscheiden, auch nicht NADH + H⁺ von NADPH + H⁺. Unterscheiden kann man nur die reduzierten von den oxidierten Molekülen, also NADH + H⁺ von NAD⁺ und NADPH + H⁺ von NADP⁺. Diese Eigenschaft wird oft für enzymatische Tests genutzt. Die verantwortliche Komponente für diese Absorptionsänderung ist in erster Linie das Nicotinsäureamid.

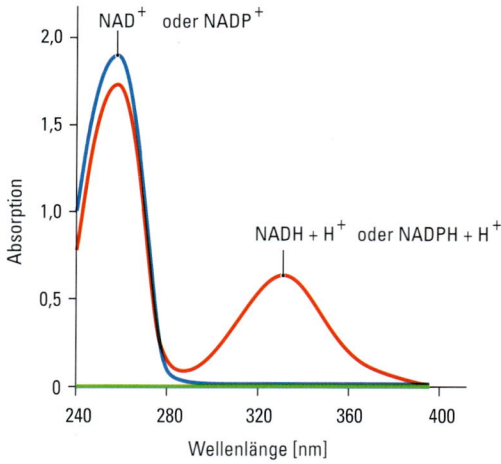

Abb. 12: Absorptionsspektrum von NAD⁺ und NADP⁺

medi-learn.de/7-bc1-12

Merke!

NAD⁺ und NADP⁺
- sind **lösliche** Coenzyme,
- besitzen das gleiche Redoxpotenzial und
- das gleiche Absorptionsspektrum.

Übrigens …

Pellagra ist eine Nicotinamidmangelerkrankung mit den Symptomen:
- **D**emenz,
- **D**ermatitis und
- **D**iarrhoe

Merkhilfe = **DDD**

Zu c) Zum krönenden Abschluss dieses Themas widmen wir uns jetzt noch dem entscheidenden Unterschied zwischen NAD⁺ und NADP⁺. Der besteht darin, dass die beiden Coenzyme von verschiedenen Enzymen/Stoffwechselwegen genutzt werden.

Hinter dieser Tabelle steckt eine Systematik, mit der du dir viel Lernerei ersparen kannst. Wenn du dir die einzelnen Zuständigkeiten mal genau ansiehst, merkst du, dass NAD⁺ im katabolen (abbauenden) Stoffwechsel und NADP⁺ im anabolen (aufbauenden) Stoffwechsel benutzt wird.

NAD⁺	NADP⁺
Glykolyse (bisher gefragt: Glycerinaldehyd-phosphat-Dehydrogenase)	Fettsäuresynthese
Citratzyklus	Cholesterol/ Steroidbiosynthese
Atmungskette	Pentosephosphatweg (bisher gefragt: Glucose-6-phosphat-Dehydrogenase)
abbauend ↓ Energie↑ kataboler Stoffwechsel	*aufbauend ↓ Energie↓* anaboler Stoffwechsel

Tab. 1: Unterschiede NAD⁺/NADP⁺

Merke!

- NAD⁺ ist Coenzym des katabolen Stoffwechsels.
- NADP⁺ ist Coenzym des anabolen Stoffwechsels.

NADPH ist auch Coenzym der Glutathion-Reduktase für die Reduktion von Glutathiondisulfid.

FMN und FAD. Auch diese Redoxcoenzyme sind oft gesehene Begleiter in der Biochemie und den Physikumsfragen. Daher empfiehlt sich auch hier eine Beschäftigung mit
a) ihrer Struktur und
b) ihren Eigenschaften:

Zu a) Das Grundgerüst von FMN und FAD bildet das Riboflavin, welches dem Vitamin B₂ Komplex angehört.

Wie Abb. 13 zeigt, besteht
- FMN aus Riboflavin + Phosphat,
- FAD aus Riboflavin + Phosphat + AMP, oder anders ausgedrückt
- FAD aus FMN + AMP

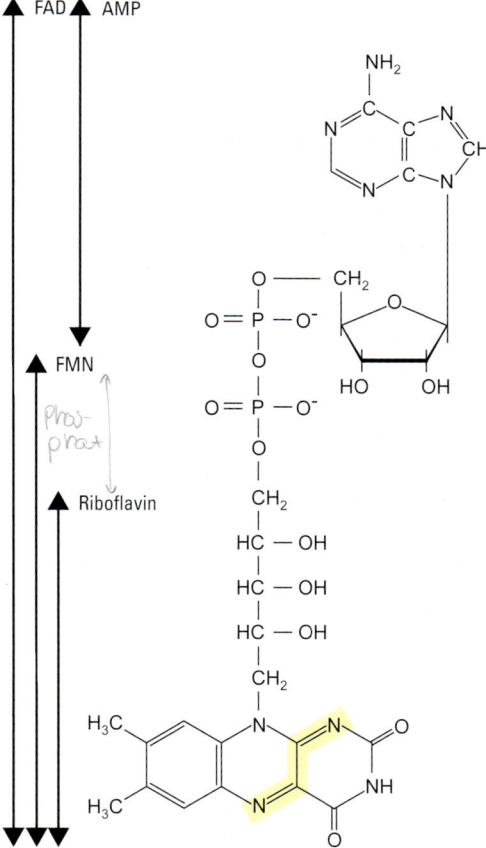

Abb. 13: Struktur von FMN und FAD

medi-learn.de/7-bc1-13

FMN enthält **kein AMP** und somit auch **keinen Purinring**.

Zu b) Die wichtigen Eigenschaften dieses Redoxcoenzymsystems sind schnell zusammengefasst:

- FAD und FMN übertragen immer 2 Wasserstoffatome, FAD (FMN) wird bei H_2-Aufnahme zu $FADH_2$ ($FMNH_2$) reduziert.
$$FAD + 2H \rightarrow FADH_2$$
- FAD und FMN gehören zu den Flavoproteinen. Sie katalysieren **Redoxreaktionen** wie z. B. oxidative Desaminierungen, Dehydrierungen, Transhydrogenierungen, aber KEINE Transaminierungen und KEINE Hydrolysen.
- FAD und FMN sind **kovalent** an ihre Enzyme gebunden, d. h., dass sie vor, während und nach der Reaktion an ihrem Enzym bleiben und an diesem auch wieder regeneriert werden müssen (s. 1.3.2, S. 6).
- FAD und FMN haben ein positiveres Redoxpotenzial als NAD^+ und $NADP^+$, d. h., dass sie eine größere Anziehungskraft auf Elektronen ausüben als NAD^+ und $NADP^+$. Daher werden $NADH + H^+$ und $NADPH + H^+$ von FAD und FMN oxidiert.

> **Merke!**
>
> - FAD und FMN sind **prosthetische Gruppen**, die sich nicht von ihrem Enzym lösen können.
> - FAD und FMN transportieren immer 2 H-Atome.

Die übrigen vier Redoxcoenzyme werden nicht explizit gefragt.

Da sie an manchen Reaktionen aus Kapitel 2, 3, 4 und 5 beteiligt sind, solltest du dir aber ihre Namen und ihre Zugehörigkeit (an welchen Stoffwechselwegen und Reaktionen sie beteiligt sind) merken. Mit diesen Vorkenntnissen ist es wesentlich einfacher, diese Themen zu verstehen, da du dann nicht nur mit neuen Informationen konfrontiert wirst.

Liponsäure (Lipoat). Die Liponsäure spielt in der Biochemie eher eine untergeordnete Rolle. Man sollte jedoch wissen, dass sie

- 2 H überträgt und
- an der oxidativen Decarboxylierung von Pyruvat sowie von α-Ketoglutarat beteiligt ist (s. 2, S. 23).

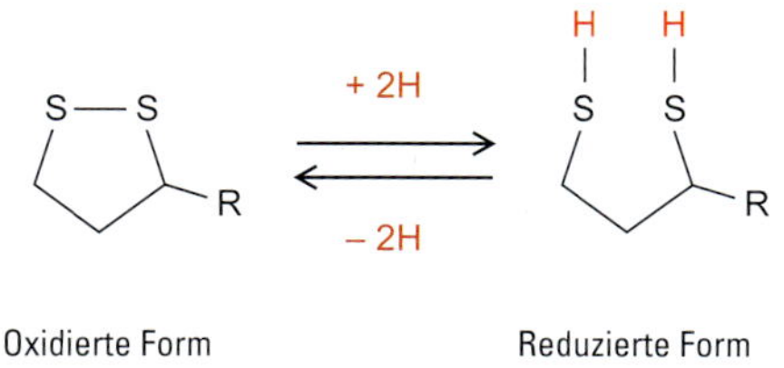

Oxidierte Form   Reduzierte Form

Abb. 15: Liponsäure   *medi-learn.de/7-bc1-15*

Um der Verwirrung bei den Begrifflichkeiten vorzubeugen:
Liponsäure ist gleichzusetzen mit dem Begriff Lipoat (Salz der Liponsäure). Die wesentliche

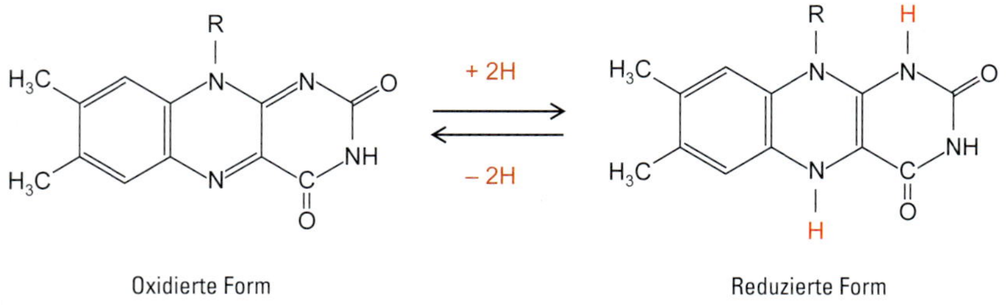

Oxidierte Form   Reduzierte Form

Abb. 14: FMN und FAD: oxidierte und reduzierte Form   *medi-learn.de/7-bc1-14*

physiologische Funktion besteht in der Beteiligung als Coenzym an der oxidativen Decarboxylierung von α-Ketosäuren. Hierbei hat die Liponsäure jedoch Liponamidform, ist also über eine Säureamidbindung an einen Rest gebunden.

Ubichinon (Coenzym Q). Das Ubichinon ist ein besonderes Coenzym. Es ist nämlich so lipophil, dass es sich in Membranen bewegen kann und damit Redoxäquivalente innerhalb dieser Membranen von einem Punkt zum nächsten transportiert. Ihm kommt eine wichtige Rolle in der Atmungskette zu, wo Ubichinon ebenfalls zwei H-Atome überträgt.

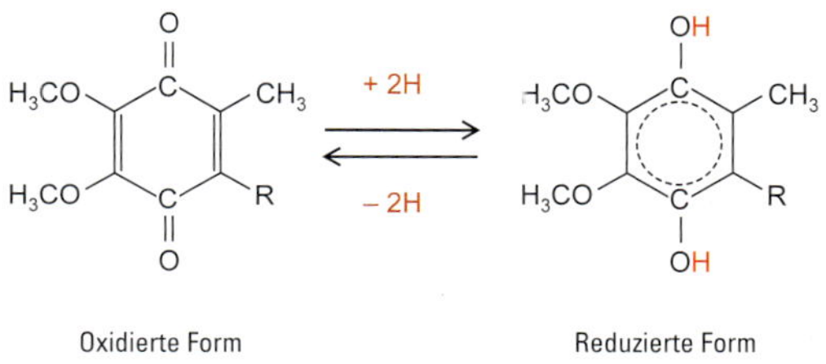

Abb. 16: Ubichinon und Ubichinol

medi-learn.de/7-bc1-16

Ein paar Worte zur Nomenklatur: In Abb. 16 ist links die oxidierte Form = Ubichinon (ein Keton) dargestellt, die durch die Aufnahme von 2 H in die reduzierte Form = Ubichinol (ein Alkohol) übergeht. Chemisch gesehen werden dadurch aus den beiden Ketogruppen (C=O) zwei Alkoholgruppen (C–OH).

Als Chinon bezeichnet man nur den Ring mit den beiden Ketogruppen, als Chinol nur den Ring mit den beiden Alkoholgruppen (Grundgerüst). Je nach Rest ergibt sich daraus ein spezielleres Molekül, in Abb. 16 z. B. das Ubichinon/Ubichinol. Der Rest wird durch eine Isoprenoidseitenkette gebildet, die aus mehreren Isopreneinheiten besteht (in s. Abb. 16, S. 11 nicht dargestellt).

Häm. Häm bei den Redoxcoenzymen, hat das nicht eher was mit Blut zu tun? Das ist richtig, aber das Häm ist so ein vielseitiges Molekül, dass es zu schade wäre, ihm nur eine Aufgabe anzutragen.

Häm kann nämlich mit verschiedenen Proteinen assoziiert sein. Je nachdem, mit welcher Proteinstruktur das Häm verbunden ist, entstehen Hämoglobin, Myoglobin oder verschiedene Cytochrome. In den beiden ersten Molekülen hat Häm in der Tat die Funktion eines Sauerstoffträgers, in den Cytochromen ist das Häm jedoch ein Redoxcoenzym. Im Gegensatz zu den vorher besprochenen Redoxcoenzymen überträgt das Häm jedoch **nur ein Elektron**.

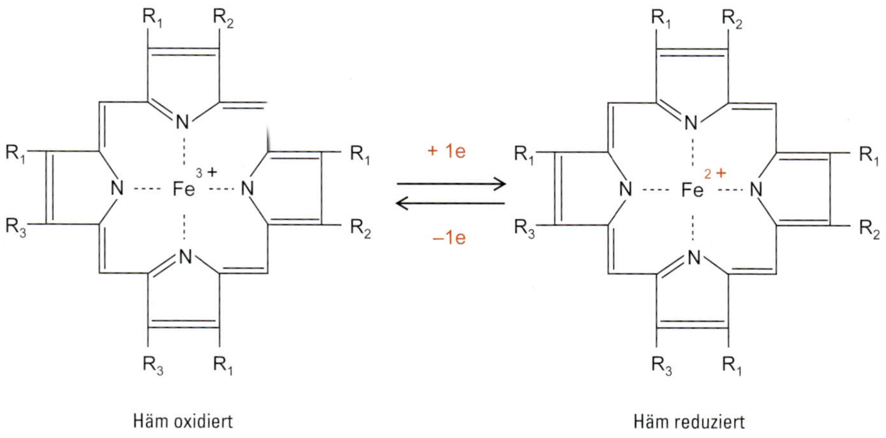

Häm oxidiert   Häm reduziert

Abb. 17: Häm oxidiert ↔ Häm reduziert

medi-learn.de/7-bc1-17

Bei Aufnahme des Elektrons wird das Eisen-Ion im Häm um eins weniger positiv, es geht von der Fe^{3+}-Form in die Fe^{2+}-Form über. Auch im Hämoglobin und Myoglobin kann das Häm oxidiert werden und in die Fe^{3+}-Form übergehen. Das Hämoglobin heißt dann Methämoglobin und ist für den Sauerstofftransport unbrauchbar, da es kein O_2 mehr binden kann. Eisen ist das Zentral-Ion des Häm und damit auch der prosthetischen Gruppe der Cytochrome (s. 4, S. 41).

Eisen-Schwefel-Komplexe. Die Eisen-Schwefel-Komplexe sind hier nur der Vollständigkeit halber aufgeführt. Sie spielen in der Atmungskette eine wichtige Rolle und werden auch nur dort gefragt. In diesem Zusammenhang solltest du wissen, an welchen Komplexen der Atmungskette sie beteiligt sind (ab S. 41). Durch Eisen-Schwefel-Komplexe wird ebenfalls **nur ein Elektron** übertragen.

Übrigens …
Die Eisen-Schwefel-Komplexe werden im Physikum gerne mit dem Oberbegriff „proteingebundenes Eisen in Nicht-Häm-Form" bezeichnet.

Zusammenfassung: Redoxcoenzyme. Um den Überblick nicht zu verlieren, ist hier das Wichtigste in Tabellenform aufgeführt.

Bitte keine Panik, die Tabelle muss nicht auswendig gelernt werden. Wenn du das Coenzym und das von ihm übertragene Redoxäquivalent kennst, kannst du dir den Rest ableiten.

Gruppenübertragende Coenzyme

Dies ist die zweite wichtige Gruppe der Coenzyme. Über das Transportgut der Redoxcoenzyme können sie nur lachen: Die zu transportierende Last der gruppenübertragenden Coenzyme aus chemischen Gruppen (z. B. Alkylreste, Aminogruppen) ist doch wesentlich größer als die kleinen Elektrönchen, Hydrid-Ionen oder H-Atome der Redoxcoenzyme.

Merke!

Gruppenübertragende Coenzyme sind Coenzyme, die im Gegensatz zu den Redoxcoenzymen keine Elektronen oder Atome, sondern ganze Gruppen übertragen (z. B. Phosphorsäurereste, Acetylreste).

Übrigens …
Die gruppenübertragenden Coenzyme sind schwer beladen. Man könnte sie gut mit LKWs vergleichen: Für größeres Transportgut braucht man auch große Transportmittel.

Coenzym	ox. Zustand	red. Zustand	Redoxäquivalente	Abk.
NAD	NAD^+	NADH	Hydridion	H^-
NADP	$NADP^+$	NADPH	Hydridion	H^-
FAD	FAD	$FADH_2$	Wasserstoffatome	2H
FMN	FMN	$FMNH_2$	Wasserstoffatome	2H
Liponamid	Liponamid	Liponamid2H	Wasserstoffatome	2H
Ubichinon	Ubichinon	Ubichinol	Wasserstoffatome	2H
Häm	$Häm^{3+}$	$Häm^{2+}$	Elektronen	e^-
Eisen-Schwefel-Komplexe	$[4Fe-4S]^{3+}$	$[4Fe-4S]^{2+}$	Elektronen	e^-

Tab. 2: Übersicht Redoxcoenzyme

Energiestoffwechsel DIE entscheidende Rolle, sondern ist auch essenzieller Baustein von DNA und RNA.

Das Thema ATP ist zwar wieder ein bisschen chemielastiger, aber dennoch zu meistern, zumal es für dich ein „alter Hut" sein könnte, denn ATP ist vielen noch aus der Schule bekannt. Beginnen wir also mit dem Aufbau des Moleküls (s. Abb. 18).

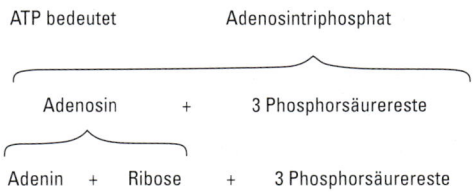

ATP bedeutet   Adenosintriphosphat

Adenosin   +   3 Phosphorsäurereste

Adenin   +   Ribose   +   3 Phosphorsäurereste

Die drei Phosphorsäurereste werden dabei nacheinander an das Nucleosid Adenosin gehängt:

Adenosin + P → AMP (Adenosin-
                              monophosphat)
AMP   + P → ADP (Adenosindiphosphat)
ADP   + P → ATP (Adenosintriphosphat)

Die genaue Kenntnis der Struktur von ATP ist fürs Physikum einfach ein Muss.

Die Bindungen zwischen den Phosphorsäureresten bilden eine besonders wichtige Strukturkomponente des ATP: **Es sind energiereiche Säureanhydridbindungen.**

Die drei Coenzyme, die in diesem Abschnitt prüfungsrelevant sind, dürften dir schon hinreichend bekannt sein. Jetzt geht es nämlich um
– ATP,
– Coenzym A und
– Thiaminpyrophosphat
   (= Thiamindiphosphat).

ATP (Adenosintriphosphat). An diesem Molekül gibt es wirklich kein Vorbeikommen. Denn ATP spielt nicht nur als „Währung" im

Abb. 18: ATP-Molekül

medi-learn.de/7-bc1-18

1

Säureanhydridbindungen sind Verbindungen zwischen zwei Säuren (entstehen durch H_2O-Abspaltung) und besonders **energiereich**. Hier liegt das Geheimnis begraben, weshalb ATP so energiereich ist, und somit auch die Begründung für seine Rolle als universelle Energiewährung im Stoffwechsel.

Doch was genau macht ATP? Diese Frage lässt sich ganz kurz beantworten: ATP überträgt Phosphorsäurereste. Dabei wird durch die Abspaltung der Phosphorsäurereste – also das Spalten der energiereichen Säureanhydridbindungen – Energie frei (exergone Reaktion, s. 1.2, S. 4). Diese freie Energie kann von energieverbrauchenden (endergonen, s. 1.2, S. 4) Reaktionen genutzt werden.

Durch das **Spalten der Säureanhydridbindungen** des ATP können in der Zelle **endergone Reaktionen** (z. B. Synthesen) ablaufen.

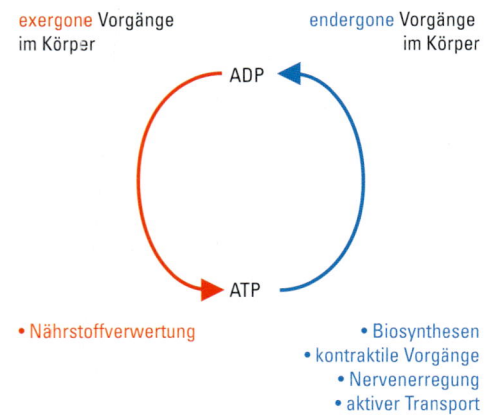

exergone Vorgänge im Körper

endergone Vorgänge im Körper

ADP

ATP

• Nährstoffverwertung

• Biosynthesen
• kontraktile Vorgänge
• Nervenerregung
• aktiver Transport

Abb. 19: ATP im Zentrum des Energiestoffwechsels

medi-learn.de/7-bc1-19

Coenzym A. Auch das zweite, hier vorgestellte gruppenübertragende Coenzym ist unumgänglich.

Coenzym A ist zwar etwas komplizierter aufgebaut, aber die exakte Struktur ist nicht physikumsrelevant. Wohl jedoch seine Bausteine: Du solltest dir merken, dass ein Teil des Coen-

zym A aus Cysteamin und Panthothensäure gebildet wird. Diese beiden Moleküle bilden dann zusammen das Pantethein. Durch das Cysteamin trägt das Coenzym A an einem Ende eine SH-Gruppe. Sie ist wichtig für die Aktivierung der Fettsäuren.

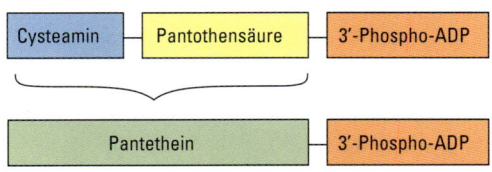

Coenzym A transportiert Acyl-Reste (Fettsäurereste = Kohlenwasserstoffketten), die allein zu träge für Reaktionen sind.

Hier zur Erinnerung noch mal die Darstellung einer Fettsäure:

Carboxylgruppe   Kohlenwasserstoffkette

Abb. 20 a: Struktur einer Fettsäure

medi-learn.de/7-bc1-20a

Durch Knüpfen einer **energiereichen Thioesterbindung** zwischen der Carboxylgruppe (COOH) des Acyls und der SH-Gruppe des Cysteamins werden die Fettsäuren aktiviert. Der genaue Aktivierungsmechanismus soll hier keine Rolle spielen.

Ähnlich wie beim ATP kann die Spaltung (exergon) dieser Thioesterbindung gekoppelte endergone Reaktionen ermöglichen.

Merke!

Coenzym A

– enthält als Bausteine **Pantothensäure und Cysteamin**, die zusammen das Pantethein bilden.

– bildet mit Fettsäuren **energiereiche Thioesterbindungen**.

– ist unter anderem beteiligt an der Biosynthese von Fettsäuren, Acetoacetat (Ketonkörper) und Cholesterin (Cholesterol).

– ist beteiligt an der oxidativen Decarboxylierung von α-Ketosäuren (s. 2, S. 23).

Um einer möglichen Verwirrung vorzubeugen, sei hier noch einmal kurz der Unterschied zwischen Acetyl-CoA und Acyl-CoA herausgestellt.

– Ist eine Fettsäure (Carbonsäure, Länge ab 4 C-Atomen) an CoA gebunden, nennt man diese Verbindung Acyl-CoA.

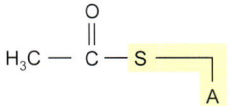

Abb. 20 b: Fettsäure + CoA = Acyl CoA

medi-learn.de/7-bc1-20b

– Ist Essigsäure (Carbonsäure mit 2 C-Atomen) an CoA gebunden, nennt man diese Verbindung Acetyl CoA.

Abb. 20 c: Essigsäure + CoA = Acetyl CoA

medi-learn.de/7-bc1-20c

**Thiaminpyrophosphat
(= Thiamindiphosphat).** Der Marathon durch die Coenzyme hat bald ein Ende, aber etwas Wissenswertes gibt es noch: das Thiaminpyrophosphat.

Synthetisiert wird dieses gruppenübertragende Coenzym aus **Thiamin (Vitamin B₁)** und seine Aufgabe ist die Übertragung von Hydroxyalkylresten (Alkylrest mit OH-Gruppe). Das Thiamin selbst besteht aus zwei Ringsystemen, die miteinander verbundenen sind: einem Pyrimidinring (in Abb. 21 dargestellt) und einem Thiazolring (der rechte Ring in Abb. 21 mit dem Schwefelatom).

Thiaminpyrophosphat ist das Coenzym der

– **oxidativen Decarboxylierung von α-Ketosäuren**

  • bei der Pyruvatdehydrogenasereaktion, s. 2.1, S. 23 (Enzym = Pyruvatdehydrogenase)

  • im Citratzyklus, s. 3.1.1, S. 29 (Enzym = α-Ketoglutaratdehydrogenase)

– Transketolase (im Pentosephosphatweg)

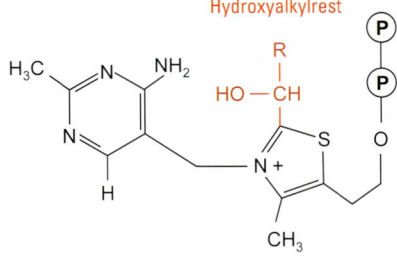

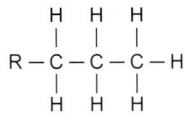

Alkylrest

Abb. 21: Thiaminpyrophosphat

medi-learn.de/7-bc1-21

Übrigens …

– Bei Vitamin B₁-Mangel (Thiaminmangel) kommt es zu einer Störung der Pyruvatverwertung.

– Beriberi ist eine Erkrankung mit u. a. neurologischen Symptomen, die in einigen Gebieten der Erde immer noch auftritt und deren Ursache Thiaminmangel ist.

1

1

1.4   Ein paar Geheimnisse aus dem mitochondrialen Leben

Warum wird das Mitochondrium besprochen, obwohl das Thema biologische Oxidation doch eigentlich nichts mit den Zellorganellen zu tun hat? Na ja, irgendwo muss dieser Prozess stattfinden. Und wo sollte es anders sein, als in der Zellorganelle, die als das Kraftwerk der Zelle bezeichnet wird …

1.4.1   Stoffwechselwege im Mitochondrium

Die Begründung für die Bezeichnung „Kraftwerk der Zelle" fällt nicht schwer. Auch wenn man sich darüber wundert, in diesem kleinen Zellkompartiment ist richtig was los!

> **Merke!**
>
> Im Mitochondrium laufen folgende Stoffwechselwege ab:
> – β-Oxidation der Fettsäuren,
> – Ketonkörperbildung,
> – Harnstoffzyklus (teilweise),
> – Porphyrinsynthese,
> – Citratzyklus und
> – Atmungskette.
> Im Mitochondrium findet dagegen NICHT statt:
> – Glykolyse und
> – Pentosephosphatweg.
> Diese befinden sich im Zytosol. Im Mitochondrium befinden sich somit auch keine Enzyme für diese Stoffwechselprozesse.

1.4.2   Transportsysteme

Ganz so einfach lässt sich das Mitochondrium von den Stoffwechselprodukten jedoch nicht um den Finger wickeln. Der Eintritt ins Kraftwerk ist nämlich erschwert. Aber wer so viele wertvolle Schätze beherbergt, muss sich eben ein bisschen verbarrikadieren.

Anders gesagt: Die **innere Mitochondrienmembran** ist für viele Stoffe nicht durchlässig. Zu den Stoffen, für die das Mitochondrium KEIN spezifisches Transportsystem besitzt, gehören
– Wasserstoffatome (in Form von NADH + H^+),
– Acetyl-CoA,
– Acyl-CoA und
– Oxalacetat.
Sie enthält jedoch spezifische Transportsysteme für die Moleküle
– ATP,
– Phosphat,
– Pyruvat,
– Malat,
– α-Ketoglutarat,
– Aspartat und
– Citrat.

> **Merke!**
>
> Die innere Mitochondrienmembran enthält **KEINE spezifischen Transportsysteme für NADH + H^+**. Diese befinden sich im Zytosol. Im Mitochondrium befinden sich somit keine Enzyme für diese Stoffwechselwege.

Mitochondrien sind von zwei Membranen umgeben. Die äußere Mitochondrienmembran ist jedoch sehr durchlässig und stellt daher für die hier besprochenen Stoffe kein Hindernis dar. Die Stoffe, für die die innere Membran undurchlässig ist, werden aber im Mitochondrium benötigt. Daher haben die Mitochondrien eine Umwegsstrategie entwickelt: Moleküle, die gebraucht werden, aber die innere Mitochondrienmembran nicht passieren können, werden zuvor in eine transportable Form umgewandelt.

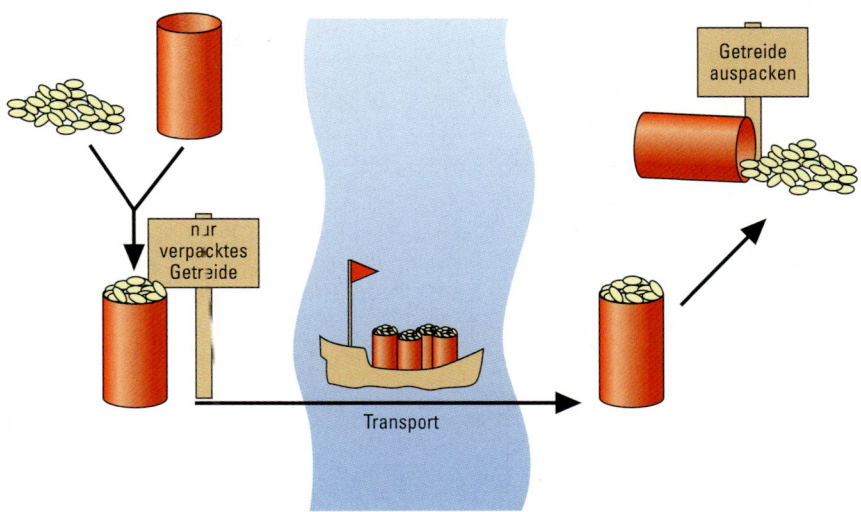

Abb. 22: Umwegsstrategie, veranschaulicht   *medi-learn.de/7-bc1-22*

Die Umwegsstrategie des Mitochondriums kannst du dir anhand eines Modells ganz leicht veranschaulichen:

Stelle dir einen Fluss vor, der nur von einem Schiff überquert werden kann. Ziel ist es, Getreide auf die andere Flussseite zu bringen. Da das Schiff aber nur verpacktes Getreide an nimmt, muss es vorher in Tonnen gefüllt werden. Das Getreide wird nun in Tonnen über den Fluss gebracht und auf der anderen Uferseite wieder ausgeschüttet. Damit ist es in seiner ursprünglichen Form am Zielort angelangt. Dem gleichen Prinzip folgt das Mitochondrium: Um auf die Innenseite der Membran zu gelangen, müssen sich die Moleküle in eine andere Form umwandeln lassen. Nur so können sie durch die Membran transportiert werden. Im Mitochondrium werden sie dann wieder in ihre ursprüngliche Form gebracht.

Jedes Molekül hat sein eigenes Transportsystem (s. Tab. 3, S. 17). Wichtig für das Thema biologische Oxidation ist vor allem der Transport der Wasserstoffatome, der gleich noch genauer besprochen wird.

Substrat ohne spezifisches Transportsystem	zuständiger Transporter
Wasserstoffatome	Malat-Shuttle, Glycerophosphat-Shuttle
Acetyl-CoA	Citrat-Shuttle
Acyl-CoA	Carnitin-Shuttle
Oxalacetat	Malat-Shuttle

Tab. 3: Mitochondriale Transportsysteme

Malat-Aspartat-Shuttle

Dieser Shuttle ist zuständig für den Transport von Wasserstoffatomen über die innere Mitochondrienmembran. Auch wenn er auf den ersten Blick etwas unübersichtlich erscheint, die Grafik (und damit auch der Shuttle) bekommt schnell Klarheit, wenn man den Zyklus einfach mal durchspielt:

Ziel ist es, die Wasserstoffatome auf die andere Seite zu transportieren. Begonnen wird mit der

1. Oxidation von NADH + H$^+$, wobei gleichzeitig Oxalacetat zu Malat reduziert wird (Enzym = Malatdehydrogenase zytosol).

1

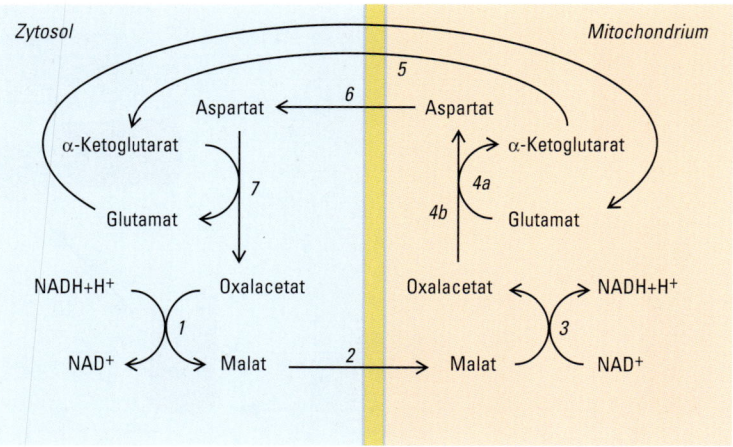

Abb. 23: Malat-Aspartat-Shuttle

medi-learn.de/7-bc1-23

2. Malat überquert mit dem Shuttle im Austausch mit α-Ketoglutarat die innere Mitochondrienmembran.

3. Im Mitochondrium findet nun die Rückführung von Schritt 1 statt, also die Reduktion von NAD$^+$ zu NADH + H$^+$, verbunden mit der Oxidation von Malat zu Oxalacetat (Enzym = Malatdehydrogenase mitoch.).

Der Transport von Wasserstoffatomen ins Mitochondrium ist damit schon abgeschlossen. Nun geht es um den Abtransport des Oxalacetats, das die innere Mitochondrienmembran nicht passieren kann. Dazu wird transaminiert:

4. NH$_3$ wird von Glutamat auf Oxalacetat übertragen, wodurch Glutamat zu α-Ketoglutarat desaminiert und gleichzeitig die frei werdende NH$_3$-Gruppe auf Oxalacetat übertragen wird, aus dem so Aspartat entsteht (Enzym: GOT = AST).

5. α-Ketoglutarat kann die innere Mitochondrienmembran überqueren.

6. Aspartat kann die innere Mitochondrienmembran überqueren.

7. Im Zytosol wird die Transaminierung wieder auf dem gleichen Weg rückgängig gemacht. Der Zyklus kann von Neuem beginnen.

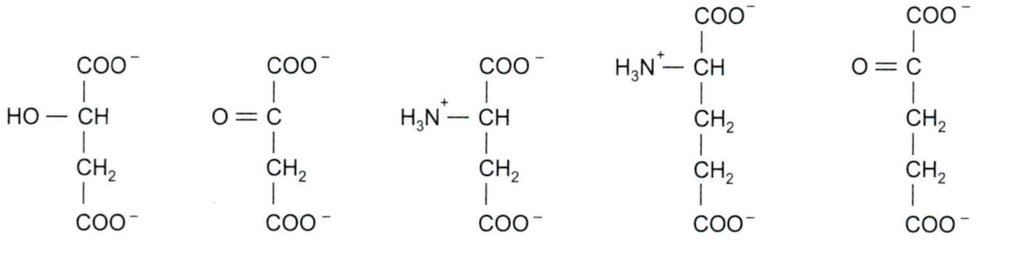

$$
\begin{array}{ccccc}
& & & \overset{\displaystyle COO^-}{|} & \overset{\displaystyle COO^-}{|} \\
\overset{\displaystyle COO^-}{|} & \overset{\displaystyle COO^-}{|} & \overset{\displaystyle COO^-}{|} & H_3N^+\!-CH & O=C \\
HO-CH & O=C & H_3N^+\!-CH & CH_2 & CH_2 \\
CH_2 & CH_2 & CH_2 & CH_2 & CH_2 \\
COO^- & COO^- & COO^- & COO^- & COO^- \\
\\
\text{Malat} & \text{Oxalacetat} & \text{Aspartat} & \text{Glutamat} & \text{α-Ketoglutarat}
\end{array}
$$

Abb. 24: Malat-Aspartat-Shuttle, beteiligte Moleküle

medi-learn.de/7-bc1-24

Falls du die einzelnen Übertragungsreaktionen genau nachvollziehen möchtest, sind hier die Moleküle mit Strukturformel aufgeführt: Die Malatdehydrogenase kommt sowohl in den Mitochondrien als auch im Zytosol vor.

Glycerophosphat-Shuttle

Auch dieser Shuttle dient dem Transport von Wasserstoffatomen. Dabei wird

1. NADH + H$^+$ oxidiert, die entstehenden Wasserstoffatome werden durch die zytoplasmatische Glycerophosphatdehydrogenase auf Dihydroxyacetonphosphat übertragen, wodurch α-Glycerophosphat entsteht.
2. An der Außenseite der inneren Mitochondrienmembran ist die mitochondriale Glycerophosphatdehydrogenase gebunden, die α-Glycerophosphat wieder zu Dihydroxyacetonphosphat oxidiert. Die dabei freiwerdenden Wasserstoffatome werden auf **FAD** übertragen, wodurch FADH$_2$ entsteht. Dieses fließt sofort in die Atmungskette.

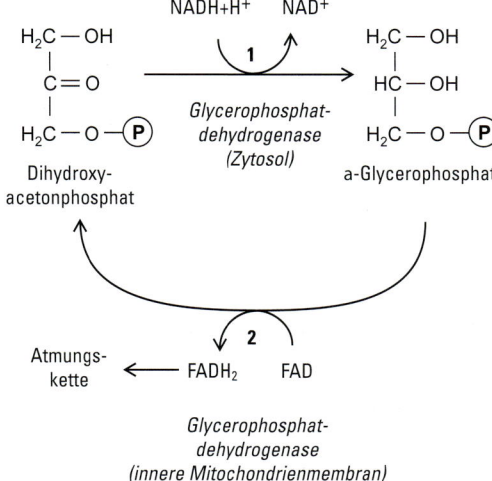

Abb. 25: Glycerophosphat-Shuttle

medi-learn.de/7-bc1-25

Bei diesem Shuttle findet keine Elektronenüberquerung der inneren Mitochondrienmembran statt.

> **Merke!**
>
> Die mitochondriale Glycerophosphatdehydrogenase bildet **FADH$_2$**.

Aus dem Bereich **Grundlagen** solltest du dir unbedingt merken, dass

– NAD^+ und $NADP^+$
  - aus Nicotinsäure/Nicotinamid (Niacin) und die wiederum aus Tryptophan synthetisiert werden können, sowie einen Pyridinring als Grundgerüst haben,
  - ein Hydrid-Ion transportieren, das von Nicotinamid akzeptiert wird,
  - lösliche Coenzyme sind.
  - NAD^+ Coenzym des katabolen Stoffwechsels ist und
  - $NADP^+$ Coenzym des anabolen Stoffwechsels ist.
– FAD und FMN
  - prosthetische Gruppen sind und
  - 2H übertragen.
– Coenzym A
  - als Baustein Pantothensäure und Cysteamin hat, die zusammen das Pantethein bilden und

- an der oxidativen Decarboxylierung von α-Ketosäuren beteiligt ist.
– Thiaminpyrophosphat Coenzym ist bei der
  - oxidativen Decarboxylierung von α-Ketosäuren und
  - Transketolase (im Pentosephosphatweg).
– das Mitochondrium u. a. folgende Stoffwechselkreisläufe beherbergt:
  - β-Oxidation der Fettsäuren,
  - Ketonkörperbildung,
  - Harnstoffzyclus (teilweise),
  - Porphyrinsynthese,
  - Citratzyklus und
  - Atmungskette.
– die innere Mitochondrienmembran KEINE spezifischen Transportsysteme für $NADH + H^+$ enthält.
– auf der mitochondrialen Seite durch die mitochondriale Glycerophosphatdehydrogenase $FADH_2$ gebildet wird.

In der mündlichen Prüfung werden häufig nachfolgende Fragen gestellt:

1. Bitte erläutern Sie, was exergone, was endergone Reaktionen sind. Wieso ist so etwas wichtig für die Biochemie?

2. Was sind Coenzyme? Definieren Sie bitte den Begriff, klassifizieren Sie diese und nennen Sie mir jeweils ein Beispiel.

3. Bitte erklären Sie, welche Stoffwechselwege im Mitochondrium stattfinden.

4. Welche Wege kennen Sie, um Wasserstoffatome über die innere Mitochondrienmembran zu transportieren?

5. Stichwort ATP, wie heißt das Molekül ausgeschrieben? Welche Rolle spielt es für den Stoffwechsel?

6. Wie ist der Aufbau von Adenosintriphosphat?

7. Wo wird ATP gebildet?

8. Welche Rolle spielt NADPH im Stoffwechsel?

9. Wo entsteht NADH im Stoffwechsel?

1. Bitte erläutern Sie, was exergone, was endergone Reaktionen sind. Wieso ist so etwas wichtig für die Biochemie?

Exergone Reaktionen sind Reaktionen, die Energie freisetzen, endergone Reaktionen sind solche, die Energie verbrauchen. Durch die Kopplung einer exergonen mit einer endergonen Reaktion ist der Ablauf von endergonen Reaktionen erst möglich. Auch in der Zelle ist dieser Zusammenhang wichtig: Nur durch die Spaltung von energiereichen Bindungen sind energieverbrauchende Prozesse wie z. B. die Proteinsynthese überhaupt möglich.

2. Was sind Coenzyme? Definieren Sie bitte den Begriff, klassifizieren Sie diese und nennen Sie mir jeweils ein Beispiel.

Coenzyme sind Hilfsmoleküle, die übertragene Gruppen vorübergehend übernehmen. Man kann lösliche Coenzyme und fest gebundene Coenzyme (prosthetische Gruppen) unterscheiden. Lösliche Coenzyme wie das NAD^+ und $NADP^+$ oder auch Ubichinon werden wie das Substrat gebunden, umgesetzt und anschließend wieder gelöst. Prosthetische Gruppen, wie das FAD und FMN oder auch Häm, bleiben fest am Enzym gebunden. Darüber hinaus kann man die Coenzyme noch in Redoxcoenzyme und gruppenübertragene Coenzyme unterteilen.

3. Bitte erklären Sie, welche Stoffwechselwege im Mitochondrium stattfinden.

β-Oxidation der Fettsäuren, Ketonkörperbildung, Harnstoffzyklus (teilweise), Porphyrinsynthese, Citratzyklus, Atmungskette.

4. Welche Wege kennen Sie, um Wasserstoffatome über die innere Mitochondrienmembran zu transportieren?

Es gibt zwei Wege, um Wasserstoffatome über die innere Mitochondrienmembran zu transportieren: Den Malat-Shuttle und den Glycerophosphat-Shuttle. Beim Malat-Shuttle wird $NADH + H^+$ im Zytosol oxidiert und die Redoxäquivalente auf Oxalacetat übertragen. Dadurch wird Oxalacetat zu Malat reduziert. Malat kann die innere Mitochondrienmembran passieren und überträgt die Wasserstoffatome wieder auf NAD^+.

5. Stichwort ATP, wie heißt das Molekül ausgeschrieben? Welche Rolle spielt es für den Stoffwechsel?

ATP bedeutet Adenosintriphosphat. Dieses Molekül hat eine besondere Rolle im Stoffwechsel, da es über energiereiche Phosphorsäureanhydridbindungen verfügt. Bei Bedarf können diese gespalten werden, sodass Energie für z. B. Synthesen in der Zelle zur Verfügung steht.

6. Wie ist der Aufbau von Adenosintriphosphat?

Adenosintriphosphat besteht aus dem Nucleosid Adenosin, deren 5'OH-Gruppe mit einer Kette aus drei Phosphat-Resten verknüpft ist. Zwischen der Ribose und dem „1." Phosphat der Kette ist eine Phophorsäureesterbindung, wohingegen die Phosphate untereinander über Phosphorsäureanhydridbindungen miteinander verknüpft sind.

7. Wo wird ATP gebildet?

ATP entsteht z. B. in der Glykolyse, in der Atmungskette und z. B. im Muskel durch die Kreatinkinase. Im Citratzyklus entsteht GTP.

8. Welche Rolle spielt NADPH im Stoffwechsel?

NADPH gehört zur Gruppe der Redoxcoenzyme. Es überträgt ein Hydrid-Ion. Im Gegensatz zu NADH spielt NADPH im anabolen Stoffwechsel eine wichtige Rolle, z. B. bei der Fettsäuresynthese, bei der Cholesterol-/Steroidsynthese und beim Pentosephosphatweg.

→ Aufbau von chemischen Verbindungen ± Ketabol → Abbau ...

9. Wo entsteht NADH im Stoffwechsel?

NADH entsteht in der Glykolyse, in der Pyruvatdehydrogenasereaktion, im Citratzyklus und in der Atmungskette.

Pause

Erstmal 10 Minuten Pause! Hier was zum
Grinsen für Zwischendurch ...

2   Pyruvatdehydrogenasereaktion (PDH)

 Fragen in den letzten 10 Examen: 6

Jetzt ist es endlich soweit: Die Grundlagen sind bewältigt und es geht ans Eingemachte. Den Anfang bildet die Pyruvatdehydrogenasereaktion. Bevor du dich jetzt mitten in die Reaktion stürzt, solltest du dir noch mal zwei Minuten Zeit nehmen und einen Blick auf die Übersichtsgrafik (s. Abb. 1, S. 1) werfen: Die Pyruvatdehydrogenasereaktion liegt direkt hinter der Glykolyse auf dem Kohlenhydratweg und, wie der Name schon vermuten lässt, ist ihr Startmolekül das Pyruvat. Hinter der Pyruvatdehydrogenasereaktion steht das Acetyl-CoA, welches in den Citratzyklus einfließt.

Die Pyruvatdehydrogenasereaktion führt also vom Pyruvat zum Acetyl-CoA. Diese Reaktion findet im **Mitochondrium** statt, ist **irreversibel** und wird katalysiert durch einen **Multienzymkomplex** (Pyruvatdehydrogenase, PDH) aus Enzymen und folgenden Coenzymen:

Coenzym	Merkspruch
Thiaminpyrophosphat	**Ti**ere
Liponamid	**li**eben
CoA	**Co**la und
FAD	**fa**ntastische
NAD⁺	**Na**hrung

Tab. 4: Coenzyme der PDH

Das Schöne an diesem Merkspruch ist, dass er auch gleichzeitig die Reihenfolge berücksichtigt, in denen die Coenzyme in der Reaktionskette gebraucht werden.

Merke!

Die Pyruvatdehydrogenasereaktion
– führt vom Pyruvat zum Acetyl-CoA,
– ist irreversibel und
– wird durch einen Multienzymkomplex katalysiert.

2.1   Ablauf der Pyruvatdehydrogenasereaktion

Um die Pyruvatdehydrogenasereaktion etwas zu systematisieren, kannst du sie gedanklich in drei Abschnitte unterteilen:
1. Pyruvat (C_3-Körper) wird decarboxyliert, CO_2 wird frei und es entsteht ein C_2-Rest.
2. der C_2-Rest wird auf CoA übertragen, wodurch Acetyl-CoA entsteht.
3. die von der Reaktion genutzten Coenzyme werden regeneriert.

2.1.1   PDH-Reaktion Teil 1: Decarboxylierung

Die Decarboxylierung erfolgt in zwei Teilschritten:
1. Pyruvat wird an Thiaminpyrophosphat gebunden und
2. Pyruvat wird decarboxyliert.
Übrig bleibt ein C_2-Körper am Thiaminpyrophosphat, genauer: ein an Thiaminpyrophosphat gebundenes Acetaldehyd.

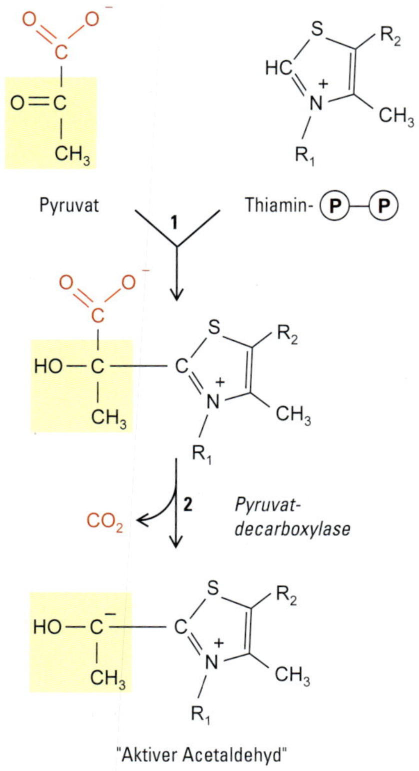

2

Abb. 26: Pyruvatdehydrogenasereaktion Teil 1

medi-learn.de/7-bc1-26

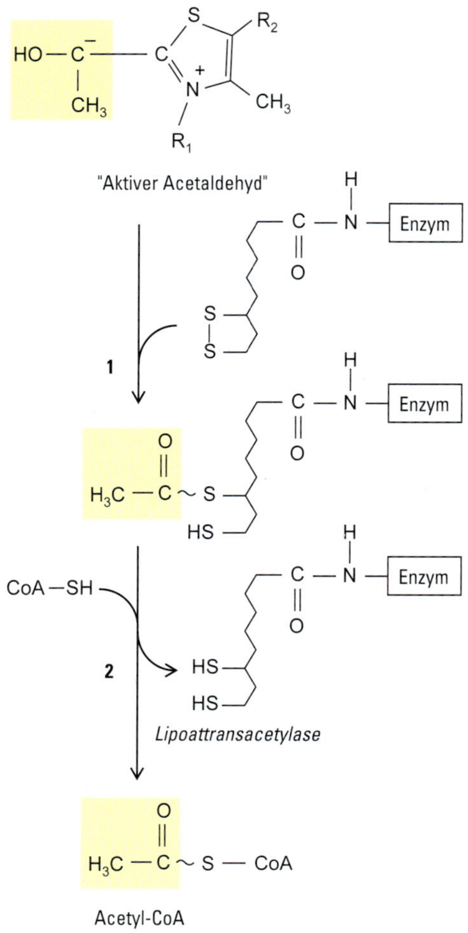

2.1.2 PDH-Reaktion Teil 2: CoA-Anhängung

Auch das Anhängen von CoA benötigt zwei Schritte:

1. Der C_2-Körper wird von Liponamid über-nommen und dabei dehydriert, wodurch ein Acetyl-Rest entsteht, genauer: ein mit Liponamid verestertes Acetat.
2. Der Acetyl-Rest wird auf CoA übertragen und es entsteht Acetyl-CoA. Wie in 1.3.2, S. 6 bereits erklärt, ist dies ein energiereicher Thioester.

Die Liponsäure liegt jetzt im reduzierten (hy-drierten) Zustand als Dihydroliponamid vor.

Abb. 27: Pyruvatdehydrogenasereaktion Teil 2

medi-learn.de/7-bc1-27

2.1.3 PDH-Reaktion Teil 3: Regeneration der Coenzyme

Und wie sollte es anders sein, auch dieser Teil enthält zwei Schritte:

1. Dihydroliponamid wird durch FAD zu Lipon-säure oxidiert (dehydriert).
2. $FADH_2$ wird durch NAD oxidiert. Es entsteht $NADH + H^+$.

Abb. 28: Pyruvatdehydrogenasereaktion Teil 3

medi-learn.de/7-bc1-28

Eigentlich solltest du an dieser Stelle stutzen. FAD hat nämlich ein positiveres Redoxpotenzial (s. S. 10) als NAD^+ und ist daher normalerweise NICHT in der Lage, NAD^+ zu NADH und H^+ zu reduzieren. Der Grund, warum es hier dennoch geht, ist das FAD-tragende Enzym selbst: Die Dihydroliponamid-Dehydrogenase hat ein negativeres Redoxpotenzial als das NAD^+/NADH und kann folglich etwas, was die anderen FAD-Enzyme nicht können: Sie reduziert NAD^+ mit $FADH_2$.

2.1.4 Gesamtablauf der PDH-Reaktion

Nach der Besprechung der Pyruvatdehydrogenasereaktion kommen ihre Reaktionen nun der besseren Übersicht zuliebe noch mal komplett zum Lernen:

1. Pyruvat wird an Thiaminpyrophosphat gebunden.
2. Es folgt eine Decarboxylierung.
3. Der C_2-Körper wird an Liponsäure gebunden und dabei zu einem Acetyl-Rest oxidiert.
4. Der Acetyl-Rest wird an CoA gebunden.
5. Dihydroliponamid wird durch FAD oxidiert.
6. $FADH_2$ wird durch NAD^+ oxidiert.

Folgende Fakten solltest du dir unbedingt merken:

– Pyruvat + CoA + NAD^+ reagieren zu Acetyl-CoA + CO_2 + NADH + H^+.
– Thiaminpyrophosphat wird unbedingt gebraucht; bei Vitamin B_1-Mangel kommt es daher zu einer Störung der Pyruvatverwertung.
– CoA ist ebenfalls essenziell.
– **$FADH_2$ kann ausnahmsweise mit NAD^+ regeneriert** werden (es werden beide Coenzyme benötigt).
– Die Pyruvatdehydrogenasereaktion ist **irreversibel**.

Die Pyruvatdehydrogenasereaktion hat noch einen Zweitnamen: Pyruvat ist eine α-Ketosäure und in dieser Reaktion finden eine Dehydrierung (Oxidation) und eine Decarboxylierung statt. Daher lautet der Zweitname: Oxidative Decarboxylierung von α-Ketosäuren, oder auch noch genauer: Dehydrierende Decarboxylierung von α-Ketosäuren. Dieser Begriff ist allgemeiner und umfasst z. B. auch die Decarboxylierung von α-Ketoglutarat, die im Citratzyklus eine wichtige Rolle spielt und die gleichen Coenzyme benötigt (s. 3.1.1, S. 29).

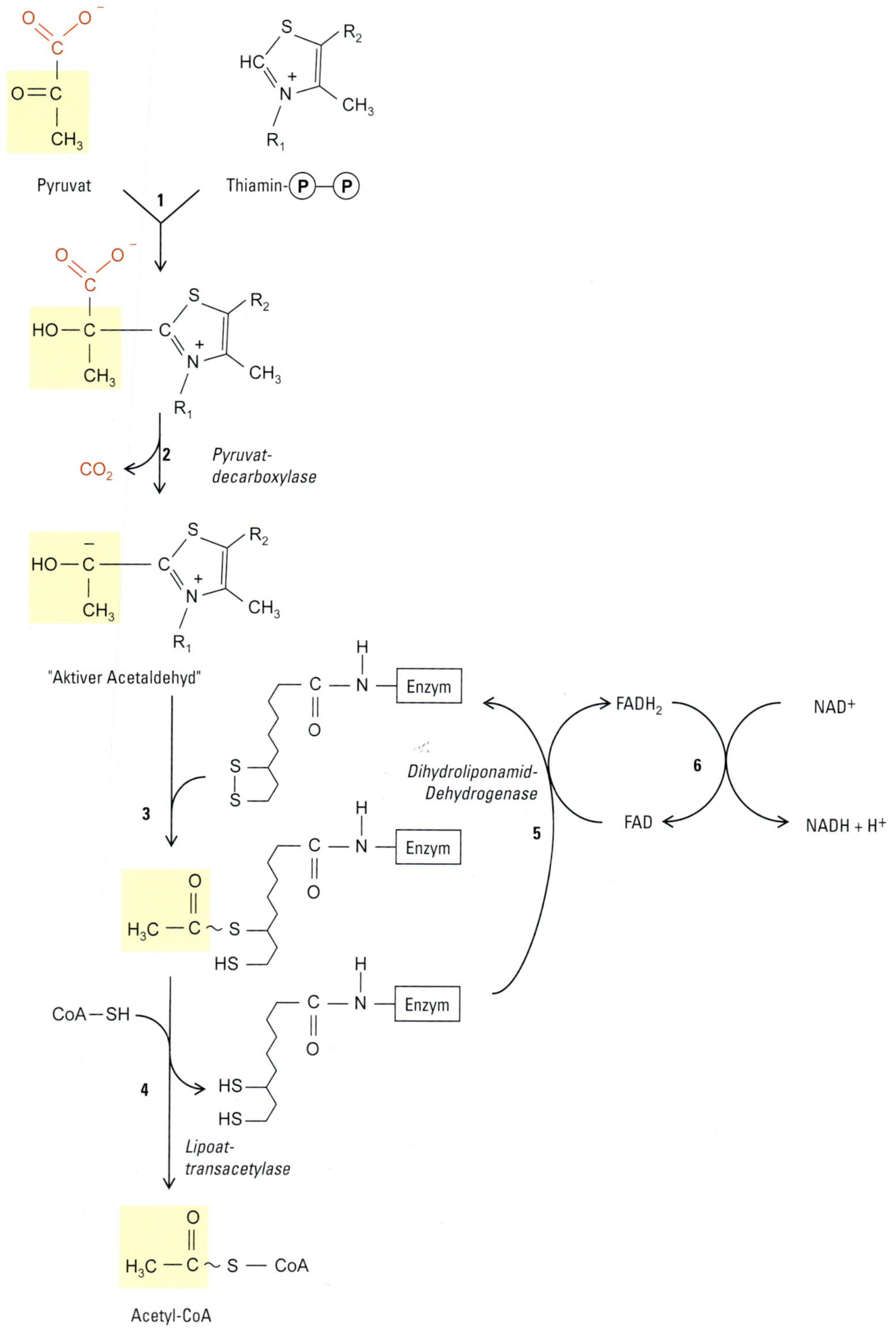

2

Abb. 29: Pyruvatdehydrogenasereaktion komplett

medi-learn.de/7-bc1-29

Übrigens …

Die Pyruvatdehydrogenasereaktion ist irreversibel. Eine Tatsache, die man nicht oft genug betonen kann, da sie weitreichende Konsequenzen hat: Sie ist z. B. die Begründung dafür, weshalb **Fett nicht mehr in Glucose umgewandelt werden kann**. Im Physikum wird dieser Fakt immer wieder versteckt gefragt und mit ein bisschen Logik kannst du dir damit das Lernen vieler Details ersparen.

Merke!

Acetyl-CoA kann **niemals** zu Pyruvat carboxyliert werden; nicht, wenn es dem Citratzyklus entnommen wird und auch nicht für die Gluconeogenese.

2.2   Regulation

Die Pyruvatdehydrogenase ist ein Multienzymkomplex, von dem es eine aktive und eine inaktive Form gibt. Die aktive Form des Enzyms ist aber nicht unbedingt mit „funktionsfähig" gleichzusetzen, da sie auch gehemmt sein kann. Das klingt zunächst etwas unlogisch, ist jedoch anhand eines Modells gut zu veranschaulichen: Bei einem Auto gibt es zwei Zustandsformen: Es ist entweder an- oder ausgeschaltet. Wenn es ausgeschaltet ist, fährt es auf gar keinen Fall (es ist also inaktiv). Wenn es angeschaltet ist, kann es fahren (es ist somit aktiv). Hängt an diesem Auto noch ein Anhänger, kann es dementsprechend nur langsamer fahren. Es ist zwar aktiv, aber gehemmt, also in der Funktion eingeschränkt.

Zurück zur Pyruvatdehydrogenase: Die Pyruvatdehydrogenase wird in Ermangelung eines Zündschlüssels mit einem Phosphatrest an- und abgeschaltet:

– Die **Pyruvatdehydrogenase** ist **aktiv**, wenn sie **dephosphoryliert** ist (ohne Phosphatrest).

– Die Pyruvatdehydrogenase ist inaktiv, wenn sie phosphoryliert ist (mit Phosphatrest).

– Die **Pyruvatdehydrogenase** wird **gehemmt** durch **Acetyl-CoA, NADH + H⁺ und ATP**.

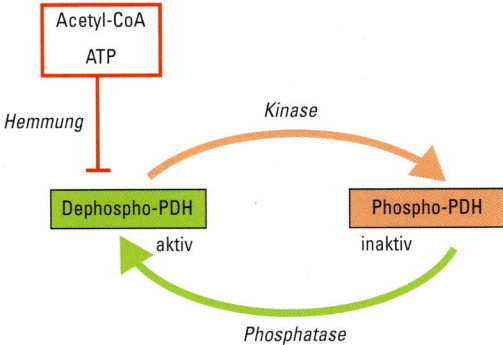

Abb. 30: Pyruvatdehydrogenasereaktion: Regulation

medi-learn.de/7-bc1-30

Die Pyruvatdehydrogenase ist also nicht nur ein Multienzymkomplex, sondern sie enthält sogar noch ihre eigenen Regulationsenzyme. Der Komplex ist aktiv, wenn er dephosphoryliert ist und inaktiv, wenn er phosphoryliert ist. Diese Interkonvertierung (reversible enzymatische Modifikation) findet innerhalb des Multienzymkomplexes statt und ist NICHT cAMP-gesteuert wie die meisten anderen Enzymregulationen. Die Phosphorylierung der Pyruvatdehydrogenase findet an einem Serylrest statt (danach ist im schriftlichen Examen bis jetzt einmal gefragt worden). Die Hemmung der Pyruvatdehydrogenase durch Acetyl-CoA und ATP hat durchaus seinen Grund: Diese beiden Moleküle signalisieren Energieüberschuss. In dieser Situation macht ein weiterer Pyruvatabbau keinen Sinn. Pyruvat kann jetzt viel besser zur Gluconeogenese genutzt werden.

Merke!

– Die **Interkonvertierung** der PDH ist **NICHT cAMP** gesteuert, sondern integraler Bestandteil des PDH-Komplexes.
– Die PDH ist in **dephosphorylierter** Form **aktiv**.
– **ATP und Acetyl-CoA hemmen** die aktive PDH.

3 Citratzyklus

📊 Fragen in den letzten 10 Examen: 13

Dir mag er in der Schule schon begegnet sein, im Bio-LK musstest du ihn vielleicht schon lernen und erinnerst dich mit Grausen an dieses Wirrwarr von Molekülen, die ineinander umgewandelt werden, ohne dahinter einen wirklichen Sinn zu sehen. Doch wie so oft, ist es beim näheren Hinschauen gar nicht mehr so schlimm: Im Citratzyklus wird nämlich einfach der letzte Schritt der Nahrungsverwertung vollzogen und die dabei entstehende **Energie** in Form von **NADH + H⁺ und FADH₂** gespeichert. Zudem ist er auch nicht ganz so unübersichtlich, wie er im ersten Moment scheinen mag, denn du kannst ihn sehr gut systematisieren (s. 3.1, S. 29).

Bevor es gleich zu den einzelnen Reaktionen geht, solltest du wieder einen Blick auf die Übersicht (s. Abb. 1, S. 1) werfen. Der Citratzyklus bildet einen Pool, in den die Abbauwege der drei Hauptnährstoffe münden:

– Die Fette werden über die β-Oxidation zu Acetyl-CoA abgebaut.
– Die Kohlenhydrate werden über die Glykolyse und die Pyruvatdehydrogenasereaktion zu Acetyl-CoA abgebaut.
– Die meisten Proteine/Aminosäuren fließen über die Pyruvatdehydrogenasereaktion oder direkt in den Citratzyklus ein.

Im Citratzyklus wird dieses Acetyl-CoA zu CO_2 und Energie oxidiert, oder genauer: Im Citratzyklus wird Acetyl-CoA oxidiert zu CoA-SH, CO_2 und Reduktionsäquivalenten in Form von NADH + H⁺ und FADH₂.

Er findet – wie auch die Pyruvatdehydrogenasereaktion – innerhalb der Mitochondrien statt und wird auch als Drehscheibe des Stoffwechsels bezeichnet. Der Grund dafür sind seine zahlreichen Zwischensubstrate, die sowohl Ausgangsmaterial für Synthesen als auch Endprodukte von Abbauwegen sind.

Merke!

– Der Citratzyklus ist die Drehscheibe des Stoffwechsels.
– Acetyl-CoA wird zu 2 CO_2 und Energie „abgebaut".
– Der Citratzyklus ist im Mitochondrium lokalisiert.
– Er ist die Endstrecke der Nahrungsmittelverwertung.

Dieses Kapitel handelt im Einzelnen von
– dem Ablauf, oder was während des Zyklus passiert,
– der Energiebilanz, oder was bei dem ganzen Zirkus rausspringt,
– seiner Regulation,
– seinen anabolen Aufgaben und
– den anaplerotischen Reaktionen (der Nahrung für den Citratzyklus).

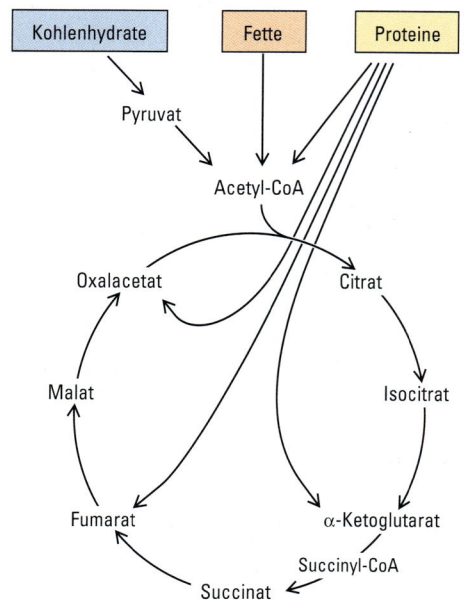

Abb. 31: Citratzyklus, Überblick

medi-learn.de/7-bc1-31

3.1 Der Ablauf – oder: Was passiert hier eigentlich?

Wozu so viele Zwischenschritte, wenn letzten Endes nur ein kleines Acetyl-CoA zu CO_2 abgebaut wird? Nun, das ist eben nicht alles. Die Zelle hat mit diesem Zyklus mehrere Möglichkeiten:
- Sie speichert die freiwerdende Energie in Form der Reduktionsäquivalente NADH + H$^+$ und FADH$_2$.
- Sie startet von diesem Zyklus aus zahlreiche Synthesewege (anabole Aufgaben, s. 3.4, S. 36).

Um die ganze Bandbreite seiner Funktionen zu verstehen, bleibt dir nichts anderes übrig, als dir den genauen Ablauf des Citratzyklus anzusehen.

Dazu erst mal wieder ein kleines Modell (s. Abb. 32, S. 29). Stelle dir vor:
- Molekül 1 (rund, hellblau) soll abgebaut werden.
- Dies geht nur, wenn Molekül 2 (rechteckig, dunkelblau) dabei ist.
- Beide Moleküle lagern sich also aneinander und
- werden gemeinsam gespalten.
- Molekül 1 ist abgebaut,
- Molekül 2 muss regeneriert werden.

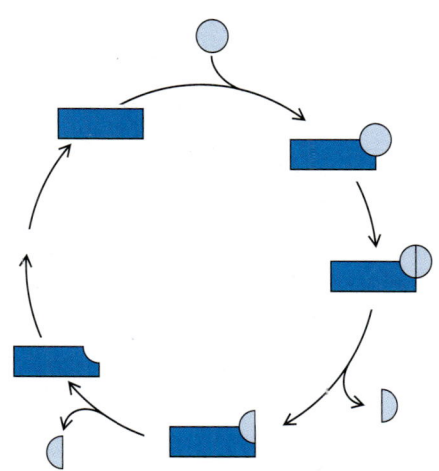

Abb. 32: Citratzyklus, Schema

medi-learn.de/7-bc1-32

Soviel zum Modell, jetzt zur Realität: Auch Acetyl-CoA wird nicht alleine abgebaut. Im ersten Teil des Citratzyklus lagert es sich mit Oxalacetat zu Citrat zusammen und der Acetyl-Rest wird abgebaut. Dabei entsteht Succinat. Im zweiten Teil muss Oxalacetat aus Succinat dann wieder regeneriert werden.

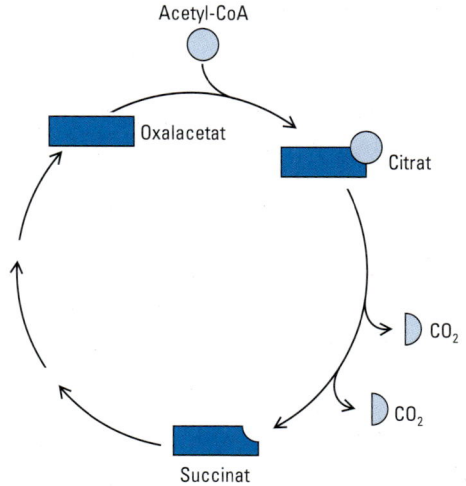

Einteilung des Citratzyklus in zwei Teile:
1. Abbau von Acetyl-CoA und Bildung von Succinat.
2. Regeneration von Oxalacetat aus Succinat.

Abb. 33: Grundgerüst Modell Citratzyklus

medi-learn.de/7-bc1-33

3.1.1 Teil 1 des Citratzyklus: Acetyl-CoA-Abbau

Im ersten Teil des Citratzyklus – dem Acetyl-CoA-Abbau – passiert grob folgendes:
- Oxalacetat und Acetyl-CoA kondensieren zu Citrat.
- Es wird zweimal decarboxyliert (– 2CO_2).
- Es entsteht Succinat.

Nun kommen die einzelnen Schritte en detail:

Schritt 1: Die Kondensation

Dabei verknüpft die Citrat-Synthase Oxalacetat und Acetyl-CoA zu Citrat.

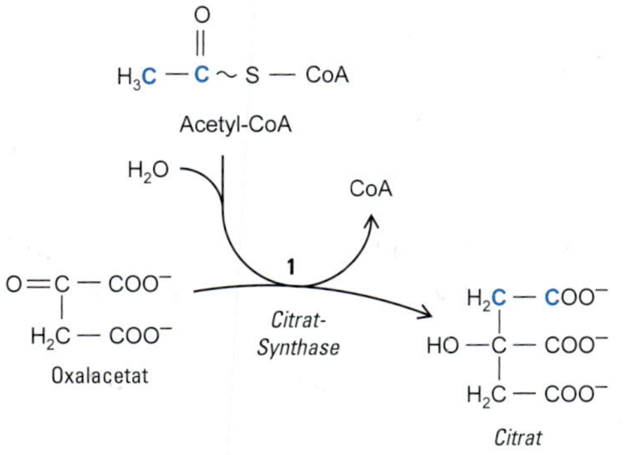

$$H_3C - \overset{\overset{\displaystyle O}{\|}}{C} \sim S - CoA$$

Acetyl-CoA

$$O = C - COO^-$$
$$H_2C - COO^-$$
Oxalacetat

Citrat-Synthase — **1**

H_2O → CoA

$$H_2C - COO^-$$
$$HO - C - COO^-$$
$$H_2C - COO^-$$
Citrat

Abb. 34: Citratzyklus, Schritt 1

medi-learn.de/7-bc1-34

3

Schritt 2: Die Isomerisierung

Hier wird Citrat zu Isocitrat umgelagert.

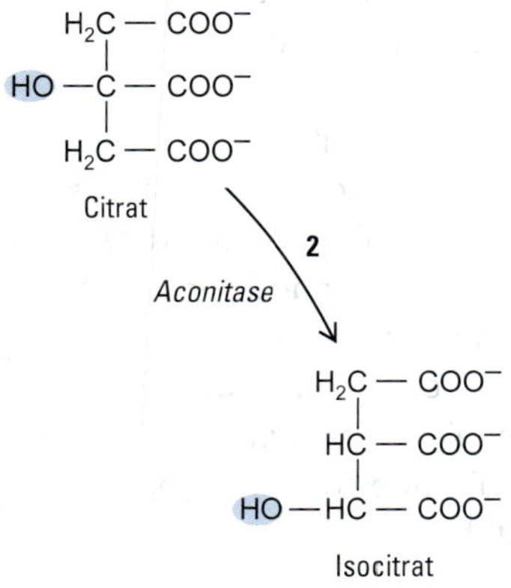

$$H_2C - COO^-$$
$$HO - C - COO^-$$
$$H_2C - COO^-$$
Citrat

Aconitase — **2**

$$H_2C - COO^-$$
$$HC - COO^-$$
$$HO - HC - COO^-$$
Isocitrat

Abb. 35: Citratzyklus, Schritt 2

medi-learn.de/7-bc1-35

Übrigens ...
Im Physikum bitte nicht aufs Glatteis führen lassen: Dieser Schritt ist nicht besonders aufregend, es findet wirklich nur eine **Umlagerung** statt.

Schritt 3: Die Dehydrierung und Decarboxylierung

– Isocitrat wird jetzt decarboxyliert und dehydriert.
– Die Wasserstoffatome werden auf **NAD$^+$** übertragen.

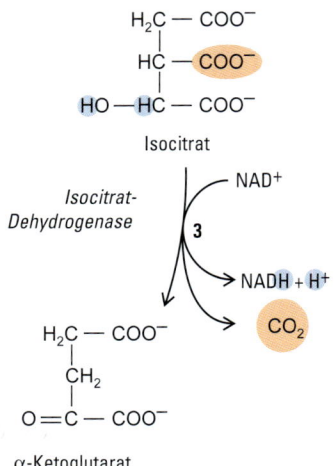

$$H_2C - COO^-$$
$$HC - COO^-$$
$$HO - HC - COO^-$$
Isocitrat

Isocitrat-Dehydrogenase — **3**

NAD^+ →

→ $NADH + H^+$

CO_2

$$H_2C - COO^-$$
$$CH_2$$
$$O = C - COO^-$$
α-Ketoglutarat

Abb. 36: Citratzyklus, Schritt 3 *medi-learn.de/7-bc1-36*

– Dabei entsteht α-Ketoglutarat,
– das Enzym heißt Isocitratdehydrogenase.

Schritt 4: Die oxidative Decarboxylierung von α-Ketoglutarat

Dieser Schritt sollte dir schon bekannt vorkommen: Es ist der gleiche Mechanismus wie bei der Pyruvatdehydrogenasereaktion mit allen dazugehörigen Enzymen und Coenzymen, wie z. B. dem Liponsäureamid und Thiaminpyrophosphat (s. Tab. 4, S. 23). Der einzige Unterschied liegt im Grundgerüst der Kohlenstoffkette, die hier eben eine CH_2-Gruppe länger ist und am Ende noch eine zusätzliche Carboxylgruppe trägt.

– Auch α-Ketoglutarat wird decarboxyliert (CO_2 wird freigesetzt) und dehydriert.
– Die Wasserstoffatome werden ebenfalls auf NAD^+ übertragen.
– Das Reaktionsprodukt wird an CoA gehängt, wodurch Succinyl-CoA entsteht.
– Das Enzym ist die α-Ketoglutaratdehydrogenase.

Das bei Schritt vier entstehende Succinyl-CoA hat auch eine sehr zentrale Stoffwechselrolle: Succinyl-CoA

– ist ein Metabolit des Citratzyklus (α-Ketoglutaratdehydrogenase, Succinyl-CoA-Synthetase = Succinat-Thiokinase)

– ist ein Baustein für die Porphyrinsynthese (δ-Aminolävulinat-Synthase)
– ist wichtig für den Fettstoffwechsel: es ist beteiligt
  - am Abbau der ungeradzahligen Fettsäuren (L-Methyl-Malonyl-CoA-Isomerase) über Propionsäure (NICHT der geradzahligen)
  - am Abbau von Ketonkörpern (3-Ketoacyl-CoA-Transferase)

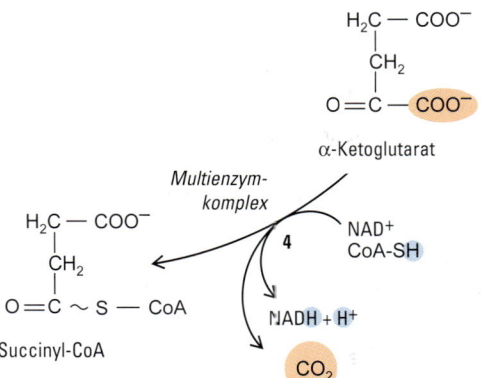

Abb. 37: Citratzyklus, Schritt 4 *medi-learn.de/7-bc1-37*

Schritt 5: Die Abspaltung von CoA

– Von Succinyl-CoA wird das CoA abgespalten, wobei eine energiereiche Thioesterbindung aufbricht (s. 1.3.2, S. 6).
– Die dabei frei werdende Energie wird zur GTP-Synthese genutzt. Diese Form der Bildung eines energiereichen Triphosphats bezeichnet man als **Substratkettenphosphorylierung** (vgl. 4.4, S. 50).
– Das zuständige Enzym ist die Succinyl-CoA-Synthetase = Succinat-Thiokinase.

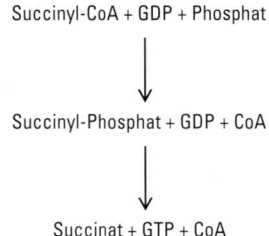

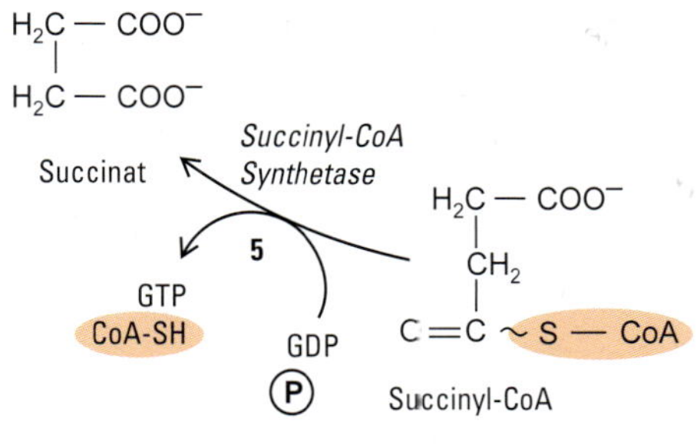

Abb. 38: Citratzyklus, Schritt 5 *medi-learn.de/7-bc1-38*

Hier ein Exkurs zur Substratkettenphosphorylierung fürs Mündliche:

Beim Abbau von Nährstoffen gibt es im Körper zwei Mechanismen zur ATP-Synthese aus ADP und Phosphat:
1. die Substratkettenphosphorylierung und
2. die oxidative Phosphorylierung (Atmungskette, s. 4.4, S. 50)

Die Substratkettenphosphorylierung trägt ihren Namen aus dem Grund, da die Phosphorylierung von ADP während Teilschritten von Stoffwechselwegen (Substratketten) stattfindet. Dies passiert
– in der Glykolyse (Enzym = 3-Phosphoglycerat-Kinase) und
– im Citratzyklus (Vorsicht, hier wird GTP gebildet!)

Auf den Mechanismus der GTP-Synthese gehen wir jetzt mal genauer ein:

Succinyl-CoA enthält eine energiereiche Thioesterbindung. Im bereits beschriebenen Reaktionsschritt wird diese Bindung gespalten und die dabei frei werdende Energie zur Knüpfung von Phosphat an Succinyl verwendet, CoA wird dabei freigesetzt. Dieses Phosphat wird in einer zweiten Reaktion von Succinyl-Phosphat auf GDP übertragen, wobei Succinat und GTP entstehen.

Succinyl-CoA + GDP + Phosphat

$\downarrow$

Succinyl-Phosphat + GDP + CoA

$\downarrow$

Succinat + GTP + CoA

Abb. 39: Genauer Mechanismus der GTP-Synthese

medi-learn.de/7-bc1-39

Zusammenfassung Citratzyklus Teil 1

– Im ersten Schritt wird ein Acetyl-CoA in den Citratzyklus gebracht.
– Acetyl-CoA wird formal vollständig zu 2 CO_2 oxidiert (Acetyl-CoA löst sich also quasi in Luft auf ...).

- Es entsteht Succinat, 2 NADH + H$^+$ und 1 GTP.
- Citrat wird nur **umgelagert** zu Isocitrat, es findet KEINE Oxidation oder sonstige Reaktion statt.
- Die Isocitratdehydrogenase verwendet NAD$^+$ als Coenzym.
- Die **dehydrierende Decarboxylierung von α-Ketoglutarat** entspricht dem **Mechanis-mus der Pyruvatdehydrogenasereaktion** mit allen dort verwendeten Coenzymen (ab S. 23).
- Succinyl-CoA wird durch die Succinyl-CoA-Synthetase = Succinat-Thiokinase umgesetzt.
- Regeneration ist die Aufgabe von Teil 2 des Citratzyklus.

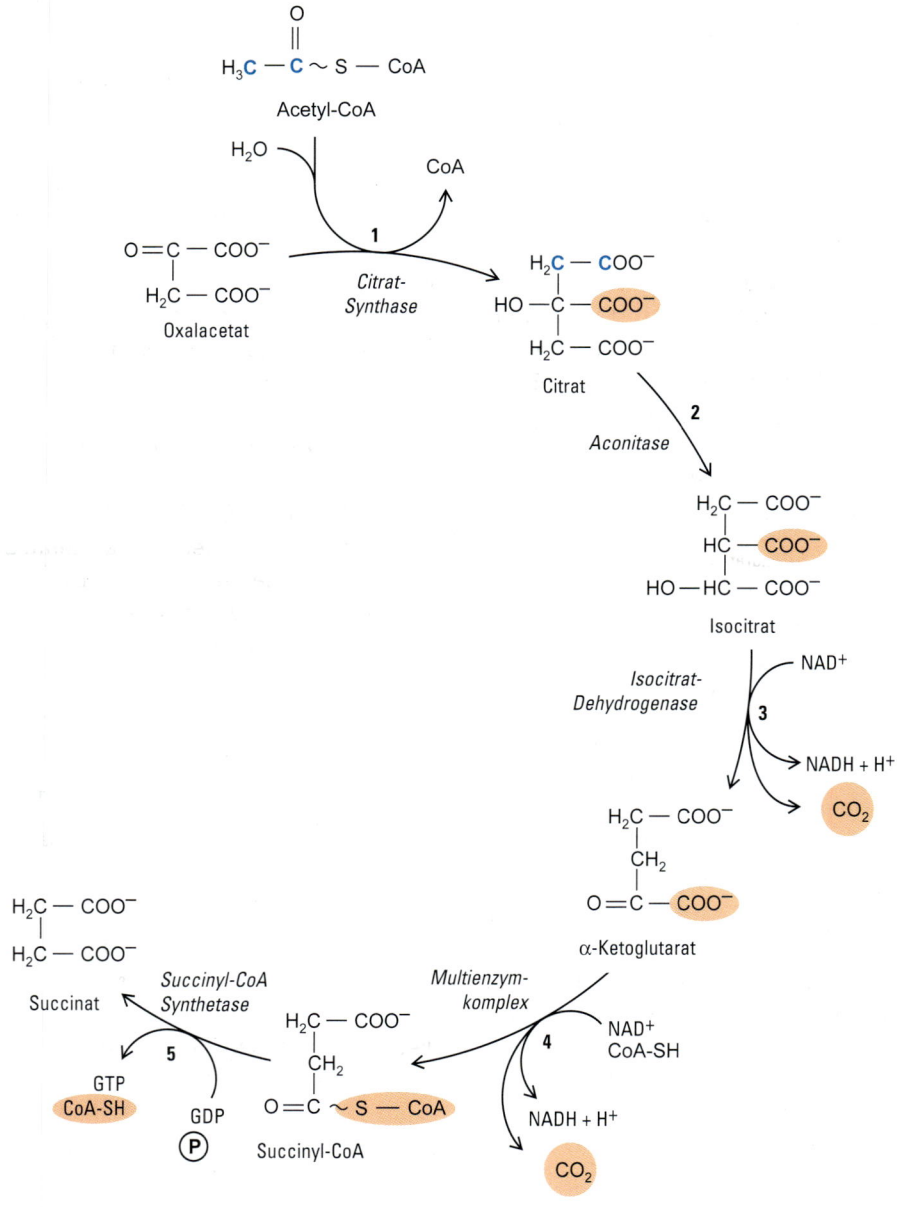

Abb. 40: Citratzyklus Teil 1

3.1.2   Teil 2 des Citratzyklus: Oxalacetat-Regeneration

Zyklen haben die Eigenschaft, dass sie immer wieder von vorne anfangen. Für den Citratzyklus bedeutet das, dass er vom Succinat wieder zu seinem Ausgangsmolekül – dem Oxalacetat – kommen muss. Den Mechanismus kennst du vielleicht schon: Es sind die ersten drei Reaktionen der β-Oxidation (s. Skript Biochemie 7). Die Regenerationsschritte des Citratzyklus sehen so aus:

Schritt 6: Die Oxidation

Hier wird zunächst Succinat dehydriert (Oxidation) und die **Wasserstoffatome auf FAD** übertragen. Dabei entsteht die **ungesättigte** Verbindung Fumarat und FADH$_2$. Das Enzym ist die **Succinatdehydrogenase**.

HC — COO$^-$
||
$^-$OOC — CH

Fumarat

FADH$_2$

Succinat-Dehydrogenase

6

FAD

H$_2$C — COO$^-$
|
H$_2$C — COO$^-$

Succinat

Abb. 41: Citratzyklus, Schritt 6

medi-learn.de/7-bc1-41

Die Succinatdehydrogenase katalysiert den ersten Schritt der Regeneration im Citratzyklus und ist Teil des Komplexes II der Atmungskette (s. Abb. 50, S. 45). Daher ist dieser Schritt besonders wichtig.
Zur Erinnerung: FAD/FADH$_2$ sind prosthetische Gruppen, die riboflavinhaltig sind.

Schritt 7: Die Addition

Durch Addition von H$_2$O (Hydratisierung) wird Fumarat zu Malat.

HO—HC — COO$^-$
|
H$_2$C — COO$^-$

L-Malat

H$_2$O   7   *Fumarase*

HC — COO$^-$
||
$^-$OOC — CH

Fumarat

Abb. 42: Citratzyklus, Schritt 7

medi-learn.de/7-bc1-42

Das im Harnstoffzyclus gebildete Fumarat fließt hier zur Regeneration in den Citratzyklus ein.

Schritt 8: Die Oxidation

Im letzten Schritt entsteht durch Dehydrierung von Malat wieder Oxalacetat. Die Reduktionsäquivalente werden dabei auf NAD$^+$ übertragen, das durchführende Enzym ist die Malatdehydrogenase.

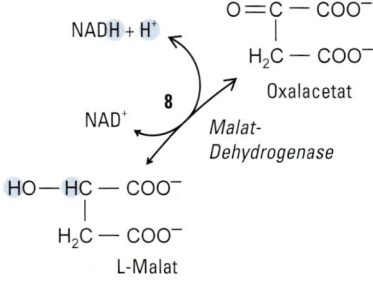

NADH + H$^+$

O=C — COO$^-$
|
H$_2$C — COO$^-$

Oxalacetat

NAD$^+$ 8   *Malat-Dehydrogenase*

HO—HC — COO$^-$
|
H$_2$C — COO$^-$

L-Malat

Abb. 43: Citratzyklus, Schritt 8

medi-learn.de/7-bc1-43

Die Reaktion ist die gleiche wie beim Malat-Shuttle (s. S. 18).

Zusammenfassung Citratzyklus Teil 2

– Oxalacetat wird regeneriert.
– Es entsteht 1 $FADH_2$ und 1 NADH + H^+.
– Die Succinatdehydrogenase ist FAD-abhängig.

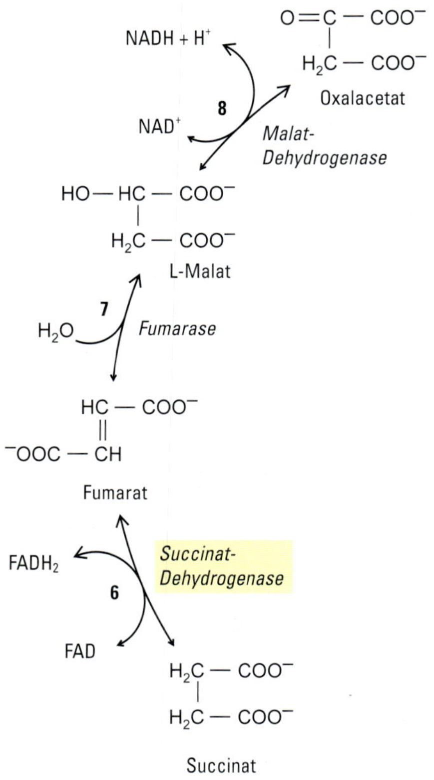

Abb. 44: Citratzyklus Teil 2   *medi-learn.de/7-bc1-44*

Übrigens …

– Im Citratzyklus wird Acetyl-CoA formal vollständig zu 2 CO_2 oxidiert. In der Tat bildet der Citratzyklus zusammen mit der Pyruvatdehydrogenasereaktion mit Abstand den größten Anteil des 1 kg Kohlendioxid, das täglich über die Lunge abgeatmet wird.
– Nicht nur, wenn du ein passionierter Bastler bist, empfiehlt sich folgendes Vorgehen, um das Erlernen des Citratzyklus etwas zu erleichtern und ein bisschen amüsanter zu gestalten: Die einzelnen Substrate des Zyklus aufzeichnen, die Moleküle mischen und daraus versuchen, den Zyklus wieder zu rekonstruieren.

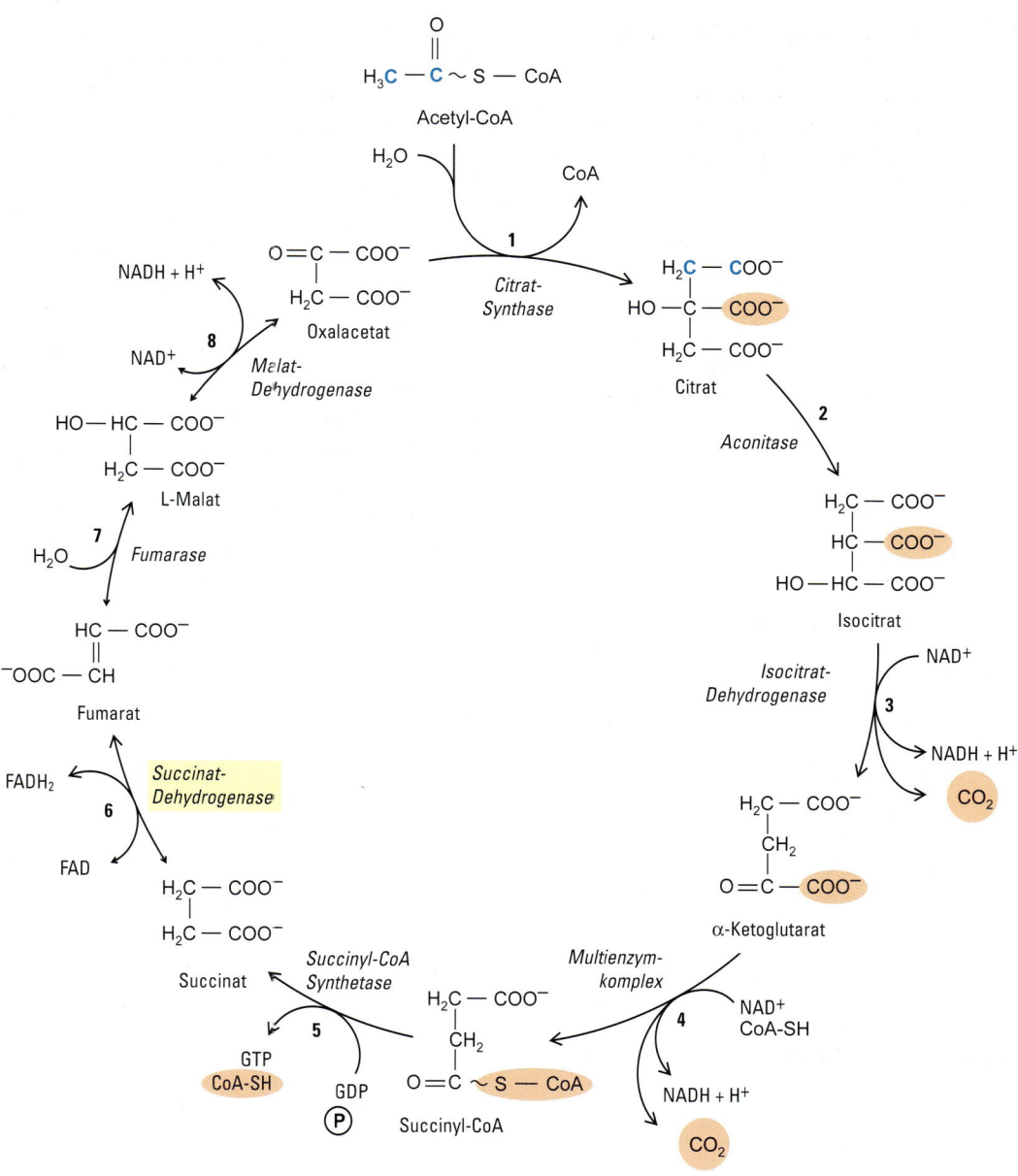

Abb. 45: Citratzyklus gesamt

medi-learn.de/7-bc1-45

3.2 Die Energiebilanz – oder: Was springt bei dem ganzen Zirkus raus?

Wenn man die während des Ablaufs entstandenen reduzierten Coenzyme zusammenzählt, kommt man auf:

– 3 NADH + H⁺ =
  • 1 NADH + H⁺ Isocitratdehydrogenase

  • 1 NADH+H⁺α-Ketoglutaratdehydrogenase
  • 1 NADH + H⁺ Malatdehydrogenase
– 1 FADH₂ Succinatdehydrogenase

Durch die Oxidation dieser Redoxcoenzyme in der Atmungskette werden daraus ca. 9 ATP synthetisiert (s. 4.5, S. 50). Dazu addiert sich noch das GTP, dessen Synthese durch die Succinyl-CoA-Synthetase = Succinat-Thiokinase katalysiert wird (s. Abb. 38, S. 31) und das energetisch einem ATP entspricht.

Pro Citratzyklus entstehen also durch die Oxidation der reduzierten Coenzyme in der Atmungskette mit dem dazugerechneten GTP **pro durchgesetztem Acetyl-CoA 10 Moleküle ATP**.

> **Merke!**
>
> Die Oxidation von 1 Acetyl-CoA im Citratzyklus führt zur Bildung von 10 ATP.

3.3 Citratzyklus-Regulation

Es gibt mehrere Enzyme, an denen die Umsatzgeschwindigkeit des Citratzyklus reguliert wird. Drei von ihnen sind im Physikum schon mal gefragt worden:

Diese drei Enzyme sind:

1. Die Citrat-Synthase, also das Enzym, das den ersten Schritt des Citratzyklus katalysiert:
   Oxalacetat + Acetyl-CoA → Citrat.
2. Die Isocitratdehydrogenase, also das Enzym, das den dritten Schritt des Citratzyklus katalysiert:
   Isocitrat – CO_2 – 2H → α-Ketoglutarat.
3. Die Succinatdehydrogenase (Inaktivator = Malonat), also das Enzym, das auch Bestandteil der Atmungskette (s. S. 44) ist:
   Succinat – 2H → Fumarat.

Übrigens …
- Die Citrat-Synthase und die Isocitratdehydrogenase werden durch NADH gehemmt.
- Bei körperlicher Arbeit nimmt der Quotient von NADH/NAD⁺ ab und die Aktivität des Citratzyklus zu.

3.4 Anabole Aufgaben, denn der Citratzyklus kann noch mehr

Wie schon erwähnt, hat der Citratzyklus nicht nur abbauende, sondern auch aufbauende Funktionen. Seine zahlreichen Zwischensubstrate fließen nämlich in einige Stoffwechselwege ein. Für das Physikum sind dabei folgende Synthesen besonders wichtig:

- Der Citratzyklus liefert das Grundgerüst für viele nicht-essenzielle Aminosäuren.
  - Aus α-Ketoglutarat wird durch Transaminierung Glutamat (Glutaminsäure) und daraus entsteht durch Decarboxylierung der wichtige Transmitter GABA. **α-Ketoglutarat → Glutamat → GABA**.
  - Aus Oxalacetat wird durch Transaminierung Aspartat. **Oxalacetat → Aspartat**.
- Succinyl-CoA wird dem Citratzyklus für die Häm-Synthese entnommen (Porphyrinsynthese). Der erste Schritt der Häm-Synthese besteht aus der Kondensation von Succinyl-CoA und Glycin zu δ-Aminolaevulinsäure.
- Citrat wird für die Fettsäuresynthese und die Cholesterinsynthese entnommen.

Falls du jetzt stutzt und denkst, ob man für die Fettsäuresynthese nicht Acetyl-CoA benötigt, so hast du recht. Aber wie schon im Kapitel 1.4, S. 16, besprochen, ist die innere Mitochondrienmembran für Acetyl-CoA undurchlässig. Daher der Umweg über Citrat, das die Membran passieren kann. Im Zytosol wird Citrat dann durch die Citrat-Lyase zu Oxalacetat und Acetyl-CoA gespalten, wobei letzteres für die Fettsäure- und die Cholesterinsynthese zur Verfügung steht.

NICHT zu den anabolen Aufgaben des Citratzyklus gehören dagegen:

- Die Bereitstellung von Acetyl-CoA für die Gluconeogenese. Grund ist wieder die irreversible Pyruvatdehydrogenasereaktion (s. 2.1.4, S. 25).

Also noch mal: Acetyl-CoA kann NIEMALS für die Gluconeogenese verwendet werden. Auch nicht, wenn es jedes Jahr im Physikum als Möglichkeit des Citratzyklus angepriesen wird.

Merke!

Der Citratzyklus liefert
- das Grundgerüst der **nicht-essenziellen Aminosäuren**, z. B. α-Ketoglutarat für Glutamat.
- **Succinyl-CoA für die Häm-Synthese** (Porphyrine).
- **Citrat** für die **Fettsäuresynthese** (Acetyl-CoA-Transport).

3.5   Anaplerotische Reaktionen (Nahrung für den Citratzyklus)

Was um alles in der Welt verbirgt sich wohl hinter diesem wichtig scheinenden Begriff? Tja, wenn man immer nur Geld ausgibt, ohne dass das Konto wieder aufgefüllt wird, ist man relativ schnell pleite. Da geht es dem Citratzyklus auch nicht anders. Er gibt zwar kein Geld aus, aber viele seiner Zwischensubstrate an die oben genannten Biosynthesen ab. Sein Konto an Zwischensubstraten wird durch anaplerotische Reaktionen wieder gefüllt. Dieser Begriff scheint also nicht nur wichtig, er ist es auch: Gäbe es diese Reaktionen nämlich nicht, würde der Citratzyklus bei Biosynthesen und der damit verbundenen Entnahme von Zwischensubstraten zum Erliegen kommen. Das wäre eine Katastrophe für unseren Energiehaushalt und akut lebensbedrohlich.

Von größter Bedeutung dieser auffüllenden Reaktionen und die einzige bisher gefragte ist die **Pyruvat-Carboxylasereaktion**: Pyruvat reagiert dabei mit CO_2 unter ATP-Verbrauch zu Oxalacetat.

Pyruvat-Carboxylase
Pyruvat + CO_2 + ATP ↔ Oxalacetat + ADP + P

Merke!

Die Pyruvat-Carboxylasereaktion ist eine anaplerotische Reaktion, die von der Pyruvat-Carboxylase katalysiert wird.

3

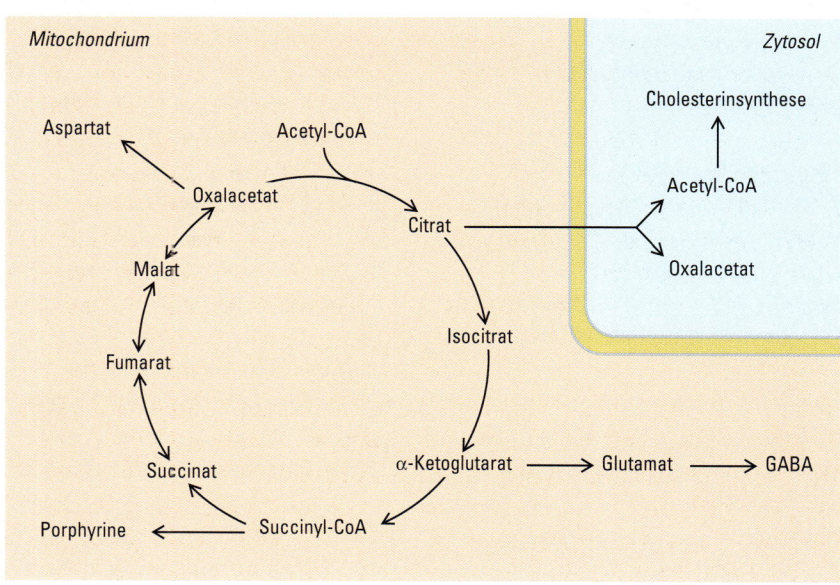

Abb. 46: Citratzyklus, anabole Aufgaben

medi-learn.de/7-bc1-46

Aus dem Kapitel **Pyruvatdehydrogenase-reaktion (PDH)** solltest du dir unbedingt merken, dass

- die Pyruvatdehydrogenasereaktion **IRREVERSIBEL** ist,
- **Thiaminpyrophosphat** ein **benötigtes** Coenzym ist,
- die Pyruvatdehydrogenase **dephos-phoryliert aktiv** ist,
- **ATP und Acetyl-CoA** die Pyruvatdehydrogenase **hemmen** und, dass
- die **Regulation der PDH NICHT cAMP**-gesteuert, sondern integraler Bestandteil des Multienzymkomplexes ist.

- NAD^+ von der Isocitratdehydrogenase, der α-Ketoglutaratdehydrogenase und der Malatdehydrogenase als Coenzym verwendet wird,
- die Succinatdehydrogenase FAD als Cosubstrat hat,
- Citrat dem Citratzyklus für die Fettsäure- und Cholesterinsynthese entnommen wird,
- α-Ketoglutarat dem Citratzyklus für die Synthese von Glutamat und GABA entnommen wird,
- Succinyl-CoA ein Baustein für die Porphyrinsynthese ist und
- die Pyruvat-Carboxylase die anaplerotische Reaktion zur Bildung von Oxalacetat katalysiert.

Was solltest du dir zum Thema **Citratzyklus** unbedingt merken? Gut punkten lässt sich, wenn du weißt, dass

In der mündlichen Prüfung werden häufig nachfolgende Fragen gestellt:

1. **Beschreiben Sie bitte die Pyruvatdehydrogenasereaktion in Stichworten.**

2. **Bitte erläutern Sie, wie die Pyruvatdehydrogenase reguliert ist.**

3. **Erklären Sie bitte, warum der menschliche Organismus Fett nicht in Zucker umwandeln kann.**

4. **Erläutern Sie bitte, welche Stellung der Citratzyklus im Stoffwechsel hat.**

5. **Stellen Sie mir bitte grob den Ablauf des Citratzyklus dar.**

6. **Bitte erklären Sie in welcher Form Energie im Citratzyklus gewonnen wird.**

7. **Wie heißen die Enzyme der PDH?**

8. **Man bezeichnet den Citratzyklus auch als Drehscheibe des Stoffwechsels. Erklären Sie mir bitte warum.**

9. **Erklären Sie bitte den Begriff „anaplerotische Reaktionen".**

10. **Welche Coenzyme sind beteiligt?**

11. **Was wird im Citratzyklus abgebaut und was entsteht?**

12. **Schildern sie mir den Ablauf des Citratzyklus mit beteiligten Enzymen?**

13. **Welche anabolen Aufgaben hat der Citratzyklus?**

14. **Welche Aminosäuren fließen in den Citratzyklus ein?**

1. Beschreiben Sie bitte die Pyruvatdehydrogenasereaktion in Stichworten.
Siehe Gesamtablauf Pyruvatdehydrogenasereaktion auf S. 26.

2. Bitte erläutern Sie wie die Pyruvatdehydrogenase reguliert ist.
wie wird gehemmt?
Die Pyruvatdehydrogenase wird über reversible Phosphorylierung reguliert. Sie ist im dephosphorylierten Zustand aktiv und im phosphorylierten Zustand inaktiv. Zusätzlich kann sie noch von Acetyl-CoA und ATP gehemmt werden.

3. Erklären Sie bitte, warum der menschliche Organismus Fett nicht in Zucker umwandeln kann.
Die Pyruvatdehydrogenasereaktion ist irreversibel, Acetyl-CoA (z. B. aus der β-Oxidation) kann somit nicht zur Gluconeogenese verwendet werden.

4. Erläutern Sie bitte, welche Stellung der Citratzyklus im Stoffwechsel hat.
Der Citratzyklus ist die Endstrecke der Nährstoffverwertung. Die Nährstoffe werden auf speziellen Wegen zu Acetyl-CoA abgebaut und fließen so in den Citratzyklus ein. Acetyl-CoA wird dort zu CO_2 und Energie oxidiert. Neben dieser wichtigen katabolen Aufgabe ist der Citratzyklus auch noch für unzählige Substratlieferungen an andere Stoffwechselwege zuständig. Er hat also anabole Aufgaben inne, wie z. B. bei der Häm-Synthese, dem Aminosäurestoffwechsel und der Fettsäuresynthese.

5. Stellen Sie mir bitte grob den Ablauf des Citratzyklus dar.
Der Citratzyklus lässt sich gut in zwei Teile splitten. Zuerst reagiert Acetyl-CoA mit Oxalacetat zu Citrat, nach zweimaliger Decarboxylierung entsteht Succinat. Succinat wird dann im zweiten Teil wieder zu Oxalacetat oxidiert.

6. Bitte erklären Sie, in welcher Form Energie im Citratzyklus gewonnen wird.
Im Citratzyklus wird Energie in Form von reduzierten Coenzymen gewonnen. Bei ihrer *indirekt* Oxidation in der Atmungskette wird ATP synthetisiert. Die reduzierten Coenzyme sind NADH + H^+ und $FADH_2$. Außerdem wird im Citratzyklus noch direkt ein GTP gewonnen.

7. Wie heißen die Enzyme der PDH?
Die Pyruvatdehydrogenasereaktion wird durch einen Multienzymkomplex katalysiert, der aus drei Enzymen gebildet wird. Im einzelnen sind das die Pyruvatdecarboxylase, die Lipoattransacetylase und die Dihydrolipoatdehydrogenase.

8. Man bezeichnet den Citratzyklus auch als Drehscheibe des Stoffwechsels. Erklären Sie mir bitte warum.
Der Citratzyklus hat nicht nur katabole, sondern auch anabole Funktionen. Neben der Verwertung von Acetyl-CoA und der damit verbundenen ATP-Synthese in der Atmungskette ist er Lieferant für die Ausgangsmoleküle vieler Biosynthesen, wie z. B. des Succinyl-CoA, das in die Porphyrinsynthese einfließt, dem Citrat für die Fettsäuresynthese und dem Grundgerüst der nicht-essenziellen Aminosäuren.

9. Erklären Sie bitte den Begriff „anaplerotische Reaktionen".
Anaplerotische Reaktionen sind auffüllende Reaktionen. Die Konzentration der Zwischensubstrate des Citratzyklus ist relativ gering, sodass er bei Biosynthesen zum Erliegen kommen würde. Deswegen muss der Citratzyklus regelmäßig durch anaplerotische Reaktionen aufgefüllt werden. Die wichtigste davon ist die Pyruvat-Carboxylasereaktion.

10. Welche Coenzyme sind beteiligt?

An der Pyruvatdehydrogenasereaktion sind fünf Coenzyme beteiligt. Sie heißen Thiamindiphosphat, Liponsäure, Coenzym A, FAD und NAD⁺.

11. Was wird im Citratzyklus abgebaut und was entsteht?

Im Citratzyklus wird Acetyl-CoA zu 2 CO_2 oxidiert. Dabei werden Reduktionsäquivalente gewonnen, sodass 3 NADH + H⁺ und 1 $FADH_2$ „entstehen". Ferner wird 1 GTP gewonnen.

12. Schildern sie mir den Ablauf des Citratzyklus mit beteiligten Enzymen?

S. Abb. 45, S. 35: Citratzyklus gesamt

13. Welche anabolen Aufgaben hat der Citratzyklus?

Die Zwischenprodukte des Citratzyklus fließen ein in
- die Gluconeogenese (Vorstufen Oxalacetat und Malat)
- die Porphyrinsynthese (Vorstufe: Succinyl-CoA)
- die Aminosäurensynthese (Vorstufen α-Ketoglutarat)
- die Fettsäure- und die Cholesterolsynthese (Vorstufe: Citrat)

14. Welche Aminosäuren fließen in den Citratzyklus ein?

Von den 20 proteinogenen Aminosäuren sind nur zwei rein ketogen, während die anderen alle glucogen (oder beides) sind. Die glucogenen AS fließen über Pyruvat, α-Ketoglutarat, Succinyl-CoA, Fumarat oder Oxalacetat in den Citratzyklus ein.

Pause

Päuschen gefällig?
Das hast du dir verdient!

4 Atmungskette – oder: Warum atmen wir eigentlich?

Fragen in den letzten 10 Examen: 12

Die Frage nach dem Grund für unsere Sauerstoffabhängigkeit ist berechtigt. Hat man sich doch in der Physiologie elendig lang mit der Lunge und der Sauerstoffaufnahme beschäftigt und den Spruch „Nahrung wird mit Sauerstoff verbrannt"  auch mehr als einmal hören müssen. Dafür, dass er überall als Protagonist angekündigt war, ist die Rolle des Sauerstoffs bisher relativ mager ausgefallen. Das wird sich aber jetzt mit der Besprechung der Atmungskette ändern.

Du wirst an dieser Stelle vielleicht denken, dass nun das große Übel unabwendbar ist. Der Begriff Atmungskette schwirrt ja schon lange, bevor man sich mit diesem Kapitel befasst, durch den biochemischen Raum: ..."Ja, und in der Atmungskette, da entsteht dann ATP" ... Niemand weiß allerdings genau, was sich dahinter verbirgt, aber doch soviel, dass diese energieliefernde Kette wichtig und nicht ganz einfach ist.

Um einen sanften Einstieg in das Thema zu gewährleisten, kommt auch an dieser Stelle zunächst ein Modell. Wenn du dich darauf einlassen kannst, ist das Verständnis der Atmungskette ein Klacks – ehrlich.

Stelle dir einen Kanal vor, der von links nach rechts läuft. Er ist abschüssig. Zu dem Kanal gibt es zwei Zuflüsse.

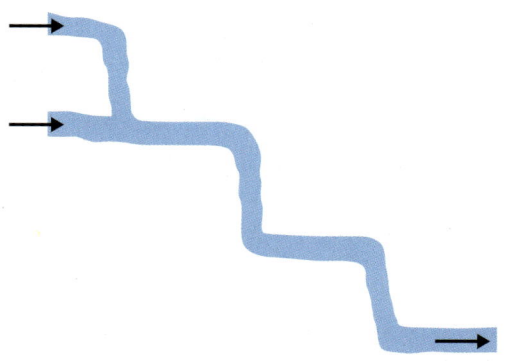

Abb. 47 a: Atmungskette Modell, Stufe 1

medi-learn.de/7-bc1-47a

In dem Kanal gibt es vier Wasserräder. Wasserrad eins und zwei haben einen Wasserzufluss aus Wassereimern. Von den Wasserrädern eins und zwei fließt das Wasser in Rollcontainer, die das Wasser zu Wasserrad drei und vier transportieren.

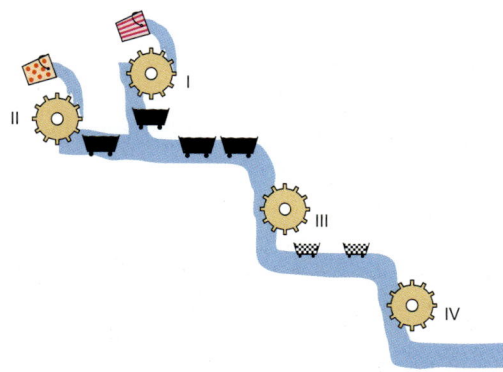

Abb. 47 b: Atmungskette Modell, Stufe 2

medi-learn.de/7-bc1-47b

Durch die Wasserkraft angetrieben, werden Bälle von der vorderen auf die hintere Kanalseite gepumpt. Nur bei Wasserrad zwei funktioniert das nicht, da seine Wasserkraft nicht ausreicht.

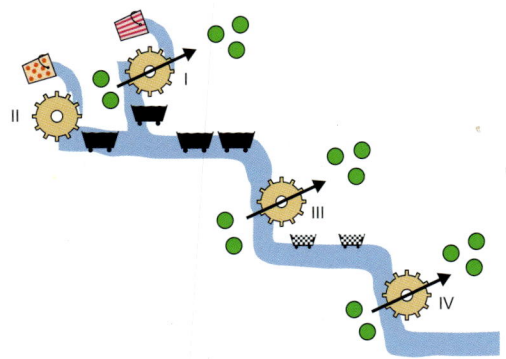

Abb. 47 c: Atmungskette Modell, Stufe 3

medi-learn.de/7-bc1-47c

4

Auf der hinteren Kanalseite gibt es jetzt einen Ballüberschuss. Diese Bälle fließen durch eine Turbine zurück auf die vordere Kanalseite. Dabei wird die Turbine angetrieben und Energie erzeugt.

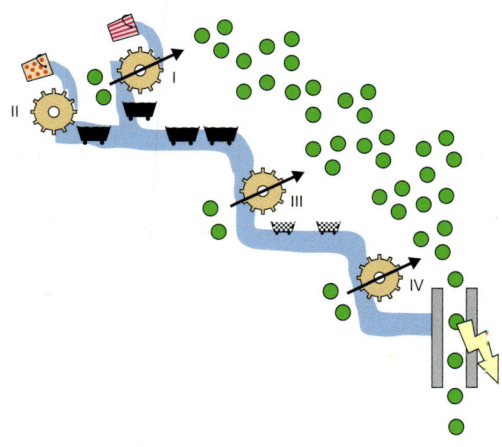

Abb. 47 d: Atmungskette Modell, Stufe 4

medi-learn.de/7-bc1-47d

Übrigens …
Am besten lädst du dir dieses Modell herunter (www.medi-learn.de/ skr-atmungskette) und druckst es aus. Dann kannst du es bei der Bearbeitung dieses Themas neben das Skript legen und immer wieder einen Blick darauf werfen, da im Text oft Bezug darauf genommen wird.

So, und schon geht es los mit der lang ersehnten Atmungskette. Als erstes kommt ein grober Überblick über das Was und das Warum.

4.1   Was passiert in der Atmungskette?

Bei den vorangegangenen Stoffwechselfolgen (z. B. Glykolyse, β-Oxidation, Pyruvatdehydrogenasereaktion, ab S. 23, Citratzyklus, ab S. 28) wurden auf NAD^+ und FAD Redoxäquivalente übertragen ($NADH + H^+$ und $FADH_2$). Diese H-Atome vereinigen sich nun in der Atmungskette mit O_2, wobei H_2O entsteht (Knallgasreaktion). Diese Reaktion ist so exergon, dass mit der frei werdenden Energie ATP aus ADP und P gebildet werden kann.

Merke!

Die Atmungskette ist in der inneren Mitochondrienmembran lokalisiert.

Zurück zum Modell und dessen Pendants in der Atmungskette:

Modell		Atmungskette
volle Wassereimer	→	reduzierte Redoxcoenzyme
Wasser	→	H-Atome/Elektronen
Höhe des Kanals	→	Redoxpotenzial
Wasserräder (I-IV)	→	Komplexe (I-IV)
Container	→	H-Elektronentransporter
Bälle	→	H^+-Ionen (Protonen)
Turbine	→	Komplex V (ATP-Synthase)

Tab. 5: Modell zu Atmungskette

Und jetzt zum Ablauf …

Modell	Atmungskette
Es kommen volle Wassereimer.	Von den katabolen Stoffwechselvorgängen kommen reduzierte Redoxcoenzyme.
Durch den Fluss des Wassers durch die Wasserräder können die Wasserräder Bälle auf die hintere Kanalseite pumpen.	Durch den Fluss der H-Atome|Elektronen durch die Komplexe können die Komplexe I, III und IV H$^+$-Ionen in den mitochondrialen Intermembranraum pumpen.
Es entsteht ein Ballüberschuss auf der hinteren Kanalseite.	Es entsteht ein H$^+$-Überschuss im Intermembranraum.
Das Wasser kann durch den Kanal transportiert werden, da er in seinem Verlauf an Höhe verliert (Gefälle).	Die H-Atome/Elektronen können weitergegeben werden, da im Laufe der Atmungskette das Redoxpotenzial positiver wird.

Tab. 6: Übertragung des Modells auf die Atmungskette

4.2 Aufbau der Atmungskette

Dieser Abschnitt stellt die einzelnen Komponenten der Atmungskette vor, die im darauf folgenden Teil (Weg durch die Atmungskette, s. 4.3, S. 49) zusammengeführt werden. In Klammern stehen die zugehörigen Elemente des Modells.

4.2.1 Herkunft der reduzierten Coenzyme (Wassereimer)

Während des Abbaus von Fetten, Kohlenhydraten und Proteinen wurden Coenzyme reduziert, die in die Atmungskette einfließen. Im Einzelnen sind das:
NADH + H$^+$ aus
- β-Oxidation,
- Glykolyse,
- **oxidative Decarboxylierung von Pyruvat** (Pyruvatdehydrogenasereaktion),
- **Citratzyklus** und
- **oxidative Desaminierung von Glutamat**.
NADH + H$^+$ wird über den Malat-Shuttle in das Mitochondrium gebracht.
FADH$_2$ aus
- **β-Oxidation** (Enzym = Acyl-CoA-Dehydrogenase),
- Citratzyklus (Enzym = Succinatdehydrogenase) und
- (mitochondrialer) Glycerinphosphatdehydrogenase (s. Abb. 25, S. 19)

4.2.2 Komplexe I-IV (Wasserräder)

Die Komplexe I–IV sind in der inneren Mitochondrienmembran lokalisiert und bestehen aus Enzymen und Coenzymen.
Im Einzelnen sind das:
- Komplex I = NADH-Ubichinon-Reduktase,
- Komplex II = Succinat-Ubichinon-Reduktase,
- Komplex III = Ubichinol-Cytochrom-c-Reduktase und
- Komplex IV = Cytochromoxidase.
Sie alle haben die Aufgabe, die Wasserstoffatome von den reduzierten Coenzymen (wie z. B. NADH + H$^+$ oder FADH$_2$) zu übernehmen, weiterzugeben und bei der Katalyse ihrer Redoxreaktionen Protonen vom Matrixraum in den Intermembranraum des Mitochondriums zu pumpen (Ausnahme: Komplex II).
Die kompliziert klingenden Namen der Komplexe haben ihre Systematik.
Sie sind aus drei Teilen zusammengesetzt.
1. Teil = Redoxcoenzym, von dem die H-Atome/Elektronen stammen,
2. Teil = Redoxcoenzym, auf das die H-Atome/Elektronen übertragen werden und
3. Teil = Reduktase
Der Komplex IV fällt aus diesem Schema raus.

Komplex I (NADH-Ubichinon-Reduktase)

Im Komplex I werden die H-Atome von NADH + H⁺ auf Ubichinon (Coenzym Q) übertragen, dies geschieht über FMN (Am Wasserrad I wird das Wasser vom Eimer (gestreift) auf den Rollcontainer (uni) weitergegeben).

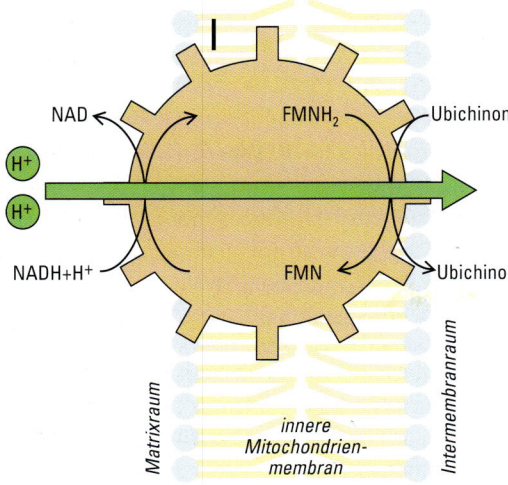

Abb. 48: Atmungskette, der Weg durch Komplex I

medi-learn.de/7-bc1-48

Was passiert hier im Einzelnen? NADH + H⁺ wird von FMN oxidiert, gibt also seine Wasserstoffatome (sein Hydrid-Ion + sein Proton) an FMN ab. FMN wird dadurch zu **FMNH₂** reduziert und

gibt die Reduktionsäquivalente gleich wieder **weiter an Ubichinon**. Aus Ubichinon wird dadurch Ubichinol (Reduktion).
Bei diesem Wasserstofftransport werden Protonen vom Matrixraum in den Intermembranraum des Mitochondriums gepumpt.

An dieser Stelle tauchen die dubiosen **Eisen-Schwefel-Komplexe** aus dem Grundlagenteil (s. S. 12) wieder auf. Auch sie sind an den Redoxreaktionen beteiligt.

Übrigens ...
Für das Physikum sind die Details über ihre Transportbeteiligung unwichtig. Wichtig ist hingegen, dass sie **nur in Komplex I, II und III** beteiligt sind, **nicht aber in IV**.

> **Merke!**
>
> – Im Komplex I werden Wasserstoffatome von **NADH + H⁺ auf Ubichinon** übertragen.
> – Komplex I enthält **FMN und Eisen-Schwefel-Komplexe** (proteingebundenes Eisen in Nicht Häm Form) als prosthetische Gruppen.

Komplex II (Succinat-Ubichinon-Reduktase)

Im Komplex II werden die H-Atome von Succinat auf Ubichinon übertragen, dies geschieht über FADH₂

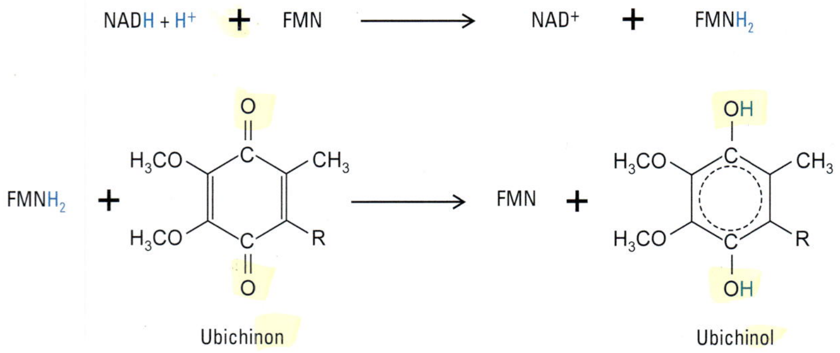

$$NADH + H^+ \quad + \quad FMN \quad \longrightarrow \quad NAD^+ \quad + \quad FMNH_2$$

Abb. 49: Atmungskette, Komplex I

medi-learn.de/7-bc1-49

(Am Wasserrad II wird das Wasser vom Eimer (gepunktet) auf den Rollcontainer (uni) weitergegeben).

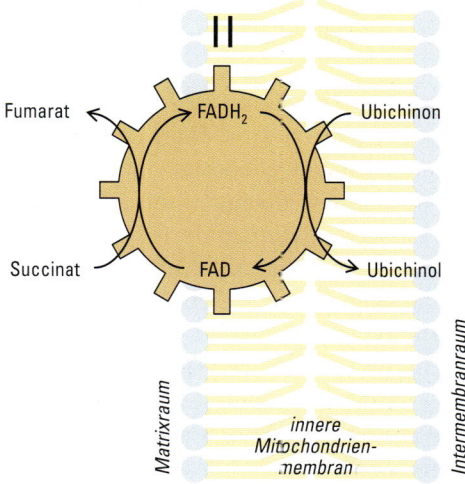

Abb. 50: Atmungskette, der Weg durch Komplex II

medi-learn.de/7-bc1-50

Dies ist der zweite Zufluss zur Atmungskette. Hier werden die Wasserstoffatome – wie im Komplex I – auf Ubichinon übertragen.
Was passiert im Einzelnen? Succinat wird von FAD oxidiert, gibt also seine Wasserstoffatome an FAD ab und reduziert es dadurch zu $FADH_2$. $FADH_2$ gibt die Wasserstoffatome weiter an Ubichinon, das dadurch zu Ubichinol reduziert wird.

Der Komplex II hat einen Sonderstatus: Seine erste Reaktion entspricht dem ersten Regenerationsschritt des Citratzyklus (s. S. 33) und er ist NICHT in der Lage, Protonen in den Intermembranraum zu pumpen: Nicht zuletzt aufgrund dieser Tatsachen wird er im Physikum besonders gerne gefragt. Reduziertes $FADH_2$ entsteht nicht nur im Citratzyklus, sondern auch bei der β-Oxidation (Enzym = Acyl-CoA-Dehydrogenase) und der mitochondrialen Glycerinphosphatdehydrogenase (s. Abb. 25, S. 19). Auch diese Reduktionsäquivalente werden auf Ubichinon übertragen. Dazu existieren eigene Wege, die jedoch physikumsirrelevant sind.

Merke!

– Im Komplex II werden Wasserstoffatome von Succinat auf Ubichinon übertragen, Succinat wird also oxidiert (bitte auch Strukturformel einprägen)
– Komplex II enthält kovalent gebundenes **FAD und Eisen-Schwefel-Komplexe** (proteingebundenes Eisen in Nicht-Häm-Form) als prosthetische Gruppen.
– Seine erste Reaktion entspricht dem ersten Regenerationsschritt des Citratzyklus.

Abb. 51: Atmungskette, Komplex II

medi-learn.de/7-bc1-51

- Er hat NICHT die Funktion einer **Protonenpumpe**
- Er befindet sich an der **Innenseite** der inneren Mitochondrienmembran.

Komplex III
(Ubichinol-Cytochrom-c-Reduktase)

Im Komplex III werden nur die Elektronen von Ubichinol übernommen und auf 2 Cytochrom c übertragen (Am Wasserrad III wird das Wasser vom Rollcontainer (uni) auf den kleineren Rollcontainer (kariert) umgeladen).

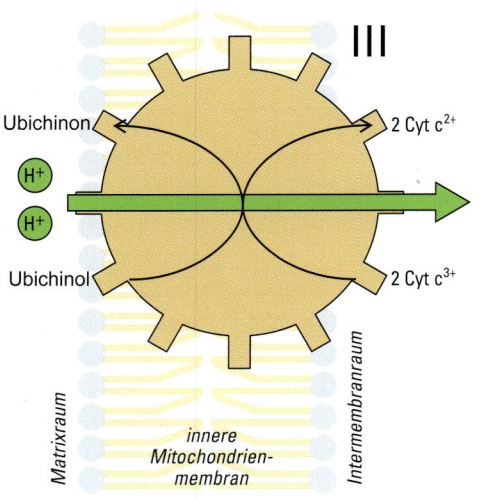

Ubichinon
2 Cyt c²⁺
H^+
H^+
Ubichinol
2 Cyt c³⁺

Matrixraum
innere Mitochondrienmembran
Intermembranraum

Abb. 52: Atmungskette, der Weg durch Komplex III

medi-learn.de/7-bc1-52

In diesem Komplex kommen die Wasserstoffatome also erstmals nicht von vorangegangenen Stoffwechselfolgen, sondern von den Komplexen I und II der Atmungskette – übertragen durch Ubichinol.

Was passiert im Einzelnen? Ubichinol wird vom Komplex III zu Ubichinon oxidiert. Dabei werden NUR die Elektronen übernommen. Vom Komplex III gelangen die 2 Elektronen auf 2 Moleküle Cytochrom c (kurz: 1 reduziertes Cytochrom c überträgt 1 Elektron). Bei den Redoxvorgängen gehen die Cytochrome vom Fe^{3+}- in den Fe^{2+}-Zustand (und umgekehrt) über, anders gesagt: Ihre Funktion beruht auf einer Wertigkeitsänderung des Eisens.

- Cytochrome bestehen aus Häm und Protein. Durch die unterschiedlichen Proteinanteile entstehen unterschiedliche Hämoproteine.
- Bei diesem Elektronentransport werden wieder Protonen in den Intermembranraum gepumpt.

Merke!

- Im Komplex III werden Elektronen von Ubichinol auf Cytochrom c übertragen.
- Komplex III enthält Cytochrom b und Eisen-Schwefel-Komplexe (proteingebundenes Eisen in Nicht-Häm-Form) als prosthetische Gruppen.

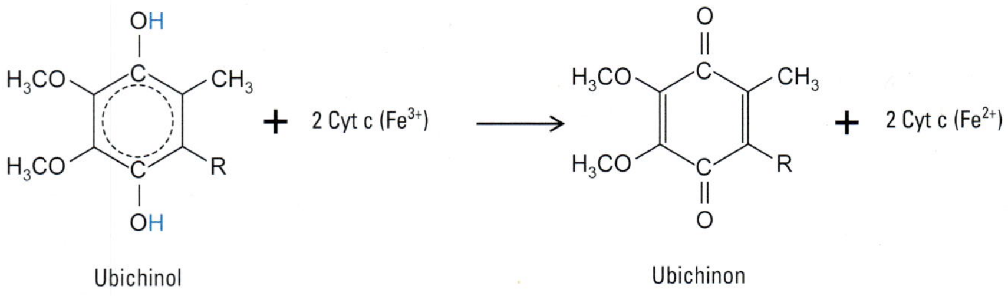

H_3CO — C—OH — CH_3
H_3CO — C—R — OH

Ubichinol

+ 2 Cyt c (Fe^{3+}) →

H_3CO — C=O — CH_3
H_3CO — C—R — O

Ubichinon

+ 2 Cyt c (Fe^{2+})

Abb. 53: Atmungskette, Komplex III

medi-learn.de/7-bc1-53

Komplex IV = Cytochromoxidase

Im Komplex IV werden die Elektronen von zwei Molekülen Cytochrom c auf ½ O_2 übertragen (Am Wasserrad IV wird das Wasser vom karierten Rollcontainer übertragen, verlässt dann den Kanal und fließt in den See).

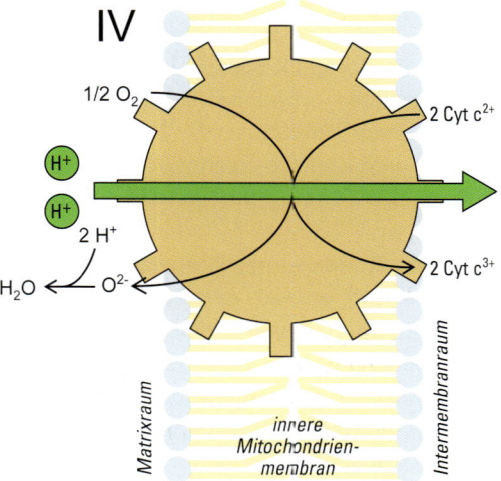

Abb. 54: Atmungskette, der Weg durch Komplex IV

medi-learn.de/7-bc1-54

Was passiert im Einzelnen? Cytochrom c wird unter Mitwirkung der Cytochromoxidase von ½ O_2 oxidiert. Dabei entsteht ein O^{2-}, das in die Mitochondrienmatrix diffundiert und sich dort mit zwei H^+-Ionen zu H_2O verbindet. Damit ist die Knallgasreaktion vollzogen:

$$2\ Cyt\ c\ (Fe^{2+})\ +\ ½\ O_2 \rightarrow 2\ Cyt\ c\ (Fe^{3+})\ +\ O^{2-}$$

$$O^{2-}\ +\ 2H^+ \rightarrow H_2O$$

Abb. 55: Atmungskette, Komplex IV

medi-learn.de/7-bc1-55

Cytochrom c ist ein Überträgermolekül. Es verbindet die Komplexe III und IV und ist **daher NICHT an die Cytochromoxidase (Komplex IV) gebunden**.
Die Cytochromoxidase ist kupferabhängig. Bei diesem Elektronentransport werden Protonen vom Matrixraum in den Intermembranraum gepumpt.

Merke!

– Im Komplex IV werden Elektronen von Cytochrom c auf Sauerstoff übertragen.
– Komplex IV enthält Cytochrom a und Cytochrom a3, aber **KEINE** Eisen-Schwefel-Komplexe (proteingebundenes Eisen in Nicht-Häm-Form).

Zusammenfassung Elektronentransport und Komplex I-IV

Warum gelangen die Elektronen überhaupt vom NADH + H^+ zum O_2? Bitte dazu noch mal kurz an die Grundlagen erinnern, dort findest du eine Antwort auf diese Frage (s. 1.1.5, S. 3).
Die Elektronen fließen in der Atmungskette entlang der Spannungsreihe (Gefälle/abnehmende Höhe des Kanals). NADH + H^+ hat eine sehr negatives Redoxpotenzial, H_2O ein positives. Während der Atmungskette wird das Redoxpotenzial immer ein wenig positiver, also ist das in der Kette weiter hinten stehende Molekül in der Lage, dem vorderen seine Elektronen abzuluchsen und das tut es dann auch.

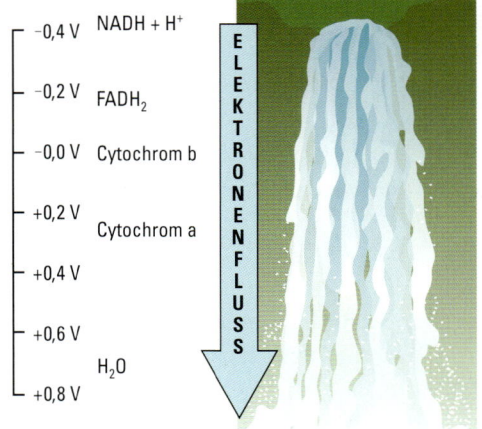

Abb. 56: Atmungskette, Spannungsreihe nach Redoxpotenzial *medi-learn.de/7-bc1-56*

In den Komplexen I–IV (Wasserräder) durchlaufen H-Atome/Elektronen (Wasser) die Spannungsreihe (Kanalabschüssigkeit). Die bei diesen Oxidationen freigesetzte Energie wird genutzt, um Protonen (Bälle) vom Matrixraum in den Intermembranraum zu pumpen.

Nur die Komplexe I, III und IV sind Protonenpumpen, Komplex II nicht. Die Komplexe I, III und IV ragen deshalb auch durch die innere Mitochondrienmembran hindurch (vom Matrixraum bis zum Intermembranraum), während sich Komplex II an der Innenseite (dem Matrixraum zugewandt) der inneren Mitochondrienmembran befindet.

4.2.3   Überträgermoleküle (Container)

Als nächstes sollte deine Aufmerksamkeit den Überträgermolekülen gelten. Sie können sich frei bewegen und somit die dort fest verankerten Komplexe miteinander verbinden. Als Überträgermoleküle fungieren Ubichinol und Cytochrom c, die beide auch Redoxcoenzyme sind.

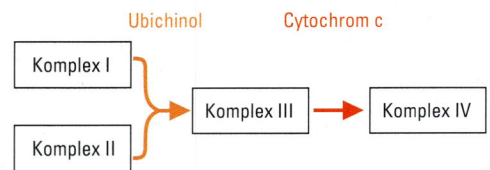

Abb. 57: Atmungskette, Überträgermoleküle

medi-learn.de/7-bc1-57

Cytochrom c ist kein integraler Bestandteil der Mitochondrienmembran, sondern befindet sich membranassoziiert im Intermembranraum.

4.2.4   Komplex V – die
ATP-Synthase (Turbine)

Der letzte Komplex der Atmungskette ist vollkommen anders als die Komplexe I–IV. Er ist zwar auch in der inneren Mitochondrienmembran lokalisiert, aber für die Rückführung der

in den Intermembranraum gepumpten Protonen zum Matrixraum verantwortlich.

Der Protonenüberschuss im Intermembranraum erzeugt eine elektrochemische **Potenzialdifferenz** (mehr positive Ladungen und niedriger pH-Wert durch die vielen H^+-Ionen), mit der Folge, dass die Protonen wieder zurück in den Matrixraum drängen. Diese Kraft wird im Komplex V zur ATP-Synthese genutzt (Im Modell ist der Komplex V als Turbine dargestellt. Auf der hinteren Kanalseite ist ein Ballüberschuss. Beim Durchfluss der Bälle durch die Turbine wird Energie erzeugt).

Aufbau: Der Komplex V besteht aus einem F_0- und einem F_1-Teil. Der F_0-Teil ist ein in die innere Mitochondrienmembran integrierter Bestandteil und enthält einen Protonenkanal, durch den die H^+-Ionen in den Matrixraum zurück diffundieren. Der F_1-Teil ragt pilzförmig in die Mitochondrienmatrix und ist die eigentliche ATP-Synthase, d. h., hier wird die ATP-Synthese aus ADP und Phosphat katalysiert. Die ATP-Synthese läuft nun folgendermaßen ab: Durch den Protonengradient angetrieben, strömen die Protonen durch die F_0/F_1-ATPase zurück in den Matrixraum. Dieser Protonenfluss bewirkt über eine Drehbewegung im F_1-Teil die Freisetzung von gebundenem ATP. Dabei werden ca. drei Protonen zur Synthese von maximal einem ATP benötigt.

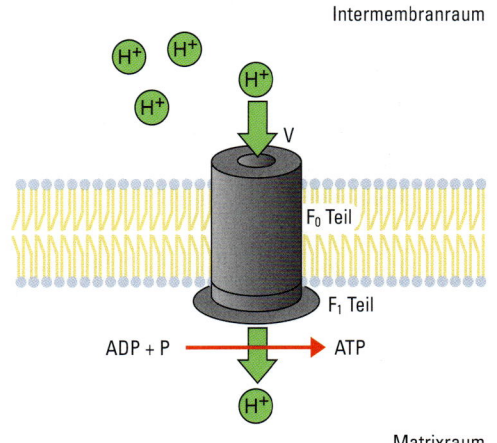

Abb. 58: Atmungskette, Komplex V

medi-learn.de/7-bc1-58

Merke!

Komplex V
– ist zuständig für die ATP Bildung,
– ist in der inneren Mitochondrienmembran lokalisiert,
– besteht aus einem F_0- und einem F_1-Teil und
– ist eine protonengetriebene ATP-Synthase.

ATP kann auf verschiedene Arten synthetisiert werden. Kurz zusammengefasst kann ATP regeneriert werden über Phosphorylierung von ADP durch
– die mitochondriale F_0F_1-ATPase (oxidative Phosphorylierung),

– Phosphoglyceratkinase (Glykolyse),
– Pyruvatkinase (Glykolyse),
– Adenylat Kinase (s. Abb. 71, S. 64),
– Kreatinkinase (s. S. 62) und
– Succinat Thiokinase (Citratzyklus, s. Abb. 38, S. 31), hier wird allerdings GTP synthetisiert.

4.3   Der Weg durch die Atmungskette

In diesem Abschnitt steht die Reihenfolge der einzelnen Schritte innerhalb der Atmungskette im Vordergrund:
– NADH + H^+ kommt von den katabolen Stoffwechselvorgängen. Es ist ein lösliches Coenzym und kann daher zum Komplex I dif-

4

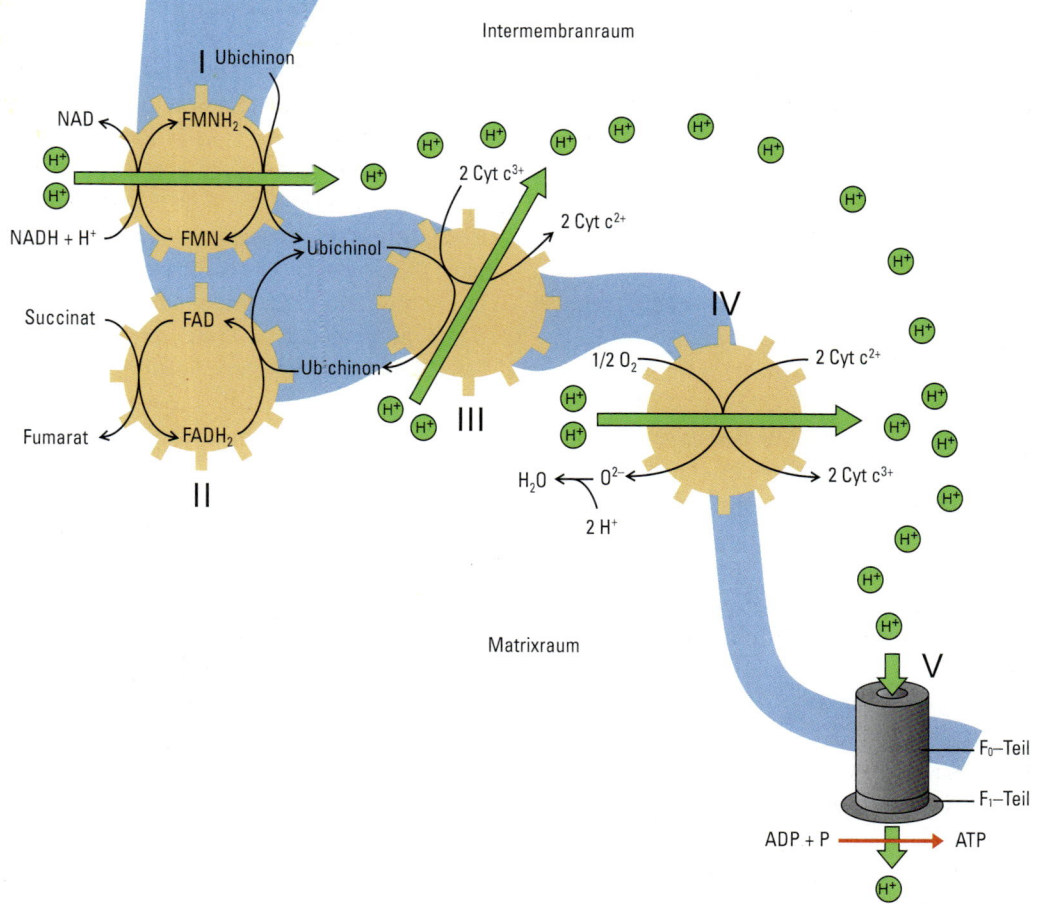

Die innere Mitochondrienmembran ist nur aus Gründen der besseren Darstellbarkeit ungleichmäßig dick gezeichnet.

Abb. 59: Weg durch die Atmungskette

medi-learn.de/7-bc1-59

fundieren. Im Komplex I wird es durch die NADH-Ubichinon-Reduktase oxidiert. Die Wasserstoffatome werden von FMN übernommen und an Ubichinon abgegeben, das dadurch zum Ubichinol reduziert wird.
Durch den Komplex I werden Protonen vom Matrixraum in den Intermembranraum gepumpt.

– Im Komplex II wird Succinat durch die Succinat-Ubichinon-Reduktase oxidiert. Die Wasserstoffatome werden von FAD übernommen und an Ubichinon abgegeben, das dadurch zum Ubichinol reduziert wird.
Der Komplex II, der an der Innenseite der inneren Mitochondrienmembran sitzt, ist NICHT in der Lage, Protonen in den Intermembranraum zu pumpen.

– Von nun an haben alle Wasserstoffatome den gleichen Weg: Ubichinol wandert innerhalb der Mitochondrienmembran zum Komplex III. Hier werden die Elektronen auf Cytochrom c übertragen.
Durch den Komplex III werden auch wieder Protonen vom Matrixraum in den Intermembranraum gepumpt.

– Cytochrom c wandert zum Komplex IV. Hier wird Sauerstoff zu O^{2-} reduziert und reagiert mit 2 H^+-Ionen zu H_2O. Damit ist der Elektronentransport durch die Atmungskette abgeschlossen.
Auch der Komplex IV transportiert Protonen vom Matrixraum in den Intermembranraum.

Durch all dieses Pumpen der Protonen in den Intermembranraum ist dort ein Protonenüberschuss entstanden, der einen Protonengradienten und damit ein Membranpotenzial erzeugt.

– Im Komplex V wird diese protonenmotorische Kraft (elektrochemischer Gradient) ausgenutzt. Die Protonen streben wieder zurück an den Ort der niedrigen Konzentration (zurück in den Matrixraum) und fließen dabei durch den Komplex V, dessen F_1-Teil eine ATP-Synthase beinhaltet. Beim Rückfluss der Protonen in den Matrixraum wird so ATP gebildet.

$FADH_2$ entsteht nicht nur im Citratzyklus, sondern auch beim Fettsäureabbau und beim Glycerophosphat-Shuttle. Auch diese Redoxäquivalente werden direkt in die Atmungskette eingeschleust und auf Ubichinon übertragen, das dadurch zu Ubichinol reduziert wird. Sie gelangen dabei nicht über den Komplex II zur Atmungskette, sondern über ihre eigenen Abbauenzyme, werden aber an der gleichen „Stelle" eingeschleust. Ihr Abbauenzym ist:

– die Glycerinphosphatdehydrogenase aus dem Glycerophosphat-Shuttle (s. Abb. 25, S. 19) oder

– die Acyl-CoA-Dehydrogenase aus der β-Oxidation (s. Skript Biochemie 7).

4.4   Die Atmungskette: Schwerpunkt Redoxreihe

In Abb. 60 ist die Atmungskette aus dem Blickwinkel der Spannungsreihe dargestellt. Die einzelnen Coenzyme sind in ihrer Redoxhierarchie aufgezeichnet, die sich im Ablauf widerspiegelt.
Die Energie zur Phosphorylierung von ADP wird von Redoxprozessen bereitgestellt. Man nennt den Mechanismus der Atmungskette daher auch **oxidative Phosphorylierung** (vgl. Substratkettenphosphorylierung, s. S. 31).

4.5   Energiebilanz der Atmungskette

Wenn die Protonen (Bälle) die ATP-Synthase passieren, wird ATP gebildet: Pro synthetisiertem ATP werden dafür ca. drei Protonen benötigt. Pro reduziertem NADH + H^+ werden ca. zehn Protonen in den Intermembranraum gepumpt, pro reduziertem $FADH_2$ sind das immerhin noch sechs Protonen (Remember: Komplex II kann KEINE Protonen pumpen). Das bedeutet in der Theorie, dass pro oxidiertem NADH + H^+ drei ATP und pro oxidiertem $FADH_2$ 2 ATP entstehen. In der Praxis ist es, wie so oft, etwas anders. Der Grund dafür lautet: Es werden noch Protonen für andere Zwecke verwendet, sodass nicht alle gepumpten Protonen in die ATP-Synthese einfließen und rech-

4

nerisch daher etwas weniger ATP pro oxidiertem Coenzym entsteht.

Merke!

– Pro oxidiertem NADH + H$^+$ entstehen ca. 2,5 ATP.
– Pro oxidiertem FADH$_2$ entstehen ca. 1,5 ATP.

Übrigens …
Die exakte Zahl der gepumpten Protonen ist etwas komplizierter herzuleiten. Für das Physikum sind diese Zahlen jedoch nicht wichtig, sodass hier der Einfachheit halber mit etwas gerundeten Angaben gearbeitet wird.

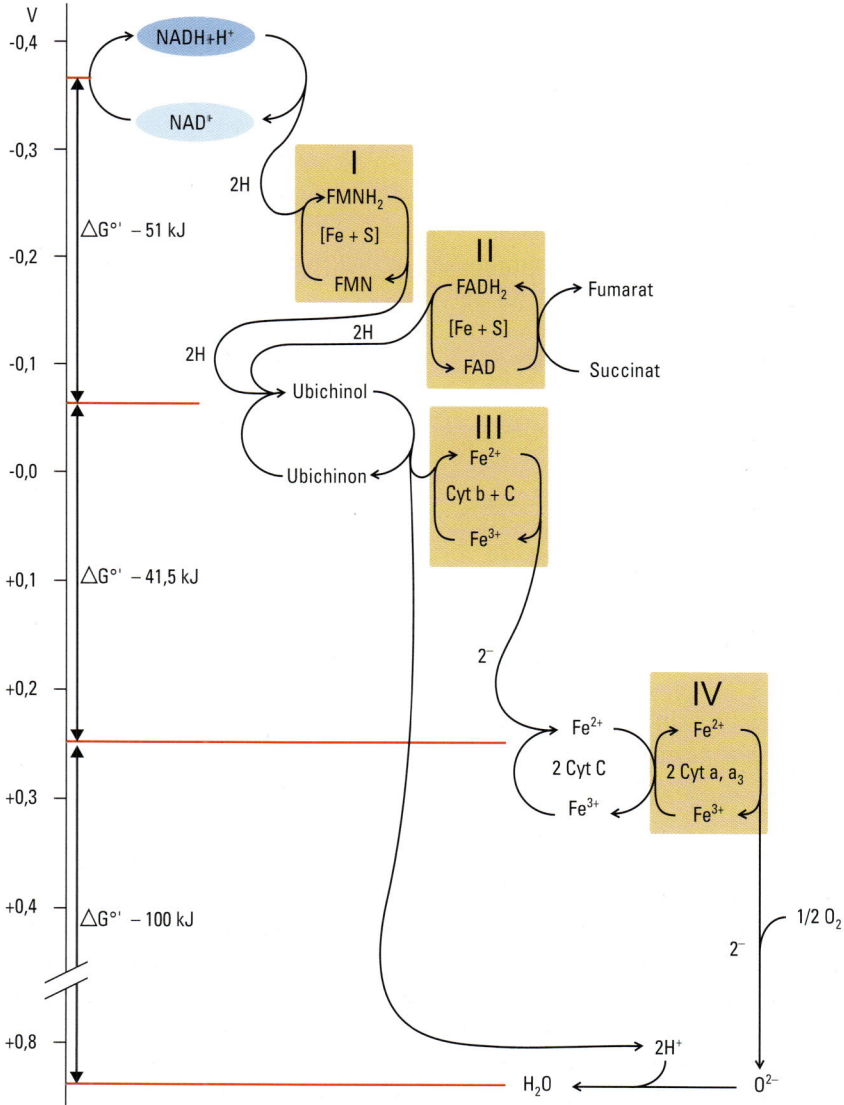

Abb. 60: Atmungskette, Schwerpunkt Redoxreihe

medi-learn.de/7-bc1-60

4.6 Regulation der Atmungskette

Die Regulation der Atmungskette gehört zu den Themen in der Biochemie, die ausnahmsweise mal richtig schön sind. Schön, weil sie logisch sind und man sie sich deswegen gut merken kann:

In der Atmungskette wird ATP synthetisiert und ADP verbraucht. Viel ADP ist daher ein Zeichen von Energiemangel in der Zelle. Da dieses Molekül den Energiehaushalt der Zelle so gut widerspiegelt, läuft über seine Konzentration auch die Regulation der Atmungskette (s. Abb. 61, S. 52):

– Ist der ADP-Gehalt der Zelle erschöpft (1),
– kann die ATP-Synthase (2) nicht mehr arbeiten, also aufgrund von ADP-Mangel kein ATP mehr synthetisieren und somit auch den Protonengradienten nicht abbauen.
– Der Protonenüberschuss im Intermembranraum hemmt dann die Komplexe I–IV (3), es findet kein Elektronentransport mehr statt.
– Die reduzierten Redoxcoenzyme können dann nicht mehr abgebaut werden (4), ebenso kommt der Citratzyklus zum Erliegen.

> **Merke!**
>
> Der Hauptregulator der Atmungskette ist die ADP-Konzentration:
> – Ist sie erhöht, ist das gleichbedeutend mit Energiemangel und die Atmungskette wird angetrieben.
> – Ist sie erniedrigt, herrscht ein Energieüberschuss in der Zelle und die Atmungskette wird gehemmt.

Übrigens ...

Die ATP-Konzentration hat keine regulative Funktion auf die Atmungskette, auch wenn es im Schriftlichen als Lösungsmöglichkeit angeboten wird.

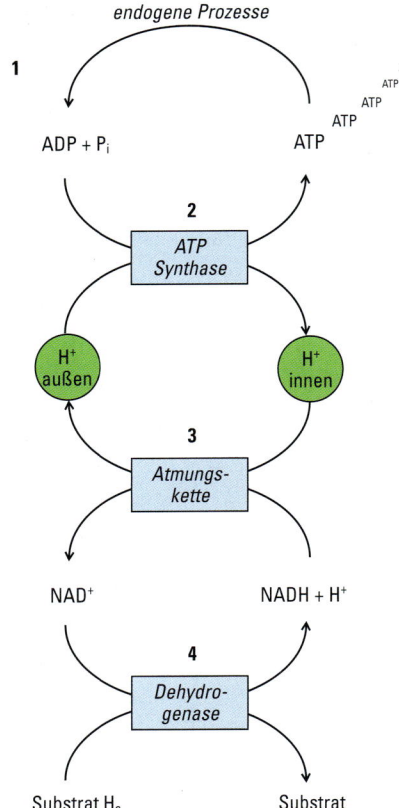

Abb. 61: Atmungskette, Regulation

medi-learn.de/7-bc1-61

Eine weitere Regulationsmöglichkeit bietet die ATP-ADP-Translokase. Wie schon im Grundlagenteil angesprochen (s. 1.4.2, S. 16), kann ATP die innere Mitochondrienmembran nicht passieren. Zu diesem Zweck gibt es einen speziellen Antiport: die ATP-ADP-Translokase, die ATP in das Zytosol und ADP ins Mitochondrium transportiert. Kommt es hier zu einer Schädigung, ist die ADP-Konzentration im Mitochondrium auch erniedrigt und täuscht einen Energieüberschuss vor. Folge: Die Atmungskette wird gehemmt.

Bei einem Transportzyklus geht ein ADP^{3-} ins Mitochondrium im Austausch gegen ein ATP^{4-}. Der Intermembranraum wird dadurch um eine Ladung negativer. Dies gleicht den dort herrschenden Protonenüberschuss der Atmungskette ein wenig aus und ist ein Grund für den zusätzlichen Verbrauch von Protonen im Intermembranraum und der damit verbundenen krummen Zahl des ATP-Gewinns (s. 4.5, S. 50).

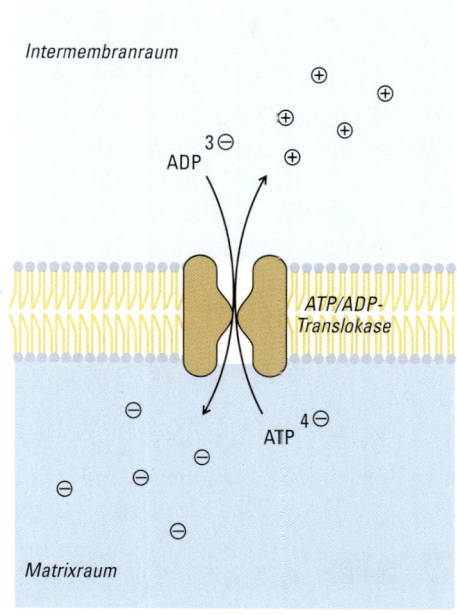

Intermembranraum

ADP

ATP/ADP-
Translokase

ATP

Matrixraum

Abb. 62: Atmungskette, ATP/ADP-Translokase

medi-learn.de/7-bc1-62

> **Merke!**
>
> Der ADP-Transport ins Mitochondrium wird durch eine ATP-ADP-Translokase katalysiert. Ihre Hemmung bewirkt auch eine Hemmung der Atmungskette.

4.7 Beeinflussung der Atmungskette

Diese Überschrift mag ein bisschen seltsam klingen, heißt dieses Kapitel normalerweise doch Hemmstoffe der Atmungskette. Die Atmungskette kann jedoch auf zwei unterschiedliche Weisen gestört werden: Sie kann gehemmt oder entkoppelt sein. Um daher der Verwirrung vorzubeugen, die entstehen kann, wenn Hemmer und Entkoppler unter Hemmstoffen eingeordnet werden, lautet die Über-

schrift hier ganz neutral „Beeinflussung der Atmungskette".

> **Merke!**
>
> Die Atmungskette kann durch zwei verschiedene Arten beeinträchtigt werden:
> – Hemmung und
> – Entkopplung.

Um diese beiden voneinander zu unterscheiden, ist der P/O-Quotient hilfreich:
Als P/O-Quotient bezeichnet man das Verhältnis von gewonnenem ATP zu verbrauchtem Sauerstoff.

$$P/O \text{ Quotient} = \frac{\text{mol ATP gebildet}}{\text{mol O verbaucht}}$$

Für jedes oxidierte NADH + H$^+$/FADH$_2$ in der Atmungskette wird ein Sauerstoff für die Knallgasreaktion verbraucht. Damit entstehen
– pro oxidiertem NADH + H$^+$ 2,5 ATP.
  Der P/O Quotient = 2,5/1, also 2,5
– pro oxidiertem FADH$_2$ 1,5 ATP.
  Der P/O Quotient = 1,5/1, also 1,5.

4.7.1 Hemmung der Atmungskette

Die Hemmung der Atmungskette lässt sich an unserem Modell wunderschön darstellen: Wenn du dir vorstellst, dass eine Mauer oder Barrikade den Kanal an beliebiger Stelle versperren würde, kann das Wasser an dieser Stelle durch die Rollcontainer nicht mehr weitertransportiert werden. Es werden so auch keine Bälle über die Wasserräder auf die hintere Kanalseite gepumpt und die Turbine erzeugt keine Energie.

Die Hemmstoffe der Atmungskette bauen diese Art Mauer. Dadurch wird die Atmungskette an einer Stelle blockiert und es kann kein Elektronentransport stattfinden. Ohne Elektronentransport findet im Komplex IV

4

jedoch auch keine Sauerstoffreduktion statt. Es wird also auch KEIN Sauerstoff verbraucht.

Von den vielen Stoffen, die an unterschiedlichen Stellen die Atmungskette blockieren, werden im Physikum nur zwei gefragt:
- Die Barbiturate (früher verwendete Schlafmittel) hemmen den Komplex I, und zwar blockieren sie dort die Wasserstoffübertragung von FMN auf Ubichinon (Coenzym Q).
- Die Blausäure (HCN) hemmt den Komplex IV (Cytochromoxidase), und zwar blockiert sie die Elektronenübertragung von Cytochrom c auf Sauerstoff. Dabei binden die Cyanid-Ionen an das Häm-Eisen der Cytochromoxidase. Dadurch „stauen" sich die Elektronen zurück. Nach wenigen Sekunden liegen alle Komplexe und Überträgerstoffe in reduzierter Form vor. Somit fließen keine Elektronen mehr durch die Komplexe. Sie fallen damit auch nicht mehr auf  tiefere Energieniveaus und somit werden keine Protonen mehr von den vorausgehenden Komplexen gepumpt. Die Toxizität von Cyanid-Ionen beruht auf der Bindung an das Häm-Eisen der Cytochromoxidase.
Achtung: Es wird die Cytochromoxidase, nicht aber Cytochrom c gehemmt.

Übrigens ...
Das Anion der Blausäure ist CN^- und heißt Cyanid-Ion. Es wirkt genauso wie die Blausäure selbst und taucht gerne mal stellvertretend in den Fragen des schriftlichen Examens auf. Aufgrund der unterschiedlichen Wirkung der beiden Medikamente auf die Atmungskette, verläuft eine Blausäure-Vergiftung durch die komplett blockierte Zellatmung (innere Erstickung) in aller Regel sehr schnell tödlich.

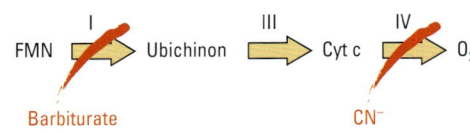

Abb. 64: Atmungskette, Hemmstoffe

medi-learn.de/7-bc1-64

Merke!
- Barbiturate hemmen die Wasserstoffübertragung auf Ubichinon.
- Cyanid-Ionen hemmen die Cytochromoxidase.

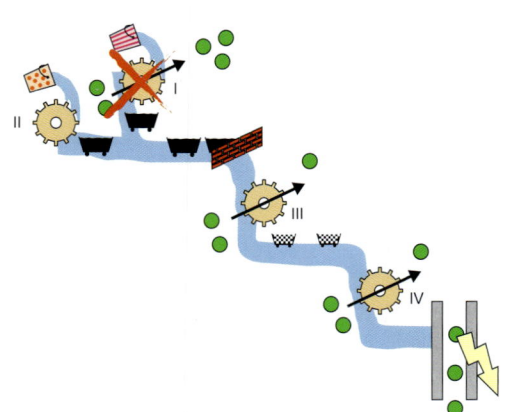

Abb. 63 a: Hemmung der Atmungskette durch Barbiturate   *medi-learn.de/7-bc1-63a*

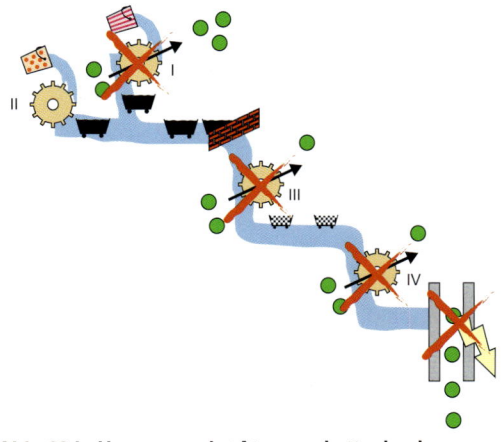

Abb. 63 b: Hemmung der Atmungskette durch Blausäure   *medi-learn.de/7-bc1-63b*

4.7.2 Entkoppler der Atmungskette

Auch die Entkopplung der Atmungskette lässt sich am Kanalmodell gut veranschaulichen. Wenn du dir vorstellst, dass eine zusätzliche Verbindung zwischen hinterer und vorderer Kanalseite (neben der Turbine) eingebaut wird, können die Bälle auch über diese Verbindung wieder zurückströmen und damit die Turbine umgehen. Beim Fluss über diese Umleitung wird jedoch KEINE Energie erzeugt. Der sonstige Ablauf ist nicht gestört: Es wird weiterhin Wasser durch den Kanal transportiert und die Wasserräder pumpen Bälle. Der Ballüberschuss auf der hinteren Kanalseite wird jedoch ohne Energieerzeugung sofort wieder abgebaut. Damit ist die Energieerzeugung vom Wassertransport gelöst (entkoppelt) worden. Die Substanzen, die die Atmungskette entkoppeln, bewirken diese Art von Zusatzverbindung. Den Protonen steht so ein alternativer Weg zurück in den Matrixraum zur Verfügung, ohne durch die ATP-Synthase zu müssen. Bei entkoppelter Atmungskette findet der Elektronentransport unabhängig von der ATP-Synthese statt. Da der Elektronentransport weiter-

läuft, wird aber auch Sauerstoff verbraucht. Da Sauerstoff verbraucht, aber viel weniger ATP erzeugt wird, sinkt der P/O-Quotient. Die frei werdende Energie geht dabei in Form von Wärme verloren (s. Abb. 66, S. 56):

– ATP-Synthese findet kaum statt (1).
– Die beim Protonenfluss frei werdende Energie geht als Wärme verloren (2).
– Da der Protonenüberschuss im Intermembranraum weiter abgebaut wird, läuft auch der Elektronentransport weiterhin ab (3).
– Die reduzierten Coenzyme geben ihre Wasserstoffatome ungehindert in die Atmungskette und es kommt NICHT zu einem NADH + H^+-Überschuss.
– **Glykolyse, Pyruvatdehydrogenasereaktion und Citratzyklus** werden NICHT gehemmt, sondern laufen sogar **beschleunigt** ab und reduzieren weiterhin Coenzyme.

Merke!

Bei der Entkopplung der Atmungskette
– wird der Elektronentransport von der ATP-Bildung getrennt und
– Wärme wird freigesetzt.

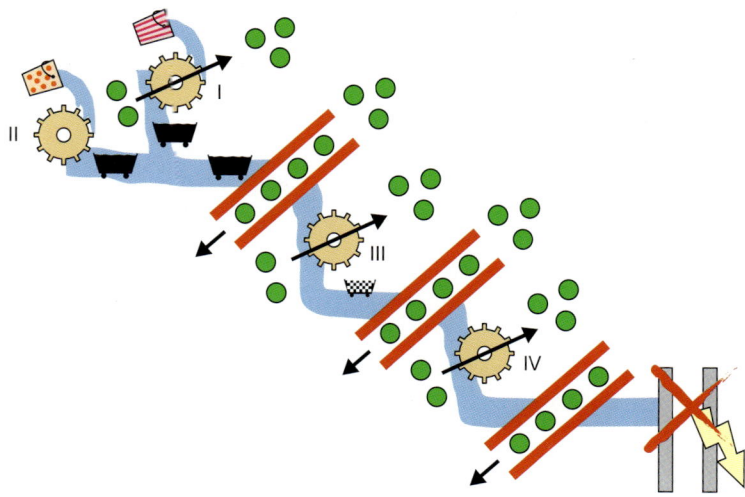

Abb. 65: Entkopplung der Atmungskette

medi-learn.de/7-bc1-65

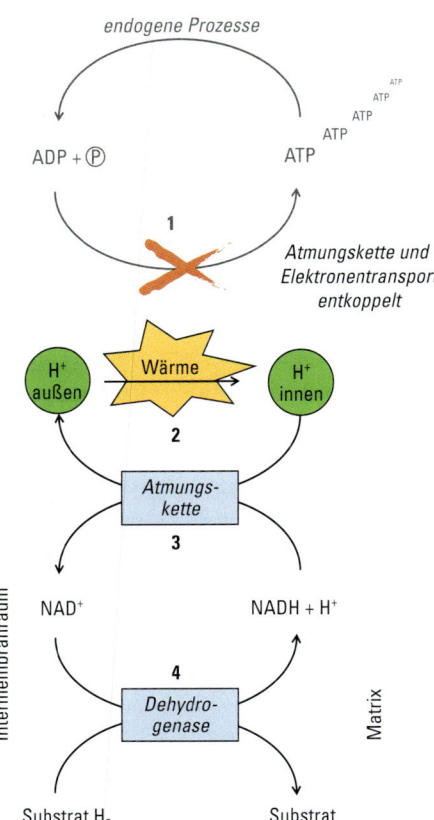

Abb. 66: Atmungskette, Folgen der Entkopplung

medi-learn.de/7-bc1-66

Entkoppler beeinträchtigen den Elektronentransport NICHT. Sie bewirken damit auch **KEINE Umkehr**, sondern führen höchstens zu einem noch schnelleren Ablauf des Transports.

Durch die Entkopplung des Elektronentransportes von der ATP-Bildung kann die Regulation der Atmungskette über die ADP-Konzentration (s. 4.6, S. 52) nicht mehr greifen. Es kommt sogar zu einer Beschleunigung des Elektronentransportes und damit zu einem erhöhten **Sauerstoffverbrauch**.

Welches sind nun die Entkoppler der Atmungskette? Auch zu diesem Thema werden im Examen glücklicherweise nur zwei Wirkstoffe verlangt. Ein physiologischer und ein pathologischer:

– Physiologisch? Wie kann ein Stoff, der die Atmung von der Energieerzeugung trennt, physiologisch sein? Der entscheidende Punkt ist, dass bei der Entkopplung Wärme freigesetzt wird. Das ist z. B. bei der zitterfreien Wärmebildung im braunen Fettgewebe gewollt. Das physiologische Protein **Thermogenin** – ein Protonenkanal – wird dazu bei einem Kältereiz kontrolliert in die innere Mitochondrienmembran eingebaut. Auf diese Weise wird wohl dosiert Wärme produziert.

– Der pathologische Vertreter ist das Dinitrophenol, ein lipophiles Molekül, das sich in die Membran einlagert und auf der Intermembranseite Protonen aufnimmt, sie durch die Membran schleust und auf der Matrixseite wieder abgibt.

Merke!

– Thermogenin ist ein physiologischer, Dinitrophenol ein pathologischer Entkoppler der Atmungskette.

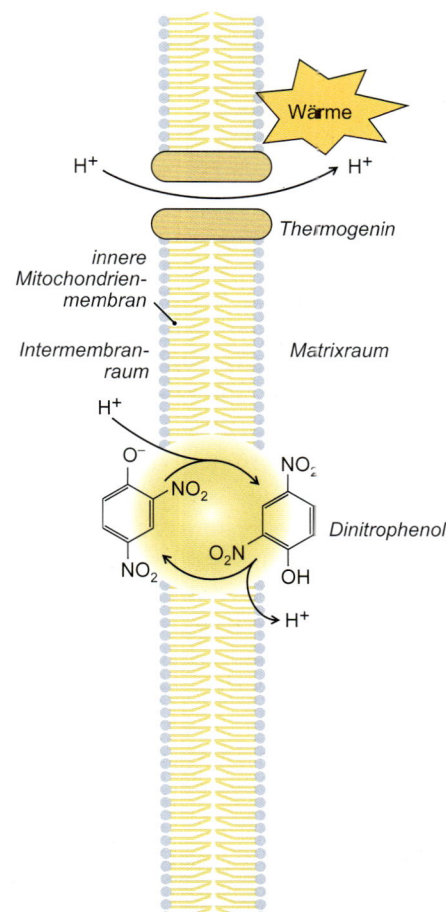

4.7.3 Zusammenfassung der Blockierer der Atmungskette

	Hemmung	Entkopplung
Was passiert?	gezielte Blockade eines Komplexes; es findet weder Elektronentransport noch Sauerstoffverbrauch statt.	Protonen werden am Komplex V vorbeigeschleust; es kommt zu einer Abtrennung des Elektronentransports von der ATP-Synthese.
Stoffe	– Barbitursäure (Komplex I) – Cyanid (Komplex IV)	– Dinitrophenol – Thermogenin
P/O-Quotient	bleibt gleich	sinkt

Tab. 7: Vergleich: Hemmung & Entkopplung

4

Abb. 67: Entkoppler der Atmungskette

medi-learn.de/7-bc1-67

DAS BRINGT PUNKTE

Zur **Atmungskette** solltest du unbedingt wissen, dass

- Cytochrom c nicht an die Cytochromoxidase gebunden ist,
- Hämoglobin und Cytochrom c sich durch die Art der Bindung an ihre Proteinkomponente unterscheiden,
- die Cytochromoxidase **KEIN proteingebundenes Eisen in Nicht-Häm-Form** enthält,
- die Succinatdehydrogenase
  - membrangebunden ist.
  - ein Teil des Komplexes II der Atmungskette ist.
  - kovalent gebundenes FAD als prosthetische Gruppe enthält.
  - Eisen-Schwefel-Komplexe enthält.
- Reduktionsäquivalente für die Atmungskette geliefert werden
  - vom Citratzyklus,
  - von der β-Oxidation,
  - von der Pyruvatdehydrogenasereaktion,
  - von der oxidativen Desaminierung von Glutamat.
- die ATP-Synthase auf der Innenseite der inneren Mitochondrienmembran die ATP-Synthese aus zytosolischem ADP und Phosphat katalysiert,
- Komplex II KEINE Protonen pumpt,
- die Atmungskette durch die mitochondriale ADP-Konzentration reguliert wird,
- Entkoppler keine direkte Wirkung auf den Elektronenfluss der Atmungskette haben, höchstens zu einem schnelleren Transport führen, aber KEINE Umkehr bewirken und
- Entkopplung der Atmungskette die Abtrennung des Elektronentransports von der ATP-Bildung zur Folge hat. Dadurch kommt es zur Beschleunigung der katabolen Stoffwechselprozesse und zur Wärmebildung.

FÜRS MÜNDLICHE

In der mündlichen Prüfung werden häufig nachfolgende Fragen gestellt:

1. Beschreiben Sie mir bitte kurz das Prinzip der oxidativen Phosphorylierung.

2. Bitte erklären Sie, welche Reaktion die Energie für die ATP Synthese liefert.

3. Bitte erläutern Sie, was eine Oxidation, was eine Reduktion ist.

4. Erklären Sie bitte, was Cytochrome sind.

5. Bitte erklären Sie, wie die Atmungskette gestört werden kann.

6. Erklären Sie mir den Aufbau und die Funktionsweise der ATP-Synthase?

7. Erläutern Sie mir die Funktionsweise der Atmungskette!

8. Inwiefern ist die Spannungsreihe für die Atmungskette von Bedeutung?

9. Welche Entkoppler der Atmungskette kennen Sie?

10. Was ist der Unterschied zwischen Entkopplern und Inhibitoren der Atmungskette?

11. Wo ist die Atmungskette lokalisiert?

12. Wo werden Protonen transportiert?

13. Welche Mechanismen gibt es zur ATP Entstehung?

---

1. Beschreiben Sie mir bitte kurz das Prinzip der oxidativen Phosphorylierung.

Oxidative Phosphorylierung ist die Bezeichnung für den Mechanismus der ATP-Bildung in der Atmungskette. In der Atmungskette werden die bei den katabolen Stoffwechselvorgängen gewonnenen reduzierten Coenzyme oxidiert. Dabei wird ein Protonengradient aufgebaut, der zur ATP-Synthese dient.

2. Bitte erklären Sie welche Reaktion die Energie für die ATP Synthese liefert.

Formal handelt es sich dabei um die Knallgasreaktion: Wasserstoff und Sauerstoff reagieren zu Wasser. Diese Reaktion ist jedoch sehr exergon und würde zur Zerstörung der Zelle führen. In der Atmungskette wird die Energie daher stufenweise freigesetzt.

3. Bitte erläutern Sie, was eine Oxidation, was eine Reduktion ist.

Oxidation bedeutet Elektronenabgabe. Diese ist oft mit Protonen gekoppelt, sodass eine Wasserstoffabgabe auch eine Oxidation darstellt.
Die Reduktion ist das Gegenteil der Oxidation, also eine Elektronenaufnahme.

4. Erklären Sie bitte, was Cytochrome sind.

Cytochrome sind Hämproteine, d. h., dass sie aus einem Proteinanteil und der Häm-Gruppe bestehen.
Die Cytochrome haben in der Atmungskette als Redoxcoenzyme die Funktion der Elektronenübertragung.

5. Bitte erklären Sie, wie die Atmungskette gestört werden kann.

Die Atmungskette kann gehemmt oder entkoppelt sein. Bei der Hemmung wird das ganze System blockiert, es findet weder ATP-Synthese noch Elektronentransport statt. Der P/O-Quotient verändert sich nicht.
Die Entkoppler schleusen Protonen durch die innere Mitochondrienmembran und bauen so den Protonenüberschuss auf der Intermembranseite ab. Es wird viel weniger ATP synthetisiert, der Elektronentransport findet aber noch statt. Somit wird Sauerstoff verbraucht, der P/O-Quotient sinkt, und Wärme wird erzeugt.

6. Erklären Sie mir den Aufbau und die Funktionsweise der ATP-Synthase?

Die ATP-Synthase besteht aus einem F_0- und einem F_1-Teil. Der F_0 Teil ist in die innere Mitochondrienmembran integriert und fungiert als Protonenkanal, durch den die H^+-Ionen wieder in den Matrixraum zurück diffundieren können. Der F_1-Teil ist das eigentliche katalytische Zentrum des Komplexes. Er ragt pilzförmig in den Matrixraum. Die ATP-Synthese erfolgt über eine Drehbewegung des F_1-Teils in drei Schritten:
– ADP + P wird gebunden
– ATP wird synthetisiert
– ATP wird freigesetzt
Die Drehbewegung wird durch den Protonenfluss aufrechterhalten. Pro ATP Synthese werden ca. 3 Protonen benötigt.

7. Erläutern Sie mir die Funktionsweise der Atmungskette!

In der Atmungskette fließen die Elektronen entlang der Spannungsreihe über viele Zwischenschritte von NADH + H^+ zu H_2O. Die bei diesen vielen Oxidationen freigesetzte Energie wird genutzt, um im Intermembranraum einen Protonenüberschuss aufzubauen.
Beim Rückfluss dieser Protonen in den Matrixraum wird durch den Komplex V ATP synthetisiert.

8. Inwiefern ist die Spannungsreihe für die Atmungskette von Bedeutung?

In der Spannungsreihe sind die Moleküle nach ihrer Anziehungskraft auf Elektronen (= Redoxpotenzial) geordnet.

Die Stoffe mit der größten Anziehungskraft auf Elektronen stehen unten, die mit der geringsten oben in der Spannungsreihe. Die Redoxreaktionen in der Atmungskette laufen in dieser Reihenfolge ab, also von NADH + H$^+$ (niedriges Redoxpotenzial = oben in der Spannungsreihe) zu H$_2$O (hohes Redoxpotenzial = unten in der Spannungsreihe).

9. Welche Entkoppler der Atmungskette kennen Sie?

Entkoppler der Atmungskette sind Moleküle, die als Protonenkanal der inneren Mitochondrienmembran fungieren. Somit wird der Protonengradient ohne ATP-Synthese abgebaut. Es gibt physiologische Entkoppler (Thermogenin) und pathologische (Dinitrophenol).

10. Was ist der Unterschied zwischen Entkopplern und Inhibitoren der Atmungskette?

Im Gegensatz zu den Entkopplern führen die Inhibitoren der Atmungskette zu einer Störung des ganzen Systems. Sie blockieren z. B. die Elektronenübertragung zwischen zwei Komplexen und führen somit dazu, dass kein Protonengradient aufgebaut werden kann. Als klinisch relevanter Inhibitor ist das Cyanid bekannt. Es hemmt die Cytochromoxidase und somit die Übertragung von Elektronen von Cytochrom c auf Sauerstoff.

11. Wo ist die Atmungskette lokalisiert?

Die Atmungskette ist in der inneren Mitochondrienmembran lokalisiert.

12. Wo werden Protonen transportiert?

Der Protonentransport findet im Komplex I, III und IV statt. Der Komplex II kann keine Protonen über die Innere Mitochondrienmembran pumpen.

13. Welche Mechanismen gibt es zur ATP Entstehung?

Es gibt die Substratkettenphosphorylierung, die in der Glykolyse und im Citratzyklus (hier: GTP) zur ATP-Synthese beiträgt. In der Atmungskette wird ATP über die oxidative Phosphorylierung synthetisiert.

WAR DEINE PATIENTIN NICHT MIT DIESEM FACHANWALT FÜR MEDIZINRECHT VERHEIRATET?!

Pause

Ein paar Seiten hast du schon wieder geschafft!
Päuschen und weiter geht's!

Ein besonderer Berufsstand braucht besondere Finanzberatung.

Als einzige heilberufespezifische Finanz- und Wirtschaftsberatung in Deutschland bieten wir Ihnen seit Jahrzehnten Lösungen und Services auf höchstem Niveau. Immer ausgerichtet an Ihrem ganz besonderen Bedarf – damit Sie den Rücken frei haben für Ihre anspruchsvolle Arbeit.

- Services und Produktlösungen vom Studium bis zur Niederlassung

- Berufliche und private Finanzplanung

- Beratung zu und Vermittlung von Altersvorsorge, Versicherungen, Finanzierungen, Kapitalanlagen

- Niederlassungsplanung & Praxisvermittlung

- Betriebswirtschaftliche Beratung

Lassen Sie sich beraten!

Nähere Informationen und unseren Repräsentanten vor Ort finden Sie im Internet unter www.aerzte-finanz.de

Deutsche Ärzte Finanz

Standesgemäße Finanz- und Wirtschaftsberatung

5 Muskel

▪▫▪ Fragen in den letzten 10 Examen: 6

In diesem Kapitel werden die eben gelernten Fakten an einem beispielhaften und natürlich prüfungsrelevanten Organ betrachtet. Im Muskel finden alle in diesem Skript beschriebenen Reaktionswege statt und die dabei entstandene chemische Energie wird wieder in Bewegungsenergie umgesetzt. Da der Muskel auch Thema der Anatomie und Physiologie ist, konzentrieren wir uns hier nur auf die Schwerpunkte der Biochemie:
– den Muskelstoffwechsel und
– spezielle Aspekte des Muskelaufbaus.

5.1 Muskelstoffwechsel

Die Hauptaufgabe des Muskels ist die Kontraktion, einmal zur Stützung des Knochenskeletts sowie zur Fortbewegung. Um dieser wichtigen Aufgabe gerecht zu werden, gibt es im Muskelstoffwechsel ein paar Besonderheiten. Der Muskel kann unter Umständen riesige Mengen von Energie brauchen und muss, um seine Funktion aufrechtzuerhalten, unwichtige Substrate schnell wieder loswerden können. Wie das funktioniert, wird in diesem Kapitel besprochen.

5.1.1 Energiestoffwechsel

Die Hauptaufgabe des Muskels ist die Kontraktion und die zuständige direkte Energiequelle dafür die ATP-Spaltung. Der ATP-Vorrat im Muskel würde jedoch gerade mal für zwei Sekunden reichen. Da der Mensch aber stundenlange Märsche zurücklegen kann, muss es noch andere Energiequellen geben. Welche das sind und wie sie funktionieren, damit beschäftigt sich der Energiestoffwechsel. Grundsätzlich hat jede Muskelzelle zwei verschiedene Möglichkeiten, ATP für die Kontraktion selbst zu synthetisieren: Je nach O_2-Bedingungen verläuft die ATP-Bildung anaerob oder aerob.

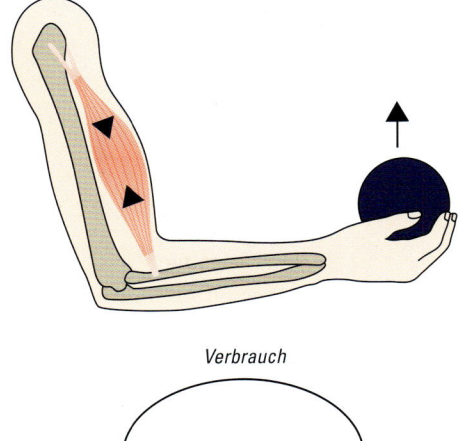

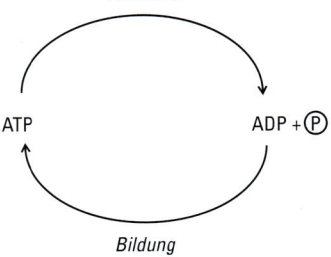

Abb. 68: ATP-Verbrauch bei Kontraktion

medi-learn.de/7-bc1-68

Anaerobe Möglichkeiten der ATP-Bildung

Unter anaeroben Bedingungen hat der Muskel drei verschiedene Möglichkeiten der ATP-Synthese:
– aus Kreatin-Phosphat,
– durch anaerobe Glykolyse und
– über die Adenylat-Kinase.

Kreatin-Phosphat. Die Kreatinkinase katalysiert die Reaktion:

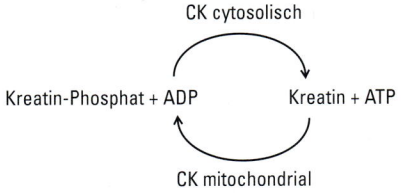

Abb. 69: CK als Katalysator *medi-learn.de/7-bc1-69*

Die Phosphatgruppe wird also von Kreatin-Phosphat auf ADP übertragen, wobei ATP entsteht. Diese Reaktion findet in der Kontraktionsphase im Cytosol statt. Während der Erholungsphase werden die Kreatin-Phosphat-Speicher über die mitochondriale CK wieder aufgefüllt. Die Reaktion ist also reversibel und eine Gleichgewichtsreaktion, wobei das Gleichgewicht auf der Seite der ATP-Bildung liegt.

> **Merke!**
>
> Die Kreatinkinase katalysiert die ATP-Synthese aus Kreatin-Phosphat und ADP. Diese Reaktion ist reversibel.

Doch was ist dieses Kreatin überhaupt? Eine Frage, die im schriftlichen Physikum immer mal wieder gerne auftaucht.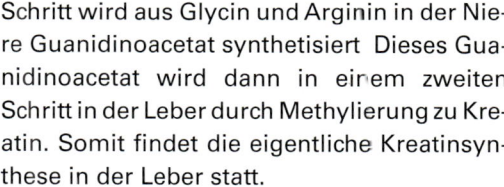
Kreatin ist ein kleines Molekül, dessen Synthese in zwei Teilschritten erfolgt: Im ersten Schritt wird aus Glycin und Arginin in der Niere Guanidinoacetat synthetisiert. Dieses Guanidinoacetat wird dann in einem zweiten Schritt in der Leber durch Methylierung zu Kreatin. Somit findet die eigentliche Kreatinsynthese in der Leber statt.
Nach seinem Transport im Blut zur Muskulatur und seiner Aufnahme durch die Muskelzellen wird dort in der Kreatinkinasereaktion Kreatin-Phosphat gebildet und steht zur ATP-Synthese zur Verfügung. In einer spontanen Reaktion (Lactambildung) wird es in den Muskelzellen zu Kreatinin umgewandelt und schließlich über die Niere ausgeschieden, denn aus Kreatinin kann

kein Kreatin mehr gebildet werden. Somit ist diese Substanz für den Muskel unbrauchbar.

> **Merke!**
>
> – Kreatin wird in **der Leber** synthetisiert.
> – Kreatin wird **als Kreatinin** über den Urin ausgeschieden.

Übrigens …
– Der Kreatinin-Wert im Blut hat hohe klinische Relevanz. Er ist wichtig zur Bestimmung der Kreatinin-Clearance, die eine enorme Bedeutung zur Einschätzung der Leistungsfähigkeit der Niere hat. Die Konzentration des Kreatinins im Blutplasma hängt von Nierenfunktion und Muskelmasse ab.
– Im schriftlichen Physikum nicht aufs Glatteis führen lassen: Kreatin – **nicht Kreatinin** – wird **phosphoryliert zu Kreatinphosphat, Kreatinin** wird über die Niere ausgeschieden.

Nicht nur im Skelettmuskel, sondern auch im Myokard ermöglicht Kreatinphosphat die Rephosphorylierung von ATP. Bei kurz andauernder, intensiver körperlicher Arbeit (Zeitbereich = 6–8 Sek.) sind ATP und Kreatinphosphat die überwiegend genutzten energieliefernden Substrate der Skelettmuskulatur.

Anaerobe Glykolyse (s. Abb. 70, S. 63). Die anaerobe Glykolyse ist die wichtigste Möglichkeit der anaeroben ATP-Herstellung. Dabei werden 2 ATP und 2 NADH + H$^+$ gebildet. Wegen des O_2-Mangels können die Reduktions-

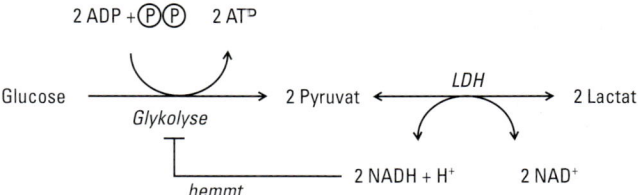

Abb. 70: Anaerobe Glykolyse

medi-learn.de/7-bc1-70

äquivalente NADH + H⁺ jedoch nicht in der Atmungskette oxidiert werden und häufen sich daher an. Ein NADH + H⁺-Überschuss führt jedoch zur Hemmung der Glykolyse. Damit würde die ATP-Synthese zum Erliegen kommen, wenn nicht NADH + H⁺ mit Pyruvat zu NAD⁺ und **Lactat** oxidiert würde. Genau dies geschieht. Das katalysierende Enzym ist die Lactat-Dehydrogenase (LDH), sie gehört zur Enzymklasse der Oxidoreduktasen.

Adenylat-Kinase. Die Adenylat-Kinase-Reaktion besticht durch ihre Einfachheit. Alles, was diese Enzym tut, ist Phosphorsäurereste umzuverteilen. Wo vorher 2 mal 2 Phosphorsäurereste waren, sind nachher 1 mal 3 Phosphorsäurereste und 1 mal 1 Phosphorsäurerest. Anders ausgedrückt: 2 ADP reagieren mithilfe der Adenylat-Kinase zu 1 ATP und 1 AMP.

Abb. 71: Adenylat-Kinase-Reaktion

medi-learn.de/7-bc1-71

Aerobe ATP-Gewinnung

Bei der aeroben Glykolyse läuft die Energiegewinnung über die Stoffwechselwege Glykolyse, β-Oxidation, Citratzyklus und Atmungskette. Der O_2-Bedarf wird neben der O_2-Zufuhr über das Blut vom intrazellulären Speicher Myoglobin gedeckt.

Eine Besonderheit hat der Muskel in seinem Kohlenhydratstoffwechsel noch. Er hat die Fähigkeit, Glykogen zu bilden und auf diese Weise Energie in Form von Kohlenhydraten zu speichern. Dieser Speicher wird dann in der Kontraktionsphase abgebaut. Deswegen kommt jetzt noch ein kleiner Exkurs:

Exkurs: Glykogen im Muskel.

> **Merke!**
>
> – Glykogen ist die Speicherform von Glucose.
> – Diese Speicherform findet sich in Leber, Niere und Muskel.

Zur Energiegewinnung wird Glykogen über die Glykogen-Phosphorylase zu Glucose-1-P abgebaut. An dieser Stelle wird der Abbau reguliert. Anschließend erfolgt die Umlagerung zu Glucose-6-P, das dann in die Glykolyse einfließt.

Im Gegensatz zu Leber und Niere besitzt der **Muskel KEINE Glucose-6-Phosphatase,** kann somit auch aus Glucose-6-P keine freie Glucose bilden und ist daher auch nicht in der Lage, der Anhebung des Blutzuckerspiegels zu dienen. Daher kann **Glukagon** den **Glykogenabbau** im Muskel **NICHT** stimulieren.

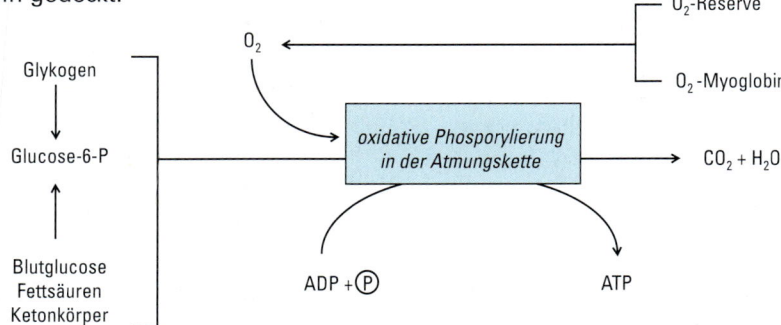

Abb. 72: Aerobe ATP-Gewinnung im Muskel

medi-learn.de/7-bc1-72

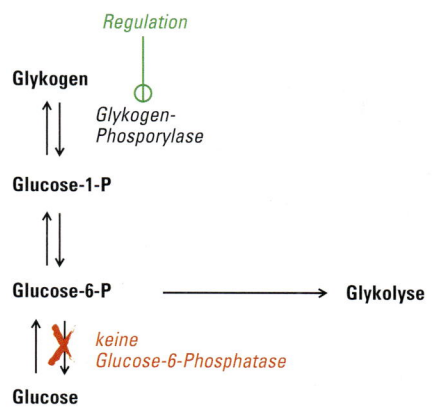

Abb. 73: Glykogenabbau im Muskel

medi-learn.de/7-bc1-73

> **Merke!**
>
> – Die Muskelzelle verfügt nicht über Glucose-6-Phosphatase und kann somit nicht zur Anhebung des Blutzuckerspiegels beitragen. Es entsteht **KEINE freie Glucose**.
> – Der Muskel speichert Glykogen nur zu seiner eigenen Versorgung.

Jetzt kommt mit der Regulation des Glykogenabbaus im Muskel ein etwas komplizierteres Thema. Wir gehen hier nur auf die Regulation des Abbaus ein, da bis jetzt im Schriftlichen auch nur hierzu Fragen gestellt wurden.

Eine komplette Darstellung findet sich im Skript Biochemie 3. Bis auf das Fehlen der Glucose-6-Phosphatase verläuft der Abbau im Muskel genauso wie in der Leber und den Nieren:

1. Glykogen wird durch die Phosphorylase zu Glucose-1-P abgebaut. An dieser Phosphorylase findet die Regulierung statt.
2. Diese Phosphorylase ist phosphoryliert aktiv (mit einem übertragenem Phosphatrest). Der Phosphatrest wird durch die Phosphorylase-Kinase übertragen. AMP kann die dephosphorylierte Phosphorylase allosterisch

aktivieren und bewirkt somit auch eine Stimulierung der Glykogenolyse.
3. Auch die Phosphorylase-Kinase ist phosphoryliert aktiv.
4. Die Aktivierung der Phosphorylase-Kinase findet mit Ca^{2+}, Calmodulin und
5. durch cAMP-abhängige Phosphorylierung statt.

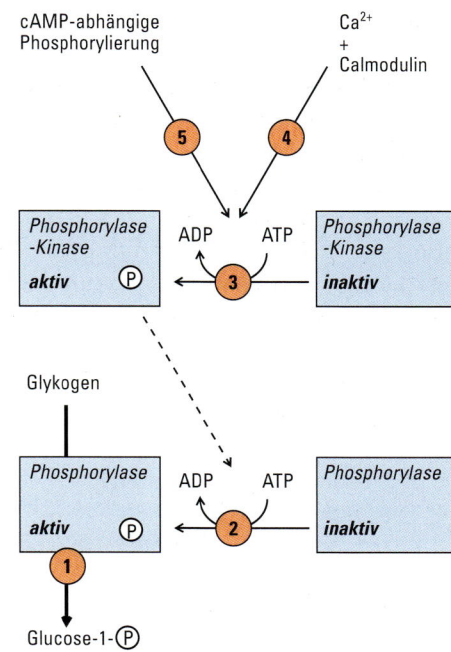

Abb. 74: Regulation des Glykogenabbaus im Muskel

medi-learn.de/7-bc1-74

> **Merke!**
>
> Zum Glykogenabbau führen:
> – **cAMP-abhängige Phosphorylierung** (über Aktivierung einer Proteinkinase, z. B. durch Adrenalin)
> – **Ca^{2+} und Calmodulin** (über Aktivierung der Phosphorylase-Kinase)
> – **AMP** (über allosterische Aktivierung der Glykogenphosphorylase)

5.1.2 Cori-Zyklus

Der Cori-Zyklus ist so eine Art Recycling-Vorgang für das Lactat, das bei der anaeroben Glykolyse im Muskel entsteht. Dieses Lactat ist nämlich viel zu wertvoll (also zu energiehaltig), um ausgeschieden zu werden. Daher hat die Muskulatur mit der Leber einen Recycling-Deal ausgehandelt: Sie gibt die für sie wertlose Altware Lactat an die Leber ab, die daraus die allgemein begehrte Neuware Glucose synthetisiert. Die einzelnen Schritte dieses Recyclings sind:

1. Bei anaerober Glykolyse wird im Muskel Lactat synthetisiert und
2. an das Blut abgegeben.
3. Die Leber nimmt dieses Lactat auf und führt es der Gluconeogenese zu, wodurch Glucose entsteht.
4. Die Leber gibt die Glucose wieder an das Blut ab.
5. Der Muskel und andere Organe nehmen bei Bedarf die Glucose auf.

Das Herz ist ein Allesfresser. Bei körperlicher Anstrengung wird das vom Muskel abgegebene Lactat auch insbesondere vom Myokard im oxidativen Stoffwechsel verwertet.

5.1.3 Alanin-Zyklus

Der (Glucose-) Alanin-Zyklus spielt beim Abbau von Muskelproteinen zur Energiegewinnung eine wichtige Rolle. Denn bei der Energiegewinnung für die Muskelkontraktion bleiben auch die Aminosäuren nicht verschont. Auch ihre Kohlenstoffgerüste werden abgebaut. Dabei bleiben die NH_3-Gruppen der Aminosäuren übrig und werden meist auf Pyruvat oder Glutamat übertragen:

– Die Transaminierung von Pyruvat führt zu Alanin. Dieses wird über das Blut zur Leber transportiert und von ihr aufgenommen. In der Leber wird das Kohlenstoffgerüst des Alanins zur Gluconeogenese genutzt und das NH_3 über den Harnstoffzyklus entgiftet.
– Die Aminierung von Glutamat führt zu Glutamin. Bei dieser Reaktion wird ATP ver-

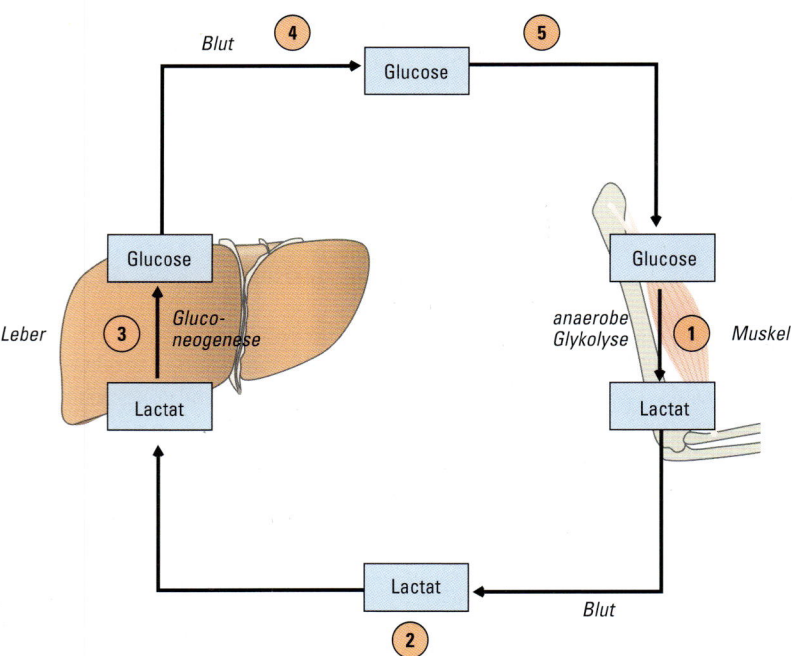

Abb. 75: Cori-Zyklus

medi-learn.de/7-bc1-75

braucht. Glutamin wird über das Blut zu den Nieren transportiert und von ihnen aufgenommen. Auch hier wird NH_3 abgespalten und dient dann der Alkalisierung des Urins.

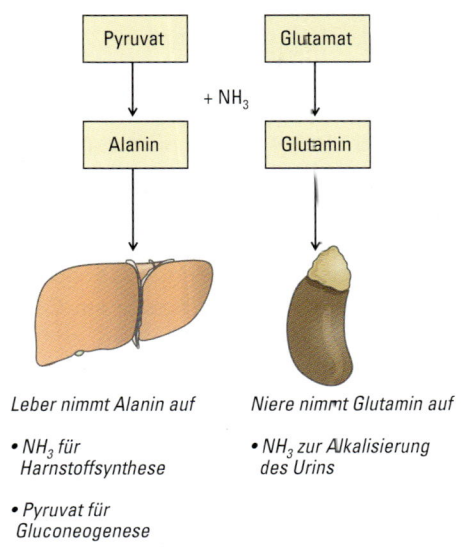

Leber nimmt Alanin auf

Niere nimmt Glutamin auf

- NH_3 für Harnstoffsynthese
- NH_3 zur Alkalisierung des Urins
- Pyruvat für Gluconeogenese

Abb. 76: Alanin-Zyklus   *medi-learn.de/7-bc1-76*

Der Aminostickstoff, der beim Aminosäureabbau anfällt, wird hauptsächlich in Form von Alanin und Glutamin im Blutplasma transportiert:
- Alanin wird hauptsächlich von der Leber aufgenommen und
- **Glutamin** geht vorwiegend **zur Niere**.

5.2 Spezielle Aspekte des Muskelaufbaus

Muskelgewebe hat wie jedes Gewebe seine ganz speziellen, besonderen Eigenschaften, von denen einige im Physikum gerne gefragt werden.

5.2.1 Aufbau des Myoglobins

Der Muskel unterliegt ganz besonderen Anforderungen. Er muss unter Umständen über lange Zeit arbeiten. Um solchen Anforderungen stand zu halten, hat der Muskel seine eigene Sauerstoffreserve: das Myoglobin. Myoglobin gehört zu den Hämproteinen.

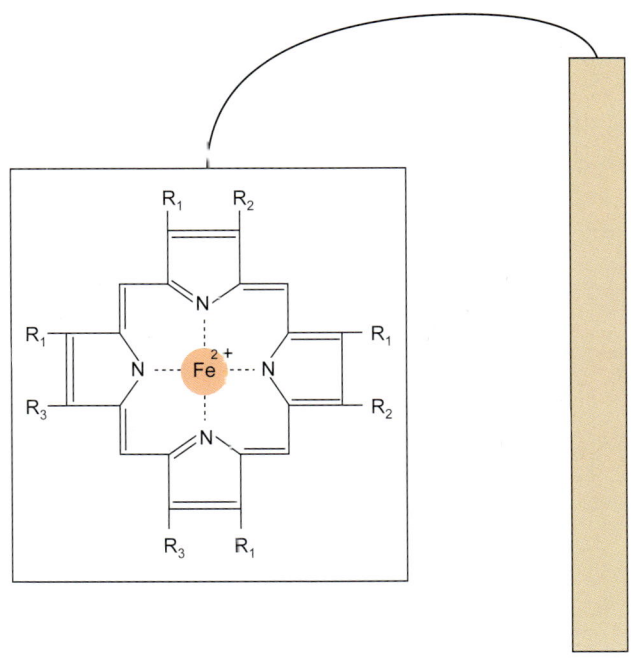

Häm   Protein

Myoglobin hat nur eine Proteinkette, verbunden mit einem Häm, also insgesamt nur eine Häm-Gruppe.

Abb. 77: Myoglobin   *medi-learn.de/7-bc1-77*

Ein Hämprotein ist ein zusammengesetztes Molekül aus Häm und Proteinrest. Dazu gehören neben dem Myoglobin auch das Hämoglobin und die aus der Atmungskette bekannten Cytochrome (s. S. 11).

Vergleich Myoglobin/Hämoglobin

Besonders die Unterschiede zwischen Hämoglobin und Myoglobin sind fürs Physikum relevant. Die wichtigsten sind
- die Quartärstruktur ihrer kovalent gebundenen Proteine und
- ihre Sauerstoffaffinität.

Merke!

- Hämoglobin und Myoglobin besitzen das gleiche Porphyrinsystem (Häm).
- Hämoglobin und Myoglobin haben unterschiedliche Quartärstrukturen.

Sauerstoffaffinität. Häm ist nicht nur ein Redoxcoenzym (s. 1.3, S. 4), sondern auch ein wichtiger Sauerstofftransporter. Das zentrale **zweiwertige** Eisen-Ion im Häm kann dabei, ohne oxidiert zu werden, Sauerstoff anlagern (Oxygenierung), und zwar ein O_2 pro Häm-Gruppe.
Hämoglobin hat vier Häm-Gruppen und bindet somit maximal vier O_2-Moleküle. Beim Hämo-

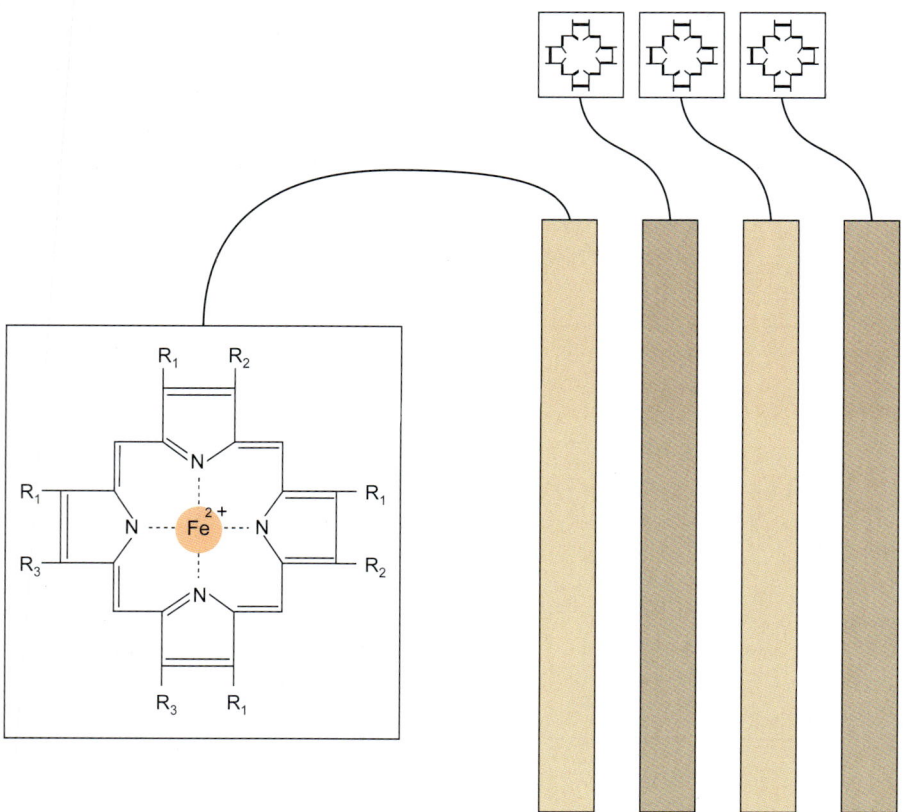

Hämoglobin hat vier Proteinketten, verbunden mit jeweils einem Häm, also insgesamt vier Häm-Gruppen.

Abb. 78: Hämoglobin

medi-learn.de/7-bc1-78

globin gibt es daher noch eine Besonderheit: Das „kooperative Bindungsverhalten". Dies bedeutet, dass mit jedem aufgenommenen O_2 die folgende O_2-Aufnahme leichter fällt. Daraus resultiert die sigmoidale Bindungskurve.

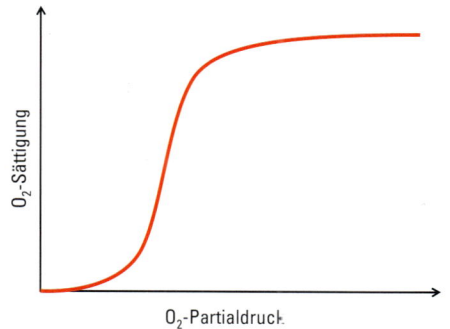

Abb. 79: Hämoglobin, O_2-Bindungskurve

medi-learn.de/7-bc1-79

Myoglobin hat nur eine Häm-Gruppe und kann daher auch nur ein O_2-Molekül binden. Myoglobin zeigt somit auch kein kooperatives Bindungsverhalten. Außerdem verfügt es über eine sehr starke O_2-Affinität. Das bedeutet, dass schon bei niedrigem Sauerstoffpartialdruck viele Myoglobinmoleküle oxigeniert sind. Daraus resultiert die hyperbole Bindungskurve des Myoglobins.

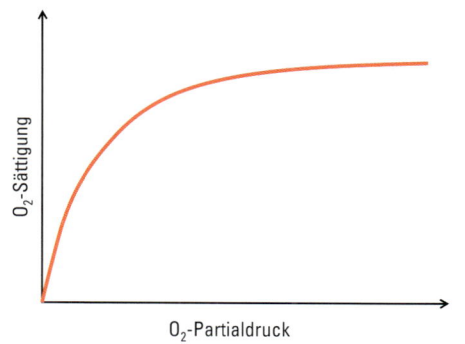

Abb. 80: Myoglobin, O_2-Bindungskurve

medi-learn.de/7-bc1-80

Merke!

- Myoglobin hat eine höhere Sauerstoffaffinität als Hämoglobin.
- Die Sauerstoffsättigungskurve des Myoglobin ist hyperbolisch.
- Hämoglobin zeigt eine kooperative Sauerstoffbindung.

5.2.2 Muskelfasertypen

Es gibt verschiedene Arten von Bewegungen. Wenn man z. B. einen Marathonläufer mit einem Sprinter vergleicht, stellen die beiden ganz verschiedene Anforderungen an ihre Beinmuskulatur. Der Marathonläufer kann sich langsam in seine Bewegung einlaufen und braucht keine schnellen Starts. Allerdings darf seine Muskulatur nicht so schnell ermüden, denn selbst die Weltspitze braucht zweieinhalb Stunden für diese Distanz. Wenn der Sprinter warten müsste, bis sich seine Muskulatur auf Laufen eingestellt hat, wäre die Konkurrenz wahrscheinlich schon am Ziel. Entsprechend dieser unterschiedlichen Anforderungen an die Bewegung haben wir zwei Muskelfasertypen:

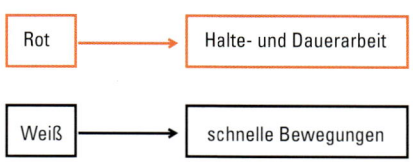

Abb. 81: Muskelfasertypen   *medi-learn.de/7-bc1-81*

Ein Marathonläufer wird also mehr rote Muskelfasern, ein Sprinter mehr weiße haben. Im Folgenden werden deren Besonderheiten genauer besprochen.

Rote Muskelfasern (Marathonmuskel)

Rote Muskelfasern arbeiten langsam, dafür aber ausdauernd: Zur Energiegewinnung nutzen sie die β-Oxidation, die aerobe Glykolyse, den Citratzyklus und die Atmungskette.

5

Der Muskel des Marathonläufers ist damit ein Allesfresser. Er hat die nötige Zeit, die nährstoffabbauenden Stoffwechselwege anzuwerfen. Seine Muskelfasern enthalten zu diesem Zweck viele Mitochondrien, da der größte Teil der Energiegewinnung über Fettsäureoxidation und die Atmungskette läuft, mit entsprechend hoher Citratsynthase-Aktivität und viel Myoglobin.

Rote Muskelfasern
– haben eine geringe Kontraktions- und Erschlaffungsgeschwindigkeit,
– beziehen einen Großteil ihrer Energie aus dem Citratzyklus,
– können Fette verbrennen (β-Oxidation) und
– besitzen
  • viele Mitochondrien (Citratsynthase-Aktivität ist hoch).
  • viel Myoglobin (viel O_2).

Übrigens ...
Durch Ausdauertraining kann man die Mitochondriendichte im Skelettmuskel und damit die Kapazität zur Fettsäureoxidation erhöhen.

Weiße Muskelfasern (Sprintermuskel)

Weiße Muskelfasern arbeiten schnell, dafür aber nicht so lange. Der Sprinter möchte schnell zu seinem nicht weit entfernten Ziel. Die Geschwindigkeit der Kontraktion ist hoch, dem Muskel bleibt für langwierige Prozeduren wie Citratzyklus, Atmungskette, etc. keine Zeit.

Daher wird die Energie vorwiegend anaerob, also mit Kreatin-Phosphat und anaerober Glykolyse, erzeugt. Die Muskelfasern brauchen dazu nicht viele Mitochondrien und auch nicht viel Myoglobin (der O_2-Bedarf ist gering), aber große Mengen von Glykogen, das in die anaerobe Glykolyse einfließt.

Weiße Muskelfasern
– erzeugen Energie vorwiegend anaerob und
– besitzen viel Glykogen.

Vergleich: rote → weiße Muskelfasern

Zum krönenden Abschluss noch mal eine Gegenüberstellung in Tabellenform für den Überblick:

	rot	weiß
Kontraktion	langsam	schnell
Stoffwechseltyp	aerob	anaerob
Mitochondrien	viel	wenig
Myoglobin	viel	wenig
Glykogen	wenig	viel

Tab. 8: Vergleich rot-weiße Muskelfasern

DAS BRINGT PUNKTE

Zum Thema **Muskel** solltest du unbedingt wissen, dass

- Glykogen durch die Phosphorylase zu Glucose-1-P abgebaut wird,
- der Muskel keine Glucose-6-Phosphatase besitzt,

- ADP und Kreatin-Phosphat zu ATP und Kreatin reagieren, wobei letzteres als Kreatinin mit dem Urin ausgeschieden wird und
- sich die Quartärstruktur des Myoglobins von der des Hämoglobins unterscheidet (s. Gegenüberstellung, Abb. 77, S. 67 und Abb. 78, S. 68).

FÜRS MÜNDLICHE

In der mündlichen Prüfung solltest du folgende Fragen beantworten können.

1. Bitte erläutern Sie, was das Glykogen im Muskel vom Glykogen in der Leber unterscheidet.

2. Bitte erklären Sie, auf welche verschiedene Arten der Muskel ATP herstellen kann und nennen Sie diese.

3. Hämoglobin und Myoglobin haben entscheidende Unterschiede und nennen Sie mir die wichtigsten.

4. Welche Arten von Muskelfasern kennen Sie? Beschreiben Sie bitte die Unterschiede.

5. Welche Funktion hat Kreatin-Phosphat?

6. Welche Möglichkeiten der ATP Bildung im Muskel kennen Sie?

7. Was ist der Cori-Zyklus?

---

1. Bitte erläutern Sie, was das Glykogen im Muskel vom Glykogen in der Leber unterscheidet.
Der Muskel besitzt keine Glucose-6-Phosphatase und kann daher keine freie Glucose synthetisieren. Er ist somit nicht zur Anhebung des Blutzuckerspiegels fähig.

2. Bitte erklären Sie, auf welche verschiedene Arten der Muskel ATP herstellen kann und nennen Sie diese.
Es gibt anaerobe und aerobe Möglichkeiten zur ATP-Herstellung. Zu den anaeroben zählt die Kreatinkinasereaktion und die anaerobe Glykolyse. Für die aerobe ATP-Herstellung werden vor allem der Citratzyklus und die Atmungskette herangezogen.

3. Hämoglobin und Myoglobin haben entscheidende Unterschiede. Bitte nennen Sie mir die wichtigsten.
Hämoglobin und Myoglobin sind Hämproteine. Hämoglobin hat vier Häm-Guppen, verknüpft mit Globinen, Myoglobin hat nur ein Häm und eine Globinkette. Daraus ergibt sich auch der zweite wichtige Unterschied in der Sauerstoffbindung: Die O_2-Affinität des Hämoglobins wächst mit jedem aufgenommenen O_2 (Kooperativität). Die Sauerstoffbindungskurve ist somit sigmoidal. Myoglobin hat dagegen eine hyperbolische Sauerstoffbindungskurve.

4. Welche Arten von Muskelfasern kennen Sie? Beschreiben Sie bitte die Unterschiede.
Es gibt rote und weiße Muskelfasern. Unterschiede s. Tab. 8, S. 70.

5. Welche Funktion hat Kreatin-Phosphat?
Kreatin-Phosphat hat im Muskel die Funktion eines ATP-Puffers. Es kann in Kontraktionsphasen über die Kreatinkinasereaktion schnell zur ATP-Synthese beitragen. In Ruhezeiten wird der Kreatinphosphatspeicher dann wieder aufgefüllt.

6. Welche Möglichkeiten der ATP Bildung im Muskel kennen Sie?
Der Muskel hat zur ATP Bildung viele Möglichkeiten.

Er kann über Kreatin-Phosphat, die Adenylatkinasereaktion und die anaerobe Glykolyse anaerob ATP synthetisieren.
Zur aeroben ATP-Gewinnung stehen dem Muskel die Glykolyse, der Citratzyklus, die Beta-Oxidation und die sich anschließende Verwertung der Reduktionsäquivalente in der Atmungskette zur Verfügung.

7. Was ist der Cori-Zyklus?
Der Cori-Zyklus ist eine Art Recycling Vorgang für das Lactat, das aus der anaeroben Glykolyse entsteht. Der Muskel gibt das Lactat an das Blut ab, dieses wird von der Leber aufgenommen und der Gluconeogenese zugeführt. Die dabei entstehende Glucose kann schließlich vom Muskel wieder für die Glykolyse verwendet werden.

Mehr Cartoons unter www.medi-learn.de/cartoons

Pause

Geschafft! Hier noch ein kleiner Cartoon als Belohnung ...

Index

Deine Meinung ist gefragt!

Es ist erstaunlich, was das menschliche Gehirn an Informationen erfassen kann. Slbest wnen kilene Fleher in eenim Txet entlheatn snid, so knnsat du die eigneltchie lofnrmotian deoncnh vershteen – so wie in dsieem Text heir.

Wir heabn die Srkitpe mecrfhah sehr sogrtfältg güpreft, aber vilcheliet hat auch uesnr Girehn – so wie deenis grdaee – unbeswust Fheler übresehne. Um in der Zuuknft noch bsseer zu wrdeen, bttein wir dich dhear um deine Mtiilhfe.

Sag uns, was dir aufgefallen ist, ob wir Stolpersteine übersehen haben oder ggf. Formulierungen verbessern sollten. Darüber hinaus freuen wir uns natürlich auch über positive Rückmeldungen aus der Leserschaft.

Deine Mithilfe ist für uns sehr wertvoll und wir möchten dein Engagement belohnen: Unter allen Rückmeldungen verlosen wir einmal im Semester Fachbücher im Wert von 250 Euro. Die Gewinner werden auf der Webseite von MEDI-LEARN unter www.medi-learn.de bekannt gegeben.

Schick deine Rückmeldung einfach per E-Mail an support@medi-learn.de oder trag sie im Internet in ein spezielles Formular für Rückmeldungen ein, das du unter der folgenden Adresse findest:

www.medi-learn.de/rueckmeldungen

Ihre Arbeitskraft ist Ihr Startkapital. Schützen Sie es!

DocD'or – intelligenter Berufsunfähigkeitsschutz für Medizinstudierende und junge Ärzte:

- Mehrfach ausgezeichneter Berufsunfähigkeitsschutz für Mediziner, empfohlen von den großen Berufsverbänden

- Stark reduzierte Beiträge, exklusiv für Berufseinsteiger und Verbandsmitglieder

- Versicherung der zuletzt ausgeübten bzw. der angestrebten Tätigkeit, kein Verweis in einen anderen Beruf

- Volle Leistung bereits ab 50 % Berufsunfähigkeit

- Inklusive Altersvorsorge mit vielen individuellen Gestaltungsmöglichkeiten

Lassen Sie sich beraten!

Nähere Informationen und unseren Repräsentanten vor Ort finden Sie im Internet unter www.aerzte-finanz.de

Deutsche Ärzte Finanz

Standesgemäße Finanz- und Wirtschaftsberatung

Dr. Harald Curth

Biochemie Band 2

MEDI-LEARN Skriptenreihe

7., komplett überarbeitete Auflage

MEDI-LEARN Verlag GbR

Autor: Dr. med. Harald Curth
Fachlicher Beirat: Tido Bajorat

Teil 2 des Biochemiepaketes, nur im Paket erhältlich
ISBN-13: 978-3-95658-011-6

Herausgeber:
MEDI-LEARN Verlag GbR
Dorfstraße 57, 24107 Ottendorf
Tel. 0431 78025-0, Fax 0431 78025-262
E-Mail redaktion@medi-learn.de
www.medi-learn.de

Verlagsredaktion:
Dr. Marlies Weier, Dipl.-Oek./Medizin (FH) Désirée
Weber, Denise Drdacky, Jens Plasger, Sabine
Behnsch, Philipp Dahm, Christine Marx, Florian
Pyschny, Christian Weier

Layout und Satz:
Fritz Ramcke, Kristina Junghans,
Christian Gottschalk

Grafiken:
Dr. Günter Körtner, Irina Kart, Alexander Dospil,
Christine Marx

Illustration:
Daniel Lüdeling

Druck:
Löhnert Druck

7. Auflage 2015
© 2015 MEDI-LEARN Verlag GbR, Kiel

Wichtiger Hinweis für alle Leser
Die Medizin ist als Naturwissenschaft ständigen Veränderungen und Neuerungen unterworfen. Sowohl die Forschung als auch klinische Erfahrungen führen dazu, dass der Wissensstand ständig erweitert wird. Dies gilt insbesondere für medikamentöse Therapie und andere Behandlungen. Alle Dosierungen oder Applikationen in diesem Buch unterliegen diesen Veränderungen.
Obwohl das MEDI-LEARN Team größte Sorgfalt in Bezug auf die Angabe von Dosierungen oder Applikationen hat walten lassen, kann es hierfür keine Gewähr übernehmen. Jeder Leser ist angehalten, durch genaue Lektüre der Beipackzettel oder Rücksprache mit einem Spezialisten zu überprüfen, ob die Dosierung oder die Applikationsdauer oder -menge zutrifft. Jede Dosierung oder Applikation erfolgt auf eigene Gefahr des Benutzers. Sollten Fehler auffallen, bitten wir dringend darum, uns darüber in Kenntnis zu setzen.

Inhalt

Wissen, das in keinem Lehrplan steht:

- Wo beantrage ich eine **Gratis-Mitgliedschaft** für den **MEDI-LEARN Club** – inkl. Lernhilfen und Examensservice?

- Wo bestelle ich kostenlos **Famulatur-Länderinfos** und das **MEDI-LEARN Biochemie-Poster?**

- Wann macht eine **Studienfinanzierung** Sinn? Wo gibt es ein **gebührenfreies Girokonto?**

- Warum brauche ich schon während des Studiums eine **Arzt-Haftpflichtversicherung?**

Lassen Sie sich beraten!

Nähere Informationen und unseren Repräsentanten vor Ort finden Sie im Internet unter www.aerzte-finanz.de

Deutsche Ärzte Finanz

Standesgemäße Finanz- und Wirtschaftsberatung

1 Aminosäuren

Fragen in den letzten 10 Examen: 59

Das Wort Aminosäure ist dir sicher schon mal begegnet und auch, dass Proteine aus Aminosäuren aufgebaut sind, dürfte dir bekannt sein. Aber wofür der Mensch eigentlich Aminosäuren benötigt, verbirgt sich oftmals hinter einem Schleier fundierten Halbwissens. Die Problematik beim Aminosäurestoffwechsel ist nämlich, dass …

- es zahlreiche verschiedene Aminosäuren gibt, die
- teils ineinander überführt werden können und
- unangenehmer Weise auch unterschiedlich abgebaut werden.

Der Stoffwechsel erfolgt also nicht so geradlinig wie der Glucose- oder der Fettsäureabbau. Um dennoch einen roten Faden zu finden, beschäftigt sich dieses Kapitel zunächst mit dem allgemeinen Aufbau von Aminosäuren (denn da gibt es zum Glück große Gemeinsamkeiten), bevor anschließend die Aminosäuren im Einzelnen besprochen werden. Am Ende dieses Kapitels dreht sich dann alles um ihren Abbau. Doch wie kommt unser Körper überhaupt zu seinen Aminosäuren? Der Mensch nimmt Aminosäuren über die Nahrung in Form von Proteinen (z. B. Fleisch) auf. Der durchschnittliche Proteinbedarf eines 70 kg schweren Erwachsenen beträgt rund 30 g pro Tag. Die durch Proteolyse im Magen-Darm-Trakt aus Proteinen freigesetzten Aminosäuren werden mittels aktiven Transports vom Körper aufgenommen und gelangen über die Pfortader in die Leber, die bereits einen Großteil von ihnen zu Plasmaproteinen weiterverarbeitet. Ein anderer Teil wird von der Leber zwischen den Mahlzeiten kontinuierlich wieder an das Blut abgegeben. So ist ein konstanter Plasma-Aminosäure-Spiegel gewährleistet.

Im Körper spielen Aminosäuren eine Rolle bei
- der Energiegewinnung (Einschleusung in den Citratzyklus),
- der Umwandlung in Energiereserven (Fettsäuresynthese),
- der Bildung von Glucose (Gluconeogenese),
- der Translation (Synthese neuer Proteine und Enzyme) und
- dem Aufbau körpereigener Proteine (z. B. Muskeln).

1.1 Aufbau

Um den Stoffwechsel der Aminosäuren verstehen zu können, musst du dich leider auch mit dem etwas trockenen Thema ihrer chemischen Eigenschaften und ihren Strukturformeln auseinandersetzen.

Die chemischen Eigenschaften der Aminosäuren hängen vor allem von ihren funktionellen Gruppen ab. Die beiden wichtigsten sind:
- COOH (Carboxylgruppe),
- NH_2 (Aminogruppe).

Diesen beiden Gruppen verdanken die Aminosäuren auch ihren Namen.

Amino- und Carboxylgruppe hängen beide am gleichen C-Atom, das dadurch ein besonders wichtiges C-Atom ist. Aus diesem Grund fängt man an ihm auch mit der Nummerierung an. Das **C-Atom**, an dem die **Amino- und die Carboxylgruppe** hängen, heißt α-C-Atom. Entsprechend werden Aminosäuren auch α-Aminocarbonsäuren genannt. Das folgende C-Atom heißt β-C-Atom usw.

Bis auf Glycin (mit R = H) besitzen **alle Aminosäuren am α-C-Atom ein chirales Zentrum**, d. h., dass sie dort vier unterschiedliche Substituenten binden:
1. Carboxylgruppe (COOH)
2. Aminogruppe (NH_2)
3. Wasserstoffatom (H)
4. Rest.

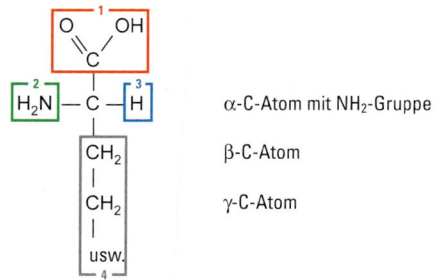

Abb. 1: Allgemeine Strukturformel von Aminosäuren

medi-learn.de/7-bc2-1

α-C-Atom mit NH$_2$-Gruppe

β-C-Atom

γ-C-Atom

Daher können Aminosäuren in zwei räumlich verschiedenen, zueinander spiegelbildlichen Formen vorliegen, die nicht miteinander zur Deckung gebracht werden können. Je nachdem, ob die NH$_2$-Gruppe links oder rechts steht, spricht man von L- oder D-Aminosäuren.

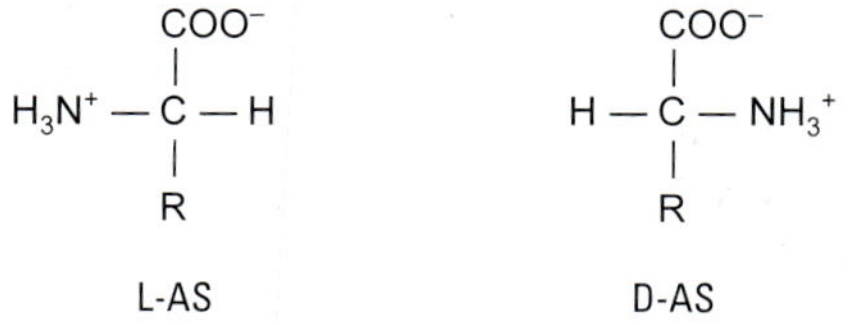

$$
\begin{array}{cc}
COO^- & COO^- \\
H_3N^+ - C - H & H - C - NH_3^+ \\
R & R \\
L\text{-}AS & D\text{-}AS
\end{array}
$$

Abb. 2: L-Aminosäure, D-Aminosäure

medi-learn.de/7-bc2-2

Die **proteinogenen Aminosäuren** sind **alle α-L-Aminosäuren**, eine Tatsache, die gerne im Physikum gefragt wird. Sie unterscheiden sich voneinander lediglich durch den Rest am α-C-Atom.

Beispiel

Ein Beispiel aus dem Alltag für eine Spiegelbildasymmetrie sind unsere Hände: Sie sehen zwar (hoffentlich) gleich aus, sind aber dennoch verschieden. Denn eine linke Hand bleibt eben eine linke Hand.

Merke!

Der Körper produziert nur linke Handschuhe (L-Enzyme) für linke Hände (L-Aminosäuren).

Mit rechten Händen (D-Aminosäuren) kann er nichts anfangen.

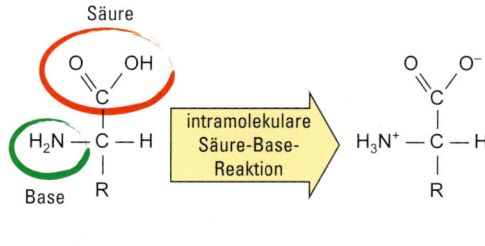

Säure

Base

ungeladen

intramolekulare Säure-Base-Reaktion

Zwitter-Ion

Abb. 3: Schreibweisen der Aminosäuren

medi-learn.de/7-bc2-3

Durch Verschiebung eines Protons von der Carboxylgruppe auf die Aminogruppe entsteht aus der ungeladenen Form ein Zwitter-Ion (s. 1.2.3, S. 6). Im Prinzip bedeuten beide Schreibweisen das Gleiche. Du solltest sie beide kennen und dich dadurch nicht verwirren lassen.

Da sich die Aminosäuren lediglich durch den Rest unterscheiden, der am α-C-Atom hängt, wenden wir uns jetzt mal diesem Anteil zu: Der einfachste Rest ist ein Wasserstoffatom und die damit ausgestattete einfachste Aminosäure heißt **Glycin**, die **einzige achirale** Aminosäure.

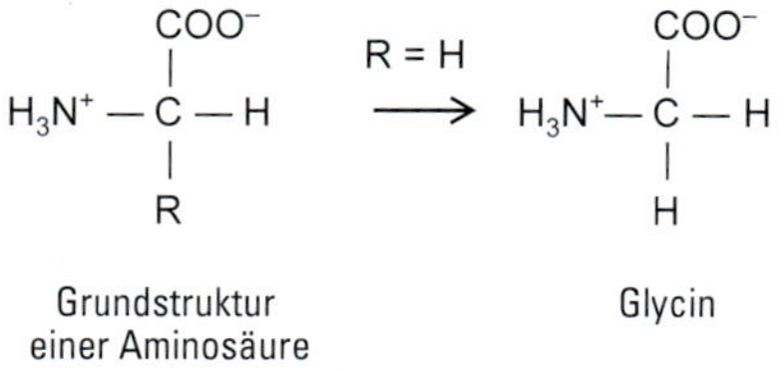

$$
\begin{array}{ccc}
COO^- & R = H & COO^- \\
H_3N^+ - C - H & \longrightarrow & H_3N^+ - C - H \\
R & & H
\end{array}
$$

Grundstruktur einer Aminosäure

Glycin

Abb. 4 a: Ableitung von Glycin aus der Grundstruktur der Aminosäuren *medi-learn.de/7-bc2-4a*

Durch Anhängen eines ein C-Atom langen Kohlenstoffrests anstelle eines Wasserstoffatoms erhält man das Alanin.

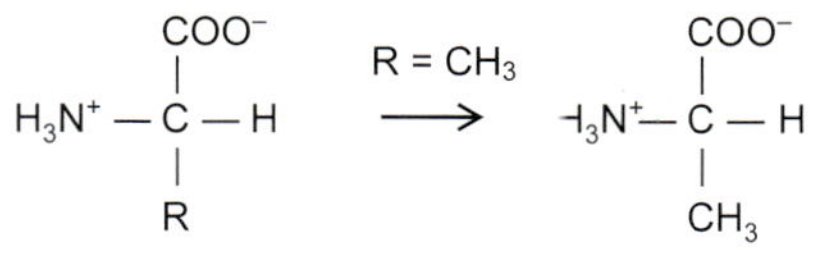

Abb. 4 b: Ableitung von Alanin aus der Grundstruktur der Aminosäuren *medi-learn.de/7-bc2-4b*

Aber nicht nur durch Anhängen von unterschiedlichen Kohlenstoffresten gelangt man zu weiteren Aminosäuren. Die Aminosäure Serin enthält z. B. noch eine Hydroxylgruppe und kann vom Körper durch Übertragung einer Hydroxymethylgruppe (CH₃OH) von Tetrahydrofolsäure (aus dem Vitamin B_9-Komplex) auf Glycin ebenfalls synthetisiert werden. Auf ähnliche Weise kann der Körper fast alle Aminosäuren selbst aufbauen.

Die acht Aminosäuren, bei denen das nicht gelingt, heißen **essenzielle Aminosäuren**. Sie müssen mit der Nahrung aufgenommen werden und werden auf S. 10 vorgestellt.

Die 21 Aminosäuren, die man in der Sequenz von Proteinen findet, werden proteinogene Aminosäuren genannt. Sie werden meistens nicht mit ganzem Namen ausgeschrieben, sondern zur einfacheren Handhabung abgekürzt. Häufig sind dies die ersten drei Buchstaben der betreffenden Aminosäure: Glycin: Gly, Cystein: Cys, Glutamat: Glu, Glutamin: Gln, Aspartat: Asp, Asparagin: Asn, usw.

1.2   Chemische Eigenschaften

Da Aminosäuren meist nicht nur aus Amino- und Carboxylgruppen mit einem Kohlenstoffgerüst bestehen, beschäftigt sich dieses Kapitel mit allen funktionellen Gruppen, die in Aminosäuren zu finden sind. Außerdem wird hier besprochen, welche Auswirkungen diese Gruppen auf die Eigenschaften der jeweiligen Aminosäure, wie z. B. ihren isoelektrischen Punkt (s. 1.2.3, S. 6), haben.

1.2.1   Funktionelle Gruppen

Aminosäuren verfügen über unterschiedliche chemische Gruppen, die für ihre Funktion entscheidend sind. Unbedingt kennen solltest du die folgenden funktionellen Gruppen:
– Aminogruppe (NH₂)
– Carboxylgruppe (COOH)
– Thiolgruppe (SH)
– Alkoholgruppe (Hydroxylgruppe = OH)
– Imidazolgruppe (heterozyklischer Ring, der Stickstoff enthält).

Amino- und Carboxylgruppe

Diese beiden Gruppen sind vor allem deshalb wichtig, weil bei der Reaktion der Aminogruppe einer Aminosäure mit der Carboxylgruppe einer anderen Aminosäure die berühmte Peptidbindung entsteht (s. 2.1, S. 37). Diese Bindung ist die Grundlage für die Bildung von Proteinen und Peptiden während der Translation.

Außerdem können Amino- und Carboxylgruppen in Abhängigkeit vom pH-Wert entweder Protonen aufnehmen (basische Eigenschaft von Aminosäuren im sauren pH-Bereich) oder Protonen abgeben (saure Eigenschaft von Aminosäuren im basischen pH-Bereich). Aminosäuren fungieren also auch als biologische Puffer (mehr dazu in Kapitel 1.2.3, S. 6).

Thiolgruppe

Die Thiolgruppe (SH-Gruppe) hat drei wichtige Funktionen:
– Bildung eines Redoxsystems
– Stabilisierung der Proteinkonformation
– Bildung von Thioestern.

Für die Bildung eines **Redoxsystems** spielt die Thiolgruppe (Schwefelgruppe) der Aminosäuren Cystein und Methionin eine wichtige Rolle. Da SH-Gruppen sehr reaktionsfreudig sind, kann aus zwei SH-Gruppen durch Oxidation (Elektronenabgabe) leicht ein Disulfid gebildet werden (R-S–S-R).

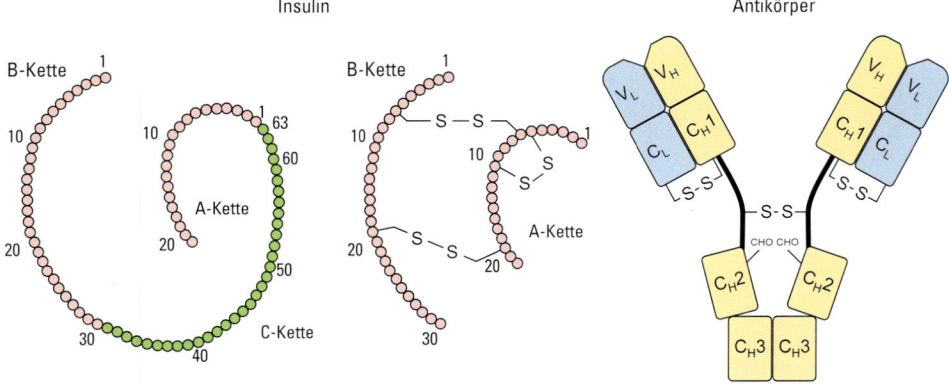

Abb. 5: Disulfidbrücken in Insulin und IgG-Antikörper

medi-learn.de/7-bc2-5

Ein System, das sich dieses hohe Redoxpotenzial zunutze macht, findet man beim Glutathion. Glutathion ist ein Tripeptid, bestehend aus Glu-Cys-Gly, welches am Cystein eine freie Thiolgruppe besitzt. Diese Thiolgruppe kann mit der Thiolgruppe eines anderen Glutathionmoleküls eine Schwefelbrücke (Disulfid) bilden. Die hierbei abgegebenen Elektronen dienen zum Einfangen freier Radikale (s. 2.2, S. 38).

Eine weitere Funktion der Thiolgruppe ist die Ausbildung stabiler Bindungen innerhalb eines Proteins. Die bei der Reaktion zweier SH-Gruppen entstehende **Schwefelbrücke** ist eine kovalente (stabile) Bindung und somit bestens geeignet zur Stabilisierung der Proteinkonformation (Tertiär- und Quartärstruktur), z. B. von **Insulin und Antikörpern**.

Die dritte wichtige Funktion zeigt sich bei der Ausbildung von Thioestern: Die Thioesterbindung (in s. Abb. 6, S. 4 eingerahmt) ist eine energiereiche Bindung und kommt z. B. im Acetyl-CoA vor.

Alkoholgruppe

Serin und Threonin sind Aminosäuren, die eine Alkoholgruppe (OH-Gruppe = Hydroxylgruppe) besitzen. Hydroxylgruppen können Wasserstoffbrückenbindungen eingehen und so z. B. die Proteinstruktur stabilisieren (mehr dazu im Kapitel 3.1, S. 40). Des Weiteren erfolgt die Phosphorylierung von Proteinen zur Regulation deren Aktivität häufig an der Hydroxylgruppe (s. Interkonversion, S. 69).

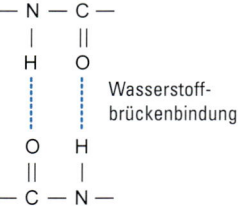

Abb. 7: Wasserstoffbrückenbindung

medi-learn.de/7-bc2-7

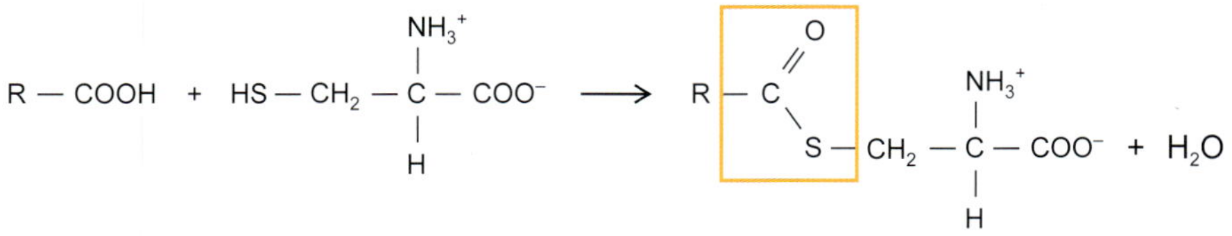

$$R-COOH \ + \ HS-CH_2-\overset{\overset{\displaystyle NH_3^+}{|}}{\underset{\underset{\displaystyle H}{|}}{C}}-COO^- \ \longrightarrow \ R-\overset{\overset{\displaystyle O}{\|}}{C}\underset{\displaystyle S}{} -CH_2-\overset{\overset{\displaystyle NH_3^+}{|}}{\underset{\underset{\displaystyle H}{|}}{C}}-COO^- \ + \ H_2O$$

Thioesterbindung

Abb. 6: Thioesterbindung

medi-learn.de/7-bc2-6

Imidazolgruppe

Die Imidazolgruppe, wie sie z. B. in der heterozyklischen Aminosäure Histidin vorkommt, dient als Ligand für Metal -Ionen. So sind im Hämoglobin die vier Eisenatome über Histidinreste an das Protein gebunden.

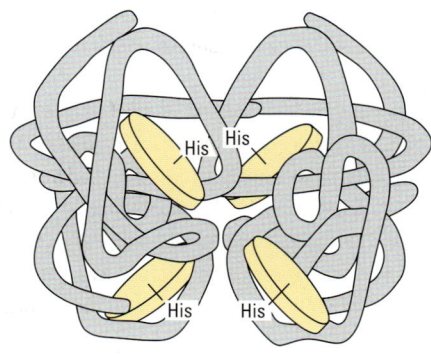

Abb. 8 a: Imidazolgruppe   *medi-learn.de/7-bc2-8a*

1.2.2 pK-Werte

Fragen zu pK-Werten und isoelektronischem Punkt wurden schon lange nicht mehr im Physikum gefragt. Dennoch sind sie zum allgemeinen Verständnis wicht g und sicher bald wieder dran. Unter dem pK-Wert versteht man die Säure-/Baseeigenschaften der unterschiedlichen funktionellen Gruppen. Die saure α-COOH-Gruppe aller Aminosäuren besitzt einen pK-Wert zwischen 1,0 und 3,0. Der pK-Wert der basischen α-NH_2-Gruppe liegt je nach Aminosäure zwischen 8,7 und 10,7. Unter Berücksichtigung der pK-Werte der unterschiedlichen funktionellen Gruppen einer Aminosäure lässt sich ihr isoelektrischer Punkt berechnen (s. 1.2.3, S. 6).

Abb. 9 gibt eine Übersicht über die pK-Werte der funktionellen Gruppen einzelner Aminosäuren. Sie muss auf keinen Fall auswendig gelernt werden, sondern dient in Ausnahmefällen zum Nachschlagen, z. B. wenn es im folgenden Kapitel um die Berechnung des isoelektrischen Punktes geht.

Abb. 8 b: Bindung des Eisens an Histidin

medi-learn.de/7-bc2-8b

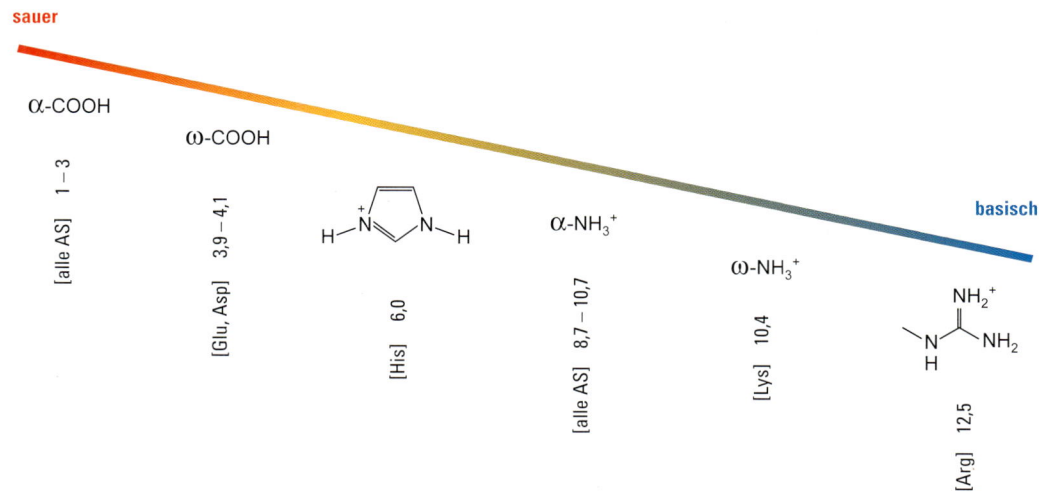

Abb. 9: Übersicht über die pK-Werte ausgewählter funktioneller Gruppen   *medi-learn.de/7-bc2-9*

1.2.3 Isoelektrischer Punkt (I. P.)

Der isoelektrische Punkt – kurz I. P. – ist nicht so schwer zu verstehen, wie es vielleicht auf den ersten Blick scheint. Du solltest dir zunächst einmal Folgendes klar machen: Amino- und Carboxylgruppen einer Aminosäure können in Abhängigkeit von der H^+-Konzentration (pH-Wert) Protonen aufnehmen oder abgeben. Dadurch ändert sich ihre Ladung. Der **pH-Wert,** an dem eine Aminosäure **genauso viele positive wie negative Ladungen** besitzt, heißt **isoelektrischer Punkt.** Daraus geht auch hervor, dass jede Aminosäure nur EINEN I. P. besitzt.

Im Physikum wird gerne versucht, dich dadurch zu verwirren, dass man einer Aminosäure noch einen zweiten I. P. andichtet. Diesen haben jedoch auch Aminosäuren mit mehreren funktionellen Gruppen nicht (s. Abb. 12, S. 7).

> **Merke!**
>
> – Die COO^--Gruppe nimmt im sauren pH-Bereich ein Proton auf (basische Eigenschaft der Aminosäuren)
> – Die NH_3^+-Gruppe kann im basischen pH-Bereich ein Proton abgeben (saure Eigenschaft der Aminosäuren).

Wie aus s. Abb. 10, S. 6 ersichtlich, sind die Aminosäuren auch am I. P. NICHT ungeladen. Sie tragen dort lediglich genauso viele positive wie negative Ladungen und erscheinen damit lediglich nach außen ungeladen. Die hier verwendeten Zwitterionen Form (s. 1.1, S. 1) entspricht damit der Ladungsverteilung am I. P. der jeweiligen Aminosäure.

Der I. P. wird nach folgender Formel berechnet:

$$I.\,P. = \frac{pK_1 + pK_2}{2}$$

Beispiel
Berechnung des isoelektrischen Punktes von Glycin:

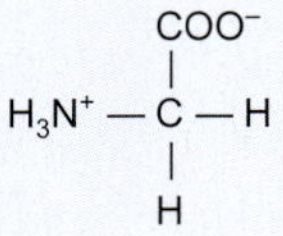

$$H_3N^+ - \overset{\displaystyle COO^-}{\underset{\displaystyle H}{C}} - H \qquad \begin{array}{l} pK_1\,(COO^-) = 2{,}35 \\ pK_2\,(NH_3^+) = 9{,}78 \end{array}$$

$$I.\,P. = \frac{2{,}35 + 9{,}78}{2} = 6{,}065$$

Abb. 11: Isoelektrischer Punkt von Glycin

medi-learn.de/7-bc2-11

Etwas komplizierter wird es, wenn man den I. P. von Aminosäuren berechnen will, die mehr als eine Carboxylgruppe (COOH) oder mehr als eine Aminogruppe besitzen.
Als **Faustregel** kann man sagen, dass sich ihr **I. P.** aus dem **Mittelwert** der beiden **pK-Werte** ergibt, die am **nächsten beieinander** liegen:

Für saure AS gilt:

$$I.\,P. = \frac{pK(COO^-)_1 + pK(COO^-)_2}{2}$$

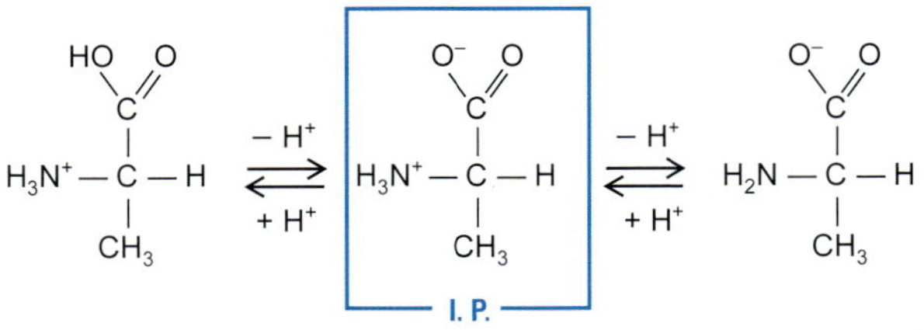

$$HO \quad O \atop \diagdown C \diagup \atop H_3N^+ - \underset{\displaystyle CH_3}{C} - H \quad \underset{+\,H^+}{\overset{-\,H^+}{\rightleftharpoons}} \quad \overset{O^- \quad O}{\underset{\displaystyle CH_3}{\diagdown C \diagup \atop H_3N^+ - C - H}} \quad \underset{+\,H^+}{\overset{-\,H^+}{\rightleftharpoons}} \quad \overset{O^- \quad O}{\underset{\displaystyle CH_3}{\diagdown C \diagup \atop H_2N - C - H}}$$

I. P.

Abb. 10: Isoelektrischer Punkt

medi-learn.de/7-bc2-10

Für basische AS gilt:

$$I.\,P. = \frac{pK(NH_3^+)_1 + pK(NH_3^+)_2}{2}$$

Beispiel

Berechnung des isoelektrischen Punktes von Lysin:

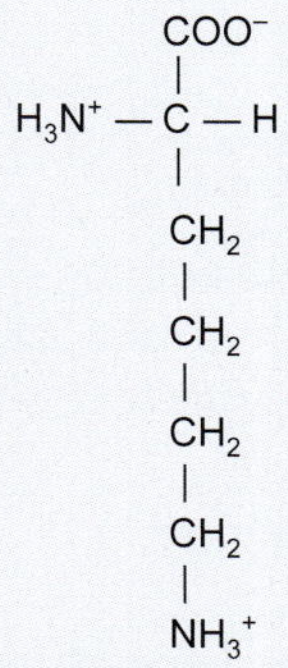

$pK_1 (COO^-) = 2,2$

$pK_2 (NH_3^+) = 9,0$

$pK_3 (NH_3^+) = 10,4$

$$I.\,P. = \frac{9,0 + 10,4}{2} = 9,7$$

Abb. 12: Isoelektrischer Punkt von Lysin

medi-learn.de/7-bc2-12

In Tab. 1, S. 9 dieses Skriptes sind die pK-Werte der 20 proteinogenen Aminosäuren aufgelistet. Auch sie muss nicht auswendig gelernt werden.

Wissen solltest du allerdings, dass Histidin mit ihrem I. P. von 7,6 die einzige Aminosäure ist, deren I. P. nahe am physiologischen pH-Wert unseres Körpers (ungefähr 7,4) liegt und dadurch sowohl Protonen aufnehmen als auch abgeben kann, ohne dass sich dafür der pH-Wert verändern muss. Aus diesem Grund ist Histidin häufig Bestandteil der katalytischen Zentren von Enzymen (s. 1.6.4, S. 31). Im Gegensatz dazu liegen die funktionellen Gruppen der anderen Aminosäuren im physiologischen pH-Bereich entweder protoniert (basische Aminosäuren) oder deprotoniert (saure Aminosäuren) vor und können nur bei pH-Änderungen Wasserstoff aufnehmen oder abgeben.

Auch Peptide und Proteine besitzen einen isoelektrischen Punkt. Er berechnet sich aus den funktionellen Gruppen aller Aminosäuren, die im Peptid/Protein vorkommen. Da jedoch beim Einbau von Aminosäuren in Proteine die Amino- und die Carboxylgruppe an der Peptidbindung teilnehmen, haben diese beiden keinen Einfluss mehr auf den I. P. Der **I. P.** von **Peptiden** wird daher nur durch die pK-Werte der Aminosäure-**Seitenketten** bestimmt.

1.3 Strukturformeln

Bei einigen Fragen im Physikum bekommst du die Strukturformel einer Aminosäure vorgelegt und sollst bestimmen, um welche Aminosäure es sich handelt. Aus diesem Grund ist es leider wichtig, einige besonders oft vorkommende Aminosäuren auswendig zu lernen. Besonderes Augenmerk ist dabei auf die proteinogenen Aminosäuren zu legen. Welche davon im Einzelnen wichtig sind, ist am Ende dieses Abschnitts noch einmal zusammengefasst.

1.3.1 Nichtproteinogene Aminosäuren

Aminosäuren, die sich nicht in der Sequenz von Proteinen wiederfinden, heißen nichtproteinogene Aminosäuren. Sie spielen bei folgenden Stoffwechselvorgängen eine bedeutende Rolle:

– bei der Biosynthese von Harnstoff
– als Zwischenprodukte im Stoffwechsel der proteinogenen Aminosäuren,
– als Vorstufen niedermolekularer Verbindungen (Pigmente, biogene Amine).

Ornithin entsteht durch Abspaltung der Guanidinogruppe (Harnstoffgruppe) von Arginin, z. B. im Harnstoffzyklus (s. 1.5.5, S. 20).

Citrullin entsteht ebenfalls im Harnstoffzyklus, und zwar durch die Verknüpfung von Ornithin mit Carbamoylphosphat mittels der Ornithin-Carbamoylphosphat-Transferase.

Homocystein entsteht durch Demethylierung und Hydrolyse von S-Adenosylmethionin (s. Abb. 42, S. 29) und ist Zwischenprodukt des Methioninstoffwechsels.

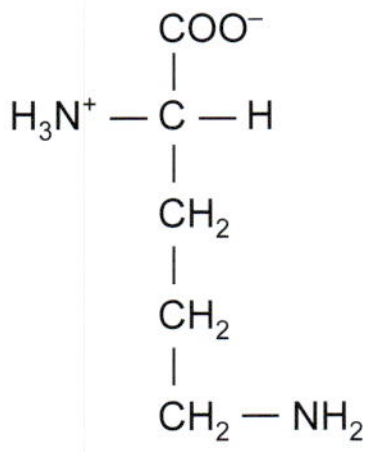

$$
\begin{array}{c}
COO^- \\
| \\
H_3N^+ - C - H \\
| \\
CH_2 \\
| \\
CH_2 \\
| \\
CH_2 - NH_2
\end{array}
$$

Ornithin

Abb. 13: Strukturformel von Ornithin

medi-learn.de/7-bc2-13

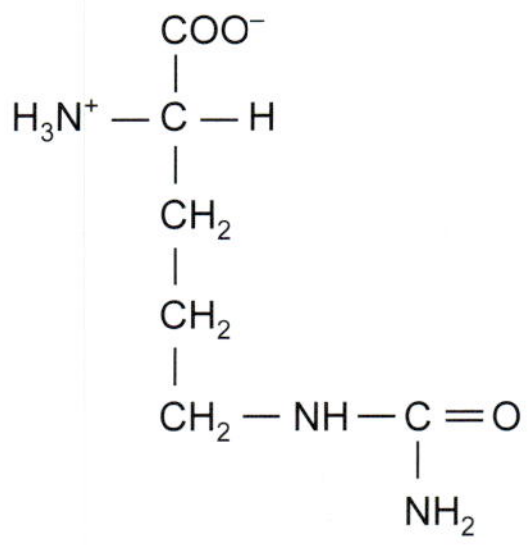

$$
\begin{array}{c}
COO^- \\
| \\
H_3N^+ - C - H \\
| \\
CH_2 \\
| \\
CH_2 \\
| \\
CH_2 - NH - C = O \\
| \\
NH_2
\end{array}
$$

Citrullin

Abb. 14: Strukturformel von Citrullin

medi-learn.de/7-bc2-14

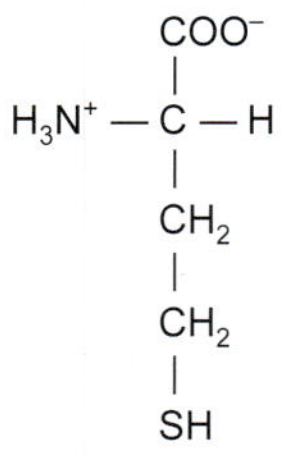

$$
\begin{array}{c}
COO^- \\
| \\
H_3N^+ - C - H \\
| \\
CH_2 \\
| \\
CH_2 \\
| \\
SH
\end{array}
$$

Homocystein

Abb. 15: Strukturformel von Homocystein

medi-learn.de/7-bc2-15

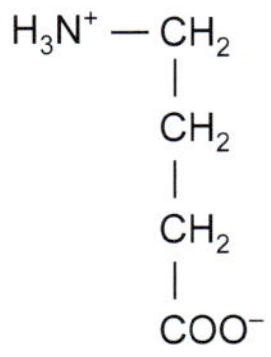

$$
\begin{array}{c}
H_3N^+ - CH_2 \\
| \\
CH_2 \\
| \\
CH_2 \\
| \\
COO^-
\end{array}
$$

GABA

Abb. 16: Strukturformel von GABA

medi-learn.de/7-bc2-16

GABA entsteht durch Abspaltung der α-Carboxylgruppe von Glutamat und ist ein Neurotransmitter (Überträgerstoff) im Gehirn.

1.3.2   Proteinogene Aminosäuren

Alle Aminosäuren, die durch die Translation in die Primärstruktur von Proteinen (Sequenz) eingebaut werden, heißen proteinogen. Zur Zeit sind 20 proteinogene Aminosäuren bekannt (+ Selenocystein daher eigentlich 21). In Tabelle 1 sind die proteinogenen Aminosäuren mit ihren Eigenschaften und ihrer Bedeutung zusammengefasst. Die Tabelle soll aber vorwiegend zum Nachschlagen dienen. Die für das Physikum wichtigen Stoffwechselwege werden in Kapitel 1.5, S. 16 noch genau besprochen. Dagegen solltest du sämtliche Strukturformeln und Namen der Aminosäuren kennen, da sie sehr wahrscheinlich im Physikum auftauchen.

Zur besseren Übersicht teilt man Aminosäuren nach unterschiedlichen Gesichtspunkten ein:

– Nach ihrem isoelektrischen Punkt in
  • sauer
  • neutral
  • basisch
– oder nach dem Verhalten ihrer Seitenketten in
  • hydrophil (wasserliebend) und
  • hydrophob (wasserfeindlich).

Abkürzung	voller Name	Seitenkettentyp	I. P.	Bemerkungen
Asp	Aspartat	sauer	2,85	spielt eine wichtige Rolle im Harnstoffzyklus
Glu	Glutamat	sauer	3,15	Reaktionsfolge α-Ketoglutarat→Glu →Gln, ermöglicht Bindung des Zellgifts Ammoniak
Cys	Cystein	hydrophil	5,05	spielt eine wichtige Rolle bei der Ausbildung von Disulfiden, z. B. im Glutathion
Asn	Asparagin	hydrophil	5,41	-
Phe	Phenylalanin	hydrophob	5,49	wichtig im Rahmen des Krankheitsbildes der Phenylketonurie
Thr	Threonin	hydrophil	5,60	-
Tyr	Tyrosin	hydrophil	5,64	im Protein phosphorylierbar (Substrat von Tyr-Kinasen)
Gln	Glutamin	hydrophil	5,65	universeller NH_2-Donor im Stoffwechsel
Ser	Serin	hydrophil	5,68	im Protein phosphorylierbar (Kinasesubstrat)
Met	Methionin	hydrophob	5,74	-
Trp	Tryptophan	hydrophob	5,89	Vorstufe von Serotonin, Melatonin und Niacin
Val	Valin	hydrophob	6,00	-
Leu	Leucin	hydrophob	6,01	-
Ile	Isoleucin	hydrophob	6,05	-
Gly	Glycin	hydrophil	6,06	einzige achirale AS durch zwei Wasserstoffatome am α-C-Atom
Ala	Alanin	hydrophob	6,11	entsteht aus Pyruvat durch Transaminierung
Pro	Prolin	hydrophob	6,30	kann Proteinstrukturen wie α-Helices oder β-Faltblätter unterbrechen, als Hydroxyprolin in hoher Konzentration im Kollagen enthalten
His	Histidin	basisch	7,60	pK-Wert im Neutralbereich; ermöglicht Säure-Basen-Katalyse; häufig an enzymatischen Reaktionen beteiligt
Lys	Lysin	basisch	9,60	als Hydroxylysin im Kollagen enthalten
Arg	Arginin	basisch	10,76	Metabolit im Harnstoffzyklus: Spaltung in Ornithin und Harnstoff; kann aufgrund seiner positiven Ladung negativ geladene Gruppen fixieren

Tab. 1: Die 20 proteineogenen Aminosäuren und ihre Eigenschaften

Saure Aminosäuren

Saure Aminosäuren besitzen mehr als eine Carboxylgruppe. Auf der rechten Seite stehen ihre Amide, die ebenfalls eine wichtige Rolle im Stoffwechsel spielen und in der Sequenz von Proteinen zu finden sind. Die Amide der sauren Aminosäuren (Asparagin und Glutamin) gehören zu den neutralen Aminosäuren. Sie sind an dieser Stelle nur aufgeführt, weil sie im Stoffwechsel eine enge Beziehung zu ihren Säuren haben und ineinander umgewandelt werden.

Merke!

Alle basischen Aminosäuren sind im physiologischen pH-Bereich positiv geladen und können daher negativ geladene Gruppen binden.

Sonderfall Selenocystein

Aus dem Serin (NICHT dem Cystein) leitet sich die 21. proteinogene Aminosäure ab, das Selenocystein. Zu einem Sonderfall wird Selenocystein nicht nur, weil es erst unmittelbar bei der Translation durch die Selenocystein-Synthase durch Modifikation von an tRNA-gebundenem Serin entsteht, sondern auch, weil es auf Gen-Ebene ein UGA-Codon codiert, das in den meisten Fällen als Stop-Codon fungiert. Folgen auf die Sequenz UGA jedoch bestimmte Nukleotide, führt dies zum Einbau von Selenocystein. Strukturell ähnelt Selenocystein sehr dem Cystein. Einziger Unterschied: Statt des Schwefelatoms enthält Selenocystein ein Selenatom (s. Abb. 19, S. 11), wodurch es noch redoxreaktiver ist als Cystein. Aus diesem Grund findet sich Selenocystein im aktiven Zentrum einiger Enzyme, wie z. B. der Glutathion-Peroxidase und der Thioredoxin-Reduktase.

Heterozyklische Aminosäuren

Heterozyklisch bedeutet, dass diese Aminosäuren eine gemischte (hetero-) Ringstruktur (-zyklisch) besitzen, an deren Bildung neben Kohlenstoff auch Stickstoff beteiligt ist. Unter den heterozyklischen Aminosäuren fällt Prolin etwas aus der Reihe, da sein Aminostickstoff an zwei C-Atome gebunden ist. Formal ist Prolin dadurch keine Aminosäure, sondern eine Iminosäure. Wird Prolin in eine Aminosäuresequenz eingebaut, kommt es zum Abknicken der Polypeptidkette (s. 3.2.2, S. 45), eine Tatsache, die bislang immer wieder gerne im Physikum gefragt wurde.

Eine weitere Besonderheit unter den heterozyklischen Aminosäuren stellt das Histidin dar, dessen Heterozyklus ein **Imidazolring** ist. Da der pK-Wert der Seitenkette des Histidins mit 6,04 am ehesten dem physiologischen pH-Bereich entspricht, kann es in Enzymen sowohl Protonendonator als auch Protonenakzeptor sein. Aus diesem Grund ist Histidin oft Bestandteil des aktiven Zentrums (s. S. 52), z. B. von Serinproteasen (Enzyme mit der Aminosäure Serin im aktiven Zentrum). Beispiele sind Enzyme der Blutgerinnung, wie Plasmin und Thrombin (s. Skript Biochemie 6), aber auch Verdauungsenzyme, wie das Trypsin.

Essenzielle Aminosäuren

Von den 20 proteinogenen Aminosäuren sind acht essenziell, d. h., dass der Körper sie NICHT selbst synthetisieren kann, sie müssen von außen mit der Nahrung aufgenommen werden. Du solltest mindestens die Namen aller essenziellen Aminosäuren kennen.

Merke!

Merkspruch für die essenziellen Aminosäuren:
Phänomenale **Iso**lde **trü**bt **mit**unter **Leut**nant **Va**lentins **lie**bliche **Tr**äume. Für: Phenylalanin, Isoleucin, Tryptophan, Methionin, Leucin, Valin, Lysin und Threonin.

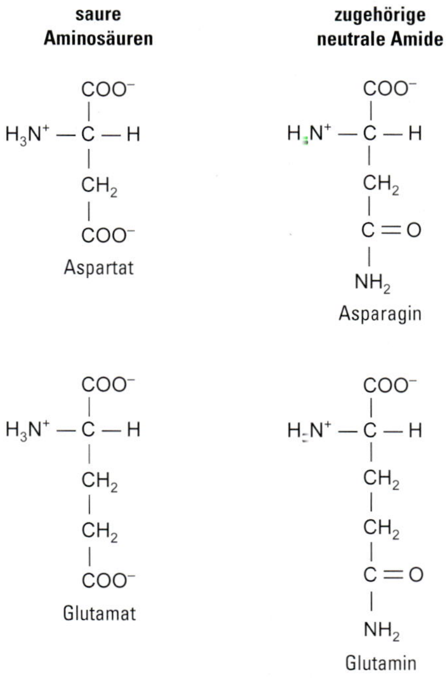

1

saure Aminosäuren

$$COO^-$$
$$H_3N^+ - C - H$$
$$CH_2$$
$$COO^-$$
Aspartat

$$COO^-$$
$$H_3N^+ - C - H$$
$$CH_2$$
$$CH_2$$
$$COO^-$$
Glutamat

zugehörige neutrale Amide

$$COO^-$$
$$H_3N^+ - C - H$$
$$CH_2$$
$$C = O$$
$$NH_2$$
Asparagin

$$COO^-$$
$$H_3N^+ - C - H$$
$$CH_2$$
$$CH_2$$
$$C = O$$
$$NH_2$$
Glutamin

Abb. 17: Strukturformeln der sauren Aminosäuren und ihrer neutralen Amide

medi-learn.de/7-bc2-17

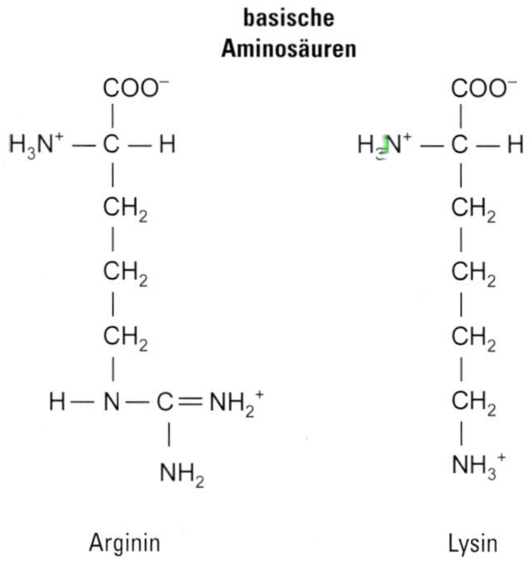

neutrale Aminosäuren

$$COO^-$$
$$H_3N^+ - C - H$$
$$H$$
Glycin

$$COO^-$$
$$H_3N^+ - C - H$$
$$CH_3$$
Alanin

$$COO^-$$
$$H_3N^+ - C - H$$
$$H - C - OH$$
$$H$$
Serin

$$COO^-$$
$$H_3N^+ - C - H$$
$$H - C - SeH$$
$$H$$
Selenocystein

$$COO^-$$
$$H_3N^+ - C - H$$
$$H - C - OH$$
$$CH_3$$
Threonin

$$COO^-$$
$$H_3N^+ - C - H$$
$$H - C - CH_3$$
$$CH_3$$
Valin

$$COO^-$$
$$H_3N^+ - C - H$$
$$H - C - CH_3$$
$$CH_2$$
$$CH_3$$
Isoleucin

$$COO^-$$
$$H_3N^+ - C - H$$
$$CH_2$$
$$H - C - CH_3$$
$$CH_3$$
Leucin

basische Aminosäuren

$$COO^-$$
$$H_3N^+ - C - H$$
$$CH_2$$
$$CH_2$$
$$CH_2$$
$$H - N - C = NH_2^+$$
$$NH_2$$
Arginin

$$COO^-$$
$$H_3N^+ - C - H$$
$$CH_2$$
$$CH_2$$
$$CH_2$$
$$CH_2$$
$$NH_3^+$$
Lysin

Abb. 18: Strukturformeln der basischen Aminosäuren

medi-learn.de/7-bc2-18

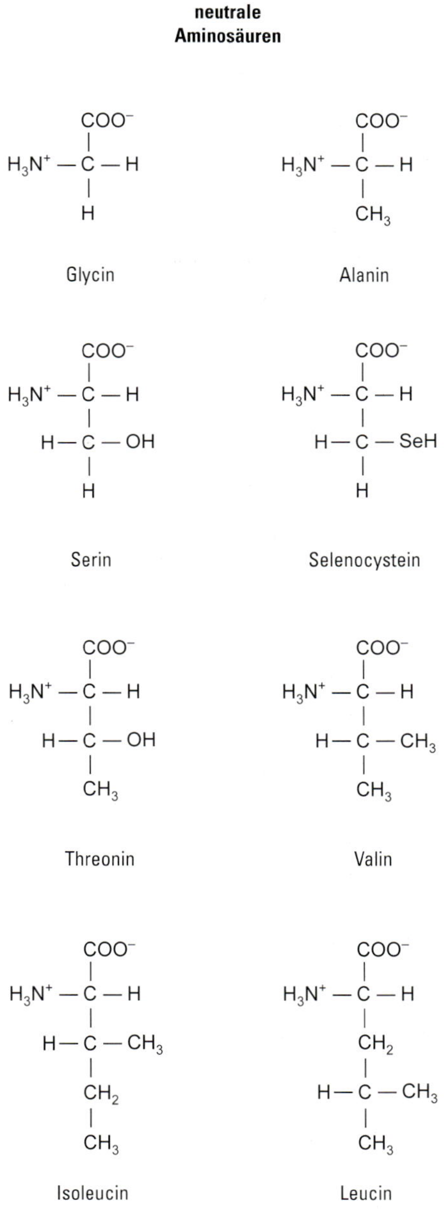

Abb. 19: Strukturformeln der neutralen Aminosäuren

medi-learn.de/7-bc2-19

schwefelhaltige Aminosäuren

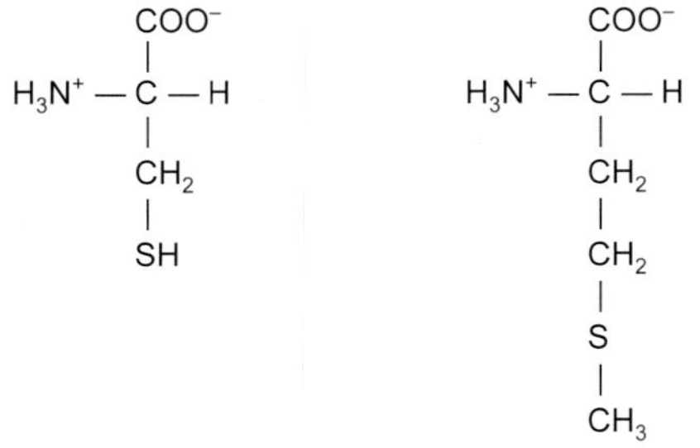

Cystein

Methionin

Abb. 20: Strukturformeln der schwefelhaltigen Aminosäuren *medi-learn.de/7-bc2-20*

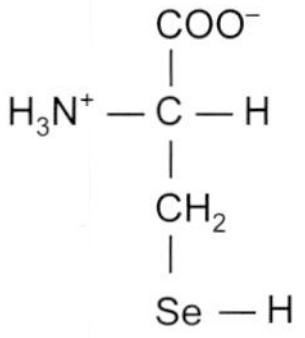

Selenocystein

Abb. 21: Strukturformel von Selenocystein

medi-learn.de/7-bc2-21

aromatische Aminosäuren

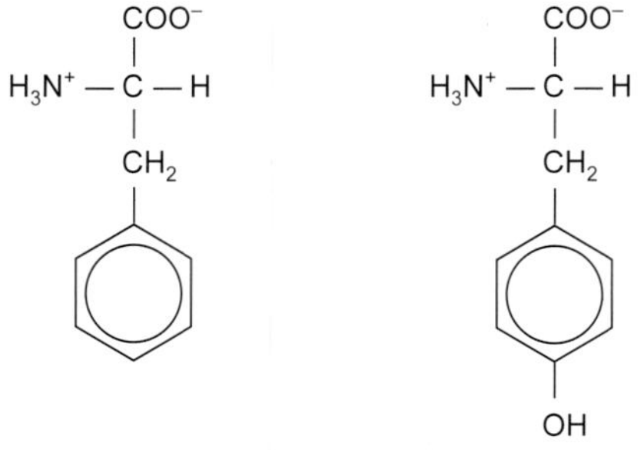

Phenylalanin

Tyrosin

Abb. 22: Strukturformeln der aromatischen Aminosäuren *medi-learn.de/7-bc2-22*

heterozyklische Aminosäuren

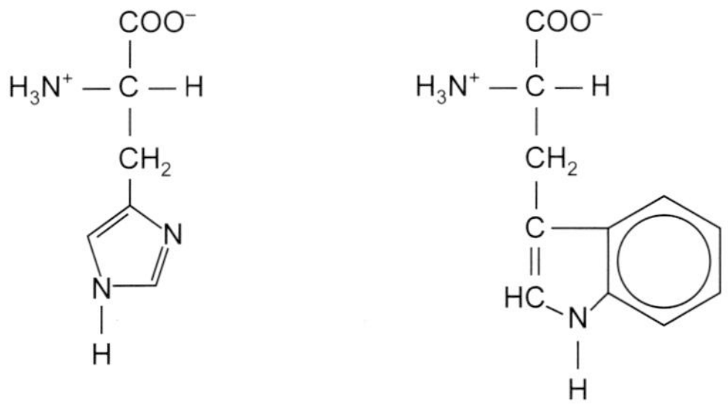

Histidin

Tryptophan

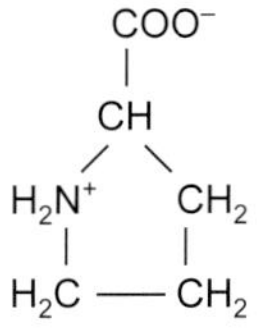

Prolin

Abb. 23: Strukturformeln der heterozyklischen Aminosäuren *medi-learn.de/7-bc2-23*

1.3.3 Wie soll man sich diese Strukturformeln nur merken?

Auf den ersten Blick scheint es unmöglich, sich die Formeln für alle 20 Aminosäuren zu merken. Im Prinzip ist das auch nicht unbedingt notwendig. Viele Aminosäuren entstehen aus Produkten, die im Körper bei anderen Stoffwechselschritten anfallen.

So entsteht:

– Aspartat aus Oxalacetat durch Transaminierung (GOT),
– Alanin aus Pyruvat durch Transaminierung (GPT),
– Serin aus Threonin oder Glycin,
– Tyrosin aus Phenylalanin durch Hydroxylierung,
– Glutamat aus α-Ketoglutarat durch Aminierung und
– Glutamin aus Glutamat durch Aminierung.

Folgende Aminosäuren solltest du dir aber mindestens merken, da sie entweder oft gefragt werden oder aber an besonders wichtigen Stoffwechselprozessen teilnehmen:

– Glycin ist relativ leicht zu merken, da es die einfachste Aminosäure ist,

– Alanin ist abzuleiten aus Pyruvat,

– Serin ist, wie Threonin, eine Aminosäure mit einer OH-Gruppe,

– Glutamat ist wichtig, da es an vielen Reaktionen teilnimmt (GOT, GPT) – am besten auch gleich die Strukturformel des Glutamins mitlernen,

– Aspartat ist wichtig, da es im Harnstoffzyklus vorkommt,

– Cystein ist wichtig als Bestandteil von Glutathion (s. 2.2, S. 38),

– Phenylalanin ist entscheidend für das Krankheitsbild der Phenylketonurie und

– Tyrosin entsteht durch Hydroxylierung aus Phenylalanin und ist Vorstufe der Katecholamine Dopamin, Noradrenalin und Adrenalin.

DAS BRINGT PUNKTE

Zu den allgemeinen, chemischen Eigenschaften und den Strukturformeln von Aminosäuren wurden bisher im Physikum vorwiegend Fragen zum **isoelektrischen Punkt** gestellt. Außerdem solltest du die wichtigsten Aminosäuren an ihrer Strukturformel erkennen. Mit folgenden Fakten lässt sich besonders gut punkten:

- Der pH-Wert, an dem eine Aminosäure genauso viele positive wie negative Ladungen besitzt, heißt isoelektrischer Punkt (I. P.).
- Der I. P. errechnet sich aus dem Mittelwert der beiden pK-Werte. Bei Aminosäuren mit mehr als einer funktionellen Gruppe sind das die beiden pK-Werte, die am nächsten beieinander liegen.

- Jede Aminosäure hat genau EINEN isoelektrischen Punkt, der für diese Aminosäure charakteristisch ist.
- Alle für den Körper nutzbaren Aminosäuren sind L-Aminosäuren.
- Die essenziellen Aminosäuren sind: Phenylalanin, Isoleucin, Tryptophan, Methionin, Leucin, Valin, Lysin und Threonin.

Von diesen **Aminosäuren** sollte man die Strukturformeln kennen:

- Glycin
- Serin
- Alanin
- Aspartat mit dem Amid Asparagin
- Glutamat mit dem Amid Glutamin
- Phenylalanin

FÜRS MÜNDLICHE

Zur Einstimmung auf dieses Skript folgen hier die Fragen zum Aufbau der Aminosäuren. Überprüfe dein Wissen alleine oder mit deiner Lerngruppe:

1. **Bitte erläutern Sie, wozu der Körper Aminosäuren benötigt.**

2. **Erklären Sie bitte, welche Art von Aminosäuren verstoffwechselt werden und wie sie sich unterscheiden.**

3. **Bitte erklären Sie, was „isoelektrischer Punkt von Aminosäuren" bedeutet und wie er berechnet wird.**

4. **Bitte erklären Sie, welche Aminosäure achiral ist, welche ein Chiralitätszentrum besitzt und welche zwei!**

5. **Erläutern Sie den Begriff „essenzielle Aminosäuren" und zählen Sie sie auf.**

1. Bitte erläutern Sie, wozu der Körper Aminosäuren benötigt.
Aminosäuren erfüllen im Körper fünf wichtige Funktionen:
- Sie werden zur Energiegewinnung genutzt.

- Bei Überschuss werden aus ihnen Energiereserven (Fettdepots) angelegt.
- Aus ihnen kann in der Gluconeogenese Glucose gebildet werden.
- Zur Synthese von Enzymen in der Translation werden Aminosäuren benötigt.

– Sie dienen dem Aufbau von körpereigenen Proteinen, z. B. für Muskeln.

2. Erklären Sie bitte, welche Art von Aminosäuren verstoffwechselt werden und wie sie sich unterscheiden.

Der Körper ist nur in der Lage, L-Aminosäuren zu verstoffwechseln. Für D-Aminosäuren besitzt er keine passenden Enzyme. Der Unterschied zwischen diesen beiden Formen ist, dass bei der L-Form die Aminogruppe links steht, bei der D-Form rechts.

3. Bitte erklären Sie, was „isoelektrischer Punkt von Aminosäuren" bedeutet und wie er berechnet wird.

Der isoelektrische Punkt von Aminosäuren ist der pH-Wert, an dem eine Aminosäure genauso viele positive wie negative Ladungen besitzt. Er berechnet sich nach der Formel (pks1 + pks 2)/2. Jede Aminosäure hat genau EINEN isoelektrischen Punkt, der für sie charakteristisch ist.

4. Bitte erklären Sie, welche Aminosäure achiral ist, welche ein Chiralitätszentrum besitzt und welche zwei!

Die einzige achirale Aminosäure ist Glycin. Alle anderen Aminosäuren besitzen mindestens ein Chiralitätszentrum, Threonin und Isoleucin sogar zwei.

5. Erläutern Sie den Begriff „essenzielle Aminosäuren" und zählen Sie sie auf.

Essenzielle Aminosäuren sind die acht Aminosäuren, die vom Körper nicht selbst synthetisiert werden können. Sie müssen mit der Nahrung aufgenommen werden. Im Einzelnen sind das: Phenylalanin, Isoleucin, Tryptophan, Methionin, Leucin, Valin, Lysin und Threonin.

Pause

Erste Pause! Hier was zum Grinsen für Zwischendurch ...

1

1.4   Pyridoxalphosphat (PALP)

Pyridoxalphosphat gehört zu den Coenzymen. Obwohl die Coenzyme erst Thema von Kapitel 5, S. 70 sind, taucht Pyridoxalphosphat bereits hier auf, da es an fast allen Reaktionen beteiligt ist, an denen Aminosäuren teilnehmen, die im folgenden Kapitel besprochen werden. Das Pyridoxalphosphat (PALP) leitet sich vom Vitamin B_6 ab, das in drei Zustandsformen vorkommt:
- als Pyridoxol (Alkohol),
- als Pyridoxamin (Amin),
- als Pyridoxal (Aldehyd).

Die biologisch aktive Form ist PALP. Man kann PALP als DAS Coenzym des Aminosäurestoffwechsels bezeichnen, weswegen es auch im Physikum ständig wieder auftaucht.

PALP

Abb. 24: Strukturformel PALP

medi-learn.de/7-bc2-24

Die Strukturformel von PALP muss übrigens nicht auswendig gelernt werden und ist nur der Vollständigkeit halber aufgeführt.

Die Reaktionen, an denen PALP beteiligt ist, lassen sich auf diese Bereiche einschränken:
- Transaminierungen (Bildung von Aminosäuren, s. 1.5.2, S. 18),
- Decarboxylierungen (Bildung von biogenen Aminen, s. 1.5.3, S. 19),
- δ-Aminolävulinsäure-Synthase (Hämsynthese, s. Skript Biochemie 6),
- eliminierende Desaminierung (s. 1.5.1, S. 16)

An dieser Stelle noch ein kleiner Ausflug zu den Vitaminen: Bei Carboxylierungen und Decarboxylierungen sind jeweils Vitamine als Coenzyme beteiligt, nämlich das Biotin und das Pyridoxalphosphat. Dabei ist das Coenzym mit weniger Buchstaben auch an der Reaktion mit weniger Buchstaben beteiligt, also das **Biotin an Carboxylierungen** und das **Pyridoxalphosphat an Decarboxylierungen**.

1.5   Aminosäure-Stoffwechsel

In allen Geweben des Körpers werden Aminosäuren verstoffwechselt. Das Kohlenstoffgerüst wird dabei – je nach Art der Aminosäure – im Glucosestoffwechsel (s. 1.5.4, S. 19) oder im Fett- und Ketonkörperstoffwechsel verwendet. Hierzu muss zunächst die Aminogruppe vom Kohlenstoffskelett abgetrennt werden. Daneben nehmen Aminosäuren aber auch in Form von biogenen Aminen am Aufbau von Transmittern teil (s. 1.5.3, S. 19). Die Verstoffwechselung von Aminosäuren erfolgt über
- **Desaminierung**,
  - oxidativ
  - eliminierend
- **Transaminierung**,
- **Decarboxylierung**.

1.5.1   Desaminierung

Ob eine Aminosäure oxidativ oder eliminierend desaminiert wird, hängt von der Art der Aminosäure ab.

Oxidative Desaminierung

Hier wird die Aminosäure erst dehydriert (oxidiert), wobei der frei werdende Wasserstoff auf NAD^+ oder auf $NADP^+$ übertragen wird. Als Zwischenprodukt entsteht so eine **Iminosäure**, also eine Aminosäure, deren Stickstoff zwei mal an Kohlenstoff gebunden ist (vgl. 1.6.7, S. 32). Unter Einlagerung von H_2O (Hydrolyse)

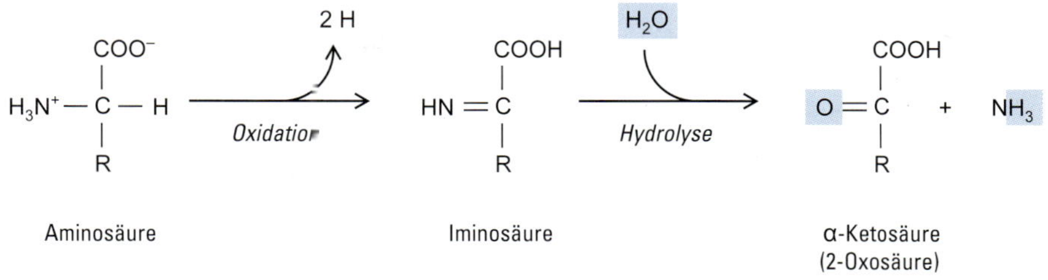

$$H_3N^+ - \underset{\underset{R}{|}}{\overset{\overset{COO^-}{|}}{C}} - H \quad \xrightarrow[\text{Oxidation}]{2\,H} \quad HN = \underset{\underset{R}{|}}{\overset{\overset{COOH}{|}}{C}} \quad \xrightarrow[\text{Hydrolyse}]{H_2O} \quad O = \underset{\underset{R}{|}}{\overset{\overset{COOH}{|}}{C}} \quad + \quad NH_3$$

Aminosäure   Iminosäure   α-Ketosäure (2-Oxosäure)

Abb. 25: Oxidative Desaminierung   *medi-learn.de/7-bc2-25*

wird dann die Iminogruppe abgetrennt. Es entsteht eine α-Ketosäure und Ammoniak. Der Verbleib des Wassers ist zur Verdeutlichung in der Grafik hervorgehoben.

Die Reaktionsabfolge der oxidativen Desaminierung besteht also aus einer Oxidation und einer Hydrolyse.

Glutamat-Dehydrogenase-Reaktion (GLDH)

In diesem Zusammenhang ist die oxidative Desaminierung von Glutamat durch die GLDH besonders wichtig. Das entstehende α-Ketoglutarat ist bedeutender Reaktionspartner von Transaminierungen (s. 1.5 2, S. 18), bei denen erneut Glutamat entsteht. Als Coenzym der Glutamat-Dehydrogenase-Reaktion wird NAD⁺ benötigt.

Übrigens ...
Die Glutamat-Dehydrogenase ist in hoher Konzentration in der Mitochondrienmembran der Leber lokalisiert und bei Leberschädigung – z. B. durch Hepatitis – erhöht im Blutplasma nachweisbar.

Merke!

– Oxidativ desaminiert wird Glutamat zu α-Ketoglutarat in der GLDH-Reaktion.
– Die oxidative Desaminierung (s. Abb. 26, S. 17) benötigt als einziger Reaktionstypus der Aminosäuren **KEIN** Pyridoxalphosphat (PALP).

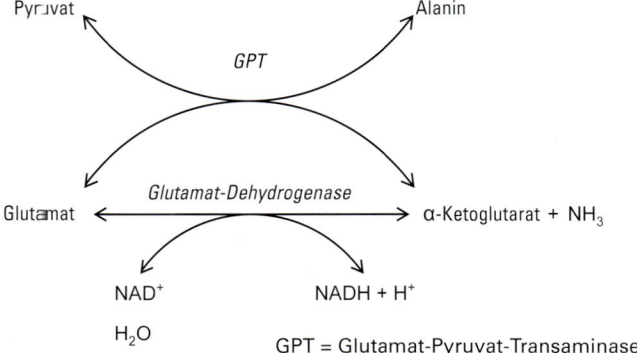

Abb. 26: GLDH-Reaktion   *medi-learn.de/7-bc2-26*

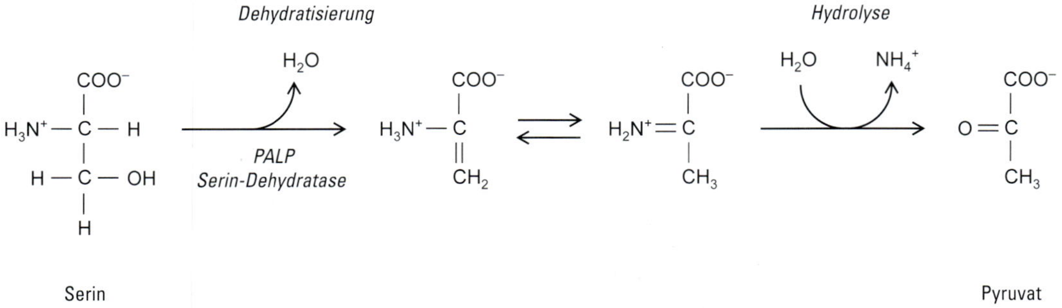

Abb. 27: Eliminierende Desaminierung

medi-learn.de/7-bc2-27

Eliminierende Desaminierung

Bei der eliminierenden Desaminierung wird der α-Aminostickstoff durch Abspaltung von Wasser (Dehydratisierung) entfernt. Bei schwefelhaltigen Aminosäuren (Methionin und Cystein) wird, anstelle des Wassers, H_2S abgespalten. Diese Reaktion ist **pyridoxalphosphat-(PALP-)abhängig**. Die entstandene α-Iminosäure wird weiter zur α-Ketosäure und Ammoniak hydrolysiert.

Die Reaktionsfolge der eliminierenden Desaminierung besteht also aus einer Dehydratisierung und einer Hydrolyse.

> **Merke!**
>
> Eliminierend desaminiert werden:
> - Glycin,
> - die beiden schwefelhaltigen Aminosäuren Methionin und Cystein,
> - die beiden neutralen OH-haltigen Aminosäuren Serin und Threonin.

1.5.2 Transaminierung

Unter Transaminierung versteht man die reversible Übertragung der Aminogruppe von einer Aminosäure A auf eine Ketosäure B. Bei der Reaktion entstehen eine neue Ketosäure A und eine neue Aminosäure B. Auf diesem Weg kann der Körper nichtessenzielle Aminosäuren aufbauen.

Das Coenzym dieses Reaktionstyps ist erneut **Pyridoxalphosphat**. Die zwei wichtigen Transaminierungsreaktionen sind
- Glutamat-Pyruvat-Transaminase-Reaktion = GPT (ALT) und
- Glutamat-Oxalacetat-Transaminase-Reaktion = GOT (AST).

Beide werden in Kapitel 1.5.5, S. 20 besprochen.

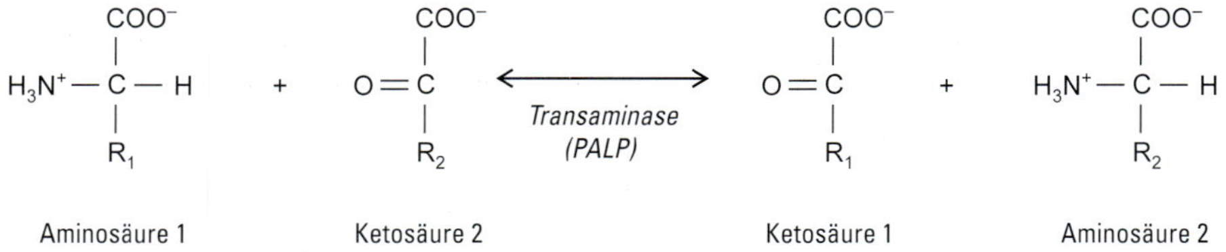

Abb. 28: Transaminierung

medi-learn.de/7-bc2-28

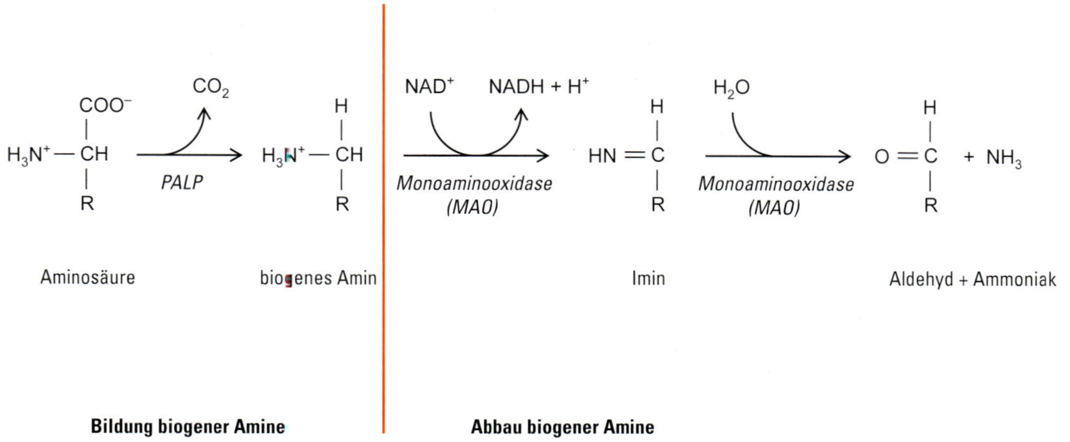

Bildung biogener Amine | Abbau biogener Amine

Abb. 29: Bildung und Abbau biogener Amine

medi-learn.de/7-bc2-29

1.5.3 Decarboxylierung/ Bildung biogener Amine

Durch **PALP-abhängige** Decarboxylierung von Aminosäuren entstehen biogene Amine. Biogene Amine besitzen ein Kohlenstoffatom weniger als die zugehörige Aminosäure. Sie spielen eine wichtige Rolle bei der Signalübertragung, z. B. als Hormon (Adrenalin, Histamin) oder Neurotransmitter (Noradrenalin, Serotonin).

Die Bildung der biogenen Amine ist relativ einfach. Durch eine **PALP-abhängige Decarboxylase** wird die α-Carboxylgruppe der Aminosäure unter Bildung von CO_2 abgetrennt. Produkt dieser Reaktion ist bereits das biogene Amin. Die Inaktivierung der biogenen Amine erfolgt analog zur oxidativen Desaminierung (s. 1.5.1, S. 16) durch Monoaminooxidasen, wenn die betreffende Aminosäure nur eine Aminogruppe trägt oder entsprechend durch Dioxidasen bei Aminosäuren mit zwei Aminogruppen.

Als Zwischenprodukt entsteht – wie bei der oxidativen Desaminierung auch – ein Imin, das durch Hydrolyse zum Aldehyd und Ammoniak umgewandelt wird.

1.5.4 Abbau des Kohlenstoffgerüsts

Je nachdem, welche Produkte am Ende des Aminosäureabbaus entstehen, unterscheidet man zwischen

- glucoplastischen (können auch zur Gluconeogenese verwendet werden),
- ketoplastischen Aminosäuren (aus ihnen können Ketonkörper synthetisiert werden) sowie
- gluco- und ketoplastischen Aminosäuren.

Gluco- und ketoplastische Aminosäuren werden an unterschiedlicher Stelle in den Citratzyklus eingeschleust. Einen Überblick darüber gibt Abb. 31, S. 21.

Glucoplastische Aminosäuren

Beim Abbau von glucoplastischen Aminosäuren entstehen Produkte, die sich in die Gluconeogenese einschleusen lassen, aus denen also Glucose aufgebaut werden kann. Bei diesen Produkten handelt es sich meist um Substrate des Citratzyklus wie

- Pyruvat,
- Succinyl-CoA,
- α-Ketoglutarat,
- Oxalacetat.

	Aminosäure	Abbauprodukt	Merke:
neutrale Aminosäuren	Leucin	Acetyl-CoA; Acetoacetat	Die beiden Aminosäuren, die mit „L" anfangen, sind rein ketogen.
basische Aminosäuren	Lysin	Acetyl-CoA	

Tab. 2: Ketoplastische Aminosäuren

Ketoplastische Aminosäuren

Da, wie aus dem Fettstoffwechsel bekannt, Acetyl-CoA NICHT zur Gluconeogenese verwendet werden kann, werden alle Aminosäuren, die beim Abbau ihres Kohlenstoffgerüsts Acetyl-CoA liefern, als ketoplastisch (ketogen) bezeichnet. Das Acetyl-CoA wird entweder in den Citratzyklus eingeschleust und verstoffwechselt, oder es dient zur Synthese von Fettsäuren und Ketonkörpern.

In s. Tab. 2, S. 20 findest du Wissenswertes zu den ketoplastischen Aminosäuren.

Gluco- und ketoplastische Aminosäuren

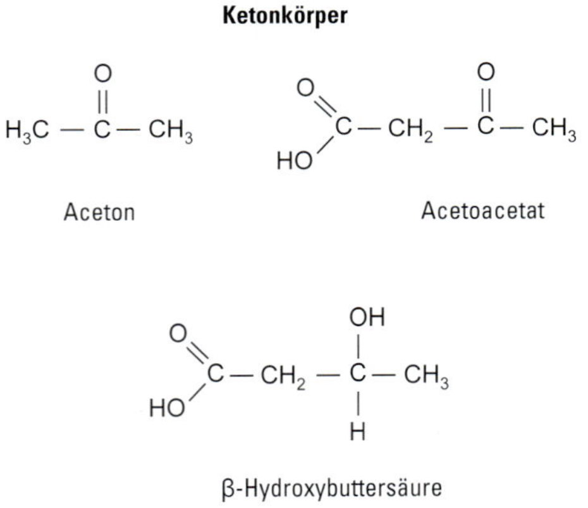

Abb. 30: Ketonkörper   *medi-learn.de/7-bc2-30*

Beim Abbau einiger Aminosäuren entstehen sowohl Produkte, die zur Gluconeogenese, als auch solche, die zur Synthese von Ketonkörpern verwendet werden können. Diese Aminosäuren nennt man folglich gluco- und ketoplastisch. Dass die aromatischen Aminosäuren beide gluco- und ketoplastisch sind, macht auch Sinn, wenn man bedenkt, dass aus Phenyl-alanin durch Hydroxylierung (Anhängen einer OH-Gruppe) Tyrosin entstehen kann. Der Abbau beider Aminosäuren ist ebenfalls identisch.

1.5.5   Entgiftung des Ammoniaks

Ein sehr dankbares Thema in der Biochemie sind die großen Stoffwechselwege. Beim Fettsäureabbau ist das die β-Oxidation, beim Glucoseabbau die Glykolyse. Auch der Aminosäureabbau besitzt einen entsprechenden, gerne gefragten Stoffwechselprozess, den **Harnstoffzyklus**.

Im Harnstoffzyklus wird das neurotoxische Ammoniak der Aminogruppe von Aminosäuren in weniger giftigen Harnstoff umgewandelt. Wie Ammoniak entsteht und wie es zur Leber transportiert wird, um dort entgiftet zu werden, ist Thema dieses Abschnitts.

Bildung und Transport des Ammoniaks

Aminosäuren werden in allen Geweben durch die Mechanismen der Transaminierung, Desaminierung und Decarboxylierung (s. 1.5.1. bis 1.5.3 ab S. 16) ab-/umgebaut. Das vor allem bei der Desaminierung freiwerdende Ammoniak ist ein hoch toxisches Zellgift, das besonders die Nervenreizleitung stört. Der Körper muss daher das anfallende Ammoniak so schnell wie möglich entgiften.

Die Enzyme zur Entgiftung des Ammoniaks sind allerdings nur in der Leber lokalisiert, weswegen der Körper einen Transportmechanismus für Ammoniak von den peripheren Geweben (z. B. dem Muskel) über das Blut zur Leber benötigt.

Dabei spielen drei Transport-Aminosäuren eine wichtige Rolle:
- Glutamat aus α-Ketoglutarat,
- Alanin aus Pyruvat,
- Aspartat aus Oxalacetat.

Für den Transport von Stickstoff sind diese drei deshalb so gut geeignet, da ihr Kohlenstoffgerüst ständig bei anderen Stoffwechselschritten anfällt und sie durch einfache Transaminierung synthetisiert werden können.

Glutamat: Eine Schlüsselrolle bei diesen Transaminierungen spielt das Glutamat. Es entsteht direkt durch die Bindung freien Ammoniaks an α-Ketoglutarat durch die Glutamat-Dehydrogenase.

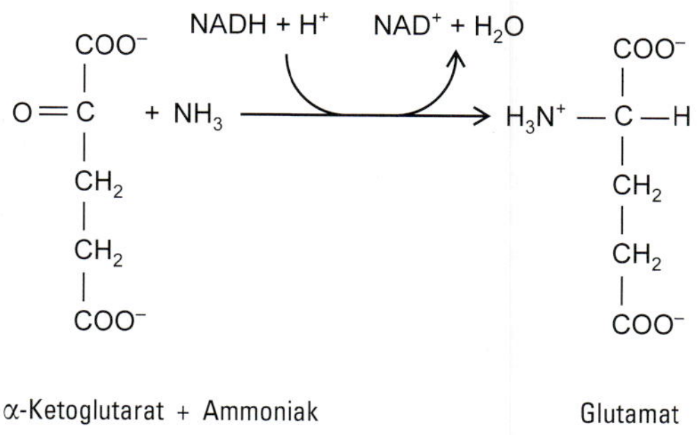

Abb. 32: Bindung von freiem Ammoniak (Ammoniakfixierung)   *medi-learn.de/7-bc2-32*

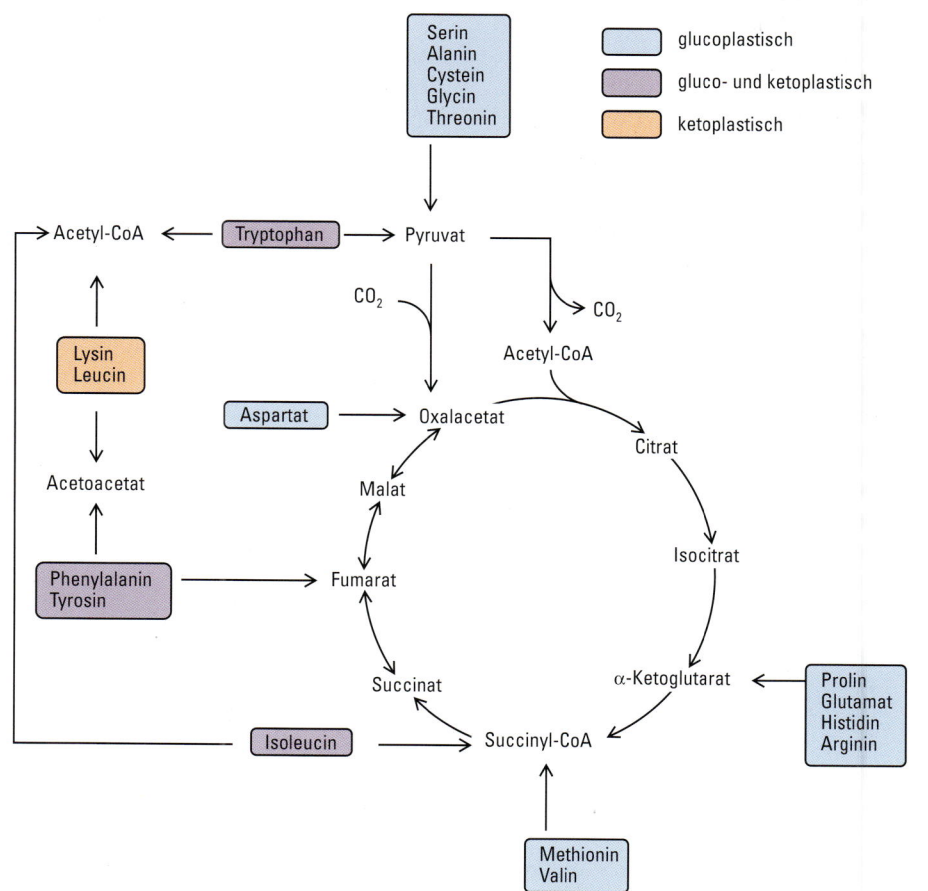

Abb. 31: Einschleusung der Aminosäuren in den Citratzyklus   *medi-learn.de/7-bc2-31*

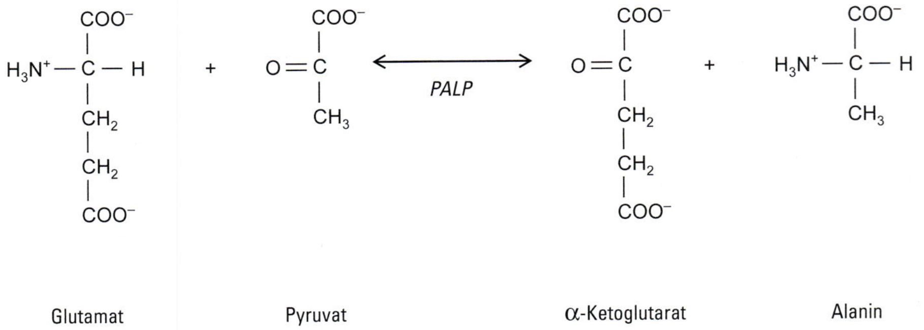

1

$$\text{Glutamat} + \text{Pyruvat} \underset{PALP}{\overset{}{\longleftrightarrow}} \alpha\text{-Ketoglutarat} + \text{Alanin}$$

|Glutamat | Pyruvat | α-Ketoglutarat | Alanin |

Abb. 33: GPT-Reaktion, Transaminierung Pyruvat → Alanin

medi-learn.de/7-bc2-33

Glutamat ist in sehr hohen Konzentrationen im Körper vorhanden und steht so für diverse Transaminierungen zur Verfügung. In diesem Zusammenhang sehr wichtige Reaktionen sind:

1. **GPT**: Bildung von Alanin aus Pyruvat durch die Glutamat-Pyruvat-Transaminase (GPT). Eine andere Bezeichnung für die GPT ist **ALT** (Alanin-Aminotransferase).
2. **GOT**: Bildung von Aspartat durch die Glutamat-Oxalacetat-Transaminase (GOT). Eine andere Bezeichnung für die GOT ist **AST** (Aspartat-Aminotransferase).

> **Merke!**
>
> GOT(T) sitzt auf dem AST.

Das bei beiden Reaktionen – der GPT und der GOT – wieder freigesetzte α-Ketoglutarat wird erneut durch Bindung von freiem Ammoniak zu Glutamat umgewandelt.

Glutamat kann noch eine zweite Ammoniakgruppe am γ-C-Atom binden. Diese Reaktion wird durch die Glutamin-Synthetase katalysiert und ist **ATP-abhängig**. Im Gegensatz zu Synthasen verbrauchen Synthetasen bei der Ligation ATP. Das dabei entstehende Glutamin ist wie Alanin ein Stickstofftransporter im Blutplasma, gelangt allerdings nicht – wie das Alanin – zur Leber, sondern ist vorwiegend Stickstofflieferant für die Nieren. Dort angekommen, wird ein Ammonium-Ion abgespalten und in den Urin abgegeben, wo es u. a. zur Neutralisation von Säuren im Harn beiträgt. Das Kohlenstoffgerüst des Glutamins wird für die Gluconeogenese verwendet.

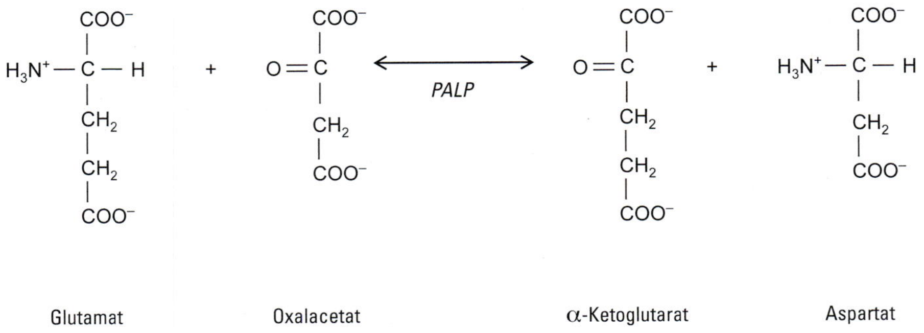

$$\text{Glutamat} + \text{Oxalacetat} \underset{PALP}{\overset{}{\longleftrightarrow}} \alpha\text{-Ketoglutarat} + \text{Aspartat}$$

|Glutamat | Oxalacetat | α-Ketoglutarat | Aspartat |

Abb. 34: GOT-Reaktion, Oxalacetat → Aspartat

medi-learn.de/7-bc2-34

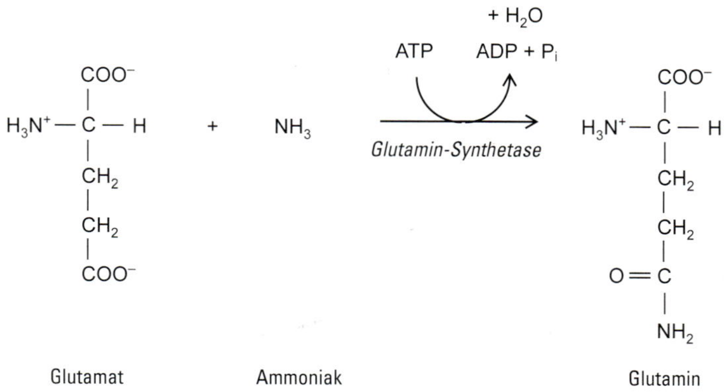

$$H_3N^+ - \underset{\underset{COO^-}{\overset{\overset{COO^-}{|}}{|}}}{\overset{}{C}} - H \quad + \quad NH_3 \quad \xrightarrow[\text{Glutamin-Synthetase}]{\overset{+ H_2O}{\overset{ATP \quad ADP + P_i}{\frown}}} \quad H_3N^+ - \underset{\underset{O=C}{\overset{\overset{COO^-}{|}}{|}}}{\overset{}{C}} - H$$

Glutamat   Ammoniak   Glutamin

Abb. 35: Fixierung einer zweiten Ammoniakgruppe an Glutamat   *medi-learn.de/7-bc2-35*

Alaninzyklus

Die in der GPT-Reaktion aus Pyruvat und Ammoniak gebildete Aminosäure Alanin ist an einem recht einfachen, aber für den Ammoniaktransport sehr bedeutenden Kreislauf beteiligt:

1. Alanin wird vom Gewebe ins Blutplasma abgegeben.
2. Von den Hepatozyten der Leber wird Alanin aufgenommen und durch Transaminierung in Pyruvat umgewandelt, wobei die Aminogruppe auf Oxalacetat übertragen wird.
3. und 4. Während das Pyruvat der Gluconeogenese zugeführt werden kann, spielt das entstandene Aspartat eine bedeutende Rolle bei der Harnstoffsynthese (Harnstoffzyklus, s. S. 24).

5. Die produzierte Glucose wird von der Leber an das Blut abgegeben und zurück zum Muskel transportiert.
6. und 7. Im Muskel entsteht in der Glykolyse wieder Pyruvat, das in der GPT durch Transaminierung erneut Alanin liefert, womit sich der Zyklus schließt.

Der Transport von Ammoniak vom Gewebe zur Leber und die Einschleusung in den Harnstoffzyklus geschehen folgendermaßen:

– Durch Desaminierung aus Aminosäuren freigesetztes Ammoniak wird an α-Ketoglutarat gebunden, wodurch Glutamat entsteht.
– Glutamat überträgt den Stickstoff in der GPT-Reaktion auf Pyruvat, wodurch Alanin entsteht.

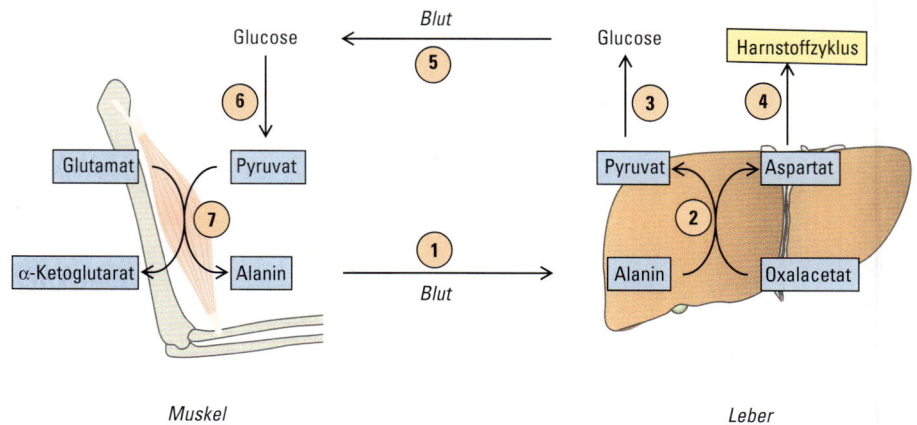

Muskel   *Leber*

Abb. 36: Alaninzyklus   *medi-learn.de/7-bc2-36*

1

– Alanin wird im Blutplasma zur Leber transportiert.
– In der Leber wird der Stickstoff vom Alanin unter erneuter Bildung von Pyruvat auf Oxalacetat übertragen, wodurch Aspartat entsteht.
– Aspartat wird in den Harnstoffzyklus eingeschleust.

Harnstoffzyklus

Im Harnstoffzyklus (s. Abb. 37, S. 24) bildet der Körper – vereinfacht gesagt – aus einem Molekül Ammoniak, der Aminogruppe von As-

partat und CO_2 unter ATP-Verbrauch ein Molekül Harnstoff. Diesen viel Energie verbrauchenden Prozess leistet sich der Körper, um das giftige Ammoniak ausscheidbar zu machen.

1. Im ersten Schritt des Harnstoffzyklus reagiert Ammoniak mit HCO_3^- unter Verbrauch von zwei ATP zu Carbamoylphosphat. Dies ist der geschwindigkeitsbestimmende Schritt des Harnstoffzyklus. Das katalysierende Enzym dieser Reaktion ist die Carbamoylphosphat-Synthetase I. Als Cofaktor wird N-Acetylglutamat benötigt. Carbamoylphosphat ist stark polar und kann die Mitochondrienmembran NICHT überwinden.

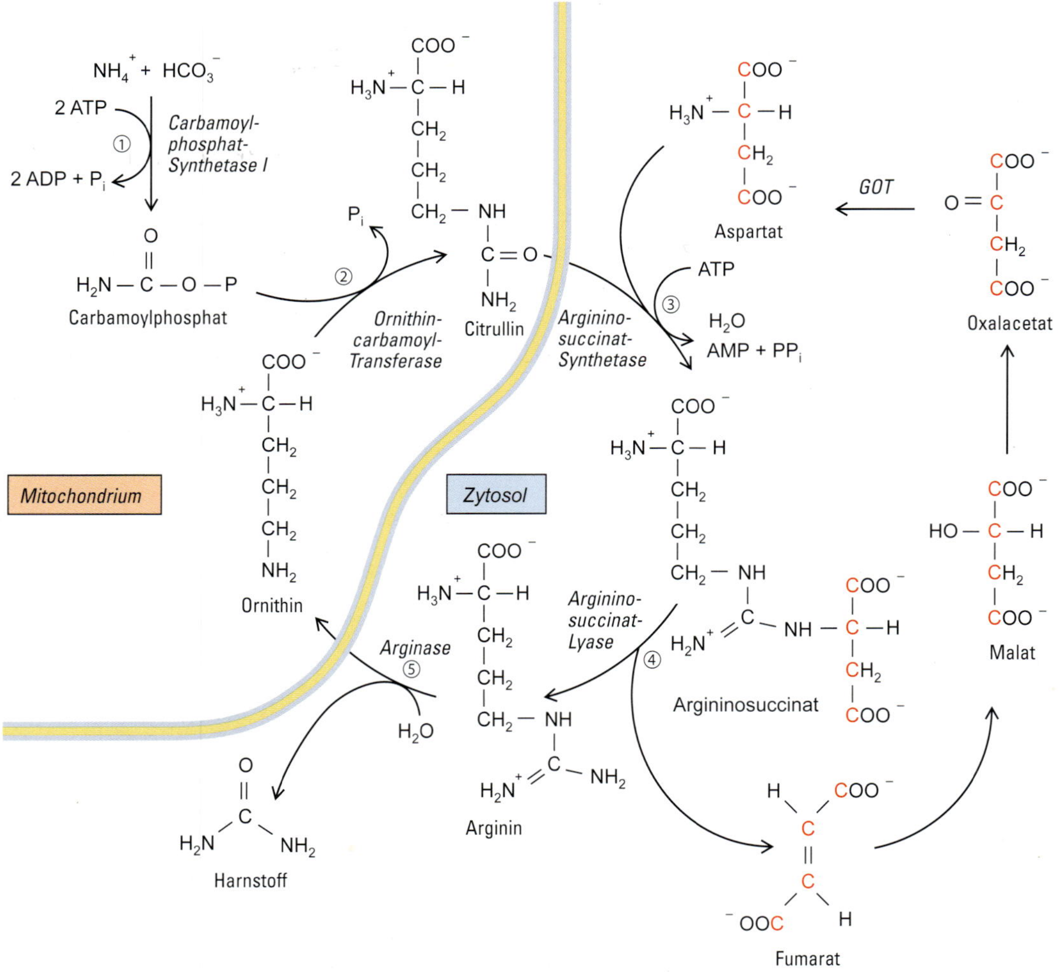

Abb. 37: Harnstoffzyklus

2. Als nächstes wird der Carbamoylrest auf die nichtproteinogene Aminosäure Ornithin übertragen. Das Phosphat wird abgespalten. Das Enzym, das diese Reaktion katalysiert ist die Ornithin-Carbamoyl-Transferase. **Das entstandene Citrullin, ebenfalls eine nichtproteinogene Aminosäure, wird über einen Antiport mit Ornithin durch die Mitochondrienmembran ins Zytosol transportiert.**

3. Jetzt bindet die Aminogruppe von Aspartat an Citrullin. Dabei entsteht Argininosuccinat. Auch diese Reaktion benötigt ein ATP, das dabei zu AMP und PP (Pyrophosphat) gespalten wird. Insgesamt werden hier also ein ATP, aber zwei seiner energiereichen Bindungen verbraucht. Das Enzym dieser Reaktion ist die Argininosuccinat-Synthetase.

4. Anschließend wird Argininosuccinat durch die Argininosuccinat-Lyase in die proteinogene Aminosäure Arginin und Fumarat gespalten. Fumarat kann entweder über Zwischenschritte zu Oxalacetat umgewandelt werden, aus dem durch Transaminierung Aspartat regeneriert wird, oder direkt in den Citratzyklus wandern.

5. Der Harnstoffzyklus schließt sich durch die hydrolytische (Einlagerung von H_2O) Abspaltung der Harnstoffgruppe (Guanidinogruppe) von Arginin durch die Arginase. **Es entstehen Harnstoff und Ornithin, das zurück durch die Mitochondrienmembran transportiert wird** und für einen weiteren Zyklus bereitsteht.

Merke!

Am Harnstoffzyklus sind zwei Kompartimente beteiligt. Die ersten beiden Schritte erfolgen im Mitochondrium, die übrigen im Zytosol. Im Harnstoffzyklus werden vier energiereiche Bindungen gespalten. Der gebildete Harnstoff tritt ins Blut über und wird von den Nieren mit dem Urin ausgeschieden.

Pro Molekül gebildeten Harnstoff werden im Harnstoffzyklus vier energiereiche Bindungen gespalten ($3\,ATP \rightarrow 2\,ADP + 2\,P_i + AMP + PP$). Da aber bei der Umwandlung des ebenfalls gebildeten Fumarats in Oxalacetat $NADH + H^+$ entsteht, das in der Atmungskette wieder $3\,ATP$ liefert, beträgt der Gesamtenergieverbrauch nur $1\,ATP$.

Bei der Pyrimidinbiosynthese wird ebenfalls Carbamoylphosphat gebildet. Der Unterschied zum ersten Schritt des Harnstoffzyklus ist, dass die Reaktion bei der **Pyrimidinsynthese im Zytosol** stattfindet und der **Stickstoff vom Glutamin** und nicht aus freiem Ammoniak stammt. Katalysierendes Enzym ist die **Carbamoylphosphat-Synthetase II**.

Übrigens ...

Bei einem Mangel eines der Enzyme des Harnstoffzyklus und bei Patienten mit Leberzirrhose tritt Ammoniak in erhöhter Konzentration im Blutplasma auf. Dies kann zu Nervenschädigungen und Enzephalopathie führen.

Eine andere Reaktion, an der Arginin und Citrullin beteiligt sind, ist die Synthese des **Vasodilatators NO** (Stickstoffmonoxid = EDRF = Endothelium derived relaxing factor). Zu diesem Schritt sind auch andere Organe fähig, wie z. B. die Blutgefäße; er hat also nichts mit dem Harnstoffzyklus zu tun, der nur in der Leber lokalisiert ist.

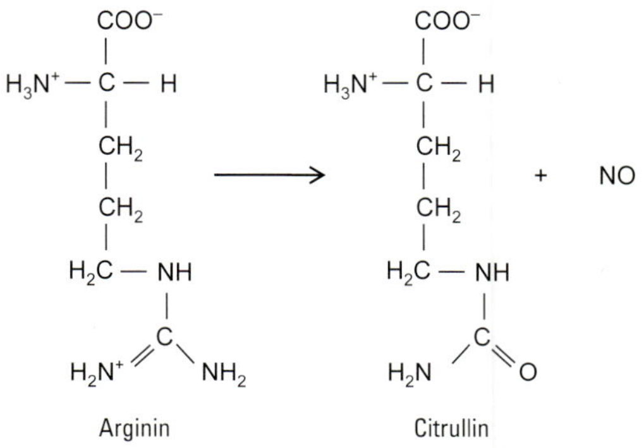

Abb. 38: NO-Synthese   *medi-learn.de/7-bc2-38*

Ausscheidung von Harnstoff

Harnstoff ist das Hauptprodukt für die Ausscheidung des beim Aminosäurestoffwechsels anfallenden Zellgifts Ammoniak (NH_3). Er wird in der Leber produziert und ist gut wasserlöslich. Von der Leber wird Harnstoff ins Blutplasma abgegeben und vor allem durch die **Nieren** ausgeschieden. **Harnstoff wird in den Glomerula der Nieren frei filtriert und in den Tubuli rückresorbiert**. Die Konzentration im Blutplasma hängt ab von der

– täglichen Eiweißzufuhr,
– der Funktion der Leber und
– der Funktion der Ausscheidung über die Nieren.

Vor allem bei einer Nierenunterfunktion steigt daher die Konzentration des Harnstoffs im Blut an.

1.6 Stoffwechsel spezieller Aminosäuren

Im schriftlichen Physikum kamen bislang immer wieder Fragen zum Stoffwechsel bestimmter Aminosäuren. Zumeist wird dabei nach den Aminosäuren gefragt, die Synthesevorstufen von Neurotransmittern oder Hormonen sind.

Die Kenntnis dieses Abschnitts ist also ein sicherer Punktelieferant. Im Einzelnen werden hier die relevanten Fakten zu den Aminosäuren

– Phenylalanin
– Tyrosin
– Tryptophan
– Histidin
– Glutamat/Glutamin
– Aspartat und
– Prolin/Lysin

vorgestellt.

1.6.1 Phenylalanin

Phenylalanin ist eine essenzielle Aminosäure, sie muss also mit der Nahrung aufgenommen werden. Beim Abbau von Phenylalanin (dicke Pfeile) entsteht durch Hydroxylierung am Benzolring Tyrosin und schließlich als Endprodukte (auch des Tyrosinabbaus) Fumarat und Acetoacetat. Fumarat kann über Malat in Oxalacetat verwandelt werden und so zur Gluconeogenese dienen. Acetoacetat ist ein Ketonkörper und Phenylalanin daher eine gluco- und ketoplastische Aminosäure.

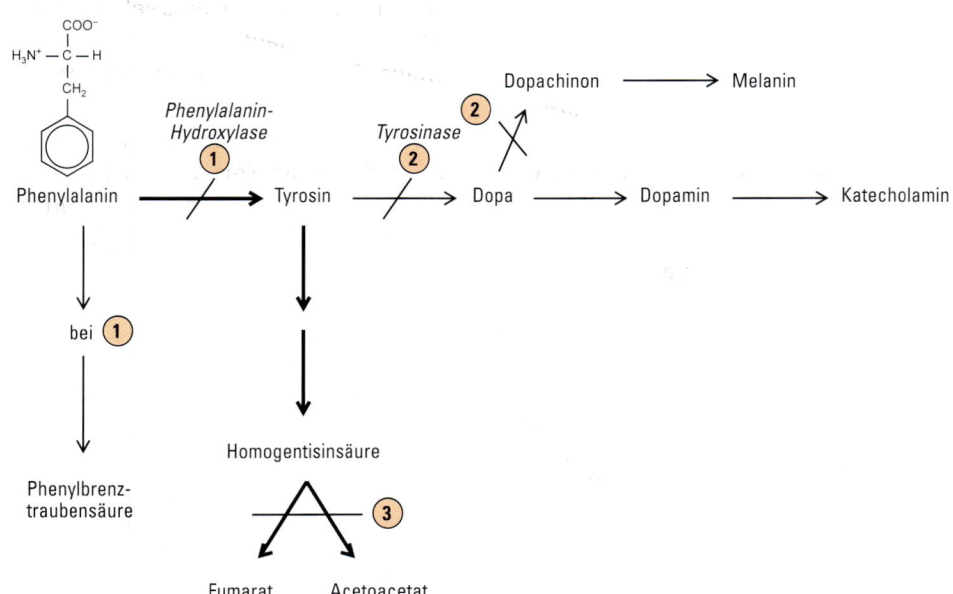

Abb. 39: Phenylalanin/Tyrosin, Stoffwechsel

medi-learn.de/7-bc2-39

Immer wieder wurden bislang folgende Krankheitsbilder im Zusammenhang mit dem Phenylalanin-Stoffwechsel gefragt:

– Phenylketonurie,
– Albinismus,
– Alkaptonurie.

Der **Phenylketonurie** (PKU, Häufigkeit 1 : 10 000) liegt ein **Mangel** des **Enzyms Phenylalanin-Hydroxylase** zugrunde (s. Schritt 1 in Abb. 39, S. 26), das Phenylalanin in Tyrosin umwandelt (Cofaktoren hierbei sind O_2 und Tetrahydrobiopterin). Coenzym dieser Reaktion ist das Tetrahydrobiopterin. Durch verminderte Hydroxylierung des Phenylalanins zu Tyrosin kommt es zu einem Anstieg der Phenylalanin-Plasmakonzentration. Unter diesen Umständen wird ein Stoffwechselweg beschritten, der beim gesunden Menschen so gut wie gar nicht abläuft: **Phenylalanin** wird vermehrt zu **Phenylbrenztraubensäure** (Phenylpyruvat) und anderen **zytotoxischen Metaboliten** umgewandelt.

Fumarat   Malat   Oxalacetat

Abb. 40: Umwandlung von Fumarat zu Oxalacetat

medi-learn.de/7-bc2-40

Die Erkrankten weisen eine verminderte Intelligenz auf und neigen zu Krampfanfällen. Die **Phenylpyruvat**-Ausscheidung im **Urin** ist **erhöht**. Aufgrund der Häufigkeit der PKU wird bei Neugeborenen am 4.–5. Lebenstag der Guthrie-Test durchgeführt, mit dem zu hohe Plasma-Phenylalaninspiegel nachweisbar sind. Die **Therapie** der Phenylketonurie besteht in **phenylalaninarmer Diät**, wodurch der Ausbruch der Krankheit verhindert werden kann.

Übrigens ...
Bei Vorliegen einer Phenylketonurie darf der Süßstoff Aspartam nicht verzehrt werden, da Aspartam ein Dipeptid aus Asparaginsäure und Phenylalanin ist.

Merke!

Bei einem Mangel an Phenylalanin-Hydroxylase wird Tyrosin zu einer essenziellen Aminosäure, da sie nicht mehr endogen aus Phenylalanin produziert werden kann.

Beim **Albinismus** liegt eine **Mutation der melanozytären** (Melanozyten sind Pigmentzellen der Haut) **Tyrosinase** vor. Die Tyrosinase katalysiert die Reaktion von Tyrosin zu Dopa und von Dopa zu Dopachinon (s. Schritt 2 in Abb. 39, S. 26). Da die Melaninbiosynthese über diesen Stoffwechselweg erfolgt, kann bei einem Ausfall der Tyrosinase in den Melanozyten der Haut, der Haarfollikel und der Augen kein Melanin mehr gebildet werden und es kommt zum klinischen Bild des Albinismus:
Die Patienten weisen eine sehr helle und lichtempfindliche Haut sowie weiße Haare auf. Der weitläufigen Meinung widersprechend ist die Iris der Betroffenen jedoch meist blau oder grün. Der Eindruck der „roten Augen" entsteht durch die Reflektion des Lichts an der rötlichen Netzhaut, da die Iris ja kaum pigmentiert ist. Je nachdem, ob die Tyrosinase-Aktivität nur eingeschränkt oder völlig fehlend ist, tritt die Krankheit in unterschiedlichen Schweregraden auf. Eine Möglichkeit der kausalen Therapie besteht nicht.

Übrigens ...
Die **Katecholamin-Biosynthese** ist bei diesen Patienten **nicht gestört**, da der Schritt Tyrosin zu Dopa außerhalb von Melanozyten durch ein anderes Enzym, die Tyrosin-Hydroxylase, katalysiert wird.

1

Bei der **Alkaptonurie** (Schwarzharn) liegt ein **Mangel des Enzyms** Homogentisinat-1,2-Dioxygenase vor, das **Homogentisinsäure** zu Fumarat und Acetoacetat **abbaut** (s. Schritt 3 in Abb. 39, S. 26). Dadurch reichert sich Homogentisinsäure im Plasma und somit auch im Urin an, der sich bei längerem Stehenlassen schwarz färbt. Im Verlauf der Krankheit kann es zu schwarzen Einlagerungen in wenig versorgtem (bradytrophem) Gewebe wie Knorpel von Ohr und Nase kommen (Ochronose). Diese Einlagerungen im Knorpel können im Alter frühzeitig zu Arthrosen und Bewegungseinschränkungen der Gelenke führen. Insgesamt ist die Alkaptonurie jedoch eine sehr seltene Krankheit. Eine Therapie, mit der die Krankheit geheilt werden kann, existiert derzeit noch nicht.

1.6.2   Tyrosin

Tyrosin ist eine proteinogene Aminosäure und kann bei gesunden Menschen durch das Enzym Phenylalanin-Hydroxylase aus Phenylalanin synthetisiert werden. Bei der Phenylketonurie (s. 1.6.1, S. 26) ist dieser Schritt gestört. Als Folge wird Tyrosin zu einer essenziellen Aminosäure.

Tyrosin ist Synthesevorstufe der biogenen Amine **Dopamin, Noradrenalin** und **Adrenalin**, aber auch von **Melanin** und dem Schilddrüsenhormon **Thyroxin**. Zur Synthese der biogenen Amine wird Tyrosin am Benzolring durch die Tyrosin-Hydroxylase (wie die Phenylalanin-Hydroxylase ebenfalls Tetrahydrobiopterinabhängig) zunächst hydroxyliert, wodurch Dopa entsteht. Durch **Pyridoxalphosphat-abhängige** Decarboxylierung entsteht dann das biogene Amin Dopamin, das besonders in der Substantia nigra des ZNS vorkommt.

Übrigens …
– Im Schriftlichen wird versucht, dich Melanin mit Melatonin (s. 1.6.3, S. 30) verwechseln zu lassen. Hier ist daher besondere Vorsicht geboten.
– Ein Mangel an Dopamin führt zur Parkinson-Krankheit.

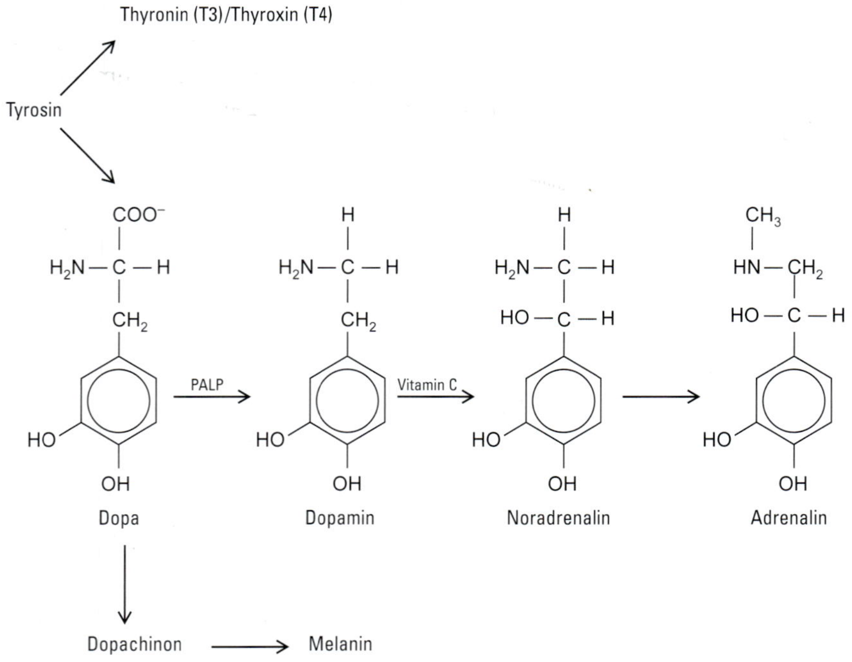

Abb. 41: Katecholaminsynthese

medi-learn.de/7-bc2-41

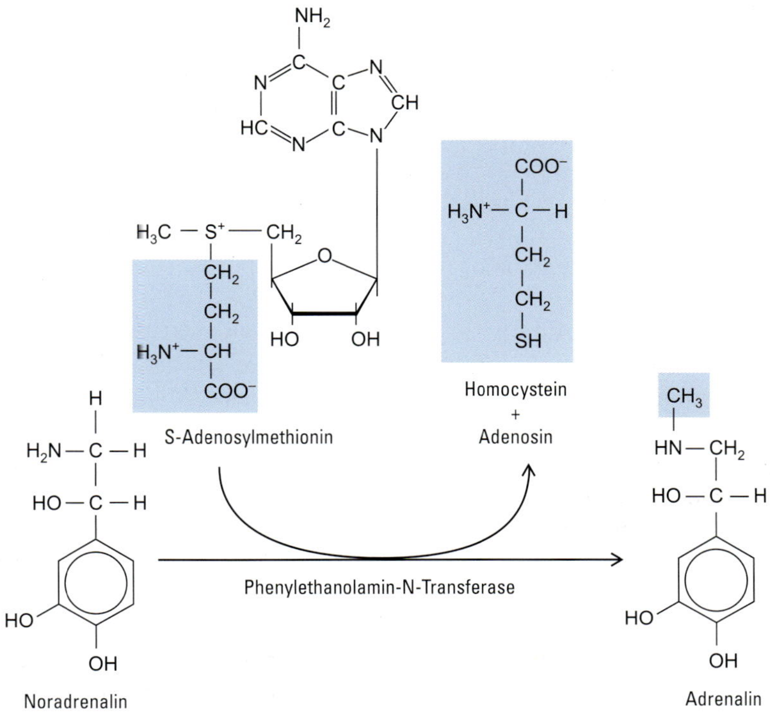

Abb. 42: Synthese von Adrenalin aus Noradrenalin

medi-learn.de/7-bc2-42

Durch erneute – Vitamin-C-abhängige – Hydroxylierung des Dopamins gelangt man zum Noradrenalin (Norepinephrin), Methylierung des Noradrenalins führt zum Adrenalin (s. Abb. 41, S. 28).

Methylgruppendonor der letzten Reaktion ist das S-Adenosylmethionin, das dadurch zu S-Adenosylhomocystein umgewandelt wird (s. Abb. 42, S. 29).

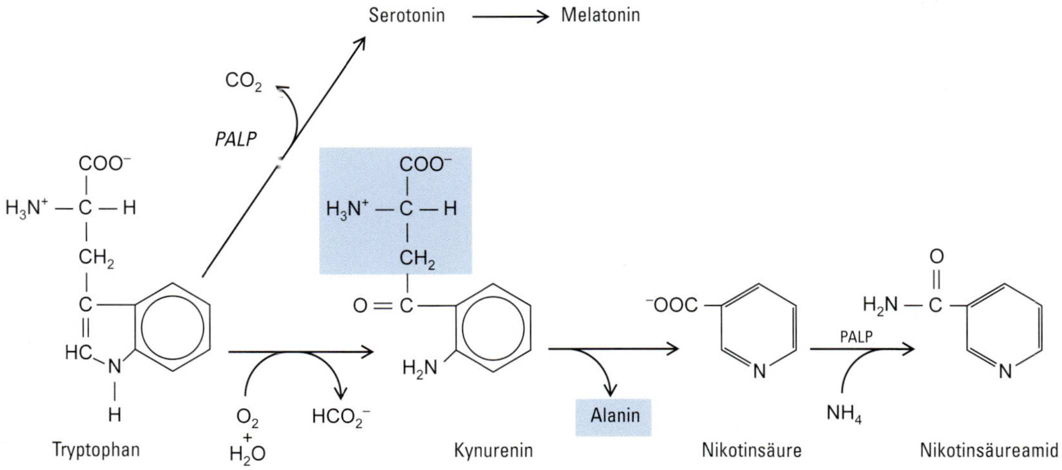

Abb. 43: Tryptophanstoffwechsel

medi-learn.de/7-bc2-43

1

Der Abbau des Noradrenalins und des Adrenalins erfolgt über die COMT (Catecholamin-O-Methyl-Transferase) und die MAO (Monoaminooxidase) zu Vanillinmandelsäure, die mit dem Urin ausgeschieden wird.

1.6.3 Tryptophan

Tryptophan ist eine essenzielle Aminosäure und Synthesevorstufe von
– Serotonin, einem biogenen Amin,
– Melatonin, einem Hormon der Epiphyse,
– Nicotinsäure, enthalten z. B. im NAD.

> **Merke!**
>
> Das Vitamin Nicotinsäureamid kann aus der essenziellen Aminosäure Tryptophan gebildet werden.

Serotonin

Aus Tryptophan entsteht durch Hydroxylierung und Decarboxylierung Serotonin. Diese Reaktion entspricht der Katecholaminsynthese aus Tyrosin (die auch eine Hydroxylierung und eine Decarboxylierung enthält) und erfolgt durch eine mischfunktionelle Oxygenase (Hydroxylierung) sowie durch eine **PALP-abhängige Decarboxylase** (s. Abb. 44, S. 30).
Serotonin kommt in den enterochromaffinen Zellen des **Darms**, in den dichten Granula von **Thrombozyten** und im **ZNS** (Hypothalamus, Area postrema) vor.

Es bewirkt
– eine **Relaxation der glatten Muskulatur** im Gastrointestinaltrakt und in den Gefäßen (Ausnahme sind die kranialen Gefäße; dort führt es zur Kontraktion),
– eine Plättchenaggregation,
– **Übelkeit und Erbrechen** durch Bindung an seinen Rezeptor in der Area postrema im ZNS.

Der Abbau von Serotonin zu 5-Hydroxyindolacetat (-essigsäure) erfolgt durch eine Monoaminooxidase (MAO).

> **Übrigens ...**
> Bei serotoninproduzierenden Tumoren – den Karzinoiden – ist die 5-Hydroxyindolessigsäure-Ausscheidung im Urin erhöht.

Melatonin

Melatonin wird in der Epiphyse (Glandula pinealis) des ZNS aus Tryptophan über das Zwischenprodukt Serotonin synthetisiert. Seine Sekretion unterliegt starken circadianen (tageszeitlichen) Schwankungen, wobei die Plasmakonzentration des Melatonins tagsüber niedrig ist und abends ansteigt. Unabhängig davon, ob man schläft oder nicht, erreicht es sein Konzentrationsmaximum gegen Mitternacht. Melatonin wird für den Schlaf-Wach-Rhythmus des Körpers (circadiane Rhythmik) verantwortlich gemacht. Durch Reisen in an-

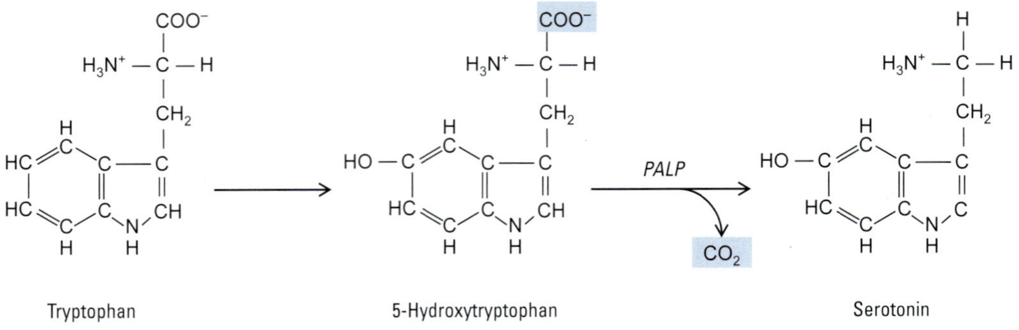

Tryptophan → 5-Hydroxytryptophan → PALP → Serotonin

Abb. 44: Serotoninsynthese

medi-learn.de/7-bc2-44

dere Zeitzonen kann diese Rhythmus durcheinander gebracht werden (Jetlag).

Niacin (Nicotinsäure und Nicotinamid)

Niacin ist der Oberbegriff für zwei ähnliche Verbindungen mit Vitaminwirkung: Nicotinsäure und Nicotin(säure)amid, die im Körper ineinander umgewandelt werden können. Zusammen mit Riboflavin, Folsäure und Pantothensäure ist Niacin Bestandteil des wasserlöslichen Vitamin-B-Komplexes.

In Verbindung mit Adenin spielt Niacin in Form von NAD (Nicotin-Adenin-Dinukleotid) und NADP (NAD + Phosphat) eine wichtige Rolle im Kohlenhydrat-, Fettsäure- und Eiweißstoffwechsel.

Ein Mangel an Niacin verursacht Pellagra (saure Haut), gekennzeichnet durch

– **D**ermatitis (Hautveränderung),
– **D**urchfall,
– **D**emenz.

Übrigens ...
– Man kann sich die Folgen eines Niacinmangels gut anhand der drei Ds merken.
– Das Vitamin Nicotinsäureamid kann aus der essenziellen Aminosäure Tryptophan gebildet werden, allerdings nur mit geringer Ausbeute.

1.6.4   Histidin

Durch PALP-abhängige Decarboxylierung von Histidin entsteht das Gewebshormon Histamin.

Histamin spielt eine bedeutende Rolle bei der allergischen Reaktion. Im menschlichen Körper findet sich Histamin in vielen Geweben, z. B. der Haut, der Lunge und im Darm.

Die Freisetzung von Histamin führt zu

– Vasodilatation,
– Erhöhung der Gefäßpermeabilität,
– **Kontraktion der glatten Bronchialmuskulatur** (z. B. beim allergischen Asthma) und
– **allergischer Reaktion vom Soforttyp.**

Bei der allergischen Reaktion kommt es durch den Kontakt mit dem Allergen zur vermehrten Freisetzung von Histamin aus Mastzellen mit den typischen Folgen. Die Erhöhung der Gefäßpermeabilität führt zur Bildung von Ödemen in den Bereichen der Haut und der Schleimhäute (z. B. Quaddel nach Mückenstich). Im Extremfall bewirkt Histamin durch Vasodilatation einen starken Blutdruckabfall, was zum allergischen Schock führen kann.

1.6.5   Glutamat

Neben der herausragenden Rolle, die Glutamat als Aminogruppendonator und -akzeptor bei Transaminierungen spielt (s. 1.5.2, S. 18 und 1.5.5, S. 20), dient es sowohl als Neurotransmitter, als auch als Synthesevorstufe eines Neurotransmitters im ZNS:

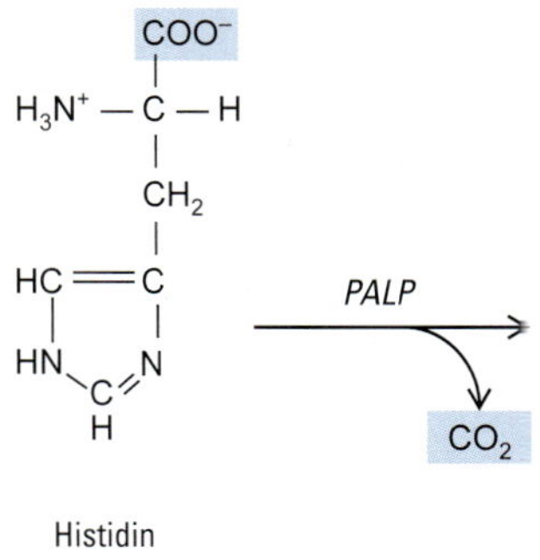

Abb. 45: Histaminsynthese   medi-learn.de/7-bc2-45

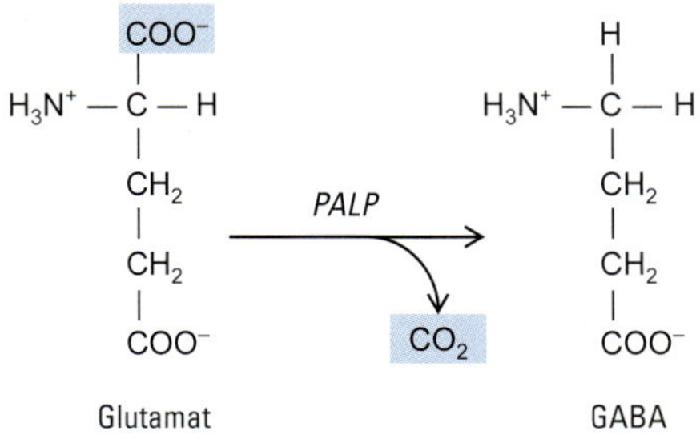

Abb. 46: GABA-Synthese   medi-learn.de/7-bc2-46

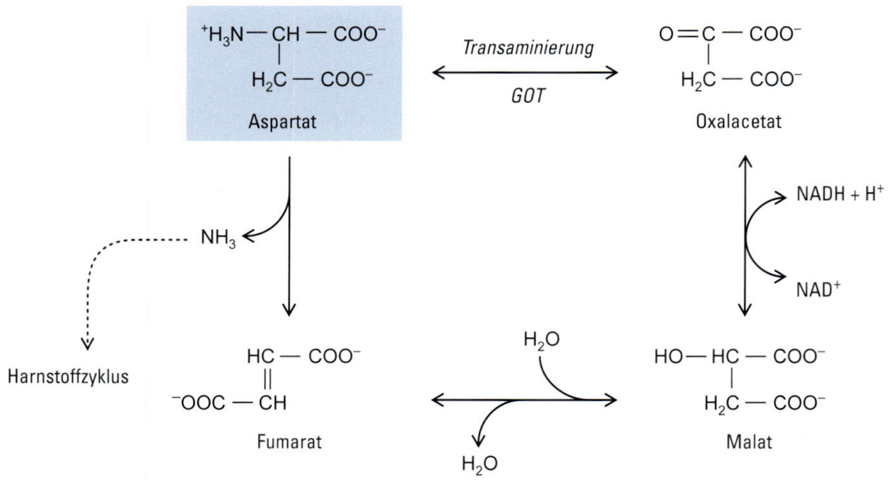

Abb. 47: Aspartatstoffwechsel

medi-learn.de/7-bc2-47

Das biogene Amin γ-Aminobuttersäure (GABA) wird aus Glutamat durch die Glutamat-Decarboxylase (PALP-abhängig) synthetisiert. **GABA ist neben Glycin der wichtigste inhibitorische Neurotransmitter** im zentralen Nervensystem. Die Bindung von GABA an seine Rezeptoren induziert die Öffnung eines Chlorid-Kanals. Der Einstrom von Cl⁻ in die Zelle führt zu einer Hyperpolarisierung (vertieftes Ruhepotenzial) und damit zur verminderten Erregungsleitung.

1.6.6 Aspartat

Aspartat ist eine saure Aminosäure, d. h., dass sie mehr COOH-Gruppen besitzt als NH_2-Gruppen. Aspartat kann vom Körper durch Transaminierung aus Oxalacetat synthetisiert werden (s. GOT, S. 22) und schleust den aufgenommenen Stickstoff in den Harnstoffzyklus ein (s. 1.5.5, S. 20). Da Aspartat im Stoffwechsel bei vielen Reaktionen als Stickstoffdonator oder -akzeptor mitwirkt, ist es sinnvoll, wenn du dir die Reaktionskette aus Abb. 47, S. 32 einprägst.

1.6.7 Lysin/Prolin

Auch wenn im Physikum für sich genommen die basischen Aminosäuren Lysin und die he-terozyklische Aminosäure Prolin kaum gefragt werden, sollen sie an dieser Stelle als wichtiger Bestandteil des Kollagens kurz angesprochen werden (s. 3.2.2, S. 45). Dabei stellt Hydroxyprolin etwa ein Drittel der im Kollagen vorkommenden Aminosäuren, ein weiteres Drittel bildet Glycin (s. a. 3.2.2, S. 45).

Die Hydroxylierung erfolgt posttranslational im endoplasmatischen Retikulum, also in der fertigen Peptidkette und ist Vitamin-C- und O_2-abhängig. Über die Aminogruppe des Lysins erfolgt außerdem die Ubiquitinierung von Proteinen.

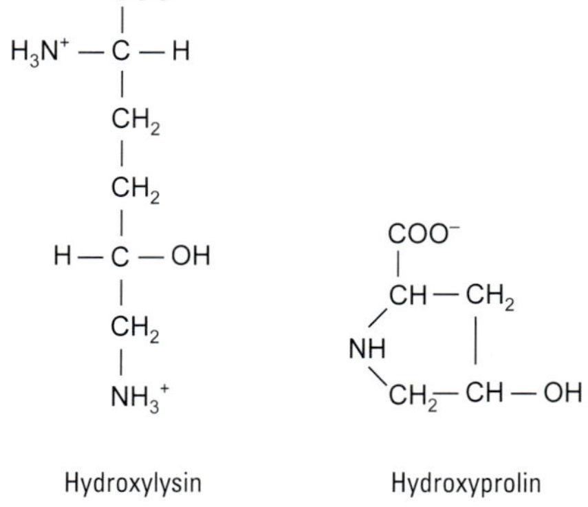

Abb. 48: Hydroxylysin und Hydroxyprolin

medi-learn.de/7-bc2-48

1.6.8 Cystein

Cystein ist eine schwefelhaftige Aminosäure. Durch oxidative Decarboxylierung entsteht aus Cystein Cysteamin, das – zusammen mit ß-Alanin, Pantoinsäure und 3'-Phospho-ADP Bestandteil von Coenzym A ist.

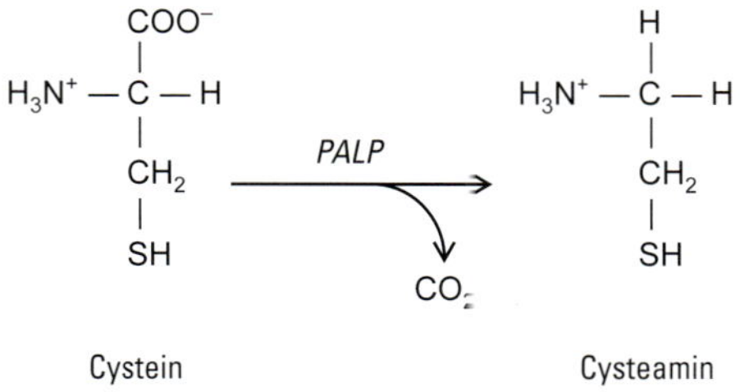

Abb. 49: Synthese von Cysteamin

medi-learn.de/7-bc2-49

1.6.9 Leucin, Isoleucin und Valin

Die Physikumsfragen zu diesen Aminosäuren betreffen die **Ahornsirup-Krankheit**. Dabei handelt es sich um eine autosomal-rezessiv vererbte Erkrankung (Häufigkeit ca. 1 : 200 000), bei der ein Protein des 2-Ketosäuren-Dehydrogenase-Komplexes vermindert synthetisiert wird. Dadurch wird der Abbau dieser verzweigtkettigen Aminosäuren behindert und es kommt zur Anreicherung von Leucin, Isoleucin und Valin.

Die Symptome dieser Erkrankung zeigen sich bereits in den ersten Lebenstagen: Der Säugling verweigert die Nahrungsaufnahme, ist teilnahmslos, es kommt zu Hypoglykämien, Krampfanfällen und Koma mit schweren bleibenden Hirnschäden. Der Name Ahornsirup-Krankheit stammt von dem typischerweise nach Ahornsirup oder verbranntem Zucker riechenden Urin. Die Akuttherapie besteht in komplett eiweißfreier Ernährung und Dialyse, um die giftigen Substanzen aus dem Körper zu eliminieren. Die Langzeittherapie besteht in der Vermeidung von Nahrungsmitteln mit verzweigtkettigen Aminosäuren. Unbehandelt verläuft die Erkrankung tödlich.

Auch beim **Stoffwechsel der Aminosäuren** gibt es einige Fakten, die das Punkten während des Physikums erleichtern. Du solltest dir vor allem merken, an welchen Reaktionen **Pyridoxalphosphat (PALP)** beteiligt ist:
- Transaminierungen,
- Decarboxylierungen,
- δ-Aminolävulinsäure-Synthese.

Die wichtigen **Transaminierungsreaktionen** sind die
- GPT: In ihr entsteht Alanin durch Transaminierung aus Pyruvat.
- GOT: In ihr entsteht Aspartat durch Transaminierung aus Oxalacetat.

Freies Ammoniak kann in der Glutamat-Dehydrogenase-Reaktion direkt gebunden werden bei der Bildung von Glutamat aus α-Ketoglutarat.

Für den **Harnstoffzyklus** ist wichtig, sich zu merken, dass
- die eine Aminogruppe des Harnstoffs aus freiem Ammoniak stammt (im Unterschied zur Pyrimidinsynthese, s. Skript Biochemie 4), die andere aus Aspartat und
- der Harnstoffzyklus im Mitochondrium und im Zytosol der Leber stattfindet und dass die beiden nichtproteinogenen Aminosäuren Ornithin und Citrullin während des Harnstoffzyklus die Mitochondrienmembran überqueren.

Die **Bildung biogener Amine** aus Aminosäuren ist sehr wichtig und fast unter Garantie mindestens eine Frage im schriftlichen Physikum.

Darum an dieser Stelle eine kleine Zusammenstellung der Aminosäuren, aus denen biogene Amine gebildet werden:

Amino-säure	Zwischen-stufe	biogenes Amin
Phenyl-alanin	Tyrosin ↓ Dopa	– Dopamin – Noradre-nalin – Adrenalin
Glutamat		GABA
Histidin		Histamin
Trypto-phan	Hydroxytryp-tophan	Serotonin
Tyrosin		Tyramin (bei Bakterien)
Cystein		Cysteamin

Tab. 3: Biogene Amine

In der Tabelle sind bei Phenylalanin und Tryptophan noch die Zwischenstufen auf dem Weg zum biogenen Amin mit aufgeführt, denn hier lauern im schriftlichen Physikum Gefahren.
- Z. B. wird hin und wieder behauptet, dass Dopamin direkt durch Decarboxylierung aus Tyrosin entstünde, was natürlich nicht stimmt, da es über die Zwischenstufe Dopa entsteht.
- Weiterhin solltest du wissen, dass Serotonin in den enterochromaffinen Zellen des Darms, in den dichten Granula von Thrombozyten und im ZNS (Hypothalamus, Area postrema) vorkommt.

DAS BRINGT PUNKTE

Da die **Phenylketonurie** häufig im Physikum auftaucht, sind hier noch einmal die wesentlichen Fakten zu diesem Krankheitsbild zusammengefasst:

– Anstieg der Phenylalanin-Plasmakonzentration,
– erhöhte Ausscheidung von Phenylpyruvat im Urin,
– verminderte Aktivität der Phenylalanin-Hydroxylase,
– Tyrosin wird essenziell, es muss mit der Nahrung zugeführt werden, Folgen der PKU sind geistige Retardierung und Neigung zu Krampfanfällen und
– Therapie ist die phenylalaninarme Ernährung.

FÜRS MÜNDLICHE

Das war ein umfangreiches Kapitel über die verschiedenen Stoffwechselwege im Körper. Mit den folgenden Fragen kannst du das Gelernte nun überprüfen:

1. **Erklären Sie bitte an, welchen Reaktionen PALP beteiligt ist.**

2. **Bitte erläutern Sie, was man unter Transaminierung versteht und welchen Zweck sie hat. Welche beiden wichtigen Transaminierungsreaktionen kennen Sie?**

3. **Bitte erklären Sie, in welchen Kompartimenten der Zelle der Harnstoffzyklus stattfindet und welche Moleküle die Membran überqueren.**

4. **Erläutern Sie bitte, aus welchen Molekülen der Stickstoff im Harnstoffzyklus stammt.**

5. **Bitte erklären Sie, aus welchen Aminosäuren welche biogenen Amine entstehen und über welche Zwischenstufen dies geschieht.**

6. **Bitte erklären Sie, wann es zur Phenylketonurie kommt und welche Laborparameter im Serum und Urin erhöht sind. Bitte erläutern Sie die Therapie der PKU.**

1. Erklären Sie bitte, an welchen Reaktionen PALP beteiligt ist.
PALP ist ein Coenzym und an
– Decarboxylierungen,
– Transaminierungen und der
– δ-Aminolävulinsäure-Synthese beteiligt.

2. Bitte erläutern Sie was, man unter Transaminierung versteht und welchen Zweck sie hat. Welche beiden wichtigen Transaminierungsreaktionen kennen Sie?

Transaminierung ist die reversible Übertragung der α-Aminogruppe von einer Aminosäure A auf eine α-Ketosäure B. Bei der Reaktion entstehen eine neue α-Ketosäure A und eine neue Aminosäure B. Auf diesem Weg kann der Körper neue, nichtessenzielle Aminosäuren aufbauen. Die beiden wichtigsten Transaminierungen sind die
– GPT: Glutamat-Pyruvat-Transaminase-Reaktion zur Bildung von Alanin und die
– GOT: Glutamat-Oxalacetat-Transaminase-Reaktion zur Bildung von Aspartat.

3. Bitte erklären Sie, in welchen Kompartimenten der Zelle der Harnstoffzyklus stattfindet und welche Moleküle die Membran überqueren.

Die ersten beiden Schritte des Harnstoffzyklus finden im Mitochondrium statt, die restlichen im Zytosol. Als Shuttle über die Mitochondrienmembran dienen die beiden nichtproteinogenen Aminosäuren Citrullin und Ornithin.

4. Erläutern Sie bitte, aus welchen Molekülen der Stickstoff im Harnstoffzyklus stammt.

Stickstofflieferanten im Harnstoffzyklus sind:
- freies Ammoniak und
- die Aminogruppe von Aspartat.

5. Bitte erklären Sie, aus welchen Aminosäuren welche biogenen Amine entstehen und über welche Zwischenstufen dies geschieht.
Siehe Tab. 3, S. 34.

Krankheit

6. Bitte erklären Sie, wann es zur Phenylketonurie kommt und welche Laborparameter im Serum und Urin erhöht sind. Bitte erläutern Sie die Therapie der PKU.

Der Phenylketonurie liegt ein Mangel des Enzyms Phenylalaninhydroxylase zugrunde, das Phenylalanin in Tyrosin umwandelt. Durch verminderte Hydroxylierung des Phenylalanins zu Tyrosin kommt es zu einem Anstieg der Phenylalanin-Plasmakonzentration. Phenylalanin wird dadurch vermehrt zu Phenylbrenztraubensäure (Phenylpyruvat) und anderen zytotoxischen Metaboliten umgewandelt. Außerdem ist die Phenylpyruvat-Ausscheidung im Urin erhöht.
Die Therapie der Phenylketonurie besteht in phenylalaninarmer Diät, wodurch der Ausbruch der Krankheit verhindert werden kann.

Pause

Päuschen gefällig?
Die hast du dir verdient!

2 Peptide

Fragen in den letzten 10 Examen: 7

2

Peptide entstehen durch Knüpfung von Peptidbindungen zwischen Aminosäuren. Sind auf diese Weise bis zu zehn Aminosäuren miteinander verbunden, spricht man von Oligopeptiden, zwischen zehn und 100 Aminosäuren von Polypeptiden und ab 100 Aminosäuren von Proteinen. Während die Proteine und Enzyme in den Kapiteln 3 und 4 besprochen werden, befasst sich dieser Abschnitt also mit der Struktur und Funktion der prüfungsrelevanten kleineren Peptide.

Die durch Peptidbindungen miteinander verknüpften α-C-Atome bilden das Rückgrat des Proteins, aus dem die Seitenketten wie kleine Ästchen hervorstehen und dem Protein seine charakteristischen Eigenschaften verleihen.

2.1 Peptidbindung

Reagieren die Aminogruppe einer Aminosäure und die Carboxylgruppe einer anderen Aminosäure unter Abspaltung von Wasser miteinander, entsteht eine Peptidbindung. Das Reaktionsgleichgewicht liegt dabei auf der linken Seite (Seite der Edukte), sodass der Aufbau der Peptidbindung – z. B. in der Translation – nur unter Energieaufwand möglich ist. Die hydrolytische Spaltung der Peptidbindung läuft dagegen freiwillig ab (enzymkatalysiert). Die Verknüpfung der Peptidbindung erfolgt am Ribosom durch Verbindung der freien NH_2 Gruppe von Aminosäure 2 mit der veresterten Carboxylgruppe von Aminosäure 1.

In dieser Abfolge von Aminosäuren (Sequenz = Primärstruktur, s. a. 3.2.1, S. 45), die durch Peptidbindungen miteinander verknüpft sind, verfügt die erste Aminosäure der Polypeptidkette noch über ihre vollständige Aminogruppe (NH_2), da diese nicht an einer Peptidbindung beteiligt ist. Man bezeichnet dieses Ende der Kette als das **N-terminale Ende**. Analog dazu besitzt die letzte Aminosäure noch die vollständige Carboxylgruppe (COOH). Dieses Ende heißt deshalb **C-terminales Ende**.

Durch Spaltung unter Wasseraufnahme (Hydrolyse) lässt sich die Peptidbindung zwischen den Aminosäuren (durch Peptidasen) wieder spalten. Ein Beispiel hierfür sind Serinproteasen, die mit ihrer OH-Gruppe das C-Atom der zu spaltenden Peptidbindung angreifen (nukleophil).

Da die Atome, die an der Peptidbindung beteiligt sind, in einer Ebene liegen, ist die Peptidbindung **NICHT frei drehbar**. Ursache hierfür ist eine Elektronenverschiebung: Die Elektronen wandern vom Stickstoff weg und zur C-N-Bindung hin, wodurch die Peptidbindung den Charakter einer partiellen Doppelbindung er-

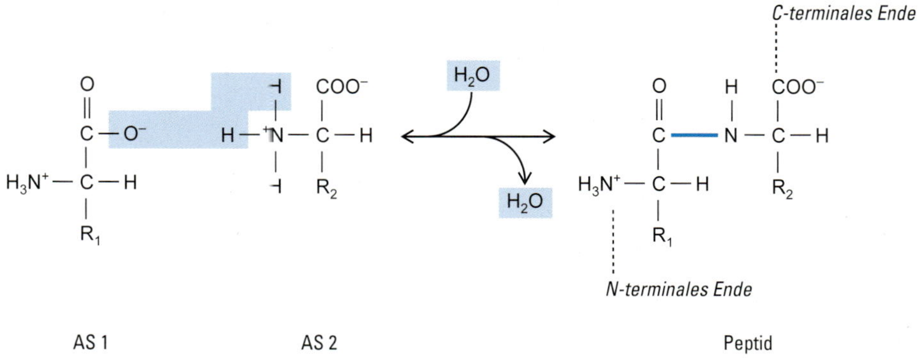

Abb. 50: Peptidbindung

medi-learn.de/7-bc2-50

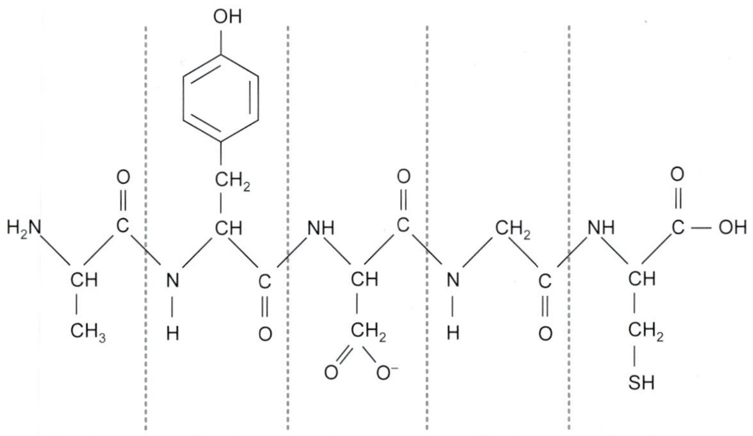

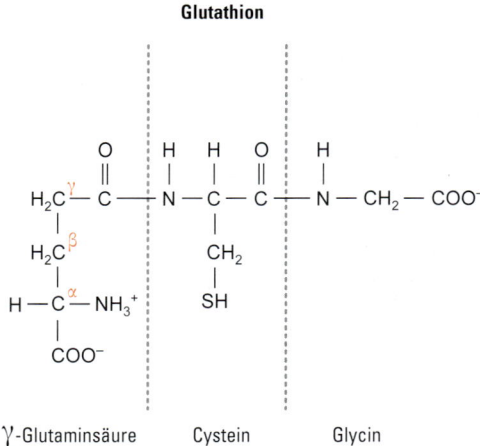

Abb. 51: Peptidbindungen im Oligopeptid

medi-learn.de/7-bc2-51

hält. Durch diese zweite Bindung wird die Verbindung zwischen dem Kohlenstoff und dem Stickstoff stabilisiert und eine freie Drehung ist nicht mehr möglich.

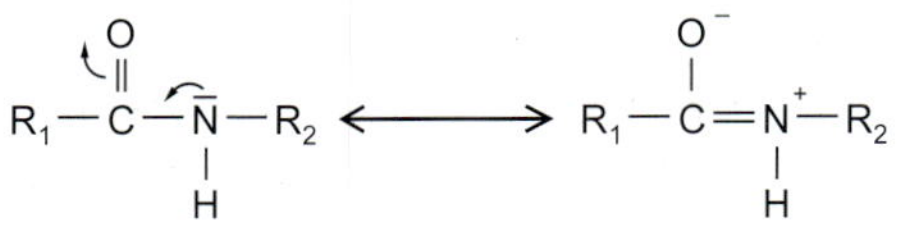

Abb. 52: Mesomerie der Peptidbindung

medi-learn.de/7-bc2-52

2.2 Glutathion

Ein immer wieder im Physikum auftauchendes Oligopeptid ist das Glutathion. Es besteht aus den drei Aminosäuren

- **Glutamat** (Glu),
- **Cystein** (Cys),
- **Glycin** (Gly).

Die Besonderheit an der Peptidbindung zwischen Glutamat und Cystein ist, dass das Glutamat mit der γ-**COOH-Gruppe** beteiligt ist und nicht, wie normalerweise, mit dem α-C-Atom.

Glutathion besitzt durch das Cystein eine freie Thiolgruppe (SH-Gruppe). **Durch Reakti-**

on der Thiolgruppen zweier Glutathionmoleküle kann aufgrund der Reaktionsfreudigkeit dieser Gruppen **sehr leicht ein Disulfid entstehen**. Bei der Reaktion werden zwei Elektronen und Wasserstoff auf z. B. Wasserstoffperoxid (H_2O_2) übertragen (Elektronenakzeptor) und es entstehen zwei Moleküle Wasser (H_2O).

Glutathion

Abb. 53: Glutathion

medi-learn.de/7-bc2-53

Wasserstoffperoxid würde ohne die reduzierenden Eigenschaften des Glutathions mit anderen Zellstrukturen reagieren und z. B. an der DNA oder an Enzymen erheblichen Schaden

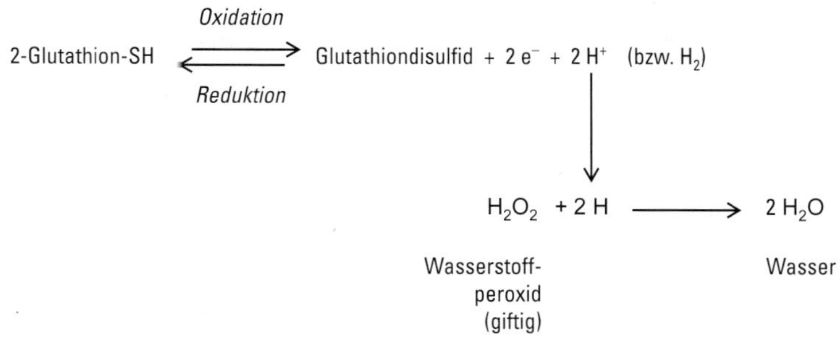

$$2\text{-Glutathion-SH} \xrightleftharpoons[\text{Reduktion}]{\text{Oxidation}} \text{Glutathiondisulfid} + 2\,e^- + 2\,H^+ \quad (\text{bzw. } H_2)$$

$$H_2O_2 + 2\,H \longrightarrow 2\,H_2O$$

Wasserstoff-
peroxid
(giftig)

Wasser

Abb. 54: Glutathiondisulfid

medi-learn.de/7-bc2-54

anrichten. Da der Sauerstoffpartialdruck in **Erythrozyten** sehr hoch ist, und so H_2O_2 leicht entsteht, kommt **Glutathion** dort in besonders **hoher Konzentration** vor. Für die Synthese von Glutathion wird ATP benötigt (mehr dazu s. Skript Biochemie 6). Gekoppelt an Arachidonsäure ist Glutathion Bestandteil von Leukotrien C4.

2.3   Hormone

Auch einige Hormone im Körper sind aus Aminosäuren aufgebaut. Diese Peptidhormone weisen alle Charakteristika von normalen Peptiden auf, sind aber meist wesentlich kleiner. Die prüfungsrelevanten Vertreter von ihnen sind

- Oxytocin mit   9 AS,
- Vasopressin mit   9 AS,
- ACTH mit   39 AS,
- Insulin mit   51 AS,
- Glukagon mit   29 AS.

Übrigens ...
Bei manchen Erkrankungen wird im Rahmen der Diagnostik die Molekülmasse von Polypeptiden z. B. im Urin bestimmt. Dazu dient die **SDS-P**olyacrylamid-**G**elel**e**ktrophorese (SDS-PAGE). Hierbei werden Proteine in einem Acrylamid-Gel der Größe nach aufgetrennt und mit einem standardisierten Marker verglichen. Auf diese Weise kann z. B. eine vermehrte Immunglobulin-Synthese nachgewiesen und damit der Verdacht auf ein Plasmozytom bestätigt werden.

3 Proteine

 Fragen in den letzten 10 Examen: 6

Kommen wir nun also zu den größeren, aus Aminosäuren bestehenden Molekülen, nämlich den Proteinen. Auf die ebenfalls großen Enzyme musst du leider noch bis Kapitel 4, S. 51 warten. Zwischen diesen beiden Substanzklassen gibt es einen wesentlichen Unterschied, weshalb sie auch in zwei unterschiedlichen Kapiteln abgehandelt werden: ihre Funktion. Proteine werden unterteilt in Strukturproteine und Funktionsproteine. Die Enzyme gehören zu den Funktionsproteinen.

Das Proteinkapitel behandelt nur die Strukturproteine. Doch zunächst kommen wieder einige trockene, aber wichtige chemische Grundlagen.

3.1 Bindungstypen

Wenn man einen Tisch bauen will, ist es wichtig zu wissen, welche Möglichkeiten es gibt, die Bretter miteinander zu verbinden; ob mit Nägeln, Schrauben oder Ähnlichem, damit das Produkt auch aussieht wie ein Tisch und nicht auseinander fällt. Aus diesem Grund ist es für Medizinstudenten leider auch notwendig, die – zugegebenermaßen eher langweiligen – chemischen Bindungstypen innerhalb eines Proteins und zwischen den Proteinen zu kennen, um zu verstehen, warum und wie ein Protein funktioniert. Besonders wichtig ist dieses Verständnis nämlich gerade dann, wenn ein Enzym nicht mehr funktioniert, also im Krankheitsfall.

Dieses Kapitel beschäftigt sich daher (so kurz wie möglich, aber so lang wie nötig) mit den intra- und intermolekularen Anziehungskräften von Proteinen. Im Einzelnen sind dies die
– Wasserstoffbrückenbindungen,
– hydrophoben Bindungen,
– van-der-Waals-Kräfte,
– Disulfidbindungen,
– Ionenbeziehungen.

3.1.1 Wasserstoffbrückenbindungen

Wasserstoffbrückenbindungen gehören zu den häufigsten Bindungen in der Natur. Um diesen Bindungstyp zu verstehen, muss zunächst der Begriff der Elektronegativität klar sein:

> **Merke!**
>
> Die Elektronegativität beschreibt das Maß des Bestrebens eines Atoms, in einem Molekül die Bindungselektronen an sich zu ziehen.

Stark **elektronegative** Elemente haben die Tendenz zur **Aufnahme von Elektronen** (hohe Elektronenaffinität), Atome mit sehr **niedriger Elektronegativität geben** Elektronen relativ leicht **ab** (niedrige Elektronenaffinität). Je höher der Unterschied in der Elektronegativität der gebundenen Elemente, desto polarer ist die Bindung zwischen ihnen.

> **Merke!**
>
> – Die Elektronegativität nimmt innerhalb einer Periode von links nach rechts zu.
> – Die Elektronegativität nimmt innerhalb der Hauptgruppen von oben nach unten ab.

Wasserstoffbrückenbindungen treten immer dort auf, wo ein Wasserstoffatom (niedrige Elektronegativität) an ein stark elektronegatives Atom (meist Stickstoff oder Sauerstoff) kovalent gebunden ist (-OH oder -NH). Dadurch bekommt das Wasserstoffatom eine positive Teilladung. Nähert sich nun ein weiteres elektronegatives Atom (wie z. B. O), kommt es zu Wechselwirkungen zwischen dem positiven Wasserstoff und dem zweiten negativen Atom.

ge macht es). Der Vorteil dieser leichten Spaltbarkeit der Wasserstoffbrückenbindungen ist, dass das Protein seine Flexibilität behält, was zu Regulationszwecken ausgenutzt wird: Durch Konformationsänderung kann z. B. die Aktivität eines Proteins beeinflusst werden (s. 4.7.5, S. 62).

```
— N — C —
    |   ||
    H   O
   δ⁺   δ⁻
    ¦    ¦
   δ⁻   δ⁺
    O   H
    ||   |
 — C — N —
```
Wasserstoff-
brückenbindung

Abb. 55: Wasserstoffbrückenbindung

medi-learn.de/7-bc2-55

Merke!

Die Wasserstoffbindung ist keine „echte" (kovalente) Bindung, sondern beruht auf leichten Anziehungskräften zwischen einem positiven (z. B. Wasserstoff) und reinem negativen (z. B. Sauerstoff) Bindungspartner.

Zum Vergleich (muss NICHT auswendig gelernt werden): Zur Spaltung einer Wasserstoffbrückenbindung benötigt man etwa 21–42 kJ/mol (Bindungsenergie), wogegen die Bindungsenergie einer echten, kovalenten Einfachbindung 210–420 kJ/mol beträgt, also zehnmal größer ist. Da aber Proteine sehr viele Wasserstoffbrückenbindungen besitzen, ist dieser Bindungstyp einer der wichtigsten in biologischen Systemen s. Abb. 55, S. 41 (die Men-

3.1.2 Hydrophobe Bindungen/-Wechselwirkungen

Elementare Grundlage zum Verständnis der hydrophoben Bindungen ist die bekannte **Faustregel: Gleiches löst sich in Gleichem,** umgangssprachlich auch bekannt unter Gleich und Gleich gesellt sich gern. Dieser Regel entsprechend lösen sich polare Gruppen gut in dem ebenfalls polaren Lösungsmittel Wasser. Sie werden daher als hydrophil (wasserliebend; -phil = liebend) bezeichnet.

Im Gegensatz dazu lösen sich Moleküle, die zu einem Großteil aus unpolaren C-H-Gruppen bestehen, sehr schlecht in Wasser und werden als hydrophob (wasserabweisend; Phobie = Angst) oder als lipophil (fettliebend) bezeichnet. Wird nun eine hydrophobe Substanz (z. B. Öl) mit einem hydrophilen Lösungsmittel (z. B. Wasser) gemischt, lagern sich die hydrophoben Teilchen zusammen (Öltropfen), um so – durch die Verringerung ihrer Oberfläche – einen möglichst geringen Kontakt zum Lösungsmittel herzustellen; die Substanz hat eben wirklich Angst vor dem Wasser.

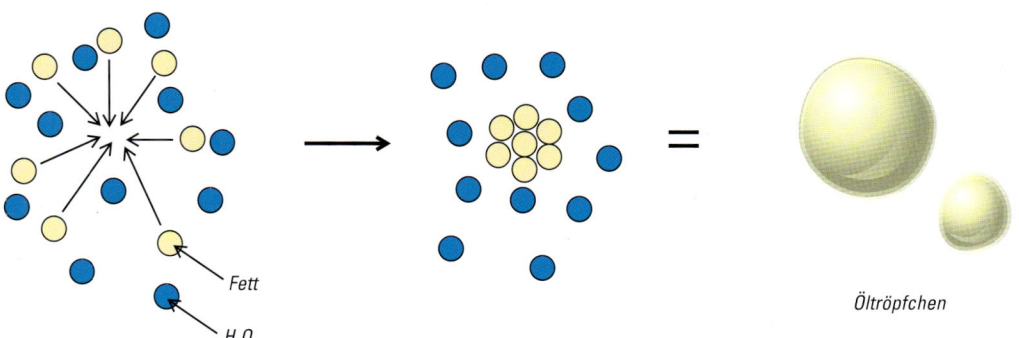

Fett
H₂O
Öltröpfchen

Abb. 56: Hydrophobe Wechselwirkungen

medi-learn.de/7-bc2-56

Wie in Kapitel 1.3.2, S. 8 bereits erwähnt, unterscheidet man auch bei den Aminosäuren zwischen polaren (hydrophilen) und unpolaren (hydrophoben) Vertretern.

Da die Zelle zu einem großen Teil aus Wasser besteht, lagern sich die unpolaren Gruppen von Aminosäuren nach dem Einbau in ein Protein möglichst weit vom Wasser entfernt zusammen, nämlich in der Mitte des Proteins. Dadurch kommen die hydrophilen Aminosäurereste nach außen zu liegen. Sie haben direkten Kontakt mit dem Wasser und vermitteln so die Löslichkeit von Proteinen.

Die große Bedeutung hydrophober Wechselwirkungen wird dir klar, wenn du die Lipide der biologischen Zellmembran betrachtest. Diese Phospholipide sind eine besondere Form von Lipiden, die einen polaren hydrophilen Kopfteil (wasseranziehend) und einen – aus zwei langen hydrophoben Fettsäureketten bestehenden – apolaren (wasserabweisenden) Schwanzteil besitzen. Die Phospholipidmoleküle sind damit **amphiphil**, d. h., dass sie an ihren beiden Molekülenden entgegengesetzte Eigenschaften haben.

Die Frage, die sich einem hierbei aufdrängt ist: Warum so kompliziert? Könnte man die Membran nicht einfach aus gleichen Bestandteilen, z. B. nur hydrophilen oder nur hydrophoben Bausteinen, zusammensetzen?

Die Antwort ergibt sich, wenn du dir eine Membran aus nur hydrophilen Molekülen vorstellst, z. B. eine Zellmembran aus Zucker.

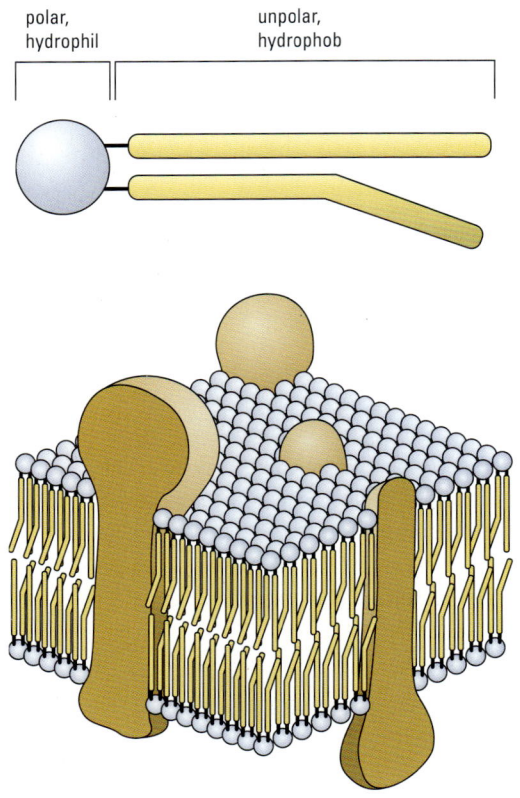

Abb. 58: Bausteine der Biomembran

medi-learn.de/7-bc2-58

In Verbindung mit Wasser würde sie sich einfach auflösen. Ähnlich unpraktisch wäre eine Zellmembran komplett aus hydrophoben Molekülen (z. B. Fett). Sie würde sich in Wasser, wie oben bereits für Öl beschrieben, zu einem großen Tropfen zusammenlagern.

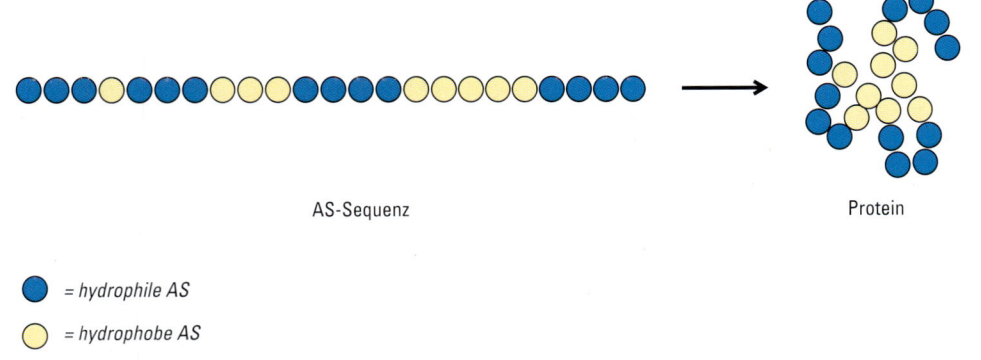

AS-Sequenz

Protein

● = hydrophile AS

○ = hydrophobe AS

Abb. 57: Hydrophobe Wechselwirkung in der Peptidkette

medi-learn.de/7-bc2-57

Eine Zellmembran, deren Moleküle jedoch sowohl aus einem hydrophilen als auch einem hydrophoben Teil bestehen, kann sich im Wasser so zusammenlagern, dass die wasserliebenden Enden der Moleküle nach außen zum Wasser zeigen, die fettliebenden Enden jedoch  nach innen. Aufgrund der Tatsache, dass die hydrophoben Abschnitte auf keinen Fall mit Wasser in Berührung kommen „wollen", ergibt sich ihre hohe Stabilität.

3.1.3   Van-der-Waals-Kräfte

Van-der-Waals-Kräfte sind im Vergleich zu kovalenten Bindungen ebenfalls eher schwache Bindungen. Dieser Bindungstyp tritt zwischen Molekülen auf, die kein Dipolmoment besitzen. Zur Erklärung der Van-der-Waals-Kräfte ist das Verständnis der Elektronenbewegungen um den Atomkern wichtig, die wohl am besten mit der Bewegung der Planeten um die Sonne zu vergleichen sind:

Normalerweise wandern die Planeten unseres Sonnensystems (negativ geladene Elektronen) auf regelmäßigen Bahnen um die Sonne (positiv geladener Atomkern) herum.

Jetzt kann es aber sein, dass von den neun Planeten (negative Elektronen) zu irgendeinem Zeitpunkt (Sonnenfinsternis) mehr als die Hälfte auf der gleichen Seite der Sonne (des positiven Atomkerns) sind. Zu diesem – sehr kurzen – Zeitpunkt hat also das Sonnensystem (unser Atom) auf der rechten Seite einen Planetenüberschuss (Elektronenüberschuss, negative Teilladung), obwohl es sonst gleichmäßig von Planeten umgeben ist (Atom ist sonst ungeladen). Diese zeitlich begrenzte Teilladung reicht allerdings aus, um ein in der Nähe befindliches Sonnensystem (anderes Atom) anzuziehen und kurz zu binden.

Zum Glück sind die Planeten in Wirklichkeit keine Elektronen.

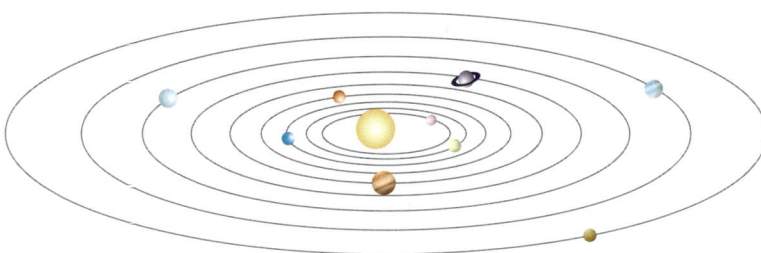

Abb. 59: Elektronenmodell, ungeladen   *medi-learn.de/7-bc2-59*

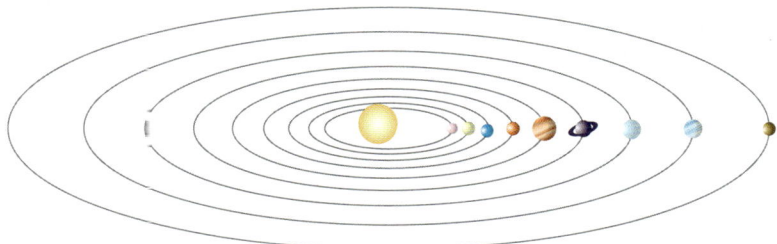

Abb. 60: Elektronenmodell, geladen   *medi-learn.de/7-bc2-60*

Also zurück zu den Verhältnissen innerhalb der Moleküle und hin zu den Van-der-Waals-Kräften: Durch die Elektronenbewegungen um den Atomkern kommt es zu einem Zeitpunkt zufällig zu einer ungleichmäßigen Verteilung der zugehörigen Elektronen. Befinden sich so mehr Elektronen, und damit mehr negative Ladung auf einer Seite des Atoms, wird dieses kurzfristig zu einem Dipol (temporärer Dipol), da die gegenüberliegende Seite des Atoms in dieser Zeit einen Elektronenmangel (positive Teilladung) hat.

Kommen sich nun zwei Atome/Moleküle in dieser Zeit nahe genug, ziehen sich die temporären Dipole gegenseitig mithilfe der Van-der-Waals-Kräfte an:

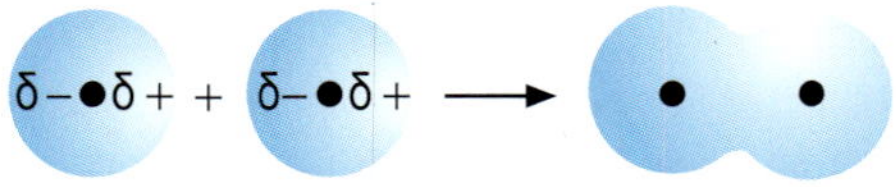

δ−●δ+ + δ−●δ+ ⟶ ● ●

Abb. 61: Anziehung temporärer Dipole

medi-learn.de/7-bc2-61

Trifft ein temporärer Dipol auf ein Molekül, das keine Teilladung besitzt, kann der Dipol in dem Nichtdipolmolekül einen zu seiner Teilladung entgegengesetzten Dipol induzieren (hervorrufen), wodurch zwischen den beiden ebenfalls wieder Van-der-Waals-Kräfte wirken, mit denen sie sich anziehen:

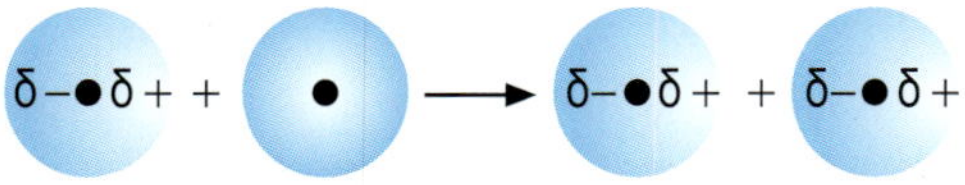

δ−●δ+ + ● ⟶ δ−●δ+ + δ−●δ+

Abb. 62: Induktion eines Dipols

medi-learn.de/7-bc2-62

In beiden Fällen ist die Voraussetzung für eine Van-der-Waals-Bindung, dass sich zwei Atome/Moleküle sehr nahe kommen. Das ist umso unwahrscheinlicher, je schneller sich die Moleküle bewegen, je höher also ihre kinetische Energie ist. Da die kinetische Energie proportional zu der Temperatur ansteigt, **nehmen die Van-der-Waals-Kräfte mit steigender Temperatur**

ab, was u. a. zur Folge hat, dass ein Festkörper bei steigender Temperatur flüssig wird.

3.1.4 Disulfidbindungen

Disulfidbindungen sind die wichtigsten echten (kovalenten) Bindungen zwischen den Seitenketten von Aminosäuren. Sie leisten einen entscheidenden Beitrag zur Stabilisierung der Tertiärstruktur von Proteinen und entstehen durch Oxidation zweier Cysteinreste (s. 1.3.2, S. 8), die entweder zu zwei verschiedenen oder zu derselben Aminosäurenkette gehören können: Cys-S-S-Cys.

3.1.5 Ionenbeziehungen/Ionenbindungen

Oft wird die Konformation des Proteins auch durch Ionenbeziehungen zwischen unterschiedlich geladenen Gruppen von Aminosäuren stabilisiert. Zu den negativ geladenen Gruppen, die an solchen Ionenbindungen teilnehmen, gehört z. B. die γ-Carboxylgruppe von Glutamat, zu den positiv geladenen Gruppen z. B. die zweite Aminogruppe der basischen Aminosäuren Arginin und Lysin.

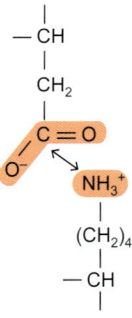

Abb. 63: Ionenbindung   *medi-learn.de/7-bc2-63*

Übrigens ...
Da sich mit dem pH-Wert die Ladung der Carboxyl- und Aminogruppen ändert, sind Ionenbeziehungen durch eine starke pH-Abhängigkeit gekennzeichnet.

3.2 Struktur der Proteine

Die chemischen Formeln sind damit erledigt und du darfst dich endlich den Proteinen zuwenden. Proteine bestehen aus vielen Aminosäuren und jedes Protein besitzt eine charakteristische Struktur, seine **Konformation**. Bei der Ausbildung der folgenden Konformationen finden alle eben besprochenen Bindungstypen ihre Anwendung. Man gliedert die Konformationen in:

– Primärstruktur (Aminosäuresequenz),
– Sekundärstruktur (dreidimensionale Anordnung der Primärstruktur als α-Helix oder β-Faltblatt),
– Tertiärstruktur (dreidimensionale Faltung der Sekundärstrukturen),
– Quartärstruktur (dreidimensionale Anordnung mindestens zweier Tertiärstrukturen).

3.2.1 Primärstruktur

Unter der Primärstruktur eines Proteins versteht man seine **Aminosäuresequenz**. Man kann sie mit der Anordnung der einzelnen Perlen in einer Kette vergleichen.

> **Merke!**
>
> Die Primärstruktur wird bei der Translation festgelegt und bestimmt die weitere Ausbildung aller übrigen Strukturen höherer Ordnung (Sekundär-, Tertiär- und Quartärstruktur).

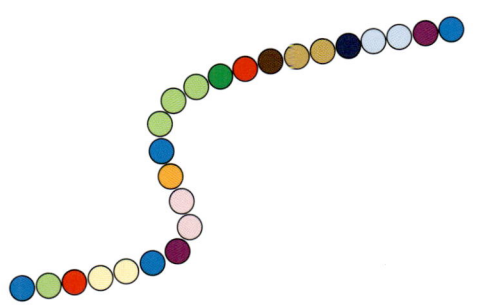

Abb. 64: Primärstruktur   *medi-learn.de/7-bc2-64*

3.2.2 Sekundärstruktur

Die Sekundärstruktur ist die – nach der Primärstruktur – nächsthöhere Organisationsform von Proteinen. Sie entsteht dadurch, dass Wasserstoffbrückenbindungen zwischen –C=O (Carbonyl-) und NH_2-(Amid-)Gruppen der Hauptkette ausgebildet werden. Die Aminosäuresequenz verläuft hier immer noch gestreckt, hat aber eine größere räumliche Ausdehnung. Dabei entstehen die beiden in der Sekundärstruktur vorkommenden Konformationen

– α-Helix (s. Abb. 65 a, S. 45),
– β-Faltblatt (Abb. 65 b, S. 46).

Ob sich α-Helix- oder β-Faltblatt-Strukturen ausbilden, wird durch die Reihenfolge der Aminosäuren in der Sequenz (Primärstruktur) bereits vorgegeben. Das „α-" bzw. „β-" bezieht sich auf die Reihenfolge der Entdeckung dieser Sekundärstrukturen.

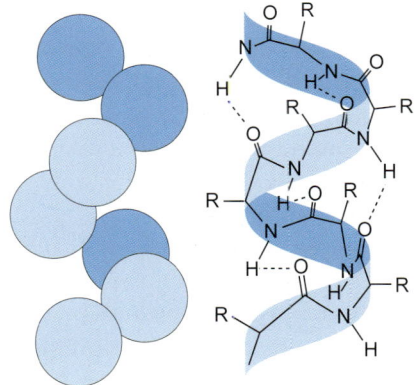

Abb. 65 a: α-Helix   *medi-learn.de/7-bc2-65a*

α-Helix

Für die Ausbildung der α-Helix sind Wasserstoffbrücken essenziell. Sie bilden sich innerhalb eines Proteins zwischen dem Wasserstoff der α-Aminogruppe einer Aminosäure und der Carbonylgruppe der vierten darauf folgenden Aminosäure aus. Die Seitenketten der Aminosäuren ragen nach außen. An einer 360°-Wendung sind dabei klassischerweise 3,6 Aminosäurereste beteiligt.

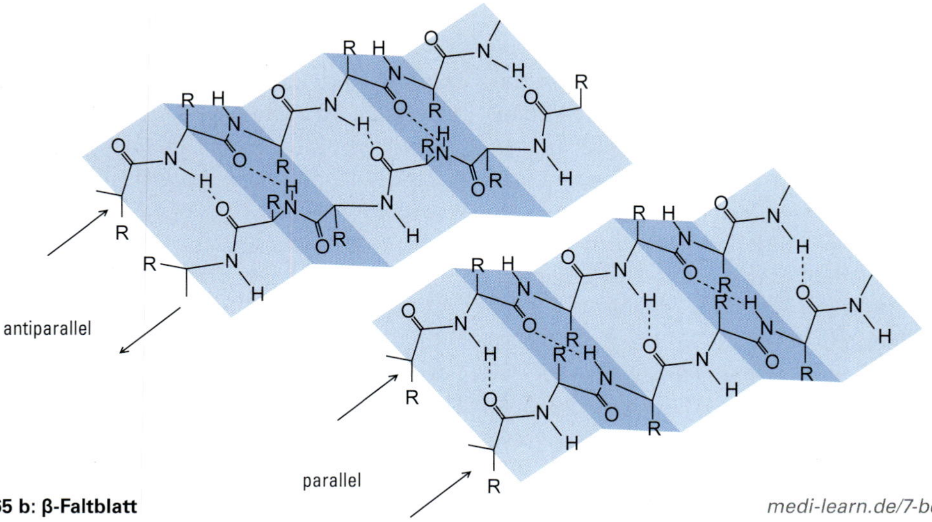

3

antiparallel

parallel

Abb. 65 b: β-Faltblatt

medi-learn.de/7-bc2-65b

Bestimmte Aminosäuren stören die Ausbildung einer α-Helix-Struktur. Besondere Bedeutung hierbei hat die heterozyklische Aminosäure Prolin, da deren Aminostickstoff Teil eines Ringes ist und sie so keine Wasserstoffatome zur Ausbildung einer Peptidbindung besitzt (s. heterozyklische Aminosäuren, S. 10). **Beim Einbau von Prolin in eine Aminosäuresequenz kommt es daher zum Abknicken der Peptid-Kette.**

Übrigens …
– Die α-Helix kommt in fast allen Proteinen mit unterschiedlichen Anteilen vor. Besonders ausgeprägt findet sich die **α-Helix in Haut, Haaren, Nägeln** und Wolle.
– Die α-Helices, die vorwiegend aus hydrophoben Aminosäuren bestehen, spielen eine bedeutende Rolle bei der Verankerung von Proteinen in Biomembranen.

Kollagen: Eine besondere Helixform findet man im **wichtigsten fibrillären Protein** des Bindegewebes, dem Kollagen. Anders als im übrigen Körper, in dem die Helices meist rechtsgängig sind, besteht das Kollagen aus **drei linksgängigen α-Helices**, die zu einer **rechtsgängigen Superhelix** umeinander verdreht sind. Die

Aminosäurenzusammensetzung der α-Helices des Kollagens ist recht eintönig und besteht zu
– **1/3 aus Glycin,**
– **1/3 aus Prolin und Hydroxyprolin,**
– **1/3 aus anderen Aminosäuren,** unter anderem Hydroxylysin (s. 1.6.7, S. 32).

β-Faltblatt

Beim β-Faltblatt führt die Bildung von Wasserstoffbrückenbindungen zwischen zwei verschiedenen Polypeptidketten (Primärstrukturen) oder zwischen verschiedenen Abschnitten innerhalb einer Polypeptidkette zu einer Zickzackform. Die Seitenketten ragen beim β-Faltblatt – genau wie bei der α-Helix – nach außen.
Wenn die beiden an der Faltblattstruktur beteiligten Peptidketten dieselbe Richtung bezogen auf das Amino- (N-Terminus) und Carboxylende (C-Terminus) haben, spricht man von parallelem, bei entgegengesetzter Richtung von antiparallelem Faltblatt.
Einen besonders hohen Anteil an β-Faltblatt-Strängen besitzt die konstante Domäne der IgG-Antikörper. Daneben kommt das β-Faltblatt vor allem auch im β-Keratin und in Seide vor.

3.2.3 Tertiärstruktur

Die Tertiärstruktur ist die endgültige, typische Form eines Proteins und entsteht durch dreidimensionale Anordnung der Sekundärstrukturen (α-Helix und β-Faltblatt).

Diese Faltung kommt dadurch zustande, dass sich die hydrophoben Reste einer Aminosäuresequenz im Zentrum des Proteins zusammenlagern (s. 3.1.2, S. 41), um einen stabileren Zustand zu erreichen. Gleichzeitig gelangen die hydrophilen Aminosäure-Seitenketten durch die Faltung an die Oberfläche des Proteins und vermitteln so die Löslichkeit in Wasser. Damit sich die unter s. 3.1, S. 40 beschriebenen Wechselwirkungen nicht ungewollt zwischen zwei zufällig benachbarten Proteinen ausbilden und diese sich somit verbinden (aggregieren), helfen sogenannte Chaperone (Hilfsmoleküle, von engl. Chaperone = Anstandsdame) bei der Faltung. Dieser Vorgang beginnt oft bereits bevor das Protein am Ribosom fertig gestellt ist. Eine Verbesserung der Stabilität der Tertiärstruktur kommt dadurch zustande, dass sich zwischen zwei nahe beieinander gelegenen Cysteinresten eine kovalente Disulfidbrücke bilden kann. Am besten ist die Tertiärstruktur mit einem Wollknäuel zu vergleichen. Globuläre Proteine, die aus mehr als 150 Aminosäuren bestehen, können meist in unterschiedliche Bereiche eingeteilt werden, die man Domänen nennt.

> **Merke!**
>
> – In einem Protein befinden sich die hydrophoben Aminosäurereste im Zentrum, die hydrophilen an der Oberfläche.
> – Domänen eines Proteins sind die Abschnitte der Polypeptidkette mit einer eigenen Tertiärstruktur, die sich weitgehend unabhängig von den anderen Abschnitten ausbildet. Sie können auf unterschiedlichen Exons codiert sein, die aber auf einem Chromosom liegen.

3.2.4 Quartärstruktur

Treten mehrere Proteine mit eigener Primär-, Sekundär- und Tertiärstruktur zu einer großen Funktionseinheit zusammen, so nennt man dies Quartärstruktur.

Die Anzahl der Untereinheiten kann von wenigen (z. B. vier im Hämoglobin) bis zu einigen Tausend reichen. Die Stabilisierung der Quartärstruktur erfolgt durch schwache, nichtkovalente Wechselwirkungen (hydrophobe Wechselwirkungen, Van-der-Waals-Kräfte und Wasserstoffbrückenbindungen). Durch Veränderung der Lage der einzelnen Untereinheiten zueinander kann die Funktion eines Proteins reguliert werden (s. allosterische Regulation, Abb. 82 a, S. 67).

Abb. 66: Tertiärstruktur *medi-learn.de/7-bc2-66*

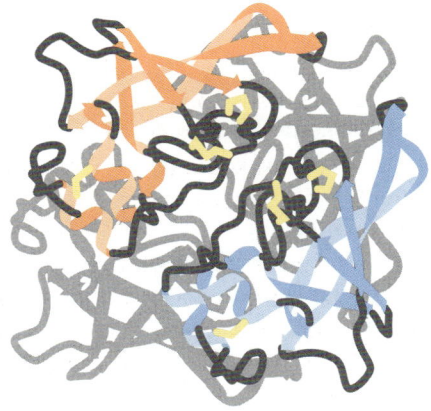

Abb. 67: Quartärstruktur *medi-learn.de/7-bc2-67*

Im schriftlichen Physikum wurde bisher vorwiegend nach den **Proteinstrukturen** und den darin enthaltenen **Bindungstypen** gefragt. Merken solltest du dir deshalb die Inhalte von s. Tab. 4, S. 48.

Zum Thema **Peptide und Bindungen** wurde häufig gefragt, dass
- die Peptidbindung durch Verknüpfung der Carboxylgruppe einer Aminosäure mit der Aminogruppe der zweiten Aminosäure entsteht,
- die Peptidbindung nicht frei drehbar ist,

- Glutathion ein Tripeptid bestehend aus Glu-Cys-Gly ist und
- Gluthation in hoher Konzentration im Erythrozyten vorkommt.

Außerdem ist noch wichtig, dass Domänen eines Proteins Abschnitte einer Polypeptidkette mit einer eigenen Tertiärstruktur sind, die sich weitgehend unabhängig von den anderen Abschnitten ausbildet. Sie können auf unterschiedlichen Exons EINES Chromosoms codiert sein.

Struktur	Bestehend aus	Vorwiegende Bindungstypen
Primärstruktur	Aminosäuresequenz	Peptidbindung
Sekundärstruktur	− α-Helix − β-Faltblatt	− Peptidbindung − Wasserstoffbrückenbindung
Tertiärstruktur	dreidimensionale Faltung der Sekundärstrukturen	− Peptidbindung − Wasserstoffbrückenbindung − hydrophobe Bindung − Van-der-Waals-Bindung − Ionenbindung − Disulfidbindung
Quartärstruktur	Zusammenlagerung mehrerer Tertiärstrukturen	wie bei Tertiärstruktur

Tab. 4: Proteinstrukturen und deren Bindungstypen

Aus den einzelnen Aminosäuren sind nun Proteine geworden. Was zu diesen wichtig ist, kannst du mit den folgenden Fragen der mündlichen Prüfungsprotokolle rekapitulieren:

1. **Bitte erklären Sie, welche Bindungstypen in Proteinen eine Rolle spielen.**

2. **Sagen Sie bitte, wie die unterschiedlichen Strukturen von Proteinen heißen und woraus sie bestehen.**

3. **Erläutern Sie, wie eine Peptidbindung entsteht. Was wissen Sie über deren Drehbarkeit?**

4. Was verstehen Sie unter den Domänen eines Proteins und wie kommen sie zustande?

5. Erklären Sie bitte, aus welchen Aminosäuren Glutathion besteht. Was verstehen Sie in diesem Zusammenhang unter atypischer Peptidbindung?

---

1. Bitte erklären Sie welche Bindungstypen in Proteinen eine Rolle spielen.
- Peptidbindungen (Säure-Amid Bindungen),
- Wasserstoffbrückenbindungen,
- hydrophobe Bindungen,
- Van-der-Waals-Kräfte,
- Disulfidbindungen und
- Ionenbeziehungen.

2. Sagen Sie bitte, wie die unterschiedlichen Strukturen von Proteinen heißen und woraus sie bestehen.
Proteine werden nach ihrem unterschiedlichen Aufbau mehreren Strukturen zugeteilt. Die Primärstruktur besteht aus der Aminosäuresequenz, unter Sekundärstruktur fasst man α-Helix und β-Faltblatt zusammen. Die Tertiärstruktur bildet die räumliche Faltung der Sekundärstrukturen. Die Quartärstruktur entsteht durch Zusammenlagerung mehrerer Tertiärstrukturen.

3. Erläutern Sie, wie eine Peptidbindung entsteht. Was wissen Sie über deren Drehbarkeit?
Die Peptidbindung entsteht bei der Reaktion der α-Aminogruppe einer Aminosäure mit der α-Carboxlygruppe einer zweiten Aminosäure. Sie besitzt partiellen Doppelbindungscharakter, d. h., dass sie nicht frei drehbar ist.

4. Was verstehen Sie unter den Domänen eines Proteins und wie kommen sie zustande?
Domänen sind Abschnitte einer Polypeptidkette mit einer eigenen Tertiärstruktur. Die Faltung dieser Abschnitte erfolgt unabhängig voneinander, sie sind strukturell voneinander getrennt.

5. Erklären Sie bitte, aus welchen Aminosäuren Glutathion besteht. Was verstehen Sie in diesem Zusammenhang unter atypischer Peptidbindung?
Glutathion ist ein Tripeptid, bestehend aus den Aminosäuren Glutamat, Cystein und Glycin. Das besondere an der Peptidbindung zwischen Glutamat und Cystein ist, dass das Glutamat hier mit seiner γ-Carboxylgruppe beteiligt ist (atypische Peptidbindung).

EIN ROTES SUBSTRAT IST DER ENZYMATISCHE BEWEIS, DASS SIE SOEBEN IN BIOCHEMIE DURCHGEFALLEN SIND !!

Mehr Cartoons unter www.medi-learn.de/cartoons

Pause

Wenn Biochemie nach hinten losgeht ...

Ein besonderer Berufsstand braucht besondere Finanzberatung.

Als einzige heilberufespezifische Finanz- und Wirtschaftsberatung in Deutschland bieten wir Ihnen seit Jahrzehnten Lösungen und Services auf höchstem Niveau. Immer ausgerichtet an Ihrem ganz besonderen Bedarf – damit Sie den Rücken frei haben für Ihre anspruchsvolle Arbeit.

- Services und Produktlösungen vom Studium bis zur Niederlassung

- Berufliche und private Finanzplanung

- Beratung zu und Vermittlung von Altersvorsorge, Versicherungen, Finanzierungen, Kapitalanlagen

- Niederlassungsplanung & Praxisvermittlung

- Betriebswirtschaftliche Beratung

Lassen Sie sich beraten!

Nähere Informationen und unseren Repräsentanten vor Ort finden Sie im Internet unter www.aerzte-finanz.de

Deutsche Ärzte Finanz

Standesgemäße Finanz- und Wirtschaftsberatung

4 Enzyme

 Fragen in den letzten 10 Examen: 8

Unter Verwendung der bereits im Proteinkapitel besprochenen Bindungstypen (s. 3.1, S. 40) baut unser Körper auch ganz besondere Proteine zusammen: die Enzyme.

Der große Unterschied zu den in Kapitel 3 behandelten Strukturproteinen liegt in der Funktion der Enzyme. Sie leisten durch Katalyse von Reaktionen einen, wenn nicht sogar DEN entscheidenden Beitrag für die Überlebensfähigkeit unseres Körpers. Enzyme kommen in jedem Stoffwechselweg vor, sei es der Aminosäure-, der Fettsäure-, der Kohlenhydratstoffwechsel oder auch die Vorgänge in der Molekularbiologie. Die Inhalte dieses Kapitels erleichtern daher das Verständnis sämtlicher Gebiete der Biochemie erheblich. Aus diesem  Grund geht das folgende Kapitel ausführlich auf die katalytischen Funktionen von Enzymen sowie auf deren Beeinflussung ein. Bevor du dich jedoch mit den Reaktionen beschäftigen darfst, an denen Enzyme beteiligt sind, zeigt das hier beschriebene Reaktionsmodell zunächst die Situation, wie Reaktionen ohne Katalysatoren ablaufen.

4.1 Reaktionsmodell

Reagieren zwei Substanzen in Abwesenheit von Katalysatoren miteinander, so geschieht dies – nach der **Kollisionstheorie** – durch das Zusammenstoßen der beteiligten Moleküle. Dabei ist die Stärke der Kollision abhängig von der Geschwindigkeit der beiden Reaktionspartner. Je nachdem, wie kompliziert diese Reaktion ist, müssen diese mehr oder weniger stark aufeinanderprallen.

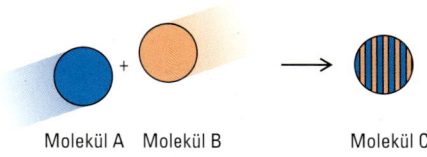

Molekül A   Molekül B   Molekül C

Abb. 68: Reaktionsmodell   *medi-learn.de/7-bc2-68*

Die Zuführung von Energie, z. B. durch Temperaturerhöhung, erhöht die Teilchengeschwindigkeit und damit die Reaktionswahrscheinlichkeit. Bei niedrigen Temperaturen werden also nur wenige Moleküle A mit B reagieren und die Reaktion zu C verläuft daher sehr langsam. Mit steigender Temperatur bewegen sich die Moleküle schneller, wodurch A und B auch öfter zusammenstoßen und so vermehrt zu C reagieren.

Damit die Reaktion A + B → C auch unter der vergleichsweise niedrigen Körpertemperatur ablaufen kann, wird die Hilfe von Enzymen (Biokatalysatoren) benötigt.

> **Beispiel**
> Eine Reaktion ohne Katalysator könnte man mit einem Gang (Reaktion) zum nächsten Supermarkt vergleichen (z. B. um wieder etwas Nervennahrung zu erstehen). Je nach Entfernung dauert dies so seine Zeit (Aktivierungsenergie). Viel schneller würde diese Reaktion ablaufen, wenn ein hilfsbereiter Mensch (Enzym) einen mit dem Auto mitnimmt. Auf diese Weise kann man auch schneller wieder an den Schreibtisch zurückkehren …

4.2 Katalysatoren

Viele der lebenswichtigen Stoffwechselreaktionen im Körper würden unter den dort herrschenden Bedingungen nur sehr langsam ablaufen. Aus diesem  Grund besteht die Notwendigkeit sie zu beschleunigen, denn wer will schon Jahre darauf warten, um nach einer Feier wieder nüchtern zu werden?

Die Reaktionsgeschwindigkeit nimmt zwar mit Erhöhung der Temperatur zu (s. 4.1, S. 51), doch dieses Mittel ist für unseren Körper ungeeignet, da ab ungefähr 42 °C unsere Proteine denaturieren und daher Lebensgefahr besteht. Die Lösung dieses Problems sind die Enzyme. Als Biokatalysatoren erhöhen sie die Geschwindigkeit der Stoffwechselreaktionen (um das 10^8- bis 10^{20}-fache), indem sie die Aktivierungsenergie herabsetzen. Eine Temperaturerhöhung ist somit nicht notwendig.

> **Merke!**
>
> Enzyme sind Biokatalysatoren, die die Geschwindigkeit chemischer Reaktionen erhöhen, ohne dabei selbst verändert zu werden und ohne die Gleichgewichtslage zu ändern.

4.3 Aktives Zentrum

Die Funktion von Enzymen beschränkt sich aber nicht nur auf die Erniedrigung der Aktivierungsenergie. Oft ist es noch wichtig, dass die beiden Moleküle mit der richtigen Stelle zusammentreffen. Eine weitere Funktion von Enzymen besteht daher darin, die miteinander reagierenden Moleküle in die richtige Position zu bringen. Dies geschieht durch die Fixierung des Substrats in einer Vertiefung an der Enzymoberfläche, dem **aktiven Zentrum**.

4.4 Spezifität

Enzyme sind zwar hochwirksame Katalysatoren, aber in ihrem Wirkungsspektrum stark eingeschränkt. Man könnte sie als Fachidioten bezeichnen, die sich auf eine einzige Art von Reaktion spezialisiert haben. Diese Spezifität unterscheidet die biologischen Katalysatoren grundlegend von den chemischen Katalysatoren (wie z. B. Platin). Bei den Spezifitäten unterscheidet man im Einzelnen die
- Gruppenspezifität,
- Substratspezifität,
- optische Spezifität,
- Wirkungsspezifität.

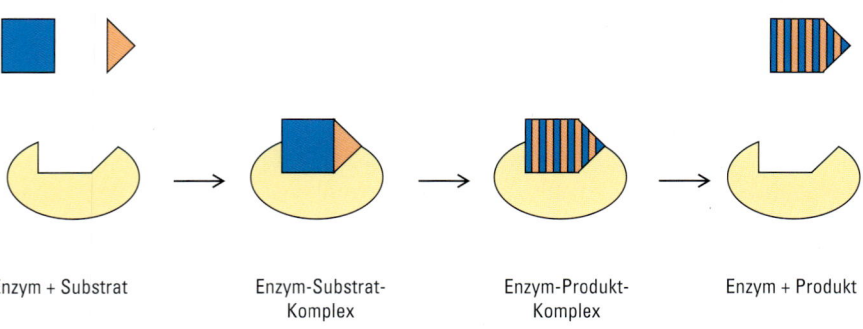

Enzym + Substrat Enzym-Substrat-Komplex Enzym-Produkt-Komplex Enzym + Produkt

Abb. 69: Aktives Zentrum

medi-learn.de/7-bc2-69

4.4.1 Gruppenspezifität

Von Gruppenspezifität spricht man, wenn ein Enzym auf eine bestimmte chemische Gruppe reagiert, ohne dass dabei das Molekül, an dem diese Gruppe hängt, eine Rolle spielt. Von Enzymen mit Gruppenspezifität werden also unterschiedliche Substrate umgesetzt, die allerdings eine Gemeinsamkeit – z. B. bei den Alkoholdehydrogenasen eine Hydroxylgruppe (-OH) – besitzen müssen.

4.4.2 Substratspezifität

Substratspezifität bezeichnet die Eigenschaft von Enzymen, nur ein einziges Zwischenprodukt des Stoffwechsels umsetzen zu können. Ein Beispiel hierfür ist das in der Leber vorkommende Glykolyse-Enzym Glucokinase (s. Abb. 70, S. 53).
Die Glucokinase findet sich unter anderem in den Hepatozyten. Sie katalysiert dort den ersten Schritt der Glykolyse, die ATP-abhängige Phosphorylierung von Glucose zu Glucose-6-Phosphat. Anders als die Hexokinase, die dieselbe Reaktion in allen anderen Geweben katalysiert, ist die Glucokinase spezifisch für das Substrat Glucose; die Hexokinase phosphoryliert auch andere Hexosen. Beide Enzyme sind Phosphotransferasen (übertragen Phosphat).
Der K_M-Wert der Glucokinase ist zwanzigmal so hoch wie der K_M-Wert der Hexokinase (die Affinität der Glucokinase zu Glucose ist niedriger, s. Michaelis-Menten-Konstante ab S. 60).

Ein weiterer Unterschied zwischen den beiden Enzymen ist, dass die Glucokinase im Gegensatz zur Hexokinase durch ihr Produkt (Glucose-6-Phosphat) **NICHT** gehemmt wird.

4.4.3 Optische Spezifität/Stereospezifität

Auch in Bezug auf das Aussehen ihres Substrats weisen Enzyme eine hohe Spezifität auf. So wird z. B. eine Substanz X umgesetzt, ihr Spiegelbild dagegen nicht. Bezogen auf die Aminosäuren heißt das, dass der Körper nur L-Aminosäuren, jedoch keine D-Aminosäuren verarbeitet, da diese nicht in das aktive Zentrum des entsprechenden Enzyms hineinpassen: Eine rechte Hand (Substrat) passt eben nicht in einen linken Handschuh (Enzym).
Eine Ausnahme bilden die Epimerasen (Racemasen), die optisch isomere Moleküle ineinander überführen. Ein Beispiel für eine Racemase ist die Methylmalonyl-CoA-Racemase. Sie wandelt das beim Abbau ungradzahliger Fettsäuren entstehende D-Methylmalonyl-CoA zu L-Methylmalonyl-CoA um, bevor aus diesem cobalaminabhängig Succinyl-CoA wird.

4.4.4 Wirkungsspezifität

Unter Wirkungsspezifität versteht man, dass Enzyme **nur eine Stoffwechselreaktion** katalysieren, also aus einem Substrat S immer nur ein bestimmtes Produkt P bilden können und nicht mehrere unterschiedliche Produkte P_1, P_2 oder P_3.

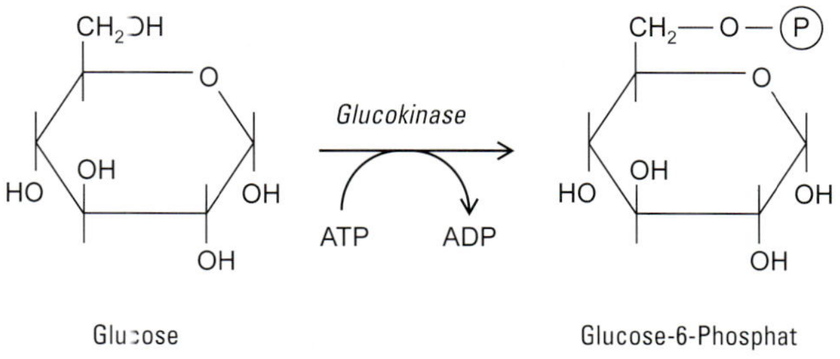

Abb. 70: Glucokinase-Reaktion

medi-learn.de/7-bc2-70

4

4.4.5   Zusammenfassung

Folgendes Beispiel soll die verschiedenen Spezifitäten noch einmal verdeutlichen:
Einigen Leuten ist es völlig egal, welches Fahrzeug sie fahren, Hauptsache, es ist ein PKW. Das könnte man als **Gruppenspezifität** bezeichnen, denn von allen Fahrzeugen (z. B. Motorrädern, LKWs, Fahrrädern usw.) werden eben nur die PKWs genommen. Anderen reicht es aber nicht, irgendeinen PKW zu fahren. Sie möchten ein Auto von einer bestimmten Marke (z. B. VW, BMW, Mercedes usw.) und sind daher **substratspezifisch**. Bei den **optisch spezifischen** Menschen könnte aber auch ein Auto einer bestimmten Marke vor der Haustür stehen, es würde dennoch abgelehnt werden, z. B. wenn das Lenkrad auf der falschen Seite ist. Die **Wirkungsspezifität** ist etwas schwierig in dieses Beispiel einzufügen. Man kann vielleicht sagen, dass man – egal mit welchem – Auto eben nur fahren kann und nicht fliegen. Alle Enzyme sind wirkungsspezifisch, egal welche andere Spezifität sie noch besitzen.

4.5   Isoenzyme

Als Isoenzyme bezeichnet man Proteine, die die gleiche chemische Reaktion katalysieren, deren Struktur (Aminosäuresequenz) jedoch unterschiedlich ist. Die Umsetzung des gleichen Substrats erfolgt dabei mit unterschiedlicher Aktivität (Schnelligkeit, s. Michaelis-Menten-Konstante, ab S. 60). Auch ihre Ansprechbarkeit auf unterschiedliche Effektoren kann verschieden sein (s. Beeinflussung der Enzymaktivität ab 4.7.5, S. 62).
Im folgenden Beispiel setzt Enzym A mehr Substrat um als sein Isoenzym A. Daher ist auch die Aktivität von Enzym A höher als die seines Isoenzyms.

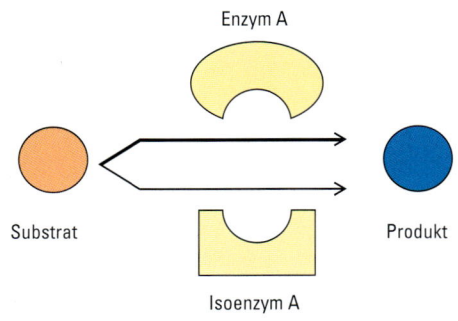

Abb. 71: Wirkungsweise von Isoenzymen

medi-learn.de/7-bc2-71

Beispiel
Obwohl Turnschuhe und Gummistiefel (Enzym und Isoenzym) unterschiedlich aussehen, kann man mit beiden laufen; sie katalysieren also beide die Reaktion Laufen. Dabei treiben Turnschuhe diese Reaktion schneller voran, sind aber anfälliger gegenüber negativen Effektoren, wie z. B. Regen.

Übrigens …
Auch bei der Diagnostik von Erkrankungen spielen Isoenzyme eine wichtige Rolle. Durch den Untergang von Zellen gelangen vermehrt Enzyme in das Serum. Da unterschiedliche Gewebe auch unterschiedliche Enzymausstattungen besitzen, kann man durch Analyse der im Blut erhöhten Enzymarten auf das geschädigte Organ schließen. So gibt es z. B. von der Kreatinkinase (CK) mehrere unterschiedliche Formen, nämlich die
– CK-MM (Muskeltyp),
– CK-MB (Herztyp),
– CK-BB (Gehirntyp).
Während ein Anstieg der CK-MB im Blutserum dem Arzt die Sorgenfalten auf die Stirn treibt, da dies ein Zeichen für einen Herzinfarkt ist (hohe Konzentration des Isoenzyms CK-MB im Herzmuskel), kann er sich bei

einer Erhöhung der CK-MM entspannt zurücklegen. Die CK-MM ist nämlich vorwiegend im Muskel lokalisiert und kann schon durch Gabe einer i.m.-Spritze im Blutserum ansteigen.

4.6   Enzymklassen

Nach den Enzymklassen wurde im schriftlichen Physikum bislang explizit kaum gefragt. Du ersparst dir jedoch viel stumpfes Auswendiglernen zum Thema Enzyme, wenn du dir aus dem Namen eines Enzyms die Art der katalysierten Reaktion ableiten kannst, und das geht am einfachsten durch Zuordnung zu den sechs Hauptklassen:

1. **Oxidoreduktasen** bilden eine besonders wichtige Enzymklasse die häufig die Endung -dehydrogenasen besitzen. Wie der Name schon vermuten lässt, katalysieren Oxidoreduktasen Reaktionen, bei denen es um Oxidation und gleichzeitige Reduktion geht. Dabei ist häufig einer der Redoxpartner ein wasserstoffübertragendes Coenzym, das locker an das Enzym gebunden ist. Meistens handelt es sich dabei um:
   - NAD$^+$/NADH + H$^+$
   - NADP$^+$/NADPH + H$^+$

   Beispiel: Die in Peroxisomen enthaltene Katalase wandelt zwei Moleküle schädliches H_2O_2 in zwei Moleküle ungefährliches H_2O und O_2 um. Ein weiteres Beispiel ist die Lactat-Dehydrogenase (s. Skript Biochemie 3).

2. **Transferasen** sind gruppenspezifische Enzyme, d. h., dass sie Reaktionen katalysieren, bei denen bestimmte Gruppen (z. B. Phosphatgruppen) von einem Substrat auf ein anderes übertragen werden.
   Beispiele: Ornithin-Carbamoyl-Transferase, überträgt Carbamoyl auf die nichtproteinogene Aminosäure Ornithin im Harnstoffzyklus (s. Abb. 37, S. 24), Glucokinase (Hexokinase IV) überträgt Phosphat auf Glucose in der Glykolyse (s. Abb. 70, S. 53).

3. **Hydrolasen** spalten chemische Bindungen unter Einlagerung von H_2O (Hydrolyse). Besonders bei der Spaltung von Peptidbindungen und glykosidischen Bindungen spielen sie eine wichtige Rolle.
   Beispiele für Hydrolasen sind die Peptidasen und die von Pankreas und Parotis sezernierte α-Amylase. Dabei spalten Endopeptidasen Proteinbindungen innerhalb einer Peptidkette, wohingegen Carboxypeptidasen Proteinbindungen am (Carboxyl-) Ende einer Peptidkette spalten.

4. **Lyasen** katalysieren wie Hydrolasen die Spaltung von kovalenten Bindungen. Dies geschieht jedoch ohne die Beteiligung von H_2O. Im Wesentlichen handelt es sich um C-C-, C-O- und C-N-Bindungen unter Einführung einer Doppelbindung. Auch das Anfügen von Gruppen an eine Doppelbindung wird von Lyasen katalysiert.
   Ein Beispiel für eine Lyase findet sich erneut im Harnstoffzyklus (s. S. 24) mit der Argininosuccinat-Lyase.

5. **Isomerasen** katalysieren die Umlagerung von Gruppen innerhalb eines Moleküls. Dabei verändert sich die Anzahl der Atome in dem betreffenden Molekül nicht und seine Masse bleibt auch gleich.

6. Die **Ligasen** sind an Reaktionen beteiligt, die die Spaltung von energiereichen Verbindungen benötigen. Meistens stammt diese Energie vom ATP.
   Beispiele: Die DNA-Ligase repariert unter ATP-Verbrauch Schäden an der DNA, die Pyruvat-Carboxylase aus der Gluconeogenese macht aus Pyruvat unter ATP-Verbrauch Oxalacetat.

Die Enzyme der Hauptklassen 1, 2, 5 und 6 benötigen fast alle Coenzyme für ihre katalysierte Reaktion.

4.7   Enzymkinetik

In diesem Abschnitt geht es darum, wie und warum es überhaupt zu einer Enzymreaktion kommt und von welchen Faktoren sie abhängt, oder anders ausgedrückt, um die Abhängigkeit der Geschwindigkeit von den Reaktionsbedingungen. Auch wenn die Kinetik nicht

4

unbedingt das spannendste Thema darstellt, solltest du dich sehr genau damit beschäftigen, denn wenn du die Kinetikgesetze erst einmal verstanden hast, kannst du sie auf alle (und zwar wirklich alle) Reaktionen anwenden, an denen Enzyme beteiligt sind.

4.7.1 Abhängigkeit der Reaktionsgeschwindigkeit von der Temperatur

Die Aktivität von Enzymen ist temperaturabhängig (vgl. 4.1, S. 51). **Pro 10 °C Temperaturerhöhung verdoppelt sich** innerhalb eines begrenzten Bereichs deren **Reaktionsgeschwindigkeit.** Entsprechend besitzen Enzyme ein Temperaturoptimum, das beim Menschen ungefähr bei 37 °C liegt. Oberhalb dieses Optimums fällt die enzymatische Aktivität steil ab, da die Enzyme denaturiert werden.

4.7.2 Abhängigkeit der Reaktionsgeschwindigkeit vom pH-Wert

Die Abhängigkeit von äußeren Faktoren wie z. B. von der Temperatur besteht auch beim pH-Wert. Die meisten Enzyme des Körpers arbeiten am besten (pH-Optimum) zwischen pH 4 und pH 9.

Einige Enzyme funktionieren auch noch unter extremen Bedingungen. Ein Beispiel hierfür ist das im Magensaft enthaltene Enzym Pepsin, das sogar bei dem dort herrschenden, sehr niedrigen pH-Wert von ~ 2 arbeitet.

Die Ursachen für die pH-Abhängigkeit von Enzymen sind:

– Bei extrem hohem oder extrem niedrigem pH-Wert wird das Enzymprotein denaturiert.

– Mit dem pH-Wert verändern sich auch die funktionellen Gruppen des Enzyms und seines Substrats. Derartige Änderungen können die Raumstruktur (Tertiärstruktur, s. Abb. 72 a, S. 56) des Enzyms und darüber die Bindung des Substrats an das aktive Zentrum beeinflussen.

> **Merke!**
>
> Verändern sich der pH-Wert oder die Temperatur zu Werten außerhalb des optimalen Bereichs eines Enzyms, hat das eine Beeinträchtigung der enzymatischen Aktivität zur Folge.

4.7.3 Ablauf enzymkatalysierter Reaktionen

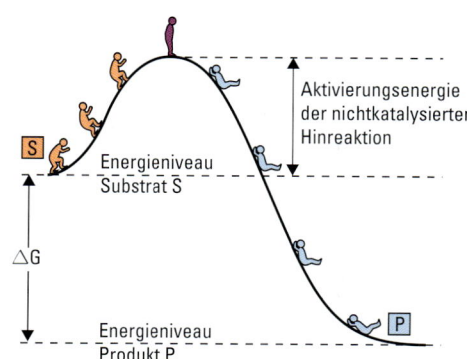

Abb. 72 a: Reaktionsablauf ohne Katalysator

medi-learn.de/7-bc2-72a

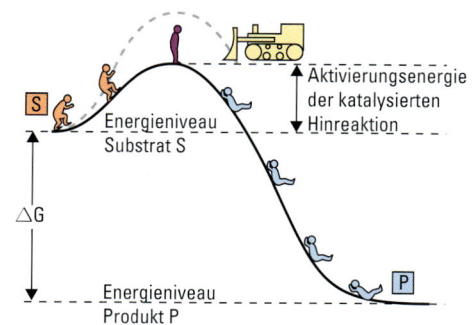

Abb. 72 b: Reaktionsablauf mit Katalysator

medi-learn.de/7-bc2-72b

Die Reaktion vom Substrat S zum Produkt P in s. Abb. 72 a, S. 56 würde auch ohne Beteiligung von Katalysatoren freiwillig ablaufen, da das Energieniveau von P deutlich niedriger als das von S ist (ΔG = negativ, s. a. Skript Chemie 1).

Dies geschieht allerdings sehr langsam, da die Substratmoleküle erst den Berg der Aktivierungsenergie überwinden müssen, bevor sie auf der anderen Seite hinunterrutschen können.

> **Merke!**
>
> Eine Reaktion läuft immer dann freiwillig ab, wenn ΔG negativ ist.

Einen sehr effektiven Weg, Reaktionen zu beschleunigen, hat der Körper durch die Verwendung von Enzymen gefunden (s. Abb. 72 b, S. 56). Der Vorteil hierbei ist, dass die äußeren Faktoren wie Temperatur und pH-Wert gleichbleiben können.

Das Enzym kannst du dir als Bagger vorstellen, der kurzerhand die Spitze des Berges abträgt. Über den flacheren Berg können die Substratmoleküle leichter wandern und die Reaktion von S nach P verläuft schneller. Letztendlich kommen aber nicht mehr Substratmoleküle bei P an; die Gleichgewichtslage ändert sich also NICHT. Das Gleichgewicht der Reaktion stellt sich nur schneller ein.

Ganz genau genommen läuft eine enzymkatalysierte Reaktion so ab (s. a. Abb. 69, S. 52):

– Durch Bindung von Enzym und Substrat zum Enzym-Substrat-Komplex (ES) wird die Aktivierungsenergie erniedrigt.

– Aus ES entsteht durch Umwandlung des Substrats der Enzym-Produkt-Komplex (EP), der schnell zu Enzym und freiem Produkt zerfällt.

$$E + S \rightarrow ES \rightarrow EP \rightarrow E + P$$

E = Enzym, S = Substrat, ES = Enzym-Substrat-Komplex, EP = Enzym-Produkt-Komplex und P = Produkt.

Im Physikum wollte man schon öfter wissen, ob die Geschwindigkeit einer enzymkatalysierten Reaktion durch die Bildung des Produkts aus dem Enzym-Substrat-Komplex (ES) limitiert wird (Der ES muss zum EP umgewandelt werden).

Eine enzymatische Reaktion läuft so lange ab, bis sich ein Gleichgewicht zwischen Substrat und Produkt einstellt. An diesem Punkt kommt die Reaktion E + S → ES → EP → E + P zum Stillstand. Verhindert man die Einstellung eines solchen Gleichgewichts, indem man z. B. das Produkt kontinuierlich entfernt (z. B. durch eine nachgeschaltete Reaktion), spricht man von einem Fließgleichgewicht. Hierbei wird kontinuierlich das Substrat zum Produkt umgewandelt. In einem Fließgleichgewicht sind lediglich die Konzentrationen der Intermediate ES und EP konstant.

4.7.4   Geschwindigkeit enzymatisch katalysierter Reaktionen

Ein in bisher jedem schriftlichen Physikum mindestens einmal gefragter und nicht nur deshalb wichtiger Abschnitt ist die Aktivität von Enzymen und deren Regulation.

Jeder Stoffwechselprozess des Körpers ist an irgendeiner Stelle reguliert. So wird eine flexible Anpassung an äußere Anforderungen gewährleistet. Diese Regulation erfolgt an Enzymen, die ihrer Bedeutung entsprechend Schlüsselenzyme genannt werden. Durch Beeinflussung dieser Schlüsselenzyme kann der Körper den Substratdurchfluss an den herrschenden Bedarf anpassen.

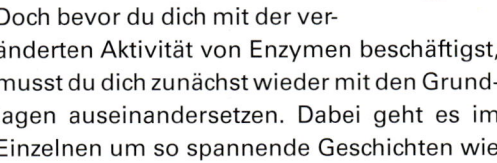

Doch bevor du dich mit der veränderten Aktivität von Enzymen beschäftigst, musst du dich zunächst wieder mit den Grundlagen auseinandersetzen. Dabei geht es im Einzelnen um so spannende Geschichten wie

– Maximalgeschwindigkeit,
– Halbmaximalgeschwindigkeit,
– Substratsättigung,
– Affinität,
– Michaelis-Menten-Konstante und
– Lineweaver-Burk-Diagramm.

Um diesen Begriffen den Schrecken zu nehmen, werden sie hier sehr detailliert besprochen und durch Beispiele verdeutlicht. Fangen wir also ganz behutsam an.

Eine enzymatische Reaktion (s. Abb. 69, S. 52) erfolgt nach der Gleichung:

$$E + S \rightarrow ES (\rightarrow EP) \rightarrow E + P$$

Damit ein Produkt überhaupt entstehen kann, muss das Substrat an das Enzym binden. Dies geschieht im Teilschritt $E + S \rightarrow ES$.
Für die Geschwindigkeit dieser Reaktion gilt:

$$K = \frac{[E] \cdot [S]}{[ES]}$$

K = Geschwindigkeitskonstante

Diese Gleichung ist für das Verständnis der Reaktionsgeschwindigkeit von Enzymen sehr wichtig und wird daher jetzt genauer beschrieben.

Maximalgeschwindigkeit

Wie schnell ein Substrat S von einem Enzym zum Produkt P umgewandelt wird, hängt von einer Vielzahl von Faktoren ab. Neben der Temperatur und dem pH-Wert (s. 4.7.1 und 4.7.2, S. 56) sind dies vor allem
– die Konzentration des Substrats,
– die Konzentration des Enzyms.
Geht man zur Vereinfachung zunächst von nur zehn Enzymen ohne Substrat aus und misst die Geschwindigkeit (V), bei der das Produkt nach der Gleichung 1 (s. 4.7.4, S. 57) entsteht, so beträgt diese null (s. Punkt A, Abb. 73, S. 58). Erhöht man nun langsam die Substratkonzentration, gelangt man irgendwann an den Punkt der **Substratsättigung**, an dem jedes der zehn Enzyme ein Molekül Substrat am aktiven Zentrum gebunden hat (s. Punkt C, Abb. 73, S. 58). An dieser Stelle ist zugleich die Maximalgeschwindigkeit V_{max} der Reaktion erreicht, da an zehn Enzyme selbst bei weiterer Erhöhung der Substratkonzentration nicht mehr als zehn Moleküle gleichzeitig gebunden und zum Produkt umgewandelt werden können.

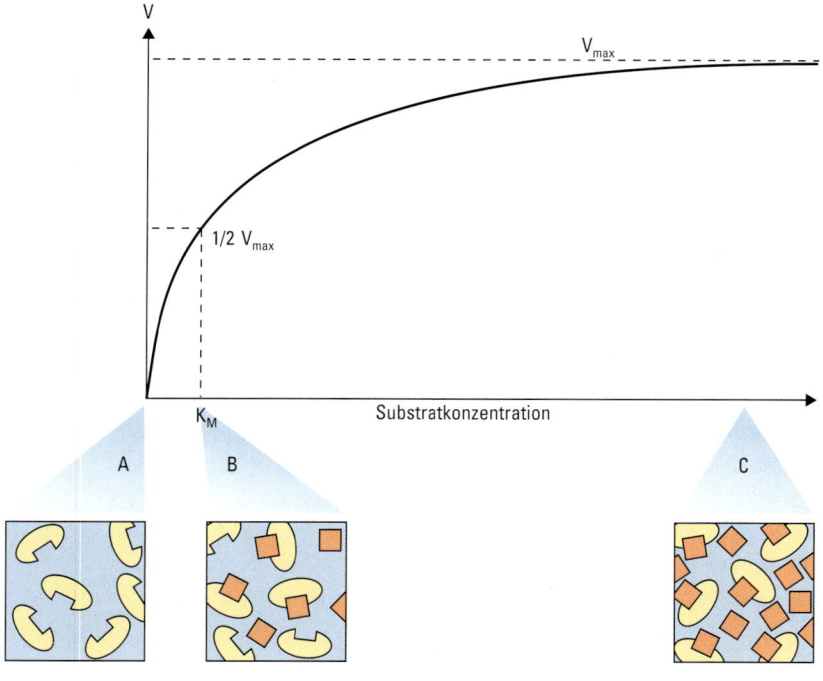

Abb. 73: Abhängigkeit der Reaktionsgeschwindigkeit von der Substratkonzentration   *medi-learn.de/7-bc2-73*

Beispiel

An einem Fließband stehen zehn Arbeiter (Enzyme), die Pakete (Substrat) vom Fließband auf einen Wagen heben. Jeder Arbeiter schafft pro Sekunde ein Paket. Kommen mit dem Fließband keine Pakete an, so ist die Anzahl der Pakete, die auf dem Wagen landen, ebenfalls null (s. Punkt A mit V = 0, s. Abb. 73, S. 58). Befördert das Fließband jedoch Pakete, so können diese auch verladen werden. Je mehr Pakete ankommen, desto mehr werden vom Fließband auf den Wagen gehoben. Haben schließlich alle zehn Arbeiter etwas zu tun, werden pro Sekunde zehn Pakete verladen (s. Punkt C mit V = V_{max}, s. Abb. 73, S. 58). Diese Zahl lässt sich nicht mehr dadurch erhöhen, dass mit dem Fließband noch mehr Pakete geliefert werden.

Merke!

Arbeiter = Enzyme
heben = wandeln
Pakete = Substrate
auf einen Wagen = zu einem Produkt um

Abb. 74: Modell enzymkatalysierte Reaktion

medi-learn.de/7-bc2-74

Will man als Chef dieser Arbeiter trotzdem die Anzahl der pro Sekunde auf dem Wagen landenden Pakete erhöhen, hat man zwei Möglichkeiten:

1. Man motiviert die Arbeiter, sodass sie z. B. zwei Pakete pro Sekunde schaffen, was

dann insgesamt schon 20 Pakete pro Sekunde macht, oder

2. man stellt mehr Arbeiter ein.

Wie sich aus dem Beispiel hoffentlich erkennen lässt, ist die Geschwindigkeit einer durch Enzyme katalysierten Reaktion (wie viele Pakete pro Sekunde auf den Wagen gehoben werden) sowohl abhängig von der **Anzahl der Enzyme** (Arbeiter) als auch von der **Menge an Substrat** (Pakete).

Die „Maximalgeschwindigkeit" einer enzymkatalysierten Reaktion kann in der Realität durch die **Erhöhung der Enzymkonzentration** und z. B. die **Optimierung** der Temperatur (bessere Motivation der Arbeiter) erhöht werden.

Halbmaximalgeschwindigkeit

Bislang wurden nur die beiden extremen Substratkonzentrationen, nämlich kein Substrat (V = 0) und zu viel Substrat (V = V_{max}), betrachtet. Eine besondere Bedeutung kommt der Halbmaximalgeschwindigkeit V = ½V_{max} zu. Wie auf s. Abb. 73, S. 58 zu erkennen ist, nähert sich die Kurve asymptotisch der Maximalgeschwindigkeit, sodass man Schwierigkeiten hat, v_{max} genau zu berechnen. Aus diesem Grund bedient man sich der Halbmaximalgeschwindigkeit, die dann vorliegt, wenn genau die Hälfte aller Enzyme ein Substrat in ihrem aktiven Zentrum gebunden haben (s. Punkt B, Abb. 73, S. 58). Die andere Hälfte der Enzyme liegt noch in freier Form vor (also bei [E] = [ES]). Da hier [E] = [ES] ist, vereinfacht sich die Gleichung von S. 58 durch Kürzen von [E] gegen [ES] zu:

$$K_{1/2V_{max}} = \frac{[E] \cdot [S]}{[ES]} \text{ wird zu } K_{1/2V_{max}} = [S]$$

Zusammengefasst kann man also sagen: Wenn die Konzentration von freiem Enzym ([E]) gleich der Konzentration des Enzym-Substrat-Komplexes ([ES]) ist, läuft eine Reaktion mit halbmaximaler Geschwindigkeit (½ v_{max}).

Die Geschwindigkeitskonstante K entspricht hier der Substratkonzentration ([S]) mit der Einheit **mol/l**. Oder umgekehrt:

> **Merke!**
>
> Bei einer bestimmten Substratkonzentration liegen genauso viele Enzyme in freier Form wie als Enzym-Substrat-Komplex vor. Hier verläuft die Reaktion mit halbmaximaler Geschwindigkeit ($V = \frac{1}{2} V_{max}$) und es gilt: Geschwindigkeitskonstante K = Substratkonzentration S (Einheit = mol/l).

Michaelis-Menten-Konstante/ Michaeliskonstante

Die eben angesprochene Substratkonzentration, bei der eine enzymatische Reaktion mit halbmaximaler Geschwindigkeit abläuft, nennt man auch **Michaeliskonstante** (K_M). Nach dieser Konstante wurde bislang in fast jedem Physikum gefragt und das Wesentliche zu diesem Thema lässt sich in zwei Sätzen zusammenfassen.

> **Merke!**
>
> – Die Michaeliskonstante K_M entspricht der **Substratkonzentration**, bei der eine enzymatische Reaktion mit halbmaximaler Geschwindigkeit abläuft. Sie hat die Einheit **mol/l**.
> – Die Michaeliskonstante K_M ist ein **Maß für die Affinität** eines Enzyms zum Substrat und **unabhängig von der Enzymkonzentration**.

Hier lauert im Physikum mal wieder eine Falle: **K_M** ist zwar die Substratkonzentration, an der die Geschwindigkeit halbmaximal abläuft, durch Verdopplung von **K_M** gelangt man jedoch NICHT zur Maximalgeschwindigkeit, da der Graph aus Abb. 73, S. 58 sich asymptotisch, also erst im Unendlichen, an die Maximalgeschwindigkeit annähert.

Die Michaeliskonstante ist für jedes Enzym unterschiedlich. Ein Enzym kann aber auch gegenüber unterschiedlichen Substraten verschiedene Michaeliskonstanten besitzen.

Um zu verdeutlichen, warum die Michaeliskonstante ein Maß für die Affinität eines Enzyms zu einem Substrat darstellt, hier ein Beispiel:

> **Beispiel**
> Wenn einem Läufer A (Enzym A) gesagt wird, er solle die 100 m (Substrat A) mit 50 % seiner maximalen Geschwindigkeit laufen (KM), schafft er sie in vielleicht 30 Sekunden (Substratkonzentration). Läufer B (Enzym B) gelingt dies aber vielleicht schon nach 20 Sekunden, er ist also schneller (höhere Affinität).
>
> Fazit:
> Je weniger Zeit ein Läufer bei halbmaximaler Geschwindigkeit für 100 m benötigt, desto schneller ist er. Auf die Enzyme übertragen heißt das: **Je niedriger die Substratkonzentration ist, bei der ein Enzym mit halbmaximaler Geschwindigkeit arbeitet, desto höher ist seine Affinität (Bindungsbestreben) zum Substrat.**

Wenn im Physikum Werte für K_M angegeben sind, so lassen sie sich ganz einfach miteinander vergleichen: Wenn der Läufer aus unserem Beispiel die 100 m statt in 15 jetzt in 30 Sekunden läuft, so ist er halb so schnell. Gleiches gilt auch für Enzyme:

Wird die Substratkonzentration z. B. von 0,1 K_M auf 0,05 K_M halbiert, so sinkt auch der Substratumsatz auf etwa die Hälfte.

In unserem Beispiel wurden zwei Enzyme betrachtet, die das gleiche Substrat A (100-m-Lauf) umsetzten. Enzym B gelingt dies schneller als Enzym A, weil seine Affinität/Bindungsstärke höher ist. Ein anderer Fall ergibt sich, wenn z. B. Enzym A mehrere Substrate A und B umsetzen kann. Das Beispiel müsste man dann um eine Disziplin erweitern, z. B. den 100-m-Hürdenlauf (Substrat B).

Beispiel

Wenn der Läufer A (Enzym A) über 100 m mit halbmaximaler Geschwindigkeit deutlich schneller (höhere Affinität, K_M kleiner) ist als beim 100-m-Hürdenlauf, ist klar, dass er sich eher auf diese Strecke spezialisiert. Substrat A würde also von Enzym A eher umgesetzt werden als Substrat B.

Merke!

Kann ein Enzym mehrere Substrate umsetzen, wird vorwiegend das Substrat zum Produkt umgewandelt, für das das Enzym den niedrigeren K_M-Wert, also die höhere Affinität, besitzt.

Michaelis-Menten-Gleichung: Zur Michaelis-Menten-Gleichung gibt es eine gute und eine schlechte Nachricht. Die schlechte Nachricht: Ihre Ableitung ist wahnsinnig kompliziert. Sie ergibt sich aus der Reaktionsgleichung

$$E + S \overset{k_1}{\to} ES \overset{k_2}{\to} EP \overset{k_3}{\to} E + P$$

unter Berücksichtigung der einzelnen Geschwindigkeiten k_{1-3}.

Jetzt die gute Nachricht: Du musst sie nicht können. Worauf es ankommt, ist ihr Ergebnis:

$$V = V_{max} \frac{[S]}{K_M + [S]}$$

Aus dieser Gleichung lässt sich nämlich die Reaktionsgeschwindigkeit in Abhängigkeit von der Substratkonzentration ableiten. Dabei unterscheidet man drei Fälle:

1. **Die Substratkonzentration ist deutlich niedriger als K_M (S << K_M):**

$$V = V_{max} \frac{[S]}{K_M + [S]} \text{ wird zu } V = V_{max} \frac{[S]}{K_M}$$

Da die Addition von [S] zu K_M den Wert im Nenner nicht wesentlich erhöht und somit vernachlässigt werden kann. Da V_{max} und K_M Konstanten sind, lässt sich die Reaktionsge-

schwindigkeit nur durch Erhöhung der Substratkonzentration steigern.

Bei niedriger Substratkonzentration ist die Reaktionsgeschwindigkeit V also der Substratkonzentration annähernd proportional.

2. **Die Substratkonzentration ist gleich K_M (S = K_M):**

In diesem Fall kannst du die Addition im Nenner (K_M + [S]) zu 2 · [S] zusammenfassen:

$$V = V_{max} \frac{[S]}{K_M + [S]} \text{ wird zu}$$

$$V = V_{max} \frac{[S]}{2[S]} \text{ oder } V = \frac{1}{2} V_{max}$$

Wie auf S. 59 beschrieben, läuft eine Reaktion, bei der die Substratkonzentration dem K_M-Wert entspricht, mit halbmaximaler Geschwindigkeit (V = ½ V_{max}) ab.

3. **Die Substratkonzentration ist deutlich größer als K_M (S >> K_M):**

Jetzt kannst du im Nenner bei der Gleichung (K_M + [S]) K_M vernachlässigen.

$$V = V_{max} \frac{[S]}{\cancel{K_M} + [S]} \text{ wird zu}$$

$$V = V_{max} \frac{[S]}{[S]} \text{ oder } V = V_{max}$$

Bei **hohen** Substrat**konzentrationen** ist die Reaktions**geschwindigkeit gleich der Maximalgeschwindigkeit**.

Lineweaver-Burk-Diagramm: Eine andere Möglichkeit, die Reaktionsgeschwindigkeit in Abhängigkeit von der Substratkonzentration aufzutragen, ist das Lineweaver-Burk-Diagramm. Man erhält es durch (wieder sehr komplizierte) Umformung der Michaelis-Menten-Gleichung. Im Wesentlichen werden Kehrwerte gebildet. Es resultiert eine typische Geradengleichung nach dem Muster y = Ax + B:

$$\frac{1}{V} = \frac{K_M}{V_{max}} \frac{1}{[S]} + \frac{1}{V_{max}}$$

4

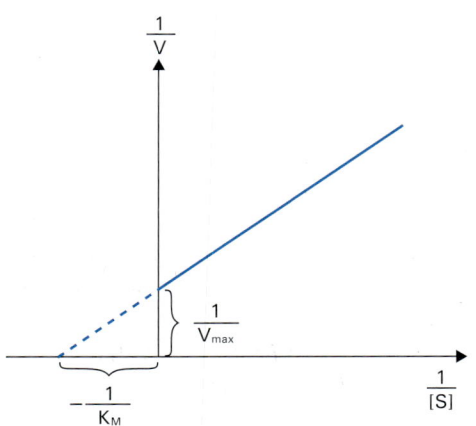

Abb. 75: Lineweaver-Burk-Diagramm

medi-learn.de/7-bc2-75

K_M und V_{max} können auf diese Weise **direkt** aus dem Diagramm abgelesen werden

> **Merke!**
>
> $-\dfrac{1}{K_M}$ = Schnittpunkt mit der Abszisse
>
> $\dfrac{1}{V_{max}}$ = Schnittpunkt mit der Ordinate

Da im Lineweaver-Burk-Diagramm auf der x- und der y-Achse immer die Kehrwerte aufgetragen sind (1/x), werden die Werte in Richtung Nullpunkt größer. Das Ganze ist etwas ungewohnt. Da sich aber die meisten Fragen zur Enzymregulation auf diese Art der Darstellung beziehen, solltest du sie dir unbedingt klar machen. Beispielsweise würde die Erhöhung der Enzymkonzentration die Gerade auf der y-Achse in Richtung Nullpunkt verschieben, während der Schnittpunkt mit der x-Achse – also K_M – davon unbeeinflusst bliebe.

4.7.5   Beeinflussung der Enzymaktivität

Bislang wurde beschrieben, wie enzymatische Prozesse ohne Beeinflussung stattfinden. Der Körper ist jedoch in der Lage, durch Änderung der Aktivität von Schlüsselenzymen (s. 4.7.4, S. 57) die Geschwindigkeit von Stoffwechselwegen zu beeinflussen und sich so an äußere Erfordernisse (z. B. Fasten, Sport usw.) anzupassen. Man unterscheidet dabei zwischen kurz- und langfristiger Regulation, wobei diese auf ganz unterschiedlichen Mechanismen beruhen.

– Kurzfristige Regulation:
  • kompetitive Hemmung,
  • nichtkompetitive Hemmung,
  • allosterische Regulation,
  • Interkonversion.
– Langfristige Regulation:
  • Änderung der Biosynthese von Enzymen,
  • vermehrter Abbau nicht benötigter Enzyme.

Übrigens ...
Viele Medikamente wirken über die gleichen Mechanismen auf die Aktivität von Enzymen ein.

Hier wird vorwiegend auf die kurzfristige Regulation der Enzymaktivität eingegangen, da die langfristige Regulation ein Gebiet der Molekularbiologie ist und im Skript Biochemie 4 besprochen wird.

Kurzfristige Regulation von Enzymen

Einige Moleküle sind in der Lage, durch ihre Anwesenheit die katalytische Aktivität von Enzymen zu erniedrigen. Diese Gruppe von Substanzen wird Inhibitoren genannt, sie setzen also die Reaktionsgeschwindigkeit herab. Nach der Art, wie sie mit dem Enzym in Wechselwirkung treten, unterscheidet man zwischen kompetitiven und nichtkompetitiven Inhibitoren.

Kompetitive/isosterische Hemmung: Bei der kompetitiven Hemmung konkurrieren Substrat und Inhibitor um die **gleiche Bindungsstelle am Enzym**. Dies kommt dadurch zustande, dass das Substrat und der Inhibitor eine ähnliche chemische Struktur aufweisen (sie sind isosterisch). Jedoch wird der Inhibitor bei Bindung im aktiven Zentrum vom Enzym nicht umgesetzt, sondern blockiert dieses nur (s. Abb. 76, S. 63).

Bei **gleicher Menge** von **Substrat** und Inhibitor **entscheidet die Affinität** des Enzyms zu den beiden Substanzen, welches bevorzugt gebunden wird.

– Ist die Affinität des Enzyms zum Inhibitor kleiner (der K_M-Wert höher) als die Affinität zum Substrat, bilden sich überwiegend Enzym-Substrat-Komplexe (ES) und die Geschwindigkeit ist im Vergleich zur ungehemmten Reaktion (s. Abb. 77 a, S. 64, Kurve A) bei gleicher Substratkonzentration nur wenig verlangsamt (s. Abb. 77 a, S. 64, Kurve B).

– Ist die Affinität des Enzyms zum Inhibitor dagegen größer (der K_M-Wert niedriger) als die Affinität zum eigentlichen Substrat, bilden sich überwiegend Enzym-Inhibitor-Komplexe (EI) und die Reaktion verläuft im Vergleich zur ungehemmten Reaktion deutlich langsamer (s. Abb. 77 a, S. 64, Kurve C).

Bei der kompetitiven Hemmung kann durch Erhöhung der Substratkonzentration der Einfluss eines Inhibitors auf die Reaktionsgeschwindigkeit weitgehend aufgehoben und so V_{max} dennoch erreicht werden.

Der K_M-Wert eines Enzyms verschiebt sich in Gegenwart eines kompetitiven Inhibitors zu höheren Werten (die Affinität des Enzyms zum Substrat sinkt).

Merke!

Die kompetitive Hemmung ist immer reversibel.
Kompetitive Hemmung = **K**$_M$ steigt

4

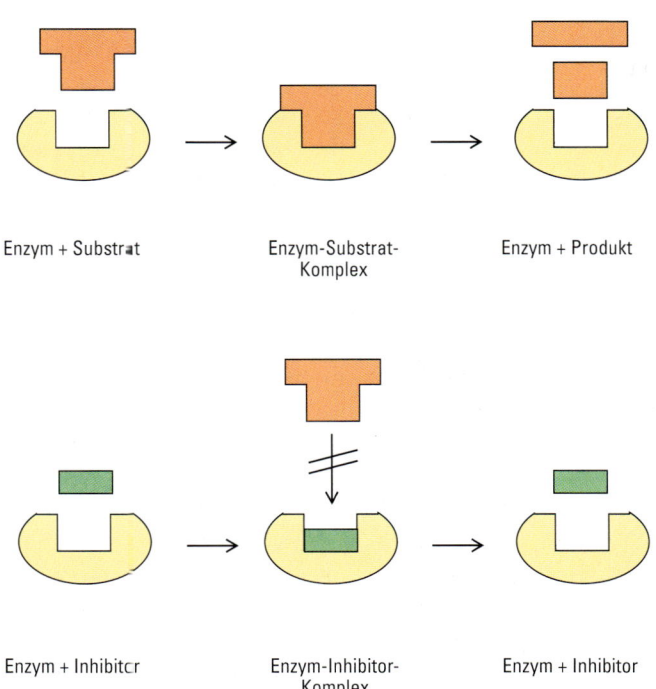

Enzym + Substrat   Enzym-Substrat-
Komplex   Enzym + Produkt

Enzym + Inhibitor   Enzym-Inhibitor-
Komplex   Enzym + Inhibitor

Abb. 76: Wirkungsweise kompetitiver Inhibitoren

medi-learn.de/7-bc2-76

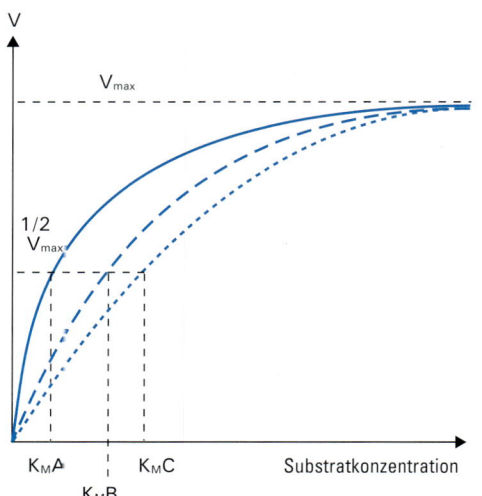

A = ungehemmt
B = Enzym mit niedriger Affinität zum Inhibitor
C = Enzym mit hoher Affinität zum Inhibitor

Abb. 77 a: Kompetitive Hemmung im Michaelis-Menten-Diagramm

medi-learn.de/7-bc2-77a

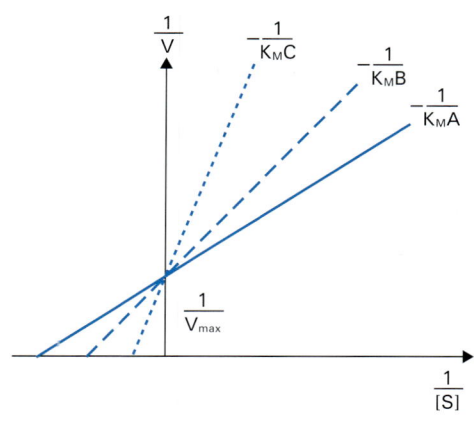

Abb. 77 b: Kompetitive Hemmung im Lineweaver-Burk-Diagramm *medi-learn.de/7-bc2-77b*

Beispiel
Um das Beispiel der Arbeiter am Fließband wieder aufzugreifen, kommen jetzt zusätzlich zu den Paketen (Substrat) auch Steine (Inhibitor) mit dem Fließband an. Da die Steine den Paketen sehr ähnlich sehen, werden diese ebenfalls von den Ar-

beitern aufgenommen. Der Irrtum wird allerdings erkannt, bevor die Steine auf den Wagen verladen werden, und die Arbeiter legen sie zurück auf das Fließband. Das reduziert natürlich die pro Sekunde auf dem Wagen ankommenden Pakete (Reaktionsgeschwindigkeit). Will der Chef die ursprüngliche Geschwindigkeit wiederherstellen, ohne mehr Arbeiter einzustellen, so muss er die Wahrscheinlichkeit erhöhen, mit der seine Arbeiter ein Paket statt einem Stein vom Fließband heben. Dies gelingt ihm, indem er die Anzahl der Pakete deutlich erhöht.

Übrigens …
Ein Mechanismus, der auf kompetitiver Hemmung beruht, ist die Wirkung des Pfeilgifts Curare. Es besetzt die Bindungsstellen für Acetylcholin an der neuromuskulären Endplatte, ohne jedoch ein Aktionspotenzial im Muskel auszulösen. Eine Aktivierung durch den eigentlichen Agonisten Acetylcholin ist jetzt nicht mehr möglich. Die Folge ist eine schlaffe Lähmung der Muskeln, während das zentrale Nervensystem unbeeinflusst bleibt. Da sich Curare vom Acetylcholin-Rezeptor wieder löst, ist diese Blockierung reversibel und es kann in der Chirurgie als Muskelrelaxans eingesetzt werden. Curare zeigt nach dem Verzehr von Tieren, die damit erlegt wurden, keine Wirkung auf den Menschen. Als Protein wird es nämlich durch unsere Verdauungsenzyme zerlegt und damit unschädlich gemacht.

Nichtkompetitive Hemmung: Die Inhibitoren bei der nichtkompetitiven Hemmung besitzen keine Ähnlichkeit mit dem Substrat. Ihre Wirkung vermitteln sie nicht durch Bindung an das aktive Zentrum des Enzyms, sondern dadurch, dass sie sich außerhalb davon an das Enzym anlagern. Dadurch läuft – im Gegensatz zur kompetitiven Hemmung – die Bildung des Enzym-Substrat-Komplexes trotz Hemmung ungehindert ab. Der gehemmte Enzym-Substrat-Komplex kann aber nicht mehr zum Produkt reagieren. Der nichtkompetitive Inhibitor lässt sich auch durch Erhöhung der Substratkonzentration nicht von seiner Bindungsstelle verdrängen.

Durch eine nichtkompetitive Hemmung fallen die gehemmten Enzyme aus und die Maximalgeschwindigkeit kann nicht mehr erreicht werden. Da aber die Substratbindung ungehindert stattfindet, verschiebt sich der K_M-Wert nicht und die Affinität der Enzyme zum Substrat bleibt gleich.

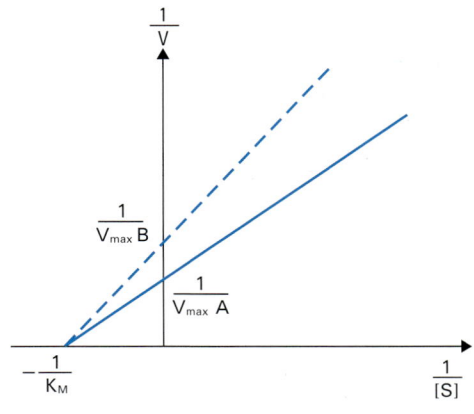

A = ungehemmt
B = mit nichtkompetitivem Inhibitor

Abb. 79 b: Nichtkompetitive Hemmung im Lineweaver-Burk-Diagramm

medi-learn.de/7-bc2-79b

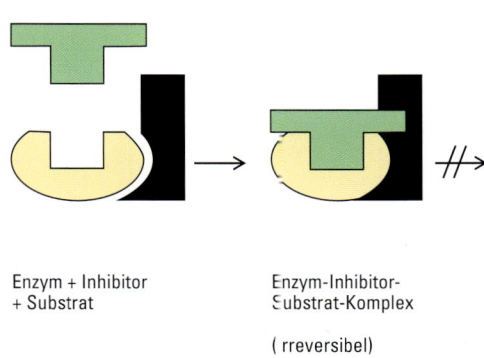

Enzym + Inhibitor
+ Substrat

Enzym-Inhibitor-Substrat-Komplex

(rreversibel)

Abb. 78: Wirkungsweise nicht kompetitiver Inhibitoren *medi-learn.de/7-bc2-78*

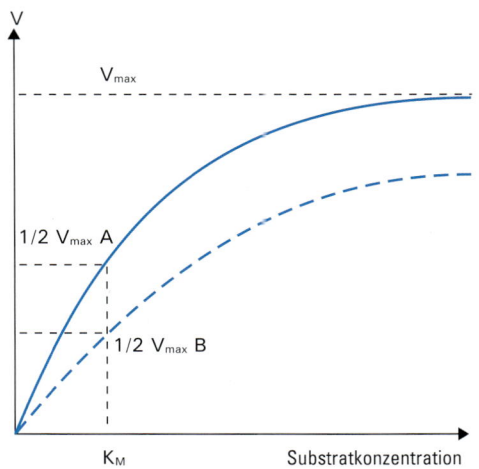

A = ungehemmt
B = mit nichtkompetitivem Inhibitor

Abb. 79 a: Nichtkompetitive Hemmung im Michaelis-Menten-Diagramm

medi-learn.de/7-bc2-79a

Merke!

Bei der nichtkompetitiven Hemmung verschiebt sich die Maximalgeschwindigkeit V_{max} zu niedrigeren Werten, die Affinität zum Substrat = K_M bleibt jedoch konstant.

Beispiel
Zunächst arbeiten die zehn Arbeiter am Fließband mit maximaler Geschwindigkeit (s. Abb. 74, S. 59). Werden nun drei Arbeiter entlassen (nichtkompetitiver Inhibitor, irreversibel) reduziert sich natürlich auch die Maximalgeschwindigkeit (die auf dem Wagen ankommenden Pakete). Selbst wenn das Fließband mehr Pakete fördert (die Substratkonzentration erhöht wird), kann

die Geschwindigkeit nicht weiter gesteigert werden, da sich die Eigenschaften der restlichen sieben Arbeiter (bezüglich der Geschwindigkeit) nicht ändern. Aus diesem Grund bleibt auch der K_M-Wert (die Anzahl an Paketen, die pro Zeit von einem Arbeiter verladen wird) konstant.

Übrigens ...
Acetylsalicylsäure (Aspirin) ist ein Beispiel für einen nichtkompetitiven Hemmstoff. Aspirin ist ein irreversibler Inhibitor der Cyclooxygenase (COX). COX ist an der Bildung von Prostaglandinen und Thromboxanen aus der vierfach-ungesättigten Arachidonsäure beteiligt. Durch die Hemmung der COX kommt es zu einer Minderung der durch Prostaglandine vermittelten Plättchenaggregation, der Schmerz- und Entzündungsreaktion, aber auch zu einer verminderten Sekretion von magenschleimhautschützendem Schleim. Eine wesentliche Nebenwirkung von Aspirin ist deshalb das Entstehen von Magengeschwüren (Ulcera).

Allosterische Regulation: Die komplizierteste aber leider auch häufigste Art der Regulation, ist die durch allosterische Effektoren. Als allosterische **Effektoren** bezeichnet man Verbindungen, die sich nicht wie bei der isosterischen (kompetitiven) Regulation an das aktive Zentrum, sondern an das allosterische Zentrum des Enzyms anlagern. Im Gegensatz zur nichtkompetitiven Hemmung wird dabei die Konformation des betreffenden Enzyms geändert, wodurch es entweder **aktiviert oder inaktiviert** wird.

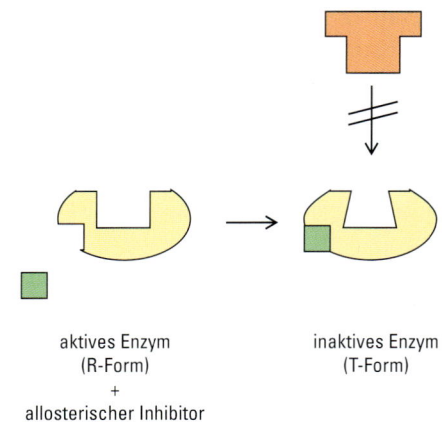

aktives Enzym
(R-Form)
+
allosterischer Inhibitor

inaktives Enzym
(T-Form)

Abb. 80: Wirkungsweise allosterischer Effektoren

medi-learn.de/7-bc2-80

Allosterische Enzyme kommen in zwei Zustandsformen vor, einer aktiven R-Form (relaxed) und einer inaktiven T-Form (tensed).
Durch die Bindung von allosterischen Liganden muss die Funktion von Enzymen also nicht zwangsläufig herabgesetzt werden. Es kann auch zu einer Steigerung der Aktivität kommen. In diesem Fall spricht man von allosterischen Aktivatoren. Oftmals wirken die Substrate selbst als allosterische Aktivatoren für das sie umsetzende Enzym. Das macht auch Sinn, denn bei sehr hoher Substratkonzentration sollen möglichst viele Enzymmoleküle im aktiven Zustand vorliegen.

Merke!

- Allosterische Inhibitoren stabilisieren Enzyme in der inaktiven T-Form.
- Allosterische Aktivatoren stabilisieren Enzyme in der aktiven R-Form.

Die Abhängigkeit der Reaktionsgeschwindigkeit von der Substratkonzentration ist bei der allosterischen Regulation nicht so hyperbolisch wie bei der kompetitiven Hemmung. Die Ursache hierfür ist, dass allosterische Enzyme aus mindestens zwei Untereinheiten (s. 3.2.4, S. 47) bestehen und meistens mehrere aktive Zentren haben, die sich gegenseitig beeinflussen (s. Kooperativität) Dadurch kommt es zu einer sigmoidalen Bindungskurve (s. Abb. 81, S. 67).

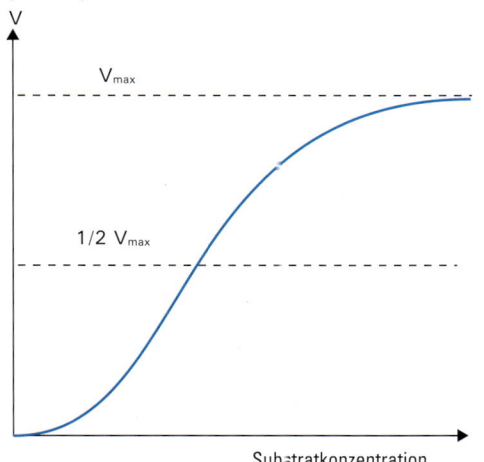

Abb. 81: Sigmoidale Bindungskurve

medi-learn.de/7-bc2-81

Durch Bindung von allosterischen Effektoren an Enzyme wird die sigmoidale Bindungskurve verschoben (s. Abb. 82 a, S. 67).

Je nach Art des Effektors kann
– die Maximalgeschwindigkeit V_{max} erhöht werden,
– die Maximalgeschwindigkeit V_{max} erniedrigt werden,

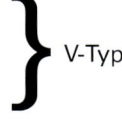 V-Typ

– die Affinität des Enzyms zum Substrat erhöht werden (kleinerer K_M-Wert),
– die Affinität des Enzyms zum Substrat erniedrigt werden (größerer K_M-Wert).

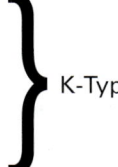 K-Typ

Bei vielen allosterischen Enzymen führt die Bindung des ersten Substrats an das erste aktive Zentrum zu einer erleichterten Bindung des zweiten Substrats an das zweite aktive Zentrum. Das wiederum erleichtert die Bindung des dritten usw. Man spricht von **positiver Kooperativität**. Erfolgt dagegen durch Bindung des ersten Substratmoleküls an das erste aktive Zentrum des Enzyms eine erschwerte Bindung des zweiten Substrats usw., spricht man von **negativer Kooperativität**.

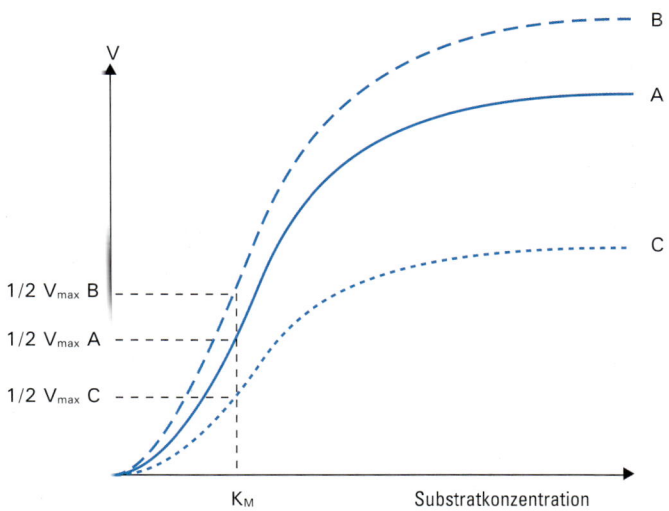

A = Reaktion ohne Effektor
B = Reaktion mit positivem allosterischen Effektor
C = Reaktion mit negativem allosterischen Effektor

Abb. 82 a: Allosterische Regulation, V-Typ

medi-learn.de/7-bc2-82a

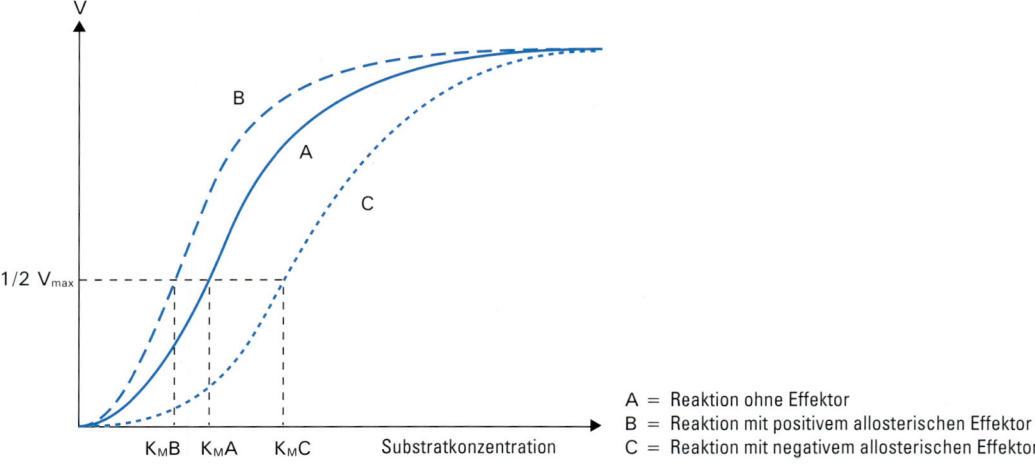

A = Reaktion ohne Effektor
B = Reaktion mit positivem allosterischen Effektor
C = Reaktion mit negativem allosterischen Effektor

Abb. 82 b: Allosterische Regulation, K-Typ

medi-learn.de/7-bc2-82b

Nicht nur Enzyme weisen Kooperativität auf. Das wichtigste Beispiel in unserem Körper für Kooperativität ist das sauerstofftransportierende Protein Hämoglobin. Hämoglobin bildet den roten Blutfarbstoff. Es ist ein kugelförmiges Protein, das aus vier Proteinketten besteht. Bei den Proteinketten unterscheidet man ebenfalls vier verschiedene Typen, die mit den griechischen Buchstaben α, β, γ und δ benannt werden. Hämoglobin besteht jeweils aus zwei unterschiedlichen Ketten, also zwei α-Ketten und zwei β-Ketten, oder zwei α-Ketten und zwei γ-Ketten, usw. Jede dieser Ketten hat ein Häm-Molekül als prosthetische Gruppe gebunden, das zum Sauerstofftransport zur Verfügung steht. Die Bindung eines Sauerstoffs an das

erste Häm erleichtert die Bindung jedes weiteren Sauerstoffs erheblich, bis das Hämoglobin schließlich vier Moleküle Sauerstoff gebunden hat und damit voll beladen ist.

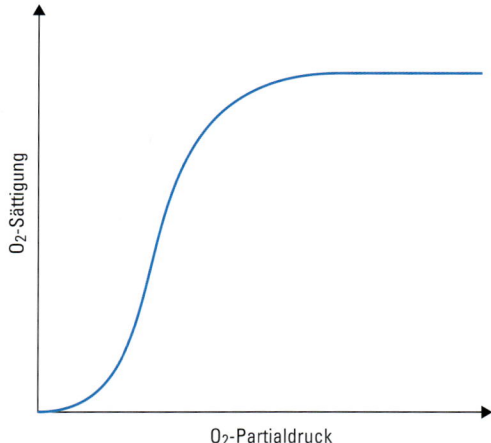

Abb. 83 b: Sauerstoffbindungskurve des Häm

medi-learn.de/7-bc2-83b

Merke!

Eine sigmoidale Abhängigkeit der Umsatzgeschwindigkeit eines Enzyms von der Substratkonzentration spricht für Kooperativität.

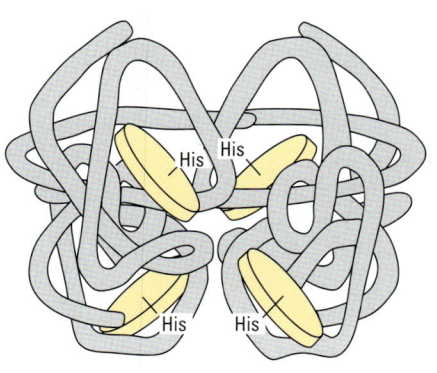

Abb. 83 a: Hämoglobin *medi-learn.de/7-bc2-83a*

Die meisten allosterischen Enzyme gehören dem K-Typ an. Eine vor allem im Kohlenhydrat-Stoffwechsel sehr häufig auftauchende allosterische Regulation vom K-Typ ist der positive Effekt von Fructose-2,6-Bisphosphat auf das Glykolyse-Enzym Phosphofruktokinase.

Interkonversion: Hinter diesem etwas kompliziert erscheinenden Begriff verbirgt sich nichts weiter als das Anfügen oder Abspalten bestimmter Gruppen an ein Enzym. Meistens wird dabei ein Phosphatrest durch bestimmte Enzyme kovalent an das regulierte Enzym angefügt oder abgespalten. Dadurch wird das Enzym entweder aktiviert oder inaktiviert (an- oder abgeschaltet).

Da die Interkonversion von Enzymen reversibel ist, besteht die Möglichkeit – entsprechend den Anforderungen des Stoffwechsels – z. B. durch Dephosphorylierung ein Enzym zu inaktivieren und bei Bedarf durch Phosphorylierung mittels einer Kinase wieder zu aktivieren.

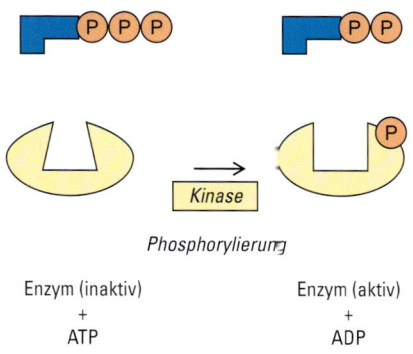

Phosphorylierung

Enzym (inaktiv)   Enzym (aktiv)
+   +
ATP   ADP

Abb. 84: Wirkungsweise Interkonversion

medi-learn.de/7-bc2-84

> **Merke!**
>
> – Enzyme, die eine Phosphatgruppe an ein Enzym hängen, heißen Kinasen.
> – Enzyme, die eine Phosphatgruppe von einem Enzym abspalten, heißen Phosphatasen.

Langzeitregulation von Enzymen: Da dieses Thema eher zur Molekularbiologie (s. Skript Biochemie 4) gehört, wird es in diesem Abschnitt nur kurz angeschnitten.

Von manchen Stoffwechselwegen muss die Reaktionsgeschwindigkeit **langfristig** verändert werden. Dies gelingt dem Körper entweder durch

– die vermehrte Biosynthese von Enzymen oder
– den vermehrten Abbau von Enzymen.

Da diese Vorgänge äußerst komplex reguliert sind, kann auf diesem Weg keine kurzfristige Änderung von Reaktionsgeschwindigkeiten erfolgen. Sowohl die Synthese als auch der Abbau von Enzymen dauern oft Tage, sodass sich erst nach dieser Zeit ein neues Gleichgewicht einstellt.

4

5 Coenzyme

 Fragen in den letzten 10 Examen: 1

Leider war das noch nicht alles, was du über Enzyme wissen solltest. Da gibt es nämlich auch noch deren kleine Helferchen, die Coenzyme. Was sie sind und wofür man sie braucht, ist Thema des folgenden Abschnitts.

Das wichtigste Coenzym des Aminosäurestoffwechsels ist das Pyridoxalphosphat (PALP). Da es vor allem an Transaminierungen und Decarboxylierungen beteiligt ist, wird es in dem Zusammenhang (s. 1.4, S. 16) und nicht hier besprochen. Doch nun endlich zum eigentlichen Thema.

Coenzyme sind zunächst einmal keine Enzyme. Sie bestehen nämlich nicht aus Proteinen, sondern leiten sich meistens von den Vitaminen ab. Coenzym heißen sie deshalb, weil sie bei vielen Reaktionen zusätzlich (Co-) zum Enzym vorhanden sein müssen, damit die Reaktion überhaupt abläuft. Wird z. B. von einem Substrat eine Gruppe abgespalten, für die das Enzym keine Verwendung hat, kann diese vorübergehend von einem Coenzym aufgenommen werden. Andersherum können Coenzyme auch Gruppen liefern, die von Enzymen auf Substrate übertragen werden.

Der Proteinanteil der Enzyme, die zur Reaktion Coenzyme benötigen, wird als Apoenzym bezeichnet. Apoenzym und Coenzym zusammen (funktionsfähiges Enzym) nennt man dann Holoenzym (griech. holos = ganz, vollständig).

Merke!

Coenzyme sind Hilfsmoleküle, die bei vielen enzymatischen Reaktionen vorhanden sein müssen, damit diese ablaufen. Sie können vorübergehend Gruppen vom Substrat aufnehmen oder an das Enzym abgeben, die dieses dann auf das Substrat überträgt.

Die Teilnahme eines Coenzyms an der Reaktion kann dabei auf zwei Arten erfolgen:

1. Ein lösliches Coenzym bindet zusammen mit dem Substrat an das aktive Zentrum des Enzyms. Nach Übertragung von Gruppen vom Substrat auf das Coenzym lösen sich Produkt und chemisch-verändertes Coenzym wieder vom Enzym. In einer zweiten Reaktion wird der ursprüngliche Zustand des Coenzyms wieder hergestellt, sodass es zu einer erneuten Bindung am aktiven Zentrum des Enzyms bereit ist. In diesem Fall kann man auch von einem **Cosubstrat** sprechen.

Ein bekanntes Beispiel für ein solches lösliches Coenzym ist das aus Tryptophan synthetisierte NAD:

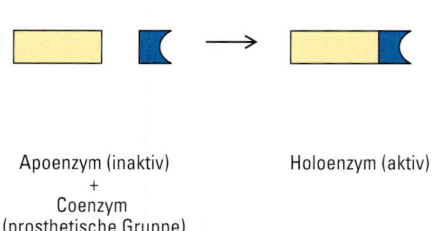

Apoenzym (inaktiv)
+
Coenzym
(prosthetische Gruppe)

Holoenzym (aktiv)

Abb. 85: Enzym-Coenzym-Komplex

medi-learn.de/7-bc2-85

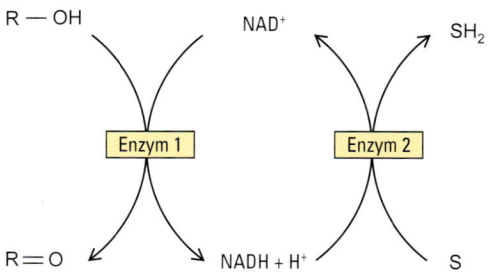

Abb. 86: Reaktion eines Coenzyms

medi-learn.de/7-bc2-86

2. Die zweite Möglichkeit ist, dass das Coenzym fest (kovalent) an das Enzym gebunden und so wichtiger Bestandteil des aktiven Zentrums ist. Ein solches Coenzym wird auch **prosthetische Gruppe** genannt und trennt sich NIEMALS vom Enzym. Die prosthetische Gruppe wird daher auch am Enzym regeneriert.

Ein Beispiel für eine prosthetische Gruppe ist das FAD:

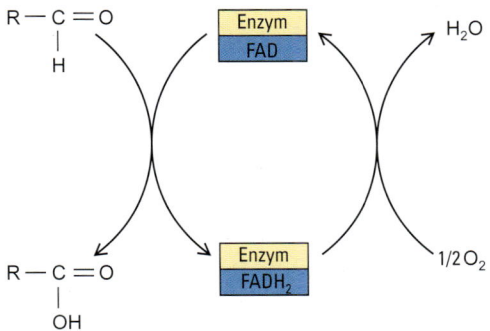

Abb. 87: Reaktion einer prosthetischen Gruppe

medi-learn.de/7-bc2-87

Eine Gemeinsamkeit mit echten Enzymen haben Coenzyme doch: Sie sind gruppenspezifisch, d. h., dass die von ihnen aufgenommene/abgegebene Gruppe immer die gleiche (z. B. H_2, CH_3 usw.) ist.

Coenzyme nehmen an einer Vielzahl von Reaktionen teil:

- an Wasserstoffübertragungen in Redoxreaktionen (z. B. NAD^+),
- an Decarboxylierungen (z. B. PALP),
- an Carboxylierungen (z. B. Biotin),
- an Transaminierungen (z. B. PALP),
- an C-1-Gruppenübertragungen (z. B. Folsäure),
- an Acylgruppenverschiebungen.

Das Kapitel Enzyme bildet die Grundlage für das Verständnis aller enzymatischen Reaktionen. Die Fragen zu diesem Bereich beziehen sich meist auf die **Eigenschaften der Enzyme**. Deshalb solltest du dir Folgendes merken:
- Enzyme sind Biokatalysatoren, die die Geschwindigkeit chemischer Reaktionen erhöhen, ohne dabei selbst verändert zu werden und ohne die Gleichgewichtslage zu ändern.
- Die Geschwindigkeit einer enzymkatalysierten Reaktion wird durch die Bildung des Produkts aus dem Enzym-Substrat-Komplex (ES) limitiert.

Fragen zur **Enzymkinetik**, speziell zur **Michaelis-Menten-Konstante**, tauchten bislang in jedem Physikum auf. Hier daher noch einmal die wesentlichen Fakten auf einen Blick:
- Die Maximalgeschwindigkeit einer enzymatisch katalysierten Reaktion ist erreicht, wenn alle Enzyme ein Substrat am aktiven Zentrum gebunden haben.
- Wenn die Hälfte aller Enzyme ein Substrat gebunden hat, läuft die Reaktion mit halbmaximaler Geschwindigkeit ab.
- Die Substratkonzentration, an der eine enzymatisch katalysierte Reaktion mit halbmaximaler Geschwindigkeit abläuft, entspricht der Michaelis-Konstante und ist ein Maß für die Affinität des Enzyms zum Substrat.
- Die Michaelis-Konstante hat die Einheit mol/l.
- Die Michaelis-Menten-Gleichung lautet:

$$V = V_{max} \frac{[S]}{K_M + [S]}$$

Aus ihr ergibt sich die Abhängigkeit der Reaktionsgeschwindigkeit von der Substratkonzentration:
- Bei niedriger Substratkonzentration ist die Reaktionsgeschwindigkeit v der Substratkonzentration annähernd proportional.
- Eine Reaktion, bei der die Substratkonzentration dem K_M-Wert entspricht, läuft mit halbmaximaler Geschwindigkeit.
- Bei hohen Substratkonzentrationen ist die Reaktionsgeschwindigkeit gleich der Maximalgeschwindigkeit.

Zum Thema Enzymkinetik wird auch nach dem **Lineweaver-Burk-Diagramm** gefragt. Aus ihm kannst du V_{max} und K_M direkt ablesen:
- $1/V_{max}$ = Schnittpunkt mit der y-Achse,
- $-1/K_M$ = Schnittpunkt mit der x-Achse.

Vorsicht: Da im Lineweaver-Burk-Diagramm Kehrwerte aufgetragen werden, nimmt die Substratkonzentration auf der x-Achse im negativen Bereich von rechts nach links und die Reaktionsgeschwindigkeit von oben nach unten zu.

Über die unterschiedlichen Arten der **kurzfristigen Regulation von enzymatischer Aktivität** stolperst du im Physikum immer wieder, und das nicht nur beim Aminosäure-Stoffwechsel, sondern z. B. auch beim Kohlenhydrat- und Fettsäurestoffwechsel. Fragen dazu kommen sogar in der Physiologie vor. Daher also besser noch einmal genau hinsehen.
Im Wesentlichen gibt es vier Arten zur Beeinflussung der Enzymaktivität:
Kompetitive/isosterische Hemmung:
- Substrat und Inhibitor haben Strukturähnlichkeit und dementsprechend die gleiche Bindungsstelle.
- Die kompetitive/isosterische Hemmung ist meist reversibel.

– Bei der kompetitiven Hemmung steigt K_M.
– In Anwesenheit eines kompetitiven Inhibitors kann V_{max} durch Steigerung der Substratkonzentration erreicht werden.

Nichtkompetitive Hemmung:
– Diese Art der Hemmung ist meist irreversibel.
– Bei der nichtkompetitiven Hemmung verschiebt sich die Maximalgeschwindigkeit V_{max} zu niedrigeren Werten, die Affinität K_M bleibt jedoch konstant.

Die meisten Fragen zur Beeinflussung der enzymatischen Aktivität beziehen sich auf die **allosterische Regulation:**
– Allosterische Liganden können ein Enzym entweder aktivieren oder inaktivieren.
– Die Beeinflussung von Enzymen durch allosterische Effektoren vom V-Typ bewirkt eine Veränderung der Maximalgeschwindigkeit der Enzymreaktion, ohne die Michaeliskonstante zu beeinflussen. Positive allosterische Effektoren erhöhen, negative allosterische Effektoren erniedrigen V_{max}.
– Allosterische Effektoren des K-Typs führen zu einer horizontalen Verschiebung der sigmoidalen Substratbindungskurve und verändern so K_M. Positive allosterische Effektoren führen zu einer Linksverschiebung (K_M wird kleiner), negative dagegen zu einer Rechtsverschiebung (K_M wird größer).
– Allosterisch regulierte Enzyme bestehen aus mindestens zwei Untereinheiten. Beeinflussen sich diese Untereinheiten, spricht man von Kooperativität.

Die **Arten der Regulation** und die dadurch bewirkten Veränderungen der Reaktionsgeschwindigkeiten sind zur besseren Übersicht in folgender Tabelle noch einmal zusammengefasst:

Möglichkeit der Enzymregulation	Veränderung	
	K_M	V_{max}
kompetitive Hemmung	↑	=
nichtkompetitive Hemmung	=	↓
allosterische Regulation – vom V-Typ	=	↑ oder ↓
– vom K-Typ	↑ oder ↓	=

Tab. 5: Regulationsarten

Auf die **Coenzyme** wird an dieser Stelle nur kurz eingegangen, da diese im Skript Biochemie 1 genauer besprochen werden. Du solltest dir aber auf alle Fälle merken, dass Coenzyme auf zwei unterschiedliche Arten mit dem Enzym in Kontakt treten können:
– Sie binden als lösliche Coenzyme/Cosubstrate an das aktive Zentrum des Enzyms, nehmen die übertragenen Gruppen auf (oder geben sie ab) und werden in einer zweiten, unabhängigen Reaktion regeneriert.
– Sie sind als prosthetische Gruppe fest an das Enzym gebunden und werden in einer zweiten Reaktion am Enzym regeneriert. Durch Entfernung der prosthetischen Gruppe vom Enzym wird dieses zerstört.

Den Abschluss dieses Skripts bilden die Enzyme und Coenzyme. Überprüfe dein Wissen alleine oder mit deiner Lerngruppe anhand der folgenden Fragen unser mündlichen Prüfungsprotokolle:

1. Erklären Sie bitte, was Enzyme sind und wofür der Körper sie braucht.

2. Bitte erklären Sie, wie eine enzymatisch katalysierte Reaktion funktioniert.

3. Erläutern Sie bitte den Unterschied zwischen biologischen und chemischen Katalysatoren.

4. Erklären Sie bitte, was Isoenzyme sind. Welches Beispiel für ein Isoenzym kennen Sie?

5. Wie lauten die sechs Enzymklassen? Bitte geben Sie je ein Beispiel.

6. Bitte erklären Sie, was die Michaelis-Konstante ist und welche Einheit sie hat.

7. Erklären Sie bitte, wie sich die Enzymaktivität beeinflussen lässt.

8. Bitte erläutern Sie, wie sich K_M und V_{max} bei der kompetitiven Hemmung (1), nichtkompetitiven Hemmung (2) und allosterischen Regulation (3) verändern.

---

1. Erklären Sie bitte, was Enzyme sind und wofür der Körper sie braucht.
Enzyme sind Biokatalysatoren, die die Geschwindigkeit chemischer Reaktionen beschleunigen, ohne dabei selbst verändert zu werden und ohne die Gleichgewichtslage zu ändern.

2. Bitte erklären Sie, wie eine enzymatisch katalysierte Reaktion funktioniert.
Enzyme senken die zur Überführung eines Substrats in den reaktiven Zustand benötigte Aktivierungsenergie durch Bindung des Substrats an das aktive Zentrum. Dieser Enzym-Substrat-Komplex wird in einem geschwindigkeitsbestimmenden Prozess zum Enzym-Produkt-Komplex umgewandelt. Danach trennt sich das Produkt vom Enzym und das Enzym steht unverändert wieder zur Verfügung.

3. Erläutern Sie bitte den Unterschied zwischen biologischen und chemischen Katalysatoren.
Anders als chemische Katalysatoren sind biologische Katalysatoren spezifisch. Man unterscheidet:

– Gruppenspezifität,
– Substratspezifität,
– optische Spezifität,
– Wirkungsspezifität.

4. Erklären Sie bitte, was Isoenzyme sind. Welches Beispiel für ein Isoenzym kennen Sie?
Isoenzyme sind Enzyme, die unterschiedliche Primärstrukturen aufweisen, aber dennoch die gleiche Reaktion katalysieren. Isoenzyme unterscheiden sich in ihrer Maximalgeschwindigkeit und ihrem K_M-Wert. Ein Beispiel sind Hexokinase/Glucokinase.

5. Wie lauten die sechs Enzymklassen? Bitte geben Sie je ein Beispiel.
1. Oxidoreduktasen, Beispiel: Katalase
2. Transferasen, Beispiel: Ornithin-Carbamoylphosphat-Transferase
3. Hydrolasen, Beispiel: Peptidase
4. Lyasen, Beispiel: Argininosuccinat-Lyase
5. Isomerasen, Beispiel: Phosphoglucoisomerase
6. Ligasen, Beispiel: DNA-Ligase

6. Bitte erklären Sie, was die Michaelis-Konstante ist und welche Einheit sie hat.

Die Michaelis-Konstante K_M entspricht der Substratkonzentration bei halbmaximaler Geschwindigkeit und hat die Einheit mol/l. Sie ist ein Maß für die Affinität eines Enzyms zum Substrat und unabhängig von der Enzymkonzentration. Je niedriger K_M, desto höher die Affinität des Enzyms.

7. Erklären Sie bitte, wie sich die Enzymaktivität beeinflussen lässt.

– kurzfristig:
  • kompetitive Hemmung,
  • nichtkompetitive Hemmung,
  • allosterische Regulation,
  • Interkonversion.
– langfristig:
  • Änderung der Biosynthese von Enzymen,
  • vermehrter Abbau nicht benötigter Enzyme.

8. Bitte erläutern Sie, wie sich K_M und V_{max} bei der kompetitiven Hemmung (1), nichtkompetitiven Hemmung (2) und allosterischen Regulation (3) verändern.

1. Bei der kompetitiven Hemmung verschiebt sich der K_M-Wert zu höheren Werten, bei genügend hoher Substratkonzentration kann V_{max} erreicht werden.
2. Bei der nichtkompetitiven Hemmung verschiebt sich die Maximalgeschwindigkeit v_{max} zu niedrigeren Werten und kann nicht durch Erhöhung der Substratkonzentration gesteigert werden. Der K_M-Wert bleibt konstant.
3. Die allosterische Regulation kann sowohl aktivierend als auch inhibierend erfolgen. Außerdem unterscheidet man bei der allosterischen Regulation zwischen v-Typ und K-Typ.

– v-Typ: V_{max} wird bei konstantem K_M zu höheren oder tieferen Werten verschoben.
– K-Typ: K_M wird bei konstanter V_{max} zu höheren oder tieferen Werten verschoben.

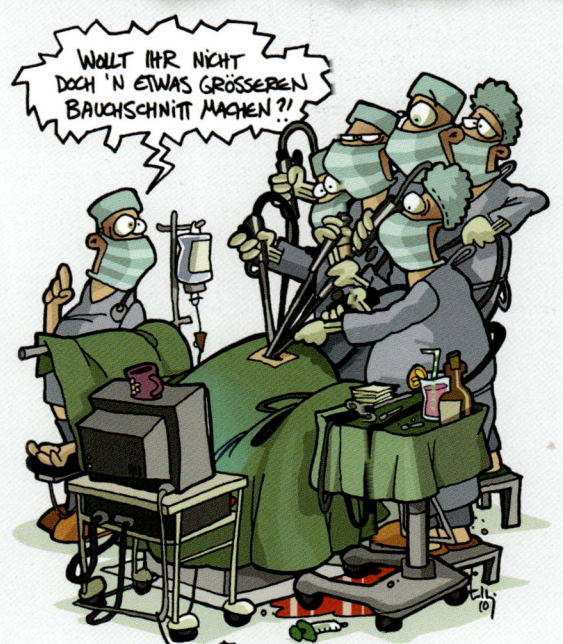

Pause

Geschafft! Hier noch ein kleiner Cartoon als Belohnung ...

Mehr Cartoons unter www.medi-learn.de/cartoons

Index

Index

Feedback

Deine Meinung ist gefragt!

Es ist erstaunlich, was das menschliche Gehirn an Informationen erfassen kann. Slbest wnen kilene Fleher in eenim Txet entlheatn snid, so knnsat du die eigneltchie lofnrmotian deoncnh vershteen – so wie in dsieem Text heir.

Wir heabn die Srkitpe mecrfhah sehr sogrtfältg güpreft, abe- vilcheliet hat auch uesnr Girehn – so wie deenis grdaee – unbeswust Fheler übresehne. Um in der Zuuknft noch bsseer zu wrdeen, bttein wir dich dhear um deine Mtiilhfe.

Sag uns, was dir aufgefallen ist, ob wir Stolpersteine übersehen haben oder ggf. Formulierungen verbessern sollten. Darüber hinaus freuen wir uns natürlich auch über positive Rückmeldungen aus der Leserschaft.

Deine Mithilfe ist für uns sehr wertvoll und wir möchten dein Engagement belohnen: Unter allen Rückmeldungen verlosen wir einmal im Semester Fachbücher im Wert von 250 Euro. Die Gewinner werden auf der Webseite von MEDI-LEARN unter www.medi-learn.de bekannt gegeben.

Schick deine Rückmeldung einfach per E-Mail an support@medi-learn.de oder trag sie im Internet in ein spezielles Formular für Rückmeldungen ein, das du unter der folgenden Adresse findest:

www.medi-learn.de/rueckmeldungen

AB DEM 5. SEMESTER GEHT ES ERST RICHTIG LOS

ABENTEUER KLINIK!

Dr. Harald Curth

Biochemie Band 3

MEDI-LEARN Skriptenreihe

7., komplett überarbeitete Auflage

MEDI-LEARN Verlag GbR

Autor: Dr. Harald Curth
Fachlicher Beirat: Tido Bajorat

Teil 3 des Biochemiepaketes, nur im Paket erhältlich
ISBN-13: 978-3-95658-011-6

Herausgeber:
MEDI-LEARN Verlag GbR
Dorfstraße 57, 24107 Ottendorf
Tel. 0431 78025-0, Fax 0431 78025-262
E-Mail redaktion@medi-learn.de
www.medi-learn.de

Verlagsredaktion:
Dr. Marlies Weier, Dipl.-Oek./Medizin (FH) Désirée
Weber, Denise Drdacky, Jens Plasger, Sabine
Behnsch, Philipp Dahm, Christine Marx, Florian
Pyschny, Christian Weier

Layout und Satz:
Fritz Ramcke, Kristina Junghans,
Christian Gottschalk

Grafiken:
Dr. Günter Körtner, Irina Kart, Alexander Dospil,
Christine Marx

Illustration:
Daniel Lüdeling

Druck:
Löhnert Druck

7. Auflage 2015
© 2015 MEDI-LEARN Verlag GbR, Kiel

Wichtiger Hinweis für alle Leser
Die Medizin ist als Naturwissenschaft ständigen Veränderungen und Neuerungen unterworfen. Sowohl die Forschung als auch klinische Erfahrungen führen dazu, dass der Wissensstand ständig erweitert wird. Dies gilt insbesondere für medikamentöse Therapie und andere Behandlungen. Alle Dosierungen oder Applikationen in diesem Buch unterliegen diesen Veränderungen.
Obwohl das MEDI-LEARN Team größte Sorgfalt in Bezug auf die Angabe von Dosierungen oder Applikationen hat walten lassen, kann es hierfür keine Gewähr übernehmen. Jeder Leser ist angehalten, durch genaue Lektüre der Beipackzettel oder Rücksprache mit einem Spezialisten zu überprüfen, ob die Dosierung oder die Applikationsdauer oder -menge zutrifft. Jede Dosierung oder Applikation erfolgt auf eigene Gefahr des Benutzers. Sollten Fehler auffallen, bitten wir dringend darum, uns darüber in Kenntnis zu setzen.

Inhalt

Wissen, das in keinem Lehrplan steht:

- Wo beantrage ich eine **Gratis-Mitgliedschaft** für den **MEDI-LEARN Club?**

- Wo bestelle ich kostenlos **Famulatur-Länderinfos** und das **MEDI-LEARN Biochemie-Poster?**

- Wann macht eine **Studienfinanzierung** Sinn? Wo gibt es ein **gebührenfreies Girokonto?**

- Warum brauche ich schon während des Studiums eine **zahnarztspezifische Haftpflichtversicherung?**

Lassen Sie sich beraten!

Nähere Informationen und unseren Repräsentanten vor Ort finden Sie im Internet unter www.aerzte-finanz.de

Deutsche Ärzte Finanz

Standesgemäße Finanz- und Wirtschaftsberatung

1 Kohlenhydrate

 Fragen in den letzten 10 Examen: 24

Kohlenhydrate und Verbindungen, in denen sie vorkommen, umgeben uns im Alltag nahezu überall. Sei es das Papier, auf dem wir schreiben (oder kreuzen), die Pflanze, die im Hintergrund vor sich dahintrocknet oder die Tafel Schokolade neben uns auf dem Schreibtisch; überall sind wir von Kohlenhydraten in den unterschiedlichsten Zusammensetzungen umgeben. Aber nicht nur in unserer Umgebung, auch im schriftlichen Physikum spielen Kohlenhydrate eine ganz wesentliche Rolle. Der Großteil der Fragen zielt auf die Strukturformeln der Monosaccharide, ihre chemischen Eigenschaften, ihr Vorkommen, ihre Synthese sowie ihren Ab- und Umbau. In diesem Kapitel wird deshalb all das Prüfungsrelevante, was mit der Chemie der Kohlenhydrate zusammenhängt, ausführlich besprochen. Die darauf folgenden Kapitel beschäftigen sich mit dem – im Physikum ebenfalls beliebten – Kohlenhydrat-Stoffwechsel.

1.1 Chemische Grundlagen

Zugegeben, der Lernstoff dieses Kapitels ist – vor allem für die nicht übermäßig chemisch Interessierten – eher trocken. Da aber ein erheblicher Teil der Physikumsfragen zu den chemischen Eigenschaften der Kohlenhydrate gestellt wird, lohnt sich eine Beschäftigung mit diesem Thema auf jeden Fall. Außerdem bildet der Inhalt dieses Kapitels die Grundlage für den Kohlenhydrat-Stoffwechsel, bei dem es um den Abbau, Umbau und Aufbau von Kohlenhydraten geht.

Beginnen wir also mit der Frage aller Fragen: Was sind Kohlenhydrate?

> **Merke!**
>
> Kohlenhydrate sind die Aldehyde oder Ketone von Polyalkoholen, die Kohlenstoff und Wasser im Verhältnis 1 : 1 besitzen.

Kohlenhydrate
– haben eine Aldehyd- oder eine Ketogruppe,
– verfügen über viele Alkoholgruppen (OH-Gruppen),
– bestehen aus Kohlenstoff (C),
– enthalten in ihrer Summenformel Wasser (H_2O) und
– besitzen genau so viel Kohlenstoff wie Wasser.

Als Formel und als Molekül lassen sich diese fünf Kernaussagen wie folgt darstellen:

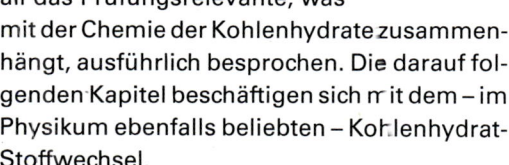

$C(H_2O)$	=	$H - \overset{\bullet}{\underset{\bullet}{C}} - OH$
Formel		Molekül

An dieser Darstellung erkennt man, dass zumindest die letzten drei Aussagen zutreffen: Das Molekül enthält sowohl Kohlenstoff als auch Wasser und die Formel zeigt, dass die beiden im Verhältnis 1 : 1 vorkommen. Zu einem Kohlenhydrat fehlt ihm aber noch die Aldehyd- oder Ketogruppe sowie mehrere OH-Gruppen.

Um aus diesem einfachen Alkohol ein Kohlenhydrat zu machen, müssen dazu noch weitere dieser Bausteine aneinander gehängt werden. Dies ist möglich, weil der Kohlenstoff in der Mitte noch zwei freie Elektronen (s. Punkte) besitzt, an denen die Kette um weitere Bausteine verlängert werden kann. Auf diese Weise erhält man Polyalkohole.

1

Tetrose D-Glycerinaldehyd   Pentose D-Ribose   Hexose D-Glucose

CHO
H—C—OH
CH₂OH

CHO
H—C—OH
H—C—OH
H—C—OH
CH₂OH

CHO
—C—OH
HO—C—OH
—C—OH
—C—OH
CH₂OH

1 Kohlenhydrate

Eine Kette aus n Bausteinen lässt sich wie folgt darstellen:

$$C_n(H_2O)_n \quad = \quad (H-\overset{\bullet}{\underset{\bullet}{C}}-OH)_n$$

Formel   Molekül

Für z. B. n = 6 gilt dann die Formel $C_6(H_2O)_6$

Stellt man sich jetzt noch eine intramolekulare Umlagerung vor, bei der am C1-Atom eine Doppelbindung entsteht, so wird aus der Kohlenwasserstoffkette ein Kohlenhydrat mit einer Aldehydgruppe. Lagert man so um, dass die Doppelbindung an C2 entsteht, erhält man ein Kohlenhydrat mit einer Ketogruppe.

Die Begriffe Kohlenhydrat, Zucker und Saccharid werden synonym verwendet.

$$
\begin{array}{ccc}
H-C-OH & H-C=O & H-C-OH \\
H-C-OH & H-C-OH & C=O \\
H-C-OH & H-C-OH & H-C-OH \\
H-C-OH & H-C-OH & H-C-OH \\
H-C-OH & H-C-OH & H-C-OH \\
H-C-OH & H-C-OH & H-C-OH \\
 & H & H
\end{array}
$$

Aldose   Ketose

Abb. 1: Aldose und Ketose   *medi-learn.de/7-bc3-1*

Je nachdem, aus wie vielen einzelnen Zuckern ein Molekül aufgebaut ist, unterscheidet man zwischen
– Monosacchariden (ein Zucker),
– Disacchariden (zwei Zucker/Monosaccharide, s. 1.4, S. 14),
– Oligosacchariden (drei bis zehn Zucker/Monosaccharide, s. 1.5, S. 16) und
– Polysacchariden (> zehn Zucker/Monosaccharide, s. 1.6, S. 16).

1.1.1 Monosaccharide

Die Monosaccharide lassen sich – je nachdem, aus wie vielen C-Atomen sie bestehen – weiter unterteilen in
– Triosen (drei C-Atome), D-Glycerinaldehyd
– Pentosen (fünf C-Atome) und D-Ribose
– Hexosen (sechs C-Atome). D-Glucose
– Heptosen D-Glucoheptose

Die für das Physikum wichtigsten Saccharide sind Pentosen und Hexosen. Es gibt zwar auch Saccharide, die aus vier oder sieben C-Atomen bestehen, (Tetrosen und Heptosen), die aber im Physikum bislang nicht vorkamen und auch im Körper kaum eine Rolle spielen (Ausnahme = Sedoheptulose im Pentosephosphatweg, s. 5.2, S. 63).

– Tetrosen D-Erythrose

Übrigens …
Saccharide, die aus zwei C-Atomen bestehen, gibt es nicht, auch wenn dies von manchen Physikumsantworten vorgeschlagen wird. Da an einem Kohlenstoff-Atom die Doppelbindung hängt, wäre bei solch einer Verbindung nur noch ein Kohlenstoffatom für eine Alkoholgruppe frei und damit die Voraussetzung nicht mehr erfüllbar, dass Zucker polyalkoholische Verbindungen sind.

Chemische Eigenschaften von Monosacchariden

Betrachtet man die Strukturformel von Sacchariden und lässt zunächst die Stellung der Alkoholgruppen (OH-Gruppen) außer acht, so fällt auf, dass das Molekül über mehrere **Chiralitätszentren** verfügt.

– Chiralitätszentren finden sich an den Atomen, die über **vier unterschiedliche Bindungspartner** verfügen.
– Durch Vertauschen dieser Bindungspartner erhält man das Stereoisomer der Ausgangsverbindung.

– Stereoisomere haben unterschiedliche chemische Eigenschaften und werden vom Körper auch unterschiedlich verstoffwechselt. Aldohexosen besitzen vier Chiralitätszentren, nämlich am:

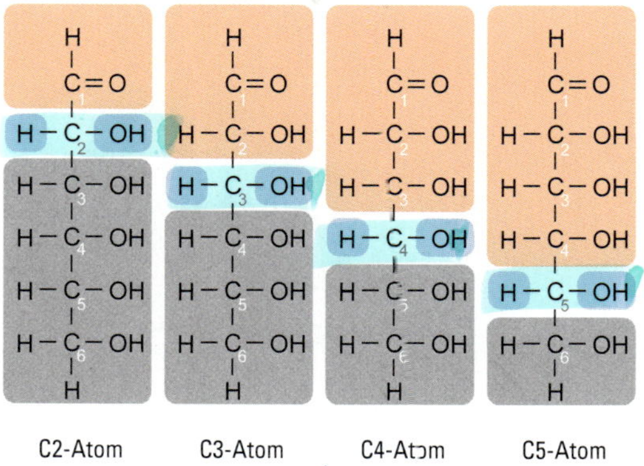

$(C_2 - C_5)$

C2-Atom   C3-Atom   C4-Atom   C5-Atom

Die umrandeten Strukturen werden als Substituenten oder Reste bezeichnet.

Abb. 2: Strukturformel und Chiralitätszentren einer Aldohexose *medi-learn.de/7-bc3-2*

Da Pentosen ein C-Atom weniger besitzen als Hexosen, haben sie auch ein Chiralitätszentrum weniger, nämlich nur an den C2-C4-Atomen. Ebenfalls drei Chiralitätszentren haben Ketohexosen, da hier die Oxogruppe am C2-Atom sitzt und damit ein Chiralitätszentrum der Aldohexosen wegfällt (s. S. 5).

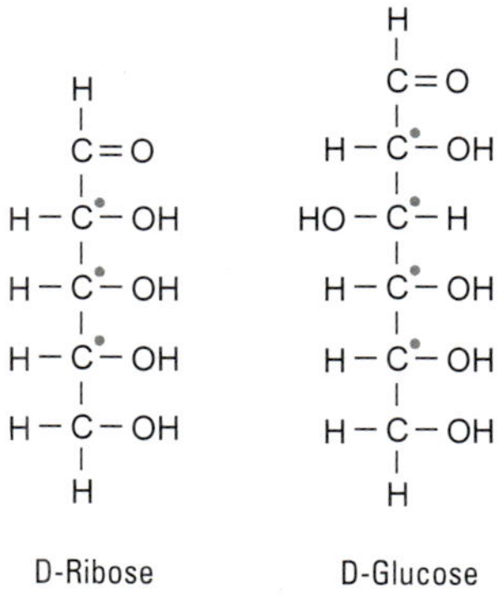

D-Ribose   D-Glucose

Abb. 3: Chiralitätszentren von Pentosen und Hexosen *medi-learn.de/7-bc3-3*

Pentosen

Zu den Pentosen gelangt man durch aneinander fügen von fünf $C(H_2O)$- Bausteinen. Das dabei entstehende Molekül ist bereits die einzige relevante Pentose, nämlich die D-Ribose.

D-Ribose. D-Ribose ist eine Pentose und hat dementsprechend drei Chiralitätszentren. Sie kommt vor allem in der Molekularbiologie in der RNA (Ribo-Nukleinsäure) und in desoxygenierter Form in der DNA (Desoxy-Ribo-Nukleinsäure) vor. Da sie nur in geringen Mengen mit der Nahrung aufgenommen wird, kann sie intrazellulär aus Glucose synthetisiert werden (s. a. Pentosephosphatweg, s. 5.2, S. 63).

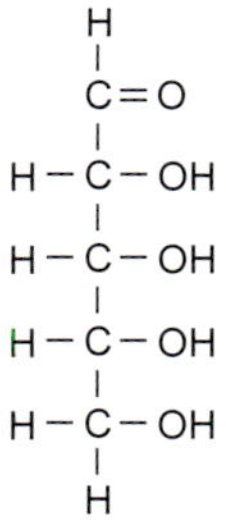

Abb. 4: D-Ribose *medi-learn.de/7-bc3-4*

Hexosen

Häufiger tauchen dagegen die Hexosen im Physikum auf. Hier sind es bereits vier, die du dir merken solltest. Punkten kannst du im Physikum vor allem mit deren Strukturformeln und Stereochemie.

Zu den Hexosen gehören:
– D-Glucose:
  (Traubenzucker, Dextrose) Wichtigstes Monosaccharid des Körpers, Bestandteil von Stärke, Disacchariden (z. B. Lactose und Saccharose) und Glykogen
– D-Galaktose:
  Bestandteil des Milchzuckers Lactose
– D-Mannose:
  Bestandteil von Membranen
– D-Fructose:
  Fruchtzucker, Bestandteil der Saccharose

Die Hexosen unterscheiden sich lediglich in der Stellung ihrer Alkoholgruppen an den vier Chiralitätszentren. Die Angelegenheit ist sogar noch etwas einfacher, da die OH-Gruppe am C5-Atom – das auch eine Chiralitätszentrum darstellt – bei allen vier Hexosen auf der rechten Seite steht. Das fünfte C-Atom ist insofern von besonderer Bedeutung, weil sich nach der Stellung seiner OH-Gruppe die Zuordnung der Hexosen zur D- oder L-Reihe richtet:
– **L**-Reihe = die OH-Gruppe am C5-Atom steht links (lat. **l**aevus: links),
– **D**-Reihe = die OH-Gruppe am C5-Atom steht rechts (lat. **d**exter: rechts).

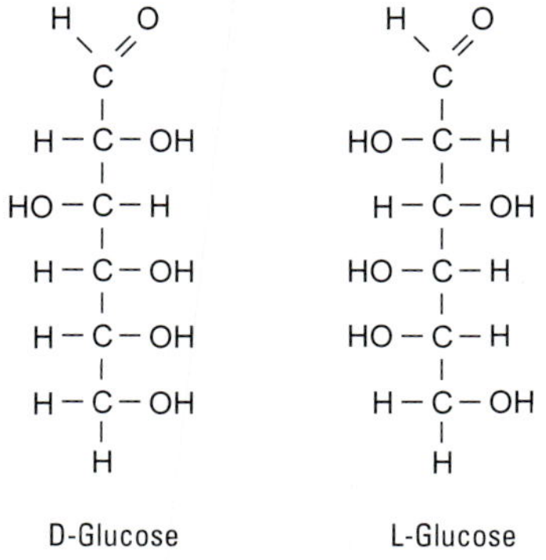

Abb. 5: D- und L-Glucose   *medi-learn.de/7-bc3-5*

Merke!

Die im Körper vorkommenden Hexosen gehören alle der D-Reihe an. Sie unterscheiden sich durch die Stellung ihrer Hydroxylgruppen an den C2-C4-Atomen.

Glucose. Das wichtigste, im Körper vorkommende Saccharid ist die Glucose. Alle anderen Hexosen können aus der Glucose synthetisiert werden. Beim Abbau anderer Hexosen ist es zudem notwendig, diese zunächst in Glucose umzuwandeln (s. 6, S. 64).

Glucose wird vom Körper zum größten Teil in Form von Stärke aufgenommen und deckt durch ihren Abbau in der Glykolyse bis zu 50 % unseres täglichen Energiebedarfs. Bei Nahrungsüberschuss kann Glucose in das tierische Speicherkohlenhydrat Glykogen umgewandelt werden oder dient als Substrat für die Fettsäuresynthese.

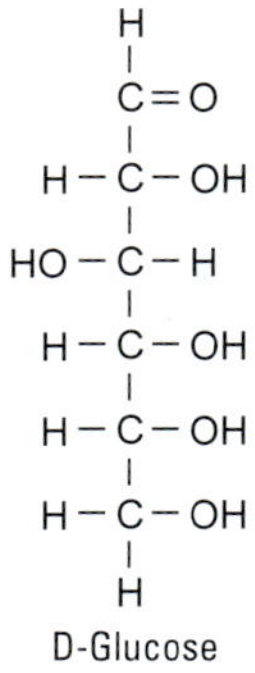

Abb. 6: Glucose   *medi-learn.de/7-bc3-6*

Merke!

Um sich die Stellung der OH-Gruppen der Glucose besser einprägen zu können, kannst du dir für alle OH-Gruppen, die rechts stehen, die Silbe „ta" und für alle, die links stehen, die Silbe „tü" merken. Für die Glucose ergibt sich so das bekannte Alltagsgeräusch „ta tü ta ta".

Galaktose. Galaktose ist das **C4-Epimer der Glucose**, das heißt, dass die Stellung der OH-Gruppen sich nur am Chiralitätszentrum drei unterscheidet (viertes C-Atom).

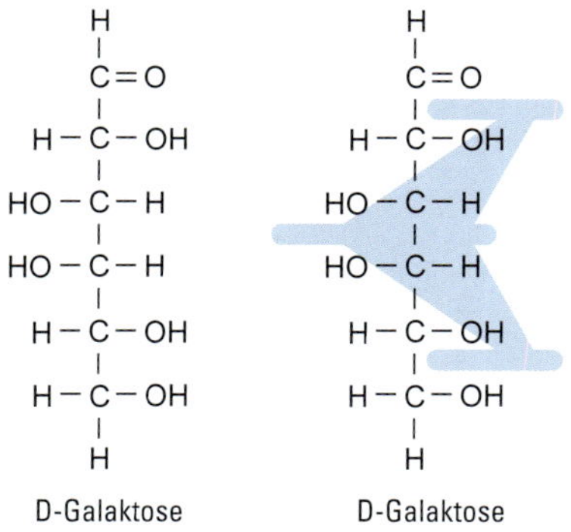

Abb. 7: Galaktose   *medi-learn.de/7-bc3-7*

Galaktose ist im Milchzucker (Lactose) **β-glykosidisch** mit Glucose verknüpft. Außerdem kommt Galaktose in den Gangliosiden vor und ist eine Strukturkomponente des AB0-Blutgruppen-Systems.

Merke!

Durch Verbinden der Hydroxylgruppen der Galaktose erhält man einen „galaktischen Fighter".

Mannose. Mannose ist ein Epimer der Glucose und unterscheidet sich von dieser am zweiten C-Atom. Mannose spielt vor allem eine Rolle beim Transport von Proteinen vom endoplasmatischen Retikulum (ER) zum Golgi-Apparat. Der Mechanismus wurde im Physikum bisher noch nicht abgefragt.

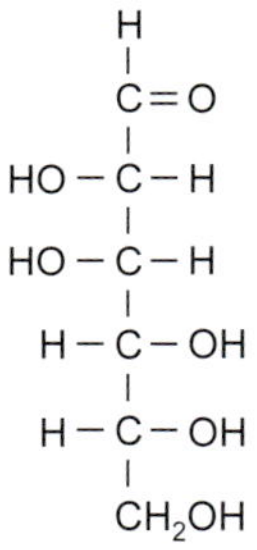

$$
\begin{array}{c}
H \\
| \\
C=O \\
| \\
HO-C-H \\
| \\
HO-C-H \\
| \\
H-C-OH \\
| \\
H-C-OH \\
| \\
CH_2OH
\end{array}
$$

D-Mannose

Abb. 8: Mannose   *medi-learn.de/7-bc3-8*

Fructose. Fructose unterscheidet sich durch die Stellung der Doppelbindung (Oxogruppe) deutlich von den anderen Hexosen. Während die anderen besprochenen Hexosen die Oxogruppe am C1-Atom tragen, also Aldosen sind, zählt die Fructose durch die C2-Stellung der Oxogruppe zu den Ketosen.

Fructose ist ein Strukturisomer der Glucose und kommt in Verbindung mit ihr in Saccharose vor. Fructose wird in der Haworth-Projektion fast ausschließlich als Furanose dargestellt.

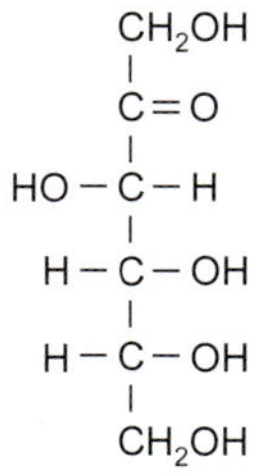

$$
\begin{array}{c}
CH_2OH \\
| \\
C=O \\
| \\
HO-C-H \\
| \\
H-C-OH \\
| \\
H-C-OH \\
| \\
CH_2OH
\end{array}
$$

D-Fructose

Abb. 9: Fructose   *medi-learn.de/7-bc3-9*

Schreibweisen von Monosacchariden

Je nachdem, worauf man bei der Darstellung von Sacchariden Wert legt, gibt es unterschiedliche Schreibweisen. Im Einzelnen sind das
– die Fischer-Projektion,
– die Haworth-Projektion und
– die Sessel-/Wanne-Projektion.

Während die Fischer-Projektion für Monosaccharide am übersichtlichsten ist, lassen sich größere Saccharide (z. B. Disaccharide) oder Saccharide in Verbindungen besser in der Haworth-Projektion darstellen. Am unübersichtlichsten – dafür aber am genauesten – ist die Sessel-/Wanne-Projektion.

Was musst du dir jetzt zu den einzelnen Projektionen fürs Physikum merken?
– In der Fischer-Projektion musst du die einzelnen Zucker an ihrer Strukturformel auseinander halten können.
– Für die Haworth-Projektion ist es völlig ausreichend, Glucose und Fructose in dieser Darstellung zu erkennen.
Es ist also nicht notwendig, jedes Saccharid in allen drei Projektionen zu kennen.

Merke!

Bei der Glucose in der Haworth-Projektion steht die OH-Gruppe, die am besten in den Ring „reinpasst", als einzige oben (anomere OH-Gruppe ausgenommen, s. S. 6).

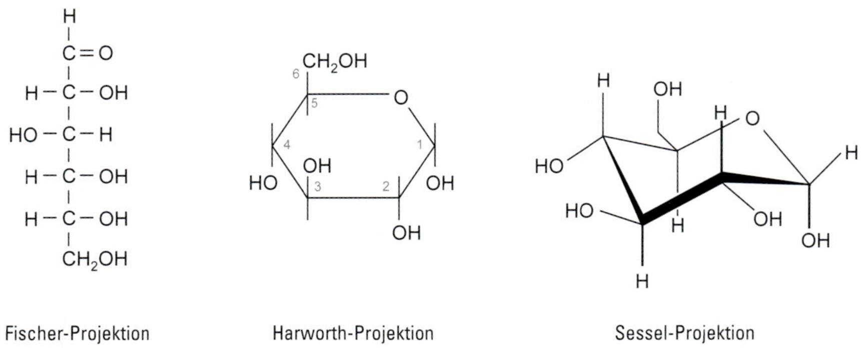

Fischer-Projektion · Harworth-Projektion · Sessel-Projektion

Abb. 10: Schreibweisen von Monosacchariden

medi-learn.de/7-bc3-10

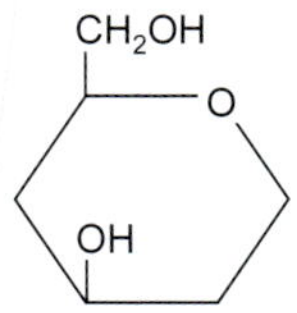

Da **F**ructose eine Ketose ist, entsteht bei der Ringbildung die **F**uranoseform (**F**ünferring).

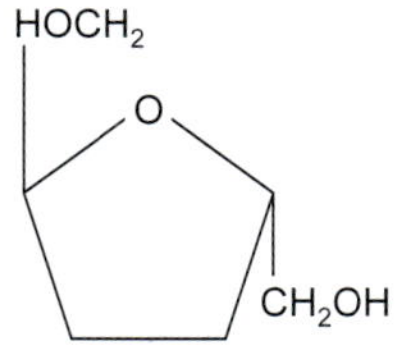

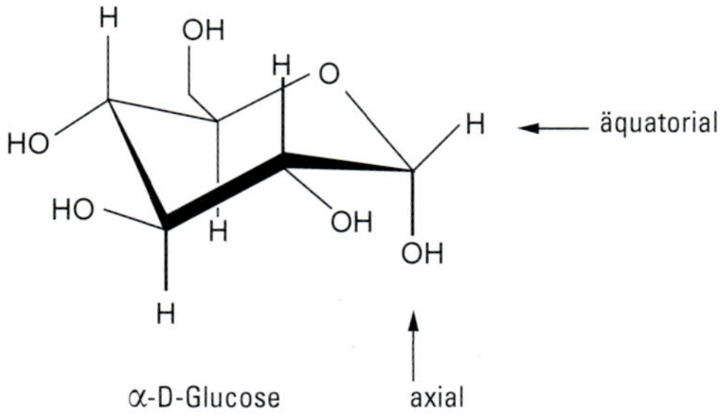

Abb. 11: Glucose in der Sessel-Projektion

medi-learn.de/7-bc3-11

Fragen zur Sessel-/Wanne-Projektion findet man für die Saccharide vor allem in der organischen Chemie. Hier reicht es völlig aus, zu erkennen, dass es sich um einen Zucker handelt. Außerdem wird gerne nach **axialen und äquatorialen OH-Gruppen** gefragt. Dazu solltest du dir merken, dass alle senkrecht zum unteren Papierrand stehenden OH-Gruppen als axial bezeichnet werden und alle anderen demnach äquatorial sind.

Furanose oder Pyranose?

Bei der Ringbildung von Hexosen sind grundsätzlich zwei unterschiedliche Konfigurationen denkbar. Entweder reagiert das C1-Atom mit der OH-Gruppe des C4-Atoms oder mit der OH-Gruppe des C5-Atoms.
Im ersten Fall entsteht ein **Fünferring**, bestehend aus vier Kohlenstoff- und einem Sauerstoff-Atom.

Diese Konfiguration nennt man **Furanose-Form**. Im zweiten Fall entsteht ein **Sechser-ring**, bestehend aus fünf Kohlenstoff und einem Sauerstoff-Atom, was man als **Pyranose-Form** bezeichnet (s. Abb. 12, S. 7).
Da Glucose eine herausragende Stellung im Kohlenhydrat-Stoffwechsel einnimmt und sie zudem das einzige Monosaccharid ist, das man unbedingt erkennen sollte, beschäftigen wir uns hier nur mit ihrer Ringstruktur.

α- oder β-Form?

Bei der Ringbildung der Glucose reagiert das Atom eins mit der OH-Gruppe des vierten oder fünften Kohlenstoffs (s. Abb. 13, S. 7). Hierbei entsteht aus dem doppelt gebundenen Sauerstoff am C1-Atom eine weitere Hydroxylgruppe. Betrachtet man die Chiralitätszentren, fällt weiterhin auf, dass sich durch die Ringbildung die Anzahl von vier auf fünf erhöht hat.

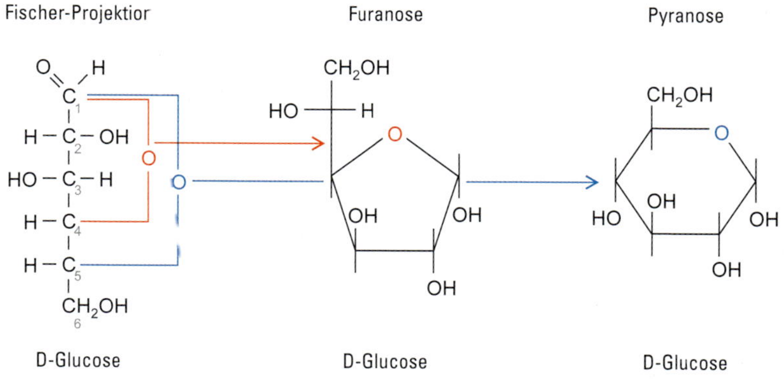

Fischer-Projektion   Furanose   Pyranose

D-Glucose   D-Glucose   D-Glucose

Abb. 12: Glucose in der Furanose- und Pyranoseform

medi-learn.de/7-bc3-12

Die Pyranoseform enthält also durch die Auflösung der Oxogruppe am C1-Atom an diesem ein weiteres Chiralitätszentrum (anomeres Zentrum). Abhängig von der Drehung am C1-Atom kann diese OH-Gruppe oben oder unten stehen.

Von α-D-Glucose spricht man, wenn bei Ringschluss die OH-Gruppe am C1-Atom unten steht, von β-D-Glucose, wenn die OH-Gruppe am C1-Atom oben steht.

α- und β-Glucose sind Anomere und können über die offenkettige Form ineinander umgewandelt werden.

Bei der α-D-Glucose liegen die Hydroxylgruppen am C1-Atom und C2-Atom näher beieinander als bei der β-D-Glucose. Aus diesem Grund ist die α-Form energiereicher. Da die Natur aber bestrebt ist, möglichst energiearme Zustände einzunehmen, liegt das Gleichgewicht auf der Seite der β-D-Glucose.

> **Merke!**
>
> – α = Die OH-Gruppe am C1-Atom steht unten.
> – β = Die OH-Gruppe am C1-Atom steht oben.

Ob ein Monosaccharid in der α- oder der β-Form vorliegt, wird vor allem dann wichtig, wenn es in Verbindung mit anderen Molekülen tritt (s. 1.3, S. 11).

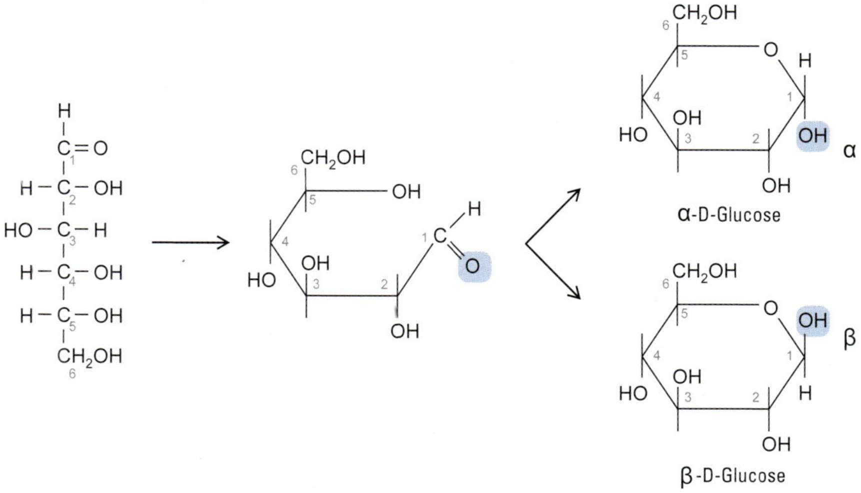

α-D-Glucose

β-D-Glucose

Abb. 13: α-β-Bildung

medi-learn.de/7-bc3-13

1.2   Stereochemie der Kohlenhydrate

Nicht nur in der Biochemie, auch in der Chemie wird immer wieder auf der chemischen Systematik herumgeritten. Schon allein das Wort „Stereochemie" löst mit Sicherheit in dir ein gewisses Maß an Ablehnung aus. Verständlich, werden doch Begriffe wie

– Konstitutionsisomere,
– Stereoisomere,
– Konfigurationsisomere,
– Enantiomere,
– Diastereomere,
– Epimere und
– Anomere

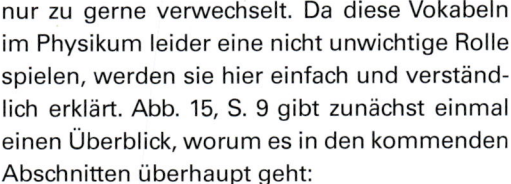

nur zu gerne verwechselt. Da diese Vokabeln im Physikum leider eine nicht unwichtige Rolle spielen, werden sie hier einfach und verständlich erklärt. Abb. 15, S. 9 gibt zunächst einmal einen Überblick, worum es in den kommenden Abschnitten überhaupt geht:

– Isomere sind alle Verbindungen, die die gleiche Summenformel – z. B. $C_6(H_2O)_6$ – besitzen, aber unterschiedliche Strukturen haben.
– Da aus dieser Summenformel noch nicht zu erkennen ist, um welche Art Hexose es sich handelt, sind alle Hexosen mit der gleichen Summenformel Isomere.

> **Merke!**
>
> Bei den Isomeren unterscheidet man grob zwischen Konstitutionsisomeren (Strukturisomeren) und den Stereoisomeren.

1.2.1   Konstitutionsisomere/Strukturisomere

Konstitutionsisomere werden auch Strukturisomere genannt und sind all die Verbindungen, die zwar die gleiche Summenformel besitzen, jedoch unterschiedliche funktionelle Gruppen aufweisen. Ein Beispiel hierfür ist die D-Glucose und die D-Fructose mit der Summenformel $C_6H_{12}O_6$.

Während Glucose am C1-Atom eine Aldehydgruppe besitzt und damit zu den Aldosen zählt, ist die Doppelbindung bei der Fructose am C2-Atom. Fructose besitzt eine Ketogruppe und zählt demnach zu den Ketosen. Ketohexosen und Aldohexosen sind Strukturisomere.

Ein weiteres Beispiel für Konstitutionsisomere sind die in der Glykolyse entstehenden Verbindungen Glycerinaldehyd-3-phosphat und Dihydroxyacetonphosphat.

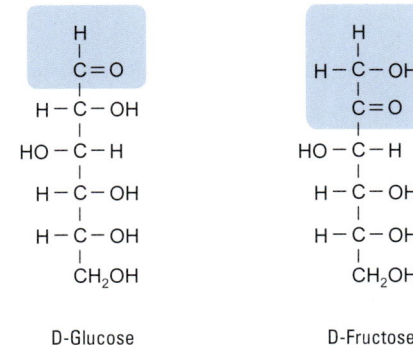

D-Glucose   D-Fructose

Abb. 14: Konstitutionsisomere: Glucose/Fructose

medi-learn.de/7-bc3-14

1.2.2   Stereoisomere

Haben zwei Hexosen eine unterschiedliche räumliche Anordnung, aber sowohl die gleiche Summenformel als auch identische funktionelle Gruppen, handelt es sich um Stereoisomere. Je nachdem, worin der Unterschied ihrer räumlichen Anordnung liegt, unterteilt man die Stereoisomere weiter in

– Konformere und
– Konfigurationsisomere.

Konformere

Bei den Konformeren handelt es sich NICHT um zwei unterschiedliche Moleküle. Zu ihnen gelangt man, wenn man ein Molekül an einer Einfachbindung frei dreht. Diese Art der Isomerie ist also relativ simpel, kommt aber im schriftlichen Examen leider kaum vor.

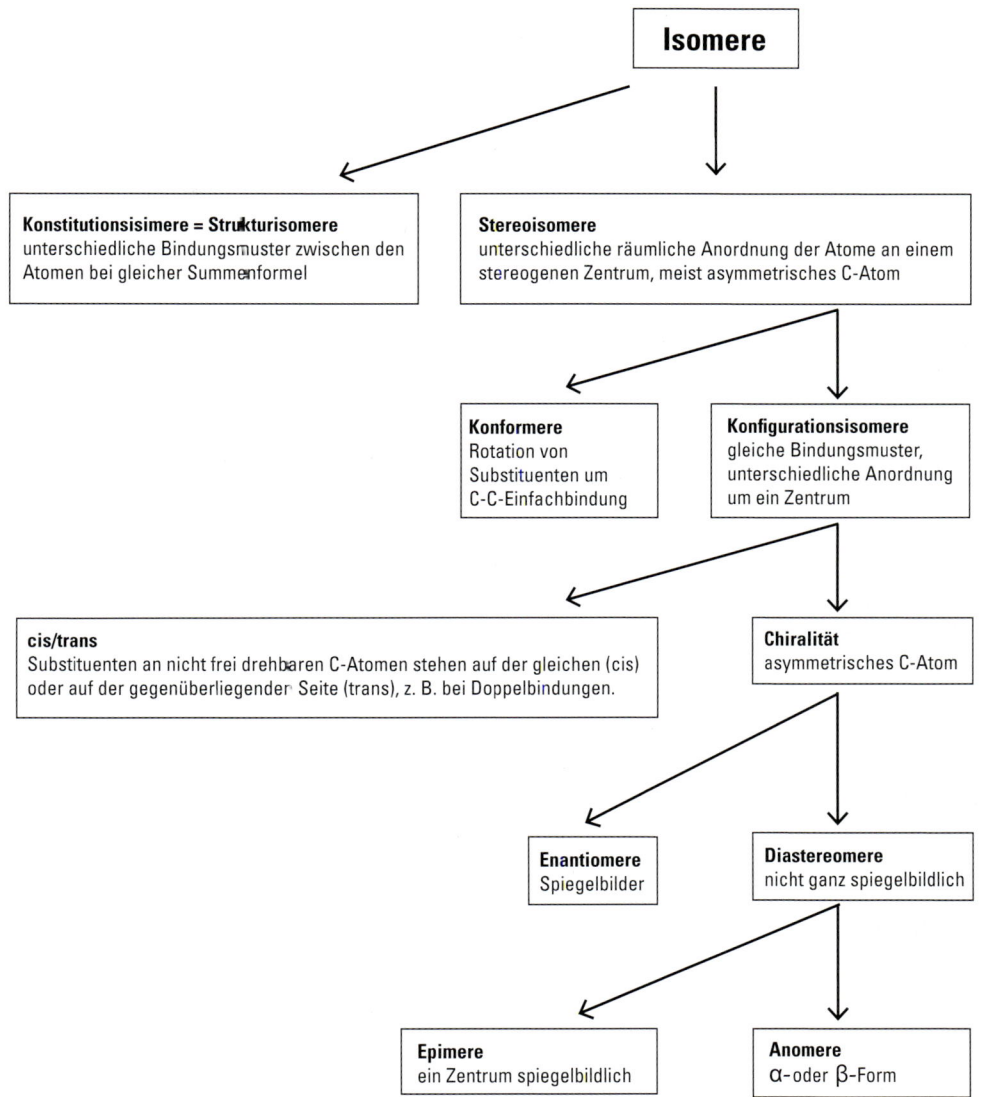

Abb. 15: Stereochemie

medi-learn.de/7-bc3-15

Konfigurationsisomere

Die Konfigurationsisomere spielen eine Hauptrolle im Kohlenhydratstoffwechsel. Sie sind alle gekennzeichnet durch die Anwesenheit von **Chiralitätszentren**. Stehen die Substituenten an allen Chiralitätszentren entgegengesetzt zueinander, spricht man von **Enantiomeren** (Bild und Spiegelbild), tun sie das nicht, von **Diastereomeren**.

Enantiomere. Enantiomere Moleküle verhalten sich zueinander wie Bild und Spiegelbild. Ihre funktionellen Gruppen stehen an allen Chiralitätszentren entgegengesetzt zueinander. Enantiomere haben unterschiedliche chemische Eigenschaften und werden vom Körper unterschiedlich verstoffwechselt. Das relevanteste Beispiel für Enantiomere sind die D- und L-Glucose. Ein Gemisch aus D- und L-Enantiomeren im Verhältnis 1 : 1 nennt man Racemat.

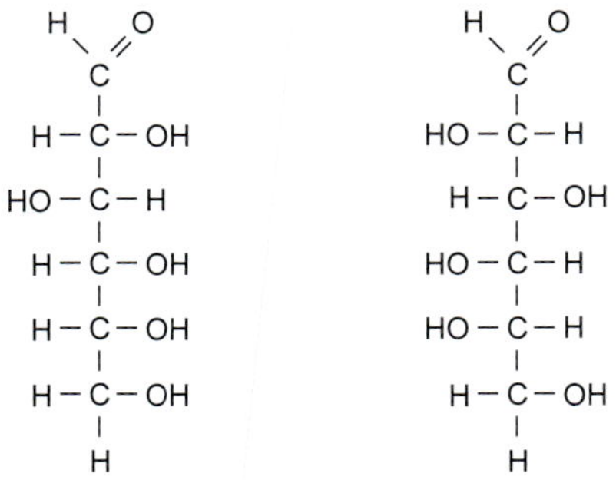

D-Glucose   L-Glucose

Abb. 16: Enantiomere: D-/L-Glucose

medi-learn.de/7-bc3-16

kann dort die OH-Gruppe (anomere OH-Gruppe) entweder in α-Stellung (nach unten) oder in β-Stellung (nach oben) stehen.

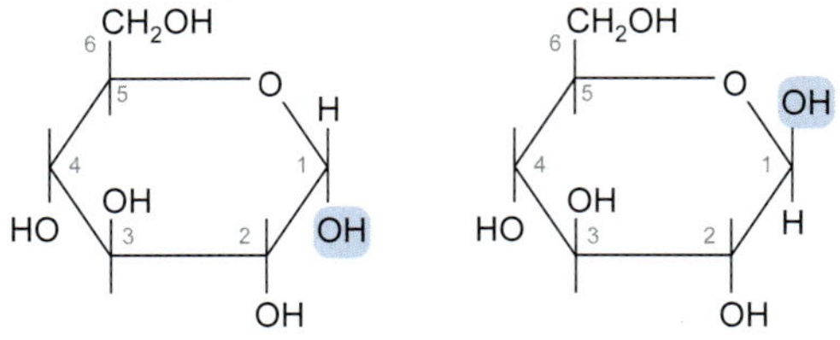

α-D-Glucose   β-D-Glucose

Abb. 17: Anomere: α-/β-D-Glucose

medi-learn.de/7-bc3-17

Beispiel

Enantiomere, die wir jeden Tag vor Augen haben, sind unsere Hände. Obwohl die linke und die rechte Hand ziemlich ähnlich aussehen, können sie nicht genau übereinander gelegt werden. Außerdem besitzt die rechte Hand – bei Rechts- und Linkshändern – völlig andere Eigenschaften als die linke.

Merke!

In Anlehnung an dieses Beispiel kann man sich Enantiomere auch als En**hand**tiomere merken.

Diastereomere. Besitzen zwei Moleküle die gleiche Summenformel und die gleichen funktionellen Gruppen, sind aber keine Spiegelbilder, so handelt es sich um Diastereomere. Diese Art der Isomerie kommt nur in Molekülen vor, die **zwei oder mehr Chiralitätszentren** haben. Auch die Diastereomere können nochmals weiter unterteilt werden in

– Anomere und
– Epimere.

Die **Anomere** wurden bereits bei der Ringbildung der Glucose (s. S. 6) kurz angesprochen. Diese Art der Isomerie entsteht dadurch, dass bei der Ringbildung ein zusätzliches Chiralitätszentrum am C1-Atom entsteht. Dadurch

Merke!

Anomere = α und β

Von Epimeren spricht man, wenn sich zwei Zucker an nur **einem Chiralitätszentrum** unterscheiden. Galaktose ist daher beispielsweise das C4-Epimer von Glucose.

Übrigens …

Im Galaktose-Stoffwechsel (s. 6.1, S. 64) wird Galaktose durch die UDP-Galaktose-4-Epimerase in Glucose umgewandelt. Bei parenteraler Ernährung kann man aus diesem Grund auch auf die Zugabe von Galaktose zur Nährflüssigkeit verzichten.

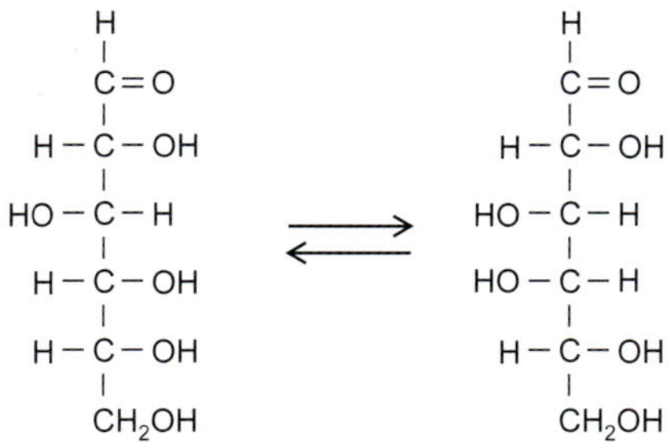

D-Glucose   D-Galaktose

Abb. 18: Epimere: Glucose/Galaktose

medi-learn.de/7-bc3-18

1.2.3   Wie lässt sich die Stereochemie der Kohlenhydrate behalten?

Um zu entscheiden, in welchem stereochemischen Zusammenhang zwei Moleküle zueinander stehen, hat sich folgendes Schema bewährt (s. Abb. 19, S. 11):

1.3   Glykosidische Bindung

Nur selten finden wir in unserer Umgebung einzelne Zucker. Über ihre anomere OH-Gruppe (bei Aldosen C1-Atom) sind Saccharide in der Lage, mit anderen Strukturen Verbindungen einzugehen.

1

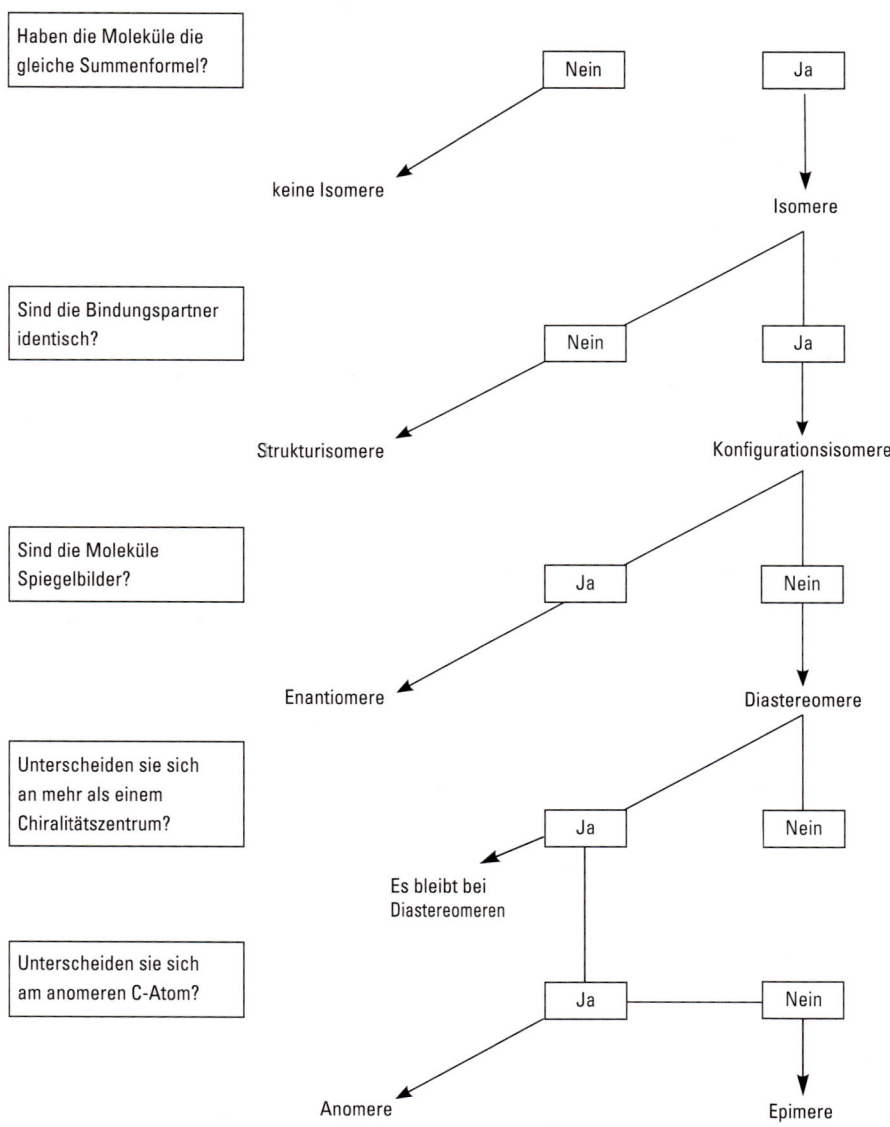

Abb. 19: Systematischer Überblick über die Stereochemie

medi-learn.de/7-bc3-19

Nicht wundern: Bei z. B. der α-(1,4)-glykosidischen Bindung ist natürlich nicht nur das C1-Atom beteiligt, sondern auch noch ein C4-Atom, die „Idee" für diese Bindungen geht aber immer vom anomeren C-Atom aus. Wie Zucker untereinander, aber auch mit anderen Molekülen (z. B. Aminosäuren) reagieren ist Thema dieses Abschnitts. Im schriftlichen Examen werden hierzu vor allem Fragen nach den **Bindungsarten** gestellt.

Die wichtigsten Verbindungen, mit denen Saccharide reagieren, sind:
- mit den OH-Gruppen anderer Saccharide oder Aminosäuren (O-glykosidische Bindung) und
- mit NH_2-Gruppen von Aminosäuren innerhalb von Peptiden oder mit DNA-Basen (s. 1.3.2, S. 13).

Außerdem ist es hilfreich, wenn du im Hinterkopf behälst, an welchem Kohlenstoffatom innerhalb eines Zuckermoleküls du mit dem Zählen beginnst.

Da bei der Darstellung von glykosidischen Bindungen entweder die Haworth- oder die Sessel-/Wanne-Projektion benutzt werden, ist es unter Umständen gar nicht so einfach, das anomere C-Atom zu erkennen. Das gelingt dir am besten, wenn du das **Kohlenstoffatom suchst, das an zwei Bindungen**

mit Sauerstoff beteiligt ist. Das anomere C-Atom ist deshalb wichtig, weil es besonders reaktionsfreudig ist.

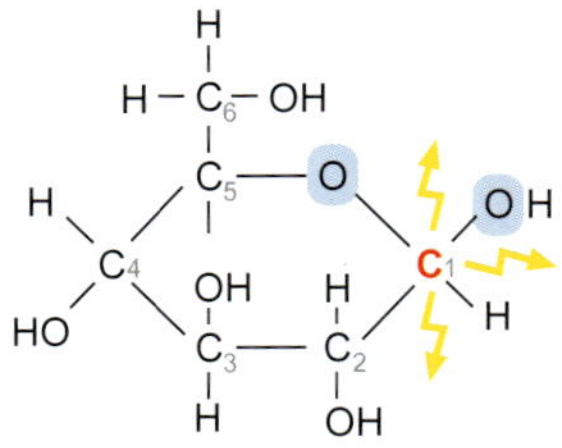

Abb. 21: C1-Atom von Hexosen in Haworth-Projektion

medi-learn.de/7-bc3-21

1.3.1 O-glykosidische Bindung

Die O-glykosidische Bindung entsteht bei der Reaktion der anomeren OH-Gruppe eines Zuckers A mit der OH-Gruppe eines anderen Moleküls. Im Kohlenhydrat-Stoffwechsel ist diese zweite OH-Gruppe meist Teil eines anderen Zuckermoleküls (Zucker B). Daneben ist aber auch die Reaktion mit den OH-Gruppen von Aminosäuren, wie z. B. der von Serin und Threonin, möglich. Je nachdem, ob die anomere OH-Gruppe des Zuckers A in α-(unten) oder β-Stellung (oben) vorliegt, bildet sich eine α-glykosidische Bindung oder eine β-glykosidische Bindung aus. Die häufigsten, im Physikum gefragten glykosidischen Bindungen sind die
- α-(1,4)-glykosidische Bindung,
- β-(1,4)-glykosidische Bindung und
- α-(1,6)-glykosidische Bindung.

α-D-Glucose

Zucker A

α-D-Glucose

Zucker B

α-Glucose (1,4)-Glucose

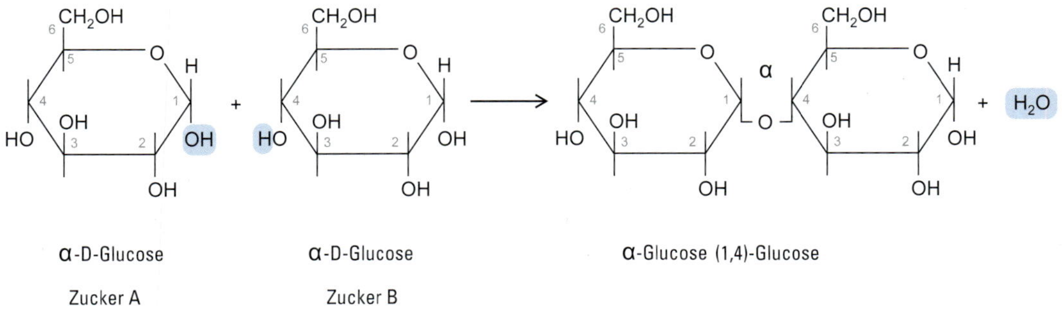

Abb. 20: α-(1,4)-glykosidische Bindung

medi-learn.de/7-bc3-20

β -D-Glucose

Zucker A

β -D-Glucose

Zucker B

β -Glucose (1,4)-Glucose

Abb. 22: β-(1,4)-glykosidische Bindung

medi-learn.de/7-bc3-22

α-(1,4)-glykosidische Bindung

Die häufigste in der Natur vorkommende glykosidische Bindung ist die zwischen dem C1-Atom eines Zuckers A und dem C4-Atom eines zweiten Zuckers B. In diesem Fall spricht man von einer (1-4)-glykosidischen Bindung. An dieser Stelle ist die Stellung der Hydroxylgruppe am C1-Atom (anomere OH-Gruppe) von Zucker A von Bedeutung (s. α- und β-D-Glucose, S. 6). Steht diese unten, spricht man von einer α-glykosidischen Bindung.

β-(1,4)-glykosidische Bindung

Nach dem gleichen Prinzip entsteht auch die β-glykosidische Bindung. Der Unterschied ist lediglich, dass bei der β-glykosidischen Bindung die anomere OH-Gruppe von Zucker A in β-Stellung steht (s. Abb. 22, S. 13).
Diese Unterscheidung ist deshalb wichtig, weil viele Enzyme entweder für die α- oder für die β-glykosidischen Bindungen spezifisch sind. So ist z. B. die β-glykosidische Bindung im Milchzucker Lactose die einzige, die von den Enzymen unseres Körpers gespalten werden kann. Die β-glykosidischen Bindungen innerhalb der Cellulose kann der Körper jedoch nicht spalten. Deshalb ist Cellulose für uns ein Ballaststoff, obwohl sie aus Glucosemolekülen besteht (s. Abb. 33, S. 18).

α-(1-6)-glykosidische Bindung

Neben der (1-4)glykosidischen Bindung kommt häufig auch die Bindung zwischen dem C1-Atom des einen (Zucker A) und dem C6-Atom eines anderen Zuckers (Zucker B) vor. Das Besondere an dieser Art der glykosidischen Bindung ist, dass bei Zucker B sowohl die Bindungsstelle am C1-Atom als auch die am C4-Atom noch unbesetzt sind, sodass hier die Kette über (1-4)-glykosidische Bindungen verlängert werden kann. **Durch (1-6)-glykosidische Bindungen kommt es daher zu einer Verzweigung der Kohlenhydratkette.** (1-6)-glykosidische Bindungen kommen in der Stärke und im Glykogen vor.

1.3.2   N-glykosidische Bindung

Reagiert das C1-Atom eines Saccharids nicht mit einer anderen OH-Gruppe, sondern mit einer NH-Gruppe eines anderen Moleküls, so entsteht eine N-glykosidische Bindung. N-glykosidische Bindungen werden zumeist an Asparaginreste geknüpft. Die Übertragung der Kohlenhydrate, z. B. bei der Synthese von Glykoproteinen, findet im rauen endoplasmatischen Retikulum statt. Als erstes Kohlenhydrat wird ein vorgefertigtes Oligosaccharid auf das Protein übertragen. N-glykosidische Bindungen kommen z. B. bei der Knüpfung von Kohlenhydratketten an Proteine (s. 1.6.2, S. 18) und an DNA-Basen vor, bei denen Ribose N-glykosidisch z. B. mit Adenin verbunden ist:

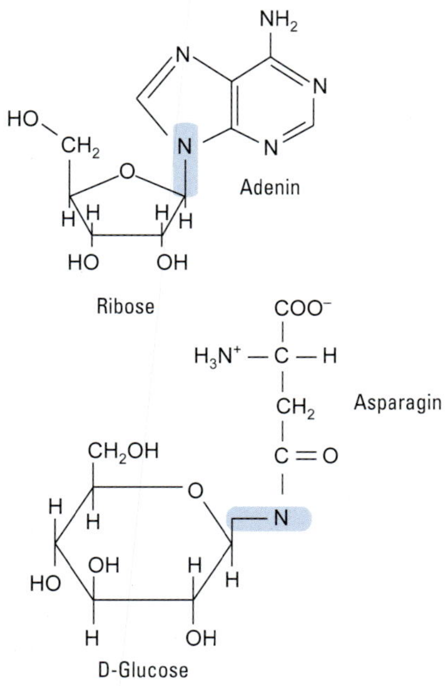

NH$_2$

Adenin

Ribose

Asparagin

D-Glucose

Abb. 23: N-glykosidische Bindung

medi-learn.de/7-bc3-23

Übrigens ...
Die erhöhten Glucosespiegel, wie sie
beim Diabetes mellitus vorkommen,

führen ebenfalls zu einer vermehrten
Glykierung über N-glykosidische Bindungen. Dieser Vorgang wird u. a. für
die Spätschäden der Erkrankung verantwortlich gemacht.

1.4   Disaccharide

Nachdem du jetzt weißt, wie
zwei Zucker miteinander reagieren, werden dir in diesem
Kapitel die prüfungsrelevanten
Disaccharide vorgestellt; und
das sind nur diese drei:

– Saccharose (Glucose + Fructose),
– Lactose (Galaktose + Glucose) und
– Maltose (Glucose + Glucose).

Um so angenehmer, dass immer wieder viele Fragen nach ihren Bestandteilen und zu ihrer Spaltung gestellt werden. Als Faustregel gilt
dabei:

Merke!

Alle drei Disaccharide enthalten Glucose. Sie unterscheiden sich lediglich bezüglich des zweiten
Zuckers.

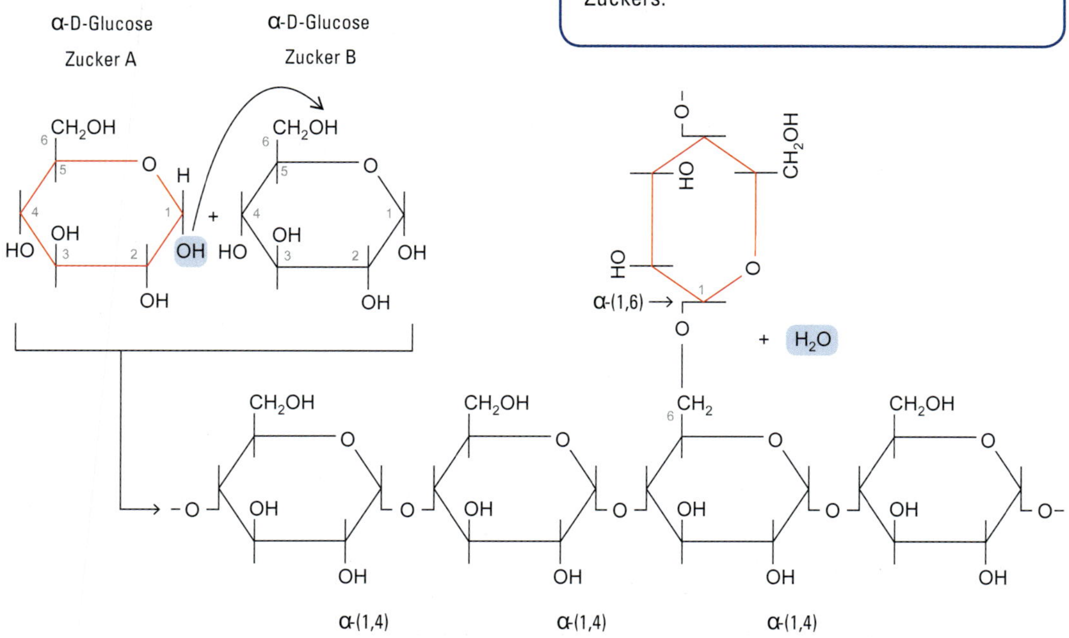

α-D-Glucose
Zucker A

α-D-Glucose
Zucker B

α-(1,6) →

+ H$_2$O

α-(1,4)   α-(1,4)   α-(1,4)

Abb. 24: α-(1-6)-glykosidische Bindung

medi-learn.de/7-bc3-24

1.4.1 Saccharose

Saccharose ist ein Disaccharid, bestehend aus den beiden Monosacchariden
- **Glucose** und
- **Fructose**.

> **Merke!**
>
> Da in der Saccharose beide anomeren OH-Gruppen an der Glykosidbindung teilnehmen, zählt Saccharose zu den NICHT-reduzierenden Zuckern.

nicht-reduzierender Zucker

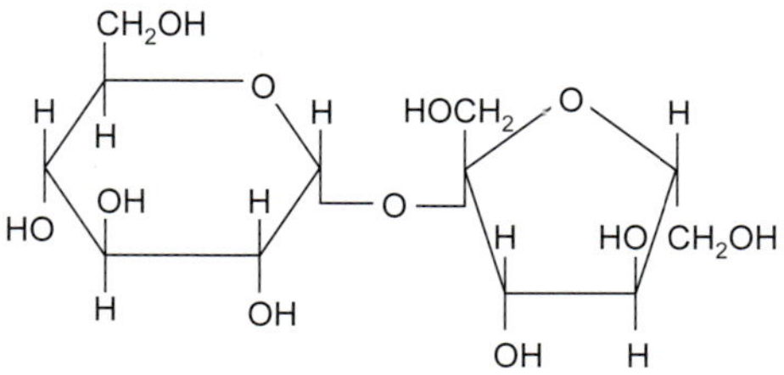

α-D-Glucose (1,2)-β-Fructose

Saccharose wird im Duodenum durch die im Bürstensaum lokalisierte Saccharase in die Monosaccharide Glucose und Fructose gespalten (s. 2.1.2, S. 28).

Abb. 25: Saccharose   *medi-learn.de/7-bc3-25*

1.4.2 Lactose

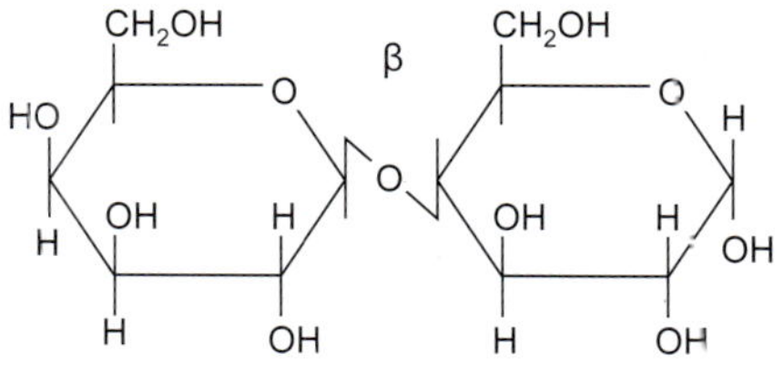

β-Galaktose (1,4)-Glucose

Abb. 26: Lactose   *medi-learn.de/7-bc3-26*

Lactose (Milchzucker) ist ein Disaccharid, bestehend aus den beiden Monosacchariden

- **Galaktose** und
- **Glucose**.

Durch das ebenfalls im Bürstensaum des Duodenums lokalisierte Enzym Lactase (β-Glykosidase) wird Lactose in seine Monosaccharide gespalten.

> **Merke!**
>
> Die β-glykosidische Bindung der Lactose ist die einzige, die vom menschlichen Körper gespalten werden kann.

Übrigens …
- Lactose bitte nie mit Lactat, dem Endprodukt der anaeroben Glykolyse (s. 3.1.3, S. 37), verwechseln!
- Die Lactose-Intoleranz ist eine Stoffwechselkrankheit, bei der das Enzym defekt ist, welches die β-glykosidische Bindung der Lactose spaltet. Infolgedessen verbleibt das Disaccharid Lactose im Darmlumen, zieht osmotisch Wasser an und führt daher zu Durchfällen und Bauchschmerzen.

1.4.3 Maltose

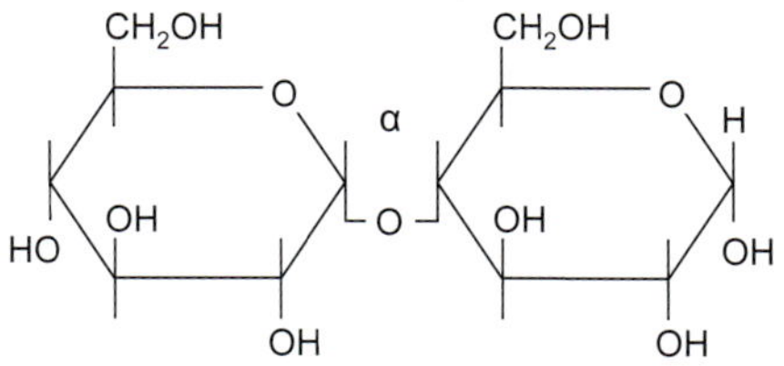

α-Glucose (1,4)-Glucose

Abb. 27: Maltose   *medi-learn.de/7-bc3-27*

Maltose (Bierzucker) ist ein Disaccharid, das aus den beiden Monosacchariden

- **Glucose** und
- **Glucose** besteht.

Maltose (α-Glucose-(1,4)-Glucose) und Isomaltose (α-Glucose-(1,6)-Glucose) sind Produkte der Stärkespaltung durch die α-Amylase des Speichels und des Pankreas (s. 2.1.1, S. 27).

1.4.4 Reduzierende Disaccharide/Zucker

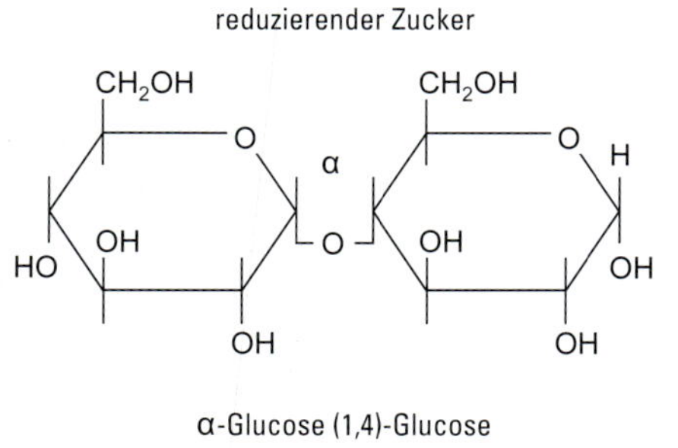

reduzierender Zucker

α-Glucose (1,4)-Glucose

Abb. 28: Maltose: α-Glucose-(1,4)-Glucose

medi-learn.de/7-bc3-28

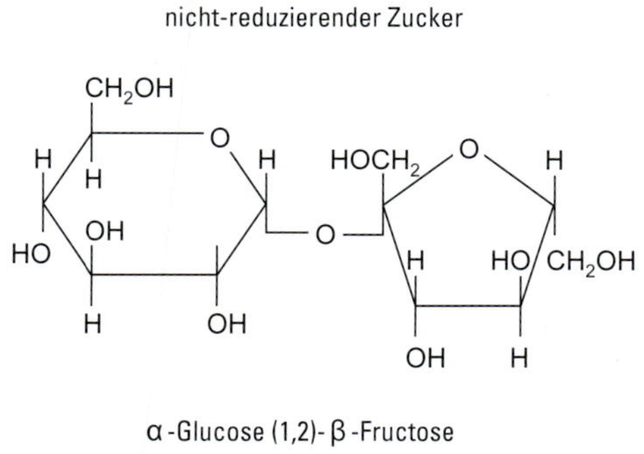

nicht-reduzierender Zucker

α-Glucose (1,2)-β-Fructose

Abb. 29: Saccharose: α-Glucose-(1,2)-β-Fructose

medi-learn.de/7-bc3-29

Wie bereits angesprochen (s. 1.3, S. 11), ist die OH-Gruppe am C1-Atom besonders reaktionsfreudig und neigt dazu, mit anderen Molekülen Verbindungen einzugehen. Diese werden bei der Reaktion reduziert. Bleibt bei der Reaktion von z. B. zwei Monosacchariden zu einem Disaccharid eine der beiden anomeren OH-Gruppen frei, so spricht man von **reduzierenden Zuckern**, da die Kette am freigebliebenen C1-Atom verlängert werden kann. Demgegenüber sind bei **nicht-reduzierenden Zuckern** beide anomeren C1-Atome O-glykosidisch miteinander verbunden. Solch ein Disaccharid kann daher keine weiteren Glykosidbindungen mehr eingehen.

Merke!

Im Namen des nicht-reduzierenden Disaccharids Saccharose stehen zwei griechische Buchstaben (α und β). Reduzierende Zucker haben in ihrem Namen nur einen griechischen Buchstaben.

1.5 Oligosaccharide

Die Oligosaccharide sind endlich mal ein Thema, das du für das Physikum getrost vernachlässigen kannst.

Daher auch hier nur ganz kurz: Oligosaccharide nennt man Verbindungen, die aus drei bis zehn Monosacchariden bestehen. Sie spielen vor allem in Verbindung mit Proteinen, als Glykoproteine, eine Rolle (s. 1.6.2, S. 18).

1.6 Polysaccharide

Wie der Name schon nahe legt, bestehen Polysaccharide aus vielen (poly-) Zuckern (Sacchariden). Von Polysacchariden spricht man bei Molekülen, die aus mehr als zehn Monosacchariden bestehen.

Je nachdem, ob ein Polysaccharid aus nur einer Art von Zuckern aufgebaut ist, wie zum Beispiel das Glykogen und die Stärke nur aus Glucose, oder ob verschiedene Zucker glykosidisch miteinander verknüpft sind, spricht man von

– Homoglykanen (nur eine Art von Sacchariden, griech. homo: gleich) oder von
– Heteroglykanen (verschiedene Saccharide innerhalb eines Polysaccharids, griech. hetero: verschieden).

Für das Physikum solltest du dein Augenmerk vor allem auf die Bindungstypen innerhalb der Polysaccharide legen, sowie auf ihr Vorkommen und ihre Funktion.

1.6.1 Homoglykane

Homoglykane sind Polysaccharide, die aus nur einer Art von Sacchariden zusammengesetzt sind. Zu den Homoglykanen gehören vor allem die tierischen und pflanzlichen Reservekohlenhydrate
– Stärke,
– Glykogen und
– Cellulose.

Stärke

Stärke ist das **Speicherkohlenhydrat der Pflanzen**. Sie kommt unter anderem in den Samen von Pflanzen vor. So zum Beispiel in der Kartoffel, im Reis, in Nüssen etc. Stärke besteht aus den zwei Bestandteilen:
– **Amylose** und
– **Amylopektin**.

In der **Amylose** sind die Glucosemoleküle wie in der Maltose durch α-(1-4)-glykosidische Bindungen miteinander verknüpft. Sie enthält keine (1-6)-glykosidischen Bindungen und ist demnach ein unverzweigtes Polysaccharid.

Abb. 30: Amylose   *medi-learn.de/7-bc3-30*

Amylopektin ähnelt der Amylose insofern, als dass sie ebenfalls aus α-(1-4)-glykosidisch verknüpften Glucoseeinheiten besteht. Zusätzlich kommen allerdings noch Verzweigungsstellen in Form von α-(1-6)-glykosidischen Bindungen vor.

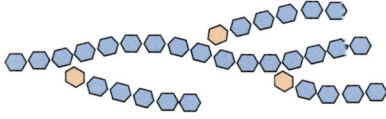

Abb. 31: Amylopektin   *medi-learn.de/7-bc3-31*

Stärke ist – abgesehen von zu vielen Süßigkeiten vielleicht – der wichtigste Lieferant von Glucose für unseren Körper. Die Stärke wird durch die in Parotis und Pankreas vorkommende α-Amylase in unterschiedlich große Oligosaccharide gespalten (s. 2.1.1, S. 27).

Glykogen

Glykogen ist das wichtigste **Speicherkohlenhydrat der Tiere** und des Menschen.
Die höchste Konzentration innerhalb des menschlichen Körpers findet sich in der Leber (etwa 10 % ihres Gewichts), die größte Menge in der Skelettmuskulatur (etwa 1 % der Muskelmasse). Vergleichbar mit dem Amylopektin der pflanzlichen Zelle, besteht Glykogen sowohl aus α-(1-4)- als auch aus α-(1-6)-glykosidisch miteinander verknüpften Glucosemolekülen. Im Vergleich zum Amylopektin ist das Glykogen jedoch stärker verzweigt.

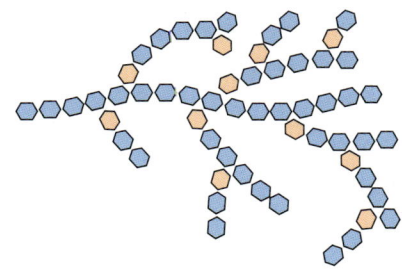

Abb. 32: Glykogen   *medi-learn.de/7-bc3-32*

Cellulose

Cellulose besteht aus **β-(1-4)-glykosidisch** miteinander verbundenen Glucosemolekülen. Obwohl Cellulose als pflanzliches Strukturkohlenhydrat in großen Mengen in der Natur vorkommt (Cellulose ist Bestandteil der pflanzlichen Zellwand), spielt es als Energielieferant in der menschlichen Zelle **KEINE Rolle**. Der Grund hierfür liegt darin, dass der Körper kein Enzym besitzt, das diese β-glykosidische Verbindung spalten kann (vgl. 1.4.2, S. 15).
Im Physikum wird immer wieder behauptet, dass Cellulose ein wichtiger Energielieferant des Menschen ist, darauf also bitte nicht reinfallen: **Cellulose ist nur ein Ballaststoff, KEIN Energielieferant!**

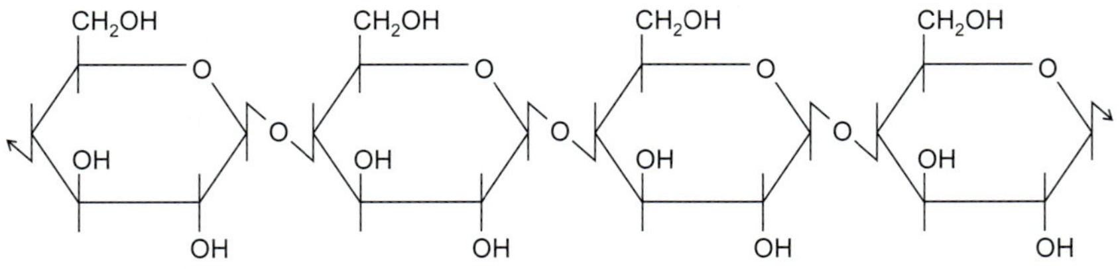

$(\beta\text{-Glucose (1,4)-Glucose})_n$

Abb. 33: Cellulose *medi-learn.de/7-bc3-33*

Dennoch ist Cellulose ein wichtiger Bestandteil der Nahrung, da sie die Darmperistaltik anregt und so der Entwicklung von Darmkrebs vorbeugt.

1.6.2 Heteroglykane

Heteroglykane sind vermutlich auch ein Thema, das du lieber morgen als heute machen würdest. Die Unterscheidung von Mucopolysacchariden, Proteoglykanen, Glykoproteine etc. ist sicherlich nicht mit dem größten Spaßfaktor verbunden, jedoch relativ einfach zu durchblicken.

Außerdem lassen sich bereits mit folgenden Fakten fast alle Fragen im schriftlichen Physikum zum Thema Heteroglykane beantworten:

1. Heteroglykane sind aus Disaccharideinheiten aufgebaute Linearpolymere.
2. Die einzelnen Saccharide in Heteroglykanen weisen typische Veränderungen auf: Sie sind reich an Uronsäuren und Sulfatestern.
3. Bei den in Heteroglykanen vorkommenden Monosacchariden handelt es sich IMMER um Hexosen.
4. Heteroglykane können kovalent an Proteine geknüpft sein. Man spricht dann von Proteoglykanen (enthalten mehr Zucker) oder Glykoproteinen (enthalten mehr Protein).

Übrigens ...

Die meisten Proteine im menschlichen Plasma und in der Interzellulärsubstanz, sind glykosyliert (mit Zuckern verbunden). Überwiegt der Proteinanteil gegen über dem Zuckeranteil, spricht man von Glykoproteinen (Proteine mit Zuckern), besteht das Molekül vorwiegend aus Zuckern von Proteoglykanen (Zucker mit Proteinen).

Mucopolysaccharide

In Mucopolysacchariden, auch Glykosaminoglykane genannt, sind Disaccharideinheiten (β)-glykosidisch (1,3 und 1,4) miteinander verknüpft. Da keine (1,6)-glykosidischen Bindungen vorkommen, weisen Mucopolysaccharide eine **lineare Struktur** auf. Die Disaccharideinheiten bestehen aus Glucuronsäureresten und Aminozuckern, vor allem Glucosamin und Galaktosamin. Außerdem können die Disaccharide acetyliert und/oder sulfatiert sein. Durch die Glucuronsäure und Sulfatierung reagieren die Mucopolysaccharide **sauer**.

Beispiele für Mucopolysaccharide sind
- Hyaluronsäure, die im Bindegewebe und Corpus vitreum vorkommt und
- Chondroitinsulfat C, das v. a. im Knorpel anzutreffen ist.

Proteoglykane

Mucopolysaccharide sind häufig O-glykosidisch an Serinreste eines Proteins gebunden. Diese Struktur wird als **Core-Protein** bezeichnet und bildet das Rückgrat der Proteoglykane. Seine Aufgabe ist es, die Saccharidketten zu organisieren, damit sie nicht in der Gegend „rumschwimmen". Im Vergleich zu der Größe des Kohlenhydratanteils ist die Masse des Core-Proteins relativ gering.

Die Aufgabe der Mucopolysaccharide besteht in der Bindung von Wasser.

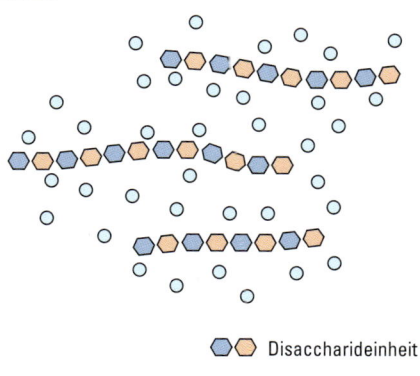

○◯ Disaccharideinheit

○ Wasser

Abb. 34: Mucopolysaccharide *medi-learn.de/7-bc3-34*

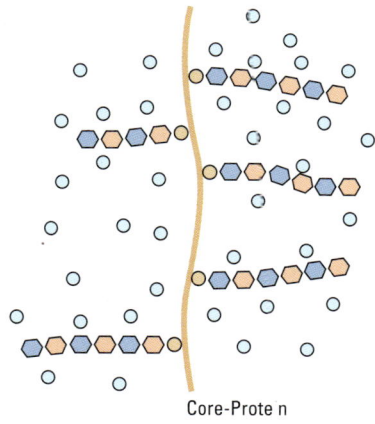

Core-Protein

Abb. 36: Proteoglykan *medi-learn.de/7-bc3-36*

Übrigens ...
Sowohl Mucopolysaccharide als auch Proteoglykane haben die Fähigkeit – aufgrund ihres anionischen Charakters – Wasser zu binden und sind daher das „Geliermittel" der Extrazellulärsubstanz und verleihen so z. B. dem Knorpel seine Druckelastizität. Beispiele für Proteoglykane sind das Keratansulfat, das Dermatansulfat und auch das Heparin.

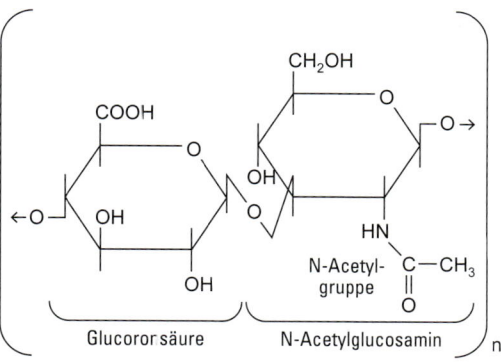

Hyaluronsäure

Chondroitinsulfat

Abb. 35: Disaccharideinheiten in Mucopolysacchariden
medi-learn.de/7-bc3-35

Glykoproteine

Ist der Proteinanteil eines Moleküls größer als sein Kohlenhydratanteil, so spricht man von Glykoproteinen. Die Anheftung von Zuckern an ein Protein – die Glykosylierung – ist übrigens die häufigste Art der posttranslationalen Veränderung von Proteinen. Dabei werden Oligosaccharidketten über O- und N-glykosidische Bindungen meist mit Asparagin (N-glykosidisch) oder mit Serin und Threonin (O-glykosidisch) an das Protein gebunden.

Außer dem Albumin sind alle Proteine des Blutplasmas glykosyliert. Entsprechend erfüllen Glykoproteine viele verschiedene Aufgaben. So sind sie z. B. als Immunglobuline für die körpereigene Abwehr verantwortlich oder

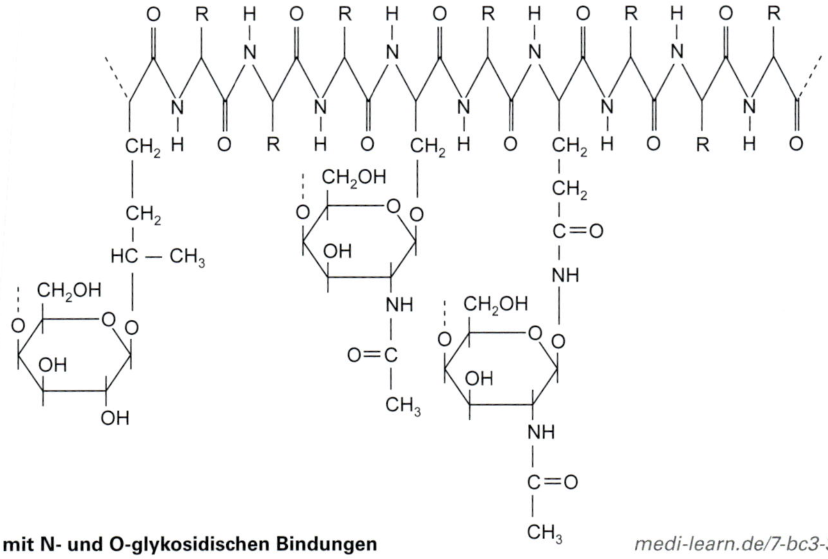

1

Abb. 37: Glykoprotein mit N- und O-glykosidischen Bindungen   *medi-learn.de/7-bc3-37*

dienen als Transportproteine dem Verschiffen von Fetten und anderen lipophilen Molekülen im Blut. Auch Hormone und Bestandteile der Blutgerinnung werden in glykosylierter Form sezerniert (z. B. Erythropoetin, Antithrombin III). Neben den im Plasma vorkommenden Proteinen ist auch eine Vielzahl von Membranproteinen der Zelle glykosyliert. Die Zuckerreste ragen dabei auf die extrazelluläre Seite und dienen z. B. als Rezeptoren zur Erkennung spezifischer Liganden wie Hormone. Im Darm spielen glykosylierte Proteine in Form der sogenannten Mucine eine wesentliche Rolle als Barriere zwischen Mukosa und Bakterien des Darms.

N-Acetylneuraminsäure (NANA)

Eine Substanz, die erst Anfang der Neunziger entdeckt wurde und immer häufiger im Physikum auftaucht, ist die **N-Acetylneuraminsäure, kurz NANA oder Neu-NAc**. NANA ist ein Molekül, das am Ende der meisten Zuckerketten mit **Galaktose** verbunden ist und Proteine vor dem Abbau durch die Leber bewahrt (s. Abb. 38, S. 20). Im Laufe eines Proteinlebens wird während der Zirkulation im Blut immer mehr NANA durch endothelständige Neuraminidasen entfernt. Je mehr Galaktosereste auf diese

Weise freigelegt werden, desto stärker wird die Bindung an Galaktoserezeptoren auf den Leberzellen, bis das betreffende Protein schließlich aufgenommen und zerlegt wird.

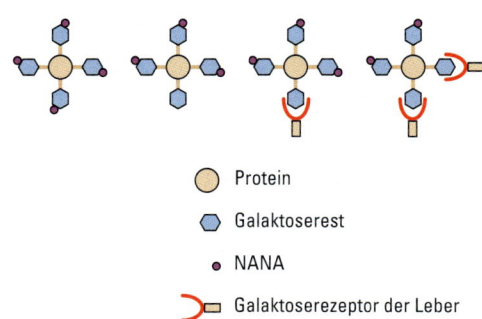

⬭	Protein
⬡	Galaktoserest
•	NANA
⊐	Galaktoserezeptor der Leber

Abb. 38: Funktion von N-Acetylneuraminsäure

medi-learn.de/7-bc3-38

Übrigens …
NANA kann man gut mit der TÜV-Plakette an Autos vergleichen: Alle Glykoproteine, die zur Benutzung des Plasmas zugelassen sind, tragen am Ende ihrer Zuckerketten NANA als Beweis ihrer Daseinsberechtigung. Fehlt die Plakette NANA, so erkennt das sofort der TÜV (die Leber) und entfernt das Protein aus dem Plasma-Verkehr.

Die **Strukturformeln** der einzelnen **Monosaccharide** und die verschiedenen Möglichkeiten ihrer Schreibweise solltest du dir sowohl für die Biochemie als auch für die organische Chemie einprägen. Bevor du jetzt einen Schreck kriegst und womöglich anfängst, alle Zucker in der Fischer-, Haworth- und Sessel-/Wanne-Projektion auswendig zu lernen, lässt sich das Ganze glücklicherweise auf folgende prüfungsrelevante Facts einschränken:

In der **Fischer-Projektion** solltest du kennen:
– die Ribose als einzige wichtige Pentose,
– die Glucose (Merkhilfe = „ta tü ta ta"),
– die Galaktose (Merkhilfe ist der durch Verbinden der Hydroxylgruppen entstehende „galaktische Fighter"),
– die Mannose und
– die Fructose als einzige relevante Ketohexose (Doppelbindung am C2-Atom).

In der **Haworth-Projektion** reicht es, für's Schriftliche die Glucose zu erkennen (Merkhilfe: Bei der Glucose steht die OH-Gruppe, die vernünftig in den Ring hineinpasst, als einzige oben, s. Abb. 12, S. 7).

In der Sessel-/Wanne-Projektion genügt es, zu erkennen, dass es sich um einen Zucker handelt sowie, welche OH-Gruppen axial und welche äquatorial stehen.

Um in dem begriffsverwirrenden Thema **Stereochemie der Kohlenhydrate** trotzdem punkten zu können, solltest du dir unbedingt merken, dass
– Isomere die gleiche Summenformel haben,
– Konstitutionsisomere unterschiedliche funktionelle Gruppen haben,
– Stereoisomere gleiche funktionelle Gruppen haben,
  • Enantiomere Spiegelbilder sind,
  • Diastereomere keine Spiegelbilder sind und mind. zwei Chiralitätszentren besitzen.
– wenn sich Diastereomere an mind. zwei Chiralitätszentren unterscheiden, jedoch nicht an allen (dann wären es Enantiomere), man diese Formen weiterhin nur Diastereomere nennt (s. S. 11).
– Diastereomere nennen sich Epimere, wenn sie sich nur an einem Chiralitätszentrum unterscheiden.
– Anomere der α- und β-Form sind, wenn sich Diastereomere am anomeren Zentrum (anomeres C-Atom) unterscheiden.

Der Bereich **Disaccharide** und **Polysaccharide** hat große Bedeutung im schriftlichen und im mündlichen Examen. Merken solltest du dir davon besonders, dass
– Disaccharide durch Reaktion der anomeren OH-Gruppe des einen Zuckers mit der OH-Gruppe eines zweiten Zuckers entstehen.
– die Reaktion eines Zuckers mit einer OH-Gruppe zu einer **O-glykosidischen Bindung** und die Reaktion der anomeren OH-Gruppe eines Saccharids mit einer Stickstoffgruppe eines anderen Moleküls zu einer **N-glykosidischen Bindung** führt.

Zur **O-glykosidischen Bindung** solltest du wissen, dass
– α-(1,4)-glykosidisch zu einem linearen Polysaccharid führt. Vorkommen unter anderem in Stärke und Glykogen.
– β-(1,4)-glykosidisch in der Lactose zwischen Galaktose und Glucose vorkommt und dies die einzige β-glykosidische Bindung ist, die unser Körper spalten kann. Die β-glykosidischen Bindungen der Cellulose können wir dagegen nicht spalten. Cellulose ist daher ein Ballaststoff.
– α-(1,6)-glykosidisch zur Verzweigung der Polysaccharidkette führt. Vorkommen im Amylopektin der Stärke und im Glykogen.

Zur **N-glykosidischen Bindung** solltest du am Tag X parat haben, dass

- sie bei der Verknüpfung von Kohlenhydratketten mit Proteinen entsteht. Dabei reagiert die anomere OH-Gruppe des endständigen Zuckers mit der Aminogruppe von z. B. Asparagin.
- auch in den Nukleotiden der RNA, der DNA und im Adenosintriphosphat (ATP) N-glykosidische Bindungen vorkommen.

Bei den **Disacchariden** solltest du außerdem noch wissen, aus welchen einzelnen Monosacchariden sie aufgebaut sind und durch welche Enzyme sie gespalten werden:

- **Saccharose** wird durch die **Saccharase** in **Glucose** und **Fructose** gespalten,
- **Lactose** wird durch die **Lactase** in **Galaktose** und **Glucose** gespalten und
- **Maltose** wird durch die **Maltase** in **zwei Moleküle Glucose** gespalten.

Die Disaccharidasen sind alle im Bürstensaum der Mucosazellen des Duodenums lokalisiert.

Zum Thema **reduzierende Zucker** oder nicht, merke dir bitte Folgendes:

- Ist die anomere (reduzierende) OH-Gruppe eines Saccharids nicht an einer glykosidischen Bindung beteiligt, so spricht man von reduzierenden Zuckern.
- Saccharose ist ein nicht-reduzierender Zucker.

Während zu Oligosacchariden bisher kaum Fragen gestellt wurden, solltest du dich mit den **Polysacchariden** genauer befassen und wissen, dass man bei den Polysacchariden unterscheidet zwischen

- **Homoglykanen:**
  - Stärke: α-(1,4)- und α-(1,6)-glykosidisch verknüpfte Glucosemoleküle.

- Glykogen: α-(1,4)- und α-(1,6)-glykosidisch verknüpfte Glucosemoleküle, stärker verzweigt als Stärke.
- Cellulose: β-(1,4)-glykosidisch verknüpfte Glucosemoleküle, kann vom menschlichen Körper nicht abgebaut werden.

- **Heteroglykanen:**
  - Mucopolysaccharide (Glykosaminoglykane): Aus repetitiven Disaccharideinheiten aufgebaute Linearpolymere. Sie besitzen aufgrund des hohen Anteils an Uronsäuren und Sulfatestergruppen anionischen Charakter. Ihre Aufgabe ist die Wasserbindung. In Verbindung mit einem Core-Protein gelangt man zu den.
  - Proteoglykanen: Ihr Kohlenhydratanteil überwiegt gegenüber dem Proteinanteil.
  - Glykoproteine: Bis auf Albumin sind alle sezernierten Plasmaproteine Glykoproteine. Bei Glykoproteinen ist der endständige Galaktoserest mit N-Acetylneuraminsäure (NANA) verbunden.
- **NANA:**
  - N-Acetylneuraminsäure ist eine Art TÜV-Plakette für Plasmaproteine. Bei der Zirkulation des Proteins im Blut werden durch endothelständige Neuraminidasen NANA abgespalten und Galaktosereste freigelegt. Die Galaktose wird von Rezeptoren in der Leber erkannt und das Protein gebunden. Sind genügend NANAs abgespalten, wird die Bindung zwischen Rezeptor und Protein stark genug und das Protein so aus dem Plasma entfernt. Auf diese Weise bestimmt NANA die Verweildauer eines Proteins im Plasma.

Im Bereich **Kohlenhydrate** werden häufig folgende Fragen in der mündlichen Prüfung gestellt.

1. **Bitte erklären Sie, was ein Chiralitätszentrum ist.**

2. **Erklären Sie bitte, wie viele Chiralitätszentren Pentosen, wie viele Hexosen haben. An welchen C-Atomen sind diese Chiralitätszentren zu finden?**

3. **Bitte erklären Sie, wie folgendes Molekül heißt. Wie sieht die entsprechende Fischer-Projektion aus?**

$$CH_2OH$$

4. **Bitte erläutern Sie den Unterschied zwischen Konstitutionsisomeren und Stereoisomeren. Nennen Sie mir bitte ein Beispiel für Konstitutionsisomere.**

5. **Erklären Sie bitte wie die beiden folgenden Moleküle heißen und wie sie stereochemisch zusammenhängen.**

Molekül A   Molekül B

6. **Erläutern Sie bitte, wieso es bei der Ringbildung von z. B. D-Glucose zu zwei unterschiedlichen Formen, der α- und der β-Form kommt. Bitte erklären Sie den stereochemische Zusammenhang zwischen diesen beiden Formen.**

7. **Bitte erläutern Sie, wie es zu einer glykosidischen Bindung kommt und welche unterschiedlichen Bindungsarten in diesem Zusammenhang unterschieden werden.**

8. **Erklären Sie bitte, worin der Unterschied zwischen reduzierenden und nicht-reduzierenden Zuckern besteht.**

9. **Bitte erläutern Sie, in welche Monosaccharide folgende Disaccharide gespalten werden und welches Enzym daran beteiligt ist.**
   • **Saccharose**
   • **Lactose**
   • **Maltose**

10. **Erklären Sie bitte, welche Aufgabe die N-Acetylneuraminsäure hat.**

11. **Erläutern Sie bitte die Gemeinsamkeiten/Unterschiede zwischen Cellulose und Stärke.**

---

1. Bitte erklären Sie, was ein Chiralitätszentrum ist.
Ein Chiralitätszentrum liegt dann vor, wenn ein Kohlenstoff vier unterschiedliche Bindungspartner (Substituenten/Reste) besitzt.

2. Erklären Sie bitte, wie viele Chiralitätszentren Pentosen, wie viele Hexosen haben. An welchen C-Atomen sind diese Chiralitätszentren zu finden?
Pentosen haben drei Chiralitätszentren, an den C2-C4-Atomen. Aldohexosen haben ein

C-Atom und daher auch ein Chiralitätszentrum mehr, also an den C2-C5-Atomen. Fructose (= eine Ketohexose) hat ebenfalls nur drei Chiralitätszentren an den C3-C5-Atomen.

3. Bitte erklären Sie, wie folgendes Molekül heißt. Wie sieht die entsprechende Fischer-Projektion aus?

$$
\begin{array}{c}
^6CH_2OH \\
\end{array}
$$

Bei diesem Molekül handelt es sich um die Haworth-Projektion von α-D-Glucose. Die entsprechende Fischer-Projektion ist:

$$
\begin{array}{c}
H \\
| \\
C=O \\
| \\
H-C-OH \\
| \\
HO-C-H \\
| \\
H-C-OH \\
| \\
H-C-OH \\
| \\
CH_2OH
\end{array}
$$

D-Glucose

4. Bitte erläutern Sie den Unterschied zwischen Konstitutionsisomeren und Stereoisomeren. Nennen Sie mir bitte ein Beispiel für Konstitutionsisomere.
Sowohl Konstitutionsisomere als auch Stereoisomere haben die gleiche Summenformel. Der Unterschied zwischen beiden besteht darin, dass Konstitutionsisomere unterschiedliche Bindungspartner an ihren C-Atomen aufweisen, und bei Stereoisomeren die Bindungspartner lediglich verschieden angeordnet sind. Glucose, eine Aldose, und Fructose, eine Ketose, sind z. B. Konstitutionsisomere.

5. Erklären Sie bitte wie die beiden folgenden Moleküle heißen und wie sie stereochemisch zusammenhängen.

$$
\begin{array}{c}
H \\
| \\
C=O \\
| \\
H-C-OH \\
| \\
HO-C-H \\
| \\
H-C-OH \\
| \\
H-C-OH \\
| \\
CH_2OH
\end{array}
\qquad
\begin{array}{c}
H \\
| \\
C=O \\
| \\
H-C-OH \\
| \\
HO-C-H \\
| \\
HO-C-H \\
| \\
H-C-OH \\
| \\
CH_2OH
\end{array}
$$

Molekül A — Molekül B

Bei Molekül A handelt es sich um D-Glucose, Molekül B ist ihr C4-Epimer, die Galaktose. Epimere unterscheiden sich voneinander an nur einem Chiralitätszentrum.

6. Erläutern Sie bitte, wieso es bei der Ringbildung von z. B. D-Glucose zu zwei unterschiedlichen Formen, der α- und der β-Form kommt. Bitte erklären Sie den stereochemische Zusammenhang zwischen diesen beiden Formen.
Bei der Ringbildung von D-Glucose entsteht am C1-Atom ein neues Chiralitätszentrum, da die Doppelbindung aufgelöst wird. Die entstehende Hydroxylgruppe kann jetzt entweder unten liegen, wodurch die α-D-Glucose entsteht, oder oben liegen, wodurch die β-D-Glucose entsteht. α- und β-Form sind Anomere.

7. Bitte erläutern Sie, wie es zu einer glykosidischen Bindung kommt und welche unterschiedlichen Bindungsarten in diesem Zusammenhang unterschieden werden.
Unter glykosidischer Bindung versteht man die Bindung zwischen einem Mono-/Oligo-/Polysaccharid und einem anderen Molekül. Sie kommt dadurch zustande, dass die Hydroxylgruppe am C1-Atom sehr reaktionsfreudig ist und somit leicht mit OH- oder NH_2-Gruppen anderer Moleküle unter Wasserabspaltung reagiert. Entsprechend unter-

scheidet man zwischen C- und N-glykosidischer Bindung.

8. Erklären Sie bitte, worin der Unterschied zwischen reduzierenden und nicht-reduzierenden Zuckern besteht.

Bleibt bei der Reaktion von z. B. zwei Monosacchariden zu einem Disaccharid eine der beiden anomeren OH-Gruppen frei, so spricht man von **reduzierenden Zuckern**, da die Kette am freigebliebenen, anomeren C-Atom noch mit anderen Molekülen reagieren kann. Diese werden bei der Reaktion reduziert. Demgegenüber sind bei **nicht-reduzierenden Zuckern** beide anomeren C-Atome O-glykosidisch miteinander verbunden. Dieses Disaccharid kann jetzt keine weiteren Glykosidbindungen eingehen.

9. Bitte erläutern Sie, in welche Monosaccharide folgende Disaccharide gespalten werden und welches Enzym daran beteiligt ist.
   – Saccharose
   – Lactose
   – Maltose

Saccharose wird durch die Saccharase in Glucose und Fructose gespalten.
Lactose wird durch die Laktase in Galaktose und Glucose gespalten.
Maltose wird durch die Maltase in zwei Moleküle Glucose gespalten.

10. Erklären Sie bitte, welche Aufgabe die N-Acetylneuraminsäure hat.

NANA ist ein besonderes Plasma-Glykoprotein, das am Ende der meisten Zuckerketten mit Galaktose verbunden ist und Proteine vor dem Abbau durch die Leber bewahrt. Während der Zirkulation im Blut wird immer mehr NANA durch endothelständige Neuraminidasen entfernt. Je mehr Galaktosereste auf diese Weise freigelegt werden, desto stärker wird die Bindung an die Galaktoserezeptoren auf den Leberzellen, bis das betreffende Protein schließlich aufgenommen und zerlegt wird.

11. Erläutern Sie bitte die Gemeinsamkeiten/ Unterschiede zwischen Cellulose und Stärke.

Cellulose und Stärke sind beides Homoglykane, bestehend aus vielen Monosacchariden Glucose. Während die einzelnen Glucosemoleküle in der Stärke α-(1,4)-glykosidisch miteinander verknüpft sind, und Stärke dadurch das wichtigste Nahrungskohlenhydrat des Menschen ist, kann der Körper die β-(1,4)-glykosidischen Bindungen der Cellulose nicht spalten. Cellulose ist daher ein Ballaststoff.
Ein weiterer Unterschied besteht darin, dass in der Stärke neben den α-(1,4)-glykosidischen Bindungen zusätzliche α-(1,6)-glykosidische Bindungen vorkommen und Stärke daher ein verzweigtes Polysaccharid ist.

EINEN NOTARZT, SCHNELL! DER KAFFEE IST VÖLLIG UNTERZUCKERT!

Mehr Cartoons unter www.medi-learn.de/cartoons

Pause

10 Minuten Pause!
Hier was zum Grinsen für Zwischendurch ...

Ein besonderer Berufsstand braucht besondere Finanzberatung.

Als einzige heilberufespezifische Finanz- und Wirtschaftsberatung in Deutschland bieten wir Ihnen seit Jahrzehnten Lösungen und Services auf höchstem Niveau. Immer ausgerichtet an Ihrem ganz besonderen Bedarf – damit Sie den Rücken frei haben für Ihre anspruchsvolle Arbeit.

- Services und Produktlösungen vom Studium bis zur Niederlassung

- Berufliche und private Finanzplanung

- Beratung zu und Vermittlung von Altersvorsorge, Versicherungen, Finanzierungen, Kapitalanlagen

- Niederlassungsplanung & Praxisvermittlung

- Betriebswirtschaftliche Beratung

Lassen Sie sich beraten!

Nähere Informationen und unseren Repräsentanten vor Ort finden Sie im Internet unter www.aerzte-finanz.de

Deutsche Ärzte Finanz

Standesgemäße Finanz- und Wirtschaftsberatung

2   Verdauung und Resorption der Kohlenhydrate

Fragen in den letzten 10 Examen: 3

Das erste Kapitel war zugebenermaßen sehr chemisch. Das wird sich in diesem Kapitel etwas bessern, denn jetzt geht es um die Verdauung und Resorption der Saccharide. Bevor wir jedoch beginnen, solltest du dir noch ein Stück Schokolade oder Brot genehmigen. Dann können wir nämlich zeitgleich besprechen, was unser Körper gerade mit den aufgenommenen Sacchariden anstellt.

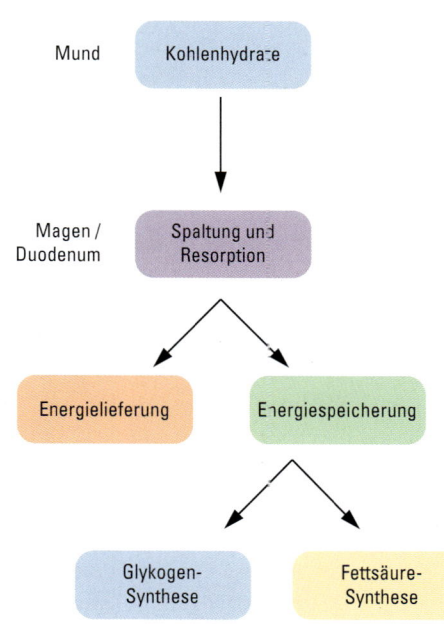

Abb. 39: Verdauung und Nutzung der Kohlenhydrate
medi-learn.de/7-bc3-39

2.1   Verdauung der Kohlenhydrate

Der Kohlenhydratanteil in der Nahrung eines gesunden jungen Menschen sollte – abhängig von der körperlichen Aktivität – bei 45–50 % liegen, was einem absoluten Gewicht von etwa 300 g Kohlenhydraten pro Tag entspricht. Bei einer ausgewogenen Ernährung besteht dieser Kohlenhydratanteil zum größten Teil aus

Stärke und zu kleineren Teilen aus Glykogen (in Fleisch), Saccharose (in Früchten) sowie Lactose (in Milch).

2.1.1   Spaltung von Stärke und Glykogen

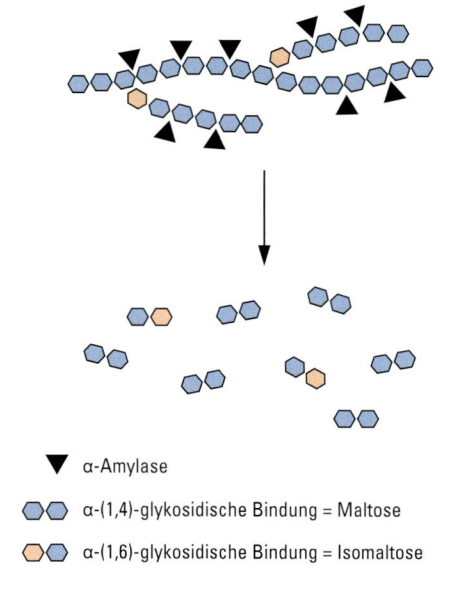

▼ α-Amylase

⬡⬡ α-(1,4)-glykosidische Bindung = Maltose

⬡⬡ α-(1,6)-glykosidische Bindung = Isomaltose

Abb. 40: Spaltung von Stärke   *medi-learn.de/7-bc3-40*

Die mit der Nahrung aufgenommenen Kohlenhydrate Stärke (z. B. in Form von Brot) und Glykogen (z. B. in Form eines saftigen Steaks) werden durch die in **P**arotis und **P**ankreas enthaltene **α-Amylase** in kleinere Saccharideinheiten gespalten. Die α-Amylase ist **spezifisch für α-1,4-glykosidische Bindungen** und somit nicht in der Lage, die ebenfalls in Glykogen und Stärke vorkommenden α-1,6-glykosidischen Verzweigungsstellen zu knacken. Endprodukte der Stärkeverdauung durch die α-Amylase sind deshalb zwei unterschiedliche Disaccharide, nämlich die **Maltose** (α-Glucose-(1,4)-Glucose) und die **Isomaltose** (α-Glucose-(1,6)-Glucose).

2

> **Merke!**
>
> Bitte merke dir für die Prüfung, dass die α-Amylase NICHT als inaktive Vorstufe sezerniert (wie die Verdauungsenzyme der Proteine, z. B. Trypsin) und daher auch NICHT über limitierte Proteolyse aktiviert wird.

2.1.2 Verdauung der Disaccharide

Die beim Stärke- und Glykogenabbau entstehenden Disaccharide Maltose und Isomaltose, aber auch die anderen mit der Nahrung aufgenommenen Disaccharide wie Lactose und Saccharose, werden vor ihrer Resorption in ihre Monosaccharidbausteine zerlegt.

Übrigens ...
Die Lokalisation der hierfür verantwortlichen **Disaccharidasen** wurde immer wieder gerne gefragt. Du solltest dir hierzu merken, dass diese Enzyme **im Bürstensaum der Mucosa lokalisiert sind**. Die Disaccharidasen sind also epithelständig und werden daher NICHT in den Dünndarm sezerniert.

Ihr Name leitet sich von dem zu spaltenden Disaccharid durch Anhängen der Endung –ase ab.
So spaltet
– die Lactase **Lactose** in Glucose und Galaktose,
– die **Saccharase** Saccharose in Glucose und Fructose und
– die **Maltase** Maltose in Glucose und Glucose.
In einzelne Zucker zerlegt, kann die Resorption der Monosaccharide beginnen.

2.1.3 Resorption der Glucose

Die Resorption von Sacchariden erfolgt im Dünndarm. Während die Aufnahme von Fructose durch erleichterte Diffusion erfolgt, von daher eher „langweilig" ist und wenig Raum für schwierige Fragen lässt, bietet die Resorption von Glucose einige Besonderheiten. Und wie immer sind Besonderheiten hervorragend als Prüfungsstoff geeignet.

Die bei der Stärke- und Glykogenverdauung freigesetzte Glucose wird im Dünndarm von den Zellen der Mucosa resorbiert. Da die Konzentration von Glucose im Darmlumen im Vergleich zu der Glucosekonzentration in den Enterozyten (Zellen der Darmschleimhaut) relativ gering ist, muss die Glucose entgegen ihres Konzentrationsgradienten transportiert werden. Daher erfordert dieser Transport Energie und wird als **aktiver Transport** bezeichnet.

Immer wieder wird im Physikum versucht, die Studenten in Bezug auf die Art des aktiven Transports zu verwirren. Daher solltest du folgende Arten unterscheiden und richtig zuordnen können:
– Beim **primär aktiven Transport** wird während des Transportvorgangs die zum Transport benötigte Energie durch die Spaltung von ATP zur Verfügung gestellt. Das wichtigste Beispiel für den primär aktiven Transport ist die Na/K-ATPase.
– Beim **sekundär aktiven Transport** wird die benötigte Energie NICHT während des Transportprozesses in Form von ATP verbraucht. Der sekundär aktive Transport nutzt vielmehr die Energie aus einem anderen (primären) Transportprozess, um die gewollten Moleküle entgegen ihres Gradienten zu transportieren. Beispiele hierfür sind die Aufnahme von Glucose und Galaktose in die Enterozyten.

> **Merke!**
>
> Das wichtigste Beispiel für einen sekundär aktiven Transport ist der Na-Glucose-Transporter in der luminalen Membran der Mucosazellen.

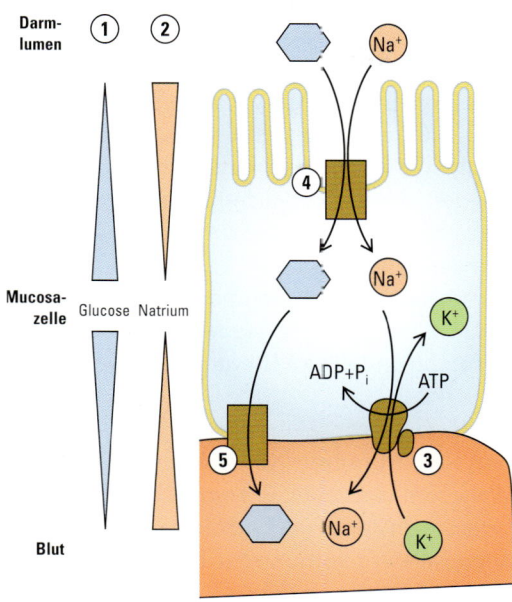

Abb. 41 a: Resorption von Glucose

medi-learn.de/7-bc3-41a

aus, um gleichzeitig Glucose mit in die Zelle zu befördern (4). Da bei dieser Transportart unmittelbar kein ATP verbraucht wird, sondern der ATP-Verbrauch an einer anderen Stelle (die Na-/K-ATPase) stattfindet, spricht man bei der Glucoseresorption von einem **sekundär aktiven Na-Symport** oder eben **sekundär aktiven Transport**. Mit Aufnahme der Glucose in die Enterozyten ist die schwierigste Etappe gemeistert. In das Blut gelangt die Glucose dann durch **erleichterte Diffusion** (5), da die Blut-Glucosekonzentration im Verhältnis zur Glucosekonzentration in der Mucosazelle niedriger ist und Glucose daher bergab transportiert wird.

Abb. 41 b: Sekundär aktive Glucoseresorption

medi-learn.de/7-bc3-41b

Weitere Beispiele für einen sekundär aktiven Transport sind

– die Resorption von Aminosäuren aus dem Intestinaltrakt und
– die Rückresorption von Glucose sowie Aminosäuren in den Tubuli der Niere.

Noch eine Sache solltest du dir unbedingt zur Resorption von Glucose im Duodenum merken, und zwar, dass diese **insulinunabhängig** erfolgt. Dies kannst du recht gut behalten, wenn du dabei an die Patienten denkst, die kein oder zu wenig Insulin besitzen: die Diabetiker. Diese Patienten haben einen relativen Mangel an

Nach diesem kurzen Exkurs zu den Mechanismen des aktiven Transports folgt jetzt en detail der Weg der Glucose vom Darm ins Blut (s. Abb. 41 a, S. 29):
Die Glucose-Konzentration im Darmlumen ist im Vergleich zu der in den Mucosazellen relativ gering (1). Um sie dennoch resorbieren zu können, muss die Glucose entgegen ihres Konzentrationsgradienten (bergauf) transportiert werden, was Energie erfordert. Im Gegensatz dazu ist die Konzentration der Natrium-Ionen im Darmlumen im Vergleich zu der in den Mucosazellen relativ hoch (2). Das bedeutet, dass die Natrium-Ionen entlang ihres Konzentrationsgradienten (bergab) in die Zellen transportiert werden können. Dieser Konzentrationsgradient wird durch den primär aktiven Transporter Natrium-Kalium-ATPase (3) in der basolateralen Membran aufrecht gehalten, der Natrium aus der Zelle heraus und Kalium vom Blut in die Zelle hinein transportiert.
Die beim Einwärtstransport von Natrium aus dem Darmlumen entlang seines Konzentrationsgradienten freiwerdende Energie reicht

2

Insulin und fallen meist durch **erhöhte Blut-Glucosespiegel** auf. Wäre die Resorption von Glucose im Magen-Darm-Trakt insulinabhängig, würde bei Insulinmangel weniger Glucose aufgenommen werden, und die Blut-Glucose-Konzentration müsste beim Diabetiker erniedrigt sein. Daraus lässt sich schließen:

> **Merke!**
>
> Die Glucoseresorption in den Mucosazellen erfolgt insulin**un**abhängig.

Übrigens …
Bei Insulinmangel ist auch die hepatische Gluconeogenese gesteigert, wodurch der Blut-Glucosespiegel zusätzlich erhöht wird.

Auf ihrem weiteren Weg gelangt die Glucose aus der Mucosazelle durch erleichterte Diffusion in das Pfortaderblut und mit ihm zur Leber. Wie in fast allen anderen Stoffwechselprozessen spielt die Leber auch im Kohlenhydratstoffwechsel eine bedeutende Rolle: Sie sorgt für die Aufrechterhaltung eines konstanten Blut-Glucosespiegels. Bei einem Überangebot an Kohlenhydraten speichert die Leber Glucose in Form von Glykogen, um dann – z. B. zwischen den Mahlzeiten – durch Abbau des Glykogens erneut Glucose freizusetzen.

2.2 Glucosetransporter

Nachdem die Glucose über den sekundär aktiven Na-Symport von den Darmmucosazellen aufgenommen und über erleichterte Diffusion an das Blut abgegeben wurde, gelangt sie im Blutplasma zu den Körperzellen. Die Aufnahme in die jeweiligen Zielzellen erfolgt mit besonderen und gern gefragten Transportern, den Glucosetransportern oder kurz GLUTs. Der Transportprozess, an dem diese Glucosetransporter beteiligt sind, entspricht dem Prinzip der **erleichterten Diffusion**, was bedeutet, dass die Glucose dabei ohne ATP-Verbrauch entlang ih-

res Konzentrationsgradienten vom Blutplasma in die Zellen transportiert wird.

In den unterschiedlichen Geweben kommen verschiedene GLUTs vor, deren Eigenschaften (z. B. die Transportkapazität) genau auf die jeweiligen Zielzellen abgestimmt sind. Bislang wurden sieben Glucosetransporter identifiziert, von denen du glücklicherweise aber nur vier kennen musst.

Dein besonderes Augenmerk sollte dabei auf GLUT 2 und GLUT 4 liegen, da diese beiden besonders häufig im Examen gefragt wurden.

GLUT 1. Dieser Glucosetransporter ist in unserem Körper am Weitesten verbreitet. Er kommt in fast allen Zellen vor und dient der basalen Versorgung der Zellen mit Glucose.

GLUT 2. GLUT 2 kommt vor allem in **Hepatozyten und den β-Zellen des Pankreas** vor. Seine Affinität gegenüber Glucose ist sehr gering (hoher KM-Wert), sodass er nur bei hohen Blut-Glucosekonzentrationen aktiv wird. Er dient Leber und Pankreas als **Glucosesensor**. Diese beiden Organe reagieren bei Überschreiten eines bestimmten Schwellenwerts an Blutglucose mit der Synthese von Glykogen (s. 4.1, S. 55) oder der Ausschüttung von Insulin (Pankreas).

GLUT 3. Dieser Glucosetransporter dient wie GLUT 1 der basalen Glucoseversorgung der Zellen. Er kommt vor allem in Nervenzellen vor.

GLUT 4. Die wichtigste Tatsache, die du dir zu GLUT 4 merken solltest, ist, dass dieser Glucosetransporter **insulinabhängig** ist. Er kommt vor allem in der **Skelettmuskulatur und den Adipozyten** vor, wo er in Anwesenheit von Insulin die Aufnahme von Glucose in die Zellen vermittelt. Die Wirkung von Insulin auf GLUT 4 ist in Abb. 42 a, S. 31 und Abb. 42 b, S. 31 dargestellt.

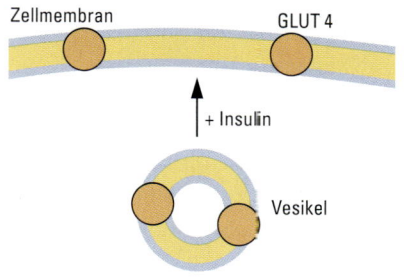

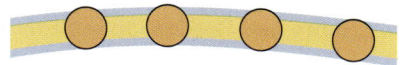

Die GLUT 4 einer Zelle befinden sich sowohl in der Plasmamembran als auch in intrazellulären Vesikeln (a). Unter dem Einfluss von Insulin verschmelzen die Vesikel mit der Plasmamembran, wodurch die Anzahl der GLUT 4 dort erhöht wird (b).

Abb. 42 a: GLUT 4 in Abwesenheit von Insulin

medi-learn.de/7-bc3-42a

Abb. 42 b: GLUT 4 in Anwesenheit von Insulin

medi-learn.de/7-bc3-42b

2

Die **Verdauung und Resorption der Stärke** ist ein sehr anschauliches Thema, zu dem du dir zum Glück nur wenige Fakten merken musst. Diese tauchen dafür im Physikum gehäuft auf, was überaus angenehm ist:

– Stärke wird durch die in Parotis und Pankreas enthaltene α-Amylase in Maltose und Isomaltose gespalten.
– Die Spaltung der Disaccharide erfolgt durch die entsprechenden Disaccharidasen, die im Bürstensaum der Dünndarmmucosa lokalisiert sind.
– Die Glucoseresorption in die Mucosazellen erfolgt durch einen sekundär aktiven Na-Symport. Sie ist **insulinunabhängig**.
– Die Abgabe von Glucose an das Blut geschieht durch erleichterte Diffusion entlang des Konzentrationsgradienten von Glucose.

Für die **Glucosetransporter** lohnt sich das Lernen folgender Fakten:

– Der Glucosetransporter GLUT 2 befindet sich in Leber und Pankreas, wo er als Glucosesensor fungiert. Er wird erst bei hohen Blutglucosekonzentrationen aktiv und ist **insulinunabhängig**.
– Der Glucosetransporter GLUT 4 ist ein vor allem in Skelettmuskel und Fettgewebe vorkommender, **insulinabhängiger** Transporter. In Abwesenheit von Insulin erfolgt die Speicherung von GLUT 4 in intrazellulären Vesikeln, die unter Insulineinfluss in die Membran transloziert (verlagert) werden.

In der Mündlichen werden aus dem Bereich **Verdauung und Resorption der Kohlenhydrate** häufig diese Fragen gestellt:

1. **Bitte erklären Sie, wie die Stärkespaltung erfolgt und was ihr Endprodukt ist.**

2. **Was wissen Sie zur Resorption von Glucose?**

3. **Nennen Sie mir bitte drei wichtige Glucosetransporter, ihr Vorkommen und ihre Funktion.**

---

1. Bitte erklären Sie, wie die Stärkespaltung erfolgt und was ihr Endprodukt ist.
Stärke wird durch die in Parotis und Pankreas enthaltene α-Amylase gespalten. Die α-Amylase ist spezifisch für α-(1,4)-glykosidische Bindungen, sodass als Endprodukte der Stärkeverdauung durch die α-Amylase Maltose und Isomaltose entstehen.

2. Was wissen Sie zur Resorption von Glucose?
Die Resorption von Glucose erfolgt durch einen sekundär aktiven Na-Symport. Dieser nutzt den Konzentrationsunterschied von Natrium über der luminalen Membran, um Glucose entgegen ihres Gradienten in die Mucosazellen zu transportieren. Die Resorption von Glucose ist im Dünndarm/Duodenum lokalisiert und erfolgt insulinunabhängig. Die Abgabe der Glucose an das Blut findet mittels erleichterter Diffusion statt.

3. Nennen Sie mir bitte drei wichtige Glucosetransporter, ihr Vorkommen und ihre Funktion.

1. Der Glucosetransporter GLUT 2 ist in Leber und Pankreas lokalisiert und dient dort als Glucosesensor. Er wird erst bei hohen Blutglucosekonzentrationen aktiv und ist insulinunabhängig.

2. Der Glucosetransporter GLUT 4 ist ein – vor allem in Skelettmuskel und Fettgewebe vorkommender – insulinabhängiger Transporter. In Abwesenheit von Insulin erfolgt die Speicherung von GLUT 4 in intrazellulären Vesikeln, die unter Insulineinfluss in die Membran verlagert werden.

3. Ein weiterer wichtiger Glucosetransporter ist der in der luminalen Membran von Mucosazellen vorkommende Na-Glucose-Cotransporter. Durch ihn erfolgt die Resorption von Glucose aus dem Dünndarm in die Mucosazellen. Dieser Transportprozess ist sekundär aktiv, d. h., dass hierbei die Energie NICHT direkt aus ATP gewonnen wird.

Mehr Cartoons unter www.medi-learn.de/cartoons

Pause

Lehn' dich zurück und mach
doch einfach mal kurz Pause ...

3   Abbau & Aufbau von Glucose

 Fragen in den letzten 10 Examen: 24

Nachdem die Glucose durch **sekundär aktiven Na-Symport** resorbiert wurde (s. S. 29), gelangt sie mit dem Blutstrom zu den Körperzellen und dient dort entweder der Energiegewinnung oder der Energiespeicherung. Dieses Kapitel beschäftigt sich mit der Gewinnung von Energie aus Glucose über die zentralen Stoffwechselwege der Glykolyse und der Gluconeogenese. Die Speicherung von Energie über den Glykogen-Stoffwechsel wird anschließend in Kapitel 4, S. 55, besprochen.

3.1   Glykolyse

Der Abbau von Glucose findet in der Glykolyse statt (-lyse = auflösen). Dabei entstehen aus einem Molekül Glucose zwei Moleküle Pyruvat. Der Sinn der Glykolyse liegt in der Bereitstellung von Energie. Je nachdem, ob Sauerstoff vorhanden ist oder nicht, kann die Glykolyse **aerob** oder **anaerob** (s. 3.1.3, S. 37) ablaufen. **Der Unterschied zwischen aerober und anaerober Glykolyse besteht vor allem im Schicksal des gebildeten Pyruvats und von NADH/H⁺.** Zunächst werden hier diejenigen Schritte der Glykolyse besprochen, die aerob und anaerob gleich ablaufen.

Die **Glykolyse** besteht aus zehn Einzelreaktionen, die **alle im Zytosol ablaufen** (s. Abb. 44, S. 35). Sie ist ein sehr umfangreiches Thema, das hier auch detailliert besprochen wird, da die Glykolyse sowohl im schriftlichen als auch im mündlichen Examen häufig gefragt wird. Die Strukturformeln sind dabei nicht so wichtig, die an den Reaktionen beteiligten Enzyme dagegen schon. Vor allem die irreversiblen Reaktionen der Glykolyse, die in der Gluconeogenese umgangen werden, solltest du kennen und besser noch auswendig lernen.

Die Glykolyse lässt sich grob in zwei Abschnitte unterteilen:

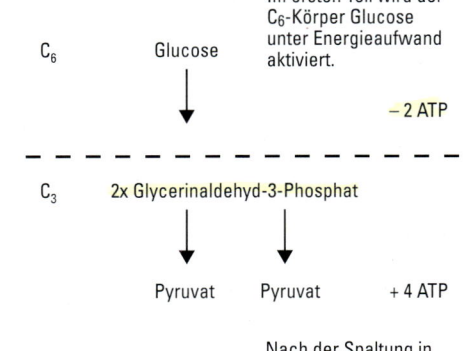

Im ersten Teil wird der C_6-Körper Glucose unter Energieaufwand aktiviert.

Nach der Spaltung in zwei C_3-Körper werden diese unter Energiegewinn umgebaut.

Abb. 43: Übersicht Glykolyse   *medi-learn.de/7-bc3-43*

Erklärung zu Abb. 44

1. Zu Beginn der Glykolyse wird Glucose ATP-abhängig zu Glucose-6-Phosphat phosphoryliert. Das hierfür verantwortliche Enzym ist die Hexokinase (in Leber und und den ß-Zellen des Pankreas die Glucokinase). Dieser erste Schritt der Glykolyse ist **irreversibel.**

2. Im nächsten Schritt isomerisiert Glucose-6-Phosphat zu Fructose-6-Phosphat (Enzym = Glucose-6-Phosphat-Isomerase).

3. Durch anschließende Phosphorylierung am C1-Atom entsteht Fructose-1,6-Bisphosphat. Diese Reaktion benötigt ATP, wobei ein Phosphatrest durch die **Phospho-Fructokinase** auf Fructose-6-Phosphat übertragen wird. Auch die Phospho-Fructokinase-Reaktion ist **irreversibel.** Außerdem stellt sie den **geschwindigkeitsbestimmenden Schritt** der Glykolyse dar und ist damit das **Schrittmacherenzym.**

3

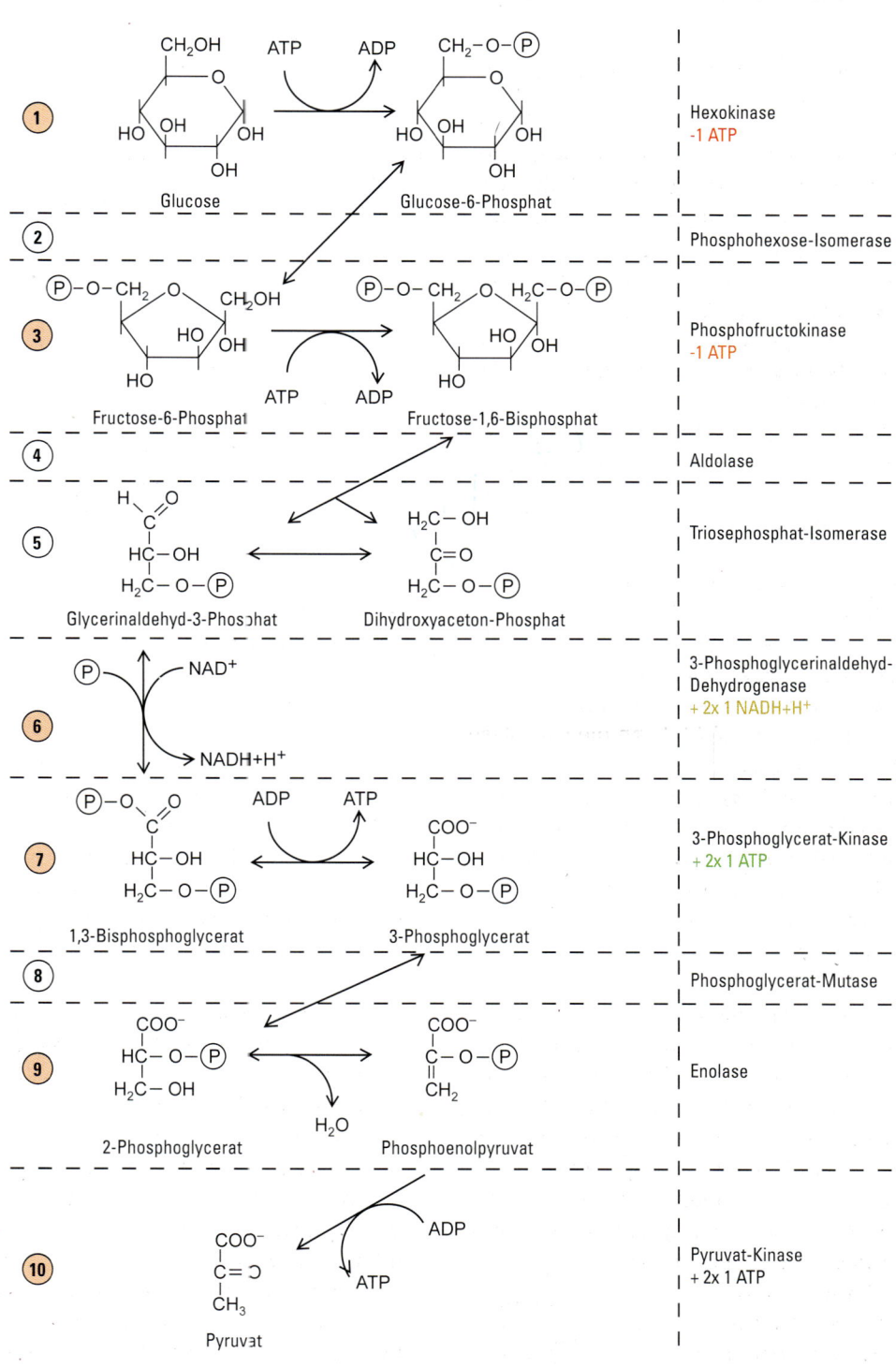

Abb. 44: Glykolyse

3

Hier befindet sich daher auch die wichtigste Regulationsstelle innerhalb der Glykolyse (s. 3.1.4, S. 41).

4. Fructose-1,6-Bisphosphat wird jetzt durch die Aldolase A in die beiden Triosen Glycerinaldehyd-3-Phosphat (GAP) und Dihydroxyacetonphosphat (DHAP) gespalten.

5. Diese beiden Triosen sind Isomere und können durch die Triosephosphat-Isomerase ineinander umgewandelt werden. Diese Umwandlung ist nötig, weil bei der Hexose-Spaltung durch die Aldolase vorwiegend Dihydroxyacetonphosphat entsteht, für die Weiterverarbeitung in der Glykolyse jedoch Glycerinaldehyd-3-Phosphat benötigt wird.

6. An das Glycerinaldehyd-3-Phosphat wird nun ein anorganisches Phosphat geheftet, wodurch eine energiereiche Verbindung – das 1,3-Bisphosphoglycerat – entsteht. Das beteiligte Enzym 3-Phosphoglycerinaldehyd-Dehydrogenase benötigt NAD^+ als Coenzym, auf das bei der Reaktion zwei Wasserstoffatome übertragen werden.

7. 1,3-Bisphosphoglycerat wird durch die 3-Phosphoglyceratkinase phosphorylytisch gespalten, wodurch 3-Phosphoglycerat entsteht. Die energiereiche Phosphosäureanhydridbindung dient zur Synthese von ATP aus ADP. Dieser Vorgang wird **Substratkettenphosphorylierung** genannt (s. 3.1.1, S. 36).

8. Das 3-Phosphoglycerat erfährt dann einige Umwandlungen, deren Ziel es ist, den energiearmen Phosphatrest am C3-Atom in eine energiereiche Stellung zu bringen. Zunächst wird dazu das 3-Phosphoglycerat durch die Phosphoglyceratmutase zu 2-Phosphoglycerat umgewandelt. Der Phosphatrest steht jetzt also am C2-Atom. Die Phosphoglyceratmutase benötigt 2,3-Bisphosphoglycerat als Cofaktor.

9/10. Unter Wasserabspaltung durch die Enolase entsteht schließlich der sehr energiereiche Enolester Phosphoenolpyruvat, der den jetzt aktivierten Phosphatrest auf ADP übertragen kann. Hierbei entstehen ATP und Pyruvat. Katalysierendes Enzym dieser zweiten **Substratkettenphosphorylierung** ist die

Pyruvatkinase. Die Pyruvatkinase-Reaktion ist auch die dritte und damit letzte irreversible Reaktion der Glykolyse.

3.1.1   Substratkettenphosphorylierung

Von Substratkettenphosphorylierung spricht man immer dann, wenn innerhalb eines Stoffwechselwegs (Substratkette) frei werdende Energie in Form von ATP/GTP gespeichert wird. Die drei Beispiele für eine Substratkettenphosphorylierung in unserem Körper sind

– die 3-Phosphoglyceratkinase-Reaktion (Glykolyse),
– die Pyruvatkinase-Reaktion (Glykolyse) und
– die Succinatthiokinase-Reaktion (Citratzyklus).

3.1.2   Hexokinase/Glucokinase

Der erste Schritt der Glykolyse – von Glucose zu Glucose-6-Phosphat – kann durch zwei unterschiedliche Enzyme katalysiert werden: entweder durch die **Hexokinase** oder durch deren **Isoenzym**, die **Glucokinase**. Das ist dann aber auch schon die einzige Gemeinsamkeit, die diese beiden Enzyme aufweisen. In den Physika wurden bislang häufig die Unterschiede zwischen diesen beiden Enzymen gefragt: Während die **Hexokinase** in der Lage ist, alle **Hexosen** zu phosphorylieren, ist die **Glucoki-**

	Hexokinase	Glucokinase
Reaktion	Glucose → Glucose-6-P	Glucose → Glucose-6-P
Substrate	alle Hexosen	Glucose
Affinität	hoch (K_M niedrig)	niedrig (K_M hoch)
Hemmung	durch Glucose-6-P	/
Vorkommen	in allen Zellen	in Leber und Pankreas

Tab. 1: Gegenüberstellung der Isoenzyme Hexokinase und Glucokinase

nase für Glucose spezifisch (daher auch ihr Name). Auch die Affinität (das Bindungsbestreben) der beiden Isoenzyme zu ihrem jeweiligen Substrat ist verschieden: Die **Hexokinase** hat ein sehr hohes Bindungsbestreben und daher einen **niedrigen K_M-Wert** zu ihren Substraten. Dies bedingt, dass sie in der gleichen Zeit mehr Substrate umsetzt als ihr Isoenzym, die **Glucokinase**, die einen **hohen K_M-Wert** und damit eine niedrige Affinität hat.

Auch in der Art der Regulation unterscheiden sich die **Hexokinase** und die Glucokinase: Die Hexokinase wird durch ihr Reaktionsprodukt **Glucose-6-Phosphat gehemmt, die Glucokinase nicht**.

Die Hexokinase ist also, vereinfacht betrachtet, effektiver als die Glucokinase. Sie kann alle Hexosen phosphorylieren und das auch noch ziemlich schnell, während die Glucokinase ein langsamer Fachidiot ist, der nur eine Art von Hexosen umsetzt und das auch noch langsam. Dafür ist sie allerdings sehr emsig und immer am Arbeiten (wird nicht gehemmt).

Diese sehr prüfungsrelevanten Unterschiede werden besser verständlich, wenn du dir die unterschiedliche Funktion der beiden Enzyme vor Augen hältst:
– Die Hexokinase kommt in allen Geweben vor und katalysiert dort den ersten Schritt der Glykolyse, die Phosphorylierung der Glucose zu Glucose-6-Phosphat.
– Die Glucokinase ist nur in der Leber und den β-Zellen des Pankreas vorhanden und ihre Genexpression wird durch Insulin induziert, was bedeutet, dass sie nur bei hohen Blutglucosekonzentrationen aktiv wird (da nur dann auch vermehrt Insulin ausgeschüttet wird).

3.1.3   Aerobe/anaerobe Glykolyse

Die Glykolyse kann sowohl in Anwesenheit (aerob) als auch in Abwesenheit von Sauerstoff (anaerob) ablaufen. Bei beiden Prozessen sind die unter 3.1, S. 34 besprochenen Vorgänge identisch. Der Unterschied zwischen aerober und anaerober Glykolyse liegt lediglich im weiteren Schicksal des entstandenen Pyruvats und des in der 3-Phosphoglycerinaldehyd-Dehydrogenase-Reaktion entstandenen NADH/H⁺. In Anwesenheit von Sauerstoff – also unter aeroben Bedingungen – wird Pyruvat über den mitochondrialen **Pyruvatdehydrogenase-Komplex (PDH)** in den Citratzyklus eingeschleust, unter anaeroben Bedingungen wird Pyruvat durch die **Lactatdehydrogenase (LDH)** zu Lactat reduziert.

> **Merke!**
>
> Die **Pyruvatdehydrogenase**, die Pyruvat zu Acetyl-CoA abbaut bitte NIE mit der **Lactatdehydrogenase** verwechseln, die aus Pyruvat unter anaeroben Bedingungen Lactat herstellt.

Eine andere Möglichkeit der Weiterverarbeitung von Pyruvat ist dessen Transaminierung zur Aminosäure Alanin in der Glutamat-Pyruvat-Transaminase-Reaktion (GPT).

Aerobe Glykolyse

Voraussetzungen für die aerobe Glykolyse sind
– die Anwesenheit von Sauerstoff und
– das Vorhandensein von Mitochondrien (Lokalisation der Atmungskette).

Sind diese beiden Bedingungen erfüllt, können die Wasserstoff-Ionen des in der 3-Phosphoglycerinaldehyd-Dehydrogenase-Reaktion gebildeten NADH/H⁺ in der Atmungskette (im Mitochondrium) auf Sauerstoff übertragen werden.

Atmungskette

$$NADH/H^+ + O^{2-} \rightarrow NAD^+ + H_2O \qquad \Sigma = 2{,}5\ ATP$$

Chemisch gesehen handelt es sich hierbei um die Knallgas-Reaktion, deren frei werdende Energie in Form von ATP gespeichert wird. So

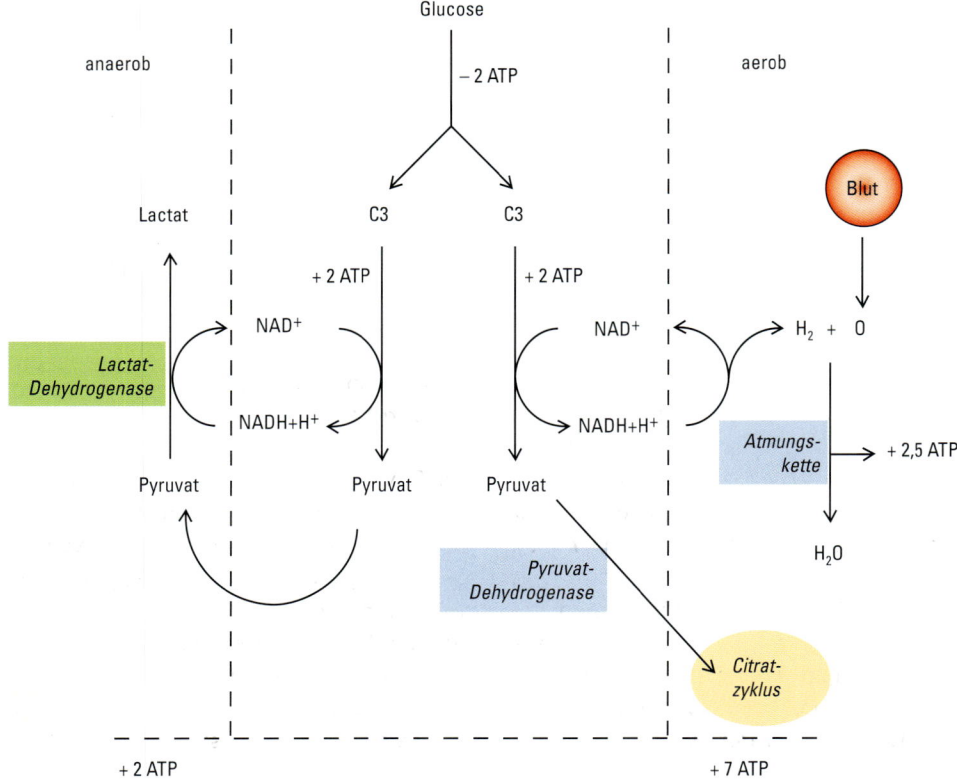

Abb. 45: Vergleich aerobe und anaerobe Glykolyse

medi-learn.de/7-bc3-45

kommen – zusätzlich zu den **2 ATP**, die direkt in der Glykolyse entstehen – pro Molekül NADH/H$^+$ noch 2,5 ATP hinzu. Da die aerobe Glykolyse insgesamt zwei Moleküle NADH/H$^+$ (jeder C3-Körper eines) liefert, sieht ihre Energiebilanz so aus:

Reaktion	Glykolyse	Atmungskette
Hexokinase	–1 ATP	
Phosphofruktokinase	–1 ATP	
3-Phosphoglyceratkinase	+2 ATP	
Pyruvatkinase	**+2 ATP**	
3-Phosphoglycerinaldehyd-Dehydrogenase	+2 NADH/H$^+$ → 2 · 2,5 ATP = 5 ATP	

Σ = 7 ATP

Tab. 2: Energiebilanz der aeroben Glykolyse

Diese 7 ATP sind die maximal mögliche Energieausbeute der aeroben Glykolyse. Nachdem im ersten Teil der Glykolyse durch die Hexokinase-Reaktion und die Phosphofructokinase-Reaktion jeweils ein ATP verbraucht wurden (insgesamt also zwei), liefert der zweite Teil der Glykolyse pro entstehendem Pyruvat durch Substratkettenphosphorylierung zwei ATP (insgesamt also vier), was bis hierher ein Plus von zwei ATP ergibt.

Bis zu diesem Punkt unterscheidet sich die aerobe noch nicht von der anaeroben Glykolyse. Der Unterschied ergibt sich erst jetzt, in Form der Weiterverarbeitung des ebenfalls in der Glykolyse entstehenden NADH/H$^+$. Dieses wird im zweiten Teil der Glykolyse durch die 3-Phosphoglycerinaldehyd-Dehydrogenase-Reaktion gebildet. Unter aeroben Bedingungen kann

$$O = C \begin{array}{c} COO^- \\ | \\ C \\ | \\ CH_3 \end{array} + \begin{array}{c} COO^- \\ | \\ H_3N^+ - C - H \\ | \\ CH_2 \\ | \\ CH_2 \\ | \\ COO^- \end{array} \xleftrightarrow{\ GPT\ } \begin{array}{c} COO^- \\ | \\ H_3N^+ - C - H \\ | \\ CH_3 \end{array} + \begin{array}{c} COO^- \\ | \\ C = O \\ | \\ CH_2 \\ | \\ CH_2 \\ | \\ COO^- \end{array}$$

Pyruvat   Glutamat   Alanin   α-Ketoglutarat

Abb. 46: Glutamat-Pyruvat-Transaminase   *medi-learn.de/7-bc3-46*

3

NADH/H⁺ in der Atmungskette oxidiert werden, wobei pro Molekül NADH/H⁺ noch einmal zweieinhalb ATP entstehen, was insgesamt fünf ATP ergibt. Zusätzlich zu den zwei bereits vorhanden, entstehen so pro Molekül Glucose unter aeroben Bedingungen **sieben Moleküle ATP**.

Hierbei ist nicht die Energie berücksichtigt, die noch im Pyruvat steckt. Diese wird unter aeroben Bedingungen aber erst im Citratzyklus frei und sollte daher streng (v. a. im Examen) von der Glykolyse getrennt werden.

Gesamtsummengleichung der aeroben Glykolyse

Im Physikum und gelegentlich auch in der mündlichen Prüfung wird gerne nach der Gesamtsummengleichung von Stoffwechselwegen gefragt. Um solcherlei Fragen zu beantworten, musst du wissen, was für den Stoffwechselweg benötigt wird und was am Ende dabei entsteht. Am Beispiel Glykolyse sieht das so aus:

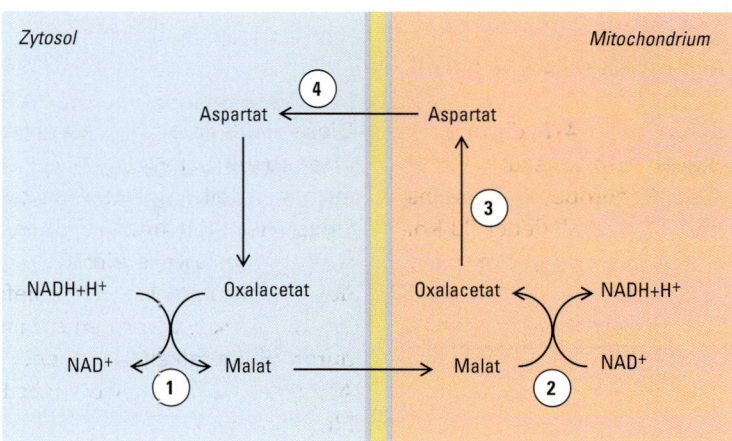

1. Zuerst werden die Wasserstoffatome von zytosolischem NADH/H⁺ auf Oxalacetat übertragen. Das hierbei entstehende **Malat** wird ins Mitochondrium transportiert.
2. Im Mitochondrium verläuft diese Reaktion in umgekehrter Richtung: Malat gibt die Wasserstoffatome an **mitochondriales** NAD⁺ ab, und es entsteht Oxalacetat + NADH/H⁺.
3. Da auch Oxalacetat die Mitochondrienmembran **NICHT** einfach überqueren kann (s. a. 3.2, S. 44), muss es dafür in

eine transportfähige Form umgewandelt werden. Dies geschieht in einer **Transaminierungsreaktion** (GOT, s. Biochemie 2) zu **Aspartat**.
4. Aspartat wird dann vom Mitochondrium in das Zytosol transportiert und dort wieder zu Oxalacetat transaminiert, sodass Oxalacetat für einen erneuten Transportzyklus zur Verfügung steht.

Abb. 47: Malat-Aspartat-Shuttle   *medi-learn.de/7-bc3-47*

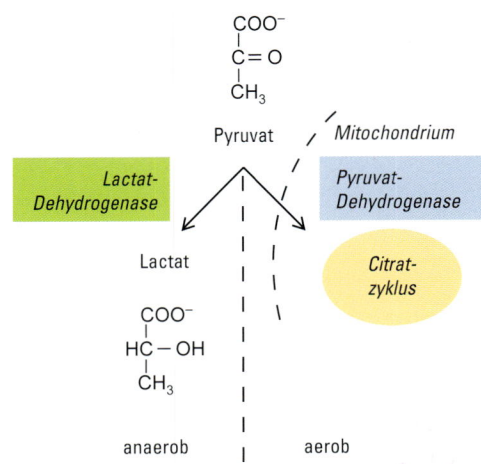

Abb. 48: Schicksal des Pyruvats

medi-learn.de/7-bc3-48

In die Glykolyse fließen ein:
1 Glucose + 2 ATP + 2 NAD$^+$ + 4 ADP + 4 P

In der Glykolyse entstehen:
2 Pyruvat + 2 ADP + 2 P + 2 NADH/H$^+$ + 4 ATP

Die Gesamtsummengleichung der Glykolyse lautet nach Kürzen:
1 Glucose + 2 NAD$^+$ + 2 ADP + 2 P → 2 Pyruvat + 2 NADH/H$^+$ + 2 ATP

Malat-Aspartat-Shuttle. Um das NADH/H$^+$ in der Atmungskette oxidieren zu können, muss es aus dem Zytosol (Lokalisation der Glykolyse) in die Mitochondrien (Lokalisation der Atmungs-kette) transportiert werden. Mitochondrien haben jedoch keinen Transporter für NADH/H$^+$, und einfach so kann NADH/H$^+$ die Mitochondrienmembran auch nicht überqueren. Die Lösung dieses Problems ist eine Umgehungsreaktion, der **Malat-Aspartat-Shuttle**, auch Malat-Aspartat-Zyklus genannt (s. Abb. 47, S. 39).

Anaerobe Glykolyse

Bei der anaeroben Glykolyse ist nicht das Pyruvat, sondern das – in einer zusätzlichen, elften (reversiblen) Reaktion – durch die Lactatdehydrogenase entstehende Lactat das **Endprodukt** (s. Abb. 48, S. 40).
Dieser Schritt ist notwendig, um das in der 3-Phosphoglycerinaldehyd-Dehydrogenase-Reaktion entstandene NADH/H$^+$ zu NAD$^+$ zu regenerieren und damit einsatzfähig zu erhalten. Aber alles der Reihe nach (s. Abb. 49, S. 40).
Die Reaktionen vom Glycerinaldehyd-3-Phosphat über 1,3-Bisphosphoglycerat zu 3-Phosphoglycerat und letztendlich über weitere Schritte hin zum Pyruvat kennst du bereits aus der aeroben Glykolyse (s. 3.1, S. 34). Hier entsteht NADH/H$^+$ und in der 3-Phosphoglyceratkinase-Reaktion durch die Substratkettenphosphorylierung ATP. Die beiden Wasserstoffatome des NADH/H$^+$ würden unter aeroben Bedingungen mit dem Sauerstoff aus dem Blut in der Atmungskette zu H$_2$O reagieren (s. S. 37). Wenn jedoch kein Sauerstoff vorhanden ist, muss die Zelle das ent-

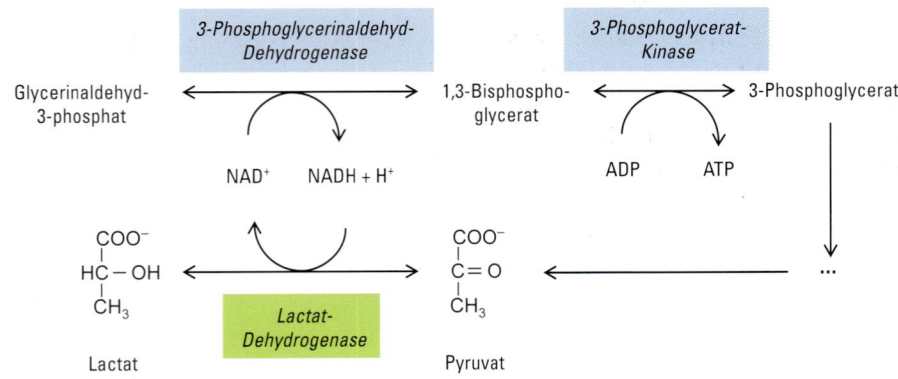

Abb. 49: Lactatdehydrogenase-Reaktion

medi-learn.de/7-bc3-49

standene NADH/H$^+$ irgendwie anders zurück zu NAD$^+$ verwandeln, da die Glykolyse sonst zum Erliegen käme (es wäre irgendwann kein NAD$^+$ mehr da). Und genau dafür sorgt die schon angesprochene elfte Reaktion der Lactatdehydrogenase, die aus Pyruvat Lactat macht und damit auch aus NADH/H$^+$ wieder NAD$^+$. Diese anaerobe Notlösung bringt allerdings wesentlich weniger Energie als die aerobe Variante.

> **Merke!**
>
> Durch die anaerobe Glykolyse ist der Körper in der Lage, auch ohne Sauerstoff eine minimale Energieproduktion von zwei ATP/Molekül Glucose aufrecht zu erhalten.

In Hefezellen ist unter anaeroben Bedingungen nicht Lactat das Endprodukt der Glykolyse. Hier wird Pyruvat durch die NADH/H$^+$ abhängige Alkoholdehydrogenase in Ethanol umgewandelt. Da Erythrozyten keine Mitochondrien besitzen, decken sie ihren gesamten Energiebedarf über die anaerobe Glykolyse.

Übrigens ...
Wenn der Körper seinen gesamten Energiebedarf durch die anaerobe Glykolyse decken wollte, müsste man pro Tag in etwa 10 kg Kohlenhydrate mit der Nahrung aufnehmen.

Die Energieausbeute der anaeroben Glykolyse ist – wie bereits erwähnt – wesentlich kleiner als die der aeroben Glykolyse: Dadurch, dass kein Sauerstoff für die Atmungskette zur Verfügung steht, kann NADH/H$^+$ nicht mehr oxidiert werden und somit auch keine zusätzlichen drei ATP pro Molekül NADH/H$^+$ liefern. Die Gesamtenergieausbeute reduziert sich so auf die direkt in der Glykolyse entstehenden zwei ATP. Im Erythrozyten ist die Ausbeute sogar noch kleiner, weil ein Teil des energiereichen 1,3-Bisphosphoglycerats zur Stabilisierung des Hämoglobins in das energiearme 2,3-Bisphosphoglycerat umgewandelt wird.

Reaktion	Glykolyse	Atmungskette
Hexokinase	–1 ATP	
Phosphofruktokinase	–1 ATP	
3-Phosphoglyceratkinase	+2 ATP	
Pyruvatkinase	**+2 ATP**	
3-Phosphoglycerinaldehyd-Dehydrogenase	+2 NADH/H$^+$ →	**NICHT** möglich

Σ = 2 ATP

Tab. 3: Energiebilanz der anaeroben Glykolyse

> **Merke!**
>
> Bei der anaeroben Glykolyse werden aus einem Molekül Glucose zwei Moleküle Lactat gebildet. Dabei werden auch zwei Moleküle ATP nach folgender Gleichung gebildet:
>
> Glucose + 2 P$_i$ + 2 ADP → 2 Lactat + 2 ATP

3.1.4 Regulation der Glykolyse

Im folgenden Abschnitt wird die Regulation der Glykolyse erklärt. Nach Bearbeitung dieses Kapitels wirst du das Wort Phosphorylierung vermutlich nicht mehr hören können. Aber es ist nun einmal so: Die Glykolyse wird durch Phosphorylierung und Dephosphorylierung verschiedener Enzyme reguliert.

Das reversible Hinzufügen und Abspalten von Phosphatresten an Enzymen (An- und Ausschalten von Enzymen mithilfe von Phosphat) wird als Interkonversion bezeichnet.
Im Zusammenhang mit der Glykolyse wurde die Interkonversion bislang in beinahe jedem Physikum gefragt und wird daher hier ganz genau besprochen.
Die wichtigste Regulationsstelle der Glykolyse befindet sich an der Phosphofructokinase (PFK1). Die PFK1 katalysiert die Reaktion von Fructose-6-Phosphat zu Fructose-1,6-Bisphos-

3

phat. Ihre Aktivität ist ohne Aktivator sehr, sehr niedrig, was bedeutet, dass die Glykolyse ohne positive Verstärkung so gut wie gar nicht abläuft.

Hierzu wird Fructose-6-Phosphat durch die **Phosphofructokinase-2** (PFK2) zu Fructose-2,6-Bisphosphat umgewandelt. Dieses **Fructose-2,6-Bisphosphat ist der stärkste allosterische Aktivator der PFK1**!

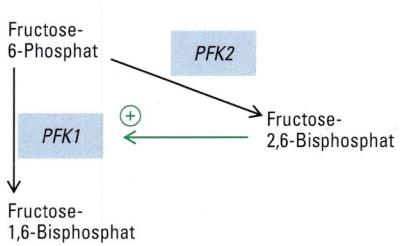

Abb. 50: Synthese von Fructose-2,6-Bisphosphat

medi-learn.de/7-bc3-50

Die Synthese von Fructose-2,6-Bisphosphat durch die PFK2 und die Beeinflussung der Glykolyse durch die Hormone Insulin und Glukagon/Adrenalin solltest du für das schriftliche Physikum UNBEDINGT parat haben.

Wirkung von Glukagon/Adrenalin auf die Glykolyse der Leber

Du sparst dir viel Lernerei, wenn du dir die Regulation des Kohlenhydratstoffwechsels – und damit ist nicht nur die Regulation der Glykolyse gemeint, sondern auch die des Glykogenstoffwechsels (s. 4, S. 55) – anhand des Hormons Glukagon einprägst, (die Wirkung von Adrenalin auf die Glykolyse entspricht der des Glukagons und wird daher hier nicht weiter mit aufgeführt). Zusätzlich dazu solltest du dich fragen, welches Ziel die Ausschüttung von Glukagon hat: Soll Glukagon den Blutzuckerspiegel heben oder senken? Macht es Sinn, dass unter Glukagoneinfluss die Glykolyse schneller abläuft oder sollte sie da eher langsamer werden?

Glukagon ist ein Peptidhormon, das vom Pankreas ausgeschüttet wird, um zwischen den Mahlzeiten und während des Fastens eine konstante Blutglucosekonzentration aufrecht zu erhalten, sodass die Zellen, die auf Glucose angewiesen sind (z. B. Nervenzellen und Erythrozyten), versorgt werden können. Die Erhöhung des Blutglucosespiegels gelingt Glukagon vor allem über zwei Mechanismen:
1. Verlangsamung des Glucoseabbaus durch Hemmung der Glykolyse und

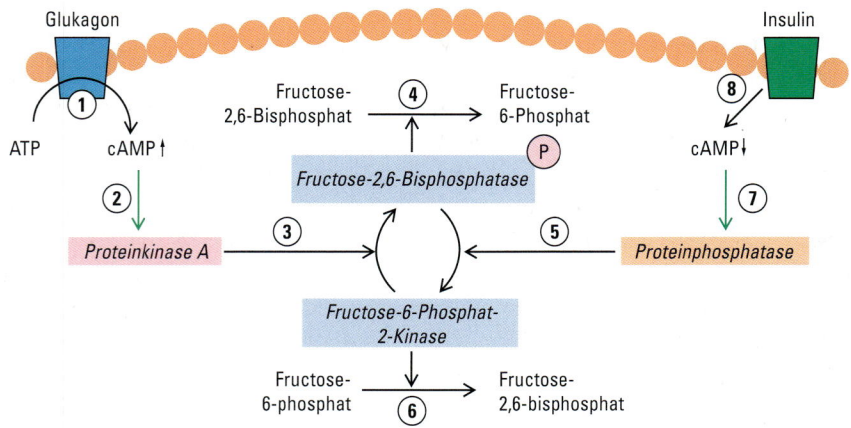

Abb. 51: Regulation der Glykolyse

medi-learn.de/7-bc3-51

2. Glucosefreisetzung aus zellulären Speichern durch die Glykogenolyse.

Wie bereits erwähnt (s. 3.1.4, S. 41), ist die Glykolyse auf die Anwesenheit von Fructose-2,6-Bisphosphat angewiesen, das die PFK1 aktiviert. Um die Glykolyse hemmen zu können, muss Glukagon es also irgendwie schaffen, Fructose-2,6-Bisphosphat zu eliminieren. Wie Glukagon das gelingt, solltest du dir unbedingt merken, zum einen, weil das immer wieder gefragt wird – sowohl im schriftlichen als auch im mündlichen Examen – und zum anderen, weil du dir dadurch den Wirkmechanismus des Insulins ableiten kannst.

Merke!

– Durch die Bindung von Glukagon an seinen Rezeptor wird die Adenylatcyclase aktiviert, die ATP zu cAMP (1) umwandelt.
– Die Erhöhung des cAMP-Spiegels in der Zelle aktiviert die Proteinkinase A (2).

Diese beiden Aussagen solltest du unbedingt zur Glukagonwirkung lernen. Alles weitere lässt sich davon ableiten:

Glukagon soll die Glykolyse hemmen, damit Glucose eingespart wird. Das heißt, dass der allosterische Aktivator der Glykolyse – das Fructose-2,6-Bisphosphat – zu Fructose-6-Phosphat abgebaut werden muss (4). Diese abbauende Reaktion wird durch die Fructose-2,6-Bisphosphatase (F-2,6-BPase) katalysiert (Phosphatase bedeutet, dass dieses Enzym einen Phosphatrest abspaltet). Und genau dieses Enzym wird durch Glukagon aktiviert. Für das schriftliche Physikum solltest du außerdem noch wissen, dass die **F-2,6-BPase im phosphorylierten Zustand aktiv** ist. Das passt auch wunderbar zur Wirkung von Glukagon: Es aktiviert über die Erhöhung des cAMP-Spiegels die Proteinkinase-A (2) (Kinasen heißen so, weil sie reversibel an Enzyme Phosphatgruppen anfügen). Diese Kinase macht, was ihrer Natur entspricht und phosphoryliert die F-2,6-BP-Phosphatase (3), die dadurch aktiv wird.

Übrigens ...
Glukagon wird bei Hunger ausgeschüttet. Wenn du dir merkst, dass Phosphat ein Hungerbote ist, kannst du dir ableiten, welche Enzyme phosphoryliert aktiv und welche inaktiv sind: Alle Enzyme, die den Blutglucosespiegel erhöhen, sind demnach phosphoryliert aktiv. Dies sind die

1. Fructose-2,6-Bisphosphatase
2. Glykogenphosphorylase-Kinase
3. Glykogenphosphorylase

Die Enzyme, die den Blutglucosespiegel senken, sind demnach dephosphoryliert aktiv. Dies sind die

1. Fructose-6-Phosphat-2-Kinase (PFK2)
2. Glykogensynthase

Das Gleiche gilt auch für die Enzyme, die die anderen Energiespeicher (Fett und Proteine) auffüllen oder leeren. Phosphoryliert aktiv ist hier die

– Triacylglycerin-Lipase

Dephosphoryliert aktiv ist die

– Acetyl-CoA-Carboxylase

Wirkung von Insulin auf die Glykolyse der Leber

Das Besondere an der durch Glukagon aktivierten Fructose-2,6-Bisphosphatase ist, dass sie im dephosphorylierten Zustand eine völlig andere Reaktion katalysiert, als im phosphorylierten (s. Abb. 51, S. 42). Man spricht daher auch von einem bifunktionalen Enzym: Wird die F-2,6-BPase durch eine Proteinphosphatase dephosphoryliert (5), erhält sie die Funktion einer Fructose-6-Phosphat-2-Kinase = F-6-P-2-Kinase = PFK2. Die PFK2 phosphoryliert Fructose-6-Phosphat an Position zwei, wodurch der allosterische Aktivator der Glykolyse entsteht, das Fructose-2,6-Bisphosphat (6). Die Proteinphosphatase wird durch eine Erniedrigung des cAMP-Spiegels in der Zelle aktiviert (7). Das Hormon, das den cAMP-Spiegel senkt (über Aktivierung der Phosphodiesterase, die in Abb. 51, S. 42 nicht gezeigt ist), ist passenderweise der Gegenspieler des Glukagons, das Insulin (8).

> **Merke!**
>
> Dieses bifunktionale Enzym heißt
> - im **phosphorylierten** Zustand Fructose-2,6-Bisphosphatase
> - im **dephosphorylierten** Zustand Fructose-6-Phosphat-2-Kinase (PFK2)

Fructose-2,6-Bisphosphat ist nicht nur ein allosterischer Aktivator der Glykolyse, sondern auch ein Inhibitor des Gluconeogeneseenzyms Fructose-1,6-Bisphosphatase (s. Abb. 53, S. 46). Glykolyse und Gluconeogenese werden somit durch den gleichen Signalmetaboliten gegensätzlich reguliert.

3.2 Gluconeogenese

Werden von außen mit der Nahrung nicht genügend Kohlenhydrate zugeführt, ist es notwendig, dass der Körper selbst Glucose herstellt, um die Gewebe zu versorgen, die essenziell auf Glucose als Energielieferanten angewiesen sind. Zu diesen Geweben gehören
- die Erythrozyten,
- das Nierenmark und
- das Nervengewebe.

Übrigens ...
Das Nervengewebe ist nur bedingt auf Glucose angewiesen. Bei längerem Fasten kann es auch Ketonkörper verstoffwechseln und darüber bis zu 70 % des Energiebedarfs decken. Glucose ist daher so etwas wie das Lieblingsgericht unserer Neurone. Damit ist auch der erhöhte Schokoladenverbrauch während des Lernens absolut entschuldigt.

Ausgangssubstanzen für die Gluconeogenese sind unter anderem
- Pyruvat,
- Glycerin und
- glucoplastische Aminosäuren.

> **Merke!**
>
> Für die Gluconeogenese muss das Ausgangsmolekül mindestens C3-Atome besitzen. Eine Gluconeogenese aus Acetyl-CoA ist daher **nicht** möglich. Damit kann auch aus Fettsäuren und Ketonkörpern keine Glucose gewonnen werden, da bei deren Abbau nur Acetyl-CoA entsteht.

Übrigens ...
Eine wichtige Besonderheit ist das beim Abbau von ungeradzahligen Fettsäuren entstehende Propionyl-CoA. Dieses Molekül besteht aus drei C-Atomen und kann in weiteren Reaktionen zu Succinyl-CoA umgewandelt werden. Hierzu wird Propionyl-CoA zunächst durch die Propionyl-CoA-Carboxylase zu D-Methylmalonyl-CoA umgewandelt. Du solltest dir merken, dass diese Reaktion biotinabhängig ist. D-Methylmalonyl-CoA wird durch eine Racemase in L-Methylmalonyl überführt, das schließlich Vitamin B_{12} abhängig zu Succinyl-CoA reagiert.

Succinyl-CoA kann in den Citratzyklus eingeschleust und dort über Fumarat und Malat zu Oxalacetat umgewandelt werden. Oxalacetat ist ein Zwischenprodukt der Gluconeogenese (s. Abb. 53, S. 46).

Die Gluconeogenese ist im Prinzip die Umkehr der Glykolyse (s. Tab. 4, S. 45). Da die Glykolyse jedoch **drei irreversible Reaktionen** beinhaltet, müssen diese in der Gluconeogenese umgangen werden. Das sind im Einzelnen:

Glykolyse wird umgangen in der Gluconeogenese

Hexokinase (im Zytosol)	Glucose-6-Phosphatase (im endoplasmatischen Retikulum)
Phosphofructokinase (im Zytosol)	Fructose-1,6-Bisphospha-tase (im Zytosol)
Pyruvatkinase (im Zytosol)	Phosphoenolpyruvat-Car-boxykinase (im Zytosol)
—	Pyruvat-Carboxylase (im Mitochondrium)

Tab. 4: Irreversible Reaktionen der Glykolyse

Im Gegensatz zur Glykolyse, finden die Reaktionen der Gluconeogenese also in **drei Kompartimenten** (in drei unterschiedlichen Abschnitten der Zelle) statt.

Übrigens ...

Das Phosphoenolpyruvat kennst du schon aus der Glykolyse, wo es durch die Pyruvatkinase zu Pyruvat reagiert (Substratkettenphosphorylierung). Zur Umgehung der Pyruvatkinase-Reaktion braucht die Gluconeogenese zwei Reaktionen, nämlich die **Pyruvat-Carboxylase** und die **Phosphoenolpyruvat-Carboxykinase** (s. Tab. 4, S. 45).

Merke!

Die Glucose-6-Phosphatase, die Glucose-6-Phosphat zu Glucose umwandelt, ist nur in Leber und Nieren vorhanden, aber NICHT im Muskel. Entsprechend sind auch nur Leber und Nieren in der Lage, Glucose aus Pyruvat zu synthetisieren und damit den Blutglucosespiegel zu erhöhen. Beim Muskel ist dagegen Glucose-6-Phosphat das Endprodukt der Gluconeogenese.

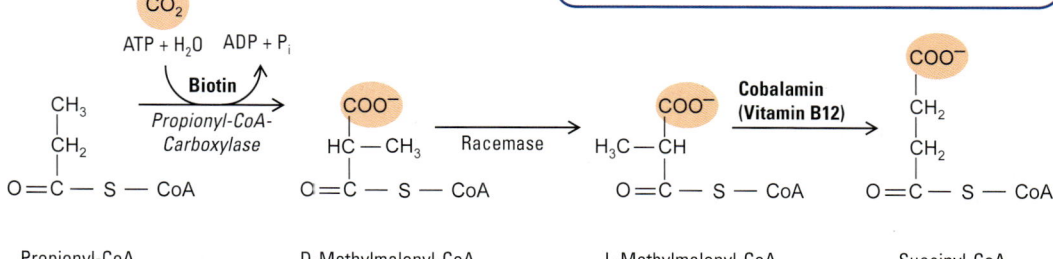

Abb. 52 a: Abbau ungeradzahliger Fettsäuren   *medi-learn.de/7-bc3-52a*

Abb. 52 b: Umwandlung von Succinyl-CoA in Oxalacetat   *medi-learn.de/7-bc3-52b*

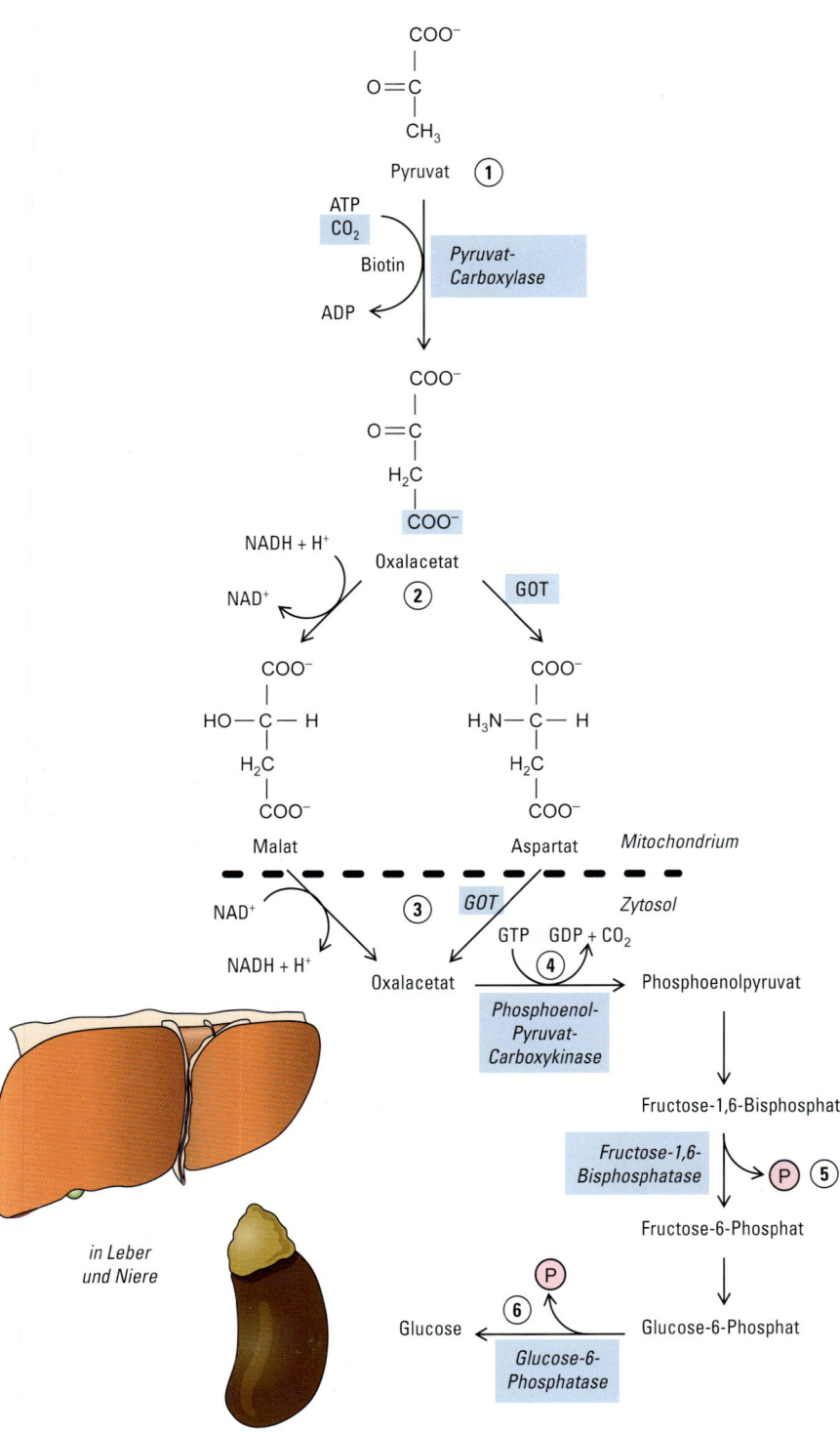

COO⁻
|
O=C
|
CH₃

Pyruvat ①

ATP
CO₂
Biotin   *Pyruvat-Carboxylase*
ADP

COO⁻
|
O=C
|
H₂C
|
COO⁻

Oxalacetat
②   GOT

NADH + H⁺

NAD⁺

COO⁻   COO⁻
| |
HO—C—H   H₃N—C—H
| |
H₂C   H₂C
| |
COO⁻   COO⁻

Malat   Aspartat   *Mitochondrium*

- - - - - - - - - - - - - - - - - - - -

NAD⁺   ③   *GOT*   *Zytosol*
                       GTP GDP + CO₂
NADH + H⁺   ④
            Oxalacetat ───────→ Phosphoenolpyruvat

                       Phosphoenol-Pyruvat-Carboxykinase

                                    Fructose-1,6-Bisphosphat

                       Fructose-1,6-Bisphosphatase (P) ⑤

                                    Fructose-6-Phosphat

                       (P)
                        ⑥
            Glucose ←────   Glucose-6-Phosphat
                       Glucose-6-Phosphatase

in Leber und Niere

Abb. 53: Gluconeogenese

medi-learn.de/7-bc3-53

Erklärung zu Abb. 53, S. 46

1. Im ersten Schritt wird Pyruvat mit Hilfe der **Pyruvatcarboxylase Biotin- und ATP-abhängig** zu Oxalacetat carboxyliert.
2. Um durch die Mitochondrienmembran zu gelangen, wird Oxalacetat zu **Malat** reduziert oder durch die GOT (s. Skript Biochemie 2) zu **Aspartat** transaminiert.
3. Im Zytosol reagieren Malat/Aspartat durch die gleiche Reaktion wie bei Punkt 2 zu Oxalacetat zurück.
4. **Die Phosphoenolpyruvat-Carboxykinase** wandelt Oxalacetat unter Verbrauch von GTP zu Phosphoenolpyruvat um. Dabei wird CO_2 abgespalten.
5. Vom Phosphoenolpyruvat aus läuft im Prinzip die Glykolyse rückwärts ab, bis zur Stelle des **Fructose-1,6-Bisphosphats**. Hier muss in der Gluconeogenese die Phosphofructokinase-Reaktion der Glykolyse rückgängig gemacht werden. Dies gelingt, indem die Fructose-1,6-Bisphosphatase von Fructose-1,6-Bisphosphat den Phosphatrest an Position 1 abspaltet, wodurch Fructose-6-Phosphat entsteht.
6. Nach der Umlagerung von Fructose-6-Phosphat zu **Glucose-6-Phosphat** spaltet die Glucose-6-Phosphatase den letzten Phosphatrest ab und es entsteht Glucose.

Übrigens ...

Glucose-6-Phosphat kann die Zellmembran NICHT überqueren. Daher kann die Muskulatur in der Gluconeogenese entstandenes Glucose-6-Phosphat auch nicht an das Blut abgeben, um es dem Körper zur Verfügung zu stellen, wie Leber und Nieren es tun. Ziel der Gluconeogenese im Muskel ist daher die Deckung seines Eigenbedarfs.

> **Merke!**
>
> Die Energiebilanz der Gluconeogenese beträgt -6 ATP (bzw. GTP), es muss also Energie aufgewendet werden.

	Enzym	Induktor	Repressor	Aktivator	Inhibitor
Glykolyse	Glucokinase	Insulin	cAMP	/	/
	Hexokinase	/	/	/	Glucose-6-Phosphat
	Phosphofructokinase 1	Insulin, Glucose	cAMP	Fructose-2,6-Bisphosphat, ADP, AMP	ATP, Citrat
	Pyruvatkinase	Insulin, Glucose	cAMP	Fructose-1,6-Bisphosphat	Alanin
Gluconeogenese	Pyruvat-Carboxylase	/	Insulin	Acetyl-CoA	/
	Phosphoenolpyruvat-Carboxykinase	Glucocorticoide, cAMP	Insulin	/	/
	Fructose-1,6-Bisphosphatase	Glucocorticoide	Insulin	/	Fructose-2,6-Bisphosphat, AMP
	Glucose-6-Phosphatase	Glucocorticoide	Insulin	/	/

Tab. 5: Zusammenfassung Regulation von Glykolyse und Gluconeogenese

3.3 Zusammenfassung der Regulation Glykolyse/Gluconeogenese

In Tab. 5, S. 47 sind alle bislang im Physikum gefragten Regulatoren der Glykolyse und der Gluconeogenese aufgeführt. Um dir unnötiges Lernen zu ersparen, solltest du dich fragen, unter welchen Umständen die Glykolyse schneller ablaufen muss, und wann durch Verlangsamung der Glykolyse Glucose eingespart werden soll.

3.3.1 Zusammenfassung Regulation der Glykolyse

Die Glykolyse dient der Energiegewinnung. Demnach liegt es im Interesse der Zelle, die Glykolyse zu verlangsamen, wenn bereits viel Energie vorhanden ist. Auf diese Weise hemmen energiereiche Verbindungen (z. B. ATP, aber auch Citrat aus dem Citratzyklus) die Enzyme der Glykolyse. Demgegenüber muss die Glykolyse schneller ablaufen, wenn Energiemangel (Anstieg von AMP und ADP) herrscht. Wie Fructose-2,6-Bisphosphat die Phosphofructokinase allosterisch aktiviert, ist unter Kapitel 3.1.4, S. 41, beschrieben.

Von den Hormonen haben vor allem Insulin und Glukagon/Adrenalin einen Einfluss auf die Glykolyse:

– Insulin beschleunigt die Glykolyse, um Glucose aus dem Blut zu entfernen,
– Glukagon wirkt über eine Erhöhung des cAMP-Spiegels verlangsamend auf die Glykolyse.

3.3.2 Zusammenfassung Regulation der Gluconeogenese

Die Regulation der Gluconeogenese verläuft entgegengesetzt zu der der Glykolyse. Auch hier solltest du immer vor Augen haben, wann Glucose produziert werden soll und wann nicht:

– Unter dem Einfluss von Glukagon wird die Gluconeogenese aktiviert (erhöhter cAMP-Spiegel),
– unter dem Einfluss von Insulin gehemmt.

Übrigens …
Du solltest auch wissen, dass **Glucocorticoide** (z. B. Cortisol) in Bezug auf den Glucosestoffwechsel Insulin-antagonistische Effekte haben und damit die Gluconeogenese aktivieren.

Die **Glykolyse** ist ein großes und wichtiges Physikumsthema. Entsprechend zahlreich sind auch die Fakten, die du dir dazu merken solltest. Da die Prüfer auch im mündlichen Examen gerne auf die Stoffwechselwege und besonders die Glykolyse eingehen, lohnt sich das Lernen aber gleich doppelt. Unbedingt kennen solltest du die Reaktionen der Glykolyse und ihre katalysierenden Enzyme. Die Strukturformeln kannst du bei Zeitnot dagegen bis auf die von Glucose-6-Phosphat und Fructose-1,6-Bisphosphat vernachlässigen.

Womit sich außerdem gut punkten lässt, sind die **irreversiblen Reaktionen** (alle Kinase-Reaktionen der Glykolyse mit Ausnahme der 3-Phosphoglyceratkinase) der Glykolyse:

– die Hexokinase-Reaktion,
– die Phosphofructokinase-Reaktion und
– die Pyruvatkinase-Reaktion.

Diese drei Reaktionen müssen in der Gluconeogenese umgangen werden.

Auch Fragen zum Thema **Substratkettenphosphorylierung** gehören zu den Dauerbrennern im Physikum. Daher bitte merken, dass

– eine Substratkettenphosphorylierung immer dann vorliegt, wenn Energie während einer Substratkette (Stoffwechselweg) frei und in Form von ATP gespeichert wird.

In der Glykolyse findet man Substratkettenphosphorylierungen bei

– der 3-Phosphoglyceratkinase-Reaktion und
– der Pyruvatkinase-Reaktion.

Eine weitere Substratkettenphosphorylierung findet sich im Citratzyklus bei der Succinatthiokinase-Reaktion.

Zum Thema **aerobe** und **anaerobe Glykolyse** wurde immer wieder gefragt, dass

– unter aeroben Bedingungen die Glykolyse insgesamt sieben ATP pro Glucose liefert. Das in der 3-Phosphogly-

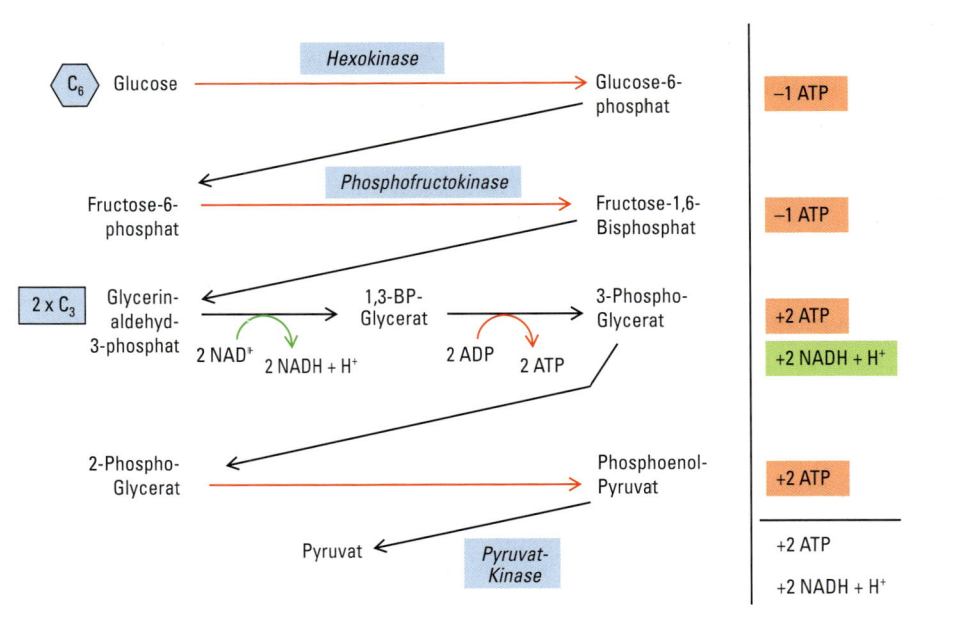

Abb. 54: Übersicht Glykolyse

medi-learn.de/7-bc3-54

cerinaldehyd-Dehydrogenase-Reaktion entstehende NADH/H$^+$ wird dabei in der mitochondrialen Atmungskette auf Sauerstoff übertragen.

- unter anaeroben Bedingungen (Abwesenheit von Sauerstoff) in der Glykolyse nur zwei ATP pro Glucose hergestellt werden. Der Wasserstoff von NADH/H$^+$ wird dabei in der Lactatdehydrogenase-Reaktion auf Pyruvat übertragen. Endprodukt der anaeroben Glykolyse ist Lactat.

Ähnlich viele Punkte wie durch das Lernen der Glykolyse gibt es, wenn du weißt, wie und an welchen Stellen die Glykolyse reguliert wird. Eine hervorragende Funktion beim Punktesammeln erfüllt hierbei das Fructose-2,6-Bisphosphat:

- F-2,6-BP wird durch die Phosphofructokinase-2 aus Fructose-6-Phosphat hergestellt und ist der stärkste allosterische Aktivator der PFK1.
- Die PFK2 wird auch Fructose-6-Phosphat-2-Kinase genannt und ist dephosphoryliert aktiv (Insulinwirkung).
- In phosphoryliertem Zustand erhält die PFK2 die Funktion einer Phosphatase, sie heißt dann Fructose-2,6-Bisphosphatase und baut F-2,6-BP ab (Glukagon-/Adrenalinwirkung).

Die Glykolyse wird durch Glukagon/Adrenalin und Insulin reguliert. Nachfolgend sind deren Wirkmechanismen noch einmal gegenübergestellt.

Da die **Gluconeogenese** im Wesentlichen die Umkehr der Glykolyse ist, musst du hier gar nicht mehr so viele Reaktion zusätzlich lernen (vorausgesetzt, du hast dies bei der Glykolyse bereits getan). Hier kommen lediglich die Umgehungsreaktionen der drei irreversiblen Glykolyse-Reaktionen hinzu, nämlich:

- Die **Pyruvat-Carboxylase-Reaktion** (Biotin-abhängig) und die **Phosphoenolpyruvat-Carboxykinase-Reaktion** umgehen die **Pyruvatkinase-Reaktion**.
- Die **Fructose-1,6-Bisphosphatase-Reaktion** umgeht die **Phosphofructokinase-Reaktion**.
- Die **Glucose-6-Phosphatase-Reaktion** umgeht die **Hexokinase-Reaktion**.

Zu diesen Reaktionen solltest du dir merken, wo sie in der Zelle ablaufen.

Da die Zellen der Skelettmuskulatur keine Glucose-6-Phosphatase besitzen, läuft hier die Gluconeogenese nur bis zum Glucose-6-Phosphat. Der Skelettmuskel kann in der Gluconeogenese synthetisiertes Glucose-

Glukagon/Adrenalin	Insulin
erhöht die intrazelluläre cAMP-Konzentration.	**erniedrigt** die intrazelluläre cAMP-Konzentration.
Dadurch wird die **Proteinkinase-A** aktiviert.	Dadurch wird die **Proteinphosphatase** aktiviert.
Fructose-6-Phosphat-2-Kinase (PFK2) wird in Fructose-2,6-Bisphosphatase umgewandelt.	Die Fructose-2,6-Bisphosphatase wird in Fructose-6-Phosphat-2-Kinase (PFK2) umgewandelt.
Der allosterische Aktivator der Glykolyse – **das Fructose-2,6-Bisphosphat – wird abgebaut**.	Die Fructose-6-Phosphat-2-Kinase (PFK2) wandelt **Fructose-6-Phosphat in Fructose-2,6-Bisphosphat** um.
Die Glykolyse wird allosterisch **gehemmt**.	Die Glykolyse wird allosterisch **aktiviert**.
Glucose wird eingespart.	Glucose wird verbraucht.

Tab. 6: Wirkung von Glukagon, Adrenalin und Insulin auf die Glykolyse der Leber

6-Phosphat dem Körper daher auch NICHT zur Verfügung stellen. Aus diesem Grund besitzt er auch KEINE Glukagonrezeptoren. Die Aufgabe von Glukagon ist es, die Blutglucose-Konzentration zu erhöhen.

Die **Regulation der Glykolyse** und der **Gluconeogenese** wurden schon sehr häufig geprüft. Besonders wissenswert ist hiervon:

– Wenn der Energiegehalt innerhalb einer Zelle niedrig ist (viel AMP und ADP), läuft die energieliefernde Glykolyse schneller ab, bei hohem Energiegehalt (viel ATP und Citrat) dagegen verlangsamt.

– Fructose-2,6-Bisphosphat ist der stärkste allosterische Aktivator der Glykolyse. Ohne ihn kann die Glykolyse gar nicht erst ablaufen (s. 3.1.4, S. 41).

Enzym	Lokalisation	katalysierte Reaktion
Pyruvat-Carboxylase	Mitochondrium	Pyruvat zu Oxalacetat
Phosphoenolpyruvat-Carboxy-kinase	Zytosol	Oxalacetat zu Phosphoenolpyruvat
Fructose-1,6-Bisphosphatase	Zytosol	Fructose-1,6-Bisphosphat zu Fructose-6-Phosphat
Glucose-6-Phosphatase	glattes, endoplasmatisches Retikulum der Leber und Niere	Glucose-6-Phosphat zu Glucose

Tab. 7: Enzyme der Gluconeogenese

Zum Thema **Abbau und Aufbau von Glucose** werden häufig folgende Fragen in der mündlichen Prüfung gefragt.

1. Bitte erläutern Sie, aus wie vielen Reaktionen die Glykolyse besteht und wo diese in der Zelle lokalisiert sind.

2. Bitte nennen Sie die irreversiblen Reaktionen der Glykolyse.

3. Erklären Sie bitte, welches die energieliefernden Reaktionen der Glykolyse und welches die energieverbrauchenden sind.

4. Bitte erklären Sie, wie viel ATP in der aeroben, wie viel in der anaeroben Glykolyse entsteht.

5. Bitte erläutern Sie, welchen Sinn die Lactatdehydrogenase-Reaktion in der anaeroben Glykolyse hat.

6. Erklären Sie bitte, wie der Wasserstoff vom NADH/H$^+$ ins Mitochondrium gelangt.

7. Erläutern Sie bitte, wie die Glykolyse der Leber an der Stelle der Phosphofructokinase reguliert wird.

8. Bitte erklären Sie, welche anderen Metabolite sich auf die Glykolysegeschwindigkeit auswirken.

9. Bitte erläutern Sie, wie die irreversiblen Reaktionen der Glykolyse lauten und wie sie in der Gluconeogenese umgangen werden.

10. Erklären Sie bitte, durch welche Hormone die Gluconeogenese reguliert wird.

---

1. Bitte erläutern Sie, aus wie vielen Reaktionen die Glykolyse besteht und wo diese in der Zelle lokalisiert sind.
Die Glykolyse lässt sich in zehn (anaerob = elf) Einzelreaktionen unterteilen, die alle im Zytosol lokalisiert sind.

2. Bitte nennen Sie die irreversiblen Reaktionen der Glykolyse.
Die drei irreversiblen Reaktionen der Glykolyse sind:
- **Hexokinase:** Glucose zu Glucose-6-Phosphat
- **Phosphofructokinase:** Fructose-6-Phosphat zu Fructose-1,6-Bisphosphat
- **Pyruvatkinase:** Phosphoenolpyruvat zu Pyruvat.

Diese drei Reaktionen müssen in der Gluconeogenese umgangen werden.

3. Erklären Sie bitte, welches die energieliefernden Reaktionen der Glykolyse und welches die energieverbrauchenden sind.
In der Glykolyse wird bei der Hexokinase und der Phosphofructokinase jeweils ein ATP pro Hexose verbraucht. Da nach Spaltung durch die Aldolase in der 3-Phosphoglyceratkinase- und der Pyruvatkinase-Reaktion (Substratkettenphosphorylierungen) jeweils zwei ATP gebildet werden, verläuft die Glykolyse (unabhängig von den Sauerstoffbedingungen) unter Energiegewinn von zwei ATP pro Hexose.

4. Bitte erklären Sie, wie viel ATP in der aeroben, wie viel in der anaeroben Glykolyse entsteht.
Dadurch, dass die beiden Wasserstoffatome in der Atmungskette auf Sauerstoff übertragen werden (entspricht einer Knallgasreaktion), entsteht in der aeroben Glykolyse am meisten Energie. Pro in der 3-Phosphoglycerinaldehyd-Dehydrogenase-Reaktion entstandenes NADH/H$^+$ werden in der Atmungskette drei ATP gebildet. Insgesamt entstehen so in der **aeroben Glykolyse sieben ATP**.
Dagegen sieht die Bilanz der anaeroben Glykolyse eher mager aus. Hier wird der Wasserstoff des NADH/H$^+$ in der Lactatdehydrogenase auf Pyruvat übertragen, dient also NICHT der Energiegewinnung, sondern der Regeneration von NAD$^+$. In der **anaeroben Glykolyse entstehen daher lediglich zwei ATP**.

5. Bitte erläutern Sie, welchen Sinn die Lactatdehydrogenase-Reaktion in der anaeroben Glykolyse hat.
Das in der 3-Phosphoglycerinaldehyd-Dehydrogenase-Reaktion entstandene NADH/H$^+$ muss zu NAD$^+$ regeneriert werden, damit die energieliefernde 3-Phosphoglyceratkinase-Reaktion weiter ablaufen kann. Diese Regeneration erfolgt unter aeroben Bedingungen in der Atmungskette. Unter anaeroben Bedingungen werden die Wasserstoffatome vom NADH/H$^+$ auf Pyruvat übertragen, wodurch Lactat und NAD$^+$ entstehen.

6. Erklären Sie bitte, wie der Wasserstoff vom NADH/H⁺ ins Mitochondrium gelangt.

Mitochondrien besitzen keinen Transportmechanismus für NADH/H⁺. Aus diesem Grund beschreitet die Zelle einen Umweg, den **Malat-Aspartat-Shuttle**. Hierbei werden die Wasserstoffatome vom NADH/H⁺ auf ein Transportmolekül – das Oxalacetat – übertragen, das dadurch zu Malat wird. Malat überquert die Mitochondrienmembran. Im Mitochondrium werden die Wasserstoffatome wieder auf NAD⁺ übertragen, wodurch mitochondriales NADH/H⁺ entsteht. Durch Transaminierung wird dann aus Oxalacetat Aspartat, das aus dem Mitochondrium wieder in das Zytosol transportiert und dort durch erneute Transaminierung zu Oxalacetat zurückverwandelt wird. Das Oxalacetat kann jetzt wieder die Wasserstoffatome vom NADH/H⁺ aufnehmen und der Kreislauf beginnt von vorn.

7. Erläutern Sie bitte, wie die Glykolyse der Leber an der Stelle der Phosphofructokinase reguliert wird.

Die Glykolyse ist entscheidend von der Konzentration von **Fructose-2,6-Bisphosphat** abhängig. F-2,6-BP entsteht durch die Phosphofructokinase-2 (PFK2 = Fructose-6-Phosphat-2-Kinase) aus Fructose-6-Phosphat. F-2,6-BP ist ein **allosterischer Aktivator der PFK1**, die die Reaktion von Fructose-6-Phosphat zu Fructose-1,6-Bisphosphat katalysiert. **Die F-2,6-BP-Konzentration wird durch ein und dasselbe Enzym eingestellt. Im phosphorylierten Zustand baut dieses Enzym F-2,6-BP zu Fructose-6-Phosphat ab, im dephosphorylierten Zustand baut es Enzym F-2,6-BP aus Fructose-6-Phosphat auf.** Bei der Regulation des F-2,6-BP-Spiegels, und damit bei der Regulation der Glykolyse, spielt der intrazelluläre **cAMP**-Spiegel eine bedeutende Rolle. Glukagon und Adrenalin erhöhen den cAMP-Spiegel (über die Adenylatcyclase), Insulin erniedrigt ihn (über die Phosphodiesterase).

Glukagon/Adreanlin:

– Der durch Glukagon/Adrenalin erhöhte cAMP-Spiegel aktiviert die Proteinkinase-A. Diese phosphoryliert die Fructose-6-Phosphat-2-Kinase, die dadurch die Funktion einer F-2,6-BP-Phosphatase erhält und F-2,6-BP abbaut. **Die Glykolyse wird gehemmt.**

Insulin:

– Insulin erniedrigt die cAMP-Konzentration in der Zelle. Dadurch wird eine Proteinphosphatase aktiviert, die der F-2,6-BP-Phosphatase durch Dephosphorylierung die Funktion einer Fructose-6-P-2-Kinase (PFK2) verleiht. **Die Fructose-6-P-2-Kinase stellt F-2,6-BP her und die Glykolyse wird beschleunigt.**

8. Bitte erklären Sie, welche anderen Metabolite sich auf die Glykolysegeschwindigkeit auswirken.

Da die Glykolyse der Energiegewinnung dient, kann man verallgemeinernd sagen, dass alle energiereichen Stoffe die Glykolysegeschwindigkeit hemmen (z. B. ATP und Citrat), energiearme Metabolite dagegen die Glykolyse aktivieren (z. B. ADP und AMP).

9. Bitte erläutern Sie, wie die irreversiblen Reaktionen der Glykolyse lauten und wie sie in der Gluconeogenese umgangen werden.

Die drei irreversiblen Reaktion der Glykolyse, die in der Gluconeogenese umgangen werden müssen, sind:

– Hexokinase-Reaktion
– Phosphofructokinase-Reaktion
– Pyruvatkinase-Reaktion

Zunächst muss die Pyruvatkinase umgangen werden. Um vom Pyruvat zum Phosphoenolpyruvat zu gelangen, benötigt die Zelle zwei Umgehungsreaktionen, von der eine im Mitochondrium lokalisiert ist. Dabei wird zunächst Pyruvat durch die **Pyruvatcarboxylase** ATP- und Biotin-abhängig zu Oxalacetat carboxyliert. Das entstandene Oxalacetat wird zu Malat oder zu Aspartat umgewandelt,

um **vom Mitochondrium ins Zytosol** zu gelangen, wo es zu Oxalacetat zurückreagiert. Katalysiert durch die **Phosphoenolpyruvat-Carboxykinase** wird Oxalacetat GTP-abhängig zu Phosphoenolpyruvat umgesetzt. Jetzt läuft die Glykolyse bis zum Fructose-1,6-Bisphospat rückwärts. Die Umkehr der Phosphofructokinase-Reaktion gelingt durch die **Fructose-1,6-Bisphosphatase**, die Hexokinase-Reaktion wird durch die in Leber und Nieren enthaltene **Glucose-6-Phosphatase** umgangen. Die Glucose-6-Phosphatase ist im endoplasmatischen Retikulum lokalisiert.

10. Erklären Sie bitte, durch welche Hormone die Gluconeogenese reguliert wird.
Die Gluconeogenese dient der Bereitstellung von Glucose als Energielieferant bei Hypoglykämie. Entsprechend wird sie von Glukagon gefördert und von Insulin gehemmt. Auch **Glucocorticoide**, die im Kohlenhydratstoffwechsel insulinantagonistische Effekte besitzen, **erhöhen den Blutglucosespiegel.**

Mehr Cartoons unter www.medi-learn.de/cartoons

Pause

Päuschen gefällig?
Das hast du dir verdient!

4 Glykogenstoffwechsel

 Fragen in den letzten 10 Examen: 9

Zwischen den Mahlzeiten und beim Fasten ist es notwendig, einen gewissen Blutglucosespiegel zu sichern. Das ist deshalb wichtig, weil manche Zellen obligat auf Glucose angewiesen sind die:

- Zellen des Nierenmarks,
- Erythrozyten und
- Zellen des Gehirns.

Die Blutglucosekonzentration kann auf zwei unterschiedliche Arten erhöht werden:

- durch vermehrte Gluconeogenese und
- durch Freisetzung von Glucose aus zellulären Speichern.

Die Gluconeogenese wurde ab S. 44 bereits behandelt. Dieses Kapitel befasst sich mit den **zellulären Glucosespeichern**, also mit dem Glykogenaufbau, dem Glykogenabbau und der Regulation des Glykogenstoffwechsels.

4.1 Glykogensynthese

Glykogen ist das Speicherkohlenhydrat der Tiere. Wie bereits in Kapitel 1.6.1, S. 17 besprochen, kommt Glykogen vor allem in der Leber (etwa 10 % ihres Gewichts) und im Muskel (etwa 1 % seines Gewichts) vor. Daneben ist Glykogen – wenngleich nur in geringen Mengen – auch in anderen Organen nachweisbar. Eine Ausnahme bilden die Erythrozyten, die KEIN Glykogen enthalten. Mithilfe von Glykogen ist der Körper in der Lage, für 12–48 h die obligat auf Glucose angewiesenen Zellen – wie Erythrozyten und Nervenzellen – mit Energie zu versorgen. Ausgangssubstrat für die Glykogensynthese ist das z. B. in der Hexokinase-Reaktion entstandene **Glucose-6-Phosphat** (s. Abb. 56, S. 56). Glucose-6-Phosphat ist ohnehin ein sehr wichtiges Molekül, da es außer in der Glykolyse und dem Glykogenstoffwechsel auch noch im Pentosephosphatweg (s. 5.1, S. 62) vorkommt.

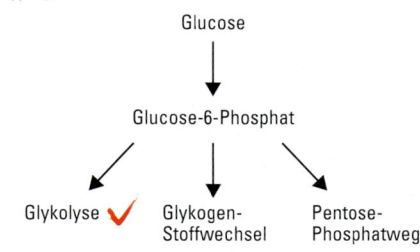

Abb. 55: Glucose-6-Phosphat als Substrat

medi-learn.de/7-bc3-55

Erklärung zu Abb. 56

1. Glucose-6-Phosphat wird durch die **Phosphoglucomutase** in Glucose-1-Phosphat überführt.
2. Zum Einbau ins Glykogen muss Glucose-1-Phosphat zunächst mit Uridintriphosphat (UTP) zu **UDP-Glucose** aktiviert werden.
3. UDP-Glucose ist das Substrat für die **Glykogensynthase**, die schrittweise Glucose – unter Abspaltung von UDP – α-(1,4)-glykosidisch auf eine vorbestehende Glykogenkette überträgt. Die Verknüpfung erfolgt hierbei zwischen dem C1-Atom der UDP-Glucose und dem nicht-reduzierenden C4-Atom der Glykogenkette.
4. UDP reagiert in einer ATP-abhängigen Reaktion zu UTP zurück und steht damit für ein neues Glucose-1-Phosphat zur Verfügung.
5. Da das Glykogen sowohl α-(1,4)-, als auch α-(1,6)-glykosidische Bindungen enthält (s. a. 1.6.1, S. 17), die Glykogensynthase aber nur α-(1,4)-glykosidische Bindungen knüpfen kann, benötigt man, um die Verzweigungsstellen hinzukriegen, ein weiteres Enzym, das branching enzyme (Amylo-(1,4 → 1,6)-Transglykosylase). Das branching enzyme wird aktiv, sobald die Glykogensynthase die Kette auf sechs bis elf Glucosemoleküle verlängert hat. Dann

schneidet es mindestens die letzten sechs Glucosemoleküle von der Kette ab und überträgt sie in α-(1,6)-glykosidischer Stellung auf diese oder eine benachbarte Kette.

6. Durch die mittels des branching enzymes entstandene Verzweigungsstelle kann die Kette in zwei Richtungen α-(1,4)-glykosidisch verlängert werden, bis sie wieder eine bestimmte Länge erreicht hat und das branching enzyme erneut in Aktion tritt.

7. Endprodukt der Glykogensynthese sind reich verzweigte Glykogenbäumchen.

> **Merke!**
>
> An der Glykogensynthese sind beteiligt:
> – die Phosphoglucomutase,
> – die Glykogensynthase und
> – das branching enzyme.

Die Glykogensynthase knüpft die ersten Glucoseeinheiten an ein Protein, das Glykogenin heißt (Starter-Molekül). Glykogenin ist in der Lage, die ersten Glucosemoleküle eigenstän-

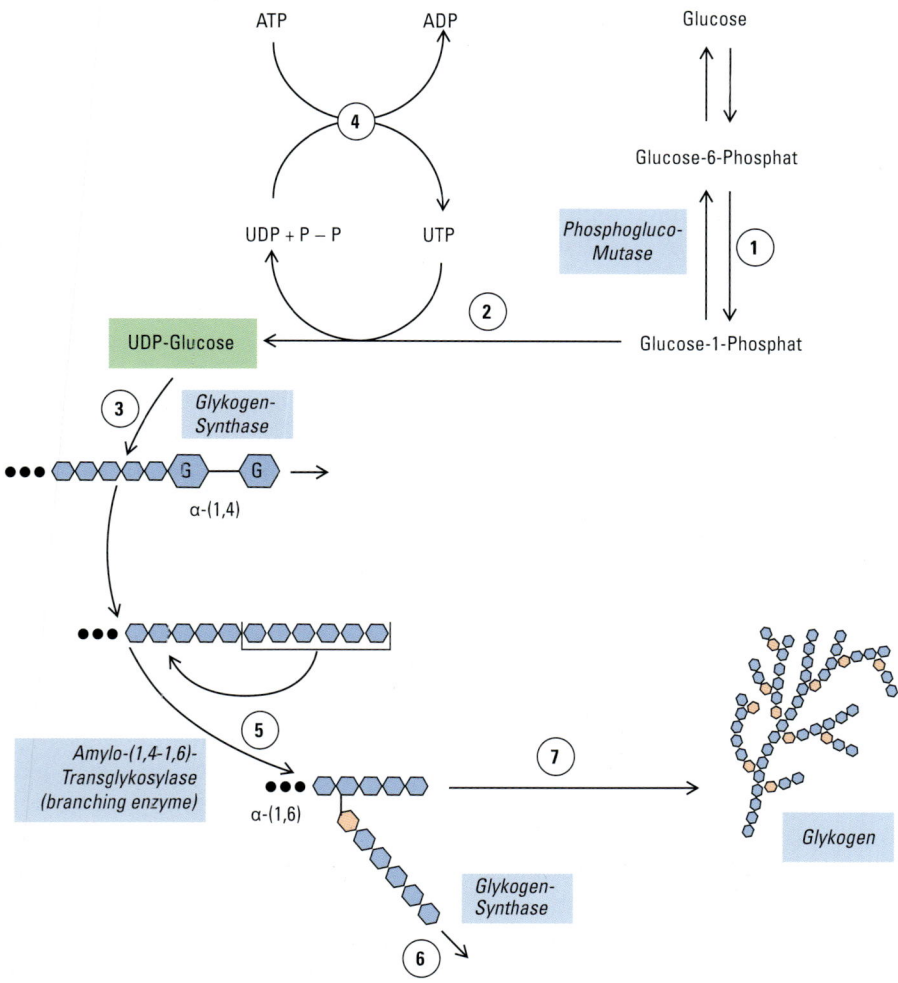

Abb. 56: Glykogensynthese

medi-learn.de/7-bc3-56

dig α-(1,4)-glykosidisch miteinander zu verknüpfen, bis dann die Glykogensynthase übernimmt. Das Verhältnis von Glykogenir zu Glykogen beträgt daher in jedem Glykogenmolekül 1 : 1.

4.2 Glykogenolyse

Wird mit der Nahrung nicht genug Glucose zugeführt (womit vermutlich nicht die Lernzeit gemeint sein kann), muss Glucose aus zellulären Speichern freigesetzt werden, um die Blutkonzentration aufrecht zu erhalten. An diesem – als Glykogenolyse bezeichneten – Vorgang sind vier wichtige Enzyme beteiligt:

– die Glykogenphosphorylase,
– die Glucantransferase (debranching enzyme),
– die 1,6-Glucosidase (debranching enzyme) und
– die Phosphoglucomutase.

Erklärung zu Abb. 57

1. Wichtigstes Enzym der Glykogenolyse ist die Glykogenphosphorylase. Sie baut die **α-(1,4)-glykosidischen Bindungen** des Glykogens ab, indem sie anorganisches Phosphat auf das nicht-reduzierende Ende des Glykogengerüsts überträgt und so Glucose abspaltet. Dies bezeichnet man als phospho-

4

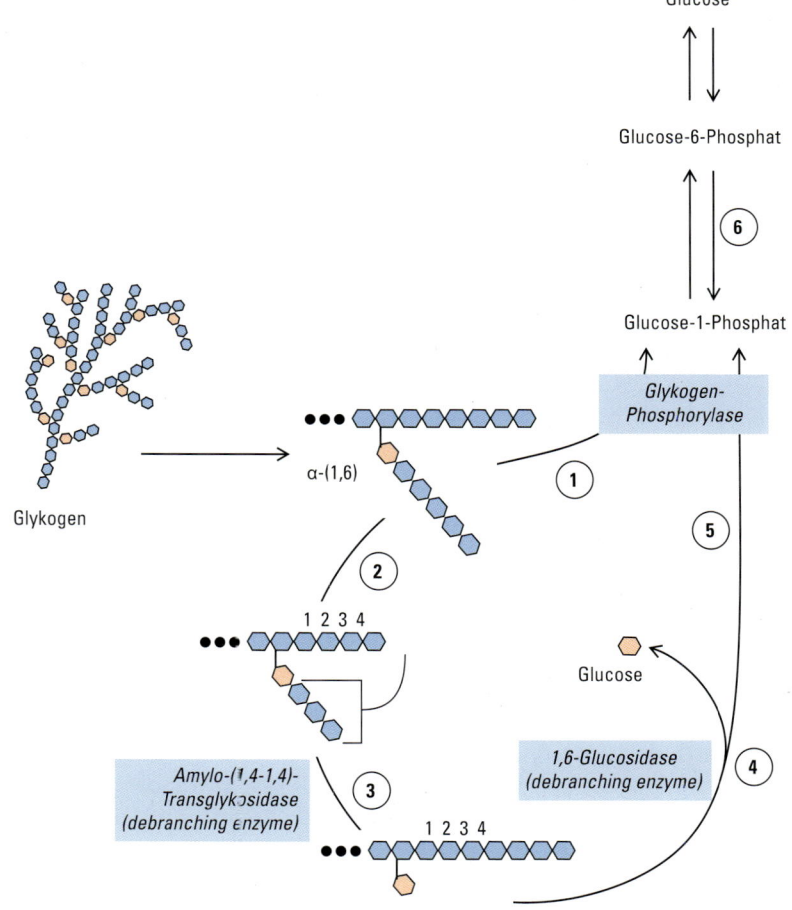

Abb. 57: Glykogenolyse

medi-learn.de/7-bc3-57

rylytische Spaltung. **Produkt der Glykogenphosphorylase ist das Glucose-1-Phosphat.**

2. Die Glykogenphosphorylase ist solange aktiv, bis sie sich auf etwa vier Glucosemoleküle einer α-(1,6)-glykosidischen Verzweigungsstelle genähert hat. Aus strukturellen Gründen kommt sie nicht näher heran.

3. Jetzt überträgt die Glucantransferase (Amylo-1,4 → 1,4-Transglykosylase) alle verbliebenen α-(1,4)-glykosidisch gebundenen Glucosemoleküle von der Verzweigungsstelle auf eine Nachbarkette, sodass nur noch die α-(1,6)-glykosidische Bindung übrig bleibt.

4. Bei der Spaltung der α-(1,6)-glykosidischen Bindung durch die **1,6-Glucosidase** wird im Gegensatz zur Glykogenphosphorylase **freie Glucose** freigesetzt.

5. Jetzt ist die Verzweigungsstelle entfernt, und die Glykogenphosphorylase kann bis zur nächsten α-(1,6)-glykosidischen Bindung wieder Glucose-1-Phosphat aus Glykogen freisetzen.

6. Glucose-1-Phosphat wird durch die **Phosphoglucomutase** in Glucose-6-Phosphat überführt und kann in die Glykolyse eingeschleust werden oder in der Leber und Niere (aber NICHT im Skelettmuskel, s. 3.2, S. 44) zu Glucose dephosphoryliert werden.

Übrigens …

Die Glucose-6-Phosphatase ist ein hepatisches und renales Enzym, das die Reaktion von Glucose-6-Phosphat zu Glucose katalysiert. Fehlt dieses Enzym, so kommt es zur **Glykogenspeicherkrankheit** (Glykogenose) vom **Typ I (v. Gierke)**. Symptome dieser Krankheit sind:
- Hypoglykämien zwischen den Mahlzeiten, da keine Glucose von der Leber mehr freigesetzt werden kann,
- erhöhte Glucose-6-Phosphatkonzentration und dadurch Steigerung der Glykogensynthese und
- Lebervergrößerung (Hepatomegalie) sowie Nierenvergrößerung durch verstärkte Glykogeneinlagerung.

4.3   Regulation des Glykogenstoffwechsels

Um einen möglichst konstanten Blutglucosespiegel zu erhalten, ist der Glykogenstoffwechsel fein reguliert:
- **Durch Ausschüttung von Glukagon wird Glykogen abgebaut und die Blutglucosekonzentration erhöht.**
- **Durch Abgabe von Insulin wird der Blutzucker gesenkt und Glykogen aufgebaut.**

Wie diese beiden Hormone dies bewirken, ist Thema der folgenden Abschnitte. Da dabei – ähnlich wie bei der Glykolyseregulation – viele Phosphorylierungen eine Rolle spielen, die man nur zu gerne durcheinander bringt, zählt folgendes Kapitel zwar zu den etwas gemeineren, aber leider auch zu den ziemlich häufig gefragten Gebieten im Physikum.

Um sicher durch dieses Thema manövrieren zu können, solltest du dir zunächst merken, dass
- Glukagon die cAMP-Konzentration erhöht und dadurch die Proteinkinase A aktiviert.
- Insulin die cAMP-Konzentration durch Aktivierung der Phosphodiesterase erniedrigt, die cAMP zu 5'AMP abbaut.

4.3.1   Wirkung von Glukagon auf den Glykogenstoffwechsel

Vorweg kann ich dich schon mal beruhigen: Der Unterschied zwischen der Glukagonwirkung auf die Glykolyse und auf den Glykogenstoffwechsel liegt nur in der Art der aktivierten/inhibierten Enzyme, nicht in der Kaskade selbst. Auch hier steht der cAMP-Spiegel im Mittelpunkt.

Erklärung zu Abb. 58

1. Nach Bindung von Glukagon an seinen Rezeptor wird durch die Adenylatcyclase ATP zu cAMP umgewandelt. Diesen Vorgang kennst du bereits aus der Glykolyseregulation (s. 3.1.4, S. 41).

2. Der erhöhte cAMP-Spiegel aktiviert die Proteinkinase A (auch das dürfte dir aus der Regulation der Glykolyse bekannt sein).

3. Glukagon soll zur Erhöhung des Blutzuckerspiegels beitragen, es muss also die Glykogenphosphorylase aktivieren, die Glykogen abbaut. Da Glukagon über die Proteinkinase A wirkt, muss die Glykogenphosphorylase in phosphoryliertem Zustand aktiv sein.

4. Um die Wirkung des Glukagons noch zu verstärken, ist zwischen der Proteinkinase A und der Glykogenphosphorylase ein weiterer Phosphorylierungsschritt eingebaut. Die Proteinkinase A phosphoryliert nämlich zunächst die Glykogenphosphorylase-Kinase, die dann ihrerseits als Kinase die Glykogenphosphorylase durch Phosphorylierung aktiviert. Durch diesen Zwischenschritt ist es möglich – ähnlich wie bei der Aktivierungskaskade der Blutgerinnung – mit wenigen Glukagonmolekülen sehr viele Glykogenphosphorylasen zu aktivieren. Die Glykogenphosphorylase spaltet dann phosphorylytisch Glucose vom nicht-reduzierenden Ende des Glykogenmoleküls ab, wobei Glucose-1-Phosphat entsteht (s. 4.2, S. 57).

5. Die alleinige Steigerung des Glykogenabbaus reicht aber noch nicht aus, um den Blutzuckerspiegel effektiv zu steigern. Zusätzlich muss Glukagon noch den Glykogenaufbau inhibieren, und das geschieht ganz automatisch. Da die durch Glukagon aktivierte Proteinkinase A nichts anderes kann als phosphorylieren, phosphoryliert sie ebenfalls die Glykogensynthase, die dadurch inaktiviert wird.

Die Glykogen-Phosphorylase kann auch auf anderem Wege aktiviert werden. Das ist vor allem im Skelettmuskel der Fall, wenn dort

– durch Kontraktion Ca^{2+} aus dem sarkoplasmatischen Retikulum freigesetzt wird. Ist der Calcium-Spiegel intrazellulär erhöht, bindet es an eine Untereinheit der Phosphorylase-Kinase – das Calmodulin – und aktiviert sie dadurch. Durch den in Punkt 4 beschriebenen Mechanismus aktiviert die Phosphorylase-Kinase dann die Glykogenphosphorylase.

– aufgrund des erhöhten Energiebedarfs vermehrt energiearme Substrate – wie z. B. das AMP – anfallen. AMP ist in der Lage, die Glykogenphosphorylase direkt allosterisch zu aktivieren, was einen vermehrten Glykogenabbau zur Folge hat.

Diese Regulationsmechanismen sind deswegen sinnvoll, da bei vermehrter Muskeltätig-

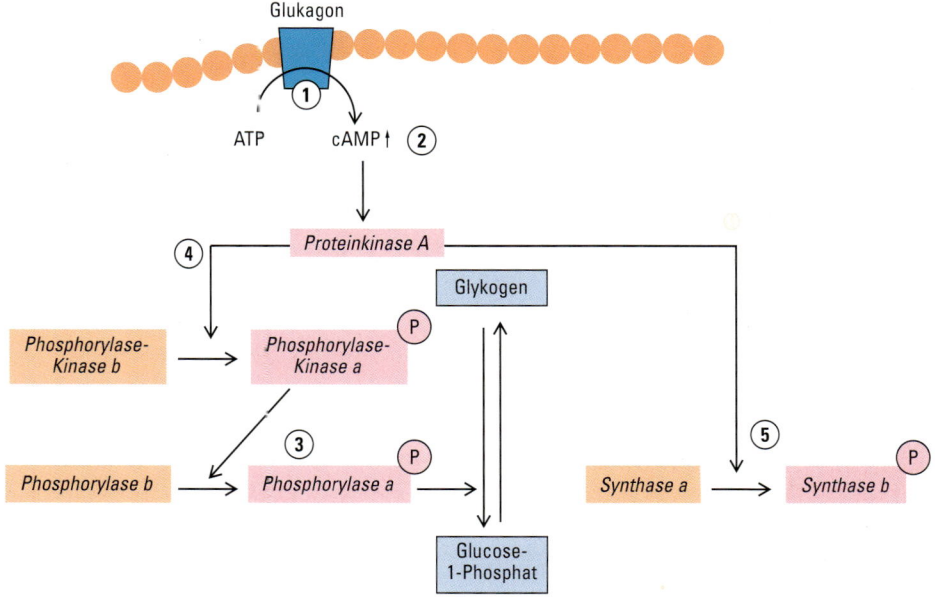

Abb. 58: Wirkung von Glukagon auf den Glykogenstoffwechsel

medi-learn.de/7-bc3-58

keit auch dessen Energiebedarf steigt. Der Muskel benötigt also Mechanismen, um Energiereserven auch bei Normoglykämie aus den Speichern freizusetzen, nämlich die Regulation über den Calcium- und AMP-Spiegel.

> **Merke!**
>
> Die Ziele des Glukagons sind überwiegend Leber und Fettgewebe (Lipolyse). Der Muskel wird durch Glukagon NICHT beeinflusst, da hier keine Glukagonrezeptoren vorhanden sind. Ein Hormon, das sowohl in der Leber als auch im Muskel über einen erhöhten cAMP-Spiegel die Glykogenolyse aktiviert, ist das Adrenalin.

4.3.2 Wirkung von Insulin auf den Glykogenstoffwechsel

Die Wirkung von Insulin zielt darauf ab, den Blutglucosespiegel zu senken. Dies gelingt Insulin entweder durch Steigerung der Glykolyse (s. 3.1.4, S. 41) und/oder durch den Einbau von Glucose in den Kohlenhydratspeicher Glykogen. Die Kaskade, über die Insulin auf die Glykolyse und den Glykogenstoffwechsel wirkt, ist identisch.

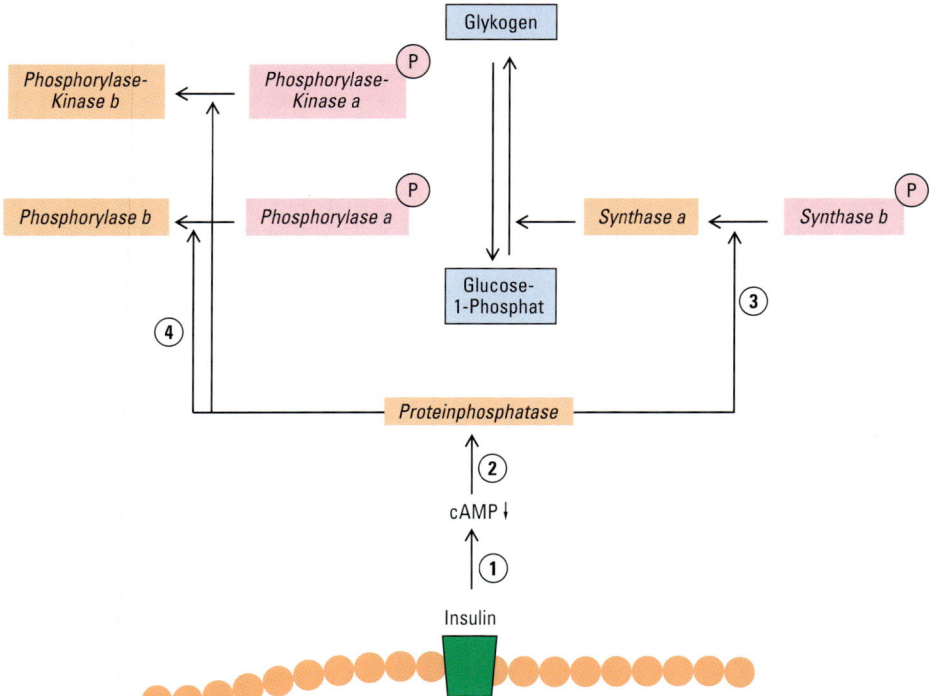

1. Nachdem Insulin an seinen Rezeptor in der Plasmamembran gebunden hat, senkt es den intrazellulären cAMP-Spiegel.
2. Dadurch wird eine Proteinphosphatase aktiviert, die die bei Glukagon besprochenen Phosphorylierungen (s. 4.3.1, S. 58) rückgängig macht.
3. Durch Dephosphorylierung wird die inaktive Glykogensynthase b in die aktive Glykogensynthase a überführt. Die Synthase baut jetzt aus UDP-Glucose Glykogen auf (s. 4.1, S. 55).
4. Gleichzeitig werden die Enzyme, die den Abbau von Glykogen katalysieren, durch die Proteinphosphatase dephosphoryliert und damit inaktiviert.

Abb. 59: Wirkung von Insulin auf den Glykogenstoffwechsel

medi-learn.de/7-bc3-59

5 Pentosephosphatweg (-zyklus) (Hexosemonophosphatweg)

Fragen in den letzten 10 Examen: 7

Die dritte Möglichkeit, Glucose-6-Phosphat zu verarbeiten (neben der Glykolyse, s. 3.1, S. 34 und dem Glykogenstoffwechsel, ab S. 55), ist der **Pentosephosphatweg**, auch **Hexosemonophosphatweg** genannt.

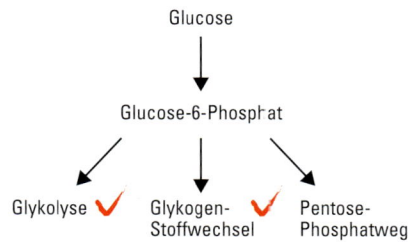

Abb. 60: Glucose-6-Phosphat als Substrat

medi-learn.de/7-bc3-60

Es gibt wahnsinnig verwirrende und komplizierte Abbildungen des Pentosephosphatwegs. In diesem Kapitel sind die Fakten auf das wesentliche zusammengeschmolzen, sodass du  hoffentlich möglichst unkompliziert möglichst viele Fragen zum Pentosephosphatweg beantworten kannst.

Der Pentosephosphatweg ist im Zytosol lokalisiert. In ihm erfolgt die zyklische Dehydrierung und Decarboxylierung von Glucose. **Sein Sinn liegt in der Synthese von Pentosephosphaten (Ribose-5-Phosphat) zur Nukleotidbiosynthese**, da die mit der Nahrung aufgenommene Menge an Pentosen relativ gering ist. Außerdem entsteht im Pentosephosphatweg noch **NADPH/H$^+$**. NADPH/H$^+$ ist das Wasserstoff-übertragende Coenzym für Biosynthesen, wie z. B. die der Fettsäuren. Entsprechend ist der Pentosephosphatweg in Geweben, die sich häufig teilen und daher eine erhöhte Nukleotidbiosynthese haben, und in Geweben mit erhöhter Biosyntheseaktivität besonders aktiv.

Hierzu zählen
- die Zellen des Fettgewebes (Fettsäuresynthese),
- die Zellen der laktierenden Mamma (Fettsäuresynthese),
- die Zellen der Nebennierenrinde (Steroidsynthese)
- die Zellen der Darmmukosa (Ribose für die Zellteilung) und
- die Erythrozyten (NADPH-abhängige Reduktion von Glutathiondisulfid).

Merke!

Der Pentosephosphatweg dient NICHT der Energiegewinnung.

Der besseren Übersicht wegen kannst du den Pentosephosphatweg in zwei Abschnitte teilen: Einen **oxidativen Teil**, in dem Glucose-6-Phosphat in zwei Dehydrierungen und einer Decarboxylierung zu Ribulose-5-Phosphat umgewandelt wird, und einen **regenerativen Teil**, in dem über Transketolase und Transaldolase letztendlich wieder Glucose-6-Phosphat entsteht.

5.1   Oxidativer Teil des Pentosephosphatwegs

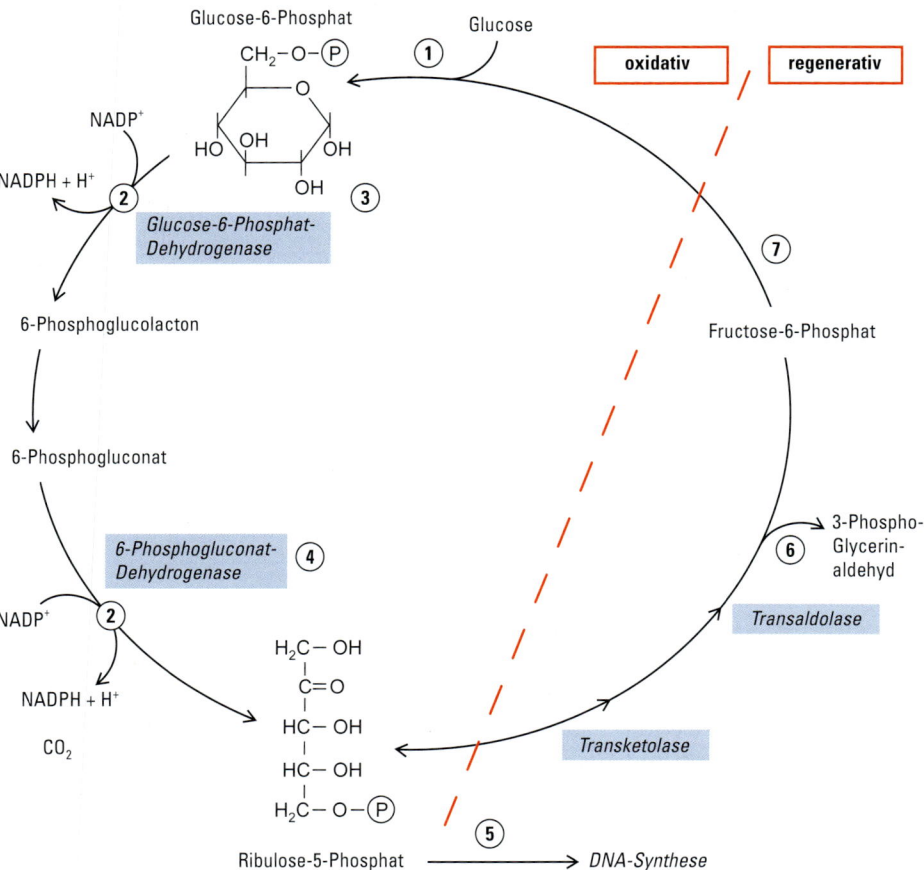

Abb. 61: Pentosephosphatweg

1. Ausgangssubstrat des Pentosephosphatwegs ist Glucose-6-Phosphat, das z. B. durch die Hexokinasereaktion aus Glucose entsteht.
2. Glucose-6-Phosphat wird in zwei Dehydrogenasereaktionen in Ribulose-5-Phosphat überführt. Bei jeder dieser Dehydrogenasereaktionen entsteht ein Molekül NADPH/H⁺.
3. Der erste NADPH/H⁺-liefernde Schritt wird durch die Glucose-6-Phosphat-Dehydrogenase katalysiert.
4. Die zweite NADPH/H⁺-liefernde Reaktion beinhaltet zugleich eine Decarboxylierung und wird durch die 6-Phosphogluconat-Dehydrogenase katalysiert.
5. Ribulose-5-Phosphat kann durch eine Isomerase in Ribose-5-Phosphat umgewandelt werden und so zur DNA-Synthese

dienen. Sollte hierfür in der Zelle kein Bedarf bestehen, wird Ribulose-5-Phosphat in den auf den oxidativen Teil folgenden regenerativen Teil eingeschleust.
6. Im regenerativen Teil werden durch die Transketolase und die Transaldolase Kohlenstoffatome zwischen Molekülen verschoben, sodass letztendlich aus dem am Ende des oxidativen Teils entstandenen Ribulose-5-Phosphat Fructose-6-Phosphat und 3-Phospho-Glycerinaldehyd entstehen.
7. Fructose-6-Phosphat wird durch eine Isomerase in Glucose-6-Phosphat überführt und steht so einem erneuten Zyklus zur Verfügung.

Pro entstehendem CO_2 werden zwei Moleküle NADPH/H+ gebildet. Aus Glucose (C_6) lässt sich $6 \cdot CO_2$ abspalten. Daher werden pro Glucose insgesamt zwölf NADPH/H+ gebildet.

5.2   Regenerativer Teil des Pentosephosphatwegs

Nach dem regenerativen Teil des Pentosephosphatwegs wurden bislang im Physikum kaum Fragen gestellt. Er folgt auf den oxidativen Teil und dient der **Wiederherstellung von Glucose-6-Phosphat**. Während der Regeneration gehen diverse Umlagerungen vonstatten, die hier im Einzelnen nicht aufgeführt sind, da ihr Wissen im schriftlichen Physikum wenig hilfreich ist. Hierfür reicht es, die beiden Enzyme, die an diesen Umlagerungen beteiligt sind zu kennen: die **Transketolase** und die **Transaldolase**.

Wenn kein Bedarf an NADPH/H+ in der Zelle besteht, sondern nur Ribulose-5-Phosphat benötigt wird, kann der Pentosephosphatweg über die Transketolase und die Transaldolase auch rückwärts ablaufen. Dadurch werden die Dehydrogenasereaktionen und damit auch die NADPH/H+-Produktion umgangen.

5.3   Pentosephosphatweg im Erythrozyten

Eine besondere Funktion hat der Pentosephosphatweg in den roten Blutkörperchen. Dort dient das aus dem Pentosephosphatweg stammende NADPH/H+ zur Reduktion von Glutathiondisulfid. Glutathion ist ein Tripeptid, bestehend aus den drei Aminosäuren Glutamat, Cystein und Glycin.

Glutathion = Glu-Cys-Gly

Das besondere am Glutathion ist, dass es durch das Cystein eine freie SH-Gruppe besitzt. SH-Gruppen haben ein hohes Bestreben, ihren Wasserstoff abzugeben und so zu einem Disulfid zu reagieren. Und genau darin besteht die Aufgabe des Glutathions: Es überträgt den Wasserstoff seiner SH-Gruppe auf schädliche Radikale (z. B. O^{2-}), um diese unschädlich zu machen, bevor sie mit wichtigen Enzymen reagieren können und diese zerstören. Im Erythrozyten würde dies zur Hämolyse führen. Dabei reagiert Glutathion zu einem Glutathiondisulfid nach der folgenden Gleichung:
Glutathion-SH + SH-Glutathion + $O^{2-} \rightarrow$
Glutathion-S-S-Glutathion + H_2O
Um aus Glutathiondisulfid erneut Glutathion herzustellen, benötigt die Zelle NADPH/H+. In Zellen, die vielen freien Sauerstoffradikalen ausgesetzt sind, wie z. B. den sauerstofftransportierenden Erythrozyten, wird viel Glutathion und damit auch viel NADPH/H+ benötigt. Daher ist der Pentosephosphatweg in den Erythrozyten besonders wichtig und aktiv.

Übrigens …
Bei einem Mangel an **Glucose-6-Phosphat-Dehydrogenase** – dem ersten Enzym des Pentosephosphatwegs – können Erythrozyten ihr Glutathion nicht mehr ausreichend regenerieren. Bei Betroffenen führt dies zu hämolytischen Anämien unter Oxidationsstress (Favismus). Auslöser dafür können Anti-Malaria-Mittel oder der Verzehr von Fava-Bohnen sein. Auf der anderen Seite sind Menschen mit einem angeborenen Mangel an Glucose-6-Phosphat-Dehydrogenase resistenter gegenüber einer Infektion mit Malaria. Der Malariaerreger Plasmodium malariae reagiert empfindlicher auf oxidativen Stress als menschliche Zellen und kann sich in den betroffenen Erythrozyten nicht ausreichend vermehren. Daher ist der G-6-P-Dehydrogenase-Mangel in Malariagebieten ein Selektionsvorteil.

5

6 Stoffwechsel spezieller Hexosen

 Fragen in den letzten 10 Examen: 9

Damit du heute Nacht auch gut schlafen kannst und dich nicht fragen musst, was denn mit den anderen Hexosen im Körper geschieht, wird jetzt noch zum Schluss besprochen, was der Körper mit Galaktose und Fructose so alles anstellt.

6.1 Stoffwechsel der Galaktose

Galaktose ist als Monosaccharidbaustein zusammen mit der Glucose im Milchzucker Lactose enthalten. Damit der Körper Galaktose verwerten kann, muss sie in Glucose umgewandelt werden. Diese Umwandlung geschieht über die drei wichtigen Enzyme

- Galaktokinase,
- Galaktose-1-Phosphat-UDP-Transferase und
- UDP-Galaktose-4-Epimerase.

Merke!

Der Galaktosestoffwechsel findet vor allem im Zytosol der Leber statt.

Erklärung zu Abb. 62

1. Um Galaktose in einen reaktionsfähigen Zustand zu versetzen, wird sie ATP-abhängig durch die Galaktokinase zu Galaktose-1-Phosphat phosphoryliert.
2. Es folgt eine Reaktion mit UDP-aktivierter Glucose. Dabei wird der Phosphatrest von der Galaktose auf die Glucose übertragen. Im Austausch erhält die Galaktose das UDP von der Glucose. Bei der durch die Galaktose-1-P-UDP-Transferase katalysierten Reaktion entstehen also UDP-Galaktose und Glucose-1-Phosphat.

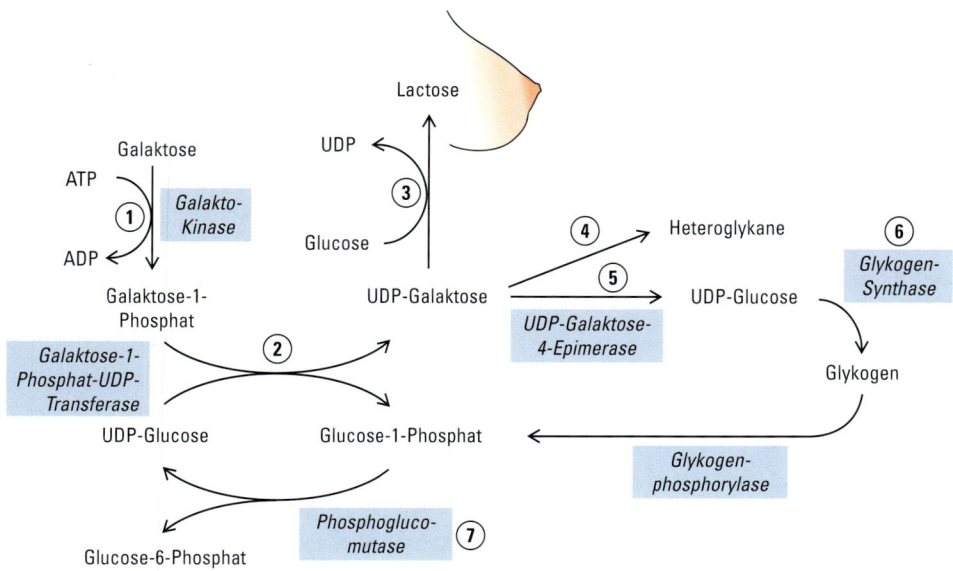

Abb. 62: Galaktosestoffwechsel

medi-learn.de/7-bc3-62

3. Besteht Bedarf an Lactose, wird die Galaktose in der laktierenden Mamma mit Glucose zu Lactose verbunden.

4. Besteht dagegen kein Bedarf an Lactose, wird die Galaktose in Heteroglykane eingebaut.

5. Besteht noch nicht einmal Bedarf an Galaktose in der Zelle, kann UDP-Galaktose ganz einfach zu UDP-Glucose umgewandelt werden. Das gelingt deswegen so einfach, weil Galaktose ein C4-Epimer der Glucose ist (s. 1.2.2, S. 8). Die OH-Gruppe am C4-Atom der Galaktose muss also nur von der linken auf die rechte Seite gedreht werden, um Glucose zu erhalten. Katalysierendes Enzym dieser Reaktion ist die UDP-Galaktose-4-Epimerase.

6. UDP-Glucose kann entweder in Glykogen eingebaut werden (s. 4.1, S. 55), oder das UDP wie bei Punkt 2 auf Galaktose übertragen.

7. Glucose-1-Phosphat reagiert durch die Phosphoglucomutase zu Glucose-6-Phosphat und kann so in die Glykolyse, die Glykogensynthese oder den Pentosephosphatweg (s. Abb. 60, S. 61) eingeschleust werden.

Übrigens ...
Bei der Galaktose-Intoleranz (Galaktosämie, Häufigkeit 1:40 000) herrscht typischerweise ein Mangel an Galaktose-1-Phosphat-UDP-Transferase. Dadurch kann Galaktose nicht mehr verstoffwechselt werden. Die Symptome sind unter anderem Erbrechen, Durchfall und Hypoglykämien, wobei die Beschwerden auftreten, sobald das erste Mal Galaktose aufgenommen wird, also üblicherweise bei Säuglingen (die Muttermilch enthält u. a. Lactose). Unbehandelt verläuft die Erkrankung tödlich, ist aber durch Galaktose-freie Diät gut unter Kontrolle zu bekommen: Aufgrund des einfachen Nachweisverfahrens und guter Behandlungsmöglichkeit erfolgt ein Screening aller

Neugeborenen fünf Tage nach der Geburt.

6.2 Stoffwechsel der Fructose

Der Fructosestoffwechsel findet überwiegend in der Leber und daneben noch in den Mucosazellen des Dünndarms statt. Dabei wird die Fructose durch die Enzyme
– Fructokinase,
– Fructose-1-Phosphat-Aldolase (Aldolase B) und
– Triokinase
zu Metaboliten der Glykolyse umgewandelt.

Je nach Stoffwechsellage werden Dihydroxyacetonphosphat und Glycerinaldehyd-3-Phosphat in die Glykolyse eingeschleust (katabole Stoffwechsellage) oder zur Gluconeogenese verwendet (anabole Stoffwechsellage).

Übrigens ...
– Bei der Fructoseintoleranz (Häufigkeit 1 : 130 000) kommt in der Leber und in den Nieren statt der Aldolase B die Aldolase A vor. Wird mit der Nahrung Fructose aufgenommen (z.B durch den Genuss von Früchten), reichert sich Fructose-1-Phosphat in den Zellen an, da die Aldolase A das in der Fructokinasereaktion entstehende Fructose-1-Phosphat (fast) nicht abbauen kann. Da Fructose-1-Phosphat
– aber die Gluconeogenese hemmt, kommt es nach Fructose-„Genuss" zu Hypoglykämien.
– Freie Fructose kommt beim Menschen in der Spermaflüssigkeit vor. Hier ist bei der Synthese von Fructose aus Glucose das Sorbitol ein Zwischenprodukt (s. Abb. 64, S. 66).
– Beim Diabetes mellitus spielt der Polyolweg eine wichtige Rolle: Bei hohen Blutzucker-Konzentrationen entstehen darüber unphysiologische Mengen an Sorbit und Fructose.

6

– Hierbei wird Glucose NADPH-abhängig an der Aldehydgruppe reduziert (s. Abb. 64, S. 66). Beide können die Zellen nicht mehr verlassen und führen über Osmose zur Zellschwellung. Auf diesen Mechanismus werden Spätfolgen wie der graue Star, aber auch Mikroangiopathie und Neuropathie zurückgeführt.

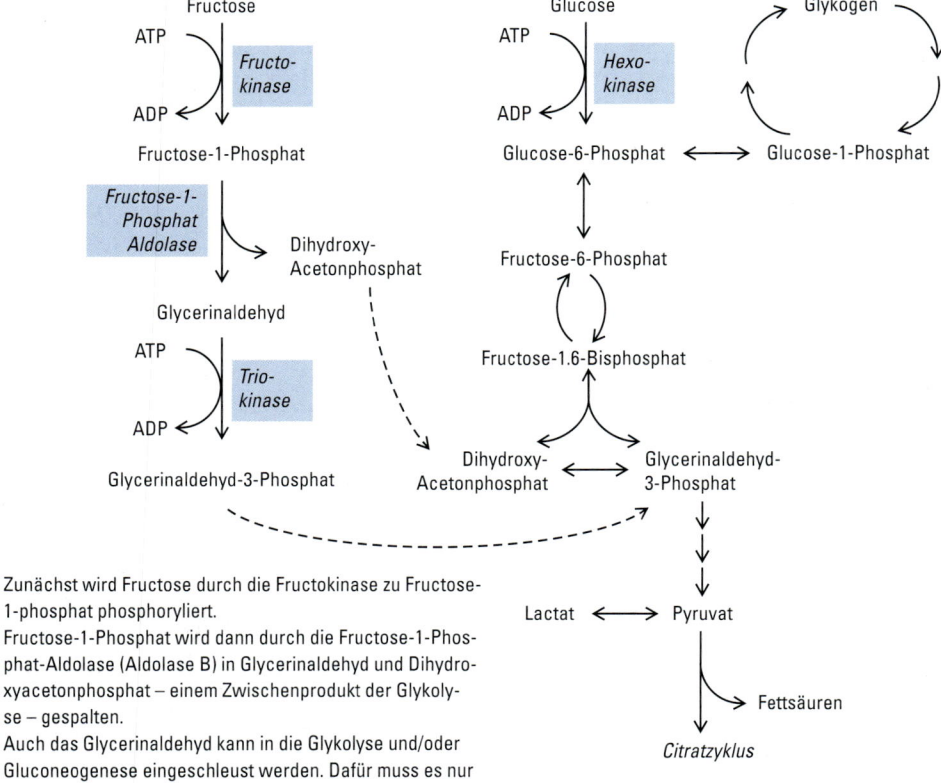

1. Zunächst wird Fructose durch die Fructokinase zu Fructose-1-phosphat phosphoryliert.
2. Fructose-1-Phosphat wird dann durch die Fructose-1-Phosphat-Aldolase (Aldolase B) in Glycerinaldehyd und Dihydroxyacetonphosphat – einem Zwischenprodukt der Glykolyse – gespalten.
3. Auch das Glycerinaldehyd kann in die Glykolyse und/oder Gluconeogenese eingeschleust werden. Dafür muss es nur durch die Triokinase zu Glycerinaldehyd-3-Phosphat umgewandelt werden.

Abb. 63: Fructosestoffwechsel

medi-learn.de/7-bc3-63

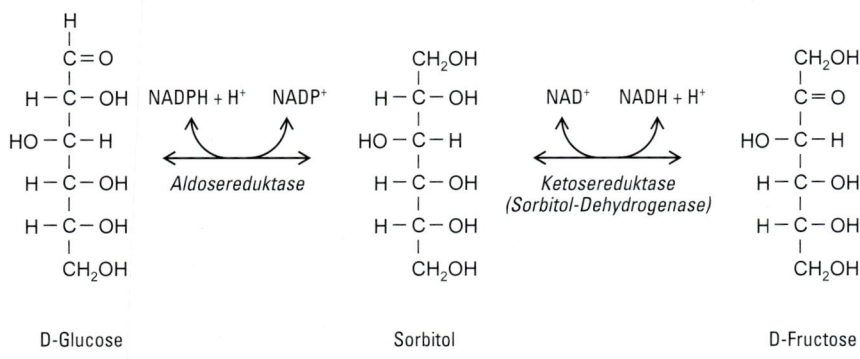

Abb. 64: Umwandlung von Glucose zu Fructose im Polyolweg

medi-learn.de/7-bc3-64

Da der **Glykogenstoffwechsel** ebenfalls zu den großen Stoffwechselkreisläufen gehört, dient er nicht nur im schriftlichen, sondern auch im mündlichen Examen den Prüfern als beliebter Fragenpool. Dabei gibt es einige wenige Fakten, mit denen du das Thema Glykogenstoffwechsel nahezu komplett abdecken kannst, da sich die Fragen vor allem auf

– den Aufbau,
– den Abbau und
– die Regulation des Glykogenstoffwechsels beziehen.

Zur **Glykogensynthese** und deren Regulation solltest du dir folgende Punkte merken:
– Die drei wichtigen Enzyme für den Aufbau des Glykogens sind
  • die Phosphoglucomutase,
  • die Glykogensynthase und
  • das branching enzyme (Amylo-(1,4) → (1,6)-Transglykosylase).
– Die Glykogensynthase baut UDP-Glucose α-(1,4)-glykosidisch in Glykogen ein.
– Das branching enzyme überträgt eine Kohlenhydratkette in α-(1,6)-Stellung auf eine Nachbarkette und stellt so eine Verzweigung her.
– Die Glykogensynthase wird durch Dephosphorylierung aktiviert (durch eine Proteinphosphatase).

Zur **Glykogenolyse** und deren Regulation ist folgendes wissenswert:
– Die vier wichtigen Enzyme des Glykogenabbaus sind
  • die Glykogenphosphorylase,
  • die Glucantransferase (Amylo-(1,4) → (1,4)-Transglykosylase),
  • die 1,6-Glucosidase und
  • die Phosphoglucomutase.
Die Glucantransferase wird zusammen mit der Glucosidase auch als debranching enzyme bezeichnet.
– Die Glykogenphosphorylase ist phosphoryliert aktiv. Sie wird durch die

Phosphorylase-Kinase aktiviert, die ebenfalls im phosphorylierten Zustand aktiv ist.
– Die Phosphorylase-Kinase kann im Skelettmuskel auch durch eine Erhöhung der intrazellulären Calcium-Konzentration aktiviert werden.
– Endprodukt des Glykogenabbaus ist Glucose-1-Phosphat, das durch die Phosphoglucomutase in Glucose-6-Phosphat umgewandelt wird.
– Bei der Spaltung der α-(1,6)-glykosidischen Bindung durch die 1,6-Glucosidase wird freie Glucose freigesetzt.

Der **Pentosephosphatweg** lässt sich in einen oxidativen und in einen regenerativen Abschnitt unterteilen. Hierzu musst du dir zum Glück nur wenige Dinge merken, um im Physikum zu punkten:
– Der Pentosephosphatweg verläuft ohne Gewinnung von Energie.
– Er dient ausschließlich zur Synthese von **NADPH/H⁺** und **Ribose** in biosynthetisch besonders aktiven Zellen, wie denen des Fettgewebes, der Nebennierenrinde etc.
– Im Pentosephosphatweg werden pro Kohlenstoff der Glucose **zwei NADPH/H⁺** gewonnen, insgesamt also **zwölf NADPH/H⁺** pro Molekül Glucose.
– Im regenerativen Teil entstehen über die Transaldolase und die Transketolase 3-Phospho-Glycerinaldehyd und Fructose-6-Phosphat.
– Zur Gewinnung von Ribose-5-Phosphat kann der Pentosephosphatweg über die Transketolase und Transaldolase auch rückwärts laufen.
– In den Erythrozyten dient NADPH/H⁺ zur Reduktion von Glutathiondisulfid. Die Reaktionen des regenerativen Teils kannst du beim Lernen getrost weglassen.

Zum **Stoffwechsel spezieller Hexosen** wurden bislang im Physikum nur wenige Fragen gestellt. Letztendlich münden sie auch alle an irgendeiner Stelle in den Glucosestoffwechsel. Gut vorbereitet bist du, wenn du zur **Galaktose** weißt, dass sie durch

– Galaktokinase,
– Galaktose-1-P-UDP-Transferase und
– Galaktose-4-Epimerase

in UDP-Glucose umgewandelt wird.

Zur **Fructose** solltest du dir merken, dass sie über

– Fructokinase,
– Fructose-1-Phosphat-Aldolase (Aldolase B) und
– Triokinase

zu Dihydroxyacetonphosphat und Glycerinaldehyd-3-Phosphat abgebaut und so in die Glykolyse/Gluconeogenese eingeschleust werden kann.

FÜRS MÜNDLICHE

Im Bereich **Glykogenstoffwechsel, Pentosephosphatweg und Stoffwechsel spezieller Hexosen** werden häufig folgende Fragen in der mündlichen Prüfung gefragt.

1. Bitte erläutern Sie, welche Enzyme man für die Glykogensynthese benötigt, und welche Reaktionen sie katalysieren.

2. Erklären Sie bitte, welche Enzyme man für die Synthese von Glucose aus Glykogen benötigt, und welche Reaktionen sie katalysieren.

3. Erklären Sie bitte, wie der Glykogenstoffwechsel reguliert wird.

4. Bitte erklären Sie, wie weit die Glucosefreisetzung aus Glykogen in der Leber und in der Skelettmuskulatur ablaufen kann.

5. Bitte erläutern Sie, worin der Sinn des Pentosephosphatwegs besteht.

6. Erklären Sie bitte, in welchen Zellen der Pentosephosphatweg besonders aktiv ist.

7. Erläutern Sie bitte, durch welche Reaktionen im Pentosephosphatweg NADPH/H$^+$ entsteht.

8. Bitte erklären Sie, wie viele Moleküle NADPH/H$^+$ pro Molekül Glucose entstehen.

9. Erläutern Sie bitte welche Rolle der Pentosephosphatweg in Zellen, die kein NADPH/H$^+$ benötigen (z. B. sich teilende Zellen) spielt.

10. Bitte erklären Sie, wo der Galaktosestoffwechsel lokalisiert ist.

11. Bitte nennen Sie die für den Galaktosestoffwechsel wichtigen Enzyme.

12. Bitte nennen Sie die wichtigen Enzyme des Fructose-Stoffwechsels.

13. Erläutern Sie bitte, über welche Substanzen der Fructose-Stoffwechsel in die Glykolyse mündet.

1. Bitte erläutern Sie, welche Enzyme man für die Glykogensynthese benötigt, und welche Reaktionen sie katalysieren.

Die drei Enzyme der Glykogensynthese sind

- die **Phosphoglucomutase**: Sie überführt Glucose-6-Phosphat in Glucose-1-Phosphat, dem Ausgangssubstrat der Glykogensynthese.
- die **Glykogensynthase**: Sie fügt UDP-Glucose α-(1,4)-glykosidisch an das nicht reduzierende Ende des Glykogenmoleküls an.
- das **branching enzyme**: Es überträgt einen Kohlenhydratanteil bestehend aus mindestens sechs Monosacchariden in α-(1,6)-glykosidische Stellung auf eine Nachbarkette.

2. Erklären Sie bitte, welche Enzyme man für die Synthese von Glucose aus Glykogen benötigt, und welche Reaktionen sie katalysieren.

Für die Synthese von Glucose aus Glykogen sind fünf Enzyme wichtig, nämlich vier Enzyme der Glykogenolyse und ein Enzym der Gluconeogenese:

- Die **Glykogenphosphorylase** spaltet phosphorylytisch Glucose aus dem Glykogen ab. Produkt der Glykogenphosphorylase ist Glucose-1-Phosphat.
- Da die Glykogenphosphorylase nur bis auf vier Glucosemoleküle an eine α-(1,6)-Verzweigungsstelle herankommt, benötigt man ein weiteres Enzym, die Glucantransferase. Dieses debranching enzyme überträgt eine α-(1,4)-glykosidisch gebundene Glucosekette in α-(1,4)-Stellung auf eine Nachbarkette.
- Die α-(1,6)-glykosidische Bindung wird durch das debranching enzyme **1,6-Glucosidase** gespalten. Hierbei wird Glucose freigesetzt.
- Die **Phosphoglucomutase** katalysiert die Reaktion von Glucose-1-Phosphat zu Glucose-6-Phosphat.

- Glucose-6-Phosphat wird durch das Gluconeogenese-Enzym **Glucose-6-Phosphatase** in der Leber und den Nieren, zu Glucose dephosphoryliert (NICHT aber im Skelettmuskel, s. 3.2, S. 44).

3. Erklären Sie bitte, wie der Glykogenstoffwechsel reguliert wird.

Beim Glykogenstoffwechsel spielt der intrazelluläre cAMP-Spiegel eine bedeutende Rolle. Glukagon erhöht den cAMP-Spiegel (über die Adenylatcyclase), Insulin erniedrigt ihn (über die Phosphodiesterase).

Glukagon:

Der durch Glukagon erhöhte cAMP-Spiegel aktiviert die Proteinkinase A. Diese überführt die inaktive Phosphorylase-Kinase b durch Phosphorylierung in die aktive Phosphorylase-Kinase a. Die Phosphorylase-Kinase a phosphoryliert die Glykogenphosphorylase, die dadurch ebenfalls aktiviert wird und Glucose-1-Phosphat aus Glykogen freisetzt. Die Glykogensynthase wird durch Phosphorylierung inaktiviert.

Insulin:

Insulin erniedrigt die cAMP-Konzentration in der Zelle. Dadurch wird eine Proteinphosphatase aktiviert, die die Glykogensynthase b durch Dephosphorylierung in die aktive Glykogensynthase a überführt. Außerdem werden die Phosphorylase-Kinase und die Glykogenphosphorylase ebenfalls dephosphoryliert und dadurch inaktiviert.

4. Bitte erklären Sie, wie weit die Glucosefreisetzung aus Glykogen in der Leber und in der Skelettmuskulatur ablaufen kann.

In der **Leber** verläuft die Glykogenolyse über die Glykogenphosphorylase, die Phosphoglucomutase und die Glucose-6-Phosphatase bis zur Glucose. Da der **Skelettmuskel** keine Glucose-6-Phosphatase besitzt, endet die Glucosesynthese hier beim Glucose-6-Phosphat, das dann in die Glykolyse eingeschleust werden kann. Die Glykogenolyse

des Muskels erfolgt also nur zur Deckung des Eigenbedarfs, während die Leber den ganzen Organismus mit Glucose versorgt.

5. Bitte erläutern Sie, worin der Sinn des Pentosephosphatwegs besteht.
Der Sinn des Pentosephosphatwegs besteht in der Synthese von Pentosephosphaten (Ribose-5-Phosphat) zur Nukleotidbiosynthese. Außerdem entsteht im Pentosephosphatweg das für Biosynthesen und die Erythrozyten notwendige $NADPH/H^+$.
Der Pentosephosphatweg dient NICHT der Energiegewinnung.

6. Erklären Sie bitte, in welchen Zellen der Pentosephosphatweg besonders aktiv ist.
$NADPH/H^+$ ist das Wasserstoff-übertragende Coenzym für Biosynthesen, wie z. B. die der Fettsäuren und der Steroide. Entsprechend ist der Pentosephosphatweg in Geweben, die sich häufig teilen (erhöhte Nukleotidbiosynthese), und in Geweben mit erhöhter Biosyntheseaktivität besonders aktiv. Hierzu zählen
– das Fettgewebe,
– die laktierende Mamma,
– die Nebennierenrinde und
– die Erythrozyten.

7. Erläutern Sie bitte, durch welche Reaktionen im Pentosephosphatweg $NADPH/H^+$ entsteht.
Durch die Glucose-6-Phosphat-Dehydrogenase-Reaktion und durch die 6-Phospho-Gluconat-Dehydrogenase-Reaktion.

8. Bitte erklären Sie, wie viele Moleküle $NADPH/H^+$ pro Molekül Glucose entstehen.
Pro Molekül Glucose entstehen im Pentosephosphatweg zwölf Moleküle $NADPH/H^+$.

9. Erläutern Sie bitte welche Rolle der Pentosephosphatweg in Zellen, die kein $NADPH/H^+$ benötigen (z. B. sich teilende Zellen) spielt.
Da mit der Nahrung nicht ausreichend Pentosephosphate aufgenommen werden, muss der Körper für die Nukleotidsynthese selbst Pentosephosphate herstellen. Dies gelingt im Pentosephosphatweg, der – wenn kein Bedarf an $NADPH/H^+$ besteht – über die Transaldolase und die Transketolase auch rückwärts ablaufen und so die Ausbeute an Nukleotiden maximieren kann.

10. Bitte erklären Sie, wo der Galaktosestoffwechsel lokalisiert ist.
Der Galaktosestoffwechsel läuft vor allem im Zytosol der Leber ab.

11. Bitte nennen Sie die für den Galaktosestoffwechsel wichtigen Enzyme.
Aus der Galaktose entsteht UDP-Glucose über
– Galaktokinase,
– Galaktose-1-P-UDP-Transferase und
– Galaktose-4-Epimerase.

12. Bitte nennen Sie die wichtigen Enzyme des Fructose-Stoffwechsels.
Die wichtigen Enzyme des Fructose-Stoffwechsels sind:
– Fructokinase,
– Fructose-1-Phosphat-Aldolase (Aldolase B) und
– Triokinase.

13. Erläutern Sie bitte, über welche Substanzen der Fructose-Stoffwechsel in die Glykolyse mündet.
Fructose wird zu Dihydroxyacetonphosphat und Glycerinaldehyd-3-Phosphat abgebaut, die in die Glykolyse eingeschleust (über Glycerinaldehyd) werden können.

Index

Deine Meinung ist gefragt!

Es ist erstaunlich, was das menschliche Gehirn an Informationen erfassen kann. Slbest wnen kilene Fleher in eenim Txet entlheatn snid, so knnsat du die eigneltchie lofnrmotian deoncnh vershteen – so wie in dsieem Text heir.

Wir heabn die Srkitpe mecrfhah sehr sogrtfältg güpreft, aber vilcheliet hat auch uesnr Girehn – so wie deenis grdaee – unbeswust Fheler übresehne. Um in der Zuuknft noch bsseer zu wrdeen, bttein wir dich dhear um deine Mtiilhfe.

Sag uns, was dir aufgefallen ist, ob wir Stolpersteine übersehen haben oder ggf. Formulierungen verbessern sollten. Darüber hinaus freuen wir uns natürlich auch über positive Rückmeldungen aus der Leserschaft.

Deine Mithilfe ist für uns sehr wertvoll und wir möchten dein Engagement belohnen: Unter allen Rückmeldungen verlosen wir einmal im Semester Fachbücher im Wert von 250 Euro. Die Gewinner werden auf der Webseite von MEDI-LEARN unter www.medi-learn.de bekannt gegeben.

Schick deine Rückmeldung einfach per E-Mail an support@medi-learn.de oder trag sie im Internet in ein spezielles Formular für Rückmeldungen ein, das du unter der folgenden Adresse findest:

www.medi-learn.de/rueckmeldungen

Sebastian Fehlberg

Biochemie Band 4

MEDI-LEARN Skriptenreihe

7., komplett überarbeitete Auflage

MEDI-LEARN Verlag GbR

Autor: Sebastian Fehlberg
Fachlicher Beirat: Timo Brandenburger

Teil 4 des Biochemiepaketes, nur im Paket erhältlich
ISBN-13: 978-3-95658-011-6

Herausgeber:
MEDI-LEARN Verlag GbR
Dorfstraße 57, 24107 Ottendorf
Tel. 0431 78025-0, Fax 0431 78025-262
E-Mail redaktion@medi-learn.de
www.medi-learn.de

Verlagsredaktion:
Dr. Marlies Weier, Dipl.-Oek./Medizin (FH) Désirée
Weber, Denise Drdacky, Jens Plasger, Sabine
Behnsch, Philipp Dahm, Christine Marx, Florian
Pyschny, Christian Weier

Layout und Satz:
Fritz Ramcke, Kristina Junghans,
Christian Gottschalk

Grafiken:
Dr. Günter Körtner, Irina Kart, Alexander Dospil,
Christine Marx

Illustration:
Daniel Lüdeling

Druck:
Löhnert Druck

7. Auflage 2015
© 2015 MEDI-LEARN Verlag GbR, Kiel

Wichtiger Hinweis für alle Leser
Die Medizin ist als Naturwissenschaft ständigen Veränderungen und Neuerungen unterworfen. Sowohl die Forschung als auch klinische Erfahrungen führen dazu, dass der Wissensstand ständig erweitert wird. Dies gilt insbesondere für medikamentöse Therapie und andere Behandlungen. Alle Dosierungen oder Applikationen in diesem Buch unterliegen diesen Veränderungen.
Obwohl das MEDI-LEARN Team größte Sorgfalt in Bezug auf die Angabe von Dosierungen oder Applikationen hat walten lassen, kann es hierfür keine Gewähr übernehmen. Jeder Leser ist angehalten, durch genaue Lektüre der Beipackzettel oder Rücksprache mit einem Spezialisten zu überprüfen, ob die Dosierung oder die Applikationsdauer oder -menge zutrifft. Jede Dosierung oder Applikation erfolgt auf eigene Gefahr des Benutzers. Sollten Fehler auffallen, bitten wir dringend darum, uns darüber in Kenntnis zu setzen.

Inhalt

Ein besonderer Berufsstand braucht besondere Finanzberatung.

Als einzige heilberufespezifische Finanz- und Wirtschaftsberatung in Deutschland bieten wir Ihnen seit Jahrzehnten Lösungen und Services auf höchstem Niveau. Immer ausgerichtet an Ihrem ganz besonderen Bedarf – damit Sie den Rücken frei haben für Ihre anspruchsvolle Arbeit.

- Services und Produktlösungen vom Studium bis zur Niederlassung

- Berufliche und private Finanzplanung

- Beratung zu und Vermittlung von Altersvorsorge, Versicherungen, Finanzierungen, Kapitalanlagen

- Niederlassungsplanung & Praxisvermittlung

- Betriebswirtschaftliche Beratung

Lassen Sie sich beraten!

Nähere Informationen und unseren Repräsentanten vor Ort finden Sie im Internet unter www.aerzte-finanz.de

Deutsche Ärzte Finanz

Standesgemäße Finanz- und Wirtschaftsberatung

1   Speicherung, Übertragung und Expression genetischer Information

Fragen in den letzten 10 Examen: 115

Die Molekulargenetik ist sicherlich eines der spannendsten Gebiete der Biochemie. Sie beschäftigt sich mit der Speicherung, Übertragung und Expression genetischer Information und ist gerade in den letzten Jahren zunehmend in das Bewusstsein einer breiten Öffentlichkeit gerückt. Das Klonschaf Dolly, der genetische Fingerabdruck und die Gentherapie sind nur einige Schlagwörter, die die Vielfalt dieses Stoffgebiets vor Augen führen. Die strikte Ausrichtung dieser Reihe auf die Physikums-Relevanz lässt jedoch glücklicherweise die manchmal endlos erscheinenden Synthesewege auf einige wenige Fakten zusammenschrumpfen. Fakten, die dann aber mit großer Regelmäßigkeit gefragt werden und deren Lernen, Verstehen und Anwenden im Physikum mit Punkten belohnt wird.

Im ersten Kapitel wird dir das für die Prüfung wesentliche Wissen über die Erbinformation des Menschen vorgestellt. Im Einzelnen geht es um ihren Aufbau, wie sie für Aminosäuren codiert, sich für die Zellteilung verdoppelt (repliziert), in RNA umgeschrieben (transkribiert) und schließlich in Proteine übersetzt (translatiert) wird. Der darauf folgende Abschnitt befasst sich mit den prüfungsrelevanten Fakten zu gentechnischen Methoden und Viren. Das zweite Kapitel hat das Thema Binde- und Stützgewebe, wobei hier der Schwerpunkt auf der Synthese des Kollagens liegt. Komplettiert wird dieses Skript durch einen Exkurs zum Vitamin Folsäure, das z. B. für die Synthese der Nukleotide benötigt wird und durch einen Exkurs zum Vitamin C, das unter anderem für die Biosynthese des Kollagens unerlässlich ist.

1.1   Grundlagen

Die DNA (Desoxyribonukleinsäure) ist die Speicherform der Erbinformation. Sie besteht aus einer Doppelkette von vier verschiedenen Nukleotiden und wird im Zellkern gelagert. Um die Erbinformation bei einer Zellteilung von einer Zellgeneration auf die nächste zu übertragen, wird die DNA verdoppelt (repliziert) und gleichmäßig auf die neu entstehenden Zellen verteilt. Die Abfolge der Nukleotide in einem DNA-Strang codiert für Aminosäureketten, wobei je drei Nukleotide für eine Aminosäure codieren. Im menschlichen Körper gibt es 21 proteinogene Aminosäuren, die zum Teil mehrere Kodierungsmöglichkeiten pro Aminosäure besitzen (s. 1.9.1, S. 40). Die Gesamtheit der Kodierungsmöglichkeiten für Aminosäuren nennt man den genetischen Code. Um Proteine herzustellen, muss als erstes die Speicherform der Erbinformation – die DNA – in die Transportform, die RNA (Ribonukleinsäure), umgeschrieben werden. Dazu wird im Zellkern durch Transkription der DNA die mRNA (messenger RNA) synthetisiert und zur Proteinsynthese an Ribosomen – der Translation – in das Zytoplasma transferiert.

Um diese Vorgänge zu verstehen, solltest du dich als erstes mit den Bestandteilen der DNA vertraut machen: Wie ist sie strukturiert? Wie wird sie synthetisiert? Und wie erfüllt sie ihre Funktionen? Erst nachdem diese Fragen beantwortet sind, werden hier die Replikation, Transkription und Translation vorgestellt.

1.2   Nukleotide

Siehst du dir den menschlichen Stoffwechsel etwas genauer an, kannst du feststellen, dass Nukleotide in fast allen Stoffwechselwegen vertreten sind und dort wichtige Funktionen übernehmen. Sie sind zum Beispiel:
- aktivierte Vorstufen der DNA- und RNA-Synthese,
- Zwischenprodukte bei vielen anderen Synthesen (z. B. UDP-Glucose, CDP-Diacylglycerin, S-Adenosylmethionin),

- wichtige Energiequellen (ATP und GTP),
- wichtige Coenzyme als Adeninnukleotide (NAD⁺, NADP⁺, FAD und Coenzym A) und
- wichtige Komponenten der Signalübertragung in Körperzellen (cAMP und cGMP).

Merke!

- Eine **Esterbindung** wird aus einer Alkohol-Gruppe (OH-Gruppe) und einer Säure-Gruppe gebildet und ist (relativ) energiearm.
- Eine **Säureanhydridbindung** wird aus zwei Säure-Gruppen gebildet und ist energiereich.

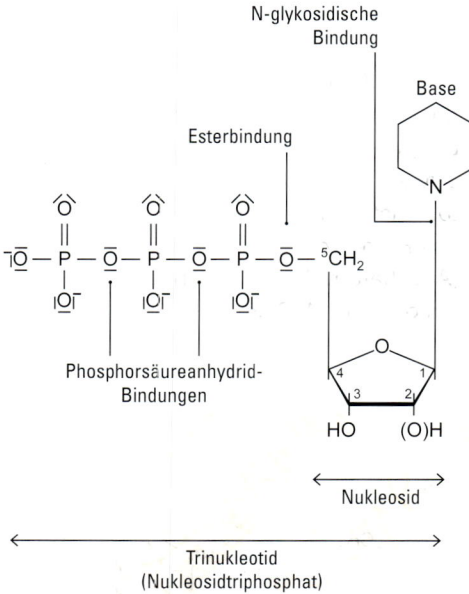

Abb. 1: Struktur der Nukleotide

medi-learn.de/7-bc4-1

1.2.1 Struktur der Nukleotide

Nukleotide sind aufgebaut aus einer Base, einem Zucker und einem Phosphat-Rest. Ist nur die Base an einen Zucker gebunden, so liegt ein **Nukleosid** vor, das dann durch Anknüpfung eines Phosphat-Rests zum **Nukleotid** wird. Sehr gerne wird im Physikum nach den Bindungen im Nukleotid-Molekül gefragt:

- Die Base ist über eine **N-glykosidische Bindung** an das erste Kohlenstoff-Atom (C1-Atom) des Zuckers gebunden.
- Die Bindung zwischen dem fünften Kohlenstoffatom des Zuckers und dem Phosphat-Rest ist eine **Esterbindung**.
- Zwischen den Phosphat-Resten befinden sich energiereiche **Phosphorsäureanhydrid-Bindungen**, deren Spaltung Energie für andere Reaktionen liefert.

1.2.2 Zucker der Nukleotide

Nukleotide besitzen Pentosen, also Zucker mit fünf Kohlenstoff-Atomen. Dabei werden zwei verschiedene Pentosen benutzt: die Ribose und die Desoxyribose. Den Unterschied macht das zweite Kohlenstoffatom des Zuckers aus: Befindet sich hier eine OH-Gruppe, spricht man von einer Ribose. Ist die OH-Gruppe durch einen H-Rest ersetzt spricht man von einer Desoxyribose. Passend zum Namen werden die Ribosen zum Aufbau der RNA und die Desoxyribosen für die DNA benötigt.

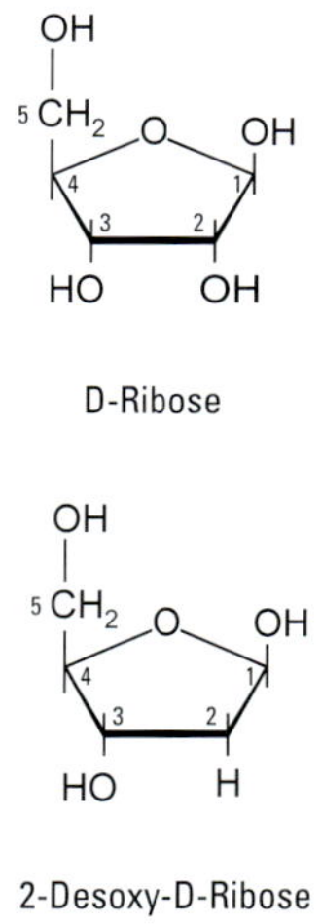

D-Ribose

2-Desoxy-D-Ribose

Abb. 2: Ribose und Desoxyribose

medi-learn.de/7-bc4-2

1.2.3 Basen der Nukleotide

Prinzipiell werden zwei verschiedene Basen-Typen unterschieden: Basen, die sich vom **Pyrimidin** ableiten und solche, die eine **Purin**-Grundstruktur besitzen. Es lohnt sich, hier etwas zu verweilen und ein Augenmerk auf die Pyrimidin- und Purin-Derivate zu richten, da in den Physikumsfragen sehr gern die einzelnen Basen vertauscht werden und die richtige Zuordnung erkannt werden muss.

Merke!

– Pyrimidinderivate sind über ihr N1-Atom, Purinderivate über ihr N9-Atom mit dem C1-Atom der Ribose verknüpft.

Pyrimidin

– Die Summenformel der Purin-Base Adenin entspricht fünf Molekülen Cyanwasserstoff, also H-C≡N.

Übrigens ...
5-Methylcytosin wird auch als die fünfte DNA-Base der Eukaryonten bezeichnet und wird nach der DNA-Verdopplung durch Hinzufügen einer Methylgruppe ($-CH_3$) am 5. C-Atom des Cytosin gebildet. Als methyliertes Cytosin ist es in der CpG-Sequenz eines Promotors an der Stilllegung (Abschaltung) von Genabschnitten beteiligt (s. 1.8.4, S. 37).

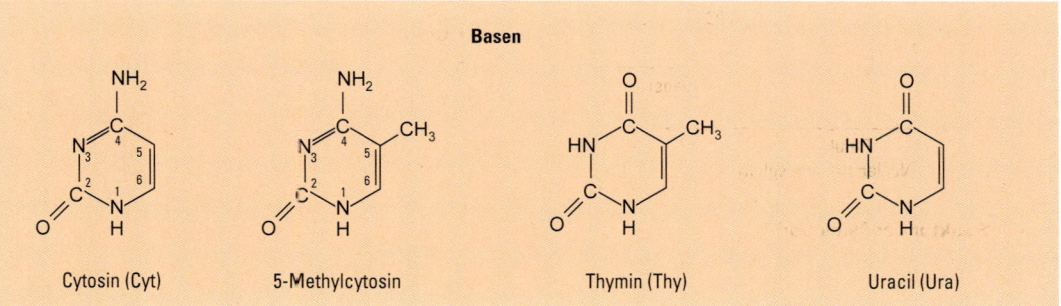

Pyrimidinderivate

Basen

Cytosin (Cyt)   5-Methylcytosin   Thymin (Thy)   Uracil (Ura)

Nukleoside

Cytidin (C)   Desoxy-Thymidin (dT)   Uridin (U)

Abb. 3 a: Pyrimidinderivate

medi-learn.de/7-bc4-3a

5-Methylcytosin kann leicht zu Thymin desaminiert (Ammoniakabspaltung) werden und spielt eine wichtige Rolle in der Epigenetik – der Weitergabe von Zelleigenschaften auf die Tochterzelle, die NICHT in der DNA-Sequenz (dem Genotyp) festgelegt sind.

1.2.4   Biosynthese der Nukleotide

Die Synthese der Basen-Ringe der Nukleotide ist ein sehr komplexer Vorgang, der im Physikum gefragt wird; aber glücklicherweise nur auszugsweise.

Purin

Purinderivate

Basen

Adenin (Ade)   Guanin (Gua)   Hypoxanthin (Hyp)

Nukleoside

Adenosin (A)   Guanosin (G)   Inosin (I)

Abb. 3 b: Purinderivate

Synthese von PRPP

Der erste Schritt zur Synthese der Nukleotide ist die Bereitstellung der aktivierten Form der Zucker. Hierzu liefert der **Pentosephosphatweg** das α-D-Ribose-5-Phosphat, das nun atypisch durch ATP phosphoryliert wird. Es entsteht α-5-Phosphoribosyl-1-Pyrophosphat oder kurz PRPP.

> **Merke!**
>
> PRPP entsteht durch atypische Phosphorylierung von α-D-Ribose-5-Phosphat am ersten Kohlenstoff-Atom (normalerweise am C5-Atom).

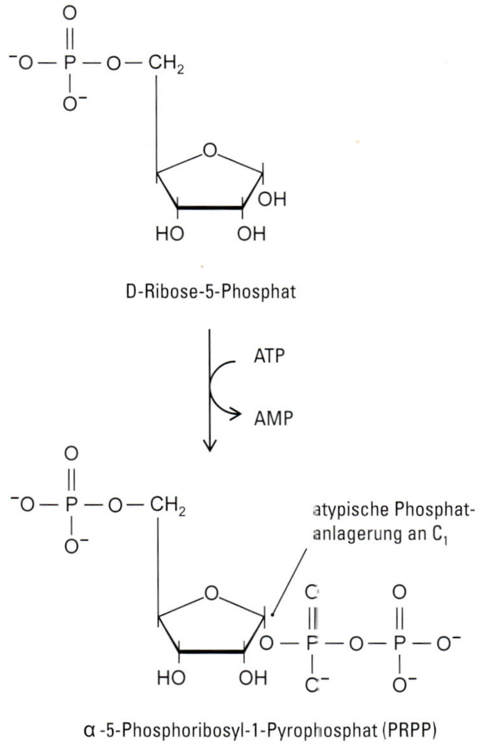

D-Ribose-5-Phosphat

ATP

AMP

atypische Phosphatanlagerung an C_1

α-5-Phosphoribosyl-1-Pyrophosphat (PRPP)

Abb. 4: PRPP   *medi-learn.de/7-bc4-4*

Synthese der Pyrimidin-Basen

Der genaue Ablauf ist in der Vergangenheit im Physikum nicht gefragt worden. Vielmehr fokussierten sich die Fragen auf einige Eckpunkte der Synthese (s. Abb. 7, S. 7 und Abb. 8, S. 8).

Wichtig zu wissen ist aber, dass die Zuckerkomponente – das PRPP – erst in der Mitte der Synthese in die Reaktion eintritt, nachdem vorher der komplette Pyrimidin-Basenring synthetisiert wurde. Doch nun der Reihe nach:

Die Synthese der Pyrimidin-Basen erfolgt schrittweise über das relevante Zwischenprodukt **UMP** (Uridinmonophosphat) und erzeugt als Endprodukt die beiden Nukleotide **CTP** (Cytidintriphosphat) und **dTMP** (Desoxy-Thymidinmonophosphat).

Möchtest du die Synthese der Pyrimidin-Basen verstehen, so beginnst du am besten bei der Bildung der Ausgangsstoffe für diesen Syntheseweg. Als erstes wird die energiereiche Verbindung **Carbamoylphosphat** aus Hydrogencarbonat und Glutamin synthetisiert.

Diese Reaktion wird vom Enzym **Carbamoylphosphat-Synthetase II** katalysiert, das eine energiereiche **Säureanhydridbindung** aufbaut. Die Carbamoylphosphat-Synthetase II ist ein ziemlich wichtiges Enzym, da im Examen gerne die dort ablaufenden Regulationsvorgänge gefragt werden: Es wird allosterisch aktiviert durch die aktivierte Form des Zuckers, dem Phosphoribosyl-1-Pyrophosphat (PRPP). ← A Durch das Zwischenprodukt Uridintriphosphat ← H wird es allosterisch gehemmt.

Diese Reaktion läuft im **Zytoplasma** ab und unterscheidet sich von der Reaktion, die von der mitochondrialen Carbamoylphosphat-Synthetase I im Harnstoffzyklus katalysiert wird.

Carbamoylphosphat reagiert zunächst mit Aspartat zu Carbamoylaspartat, dann weiter zu Dihydroorotat und schließlich zum **Orotat**. Erst jetzt tritt das PRPP in die Reaktion ein und es entsteht das Nukleotid OMP (Orotidinmonophosphat). OMP wird zum relevanten Zwischenprodukt UMP (Uridinmonophosphat) decarboxyliert (CO_2-Abspaltung, s. Abb. 7, S. 7).

1

Übrigens …
Teriflunomid, der aktive Metabolit des Immunsuppressivum **Leflunomid**, hemmt das Enzym **Dihydroorotat-Dehydrogenase** und somit die Umwandlung von Dihydroorotat zu Orotat. Eingesetzt wird Leflunomid als Basistherapeutikum in der Behandlung von rheumatischen Erkrankungen.

COO⁻
|
H₃N⁺ — C — H
|
CH₂
|
CH₂
|
O = C
|
NH₂

O = C
/ OH
\ O⁻

+

Glutamin

Hydrogencarbonat

Carbamoylphosphatsynthetase II

2 ATP

2 ADP + Pᵢ
Glutamat

NH₂
|
O = C   O
\\   ‖
O — P — O⁻
|
O⁻

Säureanhydrid-Bindung

Carbamoylphosphat

Abb. 5: Synthese von Carbamoylphosphat

medi-learn.de/7-bc4-5

Merke!

Die Atome des Pyrimidin-Rings stammen von Carbamoylphosphat und von Aspartat.

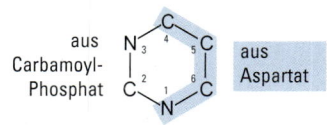

aus CarbamoylPhosphat

aus Aspartat

Abb. 6: Atomherkunft der Pyrimidine

medi-learn.de/7-bc4-6

Aus dem Zwischenprodukt **UMP** kann jetzt entweder **CTP** oder **dTMP** synthetisiert werden:
– Um **CTP** herzustellen, muss UMP über UDP zu UTP phosphoryliert werden. Danach katalysiert die **ATP-abhängige CTP-Synthetase** die Herstellung von CTP.
– Um **dTMP** herzustellen, sind umfangreichere Schritte notwendig. Als erstes wird UMP zu dUMP umgewandelt. Es wird also die Desoxyform der Pentose – die Desoxyribose – hergestellt, eine Reaktion, die später noch einmal genauer betrachtet wird (s. 1.2.6, S. 15). Danach katalysiert die **Thymidylat-Synthase** die Anknüpfung einer Kohlenstoff-Einheit an den Pyrimidin-Ring. Als Kohlenstofflieferant ist an dieser Reaktion das Vitamin **Folsäure** (s. Abb. 10, S. 10) beteiligt. Hierbei wird von Methylentetrahydrofolat die Methylen-Gruppe auf dUMP übertragen. Es entstehen als Produkte das dTMP und die verbrauchte inaktive Form der Folsäure – das Dihydrofolat (s. Abb. 8, S. 8).

Merke!

– UMP → dUMP → dTMP
– UMP → UDP → UTP → CTP

Die Reaktion zur Herstellung von dTMP wird sehr gern im Physikum gefragt, da sie klinisch relevant ist. Aus diesem Grund wird sie hier noch einmal näher betrachtet.
Die Folsäure ist als Vitamin für den menschlichen Körper sehr wertvoll und unterliegt einem Recyclingprozess. Die inaktive Form der Folsäure – das Dihydrofolat – wird durch die Dihydrofolat-Reduktase zum aktiven Tetrahydrofolat umgewandelt. Aktive Form deshalb, weil nur an Tetrahydrofolat eine Kohlenstoff-Einheit angeknüpft werden kann. In diesem Fall stammt die Kohlenstoff-Einheit vom Serin, welches dann zum Glycin umgewandelt wird und der Kohlenstoff-Donator **Methylen-Tetrahydrofolat** entsteht. Methylen-Tetrahydrofolat überträgt dann eine Kohlenstoff-Einheit – die Methylen-Gruppe – auf dUMP und es entsteht dTMP.

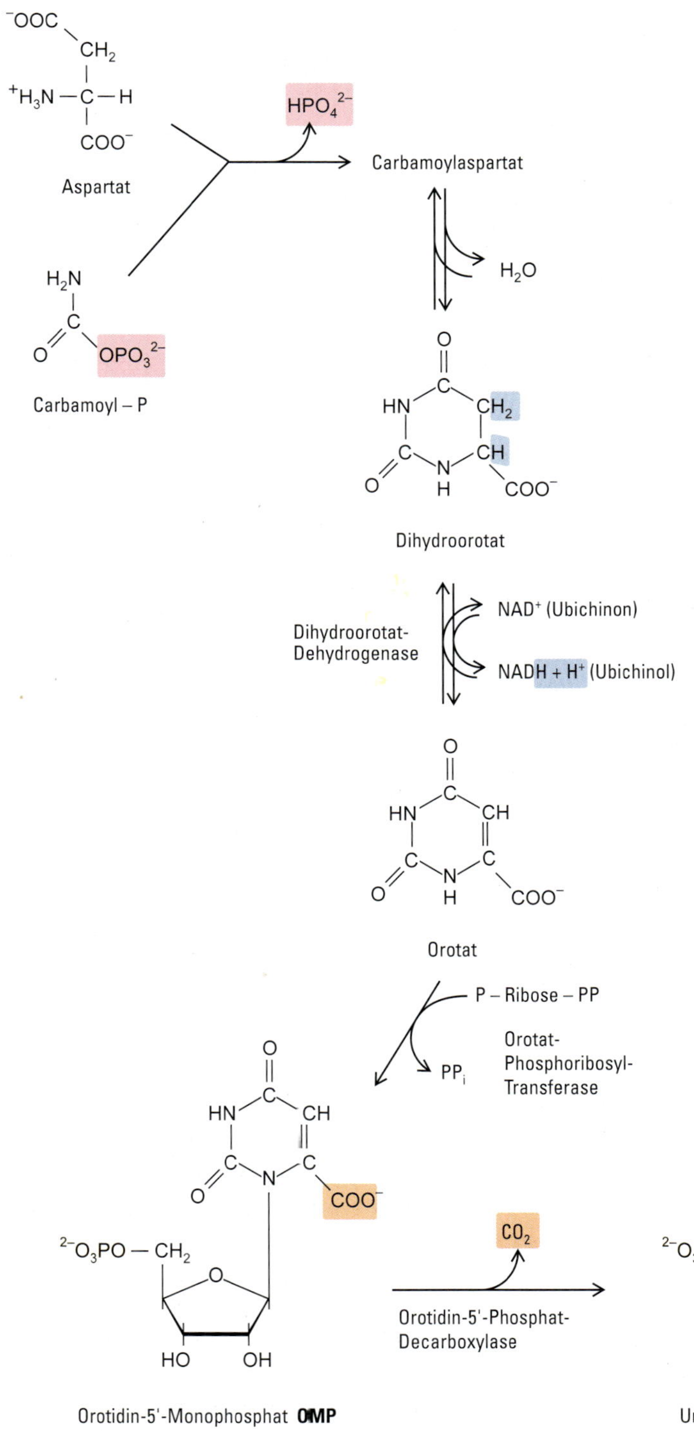

Abb. 7: Synthese der Pyrimidine bis UMP

medi-learn.de/7-bc4-7

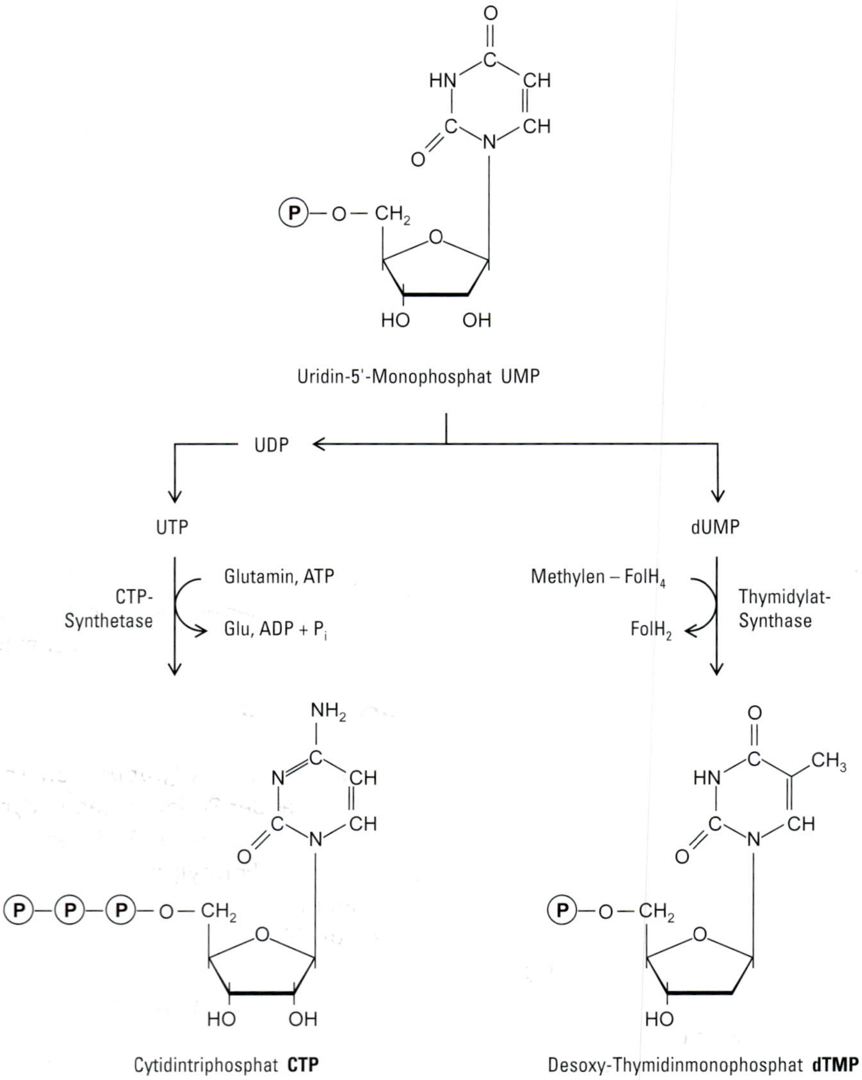

1

Abb. 8: UMP bis CTP und dTMP; verkürzter Weg

medi-learn.de/7-bc4-8

Somit kann man festhalten, dass am letzten Schritt der Synthese von dTMP zwei wichtige Enzyme beteiligt sind:

- Die **direkt** wirkende Thymidylat-Synthase und
- die **indirekt** wirkende Dihydrofolat-Reduktase.

Beide Enzyme können gehemmt werden und führen dann zu einer **Inhibierung der Synthese von dTMP** (s. Abb. 9, S. 9):

- Die Thymidylat-Synthase wird durch **Fluoruracil** (5FU) gehemmt und
- die Dihydrofolat-Reduktase durch **Aminopterin** und **Methotrexat** (MTX).

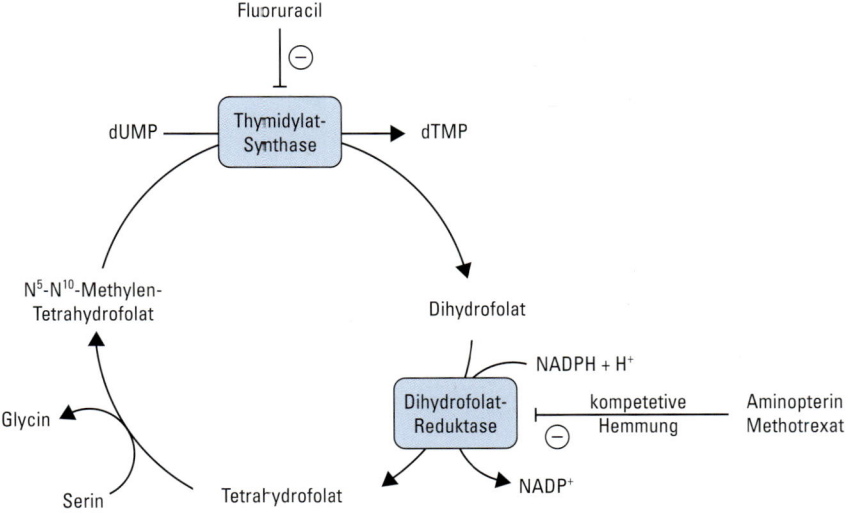

Abb. 9: Hemmung der Pyrimidinbasen-Synthese

medi-learn.de/7-bc4-9

Übrigens ...

Bei Tumorerkrankungen – z. B. sich schnell ausbreitenden, akuten Leukämien – kann man versuchen, durch Chemotherapien eine Heilung zu erreichen. Diese Tumorzellen teilen sich sehr schnell, d. h., dass sie ihre DNA sehr schnell verdoppeln. Werden Chemotherapeutika wie **Fluoruracil, Aminopterin** oder **Methotrexat** gegeben, die die Herstellung des Nukleotids **dTMP** inhibieren und somit die Zellteilung verlangsamen, gibt dies dem menschlichen Immunsystem die Chance, gegen die Tumorzellen anzukämpfen.

Exkurs Folsäure

Das Vitamin Folsäure ist aufgebaut aus einem Pteridinring, p-Aminobenzoesäure und einem Glutamatrest. Der menschliche Körper kann den Pteridinring nicht synthetisieren und muss daher Folsäure aus pflanzlicher Nahrung oder von Darmbakterien produziert aufnehmen. Tetrahydrofolat ist die aktive Form der Folsäure und wird im menschlichen Körper als Kohlenstoff-Donator bei einer Vielzahl von Reaktionen verwendet.

Einige Reaktionen werden immer wieder im Physikum gefragt und sind daher hier aufgelistet:

Tetrahydrofolat

– liefert die Methylgruppe von Thymin im dTMP bei der Pyrimidinbasen-Synthese,
– liefert C2 und C8 für die Purinbasen-Synthese,
– liefert eine Formylgruppe für N-Formyl-Methionin,
– sorgt für die Methylierung von Homocystein zu Methionin,
– sorgt für die Methylierung von Glycin zu Serin,
– ist notwendig für den Abbau von Histidin.

Der Folsäure-Stoffwechsel kann gehemmt werden, indem die Dihydrofolat-Reduktase durch **Aminopterin** und **Methotrexat** blockiert wird, oder **5-Fluoruracil** die Thymidylat-Synthase hemmt und somit dUMP nicht zu dTMP umgewandelt werden kann. Dies ist ein Mechanismus, der bereits für die Synthese der Pyrimidinbasen beschrieben wurde (s. Abb. 9, S. 9). Es kann aber auch die Synthese der Folsäure in den Darmbakterien gehemmt werden, indem das Antibiotikum **Sulfonamid** verabreicht wird.

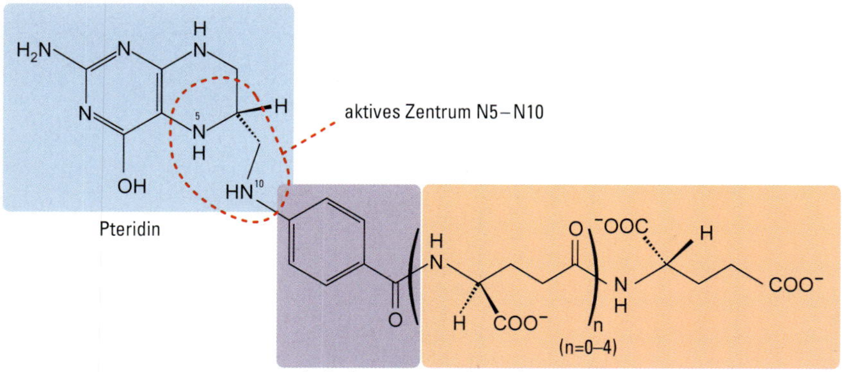

Abb. 10: Struktur Tetrahydrofolsäure

medi-learn.de/7-bc4-10

Übrigens …
– Ein Mangel an Folsäure kann zu **Anämie** und **Immunschwächen** führen.
– Ein Folsäuremangel in der Schwangerschaft kann **Neuralrohrdefekte** des Kindes nach sich ziehen.

Synthese der Purin-Basen

Die Synthese der Purin-Basen erfolgt schrittweise über das relevante Zwischenprodukt **IMP** (Inosinmonophosphat) und erzeugt als Endprodukt die beiden Nukleotide **AMP** (Adenosinmonophosphat) und **GMP** (Guanosinmonophosphat).
Als einer der großen Unterschiede zur Synthese der Pyrimidin-Basen kann festgehalten werden, dass sich die Synthese des Basenrings der Purine direkt am Zucker – dem PRPP – vollzieht. Im ersten Schritt der Synthese wird eine Amino-Gruppe ($-NH_2$) vom Glutamin an das PRPP gebunden und es entsteht **5-Phosphoribosylamin**. Eine Verbindung, die man sich merken sollte, denn diese Reaktion ist die einleitende Schrittmacherreaktion der Purinbasen-Synthese. Sie wird vom Enzym Glutamin-Phosphoribosyl-Amidotransferase (Schrittmacherenzym) katalysiert.

In weiteren – noch nicht im Physikum abgefragten – Schritten erfolgen der Aufbau des Purinring-Systems und die Synthese der relevanten Zwischensubstanz **IMP**. Aus IMP kann dann, katalysiert durch das Enzym Inosinmonophosphat-Dehydrogenase, über XMP (Xanthosinmonophosphat) das GMP synthetisiert werden. Das Endprodukt AMP wird über die Zwischenstufe Adenylosuccinat aus IMP hergestellt.

Merke!

– IMP → AMP
– IMP → XMP → GMP

Übrigens …
Zur Prophylaxe von Abstoßungsreaktionen nach allogener Nierentransplantation wird ein Hemmstoff der Inosinmonophosphat-Dehydrogenase eingesetzt, wodurch weniger GMP aus IMP gebildet wird.

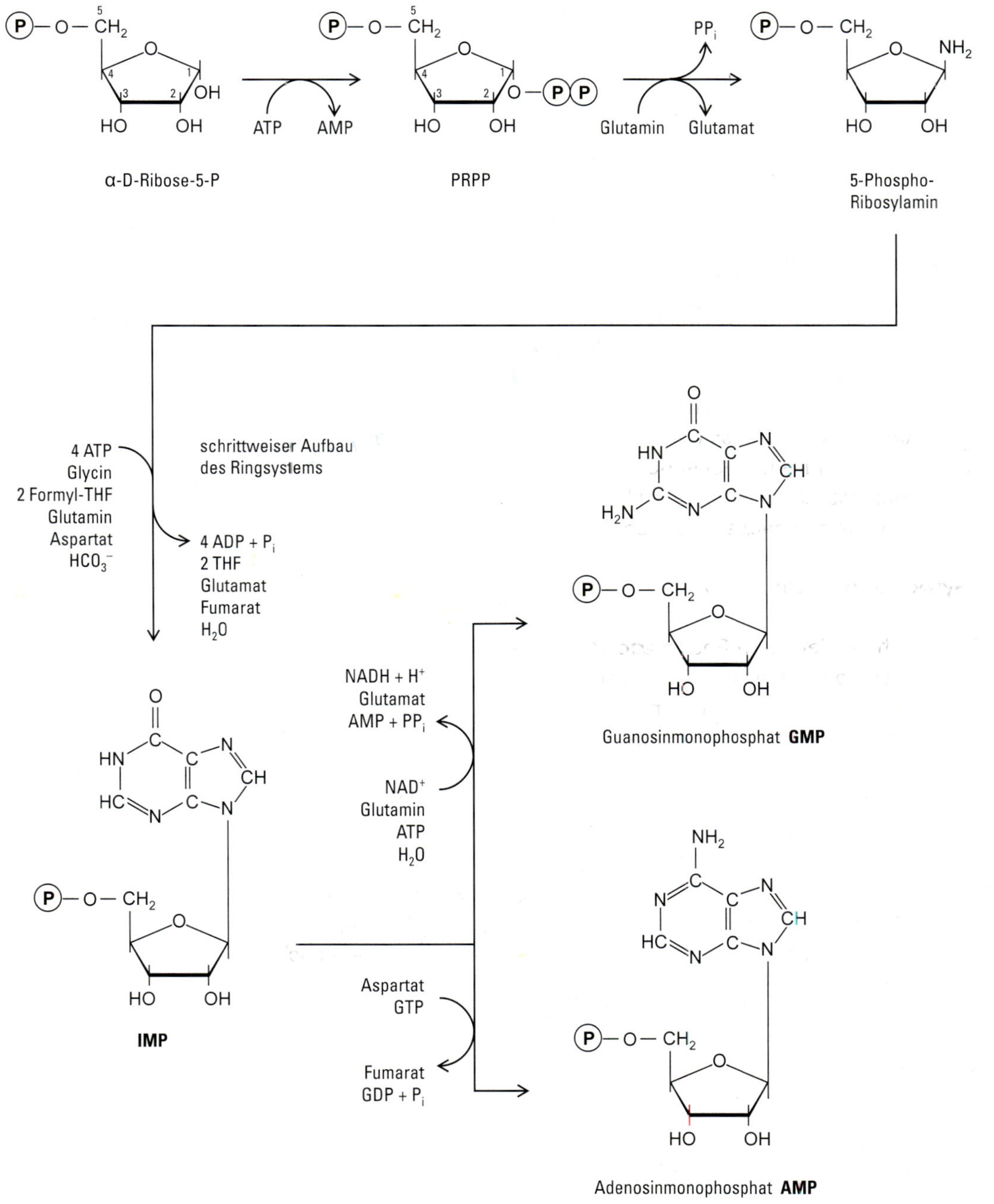

1

α-D-Ribose-5-P → (ATP → AMP) → PRPP → (Glutamin → Glutamat, PP$_i$) → 5-Phospho-Ribosylamin

schrittweiser Aufbau des Ringsystems

4 ATP
Glycin
2 Formyl-THF
Glutamin
Aspartat
HCO$_3^-$

→

4 ADP + P$_i$
2 THF
Glutamat
Fumarat
H$_2$O

IMP

NADH + H$^+$
Glutamat
AMP + PP$_i$

NAD$^+$
Glutamin
ATP
H$_2$O

Guanosinmonophosphat **GMP**

Aspartat
GTP

Fumarat
GDP + P$_i$

Adenosinmonophosphat **AMP**

Abb. 11: Kurzer Weg der Purinbasen-Synthese

medi-learn.de/7-bc4-11

Zu diesem Thema werden gerne Fragen nach der Herkunft der C- und N-Atome des Rings gestellt. Du solltest dir daher merken, dass die **Atome des Purinbasen-Rings** aus folgenden Substanzen stammen:

– Aspartat
– zwei Formyl-Tetrahydrofolat
– CO_2
– Glycin
– zwei Glutamin

Die **Stickstoff-Donatoren** für die Synthese des Purinrings sind:

– Aspartat
– Glycin
– zwei Glutamin

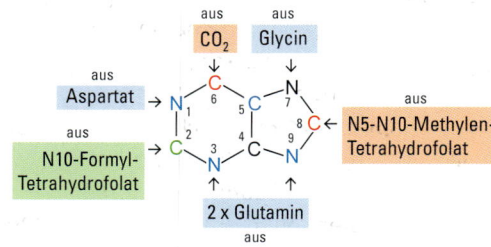

Abb. 12: Atomherkunft der Purinbasen

medi-learn.de/7-bc4-12

Recyclingsystem (salvage-pathway) der Purinbasen

Ein weiteres wichtiges Unterscheidungsmerkmal zwischen Purinen und Pyrimidinen ist die Möglichkeit des Recyclings, also der Wiederverwertung.

> **Merke!**
>
> Recyclingsysteme sind nur für Purinbasen bekannt.

Purine, die als Nukleinsäuren mit der Nahrung aufgenommen werden oder beim intrazellulären Abbau anfallen, werden zu 90 % wiederverwertet und nur zu 10 % abgebaut.
Dabei gibt es ein Recyclingsystem für Adenin und eines für Guanin:

– Adenin wird mit PRPP zu AMP (Adenosinmonophosphat) umgewandelt: Enzym = Adeninphosphoribosyltransferase.

– Guanin wird mit PRPP zu GMP (Guanosinmonophosphat) umgewandelt: Enzym = Hypoxanthin-Guanin-Phosphoribosyltransferase (HGPRT).

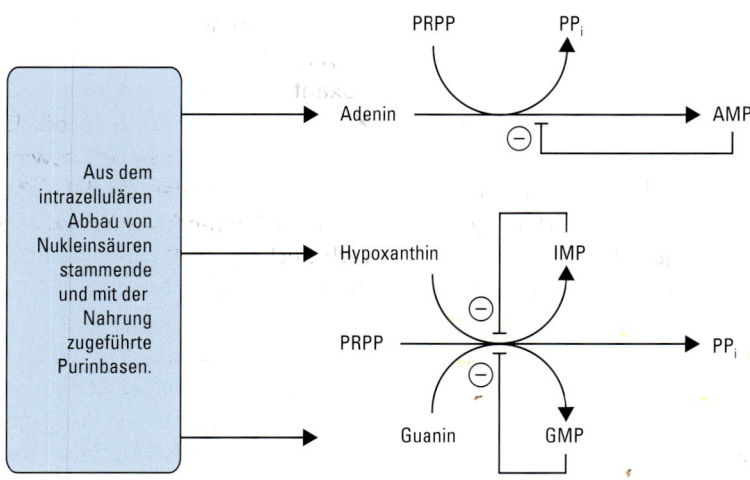

Abb. 13: Salvage Pathway

medi-learn.de/7-bc4-13

Übrigens …

Dieses Enzym mit dem unglaublichen Namen Hypoxanthin-Guanin-Phosphoribosyltransferase wandelt auch Hypoxanthin in IMP (Inosinmonophosphat) um und war bislang ein Physikums-Dauerbrenner. Das angeborene völlige Fehlen der Hypoxanthin-Guanin-Phosphoribosyltransferase führt durch Überproduktion von Harnsäure und PRPP zu einer verheerenden Erkrankung – dem Lesch-Nyhan-Syndrom. Dies ist eine Erkrankung mit geistiger Behinderung und zwanghaftem Hang zur Selbstzerstörung, bei der Kinder im Alter von zwei bis drei Jahren ihre Finger und Lippen annagen und sie abkauen, wenn sie nicht daran gehindert werden.

1.2.5 Abbau der Nukleotide

Der Abbau und die Ausscheidung der Nukleotide sind klinisch sehr wichtige Vorgänge und sicherlich auch deshalb ein so beliebtes Thema im Physikum. Im ersten Schritt des Abbaus werden die DNA- und RNA-Stränge durch DNasen (Desoxyribonukleasen) und RNasen (Ribonukleasen) in Nukleotide gespalten und den einzelnen Abbausystemen zugeführt. Diese Abbausysteme befinden sich vor allem in der Leber.

Abbau der Pyrimidin-Basen

Die Pyrimidinbasen **Cytosin**, **Uracil** und **Thymin** werden vollständig abgebaut. Es entstehen beim Abbau keine Stoffe, die für die Pyrimidinbasen-Synthese verwendet werden können. Die Zelle muss somit jede Pyrimidin-Base energieaufwändig neu synthetisieren. **Uracil** wird zu Kohlenstoffdioxid (CO_2), zwei Ammoniumionen (NH_4^+) und β-Alanin (3-Aminopropansäure) abgebaut.

Abbau der Purin-Basen

Spannender ist da schon der Abbau der Purinbasen-Nukleoside **Adenosin**, **Inosin** und **Gua-**

nosin. Hierbei werden zwei Abbauwege unterschieden, die aber beide zum gemeinsamen Zwischenprodukt **Xanthin** führen, um daraus dann das Ausscheidungsprodukt **Harnsäure** zu bilden:

1. **Adenosin** wird im ersten Schritt des Abbaus zu Inosin umgewandelt. Diese Umwandlung erfolgt durch eine Desaminierung, also die Abspaltung von NH_3 durch das Enzym Adenosindesaminase. Vom Nukleosid Inosin wird dann die Purinbase **Hypoxanthin** abgespalten. Eine Reaktion, die von der **Nukleosidphosphorylase** unter Spaltung der N-glykosidischen Bindung ausgeführt wird. Aus Hypoxanthin wird schließlich unter physiologischen Bedingungen durch die **Xanthindehydrogenase** das gemeinsame Zwischenprodukt **Xanthin** synthetisiert.

2. **Guanosin** wird ebenfalls durch die **Nukleosidphosphorylase** an der N-glykosidischen Bindung gespalten und die Purinbase **Guanin** freigesetzt. Guanin wird desaminiert und es entsteht ebenfalls das gemeinsame Zwischenprodukt **Xanthin**.

Xanthin entsteht somit aus dem Abbau der Purinbasen Adenin, Inosin und Guanin. Als Zwischenprodukt wird es dann unter physiologischen Bedingungen noch weiter durch das Enzym **Xanthindehydrogenase** in **Harnsäure** umgewandelt. Unter pathologischen Bedingungen mit Sauerstoffmangel, Aufbrauch der ATP und Anstieg der Hypoxanthin-Konzentration kann das Enzym Xanthindehydrogenase in die Enzymvariante Xanthinoxidase umgewandelt werden. Eine Besonderheit der Xanthinoxidase ist die Verwendung von O_2 an Stelle des verbrauchten NAD^+. Es entstehen schädliche freie Sauerstoffradikale O_2^-, die durch die Superoxiddismutase in H_2O_2 umgewandelt werden müssen. Die Harnsäure ist bei Primaten das Endprodukt des Purinbasen-Abbaus und wird im Harn ausgeschieden. Bei den anderen Säugetieren wird die anfallende Harnsäure in das besser wasserlösliche Allantoin überführt.

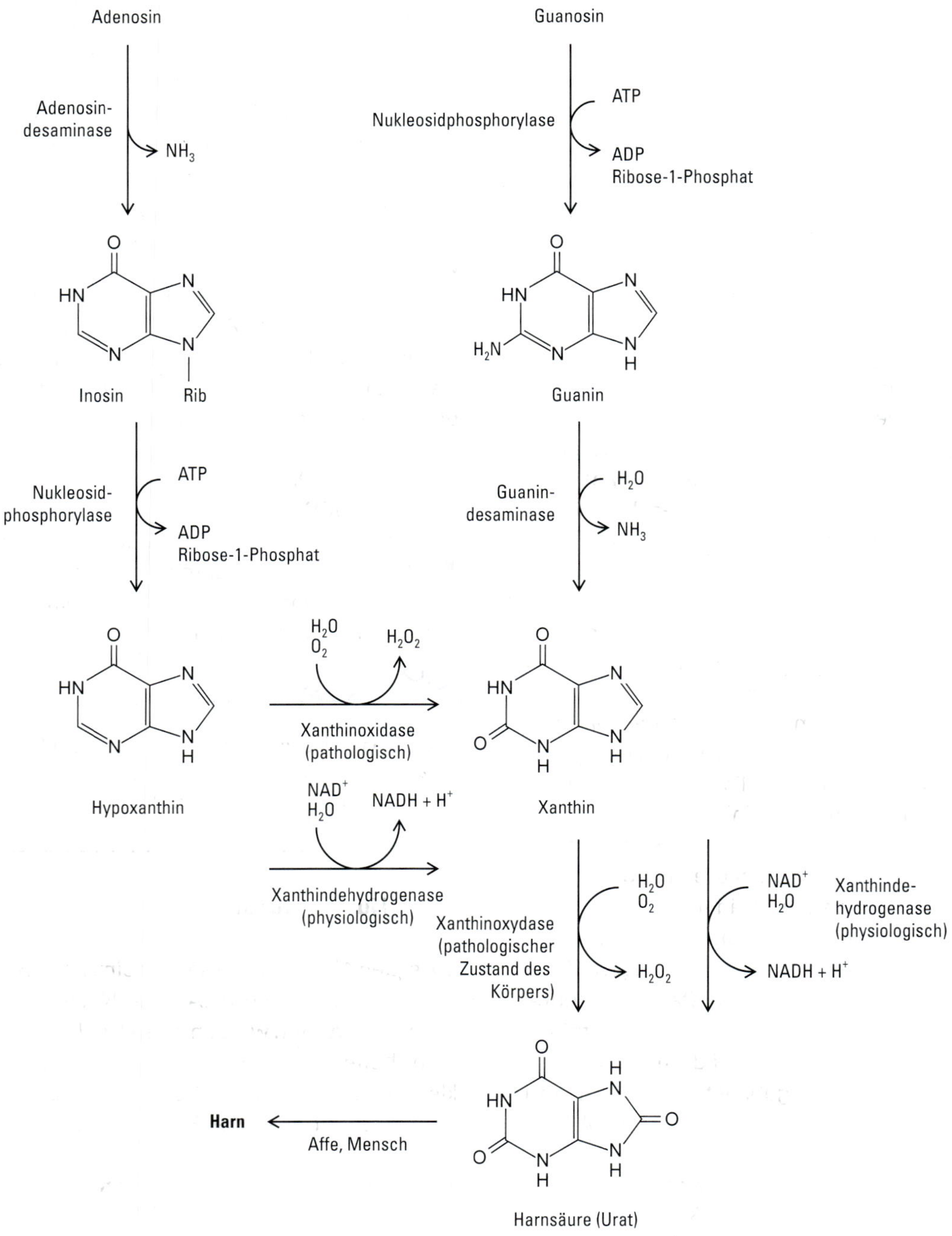

Abb. 14: Abbau der Purinbasen

medi-learn.de/7-bc4-14

Merke!

Die Enzymvarianten Xanthindehydrogenase und Xanthinoxidase katalysieren zwei Umwandlungsschritte beim Abbau der Purinbasen:
– die Umwandlung von Hypoxanthin zu Xanthin und
– die Umwandlung von Xanthin zu Harnsäure.
Durch die Arbeit der unter pathologischen Bedingungen gebildeten Xanthinoxidase entsteht bei jeder Reaktion ein freies Radikal C_2^-, das durch die Superoxiddismutase in H_2O_2 umgewandelt wird.

Übrigens …

Im menschlichen Blut liegt eine sehr hohe Konzentration der schlecht wasserlöslichen Harnsäure vor. Wird diese überschritten (**Hyperurikämie**), dann fallen **Harnsäurekristalle** aus, die sich in Gelenken ablagern können und dann das Bild einer Gicht mit Gelenkschmerzen und Gelenkdestruktionen erzeugen. Therapeutisch kann in einem solchen Fall das Enzym Xanthinoxidase durch den Stoff **Allopurinol** gehemmt werden. Dabei kommt es zur **Xanthinurie** (Ausscheidung der besser wasserlöslichen Stoffe Hypoxanthin und Xanthin) und die Symptome einer Gicht können sich bessern, da weniger Harnsäure gebildet wird. Als Perfusionsschäden werden die pathologischen Zustände nach Revaskularisierung eines über längere Zeit verschlossenen Blutgefäßes beschrieben. Durch die entstehende Xanthinoxidase werden schädliche Sauerstoffradikale gebildet, die zusätzlich zu Zellmembranschäden mit Ödembildung führen. Auch die **SCID (severe combined immunodeficiency)** mit Störung der zellulären und humoralen Immunantwort hat ihre Ursache im Abbau der Purinbasen. Hier findet sich häufig ein Defekt der Adenosindesaminase.

1.2.6   Synthese der Desoxyribosen

Um DNA zu synthetisieren, müssen die Ribosen der Nukleotide in Desoxyribosen umgewandelt werden. Am Ende der Nukleotid-Synthesen liegen nämlich die meisten Purin- und Pyrimidinbasen noch an Ribosen gebunden vor (s. Abb. 7, S. 7 und Abb. 8, S. 8). Nur die Pyrimidinbase Thymin wird schon direkt als dTMP – also als Desoxyribonukleotid – hergestellt und kann gleich in die DNA eingebaut werden.
Die Synthese der Desoxyformen der Zucker wird vom Enzym **Ribonukleotidreduktase** durchgeführt. Dabei werden folgende Ribonukleosiddiphosphate in Desoxyribonukleosiddiphosphate umgewandelt:
– ADP → dADP
– GDP → dGDP
– CDP → dCDP
Die Regeneration des Thioredoxin bei der Thiol-Disulfid-Austauschreaktion katalysiert das Enzym Thioredoxin-Reduktase, ein Selenocystein-haltiges Protein.

Merke!

Die Ribonukleotidreduktase arbeitet auf der Stufe der Nukleosiddiphosphate und benötigt Thioredoxin, $FADH_2$ und $NADPH/H^+$ als Coenzyme.

1.3   Nukleinsäuren

Im letzten Abschnitt wurden die einzelnen Bausteine der DNA und RNA – die Nukleotide – synthetisiert. Nun werden diese Nukleotide zu einer Kette zusammengefügt und so Polynukleotide gebildet. Diese Nukleotidketten sind die Speicherformen der Erbinformation.

1.3.1   Struktur der Nukleinsäuren

Um Nukleotide zu einer Kette zusammenzulagern, müssen Phosphorsäurediesterbindungen zwischen den einzelnen Nukleotiden aufgebaut werden. Aus der Verknüpfung der

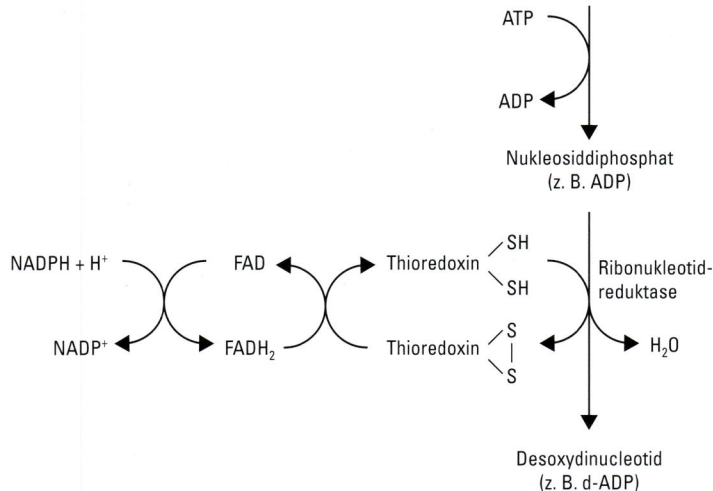

Abb. 15: Synthese der Desoxyribosen

medi-learn.de/7-bc4-15

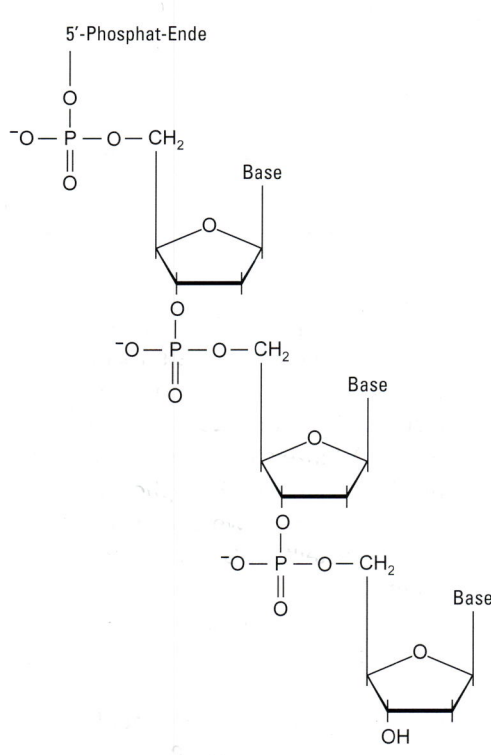

Abb. 16: Auschnitt aus einem DNA-Einzelstrang

medi-learn.de/7-bc4-16

einzelnen Nukleotide ergibt sich folgende Polarität in der Nukleinsäurekette:

– ein 5´-Phosphat-Ende und
– ein 3´-OH-Ende.

Merke!

In der RNA-Kette wird Uracil statt Thymin verwendet.

Basenpaarungen

Nukleinsäuren können durch die komplementäre Zusammenlagerung zweier DNA-Einzelstränge **Doppelstränge** bilden. Daneben besteht aber auch die Möglichkeit, dass sich DNA- und RNA-Ketten komplementär zu einem Doppelstrang zusammenlagern, was beim Thema Replikation (s. 1.6, S. 28) noch genau besprochen wird. Doch zunächst zur DNA: Hier bilden sich zwischen den Einzelsträngen spezifische Basenpaarungen aus:

– **Adenin** verbindet sich mit **Thymin** über zwei Wasserstoffbrückenbindungen,
– **Guanin** mit **Cytosin** über drei Wasserstoffbrückenbindungen.

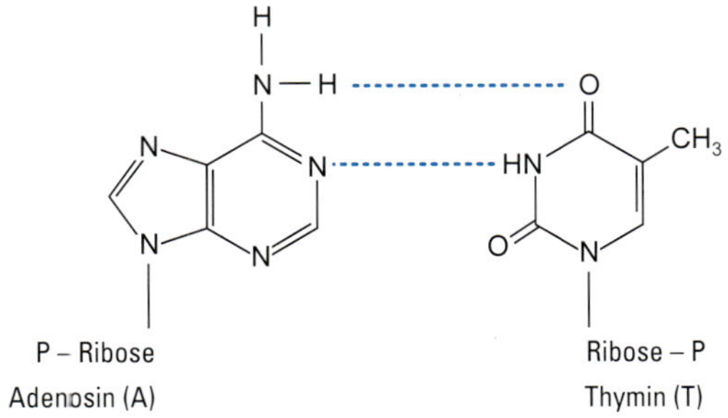

Abb. 17: Basenpaarung A+T

medi-learn.de/7-bc4-17

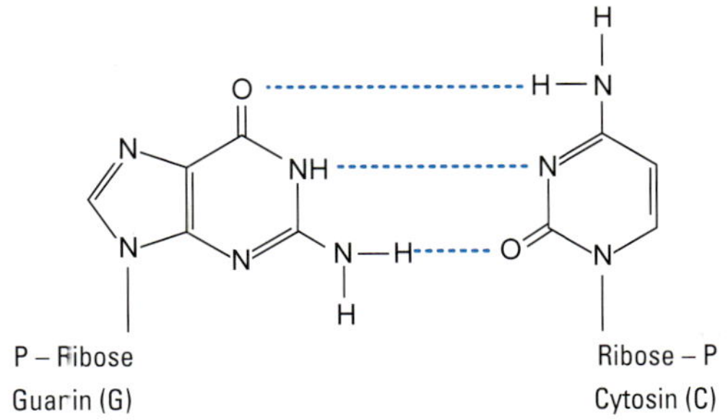

Abb. 18: Basenpaarung C+G

medi-learn.de/7-bc4-18

Nach der von Erwin **Chargaff** aufgestellten und benannten Regel ist daher das Verhältnis von Adenin zu Thymin stets eins, genauso wie das Verhältnis von Guanin zu Cytosin immer eins ist.

Die Summe aller Basenpaare in der DNA ergibt 100 %:

Adenin + Thymin + Guanin + Cytosin = 100 %, wobei Adenin und Thymin immer mit gleichen Prozenten verteten sind, genauso wie Guanin und Cytosin.

Wird z. B. der Anteil an Guanin in der DNA gesucht und der Anteil an Adenin ist mit 20 % angegeben, könnt ihr ihn mit dieser Gleichung und der Chargaff-Regel einfach berechnen:

20 % + 20 % + x % + x % = 100 %, oder

x % + x % = 60 %,

was euch als Lösung einen Anteil von 30 % Guanin sowie Cytosin und damit auch wieder einen Punkt mehr beschert.

Merke!

Es paart sich immer eine Purin- mit einer Pyrimidinbase.

Übrigens ...

Basenpaarungen in einem DNA-Doppelstrang werden beispielsweise durch **CG** dargestellt. Liegen die Nukleoside **C**ytosin und **G**uanosin auf einem DNA-Einzelstrang nebeneinander und sind durch eine **P**hosphodiesterbindung verknüpft werden sie durch **CpG** dargestellt. CpG-reiche Regionen finden sich innerhalb des eukaryotischen Promotors (s. 1.8.4, S. 37, Transkriptionskontrolle).

Die Bindungsenergie einer Wasserstoffbrückenbindung beträgt ca. zwischen 10–50 kJ/mol – ein Wert, der auch mal im Physikum gefragt wurde. **Adenin** und **Cytosin** müssen in der **Aminoform**, **Thymin** und **Guanin** in der **Ketoform** vorliegen, damit sich die Einzelstränge zu einem Doppelstrang zusammenfügen können. Bei der Amino- und Ketoform handelt es sich um eine spezielle Form der Strukturisomerie, die **Tautomerie**. Ein Fakt, der in den letzten Jahren sehr gern im Physikum gefragt wurde.

Übrigens ...
Liegen die seltenen Basen in der falschen Tautomerieform vor, kann es zu Fehlpaarungen und daher auch durch Ablesefehler zu Mutationen kommen.

Ketoform

Enolform

Aminoform

Iminoform

Abb. 19: Keto- und Lactam-Form der Basen

medi-learn.de/7-bc4-19

DNA-Doppelhelix

DNA-Einzelstränge können sich spontan zusammenlagern, wodurch eine plectonemische, rechtsgewundene **α-Doppelhelix** entsteht. Plectonemisch bedeutet in diesem Zusammenhang, dass sich die beiden Einzelstränge der DNA um eine gemeinsame Mittelachse winden.

Merke!

Die Doppelstränge der DNA besitzen eine entgegengesetzte Polarität in ihren 5´-Phosphat und 3´-OH-Enden.

Entlang der DNA-Doppelhelix bilden sich **Furchen** aus, die in eine kleine und eine große Furche unterteilt werden können:
– Die **kleine Furche** bildet sich zwischen den gepaarten Einzelsträngen aus,
– während die **große Furche** zwischen den Doppelsträngen entsteht.

Um ihre räumliche Ausdehnung weiter zu verringern, verdrillt sich die DNA-Doppelhelix noch stärker in sich selbst. Zu diesem Zweck führt das Enzym **Topoisomerase** positive **Superhelices** in die DNA ein. Gleichzeitig ist dieses Enzym aber auch in der Lage, die Verdrillung der DNA-Doppelhelix wieder zu beseitigen und diese so zu entspannen, um Replikationen (s. 1.6, S. 28) oder Transkriptionen (s. 1.8, S. 34) zu ermöglichen.

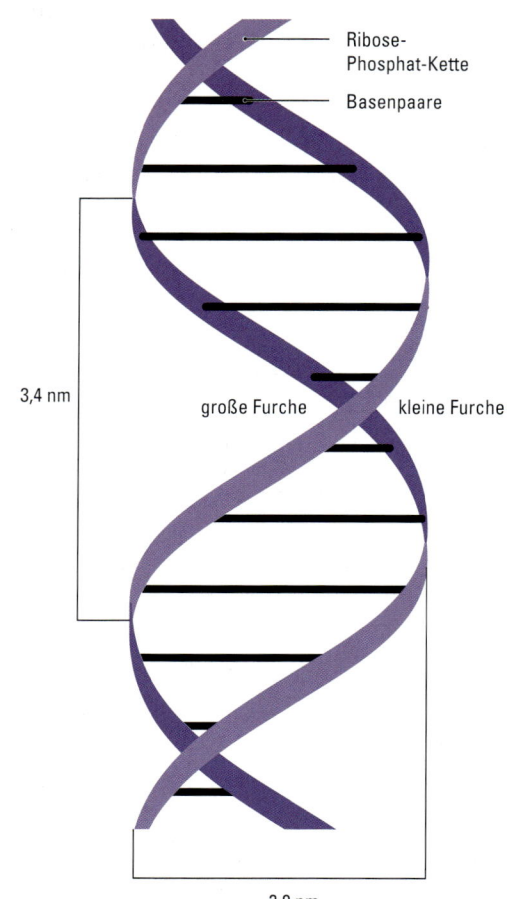

Ribose-Phosphat-Kette

Basenpaare

3,4 nm

große Furche   kleine Furche

2,0 nm

Abb. 20: DNA-Doppelhelix   *medi-learn.de/7-bc4-20*

Merke!

Die Topoisomerase führt positive (Verdrillung) oder negative (Entdrillung) Superhelices ein.

1.3.2 Einteilung der Nukleinsäuren

Allgemein wird zwischen DNA und RNA unterschieden. Um einen Überblick zu erhalten, sind die einzelnen Nukleinsäuren in Tab. 1, S. 19 mit Vorkommen und Funktion dargestellt.

1.4 Chromatin

Nachdem die einzelnen Bausteine – die Nukleotide – synthetisiert und zu Polynukleotiden – den Nukleinsäuren – zusammengesetzt wurden, wird nun die Lagerung und Verpackung der Erbinformation besprochen. Der Begriff Chromatin bezeichnet dabei die Gesamtheit der Nukleinsäuren und Proteine im Zellkern. Das Massenverhältnis zwischen den überwiegend basischen Proteinen – den Histonen – und der DNA beträgt 1 : 1, d. h. eine große Masse an Proteinen wird benötigt, um die Erbinformation zu verpacken und zu lagern. Und da sie so wichtig sind, fangen wir auch gleich mit ihnen an.

1.4.1 Histone

Histone bestehen aus basischen Aminosäuren wie Lysin und Arginin. Sie werden im Zytoplasma in der Synthesephase des Zellzyklus gebildet. An den Histonen finden regulative Veränderungen statt, wodurch der Zellzyklus gesteuert wird. Eine typische Veränderung der Histone ist die Acetylierung. Hierbei lockert sich die elektrostatische Interaktion zwischen der DNA und den Histonen.

Merke!

Histone sind aus basischen Aminosäuren aufgebaut!

Bezeichnung	Struktur	Vorkommen	Funktion
DNA	Doppelhelix	Zellkern, Mitochondrien	Träger der genetischen Information
cDNA (c = complementary)	Einzelstrang	experimentell im Labor	intronfreie DNA zum Einschleusen in bakterielle DNA-Plasmide (s. 1.10.4, S. 58)
mtDNA (mt = mitochondriale)	ringförmige Doppelhelix	DNA der Mitochondrien	Träger der genetischen Information der Mitochondrien, die jeweils von der Mutter (maternal) vererbt wird
hnRNA (hn = heteronukleäre)	Einzelstrang	Zellkern	Vorstufe der mRNA
mRNA (m = messenger)	Einzelstrang	Zellkern, Zytosol	Transport der kopierten DNA-Information vom Zellkern ins Zytosol
tRNA (t = transfer)	Einzelstrang	Zytosol	Erkennung des mRNA-Codons und Übertragung der entsprechenden Aminosäure
rRNA (r = ribosomale)	Einzelstrang	Ribosomen	Strukturbaustein der Ribosomen und als Ribozyme katalytisch aktiv (Peptidyltransferase-Aktivität)
snRNA (sn = small nuklear)	Einzelstrang	Zellkern	Beteiligung beim Entfernen der Introns aus der hnRNA
miRNA (mi = mikro)	Doppelstrang Haarnadelstruktur	Zellkern	Nicht-codierende RNA zur Regulierung der Genexpression auf Ebene der Translation

Tab. 1: DNA- und RNA-Arten

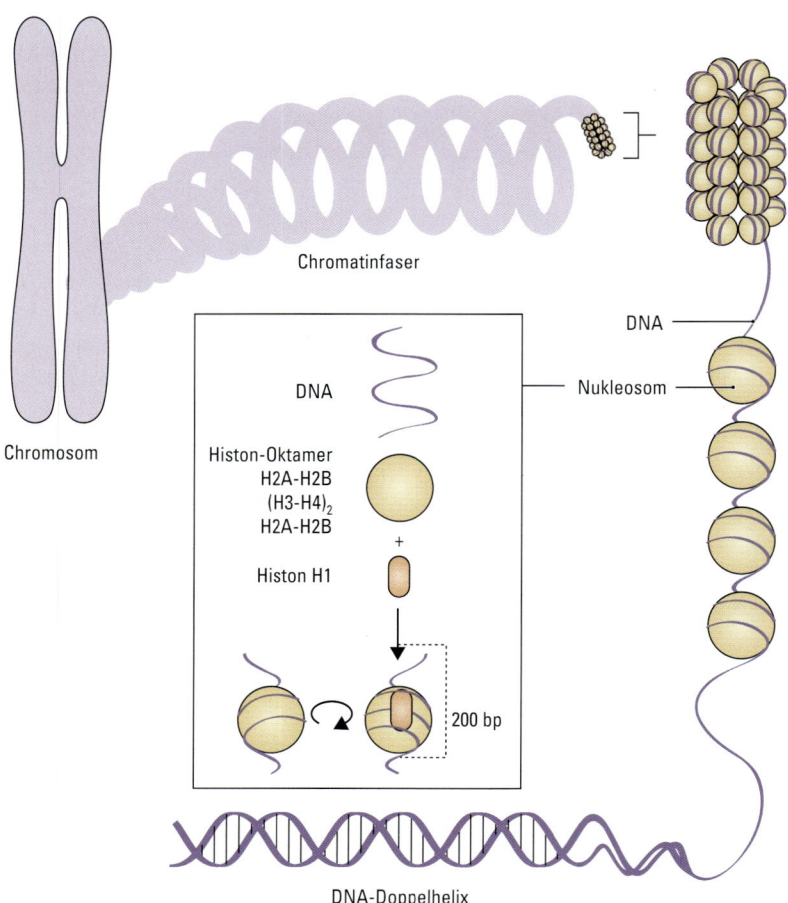

Chromatinfaser

DNA

Nukleosom

DNA

Histon-Oktamer
H2A-H2B
(H3-H4)$_2$
H2A-H2B

+

Histon H1

200 bp

Chromosom

DNA-Doppelhelix

Abb. 21: Chromatin

medi-learn.de/7-bc4-21

1.4.2   Nukleosomen

Kleinste Verpackungseinheit des Chromatins ist ein Nukleosom. Es besteht aus einem **Histon-Oktamer** (acht Histon-Proteine; je zwei Kopien der Histone H2A, H2B, H3 und H4), um das ein **146 Basenpaare** langer DNA-Strang gewickelt ist. Aufgelagert ist das **Histon H$_1$**, das die Position markiert, an der sich die DNA um das Nukleosom schlingt. Die DNA-Abschnitte, die die einzelnen Nukleosomen verbinden, sind unterschiedlich lang (50–60 Basenpaare) und werden als **Linker-DNA** bezeichnet. Die Nukleosomen

einer Nukleotidkette stapeln sich übereinander und bilden so eine Chromatinfaser, die sich im Stadium der Zellteilung zu den Chromosomen verdichtet.

Merke!

Ein Nukleosom besteht aus acht Histonen (Histonoktamer) und etwa 200 Basenpaaren DNA (146 Basenpaare und die Linker-DNA), sowie dem stabilisierenden Histon H1.

Sehr häufig wird im Physikum nach dem **Aufbau der Nukleotide** gefragt. Unbedingt merken solltest du dir daher, dass

- die Base über eine N-glykosidische Bindung mit der Pentose verknüpft ist,
- der Phosphat-Rest über eine Esterbindung mit der Pentose verknüpft ist und
- die Phosphat-Gruppen untereinander durch energiereiche Phosphorsäureanhydrid-Bindungen verbunden sind.

Ein Hauptschwerpunkt liegt im Physikum auf der **Pyrimidinbasen-Synthese** und dem wichtigen **Vitamin Folsäure**. Hier solltest du wissen, dass

- dTMP aus dUMP synthetisiert wird und für diese Reaktion der Methylgruppen-Donator Folsäure – als Methylentetrahydrofolat – notwendig ist,
- durch spezielle Hemmstoffe in diesen Syntheseschritt eingegriffen werden kann: Aminopterin und Methotrexat hemmen die Dihydrofolatreduktase und 5-Fluoruracil die Thymidylat-Synthase,
- Dihydrofolat die verbrauchte, inaktive Form der Folsäure ist,
- Tetrahydrofolat die aktive Form der Folsäure ist, an die direkt eine Methylgruppe angelagert werden kann und
- Folsäure als Methylgruppen-Donator verwendet wird, für die Pyrimidinbasen- und die Purinbasen-Synthese, für die Synthese von Methionin aus Homocystein, für die Synthese von Serin und für den Abbau von Histidin.

Zu den **Purinbasen** wird im Physikum sehr gern die Herkunft der Atome des Purinrings und nach den Stickstoff-Donatoren gefragt. Einen Schwerpunkt stellt der Abbau der Purinbasen dar. Hierzu solltest du dir merken, dass

- Glycin, CO_2 und zwei N10-Formyltetrahydrofolate die Kohlenstoffatome des Purinrings liefern,

- Glycin, Aspartat und zwei Glutamine die Stickstoffdonatoren des Purinrings sind,
- Harnsäure das Abbauprodukt der Purinbasen darstellt und im Urin ausgeschieden wird,
- das Enzym Xanthindehydrogenase die Umwandlung von Hypoxanthin zu Xanthin und die Umwandlung von Xanthin zu Harnsäure katalysiert,
- Allopurinol die Xanthinoxidase hemmt und es dann zu einer Xanthin- und Hypoxanthinurie kommt,
- eine Hyperurikämie (Gicht) durch eine verminderte renale Sekretion von Harnsäure oder durch eine vermehrte Purinbasen-Synthese bedingt sein kann und
- das Enzym HGPRT Hypoxanthin zu IMP und Guanin zu GMP umwandelt.

Außerdem wird im Physikum gern nach der Herstellung der **Desoxyformen der Nukleotide** gefragt. Hier solltest du dir unbedingt merken, dass

- die Nukleotide ADP, GDP und CDP in ihre Desoxyformen umgewandelt werden,
- das Enzym Ribonukleotidreduktase diese Reaktionen katalysiert und
- hierzu Thioredoxin, $NADP^+$ und FAD als Coenzyme notwendig sind.

Zum Thema **Nukleinsäuren** wird im Physikum sehr gerne die Basenpaarung im DNA-Strang gefragt. Unbedingt wissen solltest du daher, dass

- sich immer eine Purin- mit einer Pyrimidinbase paart,
- Adenin und Cytosin in der Aminoform, Thymin und Guanin in der Ketoform für die Basenpaarung vorliegen müssen,
- die DNA-Doppelhelix eine entgegengesetzte 5´–3´-Polarität in ihren Einzelsträngen besitzt und

– Topoisomerasen eine Superspiralisierung der DNA bewirken können.

Zum Stichwort **Chromatin** sind im Physikum folgende Fakten gern gefragt:

– Chromatin ist aus Nukleosomen aufgebaut und
– Histone beinhalten basische Aminosäuren, jedoch kein Histidin. Sie werden im Zytoplasma synthetisiert.

FÜRS MÜNDLICHE

In der mündlichen Prüfung werden häufig folgende Fragen gestellt.

1. **Nennen Sie bitte die Nukleotide, aus denen die Erbinformation des Menschen aufgebaut wird.**

2. **Bitte nennen Sie den Unterschied zwischen Nukleosiden und Nukleotiden und wie sie aufgebaut sind. Zeichnen Sie ein Nukleotid und erläutern Sie dessen Struktur.**

3. **Bitte erläutern Sie, welche Basen für die Verschlüsselung der Erbinformation in der DNA zur Verfügung stehen.**

4. **Beschreiben Sie bitte kurz die Pyrimidinbasensynthese.**

5. **Erläutern Sie bitte kurz die Purinbasensynthese.**

6. **Was wissen Sie über das Vitamin Folsäure?**

7. **Nennen Sie bitte zusammenfassend die Unterschiede und Besonderheiten der Purin- und Pyrimidinbasen.**

8. **Bitte erklären Sie kurz, wie die Nukleotide im DNA-Strang miteinander verbunden sind.**

9. **Nennen Sie bitte die Kräfte, die in einem DNA-Doppelstrang wirken.**

10. **Nennen Sie Besonderheiten des DNA-Stranges.**

11. **Bitte erläutern Sie, was das Genom ist.**

12. **Erklären Sie bitte, wie die Erbinformation des Menschen im Zellkern gelagert wird.**

13. **Bitte erläutern Sie, wie das Chromatin für die Replikation oder Transkription entpackt wird.**

1. Nennen Sie bitte die Nukleotide, aus denen die Erbinformation des Menschen aufgebaut wird.
Für die Synthese der DNA werden Nukleosidtriphosphate benötigt. Desoxyadenosintriphosphat (dATP), Desoxythymidintriphosphat (dTTP), Desoxyguanosintriphosphat (dGTP) und Desoxycytidintriphosphat (dCTP).

2. Bitte nennen Sie den Unterschied zwischen Nukleosiden und Nukleotiden und wie sie aufgebaut sind. Zeichnen Sie ein Nukleotid und erläutern Sie dessen Struktur.
Ein Nukleosid besteht aus einer Base und einer Zuckerkomponente (Ribose oder Desoxyribose), ein Nukleotid aus Base, Zucker und Phosphatrest (Mono-, Di- oder Triphosphat).

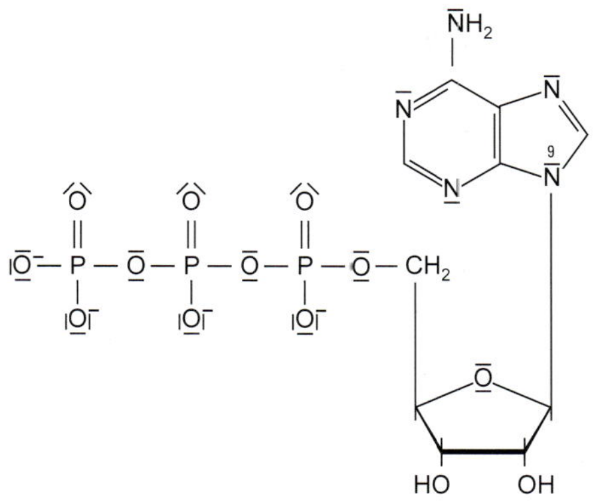

Abb. 22: Adenosintriphosphat (ATP)

medi-learn.de/7-bc4-22

Am Beispiel von ATP erkennt man den Aufbau eines Nukleotids mit folgenden Bindungen: Die Base Adenin ist über eine N-glykosidische Bindung an Ribose gebunden. Zwischen Ribose und den Phosphatresten besteht eine Esterbindung. Die weiteren Phosphate sind als Phosphorsäureanhydridbindungen angeknüpft.

3. Bitte erläutern Sie, welche Basen für die Verschlüsselung der Erbinformation in der DNA zur Verfügung stehen.
Grundsätzlich kann zwischen Basen mit einem Pyrimidin- und Purinbasengerüst unterschieden werden.
Die Pyrimidinbasen der DNA sind Cytosin und Thymin, die Purinbasen sind Adenin und Guanin. (Die Pyrimidinbase Uracil kommt nur in der RNA vor.)

4. Beschreiben Sie bitte kurz die Pyrimidinbasensynthese.
Ziel der Pyrimidinbasensynthese ist die Herstellung der Nukleotide CTP und dTMP. Erst nachdem der Pyrimidinbasen-Ring schrittweise synthetisiert worden ist, erfolgt die Anlagerung der Zuckerkomponente (PRPP als aktivierte Ribose) und es entsteht in wei-

teren Syntheseschritten das Zwischenprodukt UMP. Zur Synthese des dTMP muss auf dUMP eine Methylgruppe übertragen werden. Hierzu wird der Kohlenstoff-Donator Methyltetrahydrofolat (aktive Form des Vitamins Folsäure) verwendet. CTP wird aus UTP synthetisiert.

5. Erläutern Sie bitte kurz die Purinbasensynthese.
Am Ende der Purinbasensynthese entsteht AMP und GMP, die aus je einem IMP synthetisiert werden. Die Synthese des Purinbasen-Rings erfolgt Schritt für Schritt an der Ribose (dem PRPP).

6. Was wissen Sie über das Vitamin Folsäure?
Folsäure wird von Bakterien und Pflanzen synthetisiert, nicht jedoch vom Menschen. Tetrahydrofolat kann als aktive Form der Folsäure Kohlenstoffreste übertragen. Verwendung findet der Methylgruppen-Donator in der Synthese der Purin- und Pyrimidinbasen, der Synthese von Methionin aus Homocystein, der Synthese von Serin aus Glycin und beim Histidinabbau. Nebenbemerkung: Der Folsäure-Stoffwechsel kann durch Aminopterin und Methotrexat an der Dihydrofolat-Reduktase und durch 5-Fluoruracil an der Thymidylat-Synthase gehemmt werden.
Ein Mangel kann zu Anämien, Immunschwächen und zu Neuralrohrdefekten führen.

7. Nennen Sie bitte zusammenfassend die Unterschiede und Besonderheiten der Purin- und Pyrimidinbasen.
– Die Synthese der Purinbasen erfolgt direkt an der Ribose gebunden. Pyrimidine werden erst nach vollständigem Ringschluss an die Ribose angelagert.
– Zur Synthese von Purin- und Pyrimidinbasen wird u. a. Tetrahydrofolsäure als Kohlenstoff-Donator verwendet.

- Purinbasen aus Nukleotiden können wiederverwertet werden (werden zu etwa 90 % recycelt), Pyrimidine müssen immer neu synthetisiert und anfallende Pyrimidinbasen abgebaut werden.
- Beim Abbau von Purinbasen (werden zu 10 % abgebaut) entsteht Harnsäure, die mit dem Urin ausgeschieden wird.

8. Bitte erklären Sie kurz, wie die Nukleotide im DNA-Strang miteinander verbunden sind.
Über Phosphodiesterbindungen fügen sich die einzelnen Nukleotide zu einem Nukleinsäurestrang zusammen. N-glykosidische Bindungen befinden sich zwischen der Base und dem Zucker.

9. Nennen Sie bitte die Kräfte, die in einem DNA-Doppelstrang wirken.
Wasserstoffbrückenbindungen zwischen den komplementären Basen, hydrophobe Wechselwirkungen der Basen untereinander, ionische Wechselwirkungen zwischen den geladenen Phophatgruppen, Atombindungen zwischen den Einzelnukleotiden innerhalb der Stränge.

10. Nennen Sie Besonderheiten des DNA-Stranges.
Zwei DNA-Einzelstränge sind zu einer rechtsgewundenen Doppelhelix zusammengelagert. Die Einzelstränge sind antiparallel angeordnet und besitzen somit eine entgegengesetzte Polarität in ihren 5′-Phosphat- und 3′-OH-Enden. Entlang der miteinander verbundenen Einzelstränge bildet sich eine kleine Furche aus, entlang der sich zusammenlagernden Doppelstränge eine große Furche.

11. Bitte erläutern Sie, was das Genom ist.
Die Gesamtheit aller Gene des Menschen, circa 30.000 Stück, etwa drei Mrd. Basenpaare im haploiden Chromosomensatz.

12. Erklären Sie bitte, wie die Erbinformation des Menschen im Zellkern gelagert wird.
Die kleinste Verpackungseinheit der DNA ist das Nukleosom. Es ist aufgebaut aus einem Histonkern (Histon-Oktamer), einem Verbindungshiston (H1 als linker Histon) und einem DNA-Abschnitt von 200 Basenpaaren. Nukleosomen lagern sich zu Stapeln zusammen, die dann zu einem Chromosom verdichtet werden.

13. Bitte erläutern Sie, wie das Chromatin für die Replikation oder Transkription entpackt wird.
Chromatin ist die Gesamtheit der Nukleinsäuren und Proteine im Kern. Es ist aus Nukleosomen aufgebaut, die aus neun Histonen bestehen. Durch Acetylierungen an den Histonen spalten sich die Nukleosomen auf und die DNA kann repliziert oder transkribiert werden.

Pause

Kleiner Lacher gefällig? 10 Minuten Pause!

Mehr Cartoons unter www.medi-learn.de/cartoons

1.5   Zellzyklus und Apoptose

Der Lebenszyklus einer Zelle beginnt mit der vorangegangenen Mitose, der Zellteilung, und endet mit einer erneuten Mitose oder in einem programmierten Zelltod, der Apoptose. Die Zeit dazwischen wird in verschiedene Phasen eingeteilt und als Zellzyklus bezeichnet (s. Abb. 23, S. 25).

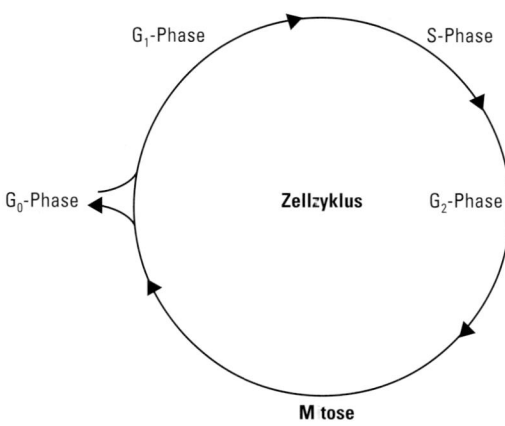

Abb. 23: Zellzyklus   *medi-learn.de/7-bc4-23*

Mit der **G_1-Phase** beginnt eine Zelle, nach der Mitose zu wachsen und ihre Zellbestandteile zu synthetisieren. Eine meist vollständig differenzierte Zelle kann in eine **G_0-Phase** eintreten. In dieser Phase pausiert sie und kann sich für lange Zeit aus dem aktiven Zellzyklus heraushalten.

Unter dem Einfluss verschiedener Wachstumsfaktoren tritt eine Zelle in die **S-Phase** ein, synthetisiert verstärkt Histone und repliziert ihre DNA vor einer geplanten Zellteilung (s. 1.6, S. 28). In der recht kurzen **G_2-Phase** kontrolliert eine Zelle, ob die Verdopplung der Erbinformation korrekt abgeschlossen ist.

Nach einer erfolgreichen Kontrolle tritt die Zelle anschließend in die **Mitose** ein und teilt sich. Sollten jedoch Reparaturvorgänge zu lang dauern oder zu viele Fehler aufgetreten sein, wird ein programmierter Zelltod, die Apoptose, eingeleitet (s. S. 26).

Die Übergänge von einer Zellzyklusphase zur nächsten sind einer strengen und komplexen Regulation unterworfen. Daran beteiligt sind

- **Wachstumsfaktoren**,
- **Kinasen**, die bestimmte Proteine phosphorylieren (Cyclin-abhängige Kinasen = CDK, cyclin dependend kinases),
- **Cycline**, die als Proteine die Aktivität der Kinasen kontrollieren,
- das **Retinoblastom-Protein (pRB)**, das als zentrales Tumor-Suppressor-Protein des Zellzyklus den Transkriptionsfaktor E2F hemmt und
- die **Proteine** p16, p21 und p27, die Cycline hemmen und so spezielle Rollen in den einzelnen Zellzyklusphasen übernehmen.

Als zentrales Protein des Zellzyklus verdient das **Retinoblastom-Protein pRB** deine besondere Aufmerksamkeit: Es ist ein Tumor-Suppressor-Protein des Zellkerns, das den Übergang von der G_1-Phase zur S-Phase reguliert. Dephosphoryliertes und damit aktiviertes pRB bindet und inaktiviert in ruhenden Zellen den **Transkriptionsfaktor E2F**. Auf die Zelle einwirkende Wachstumsfaktoren aktivieren bestimmte Cyclin-abhängige Kinasen (CDK2/Cyclin E), die schrittweise das pRB phosphorylieren und damit inaktivieren. Inaktiviertes phosphoryliertes pRB setzt den gebundenen Transkriptionsfaktor E2F frei. Dieser kann jetzt die S-Phase-Gene aktivieren und so den Übergang in die S-Phase des Zellzyklus einleiten (s. Abb. 24, S. 26). Während des Übergangs von der M- zur G_1-Phase wird pRB zunehmend dephosphoryliert und kann in dieser Form wieder den E2F binden und damit inaktivieren.

Übrigens ...
Das Retinoblastom-Protein pRB war das erste Tumorsuppressor-Protein, das entdeckt wurde. Man fand es in einem bösartigen Tumor der Netzhaut des Auges: einem Retinoblastom. Voraussetzung für dessen Entstehung sind Mutationen in beiden Allelen des Retinoblastom-Gens.

1

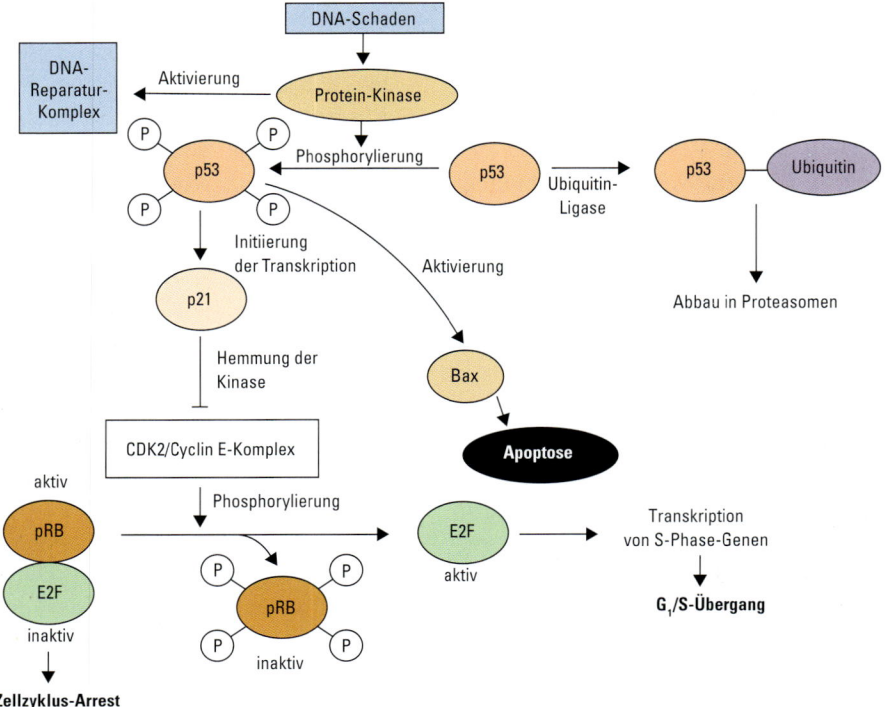

Abb. 24: Regulation des Zellzyklus   *medi-learn.de/7-bc4-24*

Ein weiteres wichtiges Protein zur Kontrolle des Zellzyklus ist das p53, ein Tumor-Suppressor-Protein, das den Beinamen „Wächter des Genoms" trägt. Das p53 sorgt in normalen Zellen dafür, dass sich die Zelle nur dann teilt, wenn ihre DNA keine größeren Schäden aufweist. Liegen DNA-Schäden vor, wird p53 durch Protein-Kinasen phosphoryliert und damit aktiviert. Hierdurch verliert das p53 seine Affinität zur Ubiquitin-Ligase und entgeht so seinem normalerweise zügig ablaufenden Abbau im Proteasom. Die nun ansteigende Konzentration von phosphoryliertem p53 fördert als Transkriptionsfaktor die Synthese des Proteins p21, eines Cyclin-abhängigen Kinase-Hemmers (CDK-Inhibitor). Protein p21 kann z. B. durch Hemmung des Cyclin-abhängigen Kinase2/Cyclin E-Komplexes (CDK2/Cyclin E) die Phosphorylierung und damit Inaktivierung des Retinoblastom-Proteins verhindern und so den G_1/S-Übergang blockieren (Zellzyklus-Ar-

rest, s. Abb. 24, S. 26). Bei schweren DNA-Schäden kann das p53 über das mitochondriale Protein Bax die Apoptose einleiten (s. Abb. 24, S. 26 und Abb. 26, S. 27).

Die Apoptose – der programmierte Zelltod – ist wichtig für die normale Entwicklung und Regeneration eines Organismus. Sie spielt z. B. in der Embryonalentwicklung bei der Entwicklung der Fingerstrahlen einer Hand, aber auch bei der „Ausbildung" der T-Lymphozyten im Thymus oder bei der Beseitigung virusinfizierter Zellen eine Rolle. Im Gegensatz zur Nekrose, die mit einer Zellschwellung einhergeht, ist die Apoptose ein kontrolliert ablaufender physiologischer Prozess, der ohne Entzündung zur Zellschrumpfung, Fragmentierung des Chromatins und anschließender Phagozytose der apoptotischen Zelle führt. Im Labor lassen sich an apoptotischen Zellen schon in einem sehr frühen Stadium morphologische Veränderungen nachweisen: Phosphatidylse-

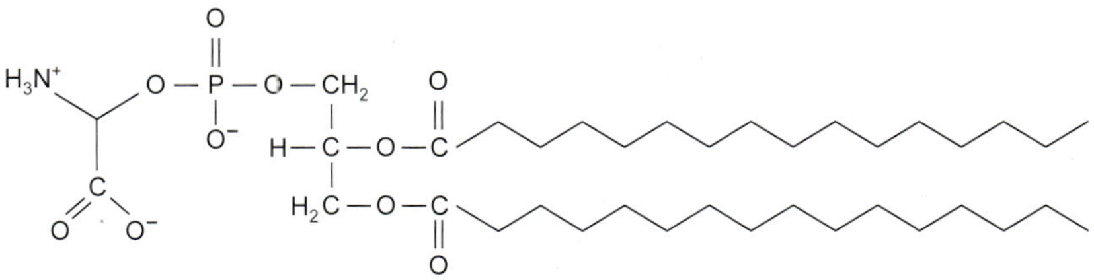

Bei apoptotischen Zellen finden sich somit auf der Außenseite der Plasmamembran zwei negative und eine positive Ladung.

Abb. 25: Phosphatidylserin   *medi-learn.de/7-bc4-25*

rin – ein Phospholipid – wird von der Innenseite auf die Außenseite der Plasmamembran verlagert und signalisiert so der Umgebung, dass diese Zelle untergehen wird. Durch das Erscheinen der einfach negativ geladenen Kopfgruppen an der Außenseite der Zelle erhalten Makrophagen das Signal zur Phagozytose der Fragmente.

Prinzipiell wird bei der Apoptose eine Induktion von innen (intrinsisch) von einer Induktion von außen (extrinsisch) unterschieden:
Der über die Mitochondrien vermittelte **intrinsische Signalweg** kann durch eine ganze Reihe von Schäden aktiviert werden. Hierzu zählen unter anderem der Entzug von Wachstumsfak-

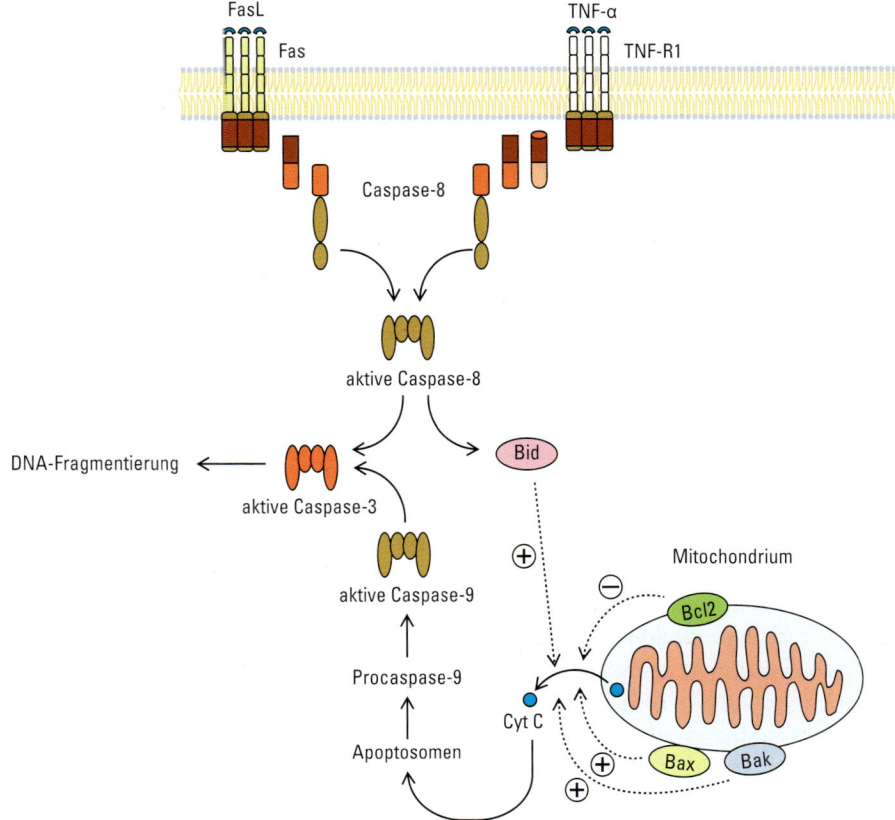

Abb. 26: Signalwege der Apoptose   *medi-learn.de/7-bc4-26*

toren, DNA-Schädigung (z. B. durch UV- und Röntgenstrahlung oder Zytostatika), Aktivierung intrazellulärer Rezeptoren (z. B. für Glucocorticoide) und Störungen des Zellmetabolismus (z. B. Nukleotidsynthese). Eine zentrale Rolle spielen die Mitglieder der Bcl2-Proteinfamilie. Sie sind normalerweise an der Außenmembran von Mitochondrien lokalisiert und wirken entweder pro-apoptotisch (z. B. Bax und Bak) oder anti-apoptotisch (z. B. Bcl2 selbst). Die Aktivierung proapoptotischer Bcl2-Familienmitglieder wie Bax auf der äußeren Mitochondrienmembran führt zu einer Freisetzung von Cytochrom-c aus dem mitochondrialen Intermembranraum ins Zytoplasma. Hier kommt es dann nach Bildung eines Apoptosoms zur Aktivierung der Caspase-9 und nachfolgend der Caspase-3, wodurch eine Caspasenkaskade eingeleitet wird, an deren Ende die Fragmentation der DNA, Auflösung und Umordnung des Zytoskeletts, Isolierung der Zelle innerhalb des Zellverbandes und Kennzeichnung der Zelle zur Phagozytose steht (s. Abb. 25, S. 27 und Abb. 26, S. 27).

Bei der intrazellulären Aktivierung der Caspasen werden die inaktiven Procaspasen durch **limitierte Proteolyse** aktiviert: Procaspase-9 wird zur aktiven Caspase-9 und aktiviert die Procaspase-3 zur aktiven Caspase-3 u.s.w.

Der **extrinsische Signalweg** wird durch Todesrezeptoren (engl. = death-receptors) gesteuert, die zur Familie der Tumornekrosefaktor-(TNF)-Rezeptoren zählen. Sie werden vornehmlich auf der Oberfläche von Zellen des Immunsystems und auf Epithelzellen exprimiert. Nach Aktivierung der Rezeptoren wird die Caspase-8 aktiviert, die durch Aktivierung der zentralen Caspase-3 in die gemeinsame Endstrecke der Apoptose mündet. Weiterhin aktiviert die Caspase-8 auch Bid (ein proapoptotisches Protein der Bcl2-Proteinfamilie), wodurch es zusätzlich zur Aktivierung des intrinsischen mitochondrialen Apoptosewegs kommt (s. Abb. 26, S. 27).

Zytokine wie der Tumornekrosefaktor-α (TNF-α) und der Fas-Ligand binden an ihre spezifischen Rezeptoren auf der Membranoberfläche der Zelle und aktivieren so den extrinsischen Signalweg der Apoptose. **Caspasen** sind **Cy**stein-Proteasen, die ein Protein hinter **Asp**artat schneiden und zu den Enzymen (-ase) zählen.

1.6 Replikation der DNA

Bevor sich eine Zelle teilt, muss die Erbinformation verdoppelt werden. Dieser als Replikation bezeichnete Vorgang findet in der Synthesephase des Zellzyklus im Zellkern statt. Es handelt sich hierbei um eine **semikonservative Verdopplung**, d. h., dass sich in den beiden neu synthetisierten DNA-Doppelsträngen jeweils ein elterlicher DNA-Einzelstrang befindet. Die Hauptarbeit der Replikation wird durch die **DNA-Polymerasen** geleistet. Sie verknüpfen komplementär zum abgelesenen elterlichen DNA-Einzelstrang die **Desoxyribonukleotidtriphosphate** untereinander, wodurch wieder eine vollständige DNA-Doppelhelix entsteht. DNA-Polymerasen haben eine wissenswerte Besonderheit: Sie benötigen zur Kettenverlängerung ein **freies 3′-OH-Ende**, um ein neues Nukleotid anknüpfen zu können. Nur das Enzym **Primase** kann ohne ein freies 3′-OH-Ende arbeiten. Es synthetisiert zunächst komplementär zum elterlichen DNA-Einzelstrang eine kurze RNA-Kette – **den Primer** – und liefert so ein freies 3′-OH-Ende für die nachfolgende Arbeit der DNA-Polymerasen. Die Primase ist eine DNA-abhängige RNA-Polymerase – sie liest DNA ab und synthetisiert komplementär dazu den RNA Primer.

1.6.1 Mechanismus der Replikation

Gerade in der Mündlichen wird häufig nach dem Ablauf der Replikation gefragt, bei dem es einige Besonderheiten zu beachten gilt.
1. **Topoisomerasen** (in Bakterien heißen sie Gyrasen) führen negative Superhelices in die DNA ein und entdrillen so die Doppelhelix,

2. **Helicasen** trennen unter ATP-Verbrauch die DNA-Doppelstränge und erzeugen damit die Replikationsgabel,

3. eine **Primase** (RNA-Polymerase) synthetisiert die **Primer**-RNA, um ein freies 3′-OH-Ende und somit einen Anknüpfungspunkt für die DNA-Polymerase zu schaffen.

Das **Wachstum** des neu synthetisierten DNA-Einzelstrangs erfolgt vom 5′ zum 3′-Ende, die **Ableserichtung** vom elterlichen DNA-Einzelstrang daher vom 3′ zum 5′-Ende. Durch die entgegengesetzte Polarität im DNA-Doppelstrang ist es notwendig, einen Strang um 180° einzudrehen, um so eine identische Syntheserichtung für die DNA-Polymerase III zu schaffen. Hierdurch wird ein Leitstrang von einem Folgestrang unterschieden.

4. Die kontinuierliche DNA-Synthese des **Leitstrangs** wird durch die schnell arbeitende **DNA-Polymerase III** in Richtung auf die Replikationsgabel zu ausgeführt. Zur Synthese des Leitstrangs ist pro Replikationsgabel daher nur einmal ein einziger Primer (Synthese durch Primase) zur Lieferung eines freien 3′-OH-Endes notwendig.

5. Der unterbrochene **Folgestrang** kann durch die Eindrehung um 180° diskontinuierlich (abschnittsweise) nun ebenfalls von der gleichen **DNA-Polymerase III** in Richtung auf die Replikationsgabel synthetisiert werden. Durch das Ein- und Ausdrehen immer neuer DNA-Abschnitte bilden sich die **Okazaki-Fragmente**, die aus einem RNA-Primer und der neu synthetisierten DNA bestehen.

6. Am Folgestrang (und einmal auch am Leitstrang) müssen jetzt noch die RNA-Primer entfernt werden. Hierzu besitzen Prokaryonten die **Ribonuklease (RNase H)**, die spezifisch RNA aus RNA-DNA-Hybridsträngen entfernt. Jedoch muss die letzte Phosphodiesterbindung zwischen dem Ribonukleotid und dem Desoxyribonukleotid durch die **5′,3′-Exonukleaseaktivität der DNA-Polymerase I** getrennt werden. Gleichzeitig synthetisiert die DNA-Polymerase I am Folgestrang ausgehend vom freien 3′-OH-Ende des vorausgegangenen DNA-Stücks komplementär den Doppelstrang und füllt so die Lücke auf.

7. Im letzten Schritt der Replikation muss das Enzym **DNA-Ligase** den Kettenschluss zwischen den in Schritt 6 synthetisierten Nukleotidabschnitten durchführen und die DNA-Teilstücke unter ATP-Verbrauch miteinander verbinden. Hierzu aktiviert die DNA-Ligase das jeweilige 5′-Phosphat-Ende durch Anheften eines AMP-Rests. Die Abspaltung dieses AMP-Rests liefert die Energie für den DNA-Kettenschluss.

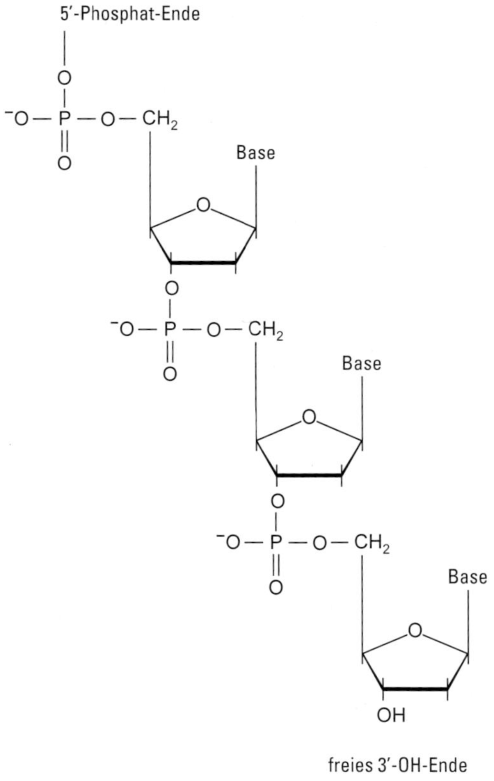

Abb. 27: Freies 3′-OH-Ende   *medi-learn.de/7-bc4-27*

Als Cofaktoren für die Replikation der DNA werden die Nukleotide dATP, dTTP, dCTP und dGTP benötigt.

– Die Energie für die Verknüpfung der Nukleotide kommt aus der Hydrolyse des gespaltenen Pyrophosphats (PP_i), katalysiert durch Pyrophosphatasen.

- Die DNA-Polymerase III knüpft Phosphodiesterbindungen (1000 Nukleotide/Sec) und besitzt eine Korrekturlesefunktion.
- Die DNA-Polymerase I knüpft Phosphodiesterbindungen (10 Nukleotide/sec), besitzt eine Korrekturlesefunktion sowie eine Funktion zur Entfernung der Primer und ist das Reparaturenzym der DNA.
- Die Funktion der DNA-Polymerase II ist noch nicht ausreichend bekannt.

Die bisher erläuterten Schritte der Replikation wurden vor allem am Genom des Bakteriums E. coli erforscht. Die Replikation der Eukaryonten verläuft vom Mechanismus her sehr ähnlich ab, weist jedoch auch einige Unterschiede auf:

- Bei E. coli müssen ca. 5 Millionen, beim Menschen ca. 6 Milliarden Basenpaare repliziert werden.
- E. coli hat eine ringförmige DNA, menschliche DNA ist strangförmig und in 23 Chromosomen dicht mit Histonen und Nicht-Histonen verpackt.

Um die DNA dennoch effizient replizieren zu können, besitzen Eukaryonten zahlreiche Replikationsursprünge – einige Hundert pro Chromosom.

Besonderheiten finden sich auch bei den DNA-anhängigen DNA-Polymerasen. In Säugern kommen fünf DNA-Polymerasen vor – DNA-Polymerase α, β, γ, δ und ε. Die für die Replikation entscheidenden scheinen hier die **Polymerasen δ und ε** zu sein, die sich durch hohe Replikationsgeschwindigkeiten und Korrekturlesefunktion (proof reading, 3´-5´- Exonukleaseaktivität) auszeichnen. Die **Polymerasen α und β** zeigen dagegen nur geringe Replikationsgeschwindigkeiten und keine Korrekturlesefunktion. Die **Polymerase γ** übernimmt die DNA-Synthese ausschließlich in Mitochondrien.

Die Replikation der Eukaryoten beginnt nach Auftrennung der DNA-Doppelstränge und Anheftung von stabilisierenden einzelstrangbindenden Proteinen mit der Bindung der **DNA-Polymerase α** – einer DNA-Polymerase mit zusätzlicher Primase-Aktivität (DNA-abhängige RNA-Polymerase). Die Primase repliziert kurze RNA-Primer (8-10 Ribonukleotide) auf beiden entwundenen Matrizensträngen (De-novo-Synthese). Der dabei gebildete Doppelstrang aus Primer-RNA und Matrizen-DNA wird an die assoziierte DNA-Polymerase α weitergereicht, welche am 3´-Ende des RNA-Pri-

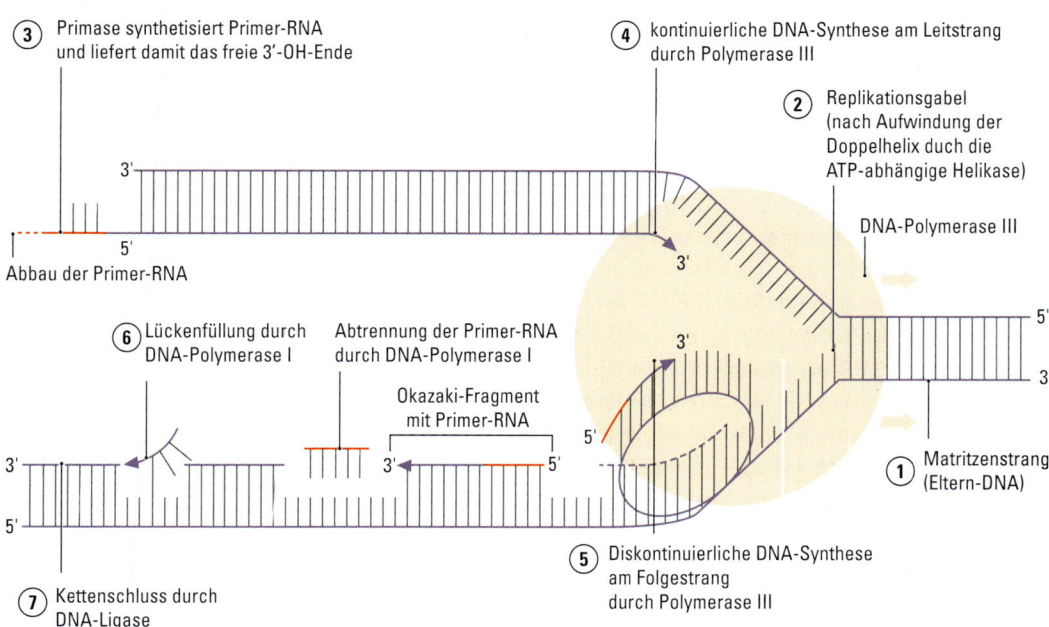

Abb. 28: Replikation in Schritten

mers noch ca. 20 Desoxynukleotide (DNA) anfügt. Der Primer besteht bei den Eukaryonten somit aus Anteilen RNA und DNA. Am 3´-Ende des Primers befindet sich eine Doppelstrang-DNA (ds-DNA). Dieser Übergang zwischen ds-DNA und ss-DNA wird vom Replication Factor C (RF-C) erkannt, welcher dann das **Ringklemmprotein (PCNA, Proliferating-Cell-Nuclear-Antigen)** aufsetzt. An das PCNA kann nun die replikative **DNA-Polymerase δ binden** – es kommt zu einem Polymerasewechsel. Die DNA-abhängige DNA-Polymerase δ übernimmt dann die DNA-Synthese – entweder bis zum nächsten Okazaki-Fragment (Folgestrang) oder bis zur nächsten Replikationsblase (Leitstrang). Während der Elongationsphase bleibt das **Ringklemmprotein (PCNA)** an der DNA-Matrize und der DNA-Polymerase gebunden und verhindert so die Dissoziation der DNA-Polymerase vom DNA-Strang. Bei der Bierhefe – einem Eukaryonten – ist die genaue Zuordnung zu den DNA-Strängen schon geklärt. Dort übernimmt die DNA-Polymerase δ die Synthese am Folgestrang und die DNA-Polymerase ε am Leitstrang. Die Entfernung der RNA-Primer erfolgt wie bei den Prokaryonten im ersten Schritt durch die **Endoribonukleasen RNase H**. Anschließend wird das letzte Ribonukleotid durch das Eukaryonten-Enzym **FEN-1 (flap endonuclease-1)** abgespalten. Die **DNA-Polymerase δ** füllte dann die Lücke und die **DNA-Ligase** führt den Kettenschluss durch.

1.6.2 Telomere und Telomerase

Bei der Betrachtung von Abb. 28, S. 30 fällt auf, dass auch am Leitstrang ein Primer benötigt wird, um die Replikation zu beginnen. Nach erfolgreicher Replikation wird der RNA-Primer bei Eukaryonten durch die **Endoribonukleasen RNase H und die FEN-1 (flap endonuclease-1)** entfernt. Im Gegensatz zum Folgestrang fehlt am Leitstrang jedoch jetzt ein freies 3´-OH-Ende, um der **DNA-Polymerase δ** einen Anknüpfungspunkt für das Auffüllen des Stranges zu bieten. Es entsteht eine einsträngige DNA-Lücke, die nicht mehr aufgefüllt werden kann. Mit jeder

Replikation wird das Chromosom ein Stückchen kürzer. Um Instabilität und Genverlust der Chromosomen zu verhindern, besitzen die Enden der Chromosomen einige tausend repetitive, G-reiche Sequenzen – die **Telomere**. Nach ca. 30–50 Zellteilungen sind diese aufgebraucht und weitere Zellteilungen verkürzen tatsächlich codierende Gene, was zum Zelltod führt.

Ausnahmen hiervon bilden die Keimbahnzellen der Testes und Ovarien, die Stammzellen, bestimmte Arten von Immunzellen sowie Tumorzellen, die eine Möglichkeit besitzen, diesen Alterungsprozess zu umgehen: Sie besitzen **Telomerasen** (Ribonukleoprotein-Enzyme), die mit ihrer reversen Transkriptaseaktivität als RNA-abhängige DNA-Polymerasen die abgeschnittenen Telomere bei jeder Zellteilung wieder aufbauen können.

1.6.3 Hemmstoffe der Replikation

Die Replikation kann durch die Gabe bestimmter Stoffe gehemmt werden. Von diesen Stoffen gibt es zwar eine ganze Menge, im Physikum wird jedoch nur nach einigen wenigen gefragt.

Hemmstoff	Wirkung	Bedeutung
Mitomycin (Interkalator)	bindet kovalent zwischen DNA-Strängen und verhindert so die Strangtrennung (Replikations- und Transkriptionshemmstoff)	Zytostatikum
Actinomycin D (Interkalator)	interkaliert die C-G Stellen im DNA-Doppelstrang (Replikations- und Transkriptionshemmstoff)	Zytostatikum, Antibiotikum
Cytosinarabinosid (Nukleotidanalogon)	hemmt die DNA-Polymerase	Zytostatikum
Novobiocin	hemmt die Gyrase von Prokaryonten	Antibiotikum
Hydroxyharnstoff	hemmt die Ribonukleotidreduktase	Zytostatikum

Tab. 2: Prüfungsrelevante Replikationshemmstoffe

Ein Zytostatikum ist ein Hemmstoff der Replikation, Transkription oder Translation in menschlichen Zellen.

Ein Antibiotikum ist ein Hemmstoff der Replikation, Transkription oder Translation in Bakterien.

Einige Hemmstoffe entfalten ihre Eigenschaften sowohl in Bakterien als auch in menschlichen Zellen und sind daher sowohl Antibiotikum als auch Zytostatikum.

Interkalatoren sind Substanzen, die sich zwischen die DNA-Einzelstränge einlagern und dadurch die Strangtrennung sowie die Erzeugung der Replikationsgabel verhindern.

Übrigens …

Auch bei der **Therapie einer Infektion durch Herpes-simplex-Viren mit Aciclovir** wird die menschliche DNA-Polymerase gehemmt. Entscheidend ist dabei die chemische Verwandtschaft des Aciclovirs mit der Purinbase Guanin.

In Virus-infizierten Zellen führt eine virale Thyminkinase die Monophosphorylierung des Aciclovirs durch. Körpereigene Kinasen phosphorylieren das Aciclovir dann bis zur aktiven Triphosphatform weiter. Wird das so aktivierte Acyclo-GTP anstele des körpereigenen dGTP

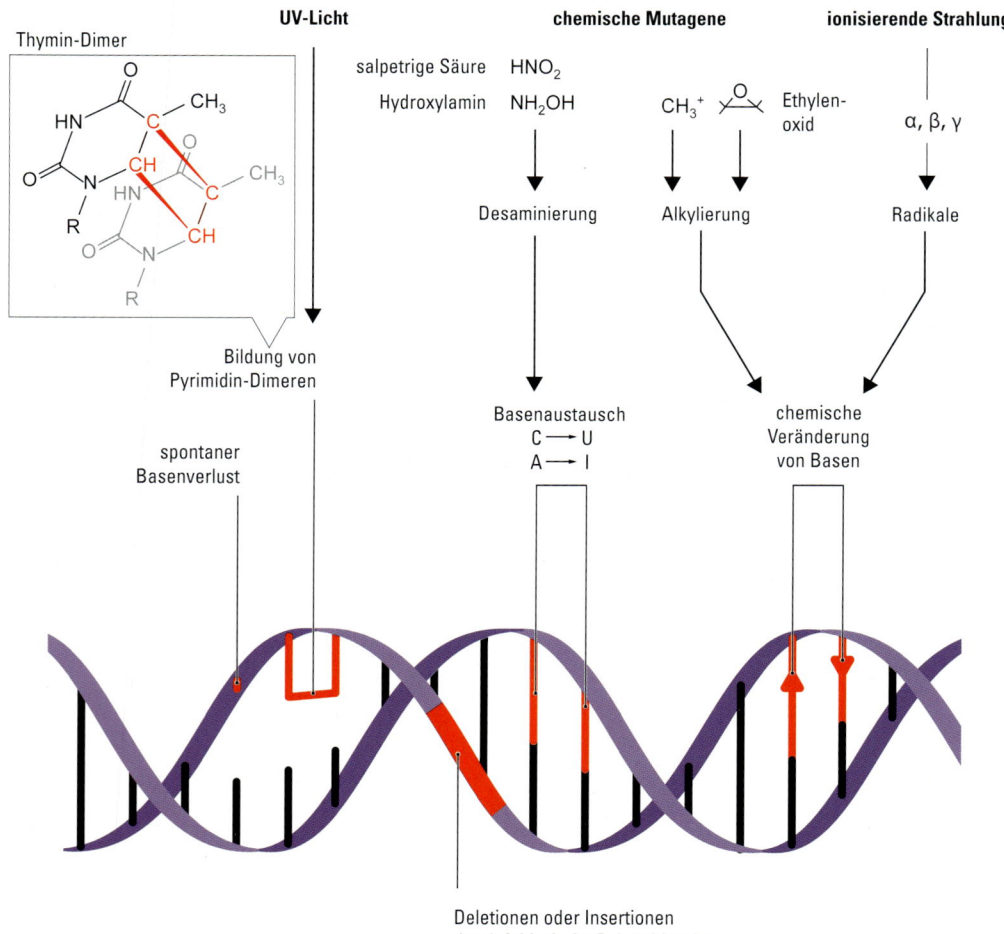

Abb. 29: Mutationen

medi-learn.de/7-bc4-29

durch die DNA-Polymerase für die Replikation verwendet, kommt es zu einem Kettenabbruch, da am Acyclo-GTP keine freie 3´-OH-Gruppe vorhanden ist. Über diesen Mechanismus wirkt Aciclovir als **Virostatikum**.

1.7 Schäden und Reparaturmechanismen der DNA

Schäden an der DNA können spontan auftreten, aber auch durch verschiedene Faktoren verursacht sein. Die wichtigsten davon sind:
– **Chemische Mutagene**, die eine oxidative Desaminierung (Abspaltung von Ammoniak) von Cytosin zu Uracil bewirken können, wodurch sich das entstehende Uracil mit Adenin paart, anstatt wie das ursprüngliche Cytosin mit Guanin,
– **UV-Licht**, das in der DNA zwei Thyminbasen zu einem Thymindimer verknüpfen kann, wobei sich vier Kohlenstoffatome zu einem Cyclobutanring verknüpfen (s. Abb. 29, S. 32),
– **Ionisierende Strahlen**, die Radikale bilden, die wiederum zu chemischen Veränderungen der DNA führen können.

Zur Reparatur von DNA-Schäden, die auf einem der beiden Einzelstränge lokalisiert sich, stehen dem Körper die Mechanismen der Replikation zur Verfügung. Ein System ist das **Basenexzisions-Reparatursystem (BER**, damit ist nicht der Berliner Flughafen gemeint). Hierbei wird in der DNA das durch Desaminierung von Cytosin entstehende Uracil durch spezifische **DNA-Glykosylasen** erkannt und entfernt. Anschließend wird das noch verbliebene Desoxyribosephosphat durch die Enzyme **AP-Endonuklease** (AP, apurin- oder apyrimidinische) geschnitten und durch das Enzym **Phosphodiesterase** die Desoxyribose und das Phosphat entfernt. Durch die **DNA-Polymerase I** (beim Menschen die DNA-Polymerase β) erfolgt dann die komplementäre Auffüllung des Defektes und durch die **DNA-Ligase** der Kettenschluss. Wird die DNA-Doppelhelix durch eine „Buckelbildung" (bulky lesions) eines Einzelstranges in ihrer Architektur gestört, kommt ein weiteres Reparatursystem zum Einsatz. Bei dem **Nukleotidexzisions-Reparatursystem (NER)** werden längere Oligonucleotide (25 - 30 Nukleotide) aus einem geschädigten DNA-Einzelstrang durch **Endonukleasen** herausgeschnitten und die Lücke durch die **DNA-Polymerasen**

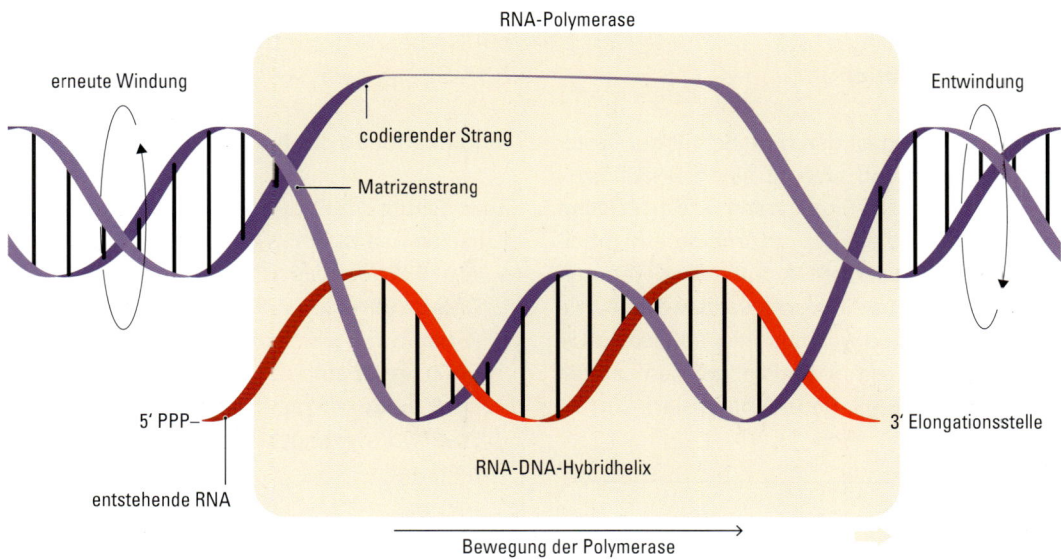

RNA-Polymerase

erneute Windung

codierender Strang

Matrizenstrang

Entwindung

5' PPP–

3' Elongationsstelle

RNA-DNA-Hybridhelix

entstehende RNA

Bewegung der Polymerase

Abb. 30: Mechanismus der Transkription

medi-learn.de/7-DC4-30

Transkription 1→ Initation (3) 2→ Elongation 3→ Termination

1

I (beim Menschen wahrscheinlich DNA-Polymerasen δ, ε) komplementär aufgefüllt. Durch das Enzym DNA-Ligase wird anschließend die DNA-Kette geschlossen. Bei der Hauterkrankung **Xeroderma pigmentosum**, mit Entstehung multipler Hauttumoren, ist das Nukleotidexzisions-Reparatursystem (NER) defekt.
Bei Prokaryonten bis hin zu Beuteltieren wurde ein weiteres und recht einfaches Reparatursystem - die **Fotoreaktivierung** – gefunden. **Foto-Lyasen** nutzen hierbei Lichtenergie, um den **Cyclobutanring** der **Thymindimere** (s. Abb. 29, S. 33) erneut aufzuspalten und verhindern so Mutationen. _unprozessierte RNA ←_
Problematisch ist es nun, wenn die DNA-Schäden auf allen beiden Strängen der DNA-Doppelhelix lokalisiert sind. Hier besteht einerseits die Möglichkeit den Schaden durch **Endonukleasen** auszuschneiden und die entstehenden Enden unter Verlust mehrerer Nukleotide durch eine **DNA-Ligase** zusammenzufügen. Ein Zerfall des Chromosoms wird somit verhindert, jedoch treten häufig Mutationen auf (nichthomologes Endjoining). Eleganter ist da schon die Reparatur des Doppelstrangschadens unter Ausnutzung des diploiden Chromosomensatzes (homologe Rekombination). Hierbei findet das intakte zweite Chromosom als Matrize zur Reparatur Verwendung.

1.8 Transkription

Die Transkription ist der erste Schritt der Proteinbiosynthese und erzeugt einen RNA-Einzelstrang. Dieser RNA-Einzelstrang wird im **Zellkern** an der DNA synthetisiert und umfangreich modifiziert, um dann als **mRNA** durch die Kernporen in das Zytoplasma eingeschleust zu werden. Wie bei der Replikation wird auch hier auf dem DNA-Strang vom 3´- zum 5´-Ende abgelesen und die RNA vom 5´- zum 3´-Ende synthetisiert.

> **Merke!**
>
> In der RNA wird Uracil (U) an Stelle von Thymin (T) eingebaut.

1.8.1 Mechanismus der Transkription

In menschlichen Zellen beginnt die Transkription wie die Replikation mit einer Entspiralisierung der DNA-Doppelhelix durch **Topoisomerasen** und der ATP-abhängigen Auftrennung in die Einzelstränge durch **Helicasen**. Als →1 →2 nächstes binden Transkriptionsfaktoren an →3 eine **Promotorregion** des DNA-Strangs und signalisieren so der RNA-Polymerase den Synthesestartpunkt. Diese Vorgänge werden als ①**Initiation** der Transkription bezeichnet. Unter ②**Elongation** versteht man die komplementäre Synthese der **hnRNA** (heteronukleäre RNA). ③Die **Termination** beginnt mit dem Auffinden der Terminationsstelle auf dem DNA-Einzelstrang und führt zum Zerfall des Transkriptionskomplexes und damit zur Beendigung der Transkription.
Bevor die hnRNA für die Translation – die Proteinbiosynthese – verwendet werden kann, muss sie noch einem **Processing** unterzogen und so zur **mRNA** umgewandelt werden.

1.8.2 Processing der hnRNA

Ein sehr beliebtes Thema im Schriftlichen ist die posttranskriptionelle Modifikation der hnRNA zur mRNA. Hierzu werden die Enden der hnRNA bearbeitet und die Introns aus dem hnRNA-Strang herausgeschnitten.

Modifikationen der hnRNA

Zum Schutz der Enden der RNA werden diese zunächst bearbeitet:
- Am **5´-Ende** des RNA-Strangs wird eine **Cap-Struktur** aus Methylguanosin-Resten (Guanin mit einer Methylgruppe in Position 7) angebaut,
- am **3´-Ende** wird eine Poly-AMP-Struktur aus 50–200 Polyadenyl-Resten (AAAAA...) angehängt.

Merke!

Am **5´-Anfang** wird eine **Kappe** aufgesetzt , die für die spätere Initiation der Translation benötigt wird, an das **3´-Ende** ein Poly-AMP-**Schwanz** angefügt.

Übrigens ...
Influenzaviren (Erreger der „echten" Grippe) schützen ihre virale RNA im Zytoplasma Virus-infizierter Zellen, indem eine 5´-CAP-Struktur von einer mRNA des Wirtsorganismus auf die virale mRNA übertragen wird. Dies wird als CAP-Snatching bezeichnet.

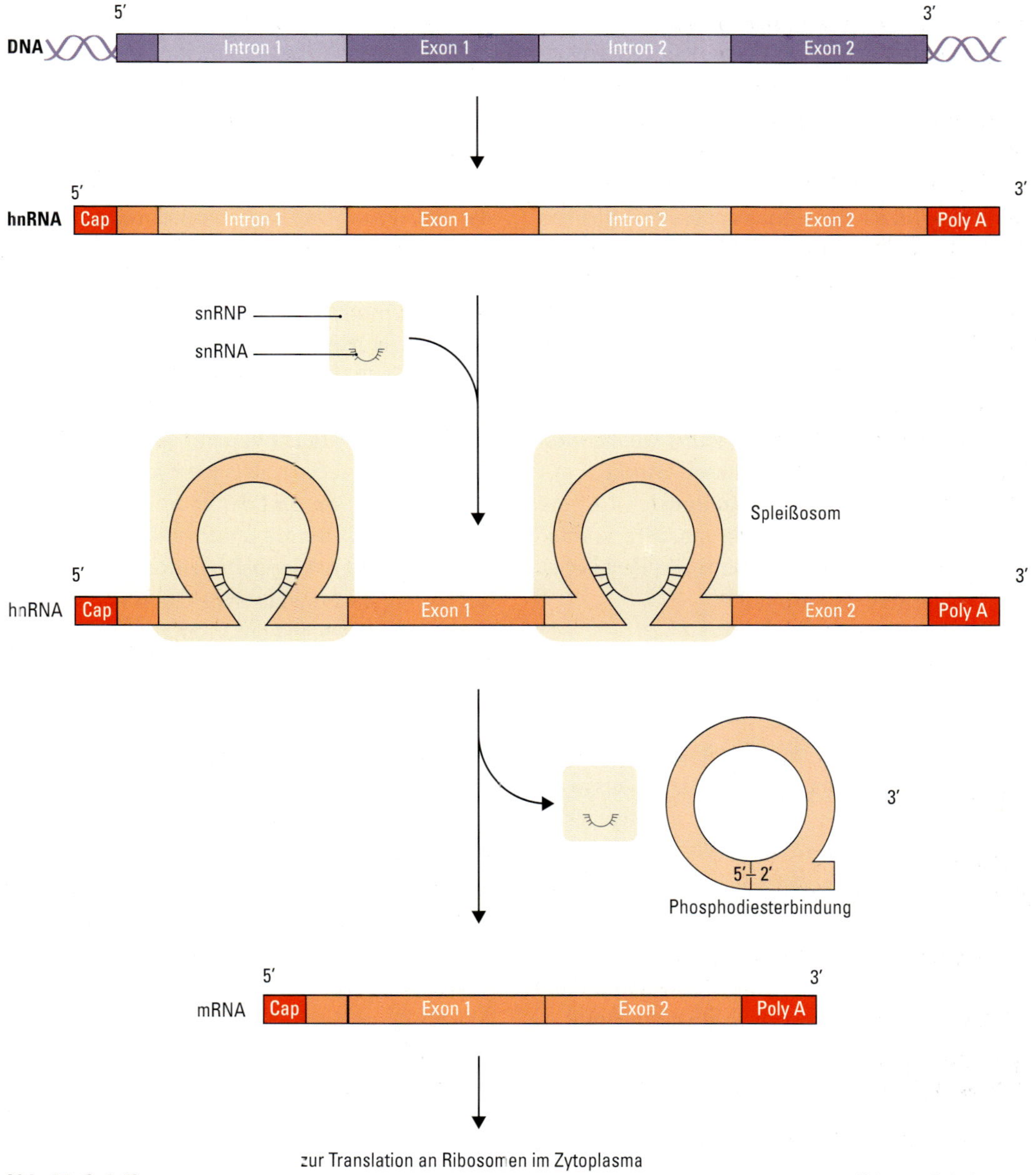

Abb. 31: Spleißen

zur Translation an Ribosomen im Zytoplasma

medi-learn.de/7-bc4-31

1

Spleißen der hnRNA

Auf der DNA befinden sich Abschnitte, die für eine Aminosäurekette codieren und als **Exons** bezeichnet werden. Diese Exons sollen in die mRNA überführt werden. Daneben befinden sich auf der DNA aber auch Abschnitte, die nicht für ein Protein codieren, da sie z. B. nur eine Steuerfunktion besitzen. Diese Abschnitte der DNA werden als Introns bezeichnet. Eine wichtige Aufgabe des Processings der hnRNA ist das Herausschneiden dieser Intron-Abschnitte aus der hnRNA und das anschließende Verspleißen (Verbinden) der Exonabschnitte, um so die mRNA zu erzeugen. Für das Spleißen der hn-RNA wird ein **Spleißosom** gebildet, das aus **snRNPs** (small nuklear Riboproteinpartikeln), **snRNA** (small nuklear RNA) und Proteinen besteht. Hierbei kommt es zu einer komplementären Basenpaarung zwischen den Intronenden und der snRNA. Das Spleißosom ermöglicht das Herausschneiden der markierten Intronsequenzen durch zwei Umesterungsreaktionen unter Bildung einer **Intron-Lasso-Struktur** mit einer **2´,5´-Phosphodiesterbindung**.
Im letzten Schritt des Spleißens wird wieder eine DNA-Ligase benötigt, um die verbliebenen Nukleotide zu verbinden.

> **Merke!**
>
> Durch zwei Umesterungsreaktionen und unter Ausbildung einer 2´,5´-Phosphorsäurediesterbindung wird eine Intron-Lasso-Struktur ausgebildet und so ein Intron nach dem anderen aus dem RNA-Strang herausgeschnitten.

Beispiel

Frage: Angenommen ein Gen enthalte ein Exon mit 60 Basenpaaren und ein Startcodon auf Exonposition 27. Darauf folge ein Intron mit 123 Basenpaaren und das 2. Exon mit 40 Basenpaaren, das ein Stoppcodon auf Exonposition 33 besitze.

Wieviele Basenpaare enthält die reife mRNA?
Lösungsweg: Zur Lösung dieser Aufgabe braucht man nur zu wissen, dass eine reife mRNA Exons enthält, aber keine Introns.

Antwort: Die reife mRNA besteht aus 60 + 40 = 100 Basenpaaren.

RNA-Editing

Neben dem Splicing der RNA stellt das RNA-Editing eine weitere wichtige Form der posttranskriptionellen Modifikation (Processing der RNA) dar. Der Begriff beschreibt die Modifikation einzelner Nukleinbasen der mRNA, wodurch die Nukleotid-Sequenz des Transkriptes nicht mehr mit der ursprünglichen genomischen Nukleotid-Sequenz der DNA übereinstimmt. Durch das RNA-Editing wird so die entstehende Proteinvielfalt weiter erhöht, beispielsweise bei der Diversität von Antikörpern. Es wird grundsätzlich zwischen dem Insertions-/Deletions-Editing und der chemischen Modifikation der Nukleotide unterschieden: Die Desaminierung von Adenosin zu Inosin (das sich in der Basenpaarung dann wie Guanosin verhält) oder die Konversion von Uridin zu Pseudouridin (Ringdrehung der Base Uracil an der D-Ribose von der N-glykosidischen Bindung aus Position N1 in die C-glykosidische Bindung C5, s. Abb 32, S. 12) sind Beispiele dafür.

Übrigens ...

Ein Beispiel für das **RNA-Editing** durch eine Desaminierung von Cytidin zu Uridin ist die apoB mRNA. Hier wird in Enterozyten im Unterschied zu Hepatozyten das Apolipoprotein B48 statt B100 gebildet. Durch die Cytidin-Desaminase wird in der editierten mRNA der Enterozyten so ein Stop-Codon eingeführt, was in der Translation zu einer verkürzten Isoform des Apolipopoteins B führt.

O

5
4
3 NH
6   1   2
N   O

O

OH

ψ-Synthase

O

HN   2   NH
1   3
6   4
N   O
5

O

OH

Abb. 32: Konversion Uridin zu Pseudouridin

1.8.3   RNA-Polymerasen

Die Hauptarbeit der Transkription wird von RNA-Polymerasen geleistet. In menschlichen Zellen werden insgesamt drei RNA-Polymerasen unterschieden. Sie synthetisieren verschiedene RNA-Produkte (s. Tab. 3, S. 37).

Typ	Transkriptionsprodukt
RNA-Polymerase I	Vorläufer der rRNA
RNA-Polymerase II	Vorläufer der mRNA (hnRNA)
RNA-Polymerase III	tRNA und snRNA

Tab. 3: Menschliche RNA-Polymerasen und ihre Produkte

Übrigens ...
Das tödliche Gift des Knollenblätterpilzes – **α-Amanitin** – hemmt in geringen Mengen die **RNA-Polymerase II** und somit die Herstellung der mRNA,

wodurch die Proteinsynthese beeinträchtigt wird. In größeren Mengen hemmt α-Amanitin auch die **RNA-Polymerase III**.

1.8.4   Transkriptionskontrolle

Damit zur richtigen Zeit immer die richtigen Mengen an Funktions- und Strukturproteinen synthetisiert werden, ist ein komplexes Zusammenspiel zwischen RNA-Polymerasen sowie Aktivator- und Suppressorproteinen mit bestimmten Abschnitten auf der DNA notwendig. Hierzu besitzt die DNA einen speziellen Aufbau: Einer **Gensequenz**, die für ein Protein codiert, ist immer ein **Promotor** direkt vorgelagert. Daneben befinden sich noch Abschnitte auf der DNA, die weiter von der Gensequenz entfernt liegen, aber trotzdem auf die Genaktivität einwirken und **Enhancer** genannt werden.

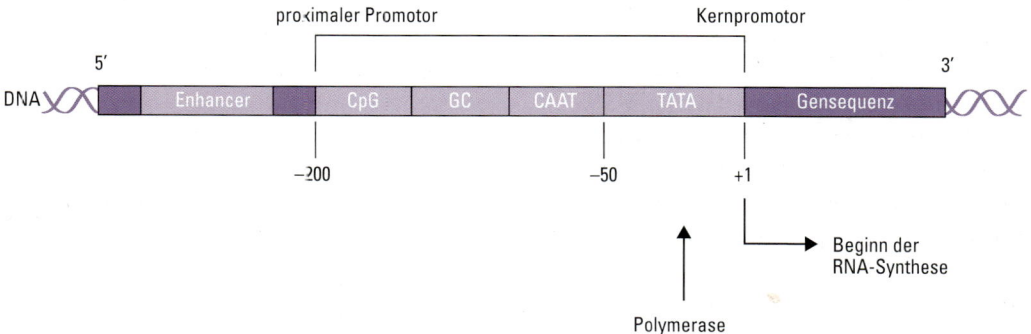

Abb. 33: Aufbau eines Promotors

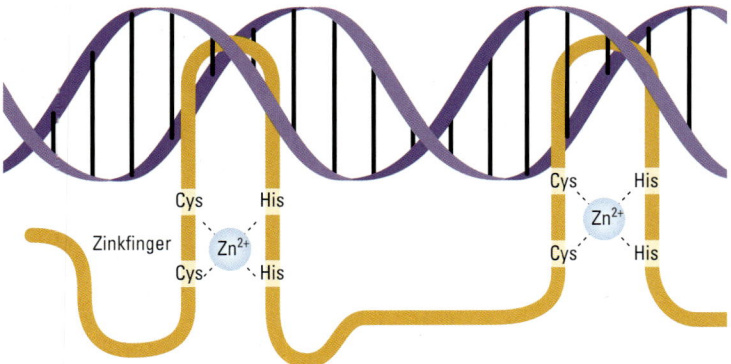

Abb. 34: Transkriptionsfaktor mit Zinkfinger

medi-learn.de/7-bc4-34

> **Merke!**
>
> Die Genaktivität wird hauptsächlich auf der Stufe der Transkription reguliert.

Promotoren

Promotoren sind Abschnitte auf der DNA, die direkt oberhalb der Startstelle für die Transkription liegen und für die Bildung des Initiationskomplexes der Transkription wichtig sind. Sie beinhalten die Anlagerungsstelle für die RNA-Polymerasen. Der **Kernpromotor** liegt dabei am nächsten zum Transkriptionsstartpunkt des Gens. Hier finden sich häufig viele Adenin- und Thymin-Reste, die als **TATA-Box** bezeichnet wird. Der weiter entfernte **proximalen Promotor** kann eine CAAT-Box, eine GC-Box oder eine CpG-Insel enthalten. Hier finden sich auch Bindungsstellen für Transkriptionsfaktoren. Sind die **CpG-Sequenzen** eines Gens methyliert (DNA-Methylierung von Cytosin zu 5-Methylcytosin, s. Abb. 3 a, S. 3) findet keine Transkription statt – es liegt eine Genrepression vor.

Enhancer

Enhancer-Bereiche sind **eukaryontische** DNA-Abschnitte, die somit NICHT bei Bakterien vorkommen. Sie liegen weiter entfernt von der Gensequenz und dem Promotor, vermitteln jedoch die Regulierbarkeit der Gensequenzen durch Pharmaka, Hormone und andere Signalstoffe.

> **Merke!**
>
> Enhancer finden sich nur in der DNA von Eukaryonten – NICHT bei Prokaryonten.

Zinkfingerelemente

Damit die Regulationsproteine (die Transkriptionsfaktoren) an die DNA binden und ihre steuernde Funktion ausführen können, benötigen sie in ihrer Proteinstruktur z. B. Zinkfingerelemente (Zinkfingerdomänen = DNA-Bindungsdomänen). Dabei handelt es sich um Aminosäureketten mit **Cystein- und/oder Histidin-Resten**, die durch ein zentrales **Zink-Ion** zusammengehalten werden und wie die Finger einer Hand aussehen. Zinkfinger finden sich bei zytosolischen Regulationsproteinen wie den **Hormonrezeptoren** – den nukleären Rezeptoren –, die nach Bildung von Hormonrezeptorkomplexen in den Zellkern überführt werden und dann über die Bindung an die große Furche der DNA bestimmte Gensequenzen regulieren. Ein Beispiel sind die **Steroidrezeptoren** wie der Östrogenrezeptor oder der Rezeptor für 1,25-Dihydroxycholecalciferol.

Leucin-Zipper-Proteine

Weitere Proteine, durch die DNA-Abschnitte gebunden werden können, sind die Leucin-Zipper-Proteine (Leucin-Reißverschluss), die aus zwei Leucin-reichen Proteinen bestehen. Diese Proteine lagern sich aneinander, binden an die DNA und starten dadurch regulative Vorgänge.

Lac-Operon

Prokaryonten wie E. coli besitzen einige, neuerdings wieder gern gefragte Besonderheiten der Transkriptionskontrolle: Bei ihnen liegen viele Gene gehäuft in **Operons** – den Einheiten der koordinierten Genexpression – vor. Operons sind Bestandteil der Plasmide (ringförmige doppelsträngige DNA der Prokaryonten). Durch Klonierung von Gensequenzen in ein Plasmid können Bakterien zur Produktion von z. B. humanen Peptidhormonen benutzt werden (s. 1.10.4, S. 58).

E. coli verstoffwechselt normalerweise Glucose. Bei einem Mangel an Glucose müssen jedoch andere Energiequellen angezapft werden. Ist Lactose anwesend, wird das Enzym ß-Galactosidase benötigt, um die Lactose spalten und verstoffwechseln zu können. Die Regulation der Genexpression obliegt dem Lac-Operon. Ist keine Lactose vorhanden, bindet der Lac-Repressor an die DNA und unterdrückt die Transkription des Lac-Operons. Der Lac-Repressor wird durch ein Regulatorgen codiert, das sich vor dem Lac-Operon befindet. In Anwesenheit von

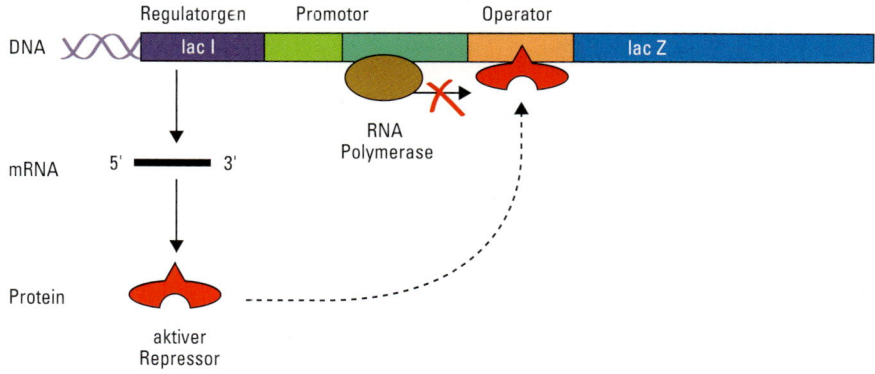

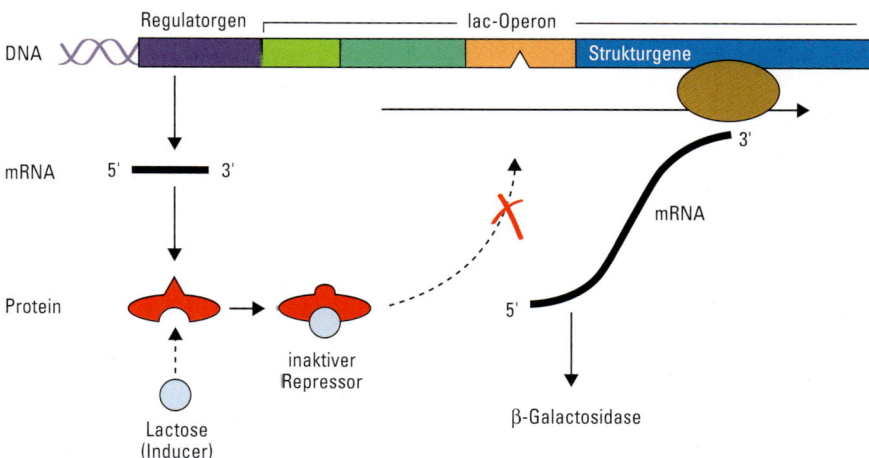

Abb. 35: Lac-Operon

medi-learn.de/7-bc4-35

1

Lactose bindet diese an den Lac-Repressor, was zum Ablösen des Lac-Repressors von der DNA und damit zur Freigabe des Transkriptionsstartpunktes führt (s. Abb. 35, S. 39).

Daneben können aber auch Signale direkt aus der Zelle – ohne Anwesenheit von Lactose – die Transkription beginnen lassen. So ist z. B. cAMP in der Lage, mit einem cAMP-Reaktionsprotein an einen Lac-Promotor zu binden und darüber die Bindung der RNA-Polymerase an die DNA zu erleichtern. Am Lac-Operon ist die Genexpression am stärksten, wenn Lactose die Hemmung des Lac-Repressors aufgehoben hat und gleichzeitig der cAMP-/cAMP-Reaktionsprotein-Komplex die Bindung der RNA-Polymerase stimuliert.

1.8.5 Hemmstoffe der Transkription

Auch diese Hemmstoffe werden im Physikum sehr gerne gefragt. Unterschieden werden – wie bei den Hemmstoffen der Replikation – die **Antibiotika** und die **Zytostatika**, wobei hier auch gerne nach einem für uns Menschen gefährlichen **Pilzgift**, das zu den Transkriptionshemmstoffen gehört, gefragt wird.

> **Merke!**
>
> **RAMA** schmeckt **G**ut, für die Anfangsbuchstaben der Transkriptionshemmstoffe.

1.9 Translation

Die Translation ist der zweite Schritt der Proteinbiosynthese. Sie findet an Ribosomen statt und beinhaltet die Übersetzung der Information, die in der Basensequenz der mRNA verschlüsselt ist, in die Aminosäuresequenz einer Proteinkette.
– Export- und Membranproteine werden an den Ribosomen synthetisiert, die an das raue endoplasmatische Retikulum binden.
– Zytoplasmatische Proteine werden an den freien Ribosomen des Zytoplasmas synthetisiert, die sich oft zu Polysomen zusammenlagern.

Auch die Translation ist ein überaus komplexer Vorgang, der aber bisher im Physikum nur in einigen Punkten vertiefend gefragt wurde. Daher ist auch hier die Konzentration auf diese physikumsrelevanten Aspekte sinnvoll.

Hemmstoff	Wirkung	Bedeutung
Rifampicin	hemmt selektiv die bakterielle RNA-Polymerase	Antibiotikum
Actinomycin D (z. B. Dactinomycin)	interkaliert die C-G-Stellen der DNA, hemmt die RNA-Polymerase und ein wenig auch die DNA-Polymerase (Replikations- und Transkriptionshemmstoff)	Zytostatikum, Antibiotikum
Mitomycin	kovalente Bindung an die DNA, hemmt die RNA- und DNA-Polymerase (Replikations- und Transkriptionshemmstoff)	Zytostatikum
α-Amanitin	hemmt die eukaryontische RNA-Polymerase II und III	Gift des Knollenblätterpilzes
Gyrase- (Topoisomerase) Hemmstoffe	irreversible Hemmung der bakteriellen Topoisomerase II (Gyrase)	Antibiotikum

Tab. 4: Übersicht über die Hemmstoffe der Transkription

1.9.1 genetischer Code

Zum Verständnis der Translation solltest du dich zuvor mit dem genetischen Code beschäftigt haben (s. Tab. 5, S. 41).

Die Reihenfolge der Aminosäuren – die zusammengesetzt ein Protein ergeben – wird im Erbgut gespeichert. Um eine Aminosäure zu codieren, werden je drei Basen benötigt = das **Basentriplett**, das auch als **Codon** bezeichnet wird. Unter dem genetischen Code versteht man die Verschlüsselung der proteinogenen

Aminosäuren durch vier verschiedene Basen der Nukleinsäuren in einem Basentriplett.

Beispiel

Frage: Angenommen, ein Gen enthalte drei Exons mit jeweils 300, 600 und 900 Basen und die mittlere Molekülmasse einer Aminosäure würde 110 betragen. Welche Molekülmasse besitzt das Protein?

Lösungsweg: Zunächst sollte man wissen, dass drei Basen für eine Aminosäure codieren. In diesem Beispiel sind das 100 + 200 + 300 = 600 Aminosäuren. Zusammen bringen diese eine Molekülmasse von 600 · 110 = 66 000 auf die Waage.

Antwort: Das Protein hat die Molekülmasse 66 000.

Im ersten Teil dieses Skripts wurde die Synthese der Basen der Nukleinsäuren besprochen und festgestellt, dass uns zwei Purinbasen und zwei Pyrimidinbasen für die Codierung zur Verfügung stehen. Somit ergeben sich im genetischen Code rein rechnerisch: 4^3 = **64 Codierungsmöglichkeiten**. Zur Termination der Translation werden drei sogenannte **Nonsens-Codons** (Stop-Codons, UAG, UGA und UAA) genutzt. Die restlichen 61 codieren für insgesamt 20 proteinogene Aminosäuren.

Unter bestimmten Bedingungen kann das **Stop-Codon UGA** jedoch auch für eine Aminosäure – die **21. proteinogene Aminosäure** – codieren: das **Selenocystein (Sec)**. Der Einbaumechanismus von Selenocystein in Proteine unterscheidet sich stark von dem aller anderen Aminosäuren. Seine Insertion erfordert einen neuartigen Translationsschritt: Die Selenocystein spezifische tRNA (tRNASec) hat das Anticodon UCA und paart sich mit dem Codon UGA der mRNA. Normalerweise bewirkt das Codon UGA die Termination der Translation. Bildet die mRNA jedoch eine spezielle Haarnadelstruktur aus, wird das Stoppcodon UGA ignoriert und das Selenocystein kann in das Protein eingebaut werden. Dieser Vorgang wird auch als **Recodierung** des genetischen Codes bezeichnet.

1. Position	2. Position				3. Position
	U (A)	**C** (G)	**A** (T)	**G** (C)	
U (A)	Phe	Ser	Tyr	Cys	**U** (A)
	Phe	Ser	Tyr	Cys	**C** (G)
	Leu	Ser	Ende	Ende/Sec	**A** (T)
	Leu	Ser	Ende	Trp	**G** (C)
C (G)	Leu	Pro	His	Arg	**U** (A)
	Leu	Pro	His	Arg	**C** (G)
	Leu	Pro	Gln	Arg	**A** (T)
	Leu	Pro	Gln	Arg	**G** (C)
A (T)	Ile	Thr	Asn	Ser	**U** (A)
	Ile	Thr	Asn	Ser	**C** (G)
	Ile	Thr	Lys	Arg	**A** (T)
	Met	Thr	Lys	Arg	**G** (C)
G (C)	Val	Ala	Asp	Gly	**U** (A)
	Val	Ala	Asp	Gly	**C** (G)
	Val	Ala	Glu	Gly	**A** (T)
	Val	Ala	Glu	Gly	**G** (C)

Tab. 5: genetischer Code

Übrigens ...
Einige **Bakterien** nutzen gelegentlich ein UAG-Stop-Codon für eine 22. proteinogene Aminosäure: das Pyrrolysin. Diese ist jedoch beim Menschen noch nicht nachgewiesen worden.

Wird während der Translation ein Codon falsch decodiert (eine falsche Aminosäure verwendet), so stimmt die Struktur des hergestellten Proteins nicht mehr und es funktioniert nicht mehr wie vorgesehen. Offenbar war es daher sehr früh in der Evolutionsgeschichte notwendig, den genetischen Code mit einer gewissen **Fehlertoleranz** auszustatten: Er ist ein so genannter **degenerierter Code**. Das bedeutet, dass abzüglich der Stop-Codons für die 20 Aminosäuren, 61 unterschiedliche Codons zu Verfügung stehen. Wie in Abb. 36, S. 42 zu sehen, werden für manche Aminosäuren mehrere Codons verwendet. Diese unterscheiden sich in der Regel nur in einer ihrer drei Basen. Wird also eine der Basen falsch gelesen, liegt die Wahrscheinlichkeit, dass trotzdem die richtige Aminosäure ausgewählt wird, noch immer bei ca. 60 %. Meist unterscheiden sich die betroffenen Codons in der **dritten (wobble) Base** eines Codons, die bei der Translation am häufigsten falsch gelesen wird. Ein weiterer Schutzmechanismus besteht darin, dass Aminosäuren, die häufiger in Proteinen vorkommen, mehr Codons haben, die für sie kodieren, als Aminosäuren, die seltener auftauchen.
Bis auf wenige Ausnahmen ist der genetische Code für alle Lebewesen gleich, alle bedienen sich also der gleichen „genetischen Sprache". Da ein bestimmtes Codon immer für dieselbe Aminosäure codiert, ist es möglich, das Gen für menschliches Insulin beispielsweise in Bakterien einzuschleusen und so gentechnisch Insulin produzieren zu lassen. Dieses Grundprinzip wird als **„Universalität des genetischen Codes"** bezeichnet.

Merke!

– Die Codierung AUG ist für die Starter-Aminosäure Methionin reserviert.

1.9.2 tRNA

Die transfer-RNA ist der eigentliche Übersetzungsschlüssel der Proteinbiosynthese. Sie bringt die richtige Aminosäure mit dem zur mRNA passenden Anticodon zu den Ribosomen. Dafür hat die tRNA eine typische Kleeblattstruktur und besitzt folgende Merkmale (s. Abb. 37, S. 44):
– das 3´-OH-Ende aller tRNAs ist identisch (CCA) und die Bindungsstelle für die Aminosäure,
– das Anticodon der tRNA erkennt das Codon der mRNA und
– das Anticodon der tRNA besitzt einen hohen Anteil an seltenen Basen, wie Hypoxanthin und Methylcytosin (s. 1.2.3, S. 2).

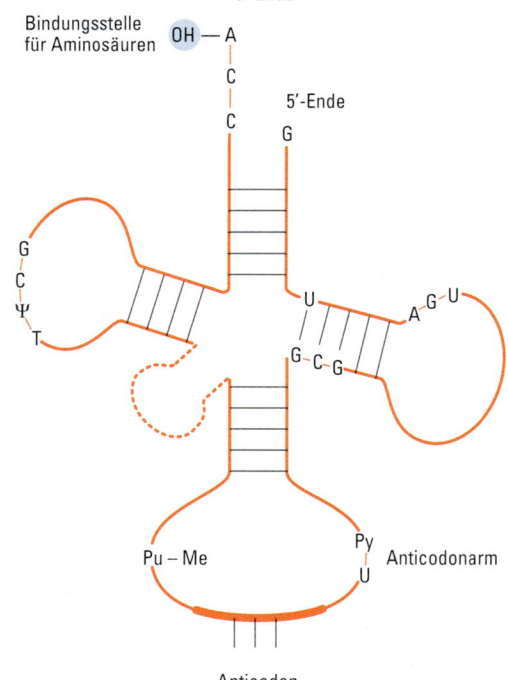

Abb. 36: tRNA   *medi-learn.de/7-bc4-36*

Nach der **Wobble-Hypothese** (engl. wobble = wackeln, Wackelbasen-Hypothese) ist die Basenpaarung der dritten Base des Codons mit der ersten Base des Anticodons der tRNA ungenau und es sind neben den typischen Basenpaarungen A-U und G-C auch seltene Basenpaarungen mit Inosin möglich. Somit ist die Wobble-Hypothese eine Erklärung für die Degeneriertheit des genetischen Codes und dafür, dass wahrscheinlich nicht mehr als **41 verschiedene tRNAs** in einer Zelle existieren.

Amino-säure	Anticodon der tRNA (3′ → 5′)	Codon-Wobblebase (5′ → 3′)
Ala	CGI	GC – U, C, A
Ser	AGI	UC – U, C, A

1.9.3   Ribosomen

Die Ribosomen sind der Ort der Proteinbiosynthese. Sie werden aus einer kleinen und einer großen Untereinheit gebildet und sind aus rRNA (ribosomaler RNA) und Proteinen aufgebaut. Die Ribosomen von Eukaryonten bestehen aus insgesamt vier rRNA verteilt auf die große (28S + 5,8S + 5S) und die kleine (18S) Untereinheit. Im Zellkern werden die rRNA und die Proteine zu funktionsfähigen Untereinheiten zusammengesetzt und so über die Kernporen in das Zytoplasma ausgeschleust.

> **Merke!**
>
> Als **Ribozym** (von **Ribo**nukleinsäure (RNA) und En**zym**) sind rRNAs in Ribosomen an der Peptidyltransferasereaktion beteiligt. Diese rRNAs haben wie Enzyme katalytische Aufgaben.

Es gibt einige prüfungsrelevante Unterschiede zwischen den menschlichen (eukaryontischen) und den bakteriellen (prokaryontischen) Ribosomen:

	Eukaryonten	Prokaryonten
komplettes Ribosom	80S	70S
kleine Untereinheit	40S	30S
große Untereinheit	60S	50S

Tab. 6: Ribosomen

> **Merke!**
>
> Mit „S" ist der Sedimentationskoeffizient in der Ultrazentrifuge angegeben. Ein Wert, der vom Gewicht des Proteins und seiner Oberfläche abhängt und der nicht addiert werden kann.

1.9.4   Mechanismus der Translation

Für die Synthese eines funktionsfähigen Proteins müssen fünf Schritte durchlaufen werden:
1. Aktivierung der Aminosäuren im Zytoplasma
2. Bildung des Initiationskomplexes
3. Elongation
4. Termination
5. posttranslationale Modifikationen

Aktivierung der Aminosäuren

Eine im Physikum sehr oft geprüfte Reaktion ist die Anknüpfung einer Aminosäure an ihre spezifische tRNA, die entsprechend dem genetischen Code das richtige Anticodon trägt. Diese Reaktion wird durch das Enzym **Aminoacyl-tRNA-Synthetase** katalysiert und findet im Zytoplasma statt.
Im ersten Schritt wird dabei die **Aminosäure** durch ein **ATP** aktiviert. Dadurch entsteht das **Aminoacyl-AMP**, eine energiereiche Verbindung, die das Anknüpfen der Aminosäure an die tRNA erleichtert.
In einer zweiten Reaktion wird dann die Aminosäure über eine **Esterbindung** an das **3′-Ende** der tRNA gebunden und es entsteht die **Aminoacyl-tRNA**.

> **Merke!**
>
> – Für jede Aminosäure gibt es mindestens eine spezifische Aminoacyl-tRNA-Synthetase und eine spezifische tRNA.
> – Die Hydrolyse des Pyrophosphats (PP_i) liefert die Energie zur Anknüpfung der Aminosäure an das 3´-Ende.

Bildung des Initiationskomplexes

Für die Ausbildung des Initiationskomplexes werden die **Starter-Methionin-tRNA**, der mit GTP beladene eukaryontische Initiationsfaktor **eIF-2**, die **mRNA** sowie die **große und kleine ribosomale Untereinheit** benötigt. Liegen alle diese Bestandteile vor, kommt es zur Bindung der Methionin-tRNA an die mRNA und zur Zusammenlagerung der großen mit der kleinen Ribosomen-Untereinheit.

> **Merke!**
>
> Die große Untereinheit der Ribosomen besitzt die Peptidyltransferaseaktivität und die kleine Untereinheit ist für die mRNA-Erkennung verantwortlich.

Übrigens ...
Bei der **Leukodystrophie**, einer Erkrankung mit fortschreitender Degeneration der weißen Substanz des Hirns, findet sich eine Mutation in den Genen für den eIF-2B. Der eIF-2B katalysiert die reverse Phosphorylierung als GDP-GTP-Austausch am eIF-2 – dem wichtigen Angriffspunkt für die Regulation der Proteinbiosynthese (s. Abb. 38, S. 45).

Die Hydrolyse von Phosphat aus GTP liefert die Energie für die Zusammenlagerung mit der großen Untereinheit eines Ribosoms = Initiationskomplex.

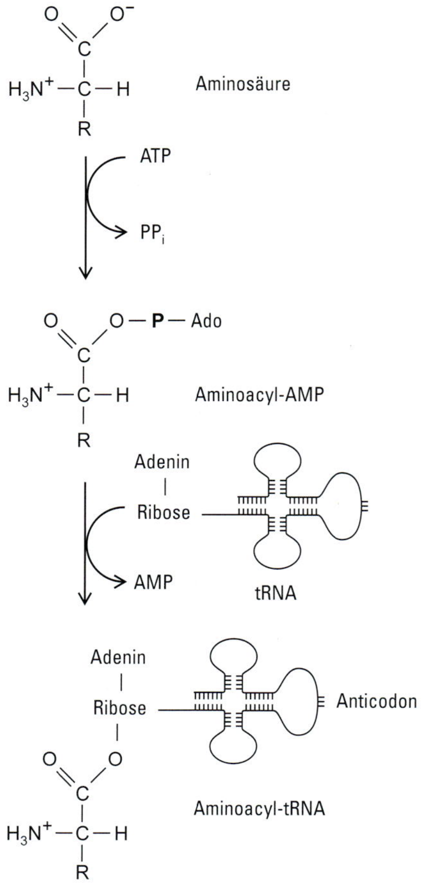

Abb. 37: Aktivierung der Aminosäuren im Zytoplasma
medi-learn.de/7-bc4-37

Elongation der Translation

Die Elongation bezeichnet den sich wiederholenden Zyklus der Kettenverlängerung. Zum Verstehen dieses Vorgangs ist noch der Aufbau der Ribosomen wichtig: Auf der kleinen Untereinheit der Ribosomen befinden sich nämlich zwei Bindungsstellen für die tRNA:
– die **Akzeptorstelle**, sie liegt in Richtung der Synthese,
– die **Peptidylstelle**, sie folgt der Akzeptorstelle.
– eine weitere Region der Ribosomen, die als **Exit-Stelle** (E-Stelle) bezeichnet wird, dient zum Ausschleusen der entladenen tRNAs.
Doch nun zur eigentlichen Kettenverlängerung. Am Ende der Initiation ist eine tRNA in

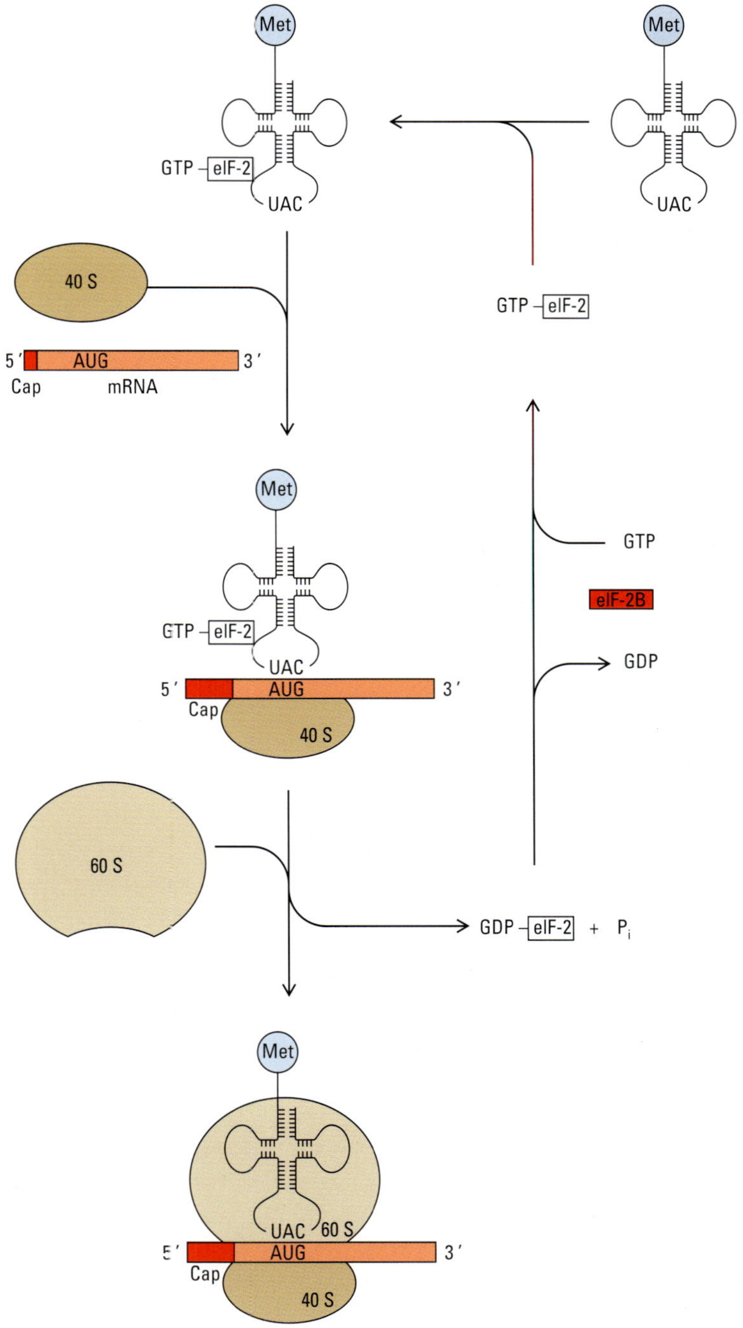

1

Abb. 38: Initiationskomplex

medi-learn.de/7-bc4-38

1

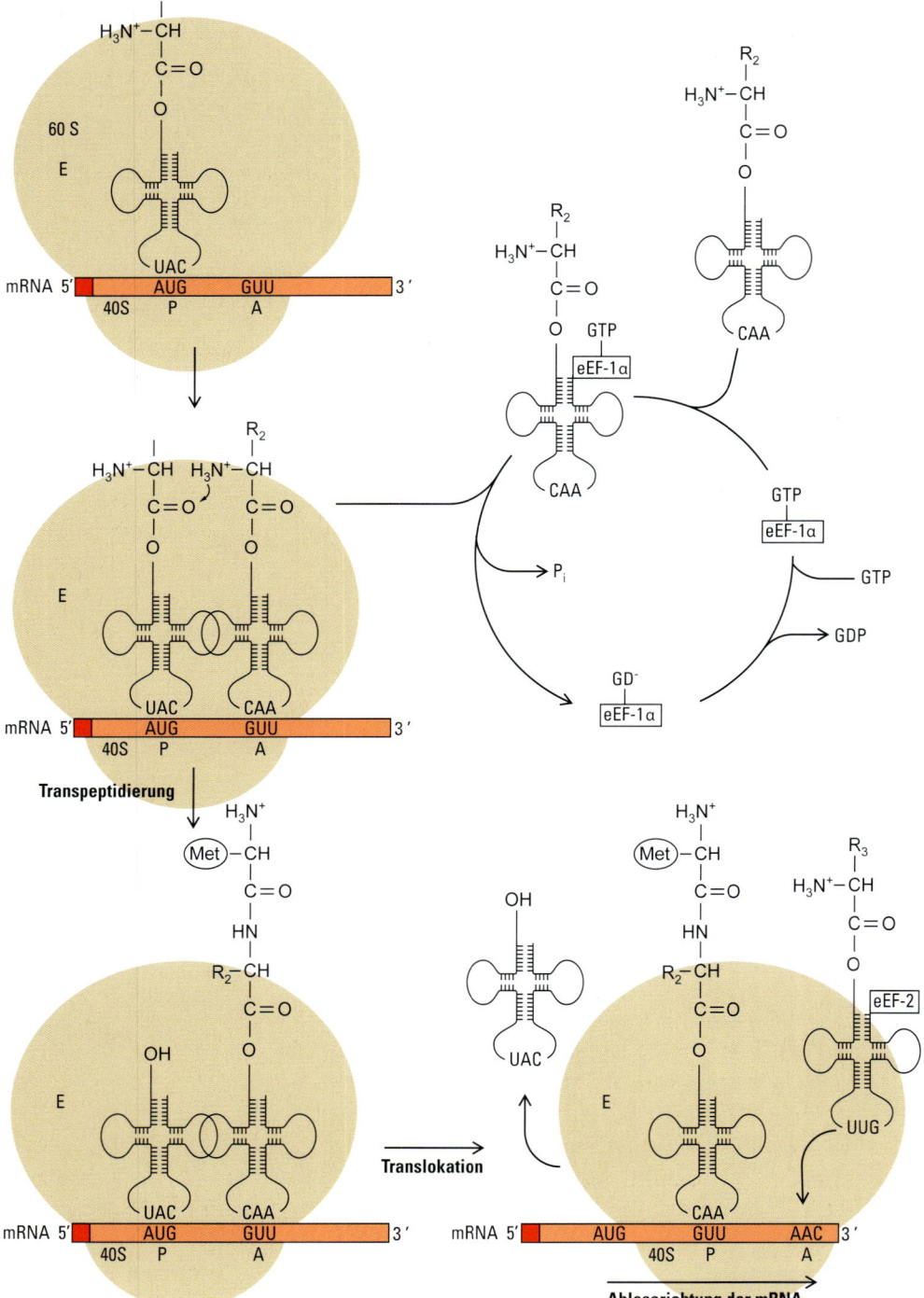

Abb. 39: Elongation der Translation

medi-learn.de/7-bc4-39

der Peptidylstelle gebunden. Es werden die folgenden Schritte durchgeführt:

1. Eine neue Aminoacyl-tRNA bindet an die Akzeptorstelle. Hierfür werden GTP-beladene eukaryotische Elongationsfaktoren benötigt.
2. Die Knüpfung der **Peptidbindung** wird katalysiert durch eine rRNA der großen Untereinheit die als Ribozym die Peptidyltransferase-Funktion übernimmt. Hierbei erfolgt durch einen **nukleophilen Angriff** der Aminogruppe der in der Akzeptorstelle gebundenen Aminosäure auf die Esterbindung der in der Peptidylstelle gebundenen Aminosäure das Knüpfen der Peptidbindung. Durch diesen nukleophilen Angriff wird die Aminosäure aus der Peptidylstelle auf die Aminosäure in der Akzeptorstelle übertragen und die Aminosäurekette verlängert. An die Peptidylstelle ist somit nur noch eine unbeladene tRNA gebunden.
3. Im letzten Schritt erfolgt die Translokation, wodurch die Peptidkette aus der vorderen Akzeptorstelle in die hintere Peptidylstelle gelangt. Hierzu wird der GTP-beladene Elongationsfaktor **eEF-2** benötigt.
4. Mit der Wanderung des Ribosoms auf der mRNA um drei Basen wird die nun leere tRNA aus der P-Stelle über die **E-Stelle** (Exit-Stelle) aus dem Ribosom ausgeschleust. Anschließend kann die Elongation von neuem starten.

> **Merke!**
>
> Die Translokation erfolgt durch einen Positionswechsel des Ribosoms. Die tRNAs bleiben an der mRNA gebunden und verändern ihre Position während der Translokation nicht. Abgelesen wird die mRNA bei der Translation von 5′ nach 3′.

Termination der Translation

Beendet wird die Synthese der Proteinkette durch das Erscheinen eines Stop-Codons (UAA, UAG und UGA) in der führenden Akzeptorstelle. Daraufhin kommt es zu einer Bindung des **eukaryontischen Releasingfaktors** in der Akzeptorstelle und zum Zerfall des Ribosoms in seine Untereinheiten. Die neu synthetisierte Peptidkette wird freigesetzt und posttranslational weiter verändert.

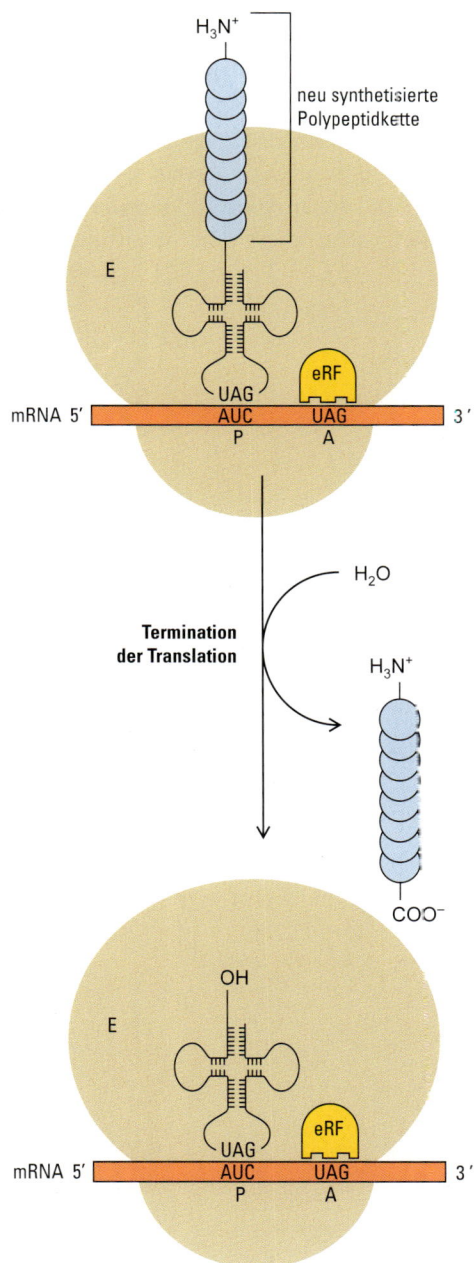

Abb. 40: Termination der Translation

medi-learn.de/7-bc4-40

1

Kommt es aufgrund einer Mutation im Gen eines Proteins zu einem Abbruch der Translation, wird dieser Defekt als Nonsense-Mutation bezeichnet.

1.9.5 Posttranslationale Modifikationen

Viele Proteine müssen nach ihrer Synthese noch mannigfaltig verändert werden, um ihre Funktionen ausführen zu können. Im Rahmen dieser Veränderungen werden die Proteine **hydroxyliert**, **desaminiert**, **glykosyliert**, **phosphoryliert**, **carboxyliert**, unterliegen einer **limi-**

tierten Proteolyse oder es werden **Disulfidbrücken** im Protein aufgebaut. Glykosylierungen finden im endoplasmatischen Retikulum (ER), im Golgi-Apparat und im Cytosol statt. An Export- und Membranproteine werden durch Glykosyltransferasen im Lumen des endoplasmatischen Retikulums vorgefertigte Oligosaccharide vorwiegend an den Stickstoff der freien Säureamidgruppe der Aminosäure **Asparagin** durch eine N-Glykosylierung angeheftet (Ausnahme: unglykosyliertes Serumalbumin! Zu O-Glykosylierung s. 2.1.3, S. 67 und 2.1.1, S. 62). Die Glykosylierung der Pro-

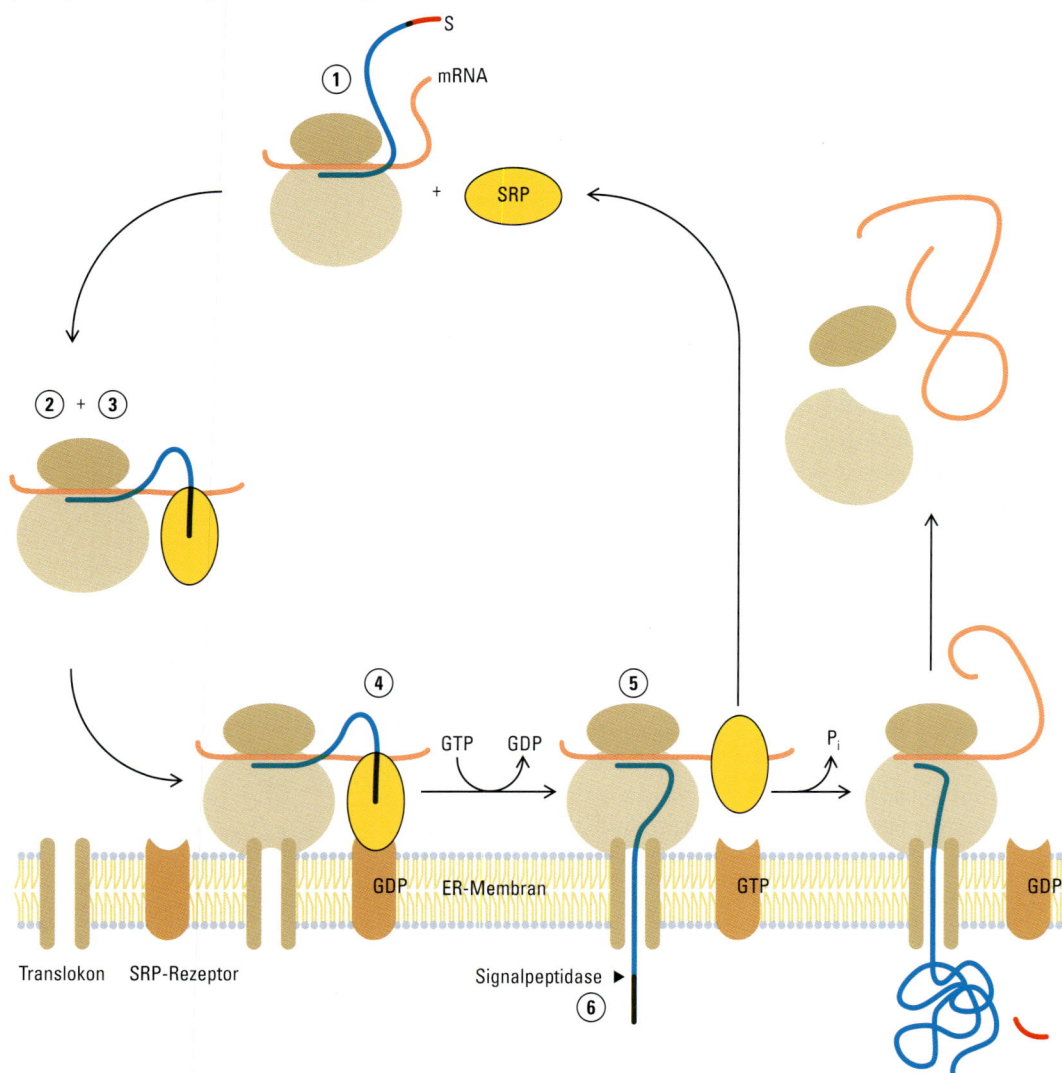

Abb. 41: Exportproteine Mechanismus

medi-learn.de/7-bc4-41

teine dienen unter anderem der Stabilisierung, der Faltungskontrolle, dem intrazellulären Transport der Export- und Membranproteine (Proteintargeting), als struktureller Bestandteil von Zellmembranen, als Gleitmittel (Mucos - Schleim), der Zellinteraktion und dem Schutz vor proteolytischem Abbau der Proteine. Dabei wird eine Art der posttranslationalen Modifikationen besonders oft im Physikum gefragt: die **Abspaltung des Signalpeptids** bei der Synthese von Export- und Membranproteinen.

Export- und Membranproteine

Export- und Membranproteine müssen aus der Zelle ausgeschleust werden und durchlaufen hierfür die Kompartimente **raues endoplasmatisches Retikulum**, **Golgi-Apparat** und **Vesikel**.

Ihre Synthese findet folglich NICHT an den freien Ribosomen im Zytoplasma statt.
Der gern geprüfte Mechanismus für den Export von Proteinen lautet (s. Abb. 41, S. 48):
1. Die Translation der mRNA eines Exportproteins beginnt zunächst auch im Zytoplasma an freien Ribosomen. Die zu Beginn translatierte Proteinsequenz heißt **Signalpeptid (S)** und besteht aus der C-terminal gelegenen Aminosäuresequenz **Lys-Asp-Glu-Leu**, die nach dem Einbuchstabencode der Aminosäuren mit KDEL abgekürzt wird.
2. Das Signalpeptid (S) wird durch den **Signal Recognition Particle (SRP)** gebunden, der frei im Zytoplasma vorliegt.
3. Die Bindung des SRP an das S **hemmt** die weitere Translation des Exportproteins.
4. SRP und S binden an den SRP-Rezeptor des rauen endoplasmatischen Retikulums.

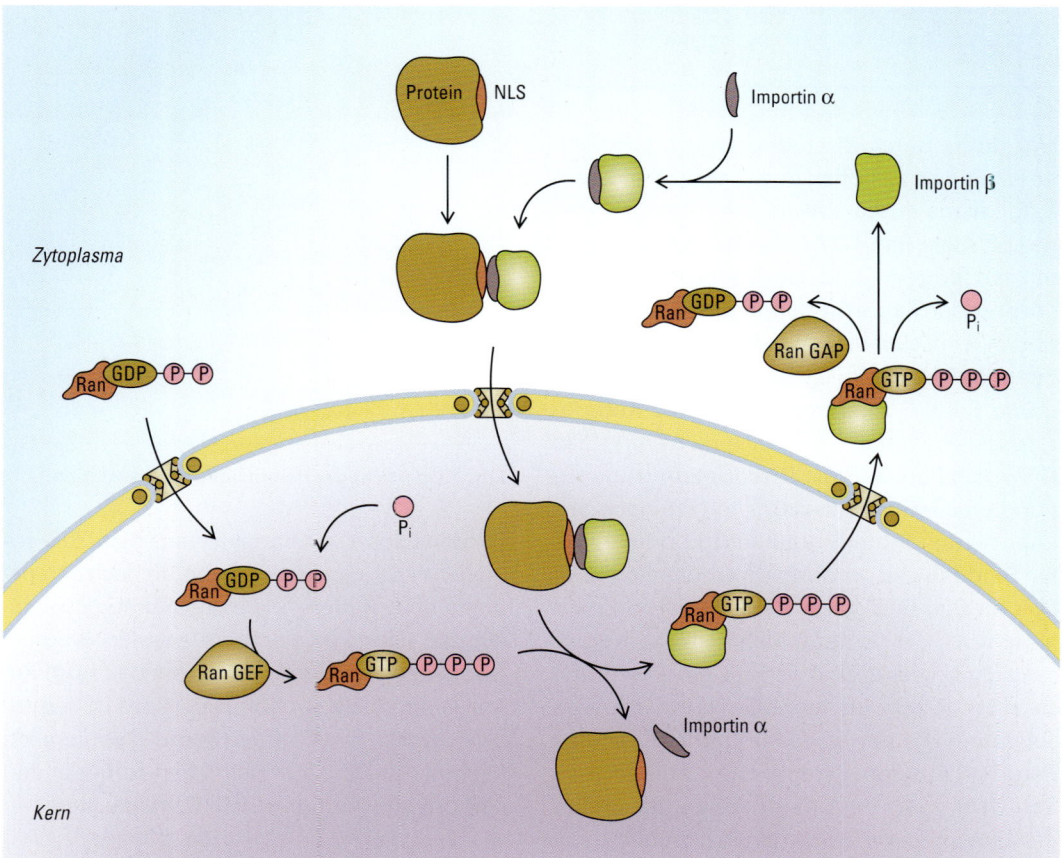

Abb. 42: Import von Proteinen in den Zellkern

medi-learn.de/7-bc4-42

5. Nach der Spaltung von **GTP entfällt die Hemmung der Translation**. Die Bildung der neuen Aminosäurekette wird jetzt in einem Kanal des endoplasmatischen Retikulums fortgesetzt.

6. Nach Beendigung der Translation wird das Signalprotein durch die **Signalpeptidase** an der luminalen Seite des rauen endoplasmatischen Retikulums abgespalten (posttranslationale Modifikation).

Ein Beispiel für ein Exportprotein ist das **Präproinsulin**. Es enthält mit der Prä-Sequenz die Signalsequenz zur Einschleusung in das endoplasmatische Retikulum.

> **Merke!**
>
> Der Transport der Export- und integralen Transportmembranproteine in das Lumen des rauen endoplasmatischen Retikulums wird auch als cotranslationaler Transport bezeichnet.

Um Stoffe durch die Kernporen zu transportieren und so zwischen dem Zellkern und dem Zytoplasma auszutauschen, werden das kleine G-Protein **Ran-GTP** („Ran" von Ras-related nuclear protein) und die Trägerproteine **Importin** oder **Exportin** benötigt. Zum Stoffimport in den Zellkern lagert sich das zu transportierende Protein im Zytoplasma an Importin α und β an. So gebunden kann die Kernpore passiert werden. Im Zellkern bewirkt das G-Protein Ran-GTP die Dissoziation (Auftrennung) des Transportsystems mit Freigabe des importierten Proteins und des Importin α, unter Bindung des Importin β an das Ran-GTP. Das an Ran-GTP gebundene Importin β verlässt durch die Kernpore den Zellkern in Richtung Zytoplasma und zerfällt nach Hydrolyse eines P_i (Enzym RanGAP GTP hydrolysis activating protein) in das Importin β und das Ran-GDP. Aus dem Zytoplasma diffundiert das Ran-GDP durch eine Kernpore zurück in den Zellkern und wird durch RanGEF (guanine nucleotide exchange factor) zu Ran-GTP umgewandelt (s. Abb. 42, S. 49).

Hemmstoff	Wirkung	Bedeutung
Tetracyclin	blockiert die Bindung der Aminoacyl-tRNA an die bakterielle Akzeptorstelle der 30S-Ribosomenuntereinheit	Antibiotikum
Streptomycin	verändert die bakterielle 30S-Ribosomenuntereinheit	Antibiotikum
Puromycin	bewirkt einen Kettenabbruch	Zytostatikum, Antibiotikum
Diphtherietoxin	hemmt den Elongationsfaktor eEF-2 und somit die Translokation der Peptidyl-tRNA von der A-Stelle in die P-Stelle bei der Translation der Eukaryonten	Toxin
Chloramphenicol	hemmt die Peptidyltransferase der prokaryonten 50S-Ribosomenuntereinheit	Antibiotikum
Erythromycin	bindet an die 50S-Untereinheit und hemmt die Translokation	Antibiotikum

Tab. 7: Übersicht der Hemmstoffe der Translation

Für den Export von Proteinen aus dem Zellkern bindet das Trägerprotein Exportin das zu transportierende Protein und bindet Ran-GTP. So gebunden kann die Kernpore passiert werden. Nach enzymatischer Hydrolyse eines P_i im Zytoplasma zerfällt der Komplex in das Trägerprotein Exportin, Ran-GDP und das zu exportierende Protein. Das Ran-GDP diffundiert zurück in den Zellkern und wird zu Ran-GTP umgewandelt.

1.9.6   Hemmstoffe der Translation

Auch die Translation von Proteinen kann gehemmt werden (s. Tab. 7 S. 50). Hier wird ebenfalls zwischen Antibiotika und Zytostatika unterschieden.

> **Merke!**
>
> **T**ante **S**ara **p**ackt **d**ie **C**offer **e**in, für die Anfangsbuchstaben der Translationshemmstoffe.

Übrigens …
Die **Diphtherie** ist eine lebensbedrohliche Krankheit, die durch eine Infektion der oberen Atemwege durch das Corynebacterium diphtheriae hervorgerufen wird. Das Diphtherietoxin besteht aus zwei Proteinen, Toxin A und Toxin B, die über Disulfidbrücken miteinander verbunden sind. Zum Eindringen in die Zielzelle lagert sich Toxin B an einen Rezeptor auf der Zelloberfläche an und ermöglicht so das Eindringen von Toxin A in die Zelle. Innen angekommen, katalysiert Toxin A die **ADP-Ribosylierung** von eEF-2 (ein ADP-Ribosylrest aus NAD^+ wird unter Abspaltung von Nicotinamid auf einen Histidin-reichen Aminosäurerest des eEF-2 übertragen). Dadurch kann eEF-2 seine Aufgaben bei der Translokation der wachsenden Polypeptidkette nicht mehr erfüllen und die Proteinsynthese stoppt.

Aus dem Kapitel **Replikation** solltest du dir für die schriftliche Prüfung unbedingt merken, dass

- Topoisomerasen (Gyrasen in Bakterien) die Superspiralisation der DNA ändern,
- sich die Kettenverlängerung der DNA- und die RNA-Synthese am 3′-OH-Rest des vorhergehenden Nukleotids vollzieht – es wird daher ein freies 3′-OH-Ende benötigt,
- die Syntheserichtung vom 5′- zum 3′-Ende läuft,
- durch die Anlagerung der RNA-Primer eine RNA/DNA-Hybridisierung erfolgt,
- zur Entfernung der Primer eine in 5′-3′-schneidende Exonuklease – die DNA-Polymerase I – benötigt wird und
- Actinomycin D, Mitomycin und Gyrase-Hemmer die Replikation und die Transkription hemmen.

Neuerdings wurden einige Fragen zu **Telomeren** gestellt. Hierzu solltest du dir merken, dass

- die Telomerase eine reverse Transkriptase ist, die das überstehende einzelsträngige DNA-Ende während der Replikation der Telomere auffüllt und
- Telomere an beiden Enden der Chromosomen zu finden sind.

Zum Thema **Schäden** und **Reparaturmechanismen** der DNA wurde im Schriftlichen schon häufiger mal danach gefragt, dass

- Cytosin durch eine Desaminierung zu Uracil umgewandelt werden kann und
- UV-Licht zur Entstehung von Thymindimeren in der DNA führen kann.

Unbedingt merken solltest du dir zum Thema der **Transkription**, dass

- die Transkription im Zellkern stattfindet,
- am 5′-Ende der mRNA eine Cap-Struktur aus Methylguanosin-Resten angebaut wird,

- am 3′-Ende der mRNA ein Poly-AMP-Schwanz angehängt wird,
- die reife mRNA aus Exons gebildet wird und Introns beim Spleißen herausgeschnitten werden,
- beim Spleißen über eine 2′, 5′ Phosphodiesterbindung eine Lassostruktur der Introns gebildet wird und
- die Aneinanderlagerung komplementärer DNA- und RNA-Stränge auch als DNA-/RNA-Hybridisierung bezeichnet wird.

Sehr gerne werden auch Details zur **Regulation der Genaktivität** gefragt, z. B. dass

- Enhancer-Elemente die Aktivität von Genabschnitten beeinflussen und
- Zinkfingerelemente für die Bindung von Transkriptionsfaktoren an die DNA benötigt werden und sie ihr Zink als spezifisches Zentralion zwischen Cystein- und Histidin-reichen Aminosäureketten gelagert haben.

Aber auch zu den **Hemmstoffen der Transkription** kommen regelmäßig Fragen im Physikum, vor allem dazu, dass

- Rifampicin ein Hemmstoff der Transkription ist und
- α-Amanitin als Hemmstoff der RNA-Polymerase II und III zu Leberschäden führt.

Auch die **Translation** wurde bislang regelmäßig im Physikum geprüft. Aus diesem Themenbereich solltest du dir besonders merken, dass

- die Translation im Zytoplasma stattfindet und dafür tRNA und rRNA benötigt werden,
- das Anticodon der tRNA das Codon der mRNA erkennt,
- Aminosäuren durch ATP zu Aminoacyl-AMP aktiviert werden,
- Aminosäuren am 3′-Ende der tRNA über eine Esterbindung befestigt werden,

- AUG für Methionin codiert und Methionin die Aminosäure der Starter-tRNA ist,
- die Knüpfung der Peptidbindung zwischen den Aminosäuren durch einen nukleophilen Angriff der Aminogruppe der in der Akzeptorstelle gebundenen Aminosäure an die Esterbindung der in der Peptidylstelle gebundenen Aminosäure erfolgt,
- die Polypeptidkette vom N- zum C-terminalen Ende wächst und die DNA- und RNA-Ketten in der Replikation und Transkription jeweils vom 5´- zum 3´-Ende wachsen,
- für die Termination Releasingfaktoren an das Stop-Codon binden,

- Export- und Membranproteine am rauen endoplasmatischen Retikulum synthetisiert werden und sie dafür ein Signalpeptid brauchen, das im Lumen des rER durch Signalpeptidasen vom Präpropeptid abgespalten wird,
- GTP die universelle Energiequelle der Translation darstellt und
- RNA-Moleküle mit katalytischer Aktivität als Ribozyme bezeichnet werden.

Ebenfalls gerne gefragt werden die **Translationshemmstoffe**. Dabei solltest du unbedingt wissen, dass
- Puromycin, Streptomycin und das Diphtherietoxin die Translation hemmen.

In der mündlichen Prüfung solltest du folgende Fragen beantworten können:

1. Bitte erläutern Sie den Ablauf der Replikation, nennen Sie die benötigten Substanzen sowie die Endprodukte und gehen Sie auf die Hemmstoffe ein!

2. Bitte erklären Sie den Unterschied zwischen einer Topoisomerase und einer Gyrase.

3. Erläutern Sie bitte den Unterschied zwischen Exonuklease und Endonuklease.

4. Bitte erklären Sie durch welche Einflüsse die DNA nachhaltig geschädigt werden kann und welche Schäden auftreten können.

5. Bitte erklären Sie, welche mutagenen Noxen der Zigarettenrauch enthält und welche Wirkungen sie im menschlichen Körper entfalten können.

6. Erläutern Sie an einem Beispiel die Entstehung einer genetischen Erkrankung.

7. Bitte erklären Sie, was man unter einer Hybridisierung in der Molekularbiologie versteht.

8. Erläutern Sie Schritt für Schritt den Ablauf der Transkription.

9. Bitte erklären Sie, was der codierende Strang ist.

10. Bitte erläutern Sie was Enhancer und Silencer sind.

11. Erklären Sie bitte, was man unter einer TATA-Box versteht und wie ihre Funktion erklärt werden kann.

12. Bitte erklären Sie, wie viele tRNAs der menschliche Körper besitzt.

13. Erläutern Sie, was die Wobble-Theorie besagt.

14. Bitte erklären Sie, woher die Energie zum Anknüpfen der Aminosäure an die tRNA stammt.

15. Erläutern Sie bitte den Ablauf der Translation.

16. Nennen Sie bitte die Unterschiede in der Translation von zytosolischen Proteinen und Exportproteinen.

---

1. Bitte erläutern Sie den Ablauf der Replikation, nennen Sie die benötigten Substanzen sowie die Endprodukte und gehen Sie auf die Hemmstoffe ein!
Ort der Replikation ist der Zellkern. Es wird als erstes die DNA durch das Enzym Helicase zu einer Replikationsgabel geöffnet und durch die Topoisomerase die DNA-Doppelhelix entspannt (entdrillt).
Dann erfolgt die Synthese des freien 3´-OH-Endes durch die Primase und die Synthese der komplementären DNA durch die DNA-Polymerase III. An einem Strang findet sie kontinuierlich und am anderen über Okazaki-Fragmente verzögert statt. Hauptsächlich am Verzögerungs-/Folgestrang (am Leitstrang nur einmal) werden durch die DNA-Polymerase I die RNA-Primer entfernt und durch DNA ersetzt. Der letzte Kettenschluss erfolgt durch die DNA-Ligase.
Insgesamt werden die vier Ribonukleotide für den Primer und die vier Desoxyribonukleotide für die DNA, die DNA-Polymerasen I + III, die DNA-Ligase sowie die Topoisomerase und die Helicase benötigt. Gehemmt wird die Replikation durch Interkalatoren wie Mitomycin und Actinomycin D oder durch Hemmstoffe der DNA-Polymerase wie Cytosinarabinosid.

2. Bitte erklären Sie den Unterschied zwischen einer Topoisomerase und einer Gyrase.
Die Topoisomerase kommt beim Menschen vor, die Gyrase bei Bakterien. Beide Enzyme können positive und negative Superhelices in die DNA einfügen. So verdrillen oder entspannen sie die DNA, um sie entweder stärker zu verpacken oder für die Replikation und Transkription zu öffnen.

3. Erläutern Sie bitte den Unterschied zwischen einer Exonuklease und einer Endonuklease.
Die Exonuklease schneidet den Nukleotidstrang vom Ende her. Die Endonuklease ist in der Lage, auch mitten in einem Nukleotidstrang zu schneiden, ohne einen Kontakt zu einem Ende zu haben.

4. Bitte erklären Sie, durch welche Einflüsse die DNA nachhaltig geschädigt werden kann und welche Schäden auftreten können.
- Kontakt zu chemischen Stoffen, wodurch es z. B. zu einer Desaminierung (NH_3-Gruppe wird abgespalten) kommen kann,
- UV-Licht kann zu Thymindimeren führen,
- ionisierende Strahlen können den Verlust von Strukturen bewirken.

5. Bitte erklären Sie, welche mutagenen Noxen der Zigarettenrauch enthält und welche Wirkungen sie im menschlichen Körper entfalten können.
Zigarettenrauch enthält vor allem polyzyklische Kohlenwasserstoffe und Nitrosamine, die zu Desaminierungen von Basen der DNA führen und als Interkalatoren die DNA ver-

kleben können. Zusätzlich findet sich beim Rauchen von Zigaretten eine verstärkte oxidative Belastung mit Erzeugung von freien Radikalen wie O_2^-.

6. Erläutern Sie an einem Beispiel die Entstehung einer genetischen Erkrankung.

Schon allein durch eine Punktmutation kann eine Basensequenz so stark verändert werden, dass eine andere Aminosäure eingebaut wird.
Bei der Mukoviszidose – einer Erkrankung mit einem veränderten Cl^--Kanal – verändert sich die Viskosität des Schleims mit limitierter Lebenserwartung durch wiederholte Lungenentzündungen. Mögliche Ursachen sind Deletionen von Basen oder Basenpaaren.

7. Bitte erklären Sie, was man unter einer Hybridisierung in der Molekularbiologie versteht.

Zusammenlagerung von RNA und DNA-Einzelsträngen, z. B. bei der Transkription. Dabei erzeugen die RNA-Polymerasen eine RNA-DNA-Hybrid-Helix.

8. Erläutern Sie Schritt für Schritt den Ablauf der Transkription.

Transkription = Herstellung der mRNA. Initiation ist die Anlagerung der Transkriptionsfaktoren und der RNA-Polymerase an die TATA-Box des Promotors. Die Elongation ist die Synthese der hnRNA. Die Termination ist das Beenden der Transkription durch Auffinden der Terminationsstelle. Prozessing ist die Veränderung der hnRNA zu einer translationsfähigen mRNA durch Anheften einer Cap-Struktur aus Methylguanosin-Resten an das 5′-Ende, und eines Poly-AMP-Schwanzes an das 3′-Ende sowie das Herausschneiden der Introns durch zwei Umesterungsreaktionen und das Zusammenfügen der Exons (Spleißen).

9. Bitte erklären Sie, was der codierende Strang ist.

Der komplementäre Strang zum Matrizenstrang (zum codogenen Strang), der nicht abgelesen wird.

10. Bitte erläutern Sie was Enhancer und Silencer sind.

Enhancer sind wichtig für die Regulation der Genaktivität auf der Ebene der Transkription. Meist weit entfernt vom Genabschnitt, verstärken sie die Transkription. Silencer sind das Gegenteil der Enhancer und hemmen die Transkription. Die Transkriptionsfaktoren wirken sowohl über Enhancer als auch über Silencer.

11. Erklären Sie bitte, was man unter einer TATA-Box versteht und wie ihre Funktion erklärt werden kann.

Eine TATA-Box ist ein Abschnitt in einem Promotor und enthält als Basen vor allem Thymine und Adenine. An die TATA-Box lagert sich die Helicase an und öffnet den DNA-Doppelstrang, damit sich dort die RNA-Polymerase anlagern kann

12. Bitte erklären Sie, wie viele tRNAs der menschliche Körper besitzt.

Im genetischen Code steht ein Basentriplett (Codon) für eine Aminosäure. Es gibt vier Basen in der DNA, die in den drei Plätzen des Codons ausgetauscht werden und somit $4^3 = 64$ Codierungsmöglichkeiten für Aminosäuren bestehen; minus drei Stop-Codons ergäbe es rechnerisch 61 mögliche tRNAs für die 21 proteinogenen Aminosäuren. Tatsächlich werden nach der Wobble-Theorie jedoch nur ca. 41 tRNAs verwendet.

13. Erläutern Sie, was die Wobble-Theorie besagt.

Nach der Wobble-Theorie gibt es in der Erkennung der dritten Base des Codons der mRNA durch die erste Stelle des Anticodons der tRNA eine Unschärfe. So ist es einer tRNA möglich, mehrere in der dritten Stelle veränderte Codons zu erkennen. Dies

dient der Übertragungssicherheit, da es den Einbau der korrekten Aminosäure sicherstellt und gleichzeitig die Anzahl der notwendigen tRNAs reduziert.

14. Bitte erklären Sie, woher die Energie zum Anknüpfen der Aminosäure an die tRNA stammt.

Das Enzym Aminoacyl-tRNA-Synthetase katalysiert die Reaktion zwischen einem ATP und der Aminosäure. Hierbei wird Pyrophosphat abgespalten und AMP an die Aminosäure zum Aminoacyl-AMP verknüpft. Durch Hydrolyse des Pyrophosphats wird die Energie geliefert, um dann die Aminosäure über eine Esterbindung an das 3´-Ende anzuknüpfen.

15. Erläutern Sie bitte den Ablauf der Translation.

Die Translation kann eingeteilt werden in die Aktivierung der AS im Zytoplasma, die Bildung des Initiationskomplexes, die Elongation, die Termination und die für die Bildung funktionsfähiger Proteine oft notwendige posttranslationale Modifikation.
Die Aminosäure wird durch ATP aktiviert und auf die tRNA übertragen. Die Starter-tRNA wird durch den GTP-beladenen Initiationsfaktor eIF2 aktiviert und lagert sich mit der kleinen ribosomalen Untereinheit und der mRNA zusammen. Die Hydrolyse des Pyrophosphats eines GTP liefert die Energie für die Zusammenlagerung mit der großen Untereinheit eines Ribosoms = Initiationskomplex.
Die Starter-tRNA wird in der Peptidylstelle des Ribosoms gebunden, an die Aminoacylstelle bindet eine neue tRNA. Jetzt kommt es zum nukleophilen Angriff der Aminogruppe der Aminoacyl-tRNA an die Carbonylgruppe in der Esterbindung der Peptidyl-tRNA und zur Knüpfung der Peptidbindung. Die Dipeptidkette ist an der Aminoacylstelle gebunden. Es folgt die Translokation des Ribosoms und die Bindung einer neuen tRNA an die nun freie Aminoacylstelle. Beendet wird die Translation durch das Erscheinen eines Stoppcodons in der A-Stelle und dem Zerfall des Komplexes in seine Untereinheiten. Das entstehende Protein wird einer posttranslationalen Modifikation unterzogen.

16. Nennen Sie bitte die Unterschiede in der Translation von zytosolischen Proteinen und Exportproteinen.

Wenn es sich um ein Export- oder Membranprotein handelt, wird es mithilfe eines Signalpeptids in das Lumen des rauen endoplasmatischen Retikulums geschleust, wo dann das Signalpeptid (Prä-Peptid) abgespalten wird. Zytosolische Proteine werden an Ribosomen im Zytoplasma synthetisiert.

Mach doch mal ein paar Minuten Pause!

Pause

1.10 Gentechnologie

In den letzten Jahren hat die Gentechnologie einen großen Aufschwung erlebt. Dies spiegelt sich auch im Physikum wieder, denn es ist festzustellen, dass in den letzten Physika hierzu vermehrt Fragen gestellt wurden. Dieses Kapitel aufmerksam zu lesen lohnt sich daher im Hinblick auf die Zukunft ganz besonders.

1.10.1 Grundlagen

Die DNA besteht aus zwei komplementären Einzelsträngen, die zu einer DNA-Doppelhelix zusammengelagert sind. Durch eine Erhöhung der Temperatur, eine Veränderung des pH-Werts oder eine Veränderung der Elektrolytkonzentration lässt sich die DNA denaturieren („schmelzen"), also in ihre Einzelstränge auftrennen. Eine Eigenschaft, die für die Gentechnologie von großer Wichtigkeit ist, weil sie Methoden wie die PCR (polymerase chain reaction) erst möglich macht.

1.10.2 Restriktionsendonukleasen

Restriktionsendonukleasen sind prokaryotische, also **bakterielle** Enzyme, die einen DNA-Strang **sequenzspezifisch** (an einer speziellen Stelle) zerschneiden. Dabei entstehen **sticky ends** (sich überlagernde Enden), die eine palindromartige Struktur aufweisen, oder blunt ends (gerade abgeschnittene Enden).

Übrigens ...
Unter Palindrom versteht man einen Abschnitt auf der DNA, auf dem beide Stränge die gleiche Information ergeben, also vorwärts und rückwärts gelesen gleich lauten. Profane Beispiele aus dem Alltag: die Namen Otto oder Anna oder der Satz: „Leben Sie mit im Eisnebel".

Restriktionsendonukleasen schützen Bakterien vor eingedrungener **fremder Bakteriophagen-DNA** und sind nach ihrer Entdeckung ein unerlässliches Hilfsmittel in der Gentechnologie geworden. Mit Restriktionsendonukleasen kann man DNA-Abschnitte gezielt bearbeiten (z. B. DNA-Bereiche heraus- oder abschneiden).

> **Merke!**
>
> Restriktionsendonukleasen kommen in Bakterien und in Genlabors vor – aber NICHT im Menschen!

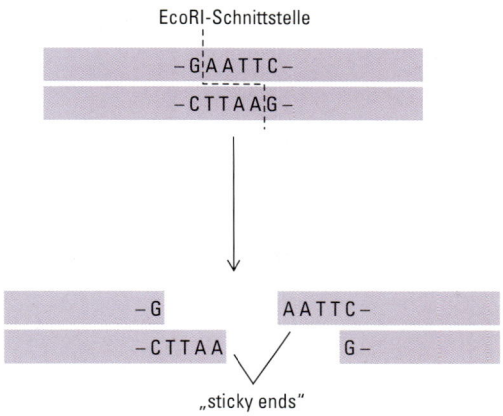

Abb. 43: Restriktionsendonukleasen mit Palindrom

medi-learn.de/7-bc4-43

1.10.3 PCR (polymerase chain reaction)

Die PCR ist eine Methode der Gentechnik, um einen spezifischen **DNA**-Abschnitt (Template) mannigfaltig zu amplifizieren, also zu kopieren. Hierbei entspricht ein Zyklus der Polymerasekettenreaktion am ehesten dem Prozess der semikonservativen Replikation in den Zellen. Benötigt werden komplementäre DNA-Abschnitte als **Primer**, eine **DNA-Polymerase** und die vier **Desoxynukleosidtriphosphate**. Ablauf (s. a. Abb. 44, S. 58):
1. Schmelzen (Aufspalten) des DNA-Doppelstrangs in seine Einzelstränge,
2. Anlagerung der komplementären spezifischen DNA-Primer und
3. DNA-Synthese durch die DNA-Polymerase.
4. Diese Schritte werden solange wiederholt, bis die gewünschte Menge DNA synthetisiert ist.

Merke!

- Als DNA-Polymerase wird die hitzestabile taq-Polymerase (Thermus aquaticus aus heißen Meeresquellen) benutzt.
- Eine RT-PCR ist eine PCR, die RNA als Ausgangsmaterial nutzt und erst cDNA synthetisiert.

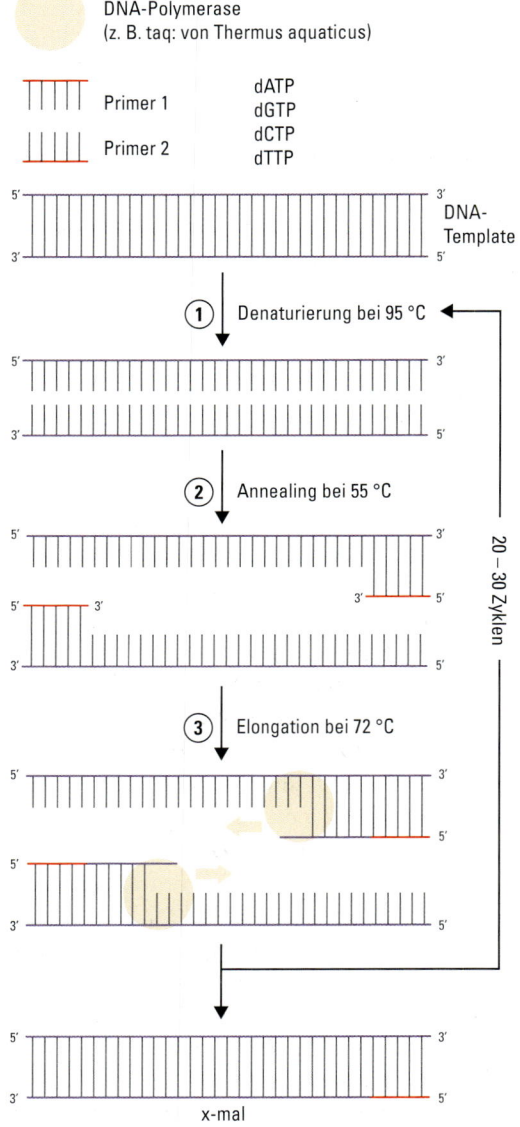

○ DNA-Polymerase
(z. B. taq: von Thermus aquaticus)

Primer 1
Primer 2

dATP
dGTP
dCTP
dTTP

DNA-Template

① Denaturierung bei 95 °C

② Annealing bei 55 °C

③ Elongation bei 72 °C

20 – 30 Zyklen

x-mal

Abb. 44: PCR   *medi-learn.de/7-bc4-44*

1.10.4 Plasmide

Plasmide sind **ringförmige doppelsträngige DNA-Abschnitte in Bakterien**. Sie können z. B. Gene für eine Antibiotika-Resistenz besitzen und zwischen Bakterien ausgetauscht werden. Für ihre Verdoppelung benötigen sie einen eigenen Replikationsursprung (origin). Auch die Gentechnologie nutzt die Plasmide als **Vektoren** (Transporter) für DNA-Sequenzen. Über diese Technologie ist es möglich, menschliche Proteine – z. B. Peptidhormone – von Bakterien produzieren zu lassen.

Merke!

Eine Abfolge einzelner Schnittstellen für Restriktionsendonukleasen wird auch als Polyklonierungsstelle (multiple cloning site) eines Plasmidvektors bezeichnet.

Übrigens …
Bakterielle Plasmide können auch Antibiotika-Resistenz-Gene enthalten, die für Antibiotika-spaltende Enzyme kodieren. Ein Beispiel ist das Enzym Lactamase, welches das Antibiotikum Penicillin G (Benzylpenicillin) aufspaltet. Die Bakterien sind damit gegen dieses Penicillin resistent. Sie überleben und die Infektion breitet sich weiter aus.

1.10.5 Gelelektrophorese

Die Methode der Gelelektrophorese bietet die Möglichkeit, Proteine, DNA und RNA durch das Anlegen eines elektrischen Feldes entsprechend ihrer Größe und Ladung aufzutrennen. Nachweismöglichkeiten:

- Proteine werden im **Western Blot** nachgewiesen,
- RNA wird im **Northern Blot** nachgewiesen und
- DNA wird im **Southern Blot** nachgewiesen.

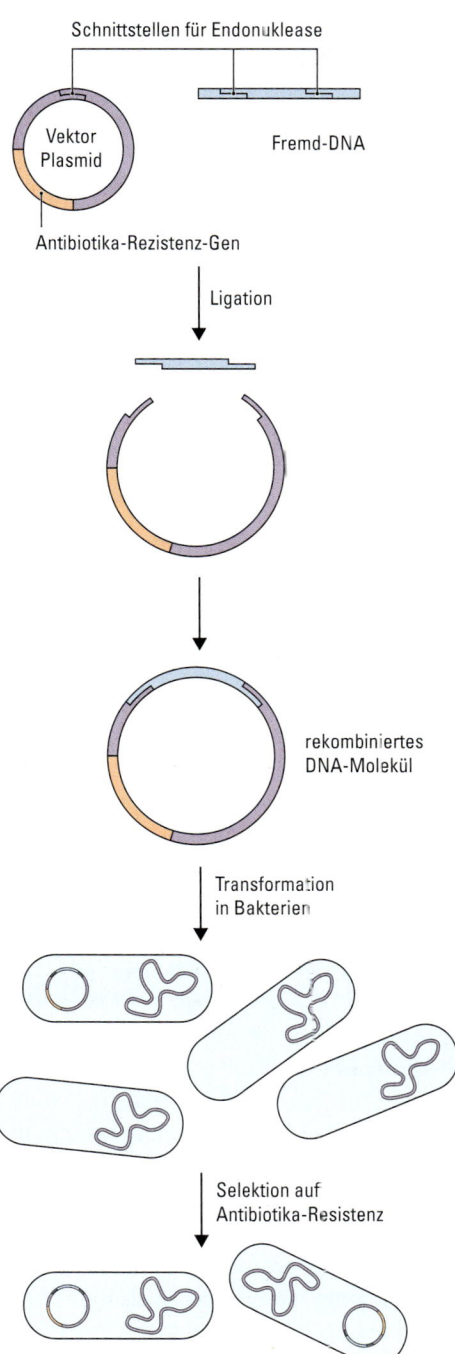

Schnittstellen für Endonuklease

Vektor Plasmid

Fremd-DNA

Antibiotika-Rezistenz-Gen

Ligation

rekombiniertes DNA-Molekül

Transformation in Bakterien

Selektion auf Antibiotika-Resistenz

Abb. 45: Plasmide   *medi-learn.de/7-bc4-45*

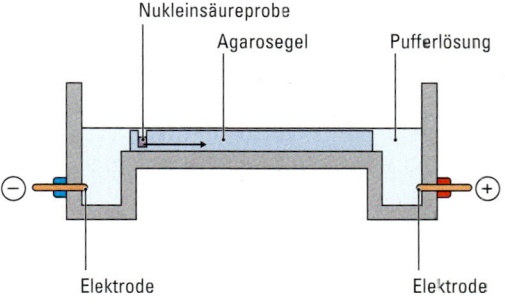

Nukleinsäureprobe

Agarosegel

Pufferlösung

⊖ Elektrode   Elektrode ⊕

Abb. 46: Gelelektrophorese   *medi-learn.de/7-bc4-46*

Zur Auftrennung von Proteinen dient die **SDS** (Natriumdodecylsulfat)-**Polyacrylamidgel-Elektrophorese**. Hierbei lagern sich amphiphile Dodecylsulfat-Anionen an und entfalten die Proteine. Anschließend werden die entfalteten und negativ geladenen Proteine durch das Anlegen elektrischen Stroms aufgetrennt. Die Wanderungsgeschwindigkeit der Proteine entspricht ihrem Molekulargewicht.

1.11 Retroviren

Im Physikum findet man – was die Viren angeht – eine Beschränkung auf die Retroviren, der wir inhaltlich in diesem Skript auch gern Folge leisten. Das allgemein Wichtigste gleich vorneweg: Retroviren enthalten **einsträngige RNA**, sie besitzen eine **reverse Transkriptase** und enthalten **virale Onkogene**. Beispiel: HIV.

1.11.1 Reverse Transkriptase

Die reverse Transkriptase ist ein Enzym, das die virale RNA in ihre **komplementäre cDNA** (complementary DNA) umschreibt. Hierzu katalysiert sie nacheinander die RNA-abhängige DNA-Synthese, den RNA-Abbau und dann die DNA-abhängige DNA-Synthese. Die entstandene cDNA wird dann z. B. in das menschliche Genom integriert, woraufhin die menschliche Zelle die viralen Proteine produziert. Auf die-

1

se Weise können sich die Viren vermehren, ausbreiten und den Körper schädigen. In der antiviralen Therapie werden vor allem Hemmstoffe der Virusreplikation verwendet. Hier werden Analoga der Purin- und Pyrimidinnukleoside wie das Azidothymidin oder das Acycloguanosin verwendet. Schau dir dazu am besten in Abb. 3 a, S. 3 und Abb. 3 b, S. 4, noch einmal die Strukturformeln von Desoxy-Thymidin, Adenosin und Guanosin an. Dies ermöglicht dir im Physikum die sichere Identifizierung der strukturell ähnlichen Analoga.

Übrigens …

Retroviren wie das HIV bestehen aus zwei identischen, also diploiden, RNA-Strängen und den viralen Proteinen reverse Transkriptase, HIV-Protease und HIV-Integrase.
– Die **HIV-Protease** spaltet die neusynthetisierten Polypeptide zu Hüll-, Struktur-, Enzym- und einigen regulatorischen Proteinen des HIV auf,
– die **HIV-Integrase** dient zur Integration der Provirus-DNA in die Wirts-DNA.

Merke!

Die virale reverse Transkriptase kann gentechnisch genutzt werden, z. B. um RNA in cDNA umzuschreiben. So lassen sich ganze cDNA-Bibliotheken erstellen, mit denen in Zellen exprimierte Gene mittels PCR untersucht werden können.

1.11.2 Protoonkogene und virale Onkogene

Als Protoonkogene werden Genabschnitte bezeichnet, die für die **normale Entwicklung unserer Zellen** unerlässlich sind. Protoonkogene codieren für Regulationsproteine, wie z. B.
– Tyrosin-spezifische Proteinkinasen,
– Wachstumsfaktoren,

– G-Proteine, wie z. B. von den Ras-Protoonkogenen kodiert und
– Transkriptionsfaktoren.

Dabei unterliegt die Aktivität der **Protoonkogene einer starken Kontrolle**. Diese Gene sind nur zu bestimmten Zeiten des Zellzyklus und der menschlichen Entwicklung aktiv. Viren dagegen enthalten virale Onkogene. Diese Onkogene und die normalen Protoonkogene unserer Zellen kodieren zwar für identische Proteine, jedoch besteht zwischen den beiden ein grundlegender Unterschied:

Virale Onkogene können an jeder Stelle des menschlichen Genoms eingebaut werden und unterliegen, im Gegensatz zu den normalen zellulären Protoonkogenen, **keiner Regulation**. Wird nun ein virales Onkogen in unser Genom integriert, so können Tumoren entstehen oder die Zelle stirbt unkontrolliert ab (s. Abb. 47, S. 61).

Protoonkogene können durch Mutationen zu Onkogenen verändert werden und spielen so eine große Rolle bei der Entstehung von **Karzinomen**. **Ras** (**Ra**t **s**arcoma) ist z. B. ein Protoonkogen, das für ein kleines **G-Protein (GTPase)** codiert. Diese GTPase reguliert Wachstums- und Differenzierungsprozesse durch die alternierende Bindung der Nukleotide GDP oder GTP (molekularer „Schalter" in Signaltransduktionsketten). Diese molekulare Schalterfunktion beruht darauf, dass die GTPase bei Bindung von GTP eine andere Proteinkonformation annimmt, als bei der Bindung von GDP. Ras kann nur im GTP-gebundenen Zustand mit weiteren Signalproteinen (Effektoren) interagieren, die dann ihrerseits die Signalweiterleitung vermitteln. Über einen posttranslational angehefteten Fettsäurerest sind diese kleinen G-Proteine an die Zellmembranen angeheftet. Diese Verankerung wird häufig durch **Farnesyl- oder Geranylreste** vorgenommen, die durch eine **Thioetherbindung** mit der Aminosäure Cystein am C-terminalen Ende des kleinen G-Proteins verknüpft sind.

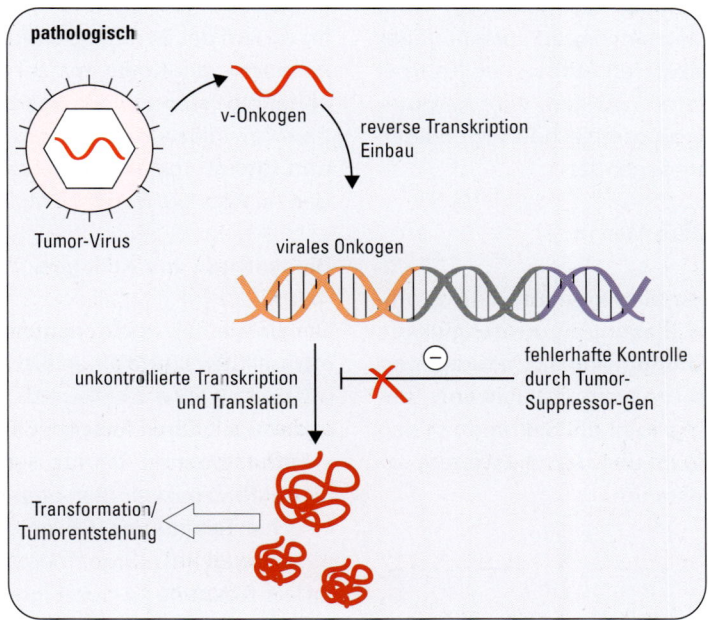

Abb. 47: Virale Onkogene

medi-learn.de/7-bc4-47

Übrigens ...

In bis zu 30 Prozent aller menschlichen Tumorzellen finden sich Punktmutationen im Ras-Gen. Diese Punktmutationen führen zu einem Verlust der GTPase-Aktivität von Ras, wodurch der Wechsel von der aktiven GTP-gebundenen zur inaktiven GDP-Form des Ras-Proteins blockiert ist und dadurch ein permanentes wachstumsstimulierendes Signal an die Zelle gesandt wird.

2   Binde- und Stützgewebe

 Fragen in den letzten 10 Examen: 15

Das Binde- und Stützgewebe ist das zweite große Thema dieses Skripts. Erfreulicherweise beschränken sich die Fragen zu diesem Themengebiet fast ausnahmslos auf das Protein Kollagen. Deshalb liegt hier auch der Schwerpunkt dieses Kapitels. In einem kurzen Exkurs wird dann noch das Vitamin C behandelt, das eine große Rolle bei der Kollagenbiosynthese spielt. Da in den letzten Jahren auch häufiger Fragen zum molekularen Aufbau von Knorpel und Knochen gestellt wurden, wird zu guter Letzt noch auf die biochemischen Grundlagen dieser Gewebe eingegangen.

2.1   Extrazelluläre Matrix

Zur extrazellulären Matrix gehören die Proteine **Kollagen** und **Elastin**, die **Proteoglykane** und die **Glykosaminoglykane**. Gebildet werden diese Substanzen intrazellulär von Bindegewebszellen. Es folgt die Sekretion in den extrazellulären Raum und dort die weitere extrazelluläre Modifikation.

2.1.1   Kollagen

Das Protein Kollagen wird von Bindegewebszellen synthetisiert und kann in verschiedene Klassen eingeteilt werden. Dabei unterscheiden sich die Fibrillen der einzelnen Kollagenklassen in Anordnung und Durchmesser.
Neben den fibrillenbildenden Kollagenen gibt es aber auch nicht-fibrillenbildendes Kollagen, das z. B. als Basalmembran verwendet wird. In der Proteinkette des Kollagens findet sich die spezifische Aminosäureabfolge: **Glycin – X – Y**. X und Y können für Lysin, Hydroxylysin oder Hydroxyprolin stehen, wobei an der X-Position meist ein Prolin und an der Y-Position meist ein Hydroxyprolin auftritt.
Jede dieser Aminosäuren erfüllt im Kollagen ihre spezielle Aufgabe:

– **Glycin** ist eine kleine Aminosäure und lässt das Abknicken der Proteinkette zu.
– Die Aminosäure **Prolin** ist sehr sperrig und schränkt die freie Drehbarkeit der Proteinkette ein.
– An den **Lysin-** und **Hydroxylysinresten** wird das Kollagen quervernetzt und so wasserunlöslich gemacht.

Im Verlauf der Synthese werden einzelne Aminosäuren des Kollagens zunächst Vitamin C-abhängig hydroxyliert. Anschließend können dann an diese Hydroxylgruppen Galaktose- und Glykosylgalaktose-Reste angelagert werden (s. Abb. 50, S. 66).

Biosynthese von Kollagen

Die Biosynthese des Kollagens teilt sich in einen intrazellulären und einen extrazellulären Anteil auf (s. Abb. 49 a, S. 64 + Abb. 49 b, S. 65).
Im **intrazellulären Anteil** der Kollagensynthese werden folgende Schritte durchlaufen:

1. An Ribosomen des rauen endoplasmatischen Retikulums (ER) entsteht das **Prä-Prokollagen** (inkl. Signalpeptid).
2. Die Abspaltung des Signalpeptids im Lumen des endoplasmatischen Retikulums führt zum **Prokollagen**.
3. Im Lumen des **ER** bilden die Prokollagene eine linksgewundene **Kollagen-α-Helix** aus.
4. Es folgt die cotranslationale **Hydroxylierung** von Prolyl- und Lysyl-Resten. Diese Reaktionen sind abhängig von **Vitamin C**, **α-Ketoglutarat**, **O₂** und **Fe²⁺-Ionen**.
5. Das **Registerpeptid** (N-terminaler Abschnitt eines Prokollagens) ermöglicht hier – also noch intrazellulär – die Zusammenlagerung dreier Kollagen-α-Helices zu einer **Tripelhelix**.
6. Jetzt wird die hydroxylierte Tripelhelix aus dem ER (Prokollagen) in den **Golgi-Apparat** überführt und dort vor allem an der Amino-

säure **Hydroxylysin** noch zusätzlich **glykosyliert** (O-glykosidisch, durch Anheftung über den Sauerstoff der Seitenkette des Aminosäurerestes).

7. Schließlich kommt die vollständige **Tripelhelix** (das Prokollagen) in **sekretorische Vesikel** und wird darüber in **die extrazelluläre Matrix abgegeben**.

Merke!

Intrazellulär wird die vollständige Tripelhelix ausgebildet.

2

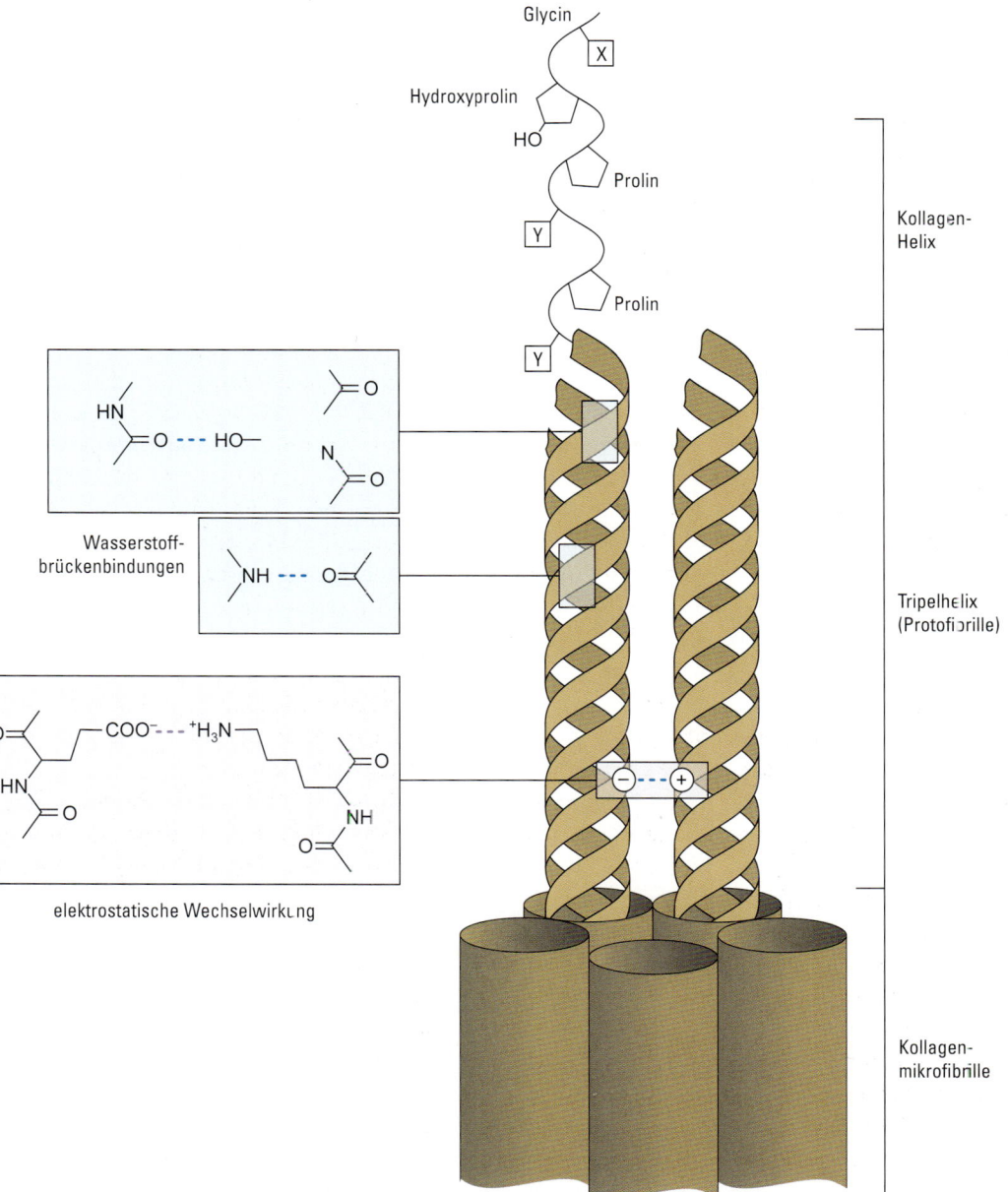

Abb. 48: Kollagenstruktur

medi-learn.de/7-bc4-48

2

Im **extrazellulären Anteil** der Kollagensynthese werden folgende Schritte durchlaufen:
1. Abspaltung der Propeptide, wodurch die **Kollagenmonomere** entstehen.

2. Desaminierungen und die Einfügung von Aldehydgruppen, sowie die **Quervernetzung** der Kollagenmonomere führt zur Bildung von **Mikrofibrillen**.
Je nach Kollagenart entstehen mehrere Mikrofibrillen unterschiedlicher Dicke.

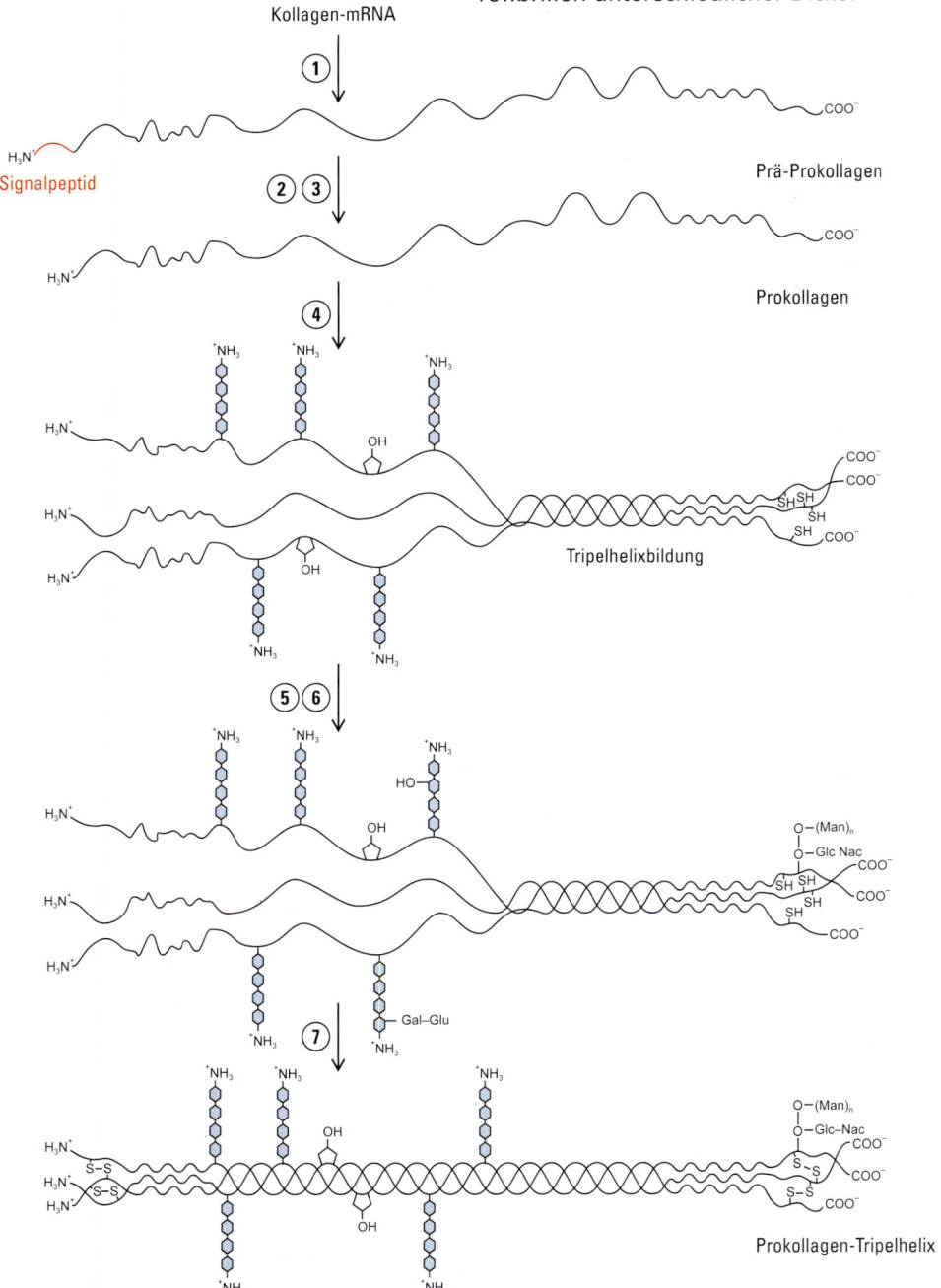

Abb. 49 a: Kollagensynthese, intrazellulär

medi-learn.de/7-bc4-49a

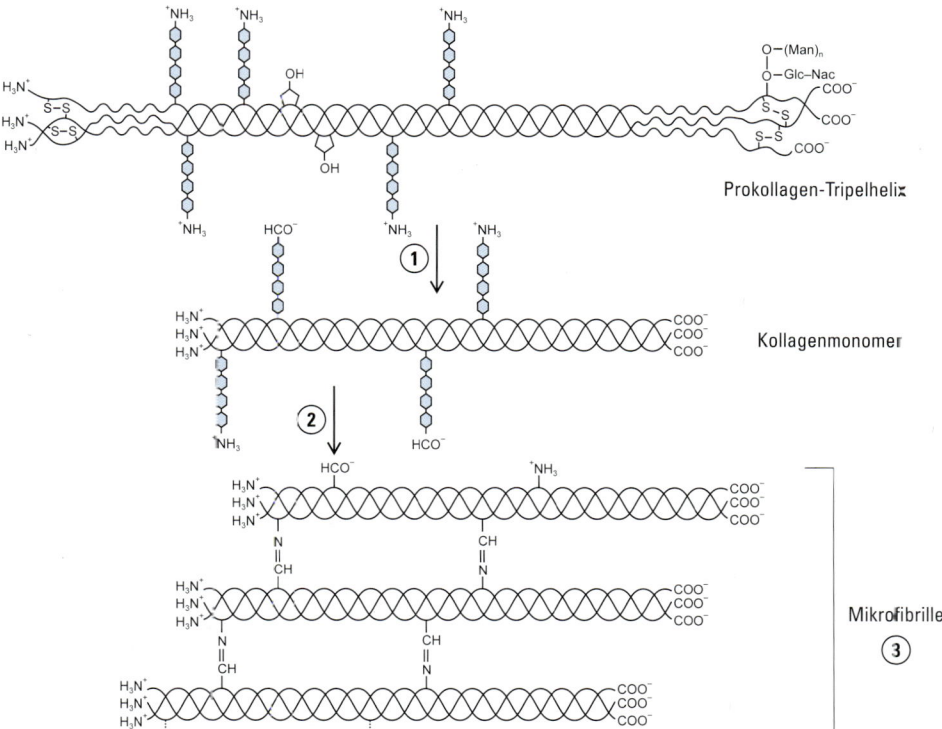

Abb. 49 b: Kollagensynthese, extrazellulär

medi-learn.de/7-bc4-49b

Merke!

Lysyl-Oxidasen katalysieren die kovalente Modifikation des mikrofibrillären Kollagens in der extrazellulären Matrix.

Abbau von Kollagen

Die extrazelluläre Matrix unterliegt einem ständigen Auf- und Abbau. Für den Abbau der Kollagenfibrillen sind spezifische Kollagenasen verantwortlich. Diese werden von Fibroblasten, Endothelzellen sowie anderen Zellen gebildet und gehören als Zink-abhängige Proteinasen in die Gruppe der Matrix-Metalloproteinasen.

Exkurs Vitamin C (Ascorbinsäure)

Das wasserlösliche Vitamin C wird von Pflanzen aus D-Glucose synthetisiert und muss von Menschen und Primaten aus der Nahrung aufgenommen werden. Die Hauptfunktion der Ascorbinsäure ist ihre Wirkung als **Redoxsystem (Oxidationsschutz)**. Diese Eigenschaft beruht auf dem Vorhandensein einer **Endiol-Struktur** (s. Abb. 51, S. 66). Da Endiole leicht zu Diketonen oxidiert werden können, haben sie reduzierende (antioxidative) Eigenschaften. Vitamin C ist an einer Reihe wichtiger Reaktionen beteiligt:
- **Hydroxylierung** von Lysin und Prolin während der Kollagenbiosynthese,
- **Steroidhormonsynthese** (daher in der NNR höchste Vitamin C-Konzentration).
- **Noradrenalinsynthese**,

- **Serotoninsynthese**,
- Tetrahydrofolatsynthese,
- Carnitinsynthese,
- Reduktion von Methämoglobin zu Hämoglobin und
- Reduktion des Tocopherylradikals (Mithilfe beim Schutz der Membranlipide).

Ein Beispiel für eine gern gefragte, Vitamin C-abhängige Reaktion ist die **Hydroxylierung** von Prolin- (s. Abb. 51, S. 66) und Lysin-Resten im Rahmen der Kollagenbiosynthese. Diese Reaktion benötigt auch noch **α-Ketoglutarat**, O_2 und **Fe^{2+}-Ionen**.

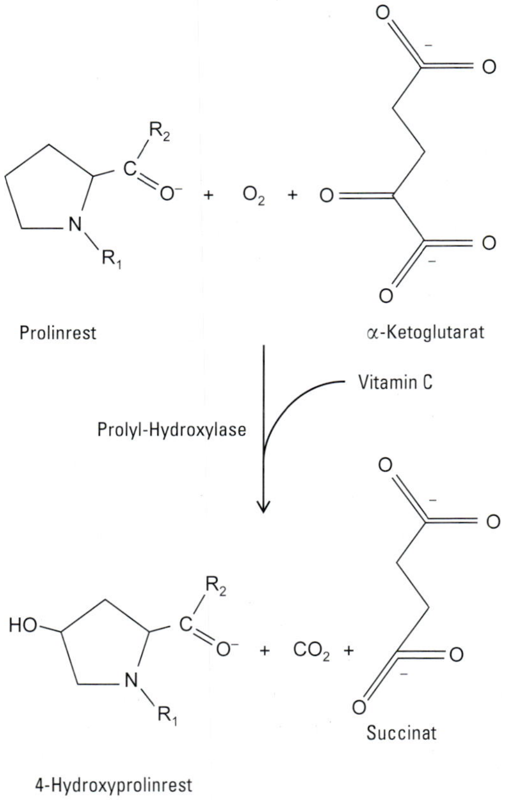

Prolinrest

α-Ketoglutarat

Prolyl-Hydroxylase

Vitamin C

4-Hydroxyprolinrest

+ CO_2 +

Succinat

Abb. 50: Hydroxyprolin   *medi-learn.de/7-bc4-50*

Übrigens ...
Wird zu wenig Vitamin C aufgenommen, kann sich eine Hypovitaminose entwickeln und bei starkem Mangel

sogar das Krankheitsbild Skorbut auftreten. Ein leichter Vitamin C-Mangel äußert sich durch Abgeschlagenheit, Müdigkeit und Infektanfälligkeit. Beim Skorbut treten dagegen schwere Bindegewebsschäden durch die beeinträchtigte Kollagenbiosynthese auf, mit Knochenveränderungen, Zahnfleischbluten und Zahnausfall. Im Extremfall kann diese Erkrankung zum Tod führen.

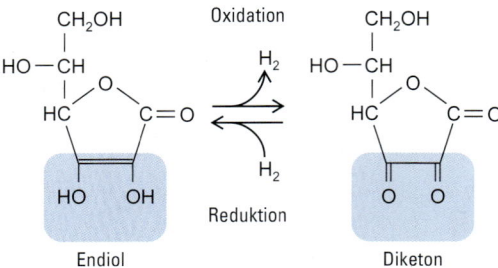

Oxidation

Reduktion

Endiol

Diketon

Abb. 51: Redoxsystem Vitamin C

medi-learn.de/7-bc4-51

2.1.2   Elastin

Das Protein Elastin ist verantwortlich für die elastischen Eigenschaften des Bindegewebes, u. a. der großen Arterien, der Stimmbänder, des Ligamentum flavum der Wirbelkörper, des Respirationstrakts und der Haut.

Übrigens ...
Beim **Marfan-Syndrom** findet sich ein molekularer Defekt des elastischen Proteins **Fibrillin**, das in der extrazellulären Matrix vorkommt. Bei Betroffenen führt dies zu überlangen Extremitäten, großer Körperlänge sowie häufig auch zu einer Verlagerung der Augenlinse und Aortenaneurysmen.

2.1.3 Proteoglykane und Glykosaminoglykane

Neben dem schon erwähnten Kollagen und dem Elastin enthalten die verschiedenen Binde- und Stützgewebe auch einen unterschiedlichen Anteil an Proteoglykanen. Proteoglykane bestehen aus einem relativ einfach aufgebauten Proteinanteil und langen Polysaccharidseitenketten – den **Glykosaminoglykanen** – die größtenteils aus repetitiven Disaccharideinheiten zusammen gesetzt sind. Die Glykosaminoglykanketten der Proteoglykane werden O-glykosidisch im endoplasmatischen Retikulum geknüpft. Viele dieser Glykosaminoglykane besitzen einen hohen Gehalt an negativ geladenen **Sulfat- und Carboxylat-Resten**, wodurch ein osmotisch bedingter Wassereinstrom resultiert und Gewebe wie die Haut und der Knorpel ihre Elastizität erhalten. Ein besonderes Glykosaminoglykan ist die sehr lange Hyaluronsäure, die zwar auch ein Disaccharid als Grundbaustein besitzt, jedoch ohne Proteinanteil auskommt.

Glykosaminoglykane bestehen aus Disaccharideinheiten, die 1,4-glykosidisch zu linearen Makromolekülen verknüpft sind:

- Das Glykosaminoglykan **Hyaluronsäure** besteht aus den Hexosen N-Acetylglucosamin und Glucuronsäure.
- Das Glykosaminoglykan **Chondroitinsulfat** besteht aus den Hexosen N-Acetylgalaktosamin und Glucuronsäure.

Zur Ausbildung eines komplexen dreidimensionalen Netzwerks der extrazellulären Matrix lagern sich – je nach Gewebeart – unterschiedliche Anteile von Proteoglykanen und Hyaluronsäure mit Kollagenen und Elastin zusammen. Hierbei kommt es zu Wechselwirkungen zwischen den positiv geladenen Aminosäureresten der Kollagen- sowie Elastinfasern und den negativen Ladungen der Proteoglykane.

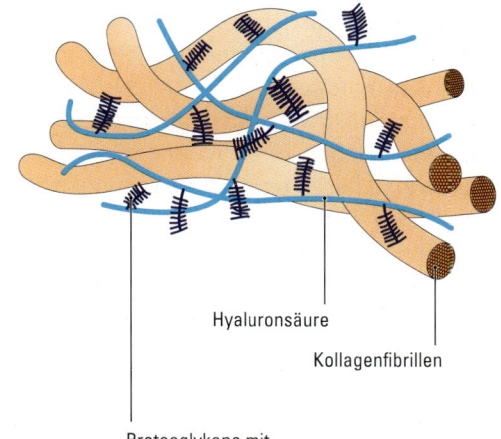

Hyaluronsäure

Kollagenfibrillen

Proteoglykane mit Glykosaminoglykanseitenketten

Abb. 52: Extrazelluläre Matrix der Bindegewebe

medi-learn.de/7-bc4-52

> **Merke!**
>
> Je höher der Anteil an Kollagenfasern in der extrazellulären Matrix, desto straffer und zugfester ist das Bindegewebe.

2.1.4 Exkurs Keratin

Keratine gehören als Intermediärfilamente neben den Mikrotubuli und den Mikrofilamenten zu den strukturellen Komponenten des Zytoskeletts einer eukaryotischen Zelle – und zählen somit nicht zur extrazellulären Matrix. Als fibrilläres Protein besitzen sie einen hohen Anteil an Cystein und sind in der Lage zahlreiche Disulfidbrücken auszubilden. Als Hauptbestandteil von Haaren und Hornsubstanzen ist es für deren Härte und Dehnbarkeit verantwortlich.

Übrigens ...

Bei der **Epidermolysis bullosa simplex** findet sich nach einer Punktmutation in der Aminosäurekette ein Prolin anstelle eines Leucins, wodurch die Aneinanderlagerung der Helices gestört ist. Schon bei geringer mechanischer Belastung der Epidermis kommt es daher zur Blasenbildung.

In den Epithelzellen liegen vor der Verhornung die α-Keratine (Cytokeratine) als locker organisierte Keratinfilamente vor. Derzeit sind ca. 20 Cytokeratinproteine mit komplexem Verteilungsmuster in den verschiedenen Epithelzellen bekannt. Dieses typische Verteilungsmuster kann im Rahmen einer pathologischen Diagnostik ausgenutzt werden, um die Herkunft von Tumormetastasen bei fehlendem Primärtumor zu bestimmen (Plattenepithel-, pulmonales Adeno-, Mamma-, Urothel-, Ovarialkarzinome u.v.m.).

2.2 Knorpelgewebe

Das Knorpelgewebe wird durch Chondroblasten und Chondrozyten aufgebaut und besteht vor allem aus dem fibrillären **Kollagen Typ II**, aus dem knorpelspezifischen Proteoglykan **Aggrecan** und aus den langen **Hyaluronsäure-Ketten** (analog zu Abb. 49 b, S. 65). Beim Aggrecan handelt es sich um einen relativ einfach aufgebauten Proteinanteil mit speziellen Glykosaminoglykan-Seitenketten aus Keratansulfat und Chondroitinsulfat. Als dreidimensi-

onales Netzwerk bildet sich hieraus das wässrig- elastische Kompartiment des Knorpels.

2.3 Knochengewebe

Knochengewebe ist ein hochdifferenziertes Stützgewebe, das als wichtiger Calcium- und Phosphatspeicher mit dem Extrazellulärraum im Gleichgewicht steht. Zu ca. 70 % besteht der Knochen aus Calcium-Hydroxylapatit und zu ca. 20 % aus dem fibrillären Kollagen Typ I. Auch das Knochengewebe des Erwachsenen unterliegt einem ständigen Auf- und Abbau, was als remodeling bezeichnet wird. Die Erneuerung bestehenden Knochens beginnt immer mit Knochenabbau: Durch die Hormone **Parathormon**, **1,25-Dihydroxycholecalciferol** und **Interleukin-1** werden **Osteoblasten** aktiviert. Aktivierte Osteoblasten sezernieren ihrerseits die Wachstumsfaktoren **M-CSF** (**M**akrophagen-aktivierender **c**olony **s**timulation **f**actor) und **RANKL** (**r**eceptor **a**ctivator of **n**uklear-factor-κ-B **l**igand), die eine Differenzierung von Makrophagen zu **Osteoklasten** (mehrkernige Riesenzellen) bewirken. RANKL – momentan ein Physi-

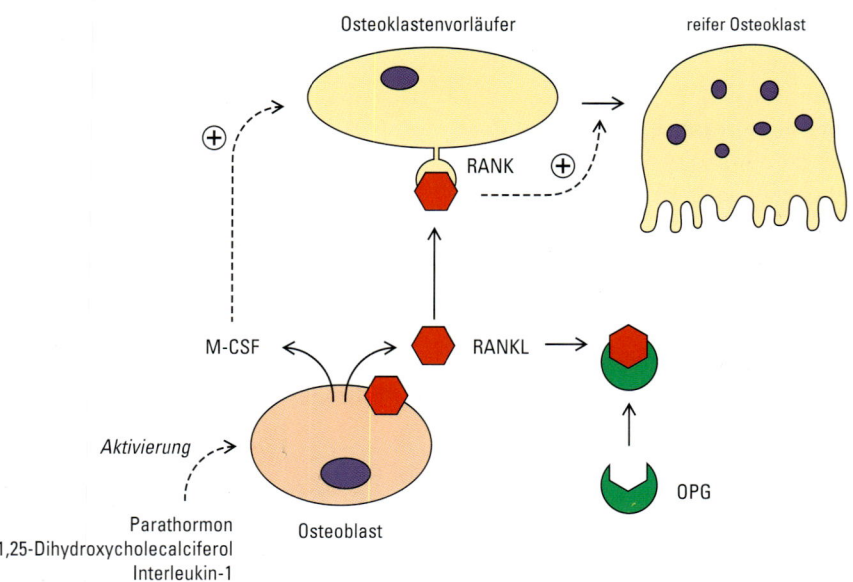

Abb. 53: Aktivierung der Osteoklasten

medi-learn.de/7-bc4-53

kumsliebling – ist Mitglied der tumor-necrosis factor (TNF)-Superfamilie, wird von Osteoblasten und Stromazellen gebildet und existiert in einer membrangebundenen und einer löslichen Form. Durch die Bindung von RANKL an seinen spezifischen Rezeptor RANK, der sich auf Osteoklastenvorläufern (Progenitorzellen) und Osteoklasten befindet, kommt es zur Auslösung einer Signalkaskade und Aktivierung von Transkriptionsfaktoren wie dem **NF-κB** – einem sehr wichtigen Transkriptionsfaktor. Die Hauptwirkung von RANKL ist die Auslösung der Differenzierung, der Proliferation und des verlängerten Überlebens von Osteoklasten, was zu einer Zunahme der Knochenresorption führt. Ein Gegenspieler von RANKL ist das von Osteoblasten sezernierte Protein **Osteoprotegerin** (OPG), ein löslicher Rezeptor, der RANKL bindet und dessen biologische Wirkungen neutralisiert.

> **Merke!**
>
> RANKL aktiviert durch seine Bindung an den RANK-Rezeptor Osteoklasten und bewirkt die Induktion der Knochenresorption.

Übrigens …
Ein ausgewogenes **RANKL/OPG-Verhältnis** ist für das Gleichgewicht zwischen Knochenaufbau und Knochenabbau unabdingbar. Störungen dieses Gleichgewichts tragen zur Pathogenese verschiedener Knochenerkrankungen bei. Sowohl bei der postmenopausalen als auch der glucocorticoidinduzierten Osteoporose findet man ein Überwiegen von RANKL. Zudem spielen diese Faktoren bei Knochenmetastasen solider Tumoren eine Rolle.

Aktivierte Osteoklasten sezernieren Protonen und lysosomale Proteasen wie das **Kathepsin** und die **saure Phosphatase** und resorbieren die Knochensubstanz in Form von Lakunen. Die frei werdenden Calcium-Ionen werden von den Osteoklasten aufgenommen und in die Extrazellulärräume transportiert. Beim Erreichen einer Resorptionstiefe von ca. 70 µm sistiert die Aktivität der Osteoklasten und sie aktivieren durch Sekretion von **Kopplungsfaktoren** die Osteoblasten, bevor sie in den programmierten Zelltod – die **Apoptose** – eintreten. Osteoblasten füllen dann durch Synthese von Kollagen und Proteoglykanen die Lakunen auf. Später lagern sich an diese als **Osteoid** bezeichnete extrazelluläre Matrix dann Calcium- und Phosphat-Ionen zu **Hydroxylapatit** an. Die Osteoblastenaktivierung erfolgt darüber hinaus auch durch Östrogene, Wachstumshormone und durch mechanische Reize.

Übrigens …
Bei der als „Glasknochenkrankheit" bekannten **Osteogenesis imperfecta**, liegt eine Punktmutation in den Genen der Proteinketten des Typ-I-Kollagens vor. Hierdurch kommt es zu einem Austausch der Aminosäure Glycin durch Serin mit nachfolgender Störung der Tripelhelixbildung.

Gerade zum Thema **Gentechnologie** wurden in den letzten Jahren im Physikum zunehmend Fragen gestellt. Deshalb solltest du dir unbedingt merken, dass

- Restriktionsendonukleasen nur in Bakterien vorkommen und dort eingedrungene, fremde Bakteriophagen-DNA spalten und so die Bakterien schützen,
- Plasmide bakterielle ringförmige, doppelsträngige DNA-Abschnitte sind,
- Plasmide Gene für Antibiotikaresistenzen beinhalten und übertragen können,
- mit der PCR spezifische DNA-Abschnitte verdoppelt werden können,
- die taq-Polymerase für die PCR eingesetzt wird und
- durch den Einbau einer cDNA (komplementäre DNA) in ein Plasmid ein rekombiniertes Plasmid entsteht.

Zum Thema **Retroviren** solltest du wissen, dass

- Retroviren eine einsträngige RNA, virale Onkogene und eine reverse Transkriptase besitzen,
- Retroviren ihre provirale DNA ins Wirtszellgenom integrieren und als Vektoren (Genfähren) in der Gentherapie eingesetzt werden,
- Retroviren durch Nukleosidanaloga wie Azidothymidin hemmbar sind,
- die reverse Transkriptase aus viraler RNA komplementäre DNA (cDNA) herstellt und
- die reverse Transkriptase die RNA-abhängige DNA-Synthese, den RNA-Abbau und die DNA-abhängige DNA-Synthese durchführt.

Aus dem wichtigen Themengebiet der **Onkogene** solltest du dir merken, dass

- Protoonkogene wichtig für die normale menschliche Entwicklung sind,
- Onkogene und Protoonkogene für die gleichen Genprodukte kodieren,
- virale Onkogene an jeder Stelle des menschlichen Genoms eingebaut werden können, somit unkontrollierbar sind und Krebs auslösen können.

Zum Thema **Kollagen** solltest du dir merken, dass

- jede dritte Aminosäure Glycin ist und an Glycin die Proteinkette abknicken kann,
- Prokollagene intrazellulär synthetisiert werden und linksgängige Kollagen-α-Helices ausbilden,
- drei Prokollagene sich zu einer Tripelhelix zusammenlagern,
- an Prolin- und Lysin-Resten Hydroxylierungen stattfinden,
- an Hydroxylysine O-glykosidisch Zucker angelagert werden,
- die Tripelhelix aus der Zelle ausgeschleust wird und
- mehrere Tripelhelices sich zu einer Kollagenmonofibrille zusammenlagern.

Zum **Vitamin C** solltest du dir merken, dass
- die Hydroxylierung von Prolin in Kollagen von Vitamin C, α-Ketoglutarat, O_2 und Fe^{2+}-Ionen abhängig ist.

Zum Thema **Proteoglykane** und **Glykosaminoglykane** solltest du dir merken, dass

- Proteoglykane Wasser und Kationen binden, weil sie aus Uronsäuren und Aminozuckern aufgebaut sind,
- Proteoglykane dem Knorpel durch einen hohen Gehalt an negativ geladenen Sulfat- und Carboxylat-Resten mit dem hieraus resultierenden Anziehen von Gegen-Ionen und dem osmotisch bedingten Wassereinstrom seine Druckelastizität verleihen und
- Hyaluronidase die Hyaluronsäure an glykosidischen Bindungen aufspaltet.

Zum Thema **Knorpel-** und **Knochengewebe** solltest du dir merken, dass
- Osteoklasten die Knochensubstanz bei saurem pH-Wert und unter Beteiligung lysosomaler Proteinase resorbieren,
- Osteoklasten durch Bindung von RAN-KL an RANK aktiviert werden,
- Osteoklasten Kathepsin sezernieren,
- die Osteogenesis imperfecta (die Glasknochenkrankheit) auf einer Punktmutation im Gen der Kette des Typ-I-Kollagens beruht und es dabei zum Austausch der Aminosäure Glycin durch Serin kommt.
- im Knorpel als Hauptproteoglykan das Aggrecan vorkommt, das zum großen Teil aus Chondroitinsulfat besteht.

FÜRS MÜNDLICHE

Was die Gentechnologie betrifft, so solltest du unbedingt in die jeweiligen Praktikumsskripte der Uni hineinschauen und die dort dargestellten gentechnischen Methoden (z. B. PCR, Gelelektrophorese, Blotting-Verfahren) so lernen, dass sie mündlich wiedergegeben werden können.
Um in der Mündlichen gut abzuschneiden, solltest du folgende Fragen beantworten können:

1. **Welche Blotting-Verfahren kennen Sie?**

2. **Bitte erklären Sie, was Restriktionsendonukleasen (RE) sind und wo sie sich aufspalten. Zeichnen Sie ein beliebiges Schnittende auf.**

3. **Erläutern Sie den Ablauf einer PCR und nennen Sie Anwendungsbeispiele.**

4. **Bitte erklären Sie, was Onkogene sind. Nennen Sie mir bitte einige.**

5. **Bitte erklären Sie, was die Struktur des Kollagenmoleküls ist und wie sie stabilisiert wird.**

6. **Erläutern Sie bitte die Rolle des Vitamin C bei der Kollagensynthese.**

---

1. Welche Blotting-Verfahren kennen Sie?
- Western Blot für Proteine
- Southern Blot für DNA
- Northern Blot für RNA

2. Bitte erklären Sie, was Restriktionsendonukleasen (RE) sind und wo sie sich aufspalten. Zeichnen Sie ein beliebiges Schnittende auf.
RE kommen in der Natur nur in Bakterien vor und schneiden an sequenzspezifischen Stellen (Palindromen) artfremde DNA auf, die von Bakteriophagen eingeschleust wurde. Sie erzeugen sticky ends und blunt ends. Sticky ends können sich im Gegensatz zu blunt ends wieder spontan zusammenlagern.

Wird ein Palindrom auf beiden komplementären Einzelsträngen abgelesen, so ergibt es den gleichen Sinn – hier GAATTC.
Die Angriffsstellen einer RE am Palindrom:
↓
GAATTC
CTTAAG
↑
Sticky ends heißen die entstehenden Einzelstrang-Abschnitte: AATT und TTAA.

3. Erläutern Sie den Ablauf einer PCR und nennen Sie Anwendungsbeispiele.
Eine PCR vervielfältigt komplementäre DNA-Abschnitte. Dazu wird benötigt: DNA-Ab-

schnitt, passende Primer, die vier Desoxynu-kleotide, die DNA-Polymerase und das Gerät – der Cycler.

1. Denaturierung der DNA (bei 95 °C)
2. Annealing = Anlagerung der Primer (bei etwa 55 °C)
3. Elongation = Synthesephase des komplementären Strangs (bei 72 °C) durch die taq-Polymerase
4. Wiederholung etwa 20- bis 40-mal
5. Anwendung z. B. in der Diagnostik, bei HIV-Infektionen und Hepatitis C zum Nachweis von spezifischen Nuklein-säuren dieser Viren.

4. Bitte erklären Sie, was Onkogene sind. Nennen Sie mir bitte einige.

Protoonkogene sind für die normale Entwicklung und das Wachstum des Menschen unabkömmlich und werden deshalb sehr stark reguliert.

Virale Onkogene kodieren für dieselben Genprodukte, werden aber einfach irgendwo im Genom eingebaut und produzieren unkontrolliert Genprodukte. Solche Genprodukte können z. B. GTP-bindende Proteine → ras, DNA-bindende Proteine → myc oder Tumorsuppressoren → p53 sein.

5. Bitte erklären Sie, was die Struktur des Kollagenmoleküls ist und wie sie stabilisiert wird.

Peptidketten aus Aminosäureketten Glycin–X–Y bilden Kollagen-α-Helices, die Prokollagene. Drei Prokollagene bilden intrazellulär eine Tripelhelix. Extrazellulär werden von der Tripelhelix die jeweiligen Propeptide abgespalten (Kollagenmonomer). Mehrere Kollagenmonomere werden quervernetzt und bilden eine der rund 19 Kollagenklassen.

6. Erläutern Sie bitte die Rolle des Vitamin C bei der Kollagensynthese.

Vitamin C spielt eine wichtige Rolle bei der Hydroxylierung von Prolin und Lysin. Gleichzeitig werden dazu noch α-Ketoglutarat, O_2 und Fe^{2+}-Ionen benötigt. Ohne die OH-Gruppe gäbe es weniger Wasserstoffbrückenbindungen zwischen den einzelnen Ketten und somit auch weniger Stabilität und Festigkeit im Bindegewebe. Folgen: Zahnfleischblutungen, Zahnausfall und Knochenveränderungen – der Skorbut.

Pause

Geschafft! Hier noch ein kleiner Cartoon als Belohnung ...

Index

Dr. Matti Adam, M. Sc. Christoph Geisenberger

Biochemie Band 5

MEDI-LEARN Skriptenreihe

7., komplett überarbeitete Auflage

MEDI-LEARN Verlag GbR

Autor: Dr. Matti Adam, M. Sc. Christoph Geisenberger
Fachlicher Beirat: Timo Brandenburger

Teil 5 des Biochemiepaketes, nur im Paket erhältlich
ISBN-13: 978-3-95658-011-6

Herausgeber:
MEDI-LEARN Verlag GbR
Dorfstraße 57, 24107 Ottendorf
Tel. 0431 78025-0, Fax 0431 78025-262
E-Mail redaktion@medi-learn.de
www.medi-learn.de

Verlagsredaktion:
Dr. Marlies Weier, Dipl.-Oek./Medizin (FH) Désirée
Weber, Denise Drdacky, Jens Plasger, Sabine
Behnsch, Philipp Dahm, Christine Marx, Florian
Pyschny, Christian Weier

Layout und Satz:
Fritz Ramcke, Kristina Junghans,
Christian Gottschalk

Grafiken:
Dr. Günter Körtner, Irina Kart, Alexander Dospil,
Christine Marx

Illustration:
Daniel Lüdeling

Druck:
Löhnert Druck

7. Auflage 2015
© 2015 MEDI-LEARN Verlag GbR, Kiel

Wichtiger Hinweis für alle Leser
Die Medizin ist als Naturwissenschaft ständigen Veränderungen und Neuerungen unterworfen. Sowohl die Forschung als auch klinische Erfahrungen führen dazu, dass der Wissensstand ständig erweitert wird. Dies gilt insbesondere für medikamentöse Therapie und andere Behandlungen. Alle Dosierungen oder Applikationen in diesem Buch unterliegen diesen Veränderungen.
Obwohl das MEDI-LEARN Team größte Sorgfalt in Bezug auf die Angabe von Dosierungen oder Applikationen hat walten lassen, kann es hierfür keine Gewähr übernehmen. Jeder Leser ist angehalten, durch genaue Lektüre der Beipackzettel oder Rücksprache mit einem Spezialisten zu überprüfen, ob die Dosierung oder die Applikationsdauer oder -menge zutrifft. Jede Dosierung oder Applikation erfolgt auf eigene Gefahr des Benutzers. Sollten Fehler auffallen, bitten wir dringend darum, uns darüber in Kenntnis zu setzen.

Inhalt

Relax Rente: Die entspannte Art, fürs Alter vorzusorgen.

Von Chancen der Kapitalmärkte profitieren, ohne Risiken einzugehen!

- **Sicherheit**
  „Geld-zurück-Garantie" für die eingezahlten Beiträge zum Ablauftermin

- **Wertzuwachs**
  Ihre Kapitalanlage profitiert Jahr für Jahr von den Erträgen der 50 Top-Unternehmen Europas, nimmt aber eventuelle Verluste nicht mit

- **Zusätzliche Renditechancen**
  Durch ergänzende Investition in renditestarke Fonds

- **Komfort**
  Wir übernehmen das komplette Anlagemanagement für Sie

- **Flexibilität**
  Während der gesamten Laufzeit an veränderte Lebenssituationen anpassbar

Lassen Sie sich beraten!

Nähere Informationen und unseren Repräsentanten vor Ort finden Sie im Internet unter www.aerzte-finanz.de

Deutsche Ärzte Finanz

Standesgemäße Finanz- und Wirtschaftsberatung

1 Biochemie der Hormone

Fragen in den letzten 10 Examen: 143

Erst einmal herzlich willkommen zur „Biochemie der Hormone und Vitamine". Als eines der größeren Gebiete im Gegenstandskatalog Biochemie ist dieses Thema oft etwas verwirrend und in manchen Teilen auch etwas undurchsichtig. Es gibt außerdem ein paar Sachen, die man hervorragend durcheinander bringen kann. Deshalb habe ich mich auf den folgenden Seiten darauf konzentriert, physikumsrelevante Fakten zusammenzutragen und in möglichst verständlicher Form zu erklären. Dabei ist mir wichtig, zumindest an manchen Ecken zeigen zu können, dass es selbst beim Prüfungswissen des Öfteren logische Zusammenhänge gibt, die – wenn einmal erschlossen

– ein wenig als Krücke dienen können.
So, und nun hoffe ich, dass wenigstens ein klitzekleines bisschen von dem Spaß, den mir dieses Thema macht, zu dir herüberschwappt. Viel Erfolg und gutes Gelingen!

Damit weiter entwickelte Organismen überhaupt entstehen konnten, war eine Kommunikation zwischen den einzelnen Zellen notwendig. Denn ohne „Zellgeflüster" wären die vielfach differenzierten Gewebe höher entwickelter Lebewesen voneinander isoliert. Funktionell eine Katastrophe!
Die Natur schuf Abhilfe und uns ein neues biochemisches Fachgebiet. Denn es entwickelte sich eine immer noch nur teilweise entdeckte Vielfalt an regulatorischen Peptiden, Steroiden, Zytokinen, biogenen Aminen, Neurotransmittern, Wachstums- und Entwicklungsfaktoren, sprich: im weitesten Sinne an Hormonen. Dieses Kapitel teilt die Botenstoffe ein, erklärt ihre Wirkungsmechanismen, bespricht sie in ihrer Struktur und Wirkung und geht – wenn möglich – ein wenig auf klinische Fragestellungen ein, die auflockern und Lust

auf die Zeit nach dem Physikum machen sollen. Auf geht's!

Definitionsgemäß sind Hormone Signalstoffe, die in bestimmten Strukturen des Organismus produziert werden und den Stoffwechsel ihres Erfolgs-

organs bereits in geringer Konzentration (kleiner als 10^{-6} mol/l!) beeinflussen.
An diesem sehr allgemein gehaltenen Satz siehst du schon, dass es sinnvoll ist, erst einmal Struktur in das Thema zu bringen, um dann genauere Aussagen treffen zu können.

1.1 Einteilung der Hormone

Man kann Hormone nach unterschiedlichen Gesichtspunkten einteilen. Diese Einteilung ist wirklich wichtig, um prinzipielle Eigenschaften der Hormone nachvollziehen zu können. Somit müssen wir uns das etwas genauer ansehen. Direkt danach gefragt wird jedoch meistens nicht.

1.1.1 Einteilung nach der Struktur

Die einfachste Struktur besitzen die Aminosäurederivate. Bei diesen Hormonen handelt es sich um direkte Abkömmlinge einer Aminosäure. Sie weisen dabei KEINE Peptidbindung auf und zählen teilweise zu den biogenen Aminen. Im Gegensatz dazu besitzen die Peptid- oder Proteohormone eine klassische Eiweißstruktur mit Peptidbindung. Sie stellen einen großen Anteil der bekannten Hormone.
Die Steroidhormone sind Abkömmlinge des Cholesterins. Zu dieser Gruppe gehören die bekannten Nebennierenrindenhormone genauso wie die Geschlechtshormone.

Aminosäurederivate	Peptid/Proteohormone	Steroidhormone	Fettsäurederivate
– Thyroxin (T$_4$), T$_3$ – Dopamin, Adrenalin, Noradrenalin, Melatonin – Serotonin, Histamin	– Liberine, Statine – ACTH, TSH, FSH, LH – Somatotropin, Parathormon, Calcitonin, Insulin, Glukagon – Angiotensin II, Gastrin, Sekretin, Leptin	– Glucocorticoide, Mineralocorticoide – Androgene, Östrogene, Gestagene – 1,25-(OH)$_2$-Cholecalciferol	– Prostaglandine, Prostacycline, Thromboxane, Leukotriene

Tab. 1: Beispiele für die Struktur von Hormonen

Zuletzt sind die Fettsäurederivate (Eicosanoide) zu erwähnen. Sie entstehen aus Arachidonsäure, einer Fettsäure mit 20 C-Atomen, die an Phospholipide gebunden in Plasmamembranen vorkommt (s. Tab. 1, S. 2).

> **Merke!**
>
> Alle Hormone des Hypothalamus und der Hypophyse sind Peptidhormone.

Aus der Struktur eines Hormons resultieren seine unterschiedlichen biochemischen Eigenschaften. Und damit wären wir auch schon bei der nächsten Einteilungsmöglichkeit ...

1.1.2 Einteilung nach den biochemischen Eigenschaften

Die wichtigste Eigenschaft eines Hormons ist seine Löslichkeit in Wasser. Unter diesem Gesichtspunkt teilt man die Hormone ein in
– lipophile Hormone
  • die Schilddrüsenhormone Thyroxin (T$_4$) und Trijodthyronin (T$_3$)
  • alle Steroidhormone und ihre aktiven Vorstufen,
  • Cortisol,
  • Testosteron,
  • Östradiol,
  • Progesteron,
  • Aldosteron,
  • 1,25-(OH)$_2$-Cholecalciferol und
  • die Eicosanoide.

– hydrophile Hormone
  • alle Hormone, außer den oben erwähnten, also der gesamte Rest.

Lipophile Hormone lösen sich gut in fettigen Substanzen wie z. B. Plasmamembranen. Deshalb können fettlösliche Signalstoffe die Plasmamembran einfach durchdringen, während wasserlösliche, also hydrophile Hormone, an dieser Aufgabe scheitern. Das unterschiedliche Diffusionsverhalten dieser beiden spiegelt sich natürlich auch im Wirkmechanismus wieder (lipophile Hormone intrazellulär vs. hydrophile Hormone extrazellulär). Das ist ein – auch prüfungstechnisch – **äußerst** wichtiger Unterschied. Du solltest also unbedingt wissen, welche Hormone wasser- und welche fettlöslich sind!

> **Merke!**
>
> Die Einteilung in lipophil und hydrophil ist besonders wichtig für den Wirkmechanismus.
> Lipophile Hormone können durch die Membranen der Zellen diffundieren.

1.1.3 Einteilung nach dem Bildungsort

Auch nach dem Bildungsort kann man eine Unterteilung vornehmen. Hier geht es hauptsächlich darum, festzulegen, ob ein Hormon in einem histologisch abgegrenzten, spezialisierten Gewebe (einer Drüse) oder in anderen Geweben von eingestreuten hormonproduzierenden Zellen synthetisiert wird.

> **Merke!**
>
> Glanduläre Hormone werden in endokrinen Drüsen synthetisiert, Gewebshormone in anderen Geweben.

1.2 Hormon- und Zytokinrezeptoren/ Signaltransduktion

Dieses Kapitel ist sehr wichtig. Erstens sind Fragen z. B. zu den G-Proteinen sehr beliebt, zweitens handelt es sich um grundlegende Fakten und Vorgänge, die du – besonders auch fürs Mündliche – einfach drauf haben solltest.

1.2.1 Wirkungsmechanismus lipophiler Hormone

Lipophile Hormone wirken durch **Änderung der Transkription** spezifischer Gene. Ihre Rezeptoren befinden sich daher **intrazellulär**.
Die oben bereits erwähnte Membrangängigkeit dieser Stoffe ermöglicht also einen besonderen, recht interessanten Wirkmechanismus. Dabei erzwingt die Hydrophobie dieser Hormone eine vermehrte Bindung an Plasmaproteine beim Transport im Blut. Denn fettliebende Substanzen lösen sich schlecht in wässrigem Milieu, was für den ungehinderten Bluttransport eine Eiweißbindung nötig macht.
Allerdings durchquert nur das ungebundene, freie Hormon die Zellmembran.
Hier also einmal die genauen Vorgänge:
Durch das Ablösen des Hormons vom Plasmaprotein wird es frei diffusibel, es kann in die Zelle eindringen und durchquert das Innere der Zelle. Schließlich trifft es nukleär oder zytoplasmatisch auf sein **intrazelluläres Rezeptorprotein**. Dieses gehört in die Gruppe der regulierbaren Transkriptionsfaktoren, eine Gruppe von Molekülen, die dadurch auffallen, dass sie nur als Dimere aktiv sind und jeweils eine Hormonbindungsdomäne und eine DNA-Bindungsdomäne besitzen.

Durch Hormonbindung durchläuft der Hormon-Rezeptor-Komplex eine Konformationsänderung, die die Rezeptoren zur **Pärchenbildung** befähigt. Als Partner wird dabei ein anderer Hormon-Rezeptor-Komplex ausgewählt. Der dimerisierte Rezeptor kann nun mit Hilfe einer **Zinkfinger-Domäne** (beliebter Prüfungsfakt!) an der großen Furche der DNA binden. Durch diese Wechselwirkung mit dem Erbstrang resultiert eine veränderte Transkriptionsgeschwindigkeit. Die Abschnitte, an denen intrazelluläre Rezeptorproteine binden, werden als Hormone-Response-Elemente (HRE) bezeichnet. Diese sind nur in der Nähe bestimmter Gene vorhanden.
Durch die direkte Wechselwirkung des Rezeptors mit der DNA kommt es zur **Induktion** (Beschleunigung der Transkription) oder zur **Repression** (Verlangsamung der Transkription). Natürlich verändern sich dadurch mit der Zeit die Mengen der hergestellten Enzyme und anderer Proteine und letztendlich auch die Zellfunktion.

> **Merke!**
>
> Lipophile Hormone wirken auf die DNA im Zellkern. Die Gene der so regulierten Proteine (z. B. der Na^+/K^+-ATPase) werden dadurch verändert abgelesen (Induktion oder Repression). Dementsprechend häufiger oder seltener werden die entsprechenden Proteine produziert. Bedingt durch diesen Mechanismus liegt die Zeit bis zum Wirkungseintritt meist im Bereich von Stunden.

1

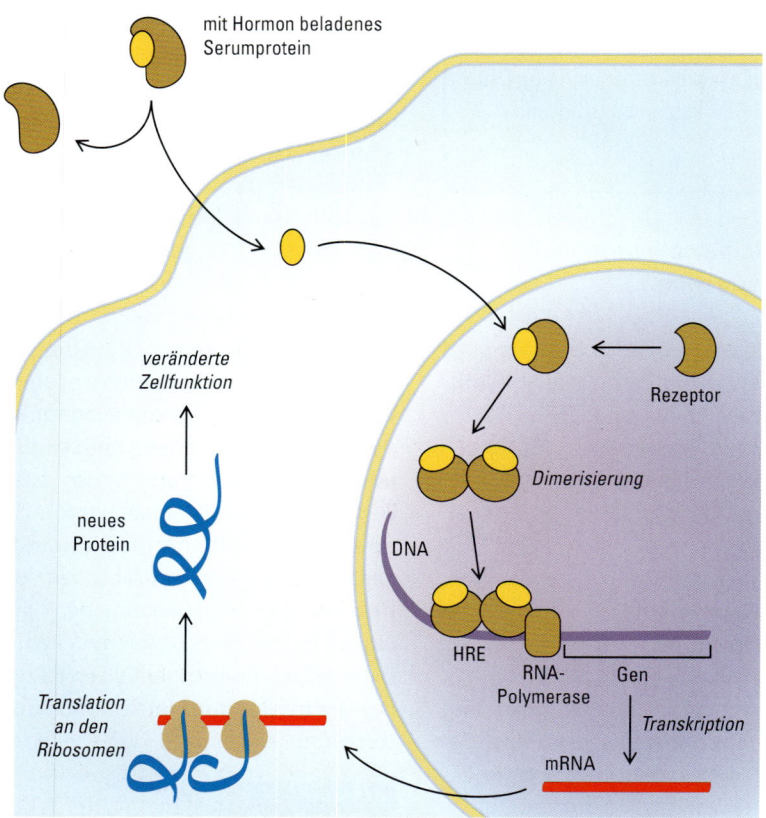

mit Hormon beladenes
Serumprotein

veränderte
Zellfunktion

Rezeptor

Dimerisierung

neues
Protein

DNA

HRE

RNA-
Polymerase

Gen

Transkription

Translation
an den
Ribosomen

mRNA

Hormon durchquert Membran → Bindung eines intrazellulären Rezeptorproteins → dieser Hormon-Rezeptor-Komplex dimerisiert
(mit einem anderen Hormon-Rezeptor-Komplex) → Bindung an DNA über Zinkfinger → Transkriptionsbeeinflussung

Abb. 1: Intrazellulärer Rezeptor

medi-learn.de/7-bc5-1

1.2.2   Wirkungsmechanismus hydrophiler Hormone

Hydrophile Hormone durchdringen die Zellmembran nicht. Sie binden an einen membranständigen Rezeptor, der die Wirkung in das Innere der Zelle vermittelt. Es gibt verschiedene Arten dieser Rezeptoren.

Man unterscheidet drei unterschiedliche Klassen von Membranrezeptoren. Eine große und wichtige Gruppe sind die **G-Protein-assoziierten (7-Helix-) Rezeptoren**. Die sieben Transmembrandomänen dieser Rezeptoren bilden eine Struktur, die sie für die Interaktion mit einem G-Protein prädestiniert.

Eine ganz andere Wirkungsweise zeigen die **1-Helixrezeptoren**. Zu ihnen gehören die **Tyrosinkinasen** und die **Guanylatcyclasen**, die sich grundlegend von den anderen Rezeptoren unterscheiden (s. Tyrosinkinasen, S. 10). Die dritte Gruppe – die **Ionenkanäle** – soll hier nur erwähnt sein. Berühmtestes Beispiel dieser Gruppe ist der nikotinerge Acetylcholin-Rezeptor.

G-Protein-assoziierte Rezeptoren

G-Proteine werden in der Signaltransduktion als Schalter benutzt. Sie übertragen die extrazellulären Signale, die von membranständigen Rezeptoren empfangen wurden, auf intrazelluläre Signalkaskaden.

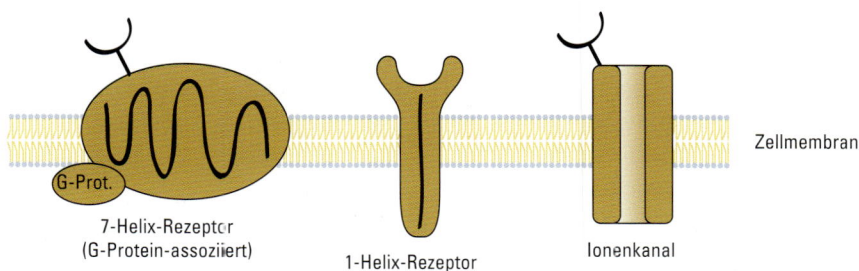

Abb. 2: Klassen von Membranrezeptoren   *medi-learn.de/7-bc5-2*

Es existieren verschiedene Familien der G-Proteine. Zum einen gelten einige Translationsfaktoren (If-2, Ef-1 etc.) als G-Proteine. Eine andere Gruppe stellen die **kleinen G-Proteine** dar, zu ihnen gehören Ras, Rab, Rho und viele andere. Für das Physikum konzentrieren wir uns hier auf die große Einheit der **heterotrimeren G-Proteine**. Wie der Name schon sagt, bestehen sie aus drei Untereinheiten, einer α-, einer β- und einer γ-Untereinheit. Verantwortlich für die Funktion ist hauptsächlich die α-Untereinheit, denn sie bindet (nichtkovalent) ein Guaninnucleotid.

Beleuchten wir also die Vorgänge, die in der Zelle stattfinden, mal genauer: Die **Bindung eines Hormons** an einen membranständigen 7-Helix-Rezeptor führt zu einer Konformationsänderung des Rezeptors. Der entstandene Hormon-Rezeptor-Komplex bindet daraufhin intrazellulär ein G-Protein, wobei der Komplex selbst in der Membran verbleibt. Das G-Protein hat im Ruhezustand ein GDP gebunden. Durch die Interaktion von Hormon-Rezeptor-Komplex und G-Protein wird der **Austausch (KEINE Phosphorylierung) von GDP gegen GTP** am G-Protein katalysiert. Der Hormon-

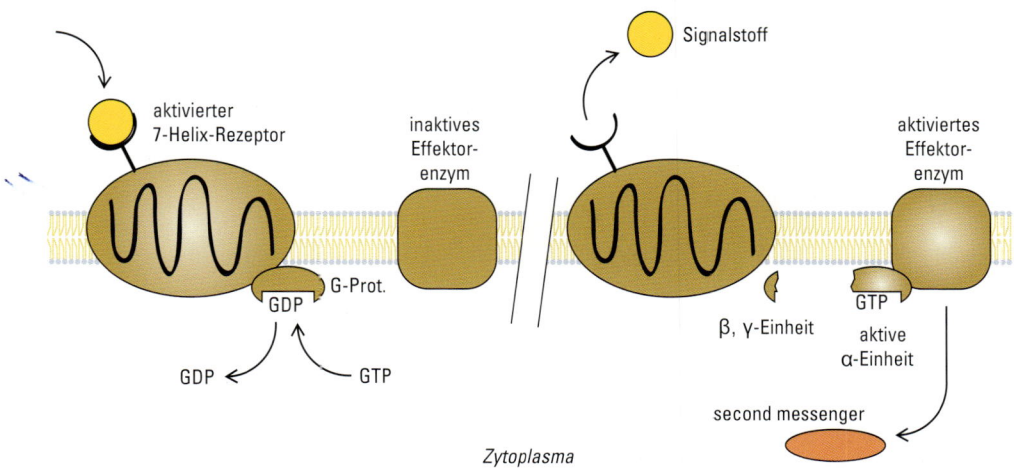

Bindung des Hormons an membranständigen Rezeptor → Anlagerung eines inaktiven G-Proteins (enthält GDP) → Aktivierung des G-Proteins durch Ersetzen des GDP durch GTP → Dissoziation des G-Proteins in α und β,γ → Aktivierung von Effektorenzymen durch die GTP-beladene α-Untereinheit

Abb. 3: G-Proteine   *medi-learn.de/7-bc5-3*

Rezeptor-Komplex aktiviert also das G-Protein. Das aktivierte G-Protein **dissoziiert** nun in die GTP-bindende α-Komponente und den β,γ-Teil. Der für die Funktion hauptverantwortliche α-Abschnitt kann jetzt intrazellulär **membranständige Effektorenzyme** wie die Adenylatcyclase oder die Phospholipase C aktivieren. Dabei entstehen Second messenger wie cAMP und IP_3.

Um eine überschießende Synthese von Second messengern zu verhindern, inhibiert sich die Kaskade übrigens von selbst. Der α-Abschnitt besitzt nämlich eine **GTPase-Aktivität**: durch Assoziation mit dem Effektorenzym wird das GTP der α-Untereinheit zu GDP gespalten und das G-Protein damit wieder inaktiv. Legen sich die drei Teile des G-Proteins letztendlich erneut zusammen, ist der Ausgangspunkt erreicht und die Kaskade kann von vorne beginnen.

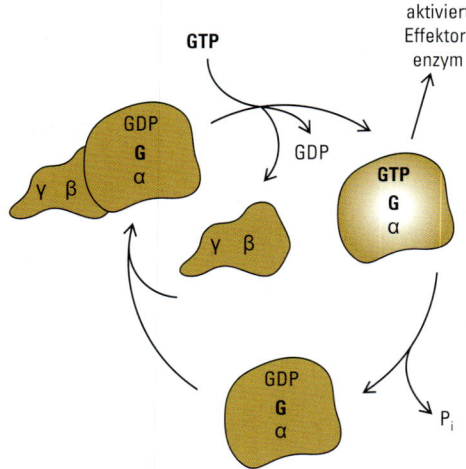

Abb. 4: G-Protein Kreislauf   *medi-learn.de/7-bc5-4*

Es empfiehlt sich, diesen Abschnitt ruhig mehrmals zu lesen. Hier lassen sich nämlich einige Punkte holen, und das nicht nur in der Biochemie, sondern auch in der Physiologie!

Adenylatcyclase. Viele 7-Helix-Rezeptoren interagieren mit G-Proteinen, die Einfluss auf die Adenylatcyclase als Effektorenzym haben. Dabei gibt es zwei verschiedene G-Protein-Unterarten:

> **Merke!**
>
> G_s: Stimulation der Adenylatcyclase → cAMP-Anstieg
> G_i: Inhibition der Adenylatcyclase → cAMP-Abfall

Hier folgt als Beispiel einmal die mit dem β-adrenergen Rezeptor startende G_s-Kaskade: Durch die Hormonbindung katalysiert das Rezeptorprotein den Austausch von GDP gegen GTP am G_s-Protein. Nach Trennung in α- und β,γ-Untereinheit vermittelt die GTP-beladene α-Untereinheit eine Stimulation der **Adenylatcyclase**, die daraufhin einen Second messenger produziert: das **cAMP**.

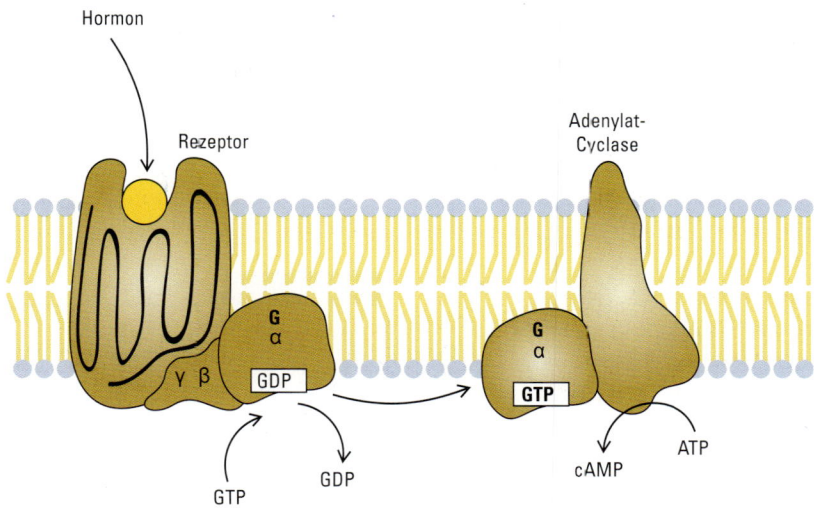

Abb. 5: G$_s$-vermittelte Stimulation der Adenylatcyclase

medi-learn.de/7-bc5-5

Die inhibitorischen G-Proteine (G$_i$) unterscheiden sich von dieser Wirkweise nur in einem Punkt. Nach der Bindung von α$_i$ an die Adenylatcyclase wird diese nicht stimuliert, sondern **gehemmt** und es kommt zu einer verringerten Produktion an cAMP.

Die Adenylatcyclase ist ein integraler Bestandteil der Zellmembran. Sie katalysiert folgende Reaktion:

cAMP entsteht aus ATP und kann in der Zelle weitere Wirkungen vermitteln, hauptsächlich durch Aktivierung der **Proteinkinase A (A wie**

cAMP). Proteinkinasen sind spezielle Proteine, die einen großen Anteil an der Übermittlung von hormonellen Signalen über Rezeptorkaskaden haben.

Durch die Bindung von jeweils vier cAMP-Molekülen an die regulatorischen Untereinheiten der Proteinkinase A dissoziieren die regulatorischen und die katalytischen Untereinheiten, wodurch ihr aktives Zentrum frei wird. Jetzt können dort **Seryl- und Threonylreste** (Vorsicht: NICHT Tyrosyl-) von Zielproteinen phosphoryliert werden, die dadurch ih-

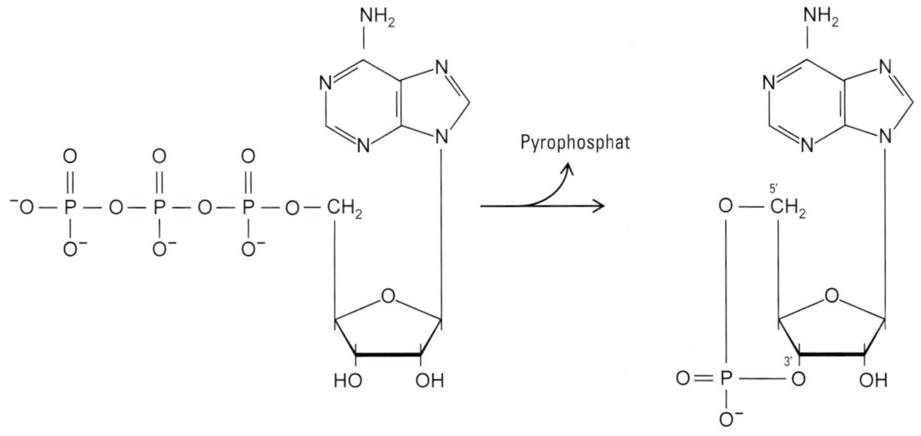

Adenosintriphosphat (ATP)

3', 5'-cAMP

Abb. 6: cAMP-Synthese

medi-learn.de/7-bc5-6

ren Funktionszustand ändern. Diesen Vorgang – also das Aus- und Einschalten von Enzymen durch Phosphorylierung – nennt man **Interkonversion**.

Proteinkinasen phosphorylieren hauptsächlich Hydroxy-Gruppen (OH). Daher sind ihre Reaktionspartner Seryl-, Threonyl- und/oder Tyrosylreste:
Serin/Threoninkinasen sind die
– Proteinkinase A, B und C sowie die
– Phosphorylase Kinase A (im Muskel).
Tyrosinkinasen sind die Tyrosinkinasen (wie einfallslos).

Übrigens …
Lass dich bitte nicht verwirren: In den Fragen des schriftlichen Physikums werden die Begriffe Interkonvertierung und Interkonversion synonym gebraucht. Beide meinen also dasselbe und zwar das Aus- und Einschalten von Enzymen durch Phosphorylierung.

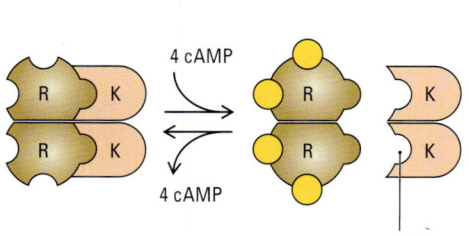

R = regulatorische Untereinheit
K = katalytische Untereinheit

Abb. 7: Proteinkinase A   *medi-learn.de/7-bc5-7*

Merke!

Ein aktives G-Protein (G_s) aktiviert die Adenylatcyclase → vermehrte Produktion von cAMP → Anstieg der intrazellulären cAMP-Konzentration → Aktivierung der Proteinkinase A → Phosphorylierung von Proteinen an Seryl- und Threonylresten durch Proteinkinase A → Funktionsänderung

Die Interkonversion kann zur vermehrten
– **Aktivierung** des Zielenzyms (z. B. Glykogenphosphorylase),
– **Inaktivierung** des Zielenzyms (z. B. Glykogensynthase),
– **Transkription** einiger Gene (z. B. der PEP-Carboxykinase unter Glukagoneinfluss) führen.

Merke!

G_s- und G_i-abhängige Rezeptoren regulieren letztlich die Aktivität der Adenylatcyclase und damit die intrazelluläre Konzentration des Second messengers cAMP. cAMP vermittelt mit Hilfe der Proteinkinase A unterschiedliche zelluläre Effekte, die zu veränderten Zellfunktionen führen. Dabei kann die Aktivität eines Enzyms, aber auch die Transkription in einer Zelle beeinflusst werden.

Um eine gute Steuerbarkeit dieses Systems zu ermöglichen, muss die Halbwertszeit des cAMP kurz sein, da die Zelle ja kurzfristig reagieren können soll.
Dabei hilft die Phosphodiesterase, der größte Feind des cAMP. Sie katalysiert die in Abbildung 8 dargestellte Reaktion und damit die Inaktivierung von cAMP (**5'-AMP** ist inaktiv).

Phospholipase C. Ein weiteres Effektorenzym, auf das die aktivierte α-Untereinheit des G-Proteins wirken kann, ist die Phospholipase C. Das entsprechende G-Protein heißt G_q.
Hierbei wird allerdings nicht cAMP frei, sondern **Inositoltriphosphat (IP$_3$)** und **Diacylglycerin (DAG)**.

Merke!

G_q: Stimulation der Phospholipase C → Anstieg von IP$_3$ und DAG.

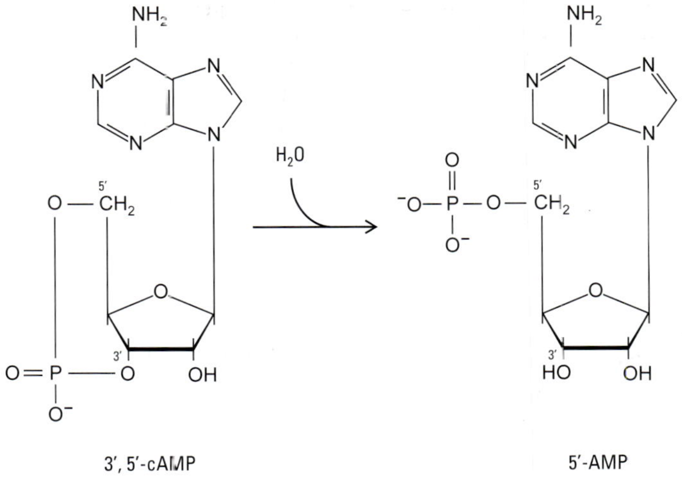

3′, 5′-cAMP

5′-AMP

Abb. 8: Phosphodiesterase

medi-learn.de/7-bc5-8

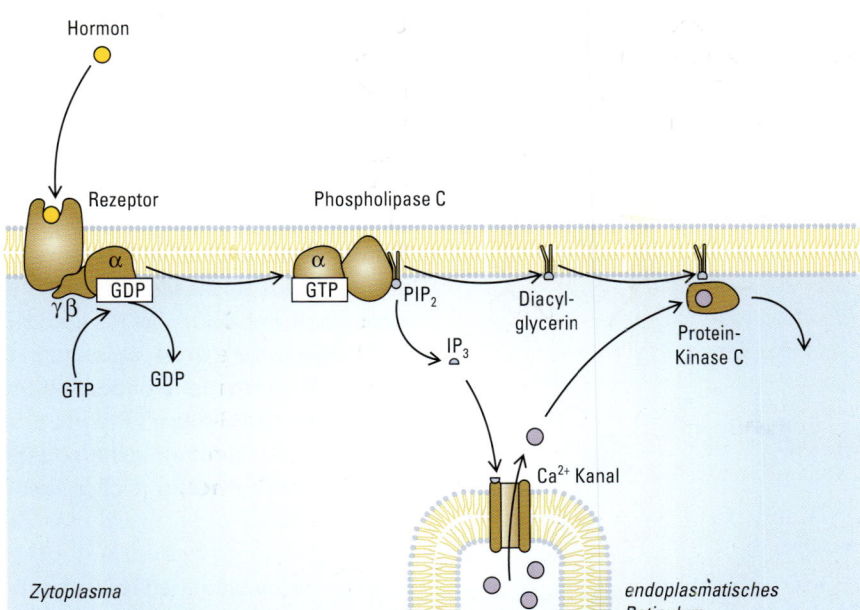

Ein aktives G-Protein (G$_q$) aktiviert die Phospholipase C → Synthese von IP$_3$ und DAG → IP$_3$ öffnet Ca^{2+}-Kanäle am endoplasmatischen Retikulum → Anstieg der intrazellulären

Ca^{2+}-Konzentration → Ca^{2+} aktiviert zusammen mit DAG die Proteinkinase C → Phosphorylierung von Proteinen an Seryl- und Threonylresten durch Proteinkinase C → Funktionsänderung

Abb. 9: G$_q$-Kaskade am Beispiel des α1-adrenergen Rezeptors

medi-learn.de/7-bc5-9

1

Wird über G_q die Phospholipase C aktiviert, spaltet sie Esterbindungen, und zwar mit Vorliebe die eines ganz bestimmten Membranlipids. Dieses Membranlipid heißt **Phosphatidylinositol-4,5-Bisphosphat (PIP₂)**. Da PIP_2 aus einem Inositolrest und einem Glycerin mit 2 Fettsäureresten besteht, entstehen bei der Spaltung die zwei Produkte **Inositoltriphosphat (IP₃)** und **Diacylglycerin (DAG)**. Beide – IP_3 und DAG – sind Second messenger.

Während das wasserlösliche IP_3 zum endoplasmatischen Retikulum diffundiert und dort **Calciumkanäle** öffnet, verbleibt das DAG in der Zellmembran. Letztendlich führen der IP_3-vermittelte Anstieg des Ca^{2+}-Spiegels der Zelle (das ER ist reich an Calcium, durch die Öffnung der Membrankanäle kann es ausströmen) und die vermehrte Produktion des membranständigen DAG zur Aktivierung der **Proteinkinase C** (PK C).

Ähnlich der PK A kann die aktivierte PK C nun Seryl- und Threonylreste phosphorylieren und damit den Aktivitätszustand von verschiedenen Enzymen und Proteinen regulieren (Interkonversion, s. Abb. 7, S. 8).

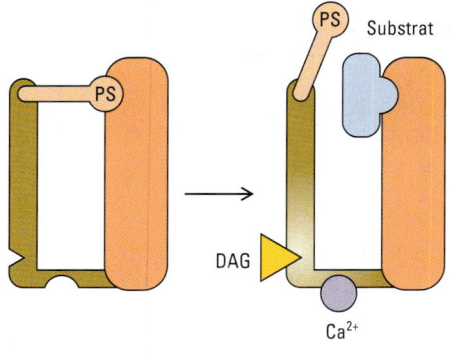

PS = Pseudosubstrat

Abb. 10: Proteinkinase C   *medi-learn.de/7-bc5-10*

Auch der Ca^{2+}-Anstieg allein wirkt wie ein Second messenger. Der Ca^{2+}-Spiegel der Zelle ist nämlich sehr genau reguliert. Kommt es zu einer vermehrten Freisetzung von Calcium, löst genau das in der Zelle schon Reaktionen aus (z. B. vermehrte Muskelkontraktion, vermehr-te Exkretion in neuronalen Zellen). Außerdem werden Ca^{2+}-bindende Proteine wie Calmodulin aktiviert. **Calmodulin** besitzt Strukturähnlichkeit mit Troponin C und kann, zusammen mit Calcium, Kinasen (z. B. Myosin-Leichtkettenkinase in der glatten Muskulatur) aktivieren, die daraufhin – ähnlich wie die PK A und die PK C – in den Zellstoffwechsel eingreifen.

Merke!

Vermittelt durch G-Proteine werden folgende Prozesse in der Zelle eingeleitet:
– Über die Adenylatcyclase wird der cAMP-Spiegel im Plasma gesteigert.
– Die Phospholipase C steuert die intrazelluläre Konzentration von IP_3, DAG und Calcium.
Diese Vorgänge führen zu veränderten Enzymaktivitäten, vermittelt durch die phosphorylierenden Proteinkinasen A oder C (Interkonversion).

Tyrosinkinasen

Tyrosinkinasen liegen in der Plasmamembran als **Monomere** vor. Bevor sie aktiv werden, bilden sie jedoch **Dimere**. Und das geht so: Nachdem ein Hormon an ein Monomer gebunden hat, sucht sich dieses Monomer ein identisches, nicht hormonbeladenes Rezeptorprotein als Bindungspartner. Dabei entsteht ein Homodimer (zwei gleiche Teile bilden ein Dimer).

Das Wirkprinzip aller Tyrosinkinaserezeptoren beruht auf einer einfachen oder multiplen **Autophosphorylierung** (sich selbst phosphorylieren). Nach oben erwähnter Assoziation zu Dimeren kommt es zur Autophosphorylierung von **intrazellulären Tyrosylresten** des Rezeptors (deshalb der Name **Tyrosin**kinase). Die Phosphorylierung erfolgt dabei durch den Rezeptorkomplex selbst (deshalb Tyrosin**kinase**). Dadurch wird der Rezeptor aktiviert, und Proteine mit einer SH2-Domäne können an die phosphorylierten Tyrosylreste binden. Diese Proteine werden dadurch aktiviert und sind so für die weitere Signalübertragung zuständig:

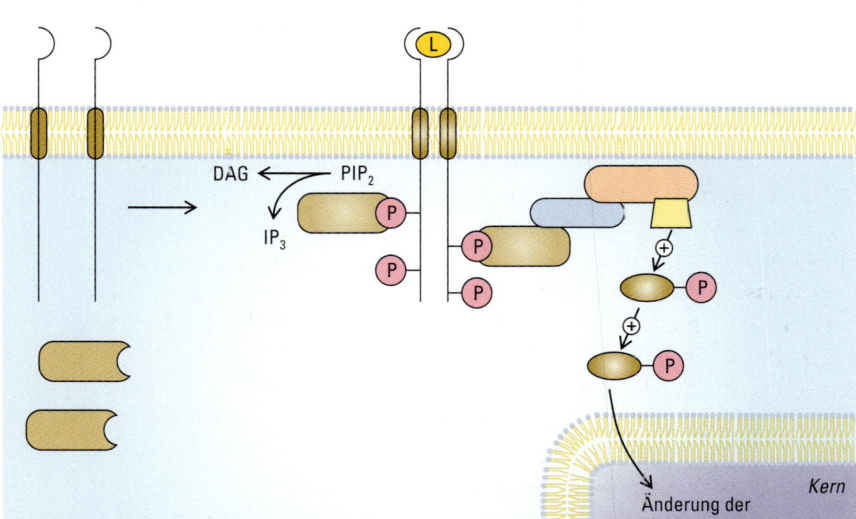

Extrazellularraum

DAG ← PIP$_2$

IP$_3$

Zytoplasma

Änderung der
Transkription

Kern

Abb. 11: Tyrosinkinasen

medi-learn.de/7-bc5-11

- Sie führen zur Konzentrationsänderung von Second messengern,
- sie verändern die Transkription und
- sie können Bestandteile des Zytoskeletts sein.

Am besten schaust du dir Abb. 11, S. 11 an, dann werden diese Fakten bestimmt verständlicher.

Der prüfungsrelevanteste Vertreter dieser Rezeptorklasse ist der Insulinrezeptor, obwohl er zusammen mit dem Rezeptor für IGF eine gewisse Variante bildet. Die beiden haben nämlich einige Besonderheiten, z. B. dass sie heterotetramere Rezeptoren sind, sie also aus 2 · 2 Untereinheiten ($\alpha_2\beta_2$, s. Abb. 18, S. 19) bestehen.

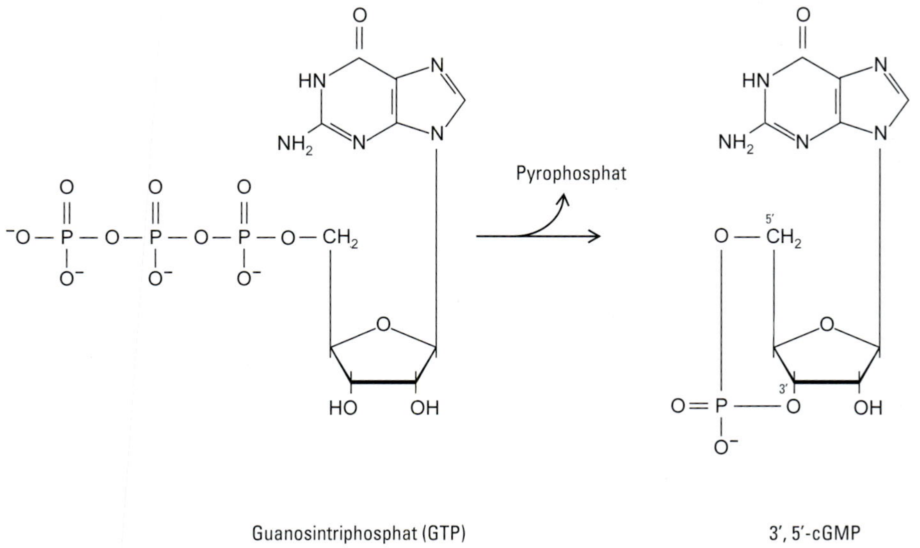

Guanosintriphosphat (GTP)

3′, 5′-cGMP

Abb. 12: Guanylatcylase-Reaktion

medi-learn.de/7-bc5-12

Guanylatcyclasen

Guanylatcyclasen sind Rezeptorenzyme, die aus GTP zyklisches GMP (cGMP) bilden. Sie funktionieren also ähnlich wie Adenylatcyclasen, allerdings mit zwei Unterschieden:
– Sie benutzen **GTP** statt ATP und
– sind **Rezeptor und Effektorenzym** in einem. (Adenylatcyclasen benötigen einen Rezeptor **und** G-Proteine, um aktiviert zu werden).
Es existieren zwei verschiedene Guanylatcyclasen (GCl). Die membranständige Form der GCl dient z. B. als Rezeptor für ANP (atriales natriuretisches Peptid, s. 1.6.2, S. 58).
NO (Stickstoffmonoxid), ein kurzlebiger Botenstoff des Endothels, bindet hingegen an die lösliche, intrazelluläre Form der Guanylatcyclase (s. 1.8.4, S. 62).
Beide GCl-Arten führen zu einer Erhöhung der intrazellulären Konzentration von cGMP, das beispielsweise eine Entspannung der Gefäßmuskulatur und eine Änderung im Elektrolyttransport der Niere auslöst.
Auch im cGMP-System ist eine Proteinkinase vorhanden, die Proteinkinase G.

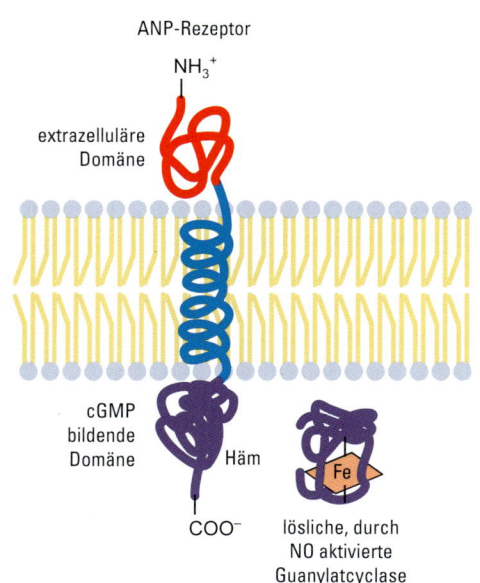

Abb. 13: Membranständige und lösliche Guanylatcyclase

medi-learn.de/7-bc5-13

Bei allen **Hormonen** solltest du eine Vorstellung besitzen, zu welcher Stoffgruppe sie gehören. Schließlich ergeben sich daraus grundlegende Eigenschaften. Besonders gerne gefragt wurde bislang, dass

- alle Hormone von Hypothalamus, Hypophyse (Neuro- und Adenohypophyse) und endokrinem Pankreas Peptidhormone sind,
- alle Peptidhormone hydrophil sind,
- die einzigen lipophilen Aminosäurederivate die Schilddrüsenhormone sind (Vorsicht Falle: Schilddrüsenhormone sind KEINE Peptide, s. 1.4.1, S. 34) und
  die fettlöslichen Steroidhormone aus Cholesterin entstehen.

Am Abschnitt **Hormonrezeptoren** und **Signaltransduktion** kommst du nicht vorbei, das muss einfach rein in den Kopf. Denn die hier vorgestellten Fakten sind das Fundament, auf dem alles andere aufbaut. Besonders häufig gefragt wurden bislang folgende Punkte:

- Lipophile Hormone wirken mit Hilfe intrazellulärer Rezeptoren, die dimerisieren, mit einem Zinkfinger an die DNA binden und daraufhin die Transkription beeinflussen. Zeit bis zum Wirkeintritt: Minuten bis Stunden.
- Hydrophile Hormone wirken z. B. über G-Protein-assoziierte Rezeptoren; wichtig sind Rezeptorinteraktionen mit G_s, G_i und G_q.

- Heterotrimere G-Proteine werden als Schalter benutzt. Sie bestehen aus einer α-, β- und einer γ-Untereinheit und können ein Guaninnucleotid binden. Letztendlich führt die Hormonbindung am Rezeptor über eine G-Protein-Aktivierung zur vermehrten Effektor-Aktivität eines Effektorenzyms (Adenylatcyclase oder Phospholipase C).
- G_s stimuliert die Adenylatcyclase, G_i hemmt sie. Die Adenylatcyclase katalysiert die Reaktion von ATP zu cAMP, einem Second messenger.
- G_q aktiviert die Phospholipase C, daraufhin entsteht aus PIP_2 das IP_3 und der „Membranlipidrest" DAG. Infolgedessen steigt der Ca^{2+}-Spiegel in der Zelle.
- Second messenger haben die Möglichkeit, Proteinkinasen (PK A und PK C) zu aktivieren. Diese phosphorylieren bestimmte Proteine an Seryl- und Threonylresten, wodurch sich der Funktionszustand des Proteins ändert (Interkonversion).
- Tyrosylreste werden durch Tyrosinkinasen phosphoryliert. Diese Rezeptorproteine durchlaufen nach Hormonbindung eine Autophosphorylierung und werden daraufhin aktiv.
- Tyrosylreste gehören zu den Tyrosinkinasen, Seryl- und Threonylreste dagegen zu den Proteinkinasen (Vorsicht Falle!).
- ANP und NO stimulieren Guanylatcyclasen = Rezeptorproteine, die schließlich den Spiegel des Second messengers cGMP in der Zelle anheben.

Wir beginnen die Biochemie mit dem Kapitel der Hormone. Zu den Unterkapiteln Einteilung, Rezeptoren und Signaltransduktion folgen hier die Fragen aus den mündlichen Prüfungsprotokollen unserer Datenbank. Viel Erfolg bei der Überprüfung deines Wissens.

1. Nach welchen Kriterien können Sie eine generelle Einteilung der Hormone vornehmen?

2. Schildern Sie bitte grundlegende Unterschiede zwischen Somatostatin und Cortisol.

3. Welche G-Proteine kennen Sie und welche Funktionen haben diese in einer Zelle?

4. Schildern Sie bitte die Vorgänge, die bei der Bindung eines Hormon-Rezeptor-Komplexes an ein G-Protein stattfinden.

5. Welche Second messenger kennen Sie und wie entstehen diese?

6. Schildern Sie bitte eine Kaskade, die zur Synthese eines der oben genannten Second messenger führt.

7. Kennen Sie membranständige Rezeptoren, die nicht mit Hilfe von G-Proteinen arbeiten? Welche kennen Sie und wie funktionieren diese?

8. Schildern Sie bitte die Vorgänge, die zur Vermittlung der Aldosteronwirkung führen.

1. Nach welchen Kriterien können Sie eine generelle Einteilung der Hormone vornehmen?
- Nach Struktur,
- nach Löslichkeit in Wasser,
- nach Bildungsort,
- nach funktionellen Gesichtspunkten (z. B. „Wachstum und Entwicklung" oder „schnelle Stoffwechselregulation").

2. Schildern Sie bitte grundlegende Unterschiede zwischen Somatostatin und Cortisol.
Somatostatin ist
- ein Peptidhormon,
- hydrophil und
- ein Gewebshormon.
Cortisol ist
- ein Steroidhormon,
- lipophil und
- ein glanduläres Hormon.

3. Welche G-Proteine kennen Sie und welche Funktionen haben diese in einer Zelle?
G-Proteine haben Schalterfunktion. Der hormonbindende Rezeptor benutzt die G-Proteine, um die eigentliche Hormonwirkung in die Zelle zu vermitteln. Dabei kommt es zu Kaskaden, die eine Verstärkung des einzelnen Hormonsignals bewirken. Von den G-Proteinen existieren verschieden Klassen, z. B. die „kleinen" G-Proteine (wie Ras und Rho) und die großen, heterotrimeren G-Proteine.

4. Schildern Sie bitte die Vorgänge, die bei der Bindung eines Hormon-Rezeptor-Komplexes an ein G-Protein stattfinden.
Durch die Rezeptorbindung kommt es zum Austausch von GDP gegen GTP, anschließend zur Trennung in α- und β,γ-Untereinheit. Es folgt die Interaktion mit dem Effektorenzym. Die Inaktivierung geschieht durch die GTPase-Aktivität der α-Untereinheit und der Kreislauf kann von vorn beginnen.

5. Welche Second messenger kennen Sie und wie entstehen diese?
- cAMP, cGMP (Cyclasen)
- IP_3, DAG (Proteinlipase C)
- Ca^{2+}, manchmal auch als Third messenger bezeichnet.

6. Schildern Sie bitte eine Kaskade, die zur Synthese eines der oben genannten Second messenger führt.

Beispiel G_q-Kaskade: Nach Aktivierung des G_q-Proteins wird membranständiges PIP_2 durch die Phospholipase C in IP_3 und DAG gespalten. IP_3 setzt Ca^{2+} aus dem endoplasmatischen Retikulum frei, Ca^{2+} und DAG aktivieren zusammen die Proteinkinase C.
Oder:
Beispiel G_s/G_i-Kaskade: Stimulation eines G_s-Proteins führt zu dessen Spaltung in α und β,γ. GTP-beladenes α stimuliert daraufhin die Adenylatcyclase, die cAMP aus ATP bildet. Die α-Untereinheit des G_i-Proteins führt zur Hemmung der Adenylatcyclase.

7. Kennen Sie membranständige Rezeptoren, die nicht mit Hilfe von G-Proteinen arbeiten? Welche kennen Sie und wie funktionieren diese?

Bei den 1-Helix-Rezeptoren handelt es sich z. B um Tyrosinkinasen oder Guanylatcyclasen. Beide Arten besitzen eine Hormonbindungsstelle und einen Abschnitt, der direkt für die Signalübermittlung zuständig ist. Deshalb benötigen diese Rezeptoren keine G-Proteine.
Tyrosinkinasen: Hormonbindung → Dimerisierung → Autophosphorylierung → Phosphorylierung von weitervermittelnden Proteinen; Beispiel Insulin, Wachstumsfaktoren.
Guanylatcyclasen: Hormonbindung → Synthese von cGMP als Second messenger; Beispiel: ANP (membranständig), NO (löslich).

8. Schildern Sie bitte die Vorgänge, die zur Vermittlung der Aldosteronwirkung führen.
Aldosteron hat als Steroidhormon eine hohe Plasmaeiweißbindung und einen intrazellulären Rezeptor. Es diffundiert durch die Zellmembran und bildet einen Hormon-Rezeptor-Komplex. Es folgt die Dimerisierung, die Interaktion mit der DNA und die Beeinflussung der Transkription (Induktion oder Repression), letztendlich resultiert ein veränderter Enzymbesatz der Zelle.

Mehr Cartoons unter www.medi-learn.de/cartoons

ICH BIN UNFALLCHIRURG!

DAS TUT MIR LEID

Pause

Ein paar Seiten hast du schon geschafft!
Päuschen und weiter geht's!

1

1.3 Schnelle Stoffwechselregulation

Dieses oft gefragte Kapitel behandelt die Regulation des Stoffwechsels durch die Hormone der Langerhans-Inseln (Insulin und Glukagon) und die Katecholamine. Im Vordergrund steht hierbei der Kohlenhydratstoffwechsel mit Glucose als zentralem Metabolit.

Falls dich in bestimmten Teilen dieses Kapitels eine Unterzuckerung und erhöhte Katecholaminausschüttung ereilt, hilft nur eins: Kleine Pause machen, tiefgefrorenen Fruchtzwerg essen, Espresso trinken und dann mit frischem Elan erneut ans Werk.

1.3.1 Insulin

Hier solltest du jetzt noch mal besonders gut aufpassen, denn Insulin ist einer der absoluten Prüfungsrenner! Und das kann man wirklich nicht von jedem Kapitel behaupten …

Struktur, Synthese und Sekretion

Insulin ist ein **Proteohormon**. Wie alle Polypeptide und Proteine durchläuft es damit den weiten Weg der Proteinbiosynthese, angefangen mit der Transkription und Translation, bis hin zur Weiterverarbeitung des Rohproteins zu einem aktiven Molekül.

Das aktive Insulin entsteht in den β-Zellen des endokrinen Pankreas durch Proteolyse aus Präproinsulin. Dabei finden folgende Schritte statt (s. Abb. 15, S. 17):

– Abspaltung des **Signalpeptids**, das für die Einschleusung in das endoplasmatische Retikulum benötigt wurde,

– Synthese von **drei Disulfidbrücken** (zwei Disulfidbrücken zwischen den beiden Ketten, eine Disulfidbrücke in der A-Kette) und

– Abspaltung des **C-Peptids**.

Schlussendlich wird das fertige Insulin bis zur Sekretion als **Zink-Hexamer** (immer sechs Insulinmoleküle kristallisieren an einem Zn^{2+}-Ion) in Vesikeln gespeichert. Nach seiner Ausschüttung ist Insulin sehr kurzlebig. Es hat nur eine Halbwertszeit von knapp fünf Minuten. Dies gewährleistet eine gute Regulierbarkeit des Kohlenhydratstoffwechsels.

Das C-Peptid kann man länger im Blut nachweisen. Da pro aktivem Insulinmolekül auch ein C-Peptid entsteht, entspricht die gemessene Konzentration an C-Peptid der Konzentration an selbst synthetisiertem Insulin.

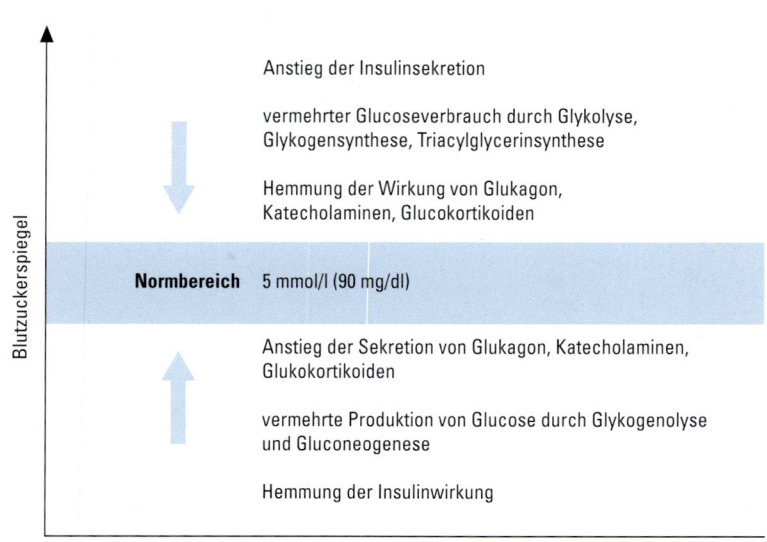

Anstieg der Insulinsekretion

vermehrter Glucoseverbrauch durch Glykolyse, Glykogensynthese, Triacylglycerinsynthese

Hemmung der Wirkung von Glukagon, Katecholaminen, Glucokortikoiden

Normbereich 5 mmol/l (90 mg/dl)

Anstieg der Sekretion von Glukagon, Katecholaminen, Glukokortikoiden

vermehrte Produktion von Glucose durch Glykogenolyse und Gluconeogenese

Hemmung der Insulinwirkung

Blutzuckerspiegel

Abb. 14: Schnelle Stoffwechselregulation

medi-learn.de/7-bc5-14

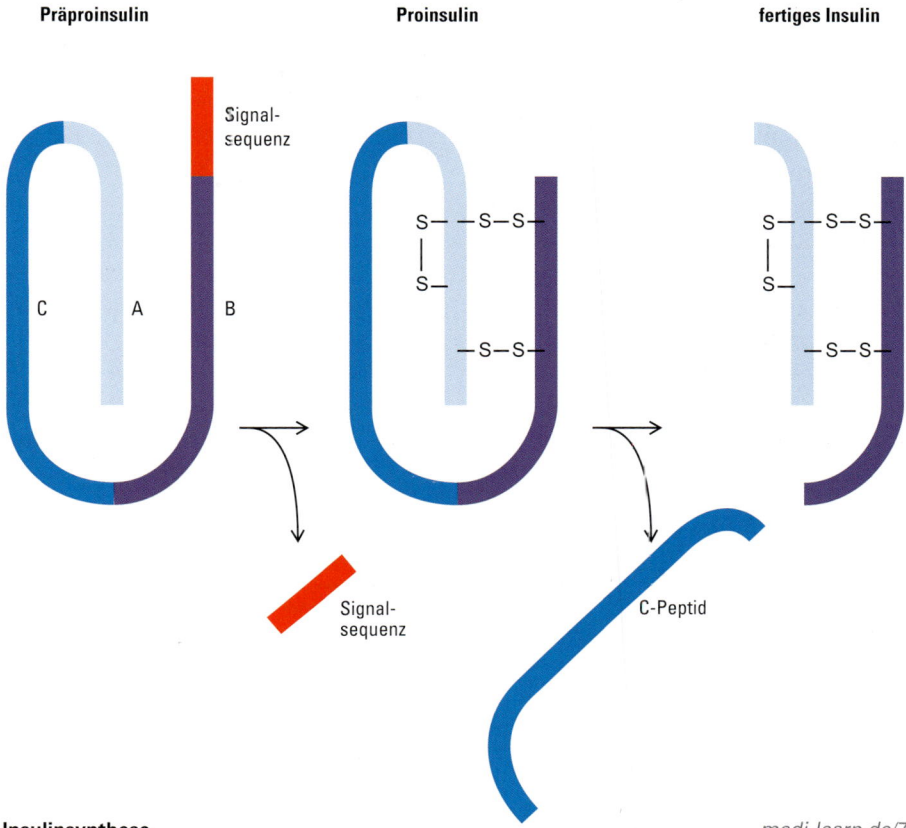

Präproinsulin   **Proinsulin**   **fertiges Insulin**

Signal-
sequenz

C   A   B

S—S—S
S—
—S—S—

S—S—S
S—
—S—S—

Signal-
sequenz

C-Peptid

Abb. 15: Insulinsynthese   *medi-learn.de/7-bc5-15*

Merke!

Insulin
– wird in den β-Zellen des endokrinen Pankreas (Langerhans-Inseln) synthetisiert.
– ist ein Proteohormon aus 51 Aminosäuren.
– besteht aus zwei Ketten (A- und B-Kette).
– enthält zwei Disulfidbrücken zwischen den beiden Ketten und eine Disulfidbrücke innerhalb der A-Kette (NICHT der B-Kette!).
– wird in β-Granula als Hexamer mit Zink-Ionen gespeichert.
– wird sezerniert, wenn die Glucosekonzentration im Blut ansteigt.

Nachdem Insulin erfolgreich gebildet wurde, beschäftigen wir uns nun mit dem Sekretionsmechanismus, denn schließlich will der Blutzuckerspiegel genau reguliert sein.

Der **stärkste** physiologische Reiz zur Ausschüttung der Insulinvesikel aus den B-Zellen ist der Anstieg der **extrazellulären Glucosekonzentration**. Bei einem hohen Plasma-Blutzuckerspiegel (BZ) wird also viel Insulin ausgeschüttet. Damit das auch immer so funktioniert wie

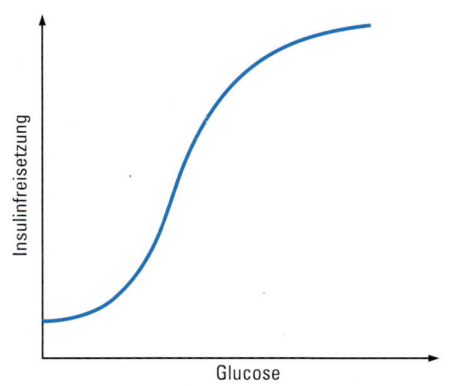

Insulinfreisetzung

Glucose

Abb. 16: Glucose-Insulin   *medi-learn.de/7-bc5-16*

in unserer Grafik, hat unser Körper einen interessanten Mechanismus ausgeklügelt (s. Abb. 16, S. 17 und Abb. 17, S. 18).

Die pankreatischen B-Zellen besitzen nämlich einen **Glucosesensor**. Er entsteht durch das Zusammenspiel des Glucosetransporters **GLUT-2** und der **Glucokinase**. Beide sind in den pankreatischen β-Zellen vorhanden und dort in ihrer Kinetik so aufeinander abgestimmt, dass sie mögliche Änderungen der Glucosekonzentration effizient aufspüren. Sie leiten den Sekretionsmechanismus des Insulins ein, indem sie mit der Einschleusung der Glucose in die Glykolyse beginnen. Da aus jedem energiereichen Substrat in den Zellen letztendlich ATP entsteht, ist das auch hier der Fall: Aus extrazellulärer Glucose wird intrazelluläres ATP gebildet (die intrazelluläre ATP-Konzentration steigt an). Die **ATP-abhängige Hemmung** eines bestimmten K$^+$-Kanals führt daraufhin zur Depolarisierung der β-Zelle, da K$^+$ die Zelle nicht mehr verlassen kann. Ein **spannungssensitiver Ca^{2+}-Kanal** bemerkt diese Veränderung im Membranpotenzial, öffnet sich und lässt Ca^{2+} einströmen. Der steigende Ca^{2+}-Spiegel führt dann zur Exkretion der Insulinvesikel (ähnlich wie an einer Synapse, s. Skript Physiologie 3)

> **Merke!**
>
> Der Sekretionsmechanismus des Insulins beruht auf einem Anstieg der intrazellulären ATP-Konzentration und darauf folgender Depolarisierung mit vermehrtem Ca^{2+}- Einstrom.

Neben der Blutglucosekonzentration gibt es natürlich noch andere Parameter, die Einfluss auf die Insulinfreisetzung der β-Zellen des Pankreas besitzen. Die **absolut prüfungsrelevanten Vertreter** sind in folgender Tabelle zusammengefasst:

stimulieren Insulinfreisetzung	hemmen Insulinfreisetzung
– Aminosäuren – kurzkettige Fettsäuren – Ketonkörper – GIP (Glucose-dependent Insulin-releasing Peptide), GLP-1 (Glukagon Like Peptide 1) – therapeutisch: Sulfonylharnstoffe	– Adrenalin, Noradrenalin (α$_2$-Rezeptor) – Somatostatin

Tab. 2: Regulatoren der Insulinfreisetzung

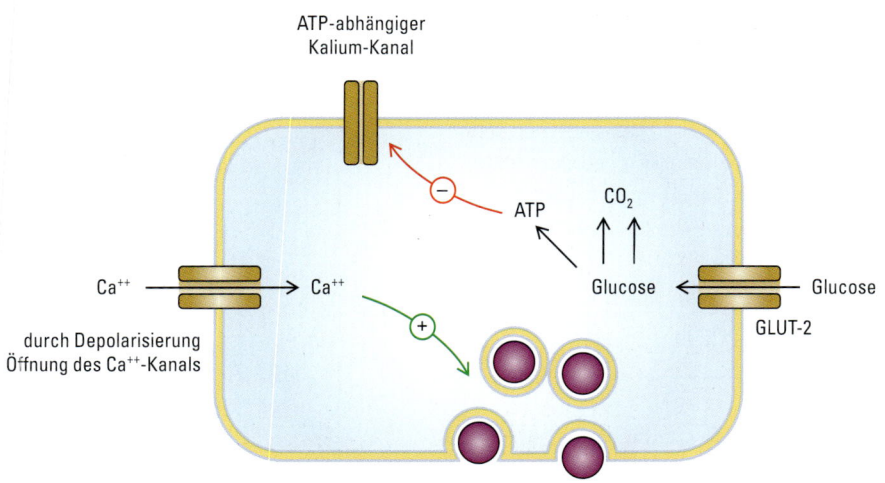

Abb. 17: Mechanismus der Insulinsekretion

medi-learn.de/7-bc5-17

Na, Fruchtzwerg schon aufgegessen? Dann steigt wohl mittlerweile der BZ an, oder? Insulin wird auch ausgeschüttet .... sehr gut. Dann sollten wir uns schleunigst dem Insulinrezeptor widmen, denn sonst erreichen wir keine Wirkung an den Zielzellen.

Insulinrezeptor

Wie bereits erwähnt (s. Tyrosinkinasen, S. 10), ist der Insulinrezeptor ein spezieller **Tyrosinkinaserezeptor**: Er ist ein **heterotetramerer Rezeptor ($\alpha_2\beta_2$)**. Die α-Untereinheiten befinden sich extrazellulär und sind für die Bindung mit dem Insulin zuständig, während die β-Komponenten – als Proteinkinasen – für die Autophosphorylierung des Rezeptors sorgen. Sein Substrat, das die Wirkung weiter in die Zelle vermittelt, wird nach Rezeptoranregung ebenfalls phosphoryliert und damit aktiviert. Dessen Name ist **IRS** (Insulin-Rezeptor-Substrat); wie einfallsreich ...

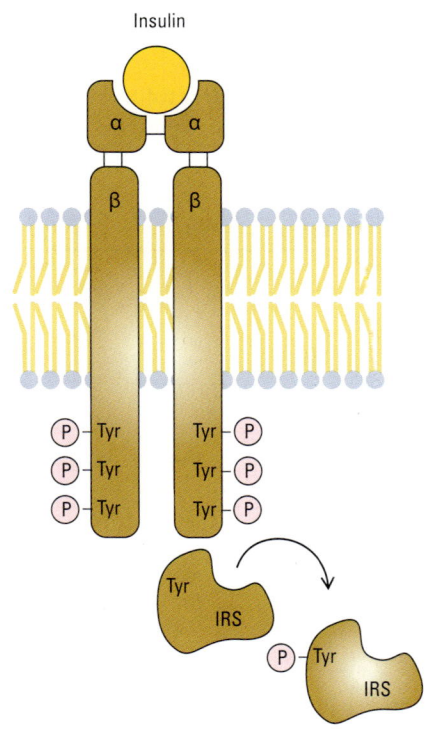

Abb. 18: Insulinrezeptor   *medi-learn.de/7-bc5-18*

> **Merke!**
>
> – Die α-Untereinheiten befinden sich außen und binden das Insulin.
> – Der β-Teil ist für die Phosphorylierung zuständig.

Wirkungen des Insulins

Insulin reguliert in bedeutender Art und Weise den Kohlenhydratstoffwechsel im Wechselspiel mit Glukagon und den Katecholaminen. Da Glucose unerlässlicher Brennstoff für das Gehirn (allein dort werden pro Tag 120 g am Tag umgesetzt), das Nervengewebe, die Erythrozyten, das Nebennierenmark und noch ein paar andere Gewebe ist, spielt Insulin eine entsprechend wichtige Rolle im menschlichen Organismus.

Obwohl sich die Insulinwirkung nicht auf bestimmte Gewebe beschränkt, sind aufgrund ihrer funktionellen und prüfungstechnischen Bedeutung besonders drei betrachtenswert:

– **die Leber,**
– **die Muskulatur und**
– **das Fettgewebe.**

In den folgenden Abschnitten wird jedes dieser Gewebe genau besprochen. Achte dabei bitte besonders auf die Regulation der **Enzymaktivität** und der **Transkription** sowie auf die **Transportvorgänge** und deren Unterschiede/Gemeinsamkeiten.

Übrigens ...
Wie so oft, ist auch hier Verstehen besser als Auswendiglernen. Deshalb solltest du versuchen, dir die eingefügten Tabellen von rechts nach links herzuleiten.

Glucosetransporter (GLUT). Bevor es jetzt gleich um die Insulinwirkungen im Gewebe geht, werden an dieser Stelle noch kurz die Glucosetransporter (GLUT) besprochen. Dabei

1

handelt es sich um integrale Membranproteine mit mehreren Transmembrandomänen. GLUTs durchziehen die Plasmamembran und erleichtern damit **passiv** die **Diffusion** von Glucose entlang ihres Konzentrationsgefälles. Von den existierenden Isoformen solltest du dir folgende merken:

– Der am weitesten verbreitete **GLUT-1** befindet sich an Endothelzellen im ZNS und an den Erythrozyten. Dort sichert er die Versorgung des ZNS und der Erys mit ihrem Hauptbrennstoff Glucose.

– **GLUT-2** ist in den β-Zellen der Langerhans-Inseln, in der Leber und an der basolateralen Seite der intestinalen Schleimhautzellen lokalisiert. Was an ihm äußerst wichtig ist: **GLUT-2 ist insulinUNabhängig**. Die Gewebe, in denen er vorkommt, sind also aufgrund ihrer funktionellen Bedeutung in ihrem Glucosetransport **NICHT auf Insulin angewiesen**. GLUT-2 bewältigt nämlich den Glucosetransport in der Leber und im endokrinen Pankreas sowie die Diffusion der intestinal resorbierten Glucose ins Blut.

– Im Gegensatz dazu handelt es sich bei **GLUT-4 um einen insulinsensitiven Kanal**.

Das bedeutet, dass die Anzahl der GLUT-4s in der Zellmembran abhängig vom sezernierten Insulin ist. Insulin verursacht nämlich die **Translokation** (das Verlagern) von GLUT-4 aus intrazellulären Membranvesikeln in die Zellmembran. Sein Vorkommen beschränkt sich auf die **Muskulatur** und das **Fettgewebe**. Daher werden diese beiden Gewebe in ihrem Glucosetransport durch Insulin stimuliert.

Wirkungen auf die Leber. Die Leber ist der wichtigste Ort für die **Gluconeogenese** des menschlichen Körpers. Sie besitzt die Fähigkeit zur **Glykolyse** und kann darüber hinaus **Glykogen** synthetisieren und speichern. Damit wird sie ihrer Rolle als zentrales Stoffwechselorgan – in unserem Fall des Kohlenhydratstoffwechsels – gerecht und verdient eine genauere Betrachtung:

Die Insulinsekretion erfolgt bei hohem Blutzuckerspiegel (s. Abb. 15, S. 17). Unser Körper hat in dieser Situation also ein relatives Überangebot an Glucose. Das Insulin sorgt nun für eine adäquate Verwertung der Glucose. Zum einen wird durch Insulin die **Glykolyse beschleunigt** und es entstehen energiereiche Stoffwechselprodukte (ATP, NADH), die weiter

Wirkung auf Aktivität / Transkription	Wirkung auf Transportvorgänge	Fazit
Aktivierung/Induktion		
– Glucokinase		– Glykolyse↑
– Phosphofructokinase		
– Pyruvatkinase		
– Glykogensynthase		– Glykogensynthese ↑
– Pyruvatdehydrogenase		– Fettsäuresynthese ↑
– Acetyl-CoA-Carboxylase		
Inaktivierung/Repression		
– Pyruvatcarboxylase		– Gluconeogenese ↓
– PEP-Carboxykinase		
– Fructose-1,6-bishosphatase		
– Glucose-6-phosphatase		
– Glykogenphosphorylase		– Glykogenolyse ↓
	Glucose kann durch GLUT-2 frei diffundieren!	– Glucosetransport ↔

Tab. 3: Insulinwirkung in der Leber

verwendet werden können. Um keine Energie zu verschwenden, wird der entgegengesetzte Stoffwechselweg – die **Gluconeogenese** – gehemmt.

In Zeiten eines solchen Substratüberschusses ist es für den Körper weiterhin sehr sinnvoll, seine Speicher zu füllen. Das wichtigste Reservoir für Glucose ist Glykogen, weshalb die **Glykogensynthese** durch Insulin **beschleunigt** wird. Auch hier wird sinnvollerweise der konträre Stoffwechselweg – die **Glykogenolyse** – gehemmt. Da die Leber im Mittelpunkt des menschlichen Metabolismus steht und daher auch viele andere Substanzen verstoffwechselt, bleiben die Transportvorgänge über die Plasmamembran von Insulin unbeeinflusst. Ein so wichtiges Organ hat also eine Sonderrolle.

Übrigens ...
Tastest du dich nun von diesen prinzipiellen Gedanken weiter in Richtung Enzymbeeinflussung (in der Tabelle nach links), kannst du dir herleiten, welche Enzyme aktiver und welche inaktiver werden müssen. Damit erschließt du dir das – für die Physikumsfragen durchaus wichtige – (weil schon gefragte) – Wissen um die Insulinwirkung auf die Schlüsselenzyme der wichtigen Stoffwechselwege.

Kurz zu erwähnen sind hier noch die Pyruvatdehydrogenase und die Acetyl-CoA-Carboxylase. Am besten merkst du dir hier, dass die beiden durch Insulin aktiviert werden und die Substrate für die Fettsäurebiosynthese herstellen. Der Rest kommt dann beim Fettgewebe (s. Tab. 5, S. 22).

Wirkungen auf die Muskulatur. Die Muskulatur speichert fast zwei Drittel des gesamten Glykogens im menschlichen Organismus. Das ist eine beträchtliche Menge. Unter Insulineinfluss kann im Muskel daher bis zu 90 % des Glucoseumsatzes des Organismus stattfinden. Dort kann also viel Glucose „verschwinden". Die durch Insulin **stimulierte Glykogensynthese** ist damit ein wichtiger Mechanismus, den Blutzuckerspiegel zu senken und der Muskulatur ausreichend Substrat für die energieverbrauchende Kontraktion zu geben.
Eine andere Substratreserve für schlechte Zeiten sind die Aminosäuren. In Hungerphasen liefert die Muskulatur sie an die Leber, die die Aminosäuren in den Citratzyklus einschleust. Unter Insulineinfluss befinden wir uns allerdings in einer „satten Stoffwechsellage". Hier füllt die durch Insulin **angeregte Proteinbiosynthese** auch den Energiespeicher der Aminosäuren wieder auf.
Insulinabhängig werden deshalb für den Transport dieser Substrate ebenfalls gute Be-

Wirkung auf Aktivität / Transkription	Wirkung auf Transportvorgänge	Fazit
Aktivierung/Induktion		
– Hexokinase		
– Phosphofructokinase		– Glykolyse ↑
– Pyruvatkinase		
– Glykogensynthase		– Glykogensynthese ↑
– Aminosäuretransporter	– erleichterte Diffusion für Aminosäuren	– Proteinbiosynthese ↑
– GLUT-4	– Glucose – Galaktose – andere Zucker } erleichterte Diffusion	– Glucosetransport in Zelle ↑
Inaktivierung/Repression		
– Glykogenphosphorylase		– Glykogenolyse ↓

Tab. 4: Insulinwirkung Muskulatur

dingungen geschaffen: Durch Induktion und **Translokation** von Transportproteinen in die Zellmembran – hier ist besonders **GLUT-4** für die Glucose sehr wichtig – wird die Diffusion von Glucose und Aminosäuren erleichtert.

Noch zu erwähnen ist, dass die **Glykolyse** auch in der Muskulatur durch Insulin **stimuliert** wird. Weiterhin wird die der Glykogensynthese entgegenstehende **Glykogenolyse inhibiert**, um Energieverschwendung zu vermeiden.

Wirkungen auf das Fettgewebe. Wenn man über die Insulinwirkungen nachdenkt, beschäftigt man sich primär mit den Effekten auf den Kohlenhydratstoffwechsel. Die Beeinflussung des Fettstoffwechsels ist – medizinisch gesehen – aber genauso wichtig.

Übrigens ...
Sollten wir einmal nicht genug Fettsäuren mit unserer westlichen Nahrung aufnehmen, ist Glucose der wichtigste Lieferant für das Kohlenstoffgerüst der Fettsäuren.

Werden neugebildete Fettsäuren mit einem Glycerol (Glycerin) verestert, entstehen Triacylglycerine, die größte Energiereserve im tierischen Organismus. Wie du vielleicht schon erahnst, kann Glucose auch hier im Fettgewebe effektiv verwertet werden. Gehen wir also wieder von einer guten Stoffwechsellage mit einem Überangebot an Glucose aus. Unsere Absicht ist es auch jetzt – mit Hilfe des Insulins – die Speicher randvoll zu machen. Dafür muss zuerst einmal die Lipolyse gehemmt werden. Lipolyse findet nämlich aufgrund der Beliebtheit der Fettsäuren als Brennstoff immer statt. Unter Insulineinfluss wird sie gehemmt, **Insulin** ist daher ein **antilipolytisches** Hormon.

Um nun Fettsäuren zu synthetisieren, **stimuliert** Insulin in der Leber und dem Fettgewebe die **Pyruvatdehydrogenase** und die **Acetyl-CoA-Carboxylase**, die aus Pyruvat Acetyl-CoA und schließlich Malonyl-CoA für die Fettsäuresynthese bilden. Ergänzt werden die synthetisierten Fettsäuren aus vorbeischwimmenden, hepatisch entstandenen VLDLs und Chylomikronen des Magen-Darm-Trakts. Diese Fettsäuren müssen allerdings zuerst mit Hilfe der Lipoproteinlipase aus den Lipoproteinen „befreit" und dann in die Fettzelle aufgenommen werden. Passenderweise wird die Lipoproteinlipase von **Insulin stimuliert** und erhöht damit die **Konzentration** an **Fettsäuren** in den Lipozyten.

Wirkung auf Aktivität/Transkription	Wirkung auf Transportvorgänge	Fazit
Aktivierung/Induktion – Hexokinase – Phosphofructokinase – Pyruvatkinase		– Glykolyse ↑
– Pyruvatdehydrogenase – Acetyl-CoA-Carboxylase – Fettsäuresynthase		– Fettsäuresynthese ↑
– Lipoproteinlipase		– Fettsäuren aus VLDL in Lipozyt ↑
– GLUT 4	– erleichterte Diffusion für Glucose	– Glucosetransport in Zelle ↑
Inaktivierung/Repression – lipolytische Enzyme TG-Lipase		– Lipolyse ↓

Tab. 5: Insulinwirkung im Fettgewebe

Letztendlich wird durch den Anstieg der Konzentration an freien Fettsäuren in der Fettzelle die Triacylglycerinsynthese gesteigert und die Fettsäuren gehen so in ihre Speicherform über. Neben der **Glykolyse** – die auch **aktiviert** wird – spielt beim Abbau der Hexosen im Fettgewebe noch der **Pentosephosphatweg** eine große Rolle. Durch die Glucose-6-phosphat-Dehydrogenase entsteht nämlich das für die Fettsäureresynthese als Coenzym benötigte NADPH/H$^+$. Beschleunigt wird der **Pentosephosphatweg** auch durch den **vermehrten Einstrom** der **Glucose** durch die **GLUT-4s** und dem damit vermehrten Substratangebot.

Übrigens ...
Die **Lipoproteinlipase** ist ein Enzym, das von **Insulin stimuliert** wird. Obwohl der Name sehr nach Lipolyse klingt, **steigert** sie die **Konzentration** an **Fettsäuren** in den Lipozyten.

So, das waren also die Wirkungen des Insulins nach Geweben aufgedröselt. Ich denke, im Zusammenhang gesehen zwar komplex, aber doch durchaus eine logische Geschichte, oder? Protestbriefe bitte per E-Mail an mich ... Nicht vergessen darf man eine Eigenschaft, die Insulin benutzt, um Glukagon und den Katecholaminen als würdiger Antagonist entgegenzustehen. Es **aktiviert eine Phosphodiesterase**, diese spaltet cAMP in 5'-AMP und inaktiviert es damit. Da cAMP den intrazellulären Second messenger für Glukagon und ß-adrenerge Rezeptoren darstellt, wird dadurch die Glukagon- und Katecholaminwirkung auf die Zellen erheblich abgeschwächt. Es handelt sich dabei also um einen effektiven Mechanismus, dem Glukagon und den Katecholaminen ihren Einfluss auf den Zuckerstoffwechsel über eine gewisse Zeit zu nehmen.

Übrigens ...
Nicht nur zur Behandlung von hyperkaliämen Patienten auf Intensivstation, sondern auch für die Prüfung ist wichtig zu wissen: Insulin stimuliert indirekt und Glucose **UN**abhängig die Na$^+$/K$^+$-ATPase und damit eine vermehrte Aufnahme von Kalium in die Zellen (z. B. Skelettmuskelzellen). Dadurch kann der Plasma-Kaliumspiegel vorübergehend gesenkt werden.

Merke!

– Insulin schafft die Glucose in die Zelle und verwertet sie sinnvoll.
– Unter Insulineinfluss versucht der Körper, seine Speicher (Glykogen, Fette und Proteine) zu füllen. Dies geschieht durch die Beschleunigung anaboler Stoffwechselvorgänge wie Glykogen-, Fett- und Proteinsynthese und Verlangsamung der gegenläufigen Prozesse, wie z. B. der Lipolyse. Damit ist Insulin also ein anaboles Hormon.
– Durch verstärkte Expression von GLUT-4 (NICHT GLUT-2) in Fett- und Muskelzellen wird der Transport von Glucose über die Zellmembran in diesen Zellen erleichtert.
– Insulin stimuliert die Glykolyse, die energiereiche Substrate zur Verfügung stellt.
– Unter Insulinwirkung sinkt die Konzentration von Glucose und freien Fettsäuren im Blut.
– Insulin senkt durch die Aktivierung einer Phosphodiesterase den cAMP-Spiegel in den insulinsensitiven Zellen und ist damit ein direkter Antagonist des Glukagons.

1.3.2 Glukagon

Glukagon ist der Gegenspieler des Insulins. In Zeiten ohne Nahrungsaufnahme (Hungerzustand) sichert es unserem Organismus die adäquate Versorgung mit Glucose und freien Fettsäuren.

Struktur und Synthese

Auch Glukagon ist – wie Insulin – ein Peptid-hormon. Es besitzt allerdings keine Disulfid-brücken und besteht auch nicht aus mehreren Ketten. Durch limitierte Proteolyse des **Präpro-glukagons** (größeres Vorläufermolekül) ent-steht das fertige Glukagon mit 29 Aminosäu-ren in den α-Zellen des endokrinen Pankreas.

Neben dem Glukagon können bei Proteolyse auch Glukagon Like Peptides (GLP) entstehen. Diese Peptide werden bevorzugt in der intesti-nalen Mucosa gebildet und stimulieren die In-sulinsekretion, um eingehende, kohlenhydrat-reiche Nahrung zu melden.

In den Langerhans-Inseln wird aus Präproglu-kagon hauptsächlich Glukagon gebildet. Die Sekretion erfolgt **nach Abfall der Glucosekon-zentration** im Blut, also im Hungerzustand. Hier gibt es eine neuerdings gern gefragte Ausnahme. Nimmt man eine proteinreiche Mahlzeit zu sich, wird dadurch die Glukagon- und die Insulinsekretion stimu-liert. Die freigesetzten Amino-säuren führen zu einer vermehrten Insulinfreisetzung (s. Tab. 2, S. 18). Um eine Un-terzuckerung von Anfang an zu  verhindern, wird deshalb bei proteinreicher Nahrung zusätzlich Glukagon ausgeschüttet.

> **Merke!**
>
> – Glukagon wird in den α-Zellen des endokrinen Pankreas (Langerhans-Inseln) synthetisiert.
> – Glukagon ist ein Proteohormon aus 29 Aminosäuren.
> – Glukagon ist einkettig und besitzt KEINE Disulfidbrücken.

> – Ein Abfall der Glucosekonzentration im Blut führt zur Glukagonsekretion.

Glukagonrezeptor

Der Glukagonrezeptor ist ein G_s-**Protein-asso-ziierter Rezeptor**. Er erhöht die Aktivität der **Adenylatcyclase** und damit den intrazellulären Spiegel von cAMP.
Erinnerst du dich an Kapitel 1.2.2, S. 4, be-deutet das: Die **Glukagonwirkung wird durch PK A vermittelte Phosphorylierung aufrecht erhalten**, da die PK A in der Lage ist, Protei-ne zu phosphorylieren und damit ihre Aktivi-tät zu beeinflussen.

Wirkungen des Glukagons

STOP! Hier ist jetzt höchste Konzentration gefordert. Dieses Kapitel umfasst äußerst wichti-ge Prüfungsthemen. Leider ist es auch etwas kompliziert. Aber keine Angst, auch das wirst du sicherlich noch stemmen ...

Glukagon wirkt vor allem auf die **Leber**, aber auch auf das **Fettgewebe**. An beiden Geweben wirkt Glukagon **insulinantagonistisch**.

> **Merke!**
>
> Gluk**A**gon wirkt über die PK **A** und damit über eine Erhöhung des cAMP-Spiegels, Insulin hinge-gen aktiviert eine Phosphodiesterase, die cAMP deaktiviert.

Auch hier solltest du die Tab. 6, S. 25 nicht einfach auf dich wirken lassen, sondern dir lo-

	Glukagon		GLP I		GLP II

Abb. 19: Präproglukagon und seine Produkte

medi-learn.de/7-bc5-19

gisch erschließen, was dahinter steckt. In der Spalte „Interkonversion" sind die wichtigsten Glukagonwirkungen noch einmal hervorgehoben, da die **Interkonversion** im Zusammenhang mit den **Glukagonwirkungen** ein sehr beliebtes Prüfungsthema ist.

Stellen wir uns also vor, wir befänden uns im Zustand des Substratmangels (Glucosemangel/Hungerzustand). Benötigt wird jetzt eine schnelle Reaktion auf die fehlende „Zellnahrung".

Am Glukagon-Hauptwirkort **Leber** (zentrale Rolle im Stoffwechsel, s. Tab. 3, S. 20) muss in dieser Situation Glucose mobilisiert werden. Der effektivste Weg ist, die angelegten Glykogenspeicher zu leeren, also die **Glykogenolyse** zu **aktivieren**, indem die Aktivität der **Glykogenphosphorylase** durch Interkonversion gesteigert wird.

Daneben hat die Leber noch eine weitere Möglichkeit, den Zuckerspiegel anzuheben. Sie synthetisiert Glucose aus Glycerin, Lactat, Pyruvat oder glucogenen Aminosäuren, d. h. sie betreibt **Gluconeogenese**. Dafür **beschleunigt**

Glukagon die Reaktionen der Gluconeogenese, welche die nicht reversiblen Schritte der Glykolyse überbrücken, und ermöglicht so die effektive Neusynthese von Glucose.

Natürlich werden auch hier die entgegengesetzten Stoffwechselvorgänge gehemmt. Ein sehr eindrucksvoller Mechanismus zeigt sich bei der Interkonversion des „zweigesichtigen" Enzyms **Fructose-6-phosphat-2-kinase/Fructose-2,6-bisphosphatase**. Dieses Enzym ist in der phosphorylierten Form als Phosphatase aktiv, in der dephosphorylierten als Kinase. Bedenkt man jetzt, dass die Phosphorylierung cAMP-abhängig über eine PK A ist und Glukagon den cAMP-Spiegel anhebt, liegt das Gleichgewicht unter Glukagoneinfluss deutlich auf Seiten der Phosphatase. Das ist auch sehr sinnvoll, denn die Fructose-2,6-bisphosphatase hat die Eigenschaft, Fructose-2,6-bisphosphat abzubauen. Fructose-2,6-bisphosphat wiederum ist einer der bekanntesten und effektivsten allosterischen Aktivatoren der Phosphofructokinase, dem Schrittmacherenzym der Glykolyse. **Der Abbau von Fru-2,6-bisphosphat hemmt somit die Glykolyse**.

Gewebe	Wirkung auf Transkription	Wirkung auf Interkonversion	Fazit
Leber		**Aktivierung** – Glykogenphosphorylase	– Glykogenolyse ↑
	Induktion – Glucose-6-phosphatase – Fructose-1,6-bisphosphatase – PEP-Carboxykinase – Pyruvatcarboxylase		– Gluconeogenese ↑
		Aktivierung – Fructose-2,6-bisphosphatase	– Glykolyse ↓
		Inaktivierung – Glykogensynthase	– Glykogensynthese ↓
	Repression – Glucokinase – Phosphofructokinase – Pyruvatkinase		– Glykolyse ↓
Fettgewebe		**Aktivierung** – Triglyceridlipase	– Lipolyse ↑

Tab. 6: Glukagonwirkungen

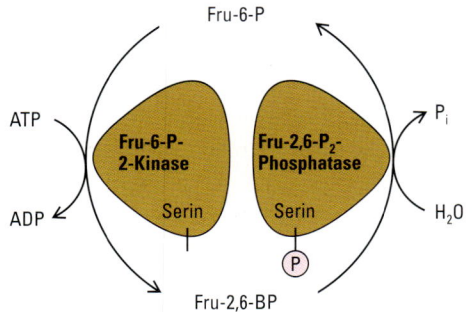

Abb. 20: Fructose-2,6-bisphosphatase

medi-learn.de/7-bc5-20

Auch die Glykogensynthese wird durch Gluka-gon gehemmt.

Die Regulation des Glykogenstoffwechsels bedarf allerdings einer besonders intensiven Widmung:

– Schrittmacherenzym der **Glykogenolyse** ist die **Glykogenphosphorylase**.
– Schrittmacherenzym der **Glykogensynthese** ist die **Glykogensynthase**.

Beide Enzyme können in ihrer Aktivität beeinflusst werden. Beginnen wir mit der Glykogen-

phosphorylase. Als Eselsbrücke solltest du hier die Zahl 2 im Hinterkopf haben. Denn:

– Die Glykogenphosphorylase hat 2 Untereinheiten (nur peripher wichtig).
– Von der Glykogenphosphorylase existieren **2** Formen (sehr wichtig): die **Phosphorylase a** (die **a**ktive Form) und die **Phosphorylase b** (die weniger aktive Form).
– Die Geschwindigkeit der Phosphorylase kann durch 2 Wege beeinflusst werden: durch **Interkonversion** und **allosterisch**. Beide Wege bestehen durch ihre schnellen Regulationszeiten (in Sekundenschnelle).

Was passiert nun bei der Interkonversion (Phosphorylierung durch die PK A unter ATP-Verbrauch)? Die (Glykogen)Phosphorylase b kann mit Hilfe einer Phosphorylase-Kinase in die Phosphorylase a überführt werden und das geht so: Die **Phosphorylase-Kinase** wird durch die PK A phosphoryliert und damit aktiviert. Die aktive Phosphorylase-Kinase (der Name deutet schon auf ihre Funktion hin) phosphoryliert dann die Glykogenphosphorylase b und überführt sie damit in die aktivere a-Form.

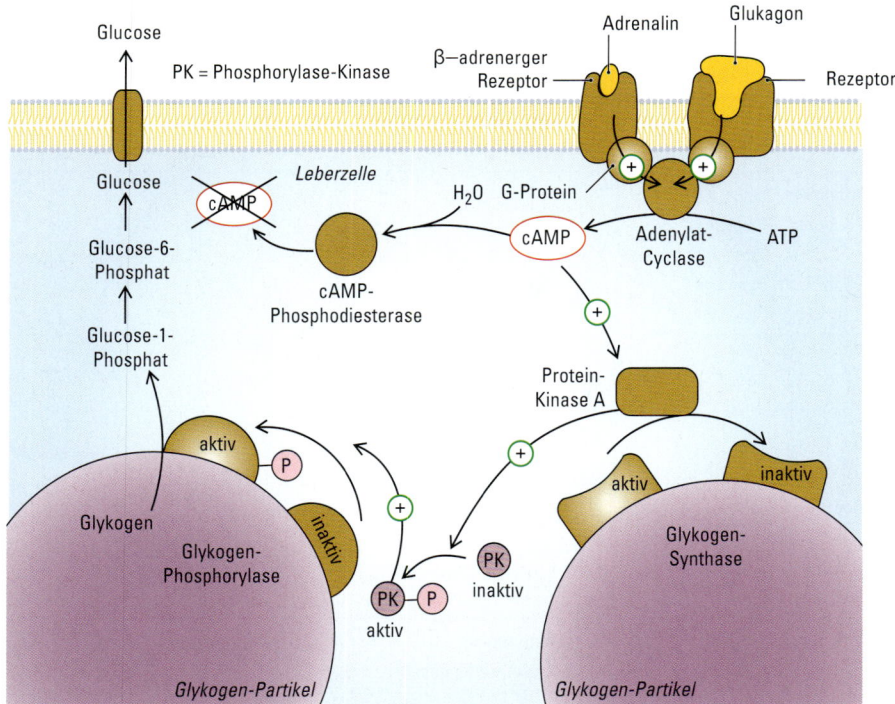

Abb. 21: Glykogenregulation

medi-learn.de/7-bc5-21

Ganz schön viele gleich klingende Wörter, was? Lass dich aber nicht verwirren, sondern versuch vielmehr, dir Folgendes klar zu machen:

Allosterische Beeinflussung bedeutet in diesem Fall, dass die Bindung von **AMP außerhalb des aktiven Zentrums** der Phosphorylase zur Änderung der b-Form in die a-Form führt. Vermehrt vorhandenes **intrazelluläres AMP** führt daher zu einer **beschleunigten Glykogenolyse** (hauptsächlich in der Muskulatur).

Im Gegensatz zum eben besprochenen Abbau macht es uns die Glykogensynthese dankbarerweise einfach. Die **Glykogensynthase** wird nämlich durch die PK A **inaktiviert**. Ihre Phosphorylierung führt somit zu einer verringerten Glykogensynthese.

Auch in den **Muskelzellen** muss die Aktivität der Glykogenphosphorylase reguliert werden, denn auch die Muskulatur kann Glykogen speichern. Allerdings speichert der Muskel den Zucker NUR für sich und nicht für den Rest des Körpers (Grund = fehlende Glucose-6-phosphatase-Aktivität). **Glukagon wirkt daher auch nicht auf den Muskelstoffwechsel** (Muskelzellen haben keine Glukagonrezeptoren). Die Aktivität der Glykogenphosphorylase und Glykogensynthase wird hier u.a. durch **β_1-Rezeptoren** beeinflusst (s. Tab. 7, S. 30). Hinzu kommt jedoch noch ein anderer Regulationsmechanismus:

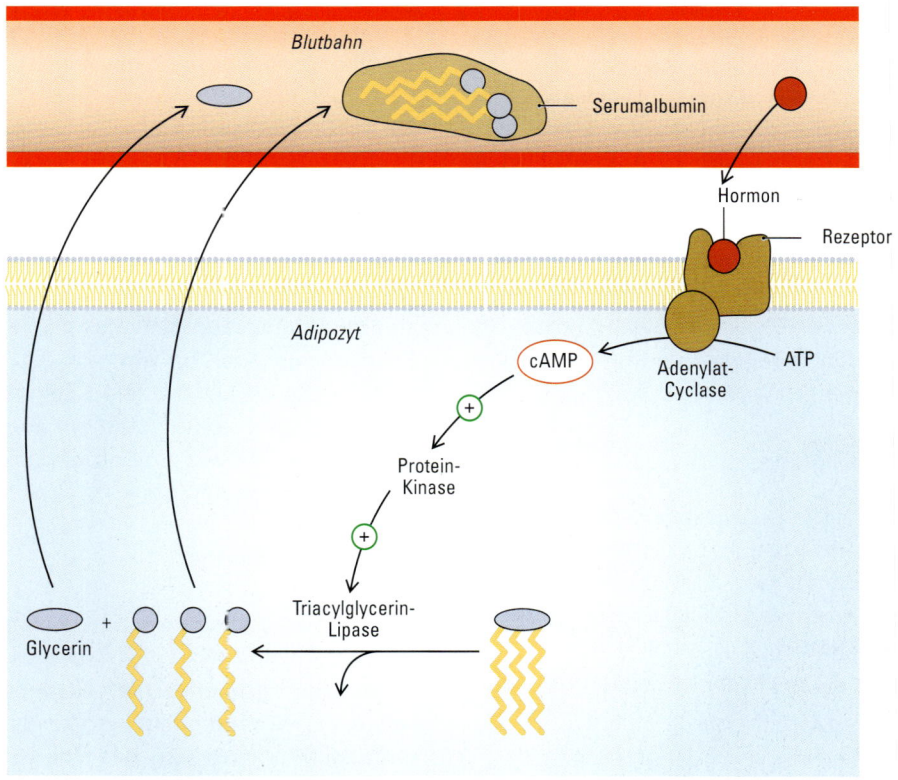

Abb. 22: Regulation der Lipase

1

Der Energieverbrauch – und damit der Bedarf an Glucose – ist in der Muskulatur während der Belastung (Kontraktion durch **Ca²⁺-Einstrom**) am höchsten. Deshalb wird die Glykogenolyse im Muskel durch Ca^{2+}-Ionen aktiviert. Die Ca^{2+}-Bindung an **Calmodulin** – einem Calciumrezeptor – verursacht nämlich eine vermehrte Aktivität der Glykogen-Phosphorylase-Kinase.

> **Merke!**
>
> – Muskulatur hat keine Glukagonrezeptoren, allerdings können auch β-adrenerge Rezeptoren die Adenylatcyclase aktivieren.
> – Calmodulin aktiviert die Glykogen-Phosphorylase-Kinase.
> – In den Muskeln ist die allosterische Beeinflussung der Phosphorylase durch AMP wesentlich wichtiger als in der Leber: Unter Kontraktion fällt vermehrt AMP an, und die vermehrte Glykogenolyse setzt neue Energie frei.

Die Wirkung des Glukagons im **Fettgewebe** beschränkt sich hauptsächlich auf eine verstärkte Lipolyse. Durch PK A-abhängige Phosphorylierung wird die hormonsensitive Triacylglycerinlipase aktiviert. Daraufhin werden die Fette in Fettsäuren und Glycerin gespalten und freigesetzt. Die freien Fettsäuren dienen als Brennstoff, z. B. für die Muskulatur, während das Glycerin **ans Blut abgegeben** und zur hepatischen Gluconeogenese verwendet wird.

> **Merke!**
>
> – Glukagon ist ein **Gegenspieler des Insulins**.
> – Durch Aktivierung der Glykogenolyse und Gluconeogenese sowie Hemmung der Glykolyse in der Leber wird der **Blutglucosespiegel wieder angehoben**.
> – Durch die angeregte Lipolyse werden vermehrt freie Fettsäuren und Glycerin freigesetzt.

– Der Glukagonrezeptor (G_s) aktiviert die Adenylatcyclase. Der damit verbundene cAMP-Anstieg ist ein häufiger Glukagon-Mechanismus zur Regulation von Enzymaktivitäten, da cAMP zur Aktivierung der PK A führt und daraufhin Schlüsselenzyme wie z. B. die Glykogenphosphorylase, die Glykogensynthase und die Triacylglycerinlipase phosphoryliert werden.

Übrigens ...
Kleine Eselsbrücke: Im **Hungerzustand** (viel Glukagon im Blut) sind die gerade besprochenen Enzyme der schnellen Stoffwechselregulation **immer phosphoryliert**! Taucht also die Frage auf: „Ist dieses Enzym in phosphorylierter Form aktiv oder inaktiv?", dann überleg dir einfach: Erhöht das Hormon den Plasmaspiegel an Glucose/ Fettsäuren, also hilft es gegen Hunger? Wenn ja, ist es in phosphorylierter Form **aktiv**!

1.3.3 Katecholamine

Die Katecholamine haben ihren Namen vom Katechol (s. Abb. 23, S. 29), denn diese Verbindung bildet das zyklische Grundgerüst von Adrenalin, Noradrenalin und Dopamin. Sie sind alle **Aminosäurederivate** und werden aus **Phenylalanin** oder **Tyrosin** gebildet. Funktionell handelt es sich bei den Katecholaminen um „Notfallhormone". Wenn sie ausgeschüttet werden, geht es dem Körper darum, wegzulaufen oder zu kämpfen.

Struktur und Synthese

Strukturell leiten sich die Katecholamine von den Aminosäuren ab. Synthetisiert werden sie in den **sympathischen Nervenendigungen** (v. a. Noradrenalin) und im **Nebennierenmark** (v. a. Adrenalin, das einen Syntheseschritt mehr benötigt). Der Sekretionsreiz für die Katecholamine ist nerval, sowohl in den

Nervenendigungen als auch im Nebennieren-mark (Freisetzung von Acetylcholin aus Synapse des vorherigen Neurons).

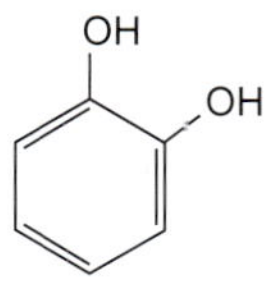

Katechol
(1,2-Dihydroxybenzol)

Abb. 23: Strukturformel: Katechol

medi-learn.de/7-bc5-23

Da im Physikum ein Schwerpunkt auf dem Syntheseweg von Adrenalin und Noradrenalin liegt, stellen wir dir ihn einmal genauer vor (s. Abb. 24, S. 29).

Der Start erfolgt mit **Phenylalanin**, das hydroxyliert und damit zu **Tyrosin** wird. Durch nochmaliges Hydroxylieren am Ringsystem entsteht aus Tyrosin **D**ihydr**o**xy**p**henyl**a**lanin oder kurz: **DOPA**. Hier erkennt man schon das Katechol-Grundgerüst. Beide Hydroxylierungen sind Tetrahydrobiopterin-abhängig. Durch Decarboxylierung wird dann DOPA zum **biogenen Amin** Dopamin umgewandelt. Das Enzym, welches die Decarboxylierung katalysiert, ist Pyridoxalphosphat-abhängig, und **Dopamin** die erste wirksame Form der Katecholamine. Es hat wichtige Funktionen als Neurotransmitter im ZNS. Durch erneute Einführung einer Hydroxylgruppe – jetzt am β-C-Atom der Seitenkette – wird aus Dopamin **Noradrenalin**. Hierfür muss Vit. C (Ascorbinsäure) anwesend sein.

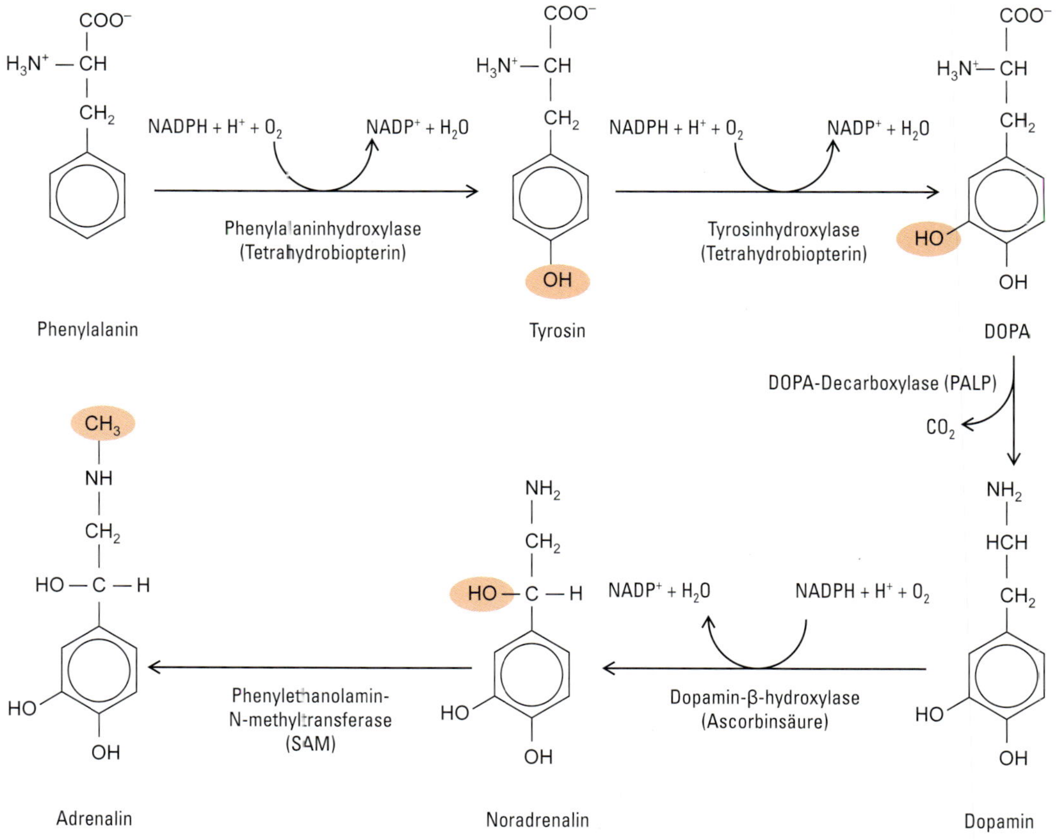

Abb. 24: Katecholaminbiosynthese

medi-learn.de/7-bc5-24

1

Der letzte Schritt, der schließlich zum **Adrenalin** führt, ist das Anheften einer Methylgruppe mithilfe des Donators SAM (S-Adenosyl-Methionin). Die fertigen Katecholamine werden in Vesikeln gespeichert und bei körperlicher oder psychischer Belastung ausgeschüttet.

Übrigens ...
Durch Glucocorticoide wie Cortisol wird die Katecholaminbiosynthese gefördert (s. Wirkungen des Cortisols, S. 46).

Merke!

Die Katecholamine sind Derivate der Aminosäure Phenylalanin oder Tyrosin. Im Laufe der Synthese entstehen als aktive Formen erst die Transmitter Dopamin, dann Noradrenalin und letztendlich das Hormon Adrenalin.

Wirkungen der Katecholamine

Ein allgemeiner Grundsatz, der bei den Katecholaminen im Besonderen gilt, findet sich im folgenden „Merke!":

Merke!

Die Wirkung auf die Zelle hängt nicht vom bindenden Hormon ab, sondern von der Art des Rezeptors, der vom Hormon aktiviert wird.

Beispielsweise können Adrenalin und Noradrenalin an einer Zelle die gleichen Vorgänge auslösen, wenn sie denselben Rezeptor benutzen. Andererseits kann Adrenalin auf zwei Zellen zwei vollkommen entgegengesetzte Wirkungen ausüben, wenn es an unterschiedliche Rezeptoren bindet. Es kommt also immer darauf an, welcher Rezeptor benutzt wird.
Im Fall der Katecholamine gibt es vier bis fünf wichtige **adrenerge** (Adrenalin- o. Noradrenalin-bindende) Rezeptoren. Sie alle gehören in die Gruppe der **G-Protein gekoppelten Rezeptoren**. Grundsätzlich unterscheidet man dabei zwischen **α- und β-Rezeptoren**. Diese beiden Klassen kann man dann noch weiter unterteilen in α_1, α_2, β_1, β_2 und β_3. Der β_3-Rezeptor findet sich allerdings hauptsächlich auf dem (kaum vorhandenen) braunen Fettgewebe und wird deshalb hier nur am Rande erwähnt. Wie aus Tab. 7, S. 30 zu entnehmen ist, verfügen die adrenergen Rezeptoren über unterschiedliche Wirkmechanismen. Während die β-Rezeptoren

Rezeptor	α1	α2	β1	β2
Second messenger	$G_q \to IP_3$, DAG ↑ → Ca^{2+}↑	$G_i \to$ cAMP ↓	$G_s \to$ cAMP ↑	$G_s \to$ cAMP ↑
Wirkung	Kontraktion glatter Muskeln (z. B. in peripheren Gefäßen wie der Haut) Schweißsekretion	Lipolyse ↓ Hemmung der Insulinsekretion	Kontraktionskraft des Herzens ↑ Herzfrequenz ↑ Glykogenolyse ↑ Gluconeogenese ↑ Reninausschüttung in der Niere ↑	Vasodilatation im Skelett- und Herzmuskel Bronchodilatation Lipolyse ↑

Tab. 7: Adrenerge Rezeptoren

den cAMP-Spiegel der Zelle steigern (da solltest du gleich an Glukagon denken, s. 1.3.2, S. 23), senken ihn die α_2-Rezeptoren. Der α_1-Rezeptor wirkt dagegen ganz anders: Dieser Rezeptor benutzt den IP$_3$-Weg (G_q, s. Abb. 9, S. 9).

Nun kann man sich leicht vorstellen, dass dies zu unterschiedlichen und zum Teil sogar gegensätzlichen zellulären Wirkungen führt. Der Vorteil dieser Rezeptorvielfalt scheint in den ungeheuer vielen Reaktionsmöglichkeiten zu liegen. Katecholamine haben sowohl physiologische als auch metabolische Effekte. Bei den physiologischen Effekten stehen die **positiv chronotropen** und **inotropen** Effekte auf das Herz, die periphere **Vasokonstriktion**, verbunden mit einer **Vasodilatation** in den momentan wichtigen Geweben (Herz, Muskulatur) und die **Bronchodilatation** im Vordergrund.

Alle diese Wirkungen führen zu einer Leistungsmobilisation (fürs Weglaufen oder Kämpfen), was als **ergotrope Wirkung** bezeichnet wird. Dabei wird viel Energie verbraucht, weshalb es zu den metabolischen Leistungen der Katecholamine gehört, vermehrt Stoffwechselprodukte bereitzustellen.

Was das betrifft, schlagen sie mit Glukagon in eine Kerbe, denn die β-Rezeptoren wirken synergistisch mit Glukagon auf die Leber und das Fettgewebe, indem sie die **Glykogenolyse, Gluconeogenese und die Lipolyse beschleunigen**. Gleichzeitig wird die Insulinsekretion per α_2-Rezeptoren gehemmt. β_1-adrenerge Rezeptoren auf Muskeln steigern auch dort die Glykogenolyse.

Manch einer mag jetzt darüber stolpern, dass α_2-Rezeptoren auch die Lipolyse hemmen, was dem gerade Gesagten widerspricht. Dazu muss man wissen, dass diese Rezeptoren stark auf gynoiden Fettzellen exprimiert sind. Damit schützen sie die weiblichen Prädilektionsstellen  (dort, wo jede Frau Fett haben sollte) vor lipolytischem Abbau. Damit bleibt der schöne Anblick und dem eventuellen kommenden Baby die Energiereserve erhalten.

Übrigens …
Heutzutage werden Katecholamine auf jeder Intensivstation therapeutisch eingesetzt. Durch ihre vasokonstriktorischen und positiv inotropen Wirkungen sind sie vor allem bei der akuten Kreislaufinsuffizienz (Schock) indiziert.

Abbau der Katecholamine

Adrenalin und Noradrenalin werden durch eine Kombination aus **Oxidation** und **Methylierung** abgebaut. Dabei entsteht am Ende die **Vanillinmandelsäure** (VMS), die im Harn ausgeschieden wird.

Ein Merkspruch zum Abbau der Katecholamine lautet:

> **Merke!**
>
> Kommt Sam zu Mao? Für: COMT, SAM und MAO.

Denn eingeleitet wird der **extraneuronale** Abbau durch die **COMT** (Katechol-O-Methyl-Transferase). Sie fügt eine Methylgruppe an eine der Hydroxylgruppen des Ringsystems an (Methylgruppendonator = SAM). So entstehen Metanephrin und Normetanephrin. Danach erfolgt die oxidative Desaminierung durch die **MAO** (Monoaminooxidase), bei der aus der Aminogruppe ein Aldehyd wird. Durch eine letzte Oxidation entsteht dann die VMS (s. Abb. 25, S. 32).

Übrigens …
Vanillinmandelsäure kann im 24-Stunden-Urin bestimmt werden. Anhand dieses Messwertes lässt sich der tägliche Katecholamin-Umsatz im Plasma abschätzen, was die aufwendige direkte Messung von Adrenalin und Noradrenalin erspart.

1

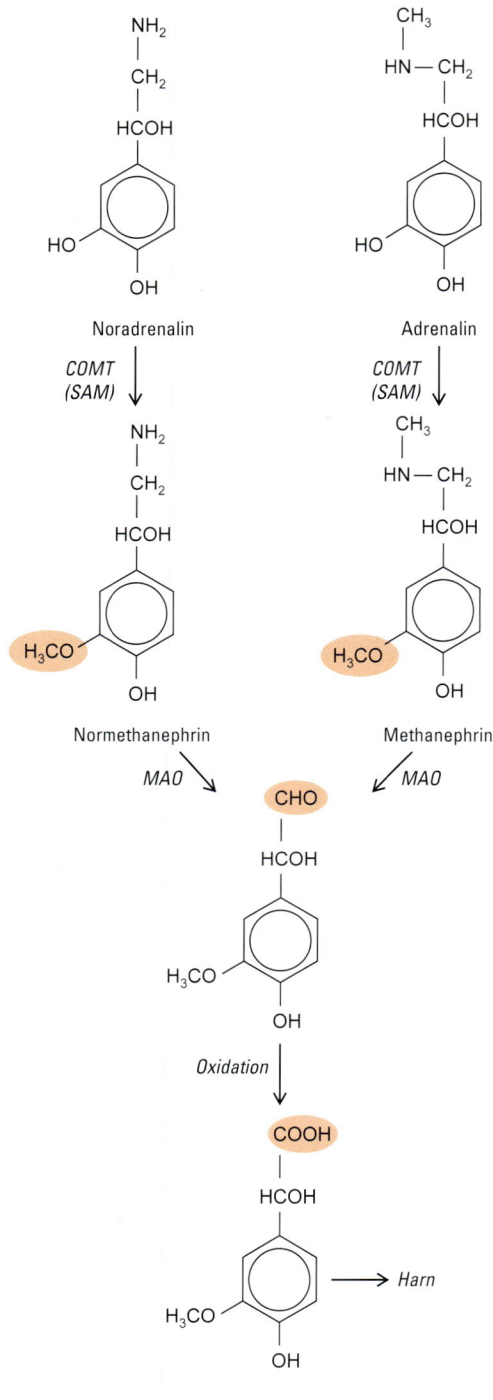

Abb. 25: Abbau der Katecholamine

medi-learn.de/7-bc5-25

> **Merke!**
>
> – Katecholamine sind die „Notfall-Hormone"
>   des Körpers.
>   - Physiologisch erhöhen sie unter anderem
>   die Leistungsfähigkeit des Herzens, ver-
>   bessern die Ventilation der Lunge und för-
>   dern die Durchblutung der Skelettmusku-
>   latur.
>   - Metabolisch mobilisieren sie die vermehrt
>   benötigten Stoffwechselprodukte, wie Glu-
>   cose und freie Fettsäuren.
>   Damit bereiten sie uns bei Bedarf aufs „Weg-
>   laufen oder Kämpfen" vor.
> – Die Katecholamine werden zu Vanillinman-
>   delsäure abgebaut und so im Harn ausge-
>   schieden.

1.3.4 Pathobiochemie der schnellen Stoffwechselregulation

Natürlich kann bei der schnellen Stoffwechselregulation durch Insulin, Glukagon und die Katecholamine auch etwas schief
laufen. Hier werfen wir einmal
einen Blick auf die Pathobiochemie, um bei all der Theorie den
klinischen Bezug nicht ganz zu
verlieren.

Diabetes mellitus

Der **Diabetes mellitus** ist die häufigste endo-
krine Störung der Welt. Es handelt sich dabei
um eine Glucosestoffwechselstörung mit rela-
tivem oder absolutem Insulinmangel:
– **absoluter Insulinmangel (Typ I):** Die Inselzel-
  len sind nicht mehr in der Lage, Insulin herzustellen. Dabei handelt es sich oft um eine
  Autoimmunerkrankung, bei der Antikörper
  gegen die β-Zellen oder Insulin selbst gebildet werden. Diese Erkrankung tritt häufig bei jungen Menschen auf.
– **relativer Insulinmangel (Typ II):** Bei dieser
  Form ist die Insulinproduktion meist noch
  vollkommen in Ordnung, manchmal sogar

erhöht. Durch eine periphere Insulinresistenz wirkt das Insulin aber nicht mehr ausreichend. Hier ist anscheinend die Interaktion zwischen Insulin und seinem Rezeptor gestört. Typ II-Diabetes ist eine Erkrankung der älteren Bevölkerung; prädisponierende Faktoren sind z. B. Ad positas.

Um die Prozesse beim Diabetes mellitus besser zu verstehen, sollte man sich vorstellen, der Körper produziere plötzlich kein Insulin mehr. Was würde dann passieren/passiert beim Diabetes wirklich?

1. Durch den verminderten Einbau von GLUT-4 ist der **Glucosetransport** in die Muskel- und Fettzellen **gestört**. Den Zellen fehlen daher diese Substrate, obwohl die Konzentration von Glucose im Blut immer weiter ansteigt.
2. Als Folge versuchen Fett- und Muskelzellen, irgendwie an andere Energiequellen zu gelangen. Darin werden sie von einer erhöhten Glukagonwirkung bestärkt, denn produziertes cAMP wird nicht mehr durch die insulinaktivierte Phosphodiesterase abgebaut.
3. In den Fettzellen führt dies zu einer **erhöhten Lipolyse** mit Anstieg der freien Fettsäuren im Blut. Diese werden vor allem der hepatischen β-Oxidation zugeführt, deren Endprodukt **Acetyl-CoA** ist.
4. Das vermehrt bereitgestellte Acetyl-CoA führt letztlich zu einer massiven **Überproduktion** von **Ketonkörpern**, die ins Blut und in den Urin gelangen.
5. Da Glukagon durch die fehlende Insulinwirkung die Oberhand behält, sind **Glykogenolyse** und **Gluconeogenese aktiviert**, **Glykogensynthese** und **Glykolyse** dagegen gehemmt, und der Blutzuckerspiegel steigt weiter.
6. In der Muskulatur ist die **Proteolyse gesteigert**, wodurch der Körper in eine katabole Stoffwechsellage gerät.
7. Durch den Anstieg der sauren Ketonkörper und der osmotisch aktiven Glucose im Blut kommt es zu einer **Ketoacidose** und **Dehydratation** mit vermehrter Diurese. All das endet schließlich im Coma diabeticum, einem lebensbedrohlichen Zustand.

Meist ist der Insulinmangel allerdings nicht so massiv, wie gerade geschildert. Deshalb stehen beim Diabetes mellitus eher langfristige Schäden im Vordergrund:
- Katarakt (Grauer Star),
- Nephropathien,
- Neuropathien und
- Angiopathien.

Durch den ständig erhöhten Blutzuckerspiegel kommt es vermehrt zur **nicht**enzymatischen Reaktion zwischen Proteinen und Glucose. Diese nicht-reversible Reaktion findet auch am Hämoglobin statt. Dabei entsteht **HbA_{1C}**, ein glykiertes Hämoglobin. Die Messung dieses Parameters liefert einen Wert für die Blutzuckerkonzentration der letzten 3 – 4 Monate. Dies ist eine wichtige Kontrollmöglichkeit für die richtige Einstellung/Behandlung eines Diabetes mellitus.

1.4   Hypothalamus-Hypophysen gesteuerte Hormone

Alle Hormone, die über den Hypothalamus und die Hypophyse gesteuert werden, haben einige Grundprinzipien gemeinsam:
Der Hypothalamus ist ein Teil des Zwischenhirns. Er erhält Informationen aus vielen Teilen des ZNS, z. B. vom Kortex, dem limbischen System und dem Thalamus. Alle eingehenden Einflüsse werden miteinander verrechnet und als hormonelles Signal an die Adenohypophyse (Hypophysenvorderlappen) weitergegeben (Liberine, Statine).
Der Hypophysenvorderlappen stellt daraufhin entsprechende Tropine her und gibt sie in das periphere Blut ab. Über dieses erreichen die Tropine ihre Zielzellen in den peripheren Drüsen. Dort wird letztendlich das regulierende Hormon produziert. Durch einen kurzen und einen langen Feedback-Weg wissen die Hypophyse und der Hypothalamus immer über die Hormonkonzentration im Blut Bescheid und hemmen durch verringerte Tropinproduktion sowie Anpassung der Statine und Liberine die periphere Hormonproduktion.

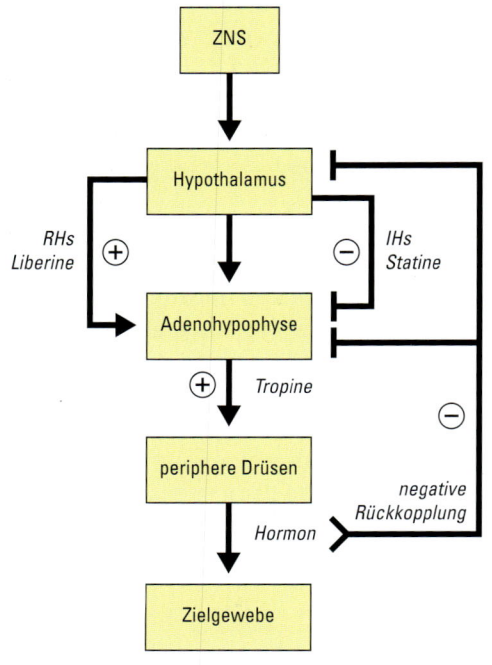

Abb. 26: **Hypothalamus-Hypophysen-Achse**

medi-learn.de/7-bc5-26

1.4.1 Hypothalamus-Hypophysen-Schilddrüsen-Achse

Die schmetterlingsförmige Schilddrüse synthetisiert unter der Regulation der Hypophyse die Schilddrüsenhormone. Diese sind immens wichtig, Störungen innerhalb dieses Systems ein weites Beschäftigungsfeld der Endokrinologen.

Struktur und Synthese

Liberin (RH)	Statin (IH)	Tropin	Hormone
– TRH	– Somato- statin	– TSH	– Thyro- xin (T_4) – T_3

Tab. 8: **Schilddrüse**

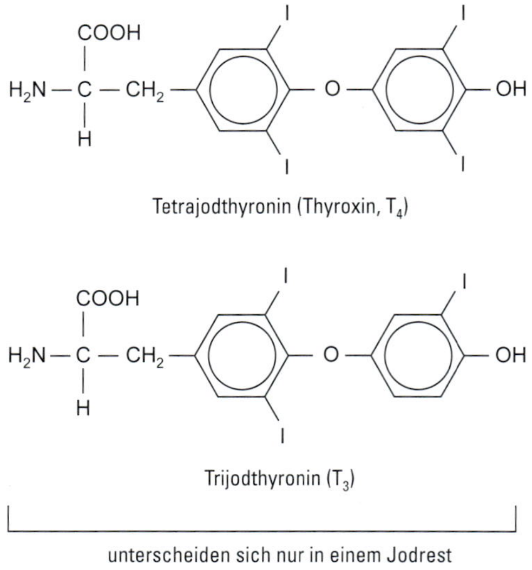

Tetrajodthyronin (Thyroxin, T_4)

Trijodthyronin (T_3)

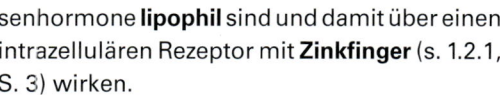
unterscheiden sich nur in einem Jodrest

Abb. 27: **T_3 und T_4**   *medi-learn.de/7-bc5-27*

Durch das hypothalamische Tripeptid TRH (TSH-releasing Hormon) wird die Synthese von Thyroidea-stimulierendem Hormon (TSH) in der Hypophyse beschleunigt, Somatostatin hemmt diesen Prozess. Unter dem Einfluss von TSH wird in der Schilddrüse die Jodidaufnahme und der Entstehungsvorgang von **Thyroxin** (T_4) und **T_3** (Trijodthyronin) – den peripher wirksamen Hormonen – reguliert.

T_4 und T_3 sind **Aminosäurederivate**, die vom **Tyrosin** abstammen. Abb. 27, S. 34 zeigt, dass bei der Synthese quasi ein Tyrosin auf ein anderes gesteckt wird. Dabei entsteht allerdings KEINE Peptidbindung, sondern eine Etherbindung.

Ein Fakt, den du dir gut fürs Schriftliche merken solltest. Ganz wichtig ist außerdem, dass die Schilddrüsenhormone **lipophil** sind und damit über einen intrazellulären Rezeptor mit **Zinkfinger** (s. 1.2.1, S. 3) wirken.

Die Synthese der Schilddrüsenhormone ist eine kleine Besonderheit. Dabei wird sehr viel Energie verbraucht. Der Vorteil dieser etwas umständlichen Methode ist vermutlich, dass einmal im Körper aufgetauchtes, kostbares Jod möglichst kovalent (in Thyreoglobulin) fixiert wird. Damit geht es nicht verloren und steht dem Körper zur Verfügung.

Der Prozess beginnt mit der aktiven Aufnahme von Jodid in die Schilddrüsenzelle. Dies erfolgt durch einen Natrium-Co-Transport. Anschliessend wird das aufgenommene Jodid **im Follikellumen** durch die membranständige **Thyreoperoxidase oxidiert** und kann dadurch ohne weitere Veränderungen an Tyrosylreste eines großen Proteins – dem **Thyreoglobulin** – gebunden werden. Die 144 Tyrosylreste des Thyreoglobulins werden damit zu **Mono- oder Dijod-**

tyrosin, sind aber weiterhin Bestandteil des Proteinverbandes. Jetzt findet eine **intramolekulare Kopplung** statt. Dabei werden die jodierten Tyrosylreste innerhalb des Proteins aufeinander gesetzt, wodurch **Tetra- und Trijodthyronine (T_4 und T_3)** entstehen. Auch diese sind noch in der Peptidkette des Thyreoglobulins fixiert. In diesem Zustand bildet es eine Art Prohormon und wird im Kolloid der Schilddrüsenfollikel gespeichert.

Damit T_3 und T_4 nun auch sezerniert werden können, nimmt die Schilddrüsenzelle das Kolloid durch Pinozytose auf. Der aufgenommene Vesikel verschmilzt mit einem Lysosom, und

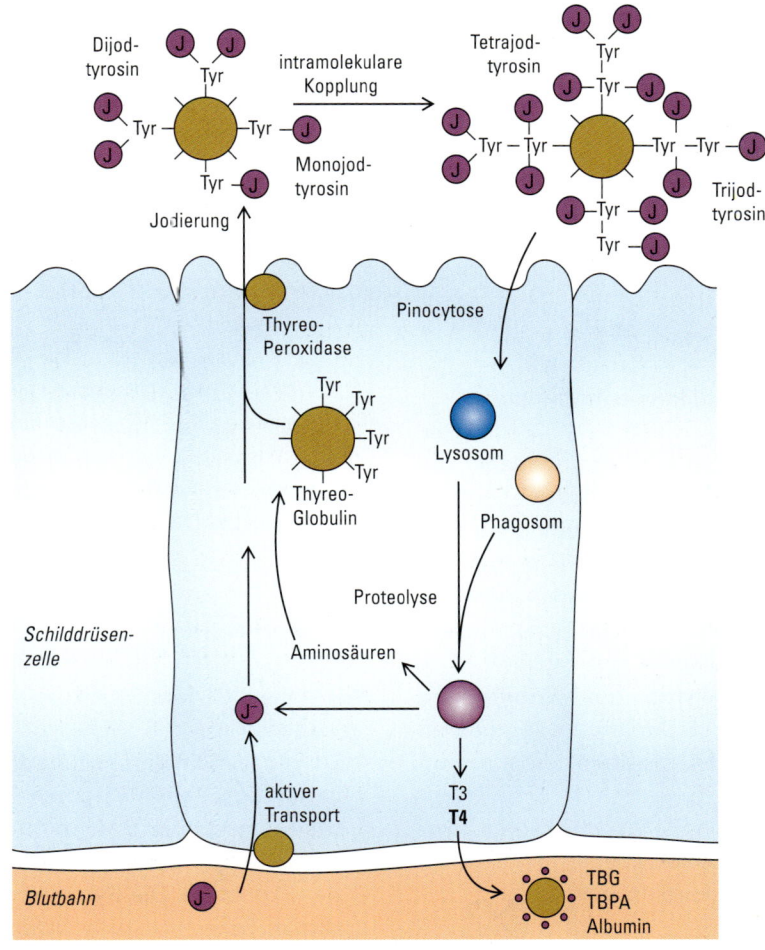

TBG: Thyroxin-bindendes Globulin
TBPA: Thyroxin-bindendes Präalbumin

Abb. 28: Synthese der Schilddrüsenhormone

medi-learn.de/7-bc5-28

1

das enthaltene Thyreoglobulin wird **proteolytisch** zerlegt. Dabei werden auch die Tetra- und Trijodthyrosylreste abgelöst und liegen nun als freies T_4 und T_3 vor.

Aus der Schilddrüse werden nun etwa 40 Mal soviel Thyroxin- wie T_3-Moleküle freigesetzt. T_3 ist allerdings dreimal wirksamer als T_4. Deshalb haben die Leber und andere periphere Gewebe die Möglichkeit, aus T_4 mithilfe einer Dejodase T_3 zu bilden und damit die Wirkungen der Schilddrüsenhormone lokal zu verstärken. Etwa 80 % des peripher wirksamen T_3 geht aus der peripheren Dejodierung von Thyroxin (T_4) hervor, die restlichen 20 % stammen direkt aus der Schilddrüse.

Bei der peripheren Dejodierung entsteht in 40 % der Fälle rT_3 (reverses T_3), das biologisch inaktiv ist.

Abb. 29: Reversives T_3   *medi-learn.de/7-bc5-29*

Wirkungen der Schilddrüsenhormone

Unter 1 % der Schilddrüsenhormone liegen frei vor. Aufgrund ihrer Lipophilie ist der Großteil an Proteine wie das Thyroxin-bindende Globulin (TBG), das Thyroxin-bindende Präalbumin (TBPA) und Albumin gebunden. Wirksam ist aber nur der freie Anteil der Schilddrüsenhormone. In dieser Form

– fördern sie **Wachstum** und **Entwicklung** besonders im ZNS. Außerdem stimulieren sie die Freisetzung von Wachstumshormon (STH).
– haben sie auf den Stoffwechsel einen **kalorinogenen** (beschleunigenden) **Effekt**, sie kurbeln ihn also an:
  • erhöhte Aktivität der **Na⁺/K⁺-ATPase**, damit gesteigerter Grundumsatz,

• vermehrte Entkopplung der **Atmungskette**, dadurch Wärmeproduktion und
• **Glykogen-, Glucoseumsatz** werden beschleunigt, die **Liponeogenese** und **Cholesterinbiosynthese** aktiviert.
– sensibilisieren sie das Herz gegenüber Katecholaminen (vermehrte Expression von β_1-Rezeptoren).
– erhöhen sie den **Bindegewebsstoffwechsel** (Hyaluronat wird in der Haut vermehrt umgesetzt).

Außerdem gehören noch ihre Wirkung auf die folgenen beiden Enzyme zum Physikums-Wissen:

– Induktion der HMG-CoA-Reduktase (Cholesterinbiosynthese ↑)
– Induktion der mitochondrialen Glycerinphosphat-Dehydrogenase (Wasserstofftransport vom Zytosol ins Mitochondrium ↑)

Merke!

– Schilddrüsenhormone sind lipophile Hormone, die proteolytisch aus Thyreoglobulin freigesetzt werden.
– Schilddrüsenhormone sind wichtig für Wachstum und Entwicklung und haben kalorinogene, also Stoffwechsel-beschleunigende Wirkungen, was sich unter anderem an einem erhöhten Grundumsatz zeigt. Der Bindegewebsstoffwechsel ist ebenfalls erhöht.

Pathobiochemie

Hier solltest du fürs Physikum Folgendes parat haben:

– Zu einer **Schilddrüsenüberfunktion** (Hyperthyreose) kann es durch unterschiedliche Ereignisse (z. B. Autoimmunprozesse, Entzündung, Tumor, medikamentös induziert) kommen. Die Symptome sind Tachykardie, Schwitzneigung, Wärmeintoleranz, Gewichtsverlust und Nervosität.
– Die früher häufige **Jodmangelstruma** äußert sich anfangs in einer Schilddrüsenunterfunktion (Hypothyreose), da nicht mehr

genug periperes Schilddrüsenhormon produziert werden kann. Das TSH steigt an (aufgrund der fehlenden negativen Rückkopplung) und dadurch wird das Wachstum der Schilddrüse stimuliert. Symptome sind körperliche und geistige **Leistungsminderung**, Kälteintoleranz, Desinteresse, rasche Ermüdbarkeit, Obstipationsneigung, **Bradykardie** und das **Myxödem**. Letzteres zeichnet sich durch Einlagerung von Glykosaminoglykanen – zu denen auch Hyaluronsäure zählt – in Haut und Unterhaut aus (verringerter Bindegewebsstoffwechsel).

Übrigens …
Die **angeborene** Hypothyreose führt bei betroffenen Kindern zu **nicht reversiblen** geistigen Schädigungen und körperlichem Minderwuchs (Wachstum und Differenzierung). Deshalb ist heutzutage ein Neugeborenen-Screening auf die Schilddrüsenfunktion Routine.

1

So, geschafft! Dann wollen wir doch mal sehen, was hängen geblieben ist. Bei jedem der nachfolgenden Punkte sollte es irgendwo in deinem Hinterkopf klingeln. Wenn nicht, bloß nicht verzweifeln, sondern nachschauen, denn das letzte Kapitel war wirklich umfangreich ... Als Erstes solltest du dir die strukturellen Fakten zum **Insulin** wirklich gut einprägen:

- Synthese in β-Zellen des endokrinen Pankreas (Langerhans-Inseln).
- Proteohormon aus 51 Aminosäuren.
- Insulin besteht aus zwei Ketten (A- und B-Kette).
- Insulin hat zwei Disulfidbrücken zwischen den beiden Ketten und eine Disulfidbrücke in der **A-Kette**.
- Speicherung in β-Granula als Hexamer mit Zink-Ionen.
- Ein Anstieg der Glucosekonzentration im Blut führt zur Insulinsekretion.
- Das Signalpeptid zur Einschleusung in das endoplasmatische Retikulum ist Teil des Präproinsulins.
- Der Insulinrezeptor hat eine heterotetramere ($\alpha_2\beta_2$) Struktur.

Die **Insulinwirkungen** sind:

- Glykolyse ↑
- Gluconeogenese ↓
- Lipolyse ↓
- Spaltung von Triacylglycerinen (von Triacylglycerolen) in **Lipoproteine** ↑
- Glykogensynthese ↑
- Glykogenolyse ↓
- erleichterte Diffusion für Glucose in die Fettzellen und Muskulatur über GLUT 4 ↑
- unveränderter Glucosefluss in β-Zellen und Leber über GLUT 2
- Proteinbiosynthese ↑
- Triacylglycerinsynthese ↑

Auch im Bereich **Glukagon** sind die allgemeinen Fakten fürs Physikum sehr nützlich:

- Synthese in den α-Zellen des endokrinen Pankreas (Langerhans-Inseln).
- Proteohormon aus 29 Aminosäuren.
- Einkettig, keine Disulfidbrücken.
- Abfall der Glucosekonzentration im Blut führt zur Glukagonsekretion.
- Der Glukagonrezeptor ist G_s-Protein-assoziiert und erhöht die cAMP-Konzentration in der Zelle.
- Glukagon ist ein Antagonist des Insulins.
- Die Fructose-2,6-bisphosphatase wird Glukagon-abhängig aktiviert.

Die **Glukagonwirkungen** sind:

- Gluconeogenese ↑
- Glykogenolyse ↑
- Glykolyse ↓
- Glykogensynthese ↓
- Lipolyse ↑

Wirklich viele Fragen werden zu den **Enzymen**

- Phosphorylase,
- Phosphorylase-Kinase und
- Glykogensynthase

gestellt. Also bitte unbedingt merken:

- Die Proteinkinase A und Calcium aktivieren die Phosphorylase-Kinase, diese überführt die Glykogenphosphorylase in die aktive α-Form.
- cAMP aktiviert die Glykogenphosphorylase allosterisch.
- Die Glykogensynthase wird durch PK A gehemmt.

Die absolut wichtigen Fakten zu den **Katecholaminen** beschränken sich auf eine Handvoll – diese sind allerdings wirklich zum hinter die Löffel schreiben:

- $\alpha_1 \rightarrow G_q \rightarrow IP_3$ ↑, DAG ↑, Ca^{2+} ↑
- $\alpha_2 \rightarrow G_i \rightarrow$ cAMP ↓
- $\beta_1, \beta_2 \rightarrow G_s \rightarrow$ cAMP ↑
- DOPA (biologisch inaktiv) und Dopamin (biologisch aktiv) sind Vorstufen von Adrenalin und Noradrenalin.

– Wirkungen der Katecholamine sind zum einen die ergotrope Wirkung, zum anderen die Beschleunigung von Glykogenolyse, Gluconeogenese und Lipolyse.

– Der Abbau der Katecholamine findet über die COMT und MAO statt und führt zur Vanillinmandelsäure.

Die **Schilddrüsenhormone** können einen ganz schön ins Schwitzen bringen. Deshalb hier die Reduktion aufs absolut Wesentliche: den Syntheseweg (s. Abb. 28, S. 35)!

– Schilddrüsenhormone sind lipophile Aminosäurederivate. Sie entstehen aus Tyrosin, werden im Plasma proteingebunden transportiert und wirken über einen intrazellulären Rezeptor mit Zinkfinger.

– Bei der Synthese entstehen Schilddrüsenhormone aus einem Protein, dem Thyreoglobulin.

– Die Wirkungen der Schilddrüsenhormone sind:
  • Induktion der Na^+/K^+-ATPase und damit Erhöhung des Grundumsatzes,
  • Stimulation des Hyaluronatstoffwechsels,
  • vermehrte Sekretion von Wachstumshormon,
  • Induktion der HMG-CoA-Reduktase (Cholesterinbiosynthese) und
  • Induktion der mitochondrialen Glycerinphosphat-Dehydrogenase (Wasserstofftransport vom Zytosol in die Mitochondrien).

Nach den ersten eher allgemeinen Kapiteln geht es jetzt um die spezielle Stoffwechselregulation. Die folgenden Fragen dazu kannst du alleine oder mit deiner Lerngruppe rekapitulieren.

1. **Haben Sie eine Vorstellung von den Mechanismen, die zur Regulation der Insulinfreisetzung aus den β-Zellen führen?**

2. **Erläutern Sie, welchen Rezeptor Insulin benutzt.**

3. **Warum kommt es bei Insulinmangel Ihrer Meinung nach zu einer gesteigerten Ketonkörpersynthese?**

4. **Erläutern Sie bitte das Zusammenspiel von Insulin und Glukagon im menschlichen Organismus.**

5. **Welche Coenzyme werden Ihrer Meinung nach zur Synthese der Katecholamine benötigt?**

6. **Stellen Sie den Einfluss der Glucosetransporter auf den Stoffwechsel dar, gehen Sie dabei bitte besonders auf die Zusammenhänge zum Insulin ein.**

7. **Gibt es bei der Regulation des Glykogenstoffwechsels Unterschiede zwischen Skelettmuskulatur und Leber? Beschreiben Sie diese bitte.**

8. **Schildern Sie bitte die grundlegenden Fakten der Katecholamine.**

9. **Sagen Sie, welche Rezeptoren benutzen die Katecholamine?**

10. **Nennen Sie bitte die Vorgänge, die zur Synthese der Schilddrüsenhormone führen.**

11. Erläutern Sie bitte die Veränderungen in der Hypothalamus-Hypophysen-Schilddrüsen-Achse bei Jodmangel.

---

1. Haben Sie eine Vorstellung von den Mechanismen, die zur Regulation der Insulinfreisetzung aus den β-Zellen führen?
Extrazelluläre Glucose gelangt über GLUT 2 in die β-Zellen und wird dort in die Glykolyse eingeschleust. Dabei entsteht letztlich mehr intrazelluläres ATP. Dieses hemmt einen K^+-Kanal, wodurch die Zelle depolarisiert. Das bewirkt eine erhöhte Öffnungswahrscheinlichkeit des spannungssensitiven Ca^{2+}-Kanals. Ca^{2+} strömt in die Zelle ein und führt zur Sekretion der Insulinvesikel.

2. Erläutern Sie, welchen Rezeptor Insulin benutzt.
Insulin wirkt über einen Tyrosinkinaserezeptor. Dieser ist ein heterotetrameres Protein und besteht aus zwei α- (extrazellulär) und zwei β- (intrazellulär) Untereinheiten. Insulinbindung an α führt zur Autophosphorylierung an β. Der dadurch aktivierte Rezeptor phosphoryliert das IRS (Insulin-Rezeptor-Substrat), und dieses vermittelt – da nun aktiv – die Insulinfunktionen in der Zelle.

3. Warum kommt es bei Insulinmangel Ihrer Meinung nach zu einer gesteigerten Ketonkörpersynthese?
In Muskel- und Fettzellen fehlt Glucose als Substrat, die vermehrte β-Oxidation führt zu einem Anstieg von Acetyl-CoA, woraus in der Leber Ketonkörper entstehen.

4. Erläutern Sie bitte das Zusammenspiel von Insulin und Glukagon im menschlichen Organismus.
Insulin und Glukagon sind Antagonisten:
– Insulin wird bei Glucoseangebot, Glukagon bei Glucosemangel ausgeschüttet.
– Insulin besitzt anabole Wirkungen, Glukagon versucht, energiereiche Substrate ins Blut zu schaffen.
– Glukagon erhöht den cAMP-Spiegel, Insulin senkt ihn mit Hilfe einer Phosphodiesterase.

5. Welche Coenzyme werden Ihrer Meinung nach zur Synthese der Katecholamine benötigt?
– Tetrahydrobiopterin,
– PALP,
– Ascorbinsäure und
– SAM.

6. Stellen Sie den Einfluss der Glucosetransporter auf den Stoffwechsel dar, gehen Sie dabei bitte besonders auf die Zusammenhänge zum Insulin ein.
Es gibt verschiedene Glucosetransporter, von denen hier GLUT 2 und GLUT 4 wichtig sind:
– GLUT 2 findet sich in Leber und Pankreas, ist insulinunabhängig und Teil des Glucosesensors für die Insulinsekretion.
– GLUT 4 kommt in Fett- und Muskelzellen vor: Der Transporter wird insulinabhängig von intrazellulären Vesikeln in die Zellmembran verlagert (Translokation).

7. Gibt es bei der Regulation des Glykogenstoffwechsels Unterschiede zwischen Skelettmuskulatur und Leber? Beschreiben Sie diese bitte.
Während die Leber über Glukagonrezeptoren verfügt, ist die Muskulatur auf andere Mechanismen angewiesen.

Der Anstieg von cAMP durch den G_s-Rezeptor des Glukagons führt in Hepatozyten zur vermehrten Tätigkeit der PK A. Sie phosphoryliert die Phosphorylasekinase, diese phosphoryliert die Glykogenphosphorylase, dadurch wird die Glykogenolyse beschleunigt. Durch direkte Phosphorylierung der Glykogensynthase hemmt die PK A die Glykogensynthese.

Im Muskel führt Ca^{2+} mit Hilfe von Calmodulin zu Aktivierung der Phosphorylasekinase, damit wird auch hier die Glykogenolyse aktiviert.

Durch Kontraktion vermehrt anfallendes AMP aktiviert allosterisch die Glykogenphosphorylase.

8. Schildern Sie bitte die grundlegenden Fakten der Katecholamine.

Die Katecholamine sind Adrenalin, Noradrenalin (und Dopamin).

- Adrenalin und Noradrenalin unterscheiden sich in einer Methylgruppe, Donator = SAM.
- Ihre Wirkungen sind zum einen physiologischer Natur (z. B. positiv inotrop, chronotrop, Vasokonstriktion, Bronchodilatation), zum anderen metabolisch, wobei sie ähnliche Wirkungen wie das Glukagon vermitteln (über β-Rezeptoren, gleicher Wirkmechanismus wie Glukagonrezeptor).

9. Sagen Sie, welche Rezeptoren benutzen die Katecholamine?

- $\alpha_1 \rightarrow G_q \rightarrow IP_3 \uparrow$, DAG $\uparrow$, $Ca^{2+} \uparrow$
- $\alpha_2 \rightarrow G_i \rightarrow$ cAMP $\downarrow$
- β_1, $\beta_2 \rightarrow G_s \rightarrow$ cAMP $\uparrow$

Dabei vermitteln α_1-Rezeptoren vor allem Gefäßkontraktion, α_2 hemmt die Insulinsekretion, β_1 ist viel auf dem Herz vorhanden, und β_2 ist unter anderem zuständig für die Bronchodilatation.

Metabolische Effekte werden hauptsächlich von den β-Rezeptoren gesteuert.

10. Nennen Sie bitte die Vorgänge, die zur Synthese der Schilddrüsenhormone führen.

- Aktive Jodidaufnahme in die Zelle,
- Jodidoxidation, wodurch die Jodierung von Tyrosylresten des Thyreoglobulins ermöglicht wird,
- intramolekulare Kopplung,
- Speicherung im Kolloid,
- Aufnahme durch Pinozytose,
- lysosomaler Abbau,
- Abgabe der Schilddrüsenhormone ins Blut und
- periphere Dejodierung durch die Dejodase.

11. Erläutern Sie bitte die Veränderungen in der Hypothalamus-Hypophysen-Schilddrüsen-Achse bei Jodmangel.

- Durch den Jodmangel wird zu wenig effektives Schilddrüsenhormon produziert.
- Der long- und short-feedback-Mechanismus auf Hypothalamus und Hypophyse führen zu gesteigerter Sekretion von TSH, das das Wachstum der Schilddrüse anregt (Struma).
- Durch die verringerte Präsenz von freiem T_3 und T_4 kommt es zu Leistungsminderung, Kälteintoleranz, Bradykardie und Myxödem.

Pause

Päuschen gefällig?
Das hast du dir verdient!

1.4.2 Die Steroidhormone

Mit den Steroidhormonen betreten wir nun das Feld der Nebennierenrinden- und Keimdrüsenhormone. Zu Beginn meines Studiums war ich mir noch nicht einmal der Existenz einer Nebenniere, geschweige denn einer Rinde bewusst. Nun muss ich zugeben, dass dies eine echte Bildungslücke war, denn ohne die Nebennierenrinde geht gar nichts. Gleiches gilt natürlich für die Keimdrüsen, obwohl ich von deren Existenz schon früher wusste … Da Steroide also weder funktionell noch prüfungstechnisch unwichtig sind, würdigen wir sie ausgiebig auf den folgenden Seiten.

> **Merke!**
>
> Die Steroidhormone sind allesamt Produkte des Cholesterins (Cholesterol). Die wichtigsten unter ihnen sind:
> – Progesteron,
> – Cortisol,
> – Aldosteron,
> – Testosteron,
> – Östradiol und
> – 1,25-$(OH)_2$-Cholecalciferol (Calcitriol).

Cholesterin (C_{27})

Abb. 30: Nummerierung Cholesterin

medi-learn.de/7-bc5-30

Calcitriol nimmt eine gewisse Sonderrolle ein. Bei ihm wurde das klassische Ringsystem photochemisch aufgespalten, weshalb es auch als Secosteroid bezeichnet wird. Seine biochemischen Eigenschaften sind aber dennoch die eines klassischen Steroidhormons.

Synthese und Abbau der Steroidhormone

Das Cholesterol für die Synthese der Steroidhormone wird als Cholesterolester in Vesikeln innerhalb der steroidproduzierenden Zellen gespeichert. Durch die Veresterung steigt die Lipophilie des Cholesterins, wodurch die intrazelluläre Speicherung erst möglich wird. Sollte das gespeicherte Cholesterin einmal nicht ausreichen, wird aus Acetyl-CoA kurzfristig neues **synthetisiert**. Bei langfristiger Stimulation erhöhen die Zellen ihre Anzahl an **LDL-Rezeptoren**, sodass mehr Cholesterin durch LDL-Internalisierung aufgenommen werden kann. Im Rahmen der Steroidhormonsynthese laufen **Hydroxylierungen**, Dehydrierungen, Spaltungen und noch ein paar andere Reaktionen ab. Dabei werden hauptsächlich **Cytochrom P450-Enzyme** benutzt. Diese Monooxygenasen – die auch eine Rolle in der Biotransformation der Leber spielen – verbrauchen **NADPH/H+** und **Sauerstoff**.

> **Merke!**
>
> Du musst nicht alle Steroidhormone der Abb. 31, S. 43 mit Strukturformel auswendig lernen. Es genügt, wenn du dir gewisse grundsätzliche Sachen einprägst:
> – Durch Abspalten der Seitenkette an C17 entsteht aus Cholesterol (27 C-Atome) **Pregnenolon** als gemeinsame Vorstufe aller klassischen Steroidhormone (21 C-Atome). Weitere C-Atome gehen erst beim Schritt zum Testosteron verloren. Cortisol und Aldosteron wurden an C11 hydroxyliert, Aldosteron besitzt eine **Aldehydgruppe** an C18 (daher der Name …) und beide sind aus **Progesteron** entstanden.
> – Östradiol hat noch ein C weniger als Testosteron und besitzt außerdem als einziges Steroidhormon einen aromatischen Ring.

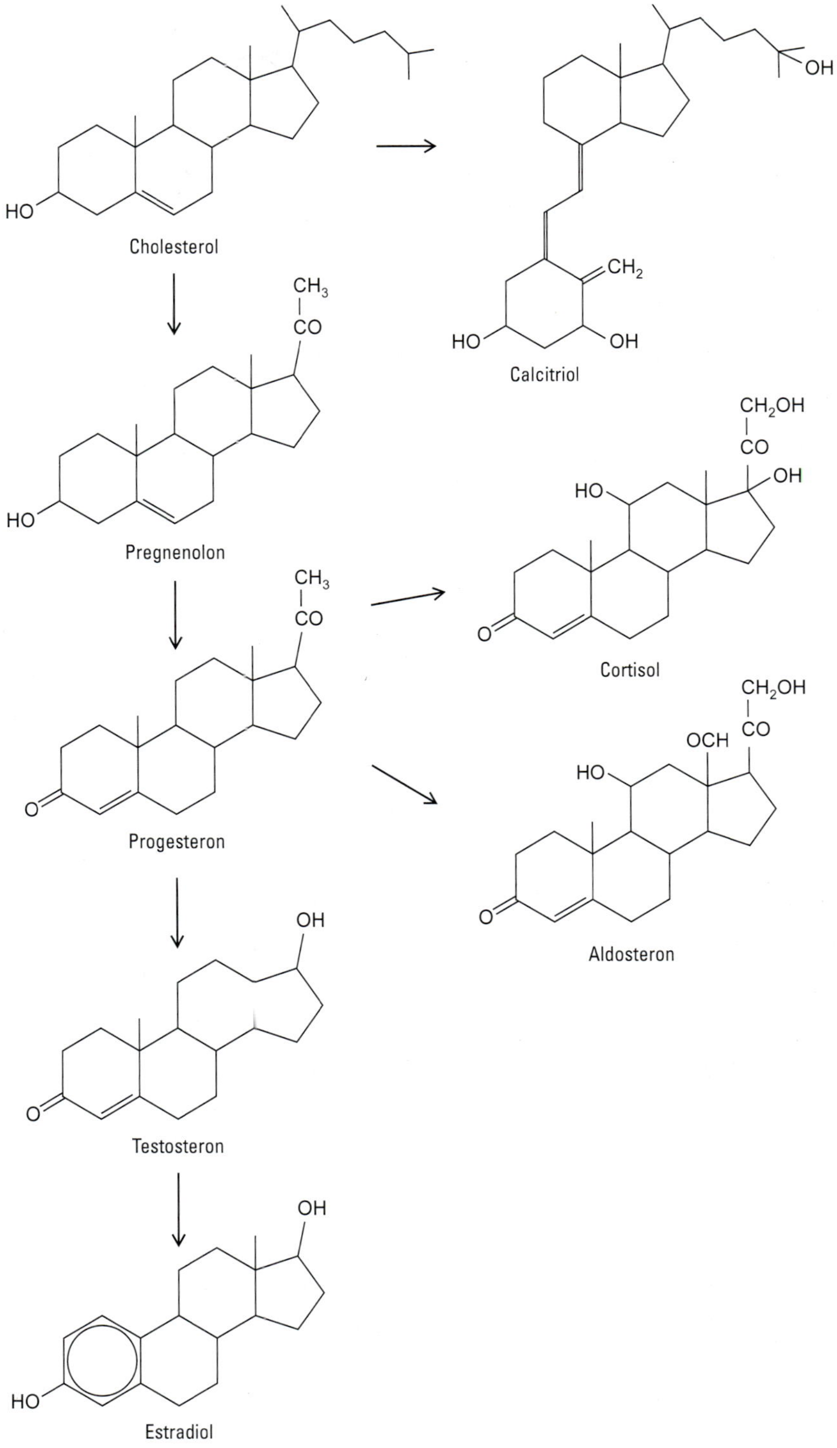

Abb. 31: Synthese der Steroidhormone

medi-learn.de/7-bc5-31

1

Mit diesen Fakten ist es zum Beispiel möglich, folgende Aussage zu entschärfen: „Eine C21-Hydroxylase ist beteiligt an der Synthese von Testosteron und Östrogenen." Testosteron (19 C-Atome) und Östrogene (18 C-Atome) besitzen gar kein C21 mehr, deshalb kann eine C21-Hydroxylase auch nicht an ihrer Synthese beteiligt sein. Allerdings ist dieses Enzym beteiligt an der Herstellung der Nebennieren-rinden-Hormone (21 C-Atome).

Abgebaut werden die Steroidhormone durch **Konjugation** mit Schwefelsäure und **Glucuronsäure** (Biotransformation, s. Skript Biochemie 7). Die Ausscheidung ihrer vielfältigen Abbauprodukte erfolgt über den Harn und die Galle/den Stuhl.

1.4.3 Hypothalamus-Hypophysen-Zona fasciculata-Achse

Bei den in der Zona fasciculata produzierten Hormonen handelt es sich um die **Glucocorticoide**, deren wichtigster Vertreter das Cortisol ist. Die synthetischen Glucocorticoide wie Dexamethason wirken im übrigen stärker und haben, im Gegensatz zum natürlichen Cortisol, keine mineralcorticoiden Wirkungen mehr (s. Aldosteron, S. 56).

Struktur und Synthese

Liberin (RH)	Tropin	Hormon
– CRH	– ACTH (adreno-corticotropes Hormon)	– Cortisol

Tab. 9: Cortisol

Die Ausschüttung von **CRH** (Corticotropin Releasing Hormone) erfolgt pulsatil und in einer Tag-Nacht-Rhythmik (s. Abb. 33, S. 45). Neben diesem biologischen Rhythmus, bei dem die Cortisolkonzentration morgens zwischen 8 Uhr und 9 Uhr am größten ist, wird die CRH-Sekretion auch durch **Stress** ausgelöst.

Unter dem Einfluss des CRH wird in der Hypophyse ACTH sezerniert, das zuvor durch proteolytische Prozessierung aus dem **Pro**Opio**Me**lano**C**ortin (POMC) gebildet wurde. POMC ist ein Vorläuferpeptid und enthält die Information für verschiedene kleinere Peptide (s. Abb. 32, S. 44), von denen die folgenden vier physikumsrelevant sind:
- ACTH,
- β-Endorphin,
- β-Lipotropin und
- α-MSH.

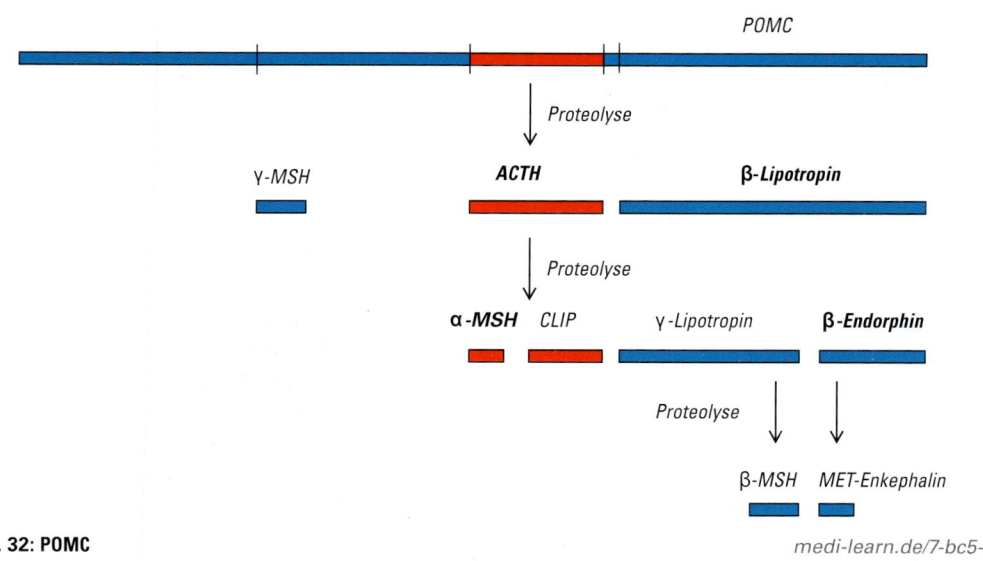

Abb. 32: POMC

medi-learn.de/7-bc5-32

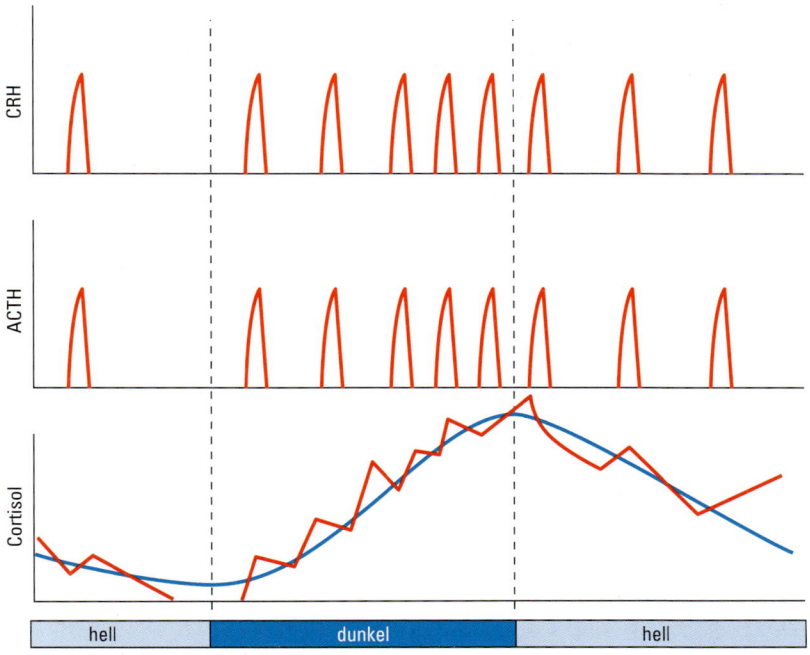

Abb. 33: Rhythmik der Cortisolfreisetzung   *medi-learn.de/7-bc5-33*

ACTH besteht aus 39 Aminosäuren. Nach Sekretion wirkt es auf die Zellen der Zona fasciculata (mittlere Zone) der Nebennierenrinde. An den dort vorhandenen steroidproduzierenden Zellen aktiviert ACTH einen G_s-Rezeptor (s. Abb. 5, S. 7), was die Aktivität einer cAMP-abhängigen PK A steigert.

Diese PK A aktiviert daraufhin eine Esterase, die die Cholesterolester in den intrazellulären Speichervesikeln spaltet und dadurch Cholesterin freisetzt. Im Mitochondrium und im endoplasmatischen Retikulum entsteht dann daraus Cortisol.

Merke!

Obwohl Cortisol ein lipophiles Hormon ist, hat es doch etwas mit cAMP zu schaffen. Die Cholesterinfreisetzung zur Steroidsynthese wird nämlich durch cAMP → PK A → Esterase reguliert. Aber Vorsicht: Die Glucocorticoide wirken NICHT über cAMP!

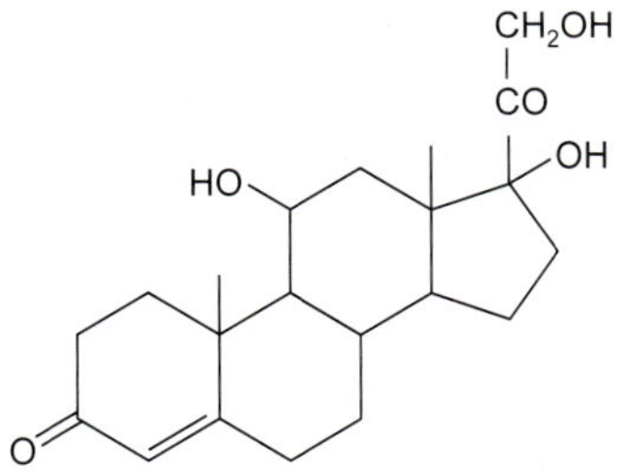

Cortisol (C_{21})

Abb. 34: Cortisol   *medi-learn.de/7-bc5-34*

Cortisol ist als Steroidhormon ein lipophiles Hormon, wirkt deshalb über einen intrazellulären Rezeptor (s. 1.2.1, S. 3) und geht eine hohe Plasmaeiweißbindung ein; das entsprechende Protein heißt Transcortin.

Strukturell markant ist beim Cortisol die OH-Gruppe am C-11-Atom; es besteht aus 21 C-Atomen. Wie bereits erwähnt, wird die Freisetzung von Cortisol – neben der Tag-und-Nacht-Rhythmik – auch durch psychischen und physischen

Stress stimuliert. Daher ist es ein wichtiger Teil der Stressantwort des Körpers. Daneben fördern auch die Zytokine Interleukin-1, TNF-α und Interleukin-6 die Ausschüttung von Cortisol, was zeigt, dass das Immunsystem mit den Glucocorticoiden in Verbindung steht.

Wirkungen des Cortisols

Als lipophiles Hormon modifiziert Cortisol die **Transkription** seiner Zielzellen und wirkt damit eher **langfristig**. Dabei kannst du dir als Faustregel merken, dass Cortisol in der Peripherie (Fettgewebe und Muskulatur) katabol und in der Leber anabol wirkt.

Wirkung auf Transkription		Fazit
Musku-latur	**Induktion** – Aminotransferasen	– Proteolyse↑ – Proteinbiosynthese↓ – erhöhte Freisetzung von Aminosäuren als Substrate für die Leber
Fett-gewebe	**Induktion** – Lipase	– Lipolyse ↑ – erhöhte Freisetzung von Glycerin und Fettsäuren für Leber
Leber	**Induktion** – Pyruvat-Carboxylase – PEP-Carboxykinase – Fructose-1,6-bisphosphatase – Glucose-6-phosphatase	– Gluconeogenese ↑ – Glykogensynthese ↑ – Blutzuckerspiegel ↑ – Verlängerung und Verstärkung der Glukagon- und Adrenalinwirkung in der Leber

Tab. 10: Cortisolwirkungen

Durch die **Induktion von Aminotransferasen** wird die Proteolyse der Muskulatur beschleunigt. Die freigesetzten Aminosäuren werden ans Blut abgegeben, wodurch ihr Plasmaspiegel steigt.

Im Fettgewebe steigt der Durchsatz der Lipolyse, wodurch vermehrt **Fettsäuren** und **Glycerin** für die Leber bereitgestellt werden.

In der Leber wird die Transkription von Enzymen der **Gluconeogenese gesteigert**. Die entstehende Glucose führt zu einem Anstieg des Blutzuckers, weshalb die Hormone der Zona fasciculata auch als Glucocorticoide bezeichnet werden. Auch die Neubildung von **Glykogen** ist aufgrund des erhöhten Substratangebots durch den peripheren Katabolismus beschleunigt.

Was den Stoffwechsel angeht, unterstützt Cortisol also die Wirkungen der Katecholamine und des Glukagons. Da ist es verständlich, dass Glucocorticoide die Synthese von Katecholaminen fördern. „Glucos" wirken damit also antagonistisch zum Insulin: Sie hemmen die periphere Glucoseaufnahme und -verwertung.

Hinzu kommen die **antiinflammatorischen** Wirkungen der Glucocorticoide. Diese resultieren aus

- einer Hemmung der Leukozytenfunktion und der Lymphozytenvermehrung,
- der Hemmung der Synthese von Interleukinen,
- der Synthese von **Lipocortin** → hemmt Phospholipase A_2 (s. 1.8.5, S. 62) und
- einer Hemmung der COX_2 (s. 1.8.5, S. 62).

Übrigens …
Die antiinflammatorische Komponente des Cortisols wird mit Hilfe von Cortisolderivaten (Prednisolon, Dexamethason) therapeutisch genutzt. Ein Beispiel ist die Immunsuppression bei Autoimmunerkrankungen und Organtransplantationen sowie zur Therapie von Leukämien. Doch Vorsicht! Bei zu langer Therapie greift der katabole Effekt auch auf die Knochen über und es kommt zu **Osteoporose**.

Pathobiochemie

Kommt es durch Tumoren oder auch durch therapeutische Maßnahmen zu einer Überfunktion der Nebennierenrinde mit **Hypercortisolismus**, so kann dies zur Entstehung eines **Cushing-Syndroms** führen. Bei diesem Krankheitsbild stehen

– Stammfettsucht,
– Vollmondgesicht,
– Stiernacken und
– Striae distensae

im Vordergrund.

Beim **Adrenogenitalen Syndrom** handelt es sich ebenfalls um eine Erkrankung, bei welcher der Cortisolstoffwechsel gestört ist. Jedoch kommt es hier auf Grund eines genetischen Defektes der **21-Hydroxylase** (autosomal-rezessiv) zu einer **verringerten** Produktion von **Cortisol** und **Aldosteron**. Dies verursacht auf Grund der fehlenden Rückkopplung zu Hypothalamus und Hypophyse eine vermehrte ACTH-Produktion. Dadurch steigt die die Menge der in der Nebennierenrinde produzierten Hormonvorstufen an, diese können jedoch auf Grund des Enzymdefektes nicht weiter zu Cortisol und Aldosteron umgesetzt werden. Diese überproduzierten Vorstufen werden nun in alternative Stoffwechselwege eingespeist, dadurch kommt es zu einer Überproduktion von Androgenen, also männlichen Geschlechtshormonen. Dieses komplexe Zusammenspiel erklärt auch die Symptomatik:

– Vermännlichung von weiblichen Neugeborenen
– Pseudopubertas praecox bei Kindern
– Vorzeitiger Schluss der Wachstumsfugen
– ggf. Salzverlust-Syndrom (fehlendes Aldosteron!)

Um die Erkrankung früh zu erkennen und durch medikamentösen Hormonersatz zu therapieren, wird im Rahmen des Neugeborenenscreenings der **17-Hydroxyprogesteron**-Spiegel gemessen, welcher beim AGS deutlich erhöht ist (eine der überproduzierten Vorstufen).

Merke!

– Die Cortisolbiosynthese wird durch CRH und ACTH gesteuert.
– Stimuliert wird das System – neben seiner ausgeprägten Tag-Nacht-Rhythmik – vor allem durch Stress. Aber auch das Immunsystem hat regulierenden Einfluss. Dies zeigt den Zusammenhang zwischen der Stress- und Immunantwort.
– Die Cortisolwirkungen lassen sich durch peripheren Katabolismus mit hepatischem Anabolismus charakterisieren: Gluconeogenese, Glykogensynthese, muskuläre Proteolyse und Lipolyse sind aktiviert, der Blutzuckerspiegel und die Stickstoffausscheidung steigen.
– Therapeutisch und physiologisch wichtig sind die immunsuppressiven Effekte des Cortisols.

1.4.4   Hypothalamus-Hypophysen-Keimdrüsen-Achse

Mit diesem Kapitel betreten wir nun das Feld der Geschlechts-/Sexualhormone, also der Östrogene, Gestagene und Androgene. In ihrem Zusammenspiel entstehen so interessante und wichtige Dinge wie die Entwicklung und das Aussehen von Mann und Frau, die Pubertät, der weibliche Menstruationszyklus, gedopte Muskelberge und vielleicht auch die Erklärung, warum Männer besser einparken und Frauen immer Schuhe kaufen.

Liberin (RH)	Tropin	Hormon

– Gonado-
  tropin-RH
  (GnRH)
	– luteinisierendes
	  Hormon (LH)
	– follikelstimulie-
	  rendes Hormon
	  (FSH)
		– Progesteron
		– Testosteron
		– Östradiol

Tab. 11: Geschlechtshormone

Synthese und Struktur

Die Freisetzung des GnRH erfolgt zwingend pulsatil (alle 90 min wird ein Stoß sezerniert). Daraufhin werden in der Hypophyse LH und FSH ausgeschüttet. Beides sind Peptidhormone, die strukturell dem TSH ähneln.

LH und FSH existieren bei Mann und Frau in gleichem Ausmaß, aber mit unterschiedlichen Wirkungen. Auch hier gilt fürs Examen: Nicht aufs Kreuz legen lassen!

Progesteron (Gestagen), Testosteron (Androgen) und Östradiol (Östrogen) sind Steroidhormone, die unter LH- und FSH-Einfluss hauptsächlich in den Keimdrüsen produziert werden. Wie alle lipophilen Hormone sind sie an Plasmaproteine gebunden, eine Aufgabe, die bei den Androgenen und Östrogenen das Testosteron-Östrogen-bindende Protein übernimmt. Beim Blick auf Abb. 31, S. 43 siehst du weiterhin, dass Progesteron die Vorstufe von Testosteron ist, aus dem wiederum Östradiol entsteht.

– Progesteron, Testosteron und Östradiol sind zusammen mit ihren aktiven Nebenprodukten ebenfalls bei beiden Geschlechtern vorhanden, wirken jedoch unterschiedlich (s. u.).
– Die negative Rückkopplung der Sexualhormone auf die oberen Ebenen des Systems ist sehr komplex und im Verlauf des weiblichen Zyklus auch unterschiedlich ausgeprägt (s. Skript Physiologie 2).

Sexualhormone des Mannes

Beim Mann wirken FSH und LH hauptsächlich auf zwei Gewebe:
– die Sertoli-Zellen des Hodens und
– die Leydig-Zellen des Hodens.

> **Merke!**
>
> – FSH → **S**ertoli-Zellen → **S**permiogenese
> – LH → **L**eydig-Zellen → **Testosteron**
> („**Lestosteron**")

LH: In den interstitiellen Leydig-Zellen des Mannes werden unter LH-Einfluss Androgene mit ihrem Hauptvertreter Testosteron gebildet.

Testosteron (C_{19})

Abb. 35: Testosteron   *medi-learn.de/7-bc5-35*

Dabei funktioniert der LH-Rezeptor ähnlich wie der ACTH-Rezeptor: Er führt zu einem Anstieg des Cholesterols in der Zelle (cAMP-Anstieg, aktivierte PK A, aktivierte Cholesterolesterase, s. 1.4.3, S. 44). Durch den speziellen Enzymbesatz der Leydig-Zellen erfolgt daraufhin die Synthese von Pregnenolon, aus dem dann letztendlich Testosteron gebildet wird.

Übrigens …
Eine häufig gefragte **Vorstufe** von Testosteron ist **Androstendion**.

Testosteron fördert vor allem das Wachstum und die Differenzierung der männlichen Geschlechtsorgane (Penis, Samenblase, Samenleiter und Prostata) und Geschlechtsmerkmale (Bartwuchs, männliche Behaarung, großer Kehlkopf usw.). Außerdem werden das Muskel- und Skelettwachstum sowie die Erythropoese angeregt. Deshalb werden androgene Substanzen auch gerne als Dopingmittel eingesetzt; mit mehr Muskeln und Erys lässt sich schließlich „besser" Sport machen.
– In einigen Geweben wie z. B. der Prostata und der Samenblase wird Testosteron durch eine 5α-Reduktase in **5α-Dihydrotestosteron** umgewandelt. In dieser Form ist es etwa 2,5-fach stärker wirksam. Dadurch

steigt z. B. die Fructosekonzentration in der Samenflüssigkeit, eine Tatsache, die schon gefragt wurde ...

– Der Abbau von Testosteron erfolgt durch Sulfatierung und Glucuronidierung zu 17-Ketosteroiden, die mit dem Harn ausgeschieden werden.

– Weitere Produktionsorte für männliche Geschlechtshormone sind bei Mann und Frau die Nebennierenrinde und bei Frauen das Ovar.

FSH: FSH wirkt beim Mann auf die Sertoli-Zellen (Ammenzellen) in den Tubuli seminiferi des Hodens. Sie steuern unter dem Einfluss von FSH die **Spermiogenese**. Das unter LH-Einfluss gebildete Testosteron aus den Leydig-Zellen wird dafür ebenfalls benötigt. Nur aufgrund der korrekten Zusammenarbeit der FSH- und LH-abhängigen Zellen ist die Spermiogenese erfolgreich, ähnlich wie die Follikelreifung bei der Frau.

– Die Sertoli-Zellen sind auch der Bildungsort von **Inhibin**, einem Polypeptid, das durch negative Rückkopplung die **FSH-Sekretion hemmt**.

Sexualhormone der Frau

FSH und LH entfalten ihre Wirkung bei der Frau hauptsächlich auf zwei Gewebe:
– die **Granulosazellen** des Ovars und
– die **Theca interna**-Zellen des Ovars.

Zu Beginn des weiblichen Menstruationszyklus (Follikelphase) wirkt LH hauptsächlich auf die Theca interna-Zellen, die dabei **Androgene**, also männliche Geschlechtshormone (z. B. Androstendion) bilden. Unter der Stimulation mit FSH erhöht sich in den Granulosazellen jetzt der Besatz mit **Aromatase**. Dieses Enzym bildet durch Abspaltung der C19-Gruppe und Hydrierung des A-Rings aus den in der Theca entstandenen Androgenen **Östradiol**, also Östrogene. Ergebnis dieser Kooperation ist die Reifung des Follikels.

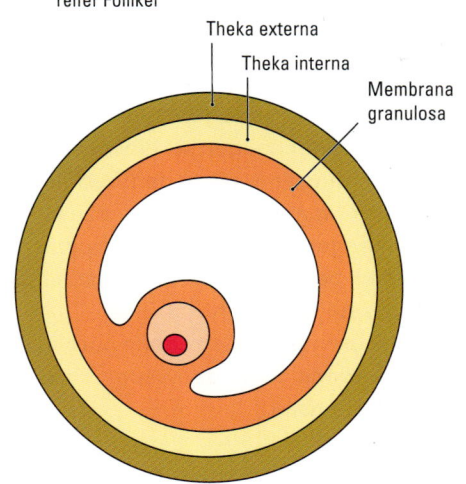

Abb. 37: Follikel   *medi-learn.de/7-bc5-37*

Nach dem Eisprung (in der zweiten Zyklushälfte, der Lutealphase) produziert der Rest des Follikels als **Gelbkörper** das **Progesteron**. Im Falle einer Schwangerschaft übernimmt die Plazenta später die Gestagensynthese.

Bei der Frau schwankt der Spiegel der **Sexualhormone** im Blut also zyklusabhängig. Zu den zyklischen Effekten zählen ein **Aufbau** der

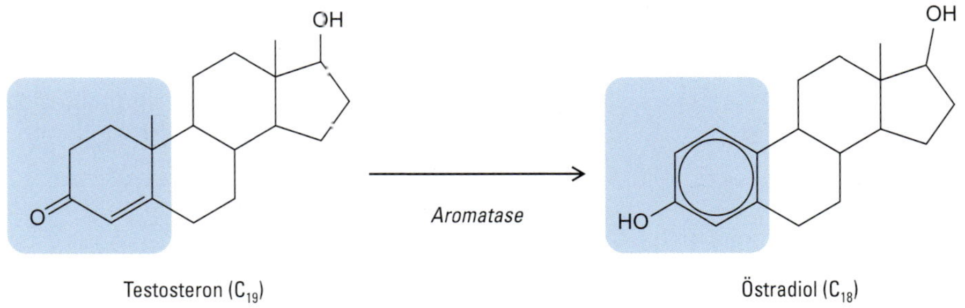

Testosteron (C_{19})   →   Aromatase   →   Östradiol (C_{18})

Abb. 36: Aromatase   *medi-learn.de/7-bc5-36*

Uterusschleimhaut mit **Wachstum** der Uterus-muskulatur. Die Östrogene dominieren dabei vor allem in der ersten Zyklushälfte.

Neben ihrem regulierenden Einfluss auf den Zyklus und eine eventuelle Schwangerschaft haben die Sexualhormone allerdings auch einige über längere Zeit anhaltende Wirkungen: Östradiol führt vor allem zum Wachstum der weiblichen Geschlechtsorgane wie Ovar, Uterus, Tube und Vagina. Außerdem fördert es die Ausprägung weiblicher Geschlechtsmerkmale und den typisch weiblichen Habitus.

Zudem wirken die Östrogene stimulierend auf die Osteoblasten und führen so zum Knochenaufbau. Daher beugen sie einer Osteoporose vor, allerdings nur bis zu den Wechseljahren. Nach der Menopause kommt es zu einem Östrogenmangel, wodurch die Inzidenz für Osteoporose bei Frauen altersentsprechend höher ist als bei Männern.

Außer im Ovar werden Östrogene noch in der **Nebennierenrinde**, im **Fettgewebe** und in der Plazenta synthetisiert.

Das Progesteron hingegen wird vor allem in der zweiten Zyklushälfte gebildet. Dabei führt es zur Sekretionsphase der Uterusschleimhaut und zum Wachstum der Brustdrüsen. Zusätzlich erhöht es die Viskosität des Zervikalschleims und hebt die basale Körpertemperatur um 0,5– 1 °C an (wird bei der Temperaturmethode zur Verhütung genutzt). Alles in allem schaffen die Gestagene als Schwangerschaftschutzhormone beste Voraussetzungen für die Einnistung und Weiterentwicklung eines Embryos.

Progesteron (C$_{21}$)

Abb. 38: Progesteron   *medi-learn.de/7-bc5-38*

Der Transport des Progesterons im Plasma erfolgt gebunden an **Transcortin**.

Abgebaut und ausgeschieden werden die gestagenen und östrogenen Substanzen als Glucuronate, genau wie alle anderen Steroide (s. Synthese und Abbau der Steroidhormone, S. 42).

Übrigens ...
Das in der Plazenta synthetisierte Choriongonadotropin (HCG) erhält im Falle einer Schwangerschaft den Gelbkörper am Leben, bis die Progesteronproduktion von der fetoplazentären Einheit (Plazenta und Fetus) übernommen werden kann. Außerdem handelt es sich bei HCG um einen großen Auslöser von Freude oder Frust, denn es wird in den handelsüblichen Schwangerschaftstests nachgewiesen.

1.4.5 Hypothalamus-Hypophysen-Wachstumshormon-Achse

Wie unser Wissen wächst auch unser Körper ...

Struktur und Synthese

Das **GRH** stimuliert die Freisetzung des Wachstumshormons **STH (GH)**, **Somatostatin** (s. a. 1.8.3, S. 62) hemmt sie.

Liberin (RH)	Statin (IH)	Tropin	Hormone
Somatokrinin oder GRH (growth hormone releasing hormone)	Somatostatin	STH (somatotropes Hormon) oder GH (growth hormone)	IGF I und II (Insulin like growth factors) oder Somatomedine

Tab. 12: STH

Übrigens ...
Das unter dem Einfluss der beiden Peptide GRH und Somatostatin ausgeschüttete STH ist streng artspezifisch.

Die basalen Spiegel der Wachstumshormone ändern sich im Laufe des Lebens: In der Kindheit und in der Pubertät wachsen wir besonders schnell, im Alter dagegen fast gar nicht mehr.

Daneben führen auch **Tiefschlaf, körperliche Belastung** und Hypoglykämien zu einer vermehrten Sekretion von Wachstumshormon. **Stress** hat ebenfalls einen regulatorischen Einfluss (z. B. können Kinder unter miserablen psychosozialen Bedingungen ihr Wachstum zeitweise einstellen).

Das Wachstumshormon wirkt vor allem auf die **Leber**, wo daraufhin die **Somatomedine** produziert werden (**hepatotrope** Wirkung). Daneben werden aber auch eigene Wirkungen des Wachstumshormons diskutiert. Als Somatomedine gelten die **IGFs** (Insulin Like Growth Factors) I und II. Bei ihnen handelt es sich um einkettige Polypeptide, die unter STH-Einfluss in den Hepatozyten produziert werden. **Strukturell** (nicht unbedingt in der Wirkung, vgl. Wirkungen des Insulins ab S. 19) ähneln sie dem Insulin, daher auch der Name.

Wirkungen des Wachstumshormons

Das STH und die IGFs führen gemeinsam zum **Wachstum**. Da sie vor allem das Wachstum von Knorpel, Knochen und Muskulatur fördern, gehören STH und IGFs zu den **anabolen Substanzen**. Daneben erhöhen sie langfristig den **Blutzuckerspiegel**, was im Schriftlichen schon öfters gefragt wurde.

Pathobiochemie des Wachstumshormons

Kommt es – z. B. durch einen Tumor der Hypophyse – zu einer Überproduktion von STH vor dem Schluss der Wachstumsfugen, so führt dies zu **Riesenwuchs**. Da nach dem Schluss der Wachstumsfugen kein Längenwachstum der meisten Knochen mehr möglich ist, kommt es im Falle einer Überproduktion durch das Wachstum einiger Knochenendglieder (Kinn, Nase, Augenwülste, Hände, Füße) zum Krankheitsbild der **Akromegalie**.

1

Es ist auf keinen Fall relevant für das schriftliche Physikum, die Struktur der **Steroidhormone** auswendig zu lernen. Präge dir dafür besser die **Synthesewege** (s. Abb. 31, S. 43) ein und behalte Folgendes:

- Das Ringsystem des Cholesterins hat 27 C-Atome.
- Pregnenolon und Progesteron sind die Vorstufen der klassischen Steroidhormone. Durch Cytochrom P450-Enzyme werden an ihnen verschiedene NADPH-abhängige Oxidationen durchgeführt.
- Die Hormone der Nebennierenrinde sind an C11 hydroxyliert.
- Steroide werden im Rahmen der Biotransformation in der Leber abgebaut.

Hier einige zusammenfassende Worte zu den **Glucocorticoiden**. Merke dir bitte folgendes:

- Cortisol ist ein Steroidhormon, das im Blut mit Transcortin transportiert wird.
- Seine Freisetzung aus den Zellen der Nebennierenrinde erfolgt unter ACTH-Stimulation.
- ACTH wird aus POMC gebildet.
- Aus POMC entstehen außerdem:
  - β-Endorphin,
  - β-Lipotropin und
  - α-MSH.
- Wirkt ACTH auf seine Zielzellen, wird eine Esterase aktiviert, die Cholesterol aus intrazellulären Vesikeln freisetzt. Damit sind vermehrt Substrate für die Steroidhormonsynthese vorhanden.
- Cortisol stimuliert die Gluconeogenese, beschleunigt die Glykogensynthese, induziert Aminotransferasen in der Muskulatur und erhöht die Lipaseaktivität im Fettgewebe. (Hier werden also Gluconeogenese und Glykogensynthese gleichzeitig aktiviert!)
- Die Glucocorticoide wirken immunsuppressiv = sie hemmen z. B. die COX und die PL A_2.

Männlein und Weiblein aufgepasst, hier kommen die absoluten Essentials der **Geschlechtshormone**:

- Die Sexualhormone sind Steroidhormone.
- Die Geschlechtshormone existieren bei Frau und Mann in unterschiedlichen Konzentrationen.
- Testosteron entsteht unter LH-Einfluss in den Leydig-Zellen des Hodens, ist für die Ausprägung der männlichen Eigenschaften verantwortlich und ein Anabolikum. Durch eine 5α-Reduktase wird Testosteron in das wirksamere 5-Dihydrotestosteron umgewandelt.
- Östradiol entsteht mit Hilfe der Aromatase aus androgenen Vorstufen im reifenden Follikel (Granulosazellen). Es wird als DAS weibliche Geschlechtshormon bezeichnet.
- Das Schwangerschaftsschutzhormon Progesteron dominiert die zweite Zyklushälfte (denk an die Basaltemperatur und den Zervixschleim ...).

Die Fragen zum **STH** waren bis jetzt sehr spärlich vertreten, deshalb auch hier nur ganz kurz:

- Unter Einfluss des Wachstumshormons werden in der Leber IGFs produziert. Diese regen zusammen mit dem STH verschiedene Gewebe wie Muskulatur, Knorpel und Knochen zum Wachstum an.

Jetzt bist du wieder einen Schritt weiter und kannst mit den Fragen zu den vorherigen beiden Kapiteln dein Wissen überprüfen.

1. Erläutern Sie bitte, welche Rolle Cholesterin im kommunikativen Zellstoffwechsel spielt.

2. Wie findet unter einem Hormonsignal eine vermehrte Steroidhormonsynthese statt? Erläutern Sie das bitte am Beispiel ACTH.

3. Geben Sie bitte einen Überblick über die Steroidhormonsynthese.

4. Warum haben Ihrer Meinung nach Patienten mit einer Nebenniereninsuffizienz eine deutlich braune Hautfarbe?

5. Wie würden Sie die Wirkungen der Glucocorticoide allgemein beschreiben?

6. Zu welcher Tageszeit würden Sie Ihrem Patienten seine Glucocorticoid-Medikation geben? Warum?

7. Geben Sie mir bitte einen groben Überblick über die Geschlechtshormone.

8. Erläutern Sie bitte, wie männliche und weibliche Geschlechtshormone zusammen hängen.

9. Was hat Wachstum Ihrer Meinung nach mit der Leber zu tun?

---

1. Erläutern Sie bitte, welche Rolle Cholesterin im kommunikativen Zellstoffwechsel spielt.

Cholesterin bildet das Grundgerüst für alle Steroidhormone. In den Steroidhormon-produzierenden Zellen wird es als Cholesterolester innerhalb intrazellulärer Vesikel gespeichert. Außerdem kann es im Rahmen der Cholesterolbiosynthese hergestellt oder durch LDL-Internalisierung aufgenommen werden. Cholesterin durchläuft einige durch Cytochrom P450-Enzyme katalysierte Hydroxylierungen, Dehydrierungen und Spaltungen auf dem Weg zu den aktiven Hormonen.

2. Wie findet unter einem Hormonsignal eine vermehrte Steroidhormonsynthese statt? Erläutern Sie das bitte am Beispiel ACTH.

ACTH aktiviert ein G_s-Protein, dieses stimuliert die Adenylatcyclase, es entsteht vermehrt cAMP. cAMP aktiviert die PK A, diese phosphoryliert und aktiviert eine Cholesterolesterase, welche Cholesterol aus den intrazellulär gespeicherten Cholesterolestern freisetzt. Nun kann die Zelle mit dem Cholesterin arbeiten und daraus Hormone herstellen.

3. Geben Sie bitte einen Überblick über die Steroidhormonsynthese.

Vorstufe aller klassischen Steroidhormone ist das aus Cholesterin (27 C-Atome) gebildete Pregnenolon (21 C-Atome), aus diesem kann Progesteron (21 C-Atome) entstehen. Nun entscheidet sich – je nach Enzymbesatz der Zelle – in welche Richtung die Synthese weitergeführt wird. In der Nebennierenrinde werden Gluco- und Mineralocorticoide (beide haben 21 C-Atome) gebildet. Dabei wird unter anderem eine Hydroxylgruppe an C11 eingeführt. Werden allerdings Geschlechtshormone synthetisiert, führt der Weg vom Progesteron zum Testosteron (19 C-Atome) und dann zum Östradiol (18 C-Atome). Eine kleine Besonderheit liegt beim Calcitriol vor. Dieses Molekül wird auch als Secosteroid bezeichnet, da das Ringsystem photochemisch aufgespalten wurde (s. Abb. 52, S. 76 zum Calcitriol).

4. Warum haben Ihrer Meinung nach Patienten mit einer Nebenniereninsuffizienz eine deutlich braune Hautfarbe?

Sollte die Nebenniere z. B. durch Autoimmunprozesse zerstört werden, kommt es unter anderem zu einer deutlichen Zunahme der Pigmentierung der Haut. Weil die periphere Rückkopplung zum Hypothalamus und zur Hypophyse fehlt, entsteht nämlich vermehrt ACTH aus POMC; dabei fällt natürlich auch deutlich mehr α-MSH an. Dieses stimuliert die Melanozyten, sie erhöhen die Melaninproduktion und die Haut wird dunkler.

5. Wie würden Sie die Wirkungen der Glucocorticoide allgemein beschreiben?

Glucocorticoide bewirken einen peripheren Abbau von Muskelproteinen und Speicherfetten. Dadurch gelangen deutlich mehr Aminosäuren, Glycerin und Fettsäuren in die Leber als ohne Glucocorticoidwirkung. Die Leber benutzt die vermehrt angeschwemmten Substrate für eine gesteigerte Glykogensynthese und Gluconeogenese.

Weiterhin handelt es sich bei den Glucocorticoiden um antiinflammatorische Stoffe, die auch therapeutisch eingesetzt werden.

6. Zu welcher Tageszeit würden Sie Ihrem Patienten seine Glucocorticoid-Medikation geben? Warum?

Aufgrund des zirkadianen Rhythmus, den die CRH- und ACTH-Sekretionskurven (Cortisol-Spitzenwert um 9 Uhr) aufweisen, hat es sich eingebürgert, einem Patienten unter ständiger Glucocorticoid-Medikation immer morgens einen Großteil der Gesamtdosis zu verabreichen.

7. Geben Sie mir bitte einen groben Überblick über die Geschlechtshormone.

LH und FSH regulieren die Synthese der Sexualhormone.

– Beim Mann wirkt LH auf die Leydig-Zellen und FSH auf die Sertoli-Zellen im Hoden. Im Zusammenspiel entstehen die reifen Spermien, und das produzierte Testosteron führt zur Ausprägung der männlichen Geschlechtsmerkmale.

– Bei der Frau reguliert FSH den Aromatasebesatz der Granulosazellen; in den Theca Zellen produzierte Androgene werden dadurch zu weiblichen Geschlechtshormonen. Progesteron entsteht im Corpus luteum und in der Plazenta.

8. Erläutern Sie bitte, wie männliche und weibliche Geschlechtshormone zusammen hängen.

Durch das Enzym Aromatase kann Testosteron in Östradiol umgewandelt werden. Das wird von den Granulosazellen der weiblichen Follikel genutzt, um Östrogene herzustellen. Aus männlichen Sexualhormonen können also weibliche entstehen. Übrigens existiert die Aromatase auch beim Mann, z. B. im Fettgewebe.

9. Was hat Wachstum Ihrer Meinung nach mit der Leber zu tun?

Die Leber produziert unter der Regulation von STH (Sekretionsreize unter anderem Hypoglykämie und körperliche Anstrengung) die wachstumsvermittelnden Substanzen IGF I und II. Diese werden als Somatomedine bezeichnet. Sie wirken blutzuckersteigernd. Alle Substanzen zusammen wirken auf das Körperwachstum. Auch STH kann zum Doping benutzt werden.

Pause

Zeit für eine kurze Pause!

1.5   Hormone der Neurohypophyse

Die zwei Hormone des Hypophysenhinterlappens sind sich strukturell sehr ähnlich. Sie unterscheiden sich nur in zwei ihrer neun Aminosäuren. Anders als bei den Hormonen der Adenohypophyse erfolgt ihre Synthese in Kernen des **Hypothalamus**. Der Transport in den Hypophysenhinterlappen findet dann **axonal** – gekoppelt an Neurophysin – statt.

1.5.1   Adiuretin (ADH = Vasopressin)

Wichtigster Reiz zur Sekretion von ADH aus der Neurohypophyse ist ein Anstieg der **Serumosmolarität**, also quasi eine Eindickung des Blutes. Gemessen wird diese über Osmorezeptoren im ZNS.
Das freigesetzte ADH wirkt **blutdrucksteigernd** und fördert die **Wasserrückresorption** in der Niere. Dafür kann das extrem kurzlebige Vasopressin zwei unterschiedliche Rezeptoren (G-Protein-assoziiert) benutzen:

– Der V_1-Rezeptor führt über einen **Anstieg des IP$_3$** in der glatten Muskulatur der Gefäße zu einem Ca^{2+}-Anstieg und damit zur **Kontraktion** sowie einem Anstieg des peripheren Widerstands.
– Im **distalen Tubulus** und in den **Sammelrohren** der Niere existiert der V_2-Rezeptor. Er aktiviert die **Adenylatcyclase** und bewirkt über die erhöhte cAMP-Konzentration einen vermehrten Einbau von **Aquaporinen** (Wasserkanälchen) in das Epithel. Dadurch wird vermehrt Wasser aus dem Filtrat resorbiert.

Bei ADH-Mangel können bis zu 25 Liter Harn am Tag ausgeschieden werden (Diabetes insipidus).

> **Merke!**
>
> ADH sorgt für unseren Wasserhaushalt:
> – Vermehrte ADH-Sekretion führt zu einer **verringerten Ausscheidung von Wasser**, überwiegend durch den Einbau von Aquaporinen im Tubulusepithel der Niere. Außerdem kommt es zu einer **Gefäßkontraktion**, wodurch der Blutdruck steigt.

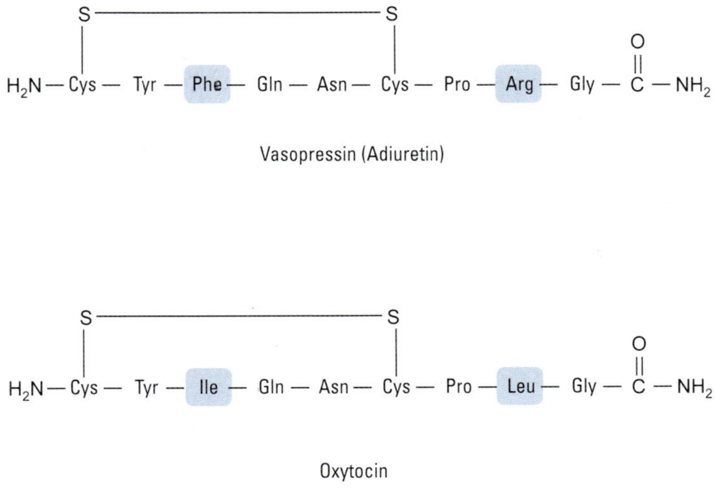

Vasopressin (Adiuretin)

Oxytocin

Abb. 39: Struktur der Hinterlappenhormone

1.5.2 Oxytocin

Oxytocin wirkt bei Frauen **kontrahierend** auf die glatte Muskulatur von **Uterus** und **Brustdrüsen**. Dadurch kommt es zur Wehentätigkeit und Milchejektion. Vorsicht Falle: Oxytocin führt nur zur Ejektion, also zum **Austreiben** der Milch in die Milchgänge. Die Milch**produktion** wird durch **Prolaktin** geregelt.

Die Sekretionsreize zur Oxytocinausschüttung sind Wehen und das Saugen an den Mamillen.

1.6 Elektrolyt- und Wasserhaushalt

Seit wir den Urschleim und das Wasser verlassen haben, um uns zu Landlebewesen zu entwickeln, ist es für uns von immenser Bedeutung, einen genau regulierten Wasserhaushalt zu besitzen. Allerlei Mechanismen sorgen dabei für gleichbleibende Elektrolytkonzentrationen mit entsprechender Wassermenge und Blutdruck. Die physikumsrelevanten unter ihnen werden nachstehend besprochen.

1.6.1 Renin-Angiotensin-Aldosteron-System (RAAS)

Vielleicht solltest du jetzt nochmal kurz einen Espresso einwerfen (natürlich mit einem Glas Wasser, sonst bringst du den Flüssigkeitshaushalt durcheinander). Hier gibt's nämlich einige Punkte fürs Schriftliche zu holen und das nicht nur in der Biochemie, sondern auch in der Physiologie.

Renin-Angiotensin

Das Wichtigste am Renin ist, dass es KEIN Hormon ist, sondern ein **Enzym**. Genauer gesagt handelt es sich beim Renin nämlich um eine **Endopeptidase** (Protease), was auch im Schriftlichen bereits gefragt wurde. Gebildet wird Renin in den juxtaglomerulären Zellen der **Niere**, seine Sekretion ins Blut findet bei **Blutdruckabfall**, **Natriummangel** und unter

Stimulation des Sympathikus (β_1-Rezeptoren) statt. Die Reninausschüttung erfolgt also in einem hypotonen und/oder hyponatriämischen Zustand (da Natrium bei renaler Resorption Wasser mitzieht, hängen beide ja auch eng zusammen). Im Blut spaltet Renin vom **Angiotensinogen** – einem in der Leber synthetisierten Glykoprotein – das **Dekapeptid Angiotensin I** ab (auch das ist relevant fürs Schriftliche). Das aus dem Angiotensinogen entstandene Angiotensin I wird dann durch eine weitere, endothelständige Protease in der Lunge (**A**ngiotensin **C**onverting **E**nzyme oder kurz: ACE) zu **Angiotensin II** gespalten. Beim Angiotensin II handelt es sich um das erste **aktive** Peptid in diesem System. Es besteht aus **acht Aminosäuren** (wichtig!) und bindet an den AT-Rezeptor. Seine Wirkungen sind

- eine **Konstriktion** von Arteriolen und damit ein sehr effektiver **Blutdruckanstieg**,
- vermehrtes **Durstgefühl** und
- ein Anstieg der **Aldosteronsekretion** aus der Nebennierenrinde.

Aldosteron (C_{21})

Abb. 40: Aldosteron   *medi-learn.de/7-bc5-40*

Aldosteron

Mit dem Aldosteron steht dir das letzte lipophile Steroidhormon der Nebennierenrinde bevor. Seine Herstellung aus Cholesterin (s. 1.4.2, S. 42) findet in der Zona glomerulosa der Nebennierenrinde statt. Seinen Namen erhielt es aufgrund der Aldehydgruppe an C18.

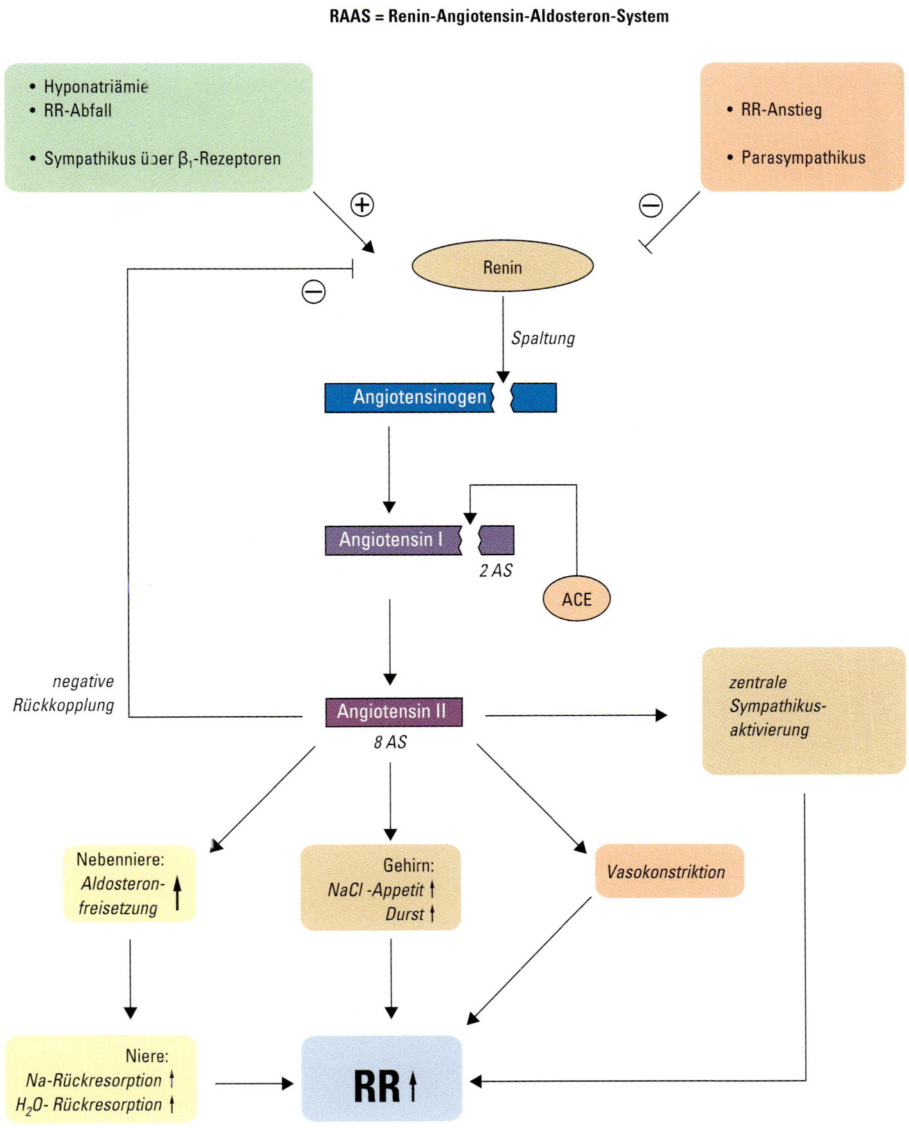

RAAS = Renin-Angiotensin-Aldosteron-System

Abb. 41: RAAS

medi-learn.de/7-bc5-41

Unter physiologischen Bedingungen bildet **Angiotensin II** den größten Anreiz für die Freisetzung von Aldosteron. Weiterhin wirken ein **Abfall** der **Na⁺-Konzentration** und ein **Anstieg des K⁺-Spiegels** sekretionsfördernd.
Wird Aldosteron ausgeschüttet, synthetisieren die Nierenzellen im distalen Tubulus und im Sammelrohr verstärkt einen **Na⁺-Kanal** und die **Na⁺/K⁺-ATPase**, wodurch die **Rückresorption** von Natrium gefördert wird:

– Der Natriumspiegel steigt im Blut, der Kaliumspiegel sinkt reaktiv (zum Erhalt der Elektroneutralität scheidet die Niere vermehrt Kalium aus).
– Durch die vermehrte Natriumrückresorption wird osmotisch Wasser mitgezogen und der **Blutdruck steigt**.

1

Übrigens ...

Das RAAS ist oft pathologisch bei Hypertonikern. Deshalb eignen sich ACE-Hemmstoffe besonders gut zur Therapie.

1.6.2 Atriales natriuretisches Peptid (ANP)

Das ANP ist ein Peptidhormon, das hauptsächlich im rechten Vorhof des Herzens gebildet und gespeichert wird. Dort hat es quasi den direkten Draht zum Füllungszustand der Gefäße. Bei **verstärkter Vorhofdehnung** schütten die myoendokrinen Zellen vermehrt ANP aus. Wie bei den Guanylatcyclasen auf S. 12 bereits erwähnt, bindet ANP an die membranständige Guanylatcyclase (GTP → cGMP). Das dadurch entstehende cGMP ist ein starker genereller **Vasodilatator**. Speziell durch die Weitstellung der renalen Gefäße erhöht ANP so die **glomeruläre Filtrationsrate** (GFR) und damit die Wasser- und Natriumausscheidung, ist

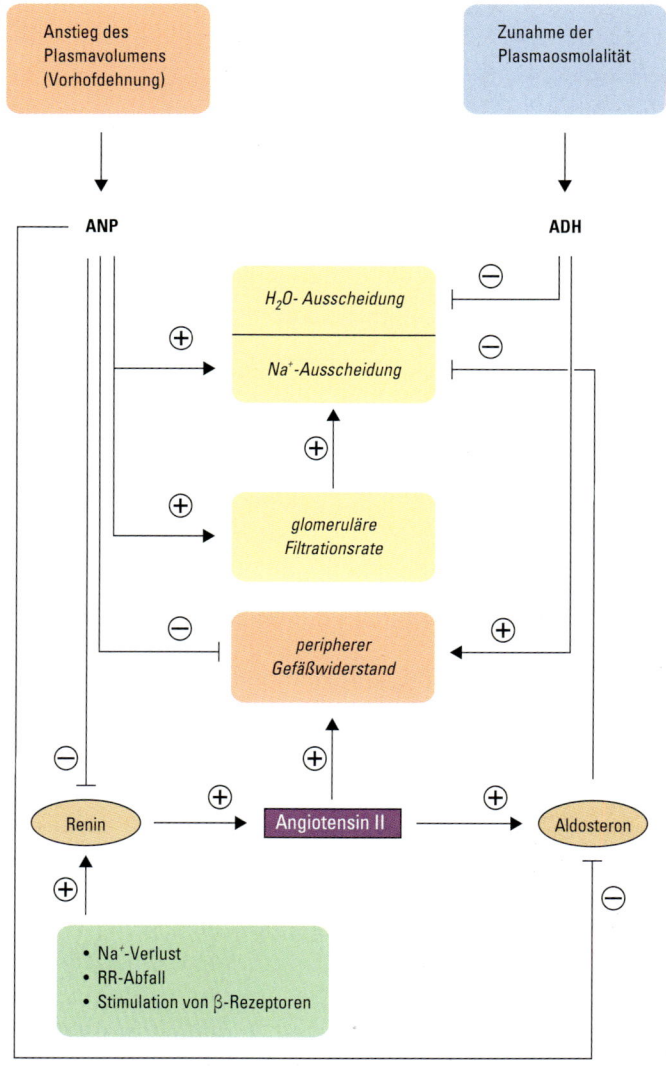

Abb. 42: Übersicht Elektrolyte

also ein Gegenspieler zum RAAS. Dies zeigt sich auch auf anderen Wirkebenen: z. B. hemmt es die Aldosteron- und Reninsekretion. Letztendlich **verringert** sich damit der **Füllungszustand** der Gefäße, und der Sekretionsreiz für ANP entfällt.

> **Merke!**
>
> Die Regulation des Elektrolyt- und Wasserhaushalts erfolgt durch ADH (s. 1.5.1, S. 55) und die beiden Gegenspieler RAAS und ANP.
> - ADH fördert als Hypophysenhinterlappen-Hormon die renale Wasserresorption und ermöglicht damit eine vermehrte Rückführung von Wasser.
> - Das RAAS wirkt blutdrucksteigernd u. a. über die Vasokonstriktion und die vermehrte Aldosteronfreisetzung durch Angiotensin II, da Aldosteron die Natriumrückresorption erhöht. Angeregt wird das System von einem Blutdruckabfall, einem Natriumverlust und/oder durch Stimulation des Sympathikus.
> - Entgegengesetzte Effekte werden von ANP vermittelt. Es senkt den Blutdruck über eine Vasodilatation und erhöht die GFR und damit die Natrium- und Wasserausscheidung.

1.7   Calcium- und Phosphatstoffwechsel

Calcium ist von immenser Bedeutung im Stoffwechsel des Menschen. Zusammen mit Phosphat wird es hauptsächlich für den Aufbau von Knochen und Zähnen benötigt. Zusätzlich nimmt es eine zentrale Rolle in der Regulation zellulärer Funktionen ein.
Deshalb ist der Calciumstoffwechsel äußerst genau reguliert. Daran beteiligt sind
- **Parathormon (PTH)**,
- **Thyreocalcitonin (Calcitonin)** und
- **1,25-Dihydroxycholecalciferol** (Calcitriol, die biologisch aktive Form des Vitamin D).

Das Polypeptid Parathormon wird in den Epithelkörperchen (Nebenschilddrüsen) gebildet. Seine Sekretion erfolgt in strenger Abhängig-

keit vom Plasma-Calcium: Je **niedriger** der **Calciumspiegel**, desto **höher** die Synthese des **Parathormons**.
Der Rezeptor für das Parathormon ist G_s-Protein-assoziiert (s. Abb. 5, S. 7).
Die Synthese des **Thyreocalcitonins** findet in den parafollikulären C-Zellen der Schilddrüse statt, was sich auch am Namen zeigt. Auch hier ist – wie beim Parathormon – die Sekretion vom Calciumspiegel abhängig: Jede **Erhöhung** des **Calciumspiegels** führt zu einer **vermehrten Ausschüttung** von Thyreocalcitonin.
Das $1,25\text{-}(OH)_2$-Cholecalciferol nimmt eine Sonderrolle ein. Man kann es zum einen als die aktive Form des Vitamin D bezeichnen, zum anderen gilt es aber nicht als „echtes" Vitamin, da es vom Körper mit Hilfe von Sonnenlicht selbst gebildet werden kann (s. 2.1.2, S. 75). Darüber hinaus hat es die Eigenschaften eines lipophilen Hormons mit intrazellulärem Rezeptor und einer hohen Plasmaeiweißbindung. Bei ausreichender Versorgung mit UV-Licht ist es also eher ein Hormon als ein Vitamin …
Nach dieser kurzen Übersicht kommt jetzt das Zusammenspiel dieser drei Hormone einmal genauer.
Parathormon und Calcitonin sind direkte Gegenspieler. Während das Parathormon **Calcium parat stellt**, indem **Calcium** aus dem Knochen **mobilisiert** und die Aufnahme von Calcium aus dem renalen Filtrat und aus der Nahrung stimuliert wird, senkt Calcitonin den Plasmacalciumspiegel.
Weitere Maßnahmen des Parathormons sind eine **Steigerung** der **Phosphatausscheidung**, damit sich keine Calcium-Phosphat-Steine bilden können, und die Stimulation der Synthese von Calcitriol.
Auf der anderen Seite stehen die Wirkungen des Calcitonins. Durch eine Stimulation von osteoblastären **Knochenaufbauprozessen**, durch eine gesteigerte Calciumdiurese und durch eine verlangsamte intestinale Motilität wird Calcium aus dem Blut beseitigt bzw. weniger aus der Nahrung resorbiert.
Essenzielle Wirkung des Calcitriols ist die Induktion des Calbindins, einem für die Calcium-

1

Hormon	Wirkung auf Knochen	Wirkung auf Niere	Wirkung auf Dünndarm	Fazit
Parathormon (PTH)	Mobilisation von Ca^{2+} aus dem Knochen durch Osteoklastenaktivierung	– vermehrte Reabsorption von Calcium – Phosphatausscheidung – vermehrte Bildung von 1,25-$(OH)_2$-Cholecalciferol	Stimulation von Calcium und Magnesium-Aufnahme	– Plasmacalcium ↑ – Plasmaphosphat ↓ – Knochenabbau – Calcitriol ↑
Thyreocalcitonin (Calcitonin)	Stimulation von Osteoblasten, Anbauprozesse	Calciumdiurese	Verlangsamung der intestinalen Motilität, deshalb langsamere Resorption von Calcium	– Plasmacalcium ↓ – Knochenaufbau – Darm langsamer
1,25-$(OH)_2$-Cholecalciferol (Calcitriol)	Förderung der Mineralisation des Knochens	bessere Resorption von Calcium und Phosphat	Stimulation der Calcium-Aufnahme durch Synthese eines Ca^{2+}-bindenden Darmproteins (Calbindin)	– Calciumaufnahme aus dem Darm ↑ – Calciumausscheidung aus der Niere ↓ – Regulation des Mineralisationzustandes des Knochens

Tab. 13: Calciumstoffwechsel

aufnahme aus der Nahrung unerlässlichen Darmprotein. Diese Eigenschaft weiß das Parathormon zu nutzen: Die **Synthese von Calcitriol** wird nämlich durch das Parathormon beschleunigt (prüfungsrelevant!, s. 2.1.2, S. 75). Mit Hilfe des Calcitriols kann also vermehrt Calcium aus dem Darm aufgenommen werden. Auch in der Niere wird Calcium, diesmal aber auch Phosphat, besser resorbiert. Nicht zu vernachlässigen ist die Wirkung des aktiven Vitamin D auf den Knochen. Es ist immens wichtig für die **Mineralisation** des Knochens, also für den Einbau von Calcium und Phosphat in die Knochenmatrix. Im Zustand einer Vitamin-D-Hypovitaminose kommt es daher bei Erwachsenen zu Knochenerweichungen (Osteomalazie) und bei Kindern zu schweren Mineralisationsstörungen des Knochengerüsts (Rachitis, s. 2.1.2, S. 75). Paradoxerweise führen auch zu hohe Konzentrationen von Calcitriol zu einer massiven Entkalkung des Kno-  chens. Zusammengefasst ist eine zentrale Aufgabe des 1,25-$(OH)_2$-Cholecalciferols im Knochen also die Regulation des Mineralisationszustands.

1.8 Gewebshormone, Mediatoren

Die Gewebshormone stellen eine sehr vielfältige Stoffgruppe dar, die wohl das Rückgrat des „Zellgeflüsters" bildet. Hierzu gehören neben den Prostaglandinen, den Leukotrienen, dem Histamin und dem Serotonin auch die Hormone des gastrointestinalen APUD-Systems u. v. m. Gemeinsam sind ihnen ihre vielfältigen Wirkungen und diversen Syntheseorte.

1.8.1 Histamin

Histamin entsteht aus Histidin durch eine PALP-abhängige Decarboxylierung. Als Aminosäurederivat kommt es vor allem in **Mastzellen** und basophilen Granulozyten vor.

$$HC=C-CH_2-\overset{\overset{\displaystyle H}{|}}{\underset{\underset{\displaystyle +NH_3}{|}}{C}}-COO^- \xrightarrow[\text{(PALP)}]{\text{Histidin-Decarboxylase}} HC=C-CH_2-\overset{\overset{\displaystyle H}{|}}{\underset{\underset{\displaystyle +NH_3}{|}}{C}}-H$$

Histidin → Histamin

(CO₂ released)

Abb. 43: Histaminsynthese

medi-learn.de/7-bc5-43

Es gibt zwei Rezeptoren für Histamin:

– Der **H₁-Rezeptor** führt zu einer **Konstriktion** der glatten Muskulatur in Lunge und Darm, aber auch zu einer **Vasodilatation** in den Gefäßen. Kommt es durch eine IgE-vermittelte allergische Reaktion zu einer Degranulierung von Mastzellen, wird auch Histamin frei. Dabei wird, neben der **lokalen Rötung**, auch die **Bronchokonstriktion** und die **Hypotonie** durch die H₁-Bindung ausgelöst.

– Der **H₂-Rezeptor** wird in den **Belegzellen** des Magens exprimiert. Unter Histaminwirkung erfolgt darüber eine vermehrte **Säuresekretion**.

Übrigens ...

– Die durch IgE vermittelte allergische Reaktion kann sich bis zum anaphylaktischen Schock aufschaukeln, der akut lebensbedrohlich ist.

– Histamin spielt aber auch in weniger akuten Situationen eine Rolle: Alle Leser mit Heuschnupfen werden sicherlich jedes Frühjahr und im Sommer erneut hoffen, von der vermehrten Histaminsekretion durch Pollenflug verschont zu bleiben.

– Leichte allergische Reaktionen können durch H₁-Rezeptor-Blocker (z. B. Fenistil) bekämpft werden.

1.8.2   Serotonin (5-HT)

Serotonin wird aus **Tryptophan** gebildet, nicht aus Serin oder ähnlichen im Physikum gerne mal vorgestellten Wortspielen. Eine Hydroxylierung am C5 (5-Hydroxytryptophan) und eine PALP-abhängige Decarboxylierung (5-Hydroxytryptamin) schaffen dabei aus der proteinogenen Aminosäure das Gewebshormon/den Neurotransmitter. 5-HT kommt vor in

– **Thrombozyten** (elektronendichte Granula),

– **enterochromaffinen Zellen** des Magen-Darm-Trakts und

– im **ZNS** als Neurotransmitter.

Serotonin hat vielfältige Effekte. Vermittelt werden sie über die 5-HT-Rezeptoren, von denen diverse Subtypen existieren. Erwähnenswert ist z. B. die Funktion des Serotonins als **Glückshormon** im ZNS. Auf der anderen Seite stimuliert es aber auch weniger glückselige Zustände wie das **Erbrechen**.

Weiterhin führt Serotonin bei Sekretion durch Thrombozyten zu einer **Vasokonstriktion** und **Plättchenaktivierung** und fördert im Magen-Darm-Trakt die Motilität sowie die Flüssigkeitsresorption im Darm. Der Abbau von Serotonin erfolgt mit Hilfe von **MAO** (**M**ono**A**mino**O**xidase) in zwei Schritten zu **5-Hydroxyindolacetat** (eine ab und zu mal eingestreute Richtigaussage im Schriftlichen).

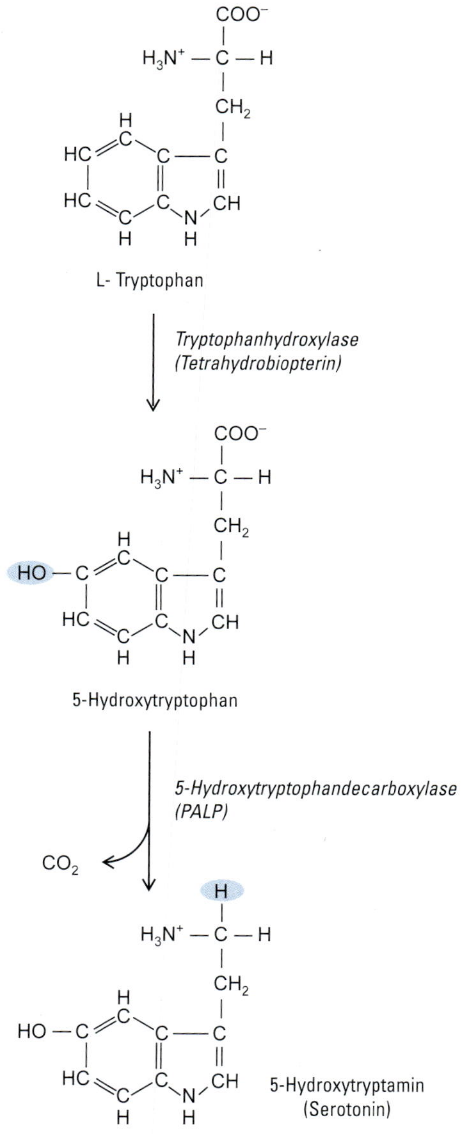

L- Tryptophan

*Tryptophanhydroxylase
(Tetrahydrobiopterin)*

5-Hydroxytryptophan

*5-Hydroxytryptophandecarboxylase
(PALP)*

CO_2

5-Hydroxytryptamin
(Serotonin)

Abb. 44: 5-HT-Synthese   medi-learn.de/7-bc5-44

1.8.3 Somatostatin

Das Somatostatin ist dir in diesem Skript schon öfter über den Weg gelaufen (s. Tab. 8, S. 34, Tab. 12, S. 50). Seinen Namen verdankt es seinem Gegenspieler, dem Somatotropin (s. Tab. 12, S. 50). Es ist aus 14 Aminosäuren aufgebaut und wird im Hypothalamus, den δ-Zellen des Pankreas und in der Schleimhaut von Magen und Dünndarm produziert.

Überall dort, wo es auftaucht, ist es ein **Hemmpeptid**: Es hemmt die Sekretion von STH, TSH, Insulin, Glukagon und Gastrin. Dabei wirkt es **parakrin** (z. B. im Pankreas und Magen-Darm-Trakt) und **endokrin** (Hypothalamus zu Hypophyse).

1.8.4 NO (Stickstoffmonoxid)

Das NO ist ein sehr labiles, **kurzlebiges** Radikal; seine Halbwertszeit beträgt nur wenige **Sekunden** (nicht etwa Minuten, wie hin und wieder in den Fragen behauptet wurde). Gebildet wird es hauptsächlich in **Endothelzellen**, aktivierten **Makrophagen** und Nervenzellen. Aufgrund seiner Kurzlebigkeit kann es nicht gespeichert werden, sondern wird direkt freigesetzt.

Stickstoffmonoxid wird mit Hilfe der NO-Synthase (NOS) unter Sauerstoff- und NADPH-Verbrauch aus **Arginin** gebildet. Durch seine Struktur kann es die Zellmembran der Ursprungszelle verlassen und auf die Nachbarzellen (Gefäßmuskelzellen, Herzmuskelzellen, Thrombozyten, Nervenzellen) wirken. Dabei spielt ein besonderes Protein eine wichtige Rolle: die **lösliche Guanylatcyclase**. Sie bildet unter NO-Stimulation aus GTP cGMP, den Second messenger des NO. Es vermittelt z. B. **Vasodilatation**, **verminderte Herzarbeit** und eine **Hemmung der Thrombozytenaggregation**.

Daneben solltest du noch wissen, dass NO in Nervenzellen ein Neurotransmitter ist und von Makrophagen in hohen und damit zytotoxischen Konzentrationen gebildet wird.

1.8.5 Eicosanoide

Am Ende des Hormonteils lauert noch einmal ein kleines, aber feines Sachgebiet. Wenn das noch in den Kopf reingeht, sind dir wieder ein paar Punkte mehr gesichert.

Alle Eicosanoide entstehen aus der **Arachidonsäure**, einer vierfach ungesättigten Fettsäure mit 20 C-Atomen. Diese muss zuvor allerdings aus arachidonsäurehaltigen Membranlipiden

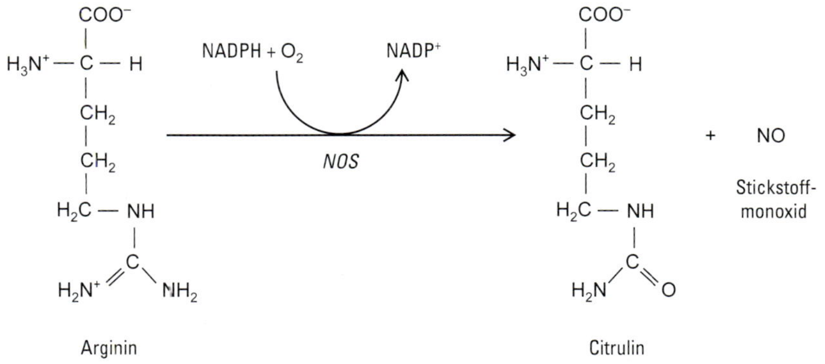

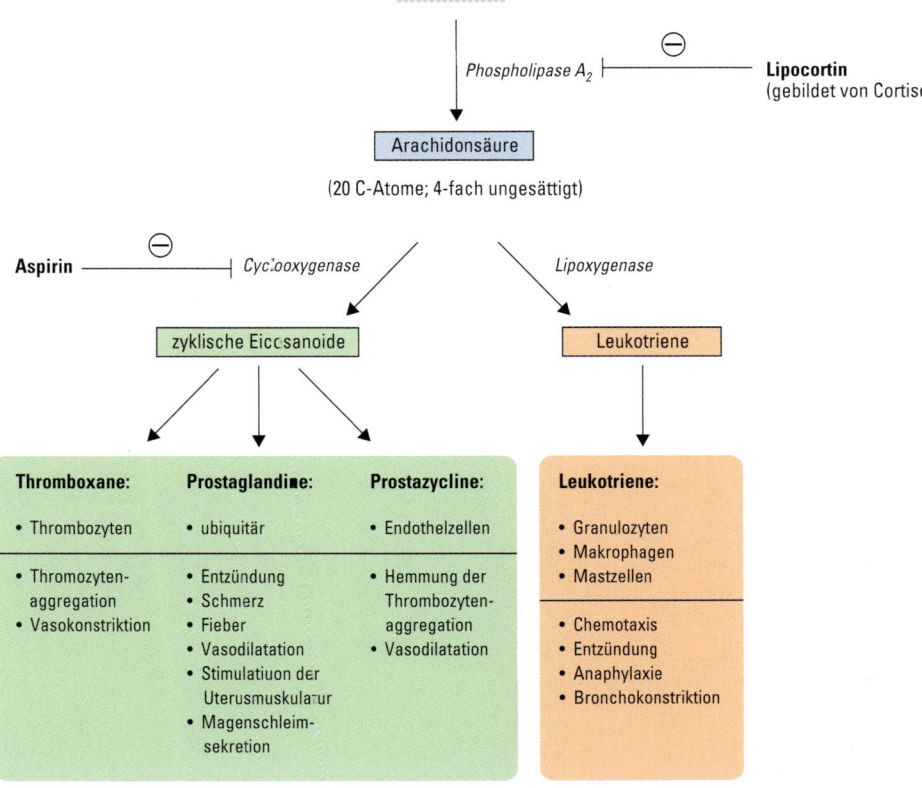

Abb. 45: NO-Synthese

medi-learn.de/7-bc5-45

herausgelöst werden. Das Enzym, das diesen Schritt katalysiert, heißt **Phospholipase A₂**. Für die Arachidonsäure ergeben sich nun zwei Möglichkeiten (entweder, oder ...):

– Zum einen kann sie durch **Zyklisierung** und **Oxidation** durch die **Cyclooxygenase** (COX) zu einem zyklischen Eicosanoid verändert werden,

Phospholipide (aus Membranen)

$Phospholipase\ A_2$ ⊖ **Lipocortin** (gebildet von Cortisol)

Arachidonsäure
(20 C-Atome; 4-fach ungesättigt)

Aspirin ⊖ $Cyclooxygenase$ $Lipoxygenase$

zyklische Eicosanoide   Leukotriene

Thromboxane:	**Prostaglandine:**	**Prostazycline:**	**Leukotriene:**
• Thrombozyten	• ubiquitär	• Endothelzellen	• Granulozyten • Makrophagen • Mastzellen

• Thromozyten-
  aggregation
• Vasokonstriktion
	• Entzündung
	• Schmerz
	• Fieber
	• Vasodilatation
	• Stimulatiuon der
	  Uterusmuskulatur
	• Magenschleim-
	  sekretion
		• Hemmung der
		  Thrombozyten-
		  aggregation
		• Vasodilatation
			• Chemotaxis
			• Entzündung
			• Anaphylaxie
			• Bronchokonstriktion

Abb. 46: Eicosanoide

medi-learn.de/7-bc5-46

1

– die alternative Modifikation durch die **Lipoxygenase** lässt eine Gruppe nicht-zyklischer Verbindungen mit drei konjugierten Doppelbindungen entstehen, die Leukotriene.

Leukotriene sind größtenteils Mediatoren von **Entzündungsreaktionen** und als solche z. B. fähig, weiße Blutkörperchen anzulocken. Außerdem gehören sie zu den stärksten bekann-

ten **Bronchokonstriktoren**. Wissenswert ist noch, dass Leukotriene manchmal auch Peptidketten beinhalten können: das Leukotrien C4 enthält z. B. **Glutathion**, eine sehr gern gefragte Tatsache …

Zu den zyklischen Verbindungen gehören die Prostaglandine, deren gemeinsame Muttersubstanz das – durch die COX entstandene – Prostaglandin H_2 ist. Wichtige Vertreter sind die Thromboxane und die Prostacycline, die häufig als eigene Gruppen angesehen werden. Die Wirkungen der Eicosanoide sind, wie das obige Schema zeigt, sehr vielfältig und widersprechen sich teilweise. Davon solltest du dir unbedingt den **plättchenaktivierenden, vasokonstriktiven** Effekt des **Thromboxans** und die dazu **antagonistische** Wirkung des in Endothelzellen produzierten Prostacyclins (Prostaglandin I_2) merken.

Übrigens …
Prostaglandinrezeptoren sind G-Protein-assoziiert (s. 1.2.2, S. 4). Denn, obwohl die kurzlebigen **Eicosanoide** auf Grund ihrer Struktur als Fettsäurederivate generell **lipophil** sind, benutzen die meisten von ihnen **membranständige Rezeptoren**!

Na, bemerkt? In Abb. 46, S. 63 steht auch das dir schon bekannte **Lipocortin** (s. 1.2.2, S. 4). Die Synthese dieses Moleküls wird durch Glucocorticoide induziert. Es hemmt die Phospholipase A_2 und unterstützt damit die immunsuppressive Wirkung von Cortisol.

Übrigens …
Bei der therapeutischen Hemmung der COX (irreversibel durch Aspirin) sollte man bei Asthmatikern Vorsicht walten lassen. Durch die Blockade des COX-Weges entstehen nämlich verhältnismäßig mehr Leukotriene, deren bronchokonstriktiven Eigenschaften die Situation eines Asthmatikers akut verschlechtern können.

Zwei gefragte **Nonapeptide** benötigen eine kleine Zusammenfassung. Merke dir unbedingt folgendes:

– ADH wird vom Hypothalamus produziert und bei einem Anstieg der Serumosmolarität ausgeschüttet.
– Über Vasopressin-Rezeptoren kommt es zu dem funktionell benötigten vermehrten Einbau von Aquaporinen in den distalen Anteilen der Niere und es wird weniger Wasser ausgeschieden.
– ADH wirkt auf große Anteile des Gefäßsystems kontrahierend (deshalb auch sein Zweitname Vasopressin).
– Oxytocin stimuliert die Milchejektion in der Mamma und die Uteruskontraktion.

Bloß jetzt keinen Bluthochdruck kriegen! Lieber mal wieder eine physikumsbezogene Zusammenfassung lesen und lernen. Zum **Wasser- und Elektrolythaushalt** solltest du folgendes wissen:

– Renin ist ein Enzym.
– Wird Renin ausgeschüttet, entsteht letztendlich Angiotensin II, ein stark vasokonstriktives und Durst vermittelndes Oktapeptid.
– Angiotensin II fördert außerdem die Sekretion von Aldosteron.
– Aldosteron ist ein Steroidhormon. Durch seinen Einfluss auf die Transkription der Zellen des distalen Nierentubulus werden dort vermehrt Na^+-Kanäle und die Na^+/K^+-ATPase gebildet. Dies verursacht einen Anstieg des Plasmanatriums mit Abfall des Kaliums.
– ANP wird aus den myoendokrinen Zellen des Herzens freigesetzt, wenn der Füllungsdruck ansteigt. Seine Maßnahmen (Vasodilatation, Anstieg der GFR) senken das Plasmavolumen.

Bevor dein Hirn noch verkalkt, solltest du besser auch den Abschnitt zum **Calcium- und Phosphatstoffwechsel** noch einmal rekapitulieren:

– Parathormon führt zur Calciummobilisierung und fördert die Synthese von Calcitriol.
– Calcitonin hemmt die Osteoklastenaktivität.
– Calcitriol entsteht aus 7-Dehydrocholesterol durch Einfluss von Sonnenlicht und zwei Hydroxylierungen (1. in der Leber, 2. in der Niere, s. Abb. 52, S. 76).
– In normalen Konzentrationen fördert Calcitriol die Mineralisation des Knochens und die Calciumaufnahme aus dem Darm.

Die Fragen zum Thema **Gewebshormone und Mediatoren** beinhalten oft ähnliche Formulierungen von relativ wenigen Fakten, deshalb: genau lesen und nochmal fest konzentrieren!

– Histamin entsteht aus Histidin, ist in Sekretgranula von Mastzellen enthalten und wirkt auf die Belegzellen des Magens sowie auf die glatte Muskulatur von Lunge und Gefäßen.
– Serotonin wird aus Tryptophan synthetisiert.
– Serotonin wird in den dichten Granula der Thrombozyten, den enterochromaffinen Zellen des Dünndarms und im ZNS gespeichert. Je nach Entstehungsort wird es bei Gefäßverletzungen freigesetzt, reguliert die Peristaltik des Darms oder zählt zu den Neurotransmittern.
– Das Abbauprodukt von Serotonin ist 5-Hydroxyindolacetat.
– Somatostatin ist das Hemmpeptid im Hypothalamus, Magen-Darm-Trakt und Pankreas.
– Das besonders kurzlebige NO entsteht aus Arginin und stimuliert eine Guanylatcyclase.
– Die Arachidonsäure ist die gemeinsame Vorstufe der Prostaglandine und Leukotriene (entweder COX- oder Lipoxygenase-Weg).

- Leukotriene sind Mediatoren der Entzündungsreaktion.
- Das Leukotrien C4 ist ein sehr starker Vasokonstriktor und enthält Glutathion.
- Prostaglandine wirken über G-Protein-assoziierte Rezeptoren und vermitteln zum Teil gegensätzliche Effekte (z. B. Thromboxan und PG I_2).
- Die Synthese der zyklischen Eicosanoide (und nur ihre!) wird durch ASS gehemmt.

FÜRS MÜNDLICHE

Für dich alleine oder zusammen mit deiner Lerngruppe folgen hier die Fragen zu den verschiedlichen Stoffwechsel-Regulationen im Körper.

1. **Welche Hypophysenhinterlappenhormone kennen Sie, was unterscheidet sie von den Vorderlappenhormonen und welche Wirkungen haben sie?**

2. **Was wissen Sie über das RAAS?**

3. **Welche Wirkung hat Ihrer Meinung nach Aldosteron?**

4. **Schildern Sie bitte die wichtigsten Fakten zum ANP.**

5. **Erläutern Sie bitte, welche Mechanismen der Körper besitzt, um die Plasma-Ca^{2+}-Konzentration zu regulieren.**

6. **Manche Tumoren produzieren ein dem Parathormon ähnliches Protein. Führen Sie bitte aus, welche Auswirkungen das haben kann.**

7. **Was haben Histamin und Serotonin Ihrer Meinung nach gemeinsam?**

8. **Was wissen Sie zum Stickstoffmonoxid?**

9. **Schildern Sie bitte die Synthese von Thromboxan.**

10. **Schildern Sie bitte außerdem die Synthese von Leukotrienen.**

---

1. Welche Hypophysenhinterlappenhormone kennen Sie, was unterscheidet sie von den Vorderlappenhormonen und welche Wirkungen haben sie?
ADH und Oxytocin
- Sie werden nicht in der Hypophyse synthetisiert, sondern im Hypothalamus.
- Ihr Transport in die Neurohypophyse erfolgt axonal.
- ADH bewirkt eine Wasserresorption in der Niere und eine Vasokonstriktion.
- Oxytocin bewirkt die Milchejektion und eine Uteruskontraktion.

2. Was wissen Sie über das RAAS?
Beim RAAS handelt es sich um das Zusammenspiel verschiedener Peptide und dem Steroidhormon Aldosteron. Die zentrale Funktion dieses Systems ist die Regulation des Blutdrucks. Angiotensinogen → Angiotensin I → Angiotensin II → Vasokonstriktion (Angiotensin II ist einer der stärksten bekannten Vasokonstriktoren!) → Aldo-

steronfreisetzung. Aktiviert wird das RAAS durch Natriumabfall, Sympathikusaktivierung und Blutdruckabfall. Hemmend wirken der Parasympathikus und hoher Blutdruck.

3. Welche Wirkung hat Ihrer Meinung nach Aldosteron?

Das Steroidhormon Aldosteron wirkt auf den distalen Tubulus und das Sammelrohr der Niere. Dort kommt es zu einer vermehrten Synthese eines luminalen Na^+-Kanals und der basalen Na^+/K^+-ATPase. Dadurch wird die Na^+-Rückresorption erhöht, Wasser wird nachgezogen, der Blutdruck und der Natriumspiegel steigen an. Reaktiv geht allerdings Kalium verloren.

4. Schildern Sie bitte die wichtigsten Fakten zum ANP.

Das Peptidhormon ANP wird in den myoendokrinen Zellen des rechten Atriums gebildet und bei vermehrter Wandspannung ausgeschüttet. ANP-Rezeptoren (membranständige Guanylatcyclasen) finden sich gehäuft in der Niere. Das cGMP führt dort zur erhöhten Ausscheidung von Na^+ und damit zu Wasserverlust. Auch auf glatter Muskulatur existieren ANP-Rezeptoren; dort wirken sie vasodilatierend und damit blutdrucksenkend.

5. Erläutern Sie bitte, welche Mechanismen der Körper besitzt, um die Plasma-Ca^{2+}-Konzentration zu regulieren.

Drei Hormone spielen eine nennenswerte Rolle im Calciumstoffwechsel. Das sind Parathormon, Calcitonin und aktives Vit. D (Calcitriol = 1,25-$(OH)_2$-Cholecalciferol). Parathormon stellt Ca^{2+} parat, durch Stimulation von Osteoklasten kommt es zum Abbau von Knochenmatrix, in der Niere wird die Resorption von Ca^{2+} und die Synthese von Calcitriol gefördert. Dieses wirkt im Intestinum fördernd auf die Ca^{2+}-Aufnahme, außerdem ist es essenziell für die Knochenmineralisation. Calcitonin ist der Gegenspieler des Parathormons, durch Osteoblastenaktivierung

kommt es zu Aufbauprozessen im Knochen und negativer Ca^{2+}-Bilanz in Niere und Darm; dadurch sinkt die Konzentration im Plasma.

6. Manche Tumoren produzieren ein dem Parathormon ähnliches Protein. Führen Sie bitte aus, welche Auswirkungen das haben kann.

Durch die Parathormon-ähnliche Wirkung kommt es zur massiven Knochenentkalkung mit Schmerzen und Spontanfrakturen. Das hohe Plasma-Ca^{2+} führt zur Calcifizierung von Weichteilen und zu Nierensteinen.

7. Was haben Histamin und Serotonin Ihrer Meinung nach gemeinsam?

Sie entstehen durch Decarboxylierung (Coenzym = PALP) aus einer proteinogenen Aminosäure und erhalten dadurch biologische Signalfunktionen.

8. Was wissen Sie zum Stickstoffmonoxid?

Stickstoffmonoxid ist ein sehr flüchtiger Botenstoff, der z. B. in Endothelzellen und Makrophagen aus Arginin synthetisiert wird. NO wirkt vasodilatatorisch (auf Gefäßmuskelzellen), verringert das Herzzeitvolumen und hemmt die Plättchenaggregation. Second messenger ist cGMP, hergestellt an der löslichen Guanylatcyclase.

9. Schildern Sie bitte die Synthese von Thromboxan.

Arachidonsäure (20 C-Atome, 4-fach ungesättigt) wird aus Membranlipiden herausgelöst (durch PL A_2), danach Zyklisierung und Oxidation durch COX (Hemmung durch ASS), aus dem entstandenen Prostaglandin H_2 erfolgt dann die Synthese von Thromboxan.

10. Schildern Sie bitte außerdem die Synthese von Leukotrienen.

Leukotriene entstehen ebenfalls aus Arachidonsäure, herausgelöst durch die PL A_2. Unterschiedlich ist allerdings der nun folgende Schritt, der nicht durch die COX, sondern

durch die Lipoxygenase katalysiert wird. Dabei entstehen Fettsäurederivate mit drei Doppelbindungen, die manchmal noch mit

Peptiden gekoppelt werden müssen, um biologische Aktivität zu erreichen.

Mehr Cartoons unter www.medi-learn.de/cartoons

Pause

Lehn' dich zurück und mach doch einfach mal kurz Pause ...

Ein besonderer Berufsstand braucht besondere Finanzberatung.

Als einzige heilberufespezifische Finanz- und Wirtschaftsberatung in Deutschland bieten wir Ihnen seit Jahrzehnten Lösungen und Services auf höchstem Niveau. Immer ausgerichtet an Ihrem ganz besonderen Bedarf – damit Sie den Rücken frei haben für Ihre anspruchsvolle Arbeit.

- Services und Produktlösungen vom Studium bis zur Niederlassung

- Berufliche und private Finanzplanung

- Beratung zu und Vermittlung von Altersvorsorge, Versicherungen, Finanzierungen, Kapitalanlagen

- Niederlassungsplanung & Praxisvermittlung

- Betriebswirtschaftliche Beratung

Lassen Sie sich beraten!

Nähere Informationen und unseren Repräsentanten vor Ort finden Sie im Internet unter www.aerzte-finanz.de

Deutsche Ärzte Finanz

Standesgemäße Finanz- und Wirtschaftsberatung

2 Vitamine und Coenzyme

▌▌▌ Fragen in den letzten 10 Examen: 28

Vitamine sind Stoffe, die vom menschlichen Organismus nicht synthetisiert werden können. Die Fähigkeit dazu ist im Laufe der Evolution wohl irgendwie verloren gegangen. Da Vitamine aber in **geringen Konzentrationen** für die Aufrechterhaltung des Stoffwechsels benötigt werden – also **lebensnotwendig** sind – müssen sie mit der Nahrung aufgenommen werden.

Und dies sind einige der wertvollen Dienste, die Vitamine für uns leisten:

– Als Vorstufen von Coenzymen sind sie an katalytischen Prozessen beteiligt.
– Sie aktivieren Transkriptionsfaktoren (ähnlich einem Hormon).
– Sie schützen vor oxidativem Stress.
– Sie sind Teil der Signaltransduktion (z. B. beim Sehvorgang).

Insgesamt gibt es 13 Vitamine, davon sind vier fettlöslich und neun wasserlöslich.

2.1 Fettlösliche Vitamine

Bei der folgenden Merkhilfe handelt es sich wohl um eine der bekanntesten Eselsbrücken überhaupt. Die fettlöslichen Vitamine kannst du dir nämlich mit dem Namen einer Supermarktkette merken, die für diese Schleichwerbung wenigstens kostenlos Fruchtzwerge rausrücken müsste.

> **Merke!**
>
> **EDeKA** für die fettlöslichen Vitamine **A, D, E** und **K**.

Da sich fettlösliche Vitamine wie Fette verhalten, werden sie auch im Darm wie Fette behandelt. **Gallensäuren** stellen dabei als **Emulgatoren** unerlässliche Co-Faktoren dar. Sollte also, z. B. durch einen Gallenstein, der Gal-lensäure- und damit auch der Lipidstoffwechsel gestört sein, kann es zu Hypovitaminosen (Mangelerscheinungen) der fettlöslichen Vitamine kommen. Dies ist übrigens ein gern gefragter Prüfungsfakt.

Auch hier gilt wieder (s. 1.2.1, S. 3): Fettlöslich bedeutet hydrophob und damit einen hohen Grad an **Plasmaeiweißbindung**.

2.1.1 Vitamin A (Retinol)

Vitamin A gehört zur Gruppe der **Isoprenoide**, die nur im Pflanzenreich oder von Mikroorganismen hergestellt werden (wie auch Tocopherol und Phyllochinon s. 2.1.3, S. 76 und 2.1.4, S. 77).

Aufgenommen wird es direkt oder als Provitamin. Das Provitamin A ist **β-Carotin**, bei dessen Spaltung zu zweimal Retinal mit Hilfe einer **Dioxygenase** NADPH verbraucht wird (wurde schon einige Male gefragt).

Das aus β-Carotin entstandene Retinal wird in Chylomikronen zur Leber transportiert, zusammen mit den anderen aufgenommenen Vitamin A-Formen. Dort kann es in den **Ito-Zellen** als **Retinylpalmitat** (Fettsäureester) gespeichert werden. Eine Tatsache, die auch schon des Öfteren im Schriftlichen auftauchte.

Je nach Oxidationsstufe hat das Vitamin A unterschiedliche Funktionen. Als Retinal (Aldehyd) spielt es eine wichtige Rolle beim **Sehvorgang**. In der reduzierten Form (Retinol, ein Alkohol) **schützt** es die **Schleimhautepithelien** und ist unerlässlich für deren regelrechtes Wachstum.

Hier lauert mal wieder eine häufige Richtigaussage: Zur Säure oxidiert (Retinsäure), bindet Vitamin A an intrazelluläre Rezeptorproteine (ähnlich den lipophilen Hormonen), reguliert darüber die Transkription verschiedener Gene und beeinflusst so **Wachstum, Differenzierung, Embryogenese** und Fertilität.

Vitamin	Name	biologisch aktive Form	biochemische Funktion	Vorkommen
A	Retinol	– Retinol – Retinal – Retinsäure	– Epithelschutz – Sehvorgang – Entwicklung und Differenzierung	– Pflanzen (β-Carotin) – Fisch
D	Cholecalciferol	1,25-$(OH)_2$-Cholecalciferol	Calciumstoffwechsel	– Lebertran – Milch – Eier – Pilze
E	Tocopherol	Tocochinon	Oxidationsschutz von Membranlipiden	– keimendes Getreide – Pflanzenöle
K	Phyllochinon	– Phyllochinon – Difarnesylnaphthochinon	Carboxylierung von Glutamylresten u. a. von Blutgerinnungsfaktoren	– grüne Pflanzen – Darmbakterien

Tab. 14: Fettlösliche Vitamine

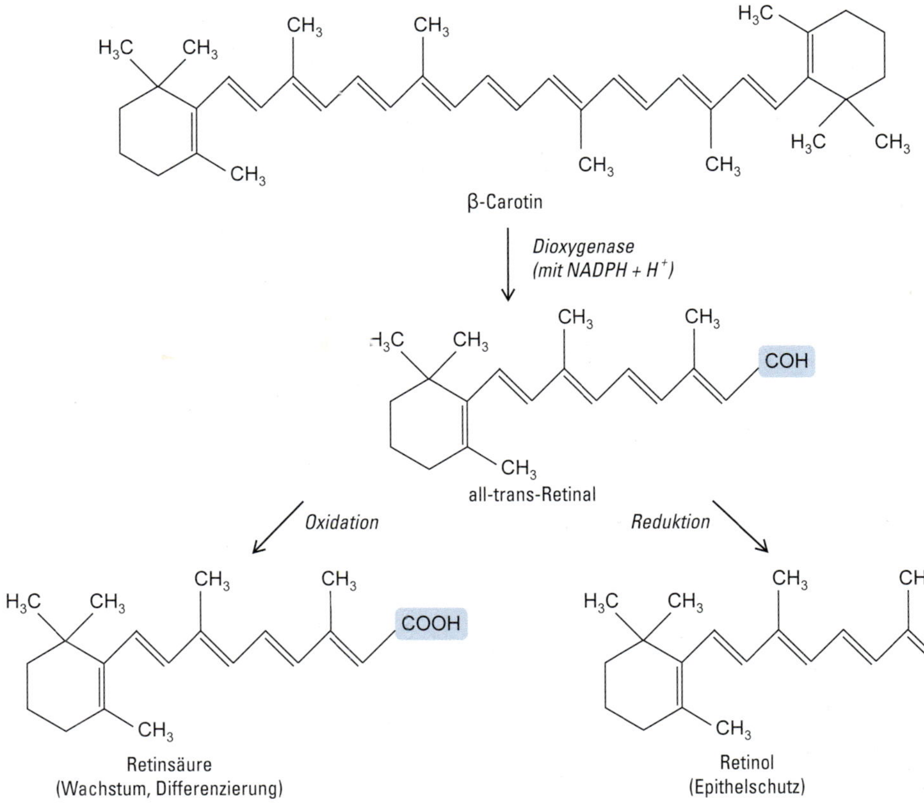

Abb. 47: Vitamin A

medi-learn.de/7-bc5-47

Übrigens ...

Fantatrinker werden garantiert keine Vitamin A-Hypovitaminose bekommen, da β-Carotin in diesem Getränk als gelber Lebensmittelfarbstoff verwendet wird.

Sehvorgang

In den Stäbchen der Retina (skotopisches Sehen, Nachtsehen) liegen im äußeren Segment viele kleine **Membranscheibchen** wie Münzen in einer Geldrolle. In diesen kleinen Scheibchen ist das **Rhodopsin** – der Sehpurpur – eingebettet. Rhodopsin besteht aus einem Protein – dem **Opsin** – und aus dem kovalent an einem Lysylrest fixierten **Retinal** (bitte merken, wurde schon in den Fragen gesichtet).
Das Opsin hat sieben Transmembrandomänen. Kommt dir das bekannt vor (s. 1.2.2, S. 4)?

Im Dunkelzustand sind in den Sinneszellen der Retina viele Natrium- und Calciumkanäle geöffnet. Die einströmenden Kationen depolarisieren die Zelle und führen so zu einer **Transmitterausschüttung** (Glutamat) am inneren Segment des Stäbchens. An den nachfolgenden bipolaren Zellen der Netzhaut liegt also ein **Dunkelsignal** an. Wichtig zu wissen ist, dass die Ionenkanäle für Natrium und Calcium nicht einfach so offen sind, sondern durch **cGMP** geöffnet werden, das in den Stäbchen durch eine Guanylatcyclase gebildet wird.
Bei Dunkelheit ist also der Spiegel an cGMP hoch, der Kationeneinstrom ebenfalls, die Zelle ist depolarisiert und die nachfolgenden Zellen erhalten über die Sekretion von Glutamat ein Signal.

Kommen wir jetzt zur Funktion des Retinals. Dieses liegt im Rhodopsin als **11-cis-Retinal** vor. Die **Stereoisomerisierung** von all-trans- zu 11-cis-Retinal erfolgt OHNE Änderung der Summenformel. Es findet also keine Oxidation oder Reduktion statt (Vorsicht Falle!).
Trotzdem besteht zwischen diesen beiden Formen ein Unterschied. Salopp formuliert: Das 11-cis-Retinal ist gespannt wie ein Flitzebogen (es fühlt sich nicht ganz wohl in seiner Struktur).

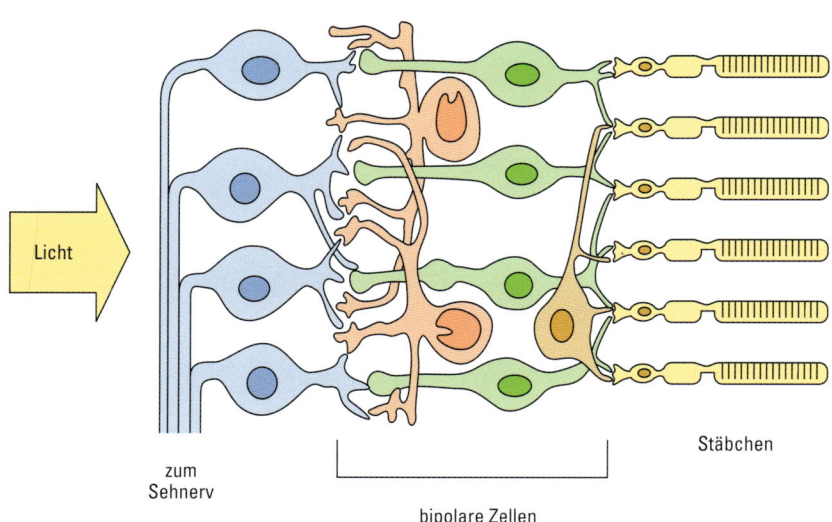

Licht

zum Sehnerv

bipolare Zellen

Stäbchen

Abb. 48: Netzhaut

medi-learn.de/7-bc5-48

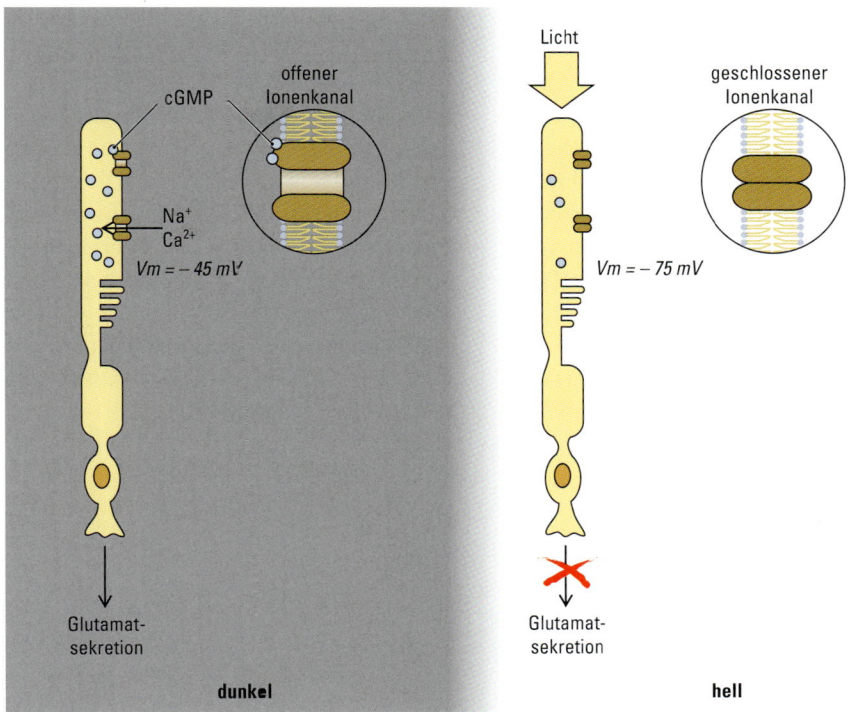

Abb. 49: Hell- und Dunkelzustand

medi-learn.de/7-bc5-49

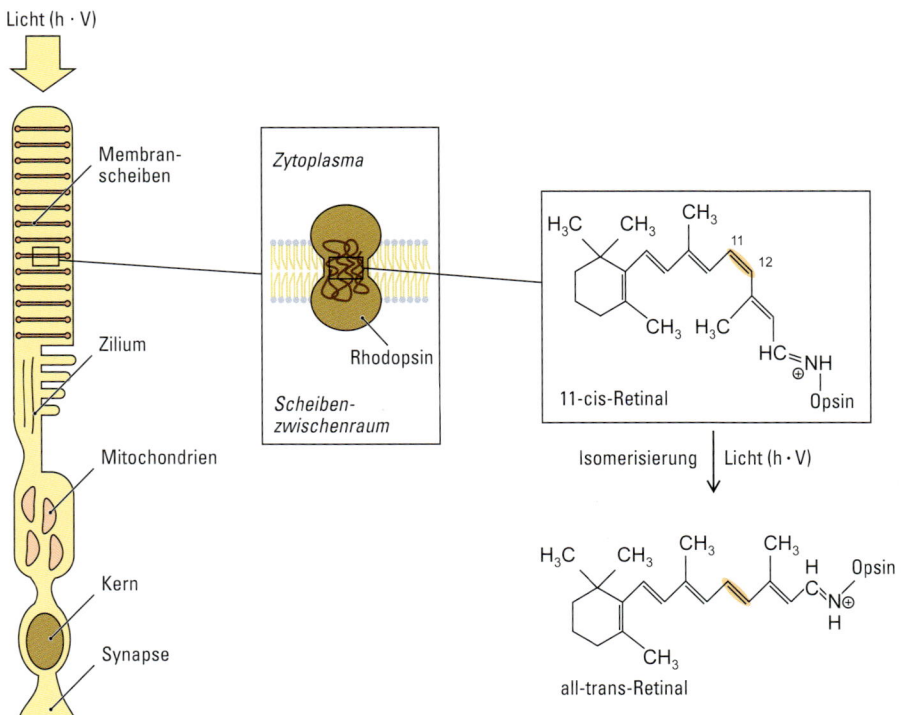

Abb. 50: Isomerisierung

medi-learn.de/7-bc5-50

Am liebsten würde es sofort in die all-trans-Stellung springen. Das kleine bisschen Energie, das dem 11-cis-Retinal fehlt, um wieder umschnappen zu können, liefert ihm das **Sonnenlicht**. Fällt also UV-Licht auf das 11-cis-Retinal im Rhodopsin, so ändert dieses seine isomere Form zu all-trans-Retinal. Dadurch wird auch die Konformation des Rhodopsins geändert, das dann als aktives **Rhodopsin (R*)** bezeichnet wird (s. Abb. 51, S. 74).

R* ist nun in der Lage, **Transducin** zu aktivieren. Beim Transducin handelt es sich um ein heterotrimeres G-Protein (daher auch die sieben Transmembrandomänen des Rhodop-

sins). Wie bei der Hormon-Rezeptor-Bindung (s. Abb. 3, S. 5) ermöglicht die Bindung von R* an Transducin den Austausch von GDP gegen GTP und damit einen Übergang in den aktiven Zustand des Transducins unter Trennung von α- und β, γ-Komponente. Die mit GTP beladene α-Untereinheit ist jetzt in der Lage, eine **Phosphodiesterase** zu stimulieren, was zu einem raschen Abfall der cGMP-Konzentration in der Zelle führt. Dadurch werden die **Ionenkanäle geschlossen**, das Stäbchen **hyperpolarisiert** und die Glutamat-Sekretion sistiert. Dieser Zustand ist letztendlich das Lichtsignal an das ZNS (s. Abb. 49, S. 73).

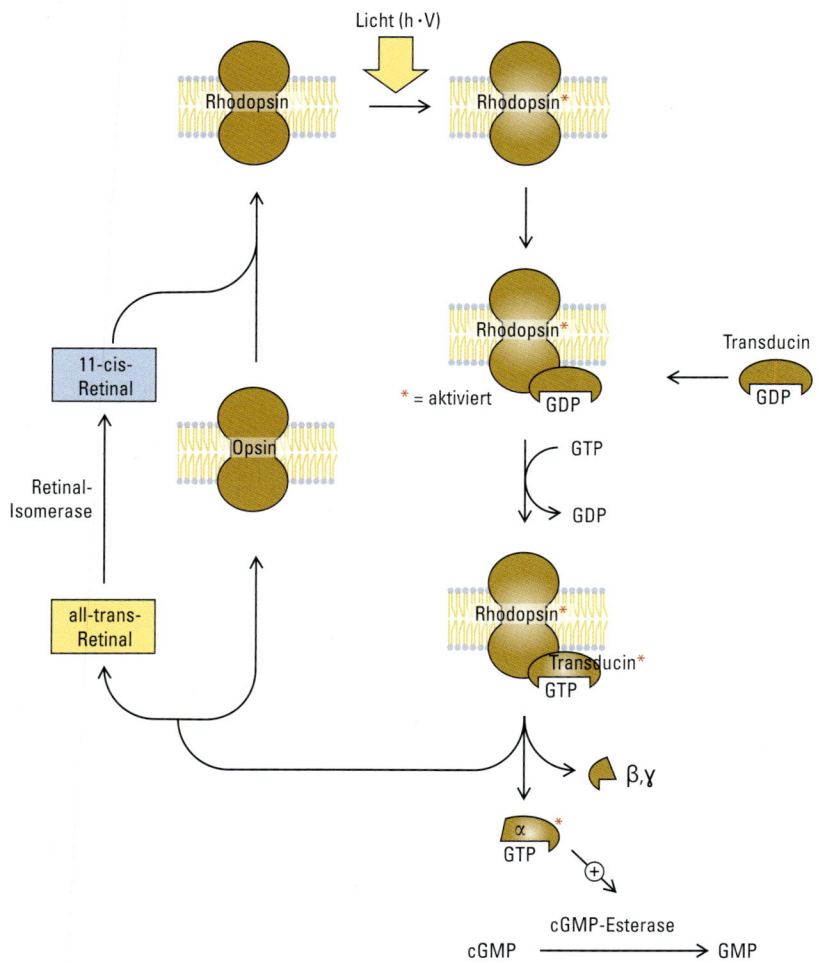

Abb. 51: Transducin

medi-learn.de/7-bc5-51

Die Isomerisierung des kovalent gebundenen Retinals von cis zu trans führt zur Aktivierung des Rhodopsins. Daraufhin wird das G-Protein Transducin angeregt. Dies senkt den cGMP-Spiegel in der Sinneszelle, der Kationeneinstrom erlischt und die hyperpolarisierte Zelle sendet kein Signal mehr, was von den nachfolgenden Zellen als Lichtsignal erkannt wird.

Dunkelheit → **D**epolarisation
Helligkeit → **H**yperpolarisation

Pathobiochemie

Das erste Symptom einer Vitamin-A-Hypovitaminose ist die **Nachtblindheit**. Bei weiter fortschreitendem Mangel fällt die Epithelschutzwirkung des Retinols weg und es kommt zur **Verhornung** der Haut, Schleimhaut sowie der Cornea. Durch die Dysfunktion des Epithels kann es außerdem zu Sterilität und **Xerophthalmie** kommen, einer zur Trübung führenden Verhornung der Cornea.

Übrigens ...

– Die Xerophthalmie ist in manchen Entwicklungsländern durchaus noch eine Ursache für Erblindung.
– Die sehr seltene Hypervitaminose A tritt eigentlich nur bei Polarforschern auf, die zuviel Eisbärenleber gegessen haben. Allerdings sollten sich auch die bräunungshungrigen Vitamin-A-Tablettenschlucker unter euch vorsehen ... Die Symptome sind Benommenheit, Hautabstoßung, Haarausfall und Knochenbrüche.

2.1.2   Vitamin D (Cholecalciferol)

Die Vitamine der D-Gruppe gehören zu den Secosteroiden (s. Abb. 31, S 43).
Provitamin D_3 (7-Dehydrocholesterol) kann der Mensch selbst bilden. Dafür wird die **Cholesterinbiosynthese** genutzt (Acetyl-CoA zu Isop-

ren). Für die weitere Synthese der aktiven Form des Vitamin D – die Spaltung zu Cholecalciferol – wird jedoch Sonnenlicht benötigt. Geht man nicht in die Sonne, wird D_3 also zum klassischen Vitamin. Unter normalen Voraussetzungen kann man es allerdings als Hormon betrachten, weshalb seine Wirkungen auch schon beim Calciumstoffwechsel besprochen wurden (s. 1.7, S. 59).

Das vor allem in der Leber gebildete **7-Dehydrocholesterol** wird in der Haut gespeichert. Durch das Auftreffen von Sonnenlicht öffnet sich das Ringsystem des  7-Dehydrocholesterols spontan, also **ohne Enzymeinwirkung** (wissenswerter Fakt fürs Examen). Das Sterangerüst geht dabei verloren. Nun müssen noch zwei Hydroxylierungen erfolgen, um die aktive Form zu erreichen. Die erste Hydroxylierung findet in der **Leber** statt. Dabei wird die OH-Gruppe am C25 angehängt. Die zweite, aktivierende Hydroxylierung an C1 erfolgt in der **Niere**. Dieser Schritt wird durch das Parathormon (s. 1.7, S. 59) stimuliert, und fertig ist das $1,25\text{-}(OH)_2$-Cholecalciferol, das aufgrund seiner drei OH-Gruppen auch Calcitriol genannt wird.

Pathobiochemie: Bei einer Hypovitaminose von Vitamin D kann es bei Kindern zu einer Rachitis kommen. Dabei handelt es sich um eine schwere Mineralisationsstörung des Knochens mit Deformierungen wie Skoliose, X- oder O-Beinen und einem eindrückbaren Schädeldach (Tischtennisballphänomen). Bei Erwachsenen führt die Hypovitaminose zur Osteomalazie (Knochenerweichung). Die Ursache ist hier – im Gegensatz zu den Kindern – meist eine Resorptionsstörung (z. B. durch Gallensteine), die Symptome sind z. B. Knochendeformierungen und Muskelschmerzen. Bei toxischen Konzentrationen von Vitamin D kommt es durch die resultierende hohe Calciumkonzentration im Blut z. B. zur anomalen Calcifizierung der Niere.

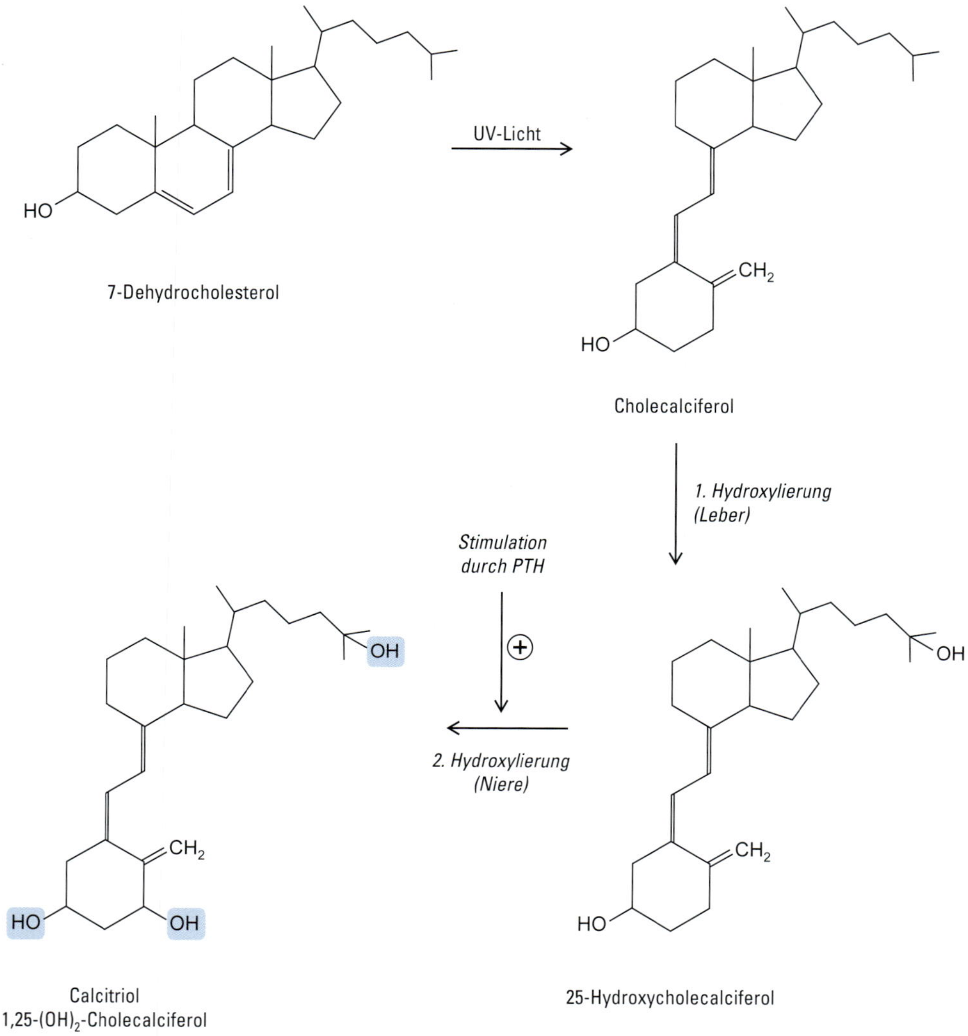
HO
7-Dehydrocholesterol
UV-Licht
CH_2
HO
Cholecalciferol
1. Hydroxylierung
(Leber)
Stimulation
durch PTH
+
OH
CH_2
HO
OH
Calcitriol
1,25-$(OH)_2$-Cholecalciferol
2. Hydroxylierung
(Niere)
OH
CH_2
HO
25-Hydroxycholecalciferol

Abb. 52: Calcitriol

medi-learn.de/7-bc5-52

2.1.3 Vitamin E (Tocopherol)

Die besonders in keimendem Getreide vorhandenen E-Vitamine bestehen aus einem Chromanring und einer Isoprenseitenkette. Nach Umwandlung in eine **Chinonstruktur** können sie Radikale neutralisieren. Damit **verhindern** sie die **oxidative Schädigung** von Membranen. Zudem scheinen sie auch eine allgemeine **Schutz- und Entgiftungsfunktion** zu haben. Tierexperimentell findet sich bei Mangel an Vitamin E eine erhöhte Hämolyseneigung. Möglicherweise tritt das bei manchen Frühgeborenen auf, da dort der Plasmaspiegel an Vitamin E besonders niedrig ist.

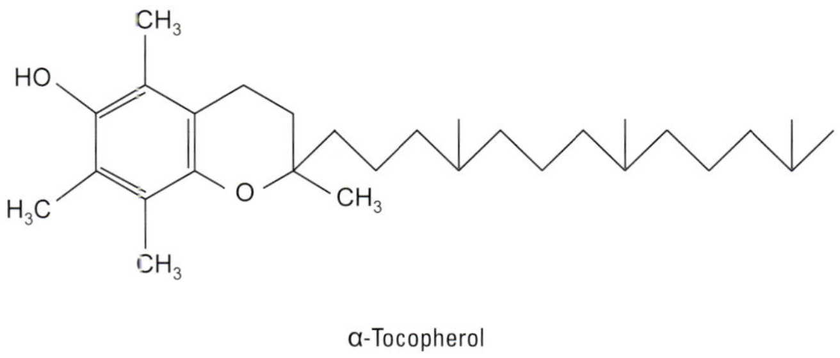

α-Tocopherol

Abb. 53: α-Tocopherol

medi-learn.de/7-bc5-53

2.1.4 Vitamin K (Phyllochinon)

Das Vitamin K wird von grünen Pflanzen und Mikroorganismen – auch solchen der menschlichen Darmflora – hergestellt.

Dabei ist die Grundstruktur der verschiedenen K-Vitamine immer ein 2-Methyl-1,4-Naphthochinon, an das lange Isoprenseitenketten angeheftet sind. Wichtige Vertreter sind das Vitamin K$_1$ – auch **Phyllochinon** genannt (Isoprenrest = Phytyl) – und das Vitamin K$_2$ – auch **Farnochinon** genannt (Isoprenrest = Difarnesyl). Die Aktivierung des Vitamins erfolgt letztlich durch eine NADPH-abhängige Reduktion in eine Hydrochinon-Form.

Benötigt wird das Vitamin K als Coenzym bei der **γ-Carboxylierung** von Glutamylseitenketten (prüfungsrelevant).

Erst mithilfe dieser zusätzlichen Carboxylgruppe ist es diesen Substanzen möglich, mit Calcium und Membranphospholipiden zu interagieren – eine für die Blutgerinnung unerlässliche Bedingung. Ein Mangel an Vitamin K führt zu einer Gerinnungsverzögerung durch Synthesebeeinflussung der Gerinnungsfaktoren II, VII, IX und X (Eselsbrücke Jahreszahl 1972). Auch die Bildung von Protein C und S ist durch einen Mangel an Vitamin K verlangsamt.

> **Übrigens ...**
> Durch kompetetive Verdrängung des Vitamin K können Vitamin K-Antagonisten wie z. B. die Cumarine in vivo als gerinnungshemmende Substanzen eingesetzt werden.

2.2 Wasserlösliche Vitamine

Bestimmt hast du zu jedem Stoffwechselenzym direkt das entsprechende Coenzym gelernt und behalten. Falls nicht, findest du die wichtigen in Tab. 15, S. 78 wieder.

Aber lern jetzt bitte nicht diese Tabelle auswendig. Das würde nun wirklich den Rahmen sprengen. Sie soll einfach eine Übersicht bieten, damit du mal schnell was nachschauen kannst.

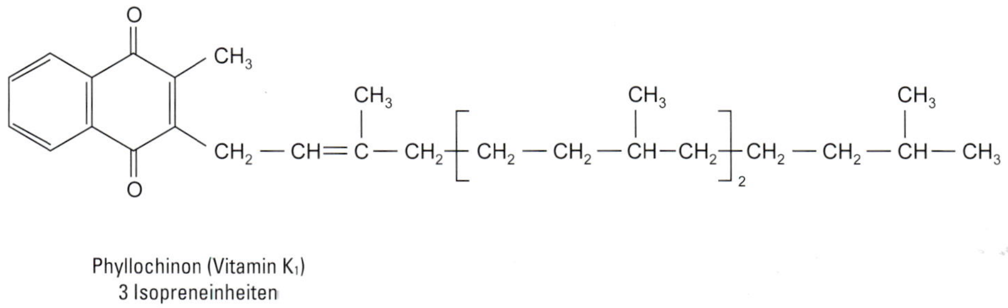

Phyllochinon (Vitamin K$_1$)
3 Isopreneinheiten

Abb. 54: Vitamin K

medi-learn.de/7-bc5-54

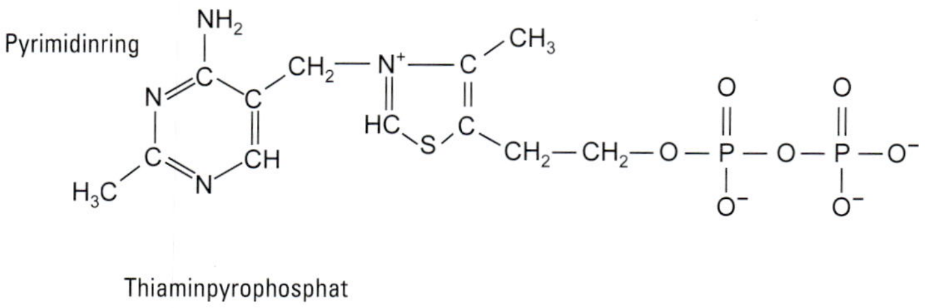

Pyrimidinring

Thiaminpyrophosphat

Abb. 55: Thiamin

medi-learn.de/7-bc5-55

Vitamin	Name	biologisch aktive Form	biochemische Funktion	Vorkommen
B_1	Thiamin	Thiaminpyrophosphat	dehydrierende Decarboxylierungen	– ungemahlenes Getreide – unpolierter Reis – Schweinefleisch
B_2	Riboflavin	– FMN – FAD	Wasserstoffübertragungen	– Leber – Hefe – Käse – Milch
B_3	Niacin	– NAD^+ – $NADP^+$	Wasserstoffübertragungen	– Hefe – mageres Fleisch – gerösteter Kaffee – Synthese aus Tryptophan
B_6	Pyridoxin	Pyridoxalphosphat	– Transaminierungen – Decarboxylierungen	– Leber – Hefe (Bierhefe) – Mais – grünes Gemüse – Milch
B_{12}	Cobalamin	– Adenosylcobalamin – Methylcobalamin	– C-C Umlagerungen – C1-Übertragungen	– Fleisch – Synthese durch Darmbakterien
	Folsäure	Tetrahydrofolsäure	C1- Übertragungen	– frisches grünes Gemüse – Leber und Niere
	Pantothensäure	CoA, Phosphopantethein	Acyl-Übertragungen	– fast überall, besonders in Eigelb und Niere – Synthese durch Darmbakterien
C	Ascorbinsäure	Ascorbinsäure	– Redoxsystem – Hydroxylierungen	Obst und Gemüse (Paprika, Tomaten, Zitrusfrüchte)
H	Biotin	Biocytin	Carboxylierungen	– Synthese durch Darmbakterien – Leber – Hefe

Tab. 15: Wasserlösliche Vitamine

2.2.1   Vitamin B₁ (Thiamin)

Thiamin wurde als erstes Vitamin entdeckt; seinen Namen erhielt es damals, weil es die Krankheit Beriberi heilte und verhinderte (B wie Beriberi).

> **Übrigens ...**
> - Auch heute gibt es noch Krankheitsfälle mit Beriberi, besonders in Gegenden, in denen polierter Reis das Hauptnahrungsmittel darstellt.
> - In der westlichen Welt tritt ein ähnliches Krankheitsbild bei Alkoholikern auf.

Strukturell handelt es sich bei Thiamin um einen Pyrimidin- und einen Thiazolring, beide mehrfach substituiert. Die Substituenten sind für die Funktion wichtig. Als Coenzym hilft das Vitamin B₁, nachdem es durch die Veresterung mit Phosphorsäure zum **Thiaminpyrophosphat** (Thiamindiphosphat =TPP) aktiviert wurde, bei der **dehydrierenden Decarboxylierung**. Das bedeutet, TPP kann **Aldehyde aktivieren** und **dadurch übertragen**. Fürs  Schriftliche wichtige Vitamin B₁-abhängige Enzyme sind:

- die Pyruvatdehydrogenase (Pyruvat zu Acetyl-CoA),
- die α-Ketoglutarat-Dehydrogenase (α-Ketoglutarat zu Succinyl-CoA) und
- die Transketolase (im Pentosephosphatweg).

2.2.2   Vitamin B₂ (Riboflavin)

Riboflavin ist Bestandteil der Coenzyme **FAD** (Flavin-Adenin-Dinucleotid) und **FMN** (Flavinmononucleotid). Es besteht aus einem 3-Ringsystem – dem **Isoalloxazin** – und einem Alkohol – dem **Ribit**. Merk dir bitte unbedingt, dass Ribit **KEIN Zucker** ist, auch wenn manche Physikumsfrage versucht, dich damit aufs Glatteis zu führen. Wird an den Ribitylrest ein Phosphat angehängt, entsteht FMN. Wenn daran

noch ein AMP gebunden wird, entsteht FAD. FAD und FMN sind beteiligt an:
- Atmungskette (Komplex I FMN, Komplex II FAD),
- Dehydrierungen (z. B. Acyl-CoA-Dehydrogenase),
- Oxidationen (z. B. Xanthinoxidase),
- oxidative Desaminierung (Aminosäure-Oxidase).

Riboflavin wird also für Coenzyme in Flavoproteinen benötigt und alle diese Oxidoreduktasen katalysieren Wasserstoffübertragungen.

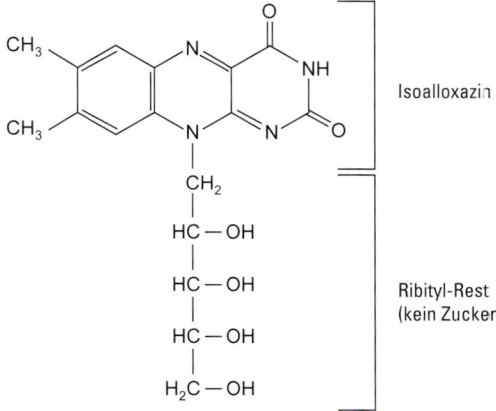

Abb. 56: Riboflavin

medi-learn.de/7-bc5-56

2.2.3   Vitamin B₃ (Niacin)

Der Ausdruck **Niacin** ist gleichbedeutend mit **Nicotinsäure**. Das in der Natur häufig vorkommende Nicotinsäureamid ist genauso als Vitamin wirksam und kann als Niacinamid oder ebenfalls nur Niacin bezeichnet werden. Strukturell stammen beide von einem Pyridin (nicht Pyrimidin!) ab.

Niacinamid
(Nicotinsäureamid)

Niacin
(Nicotinsäure)

Abb. 57: Niacin

medi-learn.de/7-bc5-57

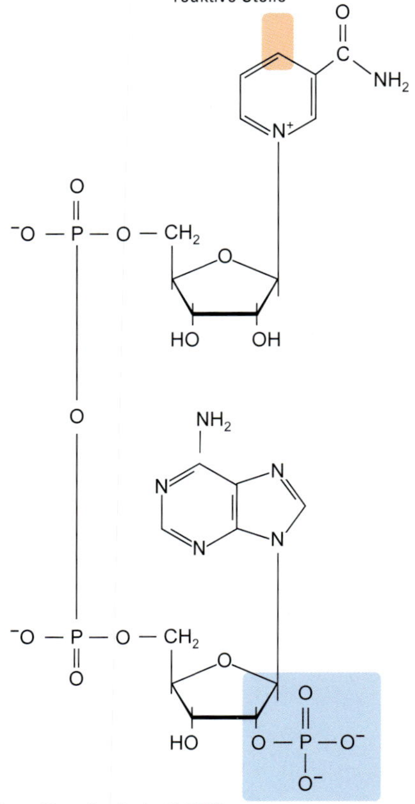

reaktive Stelle

Das markierte Phosphat ist im NADP⁺
vorhanden, im NAD⁺ jedoch nicht.

Abb. 58: NAD⁺ und NADP⁺   *medi-learn.de/7-bc5-58*

Niacin und Niacinamid sind Bestandteile von **NAD⁺** und **NADP⁺**. Ein Zwischenprodukt bei deren Synthese kann aus **Tryptophan** hergestellt werden, weshalb L-Tryptophan ein Provitamin ist. Auch diese Weisheit solltest du fürs Examen parat haben.

NAD⁺ und NADP⁺ (s. Abb. 58, S. 80) sind an einer Vielzahl von Stoffwechselprozessen beteiligt, wo sie zur **Wasserstoff- und Elektronenübertragung** dienen.

Der Unterschied zwischen NAD⁺ und NADP⁺ liegt in einem Phosphatrest an der Adeninnahen Ribose; in ihren physikalischen Eigenschaften unterscheiden sich die beiden nicht. Die Enzyme sind jedoch bezüglich dieser Coenzyme hoch spezifisch (sie arbeiten entweder mit NAD⁺ oder mit NADP⁺).

Die Hypovitaminose verursacht eine Erkrankung, die durch den Symptomkomplex Dermatitis, Diarrhö und Demenz (merke: **DDD**) gekennzeichnet ist. Ihr Name lautet **Pellagra** (pelle agra = kranke Haut). In Ländern, deren Bewohner außer Mais wenig anderes zu essen haben, ist diese Erkrankung immer noch ein Problem. Da Mais kein Tryptophan enthält, fehlen Vitamin und Provitamin gleichzeitig.

2.2.4 Vitamin B₆ (Pyridoxin)

Pyridoxin ist ein Überbegriff für verschiedene Substanzen (s. Abb. 59, S. 80): Pyridoxol

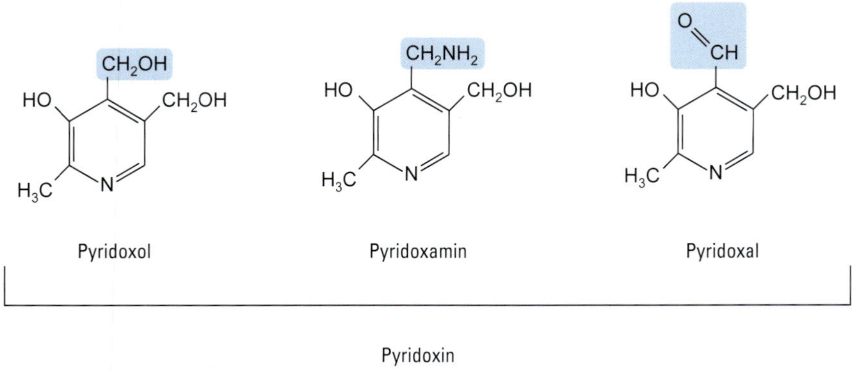

Pyridoxol

Pyridoxamin

Pyridoxal

Pyridoxin

Abb. 59: Pyridoxin   *medi-learn.de/7-bc5-59*

(Alkohol), Pyridoxamin (Amin) und Pyridoxal (Aldehyd), die alle gleich wirksam sind. Die aktive Form des Vitamin B$_6$ wird durch eine Phosphorylierung zum **Pyridoxalphosphat (PALP)** erreicht.

Die Bedeutung für den menschlichen Körper liegt im **Aminosäurestoffwechsel**. Dabei fungiert PALP als Coenzym bei **Decarboxylierungen**, **Transaminierungen** (z B. Oxalacetat aus Aspartat und umgekehrt) und bei bestimmten Veränderungen der Aminosäureseitenketten. Als prüfungsrelevantes Beispiel sei hier die **δ-ALA-Synthase** erwähnt, das Schrittmacherenzym der Porphyrinsynthese. Durch die Vielzahl der im Stoffwechsel katalysierten Reaktionen (mehr als 40) zeigt die B$_6$-Hypovitaminose sehr unspezifische Symptome.

2.2.5   Vitamin B$_{12}$ (Cobalamin)

Cobalamin ist das einzige Vitamin, das NICHT von Pflanzen, sondern nur von Mikroorganismen gebildet werden kann. Daher findet man es nur in tierischen Geweben und nicht etwa in Obst und Gemüse (wichtig fürs Examen!). Die Aufnahme von Cobalamin aus der Nahrung beinhaltet eine kleine Besonderheit: Sie erfolgt nur in Anwesenheit eines **Intrinsic Factor**, einem von den Belegzellen des Magens gebildeten Glykoproteins. Deshalb wird das Cobalamin selbst manchmal als **Extrinsic Factor** bezeichnet. Der Komplex aus Cobalamin und Intrinsic Factor, der sich im Magen bildet, wird erst im **unteren Ileum** resorbiert. Im Blut wird Cobalamin **proteingebunden** transportiert.

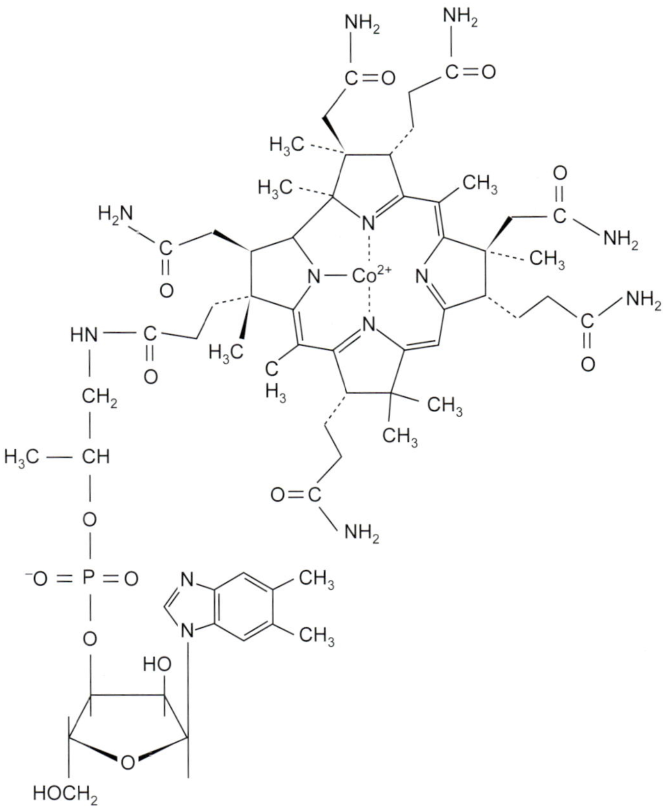

Abb. 60: Cobalamin

medi-learn.de/7-bc5-60

Strukturell handelt es sich beim Vitamin B_{12} um einen komplizierten Tetrapyrrolring (s. Abb. 60, S. 81). Dieser ähnelt zwar den Porphyrinen, ist aber ein **Corrin-Derivat**. Ein zentralständiges, kovalent fixiertes **Cobalt** (nicht Fe^{2+}, Vorsicht Falle!) gibt dem Vitamin seinen Namen. Als Coenzym wird es an zwei Stellen benötigt. Dabei katalysiert es immer eine Umlagerung, also eine **Isomerisierung**, von **Alkylresten**:

– Methylmalonyl-CoA zu Succinyl-CoA (Abbau ungeradzahliger Fettsäuren) und
– Homocystein zu Methionin (Remethylierung von Methionin nach der Methylgruppenübertragung durch SAM/S-Adenosylmethionin).

Ein Mangel an Vitamin B_{12} führt zur **perniziösen Anämie** mit Störung der Erythropoese. Dabei ist die Ursache meist ein Resorptionsdefizit (z. B. durch gestörte Synthese des Intrinsic Faktors nach Gastrektomie). Die **hepatischen** Cobalaminspeicher reichen allerdings für mehrere Monate.

2.2.6 Folsäure

Der Name der Folsäure kommt von folic acid (Blättersäure), da sie in Pflanzen weit verbreitet ist.
Aufgebaut ist sie aus drei Komponenten (s. Abb. 61, S. 82), dem Heterocyclus **Pteridin**, der **p-Aminobenzoesäure** und dem **L-Glutamat**. (Bitte auch diese Spitzfindigkeit merken! Das wurde schon mehrfach gefragt.) Diese Struktur wird durch zwei **NADPH**-abhängige

Reduktionen (Folatreduktase und Dihydrofolatreduktase) erst in Dihydrofolsäure und dann in **Tetrahydrofolsäure** (THF) umgewandelt. In dieser aktiven Form ist es dem Coenzym möglich, **1-Kohlenstoffreste** (z. B. Methylgruppen, Methanol, Formaldehyd, Ameisensäure) zu binden und auf andere Moleküle zu übertragen. Benötigt werden diese Gruppen für die **Purinsynthese** (Vorsicht: NICHT für Pyrimidin), die Synthese von **Thymidin** und den **Aminosäurestoffwechsel**.

Übrigens ...
Folsäureantagonisten sind Medikamente, die bei der Folsäureaktivierung oder der mikrobiellen Folsäuresynthese als Antimetabolite wirken. Aminopterin (oder sein moderneres Stukturanalogon Amethopterin alias Methotrexat) hemmt die Dihydrofolatreduktase. Sulfonamide beeinträchtigen hingegen die prokaryotische Folsäuresynthese als Antimetabolit von p-Aminobenzoesäure.

2.2.7 Pantothensäure

Die Pantothensäure besteht aus der Aminosäure β-Alanin und α,γ-Dihydroxy-β,β-dimethylbuttersäure (s. Abb. 62, S. 83). Sie dient der Synthese von **Coenzym A** und ist in der Natur weit verbreitet.
Coenzym A ermöglicht durch Bildung eines **Thioesters** (eine energiereiche Verbindung)

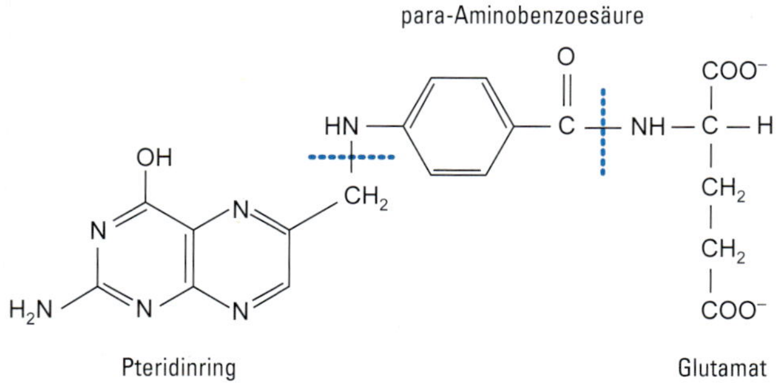

Abb. 61: Folsäure

die Aktivierung von unterschiedlichen Substanzen (z. B. Essigsäure, Fettsäuren, Gallensäuren, Propionsäure) für die weitere Übertragung im Stoffwechsel. Berühmtestes Beispiel ist das **Acetyl-CoA**, das als Produkt des Fett-, Aminosäure- und Kohlenhydratstoffwechsels eine zentrale Rolle im menschlichen Stoffwechsel einnimmt.

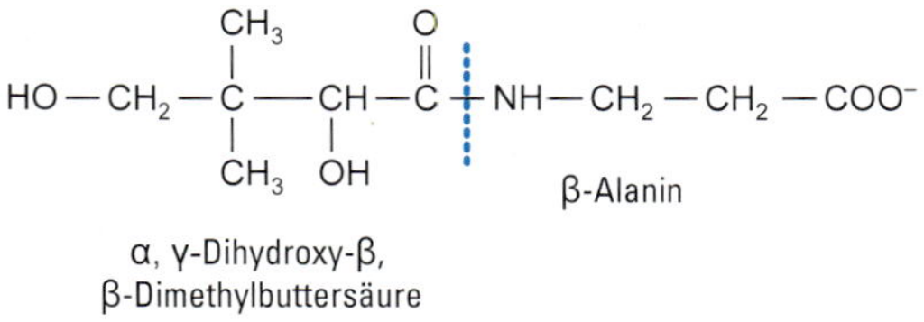

CH₃ O
HO—CH₂—C—CH—C—NH—CH₂—CH₂—COO⁻
CH₃ OH β-Alanin

α, γ-Dihydroxy-β,
β-Dimethylbuttersäure

Abb. 62: Pantothensäure *medi-learn.de/7-bc5-62*

2.2.8 Vitamin C (Ascorbinsäure)

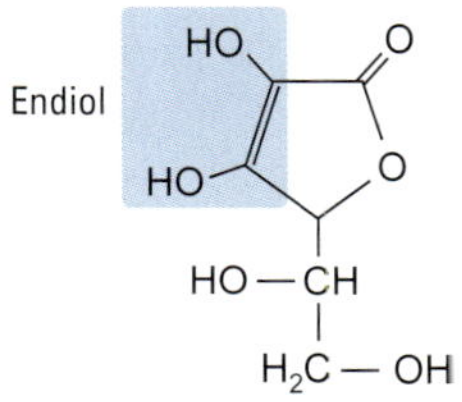

Abb. 63: Ascorbinsäure *medi-learn.de/7-bc5-63*

Das besonders in Paprika und Zitrusfrüchten vorkommende Vitamin C ist wohl eines der bekanntesten Vitamine. Was aber – abgesehen von Physikumskandidaten – kaum jemand weiß, ist, dass Ascorbinsäure eine **L-Glukonolacton**-Struktur besitzt und mit Ausnahme des Menschen, der Primaten und der Meerschweinchen (wobei mir die Verwandtschaftsbeziehungen nicht ganz klar sind …) eigentlich von allen Tieren aus Glucose synthetisiert werden kann. Vitamin C besitzt **stark reduzierende** Eigenschaften, verhindert so z. B. die Bildung von Methämoglobin und wirkt im Zusammenspiel mit Vitamin E als **schützendes Antioxidans**. Weiterhin ist es als Coenzym an einigen

Hydroxylasen beteiligt, z. B. bei der **Katecholaminsynthese** (Dopamin-β-Monooxygenase, s. Abb. 24, S. 29) und beim **Steroidstoffwechsel** in den Nebennieren. Seine Rolle als Coenzym bei der Hydroxylierung von Prolin- und Lysyl-Resten des **Prokollagens** erklärt einige der Skorbutsymptome: Nur unter Mitwirkung von Ascorbinsäure kann die Tripelhelix des Kollagens entstehen.

Übrigens …
– Die früher unter Seefahrern gefürchtete Vitaminmangelerkrankung Skorbut mit Blutungen und Zahnausfall konnte damals durch die Mitnahme von Säften aus Zitrusfrüchten bekämpft werden. So erhielten die englischen Seefahrer ihren Spitznamen: „Limeys".
– Was die Ascorbinsäure zur Säure macht, ist ihre Endiolgruppe (s. Abb. 63, S. 83). Oder physikumsmäßig ausgedrückt: Die Azidität von Vitamin C beruht auf dem Vorhandensein einer Endiolstruktur.

2.2.9 Vitamin H (Biotin)

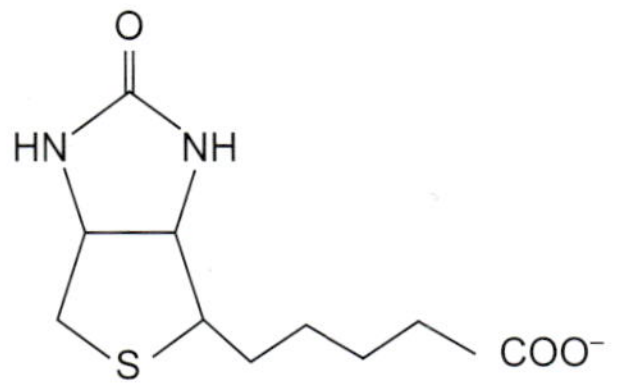

Abb. 64: Biotin *medi-learn.de/7-bc5-64*

Der Verzehr von 20 (!) rohen Eiern führt zu einer Erkrankung, die **H**autschäden und **H**aarausfälle verursacht. (Keine Ahnung, wer soviel rohe Eier isst …) Als man feststellte, dass Biotin diese Prozesse heilen konnte, nannte man es Vitamin **H**. Mittlerweile ist bekannt, dass ein Bestandteil des rohen Hühnereiweißes, das Avidin, mit hoher Affinität Biotin bindet und dadurch dessen Resorption verhindert.

2

Ansonsten ist eine Mangelerkrankung an Vitamin H eher unwahrscheinlich, da es in großen Mengen von den Mikroorganismen der Darmflora und von Pflanzen produziert wird. Strukturell handelt es sich beim Biotin um zwei substituierte, heterozyklische, miteinander verbundene Ringe (Thiophan). Die Seitenkette wird von der Valeriansäure gebildet (s. Abb. 64, S. 83).

In seiner aktiven Form ist Biotin über seine Seitenkette kovalent mit einem Enzym verbunden, und sein Ringsystem führt die eigentliche Reaktion aus: die **Aufnahme und Aktivierung von Carboxylgruppen**.

Da Biotin die Übertragung von **Carboxylgruppen** ermöglicht, ist es das Coenzym einiger wichtiger Carboxylasen. Diese wurden bezüglich des Biotins häufig erfragt:

- **Pyruvatcarboxylase** (Pyruvat zu Oxalacetat, Gluconeogenese, anaplerotische Reaktion für Citratzyklus)
- **Acetyl-CoA-Carboxylase** (Acetyl-CoA zu Malonyl-CoA, Fettsäuresynthese)
- **Proprionyl-CoA-Carboxylase** (Proprionyl-CoA zu Methylmalonyl-CoA, Abbau ungeradzahliger Fettsäuren)

Die Schwerpunkte der **fettlöslichen Vitamine** liegen eindeutig bei Vitamin A, D und ein wenig noch bei Vitamin K. Eine eigene Frage zu Vitamin E ist mir noch nicht unter gekommen. Umso besser, oder? Merke dir bitte unbedingt folgendes:

– Die fettlöslichen Vitamine A, D, E und K müssen mit Hilfe von Gallensäuren aus dem Magen-Darm-Trakt aufgenommen werden und sind im Plasma an Transportproteine gebunden.

– Vitamin A und sein Provitamin β-Carotin sind Isoprenoide.

– Retinol schützt Epithelien, Retinal nimmt am Sehvorgang teil, Retinsäure wirkt wie ein lipophiles Hormon auf Entwicklung und Wachstum.

– Eine Schlüsselrolle beim Sehvorgang in den Stäbchen nimmt das an Opsin gebundene Retinal ein. Seine Isomerisierung von 11-cis nach all-trans führt zu Konformationsänderungen, die eine Bindung an das G-Protein Transducin ermöglichen und dieses aktivieren.

– 7-Dehydrocholesterol wird in der Haut gespeichert, dabei spaltet sich sein Ringsystem durch Sonnenlicht auf. Nach zwei Hydroxylierungen in Leber und Niere übernimmt es als 1,25-$(OH)_2$-Cholecalciferol Aufgaben im Calciumstoffwechsel und bindet dabei an intrazelluläre Rezeptoren.

– Phyllochinone kommen in grünen Pflanzen vor und werden von Mikroorganismen des Darms synthetisiert.

– Vitamin K ist essenziell für die Carboxylierung der Gerinnungsfaktoren II, VII, IX und X.

Die Untiefen der **wasserlöslichen Vitamine** sollten mit den folgenden Fakten auch ohne Mitnahme von Zitrussaft zu umschiffen sein:

– Thiaminpyrophosphat als aktives Vitamin B_1 katalysiert oxidative/dehydrierende Decarboxylierungen. Wichtige Enzyme, die dieses Coenzym nutzen, sind die Pyruvatdehydrogenase und die α-Ketoglutaratdehydrogenase.

– Riboflavin ist ein Teil von FMN und FAD.

– NAD^+ und $NADP^+$ können aus Tryptophan oder dem Vitamin Niacin hergestellt werden. Die entsprechende Vitaminmangelerkrankung heißt Pellagra.

– Pyridoxin nimmt als PALP an der Decarboxylierung und Transaminierung von Aminosäuren teil.

– Das in seiner Struktur den Porphyrinen ähnliche, aber nicht gleiche, Cobalamin wird mithilfe eines in den Belegzellen des Magens produzierten Glykoproteins im unteren Ileum aufgenommen und im Plasma proteingebunden transportiert.

– Cobalamin enthält Cobalt und katalysiert die Umlagerungen von Alkylresten. Wichtige Reaktionen, die dieses Coenzym nutzen, sind Methylmalonyl-CoA zu Succinyl-CoA und Homocystein zu Methionin.

– Folsäure überträgt C1-Reste, beispielsweise bei der Thymidin- und Purinsynthese.

– Pantothensäure ist Teil des Coenzyms A.

– Ascorbinsäure wirkt stark reduzierend und fungiert daher als schützendes Antioxidans.

– Ascorbinsäure ist beteiligt bei der Kollagen- und Noradrenalinsynthese.

– Biotin aktiviert Carboxylgruppen. Diese können dann übertragen werden auf Pyruvat (zu Oxalacetat, Pyruvatcarboxylase), Acetyl-CoA (zu Malonyl-CoA, Acetyl-CoA-Carboxylase) und Proprionyl-CoA (zu Methylmalonyl-CoA, Proprionyl-CoA-Carboxylase).

Jetzt hast du es fast geschafft. Ein letztes Mal Konzentration bitte für die Fragen zu den Vitaminen aus unserer Datenbank!

1. Erklären Sie bitte das skotopische Sehen.

2. Was wissen Sie über die unterschiedlichen Formen des Vitamin A?

3. Kennen Sie die Entstehungsgeschichte von Calcitriol?

4. Wofür benötigt der Körper Ihrer Meinung nach Vitamin K?

5. Was wissen Sie zum Cobalamin?

6. Nennen Sie mir bitte die wichtigsten Fakten zum Thiamin (Vitamin B_1).

7. Wo kommt Ihrer Meinung nach Niacin im menschlichen Körper vor?

8. Kennen Sie Avidin? Welche Stoffwechselvorgänge können dadurch gehemmt werden?

9. Womit decken sie am besten Ihren Tagesbedarf an Vitamin C? Was passiert, wenn Sie zu wenig davon zu sich nehmen?

10. Warum sollten Sie auch noch später in der Klinik über Folsäure Bescheid wissen?

---

1. Erklären Sie bitte das skotopische Sehen.
– cGMP öffnet im Stäbchen Natrium- und Calciumkanäle; durch diese Depolarisation wird Glutamat ausgeschüttet (Dunkelsignal).
– 11-cis-Retinal kommt an Opsin gebunden (als Rhodopsin) in den Membranscheibchen vor. Durch Lichteinfall isomerisiert es zu all-trans-Retinal.
– Aktives Rhodopsin (R*) aktiviert Transducin, ein G-Protein. Dieses aktiviert daraufhin eine Phosphodiesterase, wodurch die cGMP-Konzentration abfällt. Es resultiert eine Hyperpolarisation und die Glutamatsekretion stoppt (Lichtsignal).

2. Was wissen Sie über die unterschiedlichen Formen des Vitamin A?
– Provitamin A (β-Carotin) kann durch eine Dioxygenase in zwei Retinal gespalten werden. Wenn es in den Ito-Zellen der Leber gespeichert werden soll, muss es mit Palmitat verestert werden.
– Retinal nimmt am Sehvorgang teil.

– Retinol ist das Epithelschutz-Vitamin.
– Retinsäure bindet an intrazelluläre Rezeptoren (z. B. RXR) und beeinflusst damit Wachstums- und Entwicklungsvorgänge.

3. Kennen Sie die Entstehungsgeschichte von Calcitriol?
7-Dehydrocholesterol wird in der Leber produziert und in die Haut eingelagert. Mit Hilfe der Energie von UV-Strahlung (Licht) bricht dort ein Ring des Moleküls auf und es entsteht Cholecalciferol. Dieses wird erst in der Leber an C25 und dann in der Niere an C1 hydroxyliert und besitzt damit drei Hydroxylgruppen (Calcitriol). Der letzte Syntheseschritt wird durch Parathormon stimuliert. In seiner aktiven Form kann es über intrazelluläre Rezeptoren Wirkungen auf die Ca^{2+}-Homöostase vermitteln.

4. Wofür benötigt der Körper Ihrer Meinung nach Vitamin K?
Vitamin K liegt als Phyllo- oder Farnochinon vor. Produziert wird es von grünen Pflan-

zen und Mikroorganismen. Benötigt wird es für die γ-Carboxylierung von Glutamyl-seitenketten der Gerinnungsfaktoren II, VII, IX und X sowie Protein C und S. Ohne die γ-Carboxylierung sind diese Faktoren nicht in der Lage mit Phospholipiden und Ca^{2+} in Interaktion zu treten und damit ineffektiv. Kumarine (Vitamin K-Antagonisten) werden therapeutisch eingesetzt (z. B. zur Antikoagulation bei künstlichen Herzklappen).

5. Was wissen Sie zum Cobalamin?

– Seine Resorption erfordert den Intrinsic Factor, der von den Belegzellen des Magens gebildet wird. B_{12} wird deshalb manchmal als Extrinsic Factor bezeichnet.
– B_{12} wird bei der Isomerisierung von Alkylresten benötigt.
– Eine B_{12}-Mangelerscheinung – die perniziöse Anämie – kann z. B. nach einer Magenentfernung auftreten.
– Cobalamin ist das einzige NICHT von Pflanzen hergestellte Vitamin.

6. Nennen Sie mir bitte die wichtigsten Fakten zum Thiamin (Vitamin B_1).

Thiamin besteht aus einem Thiazol- und einem Pyrimidinring, beide mehrfach substituiert. Thiaminpyrophosphat (das aktive B_1) ist an wichtigen Reaktionen beteiligt, unter anderem:

– Pyruvat zu Acetyl-CoA (Pyruvatdehydrogenase),
– α-Ketoglutarat zu Succinyl-CoA (α-Ketoglutarat-Dehydrogenase),
– Pentosephosphatweg, dort genau an der Transketolase-Reaktion.

Es handelt sich dabei um dehydrierende (= oxidative) Decarboxylierungen. Die Mangelerkrankung heißt Beriberi.

7. Wo kommt Ihrer Meinung nach Niacin im menschlichen Körper vor?

Zur Niacingruppe gehören Nicotinsäure und Nicotinsäureamid. Beide werden zur Synthese von NAD^+ und $NADP^+$ benötigt. Diese beiden Moleküle dienen der Übertragung von Reduktionsäquivalenten. Eine ihrer Vorstufen kann aus Tryptophan synthetisiert werden. Die Mangelerkrankung heißt Pellagra und geht mit Dermatitis, Diarrhö und Demenz einher.

8. Kennen Sie Avidin? Welche Stoffwechsel-vorgänge können dadurch gehemmt werden?

Avidin hemmt die Biotinaufnahme aus dem Darm. Deshalb kommt es zur Beeinflussung der

– Pyruvatcarboxylase (Pyruvat zu Oxalacetat, Gluconeogenese, anaplerotische Reaktion für Citratzyklus)
– Acetyl-CoA-Carboxylase (Acetyl-CoA zu Malonyl-CoA, Fettsäuresynthese)
– Proprionyl-CoA-Carboxylase (Proprionyl-CoA zu Methylmalonyl-CoA, Abbau ungeradzahliger Fettsäuren).

9. Womit decken sie am besten Ihren Tagesbedarf an Vitamin C? Was passiert, wenn Sie zu wenig davon zu sich nehmen?

Vitamin C ist vor allem in Paprika, Tomaten und Zitrusfrüchten enthalten, Hypovitaminosen (im Extremfall Skorbut) sind bei normaler westlicher Ernährung kaum möglich. Vitamin C spielt allerdings eine wichtige Rolle im Stoffwechsel. Zum einen ist es ein schützendes Antioxidans. Weiterhin ist es als Coenzym der Dopamin-β-Monooxygenase an der Katecholaminsynthese beteiligt. Auch im Steroidstoffwechsel spielt es eine Rolle. Wichtig zu erwähnen ist weiterhin die Beteiligung von Vitamin C an der Tripelhelix-Bindung von Kollagen (durch Hydroxylierung von Prolin- und Lysyl-Resten des Prokollagens).

10. Warum sollten Sie auch noch später in der Klinik über Folsäure Bescheid wissen?
Folsäure ist ein wasserlösliches Vitamin, welches aus Pteridin, p-Aminobenzosäure und L-Glutamat besteht. Die antibiotischen oder immunsuppressiven Effekte von Sulfonamiden und Methotrexat resultieren aus ihrem Eingriff in den Folsäure-Stoffwechsel (Methotrexat hemmt die Dihydrofolatreduktase, Sulfonamide sind Antimetabolite der p-Aminobenzoesäure im Prokaryonten).

Mehr Cartoons unter www.medi-learn.de/cartoons

Pause

Geschafft! Hier noch
ein kleiner Cartoon als Belohnung ...
Danach kann gekreuzt werden!

Index

Index

Index

Deine Meinung ist gefragt!

Es ist erstaunlich, was das menschliche Gehirn an Informationen erfassen kann. Slbest wnen kilene Fleher in eenim Txet entlheatn snid, so knnsat du die eigneltchie lofnrmotian deoncnh vershteen – so wie in dsieem Text heir.

Wir heabn die Srkitpe mecrfhah sehr sogrtfältg güpreft, aber vilcheliet hat auch uesnr Girehn – so wie deenis grdaee – unbeswust Fheler übresehne. Um in der Zuuknft noch bsseer zu wrdeen, bttein wir dich dhear um deine Mtiilhfe.

Sag uns, was dir aufgefallen ist, ob wir Stolpersteine übersehen haben oder ggf. Formulierungen verbessern sollten. Darüber hinaus freuen wir uns natürlich auch über positive Rückmeldungen aus der Leserschaft.

Deine Mithilfe ist für uns sehr wertvoll und wir möchten dein Engagement belohnen: Unter allen Rückmeldungen verlosen wir einmal im Semester Fachbücher im Wert von 250 Euro. Die Gewinner werden auf der Webseite von MEDI-LEARN unter www.medi-learn.de bekannt gegeben.

Schick deine Rückmeldung einfach per E-Mail an support@medi-learn.de oder trag sie im Internet in ein spezielles Formular für Rückmeldungen ein, das du unter der folgenden Adresse findest:

www.medi-learn.de/rueckmeldungen

Moritz Sabrow

Biochemie Band 6

MEDI-LEARN Skriptenreihe

7., komplett überarbeitete Auflage

MEDI-LEARN Verlag GbR

Autoren: Moritz Sabrow, Christian Keil (1.–3. Auflage)
Fachlicher Beirat: Timo Brandenburger

Teil 6 des Biochemiepaketes, nur im Paket erhältlich
ISBN-13: 978-3-95658-011-6

Herausgeber:
MEDI-LEARN Verlag GbR
Dorfstraße 57, 24107 Ottendorf
Tel. 0431 78025-0, Fax 0431 78025-262
E-Mail redaktion@medi-learn.de
www.medi-learn.de

Verlagsredaktion:
Dr. Marlies Weier, Dipl.-Oek./Medizin (FH) Désirée
Weber, Denise Drdacky, Jens Plasger, Sabine
Behnsch, Philipp Dahm, Christine Marx, Florian
Pyschny, Christian Weier

Layout und Satz:
Fritz Ramcke, Kristina Junghans,
Christian Gottschalk

Grafiken:
Dr. Günter Körtner, Irina Kart, Alexander Dospil,
Christine Marx

Illustration:
Daniel Lüdeling

Druck:
Löhnert Druck

7. Auflage 2015
© 2015 MEDI-LEARN Verlag GbR, Kiel

Wichtiger Hinweis für alle Leser
Die Medizin ist als Naturwissenschaft ständigen Veränderungen und Neuerungen unterworfen. Sowohl die Forschung als auch klinische Erfahrungen führen dazu, dass der Wissensstand ständig erweitert wird. Dies gilt insbesondere für medikamentöse Therapie und andere Behandlungen. Alle Dosierungen oder Applikationen in diesem Buch unterliegen diesen Veränderungen.
Obwohl das MEDI-LEARN Team größte Sorgfalt in Bezug auf die Angabe von Dosierungen oder Applikationen hat walten lassen, kann es hierfür keine Gewähr übernehmen. Jeder Leser ist angehalten, durch genaue Lektüre der Beipackzettel oder Rücksprache mit einem Spezialisten zu überprüfen, ob die Dosierung oder die Applikationsdauer oder -menge zutrifft. Jede Dosierung oder Applikation erfolgt auf eigene Gefahr des Benutzers. Sollten Fehler auffallen, bitten wir dringend darum, uns darüber in Kenntnis zu setzen.

Inhalt

1 Blut

 Fragen in den letzten 10 Examen: 102

Stell dir einmal den menschlichen Körper als eine Stadt vor.

Die verschiedenen Stadtteile entsprechen verschiedenen menschlichen Organen:

- Das Industriegebiet mit verschiedenen Supermärkten, Warenhäusern und Getränkehallen entspricht unserem Verdauungstrakt. Hier können wir uns mit allem, was wir zum Leben brauchen, versorgen.

- Unser Nervensystem steht Pate für das Telefonnetz. Es verbindet die ganze Stadt und sorgt für Austausch und Verständigung zwischen den einzelnen Haushalten, die wiederum die Zellen des menschlichen Körpers darstellen.

- Die Nieren erfüllen die klassischen Aufgaben der Kläranlage unserer Stadt: Sie reinigen unser Abwasser und stellen es dem Nutzer wieder zur Verfügung.

- Das Straßenverkehrsnetz mit kleinen Gassen, beschaulichen Dorfstraßen, überfüllten Einkaufsmeilen, Parkplätzen, Schnellstraßen, Fußgängerzonen und Autobahnen steht für das menschliche Gefäßsystem. Der Verkehr, der sich Tag für Tag durch die Häuserfluchten drängt, entspricht unserem Blut: Verschiedenste Transporter liefern Waren aus unserer Körperstadt hinaus, es gibt eine Müllabfuhr, eine Polizei, die für Recht und Ordnung sorgt, sowie eine Straßenwacht, die für die Instandhaltung der Straßen verantwortlich ist. Und alle bewegen sich im Blut durch das Straßennetz unserer menschlichen Stadt.

Aber genug der Fabuliererei. Du hast sicher bereits verstanden, worauf wir hinauswollen. In den nächsten Kapiteln dreht sich nämlich alles um das spannende Thema „Blut".

Das Blut macht etwa **acht bis zehn Prozent unseres Körpergewichts** aus und hat ein Volumen von etwa vier bis sechs Litern. Bis zu 20 % kann ein gesunder Mensch ohne größere Probleme verlieren – bei einem stärkeren Verlust bekommt der Körper Schwierigkeiten.

Blut besteht aus einer wässrigen Phase und verschiedenen Stoffen, die darin gelöst sind. Hier unterscheidet man zwischen zellulären Bestandteilen (z. B. Erythrozyten), Proteinen (z. B. Gerinnungsfaktoren), Elektrolyten und Metaboliten (z. B. Glucose).

Sind all diese Stoffe in einer entnommenen Blutprobe enthalten, spricht man von **Vollblut**. Werden nach der Entnahme die zellulären Bestandteile herunterzentrifugiert, erhält man das **Plasma**, in dem aber z. B. die Gerinnungsfaktoren und andere freie Proteine noch enthalten sind. Werden auch die Gerinnungsfaktoren entfernt, heißt diese Flüssigkeit **Serum**.

> **Merke!**
>
> Blutplasma ohne die Gerinnungsfaktoren – vor allem ohne Fibrinogen – nennt man Blutserum.

1.1 Bestandteile des Blutes

In diesem Abschnitt geht es darum, wie diese faszinierende Flüssigkeit zusammengesetzt ist. Die folgenden Unterkapitel zu den Bestandteilen und Aufgaben des Blutes werden im schriftlichen Examen zwar kaum abgefragt, wer sie aber trotzdem beherrscht, dem bieten sich in einer mündlichen Prüfungen wunderbare Einstiegsmöglichkeiten in das Thema Blut und damit die Chance, gleich in den ersten Sekunden Punkte zu sammeln.

1.1.1 Zelluläre Bestandteile

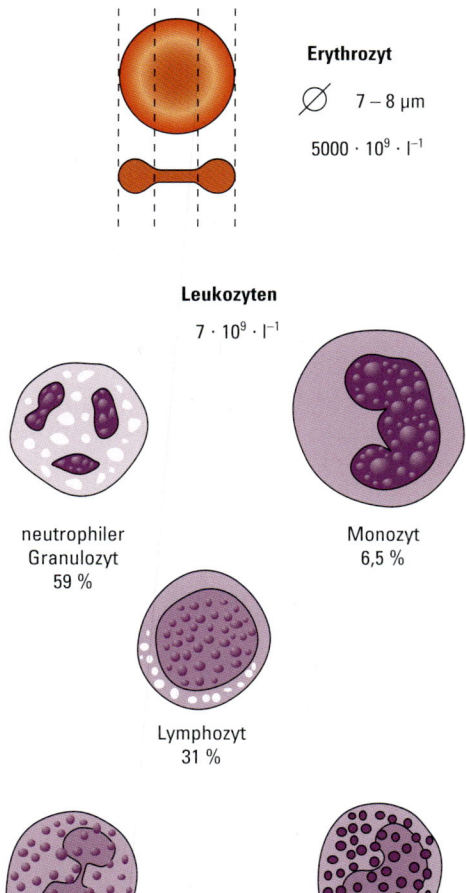

Erythrozyt

$\varnothing$ 7 – 8 µm

$5000 \cdot 10^9 \cdot l^{-1}$

Leukozyten

$7 \cdot 10^9 \cdot l^{-1}$

neutrophiler
Granulozyt
59 %

Monozyt
6,5 %

Lymphozyt
31 %

eosinophiler
Granulozyt
2,4 %

basophiler
Granulozyt
0,6 %

Abb. 1: Blutzellen   *medi-learn.de/7-bc6-1*

Den zellulären Anteil des Blutes – ungefähr 45 % – nennt man **Hämatokrit**. Gebildet wird er größtenteils von den Erythrozyten, die zweitstärkste Fraktion stellen die Thrombozyten dar. Die Zellen der Immunabwehr – die Leukozyten – sind ebenfalls noch darin enthalten (s. IMPP-Bild 1, S. 69 und IMPP-Bild 2, S. 69).

1.1.2 Elektrolyte und Metaboliten

Elektrolyte sind wichtig für die Aufrechterhaltung der Zellfunktion und werden im Blut transportiert. Die häufigsten Elekrolyte sind
– Natrium, das für die Aufrechterhaltung von Membranpotenzialen notwendig ist, und
– Chlorid, das unter anderem eine Rolle im Erythrozytenstoffwechsel spielt.
Wie es in einigen Vororten einen fahrenden Bäcker, Metzger oder Fischhändler gibt, werden auch in unserer Stadt Nährstoffe und Stoffwechselprodukte im Blut frei transportiert. Dazu gehören die **Kohlenhydrate**, wie z. B **Glucose** – die „fahrenden Bäcker" unseres Körpers – aber auch die **Fette** und **Aminosäuren** – die „fahrenden Fleischverkäufer".

1.1.3 Proteine

Es gibt eine Vielzahl von Proteinen, die im Blut vorkommen. Allerdings musst du für das Physikum nicht alle auswendig kennen, da sie in dieser Form nicht gefragt werden. Wichtig ist dagegen, dass du dir etwas Grundsätzliches klarmachst: Trennt man die Plasmaproteine elektrophoretisch auf, ergibt sich ein spezifisches Verteilungsmuster. Gibt es dabei Veränderungen, so erlauben diese schon einige Rückschlüsse auf die Erkrankung eines Patienten.

Übrigens …
Die Elektrophorese ist ein Verfahren zur Auftrennung von Proteinen. Die Probe wird auf einen Träger – z. B. Zelluloseacetat gegeben, dieser wird unter Spannung gesetzt. Die Proteine wandern nun, abhängig von ihrer Masse und ihrer Ladung, unterschiedlich schnell den Träger entlang. Färbt man die entstandenen Proteinbanden ein und misst sie photometrisch, erhält man ein spezifisches Verteilungsmuster (s. Abb. 2, S. 3).

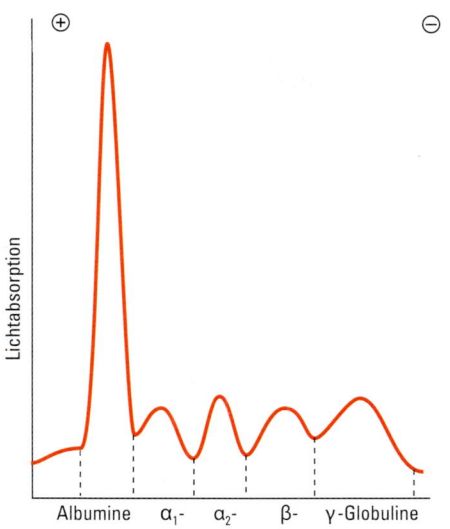

Abb. 2: Plasmaproteine   *medi-learn.de/7-bc6-2*

Merke!

- **Albumin** bildet eine **eigene Fraktion** und stellt den größten Anteil der Plasmaproteine.
- Prothrombin gehört zu den **α_1-Globulinen**, Antithrombin III zu den **α_2-Globulinen** und Fibrinogen zu den **β-Globulinen**.
- Die **γ-Globuline** werden von den Antikörpern gebildet.

1.2 Die Aufgaben des Blutes

Bevor du dich detailliert mit den speziellen Aufgaben des Blutes beschäftigst (s. 1.6, S. 19), gibt dir dieser Abschnitt zunächst einen groben Überblick darüber.

1.2.1 Transport

Das Blut stellt – wie der Verkehr in unserer Stadt – ein **Transportmedium** dar. Unsere fahrenden Händler transportieren Nahrungsmittel zu den Endverbrauchern: Nährstoffe und Stoffwechselprodukte werden durch den Organismus transportiert. Eine der Hauptaufgaben des Blutes ist der Sauerstofftransport durch die Erythrozyten. Diesen Part übernehmen in der Stadt die Heizöllaster, die Brennstoff in die Haushalte liefern.

1.2.2 Homöostase

Das Blut ist maßgeblich an der **Erhaltung von Gleichgewichten im Körper** beteiligt. Es reguliert den **Wasserhaushalt** zwischen den Zellen und dem Extrazellularraum, ist durch den Transport von Protonen und Bikarbonat sowie durch die puffernde Wirkung von Hämoglobin an der Aufrechterhaltung des **Säurebasenhaushalts** beteiligt und hält den **Temperaturhaushalt** des Körpers im Gleichgewicht.

1.2.3 Abwehr und Selbstschutz

Die Polizisten unseres Körpers – die Immunzellen – werden im Blut zu ihren Einsatzorten transportiert. Ein großer Teil der Immunabwehr spielt sich im Blut selbst ab, z. B. nach Infektionen mit Erregern, die den Weg in unser Gefäßsystem gefunden haben.
Ist das Straßennetz der Stadt defekt, rückt die Straßenwacht zur Instandsetzung an, um den Schaden zu beheben. In unserem Körper wird dieser Part vom Gerinnungssystem übernommen, dessen einzelne Faktoren im Blut transportiert werden und Verletzungen des Gefäßsystems reparieren.

1.3 Erythrozyten

Im Folgenden beschäftigen wir uns etwas näher mit den Erythrozyten, den Heizöllastern unseres Körpers. Diese Laster bringen ihren Brennstoff, – den Sauerstoff – zu den einzelnen Zellen.

1.3.1 Erythropoese

Erythrozyten bilden sich aus myeloischen Stammzellen im **roten Knochenmark**. Während ihrer Entwicklung bis hin zu reifen Erythrozyten verlieren sie ihren Zellkern und alle anderen Organellen. Betrachtet man die direkte Vorstufe der Erythrozyten – die Retikulozy-

ten – im Mikroskop, meint man, einen Kern zu erahnen. Dabei handelt es sich jedoch um RNA, die die Retikulozyten noch zu geringer Proteinsynthese befähigt. Der **Verlust der Organellen** bedeutet für die Erythrozyten eine starke **Stoffwechseleinschränkung** – unser Heizöllaster hat also einen Dieselmotor.

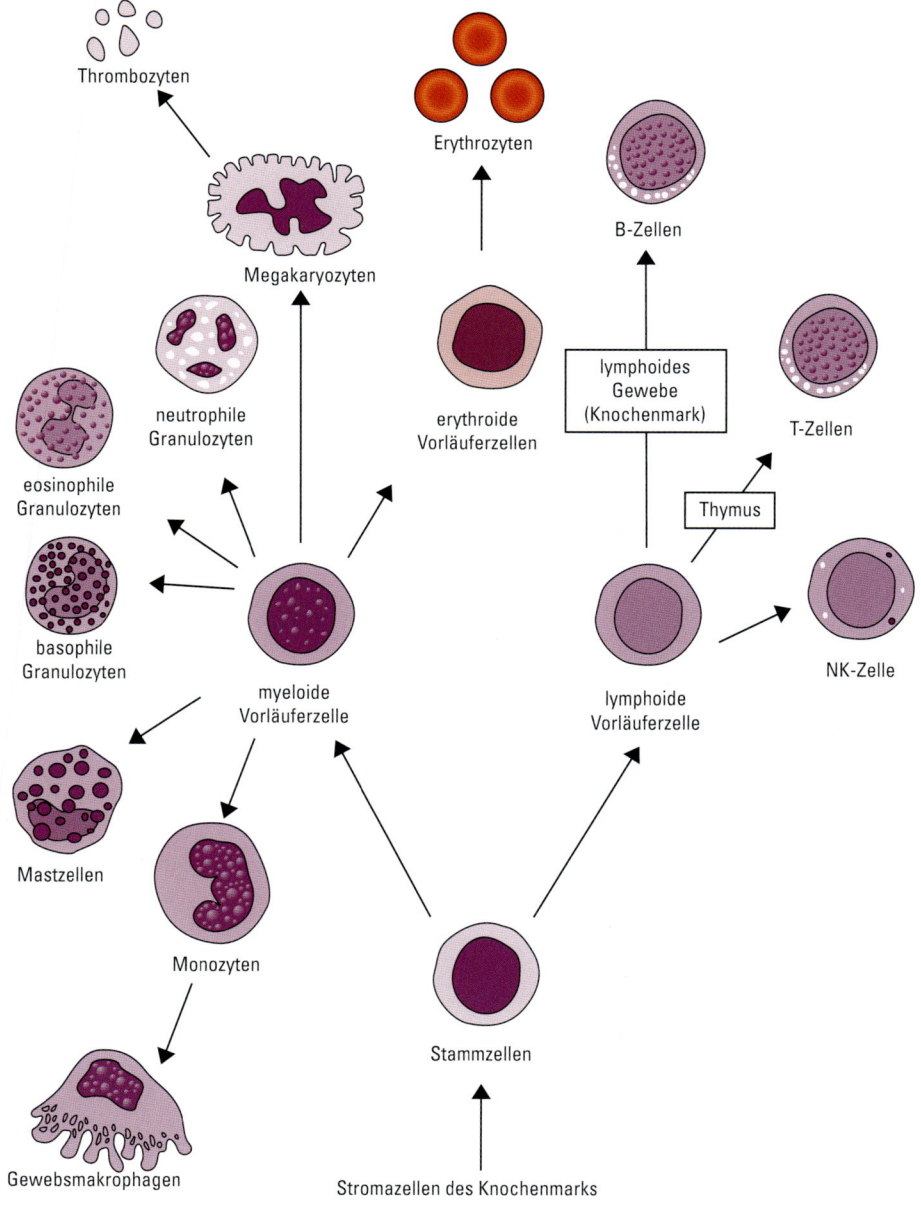

Thrombozyten

Erythrozyten

B-Zellen

Megakaryozyten

lymphoides Gewebe (Knochenmark)

T-Zellen

neutrophile Granulozyten

erythroide Vorläuferzellen

Thymus

eosinophile Granulozyten

basophile Granulozyten

myeloide Vorläuferzelle

lymphoide Vorläuferzelle

NK-Zelle

Mastzellen

Monozyten

Stammzellen

Gewebsmakrophagen

Stromazellen des Knochenmarks

Abb. 3: Stammbaum

medi-learn.de/7-bc6-3

> **Merke!**
>
> Erythrozyten haben KEINE Zellorganellen und KEINEN Kern.

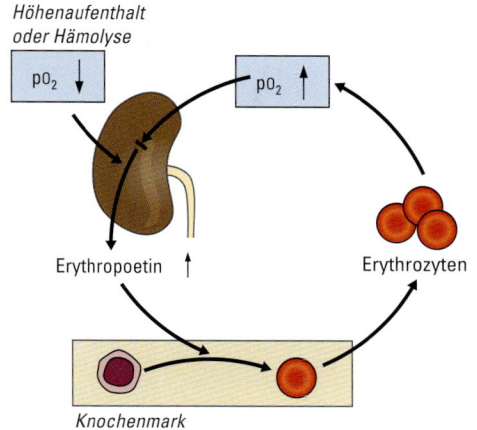

Abb. 4: Erythropoese   *medi-learn.de/7-bc6-4*

Die Erythropoese wird durch das in der Niere gebildete Glykoprotein **Erythropoetin** hormonell gesteuert. Die Produktion von Erythropoetin wird durch den Transkriptionsfaktor HIF (Hypoxie-induzierbarer Faktor) stimuliert, der wiederum durch den in der Niere gemessenen Abfall des Sauerstoffpartialdrucks (= pO_2) aktiviert wird. Dieser Abfall kann durch einen Höhenaufenthalt, bei dem in der Umgebung weniger Sauerstoff zur Verfügung steht, oder durch eine Hämolyse bedingt sein, bei der ein Mangel an Sauerstofftransportern herrscht.

Übrigens ...
Die Tatsache, dass die Erythropoese durch einen niedrigen pO_2 gesteigert wird, macht man sich bei Höhentrainingslagern im Leistungssport zunutze. Bildet man in der Höhe mehr Erythrozyten und kehrt dann in normale Höhenlagen zurück, steigt die Sauerstoffbindungskapazität des Blutes und damit die Leistungsfähigkeit. Also mehr oder weniger legales Doping.

Illegal ist allerdings die Einnahme von Erythropoetin (EPO).

1.3.2 Erythrozytensteckbrief

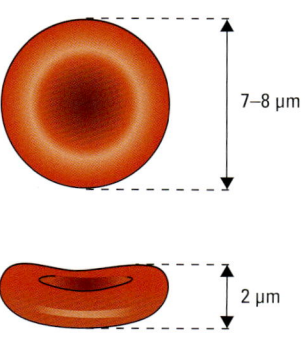

7–8 µm

2 µm

Abb. 5: Erythrozyten   *medi-learn.de/7-bc6-5*

Erythrozyten werden im Knochenmark geboren und kursieren dann durch den Organismus. Sie erfüllen ihre Aufgabe, indem sie O_2 ins Gewebe und CO_2 zur Lunge transportieren und sterben dann nach etwa **120 Tagen** in der Milz, wo die Blutmauser stattfindet. Neben den alten werden hier auch kranke und veränderte Erythrozyten aus dem Verkehr gezogen. Erythrozyten haben die **Form eines Diskus** mit einem **Durchmesser von 7–8 µm** und einer ungefähren **Dicke von 2 µm**.
Da die Kapillaren einen Durchmesser von nur 3–5 µm haben, ist eine **gute Verformbarkeit** der Erythrozyten Bedingung für einen funktionierenden Sauerstofftransport: Durch den sehr flexiblen Bau der Erythrozytenmembran passt sich der Erytrozyt mühelos den engen Gefäßen an.

1.3.3 Erythrozytenstoffwechsel

Wie oben erwähnt, haben die Erythrozyten in ihrer Entwicklung ihre Organellen verloren. Schauen wir uns also erst einmal an, was unsere Erythrozyten NICHT können oder besitzen, was ihnen aber – vor allem in den Fragen des schriftlichen Examens – gerne angedichtet wird:

1

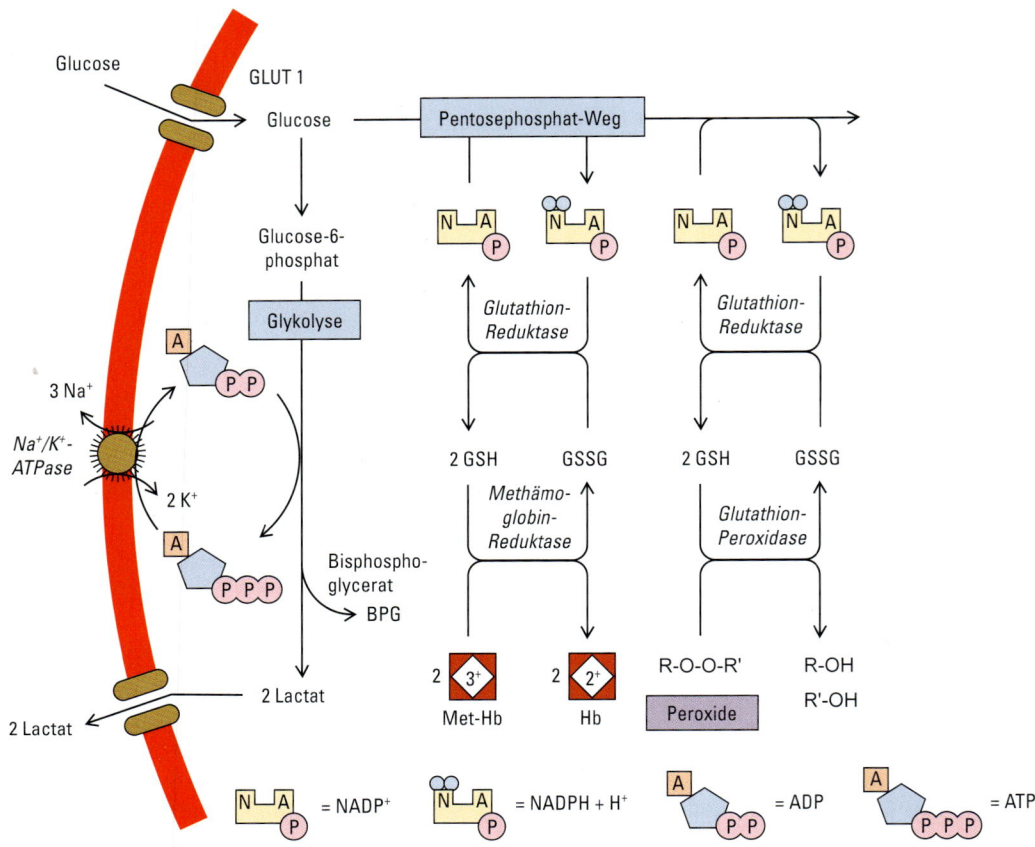

Abb. 6: Erythrozytenstoffwechsel

medi-learn.de/7-bc6-6

Erythrozyten haben
- **keinen Citratzyklus,**
- **keine Atmungskette,**
- **keine ß-Oxidation** (daher keine Verarbeitung von Fettsäuren),
- **keine Pyruvat-Dehydrogenase-Reaktion,**
- **keine Häm-Biosynthese und**
- **keine Ketonkörper-Synthese,**

da ihnen die Mitochondrien fehlen.

Im Zytoplasma und daher auch in den Erythrozyten finden aber
- **die anaerobe Glykolyse,**
- **der Pentosephosphatweg und**
- **die Glutathion-Synthese statt**.

In Abb. 6, S. 6 ist der komplette, für das Physikum relevante Stoffwechsel der Erythrozyten zusammengefasst.

Schauen wir also unseren kleinen Heizöllastern mal unter die Motorhaube.

Anaerobe Glykolyse

Die Erythrozyten benötigen – wie alle anderen lebenden Zellen auch – **Energie in Form von ATP**. Dieses ATP wird beispielsweise für den **Antrieb von Ionenpumpen (wie der Na$^+$/K$^+$-ATPase), die Strukturerhaltung der Membran** und die wichtige **Glutathion-Synthese** benötigt.

Um also an das dringend benötigte ATP zu kommen, nehmen die Erythrozyten über einen **insulinunabhängigen** Glucosetransporter (**GLUT 1**) Glucose auf und führen es anschließend der Glykolyse zu. Da den Erythrozyten aber mit den Mitochondrien auch die Atmungskette fehlt, können sie sich anschließend nur der ineffizienten anaeroben Glykolyse bedienen. Im Erythrozyten werden 90 % der Glucose so verstoffwechselt.

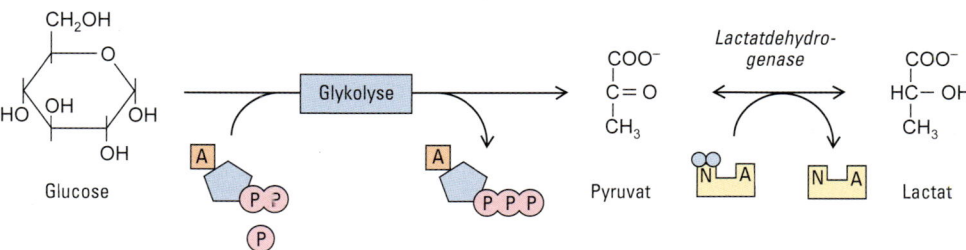

Abb. 7: Glykolysebilanz *medi-learn.de/7-bc6-7*

Abb. 8: Anaerobe Glykolyse *medi-learn.de/7-bc6-8*

Die anderen 10 % der Glucose wandern in den **Pentosephosphatweg** (s. Abb. 6, S. 6), der die Reduktionsäquivalente in Form von NADPH + H$^+$ für die Bereitstellung von reduziertem Glutathion (s. Abb. 9, S. 8) liefert.

In der Glykolyse entstehen aus 1 Mol Glucose, 2 Mol ADP und 2 Mol NAD$^+$ **zunächst** 2 Mol Pyruvat, 2 Mol NADH + H$^+$ und 2 Mol ATP.

Die entstandenen NADH + H$^+$ werden jetzt aber NICHT in der Atmungskette (hier entstünden pro Mol Glucose **max. 32 ATP**), sondern durch die Bildung von **Lactat aus Pyruvat** regeneriert (oxidiert) – daher die Bezeichnung **anaerobe Glykolyse**. Das entstandene **Lactat** gibt der Erythrozyt ins Blut ab.

Man könnte nun meinen, dass im Erythrozyten in der anaeroben Glykolyse netto 2 Mol ATP pro Mol Glucose entstehen, eine Aussage, die im Examen gerne als Fangfrage auftaucht. Tatsächlich entstehen aber netto **weniger als 2 Mol ATP** und auch etwas weniger als 2 Mol Lactat.

Merke!

Im Erythrozyten entstehen in der anaeroben Glykolyse netto weniger als die möglichen 2 mol ATP aus einem Mol Glucose, da ein Teil des 1,3-BPG in 2,3-BPG (s. 1.6.2, S. 20) umgewandelt wird. Dabei geht eine energiereiche Bindung verloren.

Pentosephosphatweg

Im oxidativen ersten Teil des **Pentosephosphatwegs** wird Glucose-6-Phosphat zu Ribulose-5-Phosphat oxidiert. Der dabei frei gewordene Wasserstoff wird durch NADP$^+$ aufgenommen. Insgesamt entstehen hier pro Mol Glucose **12 Mol NADPH + H$^+$**, da die Glucose letztendlich zu 6 CO$_2$ abgebaut wird.

Dieses NADPH + H$^+$ benötigen die Erythrozyten **zur Reduktion von oxidiertem Glutathion**.

Übrigens ...

Malaria-Erreger benötigen für ihren Stoffwechsel das NADPH der Erythrozyten.

Patienten mit einem **Glucose-6-Phosphat-Dehydrogenase-Mangel** können weniger NADPH produzieren und haben so einen gewissen Schutz gegen die schwere Form der Malaria.

Allerdings sollten diese Personen weder Saubohnen (vicia faba), noch Sulfonamide oder Anti-Malaria-Mittel wie Primaquin zu sich nehmen, da es sonst zu hämolytischen Krisen kommt.

Glutathion

Glutathion ist ein **Tripeptid** und wird von den Erythrozyten aus den Aminosäuren Glutamat, Cystein und Glycin synthetisiert. Diese Synthese verläuft unter dem **Verbrauch von 2 ATP**. Glutathion ist ein sehr wirksames **Antioxidati-** **onsmittel:** Es wird an Stelle von anderen Molekülen oxidiert und schützt diese so. Es stellt also einen Bestandteil des Motorenöls unseres Diesellasters dar, der ihn vor Kolbenfressern und ähnlichen Gemeinheiten bewahrt.

Bei dieser Oxidation verbinden sich die Cysteine der beiden Glutathion-Moleküle zu einem Disulfid (s. Abb. 9, S. 8).

Für die Regeneration der oxidierten Glutathionmoleküle benötigt der Erythrozyt NADPH + H$^+$, das er aus dem Pentosephosphatweg (s. Abb. 6, S. 6) bezieht.

Da beim Sauerstofftransport ständig kleine Mengen an reaktiven Sauerstoffverbindungen frei werden, die als starke Oxidationsmittel wirken, würde unser Dieselmotor ohne reduziertes Glutathion schnell verschleißen.

Ein Glutathion-Molekül verfügt über zwei negative (COO$^-$) und eine positive (NH$_3^+$) Ladung, als Disulfid sind es doppelt so viele.

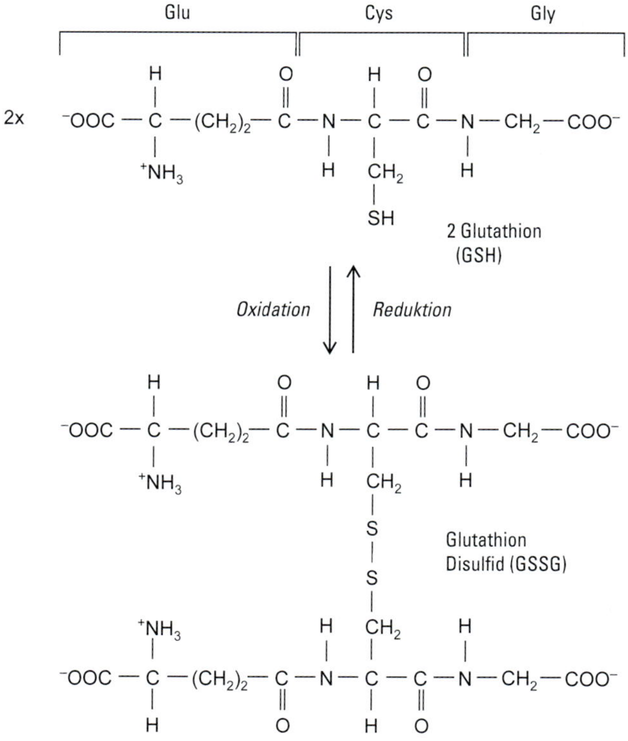

Abb. 9: Glutathion

Weitere gern gefragte Funktionen des Glutathions:

- Beteiligung bei der **Reduktion von Methämoglobin** zu funktionsfähigem Hämoglobin
- Beteiligung bei der **Entgiftung von Peroxiden** (reaktive Sauerstoffverbindungen)
- Bestandteil von **Leukotrien C4**

1.4 Hämoglobin

Hämoglobin (Hb) ist der **rote Blutfarbstoff** der Erythrozyten und für den **Sauerstofftransport** verantwortlich. Es entspricht also dem Tank unserer kleinen Heizöllaster.

Männer haben eine durchschnittliche **Hämoglobinkonzentration** von **16 g/dl** im Blut, Frauen von **14 g/dl**.

Außer Sauerstoff transportiert Hämoglobin auch einen Teil des CO_2 und wirkt als Puffer.

1.4.1 Struktur des Hämoglobins

Hämoglobin ist ein kugelförmiges Protein. Als **Tetramer** besteht es aus **vier Proteinketten**, die jeweils **ein** Häm-Molekül (prosthetische Gruppe) gebunden haben.

> **Merke!**
>
> Ein Hämoglobinmolekül enthält 4 Häm-Moleküle.

Bei den Proteinketten unterscheidet man mehrere verschiedene Typen, die mit griechischen Buchstaben benannt werden. Für die Physikumsprüfung sind davon vier interessant: α, β, γ und δ.

Innerhalb eines Hämoglobinmoleküls sind jeweils zwei Ketten identisch. Von den Kombinationsmöglichkeiten, die sich daraus ergeben, solltest du dir die folgenden drei merken:

- **HbA1 bildet 97,5 % des Gesamt-Hämoglobins** eines Erwachsenen („A" für „adult"). Es besteht aus **zwei α- und zwei β-Ketten**.

- **HbA2** bildet die restlichen **2,5 % des Erwachsenenhämoglobins**. Es besteht aus **zwei α- und zwei δ-Ketten**.
- **HbF** bildet den **Hämoglobinbestand der Feten** („F" für „fetal"). Es besteht aus **zwei α- und zwei γ-Ketten** und hat eine viel **höhere Sauerstoffaffinität** als adultes Hämoglobin, da es den Sauerstoff aus dem mütterlichen Blut abzweigen muss. Nach der Geburt wird das fetale Hämoglobin nach und nach durch die adulten Varianten (HbA₁, HbA₂) ersetzt.

Name	Ketten	Vorkommen
HbA₁	2 α, 2 β	97,5 % des adulten Hämoglobins
HbA₂	2 α, 2 δ	2,5 % des adulten Hämoglobins
HbF	2 α, 2 γ	fetales Hämoglobin

Tab. 1: Hämoglobinarten

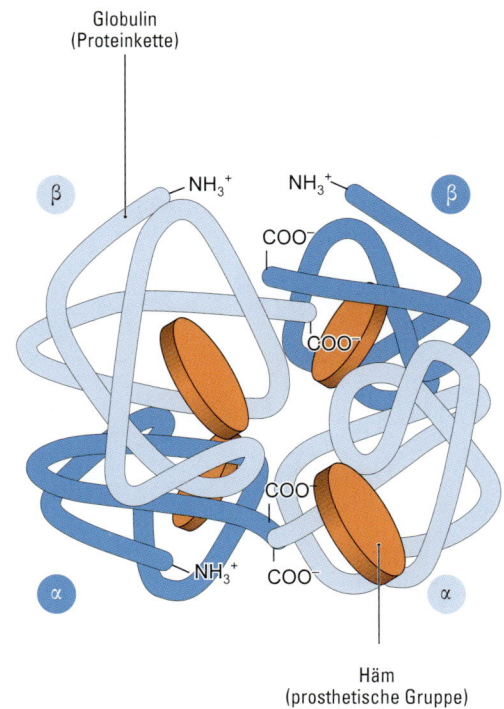

Abb. 10: Hämoglobin A   *medi-learn.de/7-bc6-10*

1

1.4.2 Struktur des Häm-Moleküls

Das Häm-Molekül besitzt ein zentral gebundenes, **zweiwertiges Eisenion**. Dieses Fe^{2+}-Ion hat **sechs Koordinationsstellen**. Das heißt, es kann sechs koordinative Bindungen eingehen (mehr zu Komplexen s. Skript Chemie 1).

Über vier Koordinationsstellen ist es mit dem Porphyringerüst des Häm-Moleküls verbunden. Eine Koordinationsstelle dient der **kovalenten Bindung an einen Histidinrest der Globinkette des Hämoglobins**. An die sechste freie Bindungsstelle kann der molekulare Sauerstoff binden.

Diese Bindungsstellen sind also wie folgt belegt:

- **vier Bindungen an das Porphyringerüst,**
- **eine kovalente Bindung an einen Histidinrest der Globinkette,**
- **eine Bindungsstelle für das O_2-Molekül.**

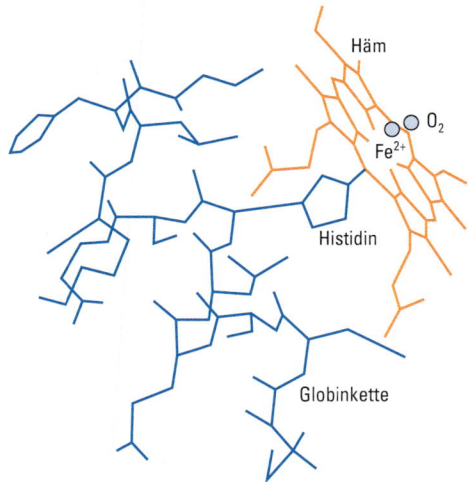

Häm

O_2

Fe^{2+}

Histidin

Globinkette

Abb. 11: Häm   *medi-learn.de/7-bc6-11*

Übrigens …

Gerne gefragt wird auch die Tatsache, dass im **Cytochrom c**, das ebenfalls eine Häm-Gruppe enthält, das Häm-Molekül über **Thioetherbindungen** an das Protein gebunden ist.

1.4.3 Zustandsformen des Hämoglobins

Das Hämoglobinmolekül kann – abhängig von z. B. seiner Beladung oder der Ladung seiner gebundenen Eisenionen – verschiedene Zustandsformen annehmen, die auch schon des Öfteren im Examen gefragt wurden:

- **oxygeniertes Hämoglobin (HbO_2):**
  Die Bindung von Sauerstoff an das Hämoglobin ist **reversibel**. Man bezeichnet sie als **Oxygenierung** und keinesfalls als Oxidation, wie in der schriftlichen Prüfung gerne behauptet wird.

- **desoxygeniertes Hämoglobin (DesoxyHb):** An seinem Bestimmungsort entlässt das Hämoglobin den Sauerstoff aus der Bindung. An seine Bindungsstelle kann nun Wasser gebunden werden.

- **Methämoglobin (MetHb):**
  Wird das im Hämoglobin zweiwertige Fe^{2+} zu **dreiwertigem Fe^{3+}** oxidiert, spricht man von **MetHb**. MetHb ist NICHT mehr in der Lage, Sauerstoff zu binden. Es wird aber glücklicherweise durch die **MetHb-Reduktase** und **Glutathion** als Coenzym wieder zu reduziertem Hämoglobin entgiftet.

- **glykiertes Hämoglobin (HbA_{1c}):** In einer **nichtenzymatischen Reaktion** kann Glucose an die β-Kette des Hämoglobins binden. Diese Bindung ist **dauerhaft**. Bei normalem Blutzuckerspiegel sind fünf bis acht Prozent des Hämoglobins glykiert. Je höher der Blutzuckerspiegel ist, desto häufiger findet diese Bindung statt.

- **Carboxyhämoglobin (HbCO):**
  Kohlenmonoxid (CO) konkurriert mit Sauerstoff um die **gleiche Bindungsstelle**. Es hat allerdings eine **300fach höhere Affinität zum Fe^{2+}-Ion** als Sauerstoff und verhindert daher den Sauerstofftransport.

- **Carbaminohämoglobin ($HbCO_2$):**
  Ein Teil des im Gewebe entstandenen CO_2 (etwa 15 %) wird direkt an den N-Terminus der Proteinkette des Hämoglobins gebunden und so zur Lunge transportiert.

Übrigens …

– Bei der Entstehung von MetHb – beispielsweise durch Vergiftungen mit Nitriten oder H_2O_2 – entsteht ein **Superoxidradikal** ($\bullet\,O_2^-$). Einen Punkt kannst du in der Prüfung schon dadurch sammeln, wenn du dir merkst, dass die **Superoxiddismutase**, die diese Radikale entgiftet, **kupfer- und zinkhaltig** ist.

– In der Klinik bezeichnet man glykosyliertes Hämoglobin auch als **Blutzuckergedächtnis**, da über seinen Spiegel Rückschlüsse auf die Höhe des Blutzuckerspiegels in der Vergangenheit gezogen werden können: Erythrozyten leben immerhin 120 Tage.

– Rauchen erhöht den Spiegel an HbCO auf bis zu zehn Prozent.

1.4.4 Hämsynthese

Häm ist die **prosthetische Gruppe** des Hämoglobins und wird in den Erythroblasten gebildet. Es besteht aus **vier Pyrrolringen**, die sich zu einem **Porphyrinmolekül** zusammenlagern. Im Zentrum dieses Porphyrins ist ein **zweiwertiges Fe²⁺-Ion** gebunden, das für die Sauerstoffbindung und die Bindung an die Proteinkette des Hämoglobins verantwortlich ist.

Erster Teil: Mitochondrium

Die Synthese des Häms findet in den Mitochondrien und im Cytoplasma der Erythroblasten statt. Von dem relativ komplexen Prozess musst du dir aber nur einige wenige Eckdaten merken.

Die Hämsynthese beginnt in den **Mitochondrien: Glycin und Succinyl-CoA werden von der δ-Aminolävulinsäure-Synthase zu δ-Aminolävulinsäure (δ-ALA) verbunden.**

Als Zwischenprodukt entsteht dabei α-Amino-β-Keto-Adipinsäure, die spontan zu δ-ALA decarboxyliert.

Übrigens …

– Das Schrittmacher-Enzym der Häm-Synthese ist der δ-ALA-Synthase.

– Auch in den Hepatozyten findet die Häm-Biosynthese statt, da es auch dort einige Moleküle gibt, die Häm als prosthetische Gruppe enthalten. Ein Beispiel dafür ist das Cytochrom c, das in der Leber synthetisiert wird.

Mitochondrium

δ-Aminolävulinsäure-Synthase

Coenzym: FALP

spontane Decarboxylierung

Succinyl-CoA Glycin

α-Amino, β-Keto-Adipinsäure

CO_2

δ-Aminolävulinsäure

Cytoplasma

Abb. 12: Der erste Teil der Hämsynthese

medi-learn.de/7-bc6-12

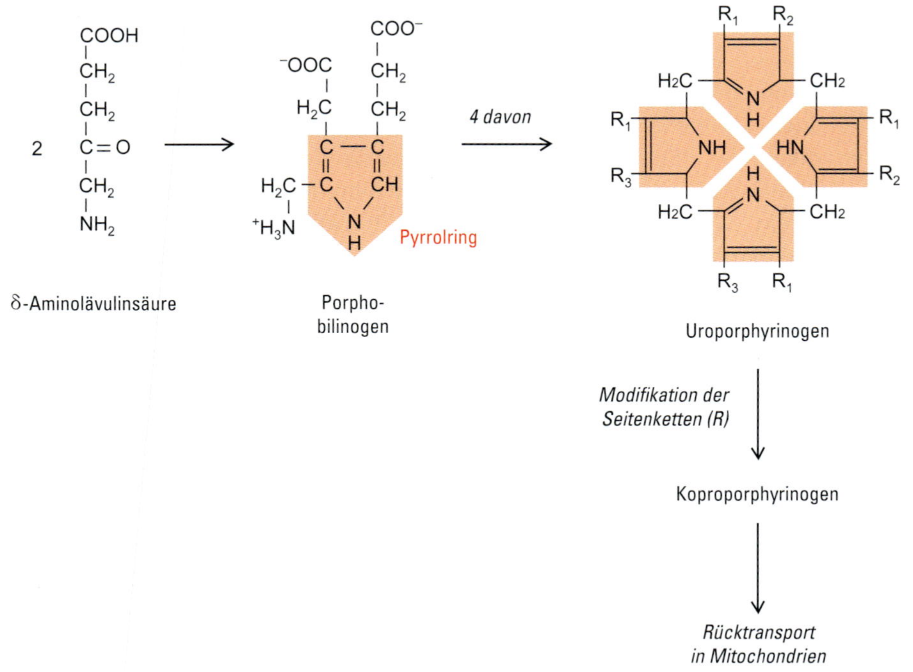

Abb. 13: Der zweite Teil der Hämsynthese

medi-learn.de/7-bc6-13

Zweiter Teil: Zytosol

Der zweite Teil der Hämsynthese findet im **Cytoplasma** statt. Zwei δ-ALA Moleküle lagern sich dort zu einem Molekül namens **Porphobilinogen** zusammen, wobei ein **Pyrrolring** entsteht. Anschließend verbinden sich vier dieser Porphobilinogen-Moleküle zu Uroporphyrinogen III. Nun werden noch die Seitenketten dieses Moleküls modifiziert, wobei Koproporphyrinogen III entsteht, und damit ist sein Aufenthalt im Zytosol auch schon beendet: Es geht zurück ins Mitochondrium.

Dritter Teil: Mitochondrium

In den Mitochondrien finden noch mehrere Oxidationen der Seitenketten statt. Im letzten Schritt der Synthese steckt dann ein Enzym namens **Ferrochelatase** das zweiwertige Fe^{2+}-Ion in das Protoporphyrin IX und macht das Häm-Molekül dadurch zum Einbau ins Hämoglobin bereit.

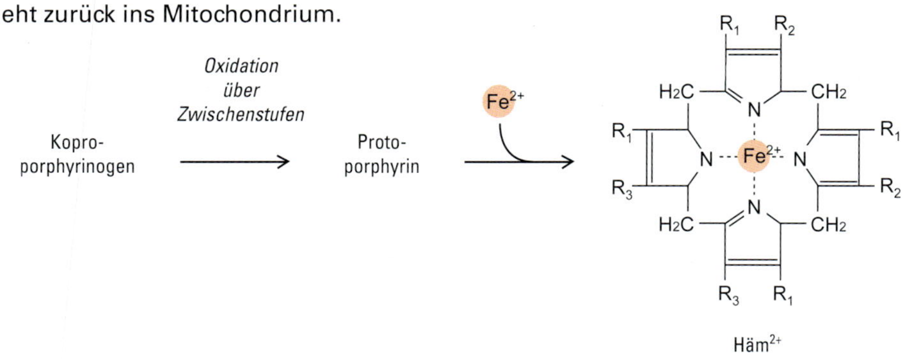

Abb. 14: Der dritte Teil der Hämsynthese

medi-learn.de/7-bc6-14

Häm reguliert seine eigene Synthese durch **Endprodukthemmung** (= negatives Feedback). Diese Hemmung findet auf zwei Ebenen statt, nämlich

– durch direkte Hemmung der δ-Aminolävulinsäure-Synthase und
– durch Hemmung der Transkription dieses Enzyms.

1.4.5   Hämabbau

Ein Erythrozyt lebt 120 Tage. Doch was passiert danach mit ihm und wie geht es vor allem mit dem Häm-Molekül weiter?

Erythrozyten finden ihre letzte Ruhestätte in den Zellen des **retikuloendothelialen Systems (RES)**, wo sie abgebaut werden. Dazu gehören die Zellen des Monozyten-Makrophagen-Systems (s. 2.4.3, S. 42) der Leber, der Milz und des Knochenmarks. Sie bilden die Schrottplätze, auf denen unsere Heizöllaster ausgeschlachtet und verschrottet werden.

Wird ein Erythrozyt schon in der Peripherie (Blutbahn) zerstört, gelangt das freie Hämoglobin – gebunden an **Haptoglobin** – ebenfalls zu den Zellen des RES.

In diesen Zellen wird der Globinanteil des Hämoglobins (die Proteinketten) in seine Aminosäurebausteine zerlegt und das Eisen abgespalten.

Ringspaltung im RES

Weitaus wichtiger für dein Examen ist jedoch der folgende Abbau des Häm-Moleküls:

Das Ringsystem des hinterbliebenen Häm-Moleküls wird durch die **Häm-Oxygenase** gespalten. Es entsteht **Biliverdin**, eine blau-grüne Substanz.

Daneben wird in bei diesem Vorgang, der NADPH benötigt, auch Kohlenmonoxid (CO) freigesetzt. Weiterhin solltest du dir merken, dass die prosthetische Gruppe der Häm-Oxygenase das Cytochrom P 450 ist.

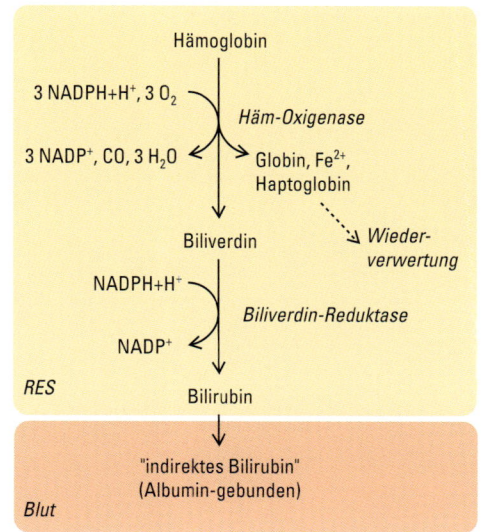

Abb. 15: Ringspaltung im RES *medi-learn.de/7-bc6-15*

Biliverdin wird dann – wieder unter Verbrauch von NADPH+H⁺ – weiter zu **Bilirubin** (Farbe jetzt orange-rot) reduziert, das ans Blut abgegeben wird. Es ist kaum wasserlöslich und wird daher zum Transport an **Albumin** gebunden. In seiner gebundenen Form bezeichnet man es als **indirektes Bilirubin**.

> **Merke!**
>
> **Indirektes** Bilirubin ist an Albumin gebunden, wird also **indirekt** transportiert.

Dieser Abbauweg erklärt auch das faszinierende Farbenspiel, welches sich bei einem blauen Fleck abspielt und für das sich auch das IMPP interessiert: von blau (DesoxyHb) über blau-grün (Biliverdin) zu orange-rot (Bilirubin) verwandelt sich diese meist schmerzhafte Erfahrung.

1

Konjugation in der Leber

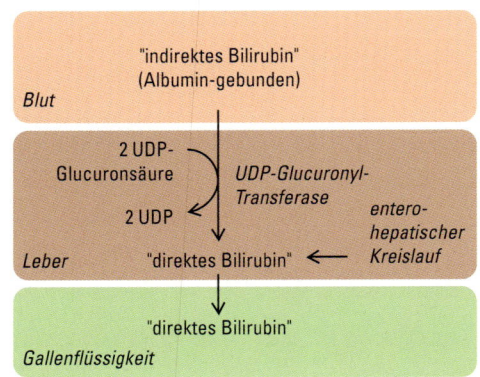

Abb. 16: Konjugation in der Leber

medi-learn.de/7-bc6-16

An Albumin gebunden wird das indirekte Bilirubin zur **Leber** transportiert. Dort werden die **Propionylreste** des Bilirubins (sie beinhalten jeweils eine Carboxylgruppe) durch die **UDP-Glucuronyltransferase** mit zwei Molekülen **UDP-Glucuronsäure** konjugiert. Es entsteht das gut wasserlösliche **Bilirubindiglucuronid (direktes Bilirubin)**, das durch **aktiven Transport** in die Galle abgeben wird.

> **Übrigens ...**
> Im Examen wird gerne behauptet, bei der Abgabe des Bilirubindiglucuronids in die Galle handle es sich um passive Diffusion. Diese Aussage ist jedoch FALSCH! Bilirubindiglucuronid wird aktiv in die Gallencanaliculi sezerniert.

Merke!

Direktes Bilirubin wird **direkt** ausgeschieden.

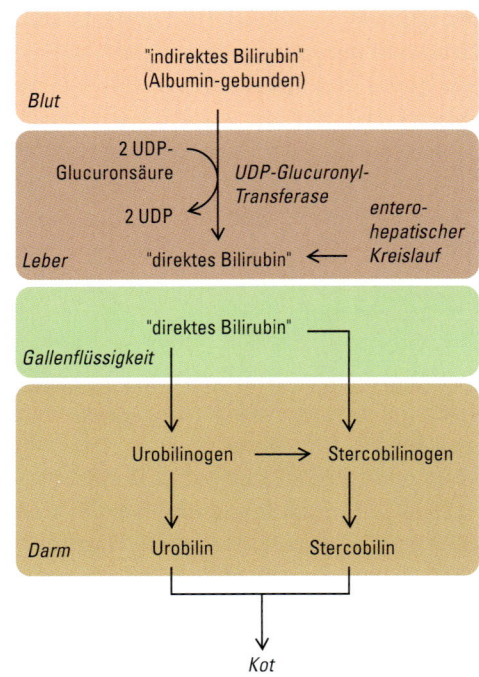

Abb. 17: Ausscheidung durch den Darm

medi-learn.de/7-bc6-17

Mit der Galle gelangt das direkte Bilirubin in den Darm, wo es von **Darmbakterien** zu **Uro-** und **Stercobilinogen** umgesetzt wird. Ein kleiner Teil davon wird aus dem Darm resorbiert und wandert über den **enterohepatischen Kreislauf** wieder in die Leber. Der überwiegende Teil wird jedoch zu Urobilin und Stercobilin oxidiert, die mit dem Faezes unseren Körper verlassen und ihm seine charakteristische Farbe verleihen.

Ikterus

Den physiologischen Abbau des Häms hast du nun kennengelernt. Ist der Abbauweg allerdings an irgendeiner Station gestört, kann es zu einer **Bilirubineinlagerung** in die Haut kommen: Die Haut verfärbt sich gelb und man spricht von einem **Ikterus** (Gelbsucht).

– Kommt es zu einem vermehrten Anfall von Bilirubin – z. B. durch verstärkte Hämolyse – spricht man von einem **prähepatischen** oder hämolytischen Ikterus, da die Ursache VOR der Leber liegt.

– Ist die Leber geschädigt und kann das Bilirubin deswegen nur schlecht verarbeiten, spricht man von einem **intrahepatischen** oder hepatozellulären Ikterus, da das Problem IN der Leber liegt.

– Ein Verschluss der ableitenden Gallenwege führt dagegen zu einem **posthepatischen** oder Stauungsikterus, da der Auslöser HINTER der Leber liegt.

Übrigens …
Der physiologische Neugeborenenikterus erklärt sich durch den vermehrten Abbau HbF-haltiger Erythrozyten und eine verminderte Aktivität der UDP-Glucuronyltransferase.

1.5 Myoglobin

Jetzt, wo du dich mit dem Hämoglobin vertraut gemacht hast, solltest du noch lernen, es klar vom **Myoglobin** abzugrenzen. Im Physikum wird nämlich häufig versucht, die Eigenschaften dieser beiden Moleküle zu vermischen und sie dann nur einem Molekül zuzusprechen.

Myoglobin ist der rote Muskelfarbstoff und bildet den **Sauerstoffspeicher des Muskels**. In unserer Stadt ist es mit den Heizöltanks der Haushalte zu vergleichen.

Im Gegensatz zu Hämoglobin ist Myoglobin ein **Monomer** und besteht aus nur einer **β-Proteinkette**. Mit dieser β-Kette ist auch nur **ein** Häm verknüpft.

Da Myoglobin als Sauerstoffspeicher dient, hat es eine **stärkere Affinität zu Sauerstoff** als Hämoglobin.

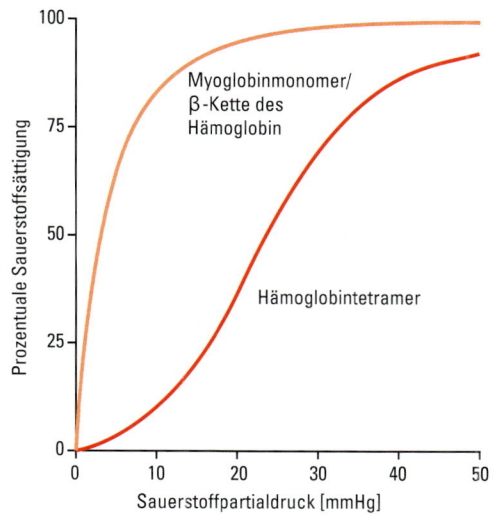

Abb. 18: Sauerstoffbindungskurve des Myoglobins
medi-learn.de/7-bc6-18

Betrachtet man die **Sauerstoffbindungskurven**, in denen die Sauerstoffsättigung in Abhängigkeit vom Sauerstoffpartialdruck dargestellt ist, fällt außerdem auf, dass die Sauerstoffbindungskurve des Myoglobins in Form einer **Hyperbel** verläuft. Myoglobin nimmt also schon bei einem sehr niedrigen pO_2 sehr viel Sauerstoff auf und gibt ihn erst bei einem niedrigen pO_2 wieder ab.

Die Sauerstoffbindungskurve des Hämoglobins verläuft dagegen sigmoidal (s-förmig).

Bei der Thematik **Erythrozytenstoffwechsel** werden die Fragen manchmal so gemein formuliert, dass du gut aufpassen musst, um nicht irregeführt zu werden. Behalte also einen kühlen Kopf und präge dir die folgenden Fakten gut ein:

– Glucose gelangt unabhängig von Insulin über GLUT 1 in die Erythrozyten.
– Der Pentosephosphatweg liefert Reduktionsäquivalente in Form von NADPH + H^+.
– Der Erythrozyt gewinnt in der anaeroben Glykolyse netto weniger als 2 Mol ATP.
– Der wichtigste Bestandteil von Glutathion ist die SH-Gruppe des Cysteins. Mit ihr kann das Molekül schützende Reaktionen eingehen.
– Glutathion (GSH) besitzt 2 negative Ladungen und 1 positive Ladung, als Disulfid (GSSG) dann 4 negative und 2 positive.

Da die **Zustandsformen des Hämoglobins** im Examen gerne gefragt werden, ist es auf alle Fälle lohnenswert, sich die folgenden Fakten gut einzuprägen:

– Im MetHb liegt Eisen dreiwertig vor.
– Hämoglobin kann nichtenzymatisch glykosyliert werden.
– CO bindet an die gleiche Bindungsstelle wie O_2.
– HbF hat eine höhere Sauerstoffaffinität als adultes Hb.

Da im Examen zur **Hämsynthese** besonders gerne die δ-Aminolävulinsäure-Synthase gefragt wurde, solltest du dir folgende Fakten gut einprägen:

– Die δ-Aminolävulinsäure-Synthase verbindet Glycin und Succinyl-CoA zu δ-Aminolävulinsäure.
– Die δ-Aminolävulinsäure-Synthase ist das Schrittmacherenzym der Häm-Biosynthese und arbeitet Pyridoxalphosphat (PALP)-abhängig.

Was den **Hämabbau** angeht, so sollten dir – bewaffnet mit dem folgenden Wissen – die Fragen sichere Punkte bescheren:

– Die prosthetische Gruppe der Häm-Oxygenase ist Cytochrom P450.
– Die Häm-Oxygenase spaltet den Häm-Ring und setzt dabei Kohlenmonoxid frei.
– Die Spaltung verbraucht NADPH + H^+.
– Bilirubin ist schwer wasserlöslich und enthält zwei Carboxylgruppen.
– Albumin transportiert indirektes Bilirubin zur Leber.
– Bilirubin wird in der Leber mit UDP-Glucuronsäure konjugiert.
– Bilirubindiglucuronid wird aktiv in die Gallencanaliculi sezerniert.

FÜRS MÜNDLICHE

Zum Einstieg in die Biochemie des Blutes kommen hier die Fragen aus unserer Prüfungsprotokoll-Datenbank. In der mündlichen Prüfung wird gerne gefragt:

1. **Bitte erläutern Sie, wie ein Erythrozyt seinen Energiebedarf deckt.**

2. **Was fällt Ihnen zum Thema Glutathion ein?**

3. Erläutern Sie bitte, welche Bedeutung HbF hat.

4. Bitte erklären Sie, warum Kohlenmonoxid ein für den Menschen gefährliches Gas ist.

5. Fassen Sie bitte den Ablauf der Hämsynthese zusammen.

6. Was können Sie mir zum Erythrozyten-Abbau erklären?

7. Sie haben sich gestoßen und bekommen ein Hämatom (= blauer Fleck). Warum verändert sich die Farbe des Hämatoms über die Zeit?

8. Was fällt ihnen zum Thema Bilirubin ein?

9. Bitte erklären Sie, was man unter einem Ikterus versteht.

10. Vergleichen Sie bitte Myoglobin mit Hämoglobin.

---

1. Bitte erläutern Sie, wie ein Erythrozyt seinen Energiebedarf deckt.
- Erythrozyten bedienen sich der anaeroben Glykolyse, da sie keine Mitochondrien besitzen.
- Dabei werden netto weniger als 2 Mol ATP aus 1 Mol Glucose gewonnen, da 1,3-BPG zur Produktion von 2,3-BPG (s. 1.6.2, S. 20) abgezweigt wird.

2. Was fällt Ihnen zum Thema Glutathion ein?
Glutathion:
- ist ein Tripeptid und
- ein biologisches Antioxicans,
- dient der Entgiftung von Peroxiden,
- wird ATP-abhängig synthetisiert und
- oxidiertes Glutathion wird NADPH + H$^+$-abhängig regeneriert.

3. Erläutern Sie bitte, welche Bedeutung HbF hat.
- HbF ist das fetale Hb
- Es besteht aus zwei α- und zwei γ-Ketten
- HbF hat eine höhere Sauerstoffaffinität als adultes Hb, da der O_2 aus dem mütterlichen Kreislauf abgezweigt werden muss.

4. Bitte erklären Sie, warum Kohlenmonoxid ein für den Menschen gefährliches Gas ist.
- CO hat die gleiche Hb-Bindungsstelle wie O_2.
- CO bindet daran mit höherer Affinität als O_2.
- Neben der Blockade der Bindungsstelle sorgt gebundenes CO auch noch für eine Linksverschiebung der O_2-Bindungskurve.
- Die Bindung des CO ist reversibel.
- Die Behandlung erfolgt in Form einer Sauerstoffbeatmung.
- Sauerstoff kann CO aus seiner Bindung kompetitiv verdrängen.

5. Fassen Sie bitte den Ablauf der Hämsynthese zusammen.
- Die Hämbiosynthese verläuft sowohl in den Mitochondrien als auch im Zytosol.
- Zunächst verbindet die δ-Aminolävulinsäure-Synthase Glycin und Succinyl-CoA zu δ-Aminolävulinsäure.
- Die Zusammenlagerung von zwei Molekülen δ-Aminolävulinsäure führt zur Entstehung von Porphobilinogen III.
- Anschließend kommt es zur Zusammenlagerung von vier Porphobilinogen-Molekülen.
- Zuletzt erfolgt der Einbau von Eisen durch die Ferrochelatase – erneut im Mitochondrium.

6. Was können Sie mir zum Erythrozyten-Abbau erklären?

– Erythrozyten werden nach ca. 120 Tagen von Zellen des RES in Milz, Leber oder Knochenmark eliminiert.
– Das Globin wird in seine Aminosäuren zerlegt und das Eisen zur Wiederverwertung abgespalten.
– Das Häm-Molekül wird durch die Hämoxygenase unter NADPH-Verbrauch zu Biliverdin gespalten, dabei entsteht auch CO.
– Biliverdin wird wieder mit Hilfe von NADPH zu Bilirubin reduziert.
– Da Bilirubin zunächst schlecht wasserlöslich ist wird es an Albumin gebunden zur Leber transportiert. Man nennt es daher auch indirektes Bilirubin.
– In der Leber wird es glucuronidiert und über als direktes Bilirubin die Galle aktiv ausgeschieden.
– Im Darm wird es dann zu Stercobilin und Urobilin umgesetzt.

7. Sie haben sich gestoßen und bekommen ein Hämatom (= blauer Fleck). Warum verändert sich die Farbe des Hämatoms über die Zeit?

– Zuerst ist das Hämatom rot und blau, diese Farbe wird durch das Hämoglobin (rot) bzw. Desoxyhämoglobin (blau) der Erythrozyten verursacht.
– Die Farbveränderung im weiteren Verlauf kommt durch den Häm-Abbau vor Ort zustande: Das zunächst entstehende Biliverdin gibt eine grün-blaue Farbe, das Bilirubin dann eine orange-gelbe Farbe.

8. Was fällt ihnen zum Thema Bilirubin ein?

– Es ist schlecht löslich und muss daher an Albumin gebunden transportiert werden.
  • Es wird in der Leber glucuronidiert und anschließend in die Galle ausgeschieden.
  • Im Darm erfolgt der Abbau zu Urobilin und Stercobilin durch Darmbakterien.

9. Bitte erklären Sie, was man unter einem Ikterus versteht.

– Gelbsucht = Gelbverfärbung der Haut und Skleren durch Bilirubineinlagerung.
– Ursachen: Der Abbau oder die Ausscheidung von Bilirubin ist gestört.

10. Vergleichen Sie bitte Myoglobin mit Hämoglobin.

Myoglobin
– ist der Sauerstoffspeicher des Muskels,
– ist ein Monomer und besteht aus einer β-Proteinkette und
– kann ein O_2 binden, da es ein Häm-Molekül enthält.

Hämoglobin
– ist der sauerstofftransportierende rote Blutfarbstoff,
– ist ein Tetramer und
– kann vier O_2 binden, da es vier Häm-Moleküle enthält.

Mehr Cartoons unter www.medi-learn.de/cartoons

Pause

Erste Pause!
Hier was zum Grinsen für Zwischendurch ...

1.6   Gastransport

In den letzten Abschnitten hast du vorwiegend die chemischen Seiten des Hämoglobins kennen gelernt. Jetzt wollen wir einmal seine Funktion etwas genauer unter die Lupe nehmen.
Schauen wir also unseren kleinen Heizöllastern bei der Arbeit zu.

1.6.1   Sauerstoffbindung

An seinem Bestimmungsort im Gewebe des Körpers setzt ein mit vier O_2 beladenes Hämoglobinmolekül seine komplette Sauerstoffladung frei und wird so zum **DesoxyHb**. An dieses desoxygenierte Hämoglobin kann sich in der Lunge nur schwer neuer Sauerstoff anlagern, da die Anordnung des Moleküls im Raum (Konformation, s. Skript Chemie 2) die O_2-Bindungsstellen verdeckt. DesoxyHb bezeichnet man daher auch als **T-Form** (engl. = **t**ense) oder als **gespannte Form** des Hämoglobins.
Ist das erste O_2 am Hämoglobin erfolgreich gebunden, lassen die elektrostatischen Anziehungskräfte zwischen den Untereinheiten des Hämoglobins nach und es kommt zu einer **allosterischen Konformationsänderung**. Die

O_2-Bindungsstellen sind nun für weitere O_2-Moleküle schon etwas besser erreichbar. Jedes weitere gebundene O_2 erleichtert die Bindung des nächsten. Diesen Effekt nennt man **Kooperativität**. Die O_2-Moleküle kooperieren also und helfen sich gegenseitig.
OxyHb bezeichnet man daher auch als **R-Form** (engl. = relaxed) oder als **entspannte Form** des Hämoglobins.
Vielleicht hilft dir folgendes Beispiel, das Prinzip dieser Kooperativität besser zu verstehen:

In einem Viererblock Briefmarken muss man zweimal reißen, wenn man die erste Briefmarke benutzen will. Bei der zweiten und dritten wird der Aufwand geringer: einmal Reißen genügt. Für die letzte Briefmarke muss man sich gar nicht mehr bemühen, ist sie doch bereits mit der dritten frei geworden. Der Widerstand sinkt also von Marke zu Marke.

Dieser kooperative Effekt erklärt auch die **sigmoidale Sauerstoffbindungskurve**:
Mit steigendem Sauerstoffpartialdruck gehen immer mehr Hämoglobinmoleküle von der T- in die O_2 affinere (leichter sauerstoffbindende) R-Form über (s. Abb. 18, S. 15).

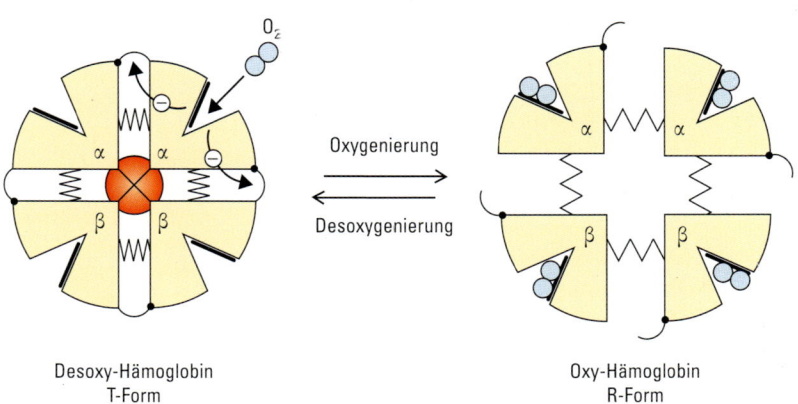

Desoxy-Hämoglobin
T-Form

Oxygenierung
Desoxygenierung

Oxy-Hämoglobin
R-Form

Abb. 19: Kooperative Bindung

medi-learn.de/7-bc6-19

> **Merke!**
>
> Hat das erste O_2-Molekül am Hämoglobin gebunden, erleichtert es die Anlagerung der nächsten O_2-Moleküle. Diesen Effekt bezeichnet man als Kooperativität.

1.6.2 2,3-Bisphosphoglycerat (2,3-BPG)

Ein wichtiges Molekül, das Einfluss auf die Sauerstoffbeladung des Hämoglobins nimmt, ist das **2,3-Bisphosphoglycerat**.
Der Erythrozyt stellt 2,3-BPG aus einem Zwischenprodukt der Glykolyse – dem 1,3-BPG – her, wobei eine energiereiche Bindung verloren geht. Hier wird nun noch einmal klar, warum der Erythrozyt aus einem Mol Gluco-

se netto weniger als zwei Mol ATP herstellen kann (s. Anaerobe Glykolyse, S. 6.).
Das 2,3-BPG ist ein **allosterischer Inhibitor** des DesoxyHb und lagert sich zwischen dessen β-Ketten an. Es handelt sich dabei übrigens NICHT um eine kovalente Bindung, wie in den Prüfungsfragen gerne behauptet wird.
Im Blut herrscht ein Gleichgewicht zwischen DesoxyHb und OxyHb. Um das durch 2,3-BPG blockierte DesoxyHb auszugleichen, wandelt sich OxyHb in DesoxyHb um und gibt dabei seinen Sauerstoff ab. **2,3-BPG senkt** also die **Sauerstoffaffinität** des Hämoglobins. Ein geringer Sauerstoffpartialdruck (pO_2) löst seine Produktion aus.

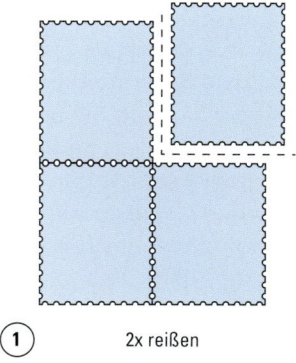

(1) 2x reißen

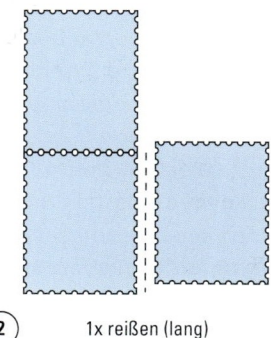

(2) 1x reißen (lang)

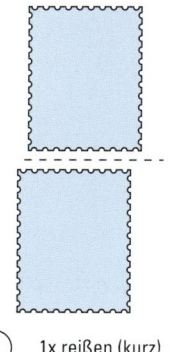

(3) 1x reißen (kurz)

(4) ohne reißen

Abb. 20: Briefmarkenmodell der Kooperativität

1

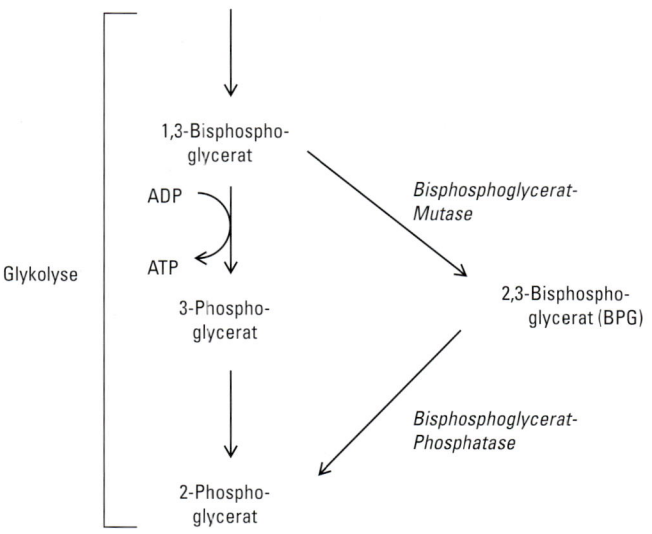

Abb. 21: Der Syntheseweg von 2,3-BPG

medi-learn.de/7-bc6-21

Übrigens ...

Die γ-Kette des fetalen HbF bindet 2,3-BPG deutlich schwächer als die adulte β-Kette. Daher ist bei Feten eine höhere 2,3-BPG-Konzentration als beim Erwachsenen nötig, um eine ausreichende Sauerstoffversorgung im peripheren Gewebe zu gewährleisten.

1.6.3   Sauerstoffbindungskurve des Hämoglobins

Zum Thema Sauerstoffbindungskurve wird im Physikum vornehmlich nach den Bedingungen für eine Verschiebung dieser sigmoidalen Kurve gefragt:
Eine **Rechtsverschiebung** bedeutet eine erleichterte **O_2-Abgabe**. Ausgelöst wird sie durch
- **erhöhte 2,3-BPG-Konzentration,**
- **erhöhter pCO_2,**
- **erhöhte Protonenkonzentration (niedriger pH-Wert)** und
- **erhöhte Temperatur.**

Eine **Linksverschiebung** bedeutet eine höhere **O_2-Affinität** und damit eine verbesserte O_2-Aufnahme und wird durch die gegenteiligen Effekte bewirkt.

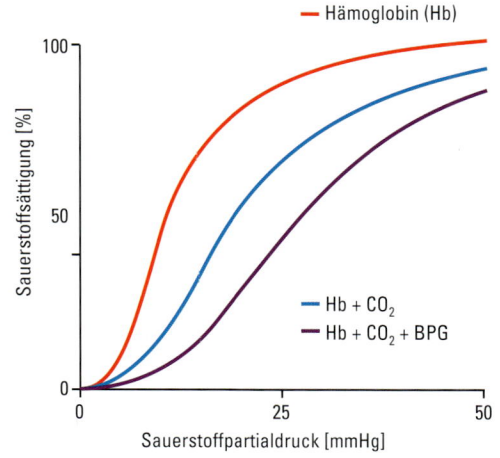

Abb. 22: Rechtsverschiebung

medi-learn.de/7-bc6-22

1.6.4   Gasaustausch

In diesem Abschnitt begleitest du einmal einen Erythrozyten bei seiner Aufgabe als Sauerstofftransporter und erfährst, wie CO_2 zur Lunge transportiert wird.

1

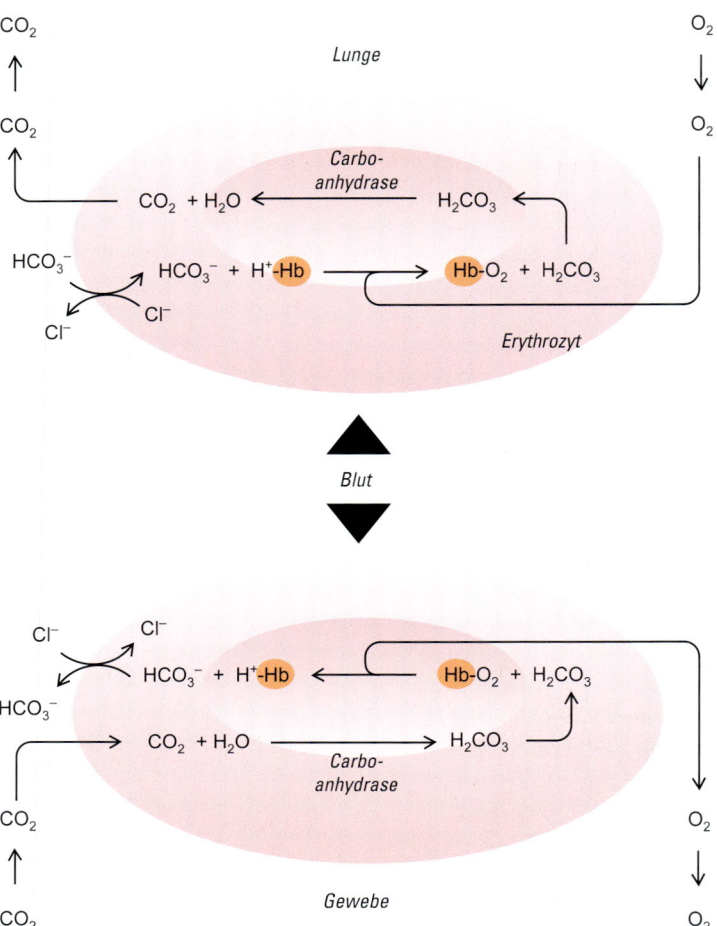

Abb. 23: Gastransport

medi-learn.de/7-bc6-23

Gasaustausch im Gewebe

Im Gewebe herrschen ein niedriger pO_2, ein niedriger pH-Wert und ein hoher pCO_2. Diese Umstände führen zu einer **O_2-Freisetzung aus HbO$_2$** (s. Abb. 23, S. 22). Die Erythrozyten nehmen hier CO_2 auf und setzen es mit Wasser zu Kohlensäure um, die sogleich spontan in Bikarbonat und Protonen zerfällt.

Unkatalysiert würde die Einstellung des Gleichgewichts zwischen CO_2 und Bikarbonat zu lange dauern. Daher beschleunigt die Carboanhydrase – ein Enzym der Erythrozyten – diesen Schritt.

– Das entstandene Bikarbonat (HCO_3^-), das bedeutend **besser löslich ist als CO_2**, wird durch den Cl^-/HCO_3^--Antiporter an das Blut abgegeben und gegen ein Cl^--Ion ausgetauscht (Hamburger Shift).

– Die **Protonen** werden an das DesoxyHb (s. Abb. 23, S. 22) gebunden und stabilisieren es dadurch zusätzlich.

– Ein Teil des CO_2 (15 %) wird direkt an den N-Terminus der Proteinketten des Hämoglobins gehängt, wodurch **CarbaminoHb** (s. 1.4.3, S. 10) entsteht.

> **Merke!**
>
> **DesoxyHb ist eine stärkere Base als HbO$_2$.**
> Während der Desoxygenierung kommt es zur Aufnahme von Protonen.

Gasaustausch in der Lunge

In der Lunge laufen die entgegengesetzten Prozesse ab. Hier herrschen ein hoher pO_2, ein hoher pH-Wert und ein niedriger pCO_2.

Mit der **Aufnahme von O_2** gibt das Hämoglobin die gebundenen Protonen Schritt für Schritt wieder ab. Aus dem Blut nehmen die Erythrozyten dann über den bekannten Antiporter das Bikarbonat auf und setzen gemäß dem zuvor genannten Gleichgewicht wieder CO_2 und Wasser frei. Dazu verwenden sie die freigesetzten Protonen. Dieses CO_2 geben die Erythrozyten in die Alveolen ab.

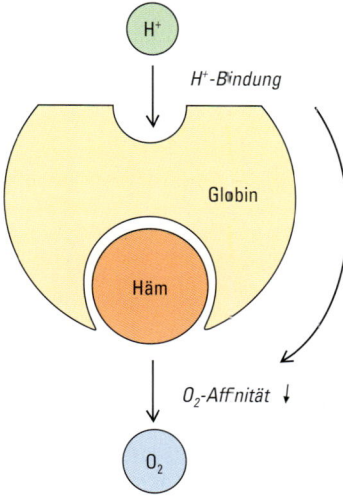

Abb. 24: Bohr-Effekt   *medi-learn.de/7-bc6-24*

Bohr-Effekt

Wie du eben gelesen hast, bewirkt ein hoher pCO_2 eine Erhöhung der Protonenkonzentration. Die freigesetzten Protonen binden an das Hämoglobin und
senken seine O_2-Affinität. Da im Gewebe ein hoher pCO_2 herrscht, wird hier passenderweise die O_2-Freisetzung erleichtert.

Diesen Effekt bezeichnet man als Bohr-Effekt. Das Gegenstück des Bohr-Effekts ist der **Haldane-Effekt**: Nimmt Hämoglobin in der Lunge O_2

auf, setzt es dort die gebunden Protonen wieder frei. Außerdem löst sich das CO_2 aus der Bindung an der Proteinkette. Man spricht daher auch von einer **oxylabilen Carbamatbindung**.

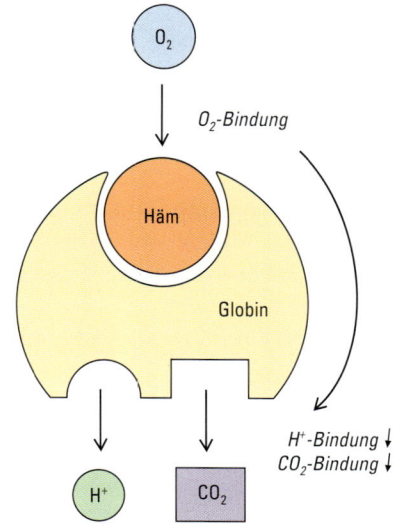

Abb. 25: Haldane-Effekt   *medi-learn.de/7-bc6-25*

1.7   Hämostase (Blutstillung und Blutgerinnung)

Ist in unserer Stadt die Straße – z. B. durch tiefe Schlaglöcher – beschädigt, rückt die Straßenwacht zur Reparatur an und der Schaden wird möglichst schnell behoben: Die Schlaglöcher werden aufgefüllt, danach verdichtet und zuletzt werden sie mit frischem Asphalt bedeckt. Im Gefäßsystem übernimmt das Gerinnungssystem diese Aufgabe. Ist das Gefäßsystem verletzt, besteht eine Gefahr für den Organismus, denn es kommt zum Blutverlust. Die Defekte in den Gefäßen müssen also schnell und zuverlässig verschlossen werden.

Man unterscheidet drei Mechanismen, die diese Aufgabe erfüllen und immer zusammen ablaufen:

– einen **vaskulären**,
– einen **zellulären** und
– einen **plasmatischen** Anteil der Hämostase.

1

1.7.1   Vaskuläre Reaktion

Kommt es zu einer Verletzung eines Blutgefäßes, reagiert dieses mit einer **reflektorischen Kontraktion**, die ungefähr eine Minute andauert. Durch diese Kontraktion wird das Gefäß verengt und es kann weniger Blut austreten.

1.7.2   Zelluläre Blutstillung

Die zelluläre Blutstillung erfolgt durch die **Thrombozyten** (Blutplättchen). Thrombozyten entstehen durch Abschnürung aus den Megakaryozyten des Knochenmarks. Sie sind wie die Erythrozyten **kernlos**, verfügen allerdings über Mitochondrien.

Durch die Verletzung eines Gefäßes kommt es zur **Freilegung von Kollagenfasern**, die sich unter dem Endothel befinden. Thrombozyten haben auf ihrer Oberfläche Rezeptoren für diese extrazellulären Fasern. Kommen sie mit Kollagen in Kontakt, werden die Thrombozyten „klebrig" und heften sich dort an.
Diesen Vorgang bezeichnet man als **Adhäsion**. Da diese Bindung nicht besonders stabil ist, würde der normale Blutfluss die Thrombozyten allerdings schnell wieder von ihrer Bindungsstelle wegreißen. Das verhindert der – auch fürs Physikum sehr wichtige – **Von-Willebrand-Faktor** (vWF). Er wird von den Endothelzellen produziert und liegt im Komplex mit dem Faktor VIII des Gerinnungssystems vor.

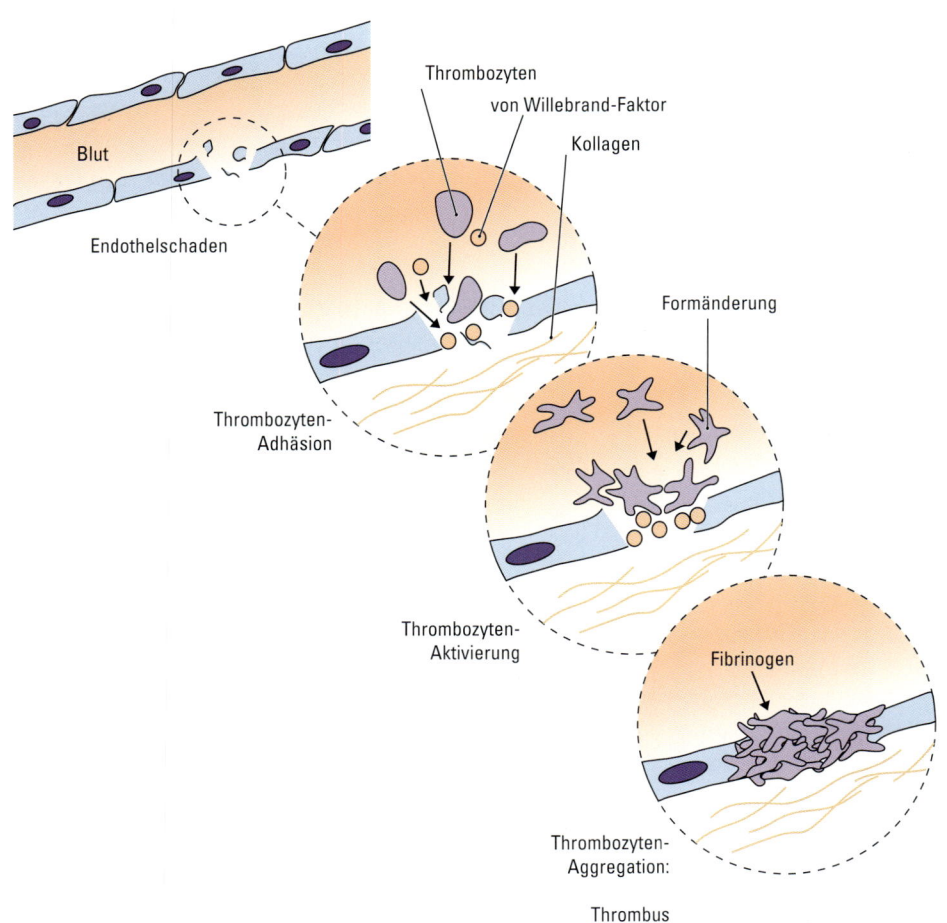

Abb. 26: Thrombozytenaggregation

Dieser Komplex **stabilisiert die Bindung** der Thrombozyten an die Gefäßwand.

Durch die Adhäsion werden die Thrombozyten aktiviert: Sie verändern ihre Form und werden von glatten Plättchen zu stacheligen Kugeln. Diese Formveränderung ermöglicht die Thrombozytenaggregation (Verbindung der Thrombozyten zu einem Thrombus). Außerdem entleert der Thrombozyt jetzt seine Granula. Von den freigesetzten Stoffen ist das **vasokonstriktive Serotonin** für die Prüfung besonders wichtig.

Die Thrombozytenanheftung (= Adhäsion) ist **ADP**-abhängig. ADP sorgt nämlich unter anderem für die Aktivierung des Glykoprotein-IIa/IIIb-Rezeptors (GpIIb/IIIa). Dieser ist nun in der Lage, sich durch die Bindung an **Fibrinogen** an der Quervernetzung der Thrombozyten zu beteiligen.

Um sich vor einer unerwünschten Aggregation zu schützen, setzen die Endothelzellen Prostacyclin und Stickstoffmonoxid (NO) frei. Beide wirken gefäßerweiternd (=vasodilativ) und verhindern darüber hinaus die **Thrombozyenaggregation**. Ei-nen ähnlichen Effekt hat das altbekannte Aspirin (ASS): Es hemmt die Cyclooxygenase der Thrombozyten und unterbindet so die Synthese von Thromboxan A2. Dieses Prostaglandin ist wichtig für die Thrombozytenaggregation, sein Fehlen macht sich in Form einer verlängerten Blutungszeit bemerkbar.

Übrigens ...
Prostacyclin wird ebenfalls durch die Cyclooxygenase synthetisiert, anders als die Thrombozyten kann das Endothel dieses Enzym bei Hemmung durch ASS aber einfach neu bilden.

1.7.3 Plasmatische Gerinnung

Bei einer Gefäßverletzung kommt es also sehr schnell zur Bildung eines Thrombozytenthrombus. Dieser Thrombus ist allerdings für einen zuverlässigen Wundverschluss zu instabil.

Würde man die Schlaglöcher unserer defekten Straße einfach nur mit Sand füllen, wären sie durch den schnell darüber rollenden Verkehr rasch wieder leer. Im Straßenbau verhindert man dies, indem man eine schützende Asphaltschicht über die gefüllten Löcher legt. Diese schützende Asphaltschicht ist in unserem Körper ein Polymer aus vernetzten **Fibrinmolekülen**, die zur Bildung eines stabilen Thrombus führen.

Das Prinzip der Blutgerinnung besteht darin, dass aus Fibrinogen durch **limitierte Proteolyse** Fibrin freigesetzt wird. Diese Aufgabe übernimmt das **Thrombin**, das ebenfalls aus einer inaktiven Vorstufe entsteht.

Die Aktivierung des Thrombins kann auf zwei verschiedenen, kaskadenartigen Aktivierungswegen erfolgen:
– durch das **intrinsische System** oder
– durch das **extrinsische System**.

Serinproteasen

Bevor du gleich in das Gerinnungssystem einsteigst, solltest du dir noch etwas Grundsätzliches klar machen:

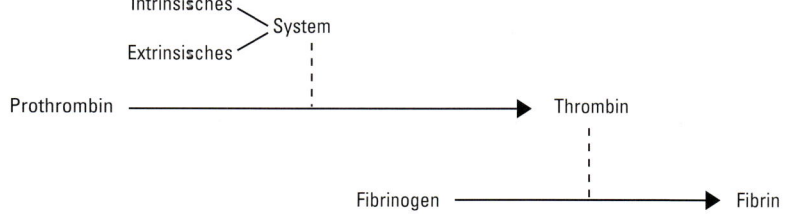

Abb. 27: Gerinnung allgemein

medi-learn.de/7-bc6-27

1

Die Hauptakteure der Blutgerinnung sind elf Plasmaproteine, die in der **Leber** gebildet werden und als **Zymogene** (inaktive Vorstufen) durch unser Gefäßsystem patrouillieren. Sie werden alle mit römischen Ziffern bezeichnet, wobei ein „a" hinter der Ziffer bedeutet, dass der Faktor aktiv ist.

Aktiviert werden die Gerinnungsfaktoren durch **limitierte Proteolyse**. Das heißt, dass ein Enzym ein Stück des inaktiven Proteins abschneidet und es so aktiviert. Da die Aminosäure im katalytischen Zentrum solcher Enzyme das **Serin** ist, nennt man sie **Serinproteasen**. Sie haben ihren Namen aber **NICHT** daher,

dass sie bevorzugt Proteine hinter Serin spalten, wie es in der Prüfung gerne behauptet wird! Zu den Serinproteasen gehören die meisten **Gerinnungsfaktoren**, die Faktoren des **Komplementsystems** und einige **Verdauungsenzyme**.

Merke!

Die Faktoren II, VII, IX und X werden bei ihrer Synthese in der Leber **Vitamin-K-abhängig carboxyliert**, ihre Bindungsfähigkeit für Ca^{2+}-Ionen wird dabei erhöht. Merke: **1972** (wie die Olympiade ...)

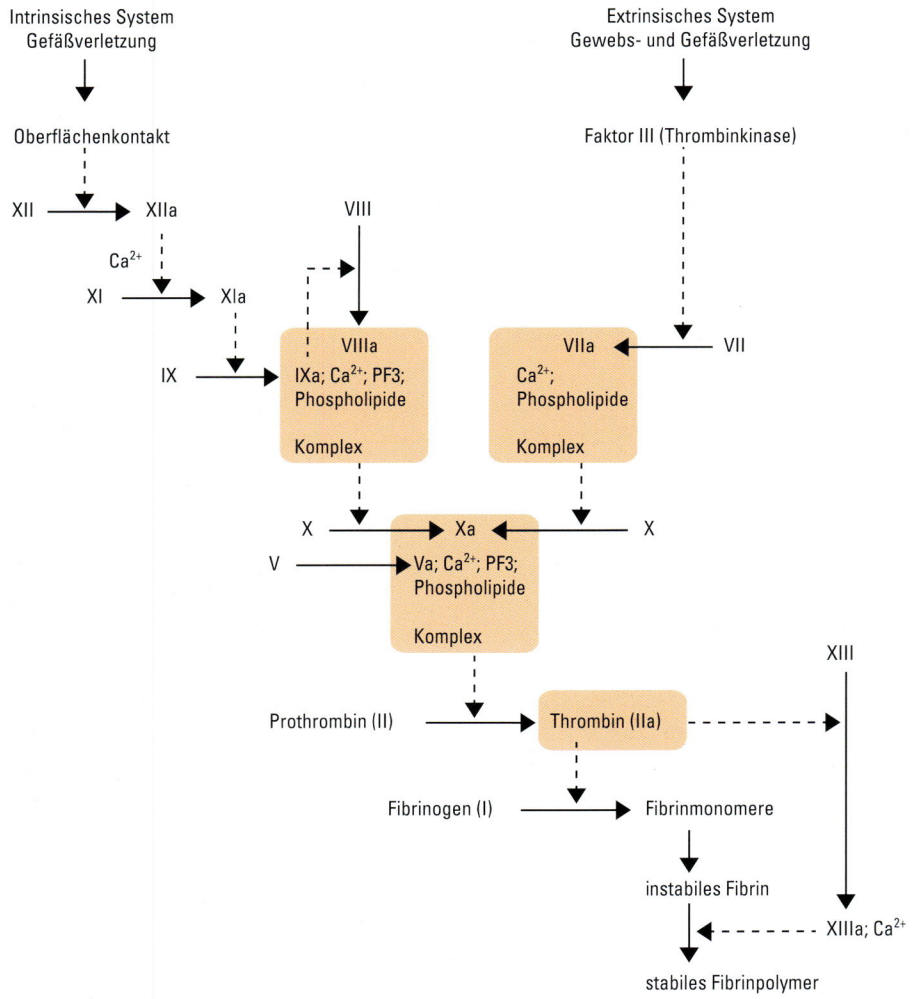

Abb. 28: Gerinnung vollständig

medi-learn.de/7-bc6-28

1

Intrinsisches System

Bei einer Gefäßverletzung kommt es zur **Freilegung negativ geladener Oberflächen**, wie z. B. Kollagenfasern (s. a. Abb. 26, S. 24) Durch Kontakt mit diesen Oberflächen wird im intrinsischen System der **Faktor XII** aktiviert, der wiederum eine kaskadenartige Aktivierung weitere Faktoren bewirkt. Die Aktivierung erfolgt durch **limitierte Proteolyse** (s. a. 1.7.3, S. 25).
Am Ende der intrinsischen Aktivierungskaskade steht die **Aktivierung des Faktors X**. Faktor X bildet mit Ca^{2+}, dem von den Thrombozyten gebildete Plättchenfaktor 3 (PF3), Faktor Va und Phospholipiden einen Komplex, der **Prothrombinaktivator-Komplex** genannt wird. Beschleunigt wird diese recht langsame Aktivierung durch den Faktor VIIIa.
Die Aktivierung durch das intrinsische System dauert länger als die des extrinsischen und liegt im Minutenbereich.

Extrinsisches System

Die Aktivierung des **extrinsischen Systems** erfolgt in Sekundenschnelle: Verletzte Zellen setzen **Gewebsthromboplastin** (Faktor III, Tissue Factor) frei. Dieses Gewebsthromboplastin aktiviert den **Faktor VII** und der wiederum den Faktor X.
Die gemeinsame Endstrecke beider Aktivierungswege ist also die Bildung des **Prothrombinaktivator-Komplexes**, der aus Faktor Xa, Va, Ca^{2+}, PF3 und Phospholipiden besteht.

Endstrecke der plasmatischen Gerinnung

Der Prothrombinaktivator-Komplex setzt mittels limitierter Proteolyse Thrombin (Faktor IIa) aus Prothrombin (Faktor II) frei. Diese Reaktion wird durch den Faktor Va beschleunigt.
Das aktive Thrombin spaltet nun von Fibrinogen (Faktor I) kleine Peptidstücke ab. Dadurch werden **Bindungsstellen am Fibrin** frei und es bildet sich ein aus vielen Fibrinmonomeren bestehendes Fibrinpolymer. Dieses Fibrinpolymer kannst

du dir wie eine Mauer ohne Mörtel vorstellen, da die Bindung zwischen den einzelnen Fibrinmonomeren noch relativ instabil ist. Der Mörtel, der diese Mauer stabil macht, ist in unserem Körper der **Faktor XIIIa**, der ebenfalls durch Thrombin aktiviert wird und die einzelnen Fibrinmonomere miteinander verknüpft. Dazu werden **kovalente** Bindungen zwischen den Aminosäuren Lysin und Glutamin ausgebildet. Das macht die Mauer nicht nur stabil, sondern erleichtert auch die Wundheilung. Durch die Quervernetzung werden die Wundränder nämlich auch noch näher zusammengezogen.
Im so entstandenen Fibrinpfropf verfangen sich die Blutzellen und es entsteht ein **stabiler Thrombus**, der gemeinsam mit dem Thrombozytenthrombus eine stabile Abdichtung des Gefäßes gewährleistet.
Das Schlagloch in unserer Straße wurde also zugeschüttet (Thrombozytenthrombus) und danach zur Stabilisierung mit Asphalt verschlossen (Fibrinpfropf).

> **Merke!**
>
> Der Mörtel, der die Fibrinmauer stabil macht, ist der Faktor XIIIa.

1.7.4   Gerinnungshemmung

Wie jeder Regulationsmechanismus im menschlichen Organismus benötigt auch die Blutgerinnung einen Gegenspieler, der dafür sorgt, dass die Gerinnung nur lokal begrenzt stattfindet. Ohne diesen Gegenspieler würde nämlich innerhalb kürzester Zeit nach einer Verletzung unser gesamtes Blut in den Gefäßen gerinnen.

Zentrales Element der Gerinnungshemmung ist das **Antithrombin III** (AT III), ein Proteaseinhibitor. Es bildet **stabile Komplexe mit einigen Gerinnungsfaktoren (IIa, IXa, Xa, XIa, XIIa)** und schaltet sie so aus. Beschleunigt wird diese Komplexbildung durch Heparin. Heparin ist

1

ein Polysaccharid mit negativ geladenen Carboxyl- und Sulfatgruppen und wird z. B. von Basophilen und Mastzellen freigesetzt.

Neben Antithrombin III wirken auch die **Proteine C** und **S** blutgerinnungshemmend. Sie werden in der Leber Vitamin-K-abhängig synthetisiert und hemmen die Faktoren Va und VIIIa. Dadurch verlangsamen sie die Aktivierung des Thrombins und damit auch die Blutgerinnung selbst (Erinnerung: Die Faktoren Va und VIIIa beschleunigen die Gerinnung). Die Aktivierung von Protein C wird durch die Bildung von Thrombomodulin-Thrombin-Komplexen verstärkt, da das Thrombin nun nur noch Protein C aktivieren kann.

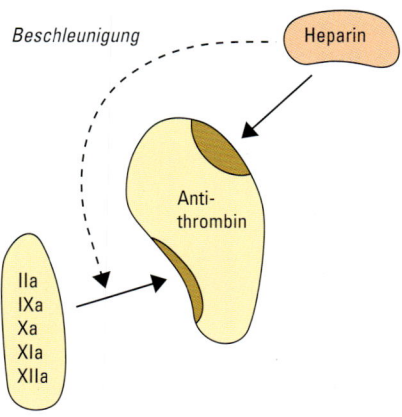

Abb. 29: AT II   *medi-learn.de/7-bc6-29*

> **Merke!**
>
> AT III bildet stabile Komplexe mit Gerinnungsfaktoren und blockiert sie so. Beschleunigt wird dieser Prozess durch Heparin.

1.7.5   Antikoagulanzien

Im Physikum wird immer wieder gerne nach Stoffen gefragt, mit denen das Blut **ungerinnbar** gemacht werden kann. Man unterscheidet hier zwischen Stoffen, die man **in vitro** (bei Blutproben) verwendet und solchen, die man **in vivo** (als Medikamente) einsetzt.

In vitro

Entnimmt man Patienten in der Klinik Blut, würde es normalerweise beim ersten Kontakt mit der Fremdoberfläche des Blutentnahmeröhrchens gerinnen. Da man aber für viele Untersuchungen flüssiges Blut benötigt, wird es durch Zusätze ungerinnbar gemacht:

– Das auch physiologisch vorkommende **Heparin** wird sowohl in vivo als auch in vitro verwendet und wirkt über die Beschleunigung der Wirkung des AT III antikoagulativ.
– Die folgenden in-vitro-Gerinnungshemmer bilden **Komplexe mit Ca²⁺**, ohne dass die Gerinnungsfaktoren nicht arbeiten können:

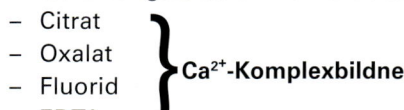

– Citrat
– Oxalat   } **Ca^{2+}-Komplexbildner**
– Fluorid
– EDTA

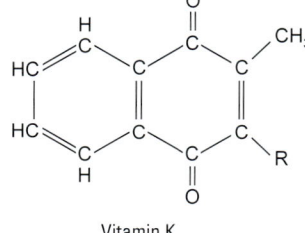

Vitamin K

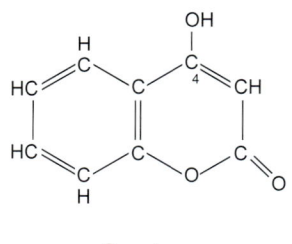

Cumarin

Abb. 30: Vitamin K und Cumarin

medi-learn.de/7-bc6-30

In vivo

Bei einigen Erkrankungen möchte man das Risiko einer Thrombusbildung verringern.

Erreichen kann man dies zum einen durch die Gabe von Heparin, dessen Wirkung du ja schon kennst,

und zum anderen durch eine Behandlung mit Cumarinderivaten.

Die Glutamat-Reste einiger Gerinnungsfaktoren (II, VII, IX, X, Protein C und S) werden nach ihrer Synthese in der Leber einer Vitamin-K-abhängigen Carboxylierungs-Reaktion unterzogen. Das erhöht ihre Ca^{2+}-Bindungsfähigkeit und somit ihre Wirksamkeit. Wie du siehst, weisen die Struktur des Vitamin K und die Grundstruktur der Cumarine eine starke Ähnlichkeit auf. Und genau aus dieser strukturellen Ähnlichkeit erklärt sich der Wirkmechanismus der Cumarine: Sie verdrängen nämlich kompetitiv das Vitamin K aus den Bindungsstellen seiner aktivierenden Enzyme und hemmen so die Synthese von Gerinnungsfaktoren. Cumarine sind daher **Vitamin-K-Antagonisten.** Als Synthesehemmstoffe wirken sie erst nach zwei bis drei Tagen, da zu Therapiebeginn ja noch genügend Gerinnungsfaktoren vorhanden sind.

in vitro	in vivo
Heparin	Heparin
Ca^{2+}-Komplexbildner:	Cumarinderivate
– Citrat	
– Oxalat	
– Fluorid	
– EDTA	

Tab. 2: Gerinnungshemmer in vitro und in vivo

1.8   Fibrinolyse

Für den menschlichen Organismus ist es von großer Bedeutung, dass gebildete Thromben auch wieder aufgelöst werden. Die Auflösung dieser Fibrinthromben leistet das **Plasmin**, eine weitere Serinprotease.

Plasmin spaltet das unlösliche Fibrinpolymer, aber auch Fibrinogen in **wasserlösliche Spaltprodukte.** Es wird durch folgende **Aktivatoren** aus seiner Vorstufe – dem Plasminogen – freigesetzt:

– **Gewebsplasminogenaktivator** (tPA aus Endothelzellen),
– **Urokinase** (aus der Niere),
– **Streptokinase** zur therapeutischen Lysetherapie (aus Streptokokken).

Ein Gegenspieler des Plasmins ist das α_2-Antiplasmin. Als Sofortinhibitor bildet es einen Komplex mit Plasmin und inaktiviert es.

Übrigens …
– Der Gewebsplasminogenaktivator sorgt dafür, dass Menstrualblut nicht gerinnt.
– Ein Mangel an α_2-Antiplasmin führt zu einer verstärkten Wirkung des Plasmins und somit zu einer Hyperfibrinolyse mit erhöhter Blutungsneigung.

1.9   Eisenstoffwechsel

Wie du gelernt hast, enthält Hämoglobin Eisen, das eine zentrale Rolle im Sauerstofftransport spielt. Außerdem wird dir Eisen auch in den Fragen zum Thema Anämie noch des Öfteren begegnen. Daher nun an dieser Stelle ein kurzer Ausflug in den Eisenstoffwechsel:

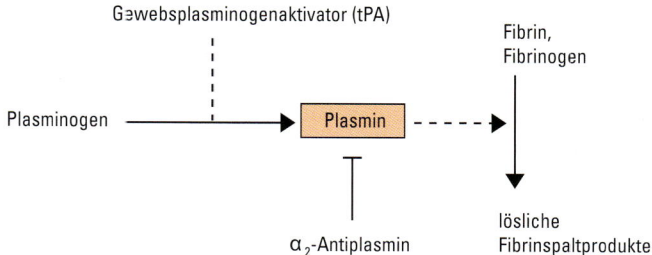

Abb. 31: Fibrinolyse

medi-learn.de/7-bc6-31

1

Der menschliche Organismus hat einen **Eisenbestand von 3–5 g**. Davon

- entfallen ⅔ auf das **Hämoglobin**,
- sind ⅕ an ein Speicherprotein, das Ferritin, gebunden und
- der Rest entfällt auf eisenhaltige Enzyme und das Myoglobin.

Der tägliche Eisenbedarf des Menschen liegt bei 1–2 mg. Da aber nur 10–15 % des aufgenommenen Eisens im Duodenum resorbiert werden, muss der Mensch täglich **10–20 mg** Eisen aufnehmen, um seinen Bedarf zu decken.

Übrigens …

Hier noch eine Information für alle, die von ihren Müttern früher mit Spinat traktiert worden sind, da dieser so viel Eisen enthielte und deshalb so gesund sei:

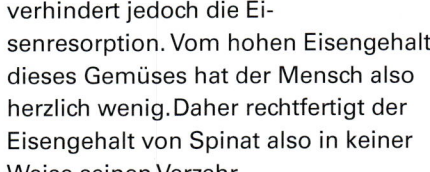

Spinat enthält tatsächlich einiges an Eisen, aber auch viel Oxalsäure. Dieser hohe Oxalsäuregehalt verhindert jedoch die Eisenresorption. Vom hohen Eisengehalt dieses Gemüses hat der Mensch also herzlich wenig. Daher rechtfertigt der Eisengehalt von Spinat also in keiner Weise seinen Verzehr …

Im Duodenum wird Eisen in zweiwertiger Form als Fe^{2+} resorbiert. Vitamin C fördert dort die Eisenaufnahme, da es Fe^{2+} vor der Oxidation zum schwer resorbierbaren Fe^{3+} schützt. Phosphate dagegen bilden Komplexe mit Eisen und hemmen so seine Resorption.

> **Merke!**
>
> Vitamin C fördert die Eisenaufnahme, Phosphate hemmen sie.

In der Mucosazelle wird Eisen entweder gespeichert oder an das Blut abgegeben. Die Speicherung erfolgt durch ein Protein namens Apoferritin, das etwa 4500 Moleküle **Fe^{3+}** speichern kann und mit Eisen beladen **Ferritin** heißt. Die zweiwertig aufgenommenen Eisenionen müssen daher bei ihrem Einbau ins Apoferritin oxidiert werden. Wird das gespeicherte Eisen benötigt, setzt die NADH/H⁺-abhängige Ferritinreduktase es frei und reduziert es dabei wieder in die zweiwertige Form.

Doch wie kommt unser Eisenion nun von der Mucosazelle beispielsweise ins Knochenmark? Die zweiwertigen **Fe^{2+}**-Ionen gelangen über einen Transporter in der basolateralen Membran der Mucosazelle ins Blut. Bei diesem Transport werden sie wieder zu Fe^{3+} oxidiert. Zwei dieser Fe^{3+} binden jetzt an ein Protein namens Apotransferrin, das dann, mit Eisen beladen, **Transferrin** heißt.

Das aus der Leber stammende Protein **Hepcidin** kann die Beladung von **Transferrin** verhinden, indem es einfach den entsprechenden Transporter hemmt.

Das **Transferrin** erreicht über das Blut z. B. das Knochenmark und wird dort mittels rezeptorvermittelter Endozytose aufgenommen. Hier können die Eisenmoleküle nun endlich ihren Dienst antreten, z. B. in Häm-Molekülen.

> **Merke!**
>
> - **Trans**ferrin = **Trans**port
> - Fe^{3+}: Speicherung und Transport
> - Fe^{2+}: Resorption und Wirkung

Ein weiteres Eisenspeicherprotein, das schon so manches Mal gefragt wurde, ist das **Hämosiderin**, das vor allem in den Zellen des RES vorkommt. Hämosiderin speichert **Fe^{3+}** allerdings erst dann, wenn die Ferritinspeicherkapazität erschöpft ist und gibt es auch nur langsamer wieder ab.

1.10 Anämie

Unter Anämie versteht man die **Blutarmut**. Pauschal gesprochen, handelt es sich dabei um Erkrankungen, bei denen dem Organismus zu wenige Erythrozyten zur Verfügung stehen. Ein Schutzmechanismus des Körpers besteht darin, dass die Niere im Zustand der Anämie vermehrt ein Hormon namens Erythropoetin ausschüttet, das die Erythropoese anregt.

Im Folgenden beschränken wir uns natürlich nur auf die Formen der Anämie, die fürs Physikum relevant sind.

1.10.1 Erythrozytenparameter

Um Anämien besser zu verstehen und unterscheidbar zu machen, muss man gesunde von kranken Erythrozyten unterscheiden können. Daher ist es sinnvoll sich einige **Erythrozytenparameter** zu merken:

– Das **MCV** (engl. = mean corpuscular volume) beschreibt das **mittlere Volumen eines einzelnen Erythrozyten**. Sein Normalwert liegt bei **80–100 fl** (= μm^3) und berechnet sich nach der Formel Hämatokrit/Erythrozytenzahl.
  Ein Erythrozytenvolumen unter 80 fl bezeichnet man als **mikrozytär** (kleinzellig), eines über 100 fl als **makrozytär** oder **megaloblastär** (großzellig).
– Das **MCH** (engl. = mean corpuscular hemoglobin) beschreibt den **mittleren Hämoglobingehalt** eines Erythrozyten. Sein Normalwert liegt bei **27–32 pg** und berechnet sich nach der Formel:
  Hb-Konzentration/Erythrozytenzahl.
  Ein MCH unter 27 pg bezeichnet man als **hypochrom** (unterfärbt), eines über 32 pg als **hyperchrom** (überfärbt).
– Das **MCHC** (engl. = mean corpuscular hemoglobin concentration) beschreibt die **mittlere Hämoglobinkonzentration der Erythrozyten**. Sein Normalwert liegt bei **320–360 g/l** und berechnet sich nach folgender Formel:
  Hb-Konzentration/Hämatokrit.

1.10.2 Eisenmangel

Eisenmangel führt zu einer **mikrozytär-hypochromen** Anämie: Aufgrund des Eisenmangels kann weniger Hämoglobin gebildet werden, die Erythrozyten enthalten folglich weniger Hb und ihr Volumen sinkt.

1.10.3 Cobalamin-/Folatmangel

Die Vitamine Cobalamin (= Vitamin B_{12}) und Folsäure spielen eine entscheidende Rolle bei der DNA-Synthese und Kernreifung. Ein Mangel an einem der beiden Vitamine führt zu Problemen bei der Erythropoese, wogegen die Hämoglobin-Synthese nicht eingeschränkt ist. Die Folge ist eine **makrozytäre hyperchrome Anämie**. Ein Cobalamin- bzw. Vitamin B_{12}-Mangel führt darüber hinaus auch zu neurologischen Störungen, diese kommen bei einem Folsäuremangel nicht vor. Allerdings werden Neuralrohrdefekte in der Schwangerschaft durch einen zu niedrigen Folsäurespiegel verursacht.

Ein Cobalamin- oder Folatmangel kann verschiedene Ursachen haben: verminderte Resorption bei Erkrankungen der Dünndarmmukosa (z. B. Zöliakie), fehlende oder ungenügende Sekretion des für die Resorption von Vitamin B_{12} wichtigen Intrinsic Factors, der im Magen gebildet wird (z. B. durch Gastrektomie oder Gastritis) oder auch – allerdings eher selten – Mangelernährung.

Übrigens ...
Liegt eine makrozytäre Anämie zusammen mit einem erniedrigten Cobalaminspiegel vor, spricht man von einer perniziösen Anämie.

1.10.4 Sichelzellanämie

Bei der Sichelzellanämie liegt eine **Punktmutation im Gen für die β-Kette des Hämoglobins** vor. In der β-Kette des Hämoglobins kommt es in der Folge zum Einbau einer falschen Aminosäure. Lädt nun ein oxygenierter Sichelzellerythrozyt seinen Sauerstoff ab, so verklumpt das sauerstofffreie Sichelzell-Hb (HbS), da es schlechter löslich ist als gesundes Hb. Dadurch kommt es zur typischen **sichelförmigen Verformung** der betroffenen Erythrozyten.

Übrigens …
Heterozygot an Sichelzellanämie erkrankte Menschen haben eine normale Lebenserwartung und erkranken seltener an Malaria.

1.11 Normwerte

In dieser Tabelle sind die Normwerte zum Thema Blut zusammengefasst, die gerne im Physikum gefragt werden:

Abkürzung	Bedeutung	Normwert
Hb	Hämoglobingehalt des Blutes	♀ 12–14 g/dl ♂ 14–16 g/dl
MCV	mittleres Volumen eines Erythrozyten	80–100 fl
MCH	mittlerer Hämoglobingehalt eines Erythrozyten	27–32 pg
MCHC	mittlere Hämoglobinkonzentration der Erythrozyten	320–360 g/l

Tab. 3: Wichtige Blut- und Normwerte

Zum Thema **Gasaustausch** wurde in den letzten Examina Folgendes gerne gefragt:
- 2,3-BPG lagert sich an DesoxyHb an und führt zur O_2-Freisetzung.
- 2,3-BPG bindet NICHT kovalent an Hämoglobin, sondern lagert sich nur zwischen dessen β-Ketten an.
- Eine Rechtsverschiebung der Sauerstoffbindungskurve bedeutet eine erleichterte O_2-Freisetzung.
- Eine Erhöhung von 2,3-BPG, CO_2, der Protonenkonzentration (niedriger pH-Wert) oder der Temperatur führt zu einer Rechtsverschiebung der Sauerstoffbindungskurve.
- Hb kann Protonen an seine Proteinkette binden.

Wenn du dir die folgenden Fakten zum Thema **Gerinnung** merkst, wirst du im Physikum sicherlich die meisten Fragen zu diesem Thema beantworten können.
- Thrombozyten enthalten in ihrem Granula Serotonin und setzen dieses bei Gefäßverletzungen frei.
- Bei einem Mangel an Thrombozyten (Thrombozytopenie) verlängert sich die Blutungszeit.
- ASS (Acetylsalicylsäure) hemmt die Cyclooxygenase und reduziert so die Synthese von Thromboxan A_2 in Thrombozyten.
- NO und Prostacyclin hemmen die Thrombozytenaggregation.
- Fibrinogen bindet an den GPIIb/IIIa-Rezeptor der Thrombozyten.
- Der Faktor Xa spaltet - im Komplex mit Faktor Va, Ca^{2+} und Phospholipiden - Prothrombin zu Thrombin.

- Störungen (v.a. bei den jeweiligen Faktoren) im intrinsischen System machen sich in der aktivierten partiellen Thromboplastinzeit (aPTT) bemerkbar, Störungen im extrinsischen System im INR bzw. Quick-Wert.
- Heparin verstärkt die Wirkung von AT III.
- Cumarine hemmen als Vitamin-K-Antagonisten die Synthese der Gerinnungsfaktoren II, VII, IX und X.
- Die Vitamin-K-abhängige Carboxylierung der Gerinnungsfaktoren steigert ihre Ca^{2+} Bindungsfähigkeit und somit ihre Aktivierbarkeit.

Hier noch einmal das Wichtigste zum **Eisen** auf einen Blick: Es wird
- als Fe^{2+} resorbiert,
- als Fe^{3+} durch Ferritin gespeichert,
- im Blut als Fe^{3+} an Transferrin gebunden transportiert und
- im Hämoglobin als Fe^{2+} für den Sauerstofftransport verwendet.

Beim Thema **Anämien** solltest du im Examen mit den folgenden Fakten einige wertvolle Punkte ergattern können:
- Cobalaminmangel führt zu einer makrozytär-hyperchromen Anämie.
- Cobalamin wird mithilfe des intrinsic factors im terminalen Ileum resorbiert.
- Cobalamin ist vor allem in Fleisch enthalten.
- Bei einer Anämie ist die Erythropoetinausschüttung gesteigert, wenn die Nieren gesund sind.
- Der Sichelzellanämie liegt eine Punktmutation im Gen für das β-Globin zugrunde.

Wieder was geschafft! Prima! Hier kommen die Fragen zum Thema Gastransport, Gerinnung & Co. aus unserer Datenbank.

1. Welche Bedeutung hat 2,3-BPG im erythrozytären Stoffwechsel?

2. Erläutern Sie bitte mit wenigen Worten den Bohr-Effekt.

3. Was verstehen Sie unter dem Begriff kooperative Sauerstoffbindung?

4. Welche Wege zur Aktivierung der Gerinnung kennen Sie? Welcher davon ist schneller?

5. Welche Stellung nimmt das Thrombin in der Blutgerinnung ein?

6. Welche Antikoagulanzien kennen Sie?

7. Warum ist der Einsatz von Cumarinen so wirksam?

8. Was zeichnet Serinproteasen aus und wo sind sie anzutreffen?

9. Schildern Sie bitte, wie es zur Ausbildung eines Thrombozytenthrombus kommt und welche Faktoren dabei eine Rolle spielen.

10. Beschreiben Sie bitte kurz den Weg eines Eisenmoleküls aus der Nahrung ins Hämoglobin.

11. Wie wirkt sich ein Cobalaminmangel auf die Erythropoese aus und wie könnte es zu einem solchen Mangel kommen?

12. Was fällt Ihnen zum Stichwort Sichelzellanämie ein?

1. Welche Bedeutung hat 2,3-BPG im erythrozytären Stoffwechsel?

2,3-BPG
- entsteht aus 1,3-BPG, einem Zwischenprodukt der Glykolyse,
- lagert sich an DesoxyHb an,
- senkt die O_2-Affinität von Hb und
- erleichtert die O_2-Abgabe.

2. Erläutern Sie bitte mit wenigen Worten den Bohr-Effekt.

Die Tatsache, dass ein hoher pCO_2 die Sauerstoffaffinität des Hämoglobins senkt, nennt man Bohr-Effekt.
- Im Gewebe herrscht ein hoher pCO_2.
- Die Erythrozyten nehmen CO_2 auf und setzen es mittels des Enzyms Carboanhydrase zu Bikarbonat und Protonen um.

- Das Bikarbonat wird im Antiport mit Cl^--Ionen (Hamburger Shift) ans Blut abgegeben.
- Die Protonen werden an das Hämoglobin gebunden und senken dessen O_2-Affinität.

3. Was verstehen Sie unter dem Begriff kooperative Sauerstoffbindung?

Desoxygeniertes Hämoglobin kann nur schwer O_2-Moleküle aufnehmen, da seine Konformation die Sauerstoffbindungsstellen verdeckt. Hat jedoch das erste O_2-Molekül gebunden, kommt es zu einer allosterischen Konformationsänderung und die Bindungsstelle für das nächste O_2-Molekül wird besser zugänglich. Jedes angelagerte O_2-Molekül erleichtert so die Bindung des nächsten.

4. Welche Wege zur Aktivierung der Gerinnung kennen Sie? Welcher davon ist schneller?

- Man unterscheidet zwischen dem sogenannten extrinsischen und dem intrinsischen Weg.
- Der extrinsische Weg ist im allgemeinen schneller, die Aktivierung erfolgt innerhalb von Sekunden, während der intrinsische Weg mehrere Minuten benötigt.

5. Welche Stellung nimmt das Thrombin in der Blutgerinnung ein?

Thrombin

- wird durch den Prothrombinaktivator-Komplex aktiviert,
- setzt Fibrin aus Fibrinogen frei und
- ermöglicht so, dass Fibrin Polymere bildet.
- Es wird durch Komplexbildung mit AT III gehemmt.

6. Welche Antikoagulanzien kennen Sie?

- Heparin, durch Beschleunigung der AT III-Wirkung,
- Cumarine, die die Vit.-K-abhängige Synthese der Faktoren II, VII, IX und X hemmen und
- Ca^{2+}-Komplexbildner, die das zur Aktivierung der Gerinnungsfaktoren nötige Ca^{2+} binden und dadurch entfernen.

7. Warum ist der Einsatz von Cumarinen so wirksam?

- Cumarine hemmen die Vitamin-K-abhängige Carboxylierung der Faktoren II, VII, IX und X. Ohne die dabei angehängte Carboxyl-Gruppe können die betroffenen Gerinnungsfaktoren kein Ca^{2+} binden und verlieren ihre Funktion. Es resultiert eine umfassende Hemmung der Gerinnung.

8. Was zeichnet Serinproteasen aus und wo sind sie anzutreffen?

Serinproteasen sind Enzyme, die die Aminosäure Serin in ihrem katalytischen Zentrum tragen. Sie werden als inaktive Vorstufen gebildet und mittels limitierter Proteolyse aktiviert. In aktiver Form sind sie nun selbst in der Lage andere Zymogene zu aktivieren. Zu den Serinproteasen gehören die meisten Gerinnungsfaktoren, die Faktoren des Komplementsystems und einige Verdauungsenzyme.

9. Schildern Sie bitte, wie es zur Ausbildung eines Thrombozytenthrombus kommt und welche Faktoren dabei eine Rolle spielen.

Bei einer Gefäßverletzung kommt es zur Freilegung von Kollagenfasern, die sich unterhalb des Endothels befinden. Thrombozyten binden ADP-abhängig mit Rezeptoren an diese Kollagenfasern (Adhäsion) und werden durch einen Komplex aus von-Willebrand-Faktor und Faktor VIII in ihrer Bindung stabilisiert. Die durch die Adhäsion aktivierten Thrombozyten nehmen eine stachelige Kugelform an, was die Thrombozytenaggregation ermöglicht, und entleeren ihre Granula, die u. a. das vasokonstriktive Serotonin enthalten.

10. Beschreiben Sie bitte kurz den Weg eines Eisenmoleküls aus der Nahrung ins Hämoglobin.

Eisen wird

- als Fe^{2+} resorbiert,
- als Fe^{3+} durch Transferrin transportiert,
- durch rezeptorvermittelte Endozytose in die Zielzellen aufgenommen und
- als Fe^{2+} in die HÄM-Gruppe des Hämoglobins eingebaut.

11. Wie wirkt sich ein Cobalaminmangel auf die Erythropoese aus und wie könnte es zu einem solchen Mangel kommen?

– Cobalaminmangel stört die DNA-Synthese und die Kernreifung und
– führt so zu einer makrozytär-hyperchromen Anämie.
– Cobalaminmangel kann durch eine Resorptionsstörung oder Vitaminmangelernährung (z. B. Darmresektion) verursacht werden.

12. Was fällt Ihnen zum Stichwort Sichelzellanämie ein?

– Der Sichelzellanämie liegt eine Punktmutation im Gen für die β-Globinkette des Hämoglobins zugrunde.
– Sie verursacht eine Verklumpung von desoxygeniertem Hämoglobin und
– stellt für heterozygot erkrankte Menschen einen Schutz vor Malaria dar.

Mehr Cartoons unter www.medi-learn.de/cartoons

Pause

Jetzt hast du dir eine größere Pause verdient!

Ein besonderer Berufsstand braucht besondere Finanzberatung.

Als einzige heilberufespezifische Finanz- und Wirtschaftsberatung in Deutschland bieten wir Ihnen seit Jahrzehnten Lösungen und Services auf höchstem Niveau. Immer ausgerichtet an Ihrem ganz besonderen Bedarf – damit Sie den Rücken frei haben für Ihre anspruchsvolle Arbeit.

- Services und Produktlösungen vom Studium bis zur Niederlassung

- Berufliche und private Finanzplanung

- Beratung zu und Vermittlung von Altersvorsorge, Versicherungen, Finanzierungen, Kapitalanlagen

- Niederlassungsplanung & Praxisvermittlung

- Betriebswirtschaftliche Beratung

Lassen Sie sich beraten!

Nähere Informationen und unseren Repräsentanten vor Ort finden Sie im Internet unter www.aerzte-finanz.de

Deutsche Ärzte Finanz

Standesgemäße Finanz- und Wirtschaftsberatung

2 Immunsystem

In den letzten Kapiteln haben wir uns hauptsächlich den schönen Seiten unserer Stadt gewidmet: hübschen ansehnlichen Fassaden, einem hervorragend instand gehaltenen Straßenverkehrsnetz und einer vorbildlich funktionierenden Infrastruktur.

Doch wie jede Stadt hat auch unsere Stadt eine Schattenseite. Zwielichtige Gestalten treiben in dunklen Hinterhöfen ihr Unwesen, Kleinganoven treffen sich in einschlägigen Spelunken, sogar Terroristen versuchen in unserer schönen Stadt Fuß zu fassen und die öffentliche Sicherheit zu unterwandern.

Kurzum, unsere schöne Stadt ist in Gefahr! Doch unsere Stadt ist auf jegliches zwielichtiges Gesindel bestens vorbereitet – sie verfügt über ein hervorragend ausgebildetes Sicherheitsnetz: Polizeitruppen befinden sich Tag und Nacht auf Streife, im Hintergrund hält sich jederzeit ein schlagkräftiges Sondereinsatzkommando bereit und auch die Bürger unserer Stadt sind sich nicht zu schade, eine Bürgerwehr zu formieren, die an den Brennpunkten die Polizei unterstützt. Die gute Verständigung zwischen den einzelnen Abteilungen unseres Sicherheitssystems garantiert eine exzellente Zusammenarbeit. Jeglicher Ganove, der in unserer Stadt Unruhe stiften will, trifft also auf eine wahre Sicherheitsarmada. Und um genau diese Sicherheitsarmada, die alle Eindringlinge bekämpft, geht es in den nächsten Kapiteln: das Immunsystem.

Worin aber bestehen die besonderen Fähigkeiten unseres persönlichen Sicherheitssystems? Zunächst kann unser Immunsystem zwischen **körpereigenen und körperfremden Stoffen unterscheiden**. Hat es einen Stoff, wie z. B. ein Bakterium oder ein Virus, als körperfremd erkannt, ist es in der Lage, diesen nach einem genauen Plan aus dem Verkehr zu ziehen und zu eliminieren.

Bevor wir gleich auf die einzelnen Bestandteile unseres Immunsystems eingehen, erst ein paar Definitionen wichtiger immunologischer Begriffe:

2.1 Angeborene, unspezifische Immunmechanismen

Die unspezifischen Abwehrmechanismen besitzt ein Organismus **von Geburt** an. Sie richten sich primär gegen alles, was als fremd erkannt wird. Dabei machen sie keinerlei weitere Unterschiede: Alles, was nicht in unsere Stadt gehört, ist ihr Angriffsziel.

Diese Abteilung unseres Sicherheitssystems entspricht der Schutzpolizei. Es handelt sich dabei um Allroundpolizisten, die keine hochspeziellen Fähigkeiten gelernt haben und auf den täglichen Streifengängen durch ihr Revier für Ordnung sorgen. Auch die Bürgerwehr gehört zu dieser Abteilung. Sie patrouilliert durch ihr Viertel und inhaftiert oder verjagt jeden Eindringling, der im Viertel unbekannt ist. In unserem Körper besteht die Schutzpolizei aus den **Phagozyten** (Fresszellen) und dem **Komplementsystem**. Damit unsere Schutzpatrouille nicht allzu viel zu tun hat, gibt es noch einige Barrieren, durch die Eindringlinge erst mal hindurch müssen. Diesen Schutzmauern entsprechen die **physikalisch-chemischen Hindernisse**, die ein feindliches Eindringen in unseren Körper erschweren, wie z. B. die Haut und die Magensäure. Hier helfen auch **Defensine** (anti-mikrobielle Moleküle), die sich nicht nur auf (Schleim-) Häuten finden, sondern auch in den Granula neutrophiler Granulozyten.

2.2 Erworbene, spezifische Immunmechanismen

Die spezifischen Abwehrmechanismen muss der Organismus erst erlernen. Das heißt, dass gegen bestimmte körperfremde Substanzen erst dann ein Schutz besteht, wenn der Organismus schon einmal mit ihnen konfrontiert war und eine spezifische Abwehrstrategie gegen sie entwickelt und **gelernt** hat. Die Abwehrstrategie wurde dann genau diesem Stoff angepasst, ist also **spezifisch**. In der Stadt steht für diese Rolle die Kriminalpolizei Pate. Ein Kriminalbeamter besucht erst zur Ausbildung die Polizeiakademie und fahndet dann später – anhand von Fahndungsfotos – auf der Straße nach genau diesem gesuchten Gauner. Hat er ihn entdeckt, so macht er ihn mit den Methoden dingfest, die er auf der Akademie gelernt hat. Im Immunsystem besteht die erworbene, spezifische Abwehr aus den **T-** und den **B-Lymphozyten**. Die Grundpfeiler der spezifischen Immunität sind:

- **Diversität** (Vielfältigkeit) – die Fähigkeit, auf eine Vielzahl verschiedener körperfremder Substanzen spezifisch reagieren zu können
- **Spezifität** – feindliche Eindringlinge werden von den genau auf sie trainierten Einsatzkräften erkannt
- **Gedächtnis** – eine Speicherfunktion, die die erlernten Abwehrstrategien abspeichert und beim nächsten Feindkontakt schnell den bewährten Angriffsplan ausführt

Eine weitere Unterteilung des Immunsystems ist die Unterscheidung zwischen einem humoralen und zellulären Teil. Humoral („eine Körperflüssigkeit betreffend") werden hierbei die nicht zellulären Anteile des Immunsystems genannt, die im Blutserum gelöst sind.

2.3 Antigene

Für das IMPP war dieses Unterkapitel in den letzten 10 Examina keiner Frage mehr würdig, in mündlichen Prüfungen will man dennoch öfters von dir wissen, was man unter den Begriffen Antigen und antigene Determinante versteht. Daher solltest du dir merken, dass eine Substanz, die eine Immunreaktion auslöst, als Antigen bezeichnet wird. Dabei fällt die Immunantwort umso stärker aus, je höher das Molekulargewicht und je komplexer

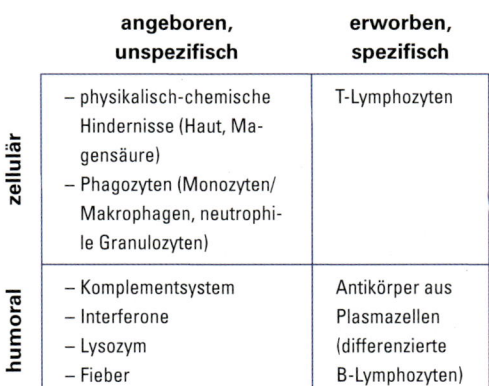

	angeboren, unspezifisch	erworben, spezifisch
zellulär	– physikalisch-chemische Hindernisse (Haut, Magensäure) – Phagozyten (Monozyten/ Makrophagen, neutrophile Granulozyten)	T-Lymphozyten
humoral	– Komplementsystem – Interferone – Lysozym – Fieber	Antikörper aus Plasmazellen (differenzierte B-Lymphozyten)

Tab. 4: Unterteilung des Immunsystems

die Molekülstruktur des Antigens ist. Sehr gute Antigene sind z. B. große Proteine.

Manche Antigene sind hingegen so klein, dass sie erst an ein Trägermolekül gebunden werden müssen, um eine Immunantwort auszulösen. Diese Antigene werden auch als **Haptene** bezeichnet. Hierzu zählt beispielsweise das Penicillin, ein Antibiotikum.

2.3.1 Antigene Determinante

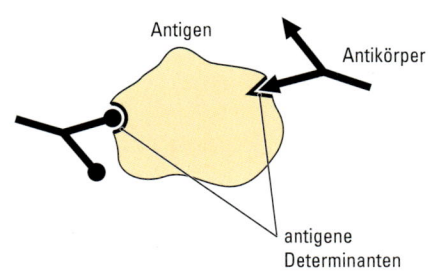

Abb. 32: Antigene Determinante

medi-learn.de/7-bc6-32

Antigene sind oft relativ große Moleküle mit einer vielseitigen Struktur. Als antigene Determinante bezeichnet man genau den **Oberflächenabschnitt eines Antigens**, der von einem Antikörper erkannt wird.

Es können daher auch verschiedene Antikörper, die spezifisch verschiedene antigene Determinanten erkennen, an das gleiche Antigen binden.

2.4 Immunzellen

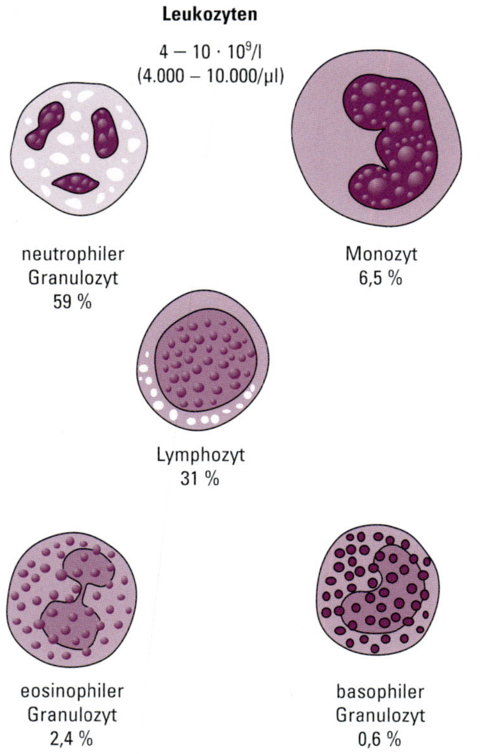

Leukozyten

$4 - 10 \cdot 10^9/l$
$(4.000 - 10.000/\mu l)$

neutrophiler
Granulozyt
59 %

Monozyt
6,5 %

Lymphozyt
31 %

eosinophiler
Granulozyt
2,4 %

basophiler
Granulozyt
0,6 %

Abb. 33: Immunzellen   *medi-learn.de/7-bc6-33*

> **Merke!**
>
> Steigt die Leukozytenzahl auf über $10 \cdot 10^9/l$ spricht man von einer Leukozytose, sinkt sie unter $4 \cdot 10^9/l$ von einer Leukopenie.

2.4.1 Entwicklung der Immunzellen

Während der erste Teil dieses Buches vor allem den Erythrozyten und Thrombozyten, also den Heizöllastern und der Straßenwacht unserer Stadt gewidmet war, beschäftigen wir uns nun mit den Immunzellen, den Sicherheitskräften in unserer Stadt.

Die Immunzellen bezeichnet man auch als **Leukozyten**, da sie im Mikroskop im Gegensatz zu den roten Erythrozyten weiß (gr. leukos = weiß) erscheinen.

Im Knochenmark entstehen aus Stammzellen lymphoide und myeloide Vorläuferzellen (s. Abb. 34, S. 41). Die weitere Reifung und Entwicklung finden im Thymus und Knochenmark statt. Diese werden auch als primäre lymphatische Organe bezeichnet.

Aus den **lymphoiden Vorläuferzellen** entwickeln sich

- T-Lymphozyten,
- B-Lymphozyten und
- NK-Zellen.

Aus den **myeloiden Vorläufern** entstehen

- Monozyten,
- Mastzellen,
- Granulozyten und
- Megakaryozyten.

Welche Faktoren dabei eine regulatorische Rolle spielen und über welche verschiedenen Zwischenstufen diese Entwicklung verläuft, ist zwar hochinteressant, aber echtes Spezialwissen und für das Physikum nicht von Bedeutung. Du kannst dich daher getrost mit der einfachen Entwicklungsvariante zufrieden geben.

2.4.2 Granulozyten

Die Granulozyten zählen zum **angeborenen, unspezifischen** Teil unseres Immunsystems. Sie gehören zur Schutzpolizei der Stadt und sind ständig auf der Suche nach Eindringlingen unterwegs durch die Straßen.

Man untergliedert sie weiter in neutrophile, eosinophile und basophile Granulozyten.

Übrigens ...
Die Bezeichnung neutrophil, eosinophil und basophil bezieht sich auf die entsprechende Anfärbbarkeit spezifischer Granulozytengranula.

2

Neutrophile Granulozyten

Neutrophile Granulozyten (s. IMPP-Bild 1, S. 69) bilden mit ca. 60 % die stärkste Fraktion der Leukozyten. Zu ihren besonderen Fähigkeiten gehört vor allem die **Phagozytose**, also

die Fähigkeit, z. B. im Gewebe Bakterien aufzufressen und zu verdauen.

Diese Abteilung der Schutzpolizei ist also für die „foreign affairs" zuständig.

Um ihre Aufgabe bewältigen zu können, sind neutrophile Granulozyten mit einer Reihe von Verdauungsenzymen bewaffnet, von denen du dir vor allem die **Myeloperoxidase** und die **Ela-**

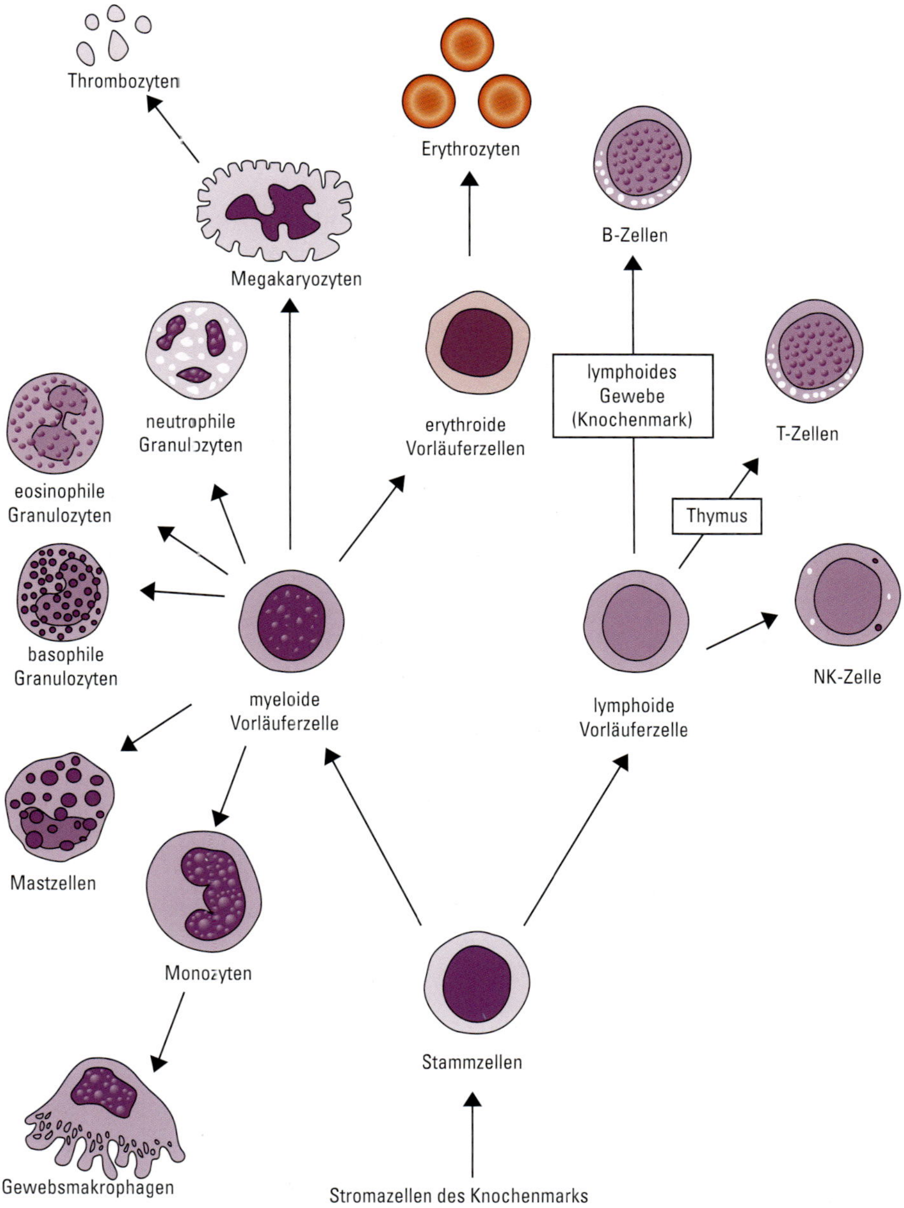

Thrombozyten

Erythrozyten

B-Zellen

Megakaryozyten

neutrophile Granulozyten

erythroide Vorläuferzellen

lymphoides Gewebe (Knochenmark)

T-Zellen

eosinophile Granulozyten

Thymus

basophile Granulozyten

myeloide Vorläuferzelle

lymphoide Vorläuferzelle

NK-Zelle

Mastzellen

Monozyten

Stammzellen

Gewebsmakrophagen

Stromazellen des Knochenmarks

Abb. 34: Stammbaum

medi-learn.de/7-bc6-34

2

stase merken solltest. Die Myeloperoxidase bildet Hypochloritionen (OCl⁻), welche sehr reaktiv sind und zur Zerstörung der Bakterien beitragen (s. Phagozytose, s. 2.9, S. 63). Elastase ist ein Enzym, das unter anderem Elastin spaltet und ebenfalls zur Zerstörung phagozytierter Partikel führt. Ein weiteres, von den neutrophilen Granulozyten verwendetes Enzym ist das **Lysozym**, das Bakterienwände zerstört, indem es die Mureinbindungen der Bakterienwände spaltet. Außerdem ist ein neutrophiler Granulozyt auch in der Lage, sich mittels Adhäsionsproteinen (den Selektinen) an der Gefäßwand kleiner Venen festzuhalten und eine Entzündungsreaktion auszulösen. Dies vollbringt er durch die Abgabe von **Leukotrienen** (Abkömmlinge der mehrfach ungesättigten Fettsäure Arachidonsäure, s. Skript Biochemie 7). Leukotriene sind also Entzündungsmediatoren.

Übrigens ...
Eiter besteht aus zugrundegegangenen neutrophilen Granulozyten.

Eosinophile Granulozyten

Eosinophile Granulozyten (s. IMPP-Bild 2, S. 69) machen ca. 3 % der Leukozyten aus. Sie spielen eine wichtige Rolle bei der **Abwehr von Parasiten** und treten gehäuft bei **allergischen Reaktionen** wie z. B. Asthma auf.

Basophile Granulozyten

Basophile Granulozyten sind mit nur 1 % der Leukozyten die zahlenmäßig schwächste Granulozytenfraktion. In ihren Granula enthalten sie unter anderem **Heparin** und **Histamin**. Funktionell haben sie große Ähnlichkeit mit Mastzellen (vgl. Mastzelldegranulation, s. 2.4.4, S. 43).

2.4.3 Monozyten

Monozyten (Blutmakrophagen) sind – im Gegensatz zu den Granulozyten – die Fresszellen des Blutes. Auch sie können irreversibel die Blutbahn verlassen. Dadurch werden sie (Gewebs-) Makrophagen.

Diese Abteilung der Schutzpolizei ist also sowohl für innere (Monozyten) als auch äußere (Makrophagen) Angelegenheiten zuständig.

Auch die Monozyten zählen zum angeborenen, unspezifischen Teil unseres Immunsystems.

Makrophagen

Hat ein Monozyt die Blutbahn verlassen und sich in einem bestimmten Gewebe niedergelassen, heißt er (Gewebs-) **Makrophage**. Makrophagen übernehmen mit den neutrophilen Granulozyten die Aufgabe, Fremdpartikel, die in den Organismus eingedrungen sind, im Gewebe zu beseitigen.

Noch effektiver können die Makrophagen arbeiten, wenn sie von den Koordinatoren unseres Immunsystems – den T-Helferzellen – aktiviert werden.

Dazu geben die T-Helferzellen den Botenstoff **Interferon-γ** ab, der dann über einen membranständigen Rezeptor die Makrophagen aktiviert; ein biologischer Funkspruch also.

Makrophagen können ihrerseits Funksprüche an verschiedene andere Zellen absetzen, also Botenstoffe produzieren und sezernieren.

Zu diesen prüfungsrelevanten Botenstoffen gehören vor allem
- **Interleukin 1**,
- **Tumornekrosefaktor α** und
- **Interferon γ**.

Daneben besitzen Makrophagen auf ihrer Oberfläche **Rezeptoren für den Fc-Teil von Antikörpern und für den Komplementfaktor C3b**. Beide Rezeptoren dienen der Erkennung opsonierter (= schmackhaft gemachter) Partikel. Ein Ganove in unserer Stadt, an dem ein Sender klebt, kann von unserem Sicherheitsdienst sehr schnell erkannt und verhaftet werden.

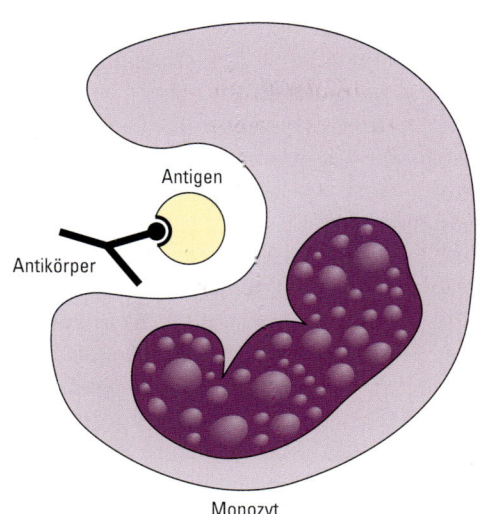

Abb. 35: Opsonierung   *medi-learn.de/7-bc6-35*

Im Organismus übernehmen **Antikörper und der Komplementfaktor C3b** diese Markierungsaufgabe. Haben sie an einem Antigen gebunden, können Monozyten und Makrophagen dieses über ihre Rezeptoren sehr schnell erkennen und phagozytieren.

Toll-like Rezeptoren (TLR) helfen Makrophagen und anderen Zellen ebenfalls dabei, charakteristische Kennzeichen von pathogenen Keimen zu erkennen. Dazu zählen Lipopolysaccharide, die man in der Membran gramnegativer Bakterien findet. Eine wichtige Waffe der Makrophagen ist das bakteriolytisch wirkende Stickstoffmonoxid (NO), das die Makrophagen aus Arginin freisetzen können.

Merke!

Auch das **C-reaktive Protein**, das bei Entzündungen massiv produziert wird, bewirkt eine Opsonierung.

2.4.4 Mastzellen

Die ebenfalls zum **angeborenen, unspezifischen** Teil unseres Immunsystems zählenden Mastzellen spielen eine große Rolle bei **Allergien**. Kommt es zu einem Erstkontakt mit einem solchen Antigen (z. B. Pollen), bildet der Orga-

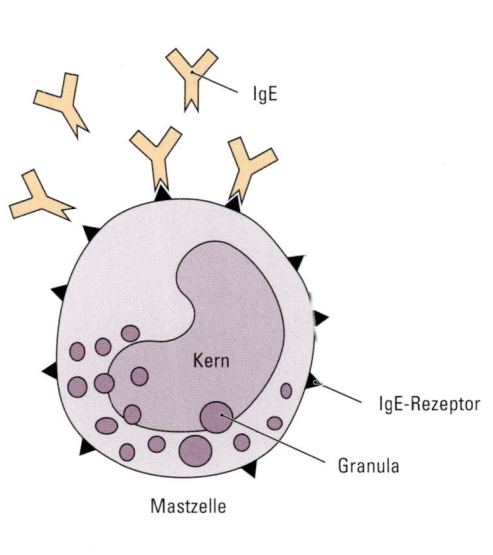

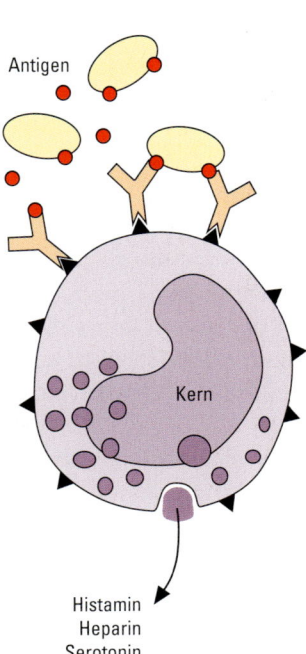

Abb. 36: Mastzelldegranulation   *medi-learn.de/7-bc6-36*

nismus spezifische Antikörper dagegen (s. 2.7, S. 55). Diese Antikörper der Klasse E (= IgE) heften sich auf die Zelloberfläche der Mastzellen und werden so zu Mastzellrezeptoren für die eingeatmeten Pollen.

Kommt es nun zu einem Zweitkontakt mit den bereits bekannten Pollen, binden sie an die Oberflächen-Antiköper der Mastzellen und führen so zu einer **Quervernetzung dieser Antikörper**.

Diese Quervernetzung löst die Freisetzung von allergievermittelnden Stoffen aus.

Zu diesen prüfungsrelevanten Allergiemediatoren gehören

- **Histamin**,
- **Heparin** und
- **Serotonin**.

Über den gleichen Mechanismus setzen auch basophile Granulozyten Histamin und Heparin frei.

2.4.5 T-Lymphozyten

T-Lymphozyten gehören zum **erworbenen, spezifischen Abwehrsystem** und entsprechen in unserer Stadt den hoch spezialisierten Mitgliedern der Kriminalpolizei und der Sondereinsatzkommandos.

T-Zellrezeptor

Kriminalbeamte besitzen u. a. ihre Augen, um Ganoven zu identifizieren. Doch wie schafft es ein blinder T-Lymphozyt, ein Antigen zu erkennen? Sein wichtigstes Werkzeug ist der T-Zellrezeptor, der Antigene bindet, die ihm auf speziellen Proteinen – den MHC-Molekülen (s. 2.6, S. 49) – von anderen Zellen präsentiert werden.

Die T-Zellrezeptoren eines T-Lymphozyten richten sich alle gegen das gleiche Antigen. Trotzdem gibt es sehr viele unterschiedlich aufgebaute T-Zellrezeptoren. Diese Vielfalt erklärt sich dadurch, dass für einen Rezeptor verschiedene Genabschnitte codieren, die ih-

rerseits in verschiedenen Variationen vorliegen und in der Entwicklung miteinander kombiniert werden. Dies nennt man auch **genetischen Polymorphismus**. Durch zusätzliche Mutationen ergeben sich noch weitere Varianten. Doch wie sieht ein solcher Rezeptor überhaupt aus?

Ein T-Zellrezeptor besteht aus zwei verschiedenen membranständigen Proteinketten, einer α- und einer β-Kette. Man spricht daher auch von einer **heterodimeren Struktur**. Angelagert ist dem Rezeptor immer ein **Oberflächenprotein** namens **CD3**. Hat ein T-Zellrezeptor sein spezifisches Antigen gebunden, kann zum Beispiel eine klassische Phosphoinositolkaskade ausgelöst werden, die über IP_3 zu einem Anstieg der zytosolischen Ca^{2+}-Konzentration und über Diacylglycerin zu einer Phosphorylierung von Proteinen führt.

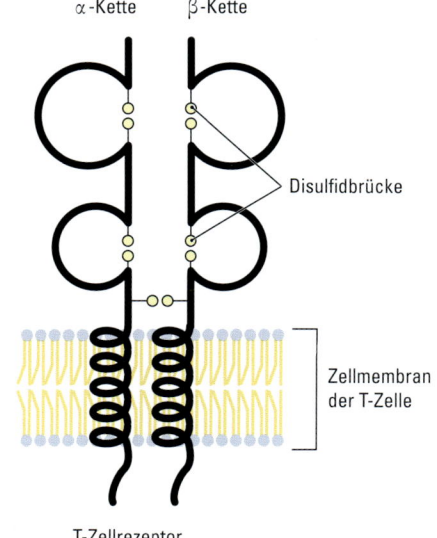

Abb. 37: T-Zellrezeptor   *medi-learn.de/7-bc6-37*

Merke!

T-Lymphozyten können Antigene mit ihrem T-Zellrezeptor nur erkennen, wenn sie ihnen auf MHC-Molekülen präsentiert werden.

T-Lymphozyten-Prägung

Nachdem sich ein T-Lymphozyt im Knochenmark aus lymphoiden Vorläuferzellen entwickelt hat, muss er – genau wie ein Kripoanwärter in unserer Stadt – erst einmal die Schulbank drücken. Diese Schule befindet sich im **Thymus**, daher auch die Bezeichnung T-Lymphozyten. Im ersten Abschnitt ihrer Ausbildung werden den jungen T-Lymphozyten von den Thymus-Epithelzellen MHC-Proteine (s. 2.6, S. 49) präsentiert. Mit diesen MHC-Molekülen werden den T-Lymphozyten später Antigene präsentiert, die sie mit ihrem T-Zellrezeptor erkennen können. Passt der Rezeptor eines T-Lymphozyten NICHT auf das MHC-Molekül, ist die Zelle unbrauchbar und wird in den Selbstmord getrieben (Apoptose oder programmierter Zelltod). Das Gleiche passiert, wenn der T-Zellrezeptor zu fest an das MHC-Molekül bindet.

Fällt unser Kripoanwärter durch diesen Test, muss er also die Polizeiakademie verlassen und seine Karriere ist beendet, bevor sie überhaupt begonnen hat.

Nur Zellen, die eine mittelstarke Bindung mit dem MHC-Protein eingehen – es also auch wieder loslassen können – sind für den Dienst geeignet und werden weiter ausgebildet.

Im zweiten Ausbildungsschritt wird den jungen T-Lymphozyten von dendritischen Zellen auf einem MHC-Molekül ein Autoantigen präsentiert. Ein Autoantigen ist ein körpereigener Stoff, an den T-Zellen NICHT binden dürfen. Bindet die T-Zelle dennoch an das Autoantigen, kann sie folglich körpereigen und körperfremd nicht unterscheiden und wird eliminiert. Nur T-Zellen, die beide Prüfungen bestanden haben, erhalten ihren Schulabschluss und können ihren Dienst antreten. Dazu wandern die reifen T-Lymphozyten ins Blut und in die sekundären, lymphatischen Organe, wie z. B. die Lymphknoten.

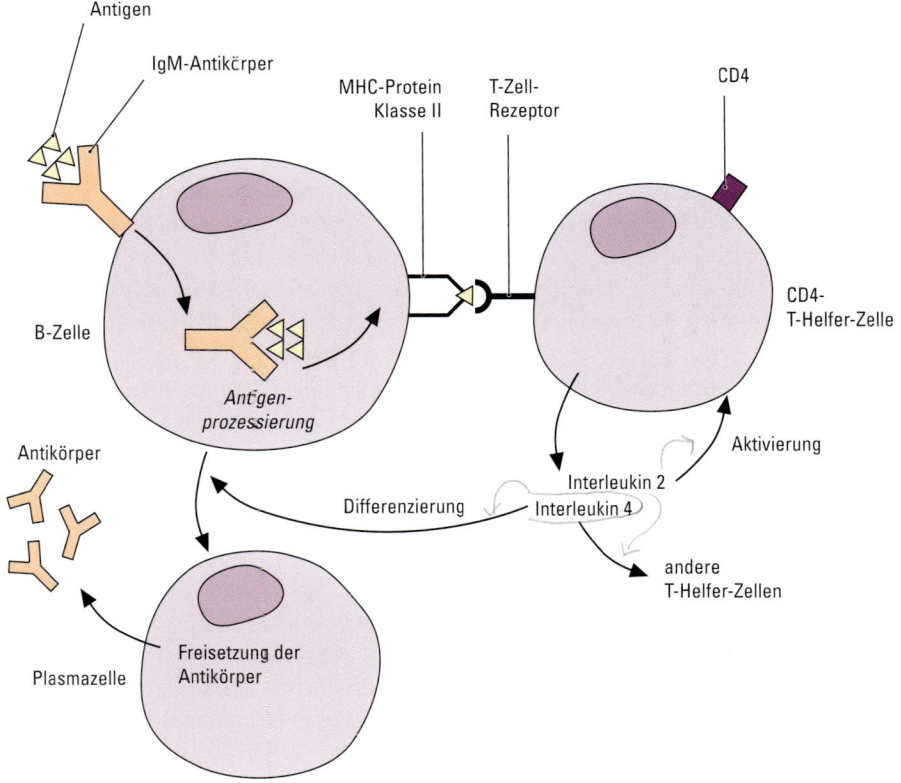

Abb. 38: B-Zellaktivierung

medi-learn.de/7-bc6-38

Bei den reifen T-Lymphozyten unterscheidet man mehrere Unterklassen (T-Helfer-Zellen und T-Killer-/cytotoxische T-Zellen).

> **Merke!**
>
> – T-Lymphozyten müssen MHC-Moleküle mit ihren T-Zellrezeptoren erkennen und mittelstark binden.
> – T-Lymphozyten dürfen NICHT an Autoantigene binden.

Übrigens ...
Werden fälschlicherweise T-Lymphozyten aus dem Thymus entlassen, die Autoantigene binden, so greifen diese körpereigene Strukturen an und es kommt zu einer Autoimmunerkrankung.

T-Helferzellen

T-Helferzellen haben auf ihrer Zelloberfläche ein charakteristisches Oberflächenprotein namens CD4. Man spricht daher auch von **CD4-positiven T-Zellen**.
Mit ihrem T-Zellrezeptor erkennen sie Antigene, die ihnen z. B. von B-Lymphozyten (s. 2.4.6, S. 47) auf einem **MHC-Molekül der Klasse II** (s. 2.6.1, S. 50) präsentiert werden.
Hat die T-Helferzelle ein solches Antigen erkannt, gibt sie die Botenstoffe **Interleukin 2** und **Interleukin 4** ab:
– Mit Interleukin 2 aktiviert unsere T-Helferzelle sich selbst sowie weitere T-Helferzellen.
– Interleukin 4 meldet einer B-Zelle, dass sie sich zu einer Plasmazelle weiterentwickeln soll. Diese Plasmazelle fängt nun an massenhaft Antikörper zu produzieren, die sich genau gegen das Antigen richten, das die ganze Reaktion in Gang gebracht hat.
T-Helferzellen helfen also den B-Zellen bei ihrer Differenzierung. Bei den T-Helferzellen gibt es zwei verschiedene Typen, die TH1- und die TH2-Zellen, welche sich in ihrem Interleukinspektrum unterscheiden:

TH1-Zellen aktivieren sich selbst (über Interleukin-2) und Makrophagen (über Interferon-γ), **TH2-Zellen** stimulieren B-Zellen mit Interleukin-4.

Übrigens ...
Die Bezeichnung CD steht für Cluster of Differentiation und beschreibt Oberflächenproteine, die zur Differenzierung zwischen verschiedenen Zellen genutzt werden. Inzwischen sind über 300 solcher Proteine bekannt!
HIV bindet sich spezifisch an CD4, um in das Innere der T-Helferzelle zu gelangen.

> **Merke!**
>
> CD4-positive T-Zellen erkennen MHC-Moleküle der Klasse II.

T-Killerzellen

Sind die T-Helferzellen eher mit Koordinatoren im Dienste der Kriminalpolizei zu vergleichen, so ist bei den T-Killerzellen der Name Programm: Sie entsprechen den schnellen Spezialeinheiten, die das Verbrechen direkt bekämpfen.
Wie die T-Helferzellen tragen auch die T-Killerzellen ein charakteristisches Oberflächenprotein, das CD8. Man spricht daher auch von **CD8-positiven T-Zellen**.
Die T-Killerzellen erkennen mit ihrem T-Zellrezeptor Antigene, die ihnen von normalen Körperzellen auf einem **MHC-Molekül der Klasse I** (s. 2.6.1, S. 50) präsentiert werden. Haben sie ein solches Antigen erkannt, machen sie ihrem Namen alle Ehre und töten diese Zelle ab, z. B. durch den Einbau von Perforinen, die zum Wassereinstrom führen oder durch Induktion von Apoptose. Ein solches Antigen kann z. B. Bestandteil eines Virus sein, das sich in der betroffenen Zelle eingenistet hat.

Merke!

CD8-positive T-Zellen erkennen MHC-Moleküle der Klasse I.

2.4.6 B-Lymphozyten

B-Lymphozyten entwickeln sich wie T-Lymphozyten im Knochenmark aus lymphoiden Vorläuferzellen und besuchen ebenfalls eine Schule. Diese **B**-Lymphozyten-Schule befindet sich allerdings im Knochenmark (engl. = **B**one Marrow), daher auch der Name B-Lymphozyten. Vergleichen kann man sie mit den Beamten des Erkennungsdienstes unserer Stadt.

Auf ihrer Oberfläche tragen B-Lymphozyten Antikörpermoleküle als Rezeptoren, mit denen sie Antigene binden können. Diese Antikörper gehören zur IgM- oder IgD-Klasse, wobei alle Oberflächenrezeptoren eines B-Lymphozyten immer zur gleichen Klasse gehören.

B-Lymphozyten-Differenzierung

Bindet ein B-Lymphozyt mit seinem Rezeptor ein passendes Antigen, wird das Antigen in die Zelle aufgenommen und verdaut.

Die Bruchstücke werden auf **MHC-Molekülen der Klasse II** an der Zelloberfläche präsentiert.

Wenn nun eine T-Helferzelle mit ihrem T-Zellrezeptor die B-Zelle abtastet und das Antigen erkennt, gibt sie Botenstoffe ab – unter anderem auch das auf die B-Lymphozyten wirkende Interleukin 4 (s. Abb. 39, S. 48). Hat der B-Lymphozyt die Botschaft erhalten, also Interleukin 4 an seinen Rezeptor gebunden, bewirkt das zweierlei:

– zum einen **klonale Expansion** (der B-Lymphozyt beginnt, sich in identische Zellen zu teilen),
– zum anderen **Differenzierung** (der Lymphozyt wird zu einer Plasmazelle).

Diese **Plasmazelle** produziert jetzt massenhaft Antikörper gegen das auslösende Antigen und gibt diese durch konstitutive Sekretion an das Blut ab.

2.4.7 NK-Zellen

NK-Zellen (natürliche Killerzellen) stammen zwar ebenfalls von lymphoiden Vorläufern ab, werden aber aufgrund ihrer Funktionsweise dem angeborenen Immunsystem zugerechnet. Sie richten sich vorwiegend gegen infizierte oder entartete Zellen, deren Produktion von MHC-Molekülen (s. 2.6, S. 49) unterdrückt wird und die sonst vom Immunsystem kaum erkannt werden würden.

2

2

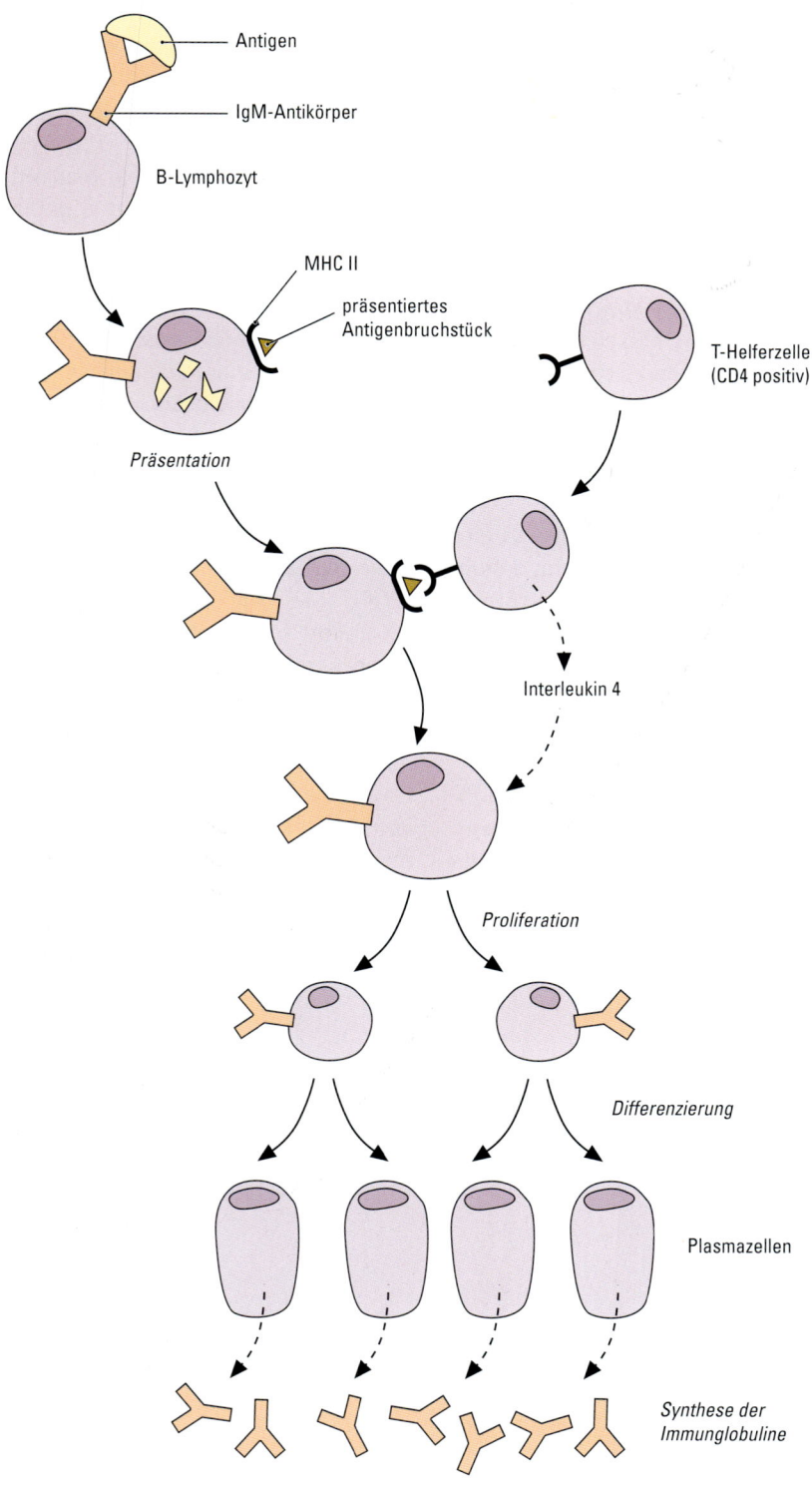

Abb. 39: B-Zelldifferenzierung

medi-learn.de/7-bc6-39

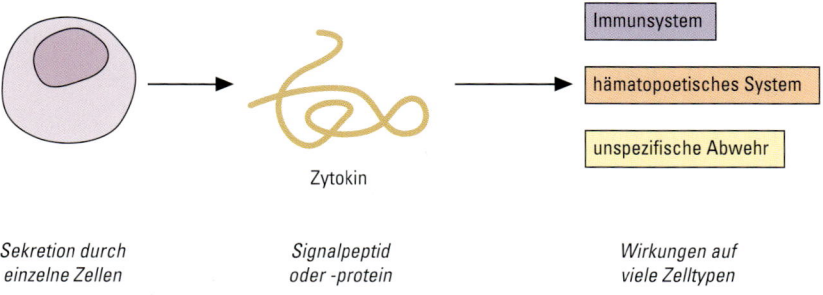

Zytokin

| Sekretion durch einzelne Zellen | Signalpeptid oder -protein | Wirkungen auf viele Zelltypen |

Abb. 40: Zytokine   *medi-learn.de/7-bc6-40*

2.5   Zytokine

Was die Funkgeräte für die Polizei sind, sind die Zytokine für die Zellen unseres Körpers. Es sind Polypeptide, die von bestimmten Zellen sezerniert werden, um über die spezifischen Oberflächenrezeptoren ihrer Zielzellen die gewünschte Wirkung auszulösen. In der Natur gibt es eine wahre Flut an diesen Botenstoffen, die aber in der schriftlichen Prüfung seit geraumer Zeit mit keiner Frage mehr gewürdigt wurden. Da aber hin und wieder im mündlichen Teil eine Frage zu ihnen gestellt wird, sind für dich die wichtigsten Zytokine des Immunsystems in der untenstehenden Tabelle (s. Tab. 5, S. 49) zusammengefasst.

2.6   MHC-Proteine

MHC-Proteine spielen eine entscheidende Rolle in der Immunabwehr und werden auch im Physikum gerne gefragt. Deshalb werden sie in diesem Kapitel näher beleuchtet.

MHC-Proteine sind **Oberflächenproteine**, die auf nahezu allen Zellen vertreten sind und dazu dienen, anderen Zellen **kurze Peptidfragmente** zu präsentieren. Man kann sich MHC-Moleküle als die **Silbertabletts des Immunsystems** vorstellen, die den verwöhnten Lymphozyten Antigene kredenzen.

Unterschieden werden MHC-Proteine der Klasse I von MHC-Proteinen der Klasse II. Beide Molekülklassen unterliegen – ähnlich dem T-Zellrezeptor – einem starken **genetischen Polymorphismus** (s. T-Zellrezeptor, S. 44).

Zytokin	Funktion	Syntheseort
Interleukin 1	– Aktivierung von B- und T-Lymphozyten – Ausbildung Entzündungsreaktion, Fieber – Verstärkte Bildung von Akute-Phase-Proteine	Makrophagen
Interleukin 2	Proliferation von B- und T-Lymphozyten	T-Zellen
Interleukin 4	Proliferation und Differenzierung von B-Lymphozyten	T_{H2}-Zellen
Tumornekrosefaktor α	– Makrophagenaktivierung – Fieber – Nekrosen im Tumorgewebe	Makrophagen
Interferon α/β	– antivirale Aktivität – Proliferationshemmung bei Lymphozyten – MHC-I-Hochregulierung	Fibroblasten Lymphozyten
Interferon γ	– MHC-I- und MHC-II-Hochregulierung – Makrophagenaktivierung	T_{H1}-Zellen

Tab. 5: Zusammenfassung der Zytokine

Übrigens ...
Der Name **MHC** (**M**ajor **H**istocompatibility **C**omplex) entstand, weil diese Proteine im Rahmen von Gewebeunverträglichkeitsreaktionen bei Transplantatabstoßungen entdeckt wurden. Eine synonyme Bezeichnung beim Menschen ist **HLA** (**H**uman **L**eukocyte **A**ntigen).

2.6.1 MHC-I-Proteine

MHC-I-Moleküle bestehen aus **einer membranständigen α-Kette** und einem **angelagerten β_2-Mikroglobulin**. Sie befinden sich auf **allen kernhaltigen Zellen** und daher also NICHT auf Erythrozyten (da diese ja keinen Kern haben). Baut eine Zelle zelleigene Proteine im **Proteasom** ab, die bei einer Virusinfektion körperfremdes Material enthalten können, schleust sie kontinuierlich einen Teil der entstandenen Peptidfragmente ins endoplasmatische Retikulum. Dort werden diese auf ein MHC-I-Molekül geladen und über den Golgi-Komplex zur Zelloberfläche transportiert.
An der Zelloberfläche präsentiert nun unser **immunologisches MHC-I-Silbertablett** sein Peptidfragment den patrouillierenden **CD8-positiven T-Killerzellen**. Die Bindung der Peptidfragmente wird dabei nur von der α-Kette bewerkstelligt.
Erkennt eine T-Killerzelle ein solches Peptidfragment als körperfremdes Antigen, das z. B. von einem Virus stammt, tötet sie die befallene Zelle ab.

Übrigens ...
Da mittels der MHC-I-Moleküle Peptidfragmente aus dem eigenen Zellhaushalt präsentiert werden, erklärt sich so auch die **Transplantatabstoßungsreaktion**:
Körperfremde, transplantierte Zellen stimulieren über ihre fremden MHC-Proteine und Antigene zytotoxische T-Killerzellen und werden von diesen zerstört.

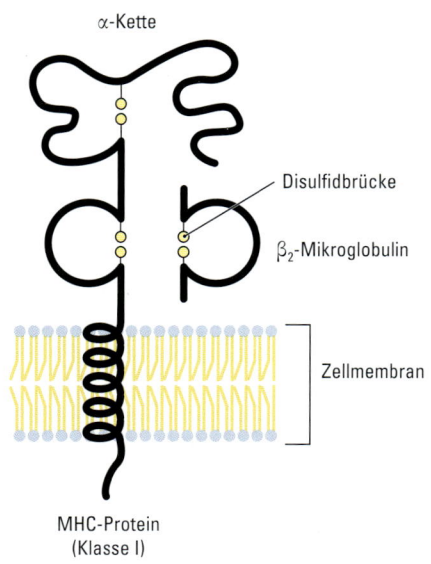

Abb. 41: MHC I   *medi-learn.de/7-bc6-41*

2.6.2 MHC-II-Proteine

MHC-**II**-Moleküle bestehen aus zwei **membranständigen Proteinketten**, einer α- und einer β-Kette. Sie befinden sich auf **antigenpräsentierenden Zellen**, wie z. B. Makrophagen und B-Lymphozyten.
Hat eine solche Zelle ein Antigen von außen aufgenommen, verdaut sie es im **Phagosom** (s. Phagozytose, 2.9, S. 63). Fragmente dieses Abbauprozesses werden in der Zelle auf MHC-II-Moleküle geladen, indem das Phagosom mit dem Endosom fusioniert, das die frisch synthetisierten MHC-II-Moleküle aus dem endoplasmatischen Retikulum anliefert.
Mit dem Antigen beladen wird nun das MHC-II-Molekül an die Oberfläche verlagert. Hier präsentiert es in bester Silbertablettsmanier patrouillierenden **CD4-positiven T-Helferzellen** dieses Antigen. Erkennt eine T-Helferzelle mittels ihres T-Zellrezeptors ein solches Antigen auf einer B-Zelle, setzt sie Interleukine frei, die zur B-Zelldifferenzierung führen.

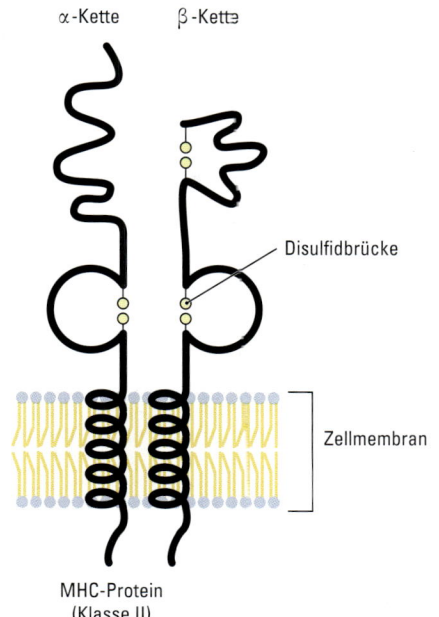

α-Kette β-Kette

Disulfidbrücke

Zellmembran

MHC-Protein
(Klasse II)

Abb. 42: MHC II   *medi-learn.de/7-bc6-42*

Merke!

– MHC-I besteht aus einer Proteinkette und einem angelagerten β_2-Mikroglobulin,
– MHC-II besteht aus zwei Proteinketten (α und β),
– MHC-I wird immer von CD8-positiven T-Killerzellen erkannt,
– MHC-II wird immer von CD4-positiven T-Helferzellen erkannt.

Diese Fakten lassen sich mit folgender Merkhilfe leichter behalten:
– (MHC) **1** · (CD) **8 = 8**
– (MHC) **2** · (CD) **4 = 8**

2

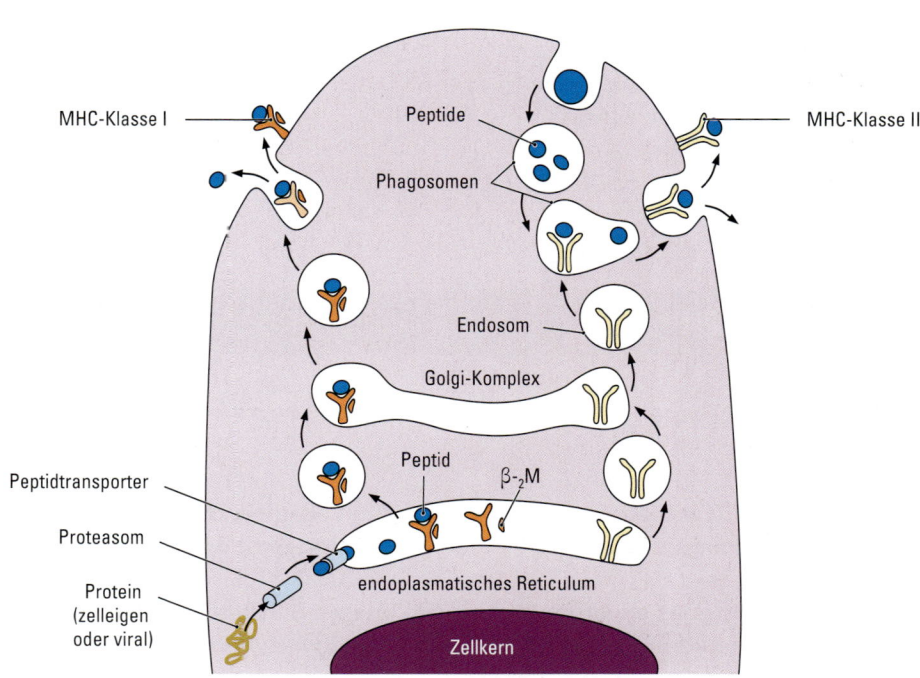

MHC-Klasse I

Peptide

Phagosomen

MHC-Klasse II

Endosom

Golgi-Komplex

Peptidtransporter

Peptid β_2M

Proteasom

Protein
(zelleigen
oder viral)

endoplasmatisches Reticulum

Zellkern

Abb. 43: MHC-Vergleich   *medi-learn.de/7-bc6-43*

Bist du nun schon fast mit den wackeren **Immunzellen** unseres Körpers per Du, so helfen dir die folgenden Fakten, dies auch im Examen unter Beweis zu stellen:

- Neutrophile Granulozyten machen ca. 60 % der Leukozyten aus.
- Neutrophile Granulozyten enthalten Elastase.
- Basophile Granulozyten setzen bei Aktivierung Heparin und Histamin frei.
- Defensine sind anti-mikrobielle Effektormoleküle und werden von Neutrophilen sowie in Schleimhäuten produziert.
- TLR (Toll-Like-Rezeptoren) dienen der Erkennung charakteristischer, bakterieller Moleküle.
- T-Lymphozyten sezernieren Interleukin 2.
- Der T-Zellrezeptor erkennt nur Antigene, die ihm auf MHC-Molekülen präsentiert werden.
- Ein B-Lymphozytenklon produziert nur Antikörper gegen dasselbe Antigen.
- Zytotoxische T-Killerzellen haben CD8-Moleküle auf ihrer Oberfläche und erkennen MHC-Moleküle der Klasse I.
- T-Helferzellen haben CD4-Moleküle auf ihrer Oberfläche und erkennen MHC-Moleküle der Klasse II.

- Für die HIV-Infektion einer Zelle müssen das Oberflächenmolekül CD4 der Zielzelle und das Glykoprotein gp120 des HI-Virus miteinander in Wechselwirkung treten.

Damit du im Schriftlichen dein Wissen über **MHC-Proteine** auch auf einem Silbertablett präsentieren kannst, solltest du folgende Fakten parat haben:

- MHC-I befinden sich auf allen kernhaltigen Zellen.
- MHC-II sitzen auf antigenpräsentierenden Zellen.
- MHC-I wird von CD8-positiven T-Killerzellen erkannt.
- MHC-II wird von CD4-positiven T-Helferzellen erkannt.
- MHC-I besteht aus einer Proteinkette mit angelagertem β_2-Mikroglobulin.
- MHC-II besteht aus zwei Proteinketten.
- MHC-I-Moleküle präsentieren Peptidfragmente (eigene und fremde) aus dem zelleigenen Stoffwechsel.
- MHC-II-Moleküle präsentieren phagozytiertes Fremdmaterial.

Beantworte nun unsere Fragen zum Thema Immunsystem. Dann kannst du an dieses Thema getrost einen Haken für dich machen.

1. **Beschreiben Sie bitte das angeborene, unspezifische Immunsystem.**

2. **Beschreiben Sie bitte das erworbene, spezifische Immunsystem.**

3. **Bitte erklären Sie kurz, was ein Antigen ist.**

4. **Bitte erläutern Sie, wozu ein T-Zellrezeptor dient.**

5. **Fassen Sie bitte kurz das Prinzip der T-Lymphozytenprägung zusammen.**

6. **Fassen Sie bitte kurz das Prinzip der B-Zelldifferenzierung zusammen.**

7. Welche Lymphozytenunterklassen kennen Sie und was sind deren Hauptaufgaben?

8. Bitte erklären Sie, was Interleukine sind und erläutern Sie ihren Wirkmechanismus.

9. Bitte erklären Sie die Funktion der MHC-I-Moleküle.

10. Bitte erklären Sie die Funktion der MHC-II-Moleküle.

11. MHC-Moleküle unterliegen einem genetischen Polymorphismus. Was bedeutet diese Aussage.

---

1. Beschreiben Sie bitte das angeborene, unspezifische Immunsystem.
  – Mit dem angeborenen, unspezifischen Immunsystem ist der Mensch von Geburt an ausgestattet.
  – Es richtet sich nicht spezifisch gegen bestimmte Antigene.
  – Es beinhaltet u. a. Phagozyten, das Komplementsystem und physikalisch-chemische Hindernisse.

2. Beschreiben Sie bitte das erworbene, spezifische Immunsystem.
  – Die Schutzmechanismen gegen Antigene müssen erst erlernt werden.
  – Die Abwehrstrategie ist dann spezifisch gegen diese Antigene gerichtet.
  – Das erworbene, spezifische Immunsystem besteht aus T-Lymphozyten und B-Lymphozyten.

3. Bitte erklären Sie kurz, was ein Antigen ist.
  – Ein Stoff, der eine Immunantwort auslöst.

4. Bitte erläutern Sie, wozu ein T-Zellrezeptor dient.
  – Der T-Zellrezeptor dient der Antigenerkennung.
  – Er erkennt nur von MHC-Molekülen präsentierte Antigene.
  – T-Zellrezeptoren unterliegen einem genetischen Polymorphismus (s. 2.4.5, S. 44).

5. Fassen Sie bitte kurz das Prinzip der T-Lymphozytenprägung zusammen.
  – Die T-Lymphozytenprägung findet im Thymus statt.
  – Zuerst wird die Fähigkeit zur Erkennung von MHC-Molekülen getestet.
  – Werden diese Moleküle nicht erkannt oder zu fest gebunden, führt dies zur Apoptose der T-Zelle.
  – Bindet die T-Zelle an anschließend präsentierte Autoantigene, wird sie ebenfalls aussortiert.
  – Eine erfolgreiche Prägung hat stattgefunden, wenn der T-Lymphozyt MHC-Moleküle mittelstark bindet und nicht an Autoantigene bindet.
  – Nach erfolgreicher Prägung kommt es zur Aussiedlung in sekundäre lymphatische Organe und das Blut.

6. Fassen Sie bitte kurz das Prinzip der B-Zelldifferenzierung zusammen.
  – Im ersten Schritt kommt es zur Bindung eines Antigens auf dem B-Zelloberflächenrezeptor (IgM oder IgD).
  – Nach Aufnahme und Verdauung des Antigens werden Antigenfragmente auf der Oberfläche präsentiert.
  – Diese Fragmente werden von T-Helferzellen erkannt, die nun Interleukin 4 abgeben.
  – Interleukin 4 bewirkt die Differenzierung der B-Zellen zu Plasmazellen.

– Die Plasmazellen produzieren anschließend Antikörper gegen das auslösende Antigen.

7. Welche Lymphozytenunterklassen kennen Sie und was sind deren Hauptaufgaben?
– CD4-positive T-Helferzellen tragen durch Interleukinproduktion z. B. zur Differenzierung von B-Lymphozyten bei und aktivieren Makrophagen.
– CD8-positive T-Killerzellen töten Zellen ab, die ihnen auf MHC-I-Molekülen Antigene präsentieren.
– B-Lymphozyten können mit ihren Oberfächenrezeptoren Antigene binden und diese CD4-positiven Helferzellen präsentieren. Der Kontakt löst die Proliferation und Differenzierung der B-Lymphozyten zu Plasmazellen aus, die jetzt Antikörper produzieren und sezernieren.

8. Bitte erklären Sie, was Interleukine sind und erläutern Sie ihren Wirkmechanismus.
– Interleukine sind Polypeptide, die von Leukozyten sezerniert werden.
– Sie wirken als Botenstoffe,
– binden an Oberflächenrezeptoren und lösen eine Signaltransduktion ins Zellinnere aus.

9. Bitte erklären Sie die Funktion der MHC-I-Moleküle?
– MHC-I-Moleküle präsentieren kurze Peptidfragmente aus dem eigenen Zellhaushalt.

– MHC-I-Moleküle werden im endoplasmatischen Retikulum mit Polypeptiden beladen und anschließend zur Zelloberfläche transportiert.
– Dort präsentieren sie diese Polypeptide CD8-positiven T-Killerzellen.
– Diese töten die Zelle ab, wenn Fremdmaterial präsentiert wird (z. B. bei einer Virusinfektion).

10. Bitte erklären Sie die Funktion der MHC-II-Moleküle.
– MHC-II-Moleküle werden mit Fragmenten aus dem Phagosom beladen und anschließend zur Zelloberfläche transportiert.
– Dort präsentieren sie diese Antigenfragmente CD4-positiven T-Helferzellen.
– Diese geben daraufhin Interleukine ab, die z. B. zur B-Zell-Differenzierung beitragen.

11. MHC-Moleküle unterliegen einem genetischen Polymorphismus. Was bedeutet diese Aussage?
– Für ein MHC-Molekül codieren verschiedene Genabschnitte.
– Durch Kombination der Genabschnitte, die in mehreren Variationen vorliegen, wird eine große Vielfalt erzeugt.
– Mutationen in der Entwicklung verstärken diesen Effekt.

Pause

Endspurt! Noch einmal kurz grinsen, dann geht's auf zum letzten Kapitel ...

2.7 Antikörper

Antikörper sind Proteine, die Antigene binden können. Aufgrund ihrer globulären Struktur spricht man auch von **Immunglobulinen** (Ig). Jeder Antikörper erkennt mit einem speziellen Molekülbereich genau (s)ein Antigen, die **Antigenerkennung** ist also **spezifisch**.
Ein zweiter Molekülbereich des Antikörpers ist für weitere biologische Funktionen zuständig, wie z. B. die Bindung an andere Zellen oder die Bindung von Komplementfaktoren.
Antikörper werden von Plasmazellen gebildet, die sich aus B-Lymphozyten entwickeln (s. Abb. 39, S. 48). Neben den T-Zellrezeptoren und den MHC-Proteinen zeigen auch die Antikörper einen ausgeprägten **genetischen Polymorphismus** (s. 2.4.5, S. 44).
Antikörper werden sehr gerne im Physikum gefragt, deshalb wird dir ein aufmerksames Lesen des nächsten Kapitels sicherlich einige Punkte bringen!

2.7.1 Struktur der Antikörper

Ein Antikörper besteht **aus zwei identischen schweren H-Ketten** (engl. = **h**eavy) und **zwei identischen leichten L-Ketten** (engl. = **l**ight). Beide Kettenklassen haben eine **konstante** (C) **und eine variable Region** (V). Den variablen Teil der schweren Kette kürzt man entsprechend mit V_H ab, den der leichten mit V_L. Verbunden sind die vier Ketten über **Disulfidbrücken**. Die schweren und leichten Ketten aller Antikörper liegen größtenteils als β-Faltblattstruktur vor.

H-Ketten

Ein Antikörper enthält **immer** zwei identische schwere Ketten. Der konstante (C)-Anteil der schweren Ketten wird noch jeweils in drei so genannten „CH-Domänen" (H steht auch hier für heavy) unterteilt. Diese Domänen werden benötigt, damit der Antikörper später von Makrophagen und neutrophilen Granulozyten gebunden werden kann.

Eine Plasmazelle kann dabei fünf verschiedene Klassen dieser H-Ketten produzieren (α, γ, δ, ε und μ). Die Klasse der schweren Kette bestimmt die Zugehörigkeit eines Antikörpers zu den verschiedenen Antikörperklassen:

– Ig**A** (α)
– Ig**G** (γ)
– Ig**D** (δ)
– Ig**E** (ε)
– Ig**M** (μ)

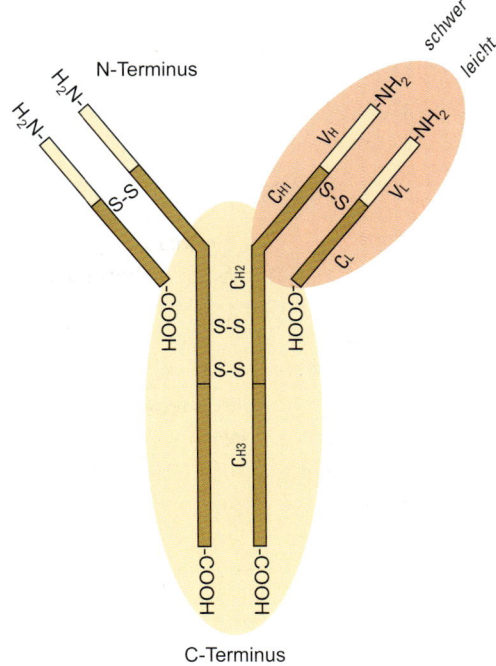

Abb. 44: Struktur von IgG   *medi-learn.de/7-bc6-44*

Zunächst produziert eine Plasmazelle **immer** IgM und erst anschließend eine der anderen Antikörperklassen. Bei diesem Klassenswitch (Umschalten zu einer anderen Antikörper-Klasse) wird nur der konstante Teil der schweren Kette verändert. Die Antigenbindungsstelle und damit die Spezifität des Antikörpers bleibt erhalten. Dieser Austausch findet auf Genebene statt, indem der für die H-Kette der Klasse μ codierende Abschnitt herausgeschnitten wird und verloren geht (somatische Rekombination). Bei der weiteren Synthese werden dann die Gene abgelesen, die für die anderen H-Ketten-Klassen codieren.

Nach einem Klassenswitch kann eine B-Zelle daher nicht mehr zu früher produzierten Antikörperklassen zurückkehren.

L-Ketten

Wie die schweren Ketten eines Antikörpers, sind auch seine leichten Ketten identisch. Der variable Teil kann sich aber durchaus von dem der H-Kette unterscheiden. Man unterscheidet zwei verschiedene L-Ketten: κ und λ. Ein IgG-Molekül kann damit in zwei verschiedenen Variationen vorliegen:

– als γγλλ oder
– als γγκκ.

F_{ab}-Fragment

Das Enzym Papain kann einen Antikörper in drei Teile spalten. Hierbei entstehen zwei F_{ab}-Fragmente (= **a**ntigen **b**in-

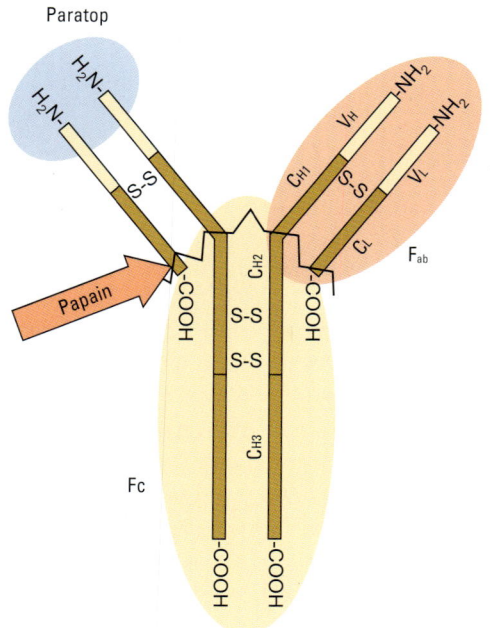

Abb. 45: F_{ab}-Fragmente   *medi-learn.de/7-bc6-45*

ding) und ein F_c-Fragment (= **c**rystallyzable). Jedes F_{ab}-Fragment besitzt zwei variable Domänen (V_H und V_L, siehe Abb. 45, S. 56), die die Fähigkeit zur **Antigenbindung** vermitteln.

> **Merke!**
>
> Ein Antikörpermolekül hat zwei Antigenbindungsstellen (Paratope), die sich an den F_{ab}-Fragmenten befinden.

Antigen-Antikörper-Bindung

Die N-terminalen, variablen Anteile beider Ketten (L + H-Kette) eines Antikörpers bilden die Antigenbindungsstelle und NICHT etwa die Faltblattstruktur der H-Kette, wie im schriftlichen Physikum gerne behauptet wird.

Doch wie sieht nun eine solche Antigenbindung genau aus?

Bei der Antigen-Antikörper-Bindung handelt es sich NICHT um eine kovalente Bindung. Vielmehr spielt dabei eine Vielzahl anderer Faktoren eine Rolle, nämlich

– **elektrostatische Wechselwirkungen,**
– **hydrophobe Wechselwirkungen,**
– **Van-der-Waals-Kräfte** und
– **Wasserstoffbrückenbindungen.**

Der gesamte Prozess der Bindung eines Antigens an einen Antikörper folgt dem **Massenwirkungsgesetz**.

F_c-Fragment

Das F_c-Fragment wird von den langen Abschnitten der schweren Ketten gebildet. Es vermittelt die biologische Aktivität eines Antikörpers:

– Makrophagen und neutrophile Granulozyten haben einen Rezeptor für die CH-Domänen der F_c-Fragmente und können so Antikörper binden.
– Außerdem kann das F_c-Fragment über ein Oligosaccharid Komplement binden und
– es ist für die Plazentagängigkeit des IgG verantwortlich.

Merke!

Wichtige Vorgänge, die durch das F$_c$-Fragment vermittelt werden, sind
- die Bindung an Makrophagen und neutrophile Granulozyten,
- die Komplementbindung und
- Durchdringung der Plazentaschranke (IgG).

Gelenkregion

Im Bereich des Übergangs der F$_{ab}$-Fragmente zum F$_c$-Fragment (die Stelle, an der Papain spaltet, s. Abb. 45, S. 56) bestehen die H-Ketten hauptsächlich aus Cystein- und Prolinresten. Dieser Molekülabschnitt ist **beweglich** und wird als **Gelenkregion** bezeichnet. Diese Beweglichkeit ermöglicht die Bindung antigener Determinanten (s. 2.3.1, S. 39) mit unterschiedlichen Abständen.

2.7.2 Antikörperklassen

Wie bereits beschrieben (s. 2.7.1, S. 55), existieren fünf verschiedene Klassen von Antikörpern.

Dabei haben Antikörper verschiedener Klassen, wenn sie alle von derselben Plasmazelle produziert wurden, die **gleiche Antigenbindungsstelle**. Die unterschiedliche Struktur ihres F$_c$-Fragments verleiht den verschiedenen Antikörperklassen jedoch unterschiedliche biologische Fähigkeiten.

Diese unterschiedlichen Fähigkeiten nehmen wir jetzt mal etwas genauer unter die Lupe:

IgM

IgM-Antikörper sind die ersten Immunglobuline, die unsere Plasmazelle bildet. Man spricht daher auch vom **Immunglobulin der Frühphase einer Immunantwort**.

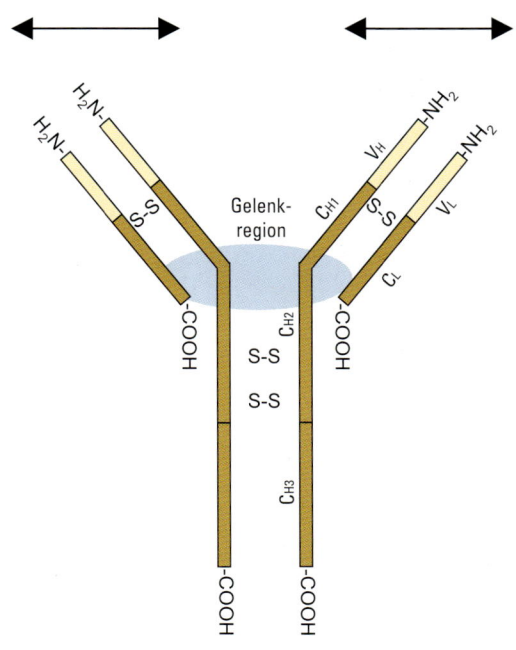

Abb. 46: F$_c$-Fragment *medi-learn.de/7-bc6-46*   **Abb. 47: Gelenkregion** *medi-learn.de/7-bc6-47*

2

Ein IgM besteht aus **fünf** Antikörpermolekülen, die über ein Verbindungspeptid (J-Kette, für engl. = joining) und über Disulfidbrücken zu einem Pentamer verbunden sind. Damit ist es das schwerste Immunglobulin und bringt stattliche 900 000 Dalton (eine atomare Masseneinheit) auf die Waage.

Zu seinen besonderen Fähigkeiten gehört die **Agglutination** – die Fähigkeit, unlösliche Antigene zu vernetzen. Die so vernetzten Antigene können dann beispielsweise durch Makrophagen beseitigt werden.

IgM ist außerdem ein starker **Aktivator des Komplementsystems** (s. 2.8, S. 60) und der einzige Antikörper, der vom Fetus – etwa ab dem fünften Schwangerschaftsmonat – selbständig gebildet werden kann.

Fürs Physikum solltest du dir zusätzlich noch merken, dass die **Antikörper des AB0-Blutgruppen-Systems** zur Klasse der IgM gehören.

IgG

IgG ist im Gegensatz zum IgM ein **Monomer**, besteht also nur aus einem Antikörpermolekül und wiegt auch nur 150 000 Dalton.

Es ist das Immunglobulin mit der **höchsten Serumkonzentration**, zu dessen besonderen Fähigkeiten die **Neutralisierung von Toxinen** gehört.

Wie auch das IgM ist es in der Lage, Antigene zu agglutinieren und aktiviert ebenfalls das **Komplementsystem**. Außerdem bewirkt es die **Opsonierung** von Antigenen (s. Abb. 35, S. 43).

Eine weitere Fähigkeit des IgG ist die **Virusneutralisierung**: Ein Virus muss, um sich zu replizieren, in eine Wirtszelle eindringen. Sind nun aber seine Hüllproteine, die beim Eindringen eine entscheidende Rolle spielen, durch IgG-Moleküle blockiert, muss das Virus draußen bleiben.

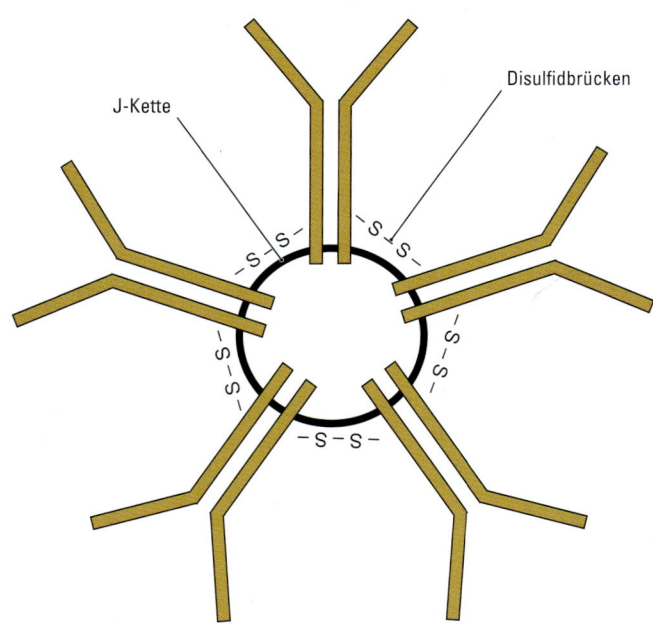

J-Kette

Disulfidbrücken

Abb. 48: IgM

Doch damit nicht genug: IgG ist das einzige Immunglobulin, das **plazentagängig** ist. Es vermittelt dem Fetus so eine Leihimmunität, bis dieser ab dem fünften Schwangerschaftsmonat eigene Immunglobuline (IgM) bilden kann. Die Anti-D-Blutgruppenantikörper gehören zur Klasse der IgG und da sie plazentagängig sind, vermitteln sie die **fetale Erythroblastose**.

Fetale Erythroblastose

Die fetale Erythroblastose wird auch **Morbus hämolyticus neonatorum** genannt.

Hinter diesen komplizierten Worten verbirgt sich eine ebenso simple wie fatale Erkrankung. Voraussetzung für diese Erkrankung ist die Schwangerschaft einer rhesus-negativen (rh-) Mutter mit einem rhesus-positiven (Rh+) Kind. Tritt während der Geburt kindliches Blut in den mütterlichen Organismus über, so immunisiert sich dieser gegen das Rh+-Antigen, ein Protein, das auf der Membran der fetalen Erythrozyten exprimiert wird. Die Mutter bildet also Antikörper (IgGs) gegen das Blut ihres Kindes. Bei einer zweiten Schwangerschaft mit einem Rh+-Kind treten diese plazentagängigen IgGs in das kindliche Blut über und führen dort zur **Hämolyse**, einer Zerstörung der kindlichen Erythrozyten.

Übrigens ...

Ist eine solche Schwangerschaftskonstellation bekannt, beugt man der Immunisierung der Mutter vor, indem man ihr nach der ersten Schwangerschaft Antikörper gegen das Rhesus-Antigen verabreicht. Diese Antikörper blockieren das Rhesus-Antigen und verhindern so die Bildung mütterlicher Antikörper.

IgE

IgE ist das Immunglobulin mit der geringsten Serumkonzentration und spielt eine entscheidende Rolle bei der **Parasitenabwehr**.

Als Oberflächenrezeptor von basophilen Granulozyten und Mastzellen ist es außerdem an der **Vermittlung allergischer Reaktionen** beteiligt (s. 2.4.4, S. 43).

IgA

IgA ist das **Immunglobulin der Schleimhäute** und so z. B. in Speichel, Tränenflüssigkeit und Muttermilch enthalten. Man könnte es auch als Farbe für den **immunologischen Anstrich der Mucosa** bezeichnen.

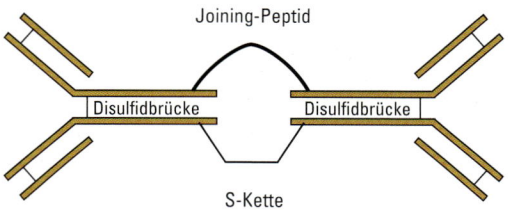

Abb. 49: IgA   medi-learn.de/7-bc6-49

Das IgA wird als **Dimer** von Plasmazellen sezerniert, die direkt unter dem Schleimhautepithel liegen. Die beiden Antikörpermoleküle sind über ein **Joining-Peptid** verbunden. Dieses Dimer bindet an einen Rezeptor auf der Oberfläche der Epithelzelle. Daraufhin nimmt die Epithelzelle das Dimer samt Rezeptor auf und gibt es auf der Schleimhautoberfläche in die extrazelluläre Flüssigkeit wieder ab. Ein Teil des Rezeptors – die **S-Kette** – verbleibt dabei als **Proteaseschutz** am Dimer und schützt es vor Abbau.

IgD

Außer der Tatsache, dass das IgD den **B-Lymphozyten** neben IgM als **Oberflächenrezeptor dient**, ist über seine Funktion wenig bekannt und nichts prüfungsrelevant.

2

Immunglobulin-Übersicht

Da die Immunglobine im Physikum gerne gefragt werden, solltest du die folgende Übersicht auswendig können:

Klasse	wichtige Fähigkeiten	Besonderheiten
IgM	– Agglutination – Komplementaktivierung	– Pentamer – Ig der Frühphase – Ig des ABO-Systems
IgG	– Opsonierung – Toxinneutralisierung – Virusneutralisierung – Komplementaktivierung	– höchste Serumkonzentration – plazentagängig – Ig gegen Rhesus-Antigen
IgE	– Parasitenabwehr – allergische Reaktion	– Oberflächenrezeptor von Mastzellen und Basophilen
IgA	Schleimhautimmunität	– Dimer
IgD	B-Lymphozyten-Rezeptor	

Tab. 6: Übersicht Immunglobuline

2.8   Komplementsystem

Versetze dich jetzt bitte einmal in die folgende Situation: Ein gewiefter Kleinganove schleicht sich in der Dämmerung durch einen verträumten Vorort einer Stadt, um einen kleinen, lukrativen Bruch zu machen. Vorsichtig begibt er sich in den Vorgarten einer kleinen Villa und will gerade seinen Glasschneider ansetzen, als das Unvermeidliche passiert: Von der Straße stürmt ein Mann der Bürgerwehr beherzt auf ihn zu und reißt ihn zu Boden! Durch das Getümmel alarmiert, stürzen schnell von mehreren Seiten weitere Bürgerwehrler herbei und gemeinsam ist der verdutzte Ganove rasch dingfest gemacht.

Wenn du diese Situation bildhaft vor Augen hast und nun wieder in den menschlichen Körper blickst, befindest du dich mitten im Komplementsystem.

Das Komplementsystem gehört zum **angeborenen, unspezifischen Abwehrsystem** und attackiert wie unsere Bürgerwehr körperfremde Eindringlinge, also ohne dabei spezifisch zu sein.

Es wird von **neun Komplementfaktoren** (C1 bis C9) gebildet, die in der Leber synthetisiert werden und auf der Suche nach Antigenen durch das Gefäßsystem patrouillieren. Die Komplementfaktoren aktivieren sich ähnlich wie das Gerinnungssystem **kaskadenartig** durch **limitierte Proteolyse**. Man unterscheidet dabei einen klassischen, einen Lektin-abhängigen und einen alternativen Aktivierungsweg. Alle Wege enden in einer gemeinsamen Endstrecke, die zur Zerstörung der Zielzelle führt.

2.8.1   Klassische Komplementaktivierung

Am Anfang der klassischen Variante der Komplementaktivierung steht ein **Antigen/Antikörperkomplex** (Ag/Ak-Komplex). Die Antikörper dieses Komplexes gehören entweder zur Klasse der IgM oder der IgG. Diese Ag/Ak-Komplexe aktivieren im ersten Schritt den **Komplementfaktor C1**, indem C1 an die Komplementbindungsstelle des Antikörpers bindet (s. Abb. 46, S. 57). Zur Aktivierung muss der Faktor C1 mindestens an die Komplementbindungsstellen zweier Antikörpermoleküle gebunden sein. Dafür sind also entweder zwei IgG oder ein IgM, das ja ein Pentamer aus fünf Antikörpermolekülen ist, nötig. Der aktivierte Faktor C1 aktiviert über Zwischenschritte die Faktoren C2 und C4: Er schneidet mittels limitierter Proteolyse die Proteine in zwei Stücke. Der eine Teil des entstehenden Faktors heißt dann z. B. C2**a**, der andere entsprechend C2**b**. Diese Faktoren können nun weitere Faktoren aktivieren (z. B. bilden C4b und C2a eine C3-Konvertase) oder haben in einigen Fällen andere Aufgaben (z. B. C3a, C4a und C5a als Anaphylatoxine, s. 2.8.3, S. 61). Doch zurück zum klassischen Aktivierungsweg: Die Faktoren C2a und C4b bilden eine Allianz und aktivieren zusammen den Faktor C3. Lagert sich nun C3b an die C3-Konvertase an, entsteht die C5-Konvertase (C2aC4bC3b). Die C5-Konvertase hat die Fähigkeit, als nächsten Schritt C5 zu spalten, doch dazu später mehr …

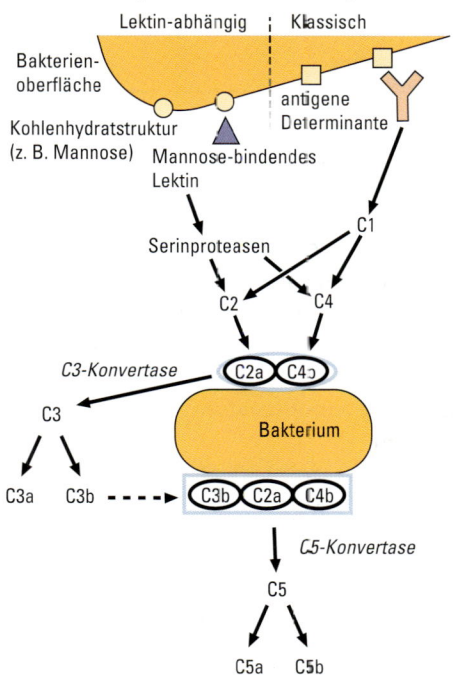

Abb. 50: Komplementaktivierung: klassisch und lektin-abhängig *medi-learn.de/7-bc6-50*

2.8.2 Lektin-abhängiger Weg

Eine ähnliche Variante für die Komplementaktivierung ist der so genannte Lektin-abhängige Weg. Lektine sind Glykoproteine, die im Serum vorhanden sind und die Fähigkeit besitzen an Kohlehydratstrukturen auf der Oberfläche von Bakterien zu binden. Eine solche Kohlenhydratstruktur kann z. B. Mannose sein. Dieser Vorgang wiederum aktiviert spezielle Serinproteasen, die ihrerseits C2 und C4 zu C2a und C4b spalten. C2a/C4b bilden nun die vom klassischen Weg her bekannte C3-Konvertase – es läuft nun also wieder so wie ihr es von der klassichen Aktivierung her gewohnt seid.

2.8.3 Alternative Komplementaktivierung

Die alternative Variante der Komplementaktivierung funktioniert ein wenig anders. Dazu musst du zunächst Folgendes wissen: Im Körper entsteht ständig auf spontane Weise der Faktor 3b. Dieser wird allerdings schleunigst eliminiert, wäre doch eine ständige Aktivierung des Komplementsystems wenig wünschenswert …
Durch Kontakt mit der Oberfläche gramnegativer Bakterien wird das entstandene C3b allerdings stabilisiert.
Es bindet mit einer Thioesterbindung an die Lipopolysaccharide auf der Bakterienoberfläche, die man auch bakterielle Endotoxine nennt. In dieser stabilisierten Form steht es dem Komplementsystem zur Verfügung. Lagert sich nun der Faktor Bb an den Faktor C3b an, entsteht auch hier eine C3-Konvertase (in diesem Fall bestehend aus C3b und Bb), die nun selbst weiteres C3 spalten kann. Ab hier geht es wie auf dem klassischem Weg weiter: C3b lagert sich an die C3-Konvertase an und die C5-Konvertase (bestehend aus C3bBbC3b) entsteht, die jetzt ihrerseits C5 spalten kann.

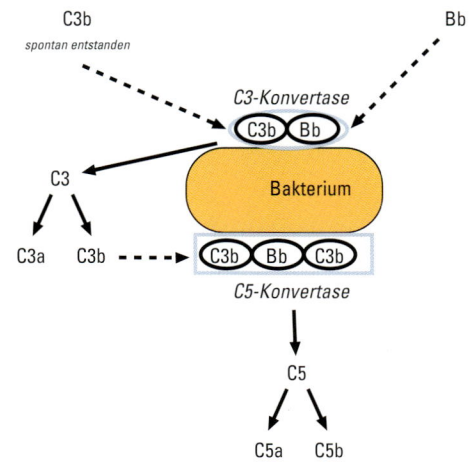

Abb. 51: Alternative Komplementaktivierung
medi-learn.de/7-bc6-51

Übrigens ...

Die Bezeichnung gramnegativ und grampositiv für Bakterien erklärt sich aus den unterschiedlichen Färbeverhalten verschiedener Bakterienfamilien: Grampositive Bakterien haben eine sehr dicke Zellwand, die aus einem Peptidoglucan namens Murein besteht. Diese Zellwand fällt bei den gramnegativen Bakterien sehr viel dünner aus. Die Bindung zwischen genau diesen Mureinmolekülen kann durch Lysozym gespalten werden.

> **Merke!**
>
> Alle drei Wege münden in der Umwandlung von C3 zu C3a und C3b.

2.8.4 Endstrecke der Komplementaktivierung

Wir erinnern uns kurz zurück: Der klassische, der Lektin-abhängige und der alternative Weg enden mit der Entstehung einer C5-Konvertase – entweder die **klassische C5-Konvertase (C2aC4bC3b)** oder die **alternative C5-Konvertase (C3bBbC3b)**. Beide spalten nun C5 in C5a und C5b.

Der Faktor C5b bildet auf der Bakterienoberfläche einen Ankerplatz für die nächsten Faktoren, die sich an ihm anlagern können. Die nachfolgend angelagerten Faktoren sind C6, C7, C8 und C9. Sie bilden eine **Pore** in der Bakterienwand, durch die Wasser einströmt und das Bakterium zum Platzen bringt. Die Allianz aus den Faktoren C5 bis C9 nennt man **Membran-Angriffskomplex** (MAK).

> **Merke!**
>
> MAK ist der (Phantasie-)Name einer Bohrmaschine. Diese Bohrmaschine besteht aus den Einzelteilen C6-C9 und kann ein ziemlich gemeines Loch in eine Zelle bohren, sobald sie in der Bohrführung C5 steckt.

2.8.5 Biologische Aktivität des Komplementsystems

C3b wirkt außer seiner Funktion als C3/C5-Konvertase noch als **Opsonin** (s. 2.4.3, S. 42). Die Spaltprodukte **C3a, C4a und C5a wirken als Entzündungsmediatoren** (Anaphylatoxine) und bewirken eine Mastzelldegranulation sowie die Kontraktion der glatten Muskelzellen. Damit tragen sie zur Vasokonstriktion bei. C5a kann außerdem von neutrophilen Granulozy-

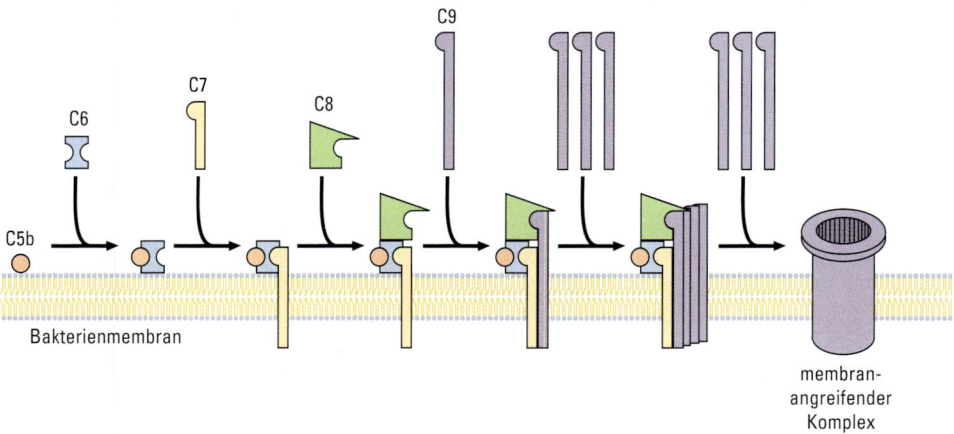

Abb. 52: Membran-Angriffskomplex (MAK)

medi-learn.de/7-bc6-52

ten „erschnüffelt" werden und lockt sie so zum Ort des Geschehens.

2.9   Phagozytose

Hat ein Polizist auf Streife einen Ganoven dingfest gemacht, klicken die Handschellen, er wird abgeführt und das Problem hat sich erledigt.

Doch wie lösen die Streifenpolizisten unseres Körpers – die Makrophagen und neutrophilen Granulozyten (s. 2.4.2, S. 40) – dieses Problem?

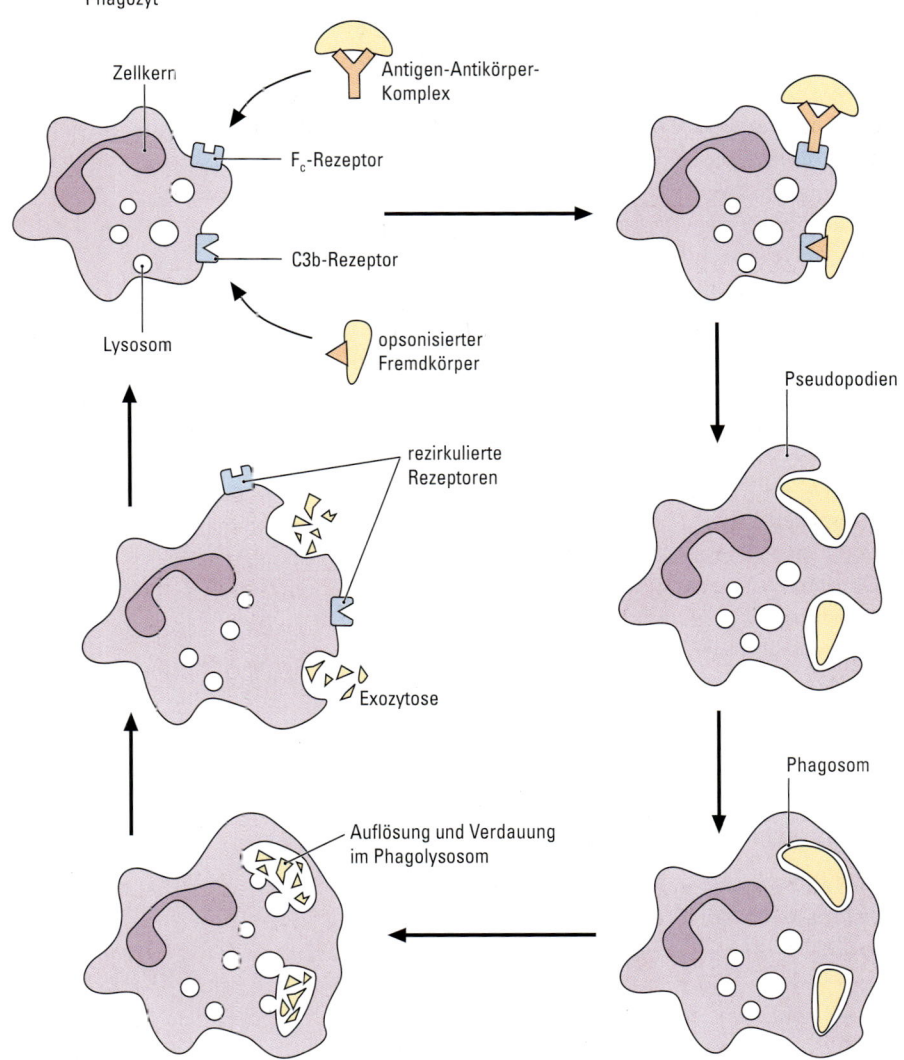

Abb. 53: Phagozytose   *medi-learn.de/7-bc6-53*

2

Auf jeden Fall gehen sie um einiges brutaler und endgültiger vor: Sie fressen die Eindringlinge einfach auf und verdauen sie. Wie das genau funktioniert, siehst du auf Abb. 53, S. 63.

Opsonine (z. B. C3b und Antikörper), die an ein Antigen gebunden sind, binden in einem ersten Schritt an die Oberflächenrezeptoren eines Phagozyten. Der Phagozyt umfließt dann das Antigen mit langen Ausstülpungen, die man Pseudopodien (Scheinfüßchen) nennt, und schließt das Antigen dadurch ein. Das von Zellmembran umhüllte Antigen im Zellinneren bezeichnet man als Phagosom. Im nächsten Schritt verschmilzt dieses mit Lysosomen. Die Lysosomen enthalten ein wahres Potpourri an Verdauungsenzymen wie Proteasen, Peptidasen, Oxidasen und Lipasen, die sich nun ins Phagosom ergießen und dem Antigen zu Leibe rücken. Dies wird nun Phagolysosom genannt. Ist das Antigen schließlich in seine Einzelteile zerlegt, werden diese als Überreste ausgeschieden.

2.9.1 Reaktive Sauerstoffmetaboliten

Ein weiteres Werkzeug der Granulozyten bei der Zerstörung von Antigenen sind reaktive **Sauerstoffmetaboliten**.
In der Membran des Phagosoms sitzt die **NADPH + H$^+$-Oxidase**. Dieses Enzym reduziert O_2 zu **Superoxidanionen** (O_2^-). Die Superoxidanionen können nun von der **kupferhaltigen Superoxiddismutase** zu **Wasserstoffperoxid** (H_2O_2) reduziert werden:

$$2\ O_2^- + 2\ H^+ \quad \rightarrow \quad H_2O_2 + O_2$$

Alternativ reagieren sie mit bereits bestehendem H_2O_2 zu hochaktiven **Hydroxylradikalen**:

$$O_2^- + H_2O_2 \quad \rightarrow \quad \bullet OH + OH^- + O_2$$

Ein weiteres wichtiges Enzym der Granulozyten ist die **Myeloperoxidase**, die reaktive **Hypochloritionen** (OCl^-) aus H_2O_2 freisetzt:

$$H_2O_2 + Cl^- \quad \rightarrow \quad H_2O + OCl^-$$

Die entstandenen reaktiven **Sauerstoffmetaboliten**, wie **Hydroxylradikale** oder Hypochloritionen bewirken dann die **Bakteriolyse**.

Da H_2O_2 Membranen relativ gut passieren kann, muss sich der Granulozyt davor schützen. Er tut dies zum einen durch die **Katalase**

$$H_2O_2 \quad \rightarrow \quad O_2 + H_2O,$$

aber auch mithilfe von **glutathionabhängigen Enzymsystemen**.

Übrigens …
So trocken dieses Thema auch ist: Es kann dir im Physikum einige Punkte bringen. In der Vergangenheit wurde mehrfach nach reaktiven Sauerstoffmetaboliten gefragt. Außerdem war es schon öfter für einen Punkt gut, wenn man wusste, dass die **Superoxiddismutase kupferhaltig** ist. Eselsbrücke: „Kupferoxiddismutase" …

Damit du im schriftlichen Examen mit dem Thema **Antikörper** möglichst ausgiebig punkten kannst, hier noch einmal die beliebtesten Prüfungsfakten:

- Die Antikörpervielfalt kommt überwiegend durch somatische Rekombination zustande.
- Die schweren und leichten Ketten aller Antikörper liegen größtenteils als β-Faltblattstruktur vor.
- Der Abstand der beiden Antigenbindungsstellen innerhalb eines Moleküls ist variabel.
- Die C_H-Domänen des F_c-Teils eines Antikörpers vermitteln dessen biologische Aktivität (Bindung an Makrophagen, Komplementbindung, Plazentapassage).
- Der Typ der schweren Ketten bestimmt die Zugehörigkeit zu einer Ig-Klasse.
- IgG ist plazentagängig.
- IgM ist ein Pentamer.
- Auf Schleimhäuten und in Sekreten (Bronchialsekret, Tränen, Muttermilch…) sind vorwiegend IgA (Dimer = 4 Bindungsstellen) zu finden. Dorthin gelangen sie durch Transzytose.
- IgE können durch Bindung an Mastzellen (über ihren F_c-Teil) diese zur Degranulation bringen und so einen anaphylaktischen Schock vermitteln.

Wenn du dir Folgendes zum Thema **Komplementsystem** merkst, sollten dir die Fragen zu diesem Thema kein Kopfzerbrechen bereiten.

- Die klassische Aktivierung wird durch Antigen-Antikörperkomplexe ausgelöst.
- Die alternative Aktivierung wird durch bakterielle Endotoxine ausgelöst.
- Sowohl die klassische als auch die alternative Aktivierung münden in der Umwandlung von C3 zu C3a und C3b.
- Die Spaltprodukte C3a und C5a wirken chemotaktisch auf neutrophile Granulozyten und Makrophagen.
- Der membranangreifende Komplex enthält die Faktoren C5b, C6, C7, C8 und C9.
- Eine isolierte Aktivierung des alternativen Weges erkennt man daran, dass sich die Konzentration von C4 nicht vermindert.
- Komplementfaktoren werden in der Leber synthetisiert.

Hier das Wichtigste zu den **reaktiven Sauerstoffmetaboliten**:

- NADPH-Oxidase bildet Superoxidanionen.
- Superoxiddismutase ist kupferhaltig.

Zum Thema **Cortisol** und **Immunsystem** sollte dir im Examen Folgendes einfallen:

- Cortisol hemmt die Makrophagenaktivierung.
- Cortisol hemmt die Interleukinproduktion.

Gleich hast du es geschafft! Beantworte nun die Fragen zum Thema „Immunsystem" aus unserer Prüfungsprotokoll-Datenbank richtig, danach kannst du dich erstmal ganz entspannt zurücklehnen.

1. **Erläutern Sie bitte die Struktur eines Antikörpermoleküls am Beispiel des IgG.**

2. **Was fällt Ihnen zum IgA ein?**

3. Nennen Sie bitte einige besondere Eigenschaften des IgG.

4. Bitte erklären Sie, was Immunglobuline der Klasse M (IgM) aus zeichnet.

5. Erklären Sie bitte, was man unter der fetalen Erythroblastose versteht.

6. Beschreiben Sie bitte die Antigen-Antikörper-Bindung.

7. Schildern Sie bitte die Ihnen bekannten Vorgänge, die bei einer allergischen Reaktion ablaufen.

8. Schildern Sie bitte die Aufgabe des Komplementsystems im Rahmen der Immunabwehr.

9. Erläutern Sie bitte den Mechanismus der klassischen Komplementaktivierung.

10. Nennen Sie bitte enzymatische Schritte, die zur Entstehung reaktiver Sauerstoffmetaboliten in neutrophilen Granulozyten beitragen.

11. Erläutern Sie bitte kurz den Vorgang der Phagozytose.

12. Bitte erklären Sie, warum man bei starken Allergien Cortison zur Behandlung einsetzt.

---

1. Erläutern Sie bitte die Struktur eines Antikörpermoleküls am Beispiel des IgG.
– Antikörper sind globuläre Proteine.
– Sie haben zwei identische schwere H-Ketten und zwei identische leichte L-Ketten.
– Die Ketten sind über Disulfidbrücken verbunden.
– Die Ketten haben variable und konstante Bereiche.
– Die variablen Bereiche beider Ketten bilden zwei Antigenbindungsstellen pro Molekül und liegen auf den Fab-Fragmenten.
– Die schweren Ketten bestimmen die Zugehörigkeit zur Antikörperklasse.
– Die F_c-Region vermittelt die biologische Aktivität (Bindung an Makrophagen, Komplementbindung).

2. Was fällt Ihnen zum IgA ein?
– IgA vermittelt die Schleimhautimmunität und ist u. a. in Muttermilch, Speichel und Tränenflüssigkeit enthalten.

– IgA wird von Plasmazellen als Dimer sezerniert.
– Die Monomere sind über ein Joining-Peptid verbunden.
– Das Dimer wird von Epithelzellen mitsamt Rezeptor aufgenommen und auf die Schleimhautoberfläche abgegeben.
– Ein Teil des Rezeptors verbleibt als Proteaseschutz am Dimer (S-Kette).

3. Nennen Sie bitte einige besondere Eigenschaften des IgG.
– IgG hat die höchste Serumkonzentration aller Immunglobuline.
– IgG ist als einziges Immunglobulin plazentagängig.
– Zu seinen besonderen Fähigkeiten gehören die Neutralisierung von Toxinen,
– die Komplementaktivierung,
– die Opsonierung und
– die Neutralisierung von Viren.

4. Bitte erklären Sie, was Immunglobuline der Klasse M (IgM) auszeichnet.

- IgM liegen als Pentamere vor.
- Die einzelnen Moleküle sind über Polypeptidketten (J-Ketten) und Disulfidbrücken verbunden.
- Es ist das Immunglobulin der Frühphase der Immunantwort.
- IgM ist fähig zur Agglutination und Komplementaktivierung.

5. Erklären Sie bitte, was man unter der fetalen Erythroblastose versteht.

- Bei der fetalen Erythroblastose kommt es zur Hämolyse fetaler Erythrozyten.
- Ist eine Rh⁻-Mutter mit einem Rh⁺-Kind schwanger und gelangt während der Geburt kindliches Blut in den mütterlichen Kreislauf, bildet die Mutter Antikörper gegen das Rhesus-Antigen.
- Diese Antikörper gehören zur Klasse der IgG, sind also plazentagängig und führen bei erneuter Schwangerschaft mit einem Rh⁺-Kind zur Hämolyse beim Fetus.

6. Beschreiben Sie bitte die Antigen-Antikörper-Bindung.

- Die Antigenbindungsstelle wird von N-Terminalen gebildet, den variablen Abschnitten der schweren und leichten Ketten.
- Die Antigen-Antikörper-Bindung folgt dem Massenwirkungsgesetz.
- Sie ist KEINE kovalente Bindung, sondern eine Bindung durch elektrostatische Wechselwirkungen, hydrophobe Wechselwirkungen, Van-der-Waals-Kräfte und Wasserstoffbrückenbindungen.

7. Schildern Sie bitte die Ihnen bekannten Vorgänge, die bei einer allergischen Reaktion ablaufen.

- Plasmazellen produzieren IgE gegen ein Antigen.
- Die IgE-Moleküle binden an Oberflächen von Mastzellen sowie an basophilen Granulozyten und verbleiben dort.
- Bei einem Zweitkontakt mit diesem Antigen führt die Antigenbindung zur Quervernetzung der Antikörper und
- löst darüber die Degranulation der Mastzellen aus.
- Hierbei werden u. a. Histamin und Heparin freigesetzt.

8. Schildern Sie bitte die Aufgabe des Komplementsystems im Rahmen der Immunabwehr.

- Das Komplementsystem ist Teil der angeborenen, unspezifischen Abwehr.
- Es zerstört Bakterien durch Porenbildung.
- Ähnlich wie die Gerinnungsfaktoren aktivieren sich die Komplementfaktoren durch limitierte Proteolyse.
- C3b eine hat opsonierende Wirkung.
- Einige andere Faktoren (C3a, C4a, C5a) wirken als Entzündungsmediatoren.

9. Erläutern Sie bitte den Mechanismus der klassischen Komplementaktivierung.

- Ein Antigen-Antikörperkomplex (IgM oder IgG) aktiviert den Faktor C1, der seinerseits über Zwischenstufen C2 und C4 aktiviert.
- C2aC4b (= C3-Konvertase) aktiviert C3, welches sich als C3b der C3-Konvertase anlagert.
- Die entstandene C5-Konvertase (= C2aC4bC3b) aktiviert C5.
- C5b bildet auf der Bakterienoberfläche eine Anlagerungsmöglichkeit für weitere Faktoren (C6-9).

– Durch Anlagerung dieser Faktoren bildet sich in der Zielzelle eine Pore, durch Wassereinstrom wird die Zielzelle zerstört (MAK).

10. Nennen Sie bitte enzymatische Schritte, die zur Entstehung reaktiver Sauerstoffmetaboliten in neutrophilen Granulozyten beitragen.

– Die NADPH-Oxidase bildet Superoxidanionen durch Reduktion von molekularem Sauerstoff.
– Die Superoxiddismutase bildet aus diesen Superoxidanionen H_2O_2, aus dem anschließend Hydroxylradikale gebildet werden können.
– Die Myeloperoxidase bildet Hypochloridionen.
– H_2O_2 ist gut membrangängig und wird daher durch die Katalase entgiftet.

11. Erläutern Sie bitte kurz den Vorgang der Phagozytose.

– Der Phagozyt umfließt den Fremdkörper unter Bildung von Pseudopodien, anschließend wird dieser vom Phagozyten umhüllt (Phagosom).
– Durch die Fusion von Phagosom und Lysosomen entsteht ein Phagolysosom.

12. Bitte erklären Sie, warum man bei starken Allergien Cortison zur Behandlung einsetzt?

Cortison unterdrückt die Immunantwort (Immunsuppression), indem es die Leukozytenaktivierung, Interleukinproduktion, Antikörperproduktion und die Leukozytendiapedese hemmt.

WAS WIRD'N DAS ?!

KLEINES BLUTBILD !!

Mehr Cartoons unter www.medi-learn.de/cartoons

Pause

Geschafft! Hier noch ein kleiner Cartoon als Belohnung ... Dann kann gekreuzt werden!

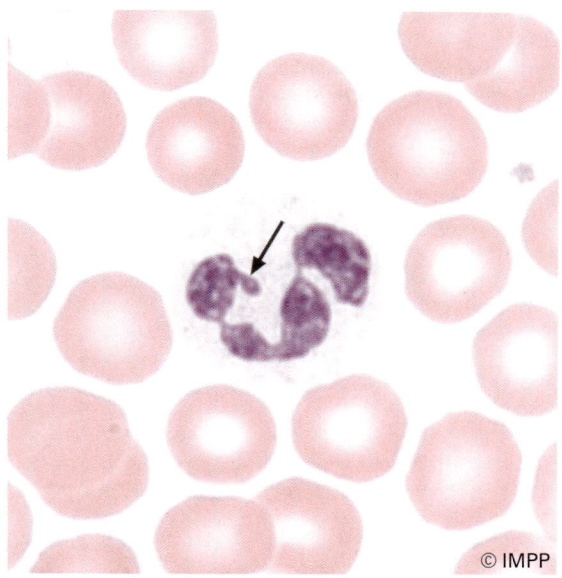

Der Pfeil markiert ein X-Chromosom (drum stick) in einem neutrophilen Granulozyten.

IMPP-Bild 1: Blutausstrich einer weiblichen Patientin

medi-learn.de/7-bc6-impp1

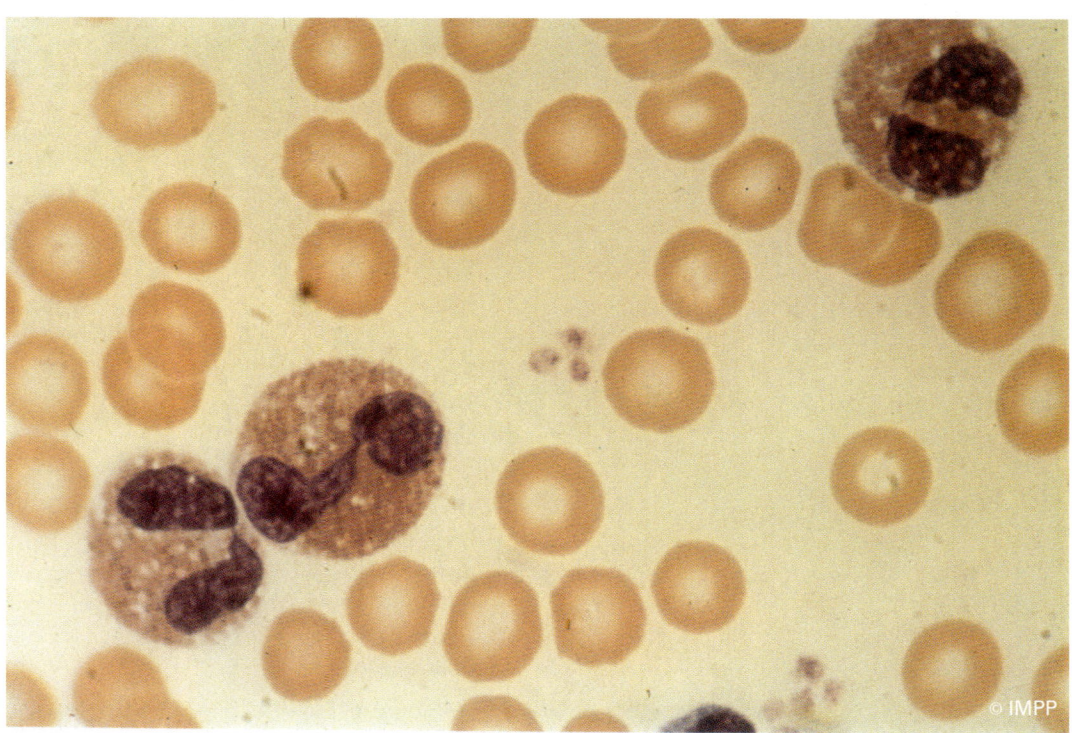

IMPP-Bild 2: Blutausstrich mit drei eosinophilen Granulozyten

medi-learn.de/7-bc6-impp2

Zur Beantwortung der zugehörigen Frage musste man wissen, dass eosinophile Granulozyten kernhaltige Zellen sind, die als typischen Inhaltsstoff MBP (major basic protein) enthalten.

Index

Dr. Nuh N. Rahbari, M. Sc. Christoph Geisenberger

Biochemie 7

MEDI-LEARN Skriptenreihe

7., komplett überarbeitete Auflage

MEDI-LEARN Verlag GbR

Autor: Dr. Nuh N. Rahbari (1.–6. Auflage), M. Sc. Christoph Geisenberger
Fachlicher Beirat: Timo Brandenburger

Teil 7 des Biochemiepaketes, nur im Paket erhältlich
ISBN-13: 978-3-95658-011-6

Herausgeber:
MEDI-LEARN Verlag GbR
Dorfstraße 57, 24107 Ottendorf
Tel. 0431 78025-0, Fax 0431 78025-262
E-Mail redaktion@medi-learn.de
www.medi-learn.de

Verlagsredaktion:
Dr. Marlies Weier, Dipl.-Oek./Medizin (FH) Désirée
Weber, Denise Drdacky, Jens Plasger, Sabine
Behnsch, Philipp Dahm, Christine Marx, Florian
Pyschny, Christian Weier

Layout und Satz:
Fritz Ramcke, Kristina Junghans,
Christian Gottschalk

Grafiken:
Dr. Günter Körtner, Irina Kart, Alexander Dospil,
Christine Marx

Illustration:
Daniel Lüdeling

Druck:
Löhnert Druck

7. Auflage 2015
© 2015 MEDI-LEARN Verlag GbR, Kiel

Wichtiger Hinweis für alle Leser
Die Medizin ist als Naturwissenschaft ständigen Veränderungen und Neuerungen unterworfen. Sowohl die Forschung als auch klinische Erfahrungen führen dazu, dass der
Wissensstand ständig erweitert wird. Dies gilt
insbesondere für medikamentöse Therapie
und andere Behandlungen. Alle Dosierungen
oder Applikationen in diesem Buch unterliegen diesen Veränderungen.
Obwohl das MEDI-LEARN Team größte Sorgfalt in Bezug auf die Angabe von Dosierungen
oder Applikationen hat walten lassen, kann
es hierfür keine Gewähr übernehmen. Jeder
Leser ist angehalten, durch genaue Lektüre
der Beipackzettel oder Rücksprache mit einem
Spezialisten zu überprüfen, ob die Dosierung
oder die Applikationsdauer oder -menge zutrifft. Jede Dosierung oder Applikation erfolgt
auf eigene Gefahr des Benutzers. Sollten Fehler auffallen, bitten wir dringend darum, uns
darüber in Kenntnis zu setzen.

Inhalt

Ihre Arbeitskraft ist Ihr Startkapital. Schützen Sie es!

DocD'or – intelligenter Berufsunfähigkeitsschutz für Medizinstudierende und junge Ärzte:

- Mehrfach ausgezeichneter Berufsunfähigkeitsschutz für Mediziner, empfohlen von den großen Berufsverbänden

- Stark reduzierte Beiträge, exklusiv für Berufseinsteiger und Verbandsmitglieder

- Versicherung der zuletzt ausgeübten bzw. der angestrebten Tätigkeit, kein Verweis in einen anderen Beruf

- Volle Leistung bereits ab 50 % Berufsunfähigkeit

- Inklusive Altersvorsorge mit vielen individuellen Gestaltungsmöglichkeiten

Lassen Sie sich beraten!
Nähere Informationen und
unseren Repräsentanten vor Ort
finden Sie im Internet unter
www.aerzte-finanz.de

Deutsche Ärzte Finanz

Standesgemäße Finanz- und Wirtschaftsberatung

1   Ernährung, Verdauung, Resorption

Fragen in den letzten 10 Examen: 36

Zu Beginn dieses ersten Kapitels werden dir zunächst einige Begriffe vorgestellt, nach denen im Physikum immer wieder gerne gefragt wird. Nach diesem etwas trockenen Einstieg kommen wichtige biochemische Grundlagen, die über das Physikum hinaus auch in der Klinik eine wichtige Rolle spielen. Hast du diese Prinzipien verinnerlicht, wirst du ein besseres Verständnis für die Entstehung und Therapie zahlreicher Erkrankungen erlangen.

1.1   Grundlagen

Der Körper muss Nahrung zu sich nehmen, um seinen täglichen **Energiebedarf** zu decken und **essenzielle Nahrungsbestandteile** (Substanzen, die er nicht selbst synthetisieren kann) aufzunehmen. Der Energiebedarf wird durch die aufgenommenen Kohlenhydrate, Fette und Proteine (Eiweiße) gedeckt. Auf die essenziellen Nahrungsbestandteile wird an späterer Stelle ausführlich eingegangen (s. 1.1.5, S. 3).
Ballaststoffe sind für den Menschen unverdauliche Bestandteile der Nahrung (z. B. Cellulose). Diese können im Darm durch Mikroorganismen zu kurzkettigen Fettsäuren abgebaut werden. Dabei entstehen Darmgase (u. a. Methan), welche als Blähungen symptomatisch werden können. Ballaststoffe können Wasser binden und besitzen eine Quellfähigkeit. Die hierdurch hervorgerufene Volumenzunahme des Stuhls führt zur Anregung der Darmperistaltik.

1.1.1   Nährstoffklassen und die ausgewogene Ernährung

Es ist allgemein bekannt, dass eine ausgewogene Ernährung wichtig für unsere Gesundheit ist. Aber was genau bedeutet „ausgewogen"? Neben der Quantität (die mit der Nahrung aufgenommenen Kalorien) spielt bei einer ausgewogenen Ernährung vor allem die **Qualität** eine wichtige Rolle. Die Qualität der Nahrung wird vom Verhältnis der Nährstoffklassen zueinander bestimmt. Nahrung wird dabei in **drei verschiedene Nährstoffklassen** unterteilt:
- Kohlenhydrate,
- Fette und
- Proteine.

Laut Empfehlung der WHO (Weltgesundheitsorganisation) sollte in einer ausgewogenen Ernährung der Anteil der Kohlenhydrate 60 %, der der Fette 25 % und der der Proteine 15 % betragen. Leider sieht die Realität anders aus: In unserer heutigen Esskultur mit ihrem hohen Fleischkonsum wird dieses Verhältnis allzu oft nicht eingehalten und ist stattdessen erheblich zugunsten der Fette verschoben.

1.1.2   Physiologischer und physikalischer Brennwert

Das Thema Brennwert spielt nicht nur für das schriftliche Examen eine wichtige Rolle, sondern wird auch gerne in der mündlichen Prüfung behandelt. Hast du die hier dargestellten Fakten verinnerlicht, so bist du jedoch für beide Prüfungen sehr gut vorbereitet.
Der Organismus baut die verschiedenen Nährstoffe – unabhängig von ihrer Klasse – zu ATP, Kohlendioxid, Wasser und Wärme ab.

> **Merke!**
>
> Nährstoff + O_2 → ATP (Energie) + CO_2 + H_2O + Wärme (+ Ammoniak, beim Proteinabbau)

Beim Abbau der Proteine/der Aminosäuren entsteht als zusätzliches Abbauprodukt Ammoniak, welcher im Harnstoffzyklus weiter zu Harnstoff abgebaut/entgiftet werden muss.

1

An dieser Stelle wird es Zeit, sich den Unterschied zwischen dem physiologischen und dem physikalischen Brennwert klar zu machen: Während der **physikalische** Brennwert die gesamte frei werdende Energie bei der Reaktion eines Nährstoffs mit Sauerstoff im Kalorimeter angibt, beschreibt der physiologische Brennwert nur den frei werdenden Energiebetrag eines Nährstoffs, der dem Organismus auch wirklich zur Verfügung steht.

Die Werte für den physiologischen und physikalischen Brennwert sind für Fette und Kohlenhydrate annähernd identisch. Für den Abbau von **Proteinen** unterscheiden sie sich jedoch, da das Endprodukt des Proteinstoffwechsels (Harnstoff) selbst noch Energie (und somit einen eigenen physikalischen Brennwert) enthält. Diese Restenergie kann der Organismus jedoch nicht weiter nutzen. Daher ist der physikalische Brennwert der Proteine höher als ihr physiologischer.

In Tab. 1, S. 2 sind die physikalischen und physiologischen Brennwerte der drei Nährstoffklassen aufgelistet. Leider ist es notwendig, dass du dir diese Zahlenwerte merkst, da sie im Physikum gerne erfragt werden.

Nähr-stoff-klasse	physikalischer Brennwert	physiologi-scher Brenn-wert
	= bei vollständi-ger Reaktion mit O_2 frei werdende Energie	= für den Organis-mus verfügbarer Energiegehalt
Kohlen-hydrate	17 kJ/g	17 kJ/g
Fette	37 kJ/g	37 kJ/g
Proteine	23 kJ/g	17 kJ/g

1 kcal = 4,184 kJ

Tab. 1: Darstellung des physiologischen und physikalischen Brennwerts für die einzelnen Nährstoffklassen

Übrigens …
Nur weil es schon mal gefragt wurde: Soll bei einer kohlenhydratarmen Diät

z. B. eine tägliche Menge von 50 g Kohlenhydraten durch Proteine ersetzt werden, die den gleichen physiologischen Brennwert haben, benötigt man dafür 50 g Proteine. Die tägliche Energiezufuhr sollte bei Frauen 2300 kcal und bei Männern 2900 kcal betragen (Alter 25–51 Jahre).

1.1.3   Kalorisches Äquivalent

Unter dem kalorischen Äquivalent versteht man die **Wärmemenge**, die durch die Reaktion eines Nährstoffs mit einem Liter Sauerstoff entsteht. Es beträgt für alle Nährstoffe ca. 20 kJ/l O_2 (~ 5 kcal/l O_2).

Wichtig ist der Unterschied zur Definition des Brennwerts: Während der Brennwert als Energiemenge pro festgesetzte Substratmenge (Energie pro Gramm Substrat, bei variablem Sauerstoffverbrauch) definiert ist, beschreibt das kalorische Äquivalent die Energiemenge pro festgesetzter Sauerstoffmenge (Energie pro Liter Sauerstoff, bei variabler Substratmenge). Da Fette aber erheblich energiereicher sind als Kohlenhydrate und Eiweiße, müssen zum Erreichen des kalorischen Äquivalents mehr Kohlenhydrate und Eiweiße als Fette verbrannt werden (unterschiedliche Substratmenge).

1.1.4   Respiratorischer Quotient

Ein weiterer Begriff, den du dir merken solltest, ist der des respiratorischen Quotienten: Der respiratorische Quotient (RQ) gibt das Verhältnis von **abgegebenem CO_2** zu **aufgenommenem O_2** (CO_2/O_2) wieder. Für die Verstoffwechselung der einzelnen Nährstoffklassen erhält man die folgenden Werte:
– Kohlenhydrate: 1.0
– Fette: 0.7
– Eiweiße: 0.85

Übrigens …
Die Differenz der Werte von Fetten und Eiweißen gegenüber den Kohlenhydraten lässt sich dadurch erklären,

dass deren Bestandteile (Fettsäuren und Aminosäuren) weniger Sauerstoff als die der Kohlenhydrate enthalten und folglich zu ihrer Oxidation mehr O_2 aufgenommen werden muss.

Doch wozu braucht man diesen Quotienten überhaupt? Auch wenn er auf den ersten Blick wie eine nutzlose Formel erscheint, kann er in der Praxis durchaus sinnvoll verwendet werden. Anhand des respiratorischen Quotienten lässt sich nämlich die Stoffwechsellage eines Menschen annähernd bestimmen:
Ist der RQ hoch (ca. 1), so metabolisiert (verstoffwechselt) der Organismus vor allem Kohlenhydrate. Die Energielage des Organismus ist demnach gut. Sinkt der RQ ab, so ist das ein Hinweis auf eine gestiegene Fettsäure- und Proteinmetabolisierung. Dieser Mensch befindet sich in einem Energiemangelzustand, der seinen Körper dazu zwingt, auf seine Fett- und Proteinreserven zurückzugreifen (s. 1.3, S. 5).

1.1.5 Essenzielle Nahrungsfaktoren

Wie bereits erwähnt, dient die Aufnahme von Nahrung unter anderem der Aufnahme essenzieller Nahrungsfaktoren. Damit sind Stoffe gemeint, die für den Ablauf eines normalen Stoffwechsels notwendig sind, aber vom Organismus nicht selbst synthetisiert werden können.
Besonders wichtig für das schriftliche und das mündliche Examen sind die folgenden essenziellen Aminosäuren:
- Tryptophan (Trp),
- Lysin (Lys),
- Threonin (Thr),
- Methionin (Met),
- Phenylalanin (Phe)

Verzweigte Aminosäuren:
- Leucin (Leu),
- Isoleucin (Ile) und
- Valin (Val).

Die übrigen proteinogenen (zum Aufbau von Proteinen dienenden) Aminosäuren kann der

menschliche Organismus über verschiedene Stoffwechselwege selbst synthetisieren.

> **Merke!**
>
> **Ph**enomenale **Iso**lde **try**bt **met**unter **Leu**tnant **Val**entins **ly**bliche **Thr**äume
> Eselsbrücke für die essenziellen Aminosäuren:
> **Ph**enylalanin, **Iso**leuzin, **Try**ptophan, **Met**hionin, **Leu**zin, **Val**in, **Ly**sin und **Thr**eonin.

Auch bestimmte **Fettsäuren** sind für den Menschen essenziell. Der menschliche Organismus kann zwar neben den gesättigten Fettsäuren auch bestimmte ungesättigte Fettsäuren aus gesättigten Fettsäuren synthetisieren, die hierfür zuständigen Enzyme können allerdings nur zwischen der Carboxylgruppe und dem neunten C-Atom der Fettsäure Doppelbindungen einbauen und damit z. B. Ölsäure aus Stearinsäure herstellen. Fettsäuren mit weiter entfernten Doppelbindungen (z. B. 12. C-Atom, 15. C-Atom) sind für den Menschen aber essenziell. Hierzu zählen z. B. die mehrfach ungesättigten Fettsäuren Linolsäure (ω-6 Fettsäure mit zwei Doppelbindungen, C9 und C12) und Linolensäure (ω-3 Fettsäure mit drei Doppelbindungen, C9, C12, C15). Diese beiden essenziellen Fettsäuren solltest du dir besonders für das schriftliche Physikum unbedingt merken. Weitere essenzielle Nahrungsfaktoren sind **Vitamine, Elektrolyte und Spurenelemente** (z. B. Jod oder Selen).

> **Merke!**
>
> Vitamin D ist das einzige nicht essenzielle Vitamin, da es vom menschlichen Organismus aus Cholesterin synthetisiert werden kann.
> Zudem kann Vitamin K_2 von Bakterien im Darm des Menschen synthetisiert werden.

Die Aufnahme von Elektrolyten und Spurenelementen erfolgt vor allem durch enterale Resorption über verschiedene Mechanismen. Ca^{2+}-Ionen aus dem Darmlumen gelangen im

Duodenum über apikale Ionenkanäle ins Zytosol der Enterozyten. Die Expression der Ionenkanäle wird durch Calcitriol gesteigert. Das aufgenommene Ca^{2+} bindet in der Zelle an Calbindin D und wird basal durch eine membranständige Ca^{2+}-ATPase oder einen Na^+/Ca^{2+}-Austauscher ins Blut abgegeben.

Die Resorption von Eisen findet im oberen Dünndarm statt. Bei Gesunden wird ca. 6 – 12 % des Nahrungseisens resorbiert. Aufgrund der guten Resobierbarkeit stammt der Großteil des aufgenommenen Eisens aus tierischen Nahrungsmitteln (Hämin, ein Abbauprodukt von Hämoglobin und Myoglobin). Es können sowohl zweiwertige Fe^{2+} als auch dreiwertige Fe^{3+} Eisen-Ionen resorbiert werden. Der überwiegende Anteil der Eisen(III)-Verbindungen wird durch die Salzsäure des Magens zu gut löslichem Fe^{2+} reduziert und somit resorbierbar. Hämin ist gut löslich und kann sogar unverändert von den Zellen aufgenommen werden. Dreiwertiges Nicht-Häm-Eisen muss hingegen zu Fe^{2+} reduziert werden, um resorbiert werden zu können. Die Aufnahme von Fe^{2+} in die Darmzellen erfolgt über das Transportprotein DMT1 (divalent metal transporter 1). In den Enterozyten wird das aufgenommene Eisen in Ferritin gespeichert („Depot-Eisen"). Alternativ wird es durch das Transportprotein Ferroportin an das Blut abgegeben. Das in der Leber gebildete Hepcidin hemmt diesen Vorgang und somit die Eisenaufnahme über die Darmschleimhaut. Das aufgenommene Eisen wird vor Abgabe ans Blut wieder oxidiert und an (Apo)Transferrin gebunden im Blut transportiert. Der Großteil der Flüssigkeit und essentiellen Nahrungsbestandteile wird im Dünndarm resorbiert. Dieses hängt u.a. mit dem Aufbau und den physikalischen Eigenschaften des Dünndarmepithels zusammen (z. B. niedrigerer transepithelialer elektrischer Widerstand und höhere Durchlässigkeit der Schlussleisten für Elektrolyte und Wasser im Vergleich zum Kolon).

1.2   Proteine/Eiweiße

Proteine (Eiweiße) spielen für einen reibungslosen Ablauf der Organfunktionen eine extrem wichtige Rolle. Daher ist eine ausreichende Versorgung des Organismus mit Eiweißen/Aminosäuren für den Organismus lebensnotwendig (zu den Auswirkungen eines Eiweißmangels s. 1.2.3, S. 5). Die große Bedeutung der Proteine spiegelt sich auch im schriftlichen Physikum wider. Wichtige Fakten, die du dir diesbezüglich merken solltest, betreffen die Eiweißbilanz und die biologische Wertigkeit von Proteinen. Hast du dir in diesen Bereichen das hier dargestellte Wissen angeeignet, bist du für die überwiegende Anzahl der Fragen bestens gerüstet.

1.2.1   Proteinzufuhr

Bezüglich der Proteinzufuhr solltest du dir für das schriftliche Physikum zwei Werte gut einprägen: Man unterscheidet bei der Proteinzufuhr zwischen dem Bilanzminimum und der von der WHO empfohlenen Proteinzufuhr.

– Unter dem **Bilanzminimum** versteht man den minimalen, täglichen Proteinbedarf, der für eine ausgeglichene Stickstoffbilanz erforderlich ist. Dieser beträgt ca. 0,5 g Protein/pro Kilogramm Körpergewicht/pro Tag.

– Da der tatsächliche Proteinbedarf eines Menschen normalerweise aufgrund verschiedener Faktoren (z. B. körperliche und geistige Belastung, Infektionen) erheblich über dem Wert des Bilanzminimums liegt, empfiehlt die **WHO** eine Zufuhr, die dem Doppelten des Bilanzminimums entspricht, nämlich 1 g Protein/pro Kilogramm Körpergewicht/pro Tag.

1.2.2   Biologische Wertigkeit

Die biologische Wertigkeit beschreibt die Übereinstimmung zwischen der Aminosäurenzusammensetzung eines Proteins mit der des menschlichen Körpers. Das heißt, je größer die Ähnlichkeit des Nahrungseiweißes mit den körpereigenen Proteinen ist, desto höher ist auch dessen biologische Wertigkeit.

Die biologische Wertigkeit hängt dabei vom Gehalt eines Proteins an **essenziellen Aminosäuren** und der **Gesamtrelation aller Aminosäuren** innerhalb des Proteins ab. Ein Protein, dem auch nur eine der essenziellen Aminosäuren fehlt, hat bereits die biologische Wertigkeit von null (z. B. Gelatine).

Die biologische Wertigkeit von Vollei dient als Referenzwert und wurde willkürlich auf eins gesetzt. Wird ein Protein vom Körper besser als Vollei aufgenommen und in körpereigenes Eiweiß umgesetzt, so steigt seine biologische Wertigkeit über eins. Die biologische Wertigkeit von Proteinen kann zudem erhöht werden, wenn diese zusammen mit anderen Nahrungsmitteln verzehrt werden (z. B. Vollei + Kartoffel → biologische Wertigkeit = 1,36).

> **Merke!**
>
> Da tierisches Protein unserem Körpereiweiß ähnlicher ist als pflanzliches, ist auch die biologische Wertigkeit tierischen Proteins höher als die pflanzlicher Proteine. Die biologische Wertigkeit eines Proteins lässt keine Aussage über dessen Brennwert zu.

1.2.3 Stickstoffbilanz

Die Stickstoffbilanz ist als die Differenz zwischen dem aufgenommenen Proteinstickstoff und dem im Harnstoff ausgeschiedenen Stickstoff definiert. Unter normalen Umständen ist diese Bilanz ausgeglichen, d. h. wir nehmen in etwa so viel Stickstoff auf, wie wir abgeben. Die Differenz zwischen Stickstoffaufnahme und -abgabe beträgt daher null.

Im Fall einer **positiven Stickstoffbilanz** ist die Stickstoffaufnahme größer als die Stickstoffabgabe. Situationen mit positiver Stickstoffbilanz sind mit dem Aufbau von Proteinen, wie z. B. Muskel- und Knochengewebe (z. B. bei Wachstum, Schwangerschaft, Sport) verbunden. Man spricht daher auch von einer **protein-anabolen** Stoffwechsellage.

Im Fall einer **negativen Stickstoffbilanz** ist die Stickstoffabgabe größer als die Stickstoffaufnahme. Eine negative Stickstoffbilanz tritt auf bei mangelnder Proteinzufuhr (z. B. im Hun-

gerzustand), die zu einem Abbau von körpereigenen Proteinen führt. Dies bezeichnet man auch als eine **proteinkatabole** Stoffwechsellage. Die abgebauten Proteine (z. B. Muskelgewebe) werden dem Organismus an anderen, für die Aufrechterhaltung der Körperfunktionen wichtigeren Stellen zur Verfügung gestellt (s. 3.1, S. 47). Mithilfe des bekannten Stickstoffgehalts von Proteinen (0,16 g/g Protein) kann man bei ausgeglichener Stickstoffbilanz und Kenntnis der Formel von Harnstoff (enthält zwei Atome Stickstoff pro Molekül, Atomgewichte angegeben) die täglich aufgenommene Menge Protein über den ausgeschiedenen Harnstoff berechnen: Ein Gramm ausgeschiedener Harnstoff entspricht dabei einer aufgenommenen Proteinmenge von ca. drei Gramm.

Schwerer Proteinmangel führt zum Krankheitsbild Kwashiorkor. Hierbei kann die Leber u. a. nicht genug Albumin produzieren. Da das Protein Albumin der wichtigste Faktor für die Aufrechterhaltung des kolloidosmotischen Drucks im Blut ist, kommt es bei Kwashiorkor-Patienten zu schweren Ödemen und Aszites. Des Weiteren fehlen der Leber Proteine zum Aufbau der Lipoproteine (s. 2.8, S. 43), sodass die zur Leber transportierten und in der Leber gebildeten Fette nicht mehr abtransportiert werden können. Bei fortbestehendem Eiweißmangel kommt es bei diesen Patienten neben anderen Störungen daher auch zur Ausbildung einer Fettleber mit den entsprechend schwerwiegenden Folgen einer Leberunterfunktion.

1.3 Hungerstoffwechsel

An dieser Stelle folgt ein Überblick über die Stoffwechselveränderungen, die im Organismus im Falle einer Nahrungskarenz auftreten (s. Abb. 1, S. 6). Die durch eine Nahrungskarenz hervorgerufene Stoffwechsellage wird auch als Hungerstoffwechsel bezeichnet.

Wie die einzelnen Stoffwechselschritte genau ablaufen, wird zwar erst im Rahmen des Kapitels Fettsäuren und Lipide (s. 2, S. 23) besprochen, dennoch solltest du dir die Grundprinzipien des Hungerstoffwechsels bereits an dieser Stelle klar machen, da sie das Verständnis und somit das Lernen der einzelnen Stoffwechselschritte erheblich erleichtern. Nun aber genug geredet, jetzt wollen wir mal schauen, was passiert, wenn der Magen knurrt ... Bei totaler Nahrungskarenz kommt es im Stoffwechsel des Organismus zu charakteristischen Veränderungen, die folgenden Zielen dienen:

– Versorgung peripherer Gewebe mit Energieträgern und
– Konstanthaltung des Blutzuckerspiegels (Glucosehomöostase) zur Versorgung der obligaten Glucoseverwerter (Erythrozyten, Zellen des Nebennierenmarks, Nervenzellen, wobei diese bei längerfristiger Nahrungskarenz einen Teil ihres Energiebedarfs durch Verwertung von Ketonkörpern decken können).

Zu Beginn einer Hungerphase werden diese beiden Ziele in ausreichendem Maß durch die Glykogenolyse der Leber erreicht. Die **Glykogenvorräte** der Leber reichen für **etwa 12 bis 48 Stunden**. Der respiratorische Quotient (s. 1.1.4,

S. 2) beträgt zu diesem Zeitpunkt ca. eins (Kohlenhydratstoffwechsel).

Dauert die Nahrungskarenz weiter an, so muss der minimale Glucosebedarf mithilfe der **Gluconeogenese** gedeckt und die peripheren Gewebe (Skelettmuskel, Herzmuskel, innere Organe) mit energiereichen Substraten versorgt werden. Zu diesem Zweck stellt sich der Stoffwechsel um und metabolisiert vermehrt **Proteine und Fettsäuren**. Dies führt zu einem Abfall des respiratorischen Quotienten auf unter 0,8. Zunächst werden dabei die Proteine der Peripherie (v. a. Muskelprotein) abgebaut (proteinkatabole Stoffwechsellage), deren glucoplastische Aminosäuren der Leber als Substrate für die Gluconeogenese dienen. Parallel dazu steigt die **Lipolyse** im Fettgewebe, um einen exzessiven Abbau der wertvollen Körperproteine zu verhindern. Die Fettsäuren werden mithilfe von Albumin zur Leber transportiert und dort im Rahmen der β-Oxidation zu Acetyl-CoA abgebaut (wie diese genau abläuft, wird im Rahmen des Fettstoffwechsels besprochen, s. 2.3, S. 28).

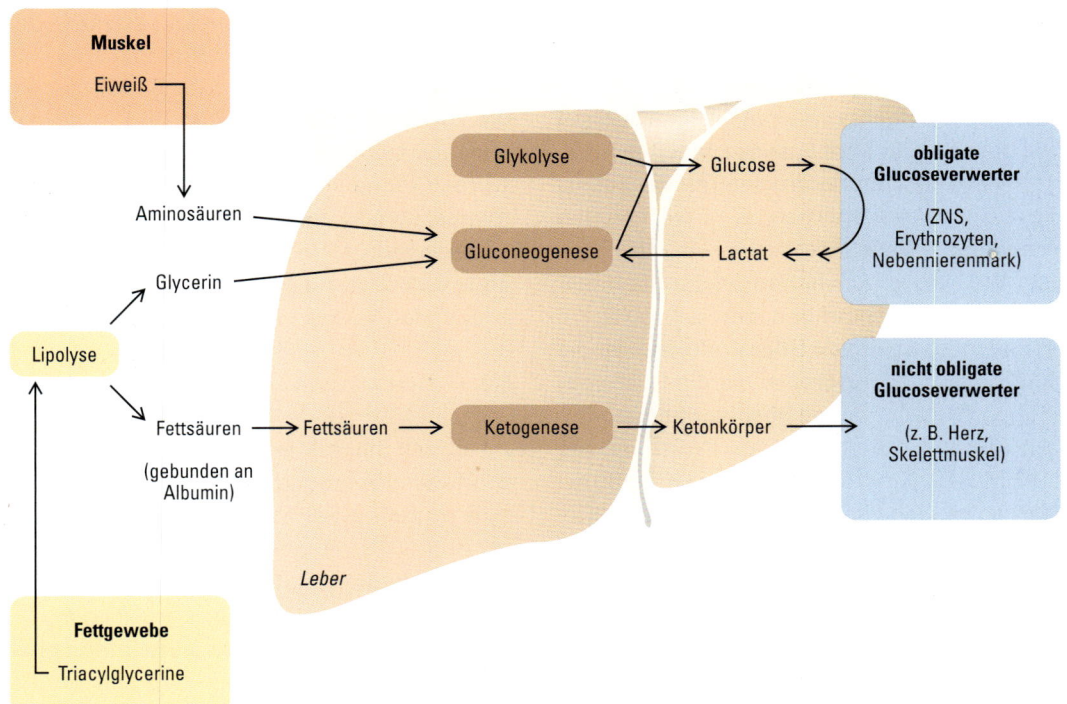

Abb. 1: Hungerstoffwechsel

medi-learn.de/7-bc7-1

Diese Acetyl-CoA-Einheiten verwendet die Leber sowohl als Energielieferanten für ihre energieaufwendige Gluconeogenese (über Einschleusung in den Citratzyklus und die Atmungskette) als auch zur Herstellung von Ketonkörpern (über die Ketogenese, s. 2.4.1, S. 33), die den peripheren Geweben (Skelettmuskel, Herzmuskel, innere Organe) lebenswichtige Energie liefern. Unter diesen Bedingungen einer **längerfristigen Nahrungskarenz** (hohe Ketonkörper-Konzentration im Blut) kann auch das **ZNS** anstelle von Glucose **Ketonkörper** zur Energiegewinnung verwenden und so zusätzlich Glucose einsparen. Die genaue Regulation der Ketogenese (Herstellung von Ketonkörpern) wird ebenfalls im Rahmen des Fettstoffwechsels (s. 2.4.2, S. 34) besprochen.

Übrigens ...
– Der erhöhte Spiegel von Acetyl-CoA in der Leber kurbelt seinerseits wieder die Gluconeogenese an.
– Im Hungerzustand werden Fettsäuren auch vermehrt von der Skelett- und Herzmuskulatur selbst oxidiert (verstoffwechselt, abgebaut).
– Da Ketonkörper harngängig sind, nimmt ihre Konzentration im Urin bei einer Nahrungskarenz zu.

Im Hungerstoffwechsel unterscheidet man zwei Phasen der Nahrungskarenz:
1. Frühphase = Proteinumsatz↑, Ketogenese↓
2. Spätphase = Proteinumsatz↓, Ketogenese↑

Merke!

Ketonkörper sind die Transportform von Acetyl-CoA im Blut.

1.4   Parenterale Ernährung

Die parenterale Ernährung spielt in der Klinik eine sehr wichtige Rolle. Die Patienten, die Nahrung nicht auf dem konventionellen Weg (per os) aufnehmen können oder sollen, sind auf eine parenterale Ernährungsform angewiesen. Bei der Anwendung einer parenteralen Ernährung sind jedoch einige wichtige Prinzipien zu berücksichtigen, die auch im Schriftlichen gerne geprüft werden.

Unter parenteraler Ernährung versteht man eine flüssige Ernährungsform, die den **Gastrointestinaltrakt** durch einen intravenösen Zugang umgeht. Die Basis dieser Flüssigkeit bilden Wasser und Elektrolyte (Natrium, Kalium, Calcium, Magnesium, Chlorid und Phosphat). Die wichtigsten Nährstoffe sind **Kohlenhydrate**, da sie zum **Wassertransport** benötigt werden und außerdem **schnell verfügbare Energie** liefern. Kohlenhydrate werden dabei als **Monosaccharide** (v. a. Glucose) infundiert. Andere Zucker wie Fructose oder Zuckerersatzstoffe wie Sorbitol und Xylitol sollten nur bei speziellen Indikationen (z. B. bei einer Glucose-Verwertungsstörung) gegeben werden.

Mögliche weitere Bestandteile der Nährlösungen sind:
– essenzielle Aminosäuren (Zusatz erst bei länger andauernder parenteraler Ernährung nötig) und
– Fette (falls der Energiebedarf nicht mehr allein durch Kohlenhydrate gedeckt werden kann). Fette bieten den Vorteil, dass eine hohe Energiemenge bei geringer Volumenbelastung applizierbar ist.

Übrigens ...
– **Proteine** sind KEIN Bestandteil der parenteralen Ernährung, da sie die Bildung von Antikörpern induzieren können und somit die Gefahr eines anaphylaktischen Schocks bergen.
– Bei einer parenteralen Ernährung muss IMMER die spezielle Bedarfssituation des Patienten berücksichtigt und die Nährstofflösung diesbezüglich modifiziert werden (z. B. erhöhter Aminosäurebedarf nach einer OP oder bei Mangelzuständen).

Aus dem Abschnitt **Grundlagen** solltest du dir Folgendes unbedingt merken:

– Die acht essenziellen Aminosäuren sind Tryptophan, Lysin, Threonin, Methionin, Phenylalanin, Leuzin, Isoleuzin und Valin.
– Der physiologische und der physikalische Brennwert sind für Kohlenhydrate und Fette identisch. Für Eiweiße ist der physikalische Brennwert jedoch höher als der physiologische.
– Du solltest unbedingt die Zahlen für den physiologischen Brennwert von Eiweiss, Fett und Kohlenhydraten kennen. Es kommen häufig Rechenaufgaben, die durch die Kenntnis dieser Zahlen leicht zu lösen sind.

FÜRS MÜNDLICHE

Fragen zur Ernährung geben dir in der mündlichen Prüfung oft Gelegenheit zu einer etwas ausführlicheren Darstellung des Sachverhalts. Statt lange Texte auswendig beherrschen zu wollen, gilt es das freie Sprechen möglichst mit anderen oder zumindest vor dem Spiegel zu trainieren.

1. **Was versteht man unter der biologischen Wertigkeit und wovon hängt diese ab?**

2. **Erläutern Sie bitte die Grundprinzipien der parenteralen Ernährung.**

3. **Erläutern Sie bitte grob die Veränderungen während des Hungerstoffwechsels.**

4. **Wie wird der respiratorische Quotient berechnet und wozu kann man diesen verwenden?**

1. Was versteht man unter der biologischen Wertigkeit und wovon hängt diese ab?

Die biologische Wertigkeit beschreibt die Übereinstimmung zwischen der Aminosäurenzusammensetzung eines Proteins mit der des menschlichen Körpers. Sie hängt vom Gehalt eines Proteins an essenziellen Aminosäuren und der Gesamtrelation aller Aminosäuren des Proteins ab.

2. Erläutern Sie bitte die Grundprinzipien der parenteralen Ernährung.

Unter parenteraler Ernährung versteht man eine Ernährungsform unter Umgehung des Gastrointestinaltrakts. Die Hauptbestandteile sind Wasser, Elektrolyte und Kohlenhydrate. Weitere mögliche Bestandteile sind essenzielle Aminosäuren und Fette. Proteine dürfen nicht gegeben werden, da sie einen anaphylaktischen Schock auslösen können.

3. Erläutern Sie bitte grob die Veränderungen während des Hungerstoffwechsels.

In der Frühphase erfolgt die Energieversorgung durch Glykogenolyse der Leber. Bei anhaltender Nahrungskarenz (die Vorräte der Leber reichen 24 Stunden) kommt es zur Steigerung der Gluconeogenese, zur Aufrechterhaltung des Blutzuckerspiegels und somit zu der Versorgung der obligaten Glucoseverwerter. Als Substrate dienen körpereigene Proteine, Lactat und das Glycerin der Fette. Zwecks Einsparung von Glucose und Proteinen wird ein Großteil der Fettsäuren in

der Leber zu Ketonsäuren verstoffwechselt und dient in dieser Form den peripheren Geweben als schnell verfügbare Energiequelle.

4. Wie wird der respiratorische Quotient berechnet und wozu kann man diesen verwenden?

Der respiratorische Quotient errechnet sich aus der Menge an abgegebenem CO_2 zu aufgenommenem O_2. Anhand des respiratorischen Quotienten kann man eine Aussage bezüglich der Stoffwechsellage des Organismus machen. Liegt sein Wert etwa bei eins, so verstoffwechselt der Organismus vorwiegend Kohlenhydrate. Sinkt sein Wert ab, so spricht das für eine vermehrte Verstoffwechselung von Eiweißen und Fetten, also für den Hungerzustand.

Mehr Cartoons unter www.medi-learn.de/cartoons

Pause

Erste Pause! Hier was zum
Grinsen für Zwischendurch ...

1

1.5 Verdauungssekrete

In diesem Abschnitt werden die einzelnen Verdauungssekrete vorgestellt. Für das schriftliche Examen ist es besonders wichtig, zu wissen, welches Verdauungssekret welche Bestandteile enthält. Bisher tauchten dazu in jedem Examen Fragen auf, bei denen die richtige Zuordnung verschiedener Substanzen zum entsprechenden Organ bzw. Verdauungssekret gefragt war.
Ein fundiertes Wissen aus diesem Abschnitt erleichtert dir zudem das Verständnis für die folgenden Themen (die Verdauung der einzelnen Nährstoffe) und ist für die Klinik von erheblicher Bedeutung. Es lohnt sich also, auch die Verdauungssekrete mit Sorgfalt zu studieren.

1.5.1 Mundspeichel

Die Speicheldrüsen (Glandula parotis, Glandula submandibularis und Glandula sublingualis) bilden pro Tag etwa eineinhalb Liter Mundspeichel. Der Mundspeichel enthält als besonders wichtige Bestandteile **Mucin** und **Ptyalin**:
- Mucin besteht aus Proteoglykanen zur Erhöhung der Gleitfähigkeit des Nahrungsbreis,
- Ptyalin ist eine α-Amylase (ein Verdauungsenzym), die Stärke und Glykogen bis zum **Disaccharid** Maltose abbauen kann. Die **Kohlenhydrate** sind damit die einzige Nährstoffklasse, deren Verdauung bereits in nennenswertem Umfang im **Mund** beginnt.

> **Übrigens …**
> Der Mundspeichel hat einen pH-Wert von 5–7. Passenderweise kann in diesem Milieu auch das Ptyalin am besten arbeiten (pH-Optimum 6,7). Die pharmakologische Hemmung der H^+/K^+-ATPase wird zur Therapie der Gastritis und von Magenulzera eingesetzt (sog. Protonenpumpenhemmer).

Die Speichelbildung erfolgt in zwei Schritten: 1. Primärspeichel: In den Azinuszellen wird Cl^- ba-
solateral über einen sek. aktiven Transport aufgenommen, um dann über apikale Cl^--Kanäle abgegeben zu werden. Na^+ gelangen parazellulär ins Lumen. 2. Sekundärspeichel: Na^+ und Cl^- werden resorbiert und K^+ und HCO_3^- sezerniert.

1.5.2 Magensaft

Der Magensaft ist das Produkt aller in der Magenmukosa befindlicher Zellen (v. a. Beleg-, Haupt- und Nebenzellen). Pro Tag werden ca. 2,5 – 3 l Magensaft produziert.
Die Belegzellen (Parietalzellen) produzieren **HCl** (Salzsäure) und den **Intrinsic-Factor**, ein Glykoprotein, das für die Resorption von Vitamin B_{12} im terminalen Ileum benötigt wird. Belegzellen besitzen Rezeptoren für Histamin, Gastrin und Acetylcholin (muskarinerg). Die Stimulation dieser Rezeptoren fördert die Salzsäuresekretion. Die Belegzellen nehmen hierzu CO_2 aus dem Blut auf und bilden mittels des Enzyms Carboanhydrase und Wassers Kohlensäure, die in der Zelle in Protonen und Bikarbonat zerfällt. Die Protonen werden apikal unter ATP-Verbrauch (primär-aktiver Transport) im Austausch gegen Kaliumionen ins Magenlumen gepumpt (H^+/K^+-ATPase).
Auch Chlorid-Ionen gelangen ins Magenlumen, jedoch erst nachdem sie **basolateral** im Austausch gegen Bikarbonat in die Zelle aufgenommen wurden.
Die Salzsäure bewirkt den **stark sauren pH-Wert** von 1–2 des Magens. Zu ihren Funktionen zählen die
- Hydrolyse verschiedener Zucker,
- Denaturierung der Proteine und
- Aktivierung von Pepsinogen (inaktive Enzymvorstufe) zu Pepsin (aktives Verdauungsenzym).

Pepsinogen ist das Sekretionsprodukt der **Hauptzellen** und das **Proenzym** (s. 1.6, S. 14) des proteinspaltenden Verdauungsenzyms Pepsin. Als **Endopeptidase** spaltet Pepsin Proteine innerhalb ihrer Aminosäurekette.
In den **Nebenzellen** werden **Glykoproteine** produziert. Diese bilden einen Schleimfilm auf der Magenmukosa und schützen diese dadurch

vor dem stark sauren und daher aggressiven Magensaft.

> **Merke!**
>
> Die Belegschaft ist sauer, weil die Hauptmannschaft Pepsi trinkt und die Nebenmannschaft rumschleimt.

Die Enzymausstattung des Magensafts zeigt, dass im Magen vorwiegend Proteine verdaut werden, während die Verdauung der Kohlenhydrate pausiert und die der Lipide noch immer nicht richtig begonnen hat.

Regulation

Die Magensaftsekretion wird durch verschiedene Faktoren reguliert. Die wichtigsten Effektoren zur **Steigerung der Magensaftsekretion** sind
– Histamin,
– Gastrin (aus den G-Zellen des Antrums) und
– Acetylcholin (Parasympathikus).
Eine **Hemmung der Magensaftsekretion** erfolgt durch die meisten gastrointestinalen Polypeptide wie z. B.
– Sekretin,
– Somatostatin,
– Cholezystokinin und
– Gastrointestinales Peptid (GIP).
Die **Sekretion des Gastrins** (Stimulator der Magensaftsekretion) wird ihrerseits nochmals spezifisch reguliert. Eine **Sekretionssteigerung des Gastrins** erfolgt v. a. durch
– Acetylcholin,
– Alkohol,
– Koffein,
– eine mäßige Dehnung der Magenwand und
– die Peptide des Nahrungsbreis.
Eine **Senkung der Gastrinsekretion** wird durch
– Sekretin,
– eine Überdehnung der Magenwand und
– einen sauren pH-Wert des Mageninhalts (negatives Feedback) bewirkt.
Sekretin wird im Duodenum und Jejunum gebildet und hat die Funktion, den sauren Speisebrei, der ins Duodenum gelangt, zu neutrali-

sieren. Es stimuliert die Bikarbonatabgabe und Flüssigkeitsabgabe in die Gallengänge und im Pankreas.

> **Übrigens …**
>
> Die Regulation der Magensaftsekretion spielt klinisch eine wichtige Rolle, da sie durch eine Reihe von Medikamenten beeinflusst werden kann (Therapie von Magen- und Duodenalulcera). Diese Medikamente blockieren die Histamin- oder Acetylcholinrezeptoren der Belegzellen oder deren Protonenpumpen.

1.5.3   Bauchspeichel

Als Bauchspeichel bezeichnet man das Sekret des **exokrinen** Pankreas. Pro Tag werden davon ungefähr zwei Liter gebildet und über die Papilla Vateri in das Duodenum abgegeben. Die wichtigsten Bestandteile des Pankreassekrets sind
– **Bikarbonat** (HCO_3^-) zur Neutralisation der HCl aus dem Magen und um das pH-Optimum für die Pankreasenzyme zu schaffen (ein pH-Wert von 7–8)
sowie folgende Verdauungsenzyme:
– **Trypsin** und **Chymotrypsin** (Endopeptidasen), spalten Proteine innerhalb ihrer Aminosäureketten,
– **Carboxypeptidasen**, spalten C-terminale Aminosäuren ab, sind damit Exopeptidasen
– **Elastase** zur Spaltung von Elastin und Kollagen
– (Phospho-)**Lipase** zur Spaltung von Triacylglycerinen und Phospholipiden
– **Cholesterinesterase** zur Spaltung von Cholesterinestern zu Cholesterin und Fettsäuren
– **Ribonuklease** zur Spaltung von DNA und RNA in einzelne Nukleotide
– **Pankreas-α-Amylase** zur Spaltung von Stärke und Glykogen zu Oligosacchariden, Maltotriose, Maltose und Isomaltose

Wie aus der Enzymzusammensetzung ersichtlich, wird im Duodenum die Verdauung **aller**

1

drei Stoffklassen durch das Pankreassekret stark vorangetrieben. Hier **beginnt** endlich die **Verdauung der Lipide** und der Abbau der Kohlenhydrate und Proteine wird fortgesetzt.

Merke!

Im Schriftlichen Examen wird besonders gerne die Zuordnung der Pankreasbestandteile zu ihrem Entstehungsorgan gefragt.

Übrigens …
Bei einer Schädigung des Pankreas, z. B. durch eine Entzündung (Pankreatitis), kommt es zum Übertritt pankreatischer Enzyme wie Pankreas-Amylase und -Lipase ins Blut. Deren Nachweis ist somit eine wichtige diagnostische Hilfe. Bei einer chronischen Entzündung der Bauchspeicheldrüse kann eine Pankreasinsuffizienz entstehen. Der als Folge auftretende Mangel an Pankreaslipase führt bei diesen Patienten zu einer Störung der Fettverdauung und einem erhöhten Fettgehalt des Stuhls.

Regulation

Ähnlich wie die Sekretion des Magens (s. 1.5.2, S. 10) unterliegt auch die des Pankreas einer hormonellen und nervösen Steuerung. **Die Förderung der Pankreassekretion** erfolgt durch
– N. vagus (Parasympathikusaktivität),
– Sekretin (Sekretion eines bikarbonatreichen, enzymarmen Sekrets),
– Cholezystokinin (Sekretion eines enzymreichen, bikarbonatarmen Sekrets) und
– die Substanz P und durch
– Abnahme des pH-Werts im Duodenum.
Einen **hemmenden Einfluss auf die Sekretion** des Pankreas haben
– Nn. splanchnici (Sympathikusaktivität),
– Glukagon,
– Somatostatin und
– das Pankreatische Polypeptid (PP).

Merke!

Die Abgabe von Bicarbonat (HCO_3^-) erfolgt im Austausch mit Cl^-. Die Konzentration von Na^+ und K^+ im Pankreassekret bleibt konstant. Unabhängig von der Sekretionsrate ist das Pankreassekret isoton zum Blutplasma. Die Zusammensetzung des Pankreassekrets ist abhängig von der Sekretionsrate. Bei Steigerung der Sekretion kommt es zu einem exponentiellen Anstieg des Bikarbonats und einem Abfall des Chlorids, während die Konzentration an Kalium und Natrium konstant bleibt.

1.5.4 Galle

Die Leber sezerniert pro Tag etwa einen halben Liter Gallenflüssigkeit. Diese Lebergalle ist ein **enzymfreies** Sekret und beinhaltet
– zu **90 % Wasser** (die Blasengalle ist jedoch eingedickt und somit konzentrierter),
– Gallensäuren (Cholesterinderivate),
– Gallenfarbstoffe (Abbauprodukte des Hämoglobins),
– Cholesterin (s. 2.1.1, S. 23) und
– Phospholipide (z. B. Lecithin s. 2.1.2, S. 25).

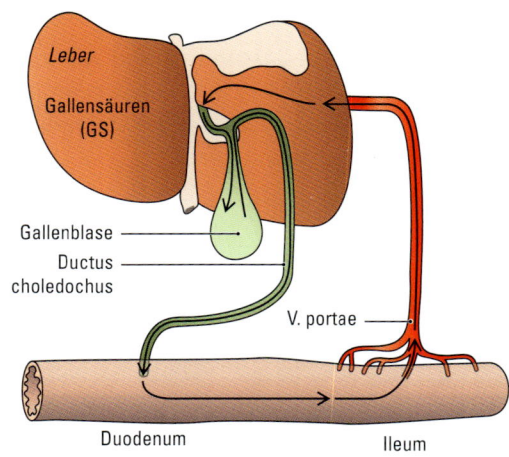

Abb. 2: Enterohepatischer Kreislauf der Gallensäuren

medi-learn.de/7-bc7-2

Merke!

Die Gallenflüssigkeit enthält KEINE Enzyme.

Die Blasengalle ist konzentrierter als die Lebergalle und enthält somit höhere Konzentrationen an Calcium, Gallensäuren und Lipiden (Cholesterin, Lecithin). Aus den Bestandteilen der Gallenflüssigkeit, lassen sich ihre drei wichtigsten Funktionen direkt ableiten:

- **Fettverdauung:** Die Gallensäuren sind ein essenzieller Faktor der Fettverdauung. Aufgrund ihrer Bedeutsamkeit – gerade für das schriftliche Examen – werden die Säuren gleich noch einmal detailliert vorgestellt.

- **Cholesterinausscheidung:** Der Organismus ist zwar in der Lage, Cholesterin selbst zu synthetisieren, für den Abbau des Cholesterinmoleküls fehlen ihm jedoch die Enzyme. Daher ist Cholesterin vom Menschen auch nicht zur Energiegewinnung verwendbar. Die Ausscheidung überflüssigen Cholesterins erfolgt über die Galle – entweder frei oder in Form von Gallensäuren.

- **Bilirubinausscheidung:** Hämoglobin kann im Organismus ebenfalls nicht vollständig abgebaut werden. Der Abbau erfolgt bis zur Stufe des Bilirubins, das – gebunden an zwei Moleküle Glucuronsäure – als direktes Bilirubin über die Galle ins Duodenum abgegeben wird.

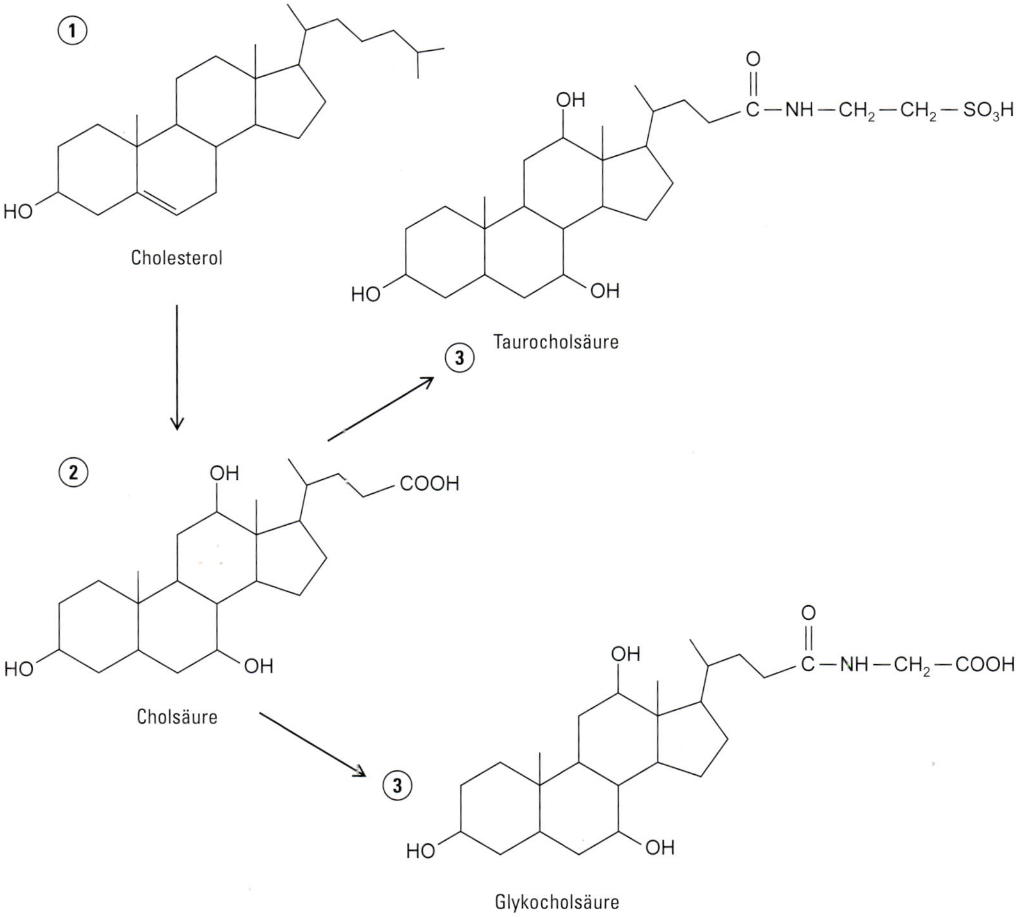

Abb. 3: Gallensäuren

Gallensäuren

Anhand ihrer Struktur erkennt man, dass die Gallensäuren Derivate des Cholesterins sind. Die Synthese der Gallensäuren aus Cholesterin findet in den Hepatozyten z. T. im glatten endoplasmatischen Retikulum statt (u. a. Hydroxylierungen). Folgende Modifikationen sind dabei besonders prüfungsrelevant (s. Abb. 3, S. 13):
– verkürzte Seitenkette mit zusätzlicher Säure-Gruppe,
– keine Doppelbindungen und
– zusätzliche OH-Gruppen.

Die Gallensäuren – auch Cholsäuren genannt – werden in den Hepatozyten über ihre COOH-Gruppe mit der Aminosäure Taurin oder Glycin unter ATP-Verbrauch konjugiert (Amidbindung) und als **konjugierte Gallensäuren** (Taurocholsäure, Glykocholsäure s. Abb. 3, S. 13) **aktiv** in die Lebercanaliculi sezerniert. Über das Gallengangsystem erfolgt die Abgabe der Gallensäuren als Bestandteile gemischter Mizellen ins Duodenum. Da ihre eigene 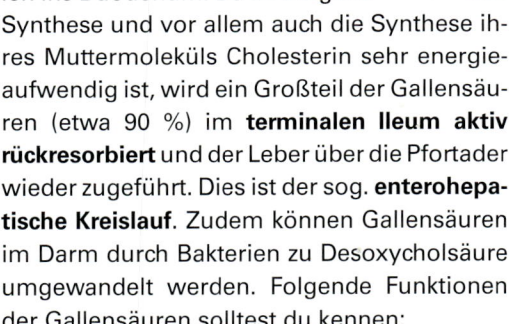 Synthese und vor allem auch die Synthese ihres Muttermoleküls Cholesterin sehr energieaufwendig ist, wird ein Großteil der Gallensäuren (etwa 90 %) im **terminalen Ileum aktiv rückresorbiert** und der Leber über die Pfortader wieder zugeführt. Dies ist der sog. **enterohepatische Kreislauf**. Zudem können Gallensäuren im Darm durch Bakterien zu Desoxycholsäure umgewandelt werden. Folgende Funktionen der Gallensäuren solltest du kennen:
– Sie aktivieren die Pankreaslipase und damit die Fettverdauung.
– Sie sind amphiphile Substanzen (sich sowohl in Wasser als auch in Fett lösen) und dienen damit als Lösungsvermittler (Mizellenbildung) bei der Fettverdauung (s. 1.9, S. 17).
– Sie fungieren in der Gallenflüssigkeit als Lösungsvermittler für Cholesterin und verhindern zusammen mit Phospholipiden das Ausfallen von Cholesterin in der Gallenblase.
– Aufgrund eines negativen Feedback-Mechanismus hemmen sie die Herstellung von Cholesterin.

– Eine erhöhte Konzentration von Säuren in der Pfortader senkt die Gallensäurebildung in der Leber.
– Im Darm entstehen aus den primären Gallensäuren durch bakteriellen Abbau sekundäre Gallensäuren (z. B. Desoxycholsäure). Diese werden im terminalen Ileum resorbiert und in der Leber wieder zu primären Gallensäuren umgewandelt.

Übrigens …
Gallensteine entstehen vor allem durch ein Missverhältnis zwischen Cholesterin und seinen Lösungsvermittlern (v. a. Gallensäuren und Phospholipiden). Ist der Cholesteringehalt der Gallenflüssigkeit im Vergleich zu ihrem Gallensäuregehalt zu hoch, so kann Cholesterin ausfallen und zur Bildung von Gallensteinen führen. Die Mehrzahl der Gallensteine sind daher Cholesterinsteine.

1.6 Proenzyme

Als Proenzyme bezeichnet man die **inaktive Vorstufe** der proteinverdauenden Enzyme, die erst nach ihrer Sekretion aktiviert werden. Durch diese inaktiven Vorstufen wird das sezernierende Organ vor Autodigestion (Selbstverdauung) geschützt. Die Aktivierung der Proenzyme erfolgt durch proteolytische Abspaltung eines Peptidanteils. Diesen Vorgang bezeichnet man als **limitierte Proteolyse**. Die einzelnen Proenzyme werden dabei von unterschiedlichen Faktoren aktiviert.
– Pepsinogen: Autokatalyse durch sauren Magen-pH-Wert → Pepsin
– Trypsinogen: Aktivierung durch **Enteropeptidase** (Abspaltung eines N-terminalen Peptids) aus Enterozyten der Duodenalschleimhaut → Trypsin
– Chymotrypsinogen: Aktivierung durch Trypsin → Chymotrypsin
– Procarboxypeptidasen A + B: Aktivierung durch Trypsin → Carboxypeptidasen A + B

Merke!

Nur die Enzyme der Proteinverdauung werden als inaktive Proenzyme sezerniert.

1.7 Verdauung der Kohlenhydrate

Die Kohlenhydrate sollten bei einer ausgewogenen Ernährung den größten Anteil der Nahrung bilden (etwa 60 %). In diesem Kapitel geht es darum, wie der Körper die mit der Nahrung aufgenommenen Kohlenhydrate abbaut, über den Darm aufnimmt und an das Blut abgibt. Sowohl für das schriftliche als auch für das mündliche Physikum solltest du dir genau klar machen, in welchem Abschnitt des Gastrointestinaltrakts welche Stufe der Kohlenhydratverdauung stattfindet. Hierzu ist es besonders hilfreich, sich immer wieder die Herkunft der Enzyme und deren Lokalisation während ihrer Wirkung vor Augen zu führen. Anders ausgedrückt: Du solltest sorgfältig zwischen den Enzymen unterscheiden, die in den Gastrointestinaltrakt abgegeben werden, und denen, die Bestandteil der Darmmukosa sind.

1.7.1 Abbau der Kohlenhydrate

Der enzymatische Abbau der Kohlenhydrate beginnt bereits im Mund, pausiert im Magen und wird im Dünndarm durch die Aktivität der Pankreas- und Bürstensaumenzyme fortgeführt. Da die Darmmukosa nur Monosaccharide aufnehmen kann, werden alle aufgenommenen Poly-, Oligo- und Disaccharide enzymatisch bis zur Stufe ihrer Monosaccharide abgebaut (v. a. Glucose, Galaktose und Fructose). Tab. 2, S. 15 fasst die einzelnen Schritte der Kohlenhydratverdauung zusammen.

1.7.2 Aufnahme der Monosaccharide in die Enterozyten

Glucose und Galaktose werden über einen **sekundär-aktiven Natrium-Symport** resorbiert (s. Abb. 4, S. 16), Fructose hingegen wird über erleichterte Diffusion in die Enterozyten des Darms aufgenommen.

Übrigens ...
Glucose wird auch über die apikale Zellmembran renal-tubulärer Epithelzellen im Symport mit Na^+ transportiert.

Bildungsort des Enzyms	Wirkungsort des Enzyms	Substrat	Enzym (Enzymtyp)	Produkt
Speicheldrüsen	Mundraum	Stärke und Glykogen	Ptyalin = α-Amylase (α-Glucosidase)	Maltose und Isomaltose
Pankreas	Duodenum	Stärke und Glykogen	α-Amylase (α-Glucosidase)	Maltose und Isomaltose
Darmmukosa	Dünndarm (v. a. Duodenum und Jejunum)	Maltose	Maltase (α-Glucosidase)	zweimal Glucose
		Isomaltose	Isomaltase (α-Glucosidase)	zweimal Glucose
		Saccharose (α-1,2 verknüpft)	Saccharase (α-Glucosidase)	Glucose und Fructose
		Lactose (β-1,4 verknüpft)	Lactase (β-Glucosidase)	Glucose und Galaktose

Tab. 2: Verdauung der Kohlenhydrate

1.7.3 Abgabe der Monosaccharide ans Blut

Innerhalb der Darmzellen können Fructose und Galaktose in Glucose umgewandelt werden. Der anschließende Transport der Glucose aus den Enterozyten ins Blut erfolgt durch erleichterte Diffusion, also ohne Koppelung an Natrium-Ionen.

1.7.4 Regulation der intestinalen Glucoseresorption

Kohlenhydratreiche Mahlzeiten lösen über die Glucose und über eine Sekretionsförderung des gastroinhibitorischen Peptids (GIP) eine Steigerung der **Insulinsekretion** aus. Das ausgeschüttete Insulin fördert die Utilisation (die Verwertung) der resorbierten Glucose (z. B. durch Förderung der Glucoseaufnahme in Fett- und Muskelzellen, Steigerung der Glykolyse usw.), hat jedoch KEINEN Einfluss auf die Glucoseresorption im Darm.

Die Freisetzung von Insulin und Glukagon wird insbesondere durch die Art der Nährstoffe und ihre Konzentration im Blut beeinflusst: Eine erhöhte Konzentration von Kohlenhydraten (v. a. Glucose) stimuliert vorwiegend die Freisetzung von Insulin, während eine erhöhte Konzentration von Aminosäuren (v. a. Arginin) die Freisetzung sowohl von Glukagon als auch von Insulin stimuliert.

Merke!

Die Glucoseresorption im Darm erfolgt Insulin-unabhängig an der luminalen Membran der Enterozyten über den sekundär-aktiven Natrium-Symport.

Manche Menschen leiden unter einem Lactase-Mangel (einem Mangel an einer der Disaccharidasen des Bürstensaums), was zur Folge hat, dass die aufgenommene Lactose nicht weiter abgebaut wird (Lactoseintoleranz). Da aber die Darmmukosa keine Disaccharide aufnehmen kann, verbleibt die Lactose im Darmlumen. Dies hat zwei wesentliche Konsequenzen:
– Da Lactose osmotisch aktiv ist, kommt es zu einem Wassereinstrom in den Darm.
– Lactose wird von den Darmbakterien unter Bildung von Gasen zersetzt. Menschen mit Lactoseintoleranz leiden daher nach dem Verzehr von Milchprodukten unter Meteorismus und Diarrhöen.

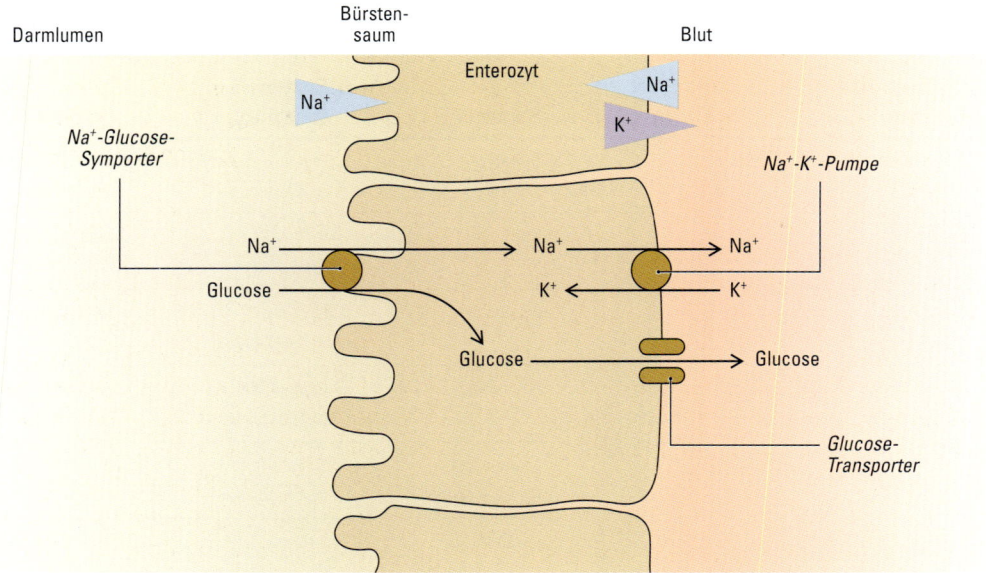

Abb. 4: Glucoseresorption im Darm

medi-learn.de/7-bc7-4

1.8 Verdauung der Proteine

Der Anteil der Proteine an der Nahrung sollte etwa 15 % betragen. Dieser Abschnitt widmet sich dem Abbau der Proteine und der Aufnahme ihrer Abbauprodukte in die Enterozyten. Für das schriftliche Examen solltest du dir besonders gut einprägen, in welchem Abschnitt des Gastrointestinaltrakts welcher Schritt der Proteinverdauung abläuft. Zum anderen sind die Enzyme der Proteinverdauung immer wieder gern gefragte Fakten. Du solltest z. B. unbedingt wissen, welche Enzyme Exopeptidasen und welche Endopeptidasen sind. Auch solltest du das Prinzip der Proenzyme und ihre Vertreter kennen.

1.8.1 Abbau der Proteine

Der Abbau der Proteine beginnt mit ihrer **Denaturierung** durch die **Salzsäure** des Magens. Durch diesen Prozess wird die Aminosäurekette der Proteine für die verschiedenen proteolytischen Enzyme des Gastrointestinaltrakts besser angreifbar. Die Proteolyse (eigentliche Aufspaltung in ihre einzelnen Aminosäuren) der Proteine beginnt ebenfalls im Magen durch die Wirkung von **Pepsin**. Diese Endopeptidase spaltet die Proteine innerhalb ihrer Aminosäurekette. Die hierdurch entstehenden Polypeptide gelangen ins Duodenum, wo sie den proteolytischen Enzymen des Pankreas ausgesetzt sind: **Trypsin** (aktiviert durch eine Enteropeptidase aus den Brunner-Drüsen des Duodenums) und **Chymotrypsin** (aktiviert durch Trypsin) sind ebenfalls Endopeptidasen – sie spalten Polypeptide innerhalb ihrer Aminosäurekette. Die Carboxypeptidasen A und B sind hingegen Exopeptidasen, die einzelne Aminosäuren sukzessiv vom Carboxylende der Polypeptide abspalten. Durch die Einwirkung der Pankreasenzyme entstehen aus Proteinen Oligopeptide und freie Aminosäuren.

Der letzte Schritt der Proteinverdauung (die Spaltung der verbliebenen, kleinen Oligopeptide) erfolgt durch die **Aminopeptidasen** der Dünndarmmukosa. Diese Exopeptidasen spalten Aminosäuren vom N-terminalen Ende der Oligopeptide ab und besitzen als Enzyme der Darmmukosa KEIN Proenzym – ein wichtiger Unterschied zu den Carboxypeptidasen des Pankreas.

- Exopeptidasen (Carboxypeptidasen A + B, Aminopeptidase): Angriff an den Enden der Aminosäurekette (Carboxypeptidasen = C-terminales Ende, Aminopeptidase = N-terminales Ende)
- Endopeptidasen (übrige proteinspaltende Enzyme): Angriff innerhalb der Aminosäurekette
- Carboxypeptidasen sind Zinkproteine
- Trypsin ist eine Serinprotease, die v. a. Peptidbindungen spaltet, an denen Lysin oder Arginin beteiligt sind (basische Aminosäuren).

1.8.2 Resorption der Proteine

Die einzelnen Aminosäuren werden aus dem Darm durch einen sekundär-aktiven **Natrium-Symport** resorbiert (vgl. 1.7, S. 15). Dabei gibt es für die verschiedenen Aminosäuren spezifische Transportsysteme. Welches Transportsystem welche Aminosäure aufnimmt, brauchst du dir für das schriftliche Examen nicht zu merken.

Auch kleinere Oligopeptide (Peptide mit weniger als zehn Aminosäuren) können resorbiert werden. Ihre Resorption erfolgt jedoch mithilfe eines sekundär-aktiven **Protonen-Symports**.

1.9 Verdauung der Fette

Die Fette kommen fast unbeschadet durch Mund und Magen. Ihr Abbau beginnt maßgeblich erst mit der Pankreaslipase im Duodenum. Eine wichtige Voraussetzung für die Verdauung der Nahrungsfette ist dabei ihre **Emulgierung** im wässrigen Nahrungsbrei durch die Wirkung der Gallensäuren. Ohne die amphiphilen (sowohl fett- als auch wasserlöslichen) **Gallensäuren** aus der Leber käme es nämlich zur Bildung eines zweiphasigen Nahrungsbreis mit einer lipophilen und einer hydrophilen Phase. Da das

1

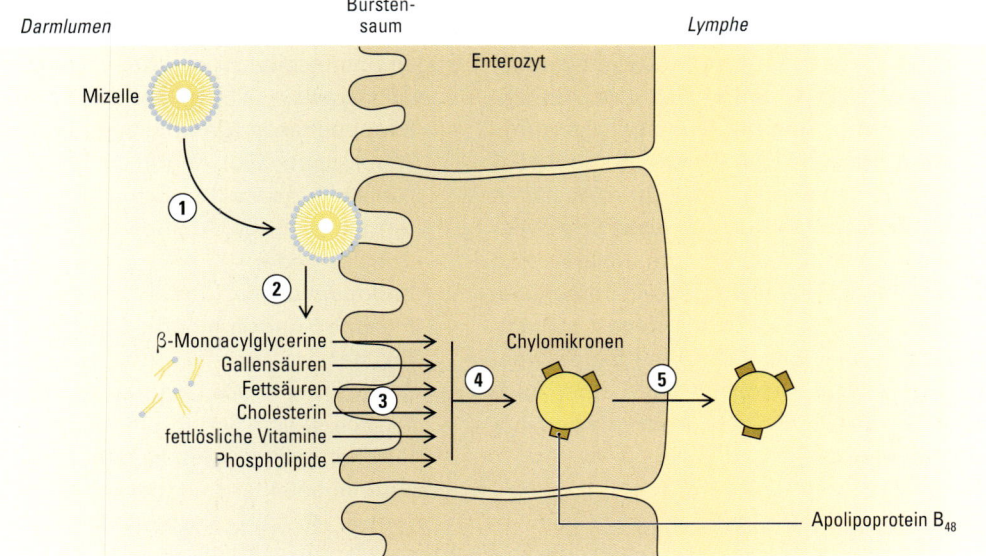

1. Mizellen kommen durch die Darmperistaltik in Kontakt mit dem Bürstensaum der Enterozyten
2. Zerfall der Mizellen bei Kontakt mit dem Bürstensaum der Enterozyten
3. Resorption der einzelnen Bestandteile durch Enterozyten
4. Synthese der Chylomikronen aus den resorbierten Nahrungsbestandteilen
5. Abgabe der Chylomikronen an die Lymphe

Abb. 5: Aufnahme der Mizellen in Enterozyten und Bildung von Chylomikronen   *medi-learn.de/7-bc7-5*

Hauptenzym der Lipidverdauung – die Lipase des Pankreas – selbst eine hydrophile Struktur hat, würde sie unter diesen Umständen nicht in ausreichendem Maß an ihre lipophilen Substrate gelangen. Erst durch die Gallensäuren als **Detergentien** (Lösungsvermittler) und der damit verbundenen Bildung eines **emulgierten Nahrungsbreis** kann die hydrophile Pankreaslipase die Fetttropfen angreifen (s. Abb. 6, S. 19). Als Aktivatoren benötigt sie dazu noch eine **Colipase** und wiederum die Gallensäuren.

Diese Aktivierung der Pankreaslipase findet an den **Lipidgrenzflächen** statt.

Durch die Wirkung der Pankreaslipase werden die Triacylglycerine zu **β-Monoacylglycerinen** und zwei Fettsäuren abgebaut.
Diese Produkte bilden zusammen mit den Gallensäuren **Mizellen**. Dabei handelt es sich um

spezielle, kugelförmige Anordnungen amphiphiler Moleküle, bei denen die hydrophilen Teile nach außen und die hydrophoben Teile nach innen zeigen. Innerhalb der Mizellen können noch andere Lipide, wie z. B. Cholesterin und lipophile Vitamine, transportiert werden.
Die Mizellen treten nun v. a. im Dünndarm in Kontakt mit den Enterozyten, den Zellen der Darmmukosa. Beim Kontakt mit dem Bürstensaum der Enterozyten zerfallen die Mizellen, sodass ihre Bestandteile einzeln aufgenommen werden. Anschließend werden im **endoplasmatischen Retikulum** der Enterozyten aus den Fettsäuren und Monoacylglycerinen der Mizellen wieder Triacylglycerine gebildet (**Resynthese**). Zum Verlassen der Darmzellen werden die resynthetisierten Lipide in Form von **Chylomikronen** verpackt und über den Lymphweg dem Blutkreislauf zugeführt (s. Abb. 5, S. 18).

Merke!

Gallensäuren haben für die Fettverdauung zwei herausragende Funktionen:
- die Emulgierung der Nahrungsfette im wässrigen Nahrungsbrei und die
- Ausbildung von Mizellen a s Voraussetzung für die Resorption der Lipide im Dünndarm.

Ein Mangel an Gallensäuren im Darmlumen (z. B. durch Verschluss des Gallengangs) kann zu schwerwiegenden Störungen der Fettverdauung und -resorption führen. Während Triacylglycerine nach ihrer Spaltung zu β-Monoacylglycerinen und Fettsäuren auch ohne Gallensäuren resorbiert werden können (allerdings wesentlich langsamer), ist die Resorption von Cholesterin und fettlöslichen Vitaminen nahezu vollständig aufgehoben. Die

Folge sind Fettstühle (Steatorrhöe) und ein Verlust fettlöslicher Vitamine.

Bei der Verdauung zellhaltiger Nahrung werden integrale Membranproteine durch die Detergenswirkung der Gallensäuren von den umgebenden Lipiden gelöst.

1

A: Chymus ohne Zusatz von Gallensäuren

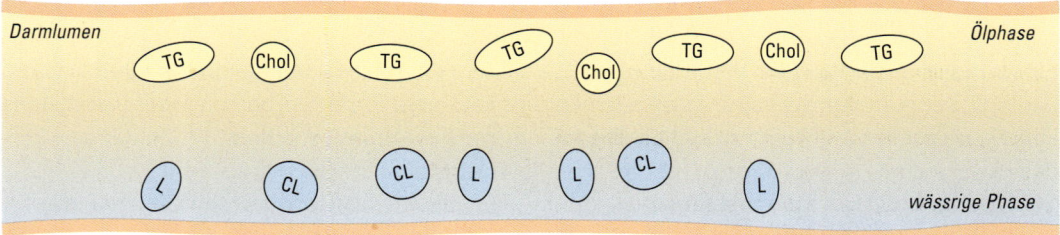

B: Chymus nach Zusatz von Gallensäuren

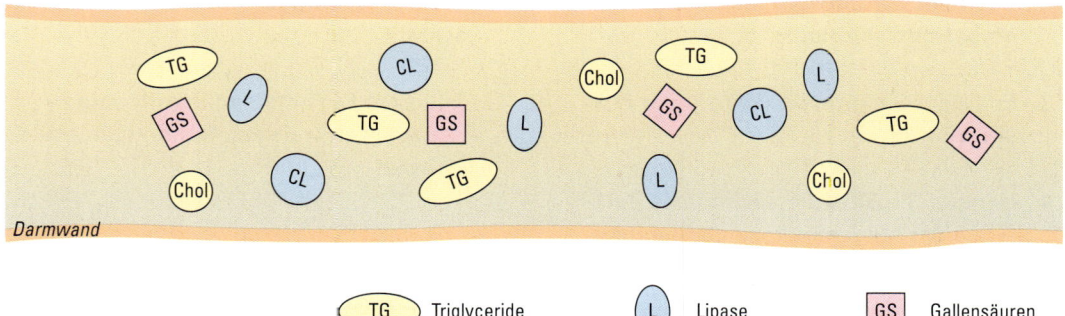

TG — Triglyceride	L — Lipase	GS — Gallensäuren
Chol — Cholesterin	CL — Colipase	

Abb. 6: Emulgierung der Nahrungsfette durch die Gallensäuren   *medi-learn.de/7-bc7-6*

Das Thema **Ernährung und Verdauung** hat den Vorteil, dass der Lernaufwand relativ gering ist, aber bisher in jedem Physikum Fragen hierzu zu finden waren. Besonders wichtig, sind folgende Fakten:

– Gallensäuren werden aus Cholesterin synthetisiert und in Form konjugierter Gallensäuren ausgeschieden.
– Nur die Enzyme der Proteinverdauung werden als Proenzyme (inaktive Vorstufen) sezerniert.
– Triacylglycerine werden nach ihrer Spaltung zu β-Monoacylglycerinen und Fettsäuren von den Enterozyten resorbiert, in diesen zu Triacylglycerinen resynthetisiert und schließlich als Chylomikronen über die Lymphbahn ans Blut abgegeben.

– Mit Ausnahme der Carboxy- und Aminopeptidasen sind alle Enzyme der Proteinverdauung Endopeptidasen.
– Die Funktion der Gallensäuren im Rahmen des Fettstoffwechsels umfasst die Emulgierung der Nahrungsfette im wässrigen Nahrungsbrei sowie die Ausbildung von Mizellen.
– Die Glucoseresorption im Darm erfolgt insulinunabhängig durch einen sekundär-aktiven Natrium-Symport, die Abgabe der Glucose ans Blut erfolgt hingegen durch erleichterte Diffusion.
– Die Galle ist ein enzymfreies Verdauungssekret.
– Es ist besonders wichtig, die Bestandteile der Verdauungssekrete sowie deren Regulation zu kennen!

FÜRS MÜNDLICHE

Ein gründlicher Blick auf die Verdauung von Eiweißen, Fetten und Kohlenhydraten lohnt sich unbedingt. Denn an den Verdauungssekreten kommt kaum ein Prüfer vorbei, ohne dir wenigstens eine Frage zu diesem Thema zu stellen. Die könnte beispielsweise so lauten:

1. **Schildern Sie bitte die wichtigsten Schritte der Fettverdauung.**

2. **Erläutern Sie bitte die Regulation der Magensaftsekretion.**

3. **Erläutern Sie bitte das Prinzip der Proenzyme.**

4. **Nennen Sie bitte die wichtigsten Zelltypen der Magenmukosa und ihre entsprechenden Sekretionsprodukte.**

5. **In welcher Form werden Gallensäuren ausgeschieden?**

6. **Welche Funktionen hat das Pankreassekret?**

7. **Erläutern Sie bitte den Begriff enterohepatischer Kreislauf. Nennen Sie ein Beispiel.**

1. Schildern Sie bitte die wichtigsten Schritte der Fettverdauung.
Die Fettverdauung beginnt im Duodenum. Zunächst emulgieren Gallensäuren die Fette.

Durch die Pankreaslipase erfolgt der Abbau der Triacylglycerine zu β-Monoacylglycerinen und zwei freien Fettsäuren. Diese bilden zusammen mit Gallensäuren Mizellen, deren

Bestandteile von den Enterozyten aufgenommen werden: Fettsäuren und Monoacylglycerine im Duodenum, Gallensäuren erst im Ileum.

2. Erläutern Sie bitte die Regulation der Magensaftsekretion.

Die Magensaftsekretion wird durch Acetylcholin, Histamin und Gastrin stimuliert. Die meisten gastrointestinalen Polypeptide wirken dagegen hemmend auf die Magensaftsekretion (s. 1.5.2, S. 10).

Die Gastrinsekretion wird ihrerseits spezifisch reguliert. Stimulierend auf die Gastrinsekretion wirken Acetylcholin, Koffein, Alkohol, mäßige Dehnung und Peptide des Nahrungsbreis. Hemmend auf die Gastrinsekretion wirken der Sympathikus, eine Überdehnung sowie ein saurer pH-Wert des Magensafts.

3. Erläutern Sie bitte das Prinzip der Proenzyme.

Proenzyme sind die inaktive Vorstufe der proteinverdauenden Enzyme. Durch diese inaktiven Vorstufen wird das sezernierende Organ vor einer Selbstverdauung geschützt. Die Aktivierung der Proenzyme erfolgt durch proteolytische Abspaltung eines Peptidanteils. Diesen Vorgang bezeichnet man als limitierte Proteolyse.

4. Nennen Sie bitte die wichtigsten Zelltypen der Magenmukosa und ihre entsprechenden Sekretionsprodukte.

Belegzellen (Parietalzellen): Salzsäure und Intrinsic-Factor
Hauptzellen: Pepsinogen
Nebenzellen: Glykoproteine (Schleim)

5. In welcher Form werden Gallensäuren ausgeschieden?

Nach ihrer Synthese werden die Gallensäuren unter ATP-Verbrauch über ihre COOH-Gruppe mit der Aminosäure Taurin oder Glycin konjugiert und als konjugierte Gallensäuren (Taurocholsäure, Glykocholsäure) aktiv in die Lebercanaliculi sezerniert. Über die Galle werden die konjugierten Gallensäuren dann an den Darm abgegeben.

6. Welche Funktionen hat das Pankreassekret?

Das Pankreassekret enthält Bikarbonat, um einen adäquaten pH-Wert für seine Enzyme zu schaffen, d. h. die Salzsäure des Magens zu neutralisieren. Außerdem enthält es Enzyme für die Verdauung aller drei Nährstoffklassen (s. 1.5.3, S. 11).

7. Erläutern Sie bitte den Begriff enterohepatischer Kreislauf. Nennen Sie ein Beispiel.

Substanzen, die einem enterohepatischen Kreislauf unterliegen, werden aus der Leber über die Gallenflüssigkeit in den Darm abgegeben. Im Ileum erfolgt ihre Rückresorption. Anschließend werden sie über die Pfortader zur Leber transportiert, sodass sich der Kreislauf schließt. Die entsprechende Substanz kann nun erneut über die Galle an den Darm abgegeben werden. Ein Beispiel sind die Gallensäuren: Sie werden über die Galle ins Duodenum abgegeben, im terminalen Ileum rückresorbiert und gelangen per Pfortader wieder in die Leber.

Pause

Päuschen! Das hast du dir verdient!
Und dann weiter im Text ...

Ein besonderer Berufsstand braucht besondere Finanzberatung.

Als einzige heilberufespezifische Finanz- und Wirtschaftsberatung in Deutschland bieten wir Ihnen seit Jahrzehnten Lösungen und Services auf höchstem Niveau. Immer ausgerichtet an Ihrem ganz besonderen Bedarf – damit Sie den Rücken frei haben für Ihre anspruchsvolle Arbeit.

- Services und Produktlösungen vom Studium bis zur Niederlassung

- Berufliche und private Finanzplanung

- Beratung zu und Vermittlung von Altersvorsorge, Versicherungen, Finanzierungen, Kapitalanlagen

- Niederlassungsplanung & Praxisvermittlung

- Betriebswirtschaftliche Beratung

Lassen Sie sich beraten!
Nähere Informationen und unseren Repräsentanten vor Ort finden Sie im Internet unter www.aerzte-finanz.de

Deutsche Ärzte Finanz

Standesgemäße Finanz- und Wirtschaftsberatung

2   Fettsäuren und Lipide

Fragen in den letzten 10 Examen: 47

Ziel dieses Kapitels ist es, den großen Komplex der Fettsäuren und Lipide möglichst übersichtlich darzustellen. Zunächst geht es dabei um die Einteilung der Lipide – ein Thema, das leider in den meisten Lehrbüchern recht chaotisch ist. Dabei solltest du gerade die Lipideinteilung verstanden haben, da dies das Lernen der folgenden Themen wie z. B. Fettsäuresynthese, β-Oxidation und Lipoproteinstoffwechsel sehr erleichtert.

Danach steigen wir in den Stoffwechsel der Lipide ein. Dieser zugegebenermaßen etwas mühselige Abschnitt wird leider häufig im Schriftlichen gefragt und sollte daher mit großer Aufmerksamkeit gelesen werden. Hast du diesen Abschnitt aber gut drauf, bist du für den weitaus größten Anteil der Fragen bestens gewappnet.

Am Schluss dieses Kapitels werden die Lipoproteine vorgestellt. Dieses Thema hat den Vorteil, dass der Lernaufwand relativ gering, der Anteil der Fragen dafür umso größer ist. Es lohnt sich also, sich gut mit den Lipoproteinen auszukennen.

Doch nun Schluss mit dem allgemeinen Geplänkel und rein ins fettige Vergnügen!

2.1   Chemie der Fettsäuren und Lipide

Lipide können in zwei große Gruppen eingeteilt werden, nämlich in

– verseifbare und
– nicht-verseifbare Lipide.

Diese Einteilung orientiert sich daran, ob eine **Esterbindung** vorhanden ist oder nicht. An dieser Stelle folgt ein ganz kleiner Exkurs in die Chemie: Bei den Estern handelt es sich um die Produkte der Reaktion eines **Alkohols** mit einer **Säure**. Reagiert der gebildete Ester anschließend mit einer starken Base (z. B. NaOH), entsteht der ursprüngliche Alkohol sowie das Salz der ursprünglichen Säure. Da ursprünglich Seifen hergestellt wurden, wird diese Reaktion auch Verseifung genannt. Lipide mit einer Esterbindung werden passenderweise als verseifbare Lipide bezeichnet.

2.1.1   Nicht verseifbare Lipide

Einfache Lipide enthalten keine Esterbindung. Sie werden daher auch als nicht-verseifbare Lipide bezeichnet.

$$R_1 - COOH \quad + \quad R_2 - OH \quad \longrightarrow \quad R_1 - \overset{\displaystyle O}{\overset{\displaystyle \|}{C}} - O - R_2$$

Säure   Alkohol   Ester

$$R_1 - \overset{\displaystyle O}{\overset{\displaystyle \|}{C}} - O - R_2 \quad + \quad NaOH \quad \longrightarrow \quad R_2 - OH \quad + \quad R_1 - COO^- \; Na^+$$

Ester   starke Base   Alkohol   Seife
                      (Natronlauge)   (Salz der Säure)

Abb. 7: Verseifung

medi-learn.de/7-bc7-7

gesättigte Fettsäure

$$H_3C - (CH_2)_{14} - \overset{\beta}{CH_2} - \overset{\alpha}{CH_2} - COOH$$

Stearinsäure (C_{18})

ungesättigte Fettsäure (cis)

$$H_3C - (CH_2)_4 - \overset{13}{HC} = \overset{12}{CH} - \overset{11}{CH_2} - \overset{10}{HC} = \overset{9}{CH} - (CH_2)_7 - \overset{1}{COOH}$$

Linolsäure (C_{18})

Abb. 8: Fettsäuren   *medi-learn.de/7-bc7-8*

Fettsäuren

Die einfachsten nicht-verseifbaren Lipide sind die Fettsäuren. Sie bestehen aus einer Kohlenwasserstoffkette sowie einer Carboxyl-(COOH-)gruppe. Enthält die Kohlenstoffkette Doppelbindungen, so spricht man – je nach Anzahl der Doppelbindungen – von einfach oder mehrfach ungesättigten Fettsäuren. Die **Doppelbindungen** liegen dabei in der Regel in der **cis-Konfiguration** vor.

Fettsäuren ohne Doppelbindungen werden als gesättigte Fettsäuren bezeichnet. Vergleicht man die physikalischen Eigenschaften von gesättigten und ungesättigten Fettsäuren, so haben ungesättigte Fettsäuren einen niedrigeren Schmelzpunkt (sind eher flüssig und finden sich z. B. in Ölen, s. 2.1.2, S. 25). Durch Reaktion mit Wasserstoff (Hydrierung) können aus ungesättigten Fettsäuren gesättigte Fettsäuren entstehen (z. B. Umwandlung von Ölsäure in Stearinsäure).

In unserem Körper fungieren Fettsäuren als wichtige **Energielieferanten** und sind essenzielle Bausteine von **Signalmolekülen** sowie **biologischen Membranen**.

Es gibt zwei Zählweisen für die C-Atome der Fettsäuren:
– Bei der arabischen Zählweise trägt das C-Atom mit der Carboxylgruppe die Zahl 1 und die folgenden C-Atome werden einfach durchnummeriert (2, 3, 4 usw.).
– Bei der griechischen Zählweise trägt das C-Atom mit der Carboxylgruppe die Zahl 0 und die folgenden C-Atome werden mit griechischen Buchstaben bezeichnet (α, β, γ usw.).
– Das letzte C-Atom trägt die Bezeichnung „Omega" (letzter Buchstabe des griechischen Alphabets). Der Name ungesättigter Fettsäuren hängt von der Position der ersten Doppelbindung vom Omegaende ab. Eine Fettsäure mit der ersten Doppelbindung am dritten C-Atom vom Omega ist eine Omega-3 Fettsäure (z. B. Linolensäure).

Isoprenderivate

Isoprenderivate sind neben den Fettsäuren die wichtigsten nicht-verseifbaren Lipide. Sie haben als Grundbaustein alle das Isopren (2-Methyl-1,3-Butadien).

$$H_2C = \overset{\overset{\textstyle CH_3}{\textstyle |}}{C} - HC = CH_2 =$$

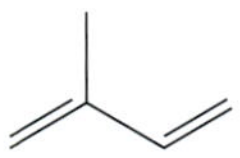

Abb. 9: Isopren   *medi-learn.de/7-bc7-9*

Isoprenderivate werden in zwei wichtige Gruppen unterteilt:

- **Terpene** = Einkettige, nicht zyklisierte Isoprenpolymere, die häufig in der Natur vorkommen. Bekannte Vertreter dieser Gruppe sind die fettlöslichen Vitamine A, E und K, das Menthol, die Pheromone und der Kautschuk des Pflanzenreichs.

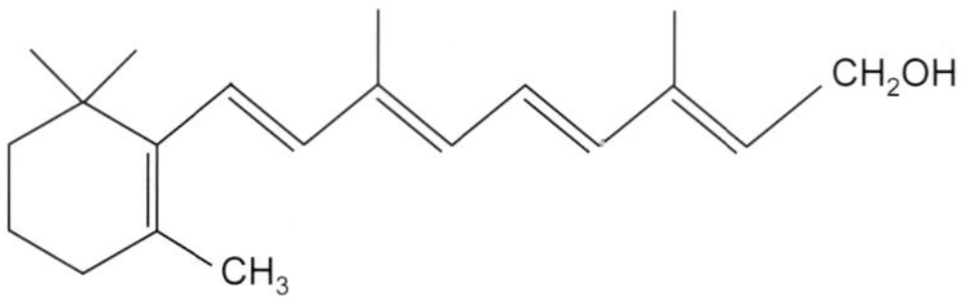

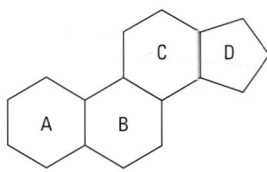

Abb. 10: Vitamin A   *medi-learn.de/7-bc7-10*

- **Steroide** = Stoffe mit Sterangerüst. Dieses Molekülgerüst **mit 17 C-Atomen** ist aus zyklisierten Isopreneinheiten aufgebaut. Zu den wichtigen Steroiden zählen das Cholesterin, Vitamin D, Gallensäuren, Sexualhormone, Glucocorticoide und Mineralcorticoide.

Abb. 11: Sterangerüst   *medi-learn.de/7-bc7-11*

Übrigens ...
Auch Ubichinon-10 (Coenzym Q10), welches von der Kosmetikindustrie als Anti-Aging Substanz vermarket wird, ist strukturell dem Vitamin E und Vitamin K verwandt und enthält eine Seitenkette aus Isopreneinheiten.

2.1.2   Verseifbare Lipide

Komplexe Lipide entstehen durch Veresterung eines Alkohols mit einer oder mehreren Säuren. Sie haben somit Esterbindungen und sind verseifbar.

Acylglycerine

Alle Acylglycerine haben als Alkohol das dreiwertige **Glycerin**. Je nach Anzahl der **Fettsäuren**, die mit den OH-Gruppen des Glycerins verestert sind, unterscheidet man zwischen Mono-, Di- und Triacylglycerinen.

Was man normalerweise als Fett bezeichnet, sind Triacylglycerine, wobei innerhalb eines Fettmoleküls unterschiedliche Fettsäuren vorkommen können. Fette mit einem hohen Anteil an ungesättigten Fettsäuren werden als **Öle** bezeichnet. Durch ihren hohen Anteil an ungesättigten Fettsäuren haben sie einen niedrigen Schmelzpunkt und sind daher bei Raumtemperatur flüssig.

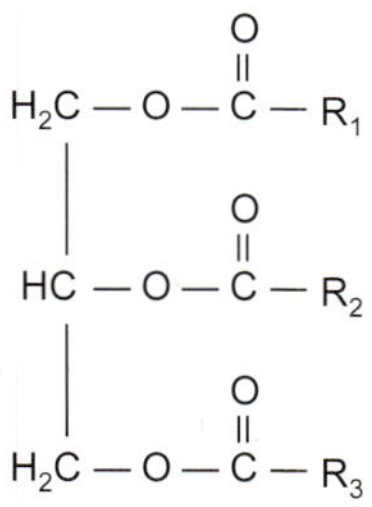

R_1, R_2, R_3 = Kohlenwasserstoffkette
meist C_{16} oder C_{18}

Abb. 12: Triacylglycerin   *medi-learn.de/7-bc7-12*

Phosphoglycerine

Phosphoglycerine haben ebenfalls **Glycerin** als Alkohol und somit einen ähnlichen Aufbau wie die Acylglycerine. Einziger Unterschied: Bei den Phosphoglycerinen ist die dritte OH-Gruppe des Glycerins mit Phosphorsäure verestert (und nicht mit einer Fettsäure). Dieses **einfachste Phospholipid** wird als **Phosphatidsäure** bezeichnet.

2

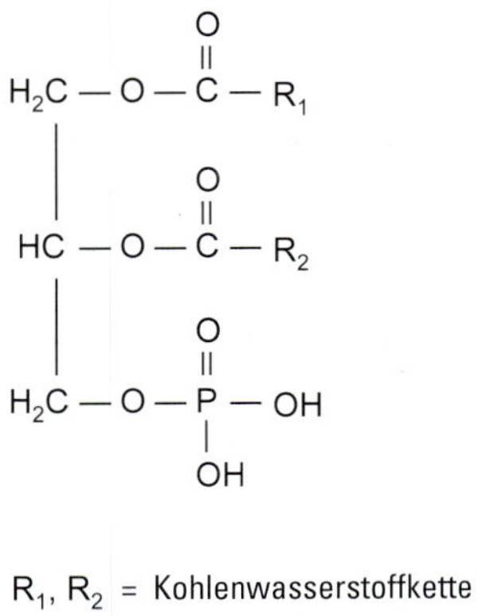

$$H_2C - O - \overset{\overset{\textstyle O}{\|}}{C} - R_1$$

$$HC - O - \overset{\overset{\textstyle O}{\|}}{C} - R_2$$

$$H_2C - O - \overset{\overset{\textstyle O}{\|}}{\underset{\underset{\textstyle OH}{|}}{P}} - OH$$

R_1, R_2 = Kohlenwasserstoffkette

Abb. 13: Phosphatidsäure   *medi-learn.de/7-bc7-13*

Bei den anderen Formen der Phosphoglycerine ist die Phosphorsäure zusätzlich mit einem weiteren Alkohol verestert. Die Phosphorsäure bildet dann zwei Esterbindungen aus: eine mit dem Glycerin und die andere mit einem zweiten Alkohol. Die meisten Phosphoglycerine sind solche **Phosphorsäurediester**.
Hier sind die wichtigsten Vertreter dieser Lipidklasse:

–   **Lecithin** = Diester mit dem Alkohol Cholin. Lecithin ist ein wichtiger Membranbaustein, kann also Lipid-Doppelschichten bilden.

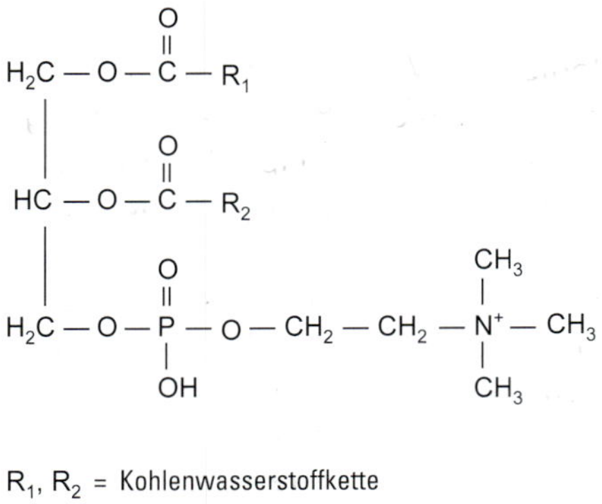

$$H_2C - O - \overset{\overset{\textstyle O}{\|}}{C} - R_1$$

$$HC - O - \overset{\overset{\textstyle O}{\|}}{C} - R_2$$

$$H_2C - O - \overset{\overset{\textstyle O}{\|}}{\underset{\underset{\textstyle OH}{|}}{P}} - O - CH_2 - CH_2 - \overset{\overset{\textstyle CH_3}{|}}{\underset{\underset{\textstyle CH_3}{|}}{N^+}} - CH_3$$

R_1, R_2 = Kohlenwasserstoffkette

Abb. 14: Lecithin   *medi-learn.de/7-bc7-14*

–   **Kephaline** = Diester mit den Alkoholen Ethanolamin oder Serin. Kephaline sind ebenfalls wichtige Membranbausteine. Bei physiologischem pH hat Phosphatidylserin eine

negative Gesamtladung (zwei negative und eine positive Ladung).

–   **Inositphosphatid** = Diester mit dem Alkohol Inositol. Inositphosphatide sind z. B. wichtige Second messenger (IP_3).
–   **Cardiolipin** = wichtiger Baustein von **Mitochondrienmembranen** mit komplexem Aufbau. Cardiolipin trägt am ersten und dritten C-Atom des Glycerins je eine Phosphorsäure. Beide Phosphorsäuremoleküle sind jeweils mit einem weiteren Glycerinmolekül verestert – demnach ist Cardiolipin ein Diphosphatidylglycerin.
–   **Phosphatidylserin**: Bei der Apoptose wird Phosphatidylserin als Signalstruktur vom inneren in das äußere Blatt der Plasmamembran verlagert und hat eine Rolle als Signal für die Phagozytose apoptotischer Zellpartikel. Der hydrophile Teil des Phosphatidylserins hat im Allgemeinen zwei negative und eine positive Ladung und somit eine negative Gesamtladung. Durch Vitamin-B6-abhängige Decarboxylierung kann aus Phosphatidylserin Phosphatidylethanolamin synthetisiert werden.

Merke!

Aufgrund ihrer Molekülstruktur haben **Phospholipide einen amphiphilen Charakter**. Auf dieser Eigenschaft beruhen viele ihrer Funktionen, z. B. ihre Rolle als Lösungsvermittler in der Gallenflüssigkeit und in Lipoproteinen.

Sphingolipide

Alle Sphingolipide haben als Alkohol das **Sphingosin**. Als Aminodialkohol verfügt Sphingosin über zwei OH-Gruppen (am ersten und dritten C-Atom) und eine Aminogruppe (am zweiten C-Atom). Sowohl die OH-Gruppen als auch die Aminogruppe können mit verschiedenen Molekülen verknüpft sein (s. Abb. 15, S. 27). Die wichtigsten Vertreter der Sphingolipide sind:

– **Ceramid** = Sphingosin, das über die Aminogruppe mit einer Fettsäure verestert ist.
– **Sphingomyelin** = Ceramid, das über eine der OH-Gruppen mit Phosphorylcholin verestert ist.
– **Glykolipide**:
  • Cerebroside = Ceramid, das über eine der OH-Gruppen mit einem Monosaccharid verknüpft ist (z. B. Glucose, Galaktose und N-Acetyl-Neuraminsäure).
  • Sulfatide = Ceramid, das über eine der OH-Gruppen mit einem sulfatierten Monosaccharid verknüpft ist. Sulfatide werden intralysosomal abgebaut.
  • Ganglioside = Ceramid, das über eine der OH-Gruppen mit einem Oligosaccharid verknüpft ist.

$$H_2C — OH$$
$$|$$
$$HC — NH_2$$
$$|$$
$$HC — HC = CH \text{/\/\/\/\/\/\/}$$
$$|$$
$$OH$$

Abb. 15: Sphingosin   *medi-learn.de/7-bc7-15*

2.2 Funktionen der Lipide

Obwohl die meisten von uns Lipide fast ausschließlich mit negativen Eigenschaften verbinden (ungesund, unästhetisch, doof zu lernen ...), haben sie im Organismus vielfältige und vor allem sehr wichtige Funktionen, von denen die maßgeblichen in diesem Abschnitt vorgestellt werden.

Energiespeicher

Zur Speicherung von Energie dienen vor allem unpolare Triacylglycerine (Depotfett). Der große Vorteil, Energie in Form von Lipiden zu speichern, liegt vor allem in der Möglichkeit, viel Energie mit einem relativ kleinen Volumen und (aufgrund geringer Wassereinlagerung) niedrigem Gewicht vorrätig zu halten.

Strukturelemente

Als Strukturelemente benutzt der Organismus vor allem Fette, deren Fettsäuren gesättigt sind und die eine **hohe Kettenlänge** aufweisen (Baufett). Diese Fette haben eine feste Struktur und werden erst spät (bei schwerwiegendem, lang andauerndem Energiemangel/Hunger) zur Energiegewinnung abgebaut. Baufett findet man bei Erwachsenen an der Fußsohle, in der Orbita und im Nierenlager.

Übrigens ...
Bei Patienten mit Magersucht (Anorexia nervosa) kann es in schweren Fällen zum Abbau des Baufetts im Nierenlager kommen. Hierdurch besteht die Gefahr, dass die Niere nach unten gleitet und dadurch der Ureter abgeknickt wird. Die Folge: Harnstau.

Bausteine des Nervengewebes

Ein wichtiger Baustein des Nervengewebes ist das Sphingolipid **Sphingomyelin**, das v. a. in den Myelinscheiden der Nerven zu finden ist.

Bausteine biologischer Membranen

Biologische Membranen enthalten verschiedene Lipide. Besonders wichtig für die Ausbildung der Lipid-Doppelschicht – also der Grundstruktur der Membranen – sind die **Phospholipide**. Zusätzlich enthalten biologische Membranen einen variablen Anteil an Cholesterin und Sphingolipiden. Die **Membranfluidität** wird durch die Zahl der **Doppelbindungen** der am Membranaufbau beteiligten Fettsäuren (Doppelbindungen↑ → Membranfluidität↑) und durch den Gehalt der Membran an Cholesterin (Cholesterin↑ → Membranfluidität↓) bestimmt.

2

Bausteine von Signalmolekülen und Vitaminen

Die wichtigsten, von den Lipiden abgeleiteten Signalmoleküle sind die **Eicosanoide** (z. B. Prostaglandine, Leukotriene) und die **Steroide** (Sexualhormone, Glucocorticoide, Mineralcorticoide, Vitamin D). Des Weiteren sind Lipide Bausteine der fettlöslichen Vitamine E, D, K und A – deswegen sind diese Vitamine fettlöslich. Näheres zur Synthese und zu den Eigenschaften dieser Substanzen erfährst du in den Skripten zu Hormonen und Vitaminen.

2.3 Abbau der Triacylglycerine und Fettsäuren

Dieses Kapitel ist für das schriftliche Physikum extrem wichtig, da bisher in jedem Examen Fragen hierzu vorkamen. Besonders prüfungsrelevant sind die hormonelle Regulation der Li-

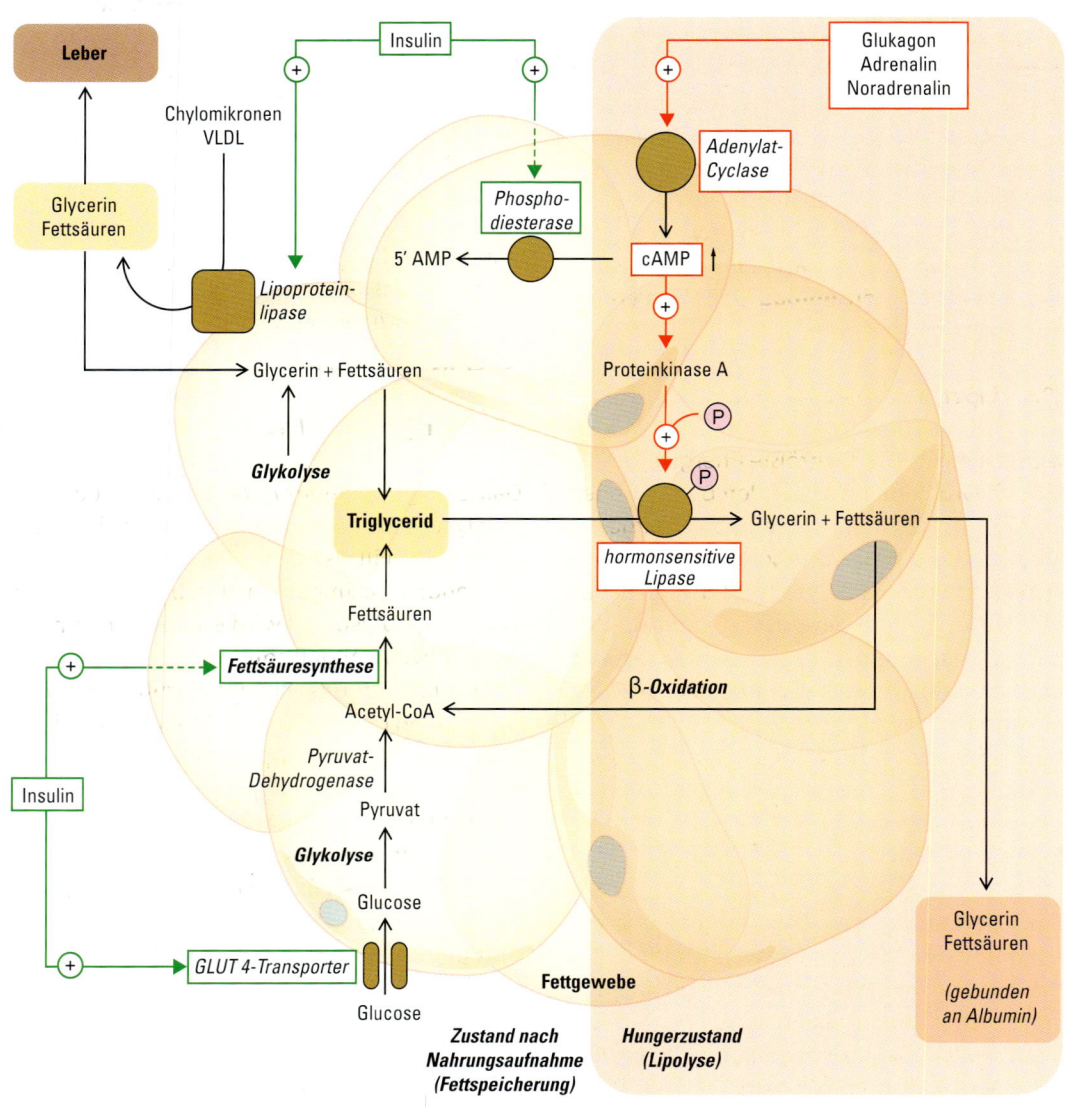

Abb. 16: Lipolyse und Fettspeicherung

polyse und ihres wichtigsten Enzyms, der hormonsensitiven Lipase.

Darüber hinaus ist der Abschnitt des eigentlichen Fettsäureabbaus hervorzuheben. Bei diesem zugegebenermaßen sehr umfangreichen Thema ist es ratsam, wenn du dir zum einen einen guten Überblick über die einzelnen Schritte und somit ein Verständnis für den Ablauf verschaffst, zum anderen musst du dir jedoch auch das eine oder andere Detail merken. Die für die Beantwortung der Fragen notwendigen Details werden wir dir an gegebener Stelle natürlich besonders ans Herz legen.

Um dir einen möglichst guten **Überblick** über den Abbau der Triacylglycerine und Fettsäuren zu geben, sind in diesem Skript die Stoffwechselwege chronologisch dargestellt – so wie sie im Organismus auch ablaufen. Wir beginnen daher mit der **Lipolyse** im Fettgewebe, gehen über zur **Oxidation der Fettsäuren** und behandeln schließlich den **Aufbau** und die **Verwertung der Ketonkörper**.

2.3.1 Lipolyse im Fettgewebe

Das Fettgewebe ist der größte Energiespeicher unseres Organismus. Unter den Bedingungen einer Nahrungskarenz werden die im Fettgewebe gespeicherten **Triacylglycerine** zu **Fettsäuren** und **Glycerin** gespalten und ans Blut abgegeben (s. 1.3, S. 5). Diesen Vorgang bezeichnet man als Lipolyse (s. Abb. 16, S. 28). Im Blut werden die Fettsäuren an **Albumin** gebunden und in dieser Form zur Leber transportiert. Die Lipolyse steht unter strenger **hormoneller Kontrolle**, durch die der **cAMP-Spiegel** in den Fettzellen reguliert wird. Hormone, die den cAMP-Spiegel der Zelle steigern (z. B. Glukagon, Adrenalin, Cortisol), stimulieren die Lipolyse und werden daher auch als lipolytische Hormone bezeichnet. **Adrenalin** übt seinen lipolytischen Effekt über **β-adrenerge Rezeptoren** und Stimulierung der Adenylatcyclase aus.

Eine **Steigerung des cAMP-Spiegels** führt zu einer Aktivierung der **Proteinkinase A**. Diese phosphoryliert ihrerseits die **Triacylglycerin-**lipase **(hormonsensitive Lipase)**, die in diesem phosphorylierten Zustand aktiv ist. Die aktivierte Triacylglycerinlipase spaltet nun die gespeicherten Triacylglycerine zu Fettsäuren und **Glycerin**. Letzteres kann von den Fettzellen nicht verwertet werden und gelangt über den Blutweg zur Leber, wo es als Substrat der Gluconeogenese dient. Ein kleiner Anteil der bei der Lipolyse entstehenden Fettsäuren wird wieder zu Acyl-CoA verestert. Der weitaus größere Anteil wird jedoch ans Blut abgegeben und an Albumin gebunden zur Leber transportiert. In der Leber werden die **Fettsäuren** im Rahmen der β-Oxidation (s. 2.3.2, S. 30) zu Acetyl-CoA-Einheiten verstoffwechselt.

> **Merke!**
>
> Ein Teil der im Rahmen der Lipolyse des Fettgewebes zur Leber transportierten Fettsäuren wird in der Leber reverestert und als Triacylglycerine – verpackt in Lipoprotein-Komplexen (VLDL, s. 2.8.1, S. 43) – in das Blut sezerniert.

Hemmung der Lipolyse

Das einzige nennenswerte Hormon, das die Lipolyse hemmt und somit die Fette in ihren Speichern hält, ist das Insulin. Es hat daher eine enorm wichtige Funktion bei der Regulation der Lipolyse und wird entsprechend häufig im Physikum gefragt.

Die Wirkungen des Insulins beruhen auf verschiedenen Mechanismen, durch die die Lipolyse gehemmt und die Fettsäuresynthese angekurbelt wird:

- Aktivierung der cAMP-Phosphodiesterase, die ihrerseits cAMP-Moleküle zu 5'-AMP-Molekülen spaltet. Hierdurch sinkt der cAMP-Spiegel der Fettzellen und die Lipolyse wird gedrosselt.
- Induktion (vermehrte Produktion) der extrazellulär lokalisierten Lipoproteinlipase. Durch dieses Enzym nehmen die Fettzellen vermehrt Fettsäuren und Glycerin auf, aus denen dann Triacylglycerine synthetisiert werden.

2

– Induktion der Fettsäuresynthase, was ebenfalls den Gehalt der Fettzellen an Fettsäuren erhöht.

– Vermehrter Einbau von Glucose-Transportern (GLUT-4-Transporter) in die Zellmembran der Fettzellen. Dies steigert die Aufnahme von Glucose in die Fettzellen. Innerhalb der Zellen wird Glucose über die Glykolyse zu Acetyl-CoA abgebaut, das anschließend der Fettsäuresynthese dient.

– Ein Teil der Glucose wird zu Glycerophosphat abgebaut und dient somit der Synthese von Triacylglycerinen.

2.3.2 Fettsäureabbau (β-Oxidation)

Der gesamte Fettsäureabbau umfasst drei Schritte: Zunächst werden die Fettsäuren aktiviert, anschließend über einen speziellen Mechanismus ins Mitochondrium transportiert und dort durch β-Oxidation abgebaut.

Fettsäureaktivierung

Sind die Fettsäuren über den Blutweg zur Leber gelangt, werden sie dort zur Energiegewinnung in der β-Oxidation oxidiert. Da Fettsäuren aber **reaktionsträge** Verbindungen sind, müssen sie, bevor sie verstoffwechselt werden können, mit **Coenzym A** aktiviert werden. Dazu bildet das Coenzym A über seine SH-Gruppe mit der Fettsäure eine energiereiche Thioesterbindung. Diese Kopplung der Fettsäuren erfolgt in einer zweistufigen Reaktion und wird durch das im Zytoplasma lokalisierte Enzym Thiokinase katalysiert (s. Abb. 17, S. 30):

1. Zunächst reagiert die Fettsäure mit ATP zu Acyl-AMP (Acyl-Adenylat).
2. Anschließend wird der AMP-Rest des Acyl-Adenylats durch ein Coenzym A ersetzt, wodurch Acyl-CoA (aktivierte Fettsäure) und AMP entstehen.

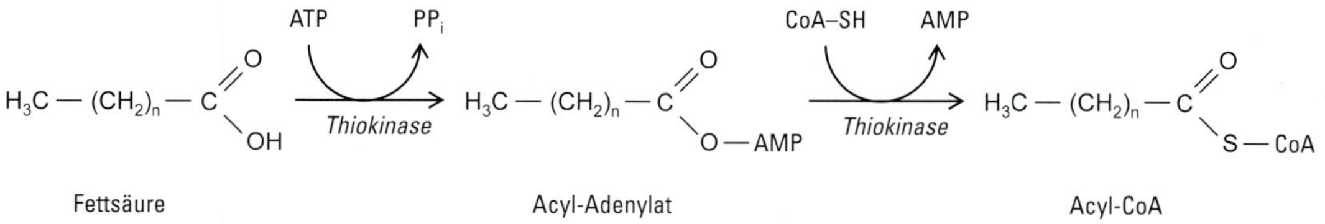

Abb. 17: Fettsäureaktivierung

medi-learn.de/7-bc7-17

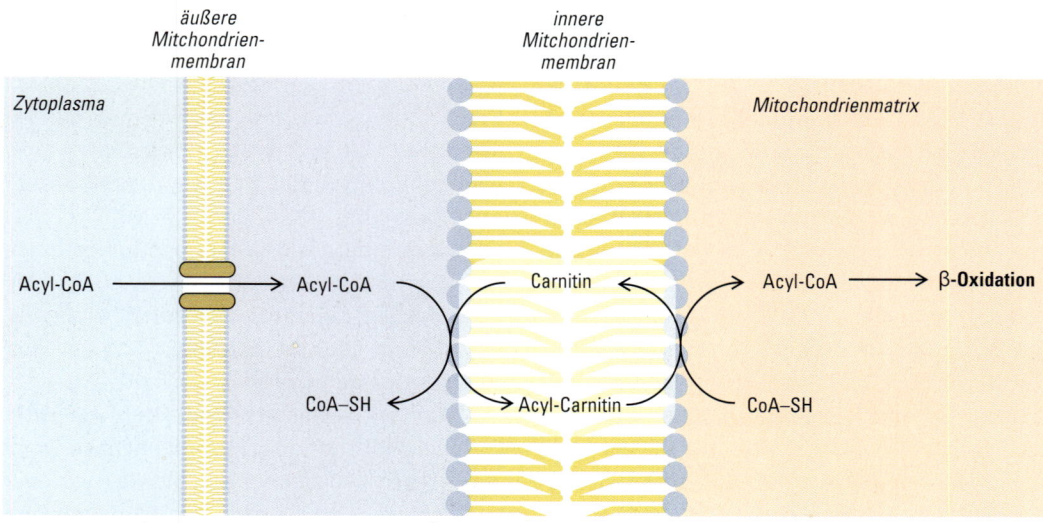

Abb. 18: Carnitin-Shuttle

medi-learn.de/7-bc7-18

Der Energieverbrauch dieser Reaktion beträgt **zwei ATP pro Fettsäure**, da der Aufbau eines ATP aus AMP zwei Moleküle ATP verbraucht.

Fettsäuretransport

Die Aktivierung der Fettsäuren (Bildung von Acyl-CoA) erfolgt im Zytoplasma. Der Abbau der Fettsäuren durch die β-Oxidation findet jedoch in der Matrix der Mitochondrien statt. Da die äußere Mitochondrienmembran über entsprechende Poren verfügt, können die aktivierten Fettsäuren diese Membran ungehindert passieren. Der **inneren Mitochondrienmembran** fehlen derartige Poren – sie verfügt stattdessen über ein **spezielles Transportsystem**. Dieses Transportsystem wird **Carnitin-Shuttle** genannt und transportiert Fettsäuren in drei Schritten in die Matrix (s. Abb. 18, S. 30):

1. Nachdem die aktivierten Fettsäuren die äußere Mitochondrienmembran passiert haben, wird an der Außenseite der inneren Mitochondrienmembran der Fettsäurerest auf Carnitin übertragen. So entsteht Acyl-Carnitin und ein Coenzym A wird frei: Enzym = Carnitin-Acyl-Transferase 1.

2. Im nächsten Schritt wird das gebildete Acyl-Carnitin im Austausch gegen ein freies Carnitin-Molekül durch die innere Mitochondrienmembran geschleust.

3. In der mitochondrialen Matrix angekommen, wird in einem letzten Schritt der Fettsäurerest des Acyl-Carnitins wieder auf ein Coenzym A übertragen. Es entstehen somit Acyl-CoA und ein freies Carnitin: Enzym = Carnitin-Acyl-Transferase 2. Malonyl-CoA, das Substrat der Fettsäuresynthese, hemmt die Carnithin-Acyl-Transferase 1.

Übrigens ...
Ein hereditärer Mangel an Carnitin-Acyl-Transferase 2 kann die Ursache einer

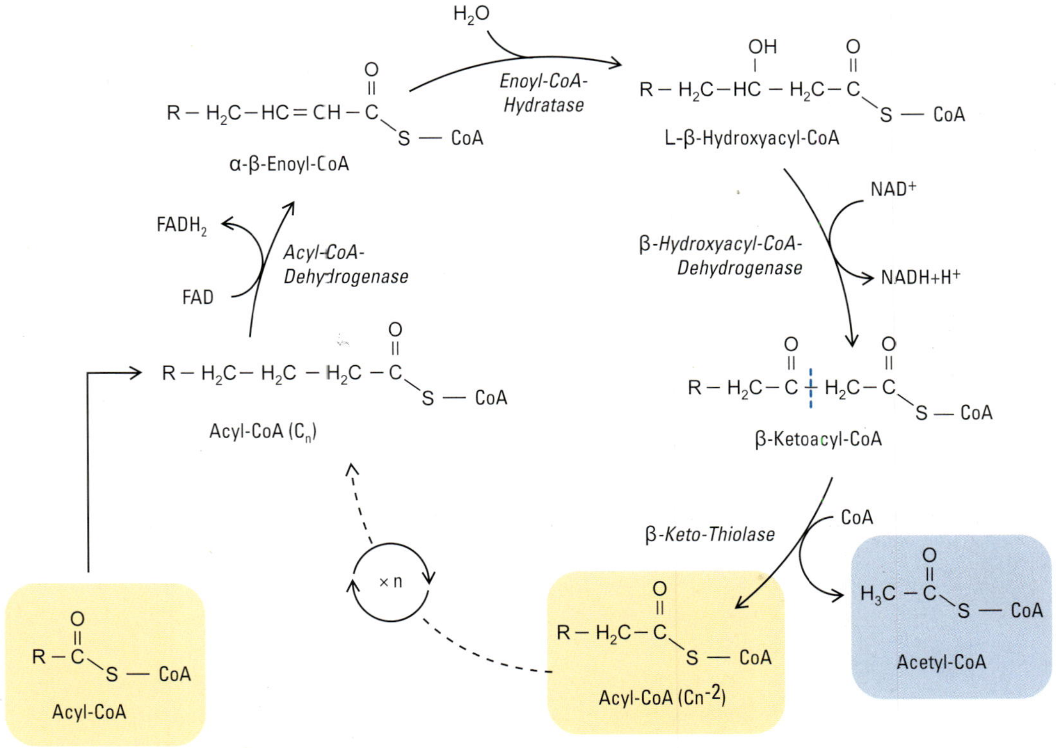

Abb. 19: β-Oxidation

medi-learn.de/7-bc7-19

Myopathie sein. Dabei ist die Energiegewinnung aus Acyl-CoA über die mitochondriale β-Oxidation beeinträchtigt.

Ablauf der β-Oxidation

Die β-Oxidation umfasst den Abbau von aktivierten Fettsäuren zu Acetyl-CoA-Einheiten. Die Enzyme der β-Oxidation befinden sich im **Matrixraum der Mitochondrien**, v. a. in Leber- und Muskelzellen. Insgesamt umfasst die β-Oxidation vier Schritte, von denen zwei Oxidationen sind. Da diese Oxidationen am β-C-Atom der Fettsäure stattfinden, heißt der Reaktionsweg β-Oxidation. Im Einzelnen handelt es sich um folgende Schritte (s. Abb. 19, S. 31):

1. **Oxidation:** Die aktivierte Fettsäure wird zu einer α-β-ungesättigten Fettsäure (Δ2-trans-Enoyl-CoA) umgewandelt. Es wird also eine Doppelbindung in die Fettsäure eingebaut. Als Oxidationsmittel dient FAD, das Enzym ist die Acyl-CoA-Dehydrogenase.
2. **Hydratisierung:** In die ungesättigte Fettsäure wird Wasser eingebaut. Dabei wird am β-C-Atom (zweites C-Atom nach dem C-Atom mit der Carbonylgruppe) eine Hydroxyl-Gruppe angehängt. Das Produkt heißt L-β-Hydroxy-Acyl-CoA und das Enzym Enoyl-CoA-Hydratase.
3. **Oxidation:** Die Hydroxyl-Gruppe des L-β-Hydroxy-Acyl-CoA wird zur Ketogruppe und es entsteht β-Keto-Acyl-CoA. Als Oxidationsmittel dient NAD, das Enzym ist die β-Hydroxy-Acyl-CoA-Dehydrogenase.
4. **Thiolytische Spaltung:** Ein Coenzym A greift mit seiner SH-Gruppe die Bindung zwischen dem α- und β-C-Atom des β-Keto-Acyl-CoA an und spaltet ein Acetyl-CoA-Molekül von diesem ab. Neben dem Acetyl-CoA-Molekül entsteht noch ein um zwei C-Atome verkürztes Acyl-CoA, welches das angreifende Coenzym A gebunden hat. Das ausführende Enzym ist die β-Keto-Thiolase.

Dieser Zyklus wird nun so oft wiederholt, bis die aktivierte Fettsäure vollständig zu Acetyl-CoA-Einheiten abgebaut wurde.

Der Abbau **ungeradzahliger Fettsäuren** erfolgt ebenfalls nach diesem Schema. Während jedoch beim Abbau geradzahliger Fettsäuren im letzten Schritt zwei Moleküle Acetyl-CoA entstehen, bleibt beim Abbau ungeradzahliger Fettsäuren neben einem Molekül Acetyl-CoA ein Molekül **Propionyl-CoA** (drei C-Atome) übrig. Dieses kann in der β-Oxidation nicht weiter abgebaut werden und reagiert daher durch Biotin- und Cobalamin-abhängige Carboxylierung und Umlagerung über Methyl-Malonyl-CoA zu Succinyl-CoA. Succinyl-CoA wird anschließend in den Citratzyklus eingeschleust. Ist der Abbau von Propionyl-CoA zu Succinyl-CoA gestört (z. B. durch einen angeborenen Enzymdefekt), kommt es beim Neugeborenen zu muskulärer Hypotonie und Bewusstseinstrübung. Im Urin findet man eine hohe Konzentration an Methylaminosäure.

Ungesättigte Fettsäuren können nach Auflösung der Doppelbindung als Zwischenprodukte (L-β-Hydroxy-Acyl-CoA) in den Zyklus der β-Oxidation eingeführt werden. Voraussetzung hierfür ist die vorherige Isomerisierung (Enzym = Isomerase) und Hydratisierung der ungesättigten Fettsäure.

Sehr lange Fettsäuren (≥ 22 C-Atome) werden zunächst in den Peroxisomen abgebaut. Hierbei entsteht H_2O_2, das zudem im zweiten Oxidationsschritt als Elektronenakzeptor dient. Die verkürzten Fettsäuren können dann in der β-Oxidation der Mitochondrien weiter abgebaut werden.

> **Merke!**
>
> Bei der Verstoffwechslung aktivierter Fettsäuren in der β-Oxidation wird in jedem Durchlauf ein Molekül Acetyl-CoA, ein NADH + H^+ und ein $FADH_2$ gebildet. In der β-Oxidation findet folglich KEINE direkte ATP-Bildung statt.

Übrigens ...

Das autosomal-rezessiv vererbte Zellweger-Syndrom (Cerebro-hepato-renales Syndrom) ist durch das Fehlen von Peroxisomen und/oder durch eine

Störung des peroxisomalen Stoffwechsels gekennzeichnet. Dadurch ist u. a. der Abbau langkettiger Fettsäuren (> 18 C-Atome) beeinträchtigt. Die Erkrankung führt meist bereits im Säuglingsalter zum Tod.

2.4 Ketonkörper

Das Kapitel der Ketonkörper zählt ebenfalls zu den Themen, die sowohl sehr prüfungsrelevant sind (das gilt für das schriftliche **und** das mündliche Examen) als auch klinisch eine bedeutende Rolle spielen (z. B. Diabetes mellitus).

Zu den Ketonkörpern gehören Verbindungen, die eine Ketogruppe enthalten (Acetoacetat, Aceton) aber auch das β-Hydroxybutyrat, das anstelle der Ketogruppe eine Hydroxyl-Gruppe hat und daher rein chemisch gesehen gar kein Ketonkörper mehr ist (s. Abb. 20, S. 33). Dennoch wird es nach wie vor dazugezählt und stellt sogar den Hauptanteil der Ketonkörper im Blut dar.

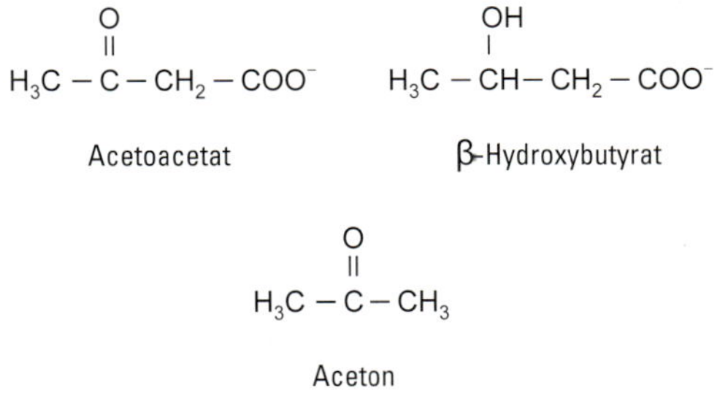

$$H_3C - \overset{\overset{\displaystyle O}{\|}}{C} - CH_2 - COO^-$$

Acetoacetat

$$H_3C - \overset{\overset{\displaystyle OH}{|}}{CH} - CH_2 - COO^-$$

β-Hydroxybutyrat

$$H_3C - \overset{\overset{\displaystyle O}{\|}}{C} - CH_3$$

Aceton

Abb. 20: Ketonkörper *medi-learn.de/7-bc7-20*

2.4.1 Ketogenese (Bildung der Ketonkörper)

Die **Ketogenese** findet – wie die β-Oxidation (s. 2.3.2, S. 30) – in der Matrix der Mitochondrien statt. Im Gegensatz zur β-Oxidation können jedoch nur die Lebermitochondrien Ketogenese betreiben. Ketonkörper werden dort vor allem dann gebildet, wenn die durch eine gesteigerte β-Oxidation entstehenden Acetyl-CoA-Einheiten nicht mehr komplett durch den Citratzyklus verstoffwechselt wer-

den. Auch die Ketogenese umfasst vier Schritte (s. Abb. 21, S. 33):

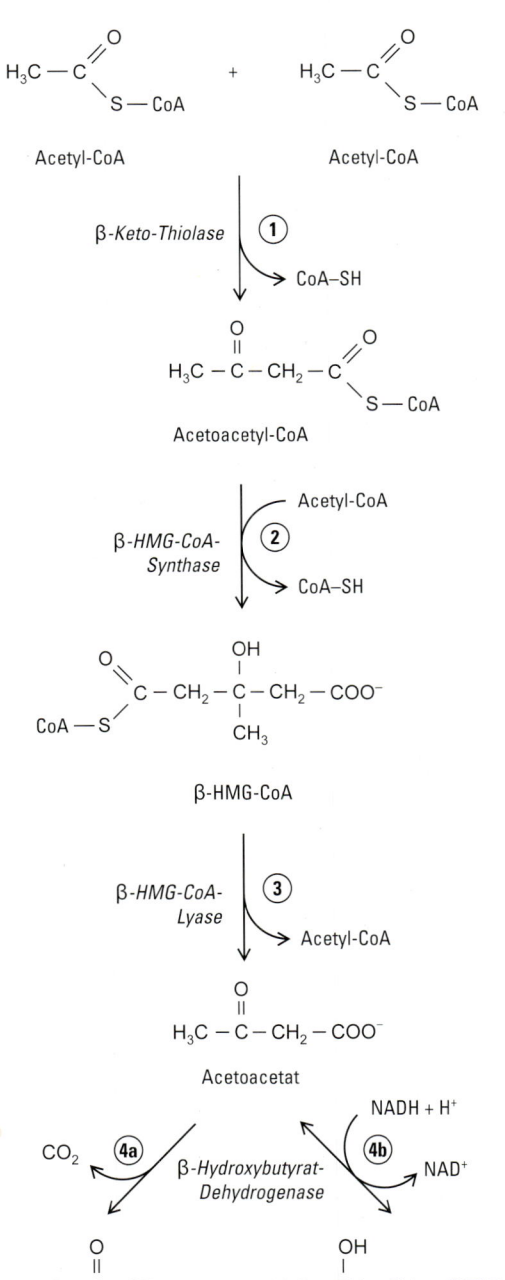

Abb. 21: Ketogenese *medi-learn.de/7-bc7-21*

2

1. Zwei Moleküle Acetyl-CoA reagieren zu einem Molekül Acetoacetyl-CoA Enzym = β-Keto-Thiolase.
2. Durch das Hinzufügen eines weiteren Moleküls Acetyl-CoA entsteht β-Hydroxy-β-Methylglutaryl-CoA (HMG-CoA). Enzym = β-HMG-CoA-Synthase.
3. Unter der Bindung des ersten Ketonkörpers wird ein Acetyl-CoA-Molekül abgespalten – es entsteht Acetoacetat. Enzym = **β-HMG-CoA-Lyase.**
4. Das gebildete **Acetoacetat** kann nun auf zwei Wegen weiterreagieren:
   * Der größte Anteil wird zum nächsten Ketonkörper, **β-Hydroxybutyrat** (β-Hydroxybuttersäure), reduziert. Enzym = β-Hydroxybutyrat-Dehydrogenase.
   * Die spontane Decarboxylierung von Acetoacetat zum letzten Ketonkörper, Aceton, spielt unter physiologischen Bedingungen nur eine geringe Rolle. Aceton kann nicht weiter verstoffwechselt werden und wird über die Atemluft ausgeschieden.

Übrigens ...
Bei Patienten mit entgleistem Diabetes mellitus und dementsprechend massiv gesteigerter Ketogenese kommt es konsequenterweise zu einer gesteigerten Produktion von Aceton, welches in erhöhten Mengen abgeatmet wird. Der damit verbundene Geruch kann eine wichtige diagnostische Hilfe sein (beispielsweise bei bewusstlosen Patienten).

Das vorrangig gebildete β-Hydroxybutyrat wird ans Blut abgegeben und dient den peripheren Geweben als gut verwertbare Energiequelle (s. 2.4.3, S. 36).

2.4.2 Ursachen gesteigerter Ketonkörperbildung

Eine gesteigerte Ketogenese erfolgt v. a. nach **längerer Nahrungskarenz** (fällt der Blutzucker

und demzufolge das Insulin, wird die Lipolyse angekurbelt s. 1.3, S. 5). Freie Fettsäuren im Plasma tragen zur Steigerung der Ketogenese bei. Wenn die Glykogenvorräte der Leber verbraucht sind, ist es die Aufgabe der Leber, den Blutzuckerspiegel über die **Gluconeogenese** konstant zu halten. Als **Brennmaterial** für diesen ernergieaufwendigen Vorgang dienen die durch die Lipolyse des Fettgewebes freigesetzten Fettsäuren, genauer: das durch deren Abbau entstehende ATP. Durch das hohe Angebot an Fettsäuren wird die Aktivität der **β-Oxidation** und somit die Produktion von Acetyl-CoA in der Leber massiv gesteigert

Die gebildeten Acetyl-CoA-Einheiten werden zunächst über den Citratzyklus und die Atmungskette zur Energiegewinnung genutzt und das produzierte ATP für die Gluconeogenese verwendet.

Durch die nun verstärkt ablaufende Gluconeogenese wird immer mehr **Oxalacetat** verbraucht. Da Oxalacetat auch ein wichtiges Substrat des Citratzyklus ist und zusätzlich der hohe Gehalt der Hepatozyten an **ATP** die Enzyme des Citratzyklus hemmt, kommt es zu einer **Drosselung des Citratzyklus** (s. Abb. 22 a, S. 35). Gleichzeitig produziert jedoch die β-Oxidation weiterhin große Mengen an Acetyl-CoA-Einheiten, die nun nicht mehr über den Citratzyklus verstoffwechselt werden können. Daher werden die anfallenden Acetyl-CoA von der Leber jetzt zur Synthese von Ketonkörpern genutzt (s. Abb. 22 b, S. 35). Die fertigen Ketonkörper werden anschließend ins Blut abgegeben und dienen den peripheren Geweben als willkommene Energieträger (liefern Acetyl-CoA, s. 2.4.3, S. 36). Durch die Bildung und Verwertung von Ketonkörpern kann der Organismus bei Energiemangel wertvolle Glucose und Proteine einsparen.

Ketonkörper sind – im Gegensatz zu Fettsäuren – **wasserlöslich** und können daher ohne besondere Hilfsmittel im Blut transportiert werden. Ketonkörper können über die Nieren ausgeschieden werden und sind bei verstärk-

ter Lipolyse in erhöhtem Maße im Urin nachweisbar. Da die Ketonkörper schwache Säuren
sind (Ausnahme: Aceton), die bei dem physiologischen pH-Wert des Bluts vollständig dissoziieren (ihre Protonen abgeben), führen sie
zu einer **metabolischen Azidose** (Ketoazidose).

Übrigens ...
Die Ketoazidose ist eine gefürchtete
Komplikation des Typ-1-Diabetes: Aus
verschiedenen Gründen kann es bei
diesen Patienten zu einem schweren
Insulinmangel kommen, der zu einer

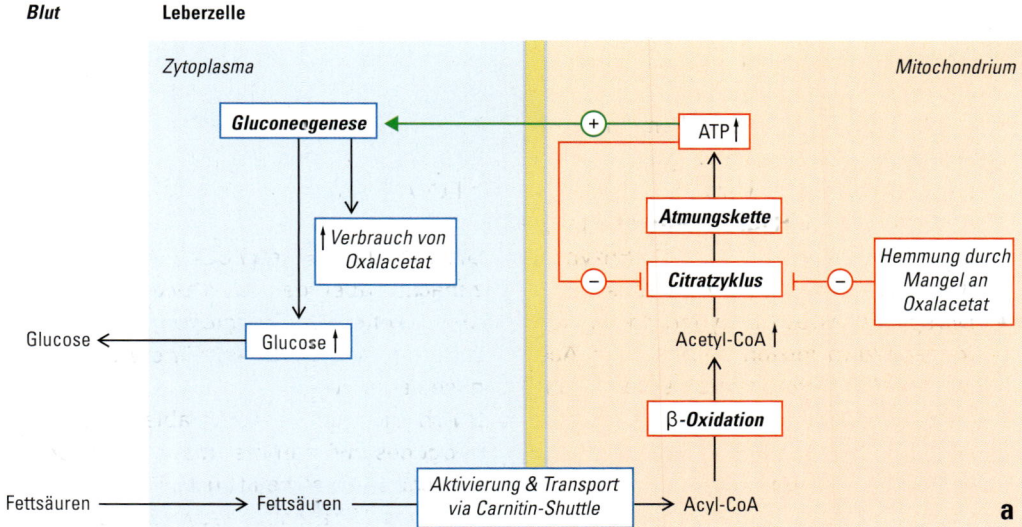

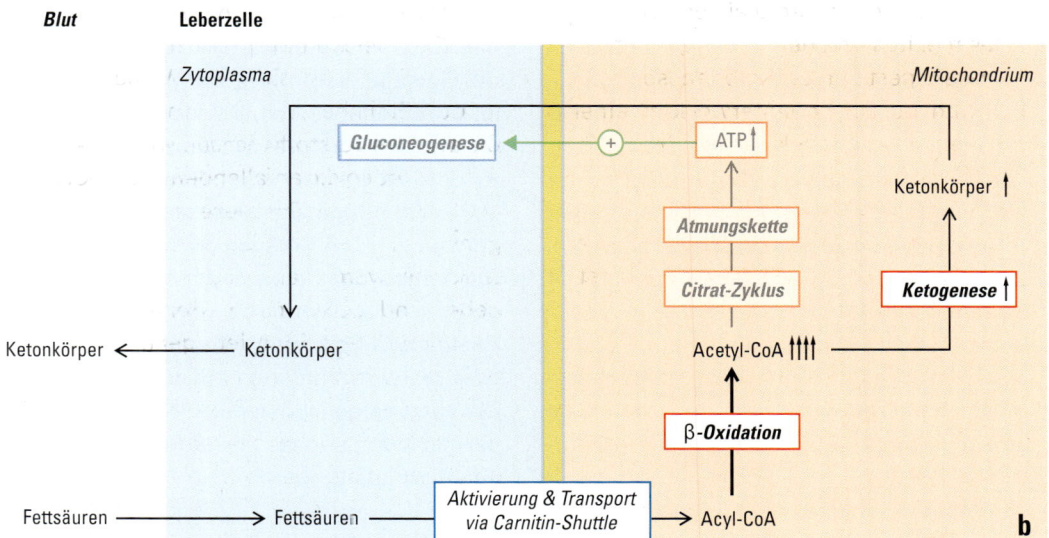

Abb. 22: Ursachen gesteigerter Ketonkörperbildung. Dargestellt ist eine Leberzelle.

    a) Hungerzustand (mittelfristig) nach Verbrauch der Glykogenvorräte

    b) Hungerzustand (langfristig) nach Hemmung des Citratzyklus

medi-learn.de/7-bc7-22

starken Entgleisung des Stoffwechsels führt. Das Resultat ist eine unterschiedlich ausgeprägte Hyperglykämie. Gleichzeitig kann der Körper den Blutzucker jedoch nicht verwerten und mobilisiert zur Energiegewinnung die körpereigenen Fettreserven. Die in einer solchen Situation enorm gesteigerte β-Oxidation führt ihrerseits zu einer massiv gesteigerten Ketogenese und somit zu einer starken Ketoazidose. Diese Übersäuerung des Körpers bedingt – zusammen mit dem hohen Blutzuckerspiegel – ein starkes Austrocknen und eine ausgeprägte Entgleisung des Elektrolythaushalts.

> **Merke!**
>
> β-Oxidation ↑ → Acetyl-CoA ↑ → Ketogenese ↑ → Ketoazidose (Hungerazidose)

2.4.3 Verwertung der Ketonkörper

Ketonköper können NUR von **extrahepatischen** Geweben verwertet werden (v. a. Muskel, Niere und bei hoher Konzentration auch das ZNS). Dabei werden die Ketonkörper – v. a. das ß-Hydroxybutyrat – zu zwei Molekülen Acetyl-CoA abgebaut (s. Abb. 23, S. 36):

1. Das ß-Hydroxybutyrat wird – nach seiner Aufnahme in die extrahepatischen Zellen – zunächst **oxidiert**. Als Oxidationsmittel dient NAD und es entstehen Acetoacetat sowie NADH + H⁺.
2. Acetoacetat wird durch die Bindung an ein **Coenzym A** zu Acetoacetyl-CoA aktiviert. Diese Aktivierung kann auf zwei Wegen erfolgen:
   – direkt = Kopplung an Coenzym A → Acetoacetyl-CoA.
   – indirekt = Austauschreaktion mit Succinyl-CoA → Acetoacetyl-CoA + Succinat.
3. Durch ein angreifendes Coenzym A wird das Acetoacetyl-CoA **thiolytisch gespalten** (vgl. letzter Schritt der β-Oxidation, s. 2.3.2, S. 30). Enzym = Thiolase.

Die zwei so entstandenen Moleküle Acetyl-CoA werden zwecks Energieproduktion in den Citratzyklus und anschließend in die Atmungskette eingeführt.

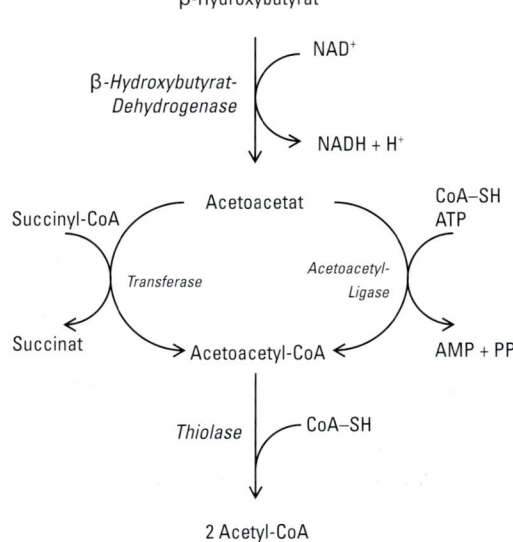

Abb. 23: Ketonkörperverwertung

medi-learn.de/7-bc7-23

Die in der Leber gebildeten Ketonkörper stellen lediglich die Transportform von Acetyl-CoA dar. Nach ihrer Aufnahme durch die peripheren Gewebe werden sie sofort wieder zu Acetyl-CoA umgewandelt, welches zur Energiegewinnung genutzt werden kann. Im Gegensatz zu den extrahepatischen Geweben fehlt der Leber die nötige Enzymausstattung für diese Verwertung von Ketonkörpern.

Das Tempo der Ketonkörperverwertung wird durch die Umwandlung von Acetoacetat zu Acetoacetyl-CoA unter Verwendung von Succinyl-CoA (Umwandlung zu Succinat) bestimmt. Die zuständige Transferase kommt in der Leber nicht vor, sodass dieser Schritt nur extrahepatisch stattfindet.

2.5 Biosynthese der Fettsäuren

Während wir bislang besonders die Auswirkungen des Nahrungs- und somit Energiemangels auf den Fettstoffwechsel betrachtet haben, widmen wir uns nun der Situation des **Nahrungs- und Energieüberschusses**.

Liegt ein Nahrungsüberschuss vor, so baut der Organismus aus den aufgenommenen Kohlenhydraten über Acetyl-CoA neue Fettsäuren auf, die er dann als Triacylglycerine im Fettgewebe (für schlechte Zeiten) speichert.

Der Aufbau von Fettsäuren findet im **Zytoplasma** statt. Die Synthese von Acetyl-CoA aus Glucose erfolgt jedoch im Mitochondrium.

Wiederholung: Ablauf der Glykolyse im Zytoplasma → Pyruvat gelangt ins Mitochondrium → hier Oxidation zu Acetyl-CoA durch die Pyruvat-Dehydrogenase.

Aber was solltest du dir hiervon für das schriftliche Physikum besonders gut einprägen? In den Fragen der letzten 10 Jahre wurde häufig nach der Acetyl-CoA-Carboxylasereaktion gefragt. Bezüglich der eigentlichen Fettsäuresynthese empfiehlt es sich, wenn du deren Unterschiede zum Fettsäureabbau (β-Oxidation) besonders gut kennst (Lokalisation, Enzyme, Reduktionsäquivalente usw.).

2.5.1 Acetylgruppentransfer aus dem Mitochondrium ins Zytosol

Da **Acetyl-CoA** vom Mitochondrium ins Zytosol gelangen muss, jedoch **nicht membrangängig** ist, wird ein Shuttle-System benötigt (s. Abb. 24, S. 37). Zunächst reagiert dabei das Acetyl-CoA im Mitochondrium mit Oxalacetat zu **Citrat** (Enzym = Citratsynthase).

Das Citrat kann die Membran passieren und wandert ins Zytoplasma. Dort wird es unter ATP-Verbrauch wieder in Acetyl-CoA und Oxalacetat gespalten (Enzym = Citrat-Lyase).

Damit ist das Acetyl-CoA auch schon am Ziel seiner Reise und dient der Fettsäuresynthese, während Oxalacetat zu Pyruvat oder Malat umgewandelt wird und in dieser Form wieder ins Mitochondrium zurückkehrt (s. Abb. 24, S. 37).

2.5.2 Acetyl-CoA-Carboxylasereaktion

Damit aus Acetyl-CoA Fettsäuren aufgebaut werden können, muss es noch etwas reaktionsfreudiger werden – dies wird durch die Carboxylierung zu Malonyl-CoA erreicht.

Als Carboxylgruppendonor dient Biotin. Die Reaktion wird durch die Acetyl-CoA-Carboxylase katalysiert. Dieses Enzym ist gleichzeitig das **Schrittmacherenzym der Fettsäurebiosynthese** und unterliegt daher einer strengen Kontrolle:

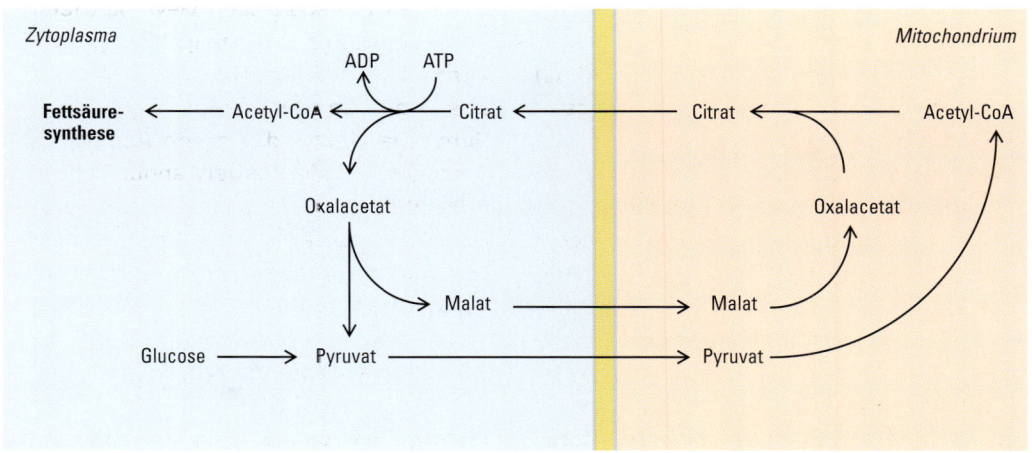

Abb. 24: Acetylgruppentransfer

medi-learn.de/7-bc7-24

– Es wird durch aktivierte Fettsäuren (negative Feedbackhemmung durch Acyl-CoA) gehemmt.
– Aktiviert wird es durch Citrat, ATP, Insulin und NADPH + H$^+$. Für die schriftlichen Phy-

sikumsfragen ist es noch wichtig, dass man weiß, dass das Enzym im dephosporylierten Zustand aktiv ist.

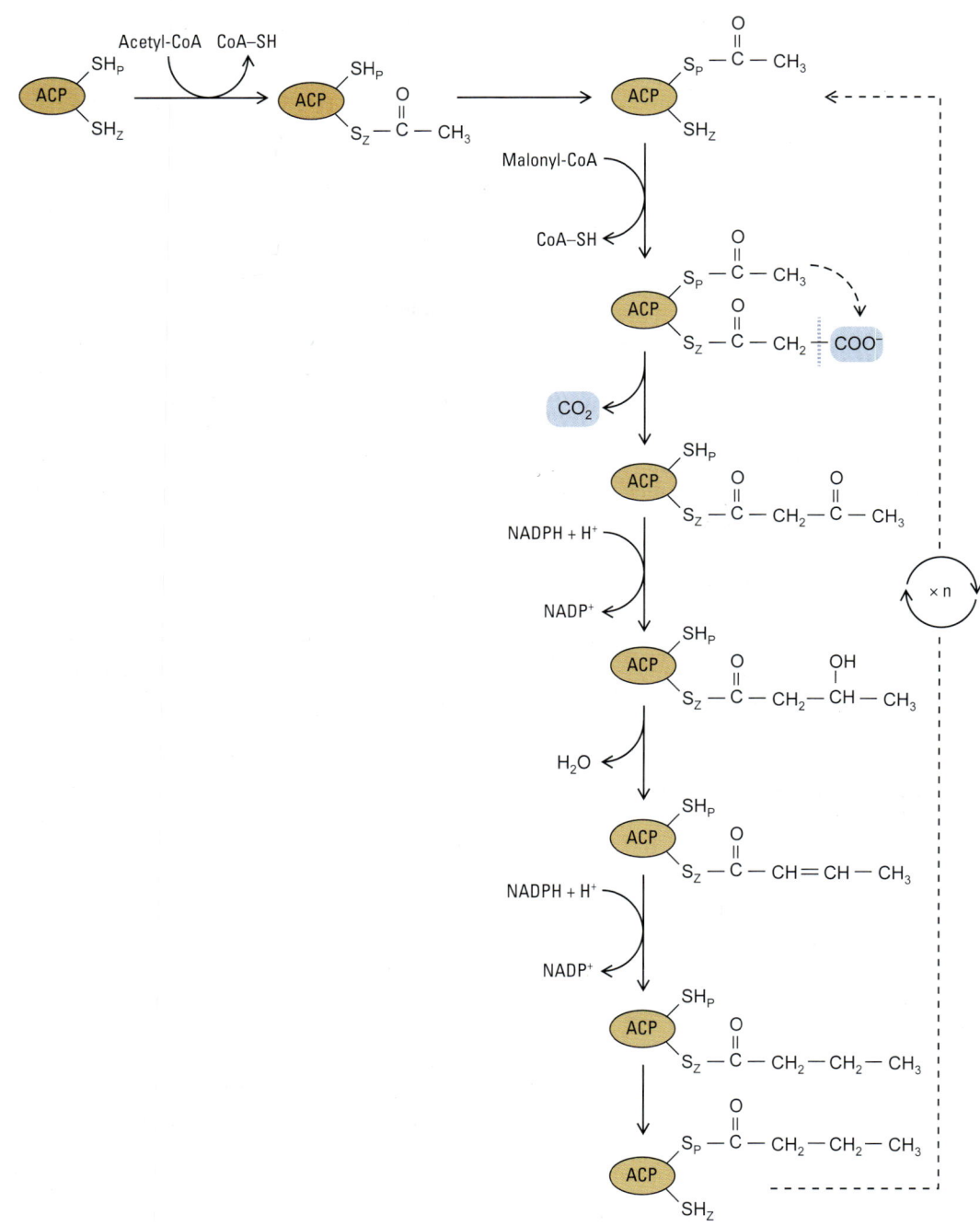

Abb. 25: Fettsäuresynthese

medi-learn.de/7-bc7-25

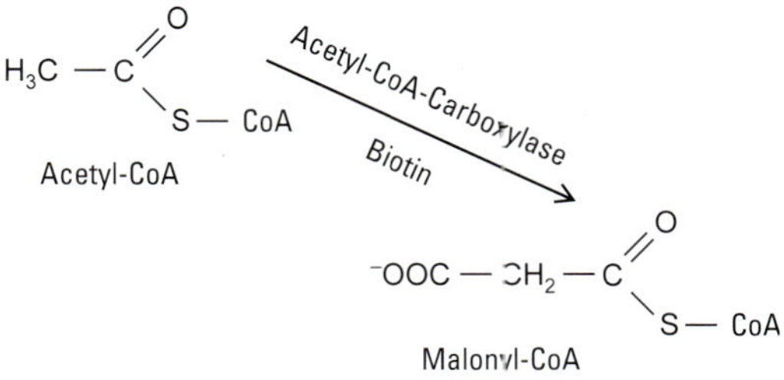

Abb. 26: Acetyl-CoA-Carboxylasereaktion

medi-learn.de/7-bc7-26

Merke!

Biotin ist das Coenzym der Acetyl-CoA-Carboxylase.

2.5.3   Ablauf der Fettsäurebiosynthese

Die Fettsäurebiosynthese erfolgt an einem **Multienzymkomplex** im **Zytoplasma** aller kernhaltigen Zellen. Als **Ausgangsmaterial** für die Synthese **geradzahliger Fettsäuren** (v. a. C_{16} und C_{18}) dient der C_2-Körper **Acetyl-CoA**. Das Ausgangsmaterial für die Synthese **ungeradzahliger Fettsäuren** ist der C_3-Körper **Propionyl-CoA**. Das Substrat für die Kettenverlängerung ist in beiden Fällen **Malonyl-CoA** (s. 2.5.2, S. 37). Die Fettsäuresynthase (Multienzymkomplex der Fettsäuresynthese) besteht aus **zwei identischen Untereinheiten** mit je zwei wichtigen **SH-Gruppen**:

- Die **Zentrale SH-Gruppe** (SH_z) dient zur Aufnahme der Substrate und der Bearbeitung der Fettsäurekette. Ihre SH-Gruppe stammt von einem Pantetheinrest (Phosphopantethein). Diese Phosphopantethein-Domaine wird ACP (Acyl-Carrier-Protein) genannt.
- Die **Periphere SH-Gruppe** (SH_p) ist die Ablagestelle für die wachsende Fettsäurekette. Ihre SH-Gruppe stammt von einem Cysteinrest.
- An beiden SH-Gruppen werden die Substrate über kovalente Thioester-Bindungen gebunden.

Beginnen wir mit dem häufigsten Fall, der Synthese geradzahliger, gesättigter Fettsäuren (s. Abb. 25, S. 38):

1. Als Ausgangssubstrat dient **Acetyl-CoA**, das mit der **zentralen SH-Gruppe** aufgenommen wird. Dabei wird sein CoA-Rest abgespalten, sodass jetzt nur der Acetyl-Rest auf der zentralen SH-Gruppe sitzt.
2. Der **Acetyl-Rest** wird auf die **periphere SH-Gruppe** übertragen.
3. Nun wird ein **Malonyl-CoA** (aus der Acetyl-CoA-Carboxylasereaktion, s. 2.5.2, S. 37) auf die **zentrale SH-Gruppe** geladen. Dies erfolgt ebenfalls unter Abspaltung des CoA.
4. Im nächsten Schritt wird **Malonyl** zu Acetyl **decarboxyliert** (Abspaltung des CO_2).
5. **Der Acetyl-Rest wird von der peripheren SH-Gruppe auf das Ende des Acetyl-Rests der zentralen SH-Gruppe übertragen.** Hierdurch entsteht an der zentralen SH-Gruppe ein Acetacetyl-Rest mit einer Ketogruppe, der nun an dieser SH-Gruppe zu einem Acyl-Rest ohne Ketogruppe umgeformt werden muss. Zur Erinnerung: Die Zählweise der C-Atome erfolgt ausgehend vom höchstoxidierten C-Atom, in diesem Fall also vom C-Atom der Thioesterbindung. Dieses ist das C-Atom Nr. 0, danach folgt das α-C-Atom und das β-C-Atom mit der Ketogruppe.
6. Jetzt wird die **Ketogruppe** am β-C-Atom zu einer OH-Gruppe **reduziert**. Als Reduktionsäquivalent dient **NADPH + H⁺** und es entsteht der D-β-Hydroxyacyl-Rest.
7. Als nächstes wird die OH-Gruppe in Form von Wasser entfernt. Aus dieser **Dehydratisierung** geht ein ungesättigter Fettsäurerest mit einer Doppelbindung zwischen dem α- und β-C-Atom (α-β-Dehydroacyl-Rest) hervor.
8. Im folgenden Schritt wird eine zweite Reduktion mittels **NADPH + H⁺** durchgeführt. Hierdurch entsteht der gesättigte Fettsäurerest (Acyl-Rest).
9. **Der an der zentralen SH-Gruppe gebildete Acyl-Rest wird nun auf die periphere SH-Gruppe übertragen und dort gelagert.**

2

10. Dadurch kann an der **zentralen SH-Gruppe** erneut ein **Malonyl-Rest** aufgenommen werden (Schritt drei) und ein neuer Kreislauf (ab Schritt vier) beginnt.

Die Kohlenstoffkette wird somit pro Umlauf um zwei C-Atome verlängert. Bevorzugte Syntheseprodukte sind Fettsäuren mit 16 C-Atomen (**Palmitinsäure**: 1 Acetyl-CoA + 7 Malonyl-CoA) und 18 C-Atomen (**Stearinsäure**: 1 Acetyl-CoA + 8 Malonyl-CoA).

Die für die Fettsäurebiosynthese benötigten **NADPH + H⁺** stammen hauptsächlich aus dem **Pentosephosphatweg** und der **Malat-Dehydrogenase-Reaktion** (Malat + NADP⁺ → Pyruvat + CO_2 + NADPH + H⁺), die durch das Malat-Enzym im Zytosol katalysiert wird.

Die Synthese **ungesättigter** Fettsäuren erfolgt aus den gesättigten Fettsäuren im **endoplasmatischen Retikulum der Hepatozyten** durch einen **speziellen Enzymkomplex** aus **Cytochrom b_5** und einer **Desaturase**. Für den Einbau der Doppelbindung wird zusätzlich molekularer Sauerstoff und NADPH + H⁺ benötigt. Dieser Komplex kann allerdings nur Doppelbindungen zwischen der Carboxylgruppe und dem neunten C-Atom einer Fettsäure einbauen. So kann durch diesen Enzymkomplex z. B. aus der gesättigten Fettsäure Stearinsäure die ungesättigte Fettsäure **Ölsäure** (Doppelbindung an C9) hergestellt werden.

Wichtige mehrfach ungesättigte Fettsäuren kann jener Komplex jedoch nicht synthetisieren. Daher sind die Linolsäure (Doppelbindung an C9 und C12) und die Linolensäure (Doppelbindungen an C9, C12, C15) essenziell (s. a. 1.1.5, S. 3).

Aus Linolsäure kann der Organismus **Arachidonsäure** herstellen. Die Arachidonsäure ist eine vierfach ungesättigte Fettsäure, aus der der Organismus wichtige Signalmoleküle wie Prostaglandine und Leukotriene synthetisiert. Arachidonsäure ist somit nur bedingt essenziell (nur bei Fehlen von Linolsäure).

An dieser Stelle solltest du dir die Gemeinsamkeiten und Unterschiede zwischen der Bio- synthese der Fettsäuren und deren Abbau in der β-Oxidation verdeutlichen, da diese häufig Gegenstand der Fragen im schriftlichen Physikum sind. Prinzipiell handelt es sich zwar bei der Synthese der Fettsäuren um eine Umkehr der β-Oxidation, es bestehen jedoch wichtige Unterschiede, die in folgender Tabelle zusammengefasst sind:

	FS-Abbau (β-Oxidation)	FS-Synthese
Lokalisation	Mitochondrium v. a. Leber und Muskel	Zytosol fast aller kernhaltigen Zellen
Enzyme	vier verschiedene	ein Multienzymkomplex
Substrat/ Produkt	Acyl-CoA/ Acetyl-CoA	Malonyl-CoA/ Acyl-CoA
Wasserstoffträger	NAD⁺/FAD	NADPH + H⁺

Tab. 3: Vergleich von FS-Synthese und FS-Abbau (β-Oxidation)

2.6 Biosynthese der Triacylglycerine

Die Biosynthese der Triacylglycerine wird im schriftlichen Physikum sehr häufig gefragt. Da es sich um ein eher kleines Kapitel handelt, kannst du hier mit relativ wenig Aufwand viele Punkte holen.

Die frisch synthetisierten Fettsäuren werden – falls der Körper sie nicht für andere Zwecke braucht – in der praktischen Form von **Triacylglycerinen** gespeichert. Für deren Synthese müssen aber sowohl die Fettsäuren als auch das Glycerin zunächst **aktiviert** werden:

– Die Fettsäuren werden in einer ATP-abhängigen Reaktion zu aktivierten Fettsäuren (Acyl-CoA) umgeformt (s. Abb. 17, S. 30).

– Die Aktivierung des Glycerins zu Glycerin-3-Phosphat ist je nach Gewebe (s. Abb. 27, S. 41) unterschiedlich:

• **Leber** und **Niere**: direkte Phosphorylierung mittels ATP, Enzym = Glycerokinase

• **Fettgewebe** und **Muskulatur**: Die Glycerokinase fehlt, sodass sie das Glycerin-

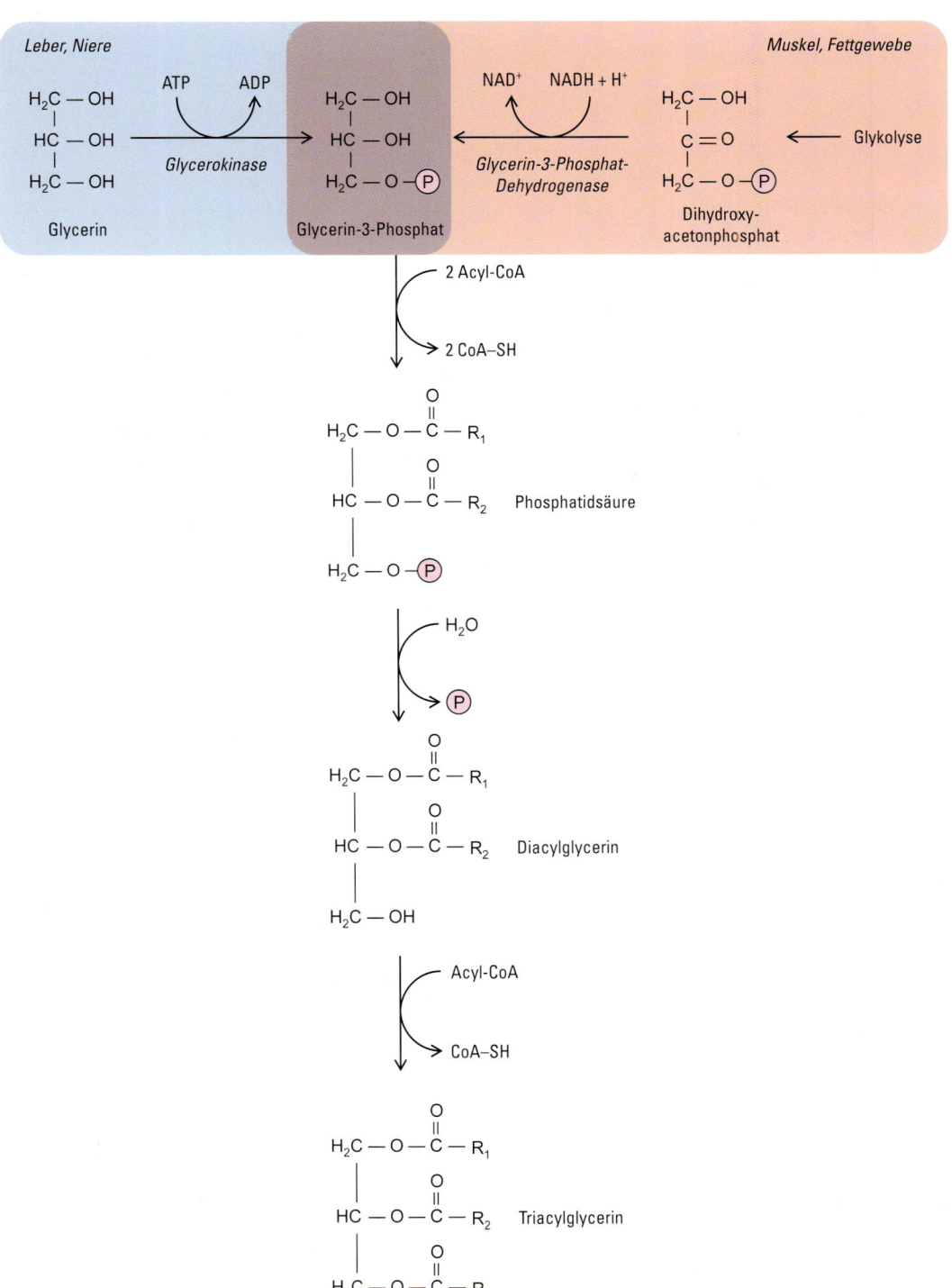

Abb. 27: Triacylglycerinsynthese

3-Phosphat über Zwischenprodukte der Glykolyse herstellen müssen. Hierzu wird Dihydroxyaceton-Phosphat aus der Glykolyse mittels NADH + H⁺ zu Glycerin-3-Phosphat reduziert; Enzym = Glycerin-3-Phosphat-Dehydrogenase.

Sind beide Ausgangsstoffe erfolgreich aktiviert, kann die Synthese der Triacylglycerine mit **Glycerin-3-Phosphat** und **Acyl-CoA** beginnen. Dabei wird zunächst Glycerin-3-Phosphat mit zwei Molekülen Acyl-CoA (unter Abspaltung der CoA) zu **Phosphatidsäure** (Diacylglycerinphosphat) verknüpft. Als nächstes wird der Phosphatrest abgespalten, wodurch ein 1,2-Diacylglycerin (α-β-Diacylglycerin) entsteht. Im letzten Schritt wird ein drittes Acyl-CoA unter Abspaltung seines CoA-Rests mit dem Diacylglycerin verknüpft – fertig ist das Triacylglycerin.

2.7   Cholesterinbiosynthese

Abb. 28: Cholesterin   medi-learn.de/7-bc7-28

Die Cholesterinsynthese findet im Zytoplasma aller kernhaltigen Zellen statt. Als Substrat dient Acetyl-CoA. Wichtig ist, dass die Cholesterinbiosynthese ein sehr energieaufwendiger Prozess ist (hoher ATP-Verbrauch) und Cholesterin nicht abgebaut und zur Energiegewinnung genutzt werden kann. Da Cholesterin jedoch das Substrat für verschiedene, zum Teil lebensnotwendige Verbindungen und Funktionen darstellt (z. B. Membransynthese, Steroidhormone, Gallensäuren, Vitamin D), geht der Organismus nicht das Risiko ein, ausschließlich auf eine exogene Zufuhr angewiesen zu sein, sondern leistet sich den Luxus der energieaufwendigen Synthese.

> **Merke!**
>
> 18 Acetyl-CoA (C_2) → 6 β-HMG-CoA (C_6) → 6 Mevalonsäure (C_6) → 6 aktive Isopren (C_5) → 1 Squalen (C_{30}) → 1 Lanosterin (C_{30}) → 1 Cholesterin (C_{27})

2.7.1   Ablauf der Cholesterinbiosynthese

Um die überwiegende Anzahl der Physikums-Fragen zur Cholesterinsynthese zu lösen, reichen dir glücklicherweise die im Folgenden erwähnten Schritte.

1. Zunächst wird aus **drei Molekülen Acetyl-CoA** (C_2-Körper) ein **β-HMG-CoA** (C_6-Körper) hergestellt. Bis hierhin gleicht die Cholesterinsynthese der Ketogenese (s. 2.4.1, S. 33) mit dem Unterschied, dass die Ketogenese im Mitochondrium stattfindet. Cholesterinsynthese und Ketogenese bedienen sich also aus unterschiedlichen β-HMG-CoA-Pools.

2. Als nächstes wird β-HMG-CoA mittels NADPH + H⁺ **reduziert**, wodurch **Mevalonsäure** (C_6- Körper) entsteht. Bei dieser Reaktion handelt es sich um den geschwindigkeitsbestimmenden Schritt der Cholesterinbiosynthese. Enzym = **β-HMG-CoA-Reduktase**.

3. Durch **Phosphorylierungen** (unter ATP-Verbrauch) und **Decarboxylierung** wird die Mevalonsäure jetzt zu **Isopentenyl-Pyrophosphat** (aktives Isopren, C_5-Körper) umgewandelt.

4. Dann entsteht durch **Isomerisierung** und **Polymerisierung** aus sechs Molekülen aktiven Isoprens ein Molekül **Squalen** (C_{30}-Körper).

5. Squalen wird zum **Lanosterin** (C_{30}-Körper) **zyklisiert**, sodass erstmals ein geschlossenes Ringsystem entsteht und das Cholesterin bald fertig ist.

6. Nun noch schnell eine **Hydroxylierung**, gefolgt von einer **Sättigung der Seitenkette** und der **Abspaltung dreier Methylgruppen** und schon ist aus Lanosterin das ersehnte **Cholesterin** (C_{27}-Körper) entstanden.

Merke!

Farnesylpyrophosphat (Farnesyldiphosphat) ist ein Zwischenprodukt der Cholesterinsynthese (und der Ubichinonsynthese). Es entsteht aus Geranylpyrophosphat (Geranyldiphosphat) und ist eine Vorstufe des Squalen.

2.7.2 Regulation der Cholesterinbiosynthese

Wie bereits erwähnt, stellt die Reduktion von β-HMG-CoA zu Mevalonsäure den geschwindigkeitsbestimmenden Schritt der Cholesterinbiosynthese dar. Damit ist die **β-HMG-CoA-Reduktase** das **Schrittmacherenzym** und wird in ihrer Aktivität reguliert. Die wichtigste Regulation ist dabei die **negative Rückkopplung** durch Cholesterin und Gallensäuren (die ja aus Cholesterin entstehen, s. 1.5.4, S. 12). Cholesterin reguliert über SREBPs (sterol regulatory element-binding proteins) die Transkription der β-HMG-CoA-Reduktase. Die Hemmung der Enzymaktivität durch Cholesterin erfolgt durch eine Senkung der Transkriptionsrate des Enzyms, was auch als **Reprimierung** bezeichnet wird.

Übrigens ...

– Im Hungerzustand sinkt die Aktivität der β-HMG-CoA-Reduktase ebenfalls ab. Hierdurch wird die positive Wirkung des Fastens auf den Cholesterinspiegel erklärt.
– Zur Behandlung eines erhöhten Cholesterinspiegels dienen Medikamente (Statine), die die β-HMG-CoA-Reduktase hemmen und dadurch die körpereigene Cholesterinproduktion senken. Statine sind Strukturhomologa der Mevalonsäure.

2.8 Lipoproteine

Nun hast du das Thema Fettstoffwechsel beinahe geschafft! Es fehlt nur noch das Kapitel der Lipoproteine. Falls du bald eine Pause benötigst, um neue Kraft zu tanken, so empfiehlt es sich, diese jetzt zu nehmen, da dieses Kapitel zu den **absoluten Topthemen des schriftlichen Physikums** zählt. Aber auch für die Klinik spielt dieses Kapitel eine außerordentlich wichtige Rolle.

2.8.1 Aufbau und Funktion der Lipoproteine

Lipoproteine sind ein **Transportsystem für Lipide** im Blut. Sie bilden dabei variable **Komplexe** aus **apolaren Lipiden** (Triacylglycerine, Cholesterin), **amphiphilen Lipiden** (Phospholipide) und **Proteinen** (Apolipoproteine).
Bei der Struktur der Lipoproteine unterscheidet man zwischen einem **Kern** und einer **Hülle**. Der Kern der Lipoproteine enthält die apolaren Lipide. Die Hülle besteht aus den amphiphilen Lipiden und den Apolipoproteinen. Durch diese Bestandteile der Hülle wird der Lipidtransport im hydrophilen Medium Blut ermöglicht. Die **Apolipoproteine** der Lipoproteinhülle werden im **Darm (Apolipoprotein B$_{48}$)** und in der **Leber (Apolipoprotein B$_{100}$)** synthetisiert. Neben der Lösungsvermittlung im Blut funktionieren sie auch als Signalübermittler (z. B. als Ligand für Lipoproteinrezeptoren) und sind daher für den Stoffwechsel der Lipoproteine von enormer Bedeutung (s. 2.8.3, S. 44).

Merke!

Die mRNA für das Apolipoprotein B$_{48}$ unterliegt in Enterozyten einem mRNA-Editing.

2.8.2 Einteilung der Lipoproteine

Es gibt verschiedene Möglichkeiten, die Lipoproteine sinnvoll zu gruppieren. Prüfungsrelevant sind allerdings nur die Einteilungen nach der **Dichte** und nach der **Wanderung in der Elektrophorese**.

Einteilung nach der Dichte

Die Einteilung nach der Dichte erfolgt mithilfe einer Zentrifuge. Je größer die Dichte eines Lipoproteins, desto schneller sinkt es beim Zentrifugieren nach unten. So ergeben sich folgende Lipoproteinklassen:
- Chylomikronen: geringste Dichte
- **V**ery **L**ow **D**ensity **L**ipoprotein (VLDL): sehr geringe Dichte
- **I**ntermediate **D**ensity **L**ipoprotein (IDL): geringe Dichte
- **L**ow **D**ensity **L**ipoprotein (LDL): geringe Dichte
- **H**igh **D**ensity **L**ipoprotein (HDL): hohe Dichte

Betrachtet man die Menge der Apolipoproteine dieser Lipoproteine, so fällt auf, dass die Dichte der Lipoproteine mit ihrem Anteil an Proteinen zunimmt.

Einteilung nach der Wanderung in der Elektrophorese

Die Wanderung der Lipoproteine in der Elektrophorese hängt ebenfalls von ihrem Proteinanteil ab. Manche Lipoproteine wandern gar nicht (Chylomikronen – niedriger Proteinanteil), andere wandern mit der α-, prä-β oder β-Globulin-Fraktion. Die Tab. 4, S. 44 liefert dir einen Überblick über die wichtigsten Eigenschaften der Lipoproteine. Da im schriftlichen Physikum kaum nach den Eigenschaften des IDLs gefragt wird, wurde an dieser Stelle darauf verzichtet. Dafür solltest du die Eigenschaften der übrigen Lipoproteine jedoch umso besser wissen!

Übrigens …
Ein wichtiges Apolipoprotein der Chylomikronen ist Apolipoprotein E. Es bindet rezeptorspezifisch an Leberzellen und hat eine wichtige Funktion bei der Verstoffwechslung triglyceridreicher Bestandteile der Chylomikronen. Mutationen im Gen für Apolipoprotein E können zu Erhöhung der Blutfette führen.

2.8.3   Stoffwechsel der Lipoproteine

Fragen zum Stoffwechsel der Lipoproteine waren bislang Bestandteil jedes Physikums (s. Abb. 29, S. 45). Es lohnt sich daher, diesen Abschnitt hochkonzentriert zu lesen, hoffentlich das meiste davon zu behalten und in der Prüfung dann eifrig zu punkten.

Beginnen wir mit den Lipiden aus der **Nahrung**: Die über den Darm resorbierten Lipide (v. a. Fettsäuren und β-Monoacylglycerine) werden in den **Enterozyten** zu **Triacylglycerinen** resynthetisiert. Diese werden weiter zu **Chylomikronen** (= ChMi) verpackt und an die **Lymphe** abgegeben. Über den Ductus thoracicus und den lin-

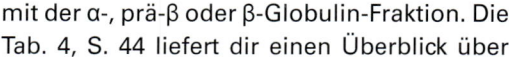

	Chylomikronen (ChMi)	VLDL	LDL („böse")	HDL („gut")
Bildungsort	Darmmukosa	Leber	periphere Blutgefäße	Leber
Cholesterin [%]	5	19	45	18
Proteine [%]	1	10	20	50
Triglyceride [%]	90	50	10	1–5
Apolipoproteine	CII, B_{48}	CII, B_{100}	B_{100}	A
Lipidabgabe durch	Lipoproteinlipase (aktiviert durch CII)	Lipoproteinlipase (aktiviert durch CII)	rezeptorvermittelte Endozytose	LCAT (s. Kapitel 2.8.3, S. 44)
Elektrophorese	keine Wanderung	prä-β	β	α

Tab. 4: Übersicht der Lipoproteine

ken Venenwinkel gelangen die Chylomikronen in den **systemischen Blutkreislauf**. Im Blut nehmen die ChMi von HDL Apolipoproteine auf, darunter auch das Apolipoprotein CII.

Nach fetthaltigen Mahlzeiten führen Lipoproteine zu einer vorübergehenden Trübung des Blutplasmas. Sie schwimmen zu den Kapillaren der peripheren Gewebe (z. B. Muskel- und Fettgewebe), an die sie sich anheften. Die v. a. an der **Außenseite** der Kapillarendothelzellen lokalisierte **Lipoproteinlipase** spaltet die Triacylglycerine der Chylomikronen zu Glycerin und

Fettsäuren. Die Fettsäuren werden von den extrahepatischen Geweben aufgenommen. Das Glycerin hingegen wird (ohne Transportmolekül) zur Leber transportiert und dort in den Stoffwechsel eingeschleust. Die Lipoproteinlipase wird durch das **Apolipoprotein CII (Apo CII)** der Chylomikronen aktiviert und parallel durch Insulin induziert. Die Chylomikronen schrumpfen durch die Abgabe ihrer Lipide zu **Remnants**. Diese Remnants schwimmen zur Leber und werden dort durch rezeptorvermittelte Endozytose aufgenommen.

2

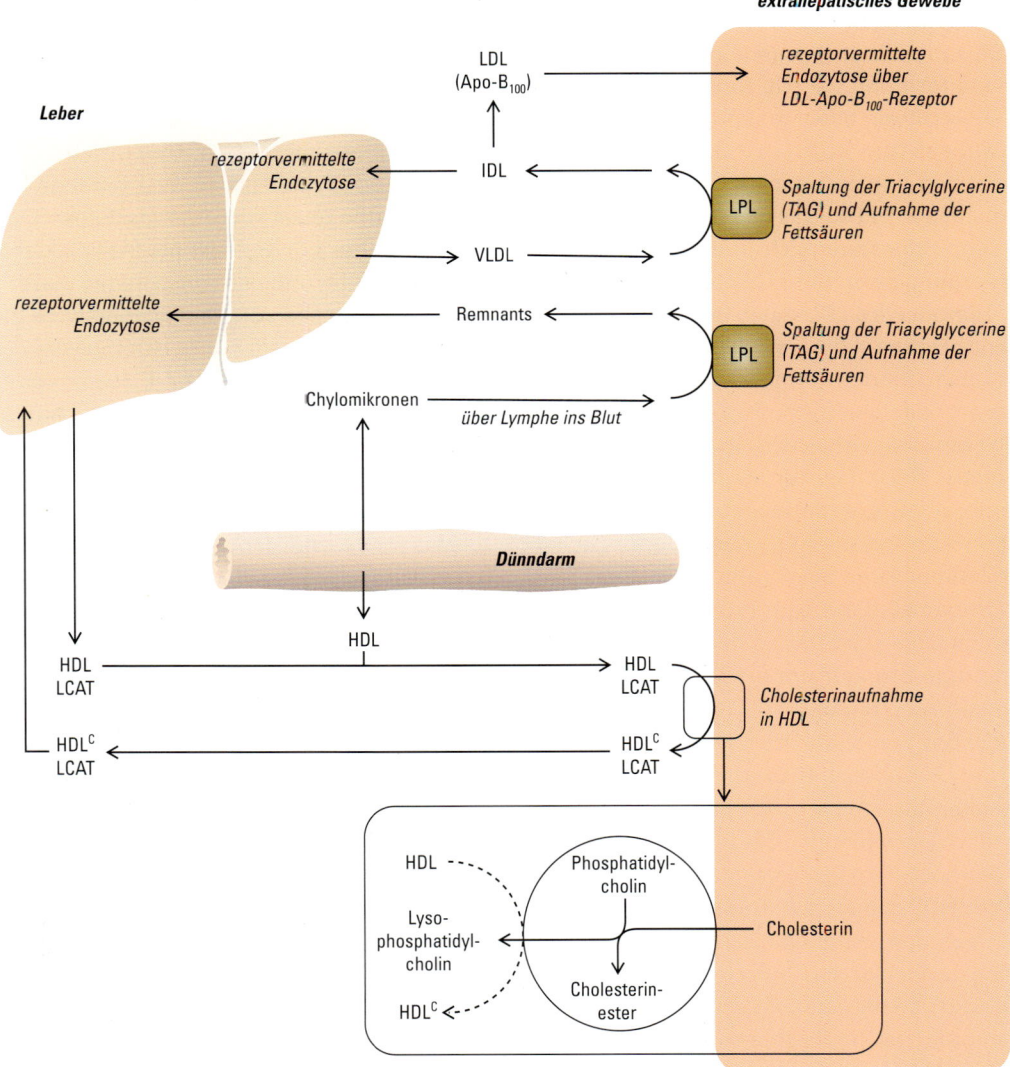

Abb. 29: Stoffwechsel der Lipoproteine

medi-learn.de/7-bc7-29

2

Kommen wir jetzt zu den **VLDL**, die in der Leber synthetisiert werden: VLDL bestehen sowohl aus endogen synthetisierten als auch aus – mit der Nahrung aufgenommenen – exogenen Lipiden. Das Verhalten der VLDL im Blut ähnelt dem der Chylomikronen: VLDL verfügen ebenfalls über das **Apo CII**, durch das die **Lipoproteinlipase** der Zellen aktiviert wird. Durch die Abgabe ihrer Triacylglycerine schrumpfen auch die VLDL, nur bildet sich dadurch **IDL**. Dieses Lipoprotein schlägt **zwei verschiedene Wege** ein.

– Ein Teil des IDL gelangt zurück zur Leber und wird durch sie aufgenommen.
– Die restlichen IDL werden im peripheren Blut zu LDL umgewandelt.

Die Umformung der IDL zu LDL erfolgt durch die Abspaltung aller Apolipoproteine des IDL bis auf das **Apo B$_{10C}$**.

Und schon sind wir beim nächsten Kandidaten, dem „bösen" **LDL**: Das aus IDL gebildete LDL ist sehr **cholesterinreich** und dient daher der Versorgung peripherer Gewebe mit Cholesterin. Hierbei wird LDL durch **rezeptorvermittelte Endozytose** in die Zielzellen aufgenommen. Als Ligand für den membrangebundenen LDL-Rezeptor dient sein Apo B$_{100}$.

Nach Bindung von Apolipoprotein B$_{100}$ an den Rezeptor kommt es zur Einstülpung der Zellmembran. Die gebundenen Rezeptoren befinden sich vor allem in besonderen Stellen der Zellmembran (sog. „pits" = Gruben). Diese Gruben sind mit dem Protein Clathrin ummantelt (sog. „clathrin-coated pits"), das eine korbartige Struktur um die sich einstülpende Zellmembran bildet.

Das Happy End bildet das „gute" **HDL**: Die HDL werden in Leber und Darm synthetisiert und enthalten als Lipide v. a. Phosphatidylcholin. Von allen Lipoproteinen des Blutplasmas haben sie den höchsten Gewichtsanteil an Apolipoproteinen. HDL dienen dem Transport von Cholesterin aus den extrahepatischen Geweben zur Leber, da nur hier die Cholesterinausscheidung bzw. Cholesterinmetabolisierung zu Gallensäuren möglich ist. Im Plasma binden die HDL das in der Leber synthetisierte und ans Blut abgegebene Enzym Lecithin-Cholesterin-Acyltransferase (LCAT). Die LCAT wird durch das **Apolipoprotein A$_1$** der HDL aktiviert und katalysiert die Acylierung von Cholesterin:

Cholesterin + Phosphatidylcholin → Cholesterinester + Lysophosphatidylcholin.

Bei dieser Reaktion wird eine Fettsäure des Phosphatidylcholins genutzt, um mit dem aufgenommenen Cholesterin einen Cholesterinester zu bilden. Das nun um eine Fettsäure ärmere Phosphatidylcholin wird als Lysophosphatidylcholin bezeichnet. Durch diese Reaktion nimmt der Gehalt der HDL an Cholesterin zu, während ihr Gehalt an Phosphoglycerinen abnimmt, da das gebildete Lysophosphatidylcholin abdiffundiert. Das Cholesterin nimmt somit den Platz der Phosphoglycerine ein. Cholesterinreiches HDL gelangt zurück zur **Leber**, wo das Cholesterin endgültig ausgeschieden bzw. metabolisiert wird. Lipoproteine spielen eine wichtige Rolle bei der Pathogenese der Arteriosklerose. Dabei gilt ein hoher LDL-Spiegel als Risikofaktor für die Entstehung und das Fortschreiten dieser Erkrankung (Abgabe von Cholesterin an die Blutgefäße), während ein hoher HDL-Spiegel diesbezüglich protektiv wirken soll (Einsammeln von Cholesterin und Transport zur Leber). Aus diesem Grund wird LDL auch als „böses" und HDL als „gutes" Cholesterin bezeichnet.

Zur Abschätzung des kardiovaskulären Risikoprofils wird neben der Bestimmung der Einzelwerte auch der LDL/HDL-Quotient berechnet: Ein LDL/HDL-Quotient unter drei gilt als günstig, während ein LDL/HDL-Quotient über vier einen Risikofaktor darstellt.

Übrigens …
Der LDL-Rezeptor dient der Aufnahme cholesterinreicher LDL-Partikel und spielt somit eine wichtige Rolle für den Cholesterinspiegel im Blut. Der LDL-Rezeptor wird im endoplasmatischen Retikulum und Golgi-Apparat synthetisiert. Sinken die Cholesterinanteile in der Membran des ER, so führt dies zu einer verstärkten Transkription des LDL-Gens mit dem Ziel, vermehrt Cholesterin in die Zelle aufzunehmen.

3 Leber

 Fragen in den letzten 10 Examen: 7

Die Leber hat durch ihre zentrale Stellung im Glucose-, Protein- und Lipidstoffwechsel eine lebenswichtige Funktion für den Organismus. Patienten, deren Leberfunktion (z. B. durch eine Zirrhose) deutlich reduziert ist, sind daher auf vielfältige Weise beeinträchtigt und ab einem bestimmten Grad sogar akut bedroht. Eine Voraussetzung, um die verschiedenen Symptome einer Leberinsuffizienz zu verstehen, ist ein fundierter Überblick über die verschiedenen Stoffwechselleistungen der Leber. Viele dieser Funktionen wurden bereits in diesem Skript besprochen oder sind Gegenstand der anderen Biochemieskripte. Dieses Kapitel fasst nochmals die prüfungsrelevanten Aspekte zur Leber zusammen. Es dient daher zum einen als kleine Wiederholung, vermittelt aber auch einen synoptischen Überblick über die Stoffwechselleistungen dieses wichtigen Organs.

Übrigens …

Besonders wichtig für die spätere Tätigkeit als Arzt ist die Funktion der Leber als zentrales Organ zur Entgiftung körpereigener und körperfremder Substanzen (v. a. Medikamente). Diese Funktion der Leber wird als **Biotransformation** bezeichnet und ist Thema des zweiten Abschnitts dieses Kapitels.

3.1 Stoffwechselfunktionen der Leber

In diesem Abschnitt sind die wichtigsten Stoffwechselfunktionen der Leber zusammengefasst. Er soll dir einen besseren Überblick ermöglichen und stellt außerdem eine gute Wiederholung des bisher Gelernten dar.

3.1.1 Glucose-Stoffwechsel

Die Leber ist das zentrale Organ der **Glucosehomöostase**. Bei **Nahrungsüberschuss** speichert sie die aufgenommene Glucose in Form von Glykogen (**Glykogenese**). Sobald der Glykogenspeicher gefüllt ist, wird die überschüssige Glucose in Acetyl-CoA umgewandelt und dient der **Fettsäuresynthese** (s. 2.5, S. 36). Aus den synthetisierten Fettsäuren werden Triacylglycerine aufgebaut (s. Kapitel 2.6, S. 40), die mittels VLDL zum Fettgewebe transportiert und dort als Depotfett gespeichert werden (s. 2.8.3, S. 44).

Liegt ein **Energiemangel** vor, so hält die Leber den Glucosespiegel zunächst über einen Abbau ihres Glykogenspeichers konstant (**Glykogenolyse**). Ist dieser aufgebraucht, muss Glucose über den Weg der **Gluconeogenese** von der Leber neu synthetisiert und dem Organismus zur Verfügung gestellt werden. Die Energie (ATP) für die energieaufwendige Gluconeogenese erhält die Leber durch Oxidation von Fettsäuren (s. 2.3.2, S. 30), die wiederum aus der Lipolyse des Fettgewebes stammen (s. 2.3.1, S. 29).

3.1.2 Lipidstoffwechsel

Auch für den Lipidstoffwechsel ist die Leber von zentraler Bedeutung. Sie dient dem Abbau, Umbau, Aufbau und der Speicherung verschiedener Lipide (z. B. Fettsäureabbau s. 2.3.2, S. 30; Synthese ungesättigter Fettsäuren s. 2.5.3, S. 39; Biosynthese der Triacylglycerine s. 2.6, S. 40). Über **VLDL** versorgt die Leber periphere Gewebe mit Fetten (s. 2.8.3, S. 44).

Eine besonders wichtige Stellung nimmt die Leber im Lipidstoffwechsel bei **Energiemangel** (Hungerzustand, s. 1.3, S. 5) ein: Die durch die Lipolyse des Fettgewebes freigesetzten Fettsäuren werden durch die **β-Oxidation** in der Leber zu energiehaltigen Acetyl-CoA-Molekülen abgebaut (s. 2.3.2, S. 30). Zum einen baut die Leber diese Acetyl-CoAs zu ATP ab, das sie für ihre energieaufwendige Gluconeogenese benötigt. Zum anderen synthetisiert sie aus den produzierten Acetyl-CoAs die Ketonkörper (s. 2.4, S. 33), die ans Blut abgegeben werden und den peripheren Geweben zur Energiegewinnung dienen.

Auch die Synthese der **Gallensäuren** (s. 1.5.4, S. 12) unterstreicht den hohen Stellenwert der Leber im Lipidstoffwechsel, da diese eine essenzielle Rolle bei der Verdauung und Resorption der Nahrungslipide spielen.

3.1.3 Protein-Stoffwechsel

Zu guter Letzt übernimmt die Leber auch eine zentrale Stellung im Stoffwechsel der Proteine und ihrer Aminosäuren. So übernimmt sie z. B. die wichtige Aufgabe, den beim Abbau der Proteine entstandenen Ammoniak über den **Harnstoffzyklus** zu Harnstoff zu entgiften.
Eine weitere lebenswichtige Aufgabe der Leber ist die Synthese der Plasmaproteine. Mit Ausnahme der Immunglobuline (Plasmazellen) werden in der Leber alle **Plasmaproteine** produziert und an das Blut abgegeben. Hierzu zählen unter anderem:
- das Transportmolekül Albumin (Synthese an ER-gebundenen Ribosomen),
- weitere wichtige Transportmoleküle wie z. B. Transferrin (für Eisenionen) und Coeruloplasmin (für Kupferionen),
- die Faktoren der Blutgerinnung wie z. B. Prothrombin und Fibrinogen,
- Signalmoleküle wie Angiotensinogen, Kinine und Apolipoproteine und
- zahlreiche Enzyme wie LCAT, Lipoproteinlipase und Cholinesterase.

Merke!

Bei einer Funktionsstörung der Leber kommt es im Blut zum Anstieg von Ammoniak und Bilirubin, während die Konzentration der in der Leber gebildeten Plasmaproteine abnimmt (u. a. Gerinnungsfaktoren, Albumin).

3.1.4 Weitere Stoffwechselleistungen in der Leber

Neben den bisher erwähnten Stoffwechselwegen gibt es noch weitere Vorgänge, für die die Leber eine zentrale Rolle spielt. In diesem Abschnitt werden die wichtigsten von ihnen vorgestellt.
- **Kreatinsynthese:** Kreatin wird in Niere und Leber aus Glycin und Arginin hergestellt und gelangt über den Blutweg zur Muskulatur. Dort stellt es in seiner phosphorylierten Form eine wichtige **Energiereserve** dar.
- **Speicherung von Vitaminen** wie Vitamin B_{12} und Folsäure.
- **Ethanolabbau:** Die Leber ist das wichtigste Organ für den Abbau von Ethanol. Dieses wird dabei in **zwei Schritten** zu Acetat **oxidiert**:
  • Oxidation von Ethanol zu Acetaldehyd – Enzym: Alkohol-Dehydrogenase.
  • Oxidation von Acetaldehyd zu Acetat – Enzym: Aldehyd-Dehydrogenase.
  Als **Oxidationsmittel** dient beiden Schritten **NAD^+**. Bei hohem Ethanol-Konsum entsteht demnach viel $NADH + H^+$. Die Verschiebung des Verhältnisses von NAD^+ hin zu **$NADH + H^+$** beeinflusst viele Stoffwechselwege der Leber. So wird z. B. die Gluconeogenese durch einen hohen $NADH + H^+$-Spiegel gehemmt, was zu einer gefährlichen **Hypoglykämie** führen kann.
- **Bilirubin-Ausscheidung:** Häm kann im Organismus nur bis zur Stufe des Bilirubins abgebaut werden. Da Bilirubin eine lipophile Substanz ist, wird es in der Leber zunächst an zwei Moleküle Glucuronsäure gekoppelt (Bilirubin-Diglucuronid) und in dieser Form über die Galle in den Darm

abgegeben. Daher führen Leberfunktions-störungen zu einem Anstieg von Bilirubin im Blut und somit zur Gelbsucht (Ikterus).

– **Kupferausscheidung:** Bei Überschuss an Kupfer in den Hepatozyten werden Kupfer-ionen an die Gallenkanälchen abgegeben.

Ethanol wird in der Leber oxidativ zu Ace-tyl-CoA abgebaut. Bei chronischem Alkohol-abusus kommt es aufgrund des Überangebots an Acetyl-CoA zu einer gesteigerten Fettsäure- und Triglycerid-Synthese.
Die Entwicklung einer Fettleber ist die Folge. (Ethanol→Acetaldehyd→Acetat→Acetyl-CoA→Malonyl-CoA→FS-Synthese).

Übrigens ...
Teile der asiatischen Bevölkerung wei-sen eine Mutation im Aldehyd-De-hydrogenase-2-Gen auf. Bei den be-troffenen Personen führt bereits die Aufnahme geringer Mengen Alkohols zu Symptomen wie Kopfschmerzen, Übelkeit und Herzrasen (asian flush).

3.2 Biotransformation (Entgiftung)

Das Thema Biotransformation bildet das letzte Kapitel dieses Skripts. Ganz nach dem Motto „last but not least" solltest du diesem Abschnitt jedoch besondere Zuwendung schenken, da es sich auch hierbei um ein Kapitel handelt, wel-ches sowohl für das schriftliche Physikum als auch für deine spätere Tätigkeit als Arzt in ho-hem Maße wichtig ist. So waren bislang Fra-gen zu diesem Thema fester Bestandteil jedes schriftlichen Examens. Diesbezüglich solltest du dir unbedingt merken, welche chemische Reaktion in welchem Schritt der Biotransfor-mation auftaucht.
Des Weiteren wird häufig nach den misch-funktionellen Monooxygenasen gefragt (s. 3.2.1, S. 50).
Auch in der Klinik spielt die Biotransformati-on eine herausragende Rolle, da viele Medika-mente über diese Funktion der Leber verstoff-wechselt werden.

Nun aber genug der einleitenden Worte und rein ins Geschehen:
Die Leber ist das zentrale Organ zur Entgif-tung körpereigener und körperfremder Sub-stanzen. Verantwortlich für diese Funktion ist ihr Biotransformationssystem, das im **glatten endoplasmatischen Retikulum** der Hepatozy-ten lokalisiert ist. Die Biotransformation ver-folgt dabei zwei Ziele:
1. Die giftige Substanz soll in eine wirkungs-lose Substanz umgewandelt werden (Ent-giftung).
2. Die Substanz soll in eine Form überführt werden, die ihre Ausscheidung über die Nie-re (Harn) oder die Galle (Stuhl) ermöglicht.

Grundsätzlich kann der Organismus nur **polare Stoffe** ausscheiden. Daher dient die Biotrans-formation der Umwandlung apolarer, lipophi-ler Substanzen in polare und somit wasser-lösliche Substanzen. Dies gelingt der Leber durch **Kopplung** der apolaren Stoffe an pola-re Substanzen. Diese Koppelungsreaktion ist die Phase II der Biotransformation. Eine direk-te Koppelung polarer Substanzen an die apola-re, auszuscheidende Substanz ist nämlich nur selten möglich, da diese meist reaktionsträge ist. Häufig muss die apolare Substanz zuvor durch Einführung einer reaktiven Gruppe ak-tiviert werden. Diese Umwandlungsreaktionen von lipophilen, reaktionsträgen zu reaktions-freudigeren Substanzen als Voraussetzung für die anschließende Kopplungsreaktion stellen die Phase I der Biotransformation dar.
Bei dem Versuch der Leber, Stoffe durch Um-wandlung zu entgiften, können zum Teil auch noch giftigere Verbindungen entstehen (**Gif-tung**). Ein Beispiel ist die Oxidation von Me-thanol über Formaldehyd zur hochtoxischen Ameisensäure. Außerdem können primäre, nicht kanzerogene (nicht krebserregende) Sub-stanzen durch Modifikationen des Biotrans-formationssystems ungewollt in kanzeroge-ne Substanzen umgewandelt werden (einige Pharmaka).

3

3.2.1 Phase I (Umwandlungsreaktionen)

Die **Phase I** der Biotransformation dient der **Einführung reaktiver Gruppen** in die zu entgiftende Substanz, um diese für die anschließende Kopplung mit einer polaren Substanz zu aktivieren. Bei diesen Gruppen handelt es sich u. a. um **Hydroxyl-** (-OH), **Carboxyl-** (-COOH) und Aminogruppen (-NH$_2$).

Am häufigsten werden die auszuscheidenden Substanzen mit dem Einbau von OH-Gruppen oxidiert. Bei den dafür notwendigen Enzymen handelt es sich um **mischfunktionelle Monooxygenasen** (Hydroxylasen). Diese haben **Cytochrom P450** als prosthetische Gruppe und benötigen für den Einbau der OH-Gruppen **molekularen Sauerstoff** sowie **NADPH + H$^+$**. Als Produkte entstehen das hydroxylierte Substrat und Wasser.

Das Cytochrom P450 dient dabei als Elektronenüberträger der Hydroxylasen. Es enthält dreiwertiges Eisen (Fe^{3+}) in Form von Häm, das im Verlauf der Hydroxylierungsreaktion zu zweiwertigem Eisen (Fe^{2+}) reduziert wird. An der Hydroxylierungsreaktion ist auch eine Flavin-haltige Cytochrom P450-Reduktase beteiligt.

Übrigens ...
Die Monooxygenasen sind induzierbar. Eine langanhaltende Belastung des Organismus mit entsprechenden Substraten (z. B. Barbituraten) führt daher zu einer Induktion (Zunahme) der Monooxygenasen, verbunden mit einer Zunahme des endoplasmatischen Retikulums der Hepatozyten.

3.2.2 Phase II (Kopplungsreaktionen)

In der **Phase II** erfolgt die **Kopplung** (Konjugation) der auszuscheidenden Substanz mit einer polaren (hydrophilen) Substanz. Die entstandenen Konjugate können anschließend über die Galle/Stuhl oder den Harn ausgeschieden werden. Gekoppelt wird u. a. mit:
– **Glucuronsäure** (Reaktion mit UDP-Glucuronsäure),
– **Sulfat** (Reaktion mit 3'-Phosphoadenosyl-5'-Phosphosulfat = PAPS),
– **Acetat** (Reaktion mit Acetyl-CoA),
– Aminosäuren (z. B. Glycin, Taurin →Taurocholsäure) und
– dem Tripeptid **Glutathion**.

Übrigens ...
Damit Bilirubin ausgeschieden werden kann, wird es an Glucuronsäure gekoppelt.

Das Kapitel zu **Fettsäuren und Lipiden** ist zugegebenermaßen recht umfangreich und auch lernintensiv. Vielleicht werden gerade deswegen hierzu häufig Fragen gestellt. Die folgenden Fakten solltest du dir besonders gut merken:

– Der Organismus kann aus Linolsäure Arachidonsäure herstellen.
– Die hormonsensitive Lipase wird durch Proteinkinase-A-abhängige Phosphorylierung aktiviert.
– Die β-Oxidation liefert $FADH_2$ und $NADH + H^+$, die Fettsäuresynthese benötigt $NADPH + H^+$.
– Ketonkörper werden in den Mitochondrien der Leber aus Acetyl-CoA gebildet.
– Die Fettsäuresynthase verwendet Malonyl-CoA als Substrat.
– Die Biosynthese der Triacylglycerine verläuft in den verschiedenen Geweben unterschiedlich.
– Das Schrittmacherenzym der Cholesterinbiosynthese ist die HMG-CoA-Reduktase.
– LDL werden über Apolipoprotein-Rezeptoren für Apo B_{100} von peripheren Zellen erkannt und über rezeptorvermittelte Endozytose aufgenommen.
– Die Triacylglycerine der Chylomikronen und VLDL werden an der Außenseite der Zellen durch die Lipoproteinlipase in Fettsäuren und Glycerin gespalten. Die Fettsäuren werden von den extrahepatischen Zellen aufgenommen. Das Glycerin wird zur Leber transportiert.
– Besonders wichtig, da häufig gefragt, ist die Chemie der Lipide. Hier solltest du dir auch die Struktur der wichtigsten Moleküle genau anschauen.

Der mit Abstand wichtigste Bereich des Kapitels Leber ist die **Biotransformation**. Dies liegt nicht daran, dass der Rest unwichtig ist, sondern daran, dass die übrigen Themen hier nur wiederholt wurden und die dazu gestellten Fragen bereits an anderen Stellen behandelt sind (s. 2.5, S. 36). Zur Biotransformation solltest du dir folgende Fakten besonders gut einprägen:

– Die Cytochrom-P450-abhängigen Monooxygenasen des Biotransformationssystems sind im endoplasmatischen Retikulum der Hepatozyten lokalisiert.
– Bei der durch mischfunktionelle Monooxygenasen katalysierten Hydroxylierung entsteht aus $NADPH/H^+$ und Sauerstoff Wasser (H_2O).
– Das Substrat für die Sulfatierung der Phase II der Biotransformation ist 3'-Phosphoadenosyl-5'-Phosphosulfat (PAPS).
– Die wichtigen Reaktionen der Phase I sind: Hydroxylierung, Carboxylierung und Amidierung.

Fettsäuren und Lipide haben es in sich – nicht nur hinsichtlich des Nährwerts, sondern auch als umfangreicher Lernstoff. Wenn du dir den aber fürs Schriftliche schon gründlich erarbeitet hast, verliert das Thema in der mündlichen Prüfung beinahe von selbst seinen Schrecken. Antworten kannst du dann unter anderem auf folgende Fragen:

1. Beschreiben Sie bitte kurz die Regulation der Lipolyse.

2. Welche Funktion hat der Carnitin-Shuttle?

3. Welche wichtigen Unterschiede bestehen zwischen β-Oxidation und Fettsäuresynthese?

4. Was sind Ketonkörper? Was ist die Ursache einer gesteigerten Ketonkörpersynthese beim Typ I Diabetes mellitus?

5. Erläutern Sie bitte die Regulation der Cholesterinbiosynthese.

6. Welche generelle Struktur haben Lipoproteine und warum?

7. Beschreiben Sie bitte die Phasen der Biotransformation.

8. Wie wird Ethanol in der Leber abgebaut?

9. Nennen Sie wichtige in der Leber synthetisierte Proteine.

---

1. Beschreiben Sie bitte kurz die Regulation der Lipolyse.

Der cAMP-Spiegel wird streng hormonell kontrolliert: Die lipolytischen Hormone (Glukagon, Adrenalin) steigern den cAMP, die antilipolytische Hormone (Insulin) senken den cAMP in der Fettzelle. Das cAMP aktiviert die Proteinkinase A, die die Triacylglycerinlipase phosphoryliert und somit aktiviert. Diese spaltet in ihrer aktivierten Form Triacylglycerine → Lipolyse.

2. Welche Funktion hat der Carnitin-Shuttle?

Acyl-CoA kann die innere Mitochondrienmembran nicht passieren. An der Außenseite dieser Membran erfolgt die Übertragung des Acyl-Rests auf Carnitin. Dieses Acyl-Carnitin passiert die innere Mitochondrienmembran. Im Matrixraum wird der Acyl-Rest wieder auf ein CoA übertragen und es entsteht Acyl-CoA.

3. Welche wichtigen Unterschiede bestehen zwischen β-Oxidation und Fettsäuresynthese?

Die Unterschiede betreffen folgende Punkte (s. Tab. 3, S. 40):
 – Lokalisation in der Zelle
 – Enzyme
 – Reduktionsäquivalente
 – Substrate/Produkte

4. Was sind Ketonkörper? Was ist die Ursache einer gesteigerten Ketonkörpersynthese beim Typ I Diabetes mellitus?

Ketonkörper zeichnen sich chemisch durch das Vorhandensein einer Keto-Gruppe aus (Ausnahme: β-Hydroxybutyrat, das anstelle der Ketogruppe eine Hydroxyl-Gruppe trägt). Sie stellen die Transportform des Acetyl-CoA im Körper dar, welches vor allem aus der β-Oxidation stammt. Im Hungerstoffwechsel dienen Ketonkörper, welche in der Leber synthetisiert werden, den peripheren Geweben als Energiequelle (Ausnahmen: Erythrozyten, Nebennierenmark und initial das ZNS). Beim Diabetes mellitus Typ I führt der Insulinmangel zu einer massiven Steigerung der Lipolyse und β-Oxidation. Das gebildete Acetyl-CoA wird in Ketonkörper umgesetzt, welche ans Blut abgegeben werden.

5. Erläutern Sie bitte die Regulation der Cholesterinbiosynthese.

Das Schrittmacherenzym ist die β-HMG-CoA-Reduktase. Die wichtigste Regulation ist ein negatives Feedback des Cholesterins. Ein hoher Cholesterinspiegel führt dabei zu einer Reprimierung dieses Enzyms.

6. Welche generelle Struktur haben Lipoproteine und warum?

Lipoproteine bestehen aus einem Kern und einer Hülle. Der Kern der Lipoproteine enthält die apolaren Lipide. Die Hülle besteht aus den amphiphilen Lipiden und den Apoli-

poproteinen. Durch die Bestandteile der Hülle erfolgt die Lösungsvermittlung der apolaren Lipide im Blut. Somit wird der Transport apolarer Lipide im hydrophilen Medium Blut ermöglicht.

7. Beschreiben Sie bitte die Phasen der Biotransformation.
Phase I: Erhöhen der Reaktionsfreudigkeit der Substanz durch Einbau reaktiver Gruppen.
Phase II: Kopplung der Substanz mit einer hydrophilen/polaren Gruppe, um deren Ausscheidung zu ermöglichen.

8. Wie wird Ethanol in der Leber abgebaut?
Ethanol wird durch die Alkohol-Dehydrogenase zu Acetaldehyd oxidiert. Anschließend er-

folgt die Oxidation von Acetaldehyd zu Acetat durch die Aldehyd-Dehydrogenase. Als Oxidationsmittel dient in beiden Schritten NAD^+.

9. Nennen Sie wichtige in der Leber synthetisierte Proteine.
Synthese aller Plasmaproteine, mit Ausnahme der Immunglobuline:
- Albumin
- Transportmoleküle wie Transferrin und Coeruloplasmin
- Faktoren der Blutgerinnung wie Prothrombin und Fibrinogen
- Signalmoleküle wie Angiotensinogen, Kinine und Apolipoproteine
- Enzyme wie LCAT, Lipoproteinlipase und Cholinesterase

Pause

Geschafft! Hier noch ein kleiner Cartoon als Belohnung ...

Mehr Cartoons unter www.medi-learn.de/cartoons

Index

Index

Deine Meinung ist gefragt!

Es ist erstaunlich, was das menschliche Gehirn an Informationen erfassen kann. Slbest wnen kilene Fleher in eenim Txet entlheatn snid, so knnsat du die eigneltchie lofnrmotian deoncnh vershteen – so wie in dsieem Text heir.

Wir heabn die Srkitpe mecrfhah sehr sogrtfältg güpreft, aber vilcheliet hat auch uesnr Girehn – so wie deenis grdaee – unbeswust Fheler übresehne. Um in der Zuuknft noch bsseer zu wrdeen, bttein wir dich dhear um deine Mtiilhfe.

Sag uns, was dir aufgefallen ist, cb wir Stolpersteine übersehen haben oder ggf. Formulierungen verbessern sollten. Darüber hinaus freuen wir uns natürlich auch über positive Rückmeldungen aus der Leserschaft.

Deine Mithilfe ist für uns sehr wertvoll und wir möchten dein Engagement belohnen: Unter allen Rückmeldungen verlosen wir einmal im Semester Fachbücher im Wert von 250 Euro. Die Gewinner werden auf der Webseite von MEDI-LEARN unter www.medi-learn.de bekannt gegeben.

Schick deine Rückmeldung einfach per E-Mail an support@medi-learn.de oder trag sie im Internet in ein spezielles Formular für Rückmeldungen ein, das du unter der folgenden Adresse findest:

www.medi-learn.de/rueckmeldungen